I0046089

NOUVEAU COURS
COMPLET
D'AGRICULTURE
THÉORIQUE ET PRATIQUE.

SUC = SYS.

TOME DOUZIÈME.

NOMS DES AUTEURS.

MESSIEURS :

THOUIN, Professeur d'Agriculture au Muséum d'Histoire Naturelle.

PARMENTIER, Inspecteur général du Service de Santé.

TESSIER, Inspecteur des Établissemens ruraux appartenant au Gouvernement.

HUZARD, Inspecteur des Écoles Vétérinaires de France.

SILVESTRE, Chef du Bureau d'Agriculture au Ministère de l'Intérieur.

BOSC, Inspecteur des Pépinières Impériales et de celles du Gouvernement.

} Composant la Section d'Agriculture de l'Institut de France.

CHASSIRON, Président de la Société d'Agriculture de Paris.

CHAPTAL, Membre de la Section de Chimie de l'Institut.

LACROIX, Membre de la Section de Géométrie de l'Institut.

DE PERTHUIS, Membre de la Société d'Agriculture de Paris.

YVART, Professeur d'Agriculture et d'Économie rurale à l'École Impériale d'Alfort; Membre de la Société d'Agriculture; etc.

DECANDOLLE, Professeur de Botanique et Membre de la Société d'Agriculture.

DU TOUR, Propriétaire-Cultivateur à Saint-Domingue, et l'un des auteurs du Nouveau Dictionnaire d'Histoire Naturelle.

Les articles signés (R.) sont de ROZIER.

DE L'IMPRIMERIE DE MAME FRÈRES.

Cet Ouvrage se trouve aussi,

A PARIS, chez LE NORMANT, libraire, rue des Prêtres Saint-Germain-l'Auxerrois, n° 17.

A BRESLAU, chez G. THÉOPHILE KORN, imprimeur-libraire.

A BRUXELLES, chez { LECHARLIER, libraire. P. J. DE MAT, libraire.

A LIÈGE, chez DESOER, imprimeur-libraire.

A LYON, chez YVERNAULT et CABIN, libraires.

A MANHEIM, chez FONTAINE, libraire.

NOUVEAU COURS
COMPLET
D'AGRICULTURE
THÉORIQUE ET PRATIQUE,

Contenant la grande et la petite Culture, l'Économie Rurale et Domestique, la Médecine vétérinaire, etc.;

OU

DICTIONNAIRE RAISONNÉ
ET UNIVERSEL
D'AGRICULTURE.

Ouvrage rédigé sur le plan de celui de feu l'abbé ROZIER, duquel on a conservé tous les articles dont la bonté a été prouvée par l'expérience;

PAR LES MEMBRES DE LA SECTION D'AGRICULTURE
DE L'INSTITUT DE FRANCE, etc.

AVEC 60 FIGURES EN TAILLE-DOUCE.

A PARIS,
CHEZ DETERVILLE, LIBRAIRE ET ÉDITEUR,
RUE HAUTEFEUILLE, N° 8.

M. DCCC IX.

NOUVEAU
COURS COMPLET
D'AGRICULTURE.

SUC

SUCCESSION DE CULTURES (1). On désigne ainsi l'ordre de rotation dans lequel les végétaux soumis à nos cultures ordinaires peuvent se suivre avantageusement sur le même champ, pendant une suite d'années plus ou moins prolongée, conformément aux principes d'assolemens.

Nous avons établi et développé ces principes en traitant le mot ASSOLEMENT. (*Voyez* ce mot et les mots ALTERNAT, JACHÈRE et ROTATION.) Nous allons examiner, sous celui-ci, les principaux avantages et inconvéniens que nous présentent, sous ce rapport, la plupart des végétaux soumis parmi nous à une culture régulière en plein champ, et entrer dans tous les détails de culture relatifs à cet objet.

Examen des principaux avantages ou inconvéniens que les plantes le plus généralement introduites en France, dans les assolemens, présentent, considérées sous ce rapport, et de l'ordre de succession le plus avantageux à leur culture.

Avant d'entrer dans les détails nécessaires, relativement à chaque plante, considérée isolément, il convient, afin de pouvoir les

(1) Cet article, extrêmement important et entièrement neuf, riche de faits et de principes solides, a été originairement composé pour un ouvrage particulier sur les ASSOLEMENS. La multiplicité des objets qu'il renferme et les détails de culture qu'il a exigés, l'ont nécessairement rendu volumineux; cependant nous avons cru ne devoir rien retrancher, parceque toutes les parties sont étroitement liées entre elles, et forment un ensemble nécessaire au développement de ce qui concerne l'assolement, que l'auteur y traite spécialement; mais l'on trouvera à la fin de ce travail une table des diverses cultures qui y sont traitées, avec l'ordre dans lequel elles se suivent, ce qui facilitera les recherches du lecteur. (*Note de l'éditeur.*)

classer toutes dans un ordre méthodique pour notre objet, d'examiner préalablement la composition des terres destinées à être soumises à des assolemens réguliers.

Les principales parties constituantes des terres géoponiques consistent essentiellement dans les substances siliceuse, calcaire, argileuse et végétale.

Quoique ces principaux ingrédiens soient simples et peu nombreux, les diverses modifications qu'ils sont susceptibles d'éprouver, relativement à la variété de leurs formes et de leurs mélanges entre eux et avec quelques autres substances étrangères, jointes aux nombreuses variations que la différence de position des terres, plus ou moins basse ou élevée, horizontale ou inclinée, plane ou raboteuse, y apporte, ainsi que le plus ou le moins d'épaisseur de la couche supérieure, la nature des couches inférieures plus ou moins profondes, sèches ou humides, spongieuses ou compactes, les influences plus ou moins directes des climats, des expositions, des abris, des eaux, des bois, et d'un grand nombre d'autres causes, prochaines ou éloignées, établissent des nuances tellement variées, qu'il est réellement impossible de diviser et subdiviser ces terres en classes et espèces fixes et régulières, relativement au genre de culture qui leur est le plus applicable, l'analyse même étant un moyen trompeur et insuffisant pour cet objet.

Il faut donc nécessairement se borner à un très petit nombre de divisions générales et approximatives; et puisque la nature même de la composition des terres cultivables, établie sur les différentes proportions des principales parties constituantes entre elles, ne fournit pas un guide certain pour établir ces divisions, il nous paroît bien plus convenable de les asseoir sur la nature des productions auxquelles elles paroissent être le mieux appropriées, quoique ce moyen offre encore de grandes variations.

Ainsi, afin de moins compliquer cet objet, nous n'établirons que trois grandes classes ou divisions principales, sous chacune desquelles chaque cultivateur pourra placer toutes les nuances intermédiaires qui les séparent, en rapportant à chacune de ces divisions toutes celles qui s'en rapprochent le plus, tant par la nature de leur composition que par celle de leurs productions les plus convenables, et par toutes les autres circonstances déterminantes.

La première division comprend toutes les terres siliceuses ou calcaires, crétacées, plus sèches qu'humides, plus meubles que compactes, plus élevées que basses, essentiellement propres à la production du seigle, de l'épeautre et de l'orge, parmi les graminées annuelles; du sainfoin, de la lupuline, du mélilot, du fenugrec, de la lentille, de l'ers, du lupin, du pois chiche et du haricot, parmi les légumineuses; de la rave ou du navet, de la navette et de la cameline, parmi les crucifères; et du sarrasin, de la gaude, de la spergule, de la pomme de terre, de la patate, du soleil et du topinambour, parmi les autres familles naturelles, indépendamment de plusieurs autres plantes vivaces, propres à l'établissement des prairies permanentes, et que nous ferons connoître particulièrement dans notre seconde division, en nous occupant de cet objet important.

La seconde division renferme toutes les terres argileuses naturellement tenaces, plus humides que sèches, plus basses qu'élevées, et plus compactes que meubles, particulièrement convenables au froment, à l'avoine et aux graminées vivaces propres aux prairies, dans la première famille; aux trèfles, aux fèves, aux pois, aux vesces, aux gesses, et aussi à quelques autres plantes légumineuses, vivaces, convenables aux prairies permanentes, telles que les lotiers orobes, etc., dans la seconde; aux choux proprement dits, et aux choux-raves, choux-navets, rutabaga, colsats ou autres variétés, dans la troisième; et à la chicorée sauvage, dans la famille des chicoracées.

Enfin, la troisième division est consacrée à toutes les terres, qui, douées de cet heureux état mitoyen, si convenable en toutes choses, s'éloignent des deux extrêmes compris dans les deux premières divisions; à toutes celles qui, jouissant des proportions convenables de consistance, d'ameublissement, de profondeur et de fraîcheur, tout à la fois, qui constituent ce qu'on désigne souvent sous le nom de *terres franches*, qui sont également propres à toutes les productions que le climat comporte, peuvent admettre avec avantage dans leur sein la plupart des plantes précédemment indiquées, mais réclament plus particulièrement et plus immédiatement l'escourgeon, le millet, le panis, l'alpiste, le sorgho, le maïs et le riz, dans la première famille; la luzerne, l'arachide, la réglisse et l'indigotier, dans la seconde; le pastel, la baniade orientale et la moutarde, dans la troisième; et dans d'autres familles, le chanvre, le lin, la garance, le tabac, le cotonnier, la courge, le safran, le pavot, la bette, la carotte, le panais, le houblon, la cardère, l'asclépiade de Syrie, la rhubarbe et la soude.

Il convient d'observer ici que les plantes que nous venons d'énumérer, ainsi que toutes celles qui exigent des terres de première qualité pour prospérer, peuvent être, aussi, plus ou moins admissibles sur celles des deux premières divisions, dont les plantes qui leur sont plus particulièrement affectées peuvent également passer de l'une dans l'autre, suivant les modifications accidentelles que la terre est susceptible de recevoir par l'effet de la culture, des amendemens et d'autres circonstances déterminantes qu'il est impossible de préciser, mais que le cultivateur intelligent, qui connoît bien *la portée* de son terrain, et qui sait d'ailleurs qu'il ne peut y avoir en agriculture de règle fixe et invariable, saisit aisément.

PREMIÈRE DIVISION.

PREMIÈRE SECTION. *Des graminées.*

Les plantes principales, les plus applicables à cette division, parmi nos graminées annuelles, sont le seigle, l'épeautre et l'orge.

DU SEIGLE. Le seigle, *Secale cereale*, Lin., est recommandable dans les assolemens de nos terres les plus ingrates, par trois avantages bien déterminans, 1° par sa propriété bien reconnue de parvenir à maturité dans des situations qui s'opposent à la prospérité des autres plantes annuelles cultivées dans cette famille; 2° par la précieuse faculté, non moins constatée, de résister à un degré d'intensité de froid qu'elles ne peuvent supporter; et 3° par la précocité de sa végétation, qui, d'une part, le rend très propre à être remplacé par une seconde récolte dans la même année, et, de l'autre, à fournir, avant toutes les autres, au printemps, une nourriture verte, saine, abondante, et si nécessaire, à cette époque, pour les bestiaux.

Examinons-le sous ces trois rapports importans.

Premier avantage. Sans doute, le seigle est encore cultivé aujourd'hui en France, comme ailleurs, sur un très grand nombre de terres, sur lesquelles, avec de bons assolemens, qui produiroient nécessairement plus d'engrais et une culture plus soignée et plus profitable, il devroit céder la place, qu'il y occupe souvent presque exclusivement, au froment ou à d'autres plantes préférables pour la qualité des produits : mais il est certain qu'il existe des terres sur lesquelles il a des droits incontestables à la préférence qu'on lui accorde, quoique Arthur Young ait prétendu le contraire, dans son *Voyage en France.* La plupart de celles qui sont essentiellement très meubles ou crétacées, siliceuses et arides, et qui, redoutant les chaleurs fortes et prolongées, sont d'ailleurs naturellement peu fertiles, et peu susceptibles de le devenir, à cause des circonstances locales dans lesquelles elles se trouvent, le réclament impérieusement. Sa maturité étant plus avancée, il a moins à y redouter l'effet désastreux des plus fortes chaleurs ordinaires, avant lesquelles il a généralement parcouru le cercle entier de sa végétation; et, comme l'observe très judicieusement Rozier, *ses feuilles étant plus larges et formant une touffe plus considérable que celles du froment, ses tiges étant aussi comparativement plus grêles et moins fortes ;* et, l'on pourroit ajouter, occupant moins long-temps le sol, et résistant mieux à la sécheresse, son grain étant encore spécifiquement moins pesant et moins substantiel, il exige généralement une terre moins fertile pour prospérer.

C'est ce que l'expérience démontre chaque année, et sur-tout lorsque, dans un des assolemens les plus vicieux, trop fréquens dans quelques uns de nos départemens, les cultivateurs qui savent bien que les champs sur lesquels ils viennent de récolter du froment, et qui ne peuvent plus leur en fournir une récolte consécutive abondante, conservent cependant encore assez de nourriture pour être en état de fournir à une récolte ordinaire en seigle, les ensemencent avec ce dernier grain. Dans ce cas, il donne généralement, à la vérité, des produits plus avantageux que n'auroit fait une seconde récolte de froment, qui eût exigé une terre plus fertile; mais il achève aussi de la souiller et de l'épuiser, et force les cultivateurs plus avides qu'instruits sur leurs véritables intérêts, à recourir l'année suivante à l'improductive et insuffisante jachère, qui devient le résultat triste et ordinaire de leur conduite mal raisonnée.

Le seigle est sur-tout très propre à être alterné, sur les terres peu fertiles, avec le sainfoin, qui les rend quelquefois en état de produire du froment, comme nous en citerons plusieurs preuves, en traitant particulièrement cet objet.

Il en existe aussi une variété printanière, désignée sous les dénominations de *seigle tremois*, *marsais* ou de *mars*, qui peut encore devenir utile pour remplacer une récolte tardive de navets, ou toute autre, et qui est plus particulièrement convenable aux montagnes élevées sur lesquelles l'on ne peut semer de grains hivernaux; mais elle produit généralement, comme toutes nos variétés printanières des grains d'hiver, des récoltes beaucoup moins abondantes que ces mêmes grains non *desaisonés*.

Quant au mélange de seigle et de froment, connu sous le nom de *méteil*, qui peut quelquefois être utile sous le rapport du produit, il a généralement de graves inconvéniens sous ceux de la maturité et de la mouture inégales de ces grains.

Second avantage. Si la culture du seigle mérite d'être conservée sur un grand nombre des terres ingrates dont nous venons de parler, elle n'est pas moins avantageuse sur celles de nos montagnes dont la froide température ne peut admettre ni le froment, ni l'orge, ni le maïs, et sur lesquelles l'avoine seule, parmi nos graminées annuelles cultivées, peut quelquefois partager avec le seigle le droit de procurer aux cultivateurs alpicoles des récoltes passables dans ce rigoureux domaine des neiges et des frimas prolongés.

La moyenne région de nos Alpes, ainsi que celle des Cévennes, et de plusieurs autres de nos montagnes subalpines, offrent un très grand nombre de preuves de cette vérité. Non seulement la chaleur qui y règne l'été, n'y est ni assez forte, ni assez constante, ni assez prolongée pour procurer aux autres grains une maturité convenable, que le seigle y obtient ordinairement; mais ce qui le rend sur-tout précieux, dans ces froides contrées, c'est qu'il résiste à une intensité de froid, qu'aucun d'eux ne peut supporter. Il y résiste également, pendant très long-temps, aux amas considérables de neige, produits par les avalanches, comme le prouve un fait remarquable observé par Villars, et consigné dans son intéressante Histoire des plantes du Dauphiné. Plusieurs champs ensemencés en seigle s'étant trouvés ensevelis sous un amas considérable de neige qu'une avalanche y avoit accumulée, la végétation se conserva très long-temps sous cette couche glaciale et épaisse que la chaleur de l'année suivante ne suffit pas pour faire disparoître, et le seigle y parvint cependant à maturité, l'année d'ensuite, après un ensemencement qui datoit de deux années.

Ce que le seigle redoute le plus, c'est une humidité surabondante, à laquelle il résiste moins bien que les autres graminées. Nous avons remarqué en 1806, après un débordement de la Seine qui avoit inondé toutes nos emblaves, que le seigle avoit succombé à l'inondation, au bout de huit jours, l'escourgeon et l'avoine d'hiver, après douze jours, tandis que le froment avoit résisté à trente-deux jours de submersion. Cette dernière observation nous a été confirmée par une semblable, faite par MM. Chassiron et Brémontier.

Le seigle est encore sujet à une maladie connue sous le nom d'*ergot*, ainsi nommée parceque les grains qui en sont affectés ont une forme allongée et recourbée qui leur donne l'apparence d'un ergot, et lorsque ces grains sont réduits en farine avec ceux qui sont sains, le pain qui en provient donne lieu à une maladie appelée *gangrène sèche*, qui fait quelquefois de terribles ravages. On a remarqué que l'*ergot*, contre lequel on n'a trouvé jusqu'à présent aucun préservatif efficace, quoique le chaulage nous paroisse, comme à notre collègue Tessier, très propre à le prévenir, étoit généralement plus abondant sur les terres humides ou nouvellement defrichées, et cette observation peut fournir des renseignemens utiles pour les assolemens.

Il est aussi exposé aux ravages de quelques insectes, sur-tout sur les terres où il paroît plusieurs fois consécutivement.

Le grain du seigle est inférieur en qualité à celui du froment. Il fournit une farine moins blanche et moins sèche, qui s'allie avantageusement en diverses proportions avec celle de ce dernier grain et fournit un pain qui se conserve long-temps frais. Sa paille est également moins bonne pour la nourriture des bestiaux, étant coriace et moins apétissante; mais elle est la plus convenable de toutes, à cause de sa solidité, pour les liens, les couvertures, la litière et pour un très grand nombre d'ouvrages de *natterie* pour lesquels elle est très employée.

Troisième avantage. Quelque importans que puissent être les deux avantages précédens, dans un très grand nombre de cas, l'accélération ordinaire de la végétation du seigle, l'avancement de sa récolte, comparativement aux autres grains hivernaux, ainsi que la précocité, l'abondance, et la qualité de son fourrage vert, au printemps, ne le rendent pas moins recommandable dans un plus grand nombre de cas.

D'abord, en couvrant de bonne heure, en automne, la terre naturellement aride, d'un épais tapis de verdure, il la garantit très efficacement dans cette saison, et plus encore au printemps, des fâcheuses impressions du hâle, de la sécheresse et de la chaleur.

Ensuite, sa récolte ayant ordinairement lieu de très bonne heure, il favorise puissamment par-là les secondes récoltes qu'avec des assolemens convenables on peut encore obtenir sur le même champ, dans la même année, même dans nos départemens les plus septentrionaux, où nous voyons la rave, le navet, et la spergule le remplacer immédiatement après sa récolte; et souvent, dans nos contrées plus méridionales, il se trouve également remplacé par un bien plus grand nombre de plantes, parmi lesquelles on remarque le maïs pour fourrage, le millet, le panis, le lupin, le pois chiche, la vesce, la gesse, le haricot, le pavot, la cameline, la navette, le sarrasin, et même la pomme de terre, qui se récoltent également la même année.

A la vérité, cette précocité, généralement si avantageuse, lui devient quelquefois fatale, en exposant ses épis en fleurs, aux fâcheuses impressions des gelées intempestives qui annullent plus ou moins sa fructification; mais il se trouve aussi, par le même motif, moins exposé aux dégâts plus redoutables de la grêle, qui ne commence souvent, dans le même climat, ses terribles ravages qu'après l'époque ordinaire de la récolte du seigle.

Enfin, par la précocité, l'abondance et la qualité de son fourrage vert, il devient utile dans plusieurs cas, dont nous allons examiner les principaux.

§. 1. Il est sans contredit la principale, sinon l'unique nourriture verte abondante et économique que l'on puisse donner aux bestiaux, qui en ont le plus grand besoin, dans les premiers jours du printemps, après l'entière consommation des racines, dont le cultivateur prévoyant doit toujours faire une ample provision. Non seulement il devient une ressource très précieuse à cette époque, généralement si critique, sur-tout pour les insoucians et trop confians routiniers *jachéristes*, mais il peut encore partager avec les racines l'avantage de nourrir les bestiaux pendant l'hiver, comme nous le prouverons tout à l'heure. Il doit être considéré alors comme formant une *prairie momentanée*, destination à laquelle les grains soumis à nos cultures ordinaires paroissent avoir été appropriés depuis long-temps. Ce genre de prairie, désigné généralement dans le midi de la France sous le nom de *fourragère*, étoit souvent et toujours très utilement employé par les Romains, d'après le rapport unanime de leurs auteurs géoponiques, *dont tous les procédés*, comme l'atteste Gilbert, *semblent annoncer une con-*

noissance mieux sentie du mérite des bestiaux, et ils y consacroient sur-tout l'escourgeon et l'avoine, d'après Columelle (1).

§. 2. Ces *fourragères*, ou *prairies momentanées*, ne produisent pas ordinairement une quantité de fourrage égale à celle qu'on obtient, dans les terrains convenables, de la réunion des diverses coupes de luzerne, de trèfle, et de quelques autres prairies artificielles, comme l'observe judicieusement notre savant cultivateur méridional Vilelle; mais indépendamment des avantages si précieux que procure le seigle ainsi traité sur des sols ingrats qui ne comportent pas ces cultures, par la précocité d'une excellente nourriture verte dont on peut même jouir au milieu de l'hiver, dans les cas urgens, le terrain sur lequel on a recueilli ces avantages peut être assez tôt dépouillé de ce produit pour pouvoir recevoir deux nouveaux ensemencemens la même année, comme nous le démontrerons à la fin de cet article.

§. 3. Il est aussi des circonstances heureuses dans lesquelles le même champ, avec un seul et même ensemencement en graminée annuelle, peut fournir dans la même année, un ou même plusieurs produits en fourrages, et ensuite une récolte en grain.

Cette multiplicité de récoltes résultantes du même ensemencement, et dont l'escourgeon et le froment fournissent plusieurs exemples, que nous rapporterons à leur article, est plus particulièrement encore applicable au seigle qu'à toute autre graminée.

Ce grain, semé de très bonne heure, sur des terres, ou naturellement fertiles, ou rendues telles par une judicieuse distribution d'amendemens et d'engrais, peut, avec des circonstances atmosphériques favorables, fournir avant, pendant, et après l'hiver, plusieurs produits avantageux en fourrages, indépendamment d'une abondante récolte en grain.

Une variété connue sous le nom de *seigle de la Saint-Jean*, probablement parcequ'on la sème à cette époque, ou sous celui de *seigle du nord*, parcequ'elle y est plus connue et cultivée qu'ailleurs, paroît essentiellement convenable pour obtenir ces divers produits, comme le prouvent les exemples suivans.

M. Le Breton fit, avec ce seigle, à Saint-Germain, en 1785, une expérience de laquelle il résulta qu'ayant été semé, le 28 juin, il fut en état d'être fauché pour la première fois, le premier septembre, ayant atteint alors environ vingt pouces; il fut fauché une seconde fois, le 28 du même mois, et il fournit, l'été suivant,

---

(1) Le mot français *fourrage* ne seroit-il pas dérivé du mot latin *farrago*, qui a lui-même pour racine le mot *far*, expression générique qui correspond à notre mot blé et qui indiqueroit très bien l'usage ancien de convertir en fourrage l'herbe de nos grains, quoique nous ayons appliqué ce mot à toute espèce de foin que les Romains distinguoient sous les mots particuliers, *fœnum*, *ocymum*, etc.?

une récolte plus abondante qu'un champ de seigle ordinaire, qui avoit été semé en automne à côté.

Gilbert fit une expérience semblable avec ce seigle, et l'ayant semé le 9 juillet, il en obtint, le 10 septembre suivant, une première coupe d'environ dix-huit pouces de haut (48 centimètres) le 14 octobre, une seconde, d'environ un pied (32 centimètres) et une récolte en grain l'année suivante.

M. de Champagneux a cultivé avec le même succès, dans le département de l'Isère, cette précieuse variété qui avoit été envoyée d'Allemagne, à notre collègue Thouin, dont le zèle pour la propagation des végétaux les plus utiles est généralement connu.

Le seigle ordinaire d'automne, traité de la même manière, peut, d'après quelques essais que nous avons faits sur cet objet, fournir aussi, dans des circonstances favorables, des résultats très avantageux en fourrage et en grain, quoique moindres que ceux que procure le seigle de la Saint-Jean.

Confirmons par quelques nouveaux exemples l'utilité de la culture du seigle, judicieusement intercallée dans les assolemens et considérée comme récolte-fourragé.

Duhamel, après avoir fortement recommandé cette culture, cite l'exemple remarquable de *M. Delu, qui en avoit obtenu cinq coupes de fourrage excellent, en deux ans, sur le même champ.*

L'un des premiers cultivateurs du département des Landes, à la tête d'une de nos bergeries nationales, M. Poyféré de Céré, nous informe que le seigle en vert est le seul dont l'usage soit généralement adopté dans les Landes pour les troupeaux en hiver; on l'y sème en septembre et octobre, on le fait pacager par les brebis et agneaux, et il y est *d'une ressource infinie.* »

Un cultivateur non moins instruit, du département de la Gironde, M. Le Gris Lasalle, qui, sur son domaine de Tustal, a établi un excellent assolement, y sème souvent en septembre le seigle avec un mélange de vesce, et le coupe en mars. Il nous informe aussi qu'il a reconnu que c'est le *plus hâtif* des fourrages; qu'il repousse ordinairement après cette première récolte, et il ajoute : « Dans l'automne de 1805, j'en fis semer sur un champ de six hectares; en mars 1806, la terre fut retournée, après la récolte, et l'on planta des pommes de terre; celles-ci arrachées en octobre, furent remplacées immédiatement par du froment, recueilli en 1807. De sorte que dans l'espace de moins de deux ans j'ai obtenu trois récoltes, *fourrage, pommes de terre et froment.* »

Nous ne pouvons encore nous refuser au plaisir d'annoncer que notre collègue Mallet n'a réussi à entretenir d'une manière aussi exemplaire d'aussi beaux et aussi nombreux troupeaux de mérinos, sur l'ingrate *varenne* dont ses soins sont parvenus à fixer le sable mobile, qu'en en couvrant une grande partie, tous les ans en seigle, qui, indépendamment d'une très grande quantité de sainfoins qui consolident et fertilisent ce sol aride, sert de nourriture à ses brebis et à leurs agneaux, pendant l'hiver et le printemps; et il a également reconnu que dans la position critique dans laquelle il se trouve, c'étoit la nourriture la meilleure, la plus économique, la plus précoce et la plus abondante qu'il pût procurer à ses troupeaux, à cette époque.

Enfin, nous ajouterons que nous recommandons aussi, *par notre pratique*, l'usage de cette précieuse ressource, et que nous avons fait construire à cet effet la forte herse de fer représentée sur la *planche qui se trouve à la fin de ce traité*. Immédiatement après la récolte de tous nos champs disponibles, nous y semons environ un hectolitre par hectare de criblures de seigle que nous enfouissons très expéditivement avec cette herse, qui supplée très bien à la charrue, à une époque où les travaux sont si urgens. Elle remue suffisamment la terre, qui ne tarde pas à se couvrir de la verdure des semences qu'on lui a confiées, et d'une grande partie de celles qu'elle recéloit dans son sein, ce qui est de la plus grande importance pour son nettoiement. Cet ensemencement expéditif et très peu coûteux fournit à nos troupeaux, pendant l'hiver et le printemps, une excellente nourriture verte, avec le topinambour et quelques pièces de sainfoin; afin de prolonger cette précieuse ressource, nous semons simultanément sur le même champ, par planches séparées, d'autres criblures d'escourgeon, de froment et d'avoine d'hiver, qui, croissant à des époques différentes, fournissent alternativement des pâtures nouvelles, dont les dernières laissent aux premières employées le temps de repousser. Quelques unes admettent aussi quelquefois un mélange de navets, qui, lorsqu'ils résistent à l'hiver, fournissent au printemps une nouvelle variété de nourriture. Elles se trouvent souvent remplacées en été par d'autres pâtures, formées de la même manière avec des grains printaniers, qui non seulement fournissent alors une nouvelle nourriture aux troupeaux, avec celle de nos prairies naturelles et artificielles, mais qui ameublissent et fertilisent encore, par leurs débris et par les déjections animales, ceux de nos champs qui y sont soumis, qui n'en deviennent que plus propres à donner, la même année, une nouvelle récolte en sarrasin, en navets, en maïs-fourrage, ou en tout autre produit, qui ne préjudicie en aucune manière à la récolte en grain de l'année suivante.

Nous avons eu souvent occasion de reconnoître que cette variété de nourriture contribuoit puissamment à la prospérité de tous nos animaux domestiques, pour lesquels elle est aussi agréable et aussi profitable que la variété des produits est utile au sol qui les fournit.

Nous avons aussi reconnu que les débris du fourrage vert, qu'on peut encore faner, en le fauchant au moment où l'épi paroît, fournissoit un engrais végétal très convenable au terrain qui en profite; et Pline nous informe que les Piémontais semoient quelquefois, de son temps, le seigle pour cet objet.

Notre exploitation renferme plus de cinquante hectares, maintenant en froment et autres grains, qui ont été soumis à ce traitement l'année dernière, et nous avons en ce moment une étendue de terre, au moins égale, couverte de seigle et d'autres grains pour pâture, qui doit éprouver la même série et le même mode de culture, et donner les mêmes résultats avantageux.

Nous avons également une pièce de terre fort étendue, ensemencée, le premier septembre dernier, en seigle destiné à être récolté en grain, après avoir fourni plusieurs pâtures successives. Ce seigle semé sans engrais sur un de nos champs les plus ingrats et les plus éloignés, sert aussi de pâture, depuis le mois de novembre, à nos troupeaux, qui continueront d'y paître jusqu'à la fin de février; et ce champ n'en fournira pas une récolte moins abondante en grains, suivant toutes les probabilités, et d'après le succès de plusieurs essais en ce genre, que nous avons faits précédemment (1).

DE L'EPEAUTRE. L'épeautre, epaute, ampeutre ou espiote, blé locar ou locular, ou blé rouge, *Triticum spelta*, est une espèce de froment à écorce pailleuse, épaisse comme celle de l'orge ordinaire, dont l'épi est court et un peu comprimé, et dont les fleurs, tronquées obliquement et ordinairement pourvues de courtes barbes, sont au nombre de quatre dans le même calice.

Il en existe une variété principale connue sous le nom de petite épeautre à une seule loge, *Triticum monococum*, L., à laquelle on applique plus particulièrement le nom de blé locar ou distique, et une variété printanière qui est généralement peu productive en paille et en grain.

L'épeautre, très estimé des anciens, qui le désignoient sous le nom de *zea* ou *semen*, semence par excellence, est généralement peu cultivé en France aujourd'hui, si ce n'est dans quelques cantons de nos départemens de l'est, dans les Vosges sur-tout, et sur les frontières de l'Allemagne et de la Suisse, où sa culture est beaucoup plus étendue.

On le trouve aussi dans quelques endroits du département de l'Indre, où le grain de la petite variété, désignée sous le nom *d'ingrain*,

(1) Depuis que ceci est écrit, cette pièce de seigle a été récoltée et a fourni une récolte des plus abondantes.

Voyez l'article FROMENT pour tous les détails relatifs à la culture, à la récolte, etc.

sert quelquefois de nourriture aux chevaux en place d'avoine, et dans celui du Gers où on en emploie indistinctement les deux variétés à engraisser les oies et les porcs. On le trouve encore dans les montagnes des Cévennes, du Limosin, de l'Angoumois et du Dauphiné. L'épeautre ne paroît pas non plus avoir été très cultivé du temps d'Olivier de Serres, qui dit que *ne rendant que fort peu de farine par l'abondance du son qu'elle fait étant moulue ou pellée, cause qu'en ce royaume maintenant telle sorte de blé n'est beaucoup prisée.*

Duhamel, qui paroissoit aussi en faire peu de cas, nous informe encore que de son temps *on ne le cultivoit guère en Gâtinois que vers Montargis.*

Comme le seigle, il exige, pour prospérer, un terrain moins fertile que celui qui convient au froment ordinaire, et croît sur les sols argileux les plus compactes, comme sur les terres siliceuses les plus arides, sur-tout la petite variété qui s'accommode assez bien des terres schisteuses et granitiques les plus rebelles aux cultures ordinaires. Comme lui, il résiste également bien aux froids excessifs et aux sécheresses prolongées, et se conserve très long-temps sous la neige; et comme lui aussi, il redoute le séjour de l'eau qui le détruit promptement.

Il peut donc être substitué au seigle dans les mêmes assolemens, mais il demande à être semé plus tôt, et se récolte ordinairement plus tard. Au reste, sa culture est la même; il se bat aussi plus difficilement, parceque les grains tiennent fortement aux balles qui les entourent, et celles-ci à l'axe de l'épi.

L'épaisseur et la dureté de son enveloppe le préservent très bien des attaques des insectes qui en sont avides lorsqu'il en est dépouillé, et on l'en dépouille, pour le manger, par les mêmes procédés que ceux usités pour faire le gruau d'orge, mais on le sème toujours avec ses enveloppes; c'est ce qu'on appelle semer *en bourre*, et l'émondage le réduit de moitié au moins.

Le grain de l'épeautre, privé de ses enveloppes, est plus petit que ceux du froment ordinaire et du seigle; il est aussi spécifiquement plus léger et contient peu de farine; mais elle est très savoureuse, délicate, légère et avide d'eau, et elle l'emporte beaucoup sur celle du seigle pour la qualité, et même sur celle du froment.

On en fait du pain, de la pâtisserie et de la bouillie qui ont autant de légèreté que de saveur; et les farines si renommées de Strasbourg, Francfort et Nuremberg, pour leur blancheur et leur légèreté, sont faites avec l'épeautre. On convertit aussi le grain en gruau qui remplace souvent le riz dans les potages. On en fait encore quelquefois de la bière et de l'eau-de-vie; enfin on en engraisse, avec beaucoup d'avantage, les animaux, et sa paille hachée, ainsi que ses balles, est donnée aux chevaux en plusieurs endroits, mélangée avec d'autres substances alimentaires (1).

DE L'ORGE. On distingue trois principales espèces annuelles d'orge cultivées en France; savoir, l'orge distique ou à deux rangs, qui renferme la précieuse variété d'orge nue; l'orge éventail ou faux riz, et l'escourgeon, orge hexastique, sucrion ou soucrion.

Nous ne nous occuperons ici que des deux premières espèces, l'escourgeon appartenant plus particulièrement à notre troisième division, parcequ'il exige une terre très fertile pour donner des produits avantageux.

DE L'ORGE DISTIQUE. L'orge distique, *Hordeum distichum*, L. connue en différens endroits sous les noms de *baillard* ou *baillarge*, *pamèle* ou *pamoule* et *marsèche*, parcequ'on la sème ordinairement en mars dans les cantons où on la désigne ainsi, est plus délicate sur le sol et l'exposition que le seigle et l'épeautre.

Elle préfère à toutes autres, les terres meubles légèrement humides et les expositions chaudes, et réussit généralement assez bien sur celles de cette division qui réunissent ces qualités; mais à quelqu'époque qu'on la sème, elle exige, pour prospérer, que le sol ait été préalablement bien engraissé, défoncé et ameubli par de profonds labours et autres opérations aratoires.

Sa culture, qui épuise beaucoup le sol, comme celle de toutes les orges qui, présentant peu de surface à l'atmosphère, sont munies de longues et nombreuses racines fibreuses très envahissantes, profondes et épuisantes, est plus particulièrement applicable au voisinage des grandes villes, où les engrais sont plus abondans et la vente plus avantageuse et plus assurée, et sur-tout dans ceux de nos départemens où la bière est la boisson habituelle, et dans le petit nombre de ceux où ce grain, qui est souvent employé à l'engrais des bœufs, des porcs et de la volaille, et quelquefois même à la nourriture des hommes, soit sous la forme panaire, soit mondé, soit perlé, en gruau, et assaisonné comme le riz auquel on le substitue souvent, remplace l'avoine pour les chevaux, comme en Espagne et en plusieurs autres contrées.

Sa végétation accélérée, dont elle atteint ordinairement le terme en trois mois, laisse, avant et après, le temps nécessaire pour faire d'autres cultures de fourrages ou de pâtures la même année, *lorsqu'elle est semée seule au printemps*, ce qui n'est

---

(1) Voyez l'article FROMENT pour les détails généraux relatifs à la culture.

pas, en général, la pratique la plus profitable ni la plus conforme aux principes que nous avons établis.

Elle réussit ordinairement très bien après la culture des carottes, des raves et des navets, ou de toute autre récolte, sarclée et surtout *consommée sur place*, ce qui est particulièrement avantageux aux terres de cette division; il est aussi très avantageux de la semer avec le trèfle, ou la lupuline, ou le sainfoin, qui admettant après, le froment ou l'épeautre, ou le seigle, fournissent une serie de récoltes très productives, sans exiger beaucoup de labours et d'engrais. Nous l'avons vue également plusieurs fois donner une seconde récolte avantageuse dans la même année, après une première de pois hâtifs, faite de bonne heure.

Lorsqu'une récolte de sarrasin ou de pommes de terre est faite trop tardivement en automne pour pouvoir espérer une récolte successive de seigle ou d'autre grain d'hiver, ou lorsqu'on désire obtenir, après ces récoltes, un pâturage au printemps, ou enfin se réserver le temps nécessaire pour fumer la terre, l'orge dont l'ensemencement peut être différé souvent sans inconvénient, jusqu'en avril et même en mai, est encore très propre à remplacer ces cultures, et elle devient plus convenable à cette époque qu'à toute autre, pour servir d'ombrage et d'abri aux prairies artificielles naissantes.

DE L'ORGE ÉVENTAIL. Cette espèce d'orge, *Hordeum zeocriton*, L., appelée — *orge éventail, pyramidal*, parceque ses grains, placés sur un épi pyramidal court, sont garnis de longues barbes disposées en éventail. — *Orge-riz*, improprement, ou faux riz, parceque ses grains, plus petits que ceux de l'espèce précédente, sont recouverts d'une écorce pailleuse, extrêmement adhérente à la partie farineuse, et qui ne peut guère se monder; — ou *orge de montagne*, parcequ'elle y est plus souvent cultivée que les autres espèces, peut remplacer la précédente, quoique moins productive, et paroît convenir davantage aux terrains élevés, ordinairement arides. Elle n'est guère cultivée que dans quelques cantons de nos départemens réunis, voisins de l'Allemagne, ce qui fait qu'on la désigne aussi quelquefois sous le nom *d'orge-riz d'Allemagne*.

DE L'ORGE NUE. L'orge nue, ainsi appelée parceque son grain, qui se sépare aisément de sa balle florale, au lieu d'être enveloppé dans une écorce épaisse dure et pailleuse comme les autres orges, est recouvert d'une pellicule légère comme le froment et le seigle, avec lequel il a quelque ressemblance, est aussi appelée par Linné *orge céleste*, *Hordeum cœleste*, probablement à cause de ses bonnes qualités.

Cette variété ou plutôt cette espèce, car elle a des caractères constans assez distincts pour lui mériter cette qualification, peut être très utile comme seconde récolte dans la même année, sur-tout dans nos départemens méridionaux, où elle mûrit très promptement, et où nous l'avons vu cultiver avec beaucoup de succès dans plusieurs cantons. Elle est sur-tout précieuse dans les années de disette, fournissant un assez bon pain, et mûrissant même avant le seigle; et, dans ces momens d'urgence, où le premier principe consiste à se soustraire, avant tout, aux horreurs de la famine, on pourroit rigoureusement en obtenir deux récoltes consécutives sur le même champ, dans la même année, sauf à réparer ensuite cette infraction forcée aux principes d'assolement. Nous l'avons cultivée avec succès dans un assolement dont nous avons déjà rendu compte, et quelques essais faits dans le département du nord nous font présumer qu'elle pourroit également être introduite dans le nord de la France. Il paroît même, d'après Mitterpacher, que les Norwégiens en font le plus grand cas pour la fabrication de leur bière. *Hordeum cœleste Norvegis gratissimum, quoniam cerevisiam generosam præbet. Mitterpacher.* Elem. rei rust. 512.

Cependant plusieurs brasseurs de la capitale, à qui nous l'avons offerte, n'ont pas paru la rechercher, et nous devons ajouter que, quoique très productive, nous avons remarqué que ses épis très cassans se séparoient aisément de la tige lors de la moisson, et que son grain noircissoit promptement lorsqu'il étoit mouillé à cette époque par les intempéries de la saison.

Il existe aussi une espèce ou variété d'orge à six rangs, que nous avons également cultivée, et dont nous parlerons à l'article Escourgeon, parcequ'elle peut être substituée avantageusement à ce dernier grain d'hiver. Nous en connoissons encore une variété à grains d'un bleu tirant sur le noir, que notre collègue Grégoire a rapportée d'Allemagne et qu'il nous a donnée; mais nous ne lui avons reconnu aucune qualité qui puisse la faire préférer aux précédentes.

On peut encore tirer un parti avantageux des différentes espèces d'orge, sous le rapport des pâtures et des fourrages ou prairies momentanées, comme nous l'avons déjà indiqué en considérant le mérite du seigle pour cet objet. Nous en parlerons également, en traitant de l'escourgeon, qui est plus particulièrement applicable à cette destination.

Toutes les orges, comme les avoines, sont très sujettes à la maladie du charbon, et nous avons constamment remarqué que cette maladie se manifestoit d'autant plus sur toutes nos graminées, que le terrain étoit plus humide, le temps pluvieux et froid, ainsi que l'époque de la semaille, et la germination plus lente. Nous avons aussi reconnu que le chaulage en étoit un excellent préservatif.

L'orge est de tous nos grains celui qui se bat le plus aisément, parcequ'il est peu adhérent à l'axe de l'épi, c'est pour cela que sa paille, qui en est ordinairement dépourvue entièrement après le battage bien fait, est si peu nourrissante. Son grain est aussi un de ceux qui redoutent le moins les ravages des animaux nuisibles et se conservent le mieux, à cause de sa dureté et de l'épaisseur de son écorce pailleuse; mais l'orge nue n'a pas cet avantage (1).

SECONDE SECTION. *Des légumineuses.*

Les plantes principales les plus applicables à cette division parmi nos légumineuses sont, pour les perennes et bisannuelles, le sainfoin, la lupuline et le mélilot, et pour les annuelles, le lupin, la lentille, l'ers, le pois chiche et le haricot.

DU SAINFOIN. Le sainfoin commun, désigné quelquefois sous les noms d'*esparcet* ou *esparcette*, *bourgogne* et *pelagra*, *Hedisarum onobrychis*, étant originaire de nos montagnes et coteaux arides et crétacés, où il croît spontanément, et d'où il est descendu dans nos plaines depuis environ deux siècles, est très propre à fertiliser la plupart de nos terres naturellement peu fertiles, et sur-tout celles qui sont calcaires, nues, élevées et arides.

Il convient particulièrement pour lier et retenir, par l'entrelacement de ses racines pivotantes qui se bifurquent assez souvent, les terres meubles et en pente, et les coteaux crayeux sur lesquels il jouit de la précieuse faculté de résister au froid et à la sécheresse plus qu'aucune autre de nos plantes ordinairement cultivées en prairies artificielles, et où, à défaut d'arbres, arbrisseaux et arbustes, il prévient très efficacement les éboulemens qu'occasionnent si souvent les cultures annuelles.

Il y fournit généralement, à la vérité, un fourrage peu abondant; mais son excellente qualité, dans de semblables positions, dédommage amplement de sa foible quantité, et il procure en outre, presqu'en tout temps, un pâturage très sain et singulièrement approprié à la nourriture d'été et d'hiver de nos bêtes à laine superfine, qu'il n'a jamais l'inconvénient si redoutable de météoriser, comme le trèfle, la luzerne et toutes les plantes très aqueuses, avantage de la plus haute importance pour l'entretien de ces précieux animaux.

Dans ces positions ingrates, il ne produit ordinairement qu'une seule coupe, indépendamment du pâturage; mais, dans les terres calcaires, moins exposées au froid et à la sécheresse, meubles et profondes tout à la fois, qui conviennent essentiellement à la luzerne, il en fournit ordinairement plusieurs, et, de l'usage dans lequel on est, dans quelques cantons, de l'admettre sur de sem-

(1) Voyez l'article FROMENT pour les principaux détails relatifs à la culture.

blables terres, il est résulté une variété qui, transportée ensuite sur des terres moins fertiles, y donne, pendant long-temps, des produits plus abondans que celle qui y étoit cultivée originairement, comme nous avons eu occasion de nous en convaincre, sur notre exploitation, en les cultivant comparativement et alternativement sur de bonnes et de mauvaises terres, où nous avons constaté cette influence du sol et du climat, dont l'effet se perpétue plus ou moins long-temps sur des sols de qualité opposée.

Cette variété est très commune dans les environs de Péronne, d'où nous l'avons tirée, ainsi que dans les départemens du Nord et du Pas-de-Calais, où on l'appelle *sainfoin chaud*. Elle est plus précoce et fournit ordinairement deux coupes abondantes, et quelquefois plus.

Au reste, il en est de cette variété, produite par la culture, comme des variétés de froment et de seigle trémois ou marsais, et du maïs quarantain, qui ne sont également que des variétés accidentelles produites par la différence, long-temps prolongée, du sol, du climat et de la saison, adoptés pour leur culture.

Le sainfoin, naturellement très vivace, a, comme toutes les plantes pérennes, une longévité relative aux circonstances avantageuses ou désavantageuses dans lesquelles il se trouve. Les graminées agrestes, et sur-tout les bromes, mol et stérile, *Bromus-mollis*, *sterilis*, sont ses plus redoutables ennemis et lorsqu'on parvient à l'en débarrasser par des hersages profonds, il peut se soutenir très long-temps; mais sa durée est généralement moindre sur les terres fertiles et en plaine, sur-tout si elles sont exposées à l'humidité qu'il redoute par-dessus tout, que sur les coteaux calcaires. Quoiqu'il résiste généralement assez bien à la dent des moutons, auxquels il fournit un pâturage si précieux, il est des circonstances cependant dans lesquelles cette dépaissance lui devient nuisible, et nous avons remarqué que c'étoit sur-tout pendant les fortes chaleurs, comme lorsque la terre étoit imprégnée d'une grande humidité.

Il est, d'ailleurs, bien plus essentiel de prolonger sa durée sur les terres ingrates par leur nature et par leur situation que sur toute autre, parcequ'elles ne sont propres qu'à un très petit nombre de cultures avantageuses; et son retour, sur le même champ, doit généralement être différé jusqu'après un laps de temps égal à sa précédente existence, comme l'amélioration du sol, produite par sa culture, est toujours en raison directe de la durée de cette existence.

On ne doit généralement en tirer de la graine, pour semer ou pour donner aux chevaux qui en sont avides, ainsi que les volailles, que lorsqu'on est sur le point de le détruire, et l'on doit toujours aussi réserver pour cet objet les champs les plus fertiles, parceque, conformément aux principes que nous avons établis et développés, la production de toutes les semences épuise davantage le sol et la plante, que tous les autres produits. Cette règle est, par conséquent, applicable à toutes nos prairies artificielles. Nous observerons que cette semence qui conserve assez long-temps sa faculté végétative, à cause de la gousse monosperme dans laquelle elle est renfermée, et qui s'échauffe aussi très aisément, lorsqu'elle est fraîchement récoltée, à cause de la même enveloppe qui s'oppose à l'évaporation de l'eau de végétation qu'elle contient, doit être étendue mince et retournée souvent pour se conserver en bon état.

Le sainfoin peut être alterné très avantageusement, sur les sols ingrats, avec le seigle, ou l'épeautre, ou l'orge, comme aussi, avec le sarrasin, la pomme de terre, le topinambour, et toutes les plantes qui appartiennent à notre première division.

L'amélioration qu'il opère sur quelques uns de ces sols est si prononcée, comme nous avons eu l'avantage de l'éprouver sur une très grande étendue de terres médiocres, qu'il convertit souvent en terres propres à la production du froment un assez grand nombre de celles qui, avant sa culture, n'étoient propres qu'à produire du seigle, malgré la jachère et toutes les préparations dispendieuses ordinaires.

Il peut servir, suivant les circonstances, aux assolemens à long et à court terme, et, comme toutes les plantes légumineuses, sa végétation est fortement activée par les engrais pulvérulens, et principalement par ceux qui sont calcaires.

Confirmons ces préceptes en plaçant à côté quelques uns des exemples les plus frappans des avantages du sainfoin, que nous présente notre agriculture.

Olivier de Serres, qui parloit d'après son expérience, nous dit positivement que *l'esparcet vient gaîment en terre maigre et y laisse certaine vertu engraissante, à l'utilité des blés qui ensuite y sont semés.*

Duhamel, qui avoit également une expérience éclairée à l'appui de ses assertions, affirme aussi que *le sainfoin s'accommode de toute sorte de terrain, à l'exception des terres marécageuses, et qu'un des avantages qu'on en retire est qu'il met la terre en état de produire ensuite du froment ou du seigle.*

Rozier nous dit avoir observé que *dans la Champagne pouilleuse, par-tout où le sainfoin couvre la craie, au lieu de l'abandonner à une triste et déplorable nudité, elle coûte beaucoup moins à cultiver et produit plus de grains qu'après la ruineuse et improductive jachère.* Beaucoup d'autres cultivateurs ont été à portée de faire la même observation en diverses parties de la France.

Tessier nous apprend, dans ses annales, que « la Beauce, presque toute entière, n'a de prairies artificielles que le sainfoin; que les cultivateurs de ce pays en ont tellement senti les avantages, que depuis vingt ans ils en sèment deux tiers de plus, et qu'ils ont, par ce moyen, beaucoup réduit leurs jachères. On peut prévoir, ajoute cet agronome, qu'en en semant encore davantage, *ils n'auront plus de jachères.* »

M. de Père nous informe *qu'il en a fait semer et vu prospérer sur des coteaux pierreux tellement amaigris, qu'on jugeoit nécessaire d'en abandonner la culture.*

Nous avons déjà eu occasion de faire remarquer que notre collègue Mallet n'est parvenu à entretenir, sur *l'ingrate varenne* qu'il cultive si exemplairement, d'aussi beaux et nombreux troupeaux, qu'en y multipliant le sainfoin, qui consolide et fertilise, tout à la fois, le sable mobile dont il obtient ensuite d'abondantes récoltes de seigle et quelquefois même de froment, dans les portions qui sont naturellement les moins infertiles.

M. Bagot, son voisin, obtient des résultats aussi avantageux par le même moyen, sur un sol tout aussi ingrat. Nous avons également déjà eu occasion de faire connoître l'excellente méthode suivie en plusieurs endroits de l'ancienne Bourgogne, dont le sainfoin porte souvent le nom, qui indique l'ancienneté de son usage dans cette province, de le substituer aux vignes arrachées sur les coteaux dont il prévient d'une manière bien efficace les éboulemens et la dégradation.

M. Fera de Ronville qui, sur les terres ingrates et très morcellées qu'il cultive dans le canton si justement célèbre de Malesherbes, a aussi substitué un assolement raisonné à la jachère qu'on y observoit encore, obtient constamment des produits avantageux, en intercallant judicieusement avec celle des grains la culture du sainfoin et d'autres plantes améliorantes.

M. Huillier, maître de poste et cultivateur à Ancy-le-Franc, département du Loiret, est parvenu non seulement à supprimer la jachère sur son exploitation à l'aide du sainfoin, mais aussi à y *substituer le froment au seigle.*

M. Poulain-Grandpré a obtenu des récoltes annuelles décuples de la valeur du fonds, en couvrant de sainfoin des terres si ingrates qu'elles rendoient à peine le double de la semence, avant son introduction dans la partie du département des Vosges, où il cultive.

Notre pratique confirme encore ces exemples frappans des avantages nombreux que le sainfoin procure sur les sols les plus ingrats. Sur plus des trois quarts de notre exploitation consistant en terres essentiellement siliceuses et arides, *sur lesquelles on n'avoit jamais conçu l'idée avant nous, d'essayer la culture du froment, fait constaté dès l'an* 15, nous sommes parvenus, il y a long-temps, à obtenir des récoltes nettes et abondantes de ce grain, sur-tout *avec le secours du sainfoin.* Nous en entretenons constamment plus de cent hectares, que nous avons encore en ce moment, et qui, par une rotation avantageusement combinée, produisent, alternativement et successivement, d'utiles productions de céréales et d'autres plantes précieuses, adaptées à la nature du sol, et qui en ont banni, depuis plus de vingt ans, l'antique jachère.

Sans cette précieuse ressource, il nous seroit impossible d'entretenir, en aussi bon état, des troupeaux nombreux, sur une exploitation aussi ingrate par la nature de la terre, par son morcellement et par les sécheresses et les débordemens auxquels elle est alternativement et si souvent exposée.

C'est sur-tout relativement à l'excellente qualité du pâturage qu'il nous fournit, pendant une grande partie de l'année, que le sainfoin nous devient essentiellement avantageux; et si cette manière d'en tirer tout le parti possible abrège sa durée, il se trouve remplacé sur d'autres terres qui, après un intervalle réglé sur le terme de son existence antérieure, reproduit les mêmes avantages. Nous l'intercallons souvent, 1° avec le froment, et très rarement avec le seigle; 2° avec des prairies momentanées suivies immédiatement de sarrasin, ou de lentillons ou de navets, ou d'autres cultures améliorantes, dans la même année; 3° avec une autre céréale, ou hivernale ou printanière, suivant les circonstances; 4° avec une ou plusieurs autres cultures améliorantes, analogues à celles de la seconde année; et 5° avec le froment ou le seigle, et quelquefois l'orge printanière ou l'avoine, accompagnés ordinairement d'un nouvel ensemencement en sainfoin, qui reparoît, sans inconvénient, à la sixième année, sur les terres qui ne l'ont conservé qu'un espace de temps égal à cet intervalle.

Sur nos terres les plus ingrates, nous prolongeons assez souvent sa durée au-delà de ce terme; et son défrichement, ainsi que son réensemencement, sont ordinairement précédés du parcage que le nombre de nos troupeaux, et l'abondance d'engrais qui devient le résultat nécessaire de cet assolement, nous permettent d'ajouter au plâtre qu'il reçoit pendant sa végétation, et l'amélioration du sol n'en devient que plus sensible et plus durable.

Nous le semons ordinairement de bonne heure en automne, et nous remarquons qu'il résiste beaucoup mieux aux sécheresses du printemps, et qu'il est plus productif; lorsque la semence est nette et bien mûre, nous ne remarquons pas qu'il soit nécessaire de la semer très dru, comme on l'a recommandé; mais cette semence ne peut jamais être trop bien purgée de celles des graminées nuisibles qui la détruisent très promptement.

Nous ne pouvons mieux terminer cet article, qu'en consignant ici un exemple frappant, que nous fournit encore la culture du sainfoin, de la nécessité d'adapter à la nature du sol les végétaux qui lui conviennent, et des graves inconvéniens qui résultent, pour l'amélioration générale de notre agriculture, de l'oubli de ce principe essentiel, sans l'exacte observation duquel on s'expose inévitablement à des non succès, qui ont toujours l'influence la plus fâcheuse sur l'introduction et l'extension des nouvelles cultures.

C'est M. Lezay de Marnezia, préfet du département de Rhin-et-Moselle, qui nous fournit la connoissance de cet exemple très remarquable, qu'il accompagne des réflexions les plus judicieuses, auxquelles on ne sauroit donner trop de publicité.

Le zèle de cet administrateur éclairé, pour les progrès de l'agriculture du département confié à ses soins, a déterminé les cultivateurs à essayer la culture du sainfoin *sur plus de quinze cents points différens dans un pays où les sécheresses font de grands ravages.* Mais malheureusement, malgré ses instructions, plusieurs en ont semé sur les terres humides d'un vaste canton généralement couvert de landes, connu sous le nom d'*Eiffel.* Il y a péri, comme on devoit s'y attendre, et cette fâcheuse circonstance inspire à M. de Marnezia, qui nous l'a fait connoître, les réflexions suivantes. « *Vis-à-vis des hommes qui raisonnent*, dit-il, une expérience mal faite ne prouve que contre le jugement de celui qui l'a faite, ou contre des circonstances qui ne dépendent pas de lui; mais vis-à-vis de la multitude, c'est la chose elle-même qui est condamnée, et non celui qui, par un essai fait à faux, l'a compromise; et, de ce que le sainfoin n'a pas réussi dans quelques endroits mal choisis de l'Eiffel, on conclura qu'il ne peut réussir dans l'Eiffel, et on ne dira pas qu'il n'a pas réussi, parcequ'il a été mal essayé. »

Tirons de cet exemple, dont chacun de nos départemens pourroit fournir plusieurs, analogues et aussi concluans, l'utile leçon qu'une exacte connoissance du sol, comme du climat, convenables aux plantes nouvellement introduites dans nos cultures, relativement à leur origine et sur-tout à leur constitution, doit toujours présider à l'introduction de ces plantes, si l'on ne veut s'exposer à des obstacles insurmontables, par la suite, à l'admission de leur culture sur les sols et dans les situations les plus convenables. Cette vérité, trop souvent méconnue, est également applicable au trèfle, à la luzerne et à nos végétaux les plus précieux, dont le peu de progrès, et quelquefois l'abandon total de la culture, reconnoît surtout cette cause, à laquelle viennent se joindre quelquefois des fautes graves dans la consommation, dans les opérations aratoires et les autres préparations du sol, ainsi que dans l'ordre de succession et le retour plus ou moins mal combiné de ces plantes sur le même champ.

Il existe un très grand nombre d'autres espèces de sainfoin annuelles, bisannuelles et vivaces, dont plusieurs paroissent susceptibles d'être cultivées avec succès parmi nous. Nous en mentionnerons ici particulièrement trois espèces vivaces, qui sont le *sainfoin d'Espagne*, le *sainfoin des rochers* et le *sainfoin alhagi.*

Le sainfoin à bouquets, ou d'Espagne, *Hedysarum coronarium*, ainsi désigné, parceque sa culture est commune dans ce royaume, ainsi qu'à Malte, en Calabre et en plusieurs autres endroits d'Italie, et qu'on connoît aussi sous le nom de *sulla* ou *scilla*, est une fort belle plante, dont les tiges nombreuses et presque simples, qui s'élèvent quelquefois à un mètre, à une exposition et dans un terrain substantiel convenables, sont garnies de feuilles composées, à folioles assez grandes, très variées pour le nombre, et d'épis de fleurs d'un rouge très vif, qui sont remplacées par des gousses articulées droites et hérissées.

Cette espèce, qui plaît également à tous les bestiaux, en vert ou en sec, pourroit peut-être s'acclimater dans nos départemens les plus méridionaux, avec des soins convenables, et se rapprocher successivement ensuite du centre et du nord. Comme elle est très productive, et que son fourrage est aussi recommandable par sa qualité que par sa quantité, nous croyons devoir entrer dans quelques détails sur sa culture.

Quoiqu'elle vienne assez bien dans tous les terrains qui conviennent au sainfoin ordinaire, elle paroît préférer cependant ceux qui, à une exposition méridionale, réunissent un fond meuble et substantiel, et sa culture peut d'ailleurs être la même. Sa graine conserve, aussi, assez long-temps sa faculté germinative, ce qui est dû à son enveloppe, qui prévient l'évaporation.

On la sème ordinairement à Malte sur les chaumes; lorsqu'elle est recouverte, ce n'est que par le trépignement des bestiaux, ou par celui des moissonneurs, quand elle est semée avant la récolte, et on la recueille au printemps suivant.

Dans la Calabre, où on lui consacre ordinairement les terres *fortes, blanches et crétacées*, on la sème également sur les chaumes, auxquels on met ensuite le feu, pour la couvrir; on n'y apporte aucun autre soin ni culture, et il en résulte au printemps la prairie la plus épaisse et la plus agréable tout à la fois, qui s'élève quelquefois à environ un mètre et demi. On la fauche ordinairement en vert, et, en cet état, elle nourrit et engraisse promptement tous les bestiaux. Après cette récolte, qui se prolonge depuis mai jusqu'en août, on laboure la terre pour l'ensemencer en grains l'automne suivant, et on y obtient ordinairement une riche récolte, après laquelle la terre se couvre naturellement de *sulla*, immédiatement après l'incinération du chaume, sans qu'il soit besoin de lui confier une nouvelle semence, parceque le sulla se conserve dans le sein de la terre, pendant la culture et la récolte du blé, sans qu'ils se nuisent réciproquement. C'est ainsi, dit Grimaldi, que des champs une fois *sullés*, donnent pendant l'espace de quarante années successives et au-delà, régulièrement et alternativement de deux années l'une, une récolte abondante de *sulla*, et l'autre, une moisson du plus beau blé, sans que, pour conserver une prairie si singulière, il faille d'autre soin que de répandre la graine dans la première année, et de la manière indiquée ci-dessus.

Quelqu'extraordinaire que puisse paroître ce fait, il nous semble d'autant plus facile à expliquer, que nous l'avons vu se confirmer par des faits analogues, sur notre exploitation, avec le sainfoin et la luzerne. Toutes les fois que des circonstances particulières nous ont engagé à défricher, dans les premières années de leur établissement, les prairies que nous avions établies avec ces deux plantes, pour y cultiver des céréales, nous avons remarqué qu'après la récolte de ces grains la terre se couvroit de nouveau de ces plantes vivaces, dont les racines, jeunes encore, avoient conservé, quoique renversées, une grande force de végétation; et nous en avons même plusieurs fois conservé avec succès, en cet état, qui nous ont donné des produits très avantageux.

Le sainfoin des rochers, *Hedysarum saxatile*, a beaucoup de ressemblance avec le sainfoin commun, quoique plus foible dans toutes ses parties, ce qui tient probablement à son manque de culture. Nous en avons sous les yeux plusieurs pieds qui nous paroissent mériter d'être cultivés par leur élévation et leur faculté de résister aux sécheresses prolongées sur un terrain très médiocre, et nous nous proposons de les soumettre à quelques essais ultérieurs.

Le sainfoin alhagi, *Hedysarum alhagi*, est un arbrisseau épineux, à fleurs rougeâtres, et à feuilles simples, lancéolées, d'un vert pâle. Originaire du Levant, où il sert de nourriture aux chevaux et aux chameaux, comme l'ajonc y est souvent consacré en France, il paroît supporter très bien le climat de Paris, où il se multiplie beaucoup par ses rejetons, et s'élève jusqu'à un mètre dans un terrain médiocre, et il pourroit y avoir de l'avantage à l'introduire dans quelques situations analogues.

DE LA LUPULINE. La lupuline, *Medicago lupulina*, L., désignée tantôt sous les noms de *trèfle jaune*, à cause de la couleur de ses fleurs; de *trèfle noir*, à cause de la couleur de la gousse, ou légume, qui enveloppe sa graine; et de *lotier*; tantôt sous ceux de *minette dorée*, ou simplement *minette*, et de *luzerne houblonnée* d'où lui vient aussi le nom de *lupuline*, parceque ses fleurs ramassées en épis courts ont quelque ressemblance avec la disposition de celles du houblon et du trèfle agraire, *Trifolium agrarium*, appelé aussi *trèfle houblonné*, est réellement une espèce de luzerne bisannuelle, improprement appelée trèfle, ou lotier.

Originaire, comme le sainfoin, des coteaux crayeux et arides, où la nature a indiqué au cultivateur l'espèce de terrain qu'elle est essentiellement propre à enrichir, en l'y faisant croître spontanément, la lupuline redoute, comme lui, l'excès d'humidité qui affecte aussi désagréablement sa racine pivotante. Comme lui également, elle dédommage de la foible quantité de ses produits ordinaires, par leur excellente qualité, qui n'a point non plus l'inconvénient si fâcheux de météoriser les animaux, qui en sont très avides, et auxquels elle procure un aliment aussi sain que nourrissant. Plus que lui, elle paroît douée de la précieuse qualité de résister à la sécheresse dans les positions les plus ingrates qu'elle ombrage; plus que lui encore, elle est propre à servir de pâturage aux bêtes à laine, par sa précocité, et parceque ses tiges, menues, très rameuses, qui ne s'élèvent guère qu'à trente-deux centimètres, et qui couvrent la terre d'une verdure très épaisse, sont toujours tendres et d'une facile dépaissance; plus que lui, enfin, elle convient aux assolemens à court terme, à cause de sa foible durée.

Quoiqu'elle redoute l'excès d'humidité, elle paroît se plaire aussi dans les terrains frais, substantiels et profonds, où on la voit quelquefois croître spontanément, où son mélange, avec un choix convenable de graminées vivaces, peut former une excellente prairie permanente, cette plante se semant d'elle-même. Son produit se trouve même accru par ces circonstances favorables, dont le résultat ordinaire est la réunion de la quantité à la qualité.

La meilleure manière d'intercaller la lupuline dans les assolemens à court terme des terres médiocres, nous paroît consister à la semer au printemps avec de l'orge ou de l'avoine, sur des terres, qui, l'année précédente auront été ensemencées, ou en plantes légumineuses, ou en sarrasin, en navets, en pommes de terre ou autres plantes convenables à cette nature de terres; de s'en servir pour la pâture des bêtes à laine, à la fin de la première et pendant une partie de la seconde année de son ensemencement; d'y faire parquer, à la fin de la seconde année, les animaux qui en auront été nourris, et d'ensemencer la terre en seigle, ou en tout autre grain applicable aux circonstances, immédiatement après l'enfouissement de cette prairie bisannuelle, qui, sur les terres arides, peut rendre le même service que le trèfle sur les terres humides. On pourroit aussi la semer de bonne heure en automne avec du seigle, ou tout autre grain d'hiver convenable aux localités.

Suivons maintenant cette plante dans l'introduction, qui paroît peu reculée, de sa culture en grand parmi nous, et de son extension, qui paroît aussi s'accroître en différens cantons.

En 1785, M. le duc de Charost, dont le zèle ardent pour les progrès de notre agriculture inspire le sentiment de la plus vive reconnoissance, nous fit connoître un cultivateur du département du Pas-de-Calais, sur les confins duquel la culture en grand de la lupuline paroît avoir pris naissance, qui, en ayant découvert des prairies artificielles, près de Gravelines, introduisit cette précieuse plante sur son exploitation, et en reconnut bientôt tout le mérite, sous les rapports intéressans de son utilité pour la nourriture des animaux et pour les assolemens, dans les terres médiocres et arides.

Ce cultivateur intelligent, M. Bernet Degrez, nous informe, dans les renseignemens qu'il a cru devoir nous donner sur la lupuline, 1° que, « *pendant dix années, il étendit sa culture sur son domaine* jusqu'à ce qu'il en eût couvert la dixième partie de son exploitation; 2° que malgré l'extrême sécheresse de l'année 1785, elle lui a fourni les moyens d'entretenir une grande quantité de bétail, dont un troupeau considérable de moutons; 3° que ce succès soutenu l'a déterminé à lui accorder la préférence sur toutes les autres plantes pour former des prairies artificielles sur ses terres; et 4° qu'il a reconnu que le produit des graminées qui lui succédoient immédiatement devenoit plus considérable qu'auparavant, et qu'il en récoltoit deux tiers de plus qu'avant l'introduction de cette plante, tant en paille qu'en grains, et d'une qualité supérieure. »

MM. Delporte, frères, cultivateurs non moins intelligens du même département, et dont nous avons déjà eu occasion de faire connoître l'excellente méthode d'assolement, recommandent aussi la lupuline, qu'ils désignent sous le nom de *minette*, dans la description qu'ils nous ont donnée de l'agriculture du Boulonnais, avec les moyens de l'améliorer. Ils proposent, d'après leur pratique éclairée, de substituer à l'assolement triennal, qui admet la jachère, suivie de deux récoltes consécutives de graminées, l'assolement quatriennal suivant pour les terres médiocres. 1° Plantes légumineuses, ou crucifères annuelles. 2° Orge, ou avoine, avec Minette. 3° minette. Et 4° seigle, ou froment, si la terre le permet.

M. Dumont de Courset, autre cultivateur de ce département, dont le nom s'allie si honorablement avec la botanique et l'agriculture, placé près des coteaux crayeux et arides du haut Boulonnais, reconnoît aussi dans son excellent *Botaniste cultivateur*, que *le produit de la lupuline qui couvre les jachères est très bon pour les bestiaux, et particulièrement pour les moutons*, et il ajoute, « *il n'y a pas bien long-temps qu'on fait usage de cette plante, et l'on a d'autant mieux fait de l'employer, qu'elle vient très bien dans les mauvaises terres, et dans les sols secs et crétacés.* »

M. Duhamel, héritier d'un nom bien cher aux agriculteurs, et qui nous a donné un Mémoire si instructif sur le sol et les principales productions de l'arrondissement très intéressant de Coutances, où il propage les meilleurs principes par son exemple, nous informe que *la lupuline*, qu'il désigne sous le nom de *lotier*, ou de *trèfle jaune, commence à être cultivée au nord et au midi de cet arrondissement*; que *son fanage est facile, sa dessiccation étant rapide, et plusieurs jours de mauvais temps ne la détériorant pas.* Il observe qu'*elle se fauche rarement; mais que son extrême fécondité, l'étonnante promptitude avec laquelle elle ré-*

pare les pertes que lui fait éprouver la dent des animaux, la rendent précieuse, et que son pâturage est très recherché des moutons.

Cette culture commence à se propager dans quelques autres départemens, où l'on a été à portée de faire les mêmes observations sur les avantages qu'elle présente pour l'entretien des bêtes à laine, et pour les assolemens des terres médiocres. Elle couvre naturellement plusieurs pièces de terre très ingrates de notre exploitation; mais les semences des plantes cultivées avec soin fournissant ordinairement des produits plus abondans que celles des mêmes plantes abandonnées à leur état de nature, et une culture prolongée dénaturant, pour ainsi dire, ces plantes, et les rendant souvent méconnoissables, comme le sainfoin, le trèfle, la plupart de nos graminées annuelles, et un très grand nombre d'autres plantes qui ressemblent bien peu à leur type originaire, nous en offrent des preuves frappantes, nous en avons tiré de la graine des cantons où sa culture est ancienne et bien suivie. Nos essais ont pleinement confirmé l'opinion avantageuse que nous avions conçue de l'utilité de cette plante sur des terres de peu de valeur, qu'elle est très propre à utiliser; et nous en avons maintenant plusieurs hectares ensemencés avec la semence que nous a procurée notre neveu, M. Dumetz, qui cultive avec beaucoup de succès cette plante précieuse sur ses propriétés, près de Montreuil-sur-Mer.

DU MÉLILOT. Le mélilot commun, *Trifolium melilotus officinalis*, L., appelé aussi *mirlirot*, *trèfle des mouches*, et *lotier jaune*, est une espèce de trèfle, bisannuelle, à racines pivotantes et fibreuses, qui, comme le sainfoin et la lupuline, se rencontre fréquemment sur les terres médiocres, crétacées et arides.

Son peu de durée le rend aussi convenable que la lupuline dans les assolemens à court terme, et il peut y être intercallé avec les mêmes plantes. (*Voyez* LUPULINE.) Mais quoique son produit soit ordinairement plus abondant, il a l'inconvénient d'être ligneux, de ramper souvent au lieu de s'élever, et sur-tout de météoriser les animaux qui le mangent en vert, comme font le trèfle commun et la luzerne ordinaire.

En 1788, Gilbert et moi, pressentant que le mélilot, que plusieurs passages des auteurs géoponiques anciens nous faisoient présumer avoir été cultivé par les Grecs et par les Romains, pouvoit l'être avantageusement aussi par nous, avions cru devoir insérer dans les trimestres de la société royale d'Agriculture de Paris, quelques observations tendantes à encourager des essais sur sa culture. Les motifs que nous faisions le plus valoir pour y engager les cultivateurs étoient, qu'il croissoit souvent spontanément sur les plus mauvaises terres; que tous nos animaux domestiques mangeoient avec plaisir son fourrage vert ou sec, qui conservoit une odeur aromatique très agréable, qu'il communiquoit aux autres plantes; qu'il étoit garni presque toute l'année d'un grand nombre de feuilles, de fleurs et de fruits; que la volaille étoit avide de sa graine; et enfin, qu'on le trouvoit souvent dans les jeunes luzernes, qu'il étouffoit quelquefois par la vigueur de sa végétation, ainsi que dans les grains.

Depuis cette époque, désirant encourager l'essai de sa culture, par notre exemple, et cherchant à confirmer ou à détruire les présomptions favorables que nous avions conçues sur cette plante, nous l'avons cultivée en grand sur plusieurs de nos terres siliceuses, pendant plusieurs années consécutives.

Les avantages que nous lui avions reconnus d'abord se sont trouvés confirmés; mais ayant remarqué qu'il avoit l'inconvénient de météoriser les bêtes à laine qui le broutoient; que son fourrage, quelqu'aromatique qu'il fût, étoit ordinairement ligneux, lorsqu'on attendoit la floraison pour le faucher, et qu'avant cette époque, il perdoit beaucoup à la dessiccation; qu'il conservoit toujours d'ailleurs sa disposition naturelle à ramper, qui en rendoit le fauchage plus difficile, nous l'avons trouvé inférieur, pour nos troupeaux, au sainfoin et à la lupuline, que nous lui avons préférés. Nous n'entendons pas cependant porter sur cette plante un jugement absolu et sans appel, pour tous les cas; et il est possible que dans d'autres circonstances que celles dans lesquelles nous nous trouvons, il puisse devenir avantageux.

Il est généralement dangereux, en agriculture, de conclure du particulier au général, et chacun doit, pour ainsi dire, essayer et prononcer pour soi, suivant les circonstances. Une conduite opposée à celle que nous recommandons, d'après notre propre expérience, a occasionné souvent bien des erreurs et des mécomptes.

Avant de quitter cet article, nous devons dire un mot de deux autres espèces de mélilot, qui peuvent mériter de fixer l'attention de nos cultivateurs; ce sont le mélilot blanc et le mélilot bleu.

DU MÉLILOT BLANC. Le mélilot blanc, appelé aussi mélilot de Sibérie, parcequ'il est originaire de ce pays, est une plante bisannuelle, ou trisannuelle, à fleurs constamment blanches, en grappes allongées, et qui s'élève souvent au-delà de deux mètres dans une position convenable, et sur-tout dans un terrain meuble et frais.

On doit au savant professeur Thouin d'avoir fait connoître, en 1788, cette espèce précieuse, que Linné avoit confondue avec le mélilot commun qui a aussi quelquefois une variété à fleurs blanches. Il a cru devoir la recommander aux agriculteurs, d'après des essais multipliés, et il a été reconnu que tous les bestiaux étoient avides de son fourrage vert ou sec, et qu'elle étoit aussi recommandable par sa qualité que par sa quantité, pouvant fournir plusieurs coupes abondantes dans une année. Elle fournit aussi une très grande quantité de semences que les volailles et tous les bestiaux mangent avec plaisir.

Cette plante, cultivée en prairie artificielle, peut encore ajouter à nos richesses en ce genre, dans des situations moins convenables à d'autres, et ajouter à cette variété de cultures qui convient à la terre comme aux animaux qui en consomment les produits. Il est utile de la faucher de bonne heure, afin d'empêcher ses tiges élevées de devenir ligneuses et d'en prolonger la durée ; et mélangée avec la vesce bisannuelle dont nous parlerons plus loin, elle peut lui servir de soutien, et en augmenter et améliorer les produits en améliorant aussi les siens, qui deviennent plus tendres et plus succulens, ces deux plantes ayant beaucoup d'analogie dans leur mode de végétation.

DU MÉLILOT BLEU. Le mélilot bleu, *Melilotus cærulens*, Lin., appelé aussi *mélilot d'Allemagne*, parcequ'il paroît être cultivé dans ce pays, et *baumier*, ou *faux baume du Pérou*, à cause de son odeur fortement aromatique, ou lotier odorant et *trèfle musqué*, est une plante annuelle, très garnie de feuilles, et rameuse, qui s'élève à deux pieds environ. Cette plante, que nous avons essayée en petit, en ayant reçu de la graine de notre ami M. Mégelé, président de l'école de médecine de Mayence, qui nous a assuré qu'elle étoit cultivée en Allemagne, nous paroît, ainsi qu'une autre espèce annuelle de mélilot, qui croît spontanément dans le midi de la France comme en Italie, *Melilotus Italica*, pouvoir être utile dans quelques cas comme plante intercallaire, fourrageuse, entre les cultures de graminées, sur des sols peu fertiles.

Les abeilles recherchent beaucoup les fleurs du mélilot bleu, qu'on dit être employées en Suisse pour colorer et aromatiser les fromages.

Le trèfle-houblon, ou agraire, *Trifolium agrarium*, qui a aussi les caractères des mélilots, qui croît sur les sols les plus arides, et que tous les bestiaux recherchent, peut aussi être utile sous le même rapport. Il est également annuel et fournit un bon pâturage, mais peu abondant.

DU FENUGREC. Nous devons dire un mot d'une autre plante annuelle de cette famille, que nous avons également cru devoir soumettre à quelques essais, parcequ'elle étoit cultivée en grand par les anciens qui en faisoient beaucoup de cas et qui lui donnoient le nom de *foin grec*, d'où est dérivée la dénomination de fenugrec, et par corruption celle de *senegré*. *Trigonella, fænum græcum*.

Sa tige simple, qui s'élève peu, est garnie de feuilles d'un vert clair et de fleurs d'un blanc jaunâtre, remplacées par des gousses étroites et recourbées en faucilles. Quoiqu'elle s'élève moins que les deux précédentes, comme elle croît spontanément en France sur des sols médiocres, que les anciens lui consacroient avec peu de frais de culture ; qu'elle fournit un bon fourrage recherché des bestiaux, sur-tout des bœufs, et qu'elle n'occupe le sol qu'une seule année, avantage précieux dans certains assolemens, elle pourroit aussi mériter de fixer l'attention des cultivateurs, convaincus, comme nous, que la terre se plaît dans la variété de ses productions, comme les animaux dans la variété de leurs alimens. Nous observerons aussi qu'en quelques endroits on emploie ses feuilles et ses semences à la nourriture de l'homme.

Cette plante se cultive en petite quantité à Aubervillers, près Paris, pour sa graine mucilagineuse, d'un brun jaunâtre et d'une odeur fortement aromatique, qu'on regarde aussi comme très propre à engraisser les animaux et à les médicamenter, et nous sommes informés qu'elle a été introduite, depuis peu, dans le département de la Haute-Saône.

DE LA LENTILLE. La lentille, *Ervum lens*, doit se diviser, pour notre objet, en deux variétés ; la grosse, qui a ordinairement une couleur d'un gris jaunâtre, et la petite, ou le lentillon, qui est généralement une fois moins grosse, et qui se distingue encore par une couleur rougeâtre.

De la grosse lentille, lentille ordinaire. Cette lentille, plus souvent cultivée pour la nourriture des hommes que pour celle des bestiaux, est admise dans la culture en grand, en plusieurs parties de la France, et particulièrement sur le territoire de la commune de Gallardon, département d'Eure-et-Loir, sur celui du Puy en Velay, département de la Haute-Loire, et dans les environs de Soissons, où elle se trouve avantageusement intercallée avec la culture des céréales, sur des terres meubles, plus sèches qu'humides qui lui conviennent essentiellement, redoutant les terrains froids, humides et argileux, où elle acquiert d'ailleurs peu de qualité.

Ses tiges, dépouillées de leurs grains par le fléau, fournissent aux bestiaux une nourriture assez bonne ; mais lorsqu'elles sont fauchées en fleurs, seules, ou mélangées avec quelque graminée, ce qui se pratique en un petit nombre d'endroits, elles produisent un fourrage de première qualité, et les récoltes qui suivent immédiatement ce mode de culture sont ordinairement très nettes et abondantes.

La culture de la lentille ordinaire se pratique souvent, comme celle des haricots, et de quelques variétés de pois, en faisant dans la terre, de distance en distance, avec un instrument à main, tel qu'une binette, un hoyau, etc., des trous dans lesquels on place plusieurs grains, qu'on recouvre de terre avec le même instrument. Cette culture manuelle a non seulement l'inconvénient d'être lente, et par conséquent peu praticable en grand, mais encore celui de rendre le nettoiement de la terre, dans les intervalles, et au pied des touffes qui résultent de la réunion d'un nombre de semences plus ou moins grand, sur un seul point, également lent et peu facile, et par-dessus tout d'accumuler, contre tous les principes de la végétation, un nombre souvent considérable de plantes, qui s'affament et se privent réciproquement des influences atmosphériques indispensables à leur prospérité.

Frappés des inconvéniens de cette méthode, beaucoup trop commune encore, quoique nous ayons remarqué avec plaisir qu'on lui en avoit substitué, en plusieurs endroits, une plus conforme aux bons principes, nous avons essayé comparativement cette vieille routine avec un ensemencement fait en rayons derrière la charrue, dans le fond du sillon qu'elle venoit de tracer, en laissant entre chaque sillon ainsi ensemencé, un sillon sans semence.

Cette méthode qui nous paroît mériter d'être généralement adoptée, sur-tout dans les cultures en grand des plantes que nous venons de mentionner, et d'un grand nombre d'autres, réunit les précieux avantages d'être expéditive, économique et très productive ; trois objets de la plus haute importance dans toutes les cultures. Un homme, qui peut être remplacé par une femme, ou même par un enfant intelligent, répand également la semence dans le fond d'un sillon droit d'une terre meuble bien labourée, et convenablement préparée d'ailleurs. Un autre suit et la recouvre avec la main, ou avec un léger râteau. Cette simple et facile opération peut même se faire quelquefois avec la herse ordinaire, comme nous l'avons pratiquée. Le sillon laissé sans semence laisse un intervalle suffisant pour y faire passer, au besoin, *la petite herse triangulaire* et *le cultivateur* (*voyez les fig. à la fin de ce traité*), qui nettoient la terre et chaussent les plantes d'une manière très régulière et prompte, et elles se trouvent, aussi, suffisamment espacées pour jouir de toutes les influences atmosphériques.

Le résultat des expériences comparatives que nous avons faites de cette méthode avec celle à laquelle nous désirons la voir substituer, a été économie de semence, diminution de frais, célérité, régularité et augmentation de produit, laissant la terre dans un état de netteté et d'ameublissement très favorable aux cultures subséquentes. Nous ne saurions donc trop la recommander, d'après nos essais.

Nous pensons aussi que le semis à la volée ne convient pas à la culture de la lentille, qui exige, pour prospérer, de fréquens sarclages et houages qui sont toujours longs, difficiles et dispendieux, d'après cette méthode, qui prépare moins bien la terre pour les cultures subséquentes que celle en rayons qui lui convient plus que toute autre.

De la petite lentille ou du lentillon. Cette variété, qu'on désigne aussi quelquefois sous le nom de *lentille à la reine* et d'*entillon*, est beaucoup plus cultivée que la précédente, et ordinairement pour la nourriture des bestiaux, à laquelle elle est très propre.

Elle se sème à la volée, ou seule, ou, le plus souvent, mélangée avec une graminée, qui doit entrer pour un quart environ dans le mélange, et elle se fauche ordinairement en grains dans le premier cas, et quelquefois en fleurs dans le second ; ce qui devroit toujours se faire, afin d'empêcher la graminée de souiller et d'épuiser la terre, en mûrissant. On peut aussi, sans inconvénient, la faire consommer sur place, et elle est également très propre à améliorer la terre, y étant enfouie en fleurs.

Il en existe une autre variété, habituée à supporter les rigueurs des hivers ordinaires de nos départemens septentrionaux, et qu'on y sème souvent avec un mélange de seigle, sur des terres médiocres, comme culture intercallaire, fourrageuse et améliorante.

Celle de printemps est ordinairement mélangée avec l'avoine; et cette plante étant munie de petites vrilles, placées au sommet du pétiole, et ayant d'ailleurs une tige grêle et très flexible, se trouve fort bien de ce mélange qui lui sert de rames.

Toutes les variétés de lentilles redoutent les terres humides et compactes, et donnent des produits avantageux sur les terres meubles et sèches. Ces produits sont généralement peu abondans; mais ils sont de la première qualité, *et bien rarement, en agriculture, comme en toute autre chose, grandes quantités et grandes qualités se trouvent réunies.*

Quoique la culture des lentilles, convenablement faite, prépare bien la terre pour les cultures subséquentes de graminées ou autres, on observe cependant assez généralement qu'elles l'épuisent davantage, lorsqu'elles sont récoltées en état complet de maturité, que les autres légumineuses annuelles traitées de la même manière.

Cette observation que nous avons été à portée de vérifier, et qui a été confirmée, par un très grand nombre de cultivateurs, à Gilbert, qui reconnoît qu'*il est facile d'en rendre raison*, nous paroît être une nouvelle preuve de la solidité du second principe d'assolement que nous avons établi, d'après lequel il est évident que les lentilles s'élevant peu, présentant par conséquent peu de surface à l'atmosphère, par leurs tiges grêles, et produisant ordinairement un poids assez considérable de semences nombreuses, elles doivent plus épuiser le sol que les plantes de la même famille qui soutirent proportionnellement plus de nourriture de l'atmosphère et moins de la terre.

Cet inconvénient, résultat nécessaire de leur constitution, se trouve peut-être compensé par l'excellente qualité de leurs graines et de leurs fourrages, reconnus pour être très nourrissans, fortifians et engraissans, comme aussi pour procurer beaucoup de lait.

Nous trouvons le lentillon cultivé avec succès sur les terres médiocres d'un grand nombre de nos départemens du nord, du centre et de l'est, et plus particulièrement sur les craies, dans l'ancienne Champagne, dans les Ardennes, et dans les départemens du Pas-de-Calais, de la Somme, de la Seine, de Seine-et-Marne, Seine-et-Oise et du Nord; dans les arrondissemens de Cambrai et d'Avesnes, où on le désigne quelquefois sous le nom d'*entillon*.

M. de Chaucey nous informe aussi, que dans le canton si bien cultivé de Virieu, le seigle est remplacé par des lentilles semées avant l'hiver.

M. Chevalier, d'Argenteuil, cultivateur très distingué, en fait le plus grand cas.

Notre collègue Fremin, cultivateur à Bondy, avantageusement connu par les résultats remarquables qu'il a obtenus en substituant un assolement quatriennal à l'ancienne routine triennale, et un superbe troupeau à laine superfine à un troupeau commun, cultive aussi très en grand le lentillon qu'il a reconnu être une des plantes les plus nourrissantes.

Nous l'admettons également dans nos cultures, et le faisons quelquefois consommer sur place. Dans ce cas, il améliore beaucoup le sol auquel il est confié, en le purgeant des plantes nuisibles qui se trouvent ainsi détruites, et en laissant en outre un intervalle suffisant pour le préparer convenablement à recevoir un nouvel ensemencement.

Ces deux variétés de lentilles, qu'on ne doit confier à la terre, au printemps, qu'à l'époque où l'on n'a plus à redouter les gelées tardives, sont très propres à remplacer les récoltes détruites par quelque intempérie. Il convient de les récolter de bonne heure, afin de prévenir les dégâts d'un grand nombre d'animaux qui en sont avides, et de les battre de bonne heure, par la même raison. Elles fournissent une nourriture très substantielle, très savoureuse et de facile digestion, employées de diverses manières, soit en purée, soit même en pain, dans la composition duquel elles peuvent entrer.

Il ne faut pas les confondre avec une variété de vesce à grain blanc, qu'on appelle improprement quelquefois *lentille du Canada*, ni avec la gesse qu'on appelle quelquefois, aussi improprement, *lentille d'Espagne*.

DE L'ERS. L'ers, *Ervum ervilia*, Lin., connu aussi sous les dénominations *d'ers ervillier*, *éros*, *goirils*, *orobe* improprement, ou *arobe*, *lentille bâtarde*, *pois de pigeons*, *pejette et pois moresque*, est une petite plante annuelle originaire du midi, où elle est cultivée sur les jachères, principalement pour la nourriture de la volaille, et sur-tout des pigeons, qui en sont avides.

L'ers est de difficile digestion; en temps de disette on le convertit quelquefois, mélangé avec d'autres grains, en un pain grossier et de difficile digestion; mais que ne convertit-on pas en aliment pour l'homme, dans ces momens de détresse qui sont souvent le résultat de l'imperfection de la culture, et d'une aveugle imprévoyance, qui y contribuent quelquefois plus encore que l'inclémence des saisons?

L'ers ne s'élève guère qu'à un pied; mais il est très rameux et couvre exactement le sol médiocre auquel on le confie. Fauché en fleurs, il fournit, comme le lentillon, un fourrage dont la foible quantité est rachetée par la qualité. Comme lui aussi il peut s'intercaller avantageusement avec les graminées ; mais il supporte plus difficilement le froid.

Il est cultivé dans quelques cantons de nos départemens méridionaux et particulièrement dans les environs de Nice. Nous l'avons aussi trouvé dans quelques parties du département du Mont-Blanc. Il croît spontanément en France, dans les moissons, deux autres espèces d'ers. L'ers a quatre semences, *Ervum tetraspermum*, et l'ers hérissé, *Ervum hirsutum*, que les bestiaux mangent, mais qui fournissent peu de fourrage et nuisent aux récoltes, en mêlant leurs semences noires et luisantes au bon grain.

Le nom d'orobe, qu'on donne quelquefois improprement à l'ers, nous rappelle cette plante que les anciens cultivoient en grand, et dont nous ne paroissons pas avoir adopté la culture, quoiqu'on désigne aussi quelquefois d'autres plantes sous ce nom.

Il en existe plusieurs espèces vivaces, la plupart indigènes, qui, d'après Dumont de Courset, *sont toutes rustiques et viennent dans la plupart des terrains et des situations.* Il seroit possible que quelqu'une des espèces les plus élevées et vigoureuses, et particulièrement l'orobe jaune, *Orobus luteus*, qui s'élève à un mètre environ, et qui croît spontanément en Alsace et dans nos départemens méridionaux, convînt à quelques localités, comme prairie artificielle.

Au reste, nous nous occuperons plus particulièrement de ces plantes et de toutes celles qui nous paroissent propres à entrer dans la composition des prairies, en nous occupant spécialement de cet objet important dans notre seconde division à laquelle nous renvoyons.

DU LUPIN. Parmi plusieurs espèces de lupin, toutes originaires des pays chauds, et acclimatées en France, le lupin blanc, *Lupinus albus*, Lin., plante annuelle, qui s'élève ordinairement à soixante-quatre centimètres, et qu'on appelle quelquefois *fève de loup*, paroît être la seule qui y soit cultivée en grand pour la nourriture des hommes, pour celle des bestiaux, et pour l'engrais des terres.

Les anciens faisoient le plus grand cas du lupin, et l'employoient bien plus que nous à ces différens usages. Ils avoient reconnu qu'il avoit par excellence la précieuse propriété de croître sur les terrains de médiocre qualité, et nous avons également reconnu qu'il croît très bien sur les terres siliceuses ocreuses et graveleuses qu'il est très propre à améliorer, et qu'il redoute toutes celles qui sont compactes limoneuses et aquatiques.

Il craint aussi le froid, et quoiqu'on puisse quelquefois le semer de bonne heure en automne avec succès, parcequ'il peut acquérir alors assez de force pour résister à nos hivers ordinaires, sur-tout dans le midi, il convient généralement de le semer tard au printemps, afin de le soustraire aux fâcheuses influences des gelées tardives.

Le lupin étant chargé, comme l'observe judicieusement Rozier, d'un grand nombre de feuilles, qui garnissent des tiges épaisses, rameuses, et d'un tissu lâche et spongieux jusqu'au moment de la maturité, absorbe de l'atmosphère la plus grande partie de sa nourriture, ce qui explique très naturellement, d'après nos principes, cette précieuse faculté dont il jouit, de croître sur les sols maigres qu'il est si propre à engraisser.

Rozier observe aussi, qu'*après les prairies artificielles, c'est la meilleure plante pour alterner les champs;* et Gilbert, qui, d'après ses observations, ne peut se lasser d'en recommander la culture, qui nous dit, « qu'*on ne peut lire les éloges que les anciens lui donnent, sans regretter qu'elle ne soit pas plus cultivée parmi nous*; qu'elle procure à nos provinces méridionales de très grands avantages; que ses rameaux épais et touffus se couvrent de beaucoup de feuilles, et tapissent si exactement la terre, que les herbes étrangères, privées d'air et de lumière, périssent sous son ombre; qu'elle paroît soutirer de l'atmosphère tout l'engrais qui la fait végéter, en sorte qu'elle rend à la terre qui la porte beaucoup plus qu'elle n'en reçoit; que c'est peut-être la seule plante qui possède la propriété, si gratuitement accordée à tant d'autres, de croître sur de très mauvaises terres, les sables, les graviers, les terres rouges; enfin, qu'il a vu de si excellens effets de la culture du lupin par-tout où il l'a trouvée établie, et qu'il l'a vu réussir sur des terrains et sur des climats si différens, qu'il ne lui est pas possible de douter qu'il ne devînt une source de jouissances très précieuses pour les cantons de Compiegne, Senlis, Melun, Montreau, etc.; ajoute, qu'il n'est point de plante qui, par sa constitution, soit plus propre à alterner les productions. »

La culture du lupin peut s'intercaller très avantageusement avec celle de la plupart des plantes de notre première division, et sur-tout avec le seigle, l'orge, et autres plantes épuisantes. Il peut être semé immédiatement après la consommation des fourrages ou pâturages précoces, soit qu'on le destine à la nourriture des hommes, ou à celle des animaux, ou à l'engrais de la terre.

Dans le premier cas, on fait macérer la graine qu'on en obtient, dans l'eau qu'on change plusieurs fois pour la dépouiller de l'amertume qui réside dans l'écorce; on la réduit ensuite en pâte, à laquelle on mêle une substance grasse pour en faire une sorte de pâtisserie. Cette méthode *se pratique dans le Piémont, dans la Corse, et dans plusieurs autres parties méridionales de la France, où on substitue quelquefois à l'eau douce, l'eau de mer, qu'on pourroit aussi remplacer par une eau alkalisée.*

Dans le second cas, on peut également donner aux bestiaux cette graine macérée, ou cuite, ou moulue; ils la mangent tous avec plaisir, ainsi préparée; elle leur donne de l'embonpoint, et elle est aussi très propre à les engraisser promptement.

Dans l'un et l'autre cas, la plante fournissant sa graine épuise plus la terre et ne la nettoie pas aussi bien. Les tiges desséchées et ligneuses qui en proviennent, procurent une foible ressource pour la nourriture des animaux, et ne sont appelées que par les bêtes à laine. Souvent même elles ne sont bonnes qu'à faire de la litière, ou à chauffer le four. Sa maturité, assez tardive, présente pour la récolte un avantage qui peut devenir très précieux dans certains cas. Cette graine, fortement adhérente aux gousses qui la renferment, n'est pas répandue, comme celles de la plupart des légumineuses, par les pluies et par les vents, qui jonchent très souvent la terre de ces dernières.

Une observation faite par Gilbert confirme cet avantage. « J'ai vu, il y a quelques années, nous dit-il, près de Pompart, en Bretagne, quelques champs de lupins, dont les pluies continuelles avoient retardé la récolte de plus d'un mois ; les cosses étoient entières dans les premiers jours de novembre ; ils avoient été semés en juillet. »

Dans le troisième cas, le lupin, qui doit être semé plus épais, afin d'ombrager complètement la terre, et étouffer les plantes nuisibles aux récoltes, peut succéder, ou à un pâturage printanier, ou à une récolte de graminées, faite de bonne heure. Il suffit d'enfouir le chaume immédiatement après, par un seul labour, et d'enterrer ensuite cette plante en fleurs par un second, sur lequel on peut de nouveau obtenir une récolte céréale ou toute autre, sans perte de temps, en nettoyant la terre, et en lui procurant ainsi un engrais végétal abondant, très actif, très économique et très approprié à la nature du sol que réclame particulièrement le lupin. Cet engrais est sur-tout précieux pour les champs éloignés. Plus le sol est siliceux et plus il faut l'enfouir de bonne heure. Lorsqu'il est argileux, le lupin agit comme amendement et comme engrais, étant enfoui tard et dans un état ligneux.

On peut encore, en faire consommer sur-le-champ une partie en pâturage, qui convient aux bêtes à laine, et ainsi traité il améliore également la terre. Quelquefois on sème du trèfle avec le lupin, comme cela se pratique dans les Pyrénées orientales, et l'un et l'autre fournissent aux bestiaux un fourrage sain et abondant. On a aussi essayé avec succès de convertir ses fibres corticales en une filasse grossière.

Nous avons déjà vu que dans la vallée de Nievole on obtient successivement, sans inconvénient, plusieurs récoltes de froment sur le même champ, en y enfouissant en automne une récolte intercallaire de lupin, qui nettoie et fertilise le champ tout à la fois, *on y reconnoît, d'après M. Simonde, qu'il a plus qu'aucune autre plante la propriété d'engraisser la terre par ses débris*, et il ajoute : *Aucune ne pourrit si bien et si vite que le lupin, et ne possède à un si haut degré la vertu de fertiliser.* « Il semble, continue-t-il, que cette vertu se retrouve concentrée dans sa graine.

Lorsqu'on l'a fait chauffer au four ou dans la chaudière, de manière à en détruire le germe, elle devient le plus puissant de tous les engrais enterrée au pied des arbres languissans et malades, et on en obtient des effets surprenans au pied des orangers. »

Nous l'avons vu aussi employé avec un égal succès pour le même objet, dans le canton si bien cultivé de Castel-Sarrazin.

M. de Chancey nous informe encore qu'il a obtenu consécutivement, sur le même champ, plusieurs récoltes abondantes et nettes de la variété de froment qu'il désigne sous le nom de *godelle*, en ne donnant à la terre d'autre engrais que des lupins enfouis entre chaque récolte.

Nous avons eu plusieurs fois la satisfaction de le voir employer au même usage dans les départemens du Rhône, de l'Isère et de l'Ain, et nous nous en sommes également servis sur nos plus mauvaises terres, quoique nous lui préférions maintenant, pour cet objet, le sarrasin, pour des motifs que nous ferons connoître en nous occupant de cette dernière plante.

M. Menuret nous assure *être parvenu à transformer en bonnes terres à blé, avec le lupin, des champs qui n'admettoient que du seigle avant lui.*

Enfin, le lupin, par la rapidité de sa végétation dans nos départemens méridionaux, nous paroît être une des plantes les plus propres à utiliser l'année de jachère sur les terres les plus mauvaises, et à fournir les moyens d'obtenir plusieurs récoltes dans une même année.

Il existe plusieurs autres espèces et variétés de lupin qu'on pourroit utiliser de la même manière, et une espèce vivace qui pourroit peut-être aussi être introduite avantageusement dans la culture en grand.

DU POIS CHICHE. Le pois chiche, *Cicer arietinum*, désigné souvent dans le midi sous les noms de pois *cornu* ou *bécu*, garvanche, céseron et pesette, est une petite plante annuelle, à racines pivotantes, qui a quelque ressemblance avec les pois, et dont les tiges droites, diffuses et anguleuses, qui ne s'élèvent guère qu'à trente-deux centimètres ordinairement, sont garnies de petites feuilles ailées, velues et dentées, et de petites fleurs blanchâtres ou rougeâtres, auxquelles succèdent des gousses en vessies. Il en existe un grand nombre de variétés.

On a cru apercevoir dans ses semences arrondies et un peu pointues d'un côté, quelque ressemblance avec la tête d'un belier, ce qui lui a fait donner aussi le nom de *pois de belier*, qu'exprime le mot *arietinum*. Nous ne faisons ici cette observation que pour remarquer que cette dénomination l'a fait confondre avec une variété du pois ordinaire, qu'on appelle pois de belier, d'agneau, de mouton ou de brebis, parceque ces animaux en sont très avides. Il est évident que le traducteur de l'ouvrage de Hall, ainsi que Rozier lui-même, qui suppose le pois chiche, cultivé en grand en Angleterre, où sa culture n'existe nulle part dans les champs, ont faussement appliqué, avec quelques autres, au pois chiche proprement dit, ce qui concerne l'utile variété dont nous venons de parler, à cause du rapport trompeur qui existe entre leurs dénominations.

Ce pois très délicat, qu'on ne trouve guère cultivé en grand que dans nos départemens méridionaux, voisins de l'Espagne et de l'Italie, où sa culture est plus répandue, peut cependant supporter assez bien, comme nous nous en sommes assurés, la température plus rigoureuse du centre et du nord de la France. Il résiste aussi assez bien aux pluies abondantes, quoiqu'il aime plutôt un terrain sec et meuble qu'humide et compacte; mais les irrigations lui sont fort utiles à l'époque des fortes chaleurs du midi.

On le sème ordinairement de bonne heure, en automne, sur un seul labour, immédiatement après les récoltes de céréales, et il tient lieu de jachère l'année suivante. Il sert aussi quelquefois de pâturage l'hiver pour les bêtes à laine.

Lorsque sa semaille est différée jusqu'au printemps, il est généralement moins productif, comme toutes les variétés printanières, et résiste beaucoup moins à la sécheresse. On remarque qu'il transsude de ses tiges et de ses feuilles, pendant la floraison, une liqueur acide, très corrosive, sur-tout dans le midi.

Le pois chiche confirme encore l'observation que nous avons eu occasion de faire à l'égard de la lentille et de l'ers ervillier, d'après les principes que nous avons établis. Présentant peu de surface à l'atmosphère par ses tiges grêles, peu élevées, et garnies de feuilles rares; fournissant d'ailleurs des semences très grosses, comparativement à ses autres parties extérieures; et étant ordinairement arraché, il doit plus épuiser la terre, lorsqu'on en exige la semence, que les plantes légumineuses d'une organisation plus avantageuse; et c'est en effet ce qu'on a constamment observé depuis les anciens jusqu'à nos jours. Pline, d'après les auteurs géoponiques latins, Olivier de Serres et Rozier, d'après leurs propres observations, confirment ce fait, dont nous nous sommes également assurés en le cultivant comparativement.

La culture en rayons, telle que nous l'avons prescrite pour la lentille, nous paroît être aussi la plus facile, la plus économique et la plus profitable pour le pois chiche.

On doit le récolter dès que ses gousses vésiculeuses prennent une teinte jaunâtre, et le battre au fléau lorsqu'il est bien sec. Il fournit un aliment agréable, mais de difficile digestion : on l'emploie aussi quelquefois en café, après l'avoir torréfié et moulu.

DU HARICOT. Le haricot, *Phaseolus*, est un genre de plantes légumineuses qui renferme un très grand nombre d'espèces et de variétés, plus ou moins admises dans les cultures en grand en diverses parties de la France.

Les tiges de ces plantes, la plupart annuelles, sont généralement volubiles, et s'entortillent en montant en spirale le long des végétaux élevés, ou d'autres supports qui se trouvent à leur portée, et leur servent de rames. Les espèces ou variétés naines s'élevant très peu, n'ont pas ordinairement besoin d'appui.

Les plus estimées parmi ces dernières, qui produisent moins que les autres, et qu'on désigne sous le nom de *Phaseolus nanus*, sont, 1° le nain blanc hâtif, de Laon, ou le flageolet, très productif;

2° Le suisse, de diverses couleurs, et sur-tout celui de Bagnolet, gris, très hâtif, productif, et peu sujet à filer;

3° Le nain blanc hâtif, et à grains plats, de Soissons, appelé quelquefois mongette;

4° Le schwert, ou haricot sabre, ainsi nommé parceque ses gousses, très longues, ont quelque ressemblance avec cette arme;

5° Le nain de Hollande, très hâtif, dont celui d'Argenson est une sous-variété plus hâtive encore.

Les principales espèces ou variétés parmi celles qui exigent des tuteurs pour donner tout le produit dont elles sont susceptibles, sont, 1° le haricot commun, *Phaseolus vulgaris*, un des plus communs en Europe, et qui se sous-divise en un très grand nombre de variétés, dont les principales sont,

2° Le gros blanc de Soissons, ou de Noyon, ou de Picardie, à écorce très fine, et un des plus délicats et des plus larges;

2° Le rouge de Chartres ou d'Orléans, très productif, mais petit;

3° Le blanc commun, à grains courts, aplatis, et d'un blanc sale, qu'on désigne aussi en plusieurs endroits sous le nom de mongette;

4° Le haricot rond, le plus petit de tous ceux cultivés en plein champ, et un des plus convenables pour cet objet, et des plus productifs;

5° Le mange-tout, ou sans parchemin, ou sans fil, de diverses couleurs, cultivé dans les environs de Lyon et ailleurs, ainsi nommé parcequ'on mange avec le fruit la gousse, qui se conserve très long-temps tendre;

6° Le rognon de coq, désigné sous cette dénomination à cause de la ressemblance de ses grains avec cet objet;

7° Enfin l'espèce multiflore, connue sous le nom de haricot d'Espagne, haricot fève à fleur écarlate, *Phaseolus coccineus*, dont une variété à fleurs et fruits blancs; la plus forte et la plus élevée, que nous avons vue une seule fois cultivée en plein champ, où l'abondance de ses produits, peu délicats à la vérité, pourroit quelquefois la faire paroître avec avantage.

Au reste, toutes ces espèces ou variétés, et un très grand nombre d'autres moins utiles pour notre objet, sont susceptibles de varier, par la culture, à l'infini, pour la forme, la hauteur et la couleur. Leurs caractères distinctifs ne sont pas constans, et sont soumis aux influences du sol, du climat, et à un grand nombre d'autres circonstances qui les modifient d'une manière plus ou moins sensible, et les rendent souvent méconnoissables.

Ce qu'il est essentiel d'observer ici, c'est qu'il est indispensable de procurer des appuis convenables aux variétés qui ont une tendance bien prononcée à s'élever, si l'on veut en obtenir le plus grand produit possible; plusieurs végétaux, parmi lesquels on remarque le maïs, les fèves et le topinambour, remplissent quelquefois cet objet avec avantage.

Nous observerons aussi que les haricots grimpans exigent un terrain plus fertile que les nains.

Le haricot étant originaire des pays chauds, toutes ses espèces ou variétés redoutent le froid, et on ne doit les confier à la terre, dans les cultures en plein champ sur-tout, que lorsque les gelées tardives ordinaires ne sont plus à craindre : elles redoutent également, avant leur germination, l'humidité, qui les fait promptement pourrir, sur-tout si la terre n'est pas suffisamment échauffée par l'influence des rayons solaires. Autant la chaleur est indispensable alors, autant une humidité surabondante est pernicieuse; et, plus tard, il devient très utile qu'une légère humidité tempère l'action de la chaleur. Les variétés les plus hâtives sont généralement à préférer en France, sur-tout dans le nord.

Les terres meubles et substantielles, rendues telles sur-tout par l'action si puissante des labours et des engrais, et par les expositions méridionales et découvertes, sont généralement à préférer aussi pour cette culture, en ayant l'attention rigoureuse de ne la commencer qu'à l'époque déterminée par une chaleur suffisante, comme de ne plus l'entreprendre lorsqu'on doit craindre que le degré de la maturité des fruits qu'on désire obtenir, ne puisse avoir lieu avant que les premières gelées de l'automne se fassent sentir.

D'après l'expérience des parties de la France où cette culture se fait en plein champ, et dont les principales sont les environs de Soissons, de Chauny, de Chartres, d'Orléans, de Paris, de Saintes, de Bordeaux, de Montlhéry, de Lyon, de Laon, de Noyon, de Liancourt, de Montfort-Lamaury, de Warnhem et de Péquencourt, dans le département du Nord, ainsi que dans quelques autres cantons de nos départemens de l'ouest et du midi, elle peut être intercallée avantageusement avec celle des grains, et devenir même très productive, lorsque la terre qui y est propre est convenablement préparée et qu'elle reçoit, pendant la végétation, toutes les opérations nécessaires.

Ces opérations, très propres à meublir, nettoyer et améliorer la terre, consistent dans trois sarclages et buttages qui doivent se faire, le premier, quelque temps après que la plante est sortie de terre; le second, lorsqu'elle est prête à fleurir, et le troisième, lorsqu'elle est défleurie. Pour qu'elles puissent avoir lieu d'une manière expéditive et économique, il convient que les semences soient placées en rayons alignés, de la même manière et pour les mêmes raisons que nous avons cru devoir faire connoître à l'article LENTILLE, auquel nous renvoyons, afin que, dans l'intervalle laissé entre chaque rangée, on puisse aisément employer la petite herse et la houe à cheval. *Voyez les figures à la fin du Traité.*

Les semis faits à la volée nous paroissent généralement blâmables pour les motifs que nous avons déjà déduits.

Les rames pour lesquelles les branchages élevés sont à préférer à tout autre moyen se placent ordinairement après la seconde façon.

On ne doit faire la récolte des haricots que lorsqu'ils sont bien secs, afin qu'ils puissent se conserver, et on est quelquefois obligé de les récolter à plusieurs reprises. On peut les battre au fléau lorsqu'ils sont bien secs, et les tiges desséchées sont peu du goût des bestiaux, ainsi que les fruits, mais elles fournissent d'excellentes cendres. Enfin ce légume, qu'aucun insecte n'attaque, est un des plus employés pour la subsistance du peuple, qu'il nourrit bien, quoiqu'il soit très venteux, et on peut en mêler dans le pain et le convertir en bouillie, quoique la meilleure manière consiste à le manger tel que la nature nous le présente, après l'avoir fait cuire et l'avoir assaisonné.

Cette culture peut encore, dans certains cas, procurer une seconde récolte dans la même année, sans nuire aux ensemencemens d'automne, sur les terres naturellement très meubles et bien engraissées, soit après un pâturage ou une récolte-fourrage précoce, soit après une récolte en grains, faite de bonne heure; mais on ne doit jamais l'exiger que lorsque la terre se trouve dans le meilleur état possible d'ameublissement et de fertilisation, naturel ou artificiel.

Rozier atteste « que la culture des haricots se fait communément dans l'année de jachère, et que le blé réussit très bien après, surtout si l'on a fumé en février ou en mars; et il ajoute « que plusieurs particuliers cèdent leurs champs dans l'année de jachère à des journaliers, à condition qu'ils les travailleront, les fumeront largement et y sèmeront des haricots, de manière que la récolte des blés de l'année suivante y est toujours belle. » Il observe aussi ailleurs, « que lorsque l'année seconde les soins du cultivateur, la récolte des haricots rend beaucoup plus que celle du plus beau blé »; vérité que nous avons trouvée confirmée en plusieurs endroits.

M. le sénateur comte de Père recommande, aussi, fortement cette culture pour le même objet, en s'étonnant, comme Rozier, qu'elle ne soit pas plus commune; et il observe « qu'elle peut être l'objet tout à la fois d'une seconde ou d'une double récolte; que l'époque de la semaille est heureusement placée depuis la cessation des gelées jusqu'à la fin de juin; de manière que, semés à diverses reprises, leur récolte peut s'intercaller entre deux autres récoltes différentes ; qu'on peut les semer ensemble avec le maïs, ou sur le terrain destiné au maïs, dont la semaille seroit retardée par quelque accident, ou sur le terrain où l'on aura dépouillé les fourrages précoces, ou sur engrais végétal ; qu'en semant alternativement un sillon de haricots et un sillon de maïs, les tiges du maïs feront l'office de rames, etc. »

Nous avons déjà vu le maïs servir de rames aux haricots, dans le canton exemplaire de Castel-Sarrasin.

M. Simonde nous informe encore que dans la partie de la Toscane réunie à la France, « le blé est alterné avec les haricots, ou avec le maïs ou les fèves, dans les métairies qui ne sont pas assez fertiles pour être propres au chanvre ; qu'on les entremêle de quelques grains de blé de Turquie pour les soutenir et leur tenir lieu de rames ; et qu'ils réussissent assez bien, même pour alterner avec le blé, le terrain des montagnes, où l'on peut les arroser, comme on le peut fréquemment dans les Apennins, où les sources sont communes.

Nous avons vu cultiver très en grand, avec beaucoup de succès, le haricot blanc, dit rognon de coq, sur le territoire de la commune de Bazoches, près Montfort-Lamaury, entre deux cultures des grains. Elle y rapporte souvent 150 fr. net par hectare année commune, et ce bénéfice peut quelquefois même aller au-delà. Les cultivateurs, qui ne connoissent pas de meilleur moyen de détruire le chiendent et toutes les autres plantes nuisibles aux récoltes, louent quelquefois leurs terres jusqu'à 80 fr. l'hectare pour cette culture, à des particuliers qui en retirent un grand bénéfice et les rendent très nettes et très améliorées pour les récoltes subséquentes. *On y reconnoît qu'elle est la meilleure préparation que la terre puisse recevoir pour celle de la luzerne, qui suit avec une graminée ; et au seconde binage que les haricots reçoivent, on sème quelquefois, entre les rayons, des navets dont la récolte dédommage en partie des frais de culture des plantes auxquelles on les associe.*

Dans les champs fertiles ou amplement engraissés, on peut réitérer sans inconvénient la culture des haricots ; la seconde récolte est même généralement préférable à la première pour la qualité, et le champ fortement amélioré par les sarclages, houages et buttages, et par les engrais, est très propre à fournir ensuite d'abondantes récoltes d'un autre genre.

Nous avons aussi admis plusieurs fois, avec beaucoup de bénéfice, sur nos terres les plus meubles, la culture du flageolet, intercallée avec succès avec celle des grains ; et dans les essais comparatifs que nous avons faits de la culture en rayons et de celle en touffes, nous nous sommes assurés, comme pour la lentille, que la première étoit plus expéditive, plus économique, plus productive et plus admissible dans les champs.

Nous ne pouvons mieux terminer cet article que par les judicieuses réflexions que fait M. de Père sur l'influence de cette culture sur la terre.

« On se plaint, dit-il, que les haricots effritent le terrain; cela doit toujours arriver quand on les sème sur le terrain qui n'est pas convenablement préparé; quand ils lèvent mal; si l'on néglige de les sarcler, de les purger de toutes mauvaises herbes : dans ce cas il en sera de même de tous les autres légumes, des vesces même. Pour que toutes les récoltes secondaires disposent bien le terrain pour une récolte de froment dont on voudroit les faire suivre, il faut qu'elles soient belles aussi, et que leurs fanes ombragent bien la terre. »

Il est impossible de rien ajouter à la justesse de ces observations, qui décèlent un cultivateur complètement versé dans la théorie et dans la pratique de son art.

TROISIÈME SECTION. *Des crucifères.*

Les plantes principales les plus applicables à cette division parmi les crucifères soumises à la culture en plein champ, sont la rave ou le navet, la navette et la cameline.

DE LA RAVE ET DU NAVET. La rave, *Brassica rapa*, et le navet, *Brassica napus*, sont deux variétés du genre *brassica*, dont le type originaire croît spontanément sur les terrains sablonneux des bords de la mer, et qu'on confond très souvent sous ces deux dénominations et sous celles de *rapes*, *radis*, *raiforts*, *rabioules*, *navettes*, *rabettes*, *rabioles* et même *turnep*, nom que l'anglomanie a cherché à introduire sans nécessité dans le vocabulaire, déjà trop étendu et très confus, des cultivateurs, puisqu'il n'est réellement que le mot spécifique anglais correspondant au mot français *rave*.

Afin d'éviter toute espèce d'équivoque, toujours si embarrassante et si nuisible en agriculture, nous désignerons sous le nom de rave toutes les variétés dont les racines orbiculaires, souvent tronquées et aplaties, sont ordinairement autant, sinon plus, hors de terre qu'en terre, à laquelle elles ne tiennent quelquefois que par un petit filet ou pivot radical; et sous celui de navet, toutes celles à racines fusiformes ou coniques, plus longues que sphériques, qui sont ordinairement plus enfoncées en terre que hors de terre.

L'influence du sol, du climat, des saisons et de toutes les circonstances favorables ou défavorables sous lesquelles ces racines se trouvent, modifie plus ou moins leur couleur, leur grosseur, leur forme et leurs différentes manières d'être très variables; mais il sera toujours facile au cultivateur de ranger sous l'une ou l'autre des deux dénominations et définitions simples et suffisantes pour les cultures en grand que nous adoptons, toutes les variétés accidentelles très multipliées, dont les caractères extérieurs conserveront plus de rapports avec l'une ou avec l'autre.

Quoiqu'il soit essentiel que nous considérions ici, isolément, la rave et le navet, relativement à quelques unes de leurs propriétés particulières, comme elles en ont beaucoup qui leur sont communes, nous les examinerons d'abord sous le point de vue général.

Les terrains découverts, siliceux, schisteux et granitiques, les plus meubles et profonds, défoncés, bien engraissés, sous les climats humides et brumeux, sont ceux qui conviennent le mieux à la culture des raves et des navets ; et les terres compactes, tenaces, crétacées, argileuses et superficielles, non marnées ou chaulées, s'y refusent généralement, ou en produisent de fort petits, ainsi que les climats dont la chaleur ne se trouve pas tempérée par une suffisante humidité.

Les hivers rigoureux leur sont également nuisibles parmi nous, et ils n'y résistent pas généralement, si l'on en excepte le navet jaune de Hollande, qui vient assez bien sur les terres argileuses, celui de Berlin, et le navet de Suède, ou *rutabaga*, que nous considèrerons particulièrement, sous le rapport des assolemens, dans notre seconde division.

Il convient cependant d'excepter de cette règle générale le voisinage des bords de la mer, et nos départemens les plus méridionaux, où ils sont beaucoup moins exposés à l'intensité du froid, et passent ordinairement l'hiver en terre, sans inconvénient, sur-tout lorsqu'ils ont été semés tard, et sur des terres plus sèches qu'humides.

Sur les terres de cette nature, ils acquièrent, à la vérité, moins de volume que sur celles qui conservent plus de fraîcheur; mais à volume égal, ils y sont beaucoup plus substantiels et nourrissans, et rarement, dans ce cas, comme dans beaucoup d'autres, la qualité se trouve réunie à la quantité, circonstance importante à laquelle on ne fait pas généralement assez d'attention à l'égard des productions végétales.

La rave et le navet présentent trois modes avantageux d'introduction dans nos assolemens. Le premier consiste à les intercaller, dans une année de jachère, entre deux cultures de céréales, après un nombre plus ou moins considérable de labours, et avec des engrais abondans et bien consommés : le second, à leur faire suivre immédiatement, dans la même année, et sur un seul labour, ou même quelquefois sans labour et sans engrais, une première récolte principale, faite à diverses époques : et le troisième, à les semer de bonne heure au printemps, avec ou sans engrais, pour fourrage, ou pour engrais végétal, après une récolte épuisante faite l'année précédente.

Examinons particulièrement les avantages et les inconvéniens de chacun de ces trois modes.

Premier mode d'assolement. Ce mode, qui a lieu ordinairement après une récolte de froment ou toute autre aussi épuisante, qui paroît avoir été pratiqué par les anciens, comme nous aurons occasion de le remarquer plus loin, et qui est usité en Flandre et en Angleterre, est beaucoup moins commun en France que les deux autres, pour des raisons que nous examinerons à la fin de cet article.

Il exige de nombreux et profonds labours, avant et après l'hiver, jusqu'à l'époque de la semaille, qui se fait ordinairement vers le milieu de l'année, en se réglant, pour cela, sur le climat, l'état de la terre, et la disposition de l'atmosphère, qui doit être plus humide que sèche.

Le principal objet de cette culture étant de nettoyer et d'ameublir la terre le plus complètement possible, la multiplicité des labours y devient une condition de rigueur, pour pouvoir en espérer tout le succès désiré. Aussi voyons-nous les Anglais, à l'imitation des cultivateurs de nos départemens septentrionaux qui s'y livrent, et des anciens qui la pratiquoient, faire précéder la semaille par quatre ou cinq labours au moins (1). Ces labours doivent aussi être profonds, afin que les racines pivotantes puissent s'enfoncer suffisamment en terre.

Il exige également des engrais abondans, parceque la récolte qui s'ensuit doit influer sur le succès des trois récoltes suivantes, qui, avec celle-là, forment un des assolemens quatriennaux dont nous avons déjà eu occasion de parler.

Ces engrais doivent être le plus exempts qu'il est possible de semences nuisibles, afin de ne pas contrarier l'objet principal qu'on a en vue, et de diminuer aussi, autant que possible, les frais des houages qui deviennent indispensables pour obtenir un succès complet de cette culture.

L'engrais produit par le parcage a cet avantage : celui de vache est également très convenable, sur-tout à cause de la nature du sol; mais quel que soit celui que l'on emploie, on observe que sa surabondance développe fortement les feuilles, quelquefois au détriment des racines qui grossissent moins alors.

On remarque aussi que les engrais ordinaires, frais, et non ou imparfaitement fermentés, indépendamment de la saveur désagréable qu'ils communiquent aux racines, attirent sur la récolte l'insecte destructeur qui est son plus grand ennemi, et qu'on désigne sous les noms triviaux de *tiquet*, *lisette*, *puceron*, *puce de terre*, etc. C'est l'altise bleue, *Altica oleracea*. Il est généralement avantageux, pour cette raison et pour la précédente, que les fumiers soient incorporés au sol à une époque assez éloignée de celle de la semaille. On peut aussi les remplacer avantageusement ou par les engrais végétaux qui sont exempts de ces inconvéniens, et qui conservent au sol une fraîcheur salutaire, très favorable à la ger-

---

(1) *Diligentiores quinto sulco napum seri jubent, rapam quarto, utroque stercorato*. Plinii, Hist. Nat.

mination et au développement de la plante, et qu'on augmente encore en semant immédiatement après le dernier labour suivi de hersages suffisans pour bien égaliser le terrain, et en hersant très légèrement, ou avec des épines fixées à un châssis, ou avec des herses placées à contre-sens, et en roulant immédiatement après l'ensemencement.

Il est sur-tout essentiel que la terre soit bien divisée avant l'ensemencement, à cause de la petitesse de la graine, et qu'elle soit fort peu enterrée, parcequ'elle ne pourroit germer en totalité sans ces conditions de rigueur. La graine la plus vieille donne généralement les racines les plus grosses, et elle peut se conserver très long-temps lorsqu'elle est placée sèchement, ou soustraite aux influences de l'atmosphère.

En ne perdant jamais de vue l'objet principal de cette culture améliorante, qui est le nettoiement de la terre, on doit achever ce que les labours préparatoires ont déjà opéré, sous ce rapport, en houant, dès qu'on s'aperçoit que les plantes suffisamment développées couvrent bien la terre. Si le champ a été semé à la volée, ce qui paroît être l'usage le plus général, il faut nécessairement se servir de houes à main (*voy. les figures à la fin de ce Traité.*) Si l'on a semé en rayons, ce qui nous paroît être la méthode la plus économique, et pour la semence et pour les frais, et ce qu'on peut faire, non seulement à l'aide du semoir, instrument cher, trop compliqué et trop délicat pour être confié à toutes les mains trop souvent maladroites parmi la classe ouvrière, mais encore, et très expéditivement et régulièrement, avec une bouteille ordinaire remplie de semence, et au bouchon de laquelle est adapté un tuyau de plume ordinaire par lequel un homme suivant la charrue peut aisément répandre la semence nécessaire dans le fond du dernier sillon, en en laissant alternativement un sans semence pour servir d'intervalle nécessaire au passage de la houe à cheval, le nettoiement devient plus facile. *Voyez les figures à la fin de ce Traité.*

Par ce moyen, que nous avons quelquefois employé avec succès, en formant, avec la houe, des rayons dans les champs semés à la volée, on épargne les frais de main-d'œuvre, d'autant plus dispendieux que le houage doit être réitéré, lorsque les plantes, d'abord éclaircies, commencent à former la tubérosité de leur racine, et à recouvrir entièrement la terre de leurs feuilles étalées. Lors de ce second et ordinairement dernier houage, il est utile de retrancher toutes les plantes surnuméraires trop rapprochées, et d'observer une distance telle que, par la suite, elles se trouvent suffisamment espacées, pour pouvoir développer complètement leurs feuilles, qui doivent couvrir et ombrager la terre le plus exactement possible. Nous ne prescrivons pas ici de distance fixe, comme trop d'auteurs l'ont fait; la distance à observer devant toujours être subordonnée à l'état plus ou moins fertile de la terre, à la vigueur des plantes, à l'époque à laquelle l'opération se pratique, et à d'autres circonstances que le discernement du cultivateur doit toujours prendre en considération. Rien ne nous paroît plus dangereux et plus ridicule en agriculture, que de vouloir déterminer des objets qui, par leur nature, sont indéterminables, et de chercher à préciser et à fixer invariablement des quantités, des mesures, des distances, des modes et des époques, qui sont nécessairement très variables. C'est ainsi qu'en voulant prouver son instruction, on décèle son ignorance sur des objets de détails qu'il faut toujours laisser déterminer par le cultivateur, d'après les circonstances particulières dans lesquelles il se trouve placé.

Nous nous bornerons à observer que, lors du second houage, il n'y a généralement aucun inconvénient à rechausser un peu les plantes avec la terre meuble, sur-tout sur les sols plus secs qu'humides, et que la houe à cheval, convenablement dirigée, remplit très bien cette indication. La terre d'ailleurs se trouve, aussi, beaucoup mieux et plus facilement ameublie, avec cet instrument aussi simple qu'expéditif. L'alignement des plantes rend aussi très facile et très expéditif l'éclaircissement de celles trop rapprochées, qui doit toujours se faire avec la houe à main. Nous ajouterons que par l'opération bien faite du houage réitéré, on double, et triple même souvent les produits.

Lorsqu'on redoute l'effet destructeur de l'hiver, on récolte en automne; dans le cas contraire, on diffère jusqu'au printemps.

Il existe plusieurs manières de faire cette récolte, qu'il est utile d'examiner, à cause de leur influence sur le sol, relativement aux assolemens.

La première consiste à enlever les racines du champ, ou à la charrue, ou avec une espèce de houlette à manche court, ou avec tout autre instrument équivalent, et à les charrier, lorsqu'elles sont un peu ressuyées, près des habitations, où elles sont mises à l'abri des gelées, étant rangées en tas au fond d'une tranchée, en forme de prisme, comme les boulets dans les arsenaux, après les avoir dépouillées de leurs feuilles, qu'on donne aussi quelquefois aux animaux, et qu'il est toujours désavantageux d'arracher ou de couper trop tôt, et ensuite recouvertes d'environ un pied de terre, en pratiquant, par intervalle, des soupiraux formés avec des tuiles creuses, ou avec quelque autre objet équivalent, pour empêcher qu'elles ne s'échauffent et se moisissent. Ce moyen simple, usité dans le département de l'Ain, et dans quelques autres départemens, les conserve en bon état jusqu'au milieu du printemps. Mais il vaut toujours mieux en faire plusieurs petits tas que des grands où elles se conservent moins bien.

La seconde manière consiste à faire faire la récolte par les animaux eux-mêmes auxquels elle est destinée, soit en les conduisant momentanément sur le champ, à l'époque et par un temps convenables, soit en les y faisant parquer, soit enfin en en enlevant seulement une partie qu'on peut aussi faire consommer sur un champ voisin, ou à l'étable, et en faisant consommer le reste sur la place.

Cette manière, plus praticable avec les raves qui sortent en grande partie hors de terre, qu'avec les navets qui y sont plus enfoncés, et seulement admissible sur les terres très meubles, plus sèches qu'humides, et par un temps sec, a l'avantage d'être économique, expéditive, et très avantageuse aux sols qui ont peu de consistance, qu'elle resserre et fertilise fortement, par les nombreux débris végétaux joints aux déjections animales qu'elle y laisse, circonstances qui influent très avantageusement sur la prospérité des récoltes suivantes.

A quelque époque et de quelque manière que la récolte soit faite, l'expérience a démontré qu'il étoit généralement peu avantageux de la remplacer immédiatement, par un ensemencement en grain d'automne, et sur-tout en froment, parceque la terre peut difficilement être convenablement préparée pour admettre cet ensemencement; et la méthode reconnue généralement la plus avantageuse, avec ce mode d'assolement, consiste à ensemencer la terre au printemps, soit en blé de mars, soit en avoine, soit en orge, avec une prairie artificielle dont le succès est ordinairement assuré, après une semblable préparation du terrain, et qui peut se trouver remplacée à son tour par une nouvelle culture céréale.

Plusieurs causes concourent à rendre cet assolement peu suivi parmi nous, quoiqu'il y ait pris naissance, comme nous l'avons prouvé. La nécessité des nombreux labours et d'engrais abondans et bien préparés, et sur-tout la crainte si fondée de voir les plantes dévorées, en levant, par l'altise, ce qui force quelquefois à resemer plusieurs fois sans succès, et ce qui arrive même fréquemment en Hollande et en Angleterre, dont le climat bien plus humide est généralement plus favorable à cette culture, où elle est cependant quelquefois abandonnée, pour la même cause, ont déterminé un grand nombre de nos cultivateurs qui l'ont essayée, et nous ont déterminés nous-mêmes, à lui préférer des cultures améliorantes moins dispendieuses, et sur-tout moins casuelles, et qui n'ont pas besoin comme celle-là, lorsqu'elle manque, d'être remplacées par la vesce, la gesse, le maïs-fourrage, ou toute autre récolte, afin de ne pas exposer la terre à rester nue, après une préparation aussi longue et aussi dispendieuse.

Il est peu de fléaux du cultivateur contre lesquels on ait proposé un aussi grand nombre de préservatifs que contre les ravages de l'altise; malheureusement leur efficacité est aussi douteuse que leur nombre est étendu, ce qu'annonce en quelque sorte leur multiplicité. Cependant, comme il en est quelques uns qui, d'après notre expérience, nous paroissent pouvoir être utiles dans certains cas, nous croyons devoir indiquer les principaux aux partisans de la culture des raves et des navets. Chacun pourra choisir celui que les circonstances lui permettront d'adopter.

Le plus sûr de tous nous a paru consister à écarter les fumiers frais, et à saisir pour la semaille un temps plus disposé à l'humidité qu'à la sécheresse, ainsi que les labours frais ; à accélérer la germination et diminuer l'évaporation, d'abord en faisant tremper la semence dans une eau qu'on peut imprégner de suie, de chaux, de cendre, de soufre, ou de toute autre substance, qui, dans tous les cas, ne peut pas nuire; ensuite à rouler la terre immédiatement après l'ensemencement.

Le second consiste à couvrir les plantes lors de la levée d'une épaisse fumée produite par des herbes allumées au bord du champ, du côté du vent, comme cela se pratique avec succès pour soustraire la vigne aux influences désastreuses des gelées tardives, ou à les couvrir de chaux, de suie ou de cendres de bois ou de tourbe, ou même de plâtre calciné et pulvérisé, ce qui est également très propre à activer la végétation.

Le troisième consiste dans un mélange de graines de différens âges, qui, levant à différentes époques, offrent plusieurs chances. On a également recommandé le mélange de la graine de raifort, qui, levant plus tôt que celles des raves et des navets, leur donne le temps de se développer, tandis que les plantes de raifort sont dévorées par l'altise : nous ne l'avons pas essayé.

Nous avons reconnu que le mélange recommandé du sarrasin avec la rave et le navet ne les préservoit pas toujours.

Les limaces, les hélices et les chenilles sont aussi d'autres ennemis redoutables aux raves et aux navets, et contre lesquels on emploie quelquefois avec succès les mêmes moyens, le roulage réitéré matin et soir, et les canards qui en détruisent beaucoup, sans nuire d'une manière bien sensible à ces plantes.

Second mode d'assolement. Ce mode, beaucoup plus simple et moins dispendieux que le précédent, est aussi beaucoup plus usité parmi nous, et procure une seconde récolte, dans la même année, après la récolte principale, avantage précieux pour tous les champs qui en sont susceptibles.

Il consiste à semer ces plantes sur un labour qui enfouit le chaume de la récolte précédente, et à suivre tous les procédés de culture que nous avons exposés au premier mode. On se dispense même quelquefois des houages, ou au moins de l'un des deux, ce qui est sans inconvénient, toutes les fois que l'on n'a pas à craindre que les plantes nuisibles aux récoltes ne mûrissent leurs graines, et sur-tout lorsqu'on n'a en vue que d'obtenir un pâturage dont l'abondance se trouve augmentée par la germination des grains disséminés sur le sol à l'époque de la première récolte, et qui, lorsque les jeunes plantes sont dévorées, en totalité ou en partie, par l'altise, fournissent encore une ressource à laquelle il faut ajouter l'avantage de nettoyer et d'ameublir la terre, par l'effet du labour qu'elle reçoit.

Ce labour n'est même pas toujours indispensable pour obtenir le résultat désiré. On sème quelquefois les raves et les navets, pendant que les plantes destinées à fournir la première et principale récolte sont encore sur pied; ce qui se fait, dans plusieurs cantons, ou à l'égard des grains, ou du sarrasin, ou avec le lin, le chanvre, la gaude, ou d'autres plantes, dont l'arrachage donne à la terre un remuement suffisant pour l'objet qu'on se propose.

Quelquefois aussi un simple hersage profond avec une herse de fer (*voyez les figures à la fin de ce Traité*) supplée efficacement au labour et il est plus expéditif; car on n'a pas ordinairement à cette époque le temps de labourer une grande étendue des terres récoltées, en supposant qu'on veuille les destiner à cette production ou à quelque autre équivalente. Enfin, on peut encore semer les raves et les navets dans les intervalles des plantes cultivées en rayons, telles que les maïs, les fèves, etc., pendant leur végétation, et les houer, après l'enlèvement de ces plantes, avec la houe à cheval. Cette méthode, adoptée par quelques uns de nos cultivateurs, est une des plus recommandables.

Dans tous les cas, le produit de ce nouvel ensemencement peut être consommé avantageusement sur le champ même, à la fin de l'automne, lorsque la terre n'est pas naturellement compacte et le temps trop humide; et il laisse pendant l'hiver le temps nécessaire pour la préparer à de nouveaux produits l'année suivante.

Lorsqu'on peut se passer de ce supplément de nourriture fraîche à cette époque, et que la terre a besoin d'ailleurs d'engrais qu'on ne peut lui donner, un moyen très avantageux de tirer parti de ce produit se présente encore: c'est d'enfouir, par un nouveau labour, les plantes qui, en restituant au sol la substance qu'elles en ont empruntée, avec celle, beaucoup plus abondante, qu'elles ont puisée dans l'atmosphère, lui fournissent ainsi un engrais végétal précieux, très approprié à la nature du terrain qui convient le plus à ces plantes, et dont l'efficacité influe puissamment sur la prospérité de la récolte suivante. C'est ainsi que la destruction devient une source abondante de reproduction.

Cette culture peut encore se faire avec beaucoup d'avantage après les récoltes de pois, pommes de terre et haricots précoces, qui laissent le temps suffisant pour obtenir un second produit, sans nuire aux suivans, et elle devient alors très avantageuse.

Troisième mode d'assolement. Ce dernier mode, peu usité, parceque à l'époque où il a lieu, un grand nombre d'autres plantes peuvent remplir le même objet, consiste à semer les raves et les navets au printemps, ou sur une terre en jachère, qui vient déjà de fournir un pâturage précoce, ou, de très bonne heure, sur celle qui n'a encore rien produit. Ces plantes ne sont alors destinées qu'à fournir par leurs feuilles ou un pâturage, ou un fourrage, lorsqu'on peut les faucher, ou enfin un engrais végétal, lorsqu'on veut les enfouir. Les racines grossissent très peu à cette époque; elles se cordent ordinairement, sont attaquées par les insectes, et fournissent une très foible ressource.

Après cette récolte, la terre peut recevoir toutes les préparations nécessaires pour un nouvel ensemencement, qui est ordinairement en grain, et différé jusqu'à l'automne, ce qui laisse quelquefois le temps suffisant pour obtenir une autre récolte intercallaire.

Il existe encore un autre mode de culture des raves et des navets, généralement peu suivi, et que nous indiquerons cependant, parcequ'il peut trouver son application à certains cas. Il consiste à les semer, pendant plusieurs années consécutives, sur une vieille prairie dont on veut détruire le gazon, ou sur un terrain tourbeux, chaulé, qu'on veut préparer, par cette culture répétée qui exige de nombreux labours et houages, à la production des grains et à l'ensemencement d'une prairie artificielle, pour lesquels objets elle peut devenir utile, en purgeant la terre de semences et de racines nuisibles, et en l'améliorant d'ailleurs; mais elle peut être remplacée, dans un grand nombre de cas, parmi nous, par d'autres cultures moins dispendieuses, moins casuelles, et tout aussi productives.

§. 1. Après avoir considéré les raves et les navets, sous le point de vue général, disons un mot de leurs qualités distinctives, relativement aux assolemens.

Nous avons déjà observé que ces plantes exigeoient pour prospérer un terrain meuble, abondamment engraissé, et qu'elles redoutoient tous ceux qui étoient compactes, crétacés, ou argileux. Cette vérité est plus applicable encore aux navets, dont la racine plus longue et enfoncée en terre a plus particulièrement besoin de cet ameublissement sans lequel elle ne peut s'enfoncer et grossir convenablement, qu'aux raves dont la racine sphéroïde, ordinairement plus à la surface de la terre qu'en terre, exige rigoureusement moins d'ameublissement pour se développer, et vient assez bien sur les terrains argileux, sur-tout s'ils sont marnés ou chaulés, la substance calcaire les rendant beaucoup moins tenaces.

Les raves sont aussi, à raison de cette manière d'être, les seules dont les racines puissent être avantageusement consommées sur le champ même qui les a produites, sans avoir besoin d'être arrachées; et cette circonstance, ainsi que la précédente, sont très déterminantes pour leur accorder la préférence sur les navets, dans un grand nombre de cas.

Il existe plusieurs variétés de raves ou navets très estimées pour la délicatesse de leur goût, et dont les principales sont celles de Freneuse, dans le Vexin français; de Saulieu, dans la Côte-d'Or; de Chéroube, dans le Beaujolais; de Mende ou des Cévennes; de Pardaillan près Saint-Pons, en Languedoc; du Gâtinais et de Colleret, près d'Avesnes, département du Nord, ainsi que la variété dite de Berlin ou de campagne, qui est très répandue dans les départemens du Haut et du Bas-Rhin, et dont la racine très longue et en partie hors de terre devient énorme dans les terrains profonds qui lui conviennent, où elle est d'un très grand produit.

La délicatesse de ces variétés et la finesse de leur saveur doivent être entièrement attribuées, comme l'observent avec raison Rozier et Vilmorin, à la qualtié sablonneuse, souvent ferrugineuse et rougeâtre du sol qui les produit; et ce qui le démontre, c'est que lorsqu'elles sont semées dans des terres fortes, très humides et compactes, moins convenables à cette production, elles dégénèrent au point de n'y être pas reconnoissables.

D'après le témoignage d'Olivier de Serres, il est constant que de son temps, et probablement long-temps auparavant, les raves et les navets étoient cultivés en France en grand et en plein champ, pour la nourriture des bestiaux, et particulièrement pour l'engrais des bœufs, des vaches, etc. dans le Limosin, l'Auvergne et la Savoie. Le second mode de culture que nous avons indiqué, qui procure souvent une seconde récolte dans la même année, est répandu aujourd'hui dans la plupart de nos départemens, du midi au nord, où il se pratique encore avec succès.

Ceux de nos départemens dans lesquels cette culture est le plus usitée, sont ceux du Mont-Blanc, où on les sème assez souvent avec le sarrasin qui fournit une deuxième récolte, et les raves une troisième dans la même année; de la Haute-Saône, on les admet souvent sur les bruyères; de l'Isère, de l'Ain, du Rhône, de l'Ile-et-Vilaine, de l'Eure, de l'Orne, du Calvados, du Nord, de la Lys, de la Dyle, des Deux-Nèthes et de l'Escaut, de Gemmappes, du Haut et du Bas-Rhin, de la Seine, de Seine-et-Marne, sur-tout aux environs de Meaux, ainsi que ceux de la Dordogne et de la Corrèze, de la Gironde et des Landes, où on emploie souvent à l'engrais des bœufs ces racines, plus ou moins sucrées et aqueuses, entières ou coupées avec le coupe-racine (*pl.* 2, tome 10, page 312), selon leur grosseur et l'espèce d'animaux, seules ou mélangées, crues ou cuites, aux champs ou à l'étable, toutes choses qui varient suivant les circonstances et les usages; mais on observe généralement que cette nourriture, qui donne quelquefois un goût désagréable au lait des vaches qui y sont soumises, donne également quelquefois à la chair un goût désagréable qui force à avoir recours, pour achever l'engraissement, à quelque substance huileuse ou farineuse qui n'a pas le même inconvénient, et il est ordinairement peu avantageux de l'employer seule et long-temps. Lorsqu'elle est cuite, elle devient moins aqueuse et plus nourrissante, mais plus coûteuse, et le calcul doit toujours déterminer le choix.

Parmi les diverses méthodes de culture de la rave et du navet, nous recommandons comme une des plus économiques et des plus productives celle en rayons, qui épargne beaucoup les frais de main-d'œuvre et qui se fait très expéditivement, au moyen de la houe à cheval, et qui peut très avantageusement s'intercaller avec des rangées alternatives de maïs, de fèves et de plusieurs autres plantes. Cette excellente méthode, que MM. de Père et Lullin recommandent également, d'après leur expérience, et que nous avons plusieurs fois pratiquée avec un plein succès, n'exige aucun labour additionnel à ceux nécessités pour les plantes de la récolte principale, après laquelle on obtient, à très peu de frais, une seconde récolte précieuse, qui nettoie et ameublit le terrain, et le laisse dans un état très favorable au succès des récoltes suivantes.

§. 2. On laisse quelquefois la rave et le navet monter en graine, soit pour la semence, soit pour en faire de l'huile, comme dans le département des Deux-Nèthes, où on la préfère à celle du colsat; dans ce cas, il faut la garantir des ravages des oiseaux qui en sont avides, et elle épuise beaucoup plus la terre; mais on emploie plus particulièrement à cet objet la navette, dont nous allons parler.

DE LA NAVETTE. La navette ou rabette, *Brassica napus, sylvestris*, qu'on désigne quelquefois sous les noms de *ravonaille* et *rabiole*, n'est autre chose que le type originaire des nombreuses variétés de raves et de navets, qui existent aujourd'hui parmi nous, qui croît encore spontanément en plusieurs endroits, sur les terrains sablonneux maritimes, et qui paroît plus rustique que toutes ses variétés, dont elle diffère essentiellement, parceque sa racine légèrement fusiforme est presqu'entièrement dépourvue de cette tubérosité de diverses formes, couleurs et grosseurs, qui est due à la culture.

On la sème souvent avant l'hiver, auquel elle résiste généralement assez bien, sur-tout lorsqu'il n'est pas très pluvieux, et probablement mieux que ses variétés, améliorées par l'abondance des engrais et la culture, parcequ'elle est d'une constitution moins aqueuse par ses feuilles, ordinairement plus rudes, plus étalées, moins volumineuses, moins entières et d'un vert moins foncé, et sur-tout par sa racine, qui, au lieu d'être pulpeuse et d'un tissu spongieux comme les leurs, est plutôt ligneuse, menue et fibreuse, que succulente, large et pivotante.

Ses fleurs, ordinairement jaunes, quelquefois blanchâtres ou violettes, sont très odorantes et fort recherchées des abeilles.

Il en existe plusieurs variétés, et entre autres une qui se sème après l'hiver, et qu'on distingue sous le nom de navette de printemps ou d'été. Elle mûrit souvent au bout de deux mois d'ensemencement ; mais elle est généralement beaucoup moins productive que celle d'automne.

Dans plusieurs endroits de l'Eiffel, canton remarquable du département du Rhin-et-Moselle, on cultive, nous dit M. Lezay Marnesia, préfet de ce département, une *navette d'été* dite *quarantaine*, parcequ'elle mûrit souvent en quarante jours. Il en a vu des champs semés vers la Saint-Jean, entrer en graine un mois après, et être récoltés le mois suivant. *Cette culture*, dit-il, *qui n'occupe le sol que dix semaines, et qui peut remplacer celles qui sont détruites, est bien précieuse.*

Nous connoissons trois manières principales d'introduire avantageusement la navette dans les assolemens, sur les terres meubles, calcaires, sablonneuses et fraîches, qui lui conviennent plus que toute autre.

La première consiste à la semer, uniquement pour la nourriture des bestiaux ou pour engrais végétal, immédiatement après une récolte principale, faite en été. Un seul labour ou un profond hersage à la herse de fer (*voyez les fig. à la fin de ce traité*) suffit ordinairement pour cet objet, et la semence, sujette aussi, comme celles de toutes les plantes de la famille des crucifères, à être détruite par l'altise, lors de ses premiers développemens, doit être légèrement recouverte, sur le terrain préalablement égalisé par un hersage suffisant, comme nous l'avons prescrit pour la rave et le navet.

Le produit de cette culture améliorante et préparatoire, lorsqu'il n'est pas destiné à l'engraissement de la terre, est consacré à fournir, en automne, en hiver et au printemps, un pâturage fort agréable aux bestiaux, et sur-tout aux bêtes à laine, et plus particulièrement aux brebis nourrices et à leurs agneaux. Par une dépaissance alternative et prudemment réglée, on peut en profiter long-temps, et elle finit assez tôt pour laisser le temps nécessaire pour disposer le terrain à une seconde culture dans la même année.

Ce produit est, cependant, moins abondant ordinairement que celui du colsat, qu'on emploie aussi quelquefois au même usage, mais qui exige une terre plus fertile.

La seconde manière consiste à semer la navette comme précédemment, avant ou après l'hiver, mais ordinairement sur plusieurs labours, et quelquefois avec de l'engrais, dans l'intention d'en obtenir la graine pour en extraire l'huile ; elle peut être suivie immédiatement du seigle, du froment ou de toute autre culture céréale.

On la sème le plus souvent à la volée, quelquefois aussi en rayons, ce qui nous paroît généralement plus commode pour pouvoir sarcler, houer et éclaircir convenablement les plantes; quelquefois encore, mais rarement, on sème la navette en pépinière, comme le colsat, et on la transplante, ce qui laisse plus de temps pour préparer le terrain à cette culture épuisante, et on lui donne tous les houages nécessaires, avec la houe à cheval.

Après les ensemencemens à la volée, on fait quelquefois brouter les feuilles par les bertiaux pendant l'automne et une partie de l'hiver, ce qui n'empêche pas qu'on n'en obtienne ensuite ordinairement une abondante récolte de graine, lorsque ce retranchement a été fait avec les précautions convenables, et on en retire ainsi deux produits avantageux; mais la terre s'en trouve plus épuisée.

Il existe encore une troisième manière que nous avons déjà eu occasion de faire connoître, en développant notre huitième principe d'assolement. Elle consiste à semer la navette dans les grains, quelque temps avant leur maturité, et on se procure ainsi une nouvelle récolte, sans frais de culture additionnels, après celle des grains. Nous avons vu dans l'arrondissement de Clermont, département de l'Oise, la navette semée de cette manière dans l'avoine, y donner des produits considérables sur presque toutes les terres, comme le colsat et la cameline, traités de la même manière, dans les environs de Coutances, y fournissent également des récoltes très productives après le blé dans lequel on les sème, et nous retrouvons cette pratique en usage dans plusieurs parties du département des Ardennes.

La variété qu'on ne sème qu'au printemps ou en été, pour être récoltée dans la même année en graine, ne peut procurer la ressource du pâturage, et, comme toutes les variétés printanières, elle produit encore, généralement, beaucoup moins de semences, qui sont, aussi, moins huileuses.

La maturité de ces semences s'annonce par la couleur brune qu'elles contractent et par le dessèchement des feuilles et de la tige qui blanchit ainsi que les cosses ou siliques, et il est essentiel d'observer qu'il y a ordinairement de l'inconvénient, relativement aux récoltes suivantes, à attendre que cette maturité soit complète, parceque les oiseaux qui sont très avides de ces semences huileuses, dont on nourrit souvent ceux qu'on élève, joints au vent, à la pluie, à la grêle et à d'autres circonstances défavorables, peuvent en répandre sur la terre une grande quantité, qui devient nécessairement très nuisible, à moins qu'on n'ait la facilité de les faire germer et de les enfouir, préalablement à un nouvel ensemencement, en se procurant ainsi, ce qu'on appelle *une récolte morte.*

Il est constant, d'ailleurs, que les semences formées les dernières fournissent beaucoup moins d'huile que les premières.

L'inconvénient de la dissémination des semences sur le sol exige aussi qu'on prenne beaucoup de précautions en arrachant les plantes, en les plaçant en javelles et en les ramassant et les portant sur des toiles, pour les battre sur une aire établie sur le champ ou plutôt hors du champ.

La culture de la navette récoltée en graine épuise la terre comme celles de toutes les plantes oléifères, et si les cultures de graminées ou de toute autre plante aussi épuisante prospère après, cet avantage ne peut être attribué qu'aux engrais et aux nettoiemens que la terre a pu recevoir, s'il n'est dû à sa fertilité naturelle.

Cette culture est très ancienne en France, comme l'atteste encore Olivier de Serres, qui nous informe que, de son temps, *elle étoit pratiquée heureusement en plusieurs provinces du royaume et en Flandre*, où elle est encore très commune aujourd'hui, ainsi que celle du colsat, plus productive, et dont l'huile qu'on emploie quelquefois comme assaisonnement, fait ordinairement la base du savon noir ou vert, et sert à préparer les draps et les cuirs, et où les marcs, gâteaux ou tourteaux, c'est-à-dire, les résidus, après l'expression de la majeure partie de la substance oléagineuse, sont employés à l'engrais des bestiaux, et quelquefois aussi à celui des terres.

Elle est également pratiquée dans quelques cantons du Mont-Blanc, et dans plusieurs autres départemens, où on la sème ordinairement sur un seul labour, immédiatement après une récolte de seigle ou de froment. Ce mode d'assolement épuise beaucoup la terre et la salit même, lorsque les sarclages n'ont pas été faits rigoureusement, ce qui arrive souvent, et les engrais abondans, et sur-tout les cultures améliorantes et nettes, deviennent indispensables, après cette culture extraordinaire qui annonce plus l'avidité que le raisonnement du cultivateur.

On observe généralement que toutes les variétés de raves et de navets réussissent fort mal, après la culture de la navette, comme après celle du colsat, ce qui confirme notre cinquième principe d'assolement.

Les terres qui conviennent le mieux à cette culture, sont après celles qui sont calcaires et meubles, toutes celles dont la surface gazonneuse ou tourbeuse a été écobuée et incinérée. Elle y est ordinairement très productive, et peut être suivie immédiatement d'une seconde culture en graminée, qu'il convient d'accompagner d'un ensemencement en prairie artificielle. On épargne ainsi les labours, les engrais et la terre elle-même, qui, au lieu de se détériorer, comme cela arrive fréquemment après les dérichemens, se trouve au contraire améliorée à peu de frais.

DE LA CAMELINE. La cameline cultivée, *Myagrum sativum* ou *myagre*, appelée quelquefois improprement *camomille* ou *camonène*, et *sesame d'Allemagne*, où sa culture est répandue, est une plante annuelle peu délicate sur le choix du sol, pourvu qu'il soit meuble; qui croît spontanément sur les champs peu fertiles; qu'on rencontre fréquemment dans les grains aux environs de Paris, et ailleurs, et dont la tige, rameuse à son sommet, et garnie de feuilles velues, alternes, amplexicaules supérieurement, se couvre de nombreuses fleurs jaunâtres en grappes terminales, qui sont remplacées par des silicules ovales, renfermant des semences huileuses.

Le grand mérite de cette plante oléifère et filamenteuse, tout à la fois, comme le chanvre et le lin, parmi lesquels elle se trouve assez souvent mêlée, mais qui fournit une filasse moins bonne que ces dernières plantes, est, indépendamment de sa précieuse faculté de donner des produits avantageux sur des sols médiocres, de parcourir en trois mois le cercle de sa végétation ordinaire, ce qui la rend très utile dans les assolemens, soit comme récolte secondaire, soit comme récolte supplétive de celles qui ont été accidentellement détruites, soit enfin comme engrais végétal auquel elle est très propre étant enfouie en fleurs lorsque le sol lui a fourni peu de substance.

On la sème ordinairement à la volée, en mai et juin, pour la récolter en août et septembre, sur les terres qui ont déjà fourni un pâturage printanier ou toute autre récolte précoce, et elle remplace le plus souvent celles qui ont été détruites par la gelée, la grêle, les inondations ou par tout autre fléau. Elle exige des sarclages, à moins qu'elle ne se trouve semée assez dru pour pouvoir étouffer les plantes nuisibles; l'exiguité de sa semence exige aussi beaucoup d'attention et d'adresse de la part du semeur.

On l'arrache ordinairement lorsque les capsules commencent à jaunir; on la fauche quelquefois, ce qui est beaucoup plus expéditif, mais ce qui expose les semences qui sont bien mûres à tomber, et il convient ici de prendre les précautions que nous avons indiquées, à l'égard de la navette, pour prévenir cet inconvénient ou pour le faire disparoître.

On exprime de ses semences ovoïdes, jaunâtres ou rougeâtres, qui ne conservent leur faculté germinative que pendant une seule année, et dont plusieurs oiseaux sont avides, une huile qu'on préfère généralement pour la lampe à celle de navette et de colsat, parcequ'elle donne moins d'odeur et de fumée, et qu'on emploie également pour les laines, les cuirs et autres usages économiques. Ses tiges sont employées comme celles de ces plantes, ou comme combustible, ou comme litière, et remplacent quelquefois le chaume pour les couvertures.

Quelque précieuse que puisse devenir sa culture dans un grand nombre de cas où les récoltes supplémentaires deviennent une ressource si nécessaire, nous la croyons peu cultivée en France, et nous ne l'avons trouvée établie en grand que dans quelques uns de nos départemens septentrionaux, où on paroît l'apprécier davantage d'année en année, quoiqu'on l'ait introduite avec succès dans ceux de la Haute-Saône, de la Côte-d'Or, et dans quelques autres.

Dans les environs de Mondidier, M. Parmentier, qui s'est occupé de cette culture, nous apprend *qu'elle remplace avantageusement le froment dans les parties des pièces de terre où il a manqué.*

M. Duhamel, cultivateur distingué de l'arrondissement de Coutances, nous informe que sur les côtes du département de la Manche, *la cameline se sème presque toujours dans un dernier blé, et que le cultivateur voit en le récoltant l'espérance d'un nouveau bienfait.*

Dans les environs de Béthune, de Saint-Omer, et dans plusieurs cantons du département du Nord, elle remplace également les colsats, les pavots, les lins, et toutes les récoltes que la gelée ou d'autre intempérie a détruites.

Enfin, Dieudonné nous annonce que cette culture, *introduite seulement depuis environ trente ans, dans le département du Nord, s'est considérablement accrue depuis la révolution, dans les arrondissemens de Lille et de Douay, et qu'elle gagne ceux du sud de ce département.* Elle nous paroît mériter d'être plus étendue qu'elle ne l'est en France, sur les terres médiocres du centre et du midi, que la nature couvre souvent de cameline.

QUATRIÈME SECTION. *Des plantes fournies par diverses autres familles.*

Les principales plantes les plus applicables à notre première division, parmi celles qui ne peuvent être comprises dans les trois grandes et si utiles familles précédentes, sont le sarrasin, parmi les polygonnées; la gaude, parmi les résédas; la spergule, parmi les caryophyllées; la pomme de terre, parmi les solanées; la patate, parmi les liserons, et le topinambour et le tournesol ou soleil, dans le genre hélianthe, parmi les corymbifères.

DU SARRASIN. Le sarrasin, *Polygonum fagopyrum*, appelé aussi *blé noir*, *bouquet*, *bouquette*, *bucaille*, et improprement *millet noir*, *millet cornu*, ou *millet-sarrasin*, est une plante annuelle, originaire de la haute Asie, où le savant voyageur et entomologiste Olivier l'a trouvée croissant spontanément, et naturalisée depuis environ deux siècles en France, où il paroît qu'elle a été introduite par les Maures ou Sarrasins d'Espagne, dont elle a retenu le nom.

Cette plante, dont la tige cylindrique et rougeâtre, très rameuse et herbacée, s'élève ordinairement à soixante-quatre centimètres, et se couvre de larges feuilles et de nombreuses fleurs en bouquets, d'un rouge incarnat plus ou moins intense, qui sont remplacées par des semences noirâtres et triangulaires, est sans contredit une des plus précieuses pour les assolemens des terres sèches, siliceuses, caillouteuses et crétacées.

Elle prospère dans toutes les terres convenablement préparées, si l'on en excepte celles qui sont tenaces et humides, et donne les produits les plus abondans sur celles qui sont meubles, fraîches et engraissées.

Par ses nombreux rameaux, qui se conservent long-temps herbacés, et qui sont couverts de larges feuilles, elle soutire beaucoup de nourriture de l'atmosphère, et épuise peu la terre qu'elle ombrage de manière à prévenir toute évaporation inutile et à étouffer toutes les plantes nuisibles qui germent avec ou après elle.

Elle parcourt ordinairement en trois mois tous les périodes de sa végétation; mais il est de la plus haute importance de ne la confier à la terre qu'aux époques où elle n'a pas à craindre les gelées tardives, auxquelles elle est très sensible, ni les premières gelées de l'automne, qui détruisent sa récolte, qui n'est plus propre alors qu'à être enfouie.

Le sarrasin peut entrer avantageusement dans les assolemens, ou comme récolte seule, dans une année, intercallée entre deux récoltes de graminées ou autres; ou comme récolte secondaire, très propre à remplacer celles qui ont été détruites par quelque accident, ou les fourrages et pâtures printaniers, ou les récoltes en grains, faites de bonne heure.

Dans le premier cas, la terre peut et doit recevoir tous les labours et engrais nécessaires pour qu'elle se trouve suffisamment nettoyée, ameublie et engraissée à l'époque de la semaille qu'on peut différer sans inconvénient et ordinairement avec beaucoup d'avantage jusqu'à ce que ces trois conditions soient remplies. Nous ne prescrirons pas plus ici la quantité de semence nécessaire, que nous n'avons cru devoir prescrire, dans aucun cas, celle des engrais et le nombre des labours, parceque rien ne nous paroît plus absurde, plus ridicule et moins exécutable, d'après notre pratique, que ces déterminations banales, fixes et invariables de quantités, d'époques, de mesures, etc., etc., qui doivent toujours se régler d'après des circonstances très variables, que tout cultivateur doit savoir apprécier, et dont la fixation est tout au moins inutile et décèle un zèle outré et peu éclairé.

Il nous suffira de dire qu'une foible quantité de semence suffit généralement, parceque cette plante se ramifie beaucoup et demande beaucoup de place pour étendre convenablement ses rameaux; que la quantité que nous employons le plus ordinairement approche d'un hectolitre par hectare, que nous augmentons un peu lorsque nous destinons le sarrasin à être enfoui comme engrais végétal, dont nous parlerons plus loin; que l'époque de la semaille doit toujours être, dans ce cas, celle où les gelées tardives ordinaires ne sont plus à redouter. Quant à la quantité d'engrais et au nombre de labours nécessaires, nous ne suivons jamais, et il nous semble qu'on ne doit jamais suivre d'autre règle pour ces objets, que l'état relatif, très variable, dans lequel la terre se trouve, sous le rapport si important du besoin d'ameublissement, de nettoiement et de fertilisation convenables.

La semence étant bien recouverte, et la terre bien ameublie par les opérations successives de la herse et du rouleau, le sarrasin ne demande généralement aucun soin jusqu'à la récolte; il fait lui-même l'office du sarclage en étouffant, par son ombrage épais, les plantes qui pourroient être nuisibles à sa prospérité et à celle des récoltes subséquentes.

Aussitôt qu'on s'aperçoit que la majeure partie de ses semences, qui ont l'inconvénient de ne pas mûrir toutes à la fois, se colorent d'une teinte noirâtre qui indique leur maturité, il faut sans hésiter sacrifier les dernières, qui sont toujours les moins grosses et les moins farineuses, à la nécessité de conserver les premières, qui sont toujours mieux nourries, et qui ne tarderoient pas à tomber ou à devenir la proie des oiseaux et sur-tout des pigeons qui en sont très avides, si l'on différoit alors la récolte, qui doit être faite d'ailleurs avec toutes les précautions recommandées pour celles de la navette et de la cameline. Immédiatement après cette récolte, la terre se trouve ordinairement dans le meilleur état pour recevoir de bonne heure, sur un ou plusieurs labours, un ensemencement d'automne, qui a les chances les plus favorables pour prospérer.

Dans le second cas relatif au mode d'assolement, il est essentiel de saisir, sans perdre de temps, le moment favorable pour donner à la terre, immédiatement après la première récolte ou de fourrages ou de grains, un labour suffisant pour qu'elle se trouve remuée partout à la profondeur nécessaire, et de l'ensemencer, la herser et la rouler sans délai; car le succès de cette récolte supplémentaire dépend en très grande partie de ces attentions, sans lesquelles elle se trouve souvent compromise.

Comme elle a lieu ordinairement assez tard, elle n'admet que rarement un nouvel ensemencement en automne, à moins qu'il ne soit destiné à un fourrage ou pâturage printanier; et comme à l'époque où elle a lieu, l'humidité est souvent autant à redouter que les premières gelées qui la détruisent trop souvent, au lieu de placer le sarrasin en javelles sur le sol, il est généralement avantageux, pour accélérer sa dessiccation et prévenir sa germination, d'en former des espèces de petites gerbes provisoires, serrées avec les tiges mêmes de sarrasin, qu'on dresse en en écartant la base. Nous nous sommes bien trouvés de cette méthode, usitée en plusieurs endroits, et qui mérite d'être généralement adoptée; et lorsque les contrariétés de la saison s'opposent au dessèchement complet, et font craindre une germination prochaine ou la pourriture, le plus sûr, en pareil cas, nous a toujours paru être d'enlever le sarrasin tel qu'il étoit, de le battre sans perdre de temps, de l'étaler mince et de le remuer souvent dans le grenier, et de le cribler le plus tôt possible, afin de prévenir son échauffement qui, sans ces précautions, seroit inévitable.

Lorsqu'on prévoit que la maturité du sarrasin ne peut avoir lieu, ou lorsqu'une gelée intempestive est venue le frapper, il présente encore une ressource bien précieuse dont il faut s'empresser de profiter; c'est de le convertir en engrais en enfouissant la récolte, qu'il convient généralement de rouler préalablement à son enfouissement qui en devient plus facile et plus complet, sur-tout s'il a été affaissé contre terre par un temps humide qui le charge et le couche davantage.

Le sarrasin nous paroît être une des plantes les plus précieuses pour remplir cet objet, pour lequel nous lui avons accordé la préférence depuis long-temps sur toutes celles que nous avons essayées comparativement; il peut même être cultivé exprès avec beaucoup d'avantage comme engrais végétal, et empruntant comparativement beaucoup moins de nourriture de la terre que de l'atmosphère, il est très propre à la fertiliser, à la nettoyer, et même à ameublir celle qui est compacte et argileuse, comme plusieurs faits l'attestent, et notamment l'essai de M. de La Chalotais, consigné dans les observations de la société d'agriculture de Bretagne.

Le sarrasin peut encore remplacer avec beaucoup d'avantage l'avoine ou l'orge dont l'ensemencement n'auroit pu être fait en temps convenable, et il peut aussi admettre un ensemencement simultané en prairie artificielle, ou en raves et navets, comme nous en avons déjà vu quelques exemples. Il suffit dans ces cas de le semer plus clair, afin qu'il puisse protéger de son ombrage et non étouffer les plantes auxquelles il est associé.

Ce qui rend sur-tout recommandable l'introduction du sarrasin dans les assolemens des terres de notre première division, c'est qu'indépendamment de sa faculté améliorante, considérée comme engrais, et de celle de pouvoir fournir une seconde récolte dans la même année, avec les précautions convenables, ses tiges vertes, son grain et ses tiges, lorsqu'elles sont battues, sont propres à un grand nombre d'usages économiques, dont nous croyons devoir faire connoître ici les principaux.

Lorsque le sarrasin n'est pas semé dans l'intention d'être récolté en grain, et lorsque la terre peut se passer de son engrais, et qu'on a besoin d'ailleurs d'une nourriture verte, il peut en servir étant fauché ou consommé sur place. Cette destination a cependant quelquefois un inconvénient que nous avons reconnu, et que nous ferons connoître plus loin.

Les nombreuses fleurs dont le sarrasin se pare fournissent aussi une abondante provision de miel et de cire aux abeilles, et on le cultive en plusieurs endroits pour cet objet qu'il remplit très bien.

Son grain, dont la volaille et les pigeons sur-tout sont avides, et qui est très propre à les échauffer, à les faire pondre, ou à les engraisser promptement, est également très convenable à l'engrais des porcs, et peut remplacer avantageusement l'avoine des chevaux, en tout ou en partie, comme nous nous en sommes assurés.

On convertit aussi quelquefois son grain, seul ou mélangé avec d'autres grains, en pain à la confection duquel il est peu convenable, étant dépourvu de cette substance végéto-animale, connue sous le nom de *gluten*, que le froment possède plus que tout autre grain, et qui communique à la pâte la ductilité et le liant nécessaires à la bonté, à la fraîcheur et à la conservation de cet aliment; mais sa farine blanche et légère est très propre à être convertie en bouillie ou en pâtisseries de diverses sortes auxquelles elle est particulièrement convenable, étant très savoureuse, délicate, et de facile digestion.

Enfin ses tiges, dépouillées de leur grain, sont très propres à être converties en engrais après avoir servi de litière, et elles contiennent en très grande proportion, d'après l'analise à laquelle Vauquelin les a soumises, du carbonate de potasse, qu'on peut également en extraire pour d'autres objets.

Ce savant chimiste, qui a rendu plusieurs services importans à l'art agricole par ses précieuses recherches, ayant analisé le résidu de ces tiges après l'incinération, a découvert qu'elles contenoient sur cent parties,

	29 – 5	carbonate de potasse,
	3 – 8	sulfate, *idem.*
	17 – 5	carbonate de chaux,
	13 – 5	magnésie,
	16 – 2	silice,
	10 – 5	alumine,
et	8 – 5	eau.

Total, 100 – 0.

Ces proportions, susceptibles de varier suivant les circonstances, démontrent de quel avantage le sarrasin peut être encore, considéré sous ces deux nouveaux rapports, sous lesquels sa culture nous paroît très recommandable.

Examinons maintenant quelques inconvéniens, réels ou supposés, que présente la culture du sarrasin.

Quoique la très grande majorité des auteurs qui ont recommandé sa culture, et des cultivateurs qui l'ont adoptée, reconnoisse que cette plante, très convenable aux sols siliceux et crétacés de médiocre qualité, ce qui n'empêche pas que ses produits soient bien plus avantageux sur des terrains plus fertiles (comme cela doit toujours être pour le sarrasin et pour toute autre plante, malgré qu'on ait souvent affirmé le contraire), épuise généralement très peu le sol sur lequel elle croît, parcequ'elle tire, à cause de son organisation et de son mode de végétation, une grande partie de sa nourriture de l'atmosphère, comme nous avons déjà eu occasion de l'observer, il en est quelques uns cependant qui ont cru devoir lui reprocher de l'épuiser beaucoup, ce qui tient ou au mode vicieux d'assolement auquel il a été soumis, ou à quelque inexactitude d'observation, ou enfin à un esprit de système.

Il n'est aucune plante qui n'épuise plus ou moins la terre sur laquelle elle croît, et indépendamment du mode d'organisation et de végétation particulier à chacune d'elles, elles en empruntent toutes d'autant plus de substance qu'elles y séjournent plus long-temps pour y fructifier, et qu'elles y fructifient davantage. Or, il est évident que si, après une récolte très épuisante de froment, de seigle, ou de toute autre plante qui emprunte beaucoup de la terre, on y introduit immédiatement le sarrasin sans aucune réparation préalable, et souvent sans une préparation convenable du sol, et qu'après l'avoir laissé fructifier, on veuille encore exiger du même champ une autre récolte, toujours sans réparer ses pertes, on doit généralement le trouver peu en état d'y suffire, s'il n'est naturellement très fertile, ce qui n'est pas le cas le plus ordinaire, et ce qui ne peut prouver que le sarrasin soit une plante très épuisante. On fait souvent le même reproche à l'avoine sans beaucoup plus de fondement, parceque la culture de cette plante dans les assolemens vicieux trop communs, suit aussi, immédiatement, celle très épuisante d'une autre graminée, et qu'on lui attribue à tort la totalité du mal opéré en très grande partie par la plante qui l'a précédée.

La conséquence que l'on a cherché à tirer de la disposition fibreuse des racines du sarrasin, pour prouver qu'il devoit effriter la terre, ne nous paroît pas mieux fondée. Il nous semble qu'on a porté beaucoup trop loin la comparaison des plantes à racines pivotantes, et de celles à racines fibreuses ou traçantes, sous le rapport de l'épuisement du sol, et que la vérité se borne réellement à ceci. Les racines qui s'enfoncent davantage en terre que celles qui les ont précédées peuvent bien soutirer des couches inférieures la substance alimentaire qu'elles renferment, et que les premières avoient dû laisser intactes; mais en traversant, pour y arriver, la couche supérieure, elles doivent nécessairement y puiser aussi une portion plus ou moins considérable de leur nourriture. Ainsi, s'il est vrai que les racines pivotantes très longues, profitent, en s'enfonçant au-dessous de la couche labourable, de la substance qu'elles seules peuvent atteindre, il ne l'est pas également qu'elles n'empruntent rien de cette couche, qu'elles traversent nécessairement. Il ne suffit donc pas, pour assurer la prospérité d'une plante quelconque, que la forme de sa racine soit différente de celle qui l'aura précédée sur le même sol, et la disposition fibreuse ou pivotante de cette même racine ne suffit pas davantage pour déterminer le plus ou le moins d'épuisement que ce sol devra en éprouver. Il est, comme nous croyons l'avoir suffisamment démontré dans le développement de nos principes, un grand nombre d'autres circonstances qui concourent puissamment à produire cet effet, qu'on a cru devoir n'attribuer qu'à cette seule cause; et nous ne saurions trop souvent répéter aux partisans de ce fameux système, ainsi qu'à ceux qui prétendent que chaque plante soutire de la terre une nourriture particulière, que nous n'avons jamais vu, et que beaucoup d'autres observateurs n'ont sans doute pas plus vu que nous, aucune plante cultivée prospérer dans un sol réellement épuisé par les cultures précédentes, quelle qu'ait été la différence de forme des racines, à moins que l'épuisement de la couche supérieure n'ait été préalablement réparé par tous les moyens que l'art présente pour y parvenir. Cependant le contraire devroit arriver, en admettant les deux hypothèses dont nous cherchons à prouver le peu de solidité.

Si l'on ne peut réellement reprocher au sarrasin d'être une plante très épuisante, la dépaissance de ses tiges, lorsqu'elles sont en pleines fleurs, paroît présenter un inconvénient plus avéré, que nous avons eu nous-mêmes occasion de remarquer.

Un de nos bergers ayant conduit son troupeau sur un champ de sarrasin, dont la majeure partie des fleurs étoit développée, elles en sortirent toutes dans un état d'ivresse qui les faisoit tomber et rester quelque temps sur la place. Leur tête devint très enflée, et la rougeur et la fixité de leurs yeux les réduisit promptement à un état assez inquiétant. Heureusement il ne fut pas de longue durée; et quoiqu'on n'eût cherché à appliquer aucun remède à un mal dont on ne connoissoit pas bien alors ni la cause ni la nature, il n'en résulta aucun inconvénient. Nous nous sommes assurés depuis, en communiquant ce fait à M. Huzard, inspecteur des écoles impériales vétérinaires, que cet effet du sarrasin en fleurs avoit aussi été remarqué sur d'autres animaux, et que les abeilles qui butinoient sur ces fleurs, tomboient quelquefois dans un état d'ébriation qui les affectoit plus ou moins long-temps.

Confirmons par quelques autorités les nombreux avantages que présente l'admission du sarrasin dans nos assolemens.

Quoique sa culture ne fût pas très ancienne du temps d'Olivier de Serres, ses principaux avantages étoient déjà constatés, et il nous dit positivement, « qu'*il profite en toute terre, mesme en maigre, où communément aussi on le loge, laquelle il emmeliore.* »

Duhamel, après avoir reconnu que cette plante *s'accommode assez bien des terres maigres, légères, sableuses et caillouteuses, et qu'on la sème ordinairement dans les terres à seigle*, ajoute, *on est engagé* à cultiver le sarrasin, parcequ'il réussit assez bien dans de mauvais terrains, qu'il fournit beaucoup de grain, et qu'il ne fatigue pas beaucoup les terres : Outre cela les bestiaux s'accommodent bien de son fourrage. »

Rozier nous dit que « *toute espèce de terrain lui convient, excepté celui qui est trop humide ou aqueux ;* qu'il ne connoît aucune plante qui fournisse un meilleur engrais et qui se réduise plus tôt en terreau. De quelle ressource ne seroit-elle pas, dit-il, dans les climats approchans de ceux du Bas-Languedoc et de la Basse-Provence, où l'on est presque forcé à laisser les terres à grains en jachères pendant une année, faute d'engrais, qui y sont très rares à cause de la disette des fourrages, et le sarrasin en tiendroit lieu. Après en avoir démontré la possibilité, il ajoute que dans plusieurs cantons où les fourrages sont rares, on sème le sarrasin dans la seule vue de nourrir le bétail. On le coupe jour par jour, et selon le besoin, à mesure qu'il fleurit, et on le donne aux vaches, dont il augmente la quantité et la bonté du lait. Son grain, uni à l'avoine par portions égales, donné aux chevaux et au bétail qui travaille, les entretient en chair ferme, etc., etc. »

M. d'Herbouville nous a déjà informés que le sarrasin fait, avec le seigle, la principale richesse de la Campine, et sert, autant que ce dernier, à la nourriture des habitans ; *qu'il convient sur-tout à leur sol, en ce qu'il en tire peu de substance, et que par sa croissance rapide et serrée, il étouffe toutes les herbes parasites ; enfin, que dans la rotation des récoltes, l'année qui le produit est pour ainsi dire regardée comme une année de jachère dans les cantons où le terrain est meilleur.*

Ajoutons à ces autorités respectables quelques détails sur le parti très avantageux que nous obtenons nous-mêmes du sarrasin dans nos assolemens.

Qu'il nous soit permis de retracer ici ce que nous écrivions, en 1804, dans une note de la nouvelle édition du Théâtre d'agriculture d'Olivier de Serres. « *Nous ne saurions trop recommander, d'après notre pratique constante et ancienne*, l'emploi de cette précieuse plante comme engrais ; c'est le plus économique et le plus commode que nous ayons trouvé. Quinze à vingt kilogrammes de semence, qui ne coûtent ordinairement que 2 francs au plus, suffisent en général pour un demi-hectare. On peut enfouir le sarrasin deux mois après l'ensemencement ; il étouffe par son ombre les plantes nuisibles pendant sa végétation, et il est promptement réduit en terreau, lorsqu'il est enfoui. »

Nous sommes de plus en plus confirmés dans l'opinion avantageuse que nous avons énoncée sur le sarrasin. Nous l'employons très souvent comme engrais après une récolte tardive, et comme récolte intercallaire très productive, après une récolte précoce d'un autre genre. Nous en avons ensemencé l'année dernière plus de vingt hectares, dont partie a été enfouie et partie récoltée en grain; et, dans ce moment, nos chevaux sont nourris avec ce grain mêlé par moitié avec l'avoine, et dont ils se trouvent très bien; et nos brebis nourrices les plus fatiguées en reçoivent de temps en temps une ration qui leur fait aussi le plus grand bien.

Terminons par une réflexion qui se présente naturellement sur les avantages de l'introduction de nouveaux végétaux dans nos cultures, et de leur intercallation avec nos céréales ordinaires. Par-tout où le sarrasin, par-tout où le maïs, par-tout où la pomme de terre, par-tout enfin où un très grand nombre d'autres plantes, introduites depuis peu de siècles dans nos cultures, partagent le sol avec nos anciennes graminées, il en résulte des avantages incontestables et pour le cultivateur et pour la terre. Que doit-on penser après cela des entêtés routiniers, qui croient que le *nec plus ultrà* de leur art consiste exclusivement dans la rotation triennale de l'improductive jachère suivie de deux récoltes consécutives de grain, ou dans quelque assolement équivalent? Nous pensons que, s'il est généralement dangereux d'admettre indistinctement et sans réflexion toute espèce d'innovation proposée, il n'est pas moins désavantageux de se prononcer ouvertement contre toutes, sans examen, et de condamner toutes les cultures qu'on ne connoît pas, par la seule raison qu'elles sont nouvelles.

§. 1. Il existe une espèce de sarrasin, originaire d'un pays beaucoup plus froid que celui dont nous venons de parler, et qui peut, dans un grand nombre de cas, lui être substituée avec avantage. Cette espèce est le *Polygonum Tartaricum*, ordinairement désignée sous la dénomination de *sarrasin de Tartarie* ou *de Sibérie*, où il croît spontanément. Sa tige, plus jaunâtre, droite et ferme, et garnie de fleurs en grappes ou espèce de guirlandes, qui se changent en grains un peu plus petits, plus durs, plus amers, moins adhérens et dentés légèrement, est plus solide et plus rustique que celle du sarrasin ordinaire.

Son grand mérite pour les assolemens est de pouvoir se semer plus tôt et plus tard, résistant beaucoup mieux aux gelées du printemps et de l'automne. Il produit aussi beaucoup plus; mais cet avantage est contre-balancé par l'amertume de son grain, laquelle réside dans l'écorce, et dont il est essentiel de le dépouiller entièrement pour que sa farine soit agréable. Il est aussi beaucoup plus sujet à s'égrener, sa floraison persistant très long-temps, et les grains ayant différens degrés de maturité.

M. Duhamel, de Coutances, nous confirme que *dans les fonds médiocres de cet arrondissement on sème avec succès le sarrasin* de *Sibérie, dont la fleur est moins délicate* ».

M. Martin, cultivateur du département de l'Isère, *lui accorde la préférence sur le sarrasin ordinaire, à cause de sa rusticité, de l'abondance de son produit et de la dureté de son grain, qui,* dit-il, « *ne s'écrase point comme l'autre sous les pieds du batteur, ni sous le fléau, étant aussi dur que le grain du froment; il est aussi plus pesant,* et *sa farine meilleure, lorsqu'elle est convenablement préparée.* » Il nous informe encore, « qu'*en ayant semé quinze mesures, il en a récolté douze cent quatre-vingt seize, malgré l'excessive sécheresse de l'année, et une forte gelée essuyée le 6 octobre, qui avoit gâté les trois quarts du sarrasin ordinaire.* » Enfin, il nous apprend qu'il répare l'inconvénient de l'égrenage avec un troupeau de poules d'Indes qui parcourent le champ et s'en nourrissent très bien.

M. de Turmelin, autre cultivateur des environs de Saint-Brieux, département des Côtes-du-Nord, en fait également l'éloge d'après son expérience, et nous dit qu'en donnant à sa terre plusieurs labours et des engrais, « *il en obtient ordinairement quatre-vingt pour un, et que le froment qu'il lui fait succéder l'année suivante est abondant et beau.* »

Enfin, M. Curaut, autre cultivateur de la Sologne, *pays où la nature semble se refuser aux travaux du cultivateur; où la terre n'ouvre son sein qu'à regret, et dont les habitans et les bestiaux de toute espèce qui l'exploitent, se ressentent de la mauvaise nourriture que fournissent les maigres productions que le colon arrache avec tant de peine de cette terre ingrate,* confirme ces assertions par son expérience; et après avoir reconnu qu'il exigeoit un tiers moins de semence, qu'il produisoit beaucoup plus, et que sa farine pouvoit, avec les précautions convenables dans la mouture, être exempte d'amertume, il conclut que, malgré sa disposition à s'égrener aisément, *il y a un grand avantage à substituer sa culture à celle du sarrasin commun* (1).

---

(1) Mitterpacher dans ses *Elementa rei rusticæ*, indique, d'après Pallas, le *Polygonum convolvulum*, ou liseron, comme préférable aux deux sarrasins dont nous venons de parler. Voici comment il s'explique à ce sujet. *Polygonum Tartaricum ubertate frugum fagopyro nihil cedit, patientiâ autem præstat; nam frigora fortiter sustinet. Pallas polygonum convolvulum utrique præfert, quòd et frigidis locis aptum sit, et semina non per vices sed omnia simul ad maturitatem perducit.* Malgré l'avantage dont jouit le liseron de résister fortement au froid et de mûrir toutes ses semences à la fois, et malgré ces autorités, nous osons douter que cette plante à tiges volubiles et à grains très petits, et que nous sommes habitués

DE LA GAUDE. *La gaude*, ou *vaude*, ou *herbe à jaunir*, *Reseda luteola*, est une plante annuelle, tinctoriale, à racine pivotante, et dont la tige quelquefois rameuse et quelquefois simple, garnie d'un long épi terminal et d'un grand nombre de feuilles tendres, étroites et allongées, placées circulairement, s'élève de soixante-quatre centimètres à un mètre environ du milieu de ces mêmes feuilles étalées contre terre, avant l'apparition de cette tige.

Cette plante croît spontanément sur les terres siliceuses, crétacées et arides, le long des chemins, et même assez souvent sur le chaperon des vieux murs, et indique assez par-là la nature du sol qui lui convient, et la faculté dont elle jouit de résister également à la sécheresse et au froid, ce qui la rend précieuse pour les assolemens des terres de notre première division. Quoiqu'on la voie souvent prospérer sur les terres compactes, argileuses et humides, comme sur les terres franches de première qualité, elle y est cependant beaucoup plus sensible à la gelée et donne des produits bien moins abondans en principe colorant, et par conséquent moins précieux que ceux qu'on en obtient sur des terres plus sèches et non engraissées.

Elle peut y être introduite avant ou après l'hiver, seule ou associée à d'autres plantes. Quelquefois on la sème dans le premier cas avec le sarrasin, qu'on a soin alors de semer fort clair; d'autres fois on la sème entre les rayons de haricots ou d'autres plantes à l'époque où on leur donne la dernière façon. Dans le second cas, il est des cantons où on la mêle avec le trèfle, ou toute autre prairie artificielle, ou une autre plante quelconque qui ne doit être récoltée que l'année suivante. En général, celle qui est semée avant l'hiver est plus vigoureuse, et fournit plus de parties colorantes que celle qui ne l'est qu'après.

Sa graine, d'une extrême ténuité, et qui est également très propre à la teinture, demande beaucoup de précaution de la part du semeur pour être répandue également. Elle en exige aussi beaucoup pour être légèrement recouverte de terre avec des épines ou des râteaux, et elle doit toujours être fraîchement récoltée, perdant promptement sa faculté végétative. Elle doit être semée assez dru pour que chaque pied ne produise qu'un seul brin et ne devienne pas branchu, parceque la gaude est moins estimée, en ce dernier état, et que la plus fine et la plus sèche est préférée.

Il est essentiel que cette récolte soit rigoureusement sarclée, pour qu'elle puisse servir efficacement de préparation à la récolte suivante, et que les engrais, si elle en reçoit, soient bien faits et exempts le plus possible de semences nuisibles.

à regarder plutôt comme une plante nuisible aux récoltes que comme une plante utile, doive être préférée pour la culture aux deux sarrasins que nous venons d'indiquer.

Il n'est pas moins essentiel qu'elle se fasse avec toutes les précautions que nous avons indiquées à l'article NAVETTE, dès qu'on s'aperçoit que la tige perd sa teinte verte pour se colorer en jaune. Non-seulement elle a alors plus de qualité que si on la laissoit se dessécher entièrement sur pied, mais on est, aussi, moins exposé à la dissémination de la semence qui nuiroit aux récoltes suivantes, et pour la prévenir encore plus, il est utile de ne toucher aux tiges que lorsque la terre et l'atmosphère sont chargées d'une humidité suffisante pour amortir d'une part l'effet des secousses, et de l'autre pour empêcher l'ouverture des capsules qui renferment la semence. Le matin et le soir sont les époques les plus convenables à cette opération.

La terre se trouve encore moins épuisée par cette récolte faite ainsi prématurément, et cet objet n'est pas un des moins essentiels dans les assolemens. On moissonne la gaude, ou avec la faux, ou avec la faucille, ou plutôt en l'arrachant.

Il résulte des deux premières opérations un avantage; c'est que les tiges ainsi coupées, avant leur dessèchement complet, produisent ordinairement par le pied quelques nouvelles feuilles qui peuvent servir de pâture aux moutons; mais ce foible avantage est plus que compensé par la dissémination de la semence à laquelle on est plus exposé, et par la soustraction d'une portion plus ou moins considérable qui se trouve dans la partie de la tige voisine de la racine qui reste au-dessous de l'instrument, et l'arrachage vaut généralement mieux, sous ces deux rapports.

Rozier observe, en parlant de la gaude, que *cette plante ne nuit point à la récolte du blé des années suivantes*, ce qu'on remarque généralement lorsqu'elle est bien cultivée; mais il ajoute que c'est *parceque sa racine pivotante n'épuise pas les sucs de la superficie de la terre*, ce qui ne nous paroît pas probable; car si l'on examine cette racine qui s'enfonce généralement à peu de profondeur, et qui est d'ailleurs divisée presque toujours en radicules latérales qui partent de son pivot et qui s'enfoncent encore moins, on se convaincra qu'elle doit tirer une grande partie de sa nourriture dans la couche labourable, et il nous paroît bien plus naturel d'attribuer les bons effets de sa culture aux soins, aux sarclages et aux préparations qu'elle exige, aux nombreuses feuilles tendres dont cette plante est pourvue, au non dessèchement complet de ses tiges à l'époque critique et si épuisante de la maturité, et aussi à la variété dans les produits dont la terre se trouve toujours très bien, *mutatis requiescunt fœtibus arva*. Nous renvoyons au reste à ce que nous avons dit, en parlant du sarrasin relativement à la comparaison des racines pivotantes et fibreuses, et au plus ou moins d'épuisement de la terre par chacune d'elle.

Nous trouvons la culture de la gaude, qui convient sur-tout près des fabriques d'étoffes qui exigent la teinture en jaune, établies sur plusieurs points de la France, sur des terres plus ou moins approchant de la nature de celles que nous avons indiquées. Nous ne noterons ici que les cultures qui présentent quelques particularités dignes de remarque.

Dans le canton si bien cultivé de Waes, département de l'Escaut, on sème communément la gaude avec le trèfle, qui fournit un bon pâturage la même année qu'on la récolte. Dans quelques cantons, on la sème au printemps sur l'avoine ou l'orge. Elle pousse peu alors la première année, sa tige ne s'élève pas ordinairement : la récolte ne s'en fait que l'année suivante, et elle devient ainsi bisannuelle.

Dans la plaine de Lery et à Oissel, près de Rouen, on cultive la gaude ainsi, sur les champs déjà ensemencés en haricots : au mois de juillet, lorsqu'ils sont en fleur, on leur donne le dernier binage, on les rechausse, et en profitant d'un temps humide, on sème la gaude dans les intervalles observés entre les rangées de ces plantes. On la recouvre légèrement avec un petit faisceau d'épines. Tandis qu'elle lève et se développe, les haricots mûrissent et on les arrache ; vers la fin de septembre on donne un premier houage à la gaude, et on lui en donne un second en mai, lorsque le nettoiement du champ et la prospérité de la plante l'exigent. On l'arrache vers la fin de juin, et on donne immédiatement à la terre un premier labour, suivi ordinairement d'un second en octobre, sur lequel on sème du seigle ou du froment.

On se procure ainsi successivement trois récoltes très productives, avec peu de frais, et dont deux nettoient, ameublissent et préparent très bien le sol pour la récolte principale.

On a aussi proposé de cultiver la gaude dans les taillis, la première année de leur coupe, pour utiliser les places vides, et l'expérience seule peut prouver jusqu'à quel point cette culture peut y être praticable et profitable.

Nous terminerons ces renseignemens par ceux qu'a bien voulu nous communiquer un propriétaire-cultivateur des environs d'Elbeuf, département de la Seine-Inférieure. Il nous informe, 1° que « dans ce département la culture de la gaude existe principalement dans les endroits où l'usage des jachères est aboli; dans les cantons de propriétés divisées où les cultivateurs-propriétaires ne sont point assujettis à des baux qui leur imposent l'aveugle obligation de ne point *décompoter* (dessoler) leur terre, c'est-à-dire de parcourir le cercle vicieux des plantes céréales et du repos; 2° qu'on la sème depuis la fin de juin jusqu'au 15 d'août, en profitant des pluies qui surviennent, en semant plus tôt dans les terrains froids, et plus tard dans les terrains chauds; qu'on la sème sans labour dans les terres couvertes de haricots, immédiatement avant leur seconde façon, ainsi que dans celles couvertes de chardon à foulon, dès qu'il est fleuri, et sur un labour, après la récolte du seigle, du blé, du lin, des fèves, etc., en observant qu'on l'intercalle aussi avec beaucoup de succès avec les plantes légumineuses; 3° que lorsqu'elle est bien levée et couvre déjà la terre de plusieurs feuilles, on la sarcle; qu'on réitère 40 jours après, et qu'on lui donne deux autres sarclages après l'hiver, en espaçant les plantes à 8 centimètres dans les terres légères, et à 16 dans les terres fortes où elles deviennent branchues; 4° que quelques cultivateurs ont essayé de la semer en mars pour la récolter en août; que plusieurs ont réussi, mais que ce procédé est bien moins sûr, dans les années de sécheresse sur-tout; 5° que lorsque l'hiver a été doux et que sa tige est élevée de 32 centimètres environ au mois de mars, la sommité est quelquefois endommagée par les dernières gelées; que la plante s'étiole et perd beaucoup de son volume, et sur-tout de sa qualité tinctoriale, et que les débordemens lui sont également très nuisibles et la détruisent souvent dans les vallées; 6° enfin, qu'on l'arrache verte encore lorsque la graine commence à noircir, pour la faire sécher hors du champ; que celle des terres sableuses est préférée à celle des terres fortes, et qu'après sa récolte, la terre étant labourée, est propre à recevoir de suite du sarrasin, des navets, des rutabagas, ou du froment dans la saison convenable. » Ces détails très instructifs nous ont paru mériter d'être publiés.

DE LA SPERGULE. La spergule, *Spergula arvensis*, dont nous trouvons la culture restreinte à un très petit nombre de cantons, en France, et qui y porte cependant les diverses dénominations de *spurie*, *sporée*, *spargoute* et *espargoule*, est une petite plante annuelle qui croît spontanément dans un grand nombre de nos départemens, et souvent dans les endroits siliceux, montueux et arides; dont la tige herbacée, foible, souvent couchée, articulée et rameuse, qui ne s'élève guère qu'à 32 centimètres au plus, se couvre de nombreuses fleurs blanches qui se changent en petites graines noirâtres; et dont les racines, chevelues et très déliées, exigent une terre meuble, siliceuse et fraîche, tout à la fois, pour prospérer, et redoutent toutes celles qui sont argileuses, compactes et aquatiques.

Son principal mérite, pour les assolemens, consiste à procurer une seconde récolte, dans la même année, sur les terres de la nature de celle que nous venons d'indiquer, et sur-tout dans les climats humides où elle peut être semée avec beaucoup d'avantage en automne, après un seul labour qui enfouit le chaume de la récolte précédente, et où elle fournit avant, et à l'époque de sa floraison, un aliment aqueux qui, malgré son odeur désagréable, plaît beaucoup aux vaches, et leur procure un lait abondant, très butireux, et d'une qualité recherchée.

La ténuité de sa graine exige avant et après l'ensemencement, les précautions que nous avons indiquées pour la gaude.

On observe généralement qu'elle épuise peu le sol, ce qu'il faut sans doute attribuer à sa nature herbacée, à l'époque à laquelle elle est consommée, et au mode de consommation qui se fait ordinairement sur le sol même qui lui a fourni une portion de sa substance.

Quelquefois aussi, mais rarement, on en fait plusieurs récoltes consécutives sur le même champ, dans une année; et lorsqu'on veut en obtenir de la graine, on la sème au printemps sur les jachères qu'elle utilise, après l'époque ordinaire des dernières gelées. Son fourrage sec se réduit à fort peu de chose, et a généralement peu de qualité, ce qui fait qu'on ne la convertit ordinairement ainsi que lorsqu'on veut en obtenir de la graine.

Sa nature aqueuse la rend très susceptible d'être endommagée par les premières gelées de l'automne, et lorsque cela arrive, il reste encore la ressource d'enfouir ses débris, comme engrais végétal. Quelquefois même on la sème uniquement pour cet objet.

La culture de la spergule nous paroît jusqu'à présent presqu'exclusivement confinée à quelques cantons de nos départemens septentrionaux, et plus particulièrement en usage dans l'ancien Brabant, dont le climat humide lui est très favorable, et sur-tout sur les sables de la Campine, où on en fait un très grand cas.

M. Poederlé, cultivateur très distingué du département de la Dyle, nous informe que dans la partie de la Campine où il est propriétaire rural, « on sème la spergule, à la culture de laquelle on s'attache spécialement sur les terres qui ont porté du blé, auxquelles on donne avant un léger labour; on y mène paître les vaches en octobre, et chacune est attachée à un pieu; on leur donne ainsi un espace proportionné à la nourriture qu'on leur juge nécessaire : ce pâturage y dure jusqu'aux gelées. Il observe qu'à Bruxelles, où il se fait une grande consommation de beurre fourni par la Campine, on reconnoît que celui provenant du lait des vaches nourries de spergule est plus profitable, de meilleure qualité, et plus facile à conserver que tout autre, et il est généralement connu sous le nom de *beurre de spergule.* »

Nous observons que le beurre si renommé de Dixmude, dans le département de la Lys, doit aussi son excellente qualité à la nourriture de la spergule qu'on y désigne sous le nom de *spurie*, dont les vaches sont nourries.

M. de Respani, autre propriétaire-cultivateur de la Campine, confirme entièrement ces détails, et y ajoute que « *la spergule sert aussi d'engrais* pour les terres légères, par sa nature succulente et huileuse, qui est propre à la fermentation; à cet effet, on l'enfouit dans le champ, avant les gelées, tandis qu'elle est encore verte; et, en cet état, elle peut servir de plus qu'un demi-amendement pour y semer du blé. »

M. Lullin, cultivateur des environs de Genève, descendant de Lullin de Châteauvieux, dont le nom est célèbre dans les fastes de l'agriculture française, recommande, d'après son expérience, l'introduction de la culture de la spergule dans les assolemens de son canton, « comme récolte de secours, très intéressante à se procurer dans un pays dont le climat rend les récoltes de fourrages si variables ; il exhorte les cultivateurs des environs de Genève à s'y livrer, en ayant reconnu l'utilité. — C'est certainement, dit-il, une prairie utile, prompte dans sa végétation, et si elle n'est pas très abondante, elle n'en est pas moins précieuse par la ressource qu'elle procure. »

Rozier nous dit que « lorsque les pâturages sont peu abondans dans une métairie, on sacrifie un champ ou deux à cette culture seule, et elle fournit dans l'année jusqu'à trois bonnes récoltes. »

Gilbert qui reconnoît que « *la spergule* ne dérange point l'ordre de la culture, et qu'elle porte jachère, ce sont ses expressions, en ayant fait avec nous, en 1787, dans le clos de l'école d'économie rurale et vétérinaire d'Alfort, un essai à contre-temps (en mars) sur deux terrains différens, mais l'un et l'autre naturellement maigres et secs, sur lesquels elle n'avoit pas réussi, *n'en conseille la culture que dans les lieux ombragés, sur les terrains frais, sans pourtant être trop humides, et dans les vergers.* Il regardoit alors à tort *le printemps comme la véritable et la seule saison de semer cette plante.*

L'ayant essayée depuis sur une pièce de terre siliceuse de quatre hectares environ, qui nous avoit donné une récolte abondante en froment, et l'ayant semée en août, sur un seul labour, immédiatement après cette première récolte, elle nous fournit un pâturage assez épais, quoique peu élevé, que nous fîmes consommer en octobre, par nos vaches qui en étoient très avides. Nous en avons cependant discontinué la culture, depuis que nos troupeaux de bêtes à laine superfine, pour lesquels cette nourriture aqueuse et relâchante ne nous paroît pas très convenable, ont expulsé les vaches de notre exploitation rurale.

Nous n'en pensons pas moins que la culture de cette plante, très peu épuisante, pourroît être introduite avec avantage dans plusieurs cantons de la France où elle est ignorée, et où elle pourroit devenir, dans plusieurs circonstances, une ressource précieuse.

DE LA POMME DE TERRE, MORELLE, ou SOLANÉE PARMENTIÈRE. La pomme de terre, *Solanum tuberosum*, improprement désignée dans quelques cantons, sous le nom de *patate*, qui appartient à un *convolvulus*, ou liseron, dont nous parlerons à la fin de cet article ; dans d'autres, sous celui de *truffe blanche*, *truffe rouge*, ou simplement *truffe*, nom qui convient exclusivement à une espèce de champignon ou fongosité souterraine, compacte et charnue, dont l'écorce est grise ou noirâtre, et que les botanistes désignent sous le nom de *tuber*, a été aussi surnommée *polype végétal*, à cause de la faculté qu'on lui a reconnue de se multiplier par un très grand nombre de moyens.

La dénomination sous laquelle la reconnoissance des cultivateurs français devroit aujourd'hui désigner cette précieuse plante, dont les tubercules ne ressemblent pas plus à une pomme que ceux du topinambour ne ressemblent à une poire, est celle de *morelle* ou *solanée parmentière*, que lui ont déjà donnée quelques amis zélés de notre agriculture, parmi lesquels nous remarquons avec plaisir MM. le sénateur comte François de Neufchâteau Dutour et Mustel.

Les soins infatigables que M. Parmentier, le Nestor de l'agriculture française, a pris, depuis long-temps pour en étendre parmi nous la culture, le rendent bien digne de cet hommage public.

Ce riche présent que le nouveau monde a fait à l'ancien est aujourd'hui trop universellement connu pour avoir besoin d'être décrit, mais nous ne pouvons renoncer au plaisir de remarquer que c'est à un Français, Charles de l'Escluse, natif d'Arras, botaniste célèbre, connu sous le nom de *Clusius*, qu'est due l'introduction de la pomme de terre sur le continent d'Europe, et que c'est aussi à Olivier de Serres, contemporain de ce savant, qu'on est redevable de la première description qui en ait été faite (1).

Cette plante, à laquelle les laborieux habitans des Cévennes, des Ardennes, des Alpes, des Pyrénées, du Jura et de la plupart de nos montagnes élevées, sont redevables de la disparition des famines qui les désoloient si souvent, avant son introduction dans leurs cultures ; cette plante qui, redoutant bien moins que nos graminées annuelles les intempéries des saisons, si fréquentes et si redoutables dans ces climats rigoureux, et bravant les effets de la grêle qui anéantit les autres récoltes, y devient un préservatif assuré contre la disette ; cette plante enfin, qui, sans apprêt, fournit un pain préparé par la nature, qui apaise promptement la faim, favorise singulièrement la population, et devient toujours un aliment sain, abondant, de facile digestion, et singulièrement adapté à la constitution des campagnards, auxquels elle procure, comparativement aux céréales, une substance alimentaire bien plus considérable, sur une étendue de terrain égale, *est encore une des plus précieuses pour les assolemens des terres siliceuses, naturellement peu fertiles, qu'elle est très propre à améliorer.*

Il existe un très grand nombre d'espèces ou variétés de pommes de terre, dont plusieurs sont constantes, et d'autres sont dues à la culture et aux semis, qui sont très propres à les multiplier.

---

(1) Voyez l'article *Topinambour*, où nous croyons avoir démontré cette vérité.

Elles diffèrent essentiellement entre elles par la couleur, le volume, la forme et la précocité de leurs tubercules.

Notre collègue Parmentier en reconnoît douze bien marquées, qui se reproduisent ainsi, savoir, la grosse blanche tachée de rouge, dite pomme de terre à vache, à cochons, sauvage, rustique, etc.; la blanche longue ou irlandaise; la blanche ronde de New-Yorck; la petite blanche ou chinoise; la petite jaunâtre aplatie ou espagnole, qui se rapproche beaucoup de la pelure d'oignon; la pelure d'oignon ou langue de bœuf, la plus précoce; la violette, un peu hâtive, mais peu productive; la rouge longue, forme d'un rognon; la rouge souris ou corne de vache; la rouge oblongue, de lisle longue; la rouge ronde, un peu plus précoce que la précédente, à laquelle elle ressemble d'ailleurs beaucoup; et la longue, rouge en dehors et en dedans.

Il suffit, pour notre objet, d'observer, 1° que les blanches ou jaunes, sont généralement les plus volumineuses, les moins délicates sur la nature du terrain, les plus convenables pour la nourriture des bestiaux et les plus hâtives; 2° que les rouges, qui sont ordinairement plus délicates, exigent aussi un terrain plus substantiel, et y mûrissent plus tard; mais il convient d'ajouter que cette règle admet plusieurs exceptions.

Il existe aussi un très grand nombre de méthodes diverses de cultiver cette plante, dont il est complètement inutile de faire ici l'énumération et la description, parceque toutes celles qui sont bonnes se ressemblent, d'après la vérification que nous en avons faite, par des procédés et des résultats qui leur sont communs, et ne varient que dans le mode plus ou moins expéditif et économique. Il nous suffira donc encore d'indiquer ici celle qui, d'après notre expérience, nous paroît devoir mériter généralement la préférence, sous le triple rapport de la célérité, de l'économie et du produit, qui sont incontestablement les trois points principaux à observer dans toutes les cultures.

De la nature du terrain convenable à la culture de la pomme de terre. Nos auteurs agronomiques les plus célèbres s'accordent à reconnoître que la pomme de terre *s'accommode assez bien de toutes sortes de terres*, si l'on en excepte celles qui sont compactes et humides ou crayeuses, qu'elle préfère les plus meubles, comme toutes les plantes dont la racine fait le principal produit; que ce produit est toujours proportionné à la qualité, à la préparation et au bon état du sol, et qu'elle a d'autant plus de saveur, que le sol est moins compacte et humide.

De la préparation du sol. Quoiqu'il s'agisse ici plus particulièrement des terres comprises dans notre première division, qui, lorsqu'elles sont convenablement préparées, sont ordinairement plus propres à la culture de la pomme de terre que celles de la seconde, ces dernières, cependant, lorsqu'elles se trouvent amendées par la marne, la chaux, la craie, et toute autre substance calcaire, qui les divise et les dessèche suffisamment, et engraissées d'ailleurs par des fumiers ou autres engrais convenables, peuvent y être appropriées, et les variétés rouges, sur-tout la rouge oblongue, recommandable pour les bestiaux, parcequ'elle est une des plus productives, sont généralement les plus convenables en ce cas. Au reste, comme l'observe avec sa sagacité ordinaire M. Parmentier, « la culture de la pomme de terre n'est fondée que sur un seul principe, quelle que soit l'espèce et la nature du sol; il consiste à rendre la terre aussi meuble qu'il est possible, avant la plantation et pendant toute la durée de l'accroissement du végétal », et s'il est une vérité bien démontrée en agriculture, c'est que le produit de cette précieuse plante, qui s'élève quelquefois à un taux surprenant, est, toutes choses égales d'ailleurs, toujours en proportion directe des soins apportés avant et pendant sa culture. On peut réduire ces soins aux labours, aux engrais, à la plantation, aux sarclages et aux buttages.

Des labours. Il est oiseux, complètement inutile et souvent nuisible, de vouloir prescrire, comme on ne le fait que trop souvent, le nombre, l'époque et la forme des labours nécessaires à chaque culture. C'est vouloir établir des règles fixes et invariables sur un objet susceptible, par sa nature, de grandes variations. Nous nous bornerons encore ici à ce simple précepte qui est le résultat de notre pratique constante. *Donnez à votre terre, relativement à son état, tous les labours nécessaires pour la nettoyer et l'ameublir suffisamment, et suivez en cela les indications de la nature, toujours faciles à saisir pour l'observateur, plutôt que celles des hommes, qui ne peuvent prévoir tous les cas.* Il est des terres qui, avec un seul labour bien fait et surtout en temps convenable, se trouvent beaucoup mieux préparées que d'autres avec des labours très multipliés, qui, dans certains cas, produisent même un effet diamétralement opposé à celui qu'on se proposoit; ainsi, la seule règle consiste ici dans l'observation rigoureuse des circonstances locales et accidentelles dans lesquelles on se trouve, et la profondeur qui, dans les terres dont la couche végétale est épaisse, ne sauroit être trop grande, avec les moyens ordinaires, doit toujours être relative à la qualité de la couche inférieure.

Des engrais. Dans tout assolement raisonné, on doit avoir, inconstestablement en vue, non seulement le succès des récoltes présentes, mais encore, et sur-tout, celui des récoltes futures. S'il ne s'agissoit ici que d'une récolte de pommes de terre, considérée isolément, il pourroit suffire, comme on l'a recommandé, de déposer dessus ou dessous le tubercule, car ce mode varie encore, une foible portion d'engrais, pour obtenir des résultats avantageux; mais cela ne doit pas suffire au cultivateur fidèle *au principe qui veut qu'une récolte abondante et nette prépare le succès des récoltes suivantes, et que ce succès soit toujours assuré, sauf les intempéries des saisons.* Il faut qu'une récolte céréale puisse s'obtenir à peu de frais, immédiatement après celle de la pomme de terre; et en considérant cette culture comme préparatoire de celle qui doit s'ensuivre, il est essentiel, indispensable même, pour obtenir le double résultat désiré, de donner à la terre, soumise à cette culture, tout l'engrais disponible, et qui doit avoir une influence prononcée sur les cultures subséquentes. C'est au moins ce que nous avons toujours fait, avec le plus grand succès.

Si cet engrais consiste en fumiers, ce qui est le cas le plus ordinaire, il doit être, par l'effet de sa préparation, le plus exempt possible, de germes nuisibles, et il doit être d'autant plus long et moins consommé, que la terre est plus tenace et humide, et d'autant plus court et plus réduit, qu'elle est plus meuble et plus aride.

On peut suppléer avantageusement aux fumiers par les engrais végétaux, essentiellement convenables aux terrains siliceux, et par les *composts* ou mélanges, qui y sont également très appropriés.

Il convient généralement d'appliquer l'engrais immédiatement avant le dernier labour qui est suivi de la plantation, afin qu'il se trouve en contact immédiat avec les tubercules.

La culture de la pomme de terre devant nécessairement recevoir, pour être complète, plusieurs sarclages et buttages, comme nous le verrons ci-après, elle devient très convenable par cette raison, pour commencer la rotation des cultures, sur les terres nouvellement défrichées, comme nous en avons rapporté plusieurs exemples remarquables, pag. 24, vol. 3, dans la première partie de notre travail. Elle est très propre à remplacer les bruyères, les terres vaines et vagues, les friches, les landes, les tourbières sèches et improductives, les prairies naturelles usées, les prairies artificielles rompues; et, dans ce cas, elle peut généralement se passer des engrais ordinaires, les débris des végétaux lui en tenant lieu, et en réduisant le gazon et autres substances végétales en *humus*, elle nettoie, ameublit et prépare très bien la terre pour les cultures subséquentes.

De la plantation. Considérons d'abord l'époque et ensuite le mode les plus convenables.

Epoque. La tige herbacée de la pomme de terre redoutant les dernières gelées printanières, il convient d'attendre, par-tout, pour la planter, qu'on n'ait plus à craindre l'effet de ce fléau, qui détruit ou endommage plus ou moins fortement ses premières pousses, ce qui ralentit sa végétation, et diminue ordinairement ses produits.

Sur les terrains siliceux, crétacés, naturellement arides, et plus exposés que d'autres aux effets désastreux des ardeurs de la canicule, il convient également d'en reculer la plantation de manière que l'époque critique de la formation de ses tubercules ne coïncide pas avec celle des chaleurs dévorantes qui lui seroient funestes; on peut, dans ce cas, différer cette plantation jusqu'à la fin du printemps, et même au-delà, sans inconvénient, et nous avons reconnu l'utilité de cette méthode, adoptée autrefois par M. Chanorier, et suivie aujourd'hui, avec le plus grand succès, par notre collègue Mallet, sur le sable brûlant de son ingrate *varenne*. Nous l'avons vue également pratiquée avec succès dans quelques uns de nos cantons méridionaux, et elle procure le précieux avantage de fournir ainsi une seconde récolte, dans la même année, en laissant le temps nécessaire pour bien préparer la terre par les labours et les engrais; *elle se plante alors après toutes les semailles, et se récolte après toutes les moissons*, deux considérations importantes dans les assolemens.

Mode. Avant de passer à cet objet, il convient de nous arrêter un instant sur un point très essentiel, et auquel il nous semble qu'on n'apporte pas généralement toute l'attention qu'il exige. Nous voulons parler du volume des tubercules, qu'on doit choisir pour la reproduction.

Il est incontestable que, toutes choses égales d'ailleurs, la semence la plus saine, la plus mûre et la mieux nourrie, donne généralement les produits les plus abondans. Appliquons maintenant cette vérité aux diverses routines suivies ordinairement pour la plantation de la pomme de terre, et nous verrons qu'on s'y conforme bien rarement. On choisit ordinairement les tubercules moyens, quelquefois même les plus petits, et souvent on en accumule plusieurs sur un seul point. Souvent, encore, on divise en plusieurs morceaux les tubercules les plus gros, et on les réunit ensuite de la même manière. Quelquefois, enfin, on se borne à confier à la terre les simples germes ou yeux, dépouillés de la pulpe et du parenchyme dont la nature les avoit entourés. Qu'en arrive-t-il et qu'en doit-il arriver en effet? Plusieurs graves inconvéniens, dont nous allons rappeler les principaux. La substance pulpeuse, qui contient la fécule proprement dite, ou la partie alimentaire, est évidemment destinée, par la nature prévoyante, à servir d'aliment aux germes, lors de leur premier développement, en attendant que les racines et les feuilles puissent y suppléer et y suffire. Plus cette substance est abondante, saine et intacte, plus le développement des germes est prompt et vigoureux, et plus le succès de la végétation et l'abondance du produit qui en est la suite sont assurés. Or, nous voyons ici que le vœu de la nature est bien certainement contrarié, circonstance qui produit des résultats opposés à ceux qu'on a en vue. D'abord, les petits ou moyens tubercules renfermant moins que les gros de cette pulpe nourricière, si utile à la prospérité de la plantation, la plante qui s'en trouve alimentée est nécessairement dans une chance moins favorable à son développement, et cette pulpe étant, aussi, moins élaborée et perfectionnée dans ces tubercules qui, le plus souvent, n'ont pas atteint le degré de maturité suffisant pour donner naissance à des produits sains et vigoureux, il en résulte des productions imparfaites, avortées et souvent maladives, comme nous aurons occasion de le remarquer plus loin. Cet effet est bien plus sensible encore, lorsqu'on dépouille presqu'entièrement les germes de cette précieuse substance. Nous n'ignorons pas qu'on a souvent recommandé, cependant, ce dernier moyen, et d'autres analogues, en annonçant emphatiquement que la soustraction de la pulpe ne nuisoit point à l'abondance des produits; mais il y a long-temps que notre propre expérience nous a appris à apprécier ce moyen et d'autres semblables à leur juste valeur, et nous pensons bien fermement qu'ils sont tout au plus applicables aux époques calamiteuses des disettes réelles, pendant lesquelles le premier de tous les principes consiste à se soustraire le moins mal possible aux horreurs de la famine. Ensuite, cette réunion de plusieurs tubercules, sur un seul point, ne peut servir à autre chose qu'à opérer comme elle opère réellement un affamement réciproque toujours très nuisible. Enfin, cette division des gros tubercules, en produisant l'inconvénient que nous avons déjà signalé, en occasionne un autre souvent assez grave. Elle expose la pulpe mise ainsi à nu, à pourrir très souvent dans les temps pluvieux et les terrains humides, et elle l'expose également aux ravages des animaux nuisibles qui ne rencontrent plus d'obstacle pour y parvenir; ainsi, tout concourt ici à nous prouver qu'il faut, 1° choisir, pour planter, les tubercules les plus beaux, les plus sains et les plus mûrs; 2° ne les jamais diviser; et, 3° les planter isolément à des distances convenables, et nous observerons qu'indépendamment de l'augmentation certaine du produit, on n'emploie guère plus de plant de cette manière qu'en réunissant sur un seul point plusieurs tubercules ou morceaux moyens.

Voyons maintenant si la pratique confirmera notre théorie.

Frappé depuis long-temps des inconvéniens qui nous paroissoient devoir résulter des routines que nous venons d'exposer, nous avons cru devoir les soumettre à l'expérience, qui est la véritable pierre de touche en agriculture, et nous avons fait à diverses reprises des essais comparatifs des méthodes indiquées, et de celle que nous conseillons d'y substituer. Nous avons constamment reconnu que, toute autre circonstance égale d'ailleurs, les tubercules les plus gros, les plus sains et les mieux nourris, donnoient les productions les plus belles et les plus abondantes, lorsqu'ils étoient isolés et convenablement espacés, comme nous l'expliquerons tout à l'heure, et plusieurs cultivateurs ont obtenu les mêmes résultats. Voyez, au reste, à ce sujet, un fait décisif que nous rapportons à l'article topinambour. Revenons maintenant à la plantation proprement dite.

Nous supposons le terrain convenablement ameubli par les labours, et l'engrais, s'il est nécessaire, déposé sur le sol et également répandu. Nous supposons également l'époque la plus convenable pour la plantation arrivée.

Voici comment nous procédons pour aller vite et bien. Un dernier labour enterre tout à la fois, et l'engrais et les tubercules, à une profondeur et à des distances convenables. La première raie se trouvant ouverte, des femmes ou des enfans placent, derrière la charrue, et au bas du sillon, sur la droite, les tubercules isolés à 48 centimètres environ de distance, et le plus alignés qu'il est possible.

Observons que cette distance peut et doit même varier suivant l'espèce des pommes de terre; les rouges occupant généralement moins de place que les blanches, et d'après la nature plus ou moins fertile de la terre, qui doit être d'autant plus ombragée par le rapprochement des tiges, qu'elle est naturellement plus siliceuse et aride, *et vice versâ*. La profondeur du labour doit également être relative à l'épaisseur de la couche végétale, d'une part, et à sa nature plus ou moins meuble, ou compacte, de l'autre, un enfoncement moins considérable étant plus utile dans le second cas que dans le premier.

Cette première raie se trouvant ainsi plantée, la charrue, en revenant, recouvre les tubercules.

La seconde raie n'est pas plantée; ce n'est que la troisième, et ainsi de suite, en laissant alternativement une raie vide et une raie pleine. Lorsque nous n'avons pas à craindre que le hâle durcisse trop la terre ainsi labourée, nous laissons les sillons en cet état jusqu'à ce que nous nous apercevions qu'ils commencent à se couvrir de plantes nuisibles, dont la terre recéloit les germes, et plusieurs hersages, en différens sens, suivis du roulage, purgent la terre de ces ennemis. Dans le cas contraire, la terre est hersée et roulée immédiatement après la plantation.

Du sarclage. Lorsque les premières pousses des pommes de terre commencent à paroître, la terre est hersée de nouveau légèrement, afin de détruire les plantes nuisibles qui se développent en même temps, et cette opération ne nuit pas à ces premières pousses en les cassant, comme on pourroit le supposer. Le foible dommage qui peut en résulter n'est rien en comparaison des grands avantages qui résultent de ce premier nettoiement et de l'ameublissement de la terre, qui facilitent et abrègent beaucoup les opérations subséquentes.

Lorsque toutes les plantes sont levées à quelques centimètres audessus du sol, de manière à marquer complètement les lignes, et que nous nous apercevons d'ailleurs que la terre commence à se couvrir aussi de nouvelles plantes nuisibles, alors l'emploi de la petite herse triangulaire, tirée par un cheval et dirigée par un homme

(*V. les fig. à la fin de ce traité*), devient utile pour extirper toutes les plantes qui se trouvent dans les intervalles observés entre chaque sillon, et pour ameublir de plus en plus la terre et faciliter l'extension des racines fibreuses qui doivent produire les tubercules. Cette opération simple, facile et très expéditive, doit se renouveler aussi souvent que l'on s'aperçoit que la terre a besoin d'être nettoyée et ameublie, et on en sera toujours amplement récompensé par la beauté, la netteté et l'abondance des produits, car aucune récolte ne paye mieux les frais additionnels qu'elle peut occasionner.

Du buttage. Lorsque les plantes sont élevées à environ 32 à 48 centimètres, et prêtes à fleurir, il faut substituer à la houe à cheval *le buttoir* (*V. les fig. à la fin de ce traité*), également tiré par un cheval et dirigé par un homme, qui, jetant sur les côtés des intervalles et au pied des rayons marqués par les plantes, la terre remuée et ameublie par les opérations précédentes, les chausse d'une manière très expéditive, économique et régulière. Cette importante opération doit être encore réitérée jusqu'à ce que toutes les plantes soient suffisamment buttées, et que la force des tiges intercepte le passage dans les intervalles, car l'abondance et la beauté des tubercules en dépend essentiellement; et nous ne saurions trop répéter que non seulement on est toujours amplement récompensé de ces frais, d'ailleurs peu considérables, par le produit de la récolte à laquelle on les applique, mais encore par le succès des récoltes suivantes qui en devient plus assuré, et cette considération est de la plus haute importance.

L'opération du buttage est très essentielle sur les terres les plus exposées aux dangereux effets de la sécheresse; sans elle, la plante se dessèche souvent et périt au milieu des fortes chaleurs; sans elle, encore, les tubercules sont rares, petits, verdissent à leur surface, donnent des produits foibles et de peu de valeur, et quelquefois même ils poussent de nouveaux jets qui anéantissent promptement la récolte. Dans ce cas, il convient de la sacrifier entièrement pour la remplacer par une autre.

Nous n'avons pas parlé de l'alignement, en tous sens, des tubercules, au moyen d'un cordeau garni de nœuds, à des distances égales, et qu'on place en travers, sur le champ, lors de la plantation. Ce moyen qu'on peut employer lorsque les circonstances le permettent, donne la facilité de sarcler et butter les plantes en long et en travers. La difficulté de pouvoir s'en servir, dans tous les cas, jointe à l'observation que nous avons faite, que nos plantes se trouvoient suffisamment sarclées et buttées par les procédés simples, faciles, expéditifs et économiques que nous avons indiqués, sans l'addition de ce nouveau moyen, nous a engagés à l'abandonner après l'avoir essayé comparativement, quoiqu'il puisse y avoir des cas où son emploi peut devenir avantageux.

Il nous suffira d'observer ici que par l'emploi de ces procédés, nous avons obtenu sur un hectare de terre de moyenne qualité, mais largement engraissée et suffisamment ameublie et nettoyée, jusqu'à 450 hectolitres de la grosse blanche commune, ce qui nous paroît en justifier assez la bonté, et nous ajouterons que cette récolte, très productive, a été suivie immédiatement d'une récolte en froment de la plus grande beauté.

Les plantes se trouvant convenablement buttées ou couchées, et dégagées de toute autre plante nuisible, n'exigent aucun autre soin jusqu'à l'époque de la maturité des tubercules qui s'annonce par l'affoiblissement de la couleur verte des tiges. Lorsque ce signe indicateur commence à paroître, il n'y a aucun inconvénient à retrancher ces tiges, toutes les fois qu'on peut en avoir besoin pour la nourriture des bestiaux qui les mangent, quoiqu'ils n'en soient pas généralement très avides; mais nous nous sommes assurés que cette soustraction ne pouvoit pas se faire impunément avant cette époque, et l'on ne doit jamais s'y livrer avant que la nature elle-même en ait donné le signal, sous peine de nuire au perfectionnement des tubercules qui fournissent une ressource bien plus précieuse.

De la récolte. La récolte, qu'il est toujours dangereux de retarder, peut se faire, suivant les circonstances, à la charrue, ce qui est plus expéditif, ou à la fourche et au crochet, ou à la houe à deux dents, ou avec tous autres instrumens équivalens, ce qui est plus exact et les expose moins à être coupées, ou froissées, ou enfouies; ou enfin, en parquant, sur le champ même, des porcs qui en font la récolte, ce qui est sans contredit le mode d'extraction et de consommation le plus simple, le plus naturel et le plus économique, et qui ajoute au parfait remuement de la terre en tous sens et à une grande profondeur, son engraissement par l'excellent mélange des déjections animales aux débris végétaux. Il est essentiel de ne pas différer cette récolte lorsque l'époque est indiquée par la nature; d'abord, parceque les tubercules ne peuvent alors que se détériorer, et ensuite parcequ'il est important de ne pas perdre un temps précieux pour la remplacer par un nouvel ensemencement.

La conservation des tubercules enlevés peut se faire pour les grandes provisions, qui seules doivent ici nous occuper, et qui, d'ailleurs, présentent le plus de difficultés, ou dans des caves ou celliers secs et frais, ou dans des fosses ouvertes dans le champ même, sur la partie la plus sèche et la plus élevée, et entourées et recouvertes de paille, ou dans les granges, au milieu des tas de gerbes et de paille, ou enfin dans les étables, en les couvrant suffisamment.

Dans l'adoption de l'un ou de l'autre de ces moyens, ou d'autres équivalens, que les circonstances locales doivent toujours déterminer, il est essentiel, 1° de nettoyer le plus possible les tubercules de tout corps étranger, et de retrancher sur-tout ceux qui sont endommagés d'une manière quelconque, et qui gâteroient promptement les autres; 2° de diviser aussi, le plus possible, les tas, pour la facilité de la consommation et la sûreté de la conservation; 3° enfin, d'augmenter l'épaisseur des couvertures à proportion de l'intensité de la gelée, dont le plus foible degré suffit pour les désorganiser.

Il est-peut être inutile d'observer qu'indépendamment de la très grande utilité dont sont les pommes de terre pour la nourriture des hommes, sous leur forme naturelle, simplement cuites à l'eau ou sous la cendre, et diversement assaisonnées, ou sous la forme panaire, en mélangeant leur farine en différentes proportions avec celle des grains, ou sous celle de fécule ou amidon, en les lavant, les broyant complètement, et extrayant cette fécule par des lotions répétées, qui en séparent les parties parenchymateuses et corticales, et en la desséchant ensuite, ou, enfin, sous celle d'une liqueur spiritueuse, par le mélange de leur farine avec les grains le plus souvent employés à cet usage, tels que le seigle et l'orge, ces précieuses racines sont encore de la plus grande utilité pour la nourriture d'hiver de tous nos animaux domestiques, ou crues, ou cuites à la vapeur de l'eau bouillante qui, en combinant la partie aqueuse avec les autres principes, les rend plus nourrissantes à quantité égale et d'une digestion plus prompte et plus facile; mais il est au moins nécessaire de remarquer qu'on ne doit rien conclure de défavorable de l'espèce de répugnance que quelques uns de ces animaux manifestent quelquefois pour cette nourriture, comme pour beaucoup d'autres, qu'ils appètent ensuite lorsqu'ils y sont habitués, et qu'il est essentiel de la leur administrer d'abord en petite quantité, et d'alterner ensuite judicieusement avec d'autres, cet alternat de nourriture étant aussi utile à tous les animaux que celui des productions l'est à la terre.

Ce mélange, fait convenablement, non seulement, nourrit très bien les animaux, mais il les engraisse; et on a remarqué que, sous le seul rapport de l'aliment, 5 à 6 kilogrammes de pommes de terre équivaloient à 50 kilogrammes de navets. On a également constaté que le produit d'un hectare de pommes de terre fournit beaucoup plus de substance alimentaire, toutes choses égales d'ailleurs, que le même espace ensemencé en grains.

Distinguons cependant ici les animaux soumis à un travail journalier de ceux qu'on n'entretient que pour les nourrir et les engraisser. Quoique la plupart de nos ouvrages d'agriculture, et plusieurs ouvrages étrangers, très renommés, soient remplis d'attestations qui énoncent bien positivement que la pomme de terre, la rave, le navet, la carotte, le panais et un assez grand nombre d'autres *nourritures vertes*, peuvent très bien suppléer aux grains pour la nourriture des animaux de labour et de trait, *et même les remplacer complètement*, notre expérience nous portera toujours à croire qu'en cela, comme à l'égard de beaucoup d'autres assertions équivalentes, la vérité est outre-passée, et si, toute prévention à part, l'on veut bien examiner les effets de la nourriture verte, sur les animaux de travail proprement dit, il sera facile de se convaincre qu'ils sont réellement plus mous, moins robustes et moins alertes, transpirent davantage, fientent plus souvent, et font, par conséquent, plus de déperdition lorsqu'ils sont soumis à cette nourriture relâchante, que lorsqu'ils reçoivent leur ration ordinaire de grains et de fourrage sec de bonne qualité. Un mélange raisonné du premier aliment avec le dernier peut et doit, si l'on veut, produire de bons effets; mais une substitution complète de l'un à l'autre, dans le cas dont il est ici question, peut souvent avoir les plus graves inconvéniens, comme nous nous en sommes assurés.

Après les détails dans lesquels nous avons cru devoir entrer pour l'intelligence de ceux qui vont suivre, examinons plus particulièrement la pomme de terre sous le rapport important des assolemens, et appuyons, selon notre usage, nos principes et nos observations de faits authentiques et concluans.

Nous avons reconnu qu'il résultoit souvent des productions foibles, imparfaites, avortées et souvent maladives, de la négligence apportée dans le choix des tubercules destinés à la plantation. Une maladie connue sous les noms de *pivre*, *frisure* ou *frisolée*, parceque les feuilles des pieds qui en sont atteints paroissent frisées, étant repliées sur elles-mêmes et recoquillées, est souvent la suite de cette négligence, et diminue la production et la qualité des tubercules qui sont ordinairement squirreux. Mais, comme l'observe avec raison M. Parmentier, « la pomme de terre diminue aussi de production et de qualité à mesure que la même espèce vient à occuper un même terrain pendant plusieurs années consécutives. » Et c'est un nouvel avertissement donné par la nature de la nécessité d'alterner les productions.

Le moyen de prévenir ces fâcheux résultats consistent à éviter les causes reconnues pour y donner lieu le plus souvent; et un moyen reconnu aussi comme très efficace, c'est de renouveler le plant, en le tirant préférablement des terres meubles et siliceuses non fumées, qui fournissent les produits de meilleure qualité, l'expérience ayant également démontré l'utilité de ce changement.

Enfin, le moyen d'y remédier lorsqu'on n'a pu le prévenir, consiste dans la régénération de l'espèce, par la voie du semis des graines nombreuses renfermées dans les baies ou fruits proprement dits, qui succèdent aux fleurs, et dont les porcs se nourrissent volontiers. Il suffit de choisir les plus beaux et les plus mûrs sur les tiges les plus saines, dont les tubercules ne soient ni squirreux ni tachetés, de les conserver pendant l'hiver, de séparer au printemps les graines du gluten pulpeux qui les enveloppe, en les écrasant et les délayant à grande eau, et de confier ces graines à un terrain bien préparé par les labours et d'abondans engrais réduits en terreau, dans des rigoles peu profondes et séparées par des intervalles suffisans pour butter les jeunes plants à mesure qu'ils s'élèvent. En les replantant ainsi, pendant plusieurs années, dans un terrain changé et convenablement préparé, et en leur donnant tous les soins nécessaires, on en retire le double avantage de régénérer complètement l'espèce pour long-temps, et de se procurer des variétés plus ou moins précieuses sous le triple rapport de la précocité, de l'abondance des produits et de la qualité.

Nous avons aussi reconnu que la plantation de la pomme de terre étant différée jusqu'à la fin du printemps, elle pouvoit fournir une seconde récolte sur le même champ dans la même année; et nous en avons déjà cité quelques exemples en développant nos principes d'assolement.

Il est encore quelques autres moyens d'obtenir le même résultat, que nous allons faire connoître.

Les espèces hâtives, et sur-tout celle désignée ordinairement sous la dénomination de *pelure d'oignon*, à cause de la couleur de sa peau, qui a quelque ressemblance avec la pelure de cette plante potagère, et qui paroît être une des plus précoces, pouvant se récolter souvent en juillet, dans un terrain siliceux et à une exposition méridionale qui lui conviennent, laisse le terrain libre assez tôt pour pouvoir suffire encore à une seconde récolte de raves, de navets, de spergule, de sarrasin ou de toute autre plante équivalente, lorsque le sol est suffisamment amélioré pour répondre à ce nouvel appel. On peut encore accélérer la végétation de cette première récolte en faisant développer les germes par une chaleur artificielle, avant de les confier à la terre. Ce moyen, que quelques agronomes ont recommandé, ne peut guère cependant être pratiqué en grand.

Quelquefois le besoin ou l'amour des primeurs peut engager à en faire deux récoltes par an, par un procédé assez singulier que nous avons vu employer avec succès dans une année de disette. Il consiste à enlever les plus gros tubercules, en été, en écartant doucement la terre qui les recouvre, et en la rapprochant ensuite des tiges, que nous avons vu également provigner; et la seconde récolte se fait à l'époque ordinaire.

Enfin, d'après les expériences de M. Parmentier, « dans les cantons où la pomme de terre se récolte de bonne heure, l'espèce hâtive peut être plantée deux fois dans la même année. On peut encore, après la récolte ordinaire, faire succéder aussitôt du seigle pour le couper en vert au printemps, et s'en servir comme fourrage; planter ensuite des pommes de terre, et obtenir par ce moyen deux récoltes du même champ. Les expériences que j'ai faites, ajoute cet agronome, ne me permettent pas de douter de cette possibilité, comme aussi de penser que les pommes de terre réussissant à l'ombrage des arbres qui ne sont pas trop touffus, elles ne puissent être plantées dans les châtaigneraies, et servir de ressource lorsque la châtaigne a manqué, etc. »

Cette idée nous rappelle qu'un autre agronome, M. Lullin, recommande aussi, d'après son expérience, leur culture dans les clairières des bois l'année après la coupe. « Elles y réussiront, dit-il, merveilleusement sans engrais, et les repousses du bois seront d'autant plus fortes que la culture préparatoire pour les pommes de terre aura été mieux faite et les sarclages multipliés. On sèmera dans la ligne et parmi elles des glands ou de la faîne, qui, protégés la première année par l'ombre des pommes de terre, et secondés dans leur végétation par les sarclages, réussiront parfaitement. »

L'expérience de M. Parmentier et celle de M. de Chancey nous fournissent encore un nouveau moyen d'obtenir, dans la même année, deux récoltes différentes du même champ par la culture de la pomme de terre. Écoutons le premier sur cet intéressant objet.

« Le succès que j'ai obtenu, dit-il, en semant du maïs dans des planches de pommes de terre, a déterminé M. de Chancey à essayer de son côté la concurrence de ces deux productions, et l'arpent a produit sept cent cinquante-trois boisseaux de pommes de terre, indépendamment de la récolte du maïs dont les pieds sont devenus aussi forts et aussi vigoureux que s'ils avoient été plantés seuls. » Il ajoute qu'on peut, « après la récolte du colsat, du lin et d'autres productions hâtives, planter encore des pommes de terre et obtenir des doubles récoltes, et que M. de Chancey a fait cette expérience pendant trois années consécutives. » Et il continue ainsi : « Immédiatement après qu'on a donné aux pommes de terre la dernière façon, on peut semer des raves sur une ligne droite tracée entre les rangées vides. Cette plante, en sortant de terre, est fort délicate : le hâle et la sécheresse la détruisent fort souvent; sa première feuille est la plupart du temps la proie des insectes; les rameaux de la pomme de terre couvrant la jeune plante la préserveroient de cet accident, entretiendroient la fraîcheur et l'humidité de la terre. Les raves ainsi plantées n'entraînent aucun embarras. Mais, de toutes les plantes qu'on peut faire venir ainsi dans les entre-deux des pommes de terre, après qu'elles sont buttées, celle qui semble réussir le mieux est le chou tardif, principalement le chou cavalier; il monte fort haut, et est d'une bonne ressource pour les vaches et les brebis; mais il faut que ces entre-deux, devenus sillons, soient fumés et labourés à la bêche. La terre, renversée par la récolte des pommes de terre, rechausse la plante, et les racines une fois enlevées il ne reste plus que le plant de choux ou de raves en pleine vigueur. »

M. le sénateur comte de Père confirme encore la possibilité de ces secondes récoltes par son expérience.

« En plantant, dit-il, les germes des pommes de terre en juin, on peut en faire l'objet d'une seconde récolte, après une récolte morte, après celle des choux d'hiver, du *farouch*, des divers fourrages de primeur, dépouillés depuis la fin de l'hiver jusques en juin; ou bien l'objet d'une double récolte, en les plantant ou entre les pieds de maïs destinés à porter du grain, ou dans les intervalles qui séparent deux rangées de fèves, de choux ou de haricots nains. Nous avons plusieurs fois nous-mêmes essayé avec succès ces secondes et doubles récoltes, et nous les croyons praticables dans un grand nombre de cas, sur des terrains et avec des circonstances atmosphériques favorables à cette augmentation de produits.

Il est aussi prouvé que la pomme de terre peut devenir une ressource infiniment précieuse, après une sécheresse extraordinaire du printemps qui auroit rendu les fourrages et toutes les productions céréales fort rares; et celui dont toute la vie, consacrée aux objets de première utilité, a été plus particulièrement dévouée aux recherches relatives au mérite de cette précieuse plante, nous en rappelle un exemple bien mémorable.

« L'année rurale 1785, si remarquable par l'extrême sécheresse du printemps qui a occasionné la perte d'une partie des bestiaux, a prouvé que parmi les supplémens indiqués pour leur nourriture, la pomme de terre, spécialement recommandée, a rempli le plus complètement les espérances, puisque ces racines, plantées bien après la saison, n'en ont pas moins prospéré dans des terrains où les menus grains avoient entièrement manqué. Cette plante peut donc être employée avec grand profit, après l'ensemencement des mars, et occuper encore les charrues et les bras dans un temps où les travaux de la campagne sont suspendus ou moins actifs. »

Nous trouvons encore une preuve frappante de cette vérité et de la possibilité d'obtenir une seconde récolte avec le secours de la pomme de terre dans la pratique de M. Menuret-Chambaud, dont le mémoire sur la culture des jachères, couronné en 1789 par la société d'agriculture de Paris, nous informe « qu'il a planté et récolté, avec le plus grand avantage, des pommes de terre dans l'intervalle qui s'est écoulé entre la récolte des blés et la semaille d'automne. »

Enfin, nous sommes instruits que M. Faujas de Saint-Fond, en a aussi obtenu une seconde récolte, dans la même année, immédiatement après une première en froment.

Examinons maintenant quelles sont les méthodes les plus avantageuses d'intercaller la culture des pommes de terre avec les céréales.

Un agronome justement célèbre, a fait passer dans notre langue l'exposé d'expériences entreprises par Arthur Young, dont le résultat paroît démontrer que, « sur un terrain un peu sablonneux, mais froid, naturellement humide, mais desséché par des coulisses, et dont le sol inférieur est une glaise marneuse, les pommes de terre épuisent plus qu'aucune autre récolte intermédiaire, même plus que l'orge, et dans certains assolemens plus que le blé. »

Cela peut être pour la nature du terrain dont il est ici question, et qui nous paroît peu convenable à cette production ; mais comme on pourroit tirer de ce fait isolé des inductions générales, défavorables à la culture des pommes de terre, l'agronome qui le rapporte pensant d'ailleurs qu'*on doit croire, d'après les faits que l'on a pu constater jusqu'ici, que la pomme de terre épuise au lieu d'améliorer, et que cette production paroît plutôt nuisible qu'utile au blé qui la suit*, la réputation dont jouissent ces deux cultivateurs étant bien propre à fortifier cette opinion, que d'autres peuvent aussi partager avec eux, nous croyons qu'il peut être utile de l'examiner ici et de rapporter d'autres opinions, et sur-tout des faits qui nous paroissent l'infirmer.

Nous déclarerons d'abord que notre expérience et nos observations nous autorisent à penser fermement qu'aucune espèce de végétation dont le produit n'est pas entièrement, ou au moins en très grande partie restitué au sol qui y a contribué, n'améliore réellement pas le sol qui lui a servi de support et d'aliment, par le seul effet de cette végétation, mais bien par l'effet immédiat des engrais naturels ou artificiels qu'elle a pu recevoir, et sur-tout par l'ameublissement et le nettoiement qu'elle a exigés pour sa prospérité. Ainsi il y a, d'une part, soustraction réelle dans toutes les végétations, d'une portion plus ou moins considérable de la substance alimentaire que receloit le sein de la terre sur laquelle elles ont eu lieu ; mais il peut aussi y avoir, de l'autre, amélioration réelle par l'effet des opérations et de l'engrais dont elles ont nécessité l'application pour réussir.

Ce ne peut être que dans ce sens, selon nous, qu'une récolte quelconque peut et doit être regardée comme améliorante, à moins, comme nous l'avons dit, qu'elle ne soit restituée au sol qui l'a produite, ou consommée sur le champ même ; et cette vérité n'est pas seulement applicable à la culture des pommes de terre, mais à toutes les autres cultures préparatoires.

Ainsi, il est facile de concevoir, d'après ces principes simples et à la portée de tout le monde, que l'épuisement, ou l'amélioration, occasionné par cette culture, comme par toutes les autres, ne peut être jamais que relatif et nécessairement subordonné au mode adopté pour elle ; que toutes les fois qu'elle aura été faite avec toutes les précautions nécessaires pour assurer son succès, et sur-tout sur un sol convenable, le succès de la récolte suivante et du froment même, s'il est semé à temps et avec les préparations préliminaires, toujours indispensables pour assurer ce succès, sera tout aussi probable qu'après toute autre culture préparatoire ; et que lorsque ce succès n'a pas lieu, le défaut ne doit pas en être attribué exclusivement à la nature épuisante des pommes de terre, mais sur-tout à quelque vice de culture et à d'autres circonstances défavorables, entièrement indépendantes de la nature de ces racines qui ne nous paroissent pas mériter le reproche d'être plus épuisantes que d'autres productions analogues.

Nous trouvons cette assertion confirmée par l'opinion de nos principaux agronomes, et sur-tout par un très grand nombre de faits authentiques et décisifs, dont nous croyons devoir rappeler ici les principaux.

Duhamel qui, à de profondes connoissances théoriques, joignoit une longue pratique, toujours si utile en agriculture, nous déclare bien formellement que « cette plante n'effrite point la terre destinée au froment; au contraire, les labours qu'exige sa culture et les engrais dont elle a peine à se passer disposent admirablement un champ à donner une bonne récolte. »

Ecoutons sur ce point l'homme qui par son expérience et par les recherches multipliées auxquelles il s'est livré constamment sur tout ce qui peut avoir rapport à la pomme de terre mérite sans doute d'être considéré comme l'autorité la plus respectable sur l'objet qui nous occupe. Ainsi s'explique M. Parmentier. « On a dit et on a répété que la pomme de terre exigeoit beaucoup du sol; que bientôt elle épuisoit le meilleur terrain et le rendoit incapable de produire des grains. Il est bien certain que si le champ sur lequel on cultive les pommes de terre est bien travaillé et bien fumé, le froment qu'on y sème ensuite réussira constamment; mais si au contraire ces tubercules sont plantés sur un sol très léger, et qu'on leur fasse succéder ce grain, on doit peu compter sur le produit; tandis que si c'est du seigle qu'on emploie de préférence, il viendra de la plus grande beauté....

« L'épuisement prétendu du sol opéré par la pomme de terre dépend sans doute de sa végétation vigoureuse, plutôt que d'expériences et d'observations particulières; il n'est pas étonnant en effet que, voyant rassemblé au pied de la plante une quantité énorme de grosses racines charnues, remplies de sucs nourrissans, on en ait conclu que cette croissance vigoureuse ne pouvoit s'obtenir qu'aux dépens du terrain qu'elle devoit nécessairement appauvrir; mais les recherches des modernes ont trop bien démontré la fausseté de cette hypothèse pour qu'il soit nécessaire d'y insister de nouveau......

« Il est démontré, par une expérience non interrompue de beaucoup d'années, que toutes les productions prospèrent dans un champ planté en pommes de terre l'année d'auparavant, et que la fertilité de ce champ y est même assurée pour quelque temps. Ce n'est pas certainement que ces racines ajoutent au sol quelque engrais qui le fertilise; mais les profonds labours que la terre reçoit en automne et au printemps, l'engrais qu'on y emploie, l'obligation dans laquelle on est d'émietter, de briser les mottes, de sarcler, de butter, de ramener la terre à la surface; enfin, tous les soins que demande cette culture jusqu'à la récolte, divisent la terre, la fertilisent, sans que le laboureur soit nécessité à des avances trop longues, puisqu'elles sont payées immédiatement par l'emploi local du produit.

« La pomme de terre a donc cet avantage qu'elle prépare le terrain à recevoir les végétaux qu'on voudra lui faire succéder, soit froment, soit orge, chanvre, lin, etc. Il est même encore prouvé qu'il faut moins de semences dans un fonds ainsi amélioré, qu'il n'y a point de meilleur moyen de nettoyer la terre des mauvaises herbes, et que les pièces d'avoine couvertes précédemment de pommes de terre sont remarquables par le peu de ces plantes parasites qui les infestent. Loin donc de détériorer le sol, la pomme de terre concourt à sa fécondité, et par les travaux qu'il a reçus, et par le fumier qui, étant enfoui et mieux consommé, se trouve plus uniformément répandu. »

A ces autorités du plus grand poids, qu'il seroit au moins superflu de multiplier, ajoutons quelques exemples remarquables des avantages bien réels de l'intercallation de la culture des pommes de terre avec celle des grains.

Nous avons déjà vu, pages 23 et suivantes, volume premier, cette culture précéder avec succès celle du froment dans l'arrondissement de Lille et dans plusieurs autres parties du département du Nord.

Nous l'avons vue également intercallée avantageusement avec les grains de différentes espèces dans ceux de la Lys, de la Dyle et de l'Escaut.

Dans le département des Deux-Nèthes, où elle précède très souvent le seigle, et quelquefois le froment, elle commence ordinairement les rotations, et sur-tout après les défrichemens des bruyères et des pins, et y prépare merveilleusement la terre pour les cultures subséquentes.

Nous avons vu encore M. Le Gris-Lasalle, dans le département de la Gironde, obtenir, en 1805, sur son domaine de Tustal, une récolte de froment sur un terrain qui lui avoit rapporté une récolte de pommes de terre, après une autre de seigle et de vesce, dans la même année.

Notre collègue Mallet, qui cultive annuellement, d'une manière réellement exemplaire, une assez grande quantité de pommes de terre jaunes, dites *blanches longues* par M. Parmentier, et qui a reconnu, comme nous, que si elles produisent moins que la grosse blanche commune, elles contiennent proportionnellement beaucoup moins de parties aqueuses, ce qui les rend très avantageuses pour la nourriture des bestiaux, fait constamment succéder à cette plante des grains, avec un grand succès, sur des terres naturellement très peu fertiles, mais fortement améliorées par tous les moyens que l'art fournit, lorsqu'on le connoît et le pratique d'une manière aussi distinguée que ce cultivateur.

Enfin, nous avons maintenant sous les yeux plusieurs pièces de terre d'une nature très siliceuse et peu fertile, et qui ne fournissoient autrefois que de médiocres récoltes de seigle, après l'année de jachère, qui, l'année dernière, ont produit une très abondante récolte de pommes de terre, de diverses espèces, et qui sont maintenant ensemencées en froment, dont l'apparence est un heureux présage, qui permet d'espérer une très belle récolte de ce grain (1).

Quelquefois, à la vérité, l'époque tardive à laquelle la récolte des pommes de terre se fait, dans certaines circonstances, reculant celle de l'ensemencement du froment, lui donne une chance peu favorable à son succès; et peut-être a-t-on souvent attribué la médiocrité du produit de cette graminée au prétendu épuisement extraordinaire, occasionné par la récolte précédente des pommes de terre, au lieu de rapporter cet effet à sa véritable cause. La prudence doit conseiller, dans le cas où cette récolte se trouve retardée par une cause quelconque, au-delà du terme convenable pour préparer la terre et faire l'ensemencement d'automne à propos, de différer cette opération jusqu'au printemps; et alors en accompagnant le grain de printemps d'un ensemencement en prairie artificielle, soit en trèfle, soit en lupuline, ou en toute autre plante adaptée aux localités, on se prépare les moyens d'obtenir ensuite une nouvelle récolte abondante en grains, sans addition d'engrais et avec un seul labour.

Au reste, l'agriculture anglaise elle-même fournit, ainsi que celle de plusieurs autres contrées, un très grand nombre de preuves des avantages incontestables de l'intercallation de la culture des pommes de terre avec celle des grains, *lorsqu'elle est convenablement traitée sur les terres qui lui conviennent*, et en réunissant ces deux conditions indispensables pour assurer le succès de toutes les récoltes présentes et futures, elle nous paroît entièrement exempte du reproche qu'on lui a imputé; et nous nous croyons suffisamment autorisés à répéter ici ce que nous avons avancé, au commencement de cet article, qu'indépendamment des nombreuses et importantes qualités que les pommes de terre réunissent, sous le rapport alimentaire et sous plusieurs autres, elles doivent encore être considérées comme très précieuses pour les assolemens des terres siliceuses, naturellement peu fertiles, qu'elles sont très propres à améliorer avec une culture convenable, et à disposer à la production du froment ou de toute autre céréale.

DE LA PATATE. La *patate*, ou *batate*, *Convolvulus batatas*, est une plante de la famille des liserons, originaire de l'Inde, à

(1) Cette espérance s'est complètement réalisée depuis que ceci est écrit.

tiges foibles, volubiles, traînantes, s'enracinant à chaque nœud, et produisant des racines fusiformes, ou tubercules allongés, de diverses couleurs, et dont les principales variétés sont la blanche, la jaune et la rouge.

La première, dit Bosc, est la plus grosse, la seconde la plus farineuse, et la troisième la plus précoce; mais peu de plantes, ajoute-t-il, sont plus soumises, relativement à leur saveur, aux influences extérieures. Un terrain fumé lui donne un mauvais goût; une année pluvieuse lui ôte toute espèce de goût, et un printemps froid la rend grasse, etc.

Cette plante, dont les tubercules sont très nourrissans et de facile digestion, et dont les tiges et les feuilles, qui sont aussi quelquefois mangées par les hommes, fournissent aux bestiaux un fourrage agréable et abondant, pour lequel on la cultive quelquefois uniquement, est naturalisée depuis long-temps en Italie et sur les côtes maritimes d'Espagne, et n'a plus qu'un pas à faire, dit Parmentier, pour l'être parmi nous.

Elle paroît susceptible d'être cultivée également en plein champ dans nos départemens méridionaux, et d'ajouter encore un nouveau bienfait à nos ressources alimentaires. MM. Broussonnet, Puymaurin, Ferrière et Picot La Peyrouse en ont fait plusieurs essais en plein champ dans les environs de Montpellier et de Toulouse; on l'a également essayée près de Toulon et de Bordeaux, et déjà on nous assure qu'on en plante en grand, tous les ans, dans les landes de Bordeaux, aux environs de Dax, où le climat et le sol lui sont convenables. On a même fait dans les environs de Paris plusieurs tentatives à cet égard, qui ont donné des résultats encourageans. Nous croyons donc devoir dire ici un mot sur sa culture.

La patate redoute l'excès d'humidité, plus encore que la pomme de terre et le topinambour, et demande un terrain essentiellement siliceux, sec et chaud pour prospérer.

Il convient de la planter peu espacée sur des buttes préparées d'avance, afin de la garantir de l'humidité qui la feroit promptement pourrir, ou mieux encore sur des ados suffisamment élevés et écartés pour remplir cet objet, et pour permettre à ses racines et à ses tiges rampantes de s'étendre.

On pourroit peut-être tirer parti des intervalles pour d'autres cultures intercallaires peu exigeantes, et c'est ce que l'expérience nous apprendra.

Dans tous les cas, cette plante qui, pour les assolemens, pourroit être assimilée à la pomme de terre à laquelle on donne souvent improprement son nom, a besoin, comme elle, de rigoureux sarclages et buttages, et comme elle aussi, elle peut supporter sans inconvéniens, quelque temps avant son arrachage, le retranchement de ses tiges fourrageuses pour les bestiaux.

Ses tubercules étant hors de terre, ne peuvent se conserver

qu'en les soustrayant aux influences de la gelée, et sur-tout de l'humidité qu'elle redoute par dessus tout.

DU TOPINAMBOUR. Qu'il nous soit permis de nous étendre ici, avec une sorte de complaisance bien naturelle, sur tout ce qui peut être relatif à une plante dont nous avons si souvent occasion de nous applaudir d'avoir, depuis long-temps, recommandé les premiers, *par notre exemple*, la culture en grand, en plein champ, pour la nourriture de nos animaux domestiques, à laquelle elle est si convenable, ainsi qu'à quelques autres usages économiques non moins précieux, et sur laquelle les renseignemens qui ont été publiés jusqu'ici ne nous paroissent pas *tous* porter le cachet de l'exactitude.

Le topinambour, ou hélianthe tubéreux, *Helianthus tuberosus*, autre présent bien précieux que le nouveau monde a fait encore à l'ancien, et qu'on désigne quelquefois sous les noms de *poire de terre*, sans doute à cause de la figure souvent allongée et pyriforme de ses tubercules, de *taratouf*, *Canada* et *crompire*, est une espèce annuelle de soleil, ou tournesol, originaire, selon les uns, du Canada, et selon les autres, du Brésil, ce qui nous paroît plus probable; car, si la rusticité du topinambour, et le surnom de Canada qu'on donne quelquefois à cette plante, dont l'origine réelle ne paroît pas plus exactement connue que l'époque de son introduction en Europe, ont pu faire présumer qu'elle étoit originaire du Canada, le nom de *topinamboux* que portent les habitans d'une partie du Brésil, joint à l'imperfection habituelle des semences de cette plante dans nos climats, probablement à cause du défaut d'intensité de chaleur convenable, et à la précieuse faculté dont elle est douée de résister aux plus longues sécheresses, nous autorise peut-être à penser que le climat brûlant du Brésil est son pays natal. Quoi qu'il en soit, la substance extracto-résineuse qu'elle renferme paroît lui donner la précieuse faculté de supporter les froids les plus rigoureux de nos climats sans en être désorganisée.

Cette plante, recommandable à tant de titres, lorsqu'elle est cultivée convenablement, ne fournit ordinairement qu'une seule tige, rarement rameuse et le plus souvent simple, droite, ferme et ligneuse, que nous avons vue s'élever jusqu'à quatre mètres et demi, et qui atteint communément la hauteur de deux mètres au moins, dans les terrains qui lui conviennent, et où elle est bien traitée. Cette tige, qui s'élève du tubercule qui lui a donné naissance, est garnie dans toute sa longueur de feuilles larges et nombreuses, ovales, pointues, dentées, rugueuses et décurrentes sur leur pétiole. Elle se termine en automne par un bouquet de fleurs jaunes, radiées, en corymbe, qui ressemblent à autant de petits soleils, et qui ne fournissent pas ordinairement, parmi nous, de semences fécondes, mais qui en ont fourni dernièrement à

Toulon par les soins de M. Robert, cultivateur très distingué, qui en a envoyé à M. Vilmorin. Ce dernier, également zélé pour les progrès de l'art et de la science agricoles, a obtenu de cette semence un assez grand nombre de tubercules, dons nous cultivons comparativement en ce moment plusieurs qu'il a bien voulu nous confier, et qui promettent de donner des résultats avantageux, que nous nous empresserons de faire connoître. A sa base se forment, au milieu de ses racines proprement dites, des tubercules rougeâtres qui y adhèrent par une espèce de pétiole, ou prolongement radical, et qui ont quelque ressemblance pour la forme, assez irrégulière d'ailleurs, avec nos pommes de terre rouges, mais qui sont communément plus allongées, et qui n'en ont aucune pour le goût et la contexture intérieure, ayant une saveur douce et sucrée, sur-tout lorsqu'elles sont cuites. Cette saveur se développe d'une manière très sensible, lorsqu'étant vieilles cueillies elles ont perdu par l'évaporation une partie de leur eau de végétation ; elles sont alors beaucoup moins aqueuses, et renferment, ainsi que la base de la tige, une substance concrète qui paroît être d'une nature résineuse.

On a pu croire que sous le nom de *cartouffle*, Olivier de Serres avoit voulu désigner le topinambour; mais il ne nous paroît pas que cette plante fût introduite en Europe de son temps, et nous pensons que par la description, un peu inexacte à la vérité, qu'il nous a laissée de la *cartouffle*, il vouloit réellement indiquer la pomme de terre, que nous savons d'ailleurs avoir été apportée de son temps sur le continent d'Europe, par Charles de l'Escluse (1). Le nom trivial de *kartoffel*, sous lequel les Allemands désignent communément la pomme de terre; celui, très ressemblant, de *tarteuffel*, qu'on lui donne encore aujourd'hui en Suisse, d'où Olivier nous dit bien positivement que cette plante étoit venue en Dauphiné; le nom de *truffe*, sous lequel il nous dit aussi qu'on la désignoit quelquefois, et que nous lui avons entendu souvent donner en Dauphiné, où nous nous sommes également assurés que le *topinambour* étoit à peine connu; *la durée d'une année*, qu'il assigne à la *cartouffle*, et qui nous paroît bien plus applicable à la pomme de terre qu'au topinambour, qui se reproduit perpétuellement sur le même terrain, de ses nombreux tubercules, qui ne sont pas susceptibles d'être désorganisés par la gelée, comme ceux de la pomme de terre, ce qui a fait regarder le topinambour comme pérenne, par plusieurs auteurs; la nécessité dont il parle de la planter *après les grandes froidures*, ce qui n'est pas nécessaire pour le topinambour, mais indispensable pour la pomme de

---

(1) On peut consulter sur ce point une note très instructive d'Huzard, insérée pag. 474 du second vol. de la nouvelle édition d'Olivier de Serres.

terre ; le provignement et reprovignement dont il parle encore, plus applicables à la dernière plante, qui y est quelquefois soumise, bien qu'à la première, dont la tige ferme et ligneuse se prêteroit diffi-cilement à cette opération ; enfin *les fleurs blanches qui paroissent au mois d'août*, *qu'il désigne très positivement*, et qui, sous ces deux rapports frappans, conviennent parfaitement à la pomme de terre, que Tournefort nomme *solanum.... Flore albo*, nous paroissent indiquer suffisamment qu'il a voulu décrire cette plante, et non le topinambour, dont les fleurs, qui ne se montrent qu'en automne, sont constamment jaunes et ressemblantes à celles du soleil. *Helianthus annuus*, qu'Olivier connoissoit bien, dont il parle, et auquel il n'auroit pas manqué de le comparer s'il l'avoit eu en vue, et dont le fruit d'ailleurs n'est pas *en parfaite maturité sur la fin de septembre*, comme il le dit expressément, mais bien celui de la pomme de terre, qui donne aussi quelquefois des tubercules *à la fourchure des nœuds*, c'est-à-dire aux aisselles des rameaux, comme nous l'avons remarqué avec d'autres. A la vérité, il qualifie la cartoufle, d'*arbuste faisant plusieurs branches, s'élevant jusqu'à cinq ou six pieds, si elles ne sont retenues par provigner ;* mais cette inexactitude, au milieu de tant de traits de ressemblance bien caractéristiques, paroîtra peut-être peu surprenante, si l'on se reporte à l'époque à laquelle il écrivoit, où la cartoufle, à peine introduite en France, *depuis peu de temps en ça*, dit Olivier, étoit encore très peu connue, et confinée dans les jardins. Au reste, nous soumettons ces réflexions à M. Parmentier lui-même, dont l'opinion sur ce point, contradictoire avec celle de Haller, et de plusieurs autres bibliographes géorgiques, nous a paru susceptible d'être examinée, pour l'intérêt de la chronologie agricole.

Duhamel nous paroît être le premier, parmi nos agronomes, qui ait recommandé, en 1762, la culture du topinambour pour la nourriture des bestiaux, pendant l'hiver, en observant avec raison que « *les porcs, sur-tout, s'en accommodent très bien.* »

Après lui, Daubenton, notre illustre prédécesseur dans la chaire d'économie rurale que nous occupons, Daubenton, dont le nom justement célèbre doit inspirer la plus juste reconnoissance, en rappelant au gouvernement le créateur d'une nouvelle source féconde de richesses nationales, et aux cultivateurs, l'infatigable amélioratcur des laines de nos troupeaux, indiqua, en 1782, dans son *Instruction pour les bergers et les propriétaires de troupeaux*, le topinambour comme « *nourriture fraîche en hiver, préférable au colsat et aux choux pour les bêtes à laine* », dont il avoit tant à cœur l'amélioration.

Quelques années après, Flandrin, s'occupant du même objet, avec un succès bien digne de son zèle, pour la propagation des mérinos, recommanda également cette plante pour le même usage.

Enfin, en 1786, Quesnay de Beauvoir essaya de la tirer de l'espèce d'oubli auquel elle étoit encore si injustement condamnée, malgré d'aussi imposantes recommandations, et après en avoir fait sous nos yeux un essai en petit très satisfaisant à Conflans, près des carrières de Charenton, dans un jardin formé des débris de ces carrières, et en avoir obtenu *trois boisseaux*, sur un espace de cinquante pieds, il adressa à la société d'agriculture de Paris quelques *observations sur la culture et l'utilité des topinambours*, qui furent publiées dans le trimestre d'automne de 1786, des Mémoires de cette société.

Il paroît que ces observations ne déterminèrent alors aucun cultivateur à entreprendre cette culture *en grand*, *en plein champ*; tant il est vrai que la propagation des vérités et des procédés les plus utiles est lente et difficile, sur-tout dans les campagnes. Persuadés de l'importance dont elle pouvoit être, sous plusieurs rapports essentiels que nous allons faire connoître, nous répétâmes et étendîmes, l'année suivante, cet essai dans un clos du parc de l'école d'économie rurale et vétérinaire d'Alfort, qui servoit de champ à toutes les expériences agricoles, auxquelles nous nous livrions à cette époque, sous les yeux et aidés des conseils de notre respectable maître, M. Chabert, directeur de cet utile établissement. Les résultats les plus satisfaisans ayant pleinement confirmé l'opinion avantageuse que nous avions conçue du topinambour, et couronné nos efforts pour nous en assurer, nous résolûmes, dès ce moment, de consacrer à une culture en grand tous les tubercules que nous pûmes recueillir, et de transporter enfin cette précieuse plante de nos jardins, dans un coin desquels elle étoit injustement reléguée, depuis son introduction dans nos climats, pour l'introduire dans nos champs, où elle est si digne de figurer. Nous en portâmes successivement la culture au nombre de cinq hectares environ, chaque année, que nous avons constamment entretenus et augmentés, même souvent, depuis 1789 jusqu'à ce jour. Nous n'avons négligé aucun des moyens qui étoient en notre pouvoir pour en propager la culture, par nos conseils, par notre exemple et par des distributions gratuites; et déjà, peu d'années après, nous avions la satisfaction de voir plusieurs cultivateurs distingués en adopter la culture à notre sollicitation, et confirmer nos observations sur son utilité.

Avant de passer à l'exposé de ses principaux avantages, et aux détails relatifs à sa culture, et à ses usages économiques, nous devons dire qu'en 1789, M. Parmentier réunissoit ses efforts aux nôtres pour en encourager la culture, dans son *Traité sur la culture et les usages des pommes de terre, des patates et des topinambours*; et nous devons ajouter que Rozier ne paroissoit pas cependant avoir pris, en 1796, une opinion assez avantageuse du mérite de cette plante, n'en ayant dit, à cette époque, que fort peu de chose, et n'en ayant parlé en quelque sorte qu'accidentellement, sous le titre de tournesol ou soleil.

Un de ses collaborateurs, M. de La Lause, écrivoit aussi en 1801, que cette culture n'étoit encore qu'un objet de curiosité. Il ajoutoit cependant que *ses tiges de sept à huit pieds de hauteur pouvoient servir de litière dans les cours des fermes et procurer un engrais abondant, et que sous ce rapport elle étoit préférable à celle des pommes de terre.*

Nous ajouterons encore que d'après les renseignemens nombreux que nous prîmes en diverses parties de l'Angleterre, au dernier séjour que nous y fîmes, en 1803, nous nous croyons autorisés à penser que le topinambour n'étoit encore, à cette époque, soumis, dans aucune partie de cette île, à une culture faite en grand, pour l'usage des bestiaux, *pas même sur l'exploitation d'Arthur Young*, que nous visitâmes alors, quoiqu'il nous eût informés lui-même, dans le compte imprimé de ses expériences d'agriculture, « qu'*ayant entrepris, à une époque bien reculée, de le cultiver en petit, sur un terrain plat et naturellement humide, mais amélioré, par pure curiosité et non dans l'intention d'en retirer du bénéfice*, idée qui lui étoit venue après avoir observé que ses porcs en mangeoient fort avidement quelques boisseaux de rebut qui avoient été jetés sur un tas de fumier, il avoit reconnu, 1° que son produit étoit sans contredit au-dessus de celui des pommes de terre; 2° que son chaume pouvoit être employé fort utilement à servir de litière au bétail qui l'avoit bientôt transformé en fumier, et que, cultivé en grand, il pourroit fournir à lui seul toute la litière nécessaire pour l'entretien d'une cour de ferme; 3° que le bénéfice d'un seul acre équivaloit à peu près à ce qu'auroient rapporté quatre récoltes de froment, même après une extrême sécheresse, ce qui rend ce fait bien plus important; 4° qu'on pouvoit dire que ce végétal étoit, sous le rapport du produit, un excellent améliorant, parcequ'avec la quantité d'alimens qu'il pouvoit fournir au bétail, sur un seul acre, on avoit aisément les moyens d'en fertiliser deux par de copieux engrais; 5° que bouilli et mêlé avec du son il étoit propre à l'engraissement des porcs. » Enfin il ajoute, après avoir rapporté le résultat très satisfaisant d'une expérience *qui lui paroît décisive*, « une récolte qui sur un terrain froid rapporte, à l'aide d'un bon engrais, *seize livres sterling de profit net par acre*, (cela fait 324 francs par hectare environ) *surpasse indubitablement toutes les récoltes de la commune agriculture; et d'après ces notions j'invite tous les cultivateurs à planter des topinambours*, *sur-tout lorsqu'ayant beaucoup de porcs, ils sont embarrassés pour les nourrir pendant l'hiver.* On voit, continue-t-il, qu'ils viennent bien sur des sols argileux, qui conviennent peu aux pommes de terre, et encore moins aux carottes; et j'adresse spécialement cette remarque à ceux qui possèdent de semblables sols, et ne savent que les cultiver à la manière ordinaire. Il y a de grands bénéfices à faire sur la culture des topinambours, et l'on remarquera que cette plante réussit sur tous les sols, et les porcs pourroient donner beaucoup de profit, si l'on avoit la prudence d'en avoir l'hiver pour leur usage. »

On sera sans doute très surpris d'apprendre que, *d'après des faits aussi décisifs et des assertions aussi positives et encourageantes*, la culture du topinambour, de cette plante, dont *le profit net surpasse indubitablement toutes les récoltes de la commune agriculture*, soit restée si long-temps après leur publication confinée en Angleterre dans son ancien domaine, borné à quelque coin de jardin : cependant, l'agriculture anglaise présente un assez grand nombre de ces bizarreries difficiles à expliquer.

Observons, en attendant qu'elles le soient, que la culture du topinambour ne nous paroît pas plus étendue en Allemagne, quoiqu'elle y ait été également reconnue digne d'un meilleur sort par Mitterpacher, qui, en en parlant très brièvement, dans ses Elémens d'économie rurale, déclare cependant qu'*il mérite d'être cultivé plus qu'il ne l'est* (1).

Observons encore que, d'après toutes nos recherches, nous sommes portés à croire que cette plante n'est pas plus cultivée en grand dans les autres parties du continent d'Europe, quoiqu'elle soit susceptible d'être renouvelée par les semences proprement dites, qu'elle fournit dans les contrées les plus méridionales, qui se rapprochent davantage du climat de son pays natal, puisque nous l'avons vue se reproduire ainsi dans le midi de la France.

Quatre avantages bien déterminans, que nous remarquâmes particulièrement dans la culture du topinambour, nous engagèrent fortement à l'entreprendre en plein champ et à la propager. Ces avantages incontestables sont, 1° de résister aux plus fortes sécheresses, même sur des sols naturellement arides; 2° de résister également aux froids les plus rigoureux de nos hivers; 3° de donner, lorsqu'il est bien cultivé, dans des circonstances favorables, les produits les plus abondans en tubercules; et 4° de fournir encore un nouveau produit très avantageux par ses fortes tiges ligneuses, propres à différens usages économiques.

Entrons dans quelques détails sur chacun de ces avantages.

Faculté de résister aux plus grandes sécheresses. Depuis plus de vingt ans que nous cultivons le topinambour dans un sol essentiellement siliceux et naturellement peu fertile, mais forte-

---

(1) *Helianthus tuberosus, è Brasiliâ licet ad nos translatus, cœlum nostrum sustinet et frequentius coli meretur.*

Élem. rei rust., pag. 331.

ment amélioré par la culture, nous avons constamment remarqué qu'il résistoit aux plus fortes sécheresses auxquelles la pomme de terre et plusieurs autres plantes succomboient. Nous l'avons vu à Conflans, en 1785, résister à celle très mémorable de cette année, sur un terrain très aride, formé des débris des carrières de Charenton. En l'an 11, nous l'avons vu également triompher, sur notre exploitation, d'une sécheresse très prolongée, à laquelle diverses espèces de pommes de terre rouges, plantées à côté, succombèrent. MM. Allaire, Bagot, Poyféré de Céré, Mallet, et plusieurs autres cultivateurs distingués, dont nous aurons occasion de faire connoître l'opinion et les expériences sur cette plante, ont fait des observations confirmatives des nôtres, sur des sols de médiocre qualité. La pratique d'ailleurs semble ici confirmer la théorie. Une plante probablement originaire des climats brûlans du Brésil, garnie d'une tige très élevée et de feuilles larges et nombreuses, qui lui rendent le double service d'ombrager fortement le sol et de soutirer de l'atmosphère une grande partie des principes utiles à sa prospérité, doit nécessairement résister fortement à la sécheresse, et c'est en effet ce que nous voyons arriver. Il ne faudroit pas en conclure cependant que le topinambour qui, comme tous les hélianthes, fait de très grandes déperditions de fluide aqueux, dans les fortes chaleurs, comme nous le remarquerons plus particulièrement à l'égard de l'hélianthe annuel, connu sous le nom de *tournesol* ou soleil, ne reçoit aucune atteinte des chaleurs excessives et des sécheresses prolongées, sur-tout sur les sols reverbérans, crétacés, siliceux et naturellement très arides. Loin de nous ces assertions mensongères, malheureusement si communes dans un grand nombre d'ouvrages d'agriculture, dont nous avons été si souvent les victimes, et que les faits démentent tôt ou tard. Loin de nous cet enthousiasme exagérateur qui porte les auteurs à donner si gratuitement aux végétaux qu'ils paroissent adopter, d'une manière absolue et exclusive de tous autres, et qu'ils voudroient qu'on adoptât de même, toutes les qualités désirables, et qui les porte également à feindre, à dissimuler, à modifier ou à taire tout ce qui pourroit atténuer l'enthousiasme et l'erreur qu'ils communiquent aux autres.

Nous nous sommes imposé le devoir de dire sur ce point, comme sur tout autre, ce que nous croyons être l'exacte vérité; et, quoique nous soyons bien loin de supposer nos opinions exemptes d'erreurs, nous déclarons ingénument que, quoique nous ayons vu constamment le topinambour ne point succomber aux atteintes réitérées que lui portoient les sécheresses prolongées et les chaleurs excessives sur des terrains médiocres, sa végétation, cependant, restoit en quelque sorte stationnaire tant qu'elles régnoient; le flétrissement de ses feuilles, le rembrunissement de ses tiges, et la tristesse de son port, annonçoient fortement le besoin d'une salutaire humidité, et quoiqu'il reprît promptement sa vigueur à la première pluie, ses produits, qui n'avoient pu être annulés, étoient ordinairement plus ou moins diminués.

Faculté de résister aux froids les plus rigoureux de nos hivers. Il n'est pas exact de dire que les tubercules du topinambour ne gèlent pas, soit hors de terre, soit même sous terre, à la profondeur à laquelle ils se forment ordinairement. La vérité est que toutes les fois que l'intensité du froid est assez considérable pour déterminer la congellation de l'eau commune, l'eau qu'ils recèlent dans l'état de combinaison avec les autres parties constituantes ou dans l'état d'absorption seulement, gèle aussi. En cet état, le tubercule devient un corps dur, dans lequel l'eau se trouve évidemment sous la forme d'une cristallisation; mais ce qui le distingue de la pomme de terre, c'est qu'au dégel, on n'aperçoit aucune espèce de désorganisation; le tubercule a conservé toute sa faculté végétative, l'eau y est toujours dans l'état de combinaison ou de réunion avec les autres substances qui le composent, et il est rendu à son état précédent, sauf, cependant, la soustraction d'une foible portion de cette eau non combinée, que l'évaporation, occasionnée par le dégel, a opérée, et qui, en diminuant un peu son poids et ridant légèrement son écorce, rapproche davantage ses parties solides.

Depuis que nous cultivons le topinambour, nous avons vu le froid descendre à dix-huit degrés au-dessous du point de congellation du thermomètre de Réaumur, en 1788, ce qui est un de nos froids les plus rigoureux, sans qu'il en ait souffert, soit en terre, soit hors de terre, ce qu'il faut probablement attribuer à la substance extracto-résineuse qu'il recèle; ainsi, nous ne devons pas craindre d'avancer qu'il résiste à nos froids même extraordinaires.

Abondance des produits en tubercules. Tout le monde convient que le produit ordinaire de la grosse pomme de terre blanche commune est considérable, toutes les fois qu'elle est bien cultivée, dans des circonstances favorables. Nous pouvons assurer que le résultat des essais comparatifs que nous avons répétés, toutes circonstances égales, avec cette espèce de pomme de terre et le topinambour, a été constamment à l'avantage du dernier, et cette supériorité de produit s'est quelquefois élevée au tiers en sus, et souvent au quart. Nous avons encore eu la satisfaction de trouver nos résultats confirmés par les expériences de MM. Bagot, Poyféré de Céré, Mallet et plusieurs autres cultivateurs que nous ferons connoître plus loin; mais quoiqu'on ait annoncé un produit comparatif beaucoup plus élevé, nous ne l'avons jamais remarqué, depuis plus de vingt ans que nous observons cette plante.

Abondance et utilité du produit en tiges. La rareté et la cherté du combustible qui se fait sentir de plus en plus sur toute la France, et plus particulièrement près des grandes villes, doit donner, sans doute, quelqu'importance à une plante qui ajoute à un produit considérable en tubercules une tige élevée et ligneuse, qui peut, dans un grand nombre de cas, remplacer le menu bois de chauffage, et être employée à d'autres usages économiques, comme nous le démontrerons par des faits, après nous être occupés de sa culture.

Ces divers avantages, joints à quelques autres que nous aurons occasion de faire connoître, nous ont engagés, depuis long-temps, à donner à la culture du topinambour, sur notre exploitation, la préférence aux autres cultures ayant pour objet principal une nourriture verte pour les bestiaux pendant l'hiver.

De la culture du topinambour. Afin d'éviter ici plusieurs répétitions inutiles, nous commencerons par déclarer que la culture convenable au topinambour est analogue à celle de la pomme de terre, sous tous les rapports, sous lesquels nous avons cru devoir considérer cette plante, à l'article de laquelle nous renvoyons, et qu'il est indispensable de consulter pour la parfaite intelligence des détails particuliers, dans lesquels nous devons entrer, relativement à la nature du terrain, à sa préparation, aux labours, aux engrais, à la plantation, au sarclage, au buttage, à la récolte, à la conservation, aux divers emplois économiques, et aux assolemens.

De la nature du terrain convenable à la culture du topinambour. Nous avons déjà rapporté quelques exemples assez remarquables du succès de cette culture, malgré la sécheresse, sur des débris de carrières, et sur des terrains essentiellement siliceux, arides, et naturellement peu fertiles; nous devons y ajouter que M. Allaire, l'un des administrateurs des eaux et forêts, et l'un de nos cultivateurs les plus zélés et les plus instruits, nous a informés qu'il l'avoit aussi admise avec succès sur le sol crayeux de la ci-devant Champagne, dont on connoît assez l'ingratitude; que MM. Mallet et Bagot la pratiquent encore avec beaucoup de succès, sur l'ingrate varenne de Saint-Maur, et sur le sable mobile de Champigny; et que M. Poyféré de Céré l'a également introduite avec un grand avantage, sur les landes sablonneuses et arides du département, auxquelles elles ont donné leur nom.

M. Parmentier confirme que « cette plante a prospéré sur des fonds où la pomme de terre n'a eu que peu de succès, après avoir déclaré, en 1805, que jusqu'alors nous étions les seuls qui en eussions couvert une certaine étendue de terrain, et qu'il en avoit vu sur plusieurs hectares du plus mauvais terrain de notre ferme, à Maisons, qui annonçoient la récolte la plus abondante. »

M. de Chancey a observé « qu'un pied avoit donné quatorze

livres de tubercules, dans un endroit où une pomme de terre n'en avoit rendu que trois livres »; et M. Mustel dit encore en *avoir vu réussir* dans un sol où les pommes de terre qu'il avoit plantées périrent toutes. Ainsi, nous pouvons affirmer que cette culture peut réussir au moins sur les terres de notre première division. Nous n'en conclurons pas cependant avec Arthur-Young, *qu'elle réussit sur tous les sols*, quoiqu'il nous informe qu'il ne l'a essayée que sur *un sol froid, humide et argileux.* Nous pensons même, d'après quelques essais comparatifs, que cette nature de sol lui convient généralement peu, *s'il n'est préalablement amendé avec une substance calcaire*, comme à toutes les plantes à racines charnues, ou pulpeuses et tubéreuses, qui demandent, pour se développer convenablement, un terrain essentiellement meuble, et dont l'extraction et le nettoiement deviennent d'ailleurs beaucoup plus difficiles sur les sols argileux, sur lesquels l'excès d'humidité pourroit aussi faire pourrir ces tubercules pendant l'hiver, que sur toute autre nature de sol. Nous regardons encore comme une vérité que, quoique le topinambour puisse donner des produits très avantageux lorsqu'il est bien cultivé, même sur des terres peu fertiles par elles-mêmes, ses produits, comme ceux de la pomme de terre et de bien d'autres plantes, sont toujours proportionnés et à la qualité de la terre et aux soins apportés à sa culture. Enfin, nous pensons, quoiqu'on ait pu dire et écrire de contraire à cette vérité, qu'elle est très susceptible d'une application rigoureuse à tous les végétaux soumis à nos cultures ordinaires; enfin, nous dirons avec M. de Courset, « quoique le topinambour croisse dans les plus mauvais terrains, ses tubercules sont plus gros et mieux nourris dans un bon », et il paroît aussi que les champs un peu ombragés ne lui sont pas contraires, car nous l'avons vu prospérer dans un verger médiocrement couvert.

De la préparation du sol. Après les amendemens proprement dits suffisans pour modifier le sol d'une manière durable, sa préparation consiste dans l'emploi judicieux des labours et des engrais.

Des labours. Labourez le plus profondément possible, dans toutes les terres qui permettent d'enfoncer le soc au-delà de la couche arable ordinaire, et répétez les labours jusqu'à ce que la terre soit suffisamment ameublie et nettoyée ; voilà, ce nous semble, le seul conseil raisonnable qu'on puisse donner sur un objet qui n'est pas susceptible d'être fixé invariablement pour tous les cas, et dont il faut nécessairement abandonner les modifications relatives, à la sagacité du cultivateur, qui doit savoir que le succès de la récolte dépend en grande partie du perfectionnement de cette opération.

Des engrais. Si vous avez en vue, comme tout bon cultivateur doit l'avoir, non seulement le succès de la récolte actuelle, mais encore celui des récoltes subséquentes, déposez sur votre champ tout l'engrais disponible, jusqu'à ce qu'il en soit suffisamment couvert, et faites en sorte qu'il renferme le moins de semences nuisibles, si vous voulez diminuer le nombre des sarclages nécessaires, et maintenir ce champ dans l'état d'ameublissement, de netteté et de fertilisation convenables. Appliquez cet engrais, autant que faire se pourra, de manière qu'il se trouve enterré par le labour qui est immédiatement suivi de la plantation; voilà encore, selon nous, ce à quoi peut se réduire tout ce qu'il y a de réellement utile à dire sur ce point important, en laissant le chapitre des détails minutieux et très variables à la discrétion et à la prudence du cultivateur.

De la plantation. Distinguons encore ici l'époque et le mode.

De l'époque. Relativement à la pomme de terre, nous avons dit, quant à l'époque, qu'il convenoit d'attendre la fin des dernières gelées ordinaires du printemps, parceque sa tige herbacée pouvoit en être endommagée. Ici nous n'avons rien à redouter de ce fléau. Non seulement il n'est pas nécessaire de différer la plantation jusqu'à cette époque, mais elle peut sans inconvénient être commencée immédiatement après l'hiver, et même avant lorsque les circonstances le permettent. Nous l'avons plusieurs fois entreprise en janvier, février et mars, sans qu'il en soit jamais résulté le moindre dommage; et ce n'est pas sans doute un léger avantage que de pouvoir ainsi avancer ou reculer à sa commodité l'époque d'une plantation.

Du mode. C'est ici sur-tout que les observations que nous avons faites à l'égard de la pomme de terre, relativement au choix, au traitement et au placement des tubercules, doivent rigoureusement avoir leur application, et nous engageons fortement à les consulter.

Le topinambour, doué comme la pomme de terre de la faculté de se reproduire d'un très grand nombre de manières, le principe de sa reproduction résidant dans toutes ses parties et étant susceptible d'un développement facile, peut aussi comme elle, dans des circonstances extraordinaires, être multiplié par œilletons, germes, marcottes et boutures, indépendamment de la semence proprement dite, dont nous parlerons plus loin. Mais, nous ne saurions trop le répéter, *la voie des tubercules entiers, les plus mûrs et les mieux nourris, est incontestablement la plus sûre pour obtenir les produits les plus abondans;* et s'il est quelquefois dangereux pour la pomme de terre de diviser en plusieurs morceaux ces tubercules, parceque chaque section se trouve exposée à pourrir avant la germination, ce procédé est bien plus dangereux encore pour le topinambour, qui redoute plus qu'elle l'excès d'humidité, et qui est plus sujet à la pourriture, comme nous le prouverons plus loin. Nous devons aussi observer qu'il est encore indispensable pour sa prospérité d'isoler chaque tubercule au lieu d'en réunir plusieurs sur un seul point; cette réunion irréfléchie ne manquant jamais d'occasionner une interception des rayons lumineux et un affamement réciproques, toujours très nuisibles à la reproduction. Nous avons fait sur ces divers points tant d'essais comparatifs dont le résultat constant a confirmé l'utilité des conseils que nous donnons, que nous ne saurions trop insister sur la nécessité de leur adoption toutes les fois que des circonstances impérieuses ne s'y opposent pas, et sur-tout sur le choix des plus beaux tubercules. Nous nous bornerons à noter ici un fait bien concluant, que nous avons maintenant sous les yeux, et qui confirme pleinement notre opinion à cet égard. Nous avons transporté, par forme d'essai, des tubercules récoltés sur une terre fertilisée par les engrais, et plus gros par conséquent que ceux qui avoient été récoltés sur une terre moins fertile, et que nous avons placés à côté. La différence entre le produit de ces divers tubercules est frappante : les premiers ont des tiges de la plus grande vigueur, et promettent la plus abondante récolte; tandis que celles des seconds, beaucoup moins vigoureuses, annoncent des produits bien moins avantageux. Il est impossible de ne pas se rendre ici à l'évidence d'un fait aussi décisif.

Quant à la distance à observer entre chaque tubercule, elle doit nécessairement varier suivant la qualité plus ou moins fertile du terrain; et nous nous bornerons à dire ici que celle que nous observons le plus souvent sur un sol naturellement peu fertile, mais bien préparé, est d'environ quarante-huit centimètres dans la ligne, en laissant toujours une raie vide entre deux plantées, comme pour la Pomme de terre, à l'article de laquelle nous renvoyons pour tous les autres objets de détail.

Du sarclage. Lorsque la plantation du topinambour a été faite assez tôt pour que l'on puisse s'attendre à quelque gelée après, il est avantageux de laisser les sillons sans les herser. La gelée, qui est le meilleur de tous les laboureurs, ameublit la terre, et en ne la hersant ensuite que lorsqu'après avoir été bien divisée par son action, elle s'est couverte au printemps de la végétation des semences nuisibles, nouvellement développées, elle se trouve tout à la fois très meuble et très nette, deux objets principaux qui contribuent beaucoup au succès de la récolte.

Si la plantation a été faite assez tard pour que l'on doive craindre que le hâle du printemps dessèche trop la terre et en durcisse les mottes, le hersage et le roulage doivent suivre immédiatement la plantation.

Au moment où l'on s'aperçoit que les jeunes pousses sortent de terre, accompagnées de plantes nuisibles qui se sont développées en même temps, un hersage léger devient très efficace pour détruire les dernières, foibles encore; et il fait ordinairement à peine aucun tort sensible aux premières, lorsqu'il est exécuté avec soin : ce tort, d'ailleurs, en supposant son existence, se trouve toujours très amplement compensé par le bien qui résulte de l'opération bien faite pour l'ameublissement et le nettoiement de la terre, et l'on gagne toujours beaucoup à la faire, sur-tout par un temps convenable, c'est-à-dire plus sec qu'humide.

Lorsque toutes les pousses sont assez élevées pour dessiner entièrement les lignes, et que de nouvelles végétations nuisibles se manifestent, le temps est venu de faire passer *le sarcloir à cheval* (*voyez les fig. à la fin de ce traité*,) entre ces lignes pour détruire ces dangereux ennemis, en donnant à la terre un remuement toujours très favorable aux plantes utiles.

Cette importante opération, toujours facile, expéditive et économique, doit être réitérée aussi souvent que l'état de la terre pourra l'exiger.

Du buttage. Dès qu'on s'aperçoit que la terre commence à être suffisamment ameublie et nettoyée par l'effet améliorant du sarcloir à cheval, et que les plantes s'élèvent d'ailleurs assez pour commencer aussi à ombrager le sol, on peut substituer à cet instrument l'emploi de *la houe à cheval*, ou *buttoir* (*voyez les fig. à la fin de ce traité*) qui, écartant à droite et à gauche la terre soulevée et divisée par les opérations précédentes, chausse et butte très bien toutes les plantes, en passant entre chaque rayon; la solidité des tiges et leur direction verticale, permettant de renouveler cette importante opération jusqu'à une époque très avancée de leur végétation, il y a de l'avantage à la réitérer toutes les fois qu'étant praticable on s'aperçoit qu'on peut accumuler, au pied des tiges, de nouvelle terre dans laquelle se développent ordinairement les plus beaux tubercules.

Bientôt après ces opérations, si le temps et le terrain sont favorables, les tiges s'élèvent à une grande hauteur, ombragent complètement le sol, dont elles conservent ainsi l'humidité, et forment une espèce de taillis épais, vigoureux et régulier, qui récrée la vue du cultivateur autant par sa beauté que par l'espoir qu'il y attache nécessairement d'une abondante et précieuse récolte d'hiver.

Le topinambour n'exige alors aucun soin jusqu'à l'époque de sa récolte. Il se pare ordinairement en automne du bouquet de fleurs jaunes radiées, qui couronnent ses tiges; mais ces fleurs ne fructifient pas toujours dans nos climats, ce qu'il faut peut-être attribuer à l'arrivée des frimas, qui se manifestent presqu'en même temps qu'elles dans les environs de Paris, et qui s'opposent à la fécondation. Ces frimas ne tardent pas non plus à occasionner la décoloration et le flétrissement des feuilles, qui se détachent alors successivement en grande partie de la tige, qu'ils laissent souvent nue avant l'hiver. Dès que l'on s'aperçoit que cet effet est sur le point de se manifester sur les feuilles, on peut, si l'on a besoin de nourriture verte, les retrancher alors sans inconvénient pour les tubercules, et avec beaucoup d'avantage pour la nourriture des bestiaux, qui les mangent avec plaisir, ainsi que les sommités herbacées des tiges. Nous ne nous sommes jamais aperçus que cette soustraction, faite ainsi graduellement à cette époque, ait été au détriment des tubercules; et le cultivateur ne fait alors que ce que la nature feroit elle-même quelques jours plus tard.

Nous observerons qu'il est encore possible de les convertir en fourrage sec pour l'hiver, comme on fait de la feuillée des arbres lorsque le temps permet de les dessécher convenablement pour cet objet, et « que M. Bourgeois, directeur de l'établissement rural de Rambouillet, qui, d'après M. Huzard, nous doit l'idée de cette culture, en emploie la fane pour la nourriture du beau troupeau de bêtes à laine fine d'Espagne, qu'il a conservé à la France, et la racine pour celle des bestiaux nombreux élevés dans cet établissement. » Notes sur Oliv. de Serres, v. 2, p. 467.

De la récolte. On pourroit rigoureusement procéder à l'extirpation des tubercules aussitôt que la nature ou l'art a dépouillé les tiges des feuilles qui les ornoient, sur-tout si on étoit dans l'intention de remplacer cette récolte par un nouvel ensemencement; mais, outre que cela ne nous paroît pas le plus convenable pour l'Assolement, comme nous le prouverons à cet article, il n'y a pas non plus d'avantage à le faire sous le rapport du produit; et il ne peut d'ailleurs y avoir, en général, aucune nécessité de procéder prématurément à cette opération, qu'on ne peut que gagner à différer pour les raisons suivantes.

Les tiges, quoique dépouillées de leurs feuilles, restent assez longtemps vertes et chargées d'eau de végétation; et pour qu'on puisse les récolter et les serrer de manière qu'elles soient propres aux principaux usages économiques auxquels elles sont applicables, il convient de les laisser sécher sur pied.

Nous avons remarqué, en parlant des pommes de terre, qu'au moment où leurs feuilles et leurs tiges se flétrissoient, il étoit avantageux de procéder sans délai à l'enlèvement des tubercules, dans la crainte, d'une part, qu'ils fussent endommagés par les premières gelées, ou qu'ils germassent, et de l'autre, afin de pouvoir les remplacer par un nouvel ensemencement avant l'hiver.

Ici nous n'avons ni le premier inconvénient à redouter, ni la seconde indication à remplir. Non seulement les tubercules du topinambour supportent impunément en terre comme hors de terre les plus grands froids de nos hivers lorsqu'on n'y touche pas au moment de la congellation; mais ce qui est bien remarquable, et dont nous nous sommes assurés à diverses reprises, ces tubercules augmentent réellement encore de volume en terre dans les automnes humides, lorsque la partie extérieure de la tige cesse de donner aucun signe apparent de végétation. Il y a donc de l'avantage pour le produit à les laisser en place à cette époque.

Mais une nouvelle considération très importante vient encore se joindre à celle-ci pour déterminer le cultivateur à différer cette récolte jusqu'au moment précis de ses besoins, ou jusqu'à ce qu'il prévoie qu'une forte et longue gelée va l'empêcher pour long-temps de la faire.

La difficulté de loger convenablement, en automne et en hiver, les racines destinées à nourrir les bestiaux dans ces saisons rigoureuses, lorsque la provision en est considérable, est souvent le prétexte fondé ou spécieux qu'allèguent les cultivateurs pour ne pas se livrer à ces cultures. Ce motif ne peut prévaloir ici. Le topinambour n'exige ni un local spacieux et commode, ni des dépenses quelquefois considérables, ni des attentions constantes, pour être serré convenablement et conservé intact jusqu'à son emploi. Il peut, sans nécessiter aucune dépense et sans exiger aucune attention, rester sans inconvénient sur le sol qui l'a produit, jusqu'au moment même où son emploi devient nécessaire, et il n'en est que plus sain et plus appétissant. Ainsi, il pourroit rigoureusement être récolté, pour ainsi dire, journellement, à mesure des besoins, et éviter tous frais et embarras additionnels.

Cependant, la crainte des pluies prolongées, des neiges, et des gelées de longue durée, doit engager à en faire, vers la fin de l'automne, une provision suffisante pour parer à ces inconvéniens; il suffit qu'elle soit mise à couvert et à l'abri, autant que possible, de toute espèce d'humidité, car c'est la seule chose que le topinambour redoute réellement, et cette circonstance doit déterminer à leur laisser passer l'hiver, le moins possible, sur les terrains qui y sont ordinairement exposés. Nous nous sommes assurés sur notre exploitation, qui n'est que trop sujette à ce fléau, que 12 ou 15 jours d'immersion dans l'eau suffisoient pour faire pourrir les tubercules et leur faire exhaler l'odeur la plus nauséabonde, et une forte humidité, lorsqu'ils sont hors de terre, suffit également pour les noircir et les moisir, comme une grande sécheresse les ride et les rapetisse considérablement; et leur amoncèlement épais et leur mélange avec de la paille ou d'autres corps étrangers les fait quelquefois germer et même se gâter, comme cela arrive à toutes les racines entassées pour la nourriture des bestiaux.

On peut en faire la récolte de diverses manières; ou à la charrue, ce qui est plus expéditif, à la vérité, mais moins exact, et ce qui a en outre l'inconvénient de couper ou mutiler une partie des tubercules qui, en cet état, sont très sujets à pourrir; ou à la fourche, ou avec tout autre instrument équivalent, qui les endommage beaucoup moins et les mette mieux hors de terre. C'est à ce dernier moyen que nous avons donné la préférence.

Préalablement à l'extirpation, il faut faucher, le plus près de terre possible, les tiges, par un temps sec, les lier en bottes ou fagots, et les mettre à couvert. Ces tiges renfermant intérieurement une moelle spongieuse abondante, brûlent fort bien lorsqu'elles sont sèches, et sont très propres à chauffer le four et à servir de menu bois de chauffage. Nous les employons constamment à cet usage; et dans trois fermes assez considérables, sous notre direction, les fours n'ont jamais été alimentés, pendant toute l'année, ni les domestiques chauffés, pendant l'hiver, avec d'autre combustible, ce qui, dans le voisinage d'une grande ville, procure, sans contredit, une très grande économie. Nous ajouterons que ces tiges fournissent abondamment des cendres très alkalines, et qu'on peut les comparer, sous ce rapport, à celles de l'hélianthe annuel à grandes fleurs connues pour fournir beaucoup de nitrate de potasse.

L'usage que nous en faisons, et que nous conseillons, nous paroît généralement préférable à leur conversion en fumier, en les faisant servir de litière aux bestiaux, comme on l'a recommandé.

Notre correspondance avec M. l'Eschevin, l'un de nos cultivateurs les plus distingués de la Côte-d'Or, nous informe aussi qu'il a employé avec succès les plus fortes comme échalas, usage auquel on destine aussi quelquefois celles de l'hélianthe annuel, connu sous le nom de *soleil*.

Elles pourroient également servir de rames et de palissades, ou de haies mortes, comme elles servent quelquefois d'abris étant vertes, sur pied, et garnies de leurs feuilles, dans les environs de Paris.

Revenons à l'emploi des tubercules.

Lorsqu'on veut s'en servir pour la nourriture des bestiaux, à laquelle ils sont très convenables, il convient de les laver d'abord à grande eau, afin de les débarrasser de la terre qui y reste encore, ce qu'on peut faire très expéditivement, soit en les mettant dans une manne à claire-voie, que l'on plonge dans un baquet rempli d'eau à moitié, et en les y remuant avec un bâton ou tout autre outil équivalent; soit en les versant dans une auge garnie d'un double fond en planches percées de trous suffisans pour faire couler la terre dont on se débarrasse, ainsi que de l'eau surabondante, en ouvrant la bonde, et en les y remuant également avec une pelle; ensuite, il faut les moudre grossièrement ou concasser à l'aide du cylindre garni de lames, représenté *pl.* 2 du 10e vol. que nous employons, et qui nous a paru être un des instrumens les meilleurs et les plus expéditifs pour cet objet. La trémie qui se trouve au-dessous de la porte à échappement de ce cylindre les dépose dans une manne qu'il faut placer dessous, et on peut alors les donner en cet état aux divers animaux domestiques auxquels on les destine, dans les mêmes proportions que les pommes de terre. Nous ne prescrirons ici rien de positif sur ces proportions qui doivent nécessairement varier suivant les circonstances, que chacun doit étudier, et d'après lesquelles il doit les modifier; toute règle fixe ne pouvant encore ici, comme en beaucoup d'autres cas, servir qu'à induire en erreur les commençans, et étant complètement inutile pour les experts. Nous nous bornerons à dire que la ration ordinaire de nos brebis nourrices est d'environ un kilogramme de topinambour par jour, lorsqu'ils n'ont pas d'autre nourriture verte, à laquelle nous ajoutons aussi environ le même poids en fourrages secs; et nous observerons que, dans les temps humides, nous mettons quelquefois dans la trémie qui reçoit les tubercules pour y être moulus, une légère quantité de sel et de son de froment, dont ils se trouvent ainsi saupoudrés; ce qui les rend encore plus appétissans, plus sains et plus nourrissans.

Examinons maintenant la qualité alimentaire du topinambour.

Long-temps avant qu'il fût reconnu propre à procurer, pendant la saison rigoureuse, un aliment sain et très abondant à nos animaux domestiques, il servoit de nourriture aux hommes. Cuit dans l'eau ou sous la cendre, et quelquefois même cru, sans ou avec assaisonnement, il fournissoit un mets très recherché des uns et peu goûté des autres, comme c'est assez l'usage à l'égard de plusieurs végétaux. On s'accordoit généralement à lui trouver un goût ressemblant à celui du cul d'artichaut, et souvent même on lui en donnoit le nom. M. de Père, après nous avoir appris qu'il a vu des personnes préférer les topinambours aux pommes de terre pour le service de la table, ajoute : les paysans qui en ont quelques pieds dans leurs jardins, sans jamais les replanter ou changer de place, les mangent au sel, sans cuisson, sans autre préparation que de les peler, et leur donnent le nom d'*artichauts du Canada.*

Nous ajouterons qu'en Angleterre nous les avons trouvés sous le nom d'artichaut de Jérusalem, *Jerusalem artichoke ;* et qu'ils y sont aussi employés depuis long-temps, comme en France, aux usages culinaires avec divers apprêts.

M. de Père nous déclare encore « qu'il les a employés à la nourriture des bestiaux avec le même succès que les pommes de terre. »

M. Poyféré de Céré, après nous avoir informés qu'il cherchoit à remplacer sur son exploitation la pomme de terre par d'autres racines douées de qualités analogues à leurs goûts et à leurs besoins, ajoute : « le topinambour indiqué depuis plusieurs années par Daubenton, mais cultivé depuis, et observé avec soin, paroît devoir remplir cet objet. J'avois lu que les moutons ne font aucune différence entre ces deux espèces de végétaux, et des autorités respectables suffisoient à m'a conviction. Aussi n'est-ce que par curiosité que j'ai voulu renouveler devant moi l'expérience. On a servi alternativement des pommes de terre et des topinambours coupés en tranche à mon troupeau. J'ai observé avec attention ses mouvemens, et loin de découvrir dans aucun des individus qui le composent des signes d'aversion ou de dégoût, j'oserois aujourd'hui soupçonner dans les moutons un goût de prédilection pour cette dernière espèce d'aliment. »

M. Bagot, qui a aussi écrit sur le topinambour, dont il s'est empressé d'adopter la culture, après avoir été témoin de nos succès, nous dit positivement « qu'il vaut mieux que la pomme de terre pour alimenter les animaux. »

M. Mallet, qui a également adopté sa culture, après avoir été encouragé par nos succès, et qui l'a étendue sur diverses exploitations qu'il dirige, nous a aussi confirmé la même observation, ainsi que M. Carrier Saint-Marc, son digne collaborateur.

Enfin, M. Parmentier, dont on connoît les travaux importans et multipliés sur la pomme de terre, ainsi que la véracité, avoue que « le topinambour, aliment dont il faut faire usage en substance, au lieu de chercher à le convertir en pain, comme on l'a fait, ayant plus de saveur que la pomme de terre, convient mieux aux bestiaux sous ce rapport. »

Nous ne dépouillerons pas ici une correspondance très étendue et très honorable relativement à cette plante, pour chercher à corroborer ces assertions qui se soutiennent assez d'elles-mêmes. Nous nous bornerons à consigner quelques observations assez importantes que nous a fournies une expérience de plus de vingt années à cet égard.

Nous nous sommes assurés, il y a long-temps, que tous les bestiaux qui meublent les exploitations rurales aimoient le topinambour, et nous en avons donné avec succès aux vaches, aux porcs, aux bêtes à laine, et même aux chevaux et aux volailles; mais nous devons ajouter que la première fois qu'on leur en présente, tous ne l'appètent pas; ce qui a lieu à l'égard d'un assez grand nombre de végétaux, comme nous l'avons remarqué en parlant de la pomme de terre, et ce qui ne prouve rien de défavorable, car lorsqu'ils y sont accoutumés, ils en deviennent très avides, qu'il soit cru ou cuit, et s'en gorgeroient, si on leur en donnoit à satiété. Nous ajouterons que lorsqu'ils en sont privés, ils le cherchent encore pendant long-temps dans l'endroit où on l'avoit déposé, ce que nous avons souvent observé dans nos troupeaux; et c'est sur-tout à cette plante qu'on peut appliquer avec avantage le parcage pour en faire déterrer les tubercules, et les faire consommer sur le champ même par les porcs. Cette circonstance nous rappelle que M. Parmentier indique sa culture dans un cas particulier pour cet objet. « Dans les taillis qu'on vient de couper, dit-il, et où il se trouve nécessairement beaucoup de terre végétale, le topinambour y réussiroit à merveille. A mesure que le taillis grandiroit, la plante végèteroit mal; mais il resteroit toujours assez de tubercules pour servir de nourriture aux cochons que l'on y enverroit pâturer. »

Cependant, nous devons faire connoître deux faits qui prouvent que les meilleures choses peuvent être nuisibles, dans certains cas, et que le topinambour peut même devenir dangereux dans quelques circonstances contre lesquelles nous désirons prémunir les cultivateurs. Ces aveux, nous le savons, sont bien rares de la part des auteurs qui désirent faire passer dans l'esprit des autres la bonne opinion qu'ils ont conçue de la plante qu'ils préconisent; ce qui les empêche souvent de placer les inconvéniens à côté des avantages; mais ce devoir, que tout écrivain de bonne foi devroit toujours s'imposer, n'en devient que plus rigoureux pour nous, qui regardons aussi comme un délit public d'exagérer, d'atténuer ou de taire la vérité sur ce point.

Ayant essayé, à la fin d'un hiver doux, qui avoit beaucoup ménagé nos provisions d'hiver, d'augmenter graduellement la ration ordinaire de nos bêtes à laine, et étant parvenu ainsi à la tripler au moins, en leur en donnant deux et même trois fois par jour, et en diminuant proportionnellement la nourriture sèche, nous nous aperçûmes, au bout de quelques jours, que plusieurs de ces animaux chanceloient, tomboient, et avoient de la peine à se relever. Cet état, qui annonçoit le mauvais effet de l'augmentation même progressive de cet aliment aqueux, et que nous supposions sans inconvénient, n'eut cependant aucune suite fâcheuse, quoique nous n'eussions administré aucun médicament, et se termina promptement par une diarrhée copieuse, qui confirmoit nos soupçons: ayant réitéré ce fait sur quelques individus, par forme d'essai, nous obtînmes le même résultat, avec quelques modifications, mais toujours sans inconvénient fâcheux. Nous ignorons si l'administration de quelque autre substance verte, dans les mêmes proportions, eût produit le même effet, et nous n'avions pas alors les moyens de nous en assurer. Le second fait eut des conséquences beaucoup plus graves.

Nos bergers ayant laissé par mégarde des topinambours dans l'eau, au fond d'une auge, pendant plusieurs jours, pendant lesquels on n'en donnoit pas aux troupeaux, s'avisèrent de les passer au coupe-racine et de les donner en cet état à nos bêtes à laine, ne soupçonnant pas qu'il pût en résulter le moindre inconvénient. Cette ration leur fut donnée à quatre heures du soir environ. A huit heures, ayant été faire la visite ordinaire dans les bergeries, nous trouvâmes à l'entrée de celle dont les animaux avoient reçu cette dangereuse provende, une brebis étendue morte et balonnée, et plus loin quatre autres dans le même état, ayant toutes des signes très évidens de la plus forte météorisation. L'ouverture de la panse exhala l'odeur la plus fétide provenant des topinambours, et donna lieu à une abondante émission de gaz hydrogène, tous signes indicateurs de la cause réelle de la mort. Après beaucoup de recherches pour en découvrir l'origine, nous la reconnûmes enfin dans l'état de fermentation dans lequel se trouvoient les topinambours après avoir été macérés dans l'eau qui exhaloit aussi une odeur spiritueuse ressemblante à celle qui nous avoit déjà frappés.

Cet accident nous servit de leçon fort utile pour la suite; car on n'est jamais mieux instruit que par les accidens et les non succès, et nous désirons qu'il serve d'avertissement aux autres. Nous y ajouterons que nous avons aussi observé que toutes les fois que les tubercules du topinambour avoient éprouvé un commencement de fermentation et de décomposition par une cause quelconque, ils produisoient toujours des effets à peu près semblables.

Passons à l'assolement.

Nous avons de fortes raisons de supposer que la vitalité même du topinambour, c'est-à-dire la rare faculté dont ses tubercules sont doués de résister aux froids les plus rigoureux de nos hivers, a été la cause principale, si non l'unique, qui a retardé si long-temps la sortie de cette plante de nos jardins pour aller orner et enrichir tout à la fois nos guérets. En effet, se trouvant ordinairement reléguée dans quelque coin de jardin, n'y recevant aucune espèce de culture, d'engrais et de soins quelconques, se suffisant, pour ainsi dire, à elle-même et perpétuellement sur le même local, où elle se reproduit sans cesse, quelque précaution qu'on prenne pour son extirpation, parceque la plus petite radicule suffit à sa reproduction, et qu'une entière éradication devient, sinon impossible, au moins très difficile, on a dû nécessairement en concevoir une idée peu avantageuse. En cet état, on peut la comparer à un très grand nombre de nos plantes indigènes, qui, tant qu'elles sont abandonnées à la nature, n'annoncent que bien imparfaitement ce qu'elles sont susceptibles de devenir par l'effet salutaire des soins constans et long-temps prolongés des hommes, qui finissent par rendre les plantes qu'ils ont soumises à une culture judicieuse et régulière si différentes de leur type originaire. Témoins la plupart de celles qui sont aujourd'hui introduites dans nos cultures, parmi lesquelles nous nous bornerons à citer les choux, les raves, le sainfoin, le trêfle, la carotte, la lupuline, la spergule et la chicorée sauvage, qui ressemblent bien peu à leurs analogues abandonnées à la nature.

Quelle est et quelle doit être l'apparence du topinambour ainsi relégué, et pour ainsi dire oublié au fond d'un jardin? Celle d'une plante fournissant une forêt de tiges grêles et peu élevées, parcequ'elles s'affament et se nuisent réciproquement, et une fourmilière de petits tubercules qui s'entre-nuisent aussi, et auxquels d'ailleurs la terre qui les reproduit, peut-être depuis des siècles, sans recevoir aucun secours étranger, ne peut fournir qu'une bien chétive pitance d'aliment, et qui n'en reçoivent guère plus de l'atmosphère à cause de l'encombrement de leurs tiges, soustraites en grande partie aux bienfaisantes influences de l'air, de la lumière et à toutes les utiles impressions atmosphériques, et qui ne peuvent aussi que très imparfaitement se parer de leurs feuilles, ou racines aériennes, qui suppléeroient en partie au défaut de l'opération si essentielle du buttage, et à toutes les imperfections de cet état réel d'inculture.

Il faut en convenir, sous cette apparence peu séduisante, le topinambour n'annonce guère qu'étant alternativement transporté sur les terrains convenables de nos champs, d'ailleurs suffisamment améliorés par de profonds labours multipliés, et des engrais riches et abondans, il puisse, à l'aide des sarclages et buttages nécessaires et des circonstances atmosphériques favorables, former un taillis épais de tiges vigoureusement élevées jusqu'au-delà de quatre mètres, comme nous l'avons vu, et fournir une quantité réellement étonnante de tubercules énormes, propres à fournir à nos bestiaux, pendant toute la saison rigoureuse et même au-delà, une ample provision assurée de nourriture fraîche si nécessaire à cette époque.

Il faut convenir également que cette vitalité même qui rend ces tubercules si précieux, comme nourriture d'hiver, a dû nécessairement aussi occasionner quelque embarras à ceux qui ont pu essayer de soumettre le topinambour à une culture alternative et régulière; car il ne suffit pas sans doute de retirer d'une plante, pendant une ou deux années consécutives, des produits avantageux, il faut encore que lorsqu'on s'aperçoit que ces produits s'affoiblissent, et qu'on a un motif quelconque pour remplacer sa culture par celle de toute autre plante, on puisse aisément s'en débarrasser; et ce point, il faut l'avouer, n'est pas sans quelque difficulté, d'après l'impossibilité, ou au moins l'extrême difficulté, que nous avons déjà fait connoître d'une entière et complète éradication.

Il existe cependant quelques moyens d'éteindre ce principe de végétation perpétuelle, et nous allons faire connoître ici ceux que nous employons avec succès sur notre exploitation, et auxquels nous avons enfin accordé la préférence après en avoir essayé comparativement plusieurs autres.

Nous dirons d'abord que la difficulté du charroi de toutes les racines quelconques, et sur-tout de celles qui se récoltent à une époque reculée, à laquelle les chemins sont alors peu praticables, doit engager le cultivateur à établir leur culture le plus près possible du manoir des bestiaux auxquels elles sont destinées, et c'est ce que nous avons fait constamment, en consacrant à cet objet un petit nombre de pièces rapprochées qui les reçoivent alternativement avec d'autres cultures intercallaires.

Maintenant, en partant d'une dernière récolte en grain à laquelle on désire substituer l'année suivante la culture du topinambour, voici les rotations qui nous paroissent les plus convenables pour atteindre le but désiré.

1° Topinambour; 2° prairie artificielle avec grain de printemps; 3° prairie, et 4° topinambour.

Ou bien,

1° Topinambour pour tubercules, et 2° *idem* pour pâture seulement, puis la même année sarrasin, maïs fourrage, etc., pour revenir ensuite au topinambour la troisième année.

Développons un peu ces assolemens.

Premier assolement. Première année. Après avoir enfoui le chaume de la dernière récolte en grain, on donne au champ tous les labours et engrais nécessaires; on plante les tubercules, le plus tôt possible, après ces opérations préliminaires; on leur donne toutes les cultures que nous avons indiquées, et on enlève la récolte à mesure des besoins, pendant l'hiver, et le plus exactement possible.

Seconde année. Au printemps, la terre reçoit un ou plusieurs labours, suivant l'exigence des cas, et on ramasse soigneusement, derrière la charrue, les tubercules qu'elle déterre et qui avoient échappé aux premières recherches. On l'ensemence en grains de mars, suivis d'un second ensemencement en prairies artificielles, telles que trèfle, lupuline, etc., suivant la nature de la terre et les besoins. On herse et on ramasse encore derrière la herse les tubercules qu'elle découvre; mais quelques précautions que l'on ait prises pour les enlever, il en reste toujours un nombre plus ou moins considérable, qui germent et mêlent leurs pousses à celles des grains et de la prairie. Il est indispensable de les détruire avec l'échardonette ou tout autre instrument équivalent dont on se sert pour extirper les chardons et autres plantes nuisibles, ou même avec la main, et la vigueur du grain et de la prairie arrêtent ensuite les pousses nouvelles, lorsqu'elle ne les détruit pas complètement. Immédiatement après la récolte des grains, on abandonne la prairie à elle-même, et on en tire en automne et dans l'hiver tout le parti qu'elle permet.

Troisième année. Lorsque l'on peut se procurer du plâtre, de la cendre de tourbe, des cendres végétales ordinaires, de la suie ou tout autre engrais équivalent et pulvérulent ou liquide, qui convient sur-tout aux prairies, on en répand de bonne heure, au printemps et même avant, si l'on peut, sur la prairie artificielle, et l'augmentation de vigueur qu'elle en reçoit contribue très efficacement à étouffer les nouvelles pousses des topinambours qui ont pu résister jusque-là. Si l'on a substitué au trèfle ou à la lupuline une prairie artificielle pérenne, telle que la luzerne, le sainfoin, l'ivraie vivace, etc., l'assolement devient alors à long terme, et la culture du topinambour ne reparoît qu'après la destruction de cette prairie. Dans le cas contraire, après avoir récolté le trèfle ou la lupuline, on enfouit leurs débris à la fin de cette année, pour les remplacer immédiatement par du froment, du seigle, de l'épeautre, ou tout autre ensemencement d'hiver, applicable aux circonstances.

Quatrième année. Après avoir fait la récolte de la plante semée l'automne précédent, ou même au printems de cette année, lorsque les circonstances y obligent, on recommence à donner les labours et engrais préparatoires pour revenir à la culture du topinambour, l'année suivante, et on continue, aussi long-temps que les besoins l'exigent, cette rotation qu'on peut d'ailleurs varier, en en conservant la base principale qui est la prairie artificielle, accompagnée d'un second ensemencement dans l'année même de son établissement.

Second assolement. Première année. La difficulté d'étouffer complètement les germes du topinambour, même avec toutes les précautions indiquées dans le premier assolement, jointe à la nécessité de faire revenir plus souvent la culture de cette plante sur le même champ, relativement à notre position locale qui nous laisse peu de champs commodes disponibles pour cet objet, nous a déterminés à l'adoption de ce nouvel assolement, qui a aussi l'avantage de nous fournir trois récoltes en deux ans.

Après la culture ordinaire du topinambour et la récolte de ses tubercules, pendant l'hiver de cette première année, laquelle récolte n'a pas besoin d'être faite aussi exactement que pour l'assolement précédent, *la seconde année*, on donne de bonne heure, au printemps, un profond labour sur lequel on sème des grenailles destinées à être consommées en vert sur le champ même. La verdure qui en provient, jointe à celle fournie assez abondamment par les pousses des tubercules restés en terre, procure un pâturage printanier pour les bestiaux, et dont il ne faut les laisser profiter que lorsque ces pousses ont atteint à peu près la hauteur de seize centimètres, et toujours avec prudence et réserve, afin d'éviter les méotorisations qui auroient lieu sans les précautions convenables. Lorsque ce pâturage est consommé, on enfouit ses débris, avec les déjections animales, par un profond labour qui ramène à la surface du champ tous les tubercules creusés par la végétation à laquelle ils ont fourni, et que le hâle et la chaleur, joints aux hersages et aux nouveaux labours qu'on peut donner à la terre par un temps sec et chaud, jusqu'à la fin de juin, au plus tard, achèvent de désorganiser. A cette époque, on peut semer sur le terrain ainsi préparé, du sarrasin qui fournit généralement une récolte abondante, et détruit complètement, par son ombrage épais, les germes qui peuvent encore avoir résisté aux atteintes précédentes; et, après sa récolte, on renouvelle les travaux préparatoires pour la culture du topinambour, en continuant cet assolement biennal aussi long-temps que les circonstances le permettent.

Il est inutile d'observer qu'on peut substituer à la culture du sarrasin toute autre culture également tardive, telle que celle du maïs pour fourrage, des raves et des navets, de la spergule, des haricots, etc.

Quelquefois, dans l'année qui suit celle du topinambour, on peut admettre au printemps celle des pois et des haricots auxquels les tiges des tubercules restans peuvent servir de rames, sauf à revenir l'année suivante aux cultures que nous adoptons généralement pour la seconde année.

Quelquefois aussi, on peut intercaller dans la même année, par rayons alternatifs, le topinambour, le maïs, les haricots, les lentilles ou toute autre plante, comme nous l'avons quelquefois pratiqué avec succès, et ces divers végétaux se favorisent réciproquement par leur ombrage. M. Parmentier nous instruit encore que *cette double culture lui a très bien réussi.*

Un reproche fait dernièrement au topinambour *d'effriter singulièrement la terre*, par un agronome dont l'opinion en matière d'économie rurale peut avoir une grande influence, nous oblige d'entrer dans quelques détails sur cet important objet que nous avons également examiné à l'égard de la pomme de terre.

Ainsi s'exprime M. le sénateur comte de Père, dans sa *Vie agricole* qui vient de paroître :

« Comme M. Yvart, j'ai eu le projet, en 1794, de transporter dans les champs la culture des topinambours, après les avoir cultivés avec succès plusieurs années de suite dans mon jardin ; mais j'ai éprouvé que cette plante effrite singulièrement la terre ; à cet inconvénient, se joint celui de n'en pouvoir purger que difficilement le terrain, en faisant la récolte, pour peu qu'il soit argileux. Cette observation et celle de la durée de la plante dans la même place où elle fut mise pour la première fois, peut-être à l'époque même de la découverte du Canada, d'où elle semble venue, me fit naître l'idée d'en faire une grande plantation à demeure ; je pensai qu'elle pourroit se perpétuer dans la même place, avec le secours du fumier et d'un bon labour à la charrue, donné au terrain en faisant la récolte, et d'un labour plus léger avec le sarcloir, pour détruire les mauvaises herbes au printemps, lorsque les topinambours s'élèveroient sur terre ; mais le terrain ayant été mal choisi et la culture négligée, l'expérience n'a pas eu le succès que j'attendois. Comme tout cela s'est passé dans mon absence, on n'a pas donné de suite à cette idée ; cependant je n'y ai pas renoncé, et j'espère renouveler mon essai quand je pourrai le diriger moi-même. »

La franchise avec laquelle M. de Père expose son opinion sur plusieurs points qui tiennent essentiellement à la prospérité de la culture du topinambour ; la haute idée que nous avons conçue de lui, comme cultivateur, et les résultats fâcheux que pourroit avoir son *opinion*, si elle n'étoit pas fondée, *sur la culture* de cette plante, nous imposent le devoir de la soumettre ici à quelques observations, et de la mettre en opposition avec celle d'un autre cultivateur distingué, et avec quelques faits contradictoires que nous avons sous les yeux.

Nous ne répéterons pas ce que nous avons dit en différens endroits, et notamment page 87 et suivantes, ainsi que dans le développement de nos principes, sur le plus ou le moins d'épuisement de la terre par les plantes. Nous ne répéterons pas non plus ce que nous venons d'exposer, relativement à l'assolement du topinambour, et qui nous paroît répondre suffisamment à ce qui concerne la difficulté d'en purger la terre, et à l'inconvénient de perpétuer sa culture dans la même place, ce qui, même avec le secours des fumiers, des labours et des sarclages, ne nous paroît pas exempt d'inconvéniens graves, sur-tout en terrain argileux, que nous ne regardons pas comme le plus convenable à cette culture, les plantations à demeure ne pouvant convenir, en général, aux plantes annuelles, qui étendent constamment leurs racines à la même profondeur, mais bien à celles qui, étant réellement pérennes, enfoncent chaque année leurs racines en terre en différens sens, pour y chercher une nouvelle partie de leur nourriture. Nous nous arrêterons au reproche d'*effriter singulièrement la terre*, que nous croyons devoir attribuer à quelque vice réel de culture analogue à celle assez ordinaire de cette plante dans les jardins, et qui, comme l'on sait, y est très défectueuse, pour ne pas dire entièrement nulle et irréfléchie.

Nous pensons au moins que ce reproche n'est pas appuyé sur des essais comparatifs faits en grand et assez anciens pour pouvoir prononcer en toute assurance, car nous remarquons que M. de Père ne nous parle en aucune manière de sa culture du topinambour dans le Manuel d'agriculture pratique qu'il a publié, il y a deux ans, où cette plante n'entre pas dans le plan raisonné de culture continue, ou sans jachère, qu'on y observe.

Sans doute, le topinambour, comme la pomme de terre, et un très grand nombre d'autres plantes soumises à nos cultures, ne peut fournir à des produits abondans, sans que la terre qui, en lui servant de support, a contribué à une portion de ces produits, s'en ressente plus ou moins; mais nous pouvons assurer que nous n'avons jamais rien remarqué d'extraordinaire à cet égard depuis plus de vingt ans. Nous présumons, au contraire, que lorsqu'il est convenablement cultivé, il puise une assez forte partie de sa nourriture par les feuilles larges, nombreuses et très poreuses dont il est pourvu; et comme l'observe très judicieusement M. de Père lui-même à l'égard d'autres plantes, il doit d'autant moins épuiser la terre qu'il est mieux cultivé. Mais quoi qu'il en soit, nous devons dire ici, après avoir essayé de laver la pomme de terre de l'imputation dont elle étoit aussi chargée *d'épuiser considérablement la terre*, que M. Bagot, cultivateur très distingué, *déclare bien positivement* dans la comparaison qu'il a cru devoir faire du topinambour avec un assez grand nombre de nos plantes économiques les plus précieuses, et qu'il termine à l'avantage de cette plante, *qu'elle épuise moins le sol que la pomme de terre.* Enfin, quoique nous ne cherchions pas à décider si cette différence existe bien réellement, nous devons encore ajouter que nous avons sous les yeux trois pièces de terre différentes, toutes trois essentiellement siliceuses, maintenant ensemencées en froment, conformément à l'assolement que nous avons fait connoître, ou à d'autres équivalens, et dont l'apparence très vigoureuse fait espérer des récoltes abondantes et nettes, semblables à celles que nous avons déjà obtenues plusieurs fois en pareil cas, quoique le froment ait été précédé de la culture du topinambour à une époque peu reculée (1).

D'après ces faits, faciles à vérifier, nous sommes peut-être autorisés à penser que le topinambour, convenablement cultivé, n'épuise pas réellement la terre d'une manière extraordinaire; et, si notre opinion est fondée à cet égard, nous devons espérer que la culture de cette plante, *mise en honneur dans les landes et classée parmi les utiles végétaux qui peuvent le mieux s'y acclimater*, d'après l'assertion de M. Poyféré de Céré, et considérée par M. Bagot comme *une des plus importantes améliorations introduites dans l'agriculture française*, continuera de s'étendre rapidement, comme notre correspondance nous informe qu'elle l'est déjà sur un très grand nombre de points de l'empire, et qu'elle s'y maintiendra, *si elle y est constamment pratiquée, conformément aux bons principes sans lesquels aucune culture ne peut prospérer.*

Au reste, nous soumettons à M. de Père, lui-même, nos motifs pour ne pas partager son opinion, et en l'examinant comme nous l'avons fait, nous n'avons eu comme lui que l'intérêt public en vue, et nous avons pensé qu'une autorité aussi respectable et aussi persuasive que la sienne exigeoit, pour l'intérêt de la science agricole, d'être examinée.

Nous voyons, avec le plus grand plaisir, la culture du topinambour faire de rapides progrès, en France, depuis quelques années, et un très grand nombre de cultivateurs distingués, parmi lesquels nous remarquons, indépendamment de ceux que nous avons déjà indiqués, MM. Legris, Lasalle et Pictet, la reconnoissent comme très importante pour l'entretien des *mérinos* en hiver.

Nous terminerons ce que nous avions à faire connoître sur la culture du topinambour, en observant qu'en entrant dans tous les détails que nous avons crus convenables sur cette plante, nous avons cherché à répondre à l'appel honorable que nous en ont fait messieurs Parmentier et Tessier, dont le premier voulut bien annoncer, en traitant cet article dans le douzième volume du cours d'agriculture de Rozier, « *qu'il attendoit les plus heureux résultats de la continuation de nos essais sur cette plante* », et le second crut

(1) La récolte qui vient d'être faite sur ces trois pièces, depuis que ceci est écrit, a été très abondante.

également devoir annoncer, dans une de ses notes sur Olivier de Serres, « *qu'il attendoit de nous un travail sur les topinambours que nous cultivons depuis plusieurs années avec un grand succès ; travail qui mettroit à portée de juger, d'après des faits exacts et des expériences certaines, combien va devenir précieuse pour l'accroissement de nos troupeaux, la multiplication facile d'une plante qui avoit été reléguée jusqu'alors, comme peu importante, dans les endroits les moins estimés de nos potagers.* » Il ne nous reste plus qu'à désirer d'avoir répondu d'une manière satisfaisante sur cet important objet à l'attente de ces savans estimables.

DU TOURNESOL. L'hélianthe annuel à grandes fleurs, *Helianthus annuus*, est désigné fréquemment sous le nom de *soleil*, parcequ'on a cru remarquer quelque ressemblance entre le disque de ses fleurs, radiées, d'un jaune très vif; les plus grandes que l'on connoisse ayant quelquefois jusqu'à plus de 32 centimètres de diamètre, et celui de cet astre; il est appelé encore *tournesol*, parcequ'on a également remarqué que ces fleurs suivent ordinairement le cours du soleil, ce qui, d'ailleurs, ne leur est pas particulier, et tient, d'une part, à cette propension naturelle de toutes les plantes vers la lumière, si essentielle à leur prospérité, et, de l'autre, à la dilatation des fibres occasionnée par la chaleur et la fléxibilité, et au penchement qui en sont les résultats nécessaires.

Cette plante, originaire du Pérou, et qu'il ne faut pas confondre avec le *croton tinctorium*, espèce d'euphorbe, qui porte aussi le nom de tournesol, qui croît spontanément en plusieurs endroits de nos départemens méridionaux où elle est devenue un objet de produit intéressant, et dont le suc des fruits, exprimé sur des linges, qu'on appelle dans le commerce *drapeaux de tournesol*, fournit une teinture bleue, assez employée dans les arts, est jusqu'à présent presqu'entièrement confinée dans nos jardins, quoiqu'un essai qui en a été fait en plein champ par un cultivateur célèbre, et l'introduction de cette culture en Espagne permettent d'espérer qu'elle peut aussi contribuer à orner et enrichir nos campagnes, sur-tout celles de nos départemens méridionaux. Elle vient cependant assez bien dans tous, même dans ceux du nord.

Elle s'élève ordinairement sur une tige unique, ligneuse, cylindrique, simple ou branchue à son extrémité, rude au toucher comme celle du topinambour, mais communément plus grosse; remplie également d'une moelle blanche et spongieuse très abondante; terminée par une ou par plusieurs fleurs en corymbe, ce qui est le cas le plus ordinaire avec une bonne culture, et qui sont remplacées par des semences noirâtres, oblongues, anguleuses, dont une seule fleur en peut produire jusqu'à plus de deux mille, comme nous nous en sommes assurés, renfermant une amande blanche, émulsive, d'un goût approchant de celui de la noisette, et qui fournit abondamment de l'huile douce bonne à brûler. Cette tige est d'ailleurs garnie de feuilles très larges, cordiformes, rudes et crénelées, et munie de nombreuses racines fibreuses et chevelues.

Cette espèce de tournesol, essentiellement oléifère, est recommandable pour la culture en grand, 1° par l'abondance et la qualité de ses semences dont on peut tirer un parti très avantageux, soit pour la fabrication de l'huile, soit pour la nourriture de nos animaux domestiques auxquels elle convient, et sur-tout à la volaille qui en est avide, comme tous les oiseaux granivores; 2° par la grosseur et la hauteur de ses tiges ligneuses propres à servir de rames, de palissades, et même d'échalas, en cas de nécessité, et qui, employées à remplacer le menu bois de chauffage, objet auquel elles sont très propres, fournissent abondamment une cendre de la première qualité, ou destinées à pourrir dans les nitrières artificielles, peuvent produire une grande quantité de nitrate de potasse; 3° par ses larges feuilles dépouillées en temps convenable, et dont les bestiaux, et sur-tout les vaches, peuvent être nourris avantageusement.

Rozier, après nous avoir confirmé que les feuilles sont recherchées par les vaches, objet dont nous avons eu occasion de nous assurer, ajoute aussi que « les tiges desséchées peuvent servir à ramer des pois et des haricots; qu'elles brûlent très bien; que la moelle contient beaucoup de nitre; que lorsqu'on y met le feu par un bout, il se propage jusqu'à l'autre extrémité, et qu'on voit très clairement le nitre décrépiter; que ceux qui s'occupent des nitrières artificielles feront très bien de faire pourrir les tiges, et que les lessives détacheront ensuite une assez grande quantité de nitre. »

Cretté de Palluel, dont le nom est si avantageusement connu des cultivateurs à qui sa pratique éclairée et son zèle ardent pour reculer les limites de son art ont rendu de si grands services, persuadé que l'introduction de la culture en grand de cette plante pouvoit encore ajouter à nos richesses agricoles, et *devenir*, comme il le dit lui-même, *très avantageuse*, nous paroît être le premier, et peut-être le seul jusqu'à présent, qui ait essayé de la transporter dans nos champs, « sur une terre médiocre et sablonneuse, préparée par un labour avant l'hiver, fumée ensuite et disposée par un second labour au printemps, par rangées à deux pieds l'une de l'autre, dans lesquelles il avoit placé les semences dans de petits trous à un pied de distance les uns des autres. »

Examinons le résultat de cet essai.

Après nous avoir avoué avec cette ingénuité qui caractérise le véritable cultivateur, et qu'on ne remarque pas toujours dans les ouvrages des auteurs agronomiques, nationaux ou étrangers, « qu'on tomberoit dans une grande erreur si on calculoit le produit de cette culture, faite en grand, d'après celui qu'on peut obtenir et qu'il a obtenu d'un seul grain, qui, sur la fleur principale, a produit deux mille cinq cents grains, et sur les branches adjacentes, sept mille cinq cents : total dix mille pour un; et que ce calcul, fait sur une des plantes les plus apparentes, ne mérite pas qu'on s'y arrête », il ajoute « qu'on peut calculer avec certitude, d'après une culture qu'il a faite sur un espace de six perches (environ deux ares), sur lequel il a récolté vingt-deux boisseaux (environ trois hectolitres) de graines, bien vannées et bien sèches, plus, quarante bottes, composées chacune de trente brins, qui font en tout douze cents tiges.

« Il en résulte qu'un arpent (trente-trois ares environ) peut rendre plus de trente setiers (quarante-cinq hectolitres) de grains, et six cent soixante fagots, qui donneroient au moins dix-huit à dix-neuf mille d'échalas ou rames. »

« Cette plante, continue-t-il, a des propriétés particulières qui la rendent préférable à un grand nombre d'autres. Dans la Virginie, ses semences servent à faire du pain et de la bouillie; on mange aussi les sommités de la plante encore jeune, après les avoir fait cuire et les avoir trempées dans de l'huile et du sel. Les sauvages de l'Amérique en mangent les graines et en tirent une huile propre à différens usages. J'en ai extrait également de l'huile.... Les graines sont très bonnes pour nourrir la volaille; elles conviennent aussi aux moutons et aux autres bestiaux. Les tiges, dont la plupart ont sept ou huit pieds de haut, peuvent très bien servir à ramer les haricots ou remplacer le menu bois. Leur cendre est excellente; les feuilles sont très bonnes pour nourrir les vaches, et *elles leur donnent beaucoup de lait.* »

Cretté n'entrant dans aucun détail sur la manière la plus avantageuse dont cette plante peut être intercallée dans nos assolemens, nous allons tâcher d'y suppléer.

Nous voyons d'abord que le produit énorme qu'il en obtint *sur une terre médiocre et sablonneuse* rend sa culture très admissible sur les terres de notre première division; mais nous sommes loin d'en conclure qu'elle exige des terres de cette nature pour prospérer; nous pensons qu'une exposition méridionale, jointe à une terre meuble, fraîche et substantielle, doit généralement la placer dans les circonstances les plus favorables à son développement; et nous croyons aussi que, pour obtenir, après la culture de cette plante, dont les nombreuses racines, fibreuses et chevelues, doivent fortement emprunter de la terre, quoique ses larges feuilles, très poreuses, doivent également beaucoup soutirer de l'atmosphère, des produits nets et abondans en grains, ou en toute autre plante, la terre doit être amplement fumée avant cette culture, qu'on doit regarder comme préparatoire, et qu'elle doit être, aussi, rigoureusement remuée et nettoyée par la houe à cheval pendant sa durée.

En conséquence, nous conseillons, après avoir convenablement engraissé et ameubli le champ qu'on destinera à cette culture qui promet des résultats si avantageux, d'y placer derrière la charrue, par un temps humide, et à des distances convenables, suivant la nature plus ou moins fertile ou l'état plus ou moins amélioré de la terre, lesquelles peuvent varier depuis 64 jusqu'à 96 centimètres, un seul plant d'environ 16 centimètres de haut, et élévé sur couche, ce qui nous paroît généralement préférable à un ensemencement sur place d'abord, afin d'avoir plus de temps pour préparer convenablement la terre et attendre la fin des dernières gelées qui pourroient nuire au jeune plant, et ensuite, parceque le nettoiement de la terre en deviendra plus facile et moins dispendieux.

Nous avouerons cependant que nous n'avons sur cet objet, que nous nous proposons de soumettre par la suite à des essais comparatifs, aucune expérience suffisante pour prononcer, et nous engageons également à essayer l'une et l'autre méthode.

Dans tous les cas, il faut laisser un sillon vide au moins entre chaque sillon planté ou semé, comme aux topinambours, et, lorsqu'on s'aperçoit que la terre commence à se couvrir de plantes nuisibles nouvellement germées, il convient de passer, dans les intervalles qui séparent chaque sillon garni, la petite herse triangulaire ou sarcloir à cheval (Voyez *les fig. à la fin de ce traité*) et de répéter cette opération, et même celle du buttage qui doit également être utile, avec le cultivateur ou buttoir (*figuré à la fin de ce traité*) tout aussi souvent que la terre aura besoin d'être ameublie et nettoyée. La solidité et la direction verticale de la tige permettent de renouveler long-temps sans inconvénient ces utiles opérations. On pourroit encore semer, au pied de chaque plant, des haricots grimpans, auxquels les tiges serviroient de rames naturelles et d'abri contre les fortes chaleurs.

Immédiatement après la récolte, jusqu'à laquelle la plante n'a besoin d'aucun autre soin que d'être garantie le plus possible des ravages des oiseaux qui en sont avides, elle peut être suivie d'un nouvel ensemencement sur un ou plusieurs labours suivant l'exigence des cas.

Si cette récolte peut être faite assez tôt pour recevoir un ensemencement d'automne, on ne doit pas perdre de temps pour s'y livrer. Dans le cas contraire, et qui doit souvent arriver, parcequ'il faut attendre, pour la faire, que les semences et les tiges soient suffisamment sèches et le temps sec et chaud, s'il est possible, il convient de différer l'ensemencement jusqu'au printemps, et dans l'un et l'autre cas, il doit être généralement avantageux d'accompagner le grain semé, ou toute autre plante équivalente, d'une semence propre à former, après cette seconde récolte, une prairie artificielle, après laquelle on pourra encore si on le juge convenable revenir au tournesol.

Les calices des fleurs séparés des tiges et séchés au four, s'il est nécessaire, peuvent être battus au fléau et les grains peu entassés, de crainte qu'ils ne s'échauffent avant d'être portés au moulin pour y être triturés et pressurés, et les tiges doivent être enfin séparées des racines, liées étant suffisamment sèches, et entassées pour servir aux usages indiqués.

Nous recommandons fortement la culture en grand de cette

plante à de nouveaux essais, auxquels nous nous proposons nous-mêmes de la livrer, et nous observerons qu'on a reconnu que dix kilogrammes de ses cendres en fournissent environ deux d'alkali, et qu'on a reconnu également que, par un beau temps, sa transpiration ordinaire étoit dix-sept fois plus considérable que celle de l'homme dans le même espace de temps. Cette dernière circonstance doit engager à lui consacrer un terrain frais, lorsqu'on le peut, et à ne la priver de ses feuilles que lorsque la nature l'indique par un commencement d'altération dans leur couleur.

Il existe une variété de cette espèce d'hélianthe à fleurs doubles, c'est-à-dire dont les fleurons tubulés du centre se changent en demi-fleurons, semblables à ceux de la circonférence, sans altérer les organes de la reproduction, et qui fournit aussi abondamment des graines fécondes et très huileuses, comme nous nous en sommes assurés, ainsi que plusieurs autres espèces très rustiques toutes originaires d'Amérique, et dont la plupart sont vivaces, et quelques unes traçantes, qu'il seroit peut-être avantageux d'utiliser dans certains cas (1).

La famille des corymbifères nous offre encore, comme un objet intéressant de culture en grand, la CAMOMILLE ROMAINE, *Anthemis nobilis*, cultivée avec succès, dans les environs de Dieppe, par M. Decroisilles, pour ses fleurs blanches semi-doubles et d'un blanc jaunâtre, amères et très aromatiques, dont la médecine fait un grand usage comme stomachiques, carminatives et fébrifuges.

Cette plante vivace, qu'on peut multiplier aisément par le déchirement des vieux pieds, et qui est très rustique, demande une terre plus sèche qu'humide et une exposition méridionale, étant originaire du midi. Il est avantageux de la cultiver en rayons et de sarcler et houer soigneusement les intervalles. On recueille ses fleurs lorsqu'elles sont presqu'entièrement épanouies, et on les fait sécher promptement, en leur conservant, le plus possible, leur couleur et leur arome. Elle pourroit encore former une utile variation dans quelques assolemens de cette division.

Nota. Nous nous réservons d'indiquer, à l'article prairie de notre seconde division, les principales plantes vivaces les plus convenables, après celles que nous avons déjà fait connoître, aux prairies ou paturages de cette première division.

---

(1) Quelques essais auxquels nous venons de soumettre l'hélianthe annuel nous font présumer qu'on peut le semer avantageusement en place, de la manière que nous avons indiquée pour le panais, et qu'il est essentiel de le butter, afin d'affermir en terre ses racines fibreuses et peu profondes, et leur conserver la fraicheur dont elles ont besoin. Nous venons aussi d'apprendre que la culture de cette plante avoit été essayée avec succès dans le département de la Haute-Saône, et que M. Sonnini l'avoit entreprise, en l'an 4, sur un sol riche, et en avoit obtenu des résultats avantageux qu'une plus longue expérience a confirmés, et qui sont bien propres à encourager les cultivateurs qui voudroient l'entreprendre.

SECONDE DIVISION.

Première Section. *Des graminées.*

Les plantes principales les plus applicables à cette division, parmi nos graminées annuelles, sont le froment et l'avoine; et, parmi les graminées vivaces propres à former des prairies, ce sont différentes espèces ou variétés d'avoine, d'ivraie, de vulpin, de fléole, d'orge, de fétuque, de paturin, d'agrostide, de canche, de mélique, de phalaride, de roseau, de froment, de flouve, de millet, de houque, de dactyle, de cretelle, de brize, de stipe, d'élyme et de brome.

Des graminées annuelles.

DU FROMENT. Le froment est la graminée par excellence, qui, chez la plupart des nations civilisées de l'Europe, fait la base de la nourriture habituelle de l'homme, sous la forme panaire, le pain qu'on obtient de sa farine très nourrissante étant le meilleur que l'on connoisse.

Malheureusement, le désir irréfléchi d'obtenir souvent d'abondantes récoltes de ce premier de tous nos grains, et les moyens peu judicieux qu'on emploie, en un grand nombre d'endroits, pour y parvenir, donnent ordinairement des résultats diamétralement opposés à ceux qu'on en espère. Nous avons déjà rapporté plusieurs preuves frappantes de cette triste et importante vérité, et nous aurons occasion d'en faire connoître quelques autres non moins persuasives.

La Providence semble avoir voulu exiger invariablement du cultivateur, pour la réussite de ce grain de première nécessité, l'emploi de toutes les ressources de son art, et comme il est la plus belle récompense de ses utiles travaux, il doit aussi recevoir la réunion de tous ses efforts pour l'obtenir; mais, par une conséquence inévitable, on en récolte souvent peu, parcequ'on en ensemence une trop grande étendue de terrain à la fois, et cette assertion, qui pourroit être prise pour un paradoxe, n'est que trop rigoureusement vraie, et se justifie par le défaut de préparation convenable que cette culture reçoit lorsqu'elle est trop étendue.

Quoique nous ne devions nous occuper ici particulièrement que de l'espèce de froment le plus généralement cultivée, nous nous arrêterons cependant un instant sur les diverses espèces et variétés, avant de passer aux principaux détails de culture et d'assolement du froment ordinaire.

Observons d'abord qu'on donne assez communément aux diverses espèces de froment le nom générique de blé ou bled, que reçoivent aussi quelquefois les autres graminées annuelles, et que l'origine de ce grain est encore inconnue; les uns l'attribuans à la Perse, d'autres à la Sicile, et quelques uns à la Sibérie; toutes assertions qui pourroient bien être vraies pour quelques espèces ou variétés particulières. Quoi qu'il en soit, il est certain que si les produits du froment ordinaire, qui ne supporte guère mieux l'excès du chaud que l'excès du froid, sont souvent plus abondans au nord qu'au midi de l'Europe, la qualité est généralement meilleure au midi qu'au nord, en grain comme en paille. Au reste, ce grain, tel qu'il est aujourd'hui, paroît être tellement amélioré par la culture à laquelle il est soumis depuis un temps immémorial, qu'il a totalement perdu son type originaire; et si le grain que des voyageurs ont trouvé croissant spontanément en Californie et chez les Illinois est réellement une souche naturelle du froment, comme ils l'ont supposé, sa grosseur, qui ne surpasse guère celle du millet ordinaire, seroit une nouvelle preuve à l'appui de l'effet améliorant d'une culture soignée et prolongée.

Des espèces de froment. Les espèces de froment annuelles et cultivées, devant seules nous occuper ici, peuvent se réduire à quatre principales bien distinctes; savoir, le froment épeautre, *Triticum spelta*, avec sa variété, le froment locular, ou petite épeautre, *Triticum monococcum*, dont nous avons parlé dans notre première division, p. 11; le froment à épi rameux, *Triticum compositum;* le froment de Pologne, *Triticum Polonicum*; et le froment commun, *Triticum sativum*, *æstivum*, vel *hybernum*, vel *turgidum* de Linné, qui nous intéresse plus particulièrement.

Du froment à épi rameux. Cette espèce, qui paroît originaire du midi, et qui supporte le froid moins bien que les autres, comme nous nous en sommes convaincus, est souvent désignée sous la dénomination de *blé de miracle*, *d'abondance* ou *de providence*, à cause de l'abondance de son produit en grain, et quelquefois aussi appelée *blé de Smyrne* ou *de Barbarie*, probablement à cause de son origine.

Elle se distingue des autres par son épi rameux, c'est-à-dire ayant à sa base plusieurs petits épis latéraux, courts et serrés, au milieu desquels s'élève l'épi principal, généralement fort gros, de manière que l'ensemble a la forme d'une touffe ou bouquet. Sa tige, grosse et ferme, est aussi remplie de moelle, et son port et ses feuilles ont une apparence plus vigoureuse que celles du froment commun.

Jaloux, comme tous les jeunes adeptes en agriculture, de voir se réaliser, sur notre exploitation rurale, les espérances bien flatteuses que nous avoit fait concevoir l'apparence très séduisante de cette espèce de froment, jointe aux éloges pompeux que nous avions lus et entendus sur son produit *miraculeux*, nous nous empressâmes, au commencement de notre établissement, de nous en procurer et de le multiplier de manière à pouvoir le cultiver réellement en grand. Nous parvînmes ainsi, en peu d'années, à en avoir une quantité de semence suffisante pour en couvrir une pièce de trois hectares environ, et nous reconnûmes que ce grain, cultivé dans une terre très fertile, y donnoit réellement des produits très abondans, mais qu'il épuisoit proportionnellement la terre, et que ces produits extraordinaires disparoissoient sur les terres médiocres ou médiocrement engraissées, au point que son épi cessoit, en quelque sorte, d'être rameux, et ne produisoit que peu de grain; que ce grain, assez pesant, qui, par son volume peu considérable, a quelque ressemblance avec le blé de mars ordinaire, produisoit une farine bise, ce qui le faisoit rejeter par les boulangers, quoique le pain en fût cependant assez savoureux, mais peu blanc; que sa paille, dure et grossière, étoit peu recherchée des bestiaux, et n'étoit guère propre qu'à servir de litière ou à couvrir les chaumières, objet pour lequel sa consistance la rendoit très convenable; enfin, qu'il étoit plus délicat que les autres fromens sur le climat comme sur le sol; mais qu'on pouvoit le semer avec succès après les grands froids; qu'il se battoit difficilement, le grain étant très adhérent à la balle qui l'enveloppe, et qu'il s'écrasoit aisément sous le fléau. La plupart de ces observations, qui furent confirmées, ne contribuèrent pas peu à ralentir notre premier zèle pour cette culture, et nous avons même fini par l'abandonner totalement depuis longtemps. Nous avons cru utile de faire connoître ces détails sur cette espèce de froment, beaucoup trop préconisée, quoique pouvant être avantageuse dans certains cas, parcequ'elle est très propre à séduire les commençans, ordinairement fort empressés d'adopter les cultures extraordinaires qui ne répondent pas toujours aux promesses enchanteresses de leurs apôtres.

Rozier nous assure cependant que *cette espèce de froment est mise en culture réglée près de Pézenas*, et Olivier de Serres nous dit, *qu'elle lui a rendu quarante pour un dans un jardin, et douze à quinze en terre commune*, ce qui nous donne, en passant, une excellente leçon sur les produits comparatifs, relativement à l'état de la terre.

Du froment de Pologne. Cette espèce de froment, probablement plus répandue en Pologne, dont Linné lui a donné la dénomination, qu'en France, où elle est à peine connue, se distingue fort aisément des autres espèces par la longueur de son épi terminal, qui s'allonge ordinairement jusqu'à seize centimètres environ; par sa couleur glauque, tirant plus sur celle du seigle que sur celle du froment; par la longueur de ses épillets, qui ont souvent trois centimètres, et qui sont terminés par de très longues barbes dentées, et par la grosseur et la longueur de son grain, qui a aussi plus de ressemblance avec le seigle qu'avec le froment.

L'essai que nous avons cru aussi devoir en faire en grand, et auquel la vigoureuse apparence de la plante, et sur-tout le volume de son grain nous avoient fortement engagés, nous porte à croire que nous ne devons pas envier cette production à son pays natal. Quoiqu'elle nous ait paru venir assez bien sur une terre à seigle, ordinaire, convenablement préparée, et résister comme le seigle aux froids rigoureux, nous avons remarqué constamment que chaque épi produisoit un petit nombre de ces grains volumineux; qu'ils étoient glacés et fournissoient une farine très bise et un pain de peu de qualité. La paille dure et grossière n'est pas non plus appétée des bestiaux; mais il convient d'ajouter que la longueur des enveloppes du grain et celle des barbes qui les terminent le défendent très bien des attaques des oiseaux auxquels il est beaucoup moins exposé que tout autre grain, ce qui ne nous a pas empêchés d'en discontinuer la culture, lorsque nous avons cru la bien connoître.

Du froment commun. Il existe de ce froment un très grand nombre de variétés que plusieurs auteurs ont distinguées comme espèces botaniques, ce qui nous paroît bien peu propre à en faciliter la connoissance, et dont la plupart sont dues au sol, au climat, à la culture et aux mélanges des poussières séminales. Les principales sont,

Le froment garni de barbes.

Le froment sans barbes.

Le froment à tiges pleines de moelle.

Le froment à épi carré.

Le froment à épi cylindrique et arrondi.

Le froment à grains jaunes, dorés ou roux.

Le froment à grains blancs ou d'un jaune pâle.

Le froment renflé ou à gros grains, de diverses couleurs.

Le froment à épi blanc, doré, roux, velouté, grisâtre, bleuâtre, violet, etc.

Enfin la variété dite blé de mars ou trémois, à barbes ou sans barbes, et de grains et d'épis de diverses couleurs et grosseurs, dont on a aussi mal à propos fait une espèce.

Au reste, ces variétés principales, dont on pourroit encore augmenter le nombre, ce qui ne serviroit qu'à embrouiller davantage la nomenclature du genre froment, devenue incertaine, parceque chaque auteur ou cultivateur a cherché et cherche encore aujourd'hui à consacrer comme espèces constantes de simples variétés accidentelles, sont presque toutes dues, comme nous devons le répéter, à l'influence du sol, du climat, de la culture et du mélange des poussières séminales; et ce qui nous paroît le prouver, c'est que l'absence ou la présence des barbes, leur plus ou moins de longueur, de poli ou d'aspérité, la plénitude des tiges, la longueur, la briéveté et la forme plus ou moins carrée et renflée ou aplatie des épis, la variété de leurs couleurs, celle même des grains plus ou moins blancs, pâles, jaunes, dorés, durs, renflés, pesans, glacés, violets, etc. sont autant de caractères souvent inconstans, et qui sont plus ou moins modifiés suivant les années et les localités, d'après nos observations, jointes à celles d'autres cultivateurs.

La plupart de ces variétés se trouvent aussi très souvent mêlées et réunies dans le même champ, et il en existe sans doute plusieurs qui s'annoncent comme supérieures aux autres, sous plusieurs rapports importans, et qu'un cultivateur attentif peut trier et multiplier. C'est ainsi qu'on est parvenu à propager et à améliorer même, par une culture soignée, plusieurs variétés précieuses.

Il existe une de ces variétés à épi ordinairement court et carré, garni de barbes, de diverses couleurs, le plus souvent blanc, quelquefois roux ou violet, à grains communément blanchâtres et un peu voûtés, qui produit généralement beaucoup, et qui nous a paru, après une culture faite en grand pendant plusieurs années, supporter assez bien la sécheresse et les terres médiocres; mais son grain n'ayant pas plus de qualité que celui du froment à épi rameux, et sa paille, pleine comme celle de ce grain, ne convenant pas davantage aux bestiaux, nous avons encore renoncé à sa culture, malgré les éloges pompeux qu'il avoit reçus sous les noms de *pétanielle* ou *blé poulard*. Nous présumons que c'est le *triticum turgidum* de Linné.

Une des variétés qui paroît être la moins changeante, est celle à épis blancs et à grains blancs, qu'on croit être le *siligo* des anciens, qui n'est certainement pas notre seigle, et qu'on cultive beaucoup dans nos départemens du nord, où on la désigne fréquemment sous le nom de *blanzée*, ou *blanc blé*, pour la distinguer du *blé roux* ordinaire. Cette variété, comme toutes celles qui tirent sur la couleur blafarde, est plus tendre et s'écrase davantage sous le fléau que le froment roux ou doré, généralement plus dur et plus pesant; elle donne une farine très blanche, mais le pain en est moins savoureux; et on observe qu'elle réussit assez bien sur les sols peu fertiles, et supporte assez bien aussi le retard des semailles, mais elle nous a paru s'égrener davantage que le blé roux ordinaire.

Les noms de *touzelle* et de *seisette*, dont on se sert ordinairement dans le midi, pour désigner le froment ras ou sans barbe, et le froment barbu, n'indiquent encore que des variétés susceptibles aussi de modifications qui les rapprochent, puisqu'on trouve quelquefois de la touzelle plus ou moins garnie de barbes, et de la seisette qui en est dépourvue. Au reste, les fromens barbus sont généralement plus abondans, mais de moindre qualité que ceux qui sont ras.

Entrons maintenant dans quelques détails sur la culture du froment commun, qui nous aideront à fixer notre opinion sur l'ordre de rotation qui lui convient le plus dans les assolemens.

De la qualité du sol et de sa préparation. La terre la plus fertile et la mieux préparée par les labours et les engrais, n'est pas toujours celle sur laquelle le froment donne les produits les plus avantageux en grains, et l'on peut très bien appliquer à cette culture la sentence de Caton : *Benè colere optimum, optimè damnosum.* Souvent l'exhubérance qu'on remarque dans la végétation des tiges et des feuilles, que l'état de la terre a rendues excessivement épaisses et vigoureuses, est au détriment du grain. En général, cette graminée préfère à toute autre les terres substantielles et consistantes tout à la fois, et redoute autant celles qui sont très meubles que celles qui sont très compactes; elle craint sur-tout celles dont la couche supérieure est susceptible d'être soulevée par une cause quelconque qui déchire les racines, ou les met à nu; et quoiqu'on la voie quelquefois réussir sur les terres de notre première division, désignées souvent sous le nom de *grouettes*, sur lesquelles le grain et la paille acquièrent même beaucoup de qualité, lorsqu'à l'aide d'un bon assolement on parvient à la substituer efficacement au seigle, elle se plaît généralement davantage sur celles de la seconde et de la troisième divisions convenablement préparées.

Quant à la préparation du sol, nous nous bornerons à observer ici, en attendant que nous nous occupions de l'assolement, que la première condition étant son nettoiement, et la seconde son engraissement, il est essentiel de ne négliger aucun moyen d'arriver à ce premier but par les labours et binages faits à propos, ainsi que par le choix des cultures préparatoires, et qu'en s'occupant du second, il faut sur-tout s'attacher à ne pas détruire le premier par l'application d'engrais frais et mal préparés, contenant des semences nuisibles, et qu'il convient généralement d'appliquer aux cultures préparatoires, afin d'éviter le salissement et une surabondance de végétation toujours nuisible.

Nous ajouterons que l'application de l'engrais du parc, avant ou après l'ensemencement, est aussi très recommandable pour les terres fort meubles naturellement, et pour celles qui sont sujettes à être soulevées pendant l'hiver; et que le nombre et la profondeur des labours doivent nécessairement être subordonnés à la nature et à l'état du sol, qui sont les meilleurs indicateurs à cet égard, et qui donnent toujours, à l'aide de quelques essais comparatifs, les documens les plus certains.

De l'époque de la semaille. « Le froment, comme plante annuelle, dit Dumont de Courset, devroit être semé au printemps; mais on a reconnu qu'en le semant en automne son pied talloit davantage et produisoit plus d'épis, (ajoutons et des grains mieux nourris, comme cela arrive à toutes les plantes annuelles qui peuvent résister à l'hiver.) On a donc depuis long-temps fixé sa semaille dans cette saison. Cependant dans plusieurs pays on en sème des variétés au printemps, qu'on récolte dans l'été. »

On ne doit sans doute pas plus assigner d'époque fixe et invariable pour la semaille du froment que pour celle de toute autre plante, quoique la plupart de nos ouvrages d'agri et d'horti-culture soient remplis de ces indications banales et trompeuses, qu'une foule de circonstances peut démentir; mais notre expérience nous autorise à penser qu'on peut établir en règle générale, susceptible comme toutes les autres, de quelques exceptions particulières qui ne la détruisent pas, que *les semailles précoces sont généralement les meilleures et les plus conformes au vœu de la nature.*

Nous avons constamment remarqué que les semailles faites de bonne heure, en automne, sur une terre bien préparée et par un temps convenable, donnoient les produits les plus avantageux; que la germination étant plus prompte et régulière, il y avoit beaucoup moins de grains détruits par les insectes et autres animaux, ou autres causes nuisibles; que le développement étant aussi plus complet, les feuilles ombrageoient plus tôt la terre, les pousses latérales, ou *talles*, se multiplioient davantage, et les racines s'étendoient considérablement en tout sens, toutes circonstances qui, en autorisant et en commandant même une grande économie dans la semence, prémunissoient très efficacement la végétation contre les atteintes meurtrières de l'excès du froid, de la sécheresse, des animaux destructeurs, des plantes nuisibles, et même de la carie, comme nous le verrons tout à l'heure, et assuroient généralement l'abondance, la netteté et la qualité des produits, ainsi qu'une récolte avancée, nouvel avantage de quelque importance, pour l'ensemencement subséquent, et relativement à la grêle et autres fléaux qui précèdent ou accompagnent les récoltes. *Plus tôt en terre, plus tôt hors de terre.*

D'ailleurs, comme dans les exploitations rurales étendues, les semailles exigent quelquefois beaucoup de temps, et qu'elles peuvent se trouver suspendues par plusieurs causes, il vaut encore mieux généralement devancer que reculer l'époque ordinaire, et par cette précaution l'on n'a pas à redouter l'effet des pluies abondantes qui se prolongent assez souvent, à la fin de l'automne, de manière à rendre les semailles très pénibles, coûteuses et hasardées, et à forcer quelquefois à les remettre au printemps, en ayant recours aux variétés qui se sèment ordinairement dans cette saison. Ainsi, quoiqu'on obtienne quelquefois d'abondantes récoltes des semailles tardives, et que nous ayons nous-mêmes semé par essai, vers la fin de l'hiver, du froment d'automne qui a passablement réussi, on doit regarder ces exemples et quelques autres semblables, comme des exceptions qui n'infirment pas la règle générale, qui prescrit les semailles précoces, sur-tout sur les terres les moins fertiles.

A la vérité, lorsque la saison de l'automne se trouve tempérée et humide, une végétation surabondante peut quelquefois rouiller ou verser les premières feuilles et précipiter la sortie des tuyaux, ce qui ne seroit pas sans inconvénient si l'on n'y paroit; mais outre que ce cas n'est pas ordinaire, il existe plusieurs moyens faciles d'y remédier, en arrêtant et retranchant ce luxe de végétation qui se fait principalement remarquer sur les terres naturellement ou artificiellement très fertiles, soit avec la faux, la faucille ou la dent des bestiaux qui peuvent, avec les précautions convenables, profiter de cette surabondance qui alors ne préjudicie en aucune manière au succès de la récolte. Le froment peut ainsi devenir une prairie momentanée, indépendamment de son produit en grain, et nous verrons par la suite qu'il a quelquefois rempli avec succès ce double but.

Un sarclage avant l'hiver devient également fort utile, lorsqu'on s'aperçoit que les herbes nuisibles ont pris beaucoup d'accroissement.

Il est généralement avantageux de commencer par ensemencer les terres naturellement fort humides en hiver et de médiocre qualité, et de réserver pour les dernières, les plus saines et les plus fertiles.

Du choix et de la préparation de la semence. L'examen de la nécessité du choix de la semence amène nécessairement celui de la question de son renouvellement, si souvent agitée, et qui ne nous paroît pas encore suffisamment éclaircie.

Rien ne contribue davantage, après la préparation du sol, non seulement au succès de la récolte actuelle, mais encore à la prospérité de celles qui la suivent, que le choix de la semence qui doit lui être confiée; mais ce choix en nécessite-t-il le renouvellement à certaines époques?

Si nous ne pouvons le regarder comme indispensable, d'après un assez grand nombre de faits indubitables, dont plusieurs nous sont personnels, et qui démontrent que des semences bien choisies et bien traitées, sous tous les rapports essentiels de la culture, sont susceptibles de se conserver très long-temps saines, vigoureuses, et en état de fournir d'abondantes productions, sans éprouver une détérioration générale, nous n'en pensons pas moins que ce renouvellement peut être utile dans un grand nombre de cas; d'abord, d'après le principe que nous avons reconnu que la terre se plaît généralement dans le changement des choses qu'on lui confie, et ensuite, parcequ'en s'occupant de renouveler ses semences, il est naturel de supposer qu'on cherche toujours à en substituer de poids, de volume, de netteté et d'autres qualités supérieures à celles qu'on possède déjà, et que la question, considérée sous ce seul point de vue, doit nécessairement se décider en faveur du renouvellement, qui peut d'ailleurs aussi entraîner avec lui d'autres avantages, tels que l'introduction de nouvelles espèces ou variétés précieuses, une plus grande analogie entre la semence et la nature du sol, une plus grande acclimatation, plus d'aptitude à supporter diverses intempéries, et beaucoup d'autres circonstances plus ou moins favorables.

Nous nous trouvons ordinairement très bien de semer sur nos terres compactes et argileuses les plus beaux grains récoltés sur nos terres meubles et siliceuses, *et vice versâ*, et cet alternat nous paroît généralement recommandable.

Ainsi, nous le répétons, sans vouloir affirmer que le renouvellement de semence soit généralement de nécessité absolue, nous pensons qu'il entraîne ordinairement avec lui de grands avantages, et que pour y suppléer, autant que possible, il est essentiel d'apporter constamment la plus grande attention au choix de ses propres semences.

Divers moyens concourent puissamment à remplir cet important objet.

On doit, avant tout, choisir pour la semence le grain bien mûr du champ qui donne la plus belle production sous tous les rapports, et sur-tout les épis les plus beaux, les plus sains et les mieux garnis. Il faut ensuite le récolter, le battre, le vanner et le cribler de manière à le conserver le plus possible exempt de semences étrangères et de grains petits, retraits et avortés. En le moissonnant, il faut sur-tout éviter de le mélanger avec les semences qui ont pu croître au pied, et, à cet effet, la faucille est préférable à la faux, et il y a de l'avantage à moissonner haut. Le battage sur une planche, sur un banc, ou sur un tonneau sur lequel on applique, par poignées, une portion de gerbe qui ne se trouve battue qu'à son extrémité, en partie, et dans les plus beaux épis, est préférable au fléau, qui bat indistinctement et entièrement tous les épis. Le vannage *à la roue*, c'est-à-dire à la pelle, qui, jetant les grains circulairement en l'air, les fait tomber sur l'aire de la grange en couches ou zones régulières, relatives à leur poids spécifique, est aussi préférable à l'emploi du van ordinaire ou du tarare, et le criblage au cylindre, qui sépare très exactement le gros grain du petit et des semences nuisibles, est encore préférable aux cribles ordinaires qui remplissent plus imparfaitement le même objet. Il est même quelques cantons en France où, indépendamment de ces précautions, qui ne peuvent paroître minutieuses qu'à ceux qui ne connoissent pas toute l'importance du choix du grain destiné à la semence, on trie encore à la main tous les grains qui y sont destinés, et on se procure ainsi la plus belle semence possible, qui dédommage toujours amplement des frais que son choix a occasionnés.

Vient ensuite la préparation de la semence.

La meilleure consiste dans l'immersion du grain qu'on soupçonne infecté de *carie*, dans l'eau pure d'abord, et courante, s'il est possible, au moyen de mannes ou paniers à anses, dans lesquels on le remue, puis dans une lessive de cendres ordinaires, blanchie par un lait de chaux, et à leur défaut dans une forte saumure, ou l'eau de mer. Cette utile opération a l'avantage de faire surnager la plupart des semences étrangères qui pourroient encore s'y trouver mêlées, et qu'on peut enlever alors très facilement, ainsi que tous les grains légers, retraits et viciés par une cause quelconque, et d'être en outre le meilleur préservatif que l'on connoisse contre les effets si redoutables de la *carie*, et même contre ceux du *charbon* proprement dit, qu'il ne faut pas confondre avec cette maladie, et contre le *rachitisme*, et les insectes dont elle détache ou détruit les germes.

Toute espèce de préparation doit se borner là. Loin de nous toutes ces recettes prétendues merveilleuses, qui séduisent si souvent les prosélytes agricoles; toutes ces *liqueurs prolifiques*, *ces poudres fécondantes*, *ces préparations fertilisantes*, *ces terres végétatives*, *ces pierres philosophales*, et tant d'autres inventions plus ou moins compliquées, c'est-à-dire plus ou moins ridicules, *et quelquefois même dangereuses*, dont la saine physique a démontré l'absurdité, et qui nous promettent cependant depuis des siècles, des prodiges de végétation qui sont encore à se réaliser, et qui n'ont jamais existé que dans l'imagination exaltée et délirante de leurs auteurs. Malheureusement ces prétendus prodiges, publiés avec tant d'emphase et attribués à la puissance magique des recettes, se trouvant soumises au creuset de l'expérience, avec impartialité, n'ont jamais laissé apercevoir à la lueur de son flambeau, au lieu des phénomènes si vantés, que la folle et inutile dépense des ingrédiens plus ou moins bizarres qui y entroient avec l'ignorance ou l'impudence de leurs auteurs.

Au reste, nous devons aussi prévenir qu'un excellent préservatif contre la carie, et peut-être contre plusieurs autres maladies des grains, se trouve encore dans *l'avancement des semailles;* car il est constant que ce terrible fléau ne se manifeste jamais plus fréquemment qu'après les semailles faites tardivement, à contre-temps et à contre-sens, par un temps contraire, excessivement humide et froid. Cette observation trop peu connue, que nous avons été plusieurs fois à portée de faire, s'est trouvée confirmée en France et ailleurs; et *le blé de mars*, semé ordinairement à la fin de l'hiver, et qui y est très sujet, étant long-temps à germer et à lever, nous fournit une nouvelle preuve qui la confirme. La carie nous paroît être essentiellement le résultat de l'état de souffrance du grain avant et pendant sa germination, et nous avons constamment remarqué que celui qui étoit sain en étoit exempt lorsqu'il germoit et levoit promptement.

Enfin, quoique les grains, petits, retraits, percés, vidés en partie et mutilés par une cause quelconque, soient souvent susceptibles de germer encore, et de donner même quelquefois de beaux et bons produits, comme nous nous en sommes assurés, il n'en est pas moins vrai qu'en général ils sont beaucoup moins propres à servir de semence que les grains les plus gros, les mieux nourris et les plus entiers, sur-tout sur les terres peu fertiles; et, en rappelant ici l'observation que nous avons faite à l'égard des tubercules des pommes de terre et des topinambours, nous dirons que la nature n'a pas pourvu abondamment les grains, sans objet, de cette substance farineuse et laiteuse, qui devient le premier aliment du germe qui se développe, en attendant que la terre puisse y suppléer, et qu'aucune préparation artificielle ne peut rien ajouter à la qualité ni à l'abondance de cette nourriture, appropriée par la nature elle-même à l'enfance de la plante.

Observons encore que quoique le grain suranné soit susceptible de germer, et même de donner des produits abondans, et qu'on ait encore remarqué qu'il étoit moins infecté de carie, cependant celui qui est le plus nouvellement récolté est généralement préférable pour la semence : il lève plus tôt, et donne des productions plus vigoureuses, comme plusieurs expériences comparatives nous en ont convaincus, sur-tout lorsque les grains anciens sont battus depuis long-temps, remués et exposés aux impressions de l'atmosphère.

De la quantité de semence la plus convenable. Nous ne saurions trop souvent le répéter, il n'existe rien de plus absurde et de plus propre à induire en erreur les commençans que ces fixations de quantité de semences qu'on rencontre si souvent dans les livres, et dont la pratique ne tarde pas à faire reconnoître l'insuffisance et l'erreur. Comment pouvoir en effet fixer, d'une manière constante et invariable, un objet nécessairement aussi changeant par sa nature? Quand il seroit aussi vrai qu'il est complètement faux qu'une terre ressemble souvent parfaitement à une autre par sa composition, son exposition, sa préparation, et par toutes les autres circonstances locales, essentielles à considérer, il resteroit encore plusieurs objets bien variables à déterminer; savoir, l'époque plus ou moins avancée ou reculée de la semaille, le mode d'ensemencement adopté, la grosseur relative du grain, et quelques autres circonstances très importantes et très déterminantes, pour pouvoir régler la quantité de semence la plus convenable.

Il est facile de concevoir, d'après ce simple exposé d'une partie des difficultés, que la fixation de cette quantité ne peut jamais être qu'approximative, et qu'elle est nécessairement soumise à de très grandes variations.

On doit donc ici se borner à poser quelques règles générales, en admettant toutes les exceptions nécessitées par les circonstances; mais avant de nous occuper de ces règles, il convient d'entrer dans quelques détails sur les inconvéniens comparés d'une quantité de semence trop forte ou trop foible.

Sans doute, si l'on étoit assuré, d'une part, que tous les grains supposés sains pussent toujours germer, lever et se développer complètement, et que, de l'autre, il fût aussi possible de les espacer tous convenablement et sans double emploi, il ne suffiroit plus alors que de bien connoître la nature plus ou moins fertile du sol, et son état de préparation plus ou moins soigné, pour déterminer la quantité de semence nécessaire sur un espace donné, en comparant le nombre des grains avec les distances les plus convenables à observer entre chacun d'eux; mais il s'en faut de beaucoup que les choses soient ainsi *dans la pratique en grand*, et l'incertitude dans laquelle le cultivateur doit se trouver généralement sur ces divers points, le place nécessairement assez souvent entre la crainte de semer trop dru et celle de semer trop clair, qui doit encore s'accroître par l'incertitude non moins réelle de la nature, plus ou moins sèche ou humide, chaude ou froide, de la constitution atmosphérique qui peut s'ensuivre, et des divers accidens qu'il est impossible, ou au moins très difficile, de prévoir et de prévenir.

Essayons maintenant de comparer entre eux ces deux inconvéniens.

Dans le premier cas, il y a d'abord perte de semence superflue, et ensuite diminution de produit par l'effet de l'étiolement qu'éprouvent les plantes trop rapprochées entre elles, si l'on n'y remédie par quelque opération subséquente.

Dans le second cas, il y a également diminution de produit, parceque tout le terrain ne se trouve pas utilement employé, et en outre salissement de la terre, parceque les semences nuisibles qu'elle recèle toujours plus ou moins abondamment dans son sein, ou qu'elle reçoit par diverses causes, quelque bien préparée qu'elle puisse être d'ailleurs, ayant plus d'air pour germer et plus d'espace pour se développer, peuvent s'y multiplier considérablement.

Ainsi, en résumant ces inconvéniens, nous trouvons d'abord qu'il y a soustraction de produit des deux côtés, et ensuite perte de semence dans le premier cas, et salissement de la terre dans le second.

Examinons-les à présent par l'influence qu'ils peuvent exercer sur la récolte actuelle et sur les récoltes suivantes.

Lorsqu'on s'aperçoit que l'on a semé trop dru, il reste encore, dans un grand nombre de cas, la ressource de pouvoir diminuer, au moins en grande partie, l'excédant du plant nécessaire, par quelques hersages répétés en divers sens et faits à propos, et nous avons quelquefois employé avec succès ce moyen fort simple, très expéditif et peu dispendieux, quoiqu'il ne soit pas sans quelque difficulté, et qui, en chaussant légèrement les plants qui y résistent, leur donne une nouvelle vigueur.

Lorsqu'on s'aperçoit, au contraire, que le plant se trouve trop clair, par l'effet d'une ou de plusieurs des causes nombreuses qui peuvent y contribuer, le remplissage des lacunes n'est pas, à beaucoup près, aussi facile que l'éclaircissement du plant surnuméraire, et on peut même le regarder comme présentant trop de difficultés pour pouvoir être adopté généralement *dans la pratique en grand.*

Supposons maintenant qu'on n'ait pu remédier, dans aucun des deux cas, aux inconvéniens du trop ou du trop peu de semence.

En admettant un résultat égal, quant à la diminution du produit, il nous reste à comparer la perte de la semence superflue, qui assez souvent est un objet modique en valeur numéraire, et qui ne s'étend pas d'ailleurs au-delà de la récolte actuelle, avec la multiplication des plantes nuisibles, qui non seulement préjudicie essentiellement à la récolte actuelle, mais compromet sur-tout le succès des récoltes futures; et le résultat de cette comparaison ne peut être en faveur du dernier inconvénient.

Ainsi, tout bien comparé, quoique nous sachions très pertinemment qu'en général les cultivateurs routiniers sont plus disposés à pécher par excès que par défaut de semence, ce qu'il faut sans doute éviter autant que possible, en se rappelant le proverbe qui dit : *qui sème dru récolte menu, et qui sème menu récolte dru*, nous pensons qu'en considérant cet important objet sous le point de vue général d'abord, et en analysant ensuite ses conséquences, comme nous l'avons fait, il y a ordinairement moins de perte réelle à semer trop dru qu'à semer trop clair, parceque le premier inconvénient, qu'on peut souvent réparer, a des suites ordinairement moins fâcheuses que le dernier, pour l'intérêt présent et futur.

Nous nous croyons donc autorisés à conclure, des observations qui précèdent, que, dans l'incertitude où le cultivateur peut se trouver relativement à la quantité de semence nécessaire à chaque cas particulier, il doit plutôt pencher vers une plus forte que vers une plus foible quantité, et ne jamais oublier que, dans toute espèce d'ensemencement, il doit faire la part aux accidens, c'est-à-dire pourvoir à tout ce qui peut être détruit ou affoibli par trop ou trop peu d'enterrement; par le piétinement des chevaux; par les insectes et autres animaux destructeurs; par les plantes nuisibles aux récoltes; par le rapprochement inévitable d'un nombre plus ou moins considérable de semences qui s'affament et se nuisent réciproquement; par l'action défavorable des météores, jointe à la nature du sol et à son état de préparation; par l'époque reculée de la semaille; par les vicissitudes des saisons; et enfin par un vice quelconque dans le mode d'assolement adopté.

Ajoutons à ces observations quelques réflexions que nous eûmes occasion de soumettre en l'an 7 à la société d'agriculture de la Seine, dans un rapport qu'elle nous avoit chargés de lui présenter sur des *expériences* relatives à l'économie de la semence, et qui est imprimé dans la collection de ses mémoires, vol. I, p. 104 et suivantes.

« Pour obtenir des résultats bien concluans sur l'important objet de la quantité de semence la plus convenable à chaque position (car il seroit absurde de supposer qu'elle doit être invariablement la même pour toutes), il nous paroît indispensable de partir d'un extrême et d'arriver à l'extrême opposé, par des graduations combinées de manière qu'on parvienne à trouver la proportion convenable, et qu'on puisse observer de combien chaque extrême en étoit éloigné. Mais ces résultats étant subordonnés en grande partie à la constitution des saisons, et devant nécessairement varier, selon que l'automne aura été plus ou moins humide, l'hiver plus ou moins rude, le printemps plus ou moins doux, et l'été plus ou moins sec, il n'est pas moins indispensable de répéter les expériences dans chaque localité (et c'est ce que nous avons fait pour la nôtre) pendant plusieurs années consécutives, pour qu'elles acquièrent ce degré d'authenticité, d'exactitude et de précision capables d'inspirer et même de commander la confiance.

« Nous ne pouvons nous dispenser d'observer qu'une erreur bien dangereuse, et dans laquelle cependant nous avons vu tomber plusieurs de ceux qui ont cru devoir nous donner des leçons sur l'économie tant préconisée de la semence, c'est de croire qu'il faille calculer seulement le produit isolé de chaque grain, abstraction faite de l'espace qu'il occupoit. On ne peut s'abstenir de combiner le produit avec l'espace, en n'oubliant jamais la perte éventuelle. Supposons, par exemple, que, sur une surface déterminée, dix grains en rendent chacun vingt, on aura deux cents grains : supposons maintenant, sur la même surface, quinze grains qui n'en produisent que chacun seize, on aura cependant un résultat de deux cent quarante grains, quoique chaque grain ait produit réellement moins, ce qui prouve évidemment que ce n'est que par une juste combinaison du produit avec l'espace qu'on peut arriver au *nec plus ultrà.* Il est aussi nécessaire de calculer approximativement la perte présumable; car pour avoir quinze grains qui produisent, il est de rigueur, généralement parlant, d'en confier à la terre un plus grand nombre; nouvelle preuve que la considération de la perte et de l'espace doit toujours accompagner celle du produit. »

Après ces préliminaires indispensables pour la parfaite intelligence de ce qui va suivre, essayons de poser quelques règles générales qui doivent présider à la fixation relative de la quantité de semence la plus convenable.

I. Il est impossible d'établir une quantité de semence fixe et invariable pour tous les cas.

II. La quantité doit toujours être relative aux circonstances favorables ou défavorables qui accompagnent la semaille.

III. Elle ne peut être déterminée approximativement pour chaque localité, qu'après une série d'essais comparatifs, prolongés pendant plusieurs années.

IV. Plus on sème de bonne heure; plus la terre est naturellement fertile; mieux elle est préparée par les labours, les engrais et les cultures améliorantes; plus le temps est favorable à l'époque de la semaille; plus le grain est petit, relativement à son volume ordinaire; plus il est net et sain; plus l'ensemencement est fait également et sans emploi superflu; et plus le sarclage doit être observé rigoureusement et la terre remuée, pendant la végétation; moins il faut de semence, *et vice versâ.*

V. Dans le cas d'incertitude sur la quantité précise de semence à employer, il y a généralement moins d'inconvénient à pencher vers une plus forte que vers une plus foible quantité.

VI. On doit toujours ajouter à la quantité rigoureusement nécessaire pour couvrir la terre à des distances convenables, la part des accidens, c'est-à-dire celle qui peut se trouver détruite ou endommagée par le piétinement des chevaux, par le trop ou le trop peu d'enfoncement, par les insectes et autres animaux ou plantes nuisibles, par le rapprochement des grains, et par d'autres causes semblables.

VII. Indépendamment de la perte éventuelle, on doit toujours combiner le produit avec l'espace occupé.

Du mode de la semaille. On a proposé sur ce point plusieurs méthodes dont les principales sont, l'emploi du *semoir*, instrument mû par un ou plusieurs chevaux, qui place les grains à des distances à peu près égales, et qui les recouvre ordinairement; celui du *plantoir*, autre instrument manuel plus simple, mais moins expéditif, et qui remplit à peu près le même objet que le semoir; le *plantage* proprement dit, ou *repiquage*; et enfin, l'ensemencement *à la volée*, *sur* ou *sous raie*, avec ou sans hersage ou roulage.

Examinons un peu chacune de ces diverses méthodes, également applicables aux autres grains et à d'autres productions, et voyons quelles sont celles qui paroissent généralement les plus convenables dans les cultures faites en grand.

De l'emploi du semoir. Cet instrument bien antérieur à Tull, dont il a occasionné la ruine et non la fortune, comme on l'a prétendu, dont les Anglais, et après eux d'autres nations, lui ont faussement attribué l'invention, puisqu'il avoit été précédemment essayé en Espagne et en Italie, et que nous le retrouvons même employé par quelques castes indiennes, depuis un temps immémorial, pour la plantation du riz; cet instrument, qui a séduit Duhamel, Châteauvieux et tant d'autres qui ont cherché à le rendre plus simple, plus solide, moins cher, et d'un usage plus général, et pour ou contre lequel on a publié tant d'écrits oubliés, a sans doute l'avantage d'économiser la semence, en l'isolant, et en la plaçant à une profondeur égale, et à des distances convenables pour recevoir facilement les opérations nécessaires au nettoiement et au remuement de la terre, au moyen des intervalles égaux qui admettent la houe ou tout autre instrument équivalent. Mais cet instrument est-il réellement économique, tel que nous le trouvons encore? Est-il d'ailleurs susceptible d'un emploi général, ou même très étendu? et ne peut-il être suppléé par quelque autre moyen équivalent et plus simple?

Les bornes de cet essai ne nous permettent pas d'examiner ces questions avec tout le développement dont elles sont susceptibles; mais nous ne pouvons cependant nous dispenser de les soumettre à quelques courtes observations.

Il faut bien distinguer ici l'économie de la semence, sans doute très précieuse, dans tous les cas, et d'une importance majeure dans quelques uns, de l'économie de l'argent, qui est toujours l'objet important. S'il est prouvé que cet instrument coûteux, compliqué et peu solide, occasionne des dépenses d'achat, d'entretien et de réparations considérables, et l'emploi des chevaux pour être mis en mouvement; si l'on ajoute qu'il est beaucoup moins expéditif qu'un bon semeur ordinaire, on trouvera peut-être qu'il n'est pas toujours réellement économique. Quant à son emploi général, ou même très étendu, il sera toujours impossible dans un assez grand nombre de terres, qui n'auront ni la nature, ni la situation, ni l'état, ni les préparations indispensables pour l'admettre; et il sera aussi d'une exécution très difficile dans toutes les autres; d'abord, à cause de sa complication et de son peu de solidité, mais sur-tout à cause de l'insouciance, de l'ignorance et de la mauvaise volonté que peuvent avoir et n'ont que trop souvent les agens ordinaires de nos cultures, ennemis irréconciliables avec toute espèce d'innovation dont l'exécution leur est confiée, et qui, s'ils cassent et brisent souvent ou font mal aller les instrumens les plus utiles, les plus simples et les plus solides, détérioreront encore bien plus cet instrument, et en tireront un plus mauvais parti. Ainsi, sans prétendre avancer que son emploi ne puisse être utile et même facile dans aucun cas, et tout en convenant qu'il peut même être appliqué avec avantage à certaines cultures, comme nous le verrons ci-après, nous nous croyons autorisés à penser qu'il ne peut jamais devenir général, et qu'il sera toujours très restreint tant qu'il restera dans son état de perfectionnement actuel. Nous pensons encore qu'il est possible d'y suppléer, au moins en grande partie, pour les grains ordinaires, par un procédé simple, expéditif et économique que nous employons souvent, et que nous aurons occasion de faire connoître plus loin. Nous ajouterons enfin, qu'il y a même en Angleterre, depuis très long-temps, de grandes contestations relativement à la supériorité des produits du grain semé avec cet instrument, ou à la manière ordinaire; qu'il est constant que la paille qui en provient est généralement plus dure et moins agréable aux bestiaux, et que nous avons vu Ducket lui même, ce *prince des fermiers anglais*, cherchant continuellement à simplifier cet instrument, et à le rendre manuel et plus expéditif et économique, nous ayant avoué à nous-même en 1803, que tel qu'il étoit encore, il le regardoit comme très imparfait et insuffisant, quoiqu'on se soit occupé depuis bien long-temps de le perfectionner, et qu'on en ait imaginé en France, comme en Angleterre et ailleurs, un nombre très considérable de diverses formes.

Nous croyons devoir observer d'ailleurs, que le nettoiement et le remuement de la terre devenant plus faciles à l'aide de cet instrument, qui place les grains en rayons droits et réguliers, ce qui nous paroît constituer son principal mérite, il y a moins d'inconvénient à exiger successivement de la terre les mêmes productions qui deviennent moins épuisantes et moins salissantes, ce qui rend l'emploi des engrais moins nécessaire; et c'est sur cette observation, comme nous l'avons déjà remarqué, que Tull avoit fondé son système de culture.

De l'emploi du plantoir. Après avoir reconnu l'insuffisance et les inconvéniens du *semoir*, dans un grand nombre de cas, on s'est avisé, assez récemment, de recourir à l'emploi d'un *plantoir*, non simple, comme celui des jardiniers, mais composé d'un nombre plus ou moins considérable de fiches retenues par une traverse supérieure qui, en les fixant à des distances convenables, sert d'appui pour les enfoncer en terre, préalablement bien préparée et égalisée par la herse. Ce nouvel instrument procure aussi le double avantage d'économiser la semence et de la placer à des distances équilatérales; mais ces avantages compensent-ils toujours l'accroissement de dépense occasionnée par la main-d'œuvre nécessitée par cette opération, ainsi que le ralentissement inévitable dans l'ensemencement? Nous ne le pensons pas; et si la célérité et l'économie du temps et des bras sont des qualités essentielles à toutes les opérations agricoles, nous craignons qu'on ne les trouve pas réunies dans l'emploi de cet instrument, qui nous paroît généralement plus applicable aux petites qu'aux grandes cultures, et qui n'est pas, par conséquent, susceptible non plus d'un emploi général, ni toujours réellement économique et avantageux.

Du plantage ou repiquage. Le *plantage* proprement dit, ou *repiquage*, consiste à placer à des distances convenables, dans un champ bien préparé, du plant élevé sur une couche, comme cela se pratique pour le colsat, le tabac et plusieurs autres plantes. Cette opération économise encore plus la semence que les deux précédentes. On peut ainsi, avec une petite quantité, suffire à une assez grande étendue de terre; aucun grain n'est pour ainsi dire perdu ou mal placé, et tous peuvent fournir des produits très abondans dans un terrain convenablement préparé pour recevoir le plant. Plusieurs expériences, qui nous paroissent plus curieuses que réellement utiles pour la pratique générale, démontrent même qu'un seul grain de blé peut se multiplier, pour ainsi dire à l'infini, au moyen des *talles* continuellement séparées les unes des autres, et qui, pourvues de racines et replantées dans des circonstances favorables, en reproduisent bientôt de nouvelles, dont on peut tirer le même parti. Mais, outre que le produit éventuel d'un seul grain ne suffit pas pour établir le rapport général, comme on le fait quelquefois, cette grande économie de semence, très précieuse dans les années de disette, et applicable à quelques cas particuliers, dans lesquels on a sur-tout en vue une prompte multiplication d'espèces ou de variétés rares et recommandables, est-elle encore en proportion, dans la pratique en grand, avec les soins, les difficultés, les précautions, et sur-tout les frais de main-d'œuvre et la lenteur qu'elle exige? Nous n'osons non plus l'affirmer, et nous pensons que cette grande économie de semence, qui n'est pas, en général, l'objet le plus important, lorsqu'il n'en résulte pas économie de temps, de travaux et d'argent, ne suffit pas pour que cette méthode puisse devenir d'un usage très répandu, et qu'elle doit par sa nature rester circonscrite dans quelques localités peu importantes, où l'on s'occupe plus d'horticulture que d'agriculture.

De l'ensemencement à la volée. Cette méthode d'ensemencement, la plus commune et la plus expéditive que l'on connoisse, consiste à jeter à la volée, sur le champ, le grain que le semeur prend, ou dans une espèce de panier, ou, ce qui vaut beaucoup mieux, dans une pièce de toile, longue d'environ trois mètres sur un de largeur, et fixée par un bout autour du cou et des bras, au moyen de trois ouvertures, et, par l'autre, entortillée autour d'un bras, de manière que le milieu forme une espèce de corbeille dans laquelle se trouve le grain. Le semeur, en se plaçant à une extrémité du champ et le plus possible sous le vent, le parcourt ainsi dans sa longueur ordinairement, et quelquefois dans sa largeur, et répand le grain dont il emplit plus ou moins sa main, à des distances plus ou moins rapprochées, relativement à la force du vent, et sur-tout à la quantité plus ou moins forte qu'il désire semer sur un espace donné. Il le répand le plus également possible, en ouvrant la main, tandis que le bras décrit à peu près un demi-cercle, depuis le semoir jusque vers l'épaule, portant simultanément en avant le pied opposé au bras qui lance en même temps la semence, et marchant d'autant plus lentement qu'il veut semer plus épais.

Cette méthode est susceptible de plusieurs modifications dont il convient d'examiner ici les principales.

On sème à la volée, ou au fond de chaque raie, derrière la charrue, ou sur le champ labouré, puis hersé avant le dernier labour qui doit recouvrir la semence, ou dans les sillons d'un champ qui a reçu le dernier labour, et qu'on ne herse qu'après l'ensemencement, ou enfin sur un champ qui, après avoir reçu le dernier labour, est hersé préalablement à l'ensemencement, puis rehersé après.

Premier procédé. Le semeur, en suivant le laboureur, jette sa semence derrière lui, dans le fond de la raie que la charrue vient d'ouvrir, la raie suivante la recouvre, et on continue ainsi successivement.

Ce procédé qui a l'avantage de bien recouvrir toute la semence à la profondeur désirée, et de l'éparpiller assez également, et qui est recommandable dans quelques cas, a l'inconvenient d'être moins expéditif que les suivans, le semeur ne pouvant ensemencer dans une journée que l'étendue de terre labourée par la charrue qu'il suit. Il exige d'ailleurs une terre mise préalablement en très bon état de culture, afin que les mottes ne couvrent pas trop la semence, et il emploie généralement aussi beaucoup de semence. Il est assez souvent pratiqué dans les terres humides, dressées en *billons* bombés ou relevés.

Second procédé. Dans toutes les terres où l'on craint que les eaux ou les gelées ne déchaussent le grain et l'exposent à périr en mettant ses racines à nu, on le sème fréquemment sur le champ hersé après l'avant-dernier labour, en se réglant sur des jalons, lorsqu'ils sont nécessaires, et on l'enterre ensuite par un dernier labour plus ou moins profond, suivant l'état et la nature de la terre, afin de le prémunir ainsi contre les atteintes auxquelles il est exposé.

Ce procédé, souvent très utile, et quelquefois indispensable, plus expéditif que le précédent, l'est moins que le suivant, en ce qu'il ne permet d'ensemencer que l'étendue de terre que les charrues qu'on a à sa disposition peuvent recouvrir en un seul jour, à moins qu'on ne veuille s'exposer, ce qui n'est pas ordinairement prudent, aux dégâts que peuvent y faire les pigeons, les corneilles et autres oiseaux granivores. Il a aussi l'inconvénient de ramasser une forte partie du grain sur une ligne, tandis que les intervalles en sont ordinairement peu garnis.

On désigne fréquemment ce procédé, ainsi que le précédent, par ces mots, *semer sous raies*, en opposition au suivant, qui consiste à *semer sur raies*.

Troisième procédé. Dans la plupart des terres sur lesquelles on ne redoute pas l'excès d'humidité, et sur presque toutes celles qui sont par cette raison labourées en *planches*, au lieu de l'être en *billons*, il est d'usage de répandre la semence sur le dernier labour. Elle entre ainsi dans les sillons, et la herse vient ensuite la recouvrir.

Ce procédé est sans contredit le plus expéditif de tous, parcequ'un semeur habile peut ensemencer en un jour une très grande étendue de terre, et que l'opération très expéditive du hersage a bientôt recouvert toute la semence ; mais il a l'inconvénient d'accumuler au fond des sillons, plus que le précédent encore, la majeure partie des grains, tandis qu'il en reste à peine quelques uns sur la crête, et il a en outre celui de placer à des profondeurs inégales, la semence qui n'est aussi qu'imparfaitement enterrée.

On diminue cependant cet inconvénient en faisant les sillons le plus serrés égaux et étroits qu'il est possible.

Quatrième procédé. Les inconvéniens qui contre-balancent plus ou moins les avantages qui distinguent chacun des procédés précédens, et sur-tout l'irrégularité de la dissémination du grain, d'où résulte souvent son amoncèlement sur un point, tandis que les points environnans en sont ordinairement peu garnis, et quelquefois même entièrement dépourvus, ont sans doute fait naître la première idée des instrumens connus sous les dénominations de plantoirs, de semoirs à tambour, à cylindres, à ressorts, à tremie, à palettes, etc., etc., mais les inconvénients de ces divers instrumens plus ou moins ingénieux, et malheureusement plus ou moins compliqués et difficiles à gouverner, étant souvent plus considérables que ceux qu'on désiroit faire disparoître, et ne convenant qu'à quelques cultures particulières, il faut nécessairement revenir à ces divers procédés, et diminuer autant que possible leurs inconvéniens, en conservant les principaux avantages qui les distinguent, *célérité et économie.*

Nous avons adopté depuis long-temps, sur notre exploitation, un procédé qui nous paroît réunir à ces deux avantages une plus grande égalité dans la dissémination, et dont nous faisons usage avec succès toutes les fois que les circonstances le permettent. Nous croyons utile de l'exposer ici d'une manière abrégée.

Lorsque les circonstances nous paroissent exiger que le grain soit enterré *sous raies*, pour les motifs que nous avons déjà fait connoître ; après l'avoir semé à la volée, à la manière ordinaire, sur le champ hersé après l'avant-dernier labour, nous rehersons la terre immédiatement après cet ensemencement, et préalablement au dernier labour qui doit s'ensuivre. Cette opération expéditive d'un nouvel hersage a l'avantage de fixer en terre la plupart des grains en les y enfonçant légèrement, et le labour qui vient ensuite n'a plus l'inconvénient de les accumuler, en les faisant rouler vers un seul point. De nouveaux hersages en travers achèvent de compléter la dissémination, en écartant plus ou moins la plupart des grains trop rapprochés, et leur enfoncement en terre, ainsi que la levée, se trouvent ordinairement assez réguliers.

Lorsqu'au contraire nous n'avons pas le déchaussement du grain à redouter, nous le semons après le dernier labour, mais non *sur raies* à la manière ordinaire ; c'est-à-dire que nous faisons précéder notre ensemencement par un simple hersage en long, ou plutôt en travers, ce qui vaut beaucoup mieux quand la chose est possible. Il en résulte l'oblitération des sillons, et la formation de raies nouvelles beaucoup plus petites, qui reçoivent la semence d'une manière plus égale et à des distances plus rapprochées. Aussitôt après cet ensemencement, de nouveaux hersages en différens sens achèvent d'éparpiller la semence en l'enterrant à une profondeur à peu près égale, et la levée, au lieu de montrer des raies droites et régulières, formées par l'accumulation des grains au fond de chaque sillon, présente l'aspect agréable d'une prairie verdoyante, chaque grain se trouvant disséminé d'une manière beaucoup plus uniforme.

Ce procédé a aussi l'avantage d'économiser la semence, parcequ'un seul grain suffit dans l'endroit où un nombre quelquefois très considérable se trouve rassemblé par les méthodes ordinaires, et il a encore celui de rendre moins sensible et moins désavantageux l'excès de semence dans lequel on tombe si souvent, parcequ'il en résulte toujours une moindre accumulation de grains sur un même point, la surface du terrain se trouvant beaucoup moins inégale. Il permet moins aussi aux plantes nuisibles de s'étendre, parceque le champ présente beaucoup moins de ces lacunes qui favorisent leur développement; et nous pensons, d'après une longue expérience, que toutes les fois qu'il est admissible, il offre de grands avantages sous le rapport de l'égalité de la dissémination, sans nuire à la célérité et à l'économie qu'il ne faut jamais oublier dans toutes les opérations rurales.

Les grains, à la vérité, se trouvent généralement peu enfoncés par le dernier mode d'exécution de ce procédé; mais, outre que cela nous paroît plus conforme au vœu de la nature et beaucoup plus convenable, lorsqu'on ne redoute ni le déchaussement ni l'aridité, nous observerons que le premier mode qui pare à ces inconvéniens offre le moyen d'opter en faveur de celui que les circonstances locales font présumer devoir être le plus convenable; et tous deux nous paroissent réunir, suivant les convenances, des avantages qui méritent qu'on les essaye comparativement avec les méthodes accréditées depuis long-temps, dont on ne peut se dissimuler les imperfections, toutes les fois qu'on les considère avec un œil observateur et impartial.

Des opérations généralement nécessaires depuis l'ensemencement jusqu'à la récolte. Ces opérations peuvent rigoureusement se borner à trois principales; le hersage, le roulage et le sarclage.

Du hersage. Le hersage, fait de la manière et avec les précautions convenables, doit être regardé comme le complément des ensemencemens ordinaires.

En effet, quelques précautions que le semeur ait prises pour arriver à une égale dissémination du grain, l'irrégularité de sa marche et de ses poignées, la force du vent et l'inégalité du terrain, jointes à quelques autres circonstances accidentelles, peuvent encore la rendre plus ou moins inégale ; et l'action de la herse, qui ouvre, remue en tous sens et égalise le sol, doit nécessairement remédier en grande partie à cet inconvénient, lorsque cette action est convenablement exercée.

C'est sur-tout le hersage en travers, c'est-à-dire, dans une direction opposée à celle des sillons, qui produit cet effet, et il doit toujours être employé immédiatement après l'ensemencement, lorsqu'il est praticable et facile. En oblitérant les sillons, il en déplace une partie des grains surnuméraires qui s'y trouvoient accumulés, et les reporte sur l'espace occupé par la crête qui n'avoit pu en retenir qu'une bien foible partie, lors de l'ensemencement, et il est généralement préférable au hersage en long, sous ce rapport essentiel, et parcequ'il égalise mieux aussi le terrain, et qu'il remplit mieux les *dérayures*.

Il n'est pas plus possible de prescrire le nombre des hersages et la forme des herses, qu'il ne l'est de régler invariablement le nombre des labours et la forme des charrues.

Les principes généraux sur ce point doivent, selon nous, se borner à ceci :

I. Les hersages doivent être d'autant plus multipliés que la terre a plus besoin d'être ameublie et purgée de racines nuisibles, et la semence plus éparpillée ; et les herses doivent être d'autant plus pesantes, et les dents plus allongées et plus affilées, qu'on desire enfoncer davantage la semence en terre.

II. La nature, enfonçant généralement très peu les semences en terre, nous indique que, lorsqu'elles sont semées en temps convenable, elles doivent n'être que suffisamment enterrées pour se trouver à l'abri des atteintes des animaux et de la sécheresse.

III. Plus le terrain est froid, humide, compacte et motteux, moins la herse doit les enterrer, de crainte qu'elles ne pourrissent ; et plus il est sec, chaud, meuble et en pente, plus elles doivent y être enfoncées, pour les soustraire aux ravages des chaleurs excessives et des averses.

IV. Dans les terres très exposées aux effets destructeurs des eaux et des gelées, il y a généralement moins d'inconvénient à conserver, avant l'hiver, les mottes d'une grosseur moyenne, qui, quelquefois, les en préservent, et le hersage doit y être moins multiplié.

V. L'établissement de *sangsues* ou *saignées*, ou rigoles transversales ou diagonales, établies de distance en distance, en modérant le cours des eaux, prévient également ou diminue au moins cet inconvénient, et on doit les pratiquer lorsque la terre se trouve suffisamment hersée.

Du roulage. Toutes les fois que la nature du sol, ou son état, fait redouter le déchaussement du grain pendant l'hiver, par l'effet du soulèvement de la terre, il est prudent d'y passer le rouleau ou cylindre, immédiatement après le dernier hersage, afin de prévenir, au moins en partie, cet inconvénient; quelquefois même, on fait parquer, pour le même objet, les moutons sur le champ ensemencé, ainsi que pour lui donner plus de consistance et de fertilité; et nous avons souvent employé ce moyen avec le plus grand succès. Nous nous servons aussi avec beaucoup d'avantage du fort rouleau à pointes (*voyez les fig. à la fin de l'ouvrage*) pour écraser les mottes durcies par la sécheresse, avant ou après l'ensemencement.

Lorsqu'on n'a pas cru devoir rouler le champ avant l'hiver, il est généralement avantageux de le faire après, afin d'écraser les mottes les plus fortes, de chausser le plant, et de rendre la récolte plus facile en rendant la surface plus unie.

Quand on craint de trop resserrer la terre, on peut substituer avantageusement au rouleau, un *ploutre* ou châssis ayant la forme d'un carré long, ou simplement une herse renversée qui, sans comprimer la terre, brise les motes et égalise le champ, en chaussant le plant. (*Voyez les mêmes figures.*)

Du sarclage. L'opération du sarclage est essentielle, non seulement pour le succès de la récolte actuelle, mais sur-tout pour la prospérité des récoltes suivantes.

Un des grands inconvéniens de la culture ordinaire des graminées annuelles, c'est de souiller la terre, indépendamment de l'épuisement qu'elle occasionne; et si l'on ne peut empêcher le dernier inconvénient, il faut tâcher, au moins, de diminuer le premier autant que possible.

Le sarclage devient beaucoup plus facile, lorsque le grain se trouve semé en lignes ou rayons équidistans et réguliers, parcequ'il suffit de passer, dans les intervalles, de petites houes à main, telles que celle figurée à la fin de l'ouvrage, ce qui est tout à la fois facile et expéditif, et ameublit la terre en la nettoyant; mais cette circonstance se rencontrant rarement dans la pratique ordinaire en grand, il n'en devient pas moins utile de pourvoir au sarclage de toute autre manière, soit en arrachant à la main les plantes nuisibles, ce qui est fort long et généralement peu praticable en grand, soit avec un instrument approchant, pour la forme, de la seconde houe figurée, ou tout autre équivalent.

On emploie aussi, pour cet objet, et sur-tout pour couper les chardons et autres plantes semblables ou aussi nuisibles, telles que le COQUELICOT (*papaver rheas*), le BLEUET (*centaurea cyanus*), la NIELLE OU COQUELOURDE (*agrostemma githago*), la SANVE (*synapis arvensis*), la JACINTHE CHEVELUE (*hyacinthus comosus*), l'EUFRAISE TARDIVE (*euphrasia odontites*), etc., une échardonnette (*voyez les mêmes figures*), et on les arrache quelquefois aussi avec une espèce de tenailles en bois à long manche, connues sous le nom de *moëttes* en différens cantons des départemens de l'Orne, de l'Eure et du Calvados, où l'on s'en sert souvent. (*Voyez les mêmes figures.*)

I. Les grains les plus clairsemés ont plus besoin de sarclage que tout autre.

II. Plus tôt le sarclage a lieu, plus cette opération est bienfaisante. Elle fait taller la plante, en l'exposant, de toutes parts, aux bénignes influences de l'atmosphère, et en procurant aux racines les moyens de s'étendre davantage.

III. Il est avantageux de le réitérer, jusqu'à ce que le grain couvre entièrement toute la surface du champ, ou commence à s'élever, et il est sur-tout essentiel d'enlever toutes les plantes légumineuses dont les vrilles s'accrochent aux tiges, et dont les grains noirs se mêlent à la semence. Il est encore très utile d'arracher les touffes de grains étrangers, seigle, orge ou aveine, qu'on distingue à une teinte de verdure différente, et qui gâteroient aussi la récolte principale, ainsi que l'ivraie, autre graminée à feuilles beaucoup plus petites, et dont le mélange du grain avec celui du froment, cause des accidens plus ou moins funestes aux personnes qui se nourrissent du pain qui en provient, lorsqu'il est chaud, sur-tout, et que le grain est nouvellement récolté.

IV. Le temps le plus convenable pour le sarclage, est celui où la terre n'est ni trop sèche ni trop humide, afin d'éviter que les plantes nuisibles ne se cassent au lieu de s'arracher, dans le premier cas, et que la terre et la récolte ne se trouvent foulées et endommagées, dans le second.

V. Lorsque le temps est favorable à cette opération, il est toujours très avantageux de concilier la célérité avec l'économie.

VI. Lorsqu'elle est terminée, les plantes n'exigent, en général, aucun autre soin jusqu'à la récolte, à moins que leur excès de vigueur ne nécessite le retranchement d'une partie de leurs feuilles, ou par la dent des bestiaux, ou par la faucille, ou par la faux, afin de prévenir le versement, la rouille et autres accidens de cette nature. Ce retranchement, aussi utile aux jeunes animaux qui sont nourris de son produit, qu'aux plantes qui l'éprouvent, se désigne fréquemment sous la dénomination *d'effanage*.

De la récolte. La manière dont la récolte du froment est faite est encore importante à considérer, sous le point de vue de l'assolement. Celle qui doit obtenir la préférence, pour cet objet, est, sans contredit, celle qui souille le moins la terre de semences nuisibles, et qui la laisse couverte de chaume le moins possible.

Sous ces rapports, ainsi que sous ceux de la célérité et de l'économie, qui ne sont jamais plus importantes qu'à l'époque critique de la récolte, la faux, armée de *crochets* ou *pleyons*, présente de grands avantages sur la faucille, et doit être employée toutes les fois qu'elle est admissible.

Quand il seroit vrai que cet instrument égrène davantage que la faucille, ce qui est bien plus attribuable à la maladresse de l'ouvrier qu'à l'action de la faux, lorsqu'elle est bien montée et bien dirigée, comme nous nous sommes assurés par des essais comparatifs répétés, il faudroit seulement devancer de quelques jours l'époque de la récolte; ce qui peut se faire sans inconvénient, et ce qu'il est souvent si funeste de retarder.

Par l'emploi de cet instrument, joint à la précaution que nous recommandons, la terre sera plus nette, plus tôt dépouillée et en état de recevoir les cultures et ensemencemens auxquels on pourra la destiner. On emploie encore, avec beaucoup de succès, la sappe, usitée dans nos départemens septentrionaux, sur-tout pour les blés versés, et l'on y met souvent, aussi, les gerbes à couvert, dans le champ, en petits *meulons*, avant de les enlever.

Après être entrés dans ces divers détails, qui ont un rapport plus ou moins direct avec l'objet particulier que nous avons en vue, et dont les principes sont d'ailleurs applicables à la culture des autres grains, passons à l'objet de l'assolement proprement dit.

De l'assolement. La culture ordinaire du froment étant très épuisante et salissante, doit nécessairement être précédée et suivie immédiatement de cultures améliorantes et préparatoires.

Rien n'est plus contraire aux bons principes, et rien n'épuise et ne souille autant la terre, que de faire précéder une récolte de froment par une autre de graminées annuelles cultivées à la manière ordinaire, telles que l'orge, l'aveine et le seigle.

On peut quelquefois, à la vérité, après les défrichemens, ou lorsque la terre se trouve très féconde par une cause quelconque, obtenir ainsi plusieurs récoltes successives abondantes; mais on finit toujours par la souiller et l'épuiser d'une manière plus ou moins sensible, et un bon cultivateur doit avoir en vue, non seulement le succès des récoltes actuelles, mais sur-tout la prospérité des récoltes futures; et il ne doit jamais s'exposer à compromettre, par l'effet des premières, la réussite des dernières, son principal objet devant être, généralement, de maintenir la terre dans un état constant de vigueur, de netteté et de fécondité.

Il est également contraire aux mêmes principes, de faire suivre immédiatement une récolte de froment par une autre d'orge, de seigle ou d'aveine, qui, indépendamment du mélange toujours très nuisible, de grains de diverses espèces, achève d'épuiser et de souiller la terre, et force le cultivateur à avoir recours à la jachère qu'on observe très fréquemment pour réparer en partie le tort qui lui est fait par cette conduite plus intéressée que réellement éclairée, qui, sans pourvoir aux besoins de l'avenir, ne vise qu'à ceux du moment qui se trouvent bien rarement satisfaits.

On ne doit rigoureusement se permettre d'enfreindre ces principes, que dans le cas où le second ensemencement en grain est accompagné d'un nouvel ensemencement en prairie artificielle. Le mal porte en quelque sorte ici son correctif avec lui : le séjour de la prairie répare, au moins en grande partie, et sans frais additionnels, l'épuisement et le salissement de la terre, et ce moyen est sur-tout admissible lorsqu'elle se trouve dans un état d'amélioration tel qu'on n'a pu établir la prairie avec la première récolte, par la crainte que la vigueur du grain ne la privât des influences atmosphériques indispensables à sa prospérité.

Pour le même motif, la culture du froment ne doit jamais suivre immédiatement un défrichement de bois ou tout autre qui peut laisser la terre dans un état d'ameublissement et de fécondité considérables, qui, en donnant aux plantes une vigueur extraordinaire, leur ôte le degré de consistance nécessaire, les rend veules et sujettes à verser et à pourrir, et leur donne, au moins, un luxe de végétation en feuilles, qui tourne ordinairement au détriment de la qualité et de l'abondance du grain.

Il est prudent de faire précéder la culture du froment, dans le cas d'excès d'ameublissement et de fécondité, par une culture qui épuise la fertilité surabondante de la terre, sans la souiller, telle que celles du Chanvre, du Lin, du Colzat, du Tabac, de la Garance, du Pastel, et autres de cette nature, qui exigent de fréquens sarclages, et après lesquels la terre se trouve encore dans un état convenable pour recevoir le froment. (*Voyez* ces articles.)

Cette culture ne doit pas non plus, en général, avoir lieu immédiatement après une luzerne vieille, qui laisse la terre plus ou moins gazonneuse, et dont les fortes racines ajoutent encore à l'inconvénient du soulèvement de la terre que le gazon occasionne, et qui déchausse et fait souvent périr le grain. (*Voyez* Luzerne.)

Elle est ordinairement accompagnée d'un grand succès, après la destruction d'un trèfle net et vigoureux, qu'on n'a laissé subsister qu'une seule année après celle qui a suivi son ensemencement, et qui peut, dans un très grand nombre de cas, n'exiger qu'un seul labour pour recevoir le froment, comme notre expérience nous en a souvent convaincus, et elle en vaut généralement mieux. (*Voyez* Trèfle.)

Elle réussit encore très souvent, sur les terres convenables, après un défrichement de sainfoin ou de lupuline, lorsqu'elles sont préalablement bien préparées, et c'est ainsi que nous sommes parvenus, depuis long-temps, à convertir, avec le plus grand succès, en terres propres à la culture du froment une très grande partie des terres médiocres de notre exploitation, qui, de temps immémorial, n'avoient donné que des récoltes en seigle peu productives en suivant la routine triennale, *jachère, seigle et aveine*. (*Voyez* Sainfoin.)

Nous l'avons également vue souvent donner des produits nets et abondans après les récoltes convenablement préparées et soignées de pommes de terre, et de plantes légumineuses et crucifères soumises à nos cultures ordinaires. (*Voyez* ces articles.)

Enfin, elle a communément le plus grand succès immédiatement après toutes les cultures préparatoires, suffisamment engraissées et sarclées, lorsque les récoltes peuvent être enlevées du champ assez tôt pour que la terre puisse recevoir la culture nécessaire, et permettre de faire l'ensemencement de bonne heure.

Toutes les fois que l'enlèvement de la récolte précédente se trouve reculée par une cause quelconque qui s'oppose à ce que l'ensemencement puisse se faire en temps opportun, il est prudent de substituer au froment commun ordinaire une de ses variétés dites de mars.

Ces variétés, désignées sous les dénominations de *blés de mars*, *marsais*, *tremois*, *primaves*, *printaniers* et *trimestres*; qui se soudivisent encore en autant de variétés secondaires qu'il en existe dans les fromens d'automne, sous le rapport de l'absence ou de la présence des barbes, du vide ou du plein des tiges, et de la forme et de la couleur des épis et des grains, se font ordinairement remarquer par un grain plus petit, plus arrondi et généralement assez pesant; par une tige principale moins élevée et qui talle peu, et par un épi plus court, dont les grains s'échappent plus aisément à l'époque de la maturité, et qui est aussi plus sujet à la carie, comme nous l'avons déjà observé.

Plus tôt on les sème, vers la fin de l'hiver, et plus le produit en est abondant. Comme elles poussent moins en tiges et en feuilles que les fromens d'automne, elles ne présentent point les mêmes inconvéniens qu'eux sur les terres très meubles et très fertiles qui leur conviennent essentiellement.

Elles sont sur-tout précieuses pour les terres qui étoient destinées aux fromens d'automne et qui n'ont pu être préparées assez à temps pour les recevoir; et quoique leur produit soit moindre, il a ordinairement assez de qualité, mais la farine en est souvent sèche. Elles ne sont pas moins utiles dans quelques situations trop élevées pour pouvoir être ensemencées avant l'hiver, à cause de l'âpreté du climat, ou sur les terrains où l'on doit redouter l'excès d'humidité pendant cette saison, ou sur ceux où l'on veut conserver, pendant l'hiver, le pâturage d'une prairie artificielle, ou enfin pour réparer les pertes occasionnées par tous les accidens qui peuvent endommager les semailles d'automne.

En nous occupant de la culture du seigle, sous le rapport de l'assolement, et en rapportant plusieurs exemples remarquables qui démontrent que cette graminée pouvoit fournir, dans la même année, une prairie momentanée et une récolte en grains, nous avons observé que cet avantage pouvoit s'obtenir aussi avec d'autres de nos graminées annuelles. Le froment fournit plusieurs exemples de la possibilité de cette double récolte, résultante du même ensemencement, et qui est sur-tout praticable sur les terrains ou naturellement très fertiles, ou fortement améliorés. Nous nous bornerons à en consigner ici quelques-uns assez remarquables.

On peut citer comme un fait très remarquable celui rapporté par Gilbert et éprouvé par M. Bazile, régisseur de M. d'Artois, qui « *sur onze arpens* ensemencés en froment, à la mi-juin, a obtenu trente-six chariots à trois chevaux de bon foin, et ensuite une récolte meilleure qu'un douzième d'arpent de la même terre qui n'avoit point été fauchée. »

« J'ai semé, nous dit M. Dumont de Courset, du froment au mois de juillet, pour en faire une prairie artificielle en automne; je l'ai fait paître en septembre par les chevaux, qui se sont très bien trouvés de cette nouvelle prairie, qui avoit alors huit à dix pouces de hauteur : ce même blé m'a fourni une assez bonne récolte l'année d'après; mais les herbes qui y sont venues trop abondantes ont un peu influé sur le produit. J'avois fait, continue-t-il, cet essai pour donner une nourriture verte automnale aux chevaux ; si l'on pouvoit en sarcler ensuite les mauvaises herbes, on auroit ainsi une prairie excellente la première année, et une récolte ordinaire l'année suivante. »

Il existe aussi plusieurs exemples qui prouvent que du froment fauché, après avoir été endommagé par la grêle, au moment où il alloit épier, a fourni encore de bonnes récoltes, indépendamment d'une abondante provision de fourrage, et ce moyen de réparer en partie les dégâts occasionnés par ce terrible fléau, si fréquent dans plusieurs de nos cantons méridionaux, doit être mis en usage, sans perte de temps, toutes les fois qu'il est encore praticable. Il doit toujours, au moins, en résulter une seconde coupe de fourrage bien précieux.

Nous avons fait plusieurs fois, sur cet objet, des essais qui n'ont pas toujours réussi, mais qui nous ont convaincus cependant que, sur des terrains fertiles et frais, et avec des circonstances atmosphériques favorables, on pouvoit quelquefois obtenir ainsi une première récolte en fourrage, et une seconde en grain; il est même des circonstances où la première récolte devient indispensable, comme nous l'avons remarqué, au succès de la seconde et principale récolte.

Le petit blé qui sort dessous le crible est aussi très propre à faire des pâtures, ou prairies momentanées, et chaque année nous en semons, pour cet objet, une étendue de terrain assez considérable, dont la consommation faite alternativement au printemps, avec celle du seigle, de l'escourgeon et de l'aveine d'hiver, devient une ressource très précieuse pour nos brebis nourrices et nos agneaux, sans nuire aux ensemencemens subséquens.

La valeur vénale de ces petits grains étant généralement très foible, ainsi que leur valeur réelle pour la consommation, il y a d'autant plus d'avantage à les semer, qu'il en faut beaucoup moins que de bons grains pour cet objet qu'ils remplissent assez bien; il est seulement essentiel qu'ils se trouvent le plus exempts possible de semences étrangères, nuisibles aux récoltes. Nous renvoyons, pour le mode d'ensemencement, à ce que nous avons dit en nous occupant du seigle.

Nous renvoyons également à cet article pour ce qui concerne les divers mélanges de froment et d'autres grains connus sous le nom de méteil, etc.

DE L'AVEINE. L'aveine, avène ou avoine commune, *Avena sativa*, est une graminée annuelle dont les tiges, qui s'élèvent ordinairement à un mètre environ, dans un terrain et avec une culture et un temps convenables, sont terminées par un panicule très lâche, garni d'épillets pendans, qui renferment des grains de diverses grosseurs et couleurs.

L'origine de cette graminée nous paroît encore réellement inconnue, quoique d'après Adanson, qui rapporte l'avoir vue croître spontanément dans l'île d'Ivan Fernandès, plusieurs auteurs l'aient supposée originaire des environs du Chili. Tout nous porte à croire que l'aveine, connue d'ailleurs des anciens, et beaucoup plus cultivée au nord de l'Europe qu'au midi dont le climat lui convient généralement moins, et que nous voyons constamment résister beaucoup mieux au froid et à l'humidité qu'à la chaleur et à la sécheresse, est originaire de quelque contrée septentrionale.

Quoi qu'il en soit, cette plante croît ordinairement assez bien, comme le froment, sur les terres de notre seconde division, plus argileuses que siliceuses, et plus humides que sèches, plus compactes que meubles, sur lesquelles l'orge et le seigle viennent moins bien, et, dans les âpres régions de nos montagnes élevées, où la culture du froment, de l'orge et du maïs est interdite, on trouve encore quelquefois l'aveine qui partage avec le seigle le mérite de fournir à la frugale subsistance des Alpicoles.

Ajoutons que cette plante, robuste et peu délicate, est une de celles qui souffrent le moins de la négligence du cultivateur, qui prend souvent peu de soins pour assurer son succès. Toute sa culture se borne communément à un simple labour, et s'il suffit quelquefois, comme nous en citerons quelques exemples, il ne faut pas en conclure cependant, comme on ne le fait que trop souvent, qu'il soit le seul, dans tous les cas, rigoureusement indispensable. Un assez grand nombre de faits démontrent que deux et même trois labours sont très souvent amplement payés par un accroissement proportionnel de produit, indépendamment du nettoiement de la terre, objet qui est toujours de la plus haute importance; et parceque, dans la routine ordinaire, la terre destinée à cette culture ne reçoit point immédiatement d'engrais, il est encore aussi absurde d'en conclure qu'elle peut et doit toujours s'en passer, qu'il le seroit d'avancer que, quoiqu'elle n'exige pas toujours, pour prospérer, le terrain le plus fertile et le mieux préparé, ses produits ne sont pas généralement proportionnés à la qualité et à l'état de la terre.

Notre expérience, jointe à celle de plusieurs observateurs, nous démontre que l'avoine redoute sur-tout la sécheresse.

« Les avoines, fèves et pois, dit Olivier de Serres, sont les grains qui plus désirent l'eau. »

« Cette plante, observe Teissier, craint tellement la chaleur, qu'il y a des pays où on est obligé de ne la semer qu'avec de la vesce, à la faveur de laquelle elle peut avoir le pied frais. »

« Elle se refuse, dit Dumont Courset, aux sols crétacés ou trop secs. »

Avant d'entrer dans quelques détails sur sa culture, nécessaires à notre objet, examinons ses espèces et ses variétés sous le rapport de leur mérite respectif pour la culture en grand.

Il en est de l'avoine comme du froment; en érigeant de simples variétés en espèces, plusieurs auteurs ont embrouillé la matière au lieu de l'éclaircir. Ils ont établi ces prétendues espèces sur les différences de la couleur du grain, et sur l'époque automnale ou printanière de la semaille, comme si des couleurs accidentelles, ainsi que des époques de semailles très variables, pouvoient réellement constituer des espèces proprement dites.

Il existe un assez grand nombre de variétés de l'avoine ordinaire, dont les principales, sont, 1° l'avoine blanche; 2° l'avoine jaune; 3° l'avoine grise; 4° l'avoine noire; 5° l'avoine brune, et 6° l'avoine rousse, qui se soudivisent encore en avoine automnale et en avoine printanière, plus ou moins hâtive ou tardive.

Les variétés blanche et noire sont les plus tranchantes par la couleur, et les moins changeantes d'après notre expérience; mais quoique nous n'ayons jamais vu l'une de ces deux variétés de couleur changée totalement en l'autre, nous avons cependant souvent remarqué que la différence du sol et de la constitution atmosphérique y apportoit des variations très notables; que, par exemple, la première devenoit d'autant plus grise ou jaune que le sol et la saison étoient plus humides, et que la seconde devenoit aussi d'autant plus brune ou rousse que le sol ou le climat étoient plus secs. On pourroit donc rigoureusement réduire toutes ces variétés à deux principales, plus ou moins susceptibles de modifications accidentelles, et nous n'avons cru devoir les faire connoître toutes que parce que nous avons vu souvent leur attribuer des qualités distinctes qui les faisoient plus ou moins rechercher.

En ne nous arrêtant ici qu'aux deux variétés blanche et noire, nous trouvons que chaque auteur qui a cru devoir préconiser l'une en la comparant à l'autre, l'a annoncée comme moins délicate sur le sol et la culture; plus productive, moins dure, plus hâtive, plus pesante et par conséquent plus farineuse; or, comme ces qualités se trouvent alternativement attribuées à l'une et à l'autre, cette dissidence, ou plutôt ce rapport d'opinion diversement appliqué, nous paroît démontrer bien évidemment que toutes deux sont susceptibles de posséder à différens degrés ces qualités, qui proviennent ordinairement de l'influence plus ou moins prolongée du sol, du climat, de la culture et d'autres circonstances très agissantes et purement accidentelles, et les observations qui nous sont personnelles, sur ce point, nous autorisent encore à le penser.

Nous croyons donc qu'en général, sans s'attacher exclusivement à telle ou telle autre variété, on doit toujours accorder la préférence, sans distinction de couleur, à celles qui, ayant été reconnues, par des essais comparatifs, les plus convenables au sol, au climat et aux autres circonstances locales importantes à considérer, sont encore les plus productives en poids réel de grain, ce qui nous paroît être la qualité essentielle, et qui réunissent ensuite à un plus haut degré les autres qualités désirables.

Lorsqu'on destine à la vente une partie de l'avoine qu'on doit récolter annuellement, il convient, toutes circonstances égales d'ailleurs, de se conformer à la couleur la plus recherchée par les acquéreurs, et la noire étant généralement préférée dans les départemens environnant Paris et ailleurs, comme la blanche l'est à son tour dans plusieurs autres départemens, le cultivateur doit en ce cas prendre cette circonstance en considération. Nous observerons que la couleur noire, dont l'intensité est souvent due au javelage dont nous parlerons plus loin, et à d'autres pratiques nuisibles, rend plus difficiles à reconnoître les altérations que l'avoine a reçues par la pluie, par un commencement de fermentation, ou par quelque manipulation préjudiciable et trop commune.

Lorsqu'on croit devoir cultiver l'avoine sur des terres sur lesquelles la substance siliceuse domine, sur celles crétacées et arides, et sur toutes celles enfin où l'on a à redouter les effets funestes de la sécheresse du printemps, on doit préférer, lorsque le climat le permet, la variété automnale, c'est-à-dire plus habituée que la variété printanière à supporter les hivers ordinaires, parceque couvrant plutôt la terre de ses feuilles, ses racines se trouvant plus enfoncées à l'époque où la sécheresse règne ordinairement, et sa maturité ayant lieu quinze jours environ plus tôt, d'après notre expérience, elle se trouve dans des chances plus favorables à son succès. Son grain est aussi plus pesant, mieux élaboré, et plus farineux que celui de la variété printanière.

Lorsque le climat ne permet pas de semer avant l'hiver sur les terres dont nous venons de parler, on doit alors s'attacher aux variétés qui, habituées depuis long-temps à être semées sur des terrains et dans des circonstances qui accélèrent la maturité, sont généralement plus précoces que d'autres.

Ces variétés sont encore précieuses sur les terres où l'on redoute l'excès d'humidité, parceque la semaille peut en être différée avec moins d'inconvénient, ainsi que sur celles extraordinairement fécondes, parcequ'elles poussent ordinairement moins en feuilles, et sont par conséquent moins sujettes à y pourrir en herbe ou à verser.

En général l'avoine semée pendant l'hiver ayant plus de temps pour se développer, fournit une paille plus ferme et des grains plus pesans, plus farineux et plus nourissans; elle est par conséquent plus propre aux usages économiques ordinaires, et particulièrement à la fabrication des gruaux.

Passons maintenant aux espèces proprement dites qui sont annuelles et cultivées, devant nous occuper plus loin des avoines vivaces, propres à la formation des prairies.

Indépendamment de l'espèce commune dont nous venons de nous occuper, on remarque l'avoine nue, l'avoine de Pensylvanie, l'avoine de Lœffling, et l'avoine de Hongrie, qui pourroit bien n'être qu'une variété unilatérale de l'aveine commune.

DE L'AVOINE NUE. L'avoine nue, *Avena nuda*, ainsi appelée parceque ses semences tombantes sont dégarnies de leurs balles, se distingue encore par ses calices triflores, ses barbes tortillées, ses épillets courts, et par la petitesse de son grain, qui est généralement moins productif que l'avoine commune, mais qui paroît avoir plus de qualité pourl a fabrication des gruaux pour laquelle Duhamel, qui observe *qu'il ne rend presque point de son*, le recommande, avec quelques autres agronomes.

Cette espèce d'avoine paroît encore recommandable par sa faculté de résister au froid, et elle est cultivée sous ce rapport et sous celui de la qualité de ses gruaux dans quelques parties de la Suisse, de la Russie, et de quelques autres contrées septentrionales, et dans plusieurs provinces d'Angleterre, septentrionales, montueuses et d'un climat rigoureux, et sur-tout en Ecosse, où elle obtient la préférence pour ce dernier objet, et pour la fabrication du pain, usage auquel on l'y destine fréquemment; ce qui a probablement engagé Johnson à définir l'avoine dans son dictionnaire anglais, *grain qui sert à nourrir les chevaux en Angleterre et les hommes en Écosse.*

DE L'AVOINE DE PENSYLVANIE. L'avoine de Pensylvanie, *Avena Pensylvanica*, ainsi appelée parceque le botaniste suédois Kalm l'a rapportée de cette contrée d'Amérique, où il l'a trouvée croissant spontanément, et dont les principaux caractères spécifiques sont d'avoir son panicule aminci vers son sommet, ses calices biflores, ses semences petites et velues, et garnies de longues barbes, n'a pas été jusqu'à présent, que nous sachions, essayée comparativement assez en grand pour pouvoir apprécier ses qualités relativement à l'avoine commune (1).

(1) Nous apprenons que M. Sonnini a cultivé cette espèce d'aveine, et que sa tige s'élève davantage que celle de toute autre espèce, mais que son grain petit, à balle noirâtre, ne mérite pas d'être préféré à l'aveine commune.

DE L'AVOINE DE LÆFFLING. L'avoine de Læffling, *Avena Læfflingiana*, ainsi nommée par Linnée, parceque, Læffling, autre botaniste suédois, l'a aussi rapportée d'Afrique, où elle croît spontanément, ainsi qu'en Espagne, se distingue essentiellement par le resserrement de son panicule en épi pyramidal, par la petitesse de ses épillets sessiles, bi ou triflores, et par deux barbes de longueur inégale.

Nous ne connoissons non plus aucune expérience comparative faite avec le grain de cette espèce, qui est aussi fort petit, qui paroît plus sensible au froid, et qui pourroit peut-être convenir plus que l'avoine ordinaire à quelques cantons de nos départemens les plus méridionaux (1).

DE L'AVOINE DE HONGRIE. L'avoine de Hongrie, qui paroît avoir été inconnue à Linnée, et que Schreber appelle avoine orientale, *Avena orientalis*, qu'on désigne aussi quelquefois en France sous les noms d'avoine de Pologne, de Sibérie et d'Allemagne, a pour principal caractère distinctif son panicule unilatéral au lieu d'être circulaire et pyramidal comme dans les autres espèces, et ses grains, placés à l'extrémité de pédoncules fort courts et en étages les uns au-dessus des autres près de la tige.

Nous avons cultivé en grand, pendant plusieurs années, cette avoine, dont le grain nous a paru constamment blanc et très pesant, et les feuilles plus larges, plus vigoureuses, et la tige plus grosse et plus élevée que l'avoine commune que nous cultivions comparativement sur une terre plus compacte et humide que meuble et sèche. Elle s'y est élevée jusqu'à un mètre et demi environ, et a fourni comparativement plus de grain. Malgré ces avantages nous en avons discontinué la culture, parceque nous avons remarqué qu'elle s'égrenoit beaucoup lors de la récolte, que les chevaux mâchoient difficilement son grain dur et enveloppé d'une écorce épaisse et coriace, et que sa paille, fort dure aussi, étoit peu agréable à nos bestiaux. Nous pensons qu'elle exige encore un terrain plus substantiel que l'avoine commune, mais son grain, gros et farineux pourroit peut-être être propre à la fabrication des gruaux ou à quelqu'autre emploi économique équivalent, et on nous assure que sa culture est répandue dans quelques uns de nos départemens de l'est.

Passons aux détails de culture relatifs à notre objet.

De la préparation du sol. Nous avons déja observé que dans la routine commune on semoit de l'avoine par-tout et avec la seule préparation d'un simple labour, souvent très superficiel et

(1) M. Sonnini dit encore l'avoir cultivée, et avoir observé qu'on ne doit la confier à la terre que quand elle commence à être échauffée par la douce influence du soleil printanier; qu'elle mûrit de bonne heure, et que cet avantage peut engager à en admettre la culture.

sans engrais, immédiatement après une première récolte d'une graminée, tout aussi sinon plus épuisante. Aussi, le chétif produit qui résulte ordinairement de cet usage beaucoup trop commun, suffit-il pour en démontrer l'abus; et après avoir vu ces tristes moissons, on peut s'écrier avec Ovide : *chetive aveine, sur terre épuisée.*

Et levis obsesso stabat avena solo.

Quoique la rusticité de l'avoine la fasse assez souvent résister au mauvais traitement qu'elle reçoit, sur-tout lorsque ses racines conservent la fraîcheur qu'elles demandent essentiellement, ses produits sont généralement proportionnés à la qualité du sol et aux soins apportés à sa préparation, avant et pendant la culture; et, si l'on excepte celle qui a lieu immédiatement après les défrichemens de bois ou de prairies naturelles et artificielles, et les desséchemens d'étangs ou de marais, plusieurs labours et l'application d'engrais bien préparés lui sont ordinairement utiles.

Lorsque le champ qu'on lui destine est libre de bonne heure en automne, il est toujours avantageux de lui donner à cette époque un premier et léger labour suivi d'engrais, et d'un second, et même d'un troisième, lorsqu'il paroît convenable, vers la fin de l'hiver. Quelquefois cependant, dans les terres tenaces, argileuses et sujettes à se gâcher, un seul labour profond et bien fait au commencement de l'hiver suffit, et la terre se trouve très bien divisée par l'effet de la gelée, qui est le meilleur de tous les agens pour en écarter convenablement les molécules, les exposer aux influences atmosphériques favorables et y faciliter l'insertion des racines.

On objectera peut-être que sur un terrain aussi bien préparé il y a de l'avantage à substituer l'orge ou le blé de mars à l'avoine. On a même prétendu que l'orge produisoit plus de bénéfice net que l'avoine. Nous nous bornerons à observer que ce résultat ne peut jamais être que relatif, et qu'il est nécessairement subordonné à la qualité du sol, à l'influence du climat, aux besoins, aux usages, aux débouchés et à plusieurs autres circonstances locales auxquelles nous devons supposer la culture de l'avoine appropriée, et dans ce cas, elle nécessite, pour réussir, les précautions que nous avons indiquées et celles qui vont suivre.

De la préparation de la semence. Nous ne répéterons pas ici ce que nous avons dit sur le renouvellement et les diverses préparations de la semence à l'article, FROMENT, qu'on peut consulter. Nous observerons seulement que l'influence du sol et du climat pouvant changer la couleur, le poids et les autres qualités de l'avoine, essentielles aux localités dans lesquelles elle se trouve placée, il est utile de la renouveler toutes les fois qu'on s'aperçoit d'une altération bien sensible dans ces qualités, ou d'un mélange de semences nuisibles. Nous ajouterons que c'est une économie très erronée, de choisir, comme nous l'avons vu faire plusieurs fois, la petite avoine pour semence, parcequ'il en faut moins, en réservant la plus grosse pour les chevaux ou pour la vente. Une conduite opposée donne ordinairement les résultats les plus avantageux, comme nous nous en sommes convaincus par des essais comparatifs, dont le résultat est facile à concevoir. Enfin nous remarquerons qu'il est de la plus grande importance, lorsqu'on fait cribler l'avoine pour la semence, d'en extraire la sanve, l'ivraie, et sur-tout, le plus possible, l'*avron*, dont les grains plus légers se rassemblent ordinairement au-dessus du crible, et sur les inconvéniens duquel nous devons entrer dans quelques détails.

DE L'AVRON. L'avron ou avoine sauvage, *Avena fatua*, est nommé aussi folle avoine, avoine stérile, ou avoine follette, parceque les grains très peu adhérens au pédoncule qui termine son panicule, tombent aussitôt qu'ils sont mûrs, et que les autres ne tardent pas à les suivre successivement, de manière que la tige non entièrement encore desséchée, paroît *stérile.*

C'est une espèce d'avoine annuelle, indigène, très rustique et vigoureuse, dont nous nous sommes assurés que le grain noir et petit pouvoit se conserver plusieurs années en terre sans perdre sa faculté germinative, ce qui a sans doute fait regarder la plante comme vivace par quelques auteurs. Ses principaux caractères distinctifs sont d'avoir les balles florales garnies à leur base de petits poils roux qui recouvrent cette partie; des barbes très longues, un peu contournées à leur base, et douées d'une propriété hygrométrique; un panicule très lâche; et une tige généralement plus grosse et plus élevée que celle de l'avoine commune.

Nous avons remarqué qu'elle se multiplie sur-tout dans les terrains frais, les plus convenables à l'avoine commune, et que sa maturité est plus avancée que la sienne.

L'indigénéité, la rusticité, la vigueur et la précocité de l'avron, jointes à la dissémination naturelle, ordinaire et très facile, de ses semences, et à la propriété dont elles sont douées de se conserver fort long-temps en terre sans perdre leur faculté germinative, la rendent très nuisible aux céréales, sur-tout à celles qui sont semées consécutivement plusieurs années de suite sur le même champ, et elles ont donné lieu à l'erreur populaire plus ou moins accréditée sur plusieurs points de la France et ailleurs, que l'avoine, le froment, l'orge et le seigle, dégénéroient en avron.

Lorsqu'à une récolte de graminées annuelles succède immédiatement une nouvelle récolte de la même nature, le petit nombre de plantes d'avron à peine aperçues lors de la première recolte, ayant laissé presque toutes leurs semences sur le champ, des plantes beaucoup plus nombreuses, auxquelles ont pu se joindre d'autres, provenues de grains conservés intacts en terre depuis plusieurs années, et d'autres encore mêlées avec le grain semé, infestent la seconde récolte. Au lieu de croire à la prétendue dégénération de la bonne semence, le cultivateur qui doit enfin ne plus ajouter foi aujourd'hui à ces ridicules transmutations d'une espèce en une autre, qui ont donné lieu à tant de dissertations plus ou moins absurdes, doit reconnoître la véritable cause du mal qui occasionne sa surprise et sa perte, et l'attribuer en grande partie au vice de son assolement, et à sa négligence à séparer d'abord l'avron du bon grain, et ensuite à le détruire par tous les moyens qui sont en son pouvoir, lorsqu'il n'a pu l'empêcher de se développer (1).

Il est donc bien essentiel, comme nous l'avons dit, de séparer l'avron de l'avoine, soit en jetant *à la roue* le grain battu, dans la grange, comme nous l'avons prescrit pour le froment, soit en le criblant; et dans l'un et l'autre moyen qu'il est utile de réunir, le poids spécifique de l'avron, plus léger que celui de la bonne avoine, facilite cette séparation, qui est presque complète lorsque ces deux opérations sont bien faites, et qui est assez facile lorsque ce grain nuisible n'est pas très abondant; car lorsqu'il l'est, il faut de toute nécessité renouveler la semence.

Lorsque, par vice d'assolement, par négligence, ou par toute autre cause, on s'aperçoit qu'un champ est garni abondamment de plantes d'avron, qui se remarquent aisément, comme nous l'avons dit, à la vigueur extraordinaire de leurs tiges, et que l'habitude apprend bientôt à distinguer, le parti le plus court, le plus expéditif et le plus économique pour en purger complètement le champ, consiste à convertir la récolte en grain qu'on se proposoit de faire en une récolte de fourrage, en fauchant toutes les plantes aussitôt qu'on s'aperçoit qu'elles commencent à fleurir, et à donner successivement à la terre plusieurs labours qui, faits par un temps convenable et à diverses profondeurs, achèvent de déterminer la germination et la destruction des grains qui peuvent encore exister. L'enfouissement de l'herbe qui en résulte procure le double avantage de nettoyer et de fertiliser le champ. Lorsqu'on est assuré que, malgré ces opérations, la terre recèle encore beaucoup de semences d'avron, une culture préparatoire et rigoureusement faite devient indispensable pour l'en purger complètement.

Observons, avant de passer à un autre objet, que les semences du PEIGNE DE VÉNUS, *scandix pecten Veneris*, renfermées dans de longues gaînes pointues qui leur font souvent donner le nom d'aiguilles, et qui sont également très nuisibles, peuvent et doi-

---

(1) Virgile a probablement voulu désigner cette espèce nuisible, dans ce vers qui peint si bien les récoltes souillées d'ivraie et d'avron,

Infelix lolium, sterilesque dominantur avenæ.

Ce que ses nombreux commentateurs et traducteurs ne paroissent pas avoir soupçonné, et ce qu'indiquent fortement les mots *steriles et dominantur.*

vent se séparer des bonnes semences, ou se détruire par les mêmes moyens que nous indiquons pour l'avron.

Il ne suffit pas que la semence d'avoine soit nette pour la confier à la terre. Ce grain, ainsi que le froment et l'orge, est sujet à être charbonné, et le préservatif contre cette maladie, qui diminue plus ou moins la récolte en grain, et rend la paille moins bonne, se trouve dans le chaulage que nous avons prescrit pour le froment, et dont on ne doit jamais se dispenser lorsqu'on s'est aperçu qu'il y avoit un grand nombre d'épis charbonnés dans l'avoine destinée à la semence, ou lorsqu'on sème à une époque froide et humide, et dans des terres compactes et aquatiques, toutes circonstances qui, en retardant la germination du grain, l'exposent davantage aux ravages de cette maladie.

De l'époque de la semaille. Un vieux proverbe dit, *avoine de février emplit le grenier.* Cet adage populaire, pris dans son sens littéral, seroit faux, appliqué à plusieurs de nos départemens méridionaux, où, sur un grand nombre de terrains, ce grain doit être semé plus tôt, pour résister à la chaleur du printemps; mais il signifie qu'en général les semailles hâtives sont les meilleures, c'est-à-dire que, résistant mieux à la sécheresse, elles donnent des produits plus abondans et un grain mieux nourri et plus pesant. On doit cependant différer la semaille toutes les fois qu'on redoute l'effet de l'excès d'humidité et de la gelée qui détruiroient ou endommageroient fortement les plantes, tout en se rappelant que les semailles précoces peuvent débarrasser plus tôt le champ, et sont moins exposées à la grêle, etc.

De la quantité de semence nécessaire. Il est indispensable de consulter sur cet important objet ce que nous avons dit p. 133. et suiv., et nous nous bornerons à observer ici que lorsqu'on craint que la gelée détruise une partie de l'avoine semée avant l'hiver, ou lorsque ce grain doit éprouver, sur les terres compactes et battues, une opération qui peut aussi en détruire, et dont nous parlerons plus loin, il faut y pourvoir en semant plus dru, et nous devons répéter qu'il y a généralement moins d'inconvénient à pécher par excès que par défaut de semence.

Des diverses manières de semer l'avoine. En confirmant ce que nous avons dit à l'article FROMENT, nous observerons, 1° que l'emploi de l'instrument connu sous le nom de semoir, a été reconnu, *même en Angleterre, absurde et impraticable pour l'avoine*, et 2° que le plantage, qu'on nous a dit avoir été pratiqué avec succès dans les environs de Compiègne, nous paroît aussi une opération trop longue et trop minutieuse pour être susceptible d'une adoption générale en grand.

En renvoyant, pour les autres méthodes, à l'article déjà cité, nous entrerons dans quelques détails sur un procédé trop peu connu, que nous avons vu pratiquer, et que nous avons pratiqué nous-mêmes, avec beaucoup de succès, sur des terres en bon état de culture.

Il consiste à semer de bonne heure l'avoine, sur un labour dont les sillons ont été préalablement oblitérés par un hersage fait en travers, tel que nous l'avons décrit, et qui forme de nouveaux sillons plus petits et plus rapprochés. Immédiatement après l'ensemencement, la semence est légèrement enterrée et recouverte par de nouveaux hersages en tous sens, suivis du rouleau. Dès qu'on s'aperçoit, en déterrant quelques grains, que la germination de l'avoine se manifeste par l'apparition de la plumule et de la plantule en terre, et que la surface du champ se couvre d'ailleurs d'herbes nuisibles, un nouveau labour fait, sans perdre de temps, renverse et enfouit sous raie l'avoine qui ne souffre point de ce déplacement fait à temps, que la herse doit suivre. Il en résulte deux grands avantages : le grain suffisamment enterré pour que ses racines puissent plonger et s'étendre dans la terre fraîche, se trouve plus à l'abri de la sécheresse qu'il redoute, et la destruction des plantes nuisibles déjà hors de terre, opérée par l'enfouissement résultant du dernier labour, rendant la terre très nette lorsque l'avoine lève, la place dans une nouvelle chance très favorable à sa prospérité.

Des opérations nécessaires entre l'ensemencement et la récolte. Nous renvoyons encore pour le hersage, le roulage et le sarclage, aux détails dans lesquels nous sommes entrés sur ces trois opérations essentielles, à l'article FROMENT, et nous y ajoutons que plus la nature du sol, son exposition, l'influence du climat et l'époque de la semaille font craindre les effets de la sécheresse, plus il faut s'attacher à enfoncer et à recouvrir l'avoine par la charrue, la herse et le rouleau.

Il existe une opération souvent pratiquée sur les terres compactes de la Brie, de la Beauce, et d'autres cantons, qui sont sujettes à se resserrer et à être battues par les pluies, et qui nous a toujours paru être suivie de grands avantages, lorsqu'elle a été faite à propos. Elle consiste *à herser, à la seconde feuille*, par un temps sec, les avoines semées sur les terres de cette nature, et dont le collet se trouve comprimé et pour ainsi dire étranglé par le resserrement de la terre. Cette opération est, en quelque sorte, un houage, ou binage très expéditif, qui dégage les plantes et détruit les obstacles qui ralentissoient leur végétation, en rendant les influences atmosphériques plus faciles. Elle a encore le mérite de détruire la plupart des plantes nuisibles qui couvrent la terre. A la vérité, elle détruit aussi quelques plantes d'avoine dont les racines sont peu enfoncées; mais outre que celles qui resistent, tallant davantage, regarnissent en grande partie les lacunes, il est toujours facile de prévenir un trop grand éclaircissement, en combinant bien cette opération avec les circonstances accidentelles, et en semant d'ailleurs un peu plus dru, en se rappelant qu'une fausse économie de semence n'est pas réellement une économie de dépenses, et qu'elle amène très souvent une économie de récolte, indépendamment de la malpropreté du champ, qui entraîne toujours avec elle les conséquences les plus fâcheuses.

Nous avons plusieurs fois pratiqué cette opération avec succès sur les terres de la nature de celles dont nous parlons, et nous l'avons même quelquefois transportée avec avantage sur d'autres moins compactes, où la semence avoit été bien enterrée, et où les plantes avoient besoin d'être dégagées, d'une manière prompte et économique, de la sanve qui paroissoit.

Cette plante, *sinapis arvensis*, et ses consœurs le RAIFORT SAUVAGE, *raphanus raphanistrum*, et la ROQUETTE SAUVAGE *sisymbrium*, *tenuifolium*, et autres plantes à graines huileuses, qui épuisent beaucoup la terre, sont les plus redoutables ennemis de l'avoine, avec le CHARDON HÉMORRHOÏDAL, *serratula arvensis*, le PEIGNE DE VÉNUS, *scandix pecten Veneris*, diverses espèces de caucalide, et quelques autres qu'il est essentiel de détruire par les moyens indiqués, avant le moment où l'avoine va épier.

Observons ici que cette époque est critique pour elle, et que lorsqu'elle n'épie qu'imparfaitement, à cause de la sécheresse, il reste la ressource de la convertir en fourrage et de la remplacer immédiatement par un nouvel ensemencement d'une autre nature de plantes propres à donner une seconde récolte dans la même année, et dont nous avons indiqué les principales, ce qui vaut souvent mieux que de s'exposer à avoir une récolte très médiocre en grain, qui souille ordinairement la terre de semences nuisibles.

De la récolte. L'époque et le mode les plus convenables pour procéder à la récolte de l'avoine sont deux objets de la plus haute importance, étroitement liés, et qu'il est essentiel pour notre objet d'examiner.

Les grains qui terminent le panicule de l'avoine et qui sont les premiers mûrs, et généralement les plus gros et les plus pesans, se détachent aisément lors de la récolte, pour peu que la maturité soit outre-passée. Ce motif, ainsi que celui de la coïncidence assez ordinaire de la maturité de l'avoine avec celle du froment, joint à la crainte de manquer d'ouvriers, et de voir sa récolte ravagée par la grêle ou par des pluies abondantes, ou par quelque ouragan trop fréquent, qui, en couchant ou en entremêlant les panicules, rend la moisson pénible et peu avantageuse, doivent nécessairement porter le cultivateur à ne point perdre un temps précieux pour commencer une récolte aussi sujette à s'égrener.

Mais si la réunion de ces motifs très déterminans peut l'autoriser à devancer un peu l'époque précise de la maturité générale, d'autant plus difficile quelquefois à fixer que la tige principale et les tiges latérales épient assez souvent et mûrissent par conséquent à des époques différentes, plus ou moins éloignées, lors des printemps secs, elle ne peut sous aucun rapport légitimer la routine absurde et trop commune de *faucher*, comme on dit, *les avoines en lait*, c'est-à-dire lorsque les tiges sont encore vertes en grande partie, et les grains sans aucune consistance. A la vérité, on prétend remédier à ce premier mal par une autre routine qui l'aggrave encore, et qu'on désigne sous le nom de *javelage*, dont nous allons examiner les résultats.

Du javelage. Le javelage consiste à laisser les javelles déposées sur le champ, jusqu'à ce que la pluie les ait pénétrées.

Si cette pratique, qui s'observe fréquemment à l'égard de l'avoine, et qu'on applique aussi quelquefois aux autres grains, n'avoit pour objet que d'opérer l'entière dessiccation des tiges, des grains et des plantes qui peuvent s'y trouver mêlés, et de faciliter le battage, ou d'avancer la moisson et la rentrée de grains plus précieux, elle seroit très recommandable sans doute; mais qui ne sait pas que le but ordinaire qu'on se propose en faisant subir à l'avoine le javelage, dans toute la rigueur du sens qu'on attache à ce mot, but qu'on avoue très ouvertement, c'est de donner au grain plus de volume, de poids et de qualité? Voyons si ce triple objet est rempli.

On part d'abord de la supposition gratuite que la faux égrène plus que la faucille, pour établir qu'il est indispensable de faucher l'avoine verte encore, si l'on veut prévenir l'égrenage. Nous observons cependant que le javelage s'observe également pour l'avoine faucillée, et nous avons très souvent remarqué que la perte du grain provenoit bien plus de la maladresse ou de la négligence de l'ouvrier que de l'imperfection de l'outil, qui, lorsqu'il est bien monté et bien conduit, n'égrène réellement pas plus que celui auquel la célérité, l'économie et la netteté du champ doivent souvent engager à le substituer. Mais quoi qu'il en puisse être, admettons qu'on se trouve dans la dure nécessité de devancer de beaucoup l'époque de la maturité de l'avoine pour diminuer la perte du grain, pense-t-on que cet avantage, en le supposant bien réel, compense le défaut de maturité convenable pour que toute espèce de grain acquière le maximum de sa qualité alimentaire? ou pense-t-on plutôt qu'il puisse l'acquérir encore après le retranchement de la racine? Assurément, s'il est possible que dans les premiers momens de ce retranchement, un peu de sève parvienne encore jusqu'au grain, cela ne peut suffire pour achever de le nourrir, et encore moins pour élaborer les sucs que l'interruption de la végétation laisse dans un état laiteux et imparfait. Il n'existe là aucun moyen efficace d'augmenter le volume, le poids et la qualité du grain. Où donc faut-il le chercher? Dans l'eau dont la pluie va bientôt le pénétrer ? Mais cette eau appliquée à un corps mort peut-elle se combiner avec lui ? Peut-il se l'assimiler ? Pour connoître la vérité sur ce point, il suffit de s'assurer, comme nous l'avons fait, du poids réel d'une quantité déterminée d'avoine sèche, de la saturer d'eau ensuite, et l'on découvrira ce que le bon sens rend très facile à comprendre, que non seulement il n'y a pas augmentation réelle de poids, lorsque l'avoine est revenue à son premier point de siccité, mais encore qu'il y a diminution ; car l'eau, en s'évaporant, a entraîné avec elle une portion de la substance la plus déliée et la plus fugace du grain, et a en outre détérioré sa qualité primitive, par un commencement de fermentation plus ou moins avancée. A la vérité, la couleur devient ordinairement plus intense, ce qui manifeste l'altération du grain et de la paille, et le volume est aussi augmenté quelquefois par l'écartement que le gonflement momentané du grain opère sur les balles qui lui servent d'enveloppe ; mais ces deux prétendues qualités qu'on cherche d'ailleurs à donner quelquefois à l'avoine par d'autres moyens insidieux et équivalens, ne peuvent servir qu'à séduire et à tromper les autres ou à se tromper soi-même.

Ainsi, si le javelage, tel que nous l'avons entendu d'abord, est recommandable et quelquefois même forcé, le javelage tel qu'on le pratique communément, n'a aucun avantage réel, et il en résulte ordinairement perte de poids et de qualité ; altération de couleur et renflement trompeur ; commencement de fermentation, que nous avons vue plusieurs fois poussée jusqu'à la germination, après des pluies abondantes attendues long-temps ; et, par une conséquence nécessaire, des maladies funestes qu'on attribue souvent à toute autre cause ; quelquefois même des incendies dans les granges et dans les meules, qu'on attribue encore à la malveillance ; et des semailles faites avec des grains avariés qui lèvent mal ou ne lèvent pas, ce que nous avons vu plusieurs fois avoir lieu.

Ajoutons à ce tableau fidèle des inconvéniens graves attachés à cette routine, qui a pris naissance d'une aveugle cupidité, deux autres inconvéniens qui ont un rapport très direct avec les assolemens. Le premier consiste dans le séjour des javeles sur le champ, que nous avons vu se prolonger au-delà d'un mois, qui devient un obstacle insurmontable à toute espèce de culture, en même temps qu'il occasionne encore une perte très réelle assez considérable, par les dégâts que les oiseaux et autres animaux y occasionnent ; et le second existe dans la destruction de la portion des prairies artificielles qu'on sème souvent avec l'avoine, et qui se trouve privée d'air. Ainsi, quand en moissonnant plus tôt, sans javeler, on perdroit au battage une partie de grain qui se retrouve toujours dans la paille et profite aux bestiaux, et par suite au cultivateur, et quand, en moissonnant plus tard, on en perdroit une autre partie qu'on pourroit encore utiliser de différentes manières, il n'y auroit là aucun motif plausible pour s'exposer aux inconvéniens qui doivent faire proscrire cette pernicieuse routine.

Observons encore que lorsqu'on se sert de la faux, qui doit toujours être armée de crochets, ou au moins de *pleyons*, on égrène bien moins en fauchant l'avoine comme le froment, c'est-à-dire en poussant doucement vers le grain debout celui qui est fauché et qu'on ramasse et met en javelle sur le champ, qu'en fauchant *à la volée*, c'est-à-dire en formant des ondins comme avec le foin, ce qui fait perdre plus de grain, non seulement par secousse résultante du mouvement imprimé à la faux, mais sur-tout en divisant ensuite les ondins pour former les javelles.

Il n'est pas moins essentiel d'observer que la consommation du grain d'avoine récemment récolté, dangereuse comme celle de tous les grains nouveaux, qui occasionnent des météorisations et des coliques pernicieuses, jusqu'à ce qu'ils soient entièrement dépourvus de toute leur eau de végétation non combinée, le devient d'autant plus, que ce grain a été plus long-temps et plus fortement javelé, ce qui fournit un nouvel argument contre le javelage.

Des usages économiques de l'aveine et de son introduction dans les assolemens. Le principal emploi de l'aveine en grain consiste dans la nourriture dont elle est la base pour les chevaux et les mulets, en France, indépendamment de celle qu'emploient les autres animaux domestiques, ce qui en nécessite une consommation considérable, et par conséquent une culture très étendue presque par-tout.

Ce grain est aussi employé quelquefois, sur-tout dans les montagnes froides et élevées, dont le climat se refuse à la production d'autres céréales, à la confection d'un pain mat, noir, peu lié et peu agréable à la vue et au goût; il est encore destiné à la fabrication de gruaux qui ont un goût de vanille assez délicat, et dont on fait un assez grand usage dans quelques uns de nos départemens de l'ouest et ailleurs, où sa farine est aussi quelquefois employée en pâtisseries: enfin, on le convertit encore, dans quelques endroits de nos départemens septentrionaux, en une bière délicate et légère, ou en eau-de-vie connue sous le nom d'*eau-de-vie de Genièvre*, à la fabrication de laquelle le seigle est cependant plus particulièrement destiné.

Ces différens usages, auxquels il faut joindre encore celui de sa paille dépouillée du grain, dont les bœufs, les vaches et les bêtes à laine sont très avides, ainsi que celui des balles désignées sous le nom de *menues pailles*, très propres aussi à garnir les paillasses, ont rendu la culture de l'aveine d'une très grande utilité, pour ne pas dire d'une nécessité indispensable, sur presque tous les points de la France.

Voyons si sa culture est intercalée avec d'autres productions, de manière à en assurer le succès, en ménageant la terre.

A quelques exceptions près, beaucoup trop rares, on peut avancer, sans craindre de se tromper, que la culture de l'aveine est généralement précédée de celle d'une autre graminée annuelle, telles que le froment, le seigle et l'orge, et qu'elle est ordinairement suivie de l'improductive jachère.

Or, s'il est reconnu, comme cela n'est que trop bien constaté, que *la culture ordinaire* de ces graminées épuise et salit en outre la terre, il doit nécessairement en résulter que la culture de l'aveine qui les suit immédiatement, avec une foible préparation et sans aucune réparation préalable de l'épuisement existant, doit être peu avantageuse, d'une part, et achever, de l'autre, d'épuiser et de souiller la tere.

C'est ce qui arrive, en effet, avec la routine triennale qu'on voit si religieusement suivie en un très grand nombre d'endroits, et que la teneur même de nos baux semble avoir consacrée, en interdisant au fermier, colon ou métayer, la faculté *de dessoler et de dessaisonner la terre* soumise depuis des siècles à cette fâcheuse rotation, dont le résultat ordinaire est la misère du cultivateur et le peu d'aisance du propriétaire.

C'est sans doute aussi de ce vice ordinaire d'assolement qu'est dérivé le reproche si fréquent qu'on entend faire à l'aveine, d'épuiser considérablement la terre, reproche qu'on lui impute en totalité, à tort, puisqu'elle n'est réellement que la plus foible cause de l'épuisement dont on se plaint, qui eût été plus considérable encore, si on lui avoit substitué, comme on le fait quelquefois, l'une des trois autres graminées que nous avons nommées, et, puisqu'elle est incontestablement celle qui épuise le moins, comme le démontrent, indépendamment de son organisation et de son mode de végétation, plusieurs récoltes consécutives abondantes qu'on en obtient souvent après des défrichemens, et que ne fourniroient pas également les autres, ce qui ne prouve pas cependant que cette culture, plus avide que raisonnée, soit conforme aux bons principes.

Nous le répétons, la culture de l'aveine immédiatement après celle du froment, du seigle, et de l'orge, ne peut être tolérée que lorsque cette culture est accompagnée de l'établissement d'une prairie, dont le séjour répare une partie du mal; et quelquefois même, comme nous l'avons observé, elle devient nécessaire.

Dans toute autre circonstance, il est généralement avantageux de l'intercaler avec des cultures préparatoires et améliorantes, si l'on veut prévenir l'épuisement et le salissement de la terre, qui conduisent à la jachère. Il résulte encore, quelquefois, un très grand inconvénient de la succession immédiate de l'aveine au froment. Cette plante se trouve attaquée, dans ses tiges, par un ver rongeur provenant des œufs d'un papillon qui s'étoit nourri aux dépens des fleurs du froment, et qui les avoit déposés ensuite sur le chaume de cette graminée. Ce ver, commun dans certaines années, dans quelques cantons assujettis à la routine triennale que nous combattons, cause souvent des ravages considérables dans les récoltes d'aveine ainsi préparées, lorsque le chaume du froment n'a été, ni brûlé, ni arraché, ni profondément enfoui, ni fauché de très près de terre et enlevé.

La culture de l'aveine est ordinairement très productive immédiatement après les dessèchemens d'étangs ou de marais, les défrichemens de bois ou de prairies naturelles ou artificielles, et, toutes les fois qu'on redoute, pour le froment, ou l'excès d'humidité, ou le trop grand ameublissement de la terre, ou la présence du gazon non dissous, ou la surabondance de végétation en feuilles, qui est au détriment du grain. Quelquefois aussi, quoique beaucoup plus rarement, l'aveine, dans ces circonstances très favorables, pousse trop en herbe, et elle est sujette à verser et à pourrir; mais on peut prévenir ou réparer cet inconvénient, d'abord en économisant la semence, et ensuite en retranchant l'excès de végétation, ou avec la faux, ou avec la faucille, ou avec la dent des bestiaux, auxquels cette nourriture verte et succulente est très agréable et salutaire, lorsqu'elle leur est donnée avec prudence.

La culture de l'aveine devient encore précieuse et très avantageuse pour succéder, au printemps, à toutes les récoltes préparatoires faites trop tardivement pour pouvoir les remplacer par le froment ou par un autre ensemencement d'automne; et, dans ce cas, elle convient particulièrement après celle de la pomme de terre. Elle est généralement très avantageuse, sur un seul labour bien fait, pour détruire les prairies dont on a voulu conserver le pâturage aux bestiaux, pendant l'automne et une partie de l'hiver, ou après la culture des navets consommés aux mêmes époques sur-le-champ, et elle est quelquefois la seule admissible des cultures céréales, dans les froides régions des montagnes élevées, très long-temps exposées à la rigueur des frimas, aux accidens des avalanches, et à d'autres intempéries qui en bannissent des plantes plus précieuses.

On sème aussi quelquefois un mélange d'aveine et d'orge : cette espèce de méteil qu'on donne aux chevaux et aux volailles, et qui se fait quelquefois naturellement par le rapprochement des champs ensemencés avec ces deux espèces de grains et par le défaut du criblage, a les mêmes inconvéniens que nous avons reprochés au méteil de froment, de seigle et d'orge, et ne peut être recommandée.

On sème encore, en différens cantons de la France, et plus particulièrement dans nos départemens méridionaux, un mélange d'aveine et de vesces ou de gesses, de pois ou de féveroles, qu'on désigne communément sous le nom de *barjelade*, et qu'on fauche en fleurs, pour être consommé en fourrage vert ou sec. Cette excellente méthode, que nous avons vu pratiquer dans les arrondissemens d'Aix, de Nîmes, d'Alais, d'Uzès, et en plusieurs autres endroits, et que nous avons souvent adoptée nous-mêmes sur notre exploitation, réunit le triple avantage d'augmenter les produits, en fournissant des soutiens, rames ou appuis naturels, aux plantes foibles que la nature a munies de mains ou vrilles pour s'accrocher aux autres plantes à tiges moins flexibles; de fournir aux bestiaux une nourriture de première qualité, très convenable, non seulement pour réparer leur déperdition, mais encore pour les engraisser; et de pouvoir servir de culture préparatoire et améliorante, en épuisant très peu la terre qu'elle occupe peu de temps, et en la débarrassant assez tôt pour pouvoir lui donner toutes les opérations de culture nécessaires. Nous ne saurions trop recommander cette excellente pratique, d'après notre expérience, et d'après les avantages qu'en retirent, sous le double rapport de l'assolement et de la nourriture des bestiaux, tous les cultivateurs qui l'observent.

DES GRAMINÉES VIVACES ET DES PRAIRIES.

Il existe en France, comme ailleurs, un assez grand nombre de terres comprises dans notre seconde division, qui, étant peu propres et quelquefois même totalement impropres à la culture du sainfoin, de la luzerne et du trèfle, réclament plus particulièrement l'introduction des graminées vivaces, regardées de temps immémorial comme la nourriture la plus naturelle des bestiaux; et la nature elle-même en y faisant croître ordinairement, d'une manière spontanée, plusieurs espèces, plus ou moins avantageuses, de cette nombreuse et si utile famille, semble indiquer au cultivateur qu'il ne lui reste plus qu'à en faire un choix convenable, relativement à ses besoins, pour en tirer tout le parti possible.

Les terres, très souvent ingrates, d'une nature argileuse compacte et humide, étant presque toujours d'une culture difficile, longue et dispendieuse, fatiguant excessivement les hommes et les animaux qui y tracent de pénibles sillons, étant d'ailleurs convenable à un très petit nombre de cultures annuelles variées, peuvent généralement être couvertes, avec beaucoup d'avantage, de semences choisies de graminées vivaces adaptées aux circonstances locales.

Toutes celles qui, étant naturellement aquatiques, ne peuvent être complètement desséchées d'une manière efficace et durable; celles qui peuvent aisément être arrosées; celles qui sont placées au fond des vallées; celles qui se trouvent très exposées aux avalanches, aux ravins, aux grêles, aux frimas, ou à une température brumeuse bien plus convenable aux prairies qu'aux cultures céréales; celles qui, exposées à de fréquens débordemens, sont sujettes à une longue submersion, quelle que soit d'ailleurs la composition de leur sol, se trouvent aussi dans le même cas, ainsi que quelques unes de celles qui, ayant une pente très rapide, ou une surface inégale et raboteuse, difficile à aplanir, ou une situation escarpée, sont peu accessibles aux opérations aratoires.

Toutes celles enfin qui, ne pouvant admettre avantageusement les prairies artificielles que nous avons indiquées, ou d'autres équivalentes, exigent pour leur culture des avances qu'elles ne restituent pas toujours au cultivateur routinier qui s'obstine cependant à les sillonner pendant une longue série d'années avant de les rendre à la nature, doivent être assolées avec un choix convenable de ces graminées, quel que puisse en être d'ailleurs le produit; car il vaut bien mieux encore se restreindre, dans ces circonstances défavorables, à obtenir un modique produit net d'une prairie ou d'une pâture composée de plantes bonnes en elles-mêmes, et qui, une fois établie, n'assujettit à aucun frais considérable d'entretien, que d'avoir un produit plus volumineux de végétaux non choisis, croissant spontanément, ou, ce qui est pis encore, de s'exposer chaque année à des travaux dispendieux de culture qui sont bien rarement couronnés par le succès qu'une ignorance aveugle et un faux calcul en font espérer.

On peut poser en principe que l'établissement des prairies ou pâturages, pacages, herbages, etc., permanents, appartient généralement à toutes ces localités désavantageuses à l'exploitation rurale ordinaire, comme les plaines unies et d'un traitement facile réclament plus particulièrement la culture alternée des céréales et des plantes légumineuses, potagères, textiles, tinctoriales, oléifères, etc.

L'observation démontre que lorsqu'une ou plusieurs espèces de graminées vivaces prennent complètement possession des terres argileuses et peu traitables dont nous avons parlé, et parviennent, par la vigueur de leur végétation, à en exclure toutes les autres plantes, ou nuisibles ou inutiles, non seulement leur permanence peut rendre ces terres très productives et lucratives, mais elles finissent encore par changer leur nature rebelle, et par les rendre meubles et traitables, par un amas plus ou moins considérable d'humus résultant des débris végétaux annuels, ce qui les rend propres à un grand nombre d'autres productions, lorsqu'on juge enfin convenable de les alterner, toutes les fois que les circonstances locales n'en exigent pas impérieusement la conservation.

S'il est vrai, comme nous croyons l'avoir démontré, en développant notre dernier principe d'assolement, qu'il soit extrêmement avantageux en particulier, et à l'État en général, que la proportion des prairies avec les terres labourables soit toujours telle que les opérations aratoires soient, d'une part, moins multipliées, plus faciles et mieux exécutées; et que, de l'autre, le besoin d'engrais soit moins urgent, et les moyens de s'en procurer beaucoup plus assurés, c'est sur-tout à la nature ingrate des terres dont il est ici question que cette importante vérité est applicable. Cette proportion doit y être comparativement plus forte que sur toute autre, d'abord à cause de la difficulté ordinaire des travaux de culture, et ensuite parceque les plantes cultivées spécialement pour leurs racines, y étant bien moins admissibles que par-tout ailleurs, la provision de la nourriture verte d'hiver est, par une conséquence nécessaire, moins assurée, et qu'il faut pouvoir y suppléer au moins par une abondante provision de fourrages secs.

On peut donc établir en principe général que la proportion des prairies avec les terres labourables doit toujours être en raison directe de la médiocrité du sol et de la difficulté de subvenir à l'entretien des bestiaux par tout autre moyen.

Quoiqu'il ne soit pas possible d'y déterminer cette proportion d'une manière fixe générale et invariable, on peut avancer cependant, sans craindre de se tromper, qu'elle doit constamment y être très forte, et que, sous ce rapport, il ne peut y avoir d'inconvénient réel à pécher par excès, et qu'il y en a toujours beaucoup à pécher par défaut. Cette règle est même rigoureusement susceptible d'une application générale, parceque, dès qu'on s'apercoit qu'il peut résulter quelques inconvéniens d'un surcroît de proportion, ce mal du moment peut toujours être réparé promptement de la manière la plus avantageuse, tandis que, dans le cas contraire, il faut nécessairement beaucoup de temps et de dépenses pour se trouver en mesure. Sur toute exploitatiou rurale en grand, bien administrée, la proportion des prairies avec les terres labourables doit constamment être telle que les premières puissent nourrir amplement un nombre de bestiaux suffisant pour engraisser largement les dernières au moins; car les prairies elles-mêmes ont aussi souvent besoin d'engrais. Ainsi, en réduisant à une dénomination commune les principaux bestiaux, en les classant par tête, en admettant un cheval, un bœuf et une vache comme une tête, à laquelle équivalent à peu près six bêtes à laine ou trois veaux d'un an, et en admettant également deux veaux de deux ans pour une tête, nous pensons qu'il faut environ trois têtes par chaque hectare qui aura besoin d'être fumé. Les circonstances locales très variables chaque année, l'état des prairies, ainsi que leur nature et celle des terres, peuvent seules régler ensuite la proportion des bestiaux, relativement à la consommation, qu'on doit porter à trois à quatre cents kilogrammes, par téte, au moins, de fourrage sec, par chaque année, et, le plus souvent, beaucoup plus, et au besoin d'engrais, qui doit être environ de vingt-quatre voitures ou charges de trois chevaux par chaque hectare; mais nous le répétons, elle peut rarement être trop forte et elle est souvent trop foible.

Ajoutons à ces données que l'élévation ordinaire de la valeur vénale comme de la valeur locative des prairies, parmi nous, est une preuve irrésistible de leur rareté et de leur importance partout; et que du vice primordial de cette rareté dérivent une foule d'inconvéniens qui en sont inséparables.

Occupons-nous donc des meilleurs moyens de les multiplier avec avantage, et de les intercaler avec nos autres cultures plus exigentes et moins productives.

Quoique les terrains et les climats humides soient généralement les plus favorables aux prairies permanentes dont les graminées font la base, et quoiqu'elles ne soient ordinairement admissibles, dans le midi de la France, que dans un petit nombre de localités particulières, sans la ressource précieuse des irrigations qui utilisent d'une manière si avantageuse les ardeurs de la canicule ; *ces pièces glorieuses du domaine*, pour nous servir de l'expressive qualification qui leur fut donnée par Olivier de Serres, peuvent devenir d'une grande utilité par-tout, avec les soins nécessaires.

Ainsi, après avoir indiqué les espèces de graminées les plus convenables dans la première position, qui est ici notre principal objet, nous indiquerons également celles qui conviennent plus particulièrement aux situations élevées, plus sèches qu'humides, siliceuses, calcaires ou végétales, afin de réunir dans un même cadre toutes celles de ces plantes qui sont généralement les plus propres à la formation des prairies ou pâturages de cette nature.

Il est utile d'observer que la plupart d'entre elles prospèreront d'autant plus sur les terres de chacune de nos deux premières divisions, auxquelles nous les affectons plus particulièrement, quoique dans l'état de nature elles se rencontrent quelquefois dans des situations très opposées qui paroissent leur convenir également, que ces terres s'approcheront davantage des qualités de celles de la troisième, qui sont généralement les plus convenables aux diverses cultures.

Il en résultera des prairies hautes, des prairies moyennes et des prairies basses, dont la qualité du sol est susceptible d'un très grand nombre de variations qui ne peuvent être déterminées d'une manière positive, mais qu'il est facile de ranger sous l'une ou l'autre de nos trois divisions générales ; et les produits annuels de chacune d'elles, relatifs d'abord à la fertilité du sol, seront encore, comme tous les produits de la terre, essentiellement déterminés par les circonstances atmosphériques plus ou moins favorables.

Plantes graminées les plus propres à la formation des prairies basses et humides. Après avoir observé que les positions aquatiques réclament plus particulièrement la fétuque flottante, la canche aquatique, le vulpin et l'agrostide genouillés, le phalaride roseau, le roseau commun, le paturin des marais et le paturin aquatique, nous croyons devoir placer ainsi toutes les graminées qui conviennent à l'objet dont nous nous occupons.

L'aveine élevée.	*Avena elatior.*
L'ivraie vivace..	*Lolium perenne.*
Le vulpin des prés..	*Alopecurus pratensis.*
Le vulpin des champs.	*Alopecurus agrestis.*
Le vulpin genouillé.	*Alopecurus geniculatus.*
Le vulpin bulbeux.	*Alopecurus bulbosus.*
La fléole des prés.	*Phleum pratense.*
La fléole noueuse	*Phleum nodosum.*
L'orge des prés	*Hordeum pratense.*
La fétuque élevée	*Festuca elatior.*
La fétuque des prés.	*Festuca pratensis.*
La fétuque flottante.	*Festuca fluitans.*
La fétuque des buissons.	*Festuca dumetorum.*
La fétuque élégante.	*Festuca phœnix.*
Le paturin des prés.	*Poa pratensis.*
Le paturin commun.	*Poa trivialis.*
Le paturin aquatique.	*Poa aquatica.*
Le paturin des marais	*Poa palustris.*
Le paturin annuel.	*Poa annua.*
L'agrostide genouillée.	*Agrostis canina.*
L'agrostide blanche	*Agrostis alba.*
L'agrostide serrée.	*Agrostis stricta.*
La canche aquatique.	*Aira aquatica.*
La canche élevée.	*Aira cespitosa.*
La mélique bleue.	*Melica cœrulea.*
Le phalaris roseau.	*Phalaris arundinacea,*
Le roseau commun.	*Arundo phragmites.*

Plantes graminées les plus propres à la formation des prairies sèches et élevées. En observant que plusieurs de ces plantes fournissent souvent plutôt un pâturage qu'une prairie dont la qualité dédommage ordinairement du défaut de quantité, surtout la fétuque ovine, ainsi que la plupart des fétuques et des paturins, nous les placerons dans l'ordre suivant :

La flouve odorante.	*Anthoxanthum odoratum.*
La houque laineuse.	*Holcus lanatus.*
La houque molle	*Holcus mollis.*
Le dactyle pelotonné.	*Dactylis glomerata*
L'aveine pubescente	*Avena pubescens.*
L'aveine jaunâtre	*Avena flavescens.*
L'aveine des prés	*Avena pratensis.*
La fétuque ovine.	*Festuca ovina.*
La fétuque rouge	*Festuea rubra.*
La fétuque duriuscule..	*Festuca duriuscula.*
La fétuque inclinée..	*Festuca decumbens.*
La fétuque hétérophylle.. . . .	*Festuca heterophylla.*
La fétuque glauque.	*Festuca glauca.*
La fétuque améthyste.	*Festuca amethystina.*
Le paturin à feuilles étroites. . .	*Poa angustifolia.*
Le paturin bleuâtre.	*Poa cœsia.*
Le paturin des Alpes.	*Poa Alpina.*
Le paturin aplati.	*Poa compressa.*
Le paturin bulbeux	*Poa bulbosa.*
Le paturin en crête.	*Poa cristata.*
Le paturin des bois.	*Poa nemoralis.*
La canche de montagne.	*Aira montana.*

La canche cendrée.	*Aira canescens.*
La cretelle en crète.	*Cynosurus cristatus.*
La seslérie bleue.	*Sesleria cærulea.*
La fléole des Alpes.	*Fleum alpestre.*
La mélique uniflore.	*Melica uniflora.*
La mélique penchée	*Melica nutans.*
La mélique ciliée.	*Melica ciliata.*
La mélique de montagne.	*Melica montana.*
La mélique pyramidale.	*Melica pyramidalis.*
La mélique élevée.	*Melica altissima.*
La brize tremblante.	*Briza media.*
La stipe empennée.	*Stipa pennata.*
La stipe joncée.	*Stipa juncea.*
Le Phalaride phléoïde.	*Phalaris Phleoïdes.*
L'Elyme des sables.	*Elymus arenarius.*
L'élyme de Virginie.	*Elymus Virginicus.*
L'élyme de Sibérie.	*Elymus Sibiricus.*
L'élyme gigantesque.	*Elymus giganteus.*
Le Roseau des sables	*Arundo arenaria.*
L'Agrostide commun.	*Agrostis capillaris.*
Le millet noir.	*Millium paradorum.*
Le Millet étalé.	*Millium effusum.*
Le Brome gigantesque.	*Bromus giganteus.*
Le Brome des prés.	*Bromus pratensis.*
Le lagurier cylindrique	*Lagurus cylindricus.*

Entrons dans quelques détails sur les qualités particulières et distinctives de chaque espèce.

DE L'AVOINE ÉLEVÉE. L'avoine élevée, *Avena elatior*, appelée improprement fromentale, faux froment, faux seigle, et plus improprement encore raygrass de France, ou simplement raygrass, ou ivraie vivace, ce qui ne signifie qu'une seule et même plante, est de toutes les avoines vivaces la plus élevée, comme son épithète l'indique, et surpasse souvent la hauteur d'un mètre sur les terrains et aux expositions convenables.

Cette plante, très productive, garnie d'un panicule très long, lâche, étroit et pointu, dont les épillets ont deux fleurs, une fertile, à barbe courte, et une stérile, à barbe très longue, et dont les feuilles tendres ont une saveur douce et agréable, est une des plus propres à former des prairies abondantes d'un foin très nourrissant et très agréable aux bestiaux.

Quoiqu'elle se plaise dans un terrain frais, bas et substantiel, elle vient cependant assez bien sur ceux qui sont élevés, et même sur les coteaux qui ne sont point arides, qu'elle préfère de beaucoup aux terrains qui sont très humides.

M. Miroudot, cultivateur des environs de Vezoul, paroît être le premier en France qui, en 1754, essaya de la tirer de son état agreste, et de la soumettre à une culture soignée et régulière. Il déclare, dans ses observations sur cette plante, qu'il désigne sous les noms impropres de *raygrass* ou *faux seigle*, « qu'il ne connoît rien de plus propre ni de moins coûteux pour multiplier les fourrages, et conséquemment les bestiaux, et qu'il la fait faucher à la fin de mars. »

Encouragés par ses succès, plusieurs membres distingués de la société d'agriculture de Bretagne essayèrent aussi, quelques années après, de la soumettre à de nouveaux essais, et reconnurent que « quoiqu'elle donnât des produits plus avantageux, dans les bonnes terres, elle pouvoit cependant être semée avec succès sur celles qui étoient argileuses et même sablonneuses; qu'il étoit avantageux de la semer avec de l'avoine, parcequ'étant foible la première année, elle avoit besoin de ce secours pour taller et se fortifier; qu'elle soutenoit trois coupes par an; qu'elle devoit être fauchée dès qu'elle étoit parvenue à la hauteur du foin des bonnes prairies naturelles, et que son produit étoit considérable. »

Gilbert nous informe « qu'il en a vu de très beaux champs sur les bords du Rhin, dans un terrain sablonneux, mais sujet à être arrosé, et il ajoute qu'elle est préférable sur les terrains pierreux un peu humides, à l'ivraie vivace qui languit, jaunit et meurt pour peu qu'elle cesse d'être abreuvée. »

Elle est aujourd'hui cultivée en grand, avec beaucoup de succès, sur plusieurs points du département de l'Isère et de quelques autres.

Ajoutons à ces détails, que nous possédons sur les bords de la Seine une prairie très étendue dans laquelle il existe beaucoup d'avoine élevée; que cette prairie étant sujette à de fréquens débordemens, nous remarquons constamment que cette plante est bien plus abondante dans les endroits élevés qui y sont le moins exposés, que sur les parties long-temps submergées, qui en sont souvent entièrement dégarnies. Ajoutons encore que pour en tirer tout le parti possible, en prévenant l'endurcissement de ses tiges et la chute de ses grains, qui, comme ceux de toutes les avoines, ont une grande disposition à tomber de bonne heure, ainsi que pour pouvoir se procurer, après la première coupe, un regain ou au moins un pâturage abondant, il est indispensable qu'elle soit fauchée dès qu'elle entre en fleurs; sans cette précaution de rigueur, la tige devient ligneuse et se décolore promptement, et la racine ne pousse plus que des rejets foibles et languissans.

N. B. Il ne faut pas confondre cette plante, comme quelques auteurs l'ont fait, avec une autre espèce qui lui ressemble assez, mais qui en diffère essentiellement par la forme de sa racine; c'est l'avoine à chapelet, *Avena precatoria*, de Morison, ainsi appelée parceque ses racines sont composées de plusieurs tubercules ou bulbes blanchâtres, arrondies, légèrement aplaties sur les côtés, et situées les unes après les autres en forme de chapelet. Cette espèce commune dans quelques champs cultivés des environs de Paris, est une des plantes les plus nuisibles aux récoltes, et elle envahit promptement des champs entiers, lorsqu'ils ne sont pas soumis à des cultures améliorantes qui exigent de rigoureux sarclages, indépendamment des labours et hersages répétés par un temps sec et chaud, qui sont les moyens les plus efficaces de la détruire.

DE L'IVRAIE VIVACE. L'ivraie vivace, *Lolium perenne*, que les anglomanes ont improprement appelée *ray* ou *rye-grass*, sans se douter que ces mots qui signifient peut-être *herbe-ray*, parcequ'un botaniste anglais de ce nom en a fait l'éloge un des premiers (1), ou *herbe-seigle*, parcequ'on a pu la confondre avec le brome seiglin, *Bromus secalinus*, ou plutôt *herbe-ivraie*, les Anglais ayant transformé le dernier mot en celui de *rai*, ce que nous assure le botaniste anglais *Martyn*, et ce qui rend fort plaisant l'emprunt que nous avons cru devoir faire aux Anglais d'un mot qu'ils avoient altéré après nous l'avoir pris, désignoient moins bien cette plante que la dénomination d'*ivraie vivace* qui lui convient réellement, a aussi été souvent confondue en Angleterre comme en France, avec l'avoine élevée, à laquelle elle ne ressemble cependant en rien, comme on peut s'en convaincre aisément, en comparant les caractères distinctifs de cette dernière plante avec ceux de celle-ci.

L'ivraie vivace s'élève ordinairement beaucoup moins que l'avoine élevée, et se distingue par un épi terminal dont les épillets glabres et composés de plusieurs fleurs, sont très comprimés, distans entre eux, fixés alternativement sur les deux côtés de l'axe qui les soutient, et dont toutes les balles florales sont imberbes.

Cette plante est encore appelée quelquefois *pain-vin*, ainsi que l'ivraie annuelle, *Lolium temulentum*, dénomination qui désigne l'effet enivrant et souvent très dangereux de la semence de cette dernière, mêlée avec la farine de froment ou de seigle.

L'ivraie vivace nous paroît au-dessous des éloges exaltés qu'elle a reçus de plusieurs écrivains étrangers et par suite des nationaux, et nos essais et nos observations nous autorisent à penser que le mérite réel de cette plante, trop préconisée, *comme beaucoup d'autres*, doit se restreindre à quelques circonstances particulières que nous allons essayer de faire connoître.

Quoique Rozier déclare qu'elle est commune dans les prairies sèches, et quoique nous la voyions croître spontanément sur plusieurs de nos terres siliceuses, le peu de hauteur à laquelle elle s'y élève, et la dureté qu'elle y acquiert nous prouvent qu'elle ne s'y trouve pas dans sa situation favorite; ainsi au lieu de déclarer, comme d'autres l'ont fait, que toute espèce de terrain lui convient également, nous nous bornerons à affirmer, d'après un grand nombre d'observations comparatives, faites en diverses lo-

---

(1) Voici le passage de Ray, relatif à cette plante : *Gramen loliaceum angustiore folio et spicâ. C. B. ad vias et semitas inque pascuis pinguioribus frequentissimum est. Locis nonnullis jumentorum pabulo seritur; est enim pingue et ponderosum, adeòque jumentis saginandis aptissimum.* Ray, Hist. plant. t. II, p. 1263.

calités, qu'une constante humidité est essentielle à sa prospérité, lorsqu'on veut la convertir en fourrage et en faire plusieurs coupes; et nous ajouterons que nous la voyons résister annuellement à des débordemens qui la submergent assez long-temps, et que nous la croyons très convenable aux terres compactes et argileuses, et aux prairies naturellement aquatiques ou artificiellement irriguées.

Sa culture est conséquemment bien plus recommandable dans ceux de nos départemens septentrionaux dont le climat a plus d'analogie avec celui de l'Angleterre et de la Hollande, que dans ceux du midi, dont la chaleur lui est contraire, lorsqu'elle n'est pas accompagnée d'une humidité suffisante pour la tempérer et l'utiliser.

Le principal mérite de cette plante consiste essentiellement dans la précocité de sa végétation au printemps, ce qui la rend très convenable pour nourrir à cette époque les brebis nourrices et leurs agneaux qui en sont très avides, ou pour achever l'engrais des moutons ou des bœufs, après la consommation de la provision de nourriture verte d'hiver. Sa tige, fort tendre à cette époque, est très sucrée et nourrissante, et elle repousse promptement lorsqu'elle est broutée très rase, ce qui est nécessaire pour la rendre long-temps propre au pâturage; mais la sécheresse diminue beaucoup ses produits, en la faisant monter en graine. Nous observons que nos bêtes à laine la préfèrent, au printemps, à toute autre plante avec laquelle elle peut se trouver mêlée; et nous avons également remarqué que les nombreux troupeaux transhumans qui couvrent la plaine étendue et caillouteuse de *la Crau*, lorsqu'ils se rendent de l'île de *la Camargue* et des environs aux montagnes élevées du département des Hautes-Alpes, la recherchent sous les cailloux qu'ils déplacent; et quoiqu'elle y soit généralement fort peu élevée, une petite quantité les nourrit très bien, ce qui fait dire aux pâtres de ces endroits, à son égard, *bouccado vau ventrado, bouchée fait ventrée;* manière aussi énergique que laconique d'exprimer sa qualité nutritive.

Pour conserver entièrement cette qualité, lorsqu'au lieu de faire consommer la récolte sur pied par les bestiaux on croit devoir la convertir en foin, il est indispensable de la faucher de très bonne heure, et aussitôt que la floraison se manifeste. A la vérité, elle perd alors au fanage une grande partie de son poids, par l'évaporation de son eau de végétation, non combinée; mais si l'on attend, pour se livrer à cette opération que la graine soit mûre, non seulement elle épuise considérablement la terre et la souille même pour les récoltes subséquentes qu'on voudroit en obtenir, mais on perd plus en qualité qu'on ne gagne en quantité: la tige dure, ligneuse et peu nourrissante est beaucoup moins agréable aux bestiaux, et les semences dures, très pointues et d'une mastication difficile, leur deviennent souvent nuisibles, soit en se logeant entre leurs dents mâchelières, soit en entrant dans leurs yeux, ce qui les aveugle quelquefois, soit en se fixant au palais et sous la langue, ce qui les incommode beaucoup.

Gilbert nous assure *avoir vu dans le canton de Bâle de l'ivraie vivace, qui avoit près de cinq pieds de hauteur dans les premiers jours de juin*, ce qui doit être regardé comme une circonstance extraordinaire, s'il ne veut pas parler de l'avoine élevée; car elle exige un terrain et une exposition très favorables pour s'élever en France à un mètre environ.

M. de Courset nous assure aussi en avoir obtenu jusqu'à trois coupes dans un seul été, ce qui suppose également les circonstances les plus favorables. Il ajoute « qu'il est nécessaire de l'amender de temps en temps pour obtenir les mêmes produits, à moins qu'on ne puisse la faire flotter. Et il reconnoît, au reste, que son rapport est toujours en raison de la qualité du sol. »

Le climat brumeux et le sol souvent humide de l'Angleterre, nous paroissent généralement plus convenables à cette plante qu'à la France; aussi l'y avons-nous trouvée assez communément cultivée, quoique les écrivains comme les cultivateurs de ce pays nous aient paru peu d'accord sur son mérite. Nous savons que sa culture est suivie avec succès, parmi nous, dans plusieurs de nos départemens, et particulièrement à Neufchâtel en Bray, par M. de Bourbel; et près d'Orléans, par M. Dupré de Saint-Maur, et par M. Payours qui *la sème avec ses mars, pour procurer une pâture abondante à ses bestiaux sur ses jachères, l'année suivante.*

On la sème quelquefois mélangée, en différentes proportions, avec le trèfle blanc et le trèfle rouge, et sa durée est plus ou moins prolongée, suivant les circonstances. Nous aurons occasion de traiter cet objet, en nous occupant de ces plantes. Nous nous bornerons à observer ici que sa durée naturelle, lorsqu'elle ne se renouvelle pas de ses semences, est ordinairement limitée à dix ou douze ans; que lorsqu'on la laisse parvenir à maturité, elle épuise le sol, au lieu de l'améliorer, comme lorsqu'on la fait pâturer longtemps par un temps sec: dans le premier cas, elle reparoît toujours en plus ou moins grande quantité, avec les céréales qui lui succèdent, et pour lesquelles le sol se trouve mal préparé, d'après la règle générale confirmée par Gilbert, qui remarque que les plantes de la même espèce, du même genre, de la même famille, qui se succèdent sur un terrain, se nuisent et s'affament réciproquement; la forme des racines et leur manière de s'étendre rendant aisément raison de ce phénomène, qu'il est au moins inutile de chercher à expliquer de toute autre manière.

DES VULPINS. On a donné à ce genre de graminées la dénomination de *vulpin*, ou *queue de renard*, qui répond au mot latin *alopecurus*, à cause de la ressemblance qu'on a cru remarquer entre la forme de leurs épis allongés, velus et cylindriques, et celle de la queue de cet animal.

Nous distinguons quatre espèces principales de vulpins vivaces, remarquables par leurs qualités et leur utilité sur les terrains frais et humides; le vulpin des prés, le vulpin des champs, le vulpin genouillé et le vulpin bulbeux.

Le VULPIN DES PRÉS, *Alopecurus pratensis*, est le plus élevé, le plus vigoureux et le plus précoce de tous. Ses épis nombreux, supportés par des tiges fermes, d'environ soixante-dix centimètres à un mètre, dans un terrain convenable, garnies de feuilles larges, d'un vert tendre, se distinguent par leur couleur cendrée, leur grosseur et leurs balles velues. Ils paroissent de très bonne heure au printemps.

Ce vulpin, qui se plaît particulièrement dans les endroits bas et humides de nos prairies, où nous voyons constamment ses épis paroître et fleurir des premiers, peut fournir un pâturage ou un fourrage très précoce et abondant. Son foin paroît un peu grossier, à la vérité, comme celui de toutes les graminées qui en fournissent abondamment, mais il est d'ailleurs très agréable à tous les bestiaux, lorsqu'il est fauché à temps, et sur-tout aux vaches, aux chevaux et aux moutons.

Cette espèce précieuse, qu'on rencontre fréquemment dans les meilleures prairies, réunit les trois principales qualités qui peuvent rendre les graminées vivaces recommandables : quantité, qualité et précocité. Linné la recommande particulièrement pour les terrains aquatiques desséchés, car elle redoute également l'excès d'humidité et de sécheresse. Nous remarquons que lorsqu'elle est fauchée de bonne heure, et placée dans des circonstances favorables, elle épie une seconde fois, et elle est, comme l'avoine élevée, une des plus propres à fournir un regain abondant. Sa semence qui se trouve quelquefois peu abondante, parcequ'elle sert de pâture à un insecte, se conserve long-temps dans l'épi, et peut aisément se recueillir. Nous devons encore observer que le vulpin des prés, qu'on trouve assez communément dans les contrées septentrionales, resiste très bien aux froids rigoureux.

Le VULPIN DES CHAMPS, *Alopecurus agrestis*, ainsi nommé parcequ'il croît souvent spontanément dans les champs cultivés un peu humides, qui ont été ensemencés de bonne heure, en automne, en froment ou en toute autre production, est généralement beaucoup moins élevé que celui des prés. Il talle ordinairement davantage et rampe aussi quelquefois sur terre, et il épie un peu plus tard. Ses tiges grêles sont surmontées d'épis plus allongés, plus minces, quelquefois penchés, et d'un vert purpurin, dont les balles sont glabres, et elles sont garnies de feuilles plus étroites et plus vertes.

Cette espèce exige moins d'humidité pour prospérer; elle fournit un pâturage assez précoce et un foin moins abondant que la précédente, mais il est plus fin et très délicat.

Le vulpin des champs dédommage du tort qu'il peut faire à la production du froment, en rendant sa paille très fourrageuse et plus délicate. Nous avons quelques champs sur lesquels il se reproduit ordinairement lorsqu'ils sont ensemencés en froment, et nous remarquons que le tort qu'il fait au grain se trouve compensé par la qualité de la paille et par le pâturage sain et abondant qu'il procure ensuite à nos troupeaux. Mêlé avec le trèfle et avec d'autres prairies artificielles, il en rend le fourrage très délicat et plus abondant. Nous en avons en ce moment un champ fort étendu, où il se trouve ainsi mélangé, et quand il ne seroit qu'annuel, comme nous le soupçonnons, les botanistes n'étant pas d'accord sur ce point qui pourroit bien varier, il y seroit toujours fort utile la première année.

Le VULPIN GENOUILLÉ, *Alopecurus geniculatus*, ainsi nommé parceque ses tiges à demi couchées sont coudées aux articulations, s'élève ordinairement moins que le précédent, et il est plus rampant. Il a aussi un épi grêle, glabre et allongé, très rétréci à sa partie supérieure, et dont la couleur, quelquefois foncée et noirâtre, lui fait donner en quelques endroits le surnom d'*herbe noire*.

Cette espèce a d'ailleurs assez de ressemblance avec l'espèce précédente, mais elle convient plus particulièrement qu'aucune autre aux terrains aquatiques, croissant spontanément aux bords des mares, des étangs et des fossés les plus humides. Elle est recherchée des bestiaux, mais elle est peu profitable en fourrage, et convient plus en pâturage tardif.

Le VULPIN BULBEUX, *Alopecurus bulbosus*, ainsi nommé parceque sa racine est bulbeuse, se distingue encore aisément à son épi gros, serré et très court. Il s'élève peu, a aussi de la disposition à ramper, et produit, comme tous les vulpins, un foin agréable et un bon pâturage; mais il en fournit peu, et nous paroît demander aussi une situation fraîche pour prospérer, quoique nous l'ayons rencontré plusieurs fois dans des endroits plus secs qu'humides.

DES FLÉOLES. Parmi les graminées connues sous cette dénomination, ou sous celles de *phléau*, *fléau*, ou *massète*, qu'on leur donne aussi quelquefois, parceque leurs épis ont quelque ressemblance avec une petite masse, nous en distinguons trois vivaces, dont deux sont recommandables pour les prairies, en terrains argileux et marécageux, le fléau des prés, et le fléau noueux; et la troisième, le fléau des Alpes, convient sur des terres moins humides.

La FLÉOLE DES PRÉS, *Phleum pratense*, appelé herbe de Thymothée, ou herbe aux troupeaux, *Thimothy grass*, ou *herd-grass*, par les Américains qui paroissent l'avoir cultivée en grand les premiers, et qui ont été imités en cela par les Anglais, croît spontanément sur les terrains humides, qui lui conviennent, et y produit des tiges droites et fortes qui s'élèvent quelquefois à plus d'un mètre, qui sont garnies de feuilles lancéolées, pointues, rudes en dessus et le long de la nervure, et qui sont terminées par des épis cylindriques, allongés, serrés, un peu rudes, obtus à leur cime, assez ressemblans à ceux du vulpin des prés, mais plus longs, plus rudes, à balles plus petites, ciliées et terminées par deux espèces de dents ou crochets. On désigne aussi cette plante sous le nom de *queue de chat*, à cause de la forme de son épi.

Cette graminée a joui autrefois, sous le nom de *Thimothy* ou *Thymothée*, d'une grande réputation en Angleterre et en France, comme étant très productive. Son fourrage, à la vérité, est très abondant sur les terrains d'une nature aquatique qu'elle réclame particulièrement, mais il est grossier et très tardif; ce sont deux grands inconvéniens; et, sous ces deux rapports importans, elle est bien inférieure au vulpin des prés, avec lequel elle a quelque ressemblance. Cependant son fourrage abondant est très recherché des chevaux, sec ou vert, et elle peut utiliser les terres basses, argileuses, tourbeuses et marécageuses qui paroissent lui convenir essentiellement. Nous en avons semé sur une partie d'une prairie basse, modérément humide, mais exposée aux débordemens, et elle y a donné, jusqu'à présent, des produits peu abondans.

La FLÉOLE NOUEUSE, *Phleum nodosum*, ainsi désignée à cause de ses tiges coudées aux nœuds, qui sont couchées dans leur partie inférieure, et beaucoup moins droites et élevées que celles du fléau des prés, a aussi l'épi plus court et les feuilles obliques et dentées.

Cette espèce produit moins que la précédente, n'est pas plus précoce, et paroît se plaire dans les mêmes situations; on la trouve assez souvent au bord des étangs, quoique quelquefois aussi sur des terrains secs, et elle a des racines bulbeuses dont les porcs sont très avides.

DES ORGES. La seule espèce d'orge vivace qui mérite notre attention, relativement à la composition des prairies, est l'ORGE DES PRÉS, *Hordeum pratense*, qu'il ne faut pas confondre, comme plusieurs auteurs l'ont fait, avec l'ORGE DES RATS, *Hordeum murinum*, qu'on rencontre fréquemment le long des murs et des chemins, et quelquefois aussi dans les prairies, et à laquelle les bestiaux ne touchent que lorsqu'ils sont poussés par la faim. Cette dernière, qu'on désigne aussi quelquefois sous le nom de *queue d'écureuil*, à cause des longues barbes dont est garni son épi quelquefois courbé, est une des graminées les plus dangereuses dans les fourrages; ses longues barbes formées de filamens crochus qui s'arrêtent au palais, sous la langue, et dans le gosier des bestiaux, les font beaucoup souffrir, les empêchent souvent de manger pendant quelque temps, et les font maigrir. C'est le vrai *rye-grass* des Anglais.

L'orge des prés, qui a quelque ressemblance avec cette dernière, est ordinairement plus élevée, ayant jusqu'à 70 centimètres et plus, sur les terrains humides qui lui conviennent. Ses tiges sont plus grêles et plus effilées, ses feuilles plus rares sont glabres au lieu d'être velues, et son épi plus court et plus foible est garni de barbes très fines.

Cette espèce, que nous trouvons assez abondamment dans les parties les plus basses et les plus humides de nos prairies, et que nous avons souvent vue résister assez bien aux débordemens, ce qui peut la rendre précieuse dans certaines positions, fournit un foin fin, passablement garni de feuilles, mais qu'il faut faucher de bonne heure, à cause des nombreuses barbes des épis qui, en séchant, deviennent rudes et désagréables aux bestiaux.

Nous remarquerons aussi que la touffe de ses feuilles radicales prend une teinte jaunâtre lorsqu'elle éprouve la sécheresse.

DES FÉTUQUES. Ce genre de graminées, qui a la même étymologie que le mot français *fétu*, et qui est ainsi nommé à cause de la petitesse de la plupart de ses espèces, est, ainsi que celui des pâturins, donton le distingue assez difficilement, et dont il ne diffère essentiellement que par la forme oblongue, pointue et presque cylindrique de ses épillets, un de ceux qui fournissent le plus grand nombre de plantes précieuses pour la formation des prairies et des pâturages.

Indépendamment d'un nombre assez considérable d'espèces qui croissent spontanément sur les terrains secs et élevés, nous en distinguons plusieurs qui peuvent convenir aux positions basses et humides.

Ce sont la fétuque élevée, la fétuque des prés, la fétuque flottante, la fétuque élégante, et la fétuque des buissons.

La FÉTUQUE ÉLEVÉE, *Festuca elatior*, ainsi désignée à cause de la hauteur de ses tiges qui s'élèvent quelquefois à plus d'un mètre dans les positions qui lui conviennent, a ses tiges très feuillées, et surmontées d'un panicule fort allongé, et penché, garni d'épillets quelquefois un peu barbus, un peu cylindriques, allongés et portés sur deux branches de longueur inégale, partant du même point.

Cette espèce fournit beaucoup de fourrage d'une bonne qualité, quoiqu'un peu gros, et elle se plaît particulièrement dans les prairies basses et humides les plus fertiles.

La FÉTUQUE DES PRÉS, *Festuca pratensis*, qui s'élève ordinairement moins que la précédente, et dont les feuilles, beaucoup moins longues, paroissent un peu rudes, étant prises à rebours, a son panicule un peu unilatéral, plus court et plus étalé; elle est rameuse inférieurement et étroite vers son sommet; et ses épillets, beaucoup moins garnis de fleurs que ceux de la fétuque élevée, sont ordinairement rougeâtres supérieurement.

Cette espèce fournit un foin plus fin que la précédente, mais moins abondant : elle exige généralement moins d'humidité pour prospérer, et elle se trouve même quelquefois dans nos prairies sèches et élevées. Elle est beaucoup plus fourrageuse et moins délicate sur le terrain que l'ivraie vivace, et lui paroît préférable dans un grand nombre de cas ; étant fauchée de bonne heure, et dans des circonstances favorables, elle peut, ainsi que la précédente, l'avoine élevée et le vulpin des prés, fournir un regain abondant et de bonne qualité.

La FÉTUQUE FLOTTANTE, *Festuca fluitans*, ainsi distinguée des autres espèces, parceque ses feuilles paroissent souvent étalées et flottantes à la surface des eaux stagnantes, est une plante essentiellement aquatique, qui couvre la plupart des étangs peu profonds. Nous l'avons trouvée fréquemment dans ceux du département de l'Ain, où on la désigne généralement sous le nom de *brouille*, et où nous l'avons vue servir de nourriture, pendant l'été, à un grand nombre de vaches, et même aux chevaux qui vont la chercher sur l'eau.

On la trouve aussi quelquefois dans les marais et au bord des ruisseaux et fossés aquatiques.

Elle s'étend souvent à un mètre et plus. Sa tige assez forte et tendre, qui se garnit ordinairement de racines a ses articulations inférieures plongées dans l'eau ou couchées sur terre, et qui tend ordinairement à ramper, est garnie de feuilles courtes, glabres, molles, larges et flottantes, ayant à leur base une longue gaîne qui enveloppe sa tige. Elle se termine par un très long panicule rameux, resserré presqu'en épi, et composé d'épillets fort allongés, cylindriques, et dont quelques uns sont sessiles.

Nous avons essayé d'en semer dans une partie d'une prairie très basse et souvent submergée par les débordemens de la Seine, elle y est maintenant assez commune, et nous pensons qu'elle pourroit être introduite avec avantage, ainsi que les autres graminées aquatiques que nous avons indiquées, dans plusieurs prairies long-temps couvertes d'eau.

Tous les bestiaux la recherchent, sur-tout les chevaux ; et sa graine délicate, que nous avons trouvée quelquefois ergotée comme celle du seigle et de quelques autres graminées, et dont le poisson d'eau douce, les oies, les canards, et tous les oiseaux aquatiques sont avides, est employée dans le nord de l'Allemagne en bouillie et en pâtisserie très estimées, ce qui lui a fait donner le surnom de *manne de Pologne*, *de Prusse*, *de Hongrie*, etc. On l'appelle aussi quelquefois *chiendent aquatique*.

La FÉTUQUE ÉLÉGANTE, *Festuca phœnix*, a beaucoup de rapport avec la précédente, mais ses feuilles sont plus rudes et sa tige droite est terminée par un panicule rougeâtre ou noirâtre, composé de plusieurs épillets à balles colorées, ce qui lui a fait donner sa dénomination d'élégante. Elle est assez commune dans les prairies humides de Gentilly et de Saint-Gratien, près Paris.

Elle fournit un fourrage abondant et très doux.

La FÉTUQUE DES BUISSONS, *Festuca dumetorum*, qui a quelque rapport avec les fétuques élevée et des prés, a ses tiges grêles, ses feuilles étroites, et ses épillets alternes presque distiques et barbus. Elle fournit un fourrage moins abondant, mais délicat; et on la trouve ordinairement dans les endroits humides ou frais, dans les bois, les haies, les buissons, et dans quelques prairies où les bestiaux la recherchent.

DES PATURINS. Ce genre, qui fait avec celui des fétuques la base d'un grand nombre de prairies, ou de pâturages excellens, d'où il tire son nom de *pâturin*, et qu'on désigne aussi sous le nom de *Poherbe*, nous fournit plusieurs espèces très recommandables pour les positions basses et humides, indépendamment d'un assez grand nombre qui affectent plus particulièrement des localités plus sèches et plus élevées. Ce sont pour les premières, le pâturin des prés, le pâturin commun, le pâturin des marais, le pâturin aquatique et le pâturin annuel.

Le PATURIN DES PRÉS, *Poa pratensis*, commun dans presque toutes les prairies, s'élève sur une tige grêle, droite et cylindrique, depuis trente-cinq centimètres jusqu'à un mètre environ, dans les positions favorables. Ses feuilles radicales sont ordinairement plus étroites que celles qui couvrent sa tige, et son panicule lâche, diffus, à rameaux verticillés, est garni d'épillets glabres, très petits, composés d'un nombre de fleurs indéterminé.

Cette espèce est une de nos graminées dont la floraison se manifeste de meilleure heure, et elle suit celle du vulpin des prés, à peu de distance. Quoiqu'on la trouve assez souvent dans des situations plus sèches qu'humides, et qu'elle y résiste assez bien à la sécheresse, et quoiqu'elle ne paroisse pas se plaire dans les terrains naturellement aquatiques, ou exposés aux submersions, nous croyons cependant qu'elle est particulièrement recommandable pour ceux qui conservent beaucoup de fraîcheur, où nous la remarquons constamment plus vigoureuse qu'ailleurs. Elle fournit un foin très fin et très délicat, produit beaucoup de semences, et elle est d'une prompte et facile multiplication; mais ses racines sont traçantes et articulées, comme celle du chiendent. Leur entrelacement épuise promptement la terre, et diminue considérablement la hauteur des tiges dans les terrains peu fertiles, et elles sont d'ailleurs d'une difficile destruction, lorsque la prairie n'est pas permanente. Cet inconvénient contre-balance, dans les assolemens à court terme, les avantages résultant de la précocité et de l'excellente qualité de son fourrage.

Le PATURIN COMMUN, *Poa trivialis*, ainsi nommé parcequ'on le rencontre dans un grand nombre de situations, même très opposées, nous paroît cependant préférer celles où il trouve une fraîcheur constante, et il est particulièrement recommandable pour les prairies basses et humides, où nous le voyons toujours prospérer, lorsqu'elles ne sont pas trop froides.

Il est facile de le confondre au premier aspect avec le pâturin des prés, avec lequel il a beaucoup de ressemblance pour le port; mais il en diffère essentiellement, en ce qu'il fleurit plus tard de quinze jours environ, dans les mêmes circonstances; en ce que sa verdure est plus douce et plus tendre; en ce que ses feuilles sont plus larges, plus nombreuses et plus rudes; et sur-tout en ce que sa racine, au lieu d'être traçante, est fibreuse. Il aime les situations abritées, et il est plus désagréablement affecté que celui des prés par les froids rigoureux et par la sécheresse, qui diminuent beaucoup son produit; mais il est difficile de trouver un fourrage plus délicat en même temps qu'abondant, lorsqu'il se trouve placé dans une position favorable à son développement, et nous le considérons comme une des meilleures plantes de nos prairies.

Le PATURIN DES MARAIS, *Poa palustris*, qu'on trouve dans les bas prés, et qui est commun dans ceux de Gentilly, près Paris, est remarquable par son panicule étalé, garni d'épillets triflores et pubescens, et par ses feuilles rudes en dessous. Il fleurit à la même époque que le pâturin commun, et fournit, comme lui un fourrage de première qualité.

Le PATURIN AQUATIQUE, *Poa aquatica*, s'élève jusqu'à deux mètres environ, sur une tige épaisse et droite, garnie de feuilles larges, tendres et lisses, ayant une tache brune à leur gaîne, et surmontée d'un panicule diffus formé d'épillets allongés à six fleurs.

Cette grande espèce, qu'on trouve dans les marais, les fossés, et autour des étangs et des rivières ou ruisseaux, est très propre à utiliser les endroits long-temps couverts d'eau qu'elle affecte. Elle fournit une abondante provision de nourriture verte, très tendre et succulente, et étant fauchée de bonne heure elle peut fournir plusieurs coupes abondantes.

Le PATURIN ANNUEL, *Poa annua*, mérite d'être placé parmi les graminées vivaces propres aux prairies basses et humides, à cause des particularités que présente sa végétation, et qui lui donnent tout le mérite des plantes vivaces. Cette graminée peu élevée, l'une des plus communes qui couvrent la surface de la terre, remarquable par son panicule triangulaire, porté sur une tige oblique, comprimée et inclinée, et garni d'épillets obtus, forme sur les terrains frais un gazon perpétuel, très fin, serré et très agréable à tous les bestiaux. Depuis les premiers jours du printemps jusqu'à la fin de l'automne, elle fait continuellement des pousses, et on la trouve très souvent couverte à la fois de nouvelles pousses très nombreuses, de tiges en fleurs, et de semences mûres, au moyen desquelles elle se perpétue dans les meilleurs pâturages et sur les prairies où elle garnit le pied des autres plantes, et fournit encore, après leur coupe, un pâturage excellent, qui ne redoute point le trépignement des bestiaux qui en sont très avides.

DES CANCHES ou FOINS. Ce genre, que quelques auteurs ont désigné sous le nom de *foin*, quoiqu'il en fournisse peu de bonne qualité, offre deux espèces principales assez communes dans les prairies basses et humides : la canche aquatique, et la canche élevée.

La CANCHE AQUATIQUE, *Aira aquatica*, qui n'élève guère qu'à trente-deux centimètres sa tige garnie de feuilles planes, et surmontée d'un panicule lâche, oblong et d'un vert tirant sur le violet, croît communément dans les endroits aquatiques, et a une saveur douce qui plaît beaucoup aux bestiaux, qui la vont souvent chercher dans l'eau. Elle pourroit couvrir avantageusement les parties les plus aquatiques des prairies basses et submergées.

La CANCHE ÉLEVÉE, *Aira cespitosa*, qui élève quelquefois jusqu'à un mètre ses tiges garnies de feuilles longues, d'un vert foncé, striées et rudes, et surmontées d'un panicule très ample, à balles lisses, luisantes et argentées, fournit une herbe dure à laquelle les bestiaux ne touchent que lorsqu'elle est jeune; et comme elle forme, dans les prairies, des touffes élevées assez considérables, qui produisent des inégalités, nous croyons devoir la signaler plutôt comme une mauvaise que comme une bonne plante, et il convient de l'extirper dès qu'on l'aperçoit, car elle se multiplie promptement par ses graines très nombreuses. Il est facile de la reconnoître, ayant plusieurs caractères tellement prononcés qu'ils ne peuvent laisser aucun doute, et elle nuit singulièrement aux développemens des autres graminées qu'elle avoisine. Son panicule sert quelquefois à faire des balais.

DES MELIQUES. Nous ne trouvons dans ce genre, qui fournit plusieurs espèces qui se plaisent dans les endroits secs et élevés, que la MÉLIQUE BLEUE, *Melica cærulea*, qui convienne aux positions basses et humides, où on la trouve souvent.

Sa tige grêle s'élève quelquefois à plus d'un mètre. Elle est garnie de feuilles longues et étroites, et surmontée d'un panicule resserré, garni d'épillets cylindriques, dont les balles petites, pointues, sont panachées de vert, de violet, et de bleu dominant, d'où lui vient son nom.

Elle fournit un fourrage médiocre, mais abondant.

On nous assure qu'en quelques cantons de l'Italie, où elle est très commune, on convertit en un pain grossier ses semences, dont les pigeons sont avides, et qui leur donnent un fumet délicat.

DES AGROSTIDES ou FOINS. Les principales espèces de ce genre, qu'on a aussi désigné sous le nom de *foin*, convenables aux prairies basses et humides, sont l'agrostide blanche, l'agrostide genouillée et l'agrostide serrée.

L'AGROSTIDE BLANCHE, *Agrostis alba*, dont les tiges rampantes sont garnies de feuilles roides et dures au toucher, et dont les panicules lâches ont des calices égaux et lisses, se trouve assez souvent dans les prairies humides, et y fournit un fourrage tardif d'assez bonne qualité.

L'AGROSTIDE GENOUILLÉE, *Agrostis canina*, appelé aussi *foin de chien*, dont la tige couchée, coudée et un peu rameuse, est terminée par un panicule resserré, d'un violet purpurin, est très commune dans la plupart des pâturages un peu humides, et y fournit un fourrage semblable au précédent.

L'AGROSTIDE SERRÉE, *Agrostis stricta*, nous paroît cultivée et très estimée en Amérique, où on la préfère au fléau des prés, d'après le rapport que nous en a fait M. Michaux, qui nous en a remis de la graine sous ce nom, que nous avons semée dans une de nos prairies les plus humides, et que nous observons (1).

L'AGROSTIDE STOLONIFÈRE, *Agrostis stolonifera*, dont les racines traçantes font souvent la désolation des cultivateurs sur les terres labourables, produit une herbe rare et peu recherchée, et doit être signalée comme une des plantes les plus nuisibles aux champs et aux prairies. Nous remarquons cependant qu'elle résiste très longtemps aux submersions, et qu'elle fournit, presque exclusivement à toute autre, un fourrage assez abondant sur une vaste prairie marécageuse; sa proscription mériteroit peut-être une exception dans ce cas assez commun.

DES PHALARIDES ou ALPISTES. Parmi les diverses espèces vivaces de ce genre, il en est une qui convient essentiellement aux prairies basses et humides, et à celles qui peuvent être irriguées; c'est la PHALARIDE-ROSEAU, *Phalaris arundinacea*, ainsi désignée parceque ses tiges ont le port de cette graminée.

Ses tiges élevées et vigoureuses, garnies de feuilles lisses, larges et longues, et quelquefois rubanées, ce qui l'a fait nommer quelquefois *phalaris-ruban*, sont terminées par des panicules oblongs, amples et renflés.

Cette belle graminée se trouve assez souvent le long des rivières et des ruisseaux, et elle est une des plus communes dans les prairies arrosées de la Lombardie, d'après M. Zappa, qui nous a donné la nomenclature de toutes les plantes qui y croissent. M. de Lasteyrie nous informe aussi qu'elle est cultivée en Suède, dans la Scanie, où elle fournit deux coupes annuelles; et nous voyons encore M. Delporte, cultivateur très distingué près Boulogne-sur-Mer, la recommander d'après son expérience.

Elle s'élève fort haut, et elle est très productive; mais il convient de la faucher de bonne heure pour empêcher ses feuilles de durcir. Nous en avons semé sur une portion d'une prairie aquatique, et elle

---

(1) M. Vilmorin nous assure que cette plante n'appartient pas à ce genre.

y donne des produits abondans, mais nous remarquons qu'elle exige constamment beaucoup d'humidité pour prospérer.

DES ROSEAUX. De toutes les espèces de ce genre, le ROSEAU COMMUN, *Arundo phragmites*, est celui qui mérite la préférence pour les prairies aquatiques, où on le trouve fréquemment, ainsi que dans les marais, et au bord des étangs, des rivières et des ruisseaux.

Ce roseau, étant fauché de bonne heure, fournit une ample provision de nourriture verte, dont les vaches sont avides, et qui augmente beaucoup leur lait. Il vaut généralement mieux le consommer ainsi, pouvant fournir plusieurs coupes, que de le convertir en foin, qui se fane difficilement, et qui devient souvent dur et peu agréable aux bestiaux.

Lorsque la végétation du roseau est très avancée, il n'est plus propre qu'à servir de litière, ou à couvrir les chaumières.

Nous croyons devoir observer que les bestiaux refusent le ROSEAU PLUMEUX, ou des BOIS, *Arundo calamagrostis*, à moins qu'ils ne soient pressés par la faim, et il leur devient alors quelquefois nuisible.

Le ROSEAU CANNE, *Arundo donax*, dont les tiges, qui s'élèvent à trois mètres environ dans nos départemens méridionaux qui leur conviennent, sont dures, ainsi que les feuilles, convient moins à la nourriture des bestiaux qu'à servir d'abri et de clôture dans les positions chaudes et humides. Ses tiges lisses et creuses peuvent être employées utilement à la vannerie, à la tisseranderie, au dévidage, aux claires-voies des jardins, en échalas, au faîtage des toits rustiques, et aux ouvrages en torchis.

DES FROMENS VIVACES. Nous croyons encore devoir observer que, quoique nous ne puissions point recommander l'introduction de plusieurs espèces de fromens vivaces comme plantes fourrageuses, et sur-tout celle du chiendent commun, *triticum repens*, qui fait souvent la désolation du cultivateur, à cause des nombreuses racines traçantes et prolifères qui contribuent si puissamment à sa propagation sur les terrains bas et humides qu'il affecte plus particulièrement, nous devons cependant observer qu'il est quelques positions désavantageuses, comme les bords des rivières sujets aux ravages des débordemens, les endroits exposés aux ravins, aux avalanches, et aux autres dégâts des eaux, ou l'entrelacement et la vitalité de leurs nombreuses racines articulées peuvent les rendre utiles, et nous les voyons résister très longtemps aux débordemens, dans les endroits bas, exposés à être submergés, où la nature les place souvent elle-même, et où elles fournissent un foin grossier, mais souvent fort utile, qui remplace avantageusement ceux plus abondans ou plus délicats qu'on ne pourroit y obtenir.

Nous ajouterons à ces détails que le chiendent commun entre pour beaucoup dans la composition des fameuses prairies de la Prévalaie, dont le beurre est si délicat et si recherché, ainsi que dans plusieurs autres prairies renommées de France et d'Angleterre, et qu'il y est regardé comme une bonne plante ; que dans plusieurs cantons d'Espagne et d'Italie, on nourrit souvent les chevaux avec ses racines, qui ont un goût sucré très agréable, et qui sont très nourrissantes, et que son fourrage, fauché de bonne heure, est également agréable aux bestiaux.

Graminées vivaces particulièrement convenables aux prairies ou pâturages de notre première division, sur les terres plus sèches qu'humides, et plus élevées que basses.

FLOUVES ou ANTHOXANTES. Ce genre nous fournit une espèce précieuse sur les terres de cette division ; c'est la FLOUVE ODORANTE, *Anthoxantum odoratum*, ainsi nommée à cause de l'apparence jaunâtre de ses épis en fleurs et de l'odeur aromatique qu'elle communique au foin avec lequel elle se trouve mêlée. Cette odeur qui est plus prononcée encore à la racine qu'aux autres parties de la plante, ressemble beaucoup à celle du mélilot ordinaire.

Cette graminée est aussi remarquable par sa précocité que par son odeur qui la distingue de toutes les autres ; et sa fleur est une des premières qui paroissent au printemps. Elle est peu délicate sur la qualité du terrain et sur l'exposition, quoiqu'elle préfère généralement les situations sèches et élevées à celles qui sont basses et humides, où ses feuilles se roulent souvent. Ces feuilles menues, un peu velues, et qui jaunissent promptement, forment un gazon assez épais, mais ses tiges grêles s'élèvent ordinairement peu. Elle est commune sur plusieurs pâturages renommés de bêtes à laine, qui en sont avides lorsqu'elle est jeune et tendre, mais qui la laissent souvent lorsqu'elle est en fleurs et que son arome est trop fortement développé.

Elle est sur-tout recommandable par sa précocité et par l'odeur agréable qu'elle donne au foin. Son parfum ne plaît pas cependant à tout le monde, car les cultivateurs de la Bresse, qui désignent cette plante sous le nom de *flûve*, lui trouvent une odeur aussi désagréable que forte ; mais tous les bestiaux mangent avec plaisir le foin dans lequel elle se trouve mêlée, et il paroît qu'on a essayé de la cultiver, avec un succès très encourageant.

HOUQUES ou BLANCHARDS. Parmi les espèces de ce genre, on doit sur-tout distinguer la HOUQUE LAINEUSE, OU BLANCHARD VELOUTÉ, *Holcus lanatus*, ainsi nommée à cause du duvet cotonneux qui la recouvre. Ses tiges assez fortes, tendres et pubescentes, sont garnies de feuilles larges et douces, remarquables par un duvet cotonneux assez apparent à leur gaîne, et terminées par un panicule ouvert d'un blanc purpurin, velu et même cotonneux.

Cette plante rustique et très productive, lorsqu'elle se trouve dans des circonstances favorables, se montre souvent sur les pâturages arides et peu fertiles, mais on la rencontre aussi quelquefois dans des prairies humides et de bonne qualité; lorsqu'elle est pâturée par les vaches ou par les bêtes à laines qui en sont avides, elle devient très profitable, repoussant promptement. Sa floraison est assez tardive, mais sa végétation étant peu interrompue en hiver, elle fournit une nourriture précieuse dans cette raison.

M. Lequinio paroît être le premier qui ait essayé de cultiver séparément et en grand la houque laineuse, qu'Haller avoit recommandée pour la nourriture des bestiaux. Il en a formé de très bonnes prairies dans les landes du département du Morbihan, et il a reconnu que sur les terres qui conservent de la fraîcheur, et qui ont été bien défoncées et préparées, elle peut s'élever jusqu'à un mètre environ, et y fournir un foin aussi abondant que de bonne qualité. Nous l'avons vue nous-mêmes s'élever à cette hauteur dans une prairie soignée où elle domine avec l'aveine élevée, dans la commune d'Yères, département de Seine-et-Oise.

Cette graminée nous fournit une nouvelle preuve frappante de l'effet améliorant d'une culture soignée sur toutes les plantes fourrageuses qu'on y soumet; lorsqu'elle croît spontanément sur les terrains élevés, maigres et sablonneux, où elle fournit un pâturage aux moutons, elle s'élève peu et produit peu; et lorsqu'on la place dans une position moins ingrate et qu'on lui prodigue ses soins, comme l'ont fait M. Lequinio et plusieurs autres cultivateurs, elle devient pour ainsi dire méconnoissable, et dédommage amplement de la culture qu'elle reçoit.

Au reste, elle nous paroît aussi recommandable pour les prés bas et humides, où nous l'avons vue très vigoureuse, que pour ceux plus secs et plus élevés qu'elle est très propre à améliorer.

On a aussi recommandé la HOUQUE MOLLE OU SOYEUSE, *Holcus mollis*, qui a reçu cette dénomination à cause de la mollesse de ses feuilles, qui n'existe pas toujours, car elles sont souvent sèches et rudes, et d'un bouquet de poils soyeux qui garnit inférieurement les articulations de ses tiges. On l'a quelquefois confondue avec la houque laineuse avec laquelle elle a, à la vérité, quelque ressemblance, au premier aspect; mais elle en diffère essentiellement en ce qu'elle est généralement moins élevée et plus petite dans toutes ses parties; que ses gaînes n'ont pas l'aspect blanchâtre et laineux qui distingue cette dernière; que son panicule est plus maigre; que ses épillets n'ont pas la couleur brillante qu'on remarque dans l'autre, et sur-tout en ce que ses tiges un peu coudées, éparses et presque renversées, tracent, ainsi que ces racines; circonstance qui, jointe à son foible produit, nous l'a fait considérer comme plus nuisible qu'utile.

Il existe encore une HOUQUE ODORANTE, *Holcus odoratus*, originaire du nord de l'Europe, et très rustique, dont les tiges grêles sont terminées par un panicule peu garni. Elle a une odeur agréable, mais sa racine trace si abondamment, *qu'il faut*, dit M. Dumont de Courset, *la placer dans un lieu isolé, ou en garnir les places vides des prairies, où elle donnera une bonne odeur au foin.*

Elle nous paroît également peu recommandable.

DACTYLES. Le DACTYLE GLOMÉRÉ OU PELOTONNÉ, *Dactylis glomerata*, ainsi désigné à cause de la disposition unilatérale de ses panicules qui ont quelque ressemblance avec une patte, est le seul de ce genre qu'on ait essayé de cultiver jusqu'à présent, et qui paroisse mériter l'attention du cultivateur.

Il s'élève quelquefois jusqu'à un mètre environ, sur les terres fraîches bien exposées et bien abritées, et se rencontre fréquemment, mais plus humble, sur celles qui sont sèches et élevées. Ses tiges, assez grosses et dures, d'abord presqu'entièrement couchées, et qui se redressent ensuite, sont garnies de feuilles larges et rudes, d'un vert glauque, et surmontées d'un panicule également rude, garni de quatre à cinq rameaux, chargés d'épillets nombreux qui sont aussi fort rudes.

Cette plante rustique, précoce et productive, très commune presque par-tout, sur-tout sur les terres plus sèches qu'humides, a pour principal mérite de pouvoir fournir, sur des terres de médiocre qualité, un fourrage très précoce et assez abondant, mais qu'il faut faucher de bonne heure, car ses tiges et ses feuilles durcissent très promptement, ses panicules deviennent rudes et désagréables aux bestiaux, et il en résulte un foin grossier qu'ils rejettent quelquefois, d'après l'expérience que nous en avons faite; et c'est sans doute ce qui la fait appeler en quelques endroits *foin rude;* la pesanteur de ses panicules chargés de graines la fait aussi verser et rouiller assez souvent, dans des situations humides.

M. Dumont de Courset, après être convenu qu'elle pousse très vite et se renouvelle promptement dans le Boulonnais où il la regarde comme une des graminées les plus communes, reconnoît également *qu'elle fait un mauvais foin.*

Le dactyle pelotonné nous paroît bien plus recommandable en pâturage ou en fourrage vert qu'en foin sec; nous avons remarqué que lorsqu'il étoit brouté ou fauché de bonne heure, il se renouveloit très promptement, et l'emportoit par sa vigueur sur les graminées plus foibles qu'il faisoit disparoître assez souvent. Sa rusticité le fait ordinairement végéter même en hiver. Il a encore le mérite de croître assez bien sur quelques terres argileuses, rebelles à d'autres cultures, et même à l'ombre, ce qui le rend convenable pour garnir le sol des vergers, et ce qui le fait désigner quelquefois sous la dénomination *d'herbe aux vergers.*

AVEINES. Indépendamment de l'aveine élevée, placée dans

notre seconde division, ce genre nous fournit encore trois autres espèces vivaces, recommandables pour les prairies et les pâturages de la première. Ce sont l'aveine des prés, l'aveine pubescente, et l'aveine jaunâtre.

L'aveine des prés, *Avena pratensis*, qui s'élève quelquefois jusqu'à 64 centimètres dans les prairies et les pâturages peu humides qui lui conviennent, a les feuilles menues, glabres et un peu rudes. Sa tige, souvent rougeâtre au sommet, a un panicule en forme d'épi, composé d'épillets cylindriques, serrés contre la tige dont les valves sont lisses, luisantes, et d'une couleur argentée et quelquefois purpurine.

L'aveine pubescente, *Avena pubescens*, ainsi spécifiée à cause du léger duvet qui la recouvre, s'élève à peu près à la même hauteur que la précédente et dans de semblables positions, et lui ressemble beaucoup pour le port. Ses épillets sont également lisses et luisans, et ordinairement violets à leur base et argentés à leur sommet.

L'aveine jaunatre, *Avena flavescens*, ainsi désignée à cause de la couleur d'un vert jaunâtre de son panicule plus lâche que celui des espèces précédentes, finement divisé et garni d'épillets petits et délicats, paroît être la plus petite des espèces d'aveine connues. Elle est assez abondante dans la plupart des pâturages élevés, où les bêtes à laine la recherchent. Mais on la rencontre aussi fréquemment dans les prairies basses et fraîches sans être aquatiques, et elle y fournit un fourrage de première qualité.

Ces trois espèces d'aveine vivace qui redoutent les terres trop humides, comme celles qui sont trop arides, fournissent un aliment très délicat et qui paroît très agréable aux bestiaux, lorsqu'on ne les laisse pas trop durcir et se dessécher sur les terres peu fertiles qu'elles couvrent souvent spontanément.

FÉTUQUES. Indépendamment des espèces dont nous avons fait connoître le mérite pour les terres de notre seconde division, ce genre nombreux et précieux nous en fournit pour celle-ci plusieurs autres très recommandables, dont les principales sont la fetuque ovine, la fetuque rouge, la fetuque durette, la fetuque inclinée, la fetuque glauque, la fetuque améthyste, et l'hétérophylle.

La fétuque ovine *ou* coquiole, *Festuca ovina*, qui tire son nom spécifique de l'avidité avec laquelle les bêtes à laine recherchent cette petite mais précieuse graminée, qui leur fournit l'aliment le plus convenable à leur constitution, se remarque par ses tiges tétragones peu élevées, ayant ordinairement deux ou trois nœuds colorés, garnies à leur base de feuilles en touffe, filiformes et d'un vert foncé et surmontées d'un panicule unilatéral, resserré en épi, avec des épillets de quatre à cinq fleurs munis de barbes courtes, et quelquefois sans barbes.

Cette espèce, qu'on rencontre ordinairement, ainsi que les

suivantes, sur les montagnes élevées, et dans toutes les positions les plus arides et les plus ingrates, qu'elle est très propre à utiliser, ne s'élève guère qu'à 16 centimètres, ce qui la rend plus convenable aux pâturages qu'aux prairies, car nous la voyons constamment rester fort basse, même dans nos prairies riches et humides, où nous la trouvons quelquefois. C'est une des plantes qui exigent le moins d'humidité pour prospérer, et elle convient essentiellement sur les coteaux sablonneux et arides. Elle y produit une herbe fine et délicate, très convenable aux bêtes à laine, comme toutes les plantes peu aqueuses, qui dédommagent ordinairement de leur foible quantité par leur excellente qualité.

La FÉTUQUE ROUGE, *Festuca rubra*, ainsi désignée à cause de la couleur rougeâtre de son panicule resserré, a également ses tiges menues, droites, nues, et ses feuilles déliées, quelquefois en touffe, mais elle s'élève ordinairement davantage; ses tiges sont à demi arrondies et ses épillets barbus ont six fleurs.

La FÉTUQUE DURETTE, *Festuca duriuscula*, ainsi surnommée parceque ses feuilles et ses tiges sont ordinairement plus fermes que les autres, est la plus précoce de toutes, ce qui la rend précieuse dans plusieurs cas, ses feuilles sétacées sont courtes et en gazon serré. Son panicule étroit et unilatéral, est oblong, et ses épillets ovales, lisses et pointus, sont ordinairement violets et garnis de 3 à 4 fleurs et de barbes très courtes : elle paroît résister fortement à la sécheresse.

La FÉTUQUE PENCHÉE, *Festuca decumbens*, tire sa dénomination de l'inclinaison de ses tiges peu élevées et couchées vers leur base. Ses feuilles courtes et rares sont rudes et velues, et ses tiges grêles sont surmontées d'un panicule garni d'épillets ovales, dont les fleurs, au nombre de 3 à 4, et sans arêtes, sont presqu'entièrement renfermées dans le calice. Ce panicule est la principale partie dont les bestiaux se nourrissent, et on ne la trouve guère que dans les bois élevés.

La FÉTUQUE GLAUQUE, *Festuca glauca*, très remarquable par sa couleur d'un vert bleu cendré, a ses feuilles sétacées obliquement contournées, et ses tiges surmontées d'un panicule flexueux, unilatéral et penché.

La FÉTUQUE AMÉTHYSTE, *Festuca amethystina*, ainsi désignée à cause de la couleur distinguée de son panicule étalé, a ses feuilles linéaires comme celle de la coquiole à laquelle elle ressemble, mais elle est plus élevée et fournit plus de fourrage. Elle croît aux endroits les plus arides.

La FÉTUQUE HÉTÉROPHYLLE, *Festuca heterophylla*, dont les feuilles radicales sont très déliées comme celles de la précédente, a ses feuilles caulinaires plus larges; elle s'élève jusqu'à 64 centimètres quelquefois, et fournit un assez bon fourrage dans les endroits élevés; mais on ne la rencontre guère aussi que dans les bois.

Toutes ces fétuques et quelques autres fournissent, sur les

terres et dans les situations les plus ingrates et les moins convenables à la culture, un pâturage très sain, mais peu abondant, et qui durcit promptement, s'il n'est consommé de bonne heure. La plupart méritent, et sur-tout la première, d'être introduites sur les pâturages arides des bêtes à laine, lorsqu'elles n'y croissent pas spontanément, et elles remplaceroient avantageusement les plantes inutiles ou nuisibles qui s'y trouvent souvent.

PATURINS. Outre les quatre espèces de ce genre, dont nous avons fait connoître les avantages pour les situations basses, humides et même aquatiques, il en fournit plusieurs autres vivaces, précieuses dans des positions plus élevées et plus sèches. Les principales sont le pâturin des Alpes, le pâturin comprimé, le pâturin à feuilles étroites, le pâturin bleuâtre, le pâturin bulbeux, le pâturin à crête et le pâturin des bois.

Le PATURIN DES ALPES, *Poa Alpina*, qu'on trouve fréquemment sur les montagnes élevées où il se plaît, a sa tige grêle, qui, dans des positions convenables, s'élève quelquefois jusqu'à 64 centimètres; ses feuilles sont douces et molles, et son panicule diffus et très rameux, a des épillets de six fleurs et cordiformes. Tous les bestiaux mangent avec plaisir son herbe fine et délicate.

Le PATURIN COMPRIMÉ, *Poa compressa*, qu'on distingue à sa tige oblique et comprimée, s'élève à peu près comme le précédent, dans les champs les plus arides et même sur les murs; son panicule unilatéral est resserré, et ses épillets pointus sont à valves rougeâtres à leur sommet. Il est un peu plus dur que le précédent.

Le PATURIN A FEUILLES ÉTROITES, *Poa angustifolia*, ainsi distingué des autres, à cause de la petitesse de ses feuilles filiformes, a son panicule diffus, garni d'épillets à quatre fleurs, pubescens à leur base. Il fournit une herbe très fine et délicate.

Le PATURIN BLEUATRE, *Poa cæsia*, qui tire son nom spécifique de la couleur de ses feuilles un peu glauques, a des feuilles larges et tendres, et sa tige, qui s'élève généralement peu, est terminée par un panicule resserré en forme d'épi, et garni d'épillets très petits. Son fourrage est savoureux.

Le PATURIN BULBEUX, *Poa bulbosa*, ainsi désigné parceque ses feuilles radicales sont renflées à leur base en forme de bulbes, est assez précoce. Il est commun sur nos pâturages les plus sablonneux et arides. Ses feuilles menues et rassemblées en touffe sont très peu élevées et se dessèchent ordinairement aussitôt après la floraison. Ses tiges grêles et rougeâtres sont surmontées d'un panicule court et ramassé, garni d'épillets quadriflores, les valves des fleurs s'allongent quelquefois en manière de feuilles, ce qui fait paroître le panicule feuillé, chevelu et comme frisé. L'apparence de ces fleurs prolifères le fait appeler quelquefois *pâturin frisé*, comme ses espèces de bulbes lui font aussi donner le nom de *pâturin échalotte*. Ses tiges et sur-tout ses panicules fournissent plus de nourriture aux bêtes à laine que ses feuilles, d'après ce que nous avons eu occasion de remarquer plusieurs fois.

Le PATURIN A CRÊTE, *Poa cristata*, généralement plus élevé que le précédent, et qu'on trouve aussi dans les endroits les moins fertiles et les plus arides, a des feuilles striées assez larges, mais courtes et réunies en touffe. Il est ainsi appelé à cause de l'écartement des valves aiguës de son panicule en forme d'épi allongé, luisant et panaché de vert et de blanc, que les bêtes à laine broutent avec plaisir, ainsi que ses feuilles.

Le PATURIN DES BOIS, *Poa nemoralis*, qu'on trouve souvent dans les lieux ombragés, peu fertiles, s'élève ordinairement à la hauteur du pâturin des prés, avec lequel il a quelque ressemblance; mais ses feuilles et ses tiges plus rudes ont une couleur plus foncée et sont souvent courbées. Son panicule très lâche est penché et diffus, et ses épillets portés sur des rameaux divergens, sont uni ou biflores, très petits, rudes et pointus. Il fournit un fourrage assez abondant, mais un peu dur, et ne prospère qu'à l'ombre.

Tous ces pâturins et quelques autres fournissent une nourriture très saine et agréable aux bestiaux, mais peu abondante. Ils sont généralement plus propres aux pâturages, sur les terres ingrates qu'ils utilisent, qu'aux prairies, et doivent être consommés de bonne heure.

CRETELLE. La cretelle hupée ou en crète, *Cynosurus cristatus*, ainsi nommée à cause des bractées pectinées, en forme de crète, qui environnent ses épillets, est la seule graminée de ce genre qui paroisse mériter l'attention du cultivateur. Ses feuilles sont rares, étroites, tendres, et s'élèvent peu, et sa tige, qui, dans les situations convenables, s'élève jusqu'à 64 centimètres, est garnie d'un long épi unilatéral.

Quoique nous ayons cru devoir la recommander particulièrement pour les terres de cette division, elle se trouve cependant assez souvent dans les prairies basses, lorsqu'elles ne sont pas trop humides, et lorsqu'elle est pâturée ou fauchée de bonne heure, elle fournit une nourriture sèche ou verte également bonne, mais peu abondante. Lorsqu'elle est avancée en maturité, ses épis écailleux sont peu agréables aux bestiaux, et elle devient peu profitable: lorsqu'elle est consommée en temps convenable, elle peut fournir un bon pâturage, et particulièrement aux bêtes à laine auxquelles sa nature peu aqueuse convient essentiellement, et qui la recherchent.

Il existe maintenant dans le genre des *sesleries* une autre graminée désignée par Linnée, sous le nom de CRETELLE BLEUE, *Cynosurus cæruleus*, appelée aujourd'hui SESLERIE BLEUE, *Sesleria cærulea*, et désignée ainsi à cause de la couleur glauque de ses feuilles réunies en touffe à la base de ses tiges grêles. Elle se trouve souvent sur les rochers calcaires et arides; c'est de toutes nos graminées vivaces celle qui fleurit la première, sa fleur paroissant ordinairement en mars. Elle fournit peu, mais elle résiste très bien à la sécheresse et les moutons sont avides de son herbe fine et courte, mais un peu rude.

CANCHES. Indépendamment des deux espèces que nous avons cru devoir signaler, à l'égard des prairies basses, humides et aquatiques, ce genre nous en fournit deux autres vivaces, recommandables pour les positions élevées, sèches, siliceuses ou calcaires; ce sont la canche de montagnes et la canche blanchâtre.

La CANCHE DE MONTAGNE OU FLEXUEUSE, *Aira flexuosa*, qui affecte les lieux secs et élevés, et que Linné a désignée ainsi, parceque les pédoncules de ses fleurs sont tortueux, n'élève guère qu'à trente-deux centimètres ordinairement sa tige grêle, qui paroît au milieu de ses feuilles sétacées et junciformes, et dont le panicule étalé et divergent a les fleurs velues à leur base, et barbues, et les balles luisantes et argentées.

Elle forme souvent la base des prairies et des pâturages très élevés, et elle est agréable à tous les bestiaux, et sur-tout aux bêtes à laine.

La CANCHE BLACHATRE, *Aira canescens*, qu'on trouve également dans les champs arides et sablonneux, élève encore moins que la précédente ses tiges et ses feuilles sétacées, blanchâtres, nombreuses, et couchées en gazon; son panicule, d'un blanc luisant et resserré en forme d'épi engaîné, a les balles pointues, argentées, et mêlées de rose et de violet.

Elle est peu productive, et ne peut utiliser que les sables les plus stériles et les plus arides.

MÉLIQUES. Ce genre, qui fournit pour les prairies basses et humides la mélique bleue, qu'on rencontre aussi quelquefois dans des situations sèches et élevées, en renferme plusieurs autres qui exigent généralement peu d'humidité pour prospérer; ce sont la mélique élevée, la mélique penchée, la mélique ciliée, la mélique uniflore, la mélique pyramidale, et la mélique de montagne.

La MÉLIQUE ÉLEVÉE, *Melica altissima*, originaire de Sibérie et que nous observons pousser très vigoureusement, depuis plusieurs années, sur un terrain peu fertile naturellement et non engraissé, nous paroît être une plante précieuse par la vigueur et la précocité de sa végétation. Elle élève quelquefois jusqu'à un mètre ses tiges nombreuses et droites, ornées d'un panicule droit, serré, et très rameux, qui a quelque ressemblance avec celui de l'avoine élevée. Son fourrage est un peu dur, comme celui de la plupart des graminées vigoureuses; mais étant fauché de bonne heure, il nous semble réunir la qualité à la quantité et à la précocité, et la culture de cette plante nous paroît recommandable.

La MÉLIQUE PENCHÉE, *Melica nutans*, ainsi caractérisée, parcequ'elle penche ordinairement sous le poids des fleurs son panicule resserré et peu garni, a des tiges grêles et foibles, de trente-deux à soixante-quatre centimètres; des feuilles planes et assez longues, et les balles d'un rouge brun. Elle se trouve souvent dans les endroits ombragés.

Elle se trouve quelquefois dans les prairies, et son foin est assez tendre quoiqu'un peu grossier.

La MÉLIQUE CILIÉE, *Melica ciliata*, qui s'élève à peu près à la même hauteur que la précédente, sur les collines stériles, est ainsi nommée, parceque la fleur inférieure de la valve extérieure est garnie de poils soyeux qui se redressent en forme de cils lors de la maturité. Ses feuilles glauques sont striées et assez courtes, et son panicule, resserré en épi cylindrique, est blanchi, ainsi que les pétales, par le velouté qui les recouvre.

La MÉLIQUE UNIFLORE, *Melica uniflora*, qui s'élève à quarante-huit centimètres environ, qui a quelque ressemblance avec le millet étalé, et qui se rencontre assez souvent dans les haies et les bois, sur les terrains peu fertiles, et quelquefois aussi à côté de la mélique penchée, avec laquelle on l'a confondue, se distingue sur-tout à son panicule composé et à ses calices uniflores.

Son fourrage ressemble assez, pour la qualité, à celui de cette dernière qui est plus abondant.

La MÉLIQUE PYRAMIDALE, *Melica pyramidalis*, qui élève ordinairement moins sa tige grêle et droite, garnie de feuilles sétacées, junciformes et glauques, a son panicule droit très lâche, et se rétrécissant supérieurement en forme de pyramide.

La MÉLIQUE DE MONTAGNE, *Melica montana*, ordinairement peu élevée, a des tiges droites et anguleuses; son panicule droit, resserré en épi étroit, presque linéaire, et les fleurs d'un rouge brun.

L'herbe de la plupart des méliques, fauchée ou pâturée en temps convenable, afin de prévenir son endurcissement, nous paroît mériter, par son abondance et sa qualité, de fixer l'attention des cultivateurs.

BRIZE. Ce genre nous fournit une espèce que les bestiaux recherchent, et qui est assez commune dans les prairies plus sèches qu'humides, et sur les pâturages élevés. C'est la brize tremblante, ou amourette, *Briza media*, surnommée tremblante, parceque les pédoncules capillaires des rameaux géminés qui supportent son panicule lâche et très ouvert, font facilement agiter par le vent ses épillets ovales, arrondis, verts et blancs ou violets.

Elle s'élève ordinairement peu, mais fournit un pâturage recherché des bêtes à laine, et un foin très fin.

FLEOLE. La fléole des Alpes, *Phleum Alpinum*, dont la tige ne s'élève guère qu'à trente-quatre centimètres, et dont l'épi, en ovale allongé, velu et noirâtre, est garni de balles ciliées à deux cornes, se trouve dans les prairies montueuses, et y fournit un foin assez délicat, mais peu abondant. Elle fleurit en juin, et produit un bon pâturage avant cette époque.

PHALARIDES, ou ALPISTES. Indépendamment de la phalaride arondinacée, que nous avons indiquée pour les prairies naturellement humides ou irriguées, ce genre fournit encore une esespèce vivace recommandable, la PHALARIDE PHLÉOÏDE, *Phalaris phleoïdes*, qu'on rencontre ordinairement dans les prairies sèches et élevées, ou sur les pâturages arides et peu fertiles.

Cette espèce, connue aussi sous la dénomination d'alpiste fléau, parceque son panicule cylindrique en forme d'épi serré a de la ressemblance avec celui de la fléole des prés, dont il diffère cependant en ce que ses balles sont portées sur des pédoncules lâches et rameux, qu'on aperçoit en glissant l'épi entre ses doigts, a une tige droite qui s'élève quelquefois à soixante-quatre centimètres environ, qui est lisse, feuillée, et souvent un peu rougeâtre. Ses feuilles sont larges, mais très courtes.

Elle fournit une nourriture fine et agréable à tous les bestiaux, et sur-tout aux bêtes à laine qui la recherchent lorsqu'elle est jeune.

MILLET, ou MIL. Ce genre nous offre deux espèces vivaces, recommandables pour les prairies ou pâturages secs et élevés, c'est le millet étalé et millet noir.

Le MILLET ÉTALÉ, *Millium effusum*, ainsi nommé à cause de l'écartement de ses panicules très lâches, se trouve assez souvent dans les parties sèches des bois. Sa tige, qui s'élève quelquefois jusqu'à plus d'un mètre, est droite et grêle, garnie de feuilles striées, larges, longues et sèches, et surmontée d'un panicule peu garni de fleurs petites.

Il fournit un fourrage assez abondant, d'une odeur agréable, et qui est recherché de tous les bestiaux; et il demande une situation ombragée.

Le MILLET NOIR, *Millium paradoxum*, remarquable par la couleur noire et luisante de ses semences, qui s'élève aussi assez haut, et qui se trouve dans les bois secs, comme celui de Vincennes, fournit encore un fourrage agréable aux bestiaux.

AGROSTIDE. Ce genre nous fournit l'AGROSTIDE CAPILLAIRE, *Agrostis capillaris*, ainsi désignée à cause de la délicatesse de ses rameaux. Elle élève ordinairement jusqu'à trente-quatre centimètres environ ses tiges droites, garnies de fleurs nombreuses et rougeâtres en panicule étendu, et fournit sur les terres médiocres un foin très agréable aux bestiaux.

STIPE. Ce genre fournit deux espèces vivaces assez élevées, qui croissent dans les prairies et les pâturages arides montagneux, sablonneux et pierreux de nos départemens méridionaux ; ce sont la stipe empennée et la stipe joncée.

La STIPE EMPENNÉE, *Stipa pennata*, ou plumet, ainsi nommée parceque chaque fleur porte une barbe très longue et plumeuse, s'élève à soixante-quatre centimètres environ, sur une tige droite et grêle, terminée par un panicule étroit. Ses feuilles, très menues, sont junciformes et fasciculées.

La STIPE JONCÉE, *Stipa juncea*, qui tire son surnom de la forme de ses feuilles, et qui a beaucoup de rapport avec la précédente dont elle n'est peut-être qu'une variété, a ses feuilles velues intérieurement ; son panicule un peu épars, et les barbes de ses fleurs se couchent et se tortillent en tous sens.

Ces deux espèces de stipe, dont les barbes plumeuses ont un aspect singulier, produisent une herbe dure et qui doit être prise de très bonne heure et sur-tout avant la floraison, pour être agréable aux bestiaux.

LAGURIER. Ce genre nous fournit une espèce vivace qu'on rencontre aussi dans quelques prairies sèches de nos départemens méridionaux ; c'est le LAGURIER CYLINDRIQUE, *Lagurus cylindricus*, appelé aussi *queue de lièvre*, à cause de la forme de son épi cylindrique, cotonneux et très velu. Il s'élève jusqu'à soixante-quatre centimètres, et fournit, étant jeune, un aliment de médiocre qualité.

BROME ou DROUE. La plupart des espèces de brome, annuelles ou vivaces, qui se multiplient ordinairement avec une facilité désolante, sur les terres et dans les positions les plus ingrates, sont plus nuisibles qu'utiles aux prairies naturelles ou artificielles, qu'elles détruisent promptement par l'étonnante propagation qui résulte de leur rusticité et de leurs nombreuses semences ; et elles ne sont propres tout au plus qu'à fournir un pâturage de courte durée, avant que leurs panicules rudes et ordinairement garnis de longues barbes, désagréables, et souvent même très nuisibles aux bestiaux, paroissent ; car nous avons constamment remarqué qu'ils n'y touchoient plus à l'époque de la floraison, et que lorsque ces dangereuses graminées se trouvent mêlées abondamment au foin, ce qui arrive fréquemment dans les vieilles prairies artificielles, les barbes longues et rudes blessent souvent les animaux qui en mangent, soit en entrant dans leurs yeux, soit en se fixant entre leurs dents mâchelières, soit en s'arrêtant au palais, soit enfin en s'insinuant sous la langue et dans les gencives, ce qui les incommode fortement.

Ces inconvéniens graves s'appliquent sur-tout au BROME STÉRILE, *Bromus sterilis*, qui n'est que trop fécond, et qui a probablement reçu sa dénomination de son inutilité, ou de ce qu'il stérilise considérablement la terre qu'il épuise par ses nombreuses semences, qui, tombant de bonne heure, ont pu aussi le faire supposer stérile par les anciens; aux BROMES DES CHAMPS et DES TOITS, *Bromus arvensis et tectorum*, qui peuvent lui être assimilés pour leur port et leurs mauvais effets; au BROME DOUX, *Bromus mollis*, qu'on a cependant recommandé, plus élevé généralement que les précédens, mais qui fournit un foin grossier, peu recherché des bestiaux, et dont les semences nombreuses et pesantes, qui garnissent ses larges épillets, le font très souvent verser, et se répandent également de bonne heure; au BROME SEIGLIN, *Bromus secalinus*, plus élevé encore que celui-ci, auquel il ressemble, et qui, avec les mêmes inconvéniens dans les prairies, a sur-tout celui de mêler au seigle, dans lequel on le trouve fréquemment, ses semences amères, assez grosses, et très nuisibles à la qualité du pain lorsque le crible ne le sépare pas; au BROME À GRAPPES, *Bromus racemosus*, dont chaque épillet, porté sur un court pédoncule, est garni de six fleurs très barbues et très dangereuses. Toutes ces espèces étant annuelles, on peut s'opposer à leur propagation en les fauchant à l'époque critique où leurs semences sont formées sans être assez avancées en maturité pour pouvoir se détacher et se répandre sur la terre.

Nous devons encore signaler particulièrement le BROME PINNÉ, ou CORNICULÉ, *Bromus corniculatus*, ainsi désigné à cause de la forme et de la disposition de ses épillets alternes, distiques, cylindriques et un peu courbés. Il est vivace et assez commun dans les prairies ou pâturages arides, où il se multiplie aussi promptement, et où il est facile de le reconnoître à ses larges touffes serrées, dont les feuilles larges, rudes et coupantes, sont d'un vert jaunâtre, et que les bestiaux refusent pour peu qu'elles soient avancées, lorsqu'ils ne sont pas pressés par la faim.

Nous pensons cependant que, dans quelques circonstances, on pourroit tirer un parti avantageux, pour la nourriture des bestiaux, du BROME GIGANTESQUE, *Bromus giganteus*, qui se trouve ordinairement dans les prés couverts, dans les haies et dans les bois, et qui est une des graminées vivaces les plus élevées. Cette espèce qui s'élève quelquefois au-dessus de deux mètres, pourroit probablement, étant fauchée de bonne heure avant la floraison, fournir un fourrage peu délicat mais abondant.

Ses feuilles larges et longues sont garnies d'une nervure blanche; son panicule lâche et pendant est très allongé, et ses epillets petits, lisses, verdâtres et cylindriques, ont quatre fleurs garnies de barbes courtes.

Le BROME DES PRÉS, *Bromus pratensis*, qui s'élève aussi assez haut, et qui se rencontre fréquemment dans les prés secs, fait encore un foin passable lorsqu'il est fauché de très bonne heure; mais après sa floraison, ses épillets barbus et ses longues feuilles dures, rayées, un peu roulées, rudes en dessus et garnies de poils longs et isolés, rendent son fourrage grossier, dur, et quelquefois malfaisant.

ROSEAU. Ce genre, qui nous fournit le roseau commun pour les terres marécageuses, en renferme encore une espèce bien précieuse pour les sables, et sur-tout pour ceux qui sont mobiles sur les bords de la mer; c'est le ROSEAU DES SABLES, *Arundo arenaria.*

Cette espèce recommandable, vulgairement désignée sous le nom *d'oyiat*, dans nos départemens septentrionaux maritimes, et dont les tiges droites s'élèvent à trente-quatre centimètres et plus; dont les feuilles radicales, nombreuses et fasciculées, sont droites, roulées, très fermes et d'un vert glauque, et dont le panicule, en forme d'épi très allongé, est blanchâtre et couvert de poils très courts, n'est recherchée par les bestiaux que lorsqu'elle est jeune et tendre; mais elle peut devenir d'une bien grande utilité en la propageant sur les sables mobiles et maritimes des *dunes*, ou monticules sableux, sur lesquels elle croît souvent spontanément, et qu'elle est très propre à fixer.

On est parvenu, par son moyen, à utiliser dans le département du Pas-de-Calais et ailleurs, de vastes étendues de sables improductifs et très nuisibles par leur mobilité, qu'on a convertis en pâturages, en prairies et même en champs labourables, qui ont amplement dédommagé des frais occasionnés par la propagation de cette précieuse plante, dont les nombreuses et profondes racines, ainsi que les feuilles et les tiges, ont arrêté très efficacement les envahissemens qui désoloient autrefois ces plages; et nous ne saurions trop en recommander la culture dans des circonstances semblables à celles où nous avons été témoins de ses bons effets.

ELYME. Ce genre nous fournit encore, indépendamment de quelques autres espèces que nous croyons devoir signaler particulièrement à cause de leur mérite remarquable pour notre objet, une espèce bien précieuse pour la fixation des sables mobiles des dunes maritimes; c'est l'ÉLYME DES SABLES, *Arundo arenaria.*

Cette espèce, que les bestiaux ne recherchent également que lorsqu'elle est jeune et tendre, a des racines articulées, nombreuses, longues, vigoureuses et très traçantes. Sa tige, d'une couleur glauque très prononcée, ainsi que ses feuilles, s'élève droite, de soixante-quatre centimètres à un mètre environ. Ses feuilles radicales sont très longues, aiguës et striées, et son épi, très allongé, est droit et blanchâtre. Cette plante, qui croît spontanément sur les bords de la Méditerranée, est aussi propre que le roseau des sables, quoiqu'un peu mois rustique, à utiliser les plages les plus ingrates et les moins productives, en arrêtant les déplacemens, les éboulemens et les envahissemens des sables mobiles, en les consolidant, et en favorisant, par ce moyen, l'établissement permanent de la culture d'autres végétaux précieux, spécialement pour les prairies ou pâturages.

Elle se multiplie aisément, comme le roseau des sables, en automne, ou mieux, au printemps, de ses nombreux drageons et de ses semences longues, blanches, qui renferment une substance farineuse alimentaire, d'une saveur agréable, et dont les oiseaux sont très avides.

Les autres espèces d'élymes que nous croyons devoir indiquer sont, l'élyme de Virginie, celle de Sibérie, et la gigantesque, qui, indépendamment de leur mérite pour la fixation des sables mobiles, nous paroissent en outre recommandables pour la nourriture des bestiaux, par l'abondance et la qualité de leur fourrage.

L'élyme de Virginie, *Elymus Virginicus*, dont les tiges s'élèvent à plus d'un mètre, au milieu d'une touffe épaisse de feuilles glabres, et terminées par un épi droit, court et serré, étant fauchée de bonne heure, nous paroît propre à fournir abondamment du fourrage d'assez bonne qualité, et nous paroît aussi très rustique.

L'élyme de Sibérie, *Elymus Sibiricus*, au moins aussi rustique mais moins élevée que la précédente, et dont les feuilles sont arondinacées et l'épi terminal serré, pendant, et garni de barbes, avec des épillets géminés ou ternés, étant traitée de même, nous paroît aussi avoir le même mérite.

L'élyme gigantesque, *Elymus giganteus*, très élevée, à feuilles glauques, striées et plus rudes, nous paroît encore propre à la nourriture des bestiaux, étant consommée de bonne heure, comme les autres espèces qui deviennent dures et désagréables lorsqu'elles sont très avancées, à cause de l'aiguillon qui termine leurs feuilles.

Des soins qu'exigent les prairies et les pâturages.

Après avoir fait connoître les principales particularités relatives à chacune des graminées dont on peut faire choix pour la formation des prairies ou des pâturages, entrons dans quelques généralités sur leur établissement, leur entretien, leur administration, leur emploi, leur défrichement et leur assolement.

Puisque les prairies, soit naturelles, soit artificielles, sont incontestablement la base de toute bonne agriculture; au lieu de les négliger, comme cela arrive fréquemment, pour s'occuper exclusivement des terres labourables; au lieu de les abandonner entièrement à la nature, qui favorise indistinctement tous les végétaux, que nous appelons, relativement à nos besoins, à nos habitudes et à nos usages, bons ou mauvais, utiles ou nuisibles; notre propre intérêt nous commande impérieusement de diriger nos premiers soins vers ces sources abondantes de prospérité agricole, d'y multiplier, par tous les moyens possibles, les plantes reconnues pour être les plus productives et les plus profitables, d'en extirper celles que nous avons également reconnues comme inutiles et d'une prompte et facile multiplication, et, plus particulièrement encore, toutes celles qui se distinguent par leurs propriétés malfaisantes; enfin, de les clore complètement, lorsqu'elles ne le sont pas, cette seule amélioration, de la plus grande utilité pour tous les genres de produits, étant sur-tout applicable aux prairies, et suffisant seule pour augmenter considérablement leur valeur; de les dessécher, lorsqu'elles sont aquatiques et marécageuses, l'eau stagnante et surabondante donnant toujours des produits dont la quantité ne compense jamais le défaut de qualité, et ces prairies étant non seulement nuisibles aux animaux, mais sur-tout aux hommes, en viciant l'air par leurs émanations dangereuses; de les débarrasser de tout ce qui, en les ombrageant trop fortement, nuit également à la qualité de leurs produits; de les débarrasser sur-tout de tous les drageons d'arbres ou arbrisseaux voisins, qui, en envahissant le terrain, produisent encore le mauvais effet de rendre l'opération du fauchage plus pénible; d'égaliser le plus possible le terrain, afin de rendre cette opération plus facile; et, par-dessus tout, de tirer parti de tous les moyens que l'art, joint à la nature, peut procurer pour établir les irrigations, qui en augmentent le revenu d'une manière si encourageante.

Voilà pour les prairies, ou naturelles, ou anciennement établies. Passons maintenant aux principes généraux applicables à celles de nouvelle formation, et qui le sont également à toutes celles désignées plus particulièrement sous le nom de prairies artificielles, comme celles formées de luzerne, de trèfle, de lupuline, de sainfoin, etc., que nous comprenons ici, afin d'éviter des répétitions inutiles à chaque article.

On peut réduire à cinq chefs principaux tous les objets essentiels relatifs aux prairies de nouvelle formation; savoir, 1° la situation et la préparation de la terre; 2° son ensemencement; 3° l'entretien de la prairie établie; 4° l'emploi de son produit; et 5° son défrichement et son assolement, c'est-à-dire sa conversion en terre arable.

I. *De la situation et de la préparation du terrain destiné à être mis en prairie.*

Il nous reste peu d'observations générales à faire sur la situation du terrain la plus convenable à l'établissement des prairies de graminées, ou d'autres plantes, après ce que nous avons déjà remarqué sur cet objet, et ce que nous aurons encore occasion de remarquer à chaque article particulier qui nous reste à traiter; nous observerons seulement, 1° que les champs éloignés du centre du manoir sont généralement les plus propres à être convertis en pâturages ou en prairies, à cause des difficultés des charrois et des opérations aratoires; 2° que ceux en pente douce, surmontés par des collines, y conviennent davantage aussi que ceux en plaine, parcequ'il est ordinairement facile d'y établir des irrigations qui peuvent seules compenser en grande partie la médiocrité du sol, en dérivant, retenant et dirigeant adroitement les eaux supérieures, au lieu de les laisser former des ravins, et parceque les prairies y préviennent d'ailleurs les éboulemens si dangereux; 3° que ceux exposés directement au nord, et qui reçoivent rarement la bénigne influence du soleil, fournissent un foin de peu de qualité, parceque les sucs n'en sont pas assez élaborés, comme celui des prairies aquatiques, qui, lorsqu'il est complètement desséché, est spécifiquement moins pesant et moins substantiel que celui des prairies sèches et élevées, qui gagne ordinairement en poids, en finesse et en saveur ce qu'il perd en volume et en hauteur.

Quant à la préparation du terrain, elle est bien loin d'être indifférente, comme on paroît le supposer, d'après la conduite qu'on tient assez souvent.

Parceque les prairies améliorent le sol, au lieu de le détériorer, comme font plusieurs cultures, on croit assez généralement qu'en quelque état d'épuisement qu'il ait été réduit par les cultures précédentes, il est toujours propre à recevoir une prairie.

D'abord, il ne faut jamais attendre qu'un champ soit épuisé pour le mettre en prairie, de quelque nature que ce soit, parcequ'*aucune terre réellement épuisée ne peut fournir une bonne récolte d'aucun genre*, quoi qu'on en ait dit, et que *la variété des cultures ne peut jamais compenser la stérilité absolue*; ensuite, il ne suffit pas que ce champ conserve encore assez de fertilité pour suffire à de nouveaux produits, il faut encore qu'il soit le plus exempt possible de semences et de racines nuisibles, qui envahiroient bientôt le terrain consacré à la prairie, ou nécessiteroient au moins des sarclages très dispendieux dans les premières années.

Ainsi, pour assurer le plein succès d'une prairie qu'on se propose de former, il est toujours très avantageux de faire précéder l'année de son établissement par une culture améliorante, c'est-à-dire par une culture qui exige, pour prospérer, d'abondans engrais, et sur-tout des sarclages répétés et rigoureux, telles que celles des plantes cultivées spécialement pour leurs racines, toutes celles qui admettent les houages et buttages, celles qu'on peut faucher en vert ou consommer sur le champ même, et celles enfin qu'on peut enfouir comme moyen d'engraissement et de nettoiement.

En supposant la terre ainsi préparée préalablement à toute autre opération, en supposant encore qu'il se soit écoulé un intervalle suffisant entre l'époque de la destruction d'une ancienne prairie et celle de son renouvellement, objet d'une grande importance, surtout à cause des graminées nuisibles qui se perpétuent souvent sur les terrains défrichés, et qui, par leur antériorité de possession, autant que par leur prompte propagation, deviennent le fléau le plus redoutable des prairies qu'elles affament et privent des principaux agens de la végétation, il s'agit alors de labourer cette terre assez profondément, et de l'ameublir et la diviser suffisamment pour que les racines puissent la pénétrer aisément à une profondeur convenable. Divisons ces deux objets importans.

Profondeur du labour. Quelle que soit l'organisation des racines des plantes dont on se propose de former des prairies, il est toujours utile que les labours qu'on donne à la terre soient aussi profonds que la qualité de la couche arable le permet.

Le remuement de la terre peut à peine être jamais trop profond, lorsqu'il s'agit de plantes à racines longues et pivotantes, comme la luzerne et le sainfoin, qui ont besoin de les enfoncer profondément pour y puiser une partie de leur nourriture, d'une part, et de l'autre, pour résister plus fortement à la sécheresse.

Dans ce cas, il ne faut même pas craindre d'amener à la surface une partie de la terre du fond, ordinairement dépositaire d'une portion des engrais infiltrés, et qui, même dans le cas d'infériorité en qualité, se trouvant convenablement mélangée avec la couche supérieure, et exposée aux bénignes influences de l'atmosphère et des opérations aratoires, augmente insensiblement l'épaisseur de cette couche et sa fécondité.

Lorsqu'il s'agit de plantes graminées, ou de toutes autres à racines traçantes et chevelues, cette profondeur peut être moindre; mais il ne faut pas en conclure cependant qu'un labour superficiel doive suffire généralement.

Il convient d'observer d'abord que, quoique ces racines s'enfoncent ordinairement moins que les pivotantes, elles pénètrent cependant plus profondément en terre qu'on ne le suppose, lorsqu'elles la trouvent suffisamment défoncée et ameublie; et nous avons eu souvent occasion de nous convaincre de cette vérité. Il est essentiel de rappeler ensuite que la profondeur du labour n'est pas seulement utile à la pénétration des racines; elle sert très efficacement encore à former une espèce de filtre à travers lequel une plus grande quantité d'eau pénètre au-dessous des racines, pour y servir de réservoir utile en été, sur les terres sèches, en remontant par l'effet de la chaleur, et de canal souterrain de dessèchement, en hiver, pour les terres humides, en facilitant l'infiltration de l'eau surabondante. Ainsi, les labours superficiels, dans tous les cas, ont le double inconvénient d'exposer les jeunes plantes à périr par l'effet de la sécheresse en été, et par l'excès d'humidité en hiver.

Ameublissement et division du sol. En vain le labour auroit la profondeur convenable, si la terre n'étoit suffisamment ameublie et divisée.

Les semences des plantes qui font la base de nos prairies étant généralement très fines, indiquent assez la nécessité de cet ameublissement et de cette division, afin qu'elles ne s'y trouvent pas couvertes, d'une part, par des mottes qui les priveroient de l'air nécessaire à leur germination et à leur développement, et qu'elles puissent aisément, de l'autre, enfoncer leurs radicules, deux objets indispensables à leur prospérité.

Il est donc de la plus grande importance de ne commencer l'ensemencement que lorsqu'on a atteint complètement ces deux buts, par l'emploi fait à propos et réitéré des instruments aratoires les plus convenables aux localités.

Nous ne chercherons pas à déterminer ici, comme quelques auteurs l'ont fait, la préférence à accorder pour ces objets à tel instrument sur tel autre, persuadés comme nous le sommes que ce choix, qui ne peut être bien déterminé que par les circonstances locales seules, doit être abandonné entièrement au jugement du cultivateur, comme tous les détails minutieux d'exécution que ce jugement doit lui suggérer, et qu'il est au moins superflu de lui indiquer.

Nous ne chercherons pas davantage à déterminer le nombre des labours nécessaires, cet objet très variable devant aussi, d'après notre expérience, être laissé à la sagacité du cultivateur; et nous nous bornerons à observer que, dans tous les cas, les labours seront toujours assez nombreux lorsque la terre se trouvera profondément remuée et bien ameublie, divisée et égalisée, objets d'une grande importance qu'on n'obtient pas toujours et par-tout avec un même nombre de labours, que les circonstances locales peuvent seules bien déterminer.

A l'égard des terres naturellement compactes et humides, toutes les cultures préparatoires qui ouvrent le sol et l'ameublissent, comme celles des fèves, des vesces, des pois, des choux, et autres plantes de cette nature, peuvent être très utiles pour opérer leur division; et un profond labour donné avant l'hiver, en temps convenable, ameublit plus la terre, par l'action pénétrante et divisante de la gelée, que des labours multipliés à toute autre époque.

Dans tous les cas, la herse et le rouleau doivent opérer le complément de l'effet produit par la charrue, pour la division et le nivellement de la terre.

II. *De l'ensemencement.*

Cet objet nous amène naturellement à examiner, 1° quelle est l'époque de l'année la plus favorable aux semailles des prairies; 2° quelle peut être la meilleure composition de ces prairies; 3° quels soins on doit apporter dans le choix des semences, et quels sont les signes indicateurs de leurs bonnes et de leurs mauvaises qualités; 4° quelles préparations peuvent leur être utiles; 5° quelles doivent être leurs quantités respectives; et 6° quelles précautions doivent précéder, accompagner et suivre l'ensemencement pour assurer son succès.

Arrêtons-nous sur chacun de ces points essentiels relatifs à l'ensemencement.

§. 1. *De l'époque de l'année la plus favorable aux semailles des prairies.* Deux opinions principales, diamétralement opposées, ont partagé depuis long-temps les agronomes sur ce point important:

les uns ont assigné l'automne comme l'époque la plus convenable; les autres le printemps. Il ne s'agissoit que de s'entendre pour se concilier, et cette divergence d'opinion démontre l'inconvénient des propositions générales exclusives, en agriculture, où il est souvent dangereux de décider, d'après sa position particulière, parceque les principes doivent nécessairement être subordonnés aux circonstances locales.

Sans doute, en suivant l'ordre naturel, l'ensemencement doit suivre immédiatement la maturité des semences.

Sans doute aussi, lorsqu'on a à redouter l'effet destructeur de l'hiver, on doit le différer jusqu'au printemps.

Si, dans le premier cas, on a à redouter l'excès du froid et de l'humidité, on n'a pas moins à craindre, dans le second, l'excès de la chaleur et de la sécheresse.

Ainsi, afin d'éviter tout principe exclusif, nous pensons qu'il convient de réduire les règles à suivre, sur ce point, à ces considérations simples et faciles à saisir.

Toutes les fois que, d'après les connoissances météorologiques locales, la température du climat qui, comme l'on sait, n'est pas toujours en raison directe de sa latitude, n'autorise pas à redouter un degré de froid ou d'humidité que ne pourroient supporter les semences qu'on veut confier à la terre, et toutes les fois que, sur les terres élevées et naturellement arides, on doit redouter l'effet de la sécheresse au printemps, il y a généralement de l'avantage à semer immédiatement après la maturité des semences, lorsque la terre qu'on leur destine est suffisamment préparée.

On avance beaucoup sa jouissance par ce moyen, et les plantes mieux enracinées résistent beaucoup mieux, aussi, à la sécheresse du printemps et à la chaleur de l'été, deux objets d'une grande importance.

C'est ainsi que nous avons souvent substitué, depuis long-temps, avec succès, l'ensemencement d'automne à celui du printemps, sur notre exploitation, contre l'opinion exclusive de Gilbert, et contre l'usage ancien et ordinaire des environs, pour le sainfoin, pour la luzerne, pour la lupuline et pour les graminées vivaces, en exceptant de cette pratique le trèfle seul, qui, étant d'une nature plus aqueuse, nous a paru plus sensible au froid, sur-tout étant jeune, quoiqu'il réussisse aussi, quelquefois, semé à cette époque.

Toutes les fois, au contraire, que, d'après les mêmes observations locales, on a moins à redouter la sécheresse et la chaleur que le froid et l'humidité, principalement dans les positions basses et brumeuses, il est généralement avantageux de différer l'ensemencement jusqu'au printemps.

En retardant ainsi sa jouissance, on la rend plus assurée, dans les cantons de la France plus septentrionaux que méridionaux, dont les abris ne tempèrent pas l'âpreté du climat, et particulièrement à l'égard des plantes d'une constitution plus humide que sèche.

Ajoutons à ces données, que la connoissance du lieu originaire des plantes, qui peut quelquefois servir de guide pour déterminer l'époque la plus convenable à leur ensemencement, est moins utile, cependant, pour cet objet, que celle de leur degré plus ou moins avancé d'acclimatation dans la contrée où on les sème.

§. 2. *De la composition la plus avantageuse des prairies.* Chaque espèce de plante doit-elle être semée seule, ou associée avec d'autres?

En admettant l'association, doit-elle se faire avec des plantes de la même famille naturelle, ou avec celles de familles différentes?

Voilà deux questions importantes qui ont aussi partagé les agronomes, parcequ'elles ne sont pas non plus susceptibles d'une solution générale, rigoureuse et exclusive, et qu'elles doivent, comme la plupart de celles relatives à l'économie rurale, être toujours soumises aux circonstances locales très variables.

Il nous suffira donc d'exposer, d'abord les principaux avantages et inconvéniens de *la séparation* et de *l'association* des plantes propres à la formation des prairies, et en admettant ensuite la possibilité et l'utilité de l'association, dans plusieurs cas, nous entrerons dans quelques détails sur les moyens de l'opérer, de la manière la plus efficace, en indiquant les principales plantes les plus convenables pour cet objet.

« L'expérience de tous les siècles et de tous les climats, dit Rozier, prouve que deux espèces de graminées quelconques n'ont strictement, ni la même époque de fleuraison ni de maturité, ni une force de végétation égale, d'où il arrive nécessairement, dans le premier et dans le second cas, qu'une partie de l'herbe est mûre, tandis que l'autre ne l'est pas, et, par conséquent, qu'il faudra retarder la fauchaison; il résulte de ce mélange, que ce qu'une espèce gagne en maturité, l'autre le perd par trop de maturité; dès-lors on n'aura que la moitié de la récolte prise à point. Quant à l'inégalité de force dans la végétation, c'est où réside un abus aussi démontré que les deux premiers. Il est dans l'ordre naturel que le plus fort détruise le plus foible. Une plante a, par exemple, une force de végétation comme dix-huit; tandis que celle de la plante voisine est comme quatre; il s'ensuit que les graines de ces plantes semées ensemble végéteront à peu près également, pendant la première année, parcequ'elles trouveront toutes à étendre leurs racines, mais peu à peu la plus active devancera la plus foible, toutes deux en souffriront, jusqu'à ce qu'enfin la plus vigoureuse triomphe. Il ne restera plus, à cette époque, que des plantes vigoureuses, égales en végétation, et dès-lors susceptibles de se tenir toutes en équilibre de vigueur, et forcées de vivre ensemble. »

En laissant aux assertions de Rozier ce qu'elles ont de vrai, en ne considérant les prairies que comme des champs uniquement destinés à produire du foin, abstraction faite de l'objet très important du pâturage, nous croyons devoir observer, 1° qu'il n'est pas rigoureusement nécessaire que toutes les espèces de graminées vivaces, associées en prairie, aient strictement la même époque de floraison, et encore moins la même époque de maturité, ni la même vigueur et le même produit, attendu que l'époque de la fauchaison, indiquée par celle de la floraison, peut, sans inconvénient, être avancée ou retardée de plusieurs jours, et que plusieurs graminées, qui peuvent s'améliorer réciproquement, comme la flouve odorante et le pâturin des prés, qui ajoutent à la qualité de l'avoine élevée et du vulpin des prés ce que ceux-ci leur procurent en quantité, n'ont réellement que peu de différence dans l'époque précise du développement complet de leur floraison, qui, d'ailleurs, peut encore, sans inconvénient, être plus ou moins avancée, quoiqu'il ne faille pas attendre la maturité; 2° que, par l'association de plusieurs graminées, ayant à peu près la même époque de floraison, mais une élévation et une manière d'être différentes, il résulte que la prairie se trouve garnie à différentes hauteurs, avantage important pour empêcher le bas des plantes les plus élevées, de jaunir et de se dessécher, comme cela arrive fréquemment lorsque des plantes de la même espèce sont seules en possession du champ, et qu'elles ne peuvent jouir des influences atmosphériques à différentes hauteurs. Voilà pour les plantes de la même famille; mais il est plusieurs autres plantes, bonnes en elles-mêmes, de familles différentes, qui peuvent également être associées aux graminées dans les prairies, soit pour garnir et tenir frais le pied, ce qui est ordinairement très essentiel, soit parceque leurs racines pivotantes tirent une partie de leur nourriture à une plus grande profondeur que les graminées auxquelles elles peuvent encore procurer un ombrage salutaire, en augmentant la qualité et la quantité du fourrage, soit, enfin, parceque plusieurs d'entre elles, prises dans la nombreuse et précieuse famille des légumineuses, en s'élevant et s'appuyant sur les tiges des graminées qui leur servent de supports, et dont elles préviennent l'endurcissement, ajoutent encore beaucoup à la quantité ainsi qu'à la qualité du produit, comme nous avons souvent occasion de le remarquer.

Mais il est une autre considération assez importante qui milite en faveur des associations judicieuses, convenables aux localités; c'est que la variation des plantes dans le foin, aussi utile aux animaux qu'avantageuse au sol qui les produit, est d'une importance majeure pour les pâturages qui, dans un grand nombre de cas, sont tout ce qu'on peut obtenir de la médiocrité de la terre, et qui deviennent toujours une ressource précieuse dans les prairies, après l'enlèvement du foin, à une époque souvent assez critique, le milieu de l'été. Cette dissemblance de plantes de diverses espaces ou variétés, fournit perpétuellement et successivement un nouvel aliment, qu'une seule espèce de graminée, ou d'autres plantes équivalentes, n'auroit pu fournir que pendant un intervalle trop court; et cet avantage, dont nous avons, chaque année, de fréquens et concluans exemples sous les yeux, mérite d'être pris dans la plus grande considération.

Il est facile de se convaincre que, dans les prairies plus sèches qu'humides, et plus élevées que basses, les graminées, ainsi que toutes les plantes à racines fibreuses et superficielles, deviennent souvent nulles pour le pâturage, pendant les fortes chaleurs qui suspendent leur végétation, tandis que toutes les plantes vivaces à racines pivotantes et profondes qui les accompagnent, telles que plusieurs espèces ou variétés de trèfle, de luzerne, de vesce, de lotier, de sainfoin, de gesse, etc., ainsi que la jacée des prés, la mille-feuille, la pimprenelle, etc., résistant beaucoup mieux à l'action prolongée de la sécheresse, fournissent seules au pâturage des animaux, pendant un intervalle assez long, en attendant que les pluies d'automne viennent ranimer la végétation des premières.

Ajoutons une dernière considération aux précédentes, en faveur de la réunion de diverses plantes dans les prairies. C'est que ces prairies, étant souvent établies pour long-temps, et des plantes d'une seule et même espèce pouvant se trouver ou entièrement détruites, ou fortement endommagées, ou plus ou moins fatiguées, par l'effet d'une disposition atmosphérique qui leur est contraire, il en résulte qu'en admettant exclusivement cette espèce, les prairies sont exposées à se trouver nues dans certaines années, ou, au moins, plus ou moins dégarnies et souillées de plantes nuisibles ou inutiles; tandis qu'avec la ressource que procure l'association, l'une peut réparer, par l'accroissement de sa vigueur, le dommage éprouvé par l'autre, et remplir avantageusement les lacunes.

Voilà encore pour les prairies dont les graminées font la base. Quant à celles composées de légumineuses, telles que la luzerne, le trèfle, le sainfoin et la lupuline, qui ont ordinairement une durée moins longue les unes que les autres, comme le terrain qui convient à l'une est rarement celui qui convient à l'autre, et que, d'ailleurs, leur mode de végétation et leur époque de floraison ne sont pas les mêmes, nous pensons qu'en général il convient mieux de les cultiver seules qu'associées entre elles, excepté peut-être dans quelques cas particuliers, que nous examinerons en nous occupant particulièrement de la luzerne et du trèfle.

En admettant donc la possibilité et l'utilité de l'association de plusieurs espèces de plantes, dans plusieurs circonstances, nous nous occuperons d'abord des graminées, puis des légumineuses, et ensuite de quelques autres plantes de familles différentes, qui méritent l'attention du cultivateur pour la composition des prairies.

Entrons, avant tout, dans quelques notions générales sur le choix des plantes les plus propres à leur composition.

C'est une très grande erreur, que trop de cultivateurs partagent encore, que celle qui porte à croire que toutes les plantes susceptibles d'être admises avec avantage dans nos cultures ordinaires, faites en grand, en plein champ, sont connues généralement partout, et qu'il est impossible de rien ajouter, sous ce rapport, à nos richesses actuelles. Un très grand nombre de plantes précieuses ont été transportées, avec beaucoup d'avantage, depuis peu, des lieux agrestes et incultes ou des jardins, dans nos champs cultivés, et, sans doute, il en existe un très grand nombre encore que nous pourrons y introduire avec un égal succès. Il s'agit pour cela d'épier la nature, et d'observer quelles sont celles que les différentes espèces de nos animaux domestiques recherchent, ou qui nous paroissent convenir à leur constitution; quelles sont les qualités qui les distinguent éminemment, et qui peuvent les rendre recommandables dans plusieurs circonstances particulières; quel sol, quel climat et quelle température leur conviennent essentiellement. Il ne faut pas sur-tout se laisser induire en erreur par le peu d'apparence qu'elles présentent assez souvent, dans l'état de nature, une culture soignée les rendant ordinairement peu semblables à elles-mêmes, en les améliorant au point de les rendre quelquefois méconnoissables. Il convient de les soumettre d'abord à quelques essais en petit, toujours peu dispendieux, et qui ne tardent pas à donner à ceux qui ne se laissent ni séduire par un enthousiasme trompeur, ni décourager par de fausses apparences, la mesure de leur véritable mérite. Non seulement il peut être utile de les essayer séparément, mais aussi comparativement, et de se convaincre par soi-même des avantages ou des inconvéniens qui peuvent résulter de leur association.

L'époque de la floraison des diverses graminées vivaces, étant une des principales circonstances à étudier pour pouvoir les associer avec avantage en prairies, nous croyons devoir donner ici un aperçu indicatif de cette époque pour celles qui nous paroissent les plus importantes à connoître, et que nous avons le plus étudiées.

Nous les divisons, pour cet objet, en trois grandes classes susceptibles de quelques sous-divisions.

La première comprend les plus précoces pour la floraison; la deuxième, celles qui les suivent immédiatement; et la troisième, les plus tardives.

Les graminées vivaces qui fleurissent les premières après la seslerie bleue qui annonce le printemps, sont la flouve odorante; le vulpin des prés, celui des champs; le pâturin des prés, le commun; le dactyle pelotonné; la fétuque durette, la fétuque rouge, et celle des buissons; le phalaris phléoïde; les stipes joncées et empennées; l'avoine élevée; l'ivraie vivace; et le pâturin bulbeux.

Celles qui suivent immédiatement ces premières sont, les fétuques des prés, élevée, améthyste, glauque, hétérophylle, penchée, élégante, flottante et ovine; la brize tremblante; la cretelle hupée; les avoines des prés, jaunâtre et pubescente; les houques laineuse et molle; les méliques penchée, cilicée et pyramidale; les pâturins des marais, des Alpes, aplati, des bois et en crête; le millet noir et l'étalé; le brome des prés, et les élymes.

Les plus tardives sont l'orge des prés; le vulpin bulbeux et le genouillé; les fleaux des prés et noueux; le brome gigantesque; les roseaux commun et des sables; les agrostides blanche, genouillée et capillaire; les canches; les méliques élevée, bleue et de montagne; le phalaris roseau, et les chiendens.

Nous devons observer que cet aperçu, dressé sur des observations faites dans les environs de Paris, peut varier dans d'autres localités. Aussi, l'indiquons-nous comme un simple renseignement local, susceptible de variations, suivant les circonstances que chacun doit étudier; nous observerons encore que le sol, le climat et la constitution atmosphérique de chaque année, ont la plus grande influence sur l'époque de la floraison, que la chaleur et la sécheresse avancent et que le froid et l'humidité retardent.

Chaque cultivateur peut associer, dans la formation des prairies ou pâturages, celles de ces graminées convenables à sa localité, et il peut encore, dans plusieurs cas, les mélanger avec quelques unes des plantes tirées d'autres familles que nous allons indiquer.

Ces plantes sont, parmi les légumineuses, diverses espèces et variétés de luzerne, de trèfle, de mélilot et de sainfoin (*voyez* ces mots, et lupuline), les gesses, vesces, lotiers, orobes, astragales et coronilles vivaces; et dans d'autres familles, un assez grand nombre d'autres plantes dont nous nous bornerons à indiquer les plus connues par leurs propriétés, et quelques autres qui nous paroissent également douées d'avantages précieux.

Soit qu'on croye devoir les cultiver seules ou mélangées, ou faciliter seulement leur multiplication lorsqu'elles croissent spontanément, elles méritent toujours de fixer l'attention des cultivateurs qui désirent étendre leurs ressources pour la nourriture de leurs bestiaux, et d'être essayées comparativement, ou propagées dans un grand nombre de localités: nous croyons donc devoir entrer à leur égard dans quelques détails.

Parmi les plantes propres à entrer dans les prairies de notre seconde division, nous remarquons particulièrement, dans les gesses vivaces, la gesse des prés, la gesse des marais, la gesse tubéreuse, la gesse sauvage, la gesse à larges feuilles, et la gesse pisiforme.

La GESSE DES PRÉS, *Lathyrus pratensis*, s'élève quelquefois dans les terrains frais jusqu'à quarante-huit centimètres environ, sur des tiges grêles, très branchues et anguleuses, garnies de vrilles avec lesquelles elle s'accroche aux plantes qui l'avoisinent; elle a des feuilles nombreuses, et des fleurs jaunes ramassées en grappes courtes. Elle fleurit en juin et juillet. Sa racine traçante la fait étendre beaucoup dans les meilleures prairies où elle abonde, et les bestiaux sont avides de son fourrage en sec et sur-tout en vert.

La GESSE DES MARAIS, *Lathyrus palustris*, dont les tiges également foibles, et qui s'élèvent à peu près à la même hauteur, et fleurissent un peu plus tard, sont garnies de vrilles rameuses et de bouquets de quatre à cinq fleurs d'un rouge bleuâtre, se trouve souvent dans les prairies humides dont elle améliore le foin.

La GESSE TUBÉREUSE, *Lathyrus tuberosus*, ainsi nommée à cause des petits tubercules pyriformes et mangeables qu'on trouve à sa racine à l'extrémité de chaque radicule, et qu'on désigne souvent sous le nom de *macuson*, est aussi assez commune dans nos meilleures prairies, dont elle garnit le pied. Ses tiges délicates et peu élevées se couvrent de fleurs ramassées, d'une odeur suave et d'un rouge clair agréable. Elle fournit un fourrage dont l'excellente qualité dédommage de sa foible quantité, et elle demande aussi des supports pour s'élever au lieu de ramper. Nous l'avons même vue souvent s'élever assez haut, lorsqu'elle se trouvoit naturellement ramée.

La GESSE SAUVAGE, *Lathyrus silvestris*, qu'on rencontre aussi quelquefois dans les prairies, et dont les tiges qui s'élèvent beaucoup plus que celles des précédentes, sont ailées, grimpantes, garnies de deux folioles ensiformes très pointues, avec des fleurs roses assez grandes et réunies en grappes, fournit également un bon fourrage.

La GESSE A LARGES FEUILLES, appelée pois vivace, pois à bouquets, *Lathyrus latifolius*, ne diffère guère de la précédente que par l'amplitude de toutes ses parties, et fournit beaucoup de fourrage. Elle croît spontanément dans les endroits un peu ombragés; elle demande pour s'élever des soutiens plus encore que les autres, et elle s'élève fort haut lorsqu'elle se trouve avantageusement placée sous ce rapport, et sous celui du terrain. Elle se couvre de fleurs en grappes, d'un rose pourpre, que les abeilles recherchent. Son fourrage est abondant et de bonne qualité.

La GESSE PISIFORME, *Vicia pisiformis*, ainsi nommée à cause de sa ressemblance avec les pois, a ses tiges beaucoup plus foibles et moins élevées, et ses fleurs d'un blanc purpurin. Elle fournit également une nourriture agréable aux bestiaux (1).

Nous distinguons pour notre objet, parmi les vesces vivaces, un assez grand nombre d'espèces que notre collègue Thouin a cru devoir recommander particulièrement comme propres à être soumises à la culture. Les principales sont la vesce pisiforme, celle des

---

(1) M. Sonnini vient d'indiquer une autre espèce de gesse, et nous croyons devoir transcrire ici ce qu'il en dit.

« La gesse recourbée, *lathyrus incurvus*, n'est point encore connue dans l'économie rurale et mérite de l'être. C'est au savant botaniste feu M. Wil-

haies, celle des buissons, celle des bois, celle multiflore, et celle d'Allemagne.

La VESCE PISIFORME, *Vicia pisiformis*, qui reçoit aussi sa dénomination de sa ressemblance avec les pois, a, comme toutes les suivantes, ses fleurs portées sur un long pédoncule multiflore, et ses pétioles polyphylles ont huit folioles ovales, dont les inférieures sont sessiles. Son fourrage est très agréable aux bestiaux.

La VESCE DES BUISSONS, *Vicia dumetorum*, élève à un mètre au moins dans les buissons sa tige rameuse un peu ailée. Ses folioles ovales sont refléchies et terminées en pointes très saillantes, et ses fleurs purpurines sont réunies en grappes. Elle donne aussi un bon fourrage.

La VESCE DES BOIS, *Vicia silvatica*, élève ordinairement un peu moins sa tige striée et rameuse, garnie de folioles alternes et ovales, et de fleurs blanches réunies huit ou dix, un peu pendantes et unilatérales. Les bestiaux la recherchent dans les bois, et elle leur fournit une excellente nourriture.

La VESCE MULTIFLORE OU A ÉPI, *Vicia cracca*, qui élève à peu près à la même hauteur sa tige carrée, foible et striée, garnie de folioles nombreuses, alternes, linéaires et velues, et de fleurs également nombreuses, violettes ou bleues, a une racine très traçante. Autant elle est incommode dans les moissons dans lesquelles elle se rencontre souvent, autant elle est profitable dans les prairies dont elle augmente considérablement le produit. Elle s'élève beaucoup lorsqu'elle est soutenue, et nous la voyons fréquemment résister aux débordemens sur notre exploitation, ce qui peut la rendre souvent très précieuse.

La VESCE D'ALLEMAGNE, *Vicia cassubica*, dont les tiges ordinairement couchées, et qui s'étendent quelquefois jusqu'à un mètre, ont des fleurs d'un rouge pâle, disposées en épis, et les folioles ovales, aiguës, rassemblées par dix, fournit aussi un bon fourrage.

La VESCE DES HAIES, *Vicia sepium*, qui diffère des précédentes en ce que ses fleurs sont axillaires et presque sessiles, élève quelquefois jusqu'à un mètre sa tige anguleuse, un peu velue ainsi que

---

lemet, que je dois d'avoir été à portée d'essayer la culture de cette espèce vivace; et quoique mes essais n'aient été faits qu'en petit, faute d'une quantité suffisante de graines, je me suis assuré que *la gesse recourbée* se conserve bien en pleine terre dans la partie de l'ancienne Lorraine que j'habitois. Si, comme cela est fort à désirer, la culture en grand de cette plante se propage, l'économie rurale et domestique aura fait l'acquisition d'un nouveau fourrage de très bonne qualité. M. Willemet avoit reçu quelques semences de cette belle gesse, d'un botaniste danois, sous le nom de *lathyrus incurvus Rothii*. Elle a les tiges anguleuses et élevées, les fleurs d'un rouge foncé et les semences rondes. »

leurs folioles sur leurs bords et leurs nervures, qui vont en décroissant vers leur sommet. Ses fleurs sont d'un pourpre obscur, et ses racines tracent aussi beaucoup et s'enfoncent profondément. Elle fournit aussi considérablement de fourrage de bonne qualité et un excellent pâturage, étant très rustique et végétant presque toute l'année.

Toutes ces espèces de vesces, qui fournissent beaucoup de semences et qui se propagent en outre presque toutes par leurs racines, conviennent essentiellement aux terres compactes et argileuses, qu'elles sont très propres à ameublir et à fertiliser en les utilisant; et elles gagnent beaucoup à être associées à d'autres plantes, qui, en les protégeant, empêchent que la partie inférieure de leurs tiges ne pourrisse.

Il existe encore une vesce bisannuelle, *vicia biennis*, dont les tiges très élevées, garnies de dix à douze folioles, glabres et lancéolées, avec le pétiole sillonné, ont des fleurs d'un bleu léger. Elle a été indiquée par M. Thouin, avec les précédentes, comme propre à la culture.

Nous remarquons deux lotiers vivaces, qui se trouvent souvent dans les prairies et les pâturages, et qui contribuent à la quantité et à la bonne qualité du fourrage, d'une manière très efficace: ce sont le lotier corniculé, et le lotier siliqueux.

Le lotier corniculé, *Lotus corniculatus*, ainsi nommé, parceque ses siliques sont un peu recourbées en forme de cornes, désigné aussi quelquefois sous la dénomination de *pied d'oiseau*, parceque la disposition écartée de ces siliques y ressemble un peu, est une plante rempante, peu élevée, et formant des gazons serrés, lorsqu'elle se trouve seule; mais elle élève quelquefois jusqu'à soixante-quatre centimètres, et même à un mètre, ses tiges garnies de fleurs aplaties, d'un beau jaune, placées circulairement autour du pédoncule, en manière d'ombelle, lorsqu'elle trouve un appui dans un terrain frais. Cette belle et bonne plante est commune dans nos meilleures prairies et pâturages où elle est très remarquable, et ce qui la rend bien précieuse à nos yeux, c'est que nous lui avons reconnu depuis long-temps le double mérite de résister également bien, et pendant très long-temps, aux débordemens et aux sécheresses, deux qualités qui la rendent très recommandable sur les prairies basses comme sur les pâturages arides, où nous remarquons tous les bestiaux la rechercher comme une excellente nourriture.

Le lotier siliqueux, *Lotus siliquosus*, qui a reçu son nom distinctif des fortes siliques solitaires garnies de membranes qui les font paroître quadrangulaires et qui le distinguent, a comme le précédent des tiges couchées, velues, et peu élevées lorsqu'elles se trouvent seules, garnies de fleurs axillaires d'un jaune pâle.

On le rencontre aussi assez souvent dans les prairies, et

quoique inférieur au premier, il fournit aussi un assez bon fourrage.

On trouve encore dans le midi de la France un lotier vivace, à tiges droites, *lotus rectus*, qui élève quelquefois jusqu'à plus d'un mètre ses tiges rameuses, rougeâtres et velues, garnies de fleurs d'un blanc rougeâtre, ramassées en petites têtes terminales, et qui, associé convenablement avec les graminées qui forment la base des prairies, fourniroit encore un excellent fourrage. Nous en observons en ce moment un essai qui s'annonce d'une manière très avantageuse.

Parmi les orobes vivaces, nous distinguons particulièrement l'orobe gessier, le jaune, le printanier, le tubéreux, le noirâtre, et celui des bois.

L'OROBIER GESSIER, *Orobus latyroides*, originaire de la Sibérie et très rustique, fournit plusieurs tiges qui s'élèvent ordinairement à trente-quatre centimètres environ, qui sont garnies de feuilles à deux folioles opposées, sessiles, glabres, roides et d'un vert léger, et de fleurs d'un beau bleu, en épis serrés à l'extrémité des tiges.

L'OROBE JAUNE, *Orobus luteus*, indigène ainsi que les suivans, élève à un mètre environ ses tiges droites, striées et un peu rameuses, garnies de feuilles de six à dix folioles, et de cinq à dix fleurs jaunâtres qui le distinguent. C'est le plus élevé de tous.

L'OROBE PRINTANIER, *Orobus vernus*, le plus précoce et qui fleurit de très bonne heure, élève beaucoup moins ses tiges droites et lisses, garnies de feuilles de quatre à six folioles pointues et de fleurs purpurines assez grandes.

L'OROBE TUBÉREUX, *Orobus tuberosus*, qu'on distingue aux tubercules de sa racine, a des tiges grêles de trente-quatre centimètres environ, garnies de feuilles ailées à folioles allongées, au nombre de quatre à six, et de fleurs d'un rouge pourpre, réunies par deux ou par quatre.

L'OROBE NOIRATRE, *Orobus niger*, a ses tiges un peu plus élevées, fermes, anguleuses et rameuses, garnies de feuilles à six folioles, petites, pointues et glauques, et de fleurs purpurines.

L'OROBE DES BOIS, *Orobus silvaticus*, a des tiges basses, rameuses et couchées, velues à leur base et garnies de quatorze à vingt folioles, petites, rapprochées, serrées, et de six à douze fleurs purpurines.

Tous ces orobes sont très rustiques et peu délicats sur la nature et l'exposition du terrain. Ils sont agréables aux bestiaux, et se multiplient aisément de leurs semences confiées à la terre en automne, toutes circonstances qui les rendent recommandables.

La famille des légumineuses, qui domine dans les meilleures prairies de la Prévalaie, dont le beurre est si renommé, nous fournit encore plusieurs autres genres de plantes vivaces, précieuses pour notre objet; mais, comme elles sont plus particulièrement applicables à notre première division des terres cultivables, nous les indiquerons en nous occupant des principales plantes propres aux prairies ou pâturages secs et élevés. Il nous reste à en indiquer pour celle-ci quelques unes tirées d'autres familles ; ce sont le plantain à feuilles étroites, la jacée des prés, et la sanguisorbe officinale.

LE PLANTAIN A FEUILLES ETROITES, connu également sous les dénominations de plantain lancéolé et à cinq côtes, *Plantago lanceolata*, qu'on distingue aisément des deux autres espèces dont nous parlerons après, à l'étroitesse de ses feuilles garnies de cinq nervures glabres et dentées, et dont la tige est un peu anguleuse, a été plus particulièrement recommandé comme propre à entrer dans la composition des prairies sèches ou humides. Nous remarquons cependant qu'il ne vient très bien que dans celles qui sont constamment fraîches et substantielles, et quoique Haller ait cru devoir attribuer en grande partie la bonté du laitage des vaches qui paissent sur les Alpes, à la fréquence de cette plante et de la mille-feuille, nous pensons, d'après nos observations particulières, qu'elle est au-dessus de la réputation que quelques Anglais lui ont faite pendant un certain temps, en la considérant comme plante destinée à fournir du fourrage sec, qui est peu abondant, de médiocre qualité, et qui fane d'ailleurs difficilement. En vert, les chevaux ne s'en soucient guère, mais les vaches et les moutons la paissent volontiers.

On a aussi recommandé le GRAND PLANTAIN, *Plantago major*, dont les feuilles très larges et cordiforme ont sept nervures, et dont la tige un peu velue est terminée par des épis de seize à vingt-quatre centimètres. Il s'élève à la vérité assez haut, et fournit passablement de nourriture verte ; mais il a avec les inconvéniens du précédent celui de se propager ordinairement de manière à détruire toutes les plantes voisines, qui sont plus avantageuses que lui pour la nourriture des bestiaux.

Ces deux plantains fanant très difficilement et fournissant d'ailleurs un fourrage sec de médiocre qualité, sont plus propres aux pâturages qu'aux prairies, et résistent mieux à la sécheresse que la plupart des graminées.

On a encore recommandé une espèce de PLANTAIN DES ALPES, *Plantago Alpina*, à feuilles linéaires, graminées, planes et en gazon, dont les tiges sont velues et les épis oblongs qui s'allongent à mesure que les fleurs se développent. On nous assure qu'il a la propriété de croître sur les terrains salés, où il peut fournir un bon pâturage, tous les bestiaux en étant avides, sur-tout les bêtes à laine. Il peut devenir une ressource précieuse pour ces terrains ingrats, ainsi que le PLANTAIN MARITIME, *Plantago maritima*, avec lequel on l'a peut-être confondu; et on a également recommandé pour cet objet le TROCART DES MARAIS ET LE MARITIME, *Triglochin palustre et maritimum*. L'un et l'autre donnent un pâturage sain, et ils croissent très bien sur ces terrains où peu d'autres plantes prospèrent. Le dernier sur-tout, plus productif, réussit sur les sols humides les plus stériles, et communique à la chair des bestiaux une saveur fort agréable. Ils ont des feuilles radicales très longues et linéaires, et un épi assez long porté sur une hampe grêle et droite.

LA JACÉE DES PRÉS, *Centaurea jacea*, blâmée par les uns, et très préconisée par les autres, regardée par Cretté de Palluel comme *le trésor des prés*, nous paroît avantageuse sous plusieurs rapports. Elle se propage facilement dans les prairies non aquatiques, et y fournit un fourrage abondant et de bonne qualité, lorsqu'il est fauché de bonne heure et convenablement mélangé avec les graminées. Elle est commune dans nos prairies, comme dans la plupart de celles des environs de Paris, où on l'appelle fréquemment *le bouquet du foin*, à cause de ses fleurs composées, rougeâtres. Ses longues racines pivotantes lui fournissent le moyen de résister long-temps à la sécheresse et de fournir un pâturage très recherché des bêtes à laine, à une époque où les chaleurs prolongées rendent la plupart des graminées et beaucoup d'autres plantes qui tapissent les prairies, nulles ou peu utiles pour cet objet important.

LA SANGUISORBE OFFICINALE, *Sanguisorba officinalis*, dont les tiges droites, anguleuses, rougeâtres et glabres sont couvertes de feuilles alternes, cordiformes, obtuses et dentées, un peu glauques en dessous, et lisses en dessus, et terminées par des fleurs en tête ovale, d'un beau rouge, est cultivée, d'après M. Dumont de Courset, comme fourrage, dans les bonnes terres. Elle drageonne beaucoup, exige une terre fraîche et substantielle pour fournir des produits abondans et plusieurs coupes, et il convient de la faucher de très bonne heure pour prévenir l'endurcissement de ses tiges. Elle a beaucoup de rapport avec la pimprenelle, dont elle diffère essentiellement par l'amplitude de toutes ses parties.

Avant de passer à l'examen des plantes plus particulièrement convenables pour les prairies et pâturages secs et élevés, nous croyons devoir en indiquer ici plusieurs autres qui ont été spécialement recommandées et cultivées par Cretté de Palluel et quelques autres cultivateurs, dans des positions marécageuses et aquatiques. Ce sont la reine des prés, la salicaire, l'épilobe à feuilles étroites, la rue des prés, l'eupatoire commune, et les peucédans officinal et des prés.

LA REINE DES PRÉS, *Spiræa ulmaria*, ainsi nommée probablement, parceque dans les prairies très humides, ses tiges droites, fermes, rougeâtres, anguleuses et peu rameuses, qui s'élèvent souvent à plus d'un mètre, couronnées de belles fleurs blanches, petites, nombreuses et disposées en cime paniculée, ont un aspect majestueux qui annonce sa supériorité sur les autres, produit un fourrage grossier en apparence, mais appétissant et nourrissant pour tous les bestiaux, lorsqu'il est fauché à l'époque de la floraison.

LA LALICAIRE A ÉPIS, *Lithrum salicaria*, non moins recommandable par son utilité sur les terrains aquatiques, que par la beauté de ses fleurs nombreuses, purpurines, en longs épis terminaux, a des tiges fort élevées, quadrangulaires, peu rameuses, rougeâtres et glabres, garnies de feuilles nombreuses, sessiles et entières. Tous les bestiaux la recherchent en vert, sur-tout les bêtes à laine, et son fourrage sec leur est également agréable, lorsqu'il est bien fané, et il est très abondant.

L'ÉPILOBE A FEUILLES ÉTROITES, *Epilobium angustifolium*, vulgairement connu sous les noms de *laurier Saint-Antoine*, *laurier rose et osier fleuri*, élève également fort haut, dans les endroits aquatiques, ses tiges cylindriques, simples, nombreuses et rougeâtres, garnies de feuilles également nombreuses, alternes, lisses, entières et lancéolées, et de fleurs rougeâtres, disposées en long épi terminal. Il se propage promptement par ses racines traçantes et charnues, qu'on mange en quelques endroits, ainsi que ses jeunes pousses et la moelle de ses tiges, et qu'on fait aussi entrer dans la composition de la bière, ou par ses semences aigrettées qui forment une sorte d'onatte. Son fourrage vert est appété des vaches, des chèvres et des bêtes à laine, et il leur plaît également étant sec.

On pourroit aussi utiliser l'ÉPILOBE VELU, ou amplexicaule, *Epilobium hirsutum*, qui s'élève également fort haut dans les prés aquatiques, et le MOLLET, *Epilobium pubescens*, et celui des MARAIS, *Epilobium palustre*, qui s'élève moins; ils fournissent une nourriture agréable aux bœufs, aux chèvres, aux moutons et aux chevaux.

LE PIGAMON, ou LA RUE DES PRÉS, *Thalictrum flavum*, commun dans les près marécageux et tourbeux, dont les tiges droites et sillonnées s'élèvent fort haut et sont garnies de feuilles composées de plusieurs folioles et de fleurs herbacées, jaunâtres, en panicules terminaux, fournit une nourriture agréable à tous les bestiaux, verte ou sèche. Son foin abondant est gros, mais appétissant et de bonne mâche.

L'EUPATOIRE COMMUNE, ou D'AVICENNE, *Eupatorium cannabinum*, assez commune dans les terrains bas et marécageux, dont les tiges élevées quelquefois de plus d'un mètre, cylindriques, velues, rameuses et d'un vert foncé, sont garnies de feuilles aromatiques et amères, opposées, sessiles, à trois folioles lancéolées et dentées ou incisées, et de fleurs d'un violet purpurin, en corymbes terminaux, n'est broutée que par les chèvres en vert, ce qui vient probablement de son odeur aromatique, car lorsqu'elle l'a perdue par le fanage, elle fournit un fourrage abondant et recherché des bêtes à laine sur-tout.

LE PEUCÉDAN OFFICINAL, *Peucedanum officinale*, appelé vulgairement fenouil de porc, ou queue de pourceau, a des tiges de soixante-quatre centimètres à un mètre, garnies de feuilles quatre à cinq fois ternées et de fleurs jaunes en ombelles.

Le PEUCÉDAN DES PRÉS OU SAXIFRAGE DES ANGLAIS, *peucedanum silaus*, élève à la même hauteur ses tiges striées, un peu anguleuses, garnies de feuilles trois fois ailées et de fleurs jaunes en ombelles lâches.

Ces peucédans fournissent un bon fourrage assez abondant.

D'après les essais de culture qui ont été tentés avec ces différentes plantes, leurs graines, semées au printemps, sont ordinairement un mois ou cinq semaines à lever dans les terrains convenables, et elles peuvent fournir deux coupes chaque année.

Nous indiquerons encore, pour le même objet, le SÉLIN DES MARAIS, appelé vulgairement persil laiteux, et l'anguleux, ou à feuilles de carvi, *Selinum palustre et carvifolio*, qui, dans les endroits bas et humides, élèvent jusqu'à un mètre leurs tiges anguleuses, rameuses, garnies de feuilles ailées et de fleurs blanches en ombelles. Tous les bestiaux mangent avec plaisir leur fourrage vert, et les vaches en sont très avides.

Nous recommanderons plus particulièrement, d'après notre expérience, la TANAISIE COMMUNE, *Tanacetum vulgare*, dont les tiges droites, nombreuses et très feuillées, sont garnies de feuilles bipinnées, dentées et incisées d'un vert foncé et de fleurs d'un beau jaune disposées en corymbe terminal.

Cette plante, fortement aromatique et amère, qui croît naturellement dans les terrains meubles et frais, et qui se propage facilement par ses racines traçantes et par ses nombreuses semences, est agréable aux vaches, aux bêtes à laine et aux chevaux, en vert, lorsque la chaleur n'a pas développé trop fortement son arome; mais ce qui la rend plus précieuse à nos yeux, c'est que les bêtes à laine sont avides de son fourrage sec, en hiver, et qu'il nous paroît être un excellent préservatif contre la pourriture, si commune dans les pays humides qui conviennent sur-tout à cette plante. Nous en avons plusieurs fois nourri nos troupeaux, dans les saisons pluvieuses, et avons toujours remarqué que cette nourriture fortifiante, vermifuge, carminative et stomachique, produisoit le meilleur effet sur le tempérament naturellement très relâché des bêtes à laine. Il seroit possible qu'elle fût aussi un préparatif contre la terrible maladie du *tournis*.

Parmi les plantes les plus propres à entrer, après les graminées vivaces, dans la composition des pâturages ou des prairies, sur les terrains siliceux, calcaires, secs et élevés, nous distinguons particulièrement la pimprenelle usuelle; l'achillée millefeuille, la coronille changeante, diverses astragales, l'anthyllide vulnéraire, la bugrane non épineuse, l'hippocrèpe vivace, diverses scabieuses, la renouée biflorte, le persil commun, le ciste élianthème, l'æthuse à feuilles capillaires, et l'aurone sauvage.

LA PIMPRENELLE USUELLE, *Poterium sanguisorba*, que tout le monde connoît, a beaucoup de rapport avec la sanguisorbe officinale, avec laquelle plusieurs auteurs l'ont confondue, sous le nom de grande pimprenelle; mais elle est moins forte dans toutes ses parties et moins élevée.

Sa longue racine ligneuse et pivotante, jointe à ses feuilles nombreuses, lui donne la faculté de résister très long-temps à la sécheresse, comme elle résiste également très bien aux froids rigoureux; ce qui lui procure la rare propriété de végéter au milieu de l'été, comme au milieu de l'hiver, et de fournir aux bêtes à laine qui en sont avides, et à la constitution desquelles la nature sèche, fortifiante et échauffante de son fourrage convient, sur-tout dans les temps humides, un pâturage très précoce et long-temps prolongé.

Cultivée seule, elle durcit promptement, monte bientôt en graine, dont on a essayé de nourrir les chevaux en place d'aveine, et fournit un foin médiocre que la plupart des bestiaux n'appétent pas, d'après notre expérience : elle nous paroît donc bien moins propre à être traitée ainsi, qu'à être mélangée avec les graminées vivaces et autres plantes qui peuvent croître comme elle sur les terrains crétacés, arides et élevés, et elle fournit alors une nourriture saine et agréable à tous les bestiaux, et même aux chevaux qui paroissent ne pas la rechercher d'abord. Elle s'épaissit ordinairement beaucoup en viellissant, et son fourrage vert, fauché de bonne heure, convient aussi aux porcs, mais sur-tout aux vaches, dont il augmente la qualité comme la quantité du laitage.

Nous avons semé, il y a très long-temps, la pimprenelle, dans une de nos prairies les plus sèches, assez étendue, où elle se trouve mêlée avec plusieurs graminées et légumineuses vivaces, et elle y a fourni constamment, et y produit encore chaque année un fourrage de très bonne qualité, agréable à tous les bestiaux et très nourrissant, et par dessus tout, un pâturage excellent, dont nos troupeaux de bêtes à laine jouissent presqu'en tout temps; nous la croyons très recommandable pour cet objet, lorsqu'elle se trouve convenablement mélangée sur les terres de médiocre qualité, qu'elle est très propre à utiliser.

Nous devons observer que c'est un Français, M. Rocque, originaire de la Provence, qui le premier a soumis en Angleterre la pimprenelle à la culture en grand en plein champ.

L'ACHILLÉE MILLEFEUILLE, *Achillea millefolium*, connue aussi sous la dénomination *d'herbe aux charpentiers*, parceque ces derniers appliquent quelquefois sur les plaies qui proviennent de leurs instrumens, ses feuilles qu'on substitue aussi en quelques endroits au houblon, dans la fabrication de la bière, approche beaucoup de la pimprenelle par ses qualités, considérée comme propre à entrer dans les pâturages. Comme elle, ses nombreuses racines traçantes et ses feuilles très multipliées la font résister victorieusement aux sécheresses prolongées et aux fortes chaleurs; comme elle aussi, elle végète souvent au milieu de l'hiver, et fournit aux bêtes à laine qui en sont avides, et à la constitution desquelles sa nature légèrement aromatique et astringente convient, un pâturage précoce et long-temps prolongé; comme elle encore, ses tiges durcissent promptement, montent bientôt en graine, sont rebutées en cet état par les bestiaux, et fournissent un foin de médiocre qualité; et comme elle enfin, cette plante, recommandée par plusieurs agronomes, que nous avons trouvée abondante dans les meilleurs pâturages pour les bêtes à laine, en Angleterre comme en France, et qui demande à être continuellement broutée, est essentiellement propre aux pâturages sur les terres ingrates les plus élevées et les plus arides, où elle peut être associée avec les graminées et autres plantes convenables à ces positions peu favorables à la culture.

LA CORONILLE CHANGEANTE, *Coronilla varia*, ainsi désignée à cause du changement de couleur de ses fleurs, disposées circulairement en forme de couronne, tantôt roses, tantôt blanches, tantôt violettes, est une plante légumineuse qui résiste, comme les deux précédentes, aux sécheresses prolongées, sur les terrains siliceux calcaires et arides, sur lesquels elle croît spontanément; ses nombreuses racines traçantes et profondes, et ses feuilles nombreuses lui donnant cette faculté. Ses tiges creuses, herbacées et rampantes, lorsqu'elles ne rencontrent aucun support, s'élèvent peu, durcissent promptement, et couvrent la terre d'un grand nombre de feuilles et de fleurs; mais lorsqu'elles sont associées à d'autres plantes à tiges plus fermes, elles s'élèvent souvent de soixante-quatre centimètres à un mètre, et fournissent une assez grande quantité de fourrage de bonne qualité, lorsqu'il est fauché de bonne heure. Les bêtes à laine recherchent cette plante dans les pâturages, lorsqu'elle n'est pas trop avancée, et nous remarquons que sur les terres les plus ingrates de notre exploitation, où elle est assez commune, elles la broutent avec plaisir et très près de terre, lorsqu'elle est jeune; mais ses tiges ne repoussent pas ordinairement à l'approche de l'hiver, ce qui l'avoit sans doute fait regarder comme annuelle par M. Lamarck, quoiqu'elle soit très vivace.

Nous pensons que sur les coteaux crayeux, où elle croît souvent spontanément, et dans les pâturages élevés, siliceux et arides, elle peut être associée avantageusement avec d'autres plantes convenables à ces positions ingrates, et fournir une bonne nourriture aux bêtes à laine, au printemps et en été.

Il existe un très grand nombre d'espèces d'astragales, plantes légumineuses, qui croissent la plupart spontanément sur des terres médiocres, qui sont munies de racines nombreuses et très vivaces, qui peuvent fournir une nourriture assez abondante et de bonne qualité pour les bestiaux, et dont la culture pour cet objet a été particulièrement recommandée par le savant professeur Thouin, et par quelques autres agronomes.

Nous croyons devoir indiquer ici les principales, qui sont l'astragale réglisse, l'astragale à queue de renard, l'astragale à boursette, l'astragale faucille, l'astragale à fruit rond, l'astragale-sainfoin, et l'astragale rude.

L'ASTRAGALE RÉGLISSE, *Astragalus glycyphyllos*, ou FAUSSE RÉGLISSE, ainsi désignée, parceque ses feuilles, ainsi que ses racines, ont une saveur sucrée qui approche de celle de la réglisse qu'elle remplace quelquefois, est très commune en Europe, surtout au centre et au nord, dans les taillis, sur les lisières des forêts élevées, et le long des haies. Ses longues racines traçantes, qui s'enfoncent quelquefois en terre jusqu'à un mètre, et qui se propagent aisément en tous sens, jointes à ses tiges rampantes, qui s'étendent considérablement, et qui sont garnies de feuilles larges et nombreuses, composées de dix ou douze paires de folioles, glabres, ovales, et d'un vert foncé, la font résister, sur les terrains les plus ingrats, aux plus grandes sécheresses. Ses fleurs jaunâtres, en épis courts, sont remplacées par des gousses trigones et arquées, qui renferment deux rangs de semences réniformes, jaunâtres et nombreuses, dont la volaille est avide, et qui rendent sa multiplication facile. Lorsque les tiges de cette espèce se trouvent resserrées accidentellement ou par l'effet d'un semis épais, elles prennent une direction plus verticale qu'horizontale, et fournissent un fourrage abondant et agréable aux bestiaux, lorsqu'il est fauché ou pâturé de bonne heure; et lorsqu'ils y sont accoutumés, elle nous paroît être une des plus recommandables. Elle est très rustique et croît très bien à l'ombre, ce qui peut la rendre précieuse dans plusieurs cas. Elle est très commune dans plusieurs prairies du Lyonnais et de la Dombe, et M. de La Thourette la recommande fortement.

L'ASTRAGALE A QUEUE DE RENARD, *Astragalus alopecuroïdes*, ainsi appelée, à cause de la forme des épis courts, ramassés, très gros et velus de ses fleurs jaunâtres, placées dans l'aisselle des feuilles supérieures, est originaire des montagnes élevées. Il sort de sa racine ligneuse et profonde des tiges droites, cylindriques, simples, velues et épaisses, garnies depuis la base jusqu'au sommet qui s'élève quelquefois à un mètre, de feuilles longues, ailées, à folioles nombreuses, oblongues, velues et rapprochées. A ses fleurs succèdent des siliques qui renferment plusieurs semences anguleuses. Elle est moins rustique que la précédente, et le duvet blanchâtre et lanugineux qui la recouvre la rend un peu moins convenable à la nourriture des bestiaux.

L'ASTRAGALE A BOURSETTE, *Astragalus galegiformis*, qui tire ses dénominations spécifiques de la forme de ses feuilles qui imitent celles du galéga, et de celle de ses gousses presque triangulaires, courtes et ventrues, qui sont remplies de semences jaunâtres, est originaire du Levant, et naturalisée au jardin du Muséum, d'où elle s'est répandue en diverses parties de la France. Ses racines nombreuses, longues, filandreuses, coriaces et très vivaces, fournissent un grand nombre de tiges droites, glabres, striées, d'un vert blanchâtre, qui s'élèvent à plus d'un mètre, et qui sont garnies, dans toute leur longueur, de feuilles ailées, composées d'un très grand nombre de folioles oblongues et légèrement velues, et de fleurs d'un blanc jaunâtre, pendantes et disposées en épis axillaires.

L'ASTRAGALE FAUCILLE, *Astragalus falcatus*, originaire des marais de la Sibérie, et répandue en France depuis un assez grand nombre d'années, a des racines longues, profondes et coriaces, d'où partent des tiges droites, presque glabres, un peu rameuses, qui s'élèvent au-dessus de soixante-quatre centimètres, et qui sont garnies de feuilles assez nombreuses et déliées, divisées en un grand nombre de folioles longues et étroites, d'un vert foncé en dessus, et moins intense en dessous, et de fleurs jaunâtres, en longs épis, auxquelles succèdent des gousses pendantes et courbées en faucille, d'où lui vient sa dénomination.

L'ASTRAGALE A FRUIT ROND, *Astragalus cicer*, originaire du midi et de l'est de la France, a des racines coriaces et très vivaces, peu profondes, plus traçantes que pivotantes, qui s'étendent au loin, et des tiges diffuses et flexibles, en partie couchées, un peu redressées vers leur extrémité et très allongées comme celles de l'astragale réglisse, garnies de feuilles très composées, d'un vert foncé, et un peu velues en dessous, et de fleurs jaunâtres en épis courts, remplacées par des gousses globuleuses, renfermant plusieurs semences dures et arrondies.

L'ASTRAGALE-SAINFOIN, OU ESPARCETTE, *Astragalus onobrychis*, ainsi nommée à cause de sa ressemblance avec cette plante, se trouve dans le midi de la France. Ses racines vivaces et ligneuses, poussent des tiges nombreuses, couchées dans l'état de nature, et droites lorsqu'elle est cultivée, qui s'élèvent de trente-deux à soixante-quatre centimètres environ, garnies de feuilles très composées, velues, soyeuses et d'un vert tendre : ses fleurs sont d'un pourpre bleuâtre, en épis courts, arrondis et axillaires, et ses fruits sont des gousses droites, pointues et pubescentes qui renferment de petites semences brunes.

L'ASTRAGALE RUDE, *Astragalus asper*, de Jacquin, est originaire de Sibérie. Ses racines dures, filandreuses et vivaces, s'enfoncent à 64 centimètres environ, et fournissent des tiges de même longueur, droites, cylindriques, creuses par le bas, cannelées et rameuses par le haut, garnies de feuilles très composées, étroites, presque linéaires, pointues et soyeuses; ses fleurs, d'un blanc jaunâtre, en épis serrés et axillaires, sont remplacées par des gousses allongées, pointues, qui renferment de petites semences noires.

Toutes ces espèces d'astragales, d'après M. Thouin, qui en a fait plusieurs fois l'expérience, sont mangées en vert avec avidité par la plupart des animaux ruminans, et ceux qui les refusent d'abord s'y accoutument insensiblement, en mêlant leurs fanes avec celles des autres plantes qu'on est dans l'habitude de leur donner. Elles sont robustes et d'une longue vie, et elles résistent fortement à la sécheresse et à la chaleur qu'elles ne redoutent point, non plus qu'une humidité passagère qui ne les rend que plus vigoureuses lorsqu'elle est proportionnée à la chaleur du climat; mais elles redoutent les terrains compactes, argileux et aquatiques. On peut les propager par leurs drageons et œilletons, comme par leurs semences, quoique le dernier moyen soit le plus simple et le plus sûr; le terrain doit être convenablement préparé par les opérations aratoires, et l'ensemencement, qui peut se faire en automne, dans le midi, doit être différé jusqu'au printemps, dans le nord et le centre de la France et par-tout où l'on a à redouter les hivers rigoureux. Les autres détails relatifs aux soins de culture et de récolte rentrent dans les renseignemens généraux dont nous traiterons, en examinant chaque objet important particulièrement.

Nous observerons que les espèces d'astragales qui rampent naturellement sont susceptibles de prendre une direction verticale par la culture, lorsqu'elles sont semées drues ou mélangées avec d'autres plantes, comme nous l'avons remarqué à l'égard de plusieurs autres plantes, dont les tiges perdent, par une culture soignée et serrée, leur disposition horizontale naturelle.

Avant de passer à l'examen des autres plantes que nous avons indiquées, nous devons dire un mot d'une plante voisine des astragales et de la même famille, qui a été préconisée par quelques auteurs, comme propre à la composition des prairies artificielles: c'est le GALÉGA COMMUN, *Galega officinalis*, désigné aussiquelquefois sous les noms de galec, lavanèze, rue de chèvre, et faux indigo. Cette plante, originaire des contrées méridionales de l'Europe, a des racines vivaces et rameuses, d'où s'élèvent des tiges nombreuses, droites, fistuleuses, cannelées et rameuses, formant quelquefois un buisson de plus d'un mètre de hauteur. Ces tiges sont garnies de feuilles ailées, aromatiques, très composées, dont les folioles sont ovales, lancéolées, et de fleurs bleues ou blanches, un peu pendantes, et en épis pédonculés axillaires; elles fournissent une grande quantité de fourrage, mais il est dur, et les bestiaux ne mangent ordinairement que les jeunes pousses, d'après les essais que nous en avons faits, et comme d'autres cultivateurs l'ont remarqué. Observons encore qu'elle exige, pour prospérer, un terrain de première qualité. Il faut donc, pour que ce galéga puisse être profitable, que la terre soit substantielle, meuble et fraîche, qu'il soit fauché de très bonne heure, et que les bestiaux y soient habitués, car plusieurs n'en sont pas avides d'abord. Traité ainsi, il peut devenir réellement utile dans plusieurs cas; mais nous craignons qu'il ne puisse soutenir avantageusement la concurrence avec la luzerne, qui prospère, comme l'on sait, avec le sol et le climat qu'il réclame particulièrement.

L'ANTHYLLIDE VULNÉRAIRE, *Anthyllis vulneraria*, est une autre plante légumineuse indigène, que nous avons souvent rencontrée dans les prés et les pâturages secs, dont les bêtes à laine et les chevaux sont très avides, que les chèvres et les bœufs mangent aussi, et qui nous paroît très propre à utiliser les terrains les plus ingrats. Ses racines vivaces et pivotantes fournissent des tiges herbacées, un peu velues, couchées dans l'état de nature, et formant une touffe étalée d'environ trente-quatre centimètres. Ses feuilles ailées ont peu de folioles, et ses fleurs ramassées en têtes géminées sont jaunes.

LA BUGRANE NON ÉPINEUSE, *Ononis arvensis*, aussi utile que l'arête-bœuf ordinaire, *ononis spinosa*, et nuisible par ses épines, est aussi une légumineuse dont tous les bestiaux sont avides, et qui, dans les endroits arides, leur fournit un bon pâturage, lorsqu'elle est broutée de bonne heure. On doit donc la regarder comme une plante aussi utile dans les endroits inaccessibles à la charrue, où ses racines nombreuses et traçantes sont encore très propres à prévenir les éboulemens par leur entrelacement, qu'elles deviennent toutes deux nuisibles dans les champs cultivés, par les longues racines coriaces et profondes, d'où leur est venu le nom d'*arète-bœuf*. Les tiges de cette espèce rampent dans l'état de nature, et se redressent aussi par la culture.

L'HYPOCRÊPE VIVACE, *Hypocrepis comosa*, ou fer à cheval, est encore une petite légumineuse utile dans les pâturages arides, où elle croît souvent spontanément. Elle n'élève guère qu'à vingt ou vingt-cinq centimètres ses tiges lisses, sillonnées, diffuses et en touffe, garnies de feuilles ailées à folioles obtuses, et de fleurs jaunes en tête, remplacées par des gousses garnies d'échancrures qui imitent des fers à cheval; mais les bêtes à laine en sont très avides, et elle leur fournit une pâture aussi délicate que peu abondante.

On a recommandé diverses espèces de scabieuses, pour la composition des prairies et pâturages, et particulièrement la scabieuse succise, celle des champs, celle des bois, et celle des Alpes.

LA SCABIEUSE SUCCISE, *Scabiosa succisa*, ou mors du

diable, ainsi nommée, parceque sa racine courte et fibreuse est comme rongée et mordue dans le milieu, élève à soixante-quatre centimètres environ sa tige presque simple, garnie de feuilles inférieures, ovales, entières et velues, et de supérieures lancéolées, entières, ou dentées, et de fleurs bleues en tête, un peu globuleuses.

La SCABIEUSE DES CHAMPS, *Scabiosa arvensis*, élève à la même hauteur sa tige simple ou rameuse, velue, garnie de feuilles pinnatifides, presqu'ailées, terminées par un grand lobe un peu denté, et de fleurs terminales et pédonculées, d'un bleu rougeâtre. Elle se trouve dans les prés et pâturages secs et élevés.

La SCABIEUSE DES BOIS, *Scabiosa silvatica*, élève de soixante-quatre centimètres à un mètre sa tige rameuse, chargée de poils naissant d'un point rougeâtre, garnie de feuilles ovales, pointues, dentées, d'un vert sombre, relevée par une nervure blanche et de fleurs rougeâtres, grandes et terminales. Elle se rencontre aux endroits élevés.

La SCABIEUSE DES ALPES, *Scabiosa Alpina*, élève à plus d'un mètre ses tiges assez droites, peu rameuses et feuillées à leur sommet, garnies de feuilles ailées et dentées en scie, et de fleurs d'un jaune pâle, terminales et penchées.

On nous assure qu'on cultive avantageusement la scabieuse, comme fourrage, dans les Cévennes, où elle croît naturellement et abondamment, ainsi qu'au mont Pilat où elle est commune dans les prairies. Tous les bestiaux la mangent volontiers, à l'exception des porcs. « Elle les rafraîchit et les engraisse, dit Gilbert, « et sur-tout les moutons qui en sont très friands.

« Les agneaux qui en mangent profitent beaucoup; parcequ'é- « tant apéritive, elle excite leur appétit, et il se pourroit, con- « tinue-t-il, comme des cultivateurs l'assurent, d'après leur propre « expérience, que son usage préservât les animaux de quelques « maladies auxquelles ils n'échappent pas ordinairement. »

Nous observerons que lorsque les vaches la pâturent au printemps, elle communique quelquefois au lait une teinte bleuâtre, mais qui n'altère pas sa qualité.

LA RENOUÉE BISTORTE, *Polygonum bistorta*, ainsi désignée à cause de la disposition particulière de sa racine repliée sur elle-même, qui s'emploie en quelques endroits dans la composition des appâts pour attirer le poisson, et dont M. Dambourney a retiré la véritable couleur du poil de castor, est une plante vivace des montagnes et des prés élevés, que la plupart de nos bestiaux mangent avec plaisir. Sa tige très simple, qui s'élève à trente-quatre centimètres et plus, est garnie de feuilles amplexicaules, ovales, planes et glauques en dessous, et terminées par un épi ovale, serré, composé de petites fleurs d'un rouge clair, embriquées d'écailles luisantes, et qui sont remplacées par des semences triangulaires, dont on peut tirer parti pour la nourriture des hommes et des animaux.

« Cette plante, nous dit Gilbert, est cultivée en prairies arti-
« ficielles dans quelques cantons de la Suisse. La nature des
« lieux qu'elle affecte ordinairement semble l'exclure des plaines;
« c'est sur les côtes montagneuses qu'on la cultive, J'en ai vu,
« nous dit-il, quelques champs dans le Jura; elle avoit au mois
« de juin quinze à dix-huit pouces, et paroissoit devoir donner
« un fourrage un peu dur, mais assez abondant. »

Elle est très commune, aussi, dans les prairies du mont Pilat.

LE PERSIL COMMUN, *Apium petroselinum*, dont il existe une variété à racines mangeables, est une plante bisannuelle, originaire des pays chauds, qui élève de soixante-quatre centimètres à un mètre sa tige glabre, striée et rameuse, garnie de feuilles inférieures bipinnées, les caulinaires étant linéaires, et de fleurs jaunâtres en ombelle.

Nous croyons devoir mentionner ici cette plante, qui, pour prospérer, demande un terrain meuble, sec et chaud, parceque nous avons connoissance de quelques essais, suivis de succès, de sa culture faite en grand en plein champ, seule ou mélangée avec du trèfle et des graminées vivaces, et qu'il a été reconnu que son fourrage apéritif, donné aux bêtes à laine, dans les pays humides et dans la saison des pluies, étoit utile comme préservatif de la pourriture, qui occasionne souvent de si terribles ravages parmi ces animaux précieux. Elle nous paroît agir comme la tanaisie, que nous avons cru devoir également recommander pour le même objet, et sa culture peut devenir avantageuse dans quelques positions où le cultivateur doit redouter ce fléau destructeur.

LE CISTE HELIANTHÈME, ou FLEUR DU SOLEIL, *Cistus helianthemum*, est une petite plante très rustique que tous les bestiaux recherchent, et qui, sur les terres ingrates où elle croît naturellement, fournit un excellent pâturage, et résiste fortement à la sécheresse.

L'ÆTHUSE A FEUILLES CAPILLAIRES. *Æthusa meum*, est très commune sur la plupart des pâturages de nos montagnes alpines. Son goût aromatique communique légèrement au laitage des bestiaux qui la broutent lorsqu'elle est jeune, une saveur agréable, ainsi qu'une excellente qualité aux fromages qui en proviennent.

L'AURONE SAUVAGE, *Artemisia campestris*, dont les racines ligneuses et profondes fournissent des tiges fermes et en en partie couchées, qui, s'étendant circulairement jusqu'à soixante-quatre centimètres, couvrent d'assez grands espaces, et sont garnies de feuilles pinnées et de petites fleurs globuleuses, croît sur les sables les plus arides, et dans les interstices des vieux murs. Elle est commune sur les sables mobiles de la Varenne-Saint-Maur, qu'elle est très propre à fixer, et MM. de Mallet et Carrier Saint-Marc ont observé depuis long-temps que leurs beaux et nombreux troupeaux en sont avides au printemps, et qu'ils la tondent très près. Nous avons fait la même observation sur des débris de carrières sur notre territoire, et nous croyons que sur les terrains ingrats et peu propres à la culture, cette plante, voisine de la tanaisie, et qui participe un peu de son arôme et de son amertume, peut encore être une nourriture très saine et un préservatif contre la pourriture des bêtes à laine. Il est essentiel de ne pas attendre pour la faire pâturer que ses tiges soient devenues ligneuses et son odeur trop développée; car, en cet état, les bestiaux ne l'appètent plus, et elle a cela de commun avec toutes les plantes aromatiques.

Il existe ordinairement dans les prairies et les pâturages un si grand nombre de plantes ou nuisibles ou au moins inutiles, qui occupent des espaces considérables, et dont nous indiquerons plus loin les principales, qu'on ne sauroit trop y multiplier les bonnes, lorsqu'on le peut, et, indépendamment de celles que nous avons signalées, il en existe plusieurs autres recommandables; telles que plusieurs espèces de campanules, dont les moutons sont avides; les polygales, qui passent pour donner beaucoup de lait aux vaches et aux brebis nourrices, comme leur nom l'indique; le séséli des montagnes ou cumin des prés, *seseli montanum*; les boucages sur-tout la saxifrage, *pimpinella saxifraga*, qui a été cultivée; et les condrilles, les centaurées et les valérianes, qui plaisent aussi beaucoup aux bêtes à laine, et plusieurs autres dont il est facile aux cultivateurs qui observent de reconnoître les bonnes qualités. Nous ne parlons pas ici des plantes annuelles ou bisannuelles de bonne qualité, qui sont souvent mêlées aux fourrages, telles que le carvi, *carum carvi*, la carotte, *daucus carotta*, les myrrhides ou aiguilles, etc., parcequ'étant fauchées ou broutées à temps, elles doivent bientôt disparoître et ne peuvent convenir à des établissemens permanens, ou au moins de plus longue durée que la leur.

Avant de terminer cet article, nous devons rappeler qu'on a aussi proposé d'établir des prairies permanentes au moyen de semis épais d'arbres, arbrisseaux et arbustes, qui, fauchés régulièrement à certaines époques, comme l'ajonc, *ulex Europeus*, l'est en plusieurs endroits, et comme l'étoit chez les anciens la luzerne arborescente, sous le nom de cytise, *medicago arborea*, pourroient fournir une abondante provision de fourrage de bonne qualité. Les plus recommandables, selon nous, pour cet objet, dont la plupart se trouve dans la nombreuse et si utile famille des légumineuses, sont, parmi les arbres, les faux robinier et févier inerme, *pseudo acacia et gleditsia inermis*; le chicot du Canada, *cymnocladus Canadensis*; le caroubier à siliques, *ceratonia siliqua*; plusieurs sophoras, et notamment celui du Japon, *sophora Japonica*; et les saules osiers et marsaults dont tous les bestiaux sont avides; parmi les arbrisseaux, plusieurs cytises, et sur-tout le cytise des Alpes ou faux ébénier, *cytisus laburnum;* celui des jardins, *cytisus sessilifolius*, le blanchâtre, *cytisus canescens*, et le velu, *cytisus hirsutus;* plusieurs espèces de baguenaudiers très rustiques et qui résistent fortement à la sécheresse; plusieurs caragans, et sur-tout l'arborescent ou arbre aux pois, *robinia caragana*, dont les moutons sont avides, et qui est peu délicat sur le sol; l'amorpha d'Amérique, *amorpha fruticosa*; et parmi les arbustes, plusieurs genêts, cytises et lotiers, la coronille des jardins, *coronilla emerus*, et même la vigne qu'on peut ainsi utiliser dans le nord, où son fruit mûrit mal, et ailleurs. Il est essentiel de faucher les jeunes pousses avant qu'elles soient devenues ligneuses, et de les couper le plus bas et le plus net possible.

Revenons aux détails et aux principes généraux relatifs à la formation des prairies et à leur administration.

§. 3. *Des soins qu'on doit apporter dans le choix des semences.* Malgré l'importance dont nous avons fait sentir que l'établissement des prairies à base de graminées pouvoit être dans plusieurs circonstances, on en établit peu, et lorsqu'on le fait, on apporte si peu de soins au choix des semences, que l'objet qu'on se propose est entièrement manqué ou incomplètement rempli.

On prend ordinairement, pour cet objet, ce qu'on appelle très proprement *du poussier de foin*, c'est-à-dire un mélange de débris, de poussière, et d'un nombre plus ou moins considérable d'espèces de graines bonnes ou mauvaises, mûres ou non, qu'on a ramassées ou dans les prairies, au pied des meules, ou dans les granges et les greniers, dessous les tas de foin, et l'on confond ainsi très souvent les climats, les expositions, les sols, les espèces et les genres opposés.

Si cette provision de semences provenoit au moins d'une réunion rigoureusement faite de plantes choisies et reconnues avantageuses, elle pourroit convenir pour l'objet auquel on la destine; mais elle provient ordinairement de vieilles prairies naturelles, souvent usées, dans lesquelles, avec quelques bonnes plantes, dominent ordinairement des plantes médiocres ou mauvaises: on établit nécessairement ainsi une prairie mal composée, et lorsqu'on achète *ce poussier*, ignorant encore le plus souvent d'où il provient, quand et comment il a été ramassé, et les espèces de plantes dont il renferme les semences, on s'expose en outre à confier à la terre des semences peu convenables à sa nature, ou surannées ou échauffées, qui ne lèvent pas ou qui lèvent mal, et qui, dans tous les cas, donnent des résultats peu avantageux.

C'est donc, sous tous les rapports, une économie bien mal entendue que d'agir ainsi, et quoiqu'il puisse paroître moins dispendieux, et qu'il soit, sans doute, plus facile et beaucoup plus commode de se procurer une ample provision de cette manière, nous ne saurions trop répéter qu'une petite quantité de graines choisies est toujours beaucoup plus profitable que ces tas d'ordures qu'on préfère ordinairement, par une négligence ou une parcimonie très coupable, pour un objet de cette importance.

Lorsqu'on désire former une bonne prairie, et qu'on ne peut se procurer d'ailleurs toutes les semences convenables avec les qualités requises, d'une manière certaine, le meilleur moyen d'y parvenir consiste à faire soi-même, dans les endroits où elles croissent spontanément ou par adoption, un choix des plantes analogues aux circonstances dans lesquelles on se trouve, et qu'on croit être les plus avantageuses à propager.

A cet effet, on fait ramasser, à la main, lors de leur pleine maturité, et par un temps sec, par des personnes intelligentes, les semences, rigoureusement séparées, de chaque espèce de plante reconnue bonne, qui se trouve dans les prairies ou ailleurs, et, après les avoir convenablement séchées, séparées entre elles et vannées, on les confie à la terre, avec les précautions convenables, aussitôt que les circonstances le permettent.

Lorsque la quantité qu'on peut ainsi parvenir à se procurer est trop foible pour en couvrir en entier le champ qu'on se propose de mettre en prairie, on doit semer chaque espèce à part, ou essayer les mélanges en différentes proportions, lorsqu'on les croit convenables, et ces essais en petit, au moyen desquels on parvient bientôt à se procurer une suffisante quantité de semences choisies, peuvent encore donner d'utiles leçons sur les qualités respectives de chaque espèce, et sur le plus ou le moins de convenance de leurs mélanges, relativement à leur mode de végétation et à leurs autres propriétés; car, *malgré toutes les règles qu'on peut établir en agriculture, il est toujours prudent d'en venir aux essais, chacun pour soi, relativement aux localités, sur un grand nombre d'objets qu'on ne peut prescrire d'une manière invariable, comme on le fait trop souvent.* Quelquefois, par exemple, une espèce de plante ne réussit pas dans des circonstances qui devroient lui être favorables d'après les idées reçues, *et vice versâ*, et des essais locaux en petit peuvent seuls, sur ce point comme sur plusieurs autres, procurer des renseignemens exacts et économiques. Chacun, d'ailleurs, peut essayer aisément, indépendamment des plantes vivaces les plus propres aux prairies, et dont nous nous sommes attachés à indiquer et à faire connoître les principales, celles que ses propres observations l'auront porté à considérer comme avantageuses sous ce rapport, en n'oubliant jamais que l'agriculture moderne a fait plusieurs découvertes importantes en ce genre, qu'il en reste encore beaucoup à faire, et qu'une culture soignée et prolongée améliore tellement la plupart des végétaux qu'on fait sortir de l'état de nature, qu'elle les rend souvent méconnoissables, comme nous l'avons observé plusieurs fois.

Avant de passer à l'examen des préparations qui peuvent être utiles aux semences des prairies, il nous reste deux observations importantes à faire sur leur choix.

La première, c'est qu'il est essentiel de les choisir, autant qu'il est possible, sur les plantes les plus vigoureuses, et de préférer encore les premières mûres aux dernières, parcequ'elles sont en général mieux nourries, en se rappelant que, toutes choses égales d'ailleurs, les plus belles semences donnent toujours les plus beaux produits; et c'est là ce qui rend sur-tout le renouvellement de toutes les semences avantageux, lorsqu'on les tire des contrées plus fertiles que celles où on les adopte.

La seconde, c'est qu'il n'est pas moins essentiel qu'elles soient fraîchement récoltées, parcequ'en général les semences les moins vieilles, sur-tout parmi les graminées et les légumineuses, outre qu'elles lèvent plus tôt, donnent les produits les plus vigoureux, et que la faculté germinative et végétative de la plupart des semences s'affoiblit beaucoup en viellis ant. Lorsqu'on se les procure d'ailleurs, on doit les choisir nettes, pleines, fraîches, lisses, sèches, sans mauvaise odeur, d'une couleur non altérée, et surtout très pesantes, car le poids spécifique des semences a une influence très prononcée sur les produits qui en résultent, comme plusieurs agronomes s'en sont assurés, et comme nous l'avons vérifié nous-mêmes sur un grand nombre d'espèces de plantes économiques, et sur-tout parmi les graminées et les légumineuses.

Nous observerons encore que la couleur indicative de la bonne qualité des graines de la luzerne ordinaire, de la lupuline et du trèfle est la jaune dorée; et que la couleur rougeâtre indique une altération dans toutes les trois, comme la noire dans le sainfoin, qui doit être grisâtre extérieurement et verdâtre intérieurement.

Au reste, la prudence conseille d'essayer toujours en petit les semences qu'on n'a pas récoltées soi-même, quels que puissent être les indices de leur bonne qualité, afin de ne pas s'exposer à des non succès en grand, qui sont toujours aussi décourageans que dispendieux; car, comme on l'a observé, rien ne s'oppose plus puissamment, en général, à l'extension d'une culture nouvelle, que le peu de succès des premiers essais, et ce défaut de succès est souvent dû à la mauvaise qualité des semences qu'on emploie. Il est donc de la plus grande importance de s'assurer, par tous les moyens qu'on a en son pouvoir, de la qualité des semences qu'on désire confier à la terre, afin de n'être pas exposé à tirer des conséquences fausses et fâcheuses des non succès.

§. 4. *Des préparations qui peuvent être utiles aux semences.* On a cru devoir proposer, pour augmenter la vigueur des plantes destinées à former des prairies artificielles, plusieurs recettes aussi compliquées, inutiles et absurdes que celles indiquées pour le froment (*voyez* FROMENT), dans lesquelles on conseilloit de tremper les semences. On a aussi proposé, sous différens prétextes, de les huiler, précaution qui ne peut qu'être nuisible à leur germination; de les plonger quelque temps dans l'eau avant de les semer, ce qui nous paroît inutile dans le plus grand nombre de cas, et ce qui peut devenir nuisible dans quelques uns; de les tremper dans du jus de joubarbe, ou dans d'autres lotions amères, à l'exemple des anciens, afin de les préserver des ravages des insectes et autres animaux nuisibles, ce qui nous paroît encore inutile lorsqu'on sème en temps convenable, et d'une efficacité douteuse dans tous les cas; enfin de les mêler avec du plâtre pulvérisé ou calciné, du sable, de la cendre, de la terre, etc., afin d'en rendre par ce mélange la dissémination plus facile et plus égale, ce qui nous a toujours paru produire un effet contraire à celui qu'on en attendoit. Le poids spécifique des semences et celui des divers ingrédiens qu'on y mêle n'étant pas les mêmes, ils se séparent nécessairement, comme nous l'avons remarqué, par l'effet du mouvement imprimé par la marche et le jet du semeur : les ingrédiens ordinairement plus fins et plus pesans vont bientôt au fond du semoir, et rendent par-là, ou leur effet nul, ou, ce qui est pis encore, la dissémination inégale à la fin, à moins que le semeur n'ait constamment la précaution de remuer et de rétablir le mélange, en ramenant en dessus ces ingrédiens qui tendent toujours à se précipiter vers le fond.

Nous nous sommes toujours bien trouvés, avec les précautions convenables, de supprimer ces mélanges, après en avoir essayé plusieurs, et avoir reconnu leurs inconvéniens; et la seule préparation raisonnable qu'on puisse, selon nous, recommander pour les semences, sur-tout pour celles des graminées vivaces, comme préservatif des maladies du charbon, de la carie et de l'ergot, dont plusieurs espèces sont atteintes quelquefois, quoique moins communément que celles qui sont annuelles, c'est le chaulage, qui peut encore dans quelques cas les garantir des ravages qu'on auroit à redouter de la part des insectes ou d'autres animaux; et toutes les fois qu'on choisira, pour semer, une époque et un temps favorable, c'est-à-dire calme, brumeux et disposé à la pluie, lorsque la terre est suffisamment humectée, en automne ou au printemps, toute autre addition nous paroît au moins inutile, sinon nuisible.

§. 5. *Des quantités de semences nécessaires.* Cet objet important nous fournit une preuve frappante des graves inconvéniens attachés à ces fixations banales de quantités de semences que la manie de tout généraliser a porté un trop grand nombre d'écrivains à établir, sans distinction pour tous les cas, relativement à telle ou telle autre plante; comme si les semences des mêmes espèces, très variables entre elles, avoient toujours et par-tout la même grosseur chaque année ; comme si les différentes natures de terres, et leur état plus ou moins amélioré, exigeoient constamment la même mesure ; enfin, comme s'il falloit aussi employer toujours la même quantité de semence aux diverses époques de l'année, dans les ensemencemens hâtifs, comme dans les ensemencemens tardifs. C'est vouloir déterminer invariablement un objet qui, par sa nature, ne peut pas l'être généralement, d'une manière satisfaisante et positive ; et c'est encore, selon nous, un de ces objets de détail qu'il faut nécessairement abandonner à la sagacité du cultivateur, et à quelques essais particuliers, qui l'instruiront beaucoup mieux sur ce point que toutes les données précises qu'il suffit de comparer entre elles, comme l'a fait Gilbert, pour démontrer leur complète inutilité, et l'erreur dans laquelle elles peuvent jeter les commençans.

Il nous suffira donc ici d'établir quelques principes généraux, dont chaque cultivateur pourra faire aisément l'application aux circonstances dans lesquelles il se trouvera, avec les modifications convenables ; et nous nous bornerons à observer que plus la semence qu'on veut confier à la terre est fraîchement récoltée plus elle est nette ; plus elle est saine ; plus elle est petite ; plus le sol, le climat et l'époque de l'ensemencement lui paroissent convenables ; plus le champ est humide ; mieux il se trouve préparé pour la recevoir ; et plus la dissémination s'en fait également ; moins il en faut, *et vice versâ*.

Nous devons ajouter que si, en traitant cet objet généralement pour tous les grains, à l'article FROMENT, après avoir reconnu que le grand art consistoit, en cela comme en toute autre chose, à tenir un juste milieu entre le trop et le trop peu, nous avons prouvé qu'il y avoit généralement moins d'inconvéniens à pécher par excès que par défaut, sous ce rapport, parceque le mal étoit bien plus facile à réparer, et moins funeste dans ses conséquences ; c'est sur-tout aux prairies que cette vérité est applicable, sous le triple rapport de l'économie des frais de sarclage tout en détruisant les plantes nuisibles, de la conservation de l'humidité, et de la qualité du fourrage ; trois objets d'une grande importance, qu'on ne peut obtenir avec l'économie de la semence. C'est ce qui rend aussi ridicule qu'impraticable en grand la méthode si préconisée autrefois, et qui ne peut plus séduire aujourd'hui que quelques débutans dans la carrière, plus enthousiastes qu'instruits sur leurs véritables intérêts, de cultiver les prairies en rayons, en faisant usage de l'instrument connu sous le nom de *semoir*, au moyen duquel on peut bien augmenter la quantité de fourrage, mais au détriment de la qualité, et économiser aussi la semence, mais en multipliant les frais de culture et de sarclage.

Nous ne pouvons mieux terminer cet article qu'en transcrivant ici l'opinion de Gilbert sur l'économie de la semence, qu'il nous paroît avoir saisie sous son véritable point de vue, et qui confirme complètement notre expérience à cet égard, et sur l'emploi du *semoir*.

« Je conviens d'abord, dit-il, que les plantes dont sont formées les prairies semées d'après les principes des partisans de la nouvelle culture (c'est ainsi qu'on désignoit alors la culture en rayons espacés, formés par le *drill* ou semoir), deviendront plus grandes, plus grosses, plus vigoureuses ; qu'elles donneront enfin plus de fourrage, lorsque la semence aura été économisée, que lorsqu'elle aura été prodiguée. Les exemples que cite M. Tull, les expériences faites après lui par MM. de Châteauvieux, les membres de la société de Bretagne, et Duhamel, ne laissent point de doute à cet égard. Mais la quantité de fourrage est-elle donc le seul avantage qu'on doive rechercher dans les prairies artificielles ? n'est-ce pas à la qualité qu'il faut sur-tout s'attacher ? Or, il est hors de doute que la luzerne, le trèfle, et spécialement le sainfoin, semés dru, sont d'une qualité bien supérieure à celle de ces plantes semées plus claires. Le défaut des plantes des prairies artificielles est en général d'avoir des tiges trop grosses, trop dures, qui opposent une trop grande résistance à l'action de la mastication, et sur-tout à celle des sucs dissolvans de l'estomac. Cet inconvénient diminue, il disparoît même presque entièrement, lorsque la semence n'a pas été épargnée ; les tiges sont déliées, tendres, ne s'élèvent pas à une aussi grande hauteur ; mais comme elles sont plus nombreuses, elles gagnent en quelque sorte d'un côté ce qu'elles perdent de l'autre.

« Un autre avantage qui me paroît très important, c'est que les plantes très serrées étouffent, dès la première année, les plantes étrangères qui leur disputent le terrain ; elles rendent inutiles les sarclages si dispendieux, et quelquefois même si nuisibles aux herbages nouvellement sortis de terre. L'un des plus grands fléaux pour les prairies artificielles, dans nos climats du moins, sur-tout pour le trèfle et la luzerne, c'est la sécheresse. Les tiges se défendent contre elle, lorsqu'elles sont serrées ; elles dérobent le sol qu'elles recouvrent à l'action de la chaleur du soleil, et s'opposent à l'évaporation de l'humidité qu'il contient. J'ai remarqué que lorsque les plantes étoient semées trop dru, car il est un milieu dont on ne doit point s'écarter, les tiges les plus vigoureuses étouffoient celles de leurs voisines, et qu'il ne restoit réellement sur le sol que le nombre de tiges qu'il pouvoit nourrir.

« Les plantes des prairies cultivées en rayons ont besoin pendant toute l'année, observe ailleurs Gilbert, des bras du cultivateur ; la terre des intervalles doit être continuellement ameublie, et nettoyée des plantes parasites dont la nature tend sans cesse à les couvrir. C'est à cette attention soutenue de l'entretenir parfaitement nette et meuble, qu'on doit attribuer les produits considérables qu'on en obtient. Il faut donc beaucoup de bras, il faut beaucoup de dépenses, que les agriculteurs sont bien rarement en état de soutenir; il faut encore des instrumens particuliers, des semoirs, dont les plus simples sont toujours très compliqués et sujets à se déranger, des charrues ou des cultivateurs pour labourer sans cesse les intervalles des rayons. Si l'on ajoute à ces considérations celle de la différence dans la qualité du fourrage, et la destruction des plantes nuisibles sans secours étrangers en semant drû et à la volée, on n'hésitera pas généralement sur le choix des deux méthodes. »

Ajoutons à ces détails qu'on doit admettre encore comme principe général, reconnu également par cet agronome, que les plantes vivaces devant être moins serrées que les annuelles, elles doivent l'être d'autant moins qu'elles sont plus vivaces et que leurs racines et leurs tiges sont plus nombreuses et s'étendent davantage latéralement.

§. 6. *Des précautions qui doivent précéder, accompagner et suivre immédiatement l'ensemencement pour assurer son succès.* Avant de commencer l'ensemencement des prairies artificielles, la terre doit nécessairement être amenée, par toutes les opérations aratoires indispensables dont nous avons parlé, au plus haut degré d'ameublissement, de netteté, de fertilité, et d'égalisation possible.

On ne doit jamais l'entreprendre non plus, que la terre ne soit assez ressuyée pour ne point gâcher, assez humide pour pénétrer les semences d'une humidité nécessaire à leur développement, et sur-tout la température de l'atmosphère et par suite celle de la terre assez élevées pour déterminer une prompte, facile et complète germination.

Le temps doit être calme et assuré pendant l'opération, afin que la dissémination des semences puisse s'opérer convenablement, malgré leur ténuité, et que le vent ne puisse ou les emporter au loin, ou les ramasser inégalement par tas.

La semaille doit se faire à la volée, d'après les inconvéniens que nous avons reconnus aux instrumens appellés *semoirs*, et afin qu'elle se fasse le plus régulièrement possible, le semeur doit, 1° prendre toujours également la semence entre le pouce, l'index et le doigt du milieu, et la répandre devant lui, toujours avec le même jet, du côté opposé au vent; 2° embrasser un foible espace, en allant et en revenant, et s'écarter toujours du premier jet, à des distances égales et très rapprochées; et 3° suivre constamment une ligne droite au moyen de marques indicatives, soit jalons, raies superficielles parallèles, ou autres indices certains. Avec ces précautions, il préviendra les lacunes et les doubles emplois de semences, toujours nuisibles au succès de la prairie. Lorsqu'on croit devoir associer plusieurs espèces de plantes sur le même champ, il est prudent de semer chaque espèce l'une après l'autre, afin d'éviter l'inconvénient qui résulte ordinairement de la différence de leur poids spécifique, lorsqu'on mêle les semences avant de les répandre.

Les semences doivent être couvertes immédiatement derrière le semeur, afin que le vent ne puisse pas les déplacer, d'une part, et de l'autre, afin que les oiseaux ne les mangent pas; ce qui, malgré toutes les précautions précitées, produiroit nécessairement les vides ou surcharges qu'il est si essentiel d'éviter.

Elles doivent être peu profondément enterrées, avec une herse légère ou un châssis garni d'épines, ou seulement avec le rouleau, sur-tout sur les terres humides, à cause de leur finesse, et en imitant d'ailleurs en cela la nature, qui ne recouvre ordinairement que de quelques feuilles les semences placées d'elles-mêmes dans de légers enfoncemens, qui y jouissent de l'air essentiel à leur développement et qui leur devient d'autant plus nécessaire qu'elles sont plus petites.

Quelque moyen qu'on croye devoir employer pour recouvrir les semences, selon l'exigence des cas, il est toujours important que les instrumens adoptés à cet effet ne fassent aucune traînée et ne gâchent point la terre, et, dans tous les cas, l'opération du rouleau, indispensable dans les terres sèches, est toujours utile pour faciliter celle du fauchage par la suite.

Nous devons examiner ici une question assez importante, qui se trouve nécessairement liée à notre objet, et qui a plus d'une fois fourni matière à discussion.

Convient-il de semer seules les plantes vivaces ou bisannuelles dont on veut former des prairies artificielles, ou de les associer avec des grains, ou avec toute autre production annuelle?

Cette question, controversée et contradictoirement décidée par divers agronomes, nous fournit une nouvelle preuve de l'inconvénient des propositions générales et exclusives en agriculture.

Les uns, prétendant que les plantes annuelles qu'on associe aux jeunes plantes des prairies leur nuisent, en les privant d'air et de lumière, deux des principaux agens de la végétation, ont décidé que cette association étoit toujours nuisible.

Les autres, prétendant de leur côté que chaque plante trouve dans la terre une nourriture qui lui est particulièrement convenable, ont assuré que cette association pouvoit se faire sans que les plantes qui devoient former la prairie éprouvassent la moindre soustraction de la substance alimentaire qui leur étoit exclusivement affectée.

Nous observerons d'abord que la privation d'air et de lumière n'a lieu que lorsque les plantes annuelles, associées à celles qui doivent former la prairie, sont semées trop dru, ce qu'il est toujours facile d'éviter; et ensuite, sans répéter ici ce que nous avons dit en développant notre cinquième principe d'assolement, nous dirons que, quoique nous ayons eu souvent occasion de nous convaincre qu'une plante qui croît à côté d'une autre, semée en même temps, soutire toujours plus ou moins de la nourriture de sa voisine, quelle que soit la différence qui existe entre la forme de leurs racines et leur organisation particulière, vérité dont l'ensemencement des prairies nous offre sur-tout de frappans et fréquens exemples, nous n'en sommes pas moins d'avis qu'il y a généralement de l'avantage à associer, la première année, les plantes annuelles à celles qui sont destinées à former la prairie par la suite, parceque 1° le bénéfice que procure la récolte des premières excède de beaucoup la perte occasionnée par la soustraction d'une portion de la nourriture des dernières; 2° l'ombrage procuré par un ensemencement convenable est plus salutaire que nuisible aux plantes foibles qu'elles abritent, sur-tout sur les terres et dans les années sèches, en les garantissant très efficacement d'une trop grande évaporation, du hâle, des vents violents et des effets d'une chaleur excessive; 3° il est important de ne pas perdre en non produit une année entière, sur une terre que nous supposons convenablement préparée par les labours et les engrais, préalablement à son ensemencement.

D'ailleurs, lorsqu'on s'aperçoit qu'une végétation trop vigoureuse peut intercepter l'air et la lumière, il est toujours facile de sacrifier en partie cette première récolte, en la fauchant en vert, et le fourrage qui en provient, sans nuire à la prairie, vaut beaucoup mieux et coûte beaucoup moins que les plantes qui croissent ordinairement spontanément dans les prairies semées seules, et qui exigent de dispendieux sarclages.

Ainsi, nous pensons que, dans le plus grand nombre de cas, il résulte de grands avantages de cette association, qui pourroit cependant ne pas convenir à quelques positions basses et humides.

On peut semer en même temps que les prairies, sur les terres bien préparées, le froment, le seigle, l'orge, l'avoine, le lin, le sarrasin, les fèves, les vesces, et plusieurs autres plantes annuelles.

L'orge nous paroît être, d'après notre expérience, une des plus convenables pour cet objet, parcequ'elle exige comme les prairies, pour prospérer, une terre bien ameublie, et dans le meilleur état de culture, et parceque s'élevant peu, et mûrissant promptement, elle est bien plus utile que nuisible, quoique soutirant beaucoup du sol.

Les mêmes observations sont applicables au lin.

Le sarrasin, qui emprunte proportionnellement beaucoup moins de la terre, nous a toujours paru aussi mériter la préférence pour les ensemencemens tardifs, et sur les terres de médiocre qualité.

Les fèves et les vesces épuisent très peu la terre, sur-tout lorsqu'elles sont fauchées de bonne heure; elles l'ameublissent beaucoup, et conviennent essentiellement pour cet objet sur les terres compactes et argileuses. Les dernières peuvent être avantageusement ramées et soutenues par les premières ou par des grains.

La profondeur à laquelle les semences de ces plantes annuelles doivent être enterrées, étant plus considérable que celle des semences des prairies, il convient de les semer les premières, et de bien herser la terre avant de semer les autres. Quelquefois on les laisse lever avant de faire le second ensemencement, ce qui dépend et de l'état de la terre et de quelques autres convenances locales; mais il est essentiel, dans ce cas, que les plantes annuelles, dont la végétation est plus accélérée que celle des plantes vivaces, parcequ'elle est moins prolongée, ne soient pas trop elevées, parcequ'alors elles pourroient les étouffer. Quelquefois aussi, on sème les prairies au printemps, sur des terres ensemencées en grains en automne: indépendamment du même inconvénient que ci-dessus, qu'on peut avoir à redouter alors, la terre ne se trouvant plus aussi meuble que si elle avoit été fraîchement labourée, les semences se trouvent dans une position bien moins favorable pour réussir. On herse après l'ensemencement, lorsqu'on ne craint pas de déraciner le grain, et, dans le cas contraire, on y supplée par les épines et le rouleau; mais il est essentiel que la terre soit bien ressuyée, afin que le rouleau ne déplace pas les semences en se chargeant de terre, comme cela arrive fréquemment, pour peu que la terre ou les plantes conservent d'humidité superficiellement.

En général, plus l'époque à laquelle on répand les semences des prairies se trouve rapprochée de celle à laquelle les plantes annuelles ont été semées, plus elles ont de chances favorables pour germer promptement, enfoncer profondément leurs racines dans la terre meuble, et se développer complètement.

Il est essentiel de moissonner le plus bas possible les plantes annuelles semées avec les prairies, afin que le chaume ne puisse nuire par la suite, ni au fauchage, ni à la qualité du fourrage.

Il n'est pas moins essentiel que les javelles soient faites très minces, et qu'elles séjournent le moins long-temps possible sur la prairie, afin de ne pas faire périr les jeunes plantes en les étiolant par une entière privation d'air et de lumière, ce que nous avons souvent vu arriver en observant l'abusive pratique du javelage, plus nuisible encore en ce cas qu'en tout autre.

Si l'on s'aperçoit, après l'enlèvement de la récolte, que, malgré toutes les précautions indiquées, la prairie ne se trouve qu'imparfaitement garnie des plantes qu'on a semées, il ne faut pas hésiter à labourer le champ, et à l'ensemencer de nouveau, si les lacunes sont considérables, et lorsqu'elles sont foibles, il suffit de les garnir de nouvelle semence, de herser et de rouler, en choisissant un temps favorable pour ces opérations qu'il faut différer le moins possible.

III. *De l'entretien des prairies.*

L'entretien des prairies exige des soins aussi étendus et une attention plus soutenue encore que leur établissement.

Les principaux objets à considérer sur ce point, consistent dans le nettoiement, l'épierrement et l'affermissement du sol, la destruction des animaux nuisibles, l'amendement, l'engraissement, l'enclosure, le dessèchement et l'irrigation.

§. 1. *Du nettoiement* Soit que l'on ait semé les prairies seules, ou associées avec une production annuelle et temporaire en grains ou autres, le nettoiement de la terre, c'est-à-dire, l'extirpation de toutes les plantes nuisibles, est d'une nécessité rigoureuse, non seulement la première année, ce qui est essentiel, car il faut toujours tâcher d'arrêter le mal dans son principe, mais aussi dans les années suivantes, pour détruire celles qui ont échappé ou qui se sont reproduites, si l'on veut que les plantes utiles l'emportent constamment sur les inutiles, les médiocres et les dangereuses.

Ces dernières dominent fréquemment dans les vieilles prairies naturelles, comme le prouve l'analyse qui a été faite, sauf quelques erreurs, par M. de Livoys, sur les prairies hautes, basses et moyennes de la Bretagne, de laquelle il est résulté que, sur quarante-deux espèces de plantes formant les prairies des environs de Rennes, il en a trouvé vingt-une inutiles, une parasite, trois nuisibles aux bestiaux, et dix-sept seulement qui leur fournissoient une bonne nourriture. Le résultat a été plus défavorable encore sur les pâtures naturelles ordinaires, où, sur trente-huit espèces de plantes, huit seulement contribuoient à la nourriture des bestiaux, et trente étoient inutiles ou dangereuses. Un travail semblable, fait par M. Dumont de Courset, sur les prairies du Boulonnais, lui a fourni des résultats équivalens. De cent vingt-cinq espèces de plantes qu'il a reconnues dans ces prairies, il a dressé le tableau suivant :

Bonnes, ...	29
Id., mais trop basses, ...	17
Indifférentes, ...	25
Inutiles, ...	40
Mauvaises, ...	14
Total,	125.

« Il n'y a pas, dit-il, le tiers de bonnes, et tout au plus la moitié de bonnes et d'indifférentes ensemble; l'autre moitié est composée d'inutiles que les bestiaux ne mangent que lorsqu'ils n'en ont pas d'autres; de trop basses que la faux ne peut prendre, et qu'à peine les animaux, excepté les moutons, peuvent brouter; et de mauvaises, et souvent très nuisibles, qui causent plus de ravages qu'on ne pense, et auxquelles on ne fait pas assez d'attention.»

Dans les recherches auxquelles nous nous sommes livrés nous-mêmes sur des prairies fort étendues qui bordent la Marne et la Seine, nous avons également reconnu que le nombre des espèces de plantes indifférentes et inutiles l'emportoit de beaucoup sur celles qui produisoient réellement un bon fourrage, qui s'élevoient à peine au tiers, tandis que les plantes essentiellement mauvaises, ajoutées à celles qui produisoient un foin de médiocre qualité, excédoient ordinairement les deux tiers. A la vérité, il s'en trouve, dans ces dernières, plusieurs qui fournissent un assez bon pâturage, et les fréquens débordemens des deux rivières, multipliant sans cesse les plantes inutiles ou nuisibles, rendent leur destruction totale impossible. Enfin, nous avons fait la même remarque dans l'énumération que nous ont donnée quelques auteurs des plantes qui croissent dans plusieurs prairies d'Angleterre, d'Italie et d'Allemagne.

Comme le cultivateur intelligent et instruit doit s'attacher à observer les plantes qui lui paroissent les meilleures pour les propager sur son exploitation, de même aussi il doit étudier et chercher à connoître celles qui sont nuisibles ou inutiles, afin de les détruire, ou au moins en diminuer le nombre. Quoique chaque climat ait, pour ainsi dire, les siennes propres, il en est un assez grand nombre qui jouissent de la fâcheuse faculté de se multiplier presque par-tout; et nous croyons devoir indiquer ici les vivaces principales, et quelques bisannuelles, qui doivent plus particulièrement fixer son attention.

Les prairies basses, humides et marécageuses, sont ordinairement celles qui renferment le plus grand nombre de plantes nuisibles ou inutiles. On y remarque sur-tout, parmi les ombellifères,

Les œnanthes fistuleuse, safranée et pimprenellière, *œnanthes fistulosa, crocata et pimpinelloïdes*, auxquelles les bestiaux ne touchent pas; les berces à feuilles larges et étroites, *sisum lati et angusti folium;* on a remarqué que la première occasionnoit souvent en Suède des maladies graves aux bêtes à cornes; et la seconde paroît avoir les mêmes propriétés; les cerfeuils champêtre et des marais, *cœrophillum silvestre et palustre;* la racine du premier est mortelle, dit-on, pour les vaches qui mangent assez bien ses feuilles cependant, et dont on a cru devoir conseiller la culture pour cet objet; la berle brancursine, *heracleum sphondilium*, que les bestiaux mangent jeune, mais qui fait un très mauvais fourrage sec, qui est très envahissante, et qu'on peut aisément détruire en coupant ses tiges entre deux terres, à l'époque de sa floraison, parce-qu'elle n'est que bisannuelle; la cicutaire aquatique, *cicuta virrosa*, qui renferme un suc jaunâtre qui est un poison aussi violent pour les animaux que pour l'homme, si l'on en excepte peut-être la chèvre; le phellandri aquatique, *phellandrium aquati-*

cum, que quelques bestiaux mangent en vert, mais qui ne peut faire qu'un très mauvais foin et occuper inutilement un espace considérable; les sisons inondé et verticillé, *sison inundatum et verticillatum*, qui offrent les mêmes observations; la grande cigüe, *conium maculatum*, qui paroît être la vraie cigüe des anciens, et qui est quelquefois mortelle pour plusieurs animaux, quoiqu'ils la mangent souvent impunément, sur-tout les vaches, et qui, étant bisannuelle, peut se détruire comme la berle; et le panicaut commun ou chardon rolland, *eryngium campestre*, très nuisible aux hommes et aux animaux par ses rudes épines.

Toutes ces plantes sont de la famille des ombellifères, et l'on remarque que, tandis que celles de cette nombreuse famille naturelle qui croissent sur les terrains secs et elevés sont salutaires, la plupart de celles qu'on rencontre sur ceux qui sont bas et aquatiques sont dangereuses.

Dans la famille des renonculacées, dont un grand nombre sont âcres, caustiques, et plusieurs dangereuses et vénéneuses pour l'homme et les bestiaux, on doit sur-tout distinguer,

Les *anémones*, qui sont généralement âcres et corrosives, et auxquelles les bestiaux ne touchent que lorsqu'ils sont poussés par la faim, si l'on excepte la chèvre, qui, comme l'on sait, est beaucoup moins délicate que les autres; les plus communes sont l'anémone des bois ou sylvie, *anemone nemorosa*, qui cause des hémorragies aux moutons qui en mangent; l'anémone pulsatille, *anemone pulsatilla*, vulgairement appelée passefleur, coquelourde, ou herbe du vent; et celle des prés, *anemone pratensis*, plus commune au nord qu'au midi.

Les *renoncules*, qui aiment toutes l'humidité, qui presque toutes sont très acres, qui toutes se propagent avec une affligeante facilité, et dont plusieurs sont nuisibles aux bestiaux, sur-tout la renoncule flammette, ou petite douve, *ranunculus flammula*, dont les tiges lisses, peu rameuses et basses, ont les feuilles lancéolées, un peu dentées, glabres, petiolées et les fleurs jaunes, moyennes, pédiculées et terminales. La grande douve, ou renoncule à feuilles longues, *ranunculus lingua*, commune dans les marais, dont la tige droite, velue, qui s'élève jusqu'à un mètre, a les feuilles longues, pointues, entières, un peu amplexicaules, et les fleurs d'un beau jaune, pedonculées, terminales et luisantes: ces deux espèces sont douées d'une grande âcreté; les bestiaux n'y touchent que lorsqu'ils sont pressés par la faim, et elles leur deviennent souvent très nuisibles; la blonde, *R. auricomus*, assez commune, dont les tiges de 16 à 32 centimètres, glabres et rameuses, ont des feuilles radicales, pétiolées, réniformes, crénelées, incisées, et les caulinaires digitées et linéaires, et les fleurs jaunes, pedonculées et terminales; cette espèce qui se reconnoît aisément par ses pétales, dont un à trois avortent, est une des plus nuisibles aux bestiaux, d'après les observations de M. Dumont de Courset, quoique tous la mangent, excepté le cheval, d'après Linnée; la bulbeuse, *R. bulbosus*, ainsi nommée à cause de la bulbe ressemblante à une petite rave, qu'on trouve à sa racine, et qui est commune et peu élevée; elle est également dangereuse; ses tiges un peu couchées et velues ont des feuilles radicales pétiolées, ternes, crénelées, incisées, quelquefois veinées de blanc, et des fleurs jaunes, petites, solitaires et terminales, remarquables par leur calice réfléchi; on l'appelle vulgairement genouillette; la scélérate, *R. sceleratus*, qu'on distingue aisément à son fruit long et conique, et qui a emprunté sa dénomination de ses dangereuses qualités; l'âcre, *R. acris*, ainsi désignée à cause de sa grande âcreté, et qu'on nomme vulgairement *bassinet* et *bouton d'or*, lorsqu'elle est double, a des tiges rameuses et droites, glabres, les feuilles inférieures pétiolées, palmées, découpées en lobes incisés, et les supérieures linéaires, et des fleurs d'un beau jaune très luisant, et comme vernissées, avec des pédoncules cylindriques; elle est très commune dans les prés, et nuisible; et la ficaire, *R. ficaria*, dont on a fait un genre particulier, appelée aussi *petite chélidoine* ou *éclairette*, remarquable par ses feuilles cordiformes, d'un beau vert luisant, portées sur de longs pétioles, par ses fleurs d'un jaune brillant, et sur-tout par ses racines granuleuses, qui ont quelque ressemblance avec des grains de blé et dont les porcs sont avides: c'est une des moins âcres, mais elle se propage très promptement par ses racines traçantes. Il ne faut pas confondre ces espèces avec la renoncule rampante, *ranunculus repens*, ou *pied de poule*, dont les tiges traçantes sont stolonifères, les feuilles pétiolées, composées, à plusieurs folioles, anguleuses, lobées, incisées, velues, souvent tachetées de blanc, et les fleurs jaunes terminales, luisantes, quelquefois doubles, avec les pédoncules sillonnés. Cette espèce, une des plus communes dans les prairies humides, n'est point âcre du tout; elle a même un goût agréable qui la fait employer comme légume en quelques endroits. Les bestiaux la mangent également verte ou sèche, sans inconvénient, et on la regarde dans plusieurs endroits comme une bonne plante.

Au reste, toutes les renoncules âcres perdent une partie de leur âcreté par la dessiccation, et lorsqu'elles ne sont pas très communes dans les prairies ou pâturages, elles agissent sur l'estomac des animaux comme des stimulans, et peuvent être regardées dans ce cas comme des condimens utiles; mais elles se propagent si rapidement, aux dépens des meilleures plantes, qu'il est prudent de s'opposer autant que possible à leur multiplication.

Les *aconits*, qui sont tous âcres, caustiques et généralement nuisibles, mais que l'on ne trouve guère que dans les endroits élevés, sur-sout l'aconit napel, *aconitum napellus*, dont les tiges droites et simples, qui s'élèvent jusqu'à un mètre, formant une touffe serrée, sont garnies de feuilles digitées, à folioles munies de dents écartées et de fleurs d'un bleu foncé triste, en épi terminal, et dont les racines sont napiformes; l'aconit tue-loup, *A lyctotonum*, dont les tiges, au moins aussi élevées, ont les feuilles palmées et velues, et les fleurs également velues, d'un jaune pâle. Ces deux espèces *sont très nuisibles*, assure M. de Lasteyrie, *lorsqu'elles se trouvent dans les pâturages; elles occasionnent aux animaux plusieurs maladies dont souvent on ignore la cause, et on doit chercher à les extirper afin de prévenir ces accidens.*

Le POPULAGE, ou SOUCI DES MARAIS, *Caltha palustris*, plante basse, en touffe arrondie et serrée, qui s'élève à environ 34 centimètres, avec des feuilles grandes, petiolées, arrondies, réniformes, crénelées, un peu épaisses, et d'un vert luisant, et des fleurs assez grandes, d'un beau jaune, axillaires et terminales. Elle est commune dans la plupart des marais et prés humides. Elle est âcre et occupe la place de meilleures plantes, ainsi que toutes les renonculacées précédentes.

Dans la famille des CYNAROCÉPHALES, tous les chardons, chausse-trappes, pédanes ou onopordes, carlines, quenouilles, carthames et bardanes, et sur-tout la chausse-trappe étoilée, *calcitrapa calcitrapa*, qui se multiplie prodigieusement et qui est très nuisible; le chardon des marais, *carduus palustris*, et celui à feuilles d'acanthe, *carduus acanthoïdes*, qui infestent trop souvent les prairies humides; le chardon-marie, *carthamus maculatus*, très nuisible aux hommes et aux animaux, par ses rudes épines; le chardon hémorrhoïdal ou des champs, *serratula arvensis* de Linnée, l'un des plus communs et des plus nuisibles, qui se propage autant par ses fortes racines traçantes que par ses nombreuses semences; le chardon sans tige, *carduus acaulis*, très difficile à détruire à cause de ses racines aussi traçantes; le pédane acanthin, *onopordon acanthium*, qui occupe une place considérable en pure perte; la quenouille des prés, *cnicus oleraceus*, qui présente le même inconvénient; la carline vulgaire, *carlina vulgaris*, qui est aussi nuisible; et la bardane commune, ou glouteron, *arctium lappa*, aussi nuisible par l'adhérence très incommode de ses têtes de fruits que par l'abondance de ses semences et l'espace considérable qu'envahissent ses pieds rustiques et vigoureux.

On doit sur-tout remarquer parmi les JONCS, tous les joncs proprement dits, auxquels les bestiaux ne touchent que pressés par la faim; le jonc fleuri, ou butome ombellé, *butomus umbellatus*, qui leur répugne également; le plantain des marais, *alisma plantago*, qui n'est brouté que par les chèvres, et qui occupe une place considérable ; les hellébores, vératres ou varaires, *veratra*, fréquens dans les endroits frais et ombragés, et qui sont tous très âcres et dangereux, même étant secs ; et le colchique d'automne, *veratrum autumnale*, ou safran des prés, voyeute et tue-chien, ainsi appelé parceque sa racine bulbeuse est un violent poison pour les chiens et les loups ; dont toutes les parties ont une odeur nauséabonde qui rebute les bestiaux comme les hommes ; dont les feuilles infectent le foin ; et qu'on doit s'attacher à détruire de bonne heure en automne lorsqu'il est en fleurs, en enlevant la bulbe avec une pioche, une bêche, ou tout autre instrument équivalent. On assure qu'il attire les taupes qui se nourrissent de ses bulbes, et c'est encore un nouveau motif bien puissant pour le détruire, et un moyen pour détruire aussi ces nuisibles animaux en le faisant servir d'appât.

Dans la famille des CYPÉROÏDES, qui abondent dans les endroits marécageux, et dont les tiges dures et les feuilles coriaces sont rarement mangées par les bestiaux auxquels ces plantes fournissent d'ailleurs un aliment de mauvaise qualité, on doit surtout distinguer,

Les LAICHES, ou *carets*, *Carices*, très nombreuses, dont la plupart des espèces infectent les lieux aquatiques, et qu'on doit considérer tous comme de mauvaises herbes qui gâtent les prés, les pâturages et le foin qu'on en retire, à cause de la dureté de leurs tiges et de leurs feuilles qui, dans quelques espèces, sont si accrochantes qu'elles font l'effet d'une scie sur la langue des animaux qu'elles ensanglantent souvent.

Les CHOINS, *Schœni*, dont les bestiaux ne se soucient guère, si l'on en excepte le blanc, qui est peu élevé, *schœnus albus*, et dont une espèce, le choin maritime, *schœnus mucronatus*, qui croît sur les plages maritimes des contrées méridionales, est très propre à fixer les sables mobiles et à former des digues élevées très solides, résistant fortement aux flots et aux vents, lorsqu'elle est bien fixée, et perçant très facilement le sable amoncelé qui la recouvre.

Les ÉRIOPHORES, *Eriophora*, appelées linaigrettes ou lin des marais, à cause de l'espèce d'aigrette formée de poils très longs qui environnent les semences, qu'on a cherché à utiliser comme le poil de lapin, et qui, avalés par les bestiaux qui mangent ces plantes, peuvent donner naissance à des égagropiles ou gobbes dangereuses, dont on attribue souvent la cause à la malveillance dans les campagnes.

Le NARD SERRÉ, ou à épis courts, *Nardus stricta*, dont les feuilles linéaires, graminées et rudes, ainsi que les tiges, s'élèvent peu, et résistent souvent au coup de la faux dont elles détruisent promptement le fil, ce qui rend très incommode pour les faucheurs cette petite plante qu'ils appellent *poil de loup*.

Les SCIRPES, *Scirpi*, dont plusieurs espèces sont mangées par les bestiaux, mais qui occupent la place de meilleures plantes, ainsi que les SOUCHETS, *Cyperi*, qui sont dans le même cas.

Dans diverses autres familles, on remarque,

Toutes les patiences, qui fournissent un très mauvais fourrage et un mauvais pâturage, excepté l'OSEILLE COMMUNE, *Rumex acetosa*, qui se rencontre dans les endroits les plus humides, et qui, à cause de son acidité, fournit aux animaux qui la recherchent un bon correctif de l'excès d'humidité, et aux bêtes à laine qui en sont très avides dans la saison pluvieuse, ainsi que de la PETITE OSEILLE, *Rumex acetosella*, comme nous l'avons souvent remarqué, un excellent préservatif contre la pourriture. On ne peut détruire efficacement les patiences qu'en arrachant entièrement, ou au moins en piochant profondément leurs racines.

Toutes les plantes du genre GALLIUM (GALIET OU CAILLELAIT), qui fournissent un pâturage médiocre à la vérité, mais qui font un très mauvais foin, et qui se fanant très difficilement, gâtent souvent le bon. Celui des MARAIS, *Gallium palustre*, qui se multiplie prodigieusement, s'il n'est arraché de bonne heure, est sur-tout très nuisible sous ce rapport, mais on n'a point reconnu qu'aucune espèce fit cailler le lait, comme leur dénomination sembleroit l'indiquer.

La PÉDICULAIRE DES MARAIS, *Pedicularis palustris*, qu'on croit très nuisible aux bêtes à laine, sans doute parcequ'elle croît dans des pâturages qui ne leur conviennent pas; la CINÉRAIRE DES MARAIS, *Cineraria palustris*, qui est aussi nuisible. Elle répugne à tous les bestiaux, excepté à la chèvre.

Toutes les PRÊLES, ou queues de cheval (*Equiseta*), qui fournissent un médiocre pâturage et un très mauvais fourrage, et qui ont de plus l'inconvénient de se multiplier prodigieusement par leurs nombreuses et vigoureuses racines traçantes, qui ne redoutent que la sécheresse.

Tous les TITHYMALES ÉPURGES, ÉSULES, OU EUPHORBES, *Euphorbiæ*, sur-tout l'EUPHORBE DES MARAIS, *Euphorbia palustris*, qui, dans les prairies marécageuses, forme quelquefois des touffes considérables de tiges grosses, dures et très élevées, qu'on ne peut détruire efficacement qu'en piochant profondément les racines et en les exposant à la sécheresse. Toutes les plantes de cette famille nombreuse renferment un suc laiteux très âcre, caustique et purgatif drastique, et sont plus ou moins dangereuses pour les hommes et pour les animaux.

L'HYÈBLE, *Sambucus ebulus*, qui se multiplie considérablement par ses vigoureuses racines traçantes dans les terrains frais, et dont l'odeur nauséabonde des feuilles répugne aux bestiaux et infecte le foin.

Le SENEÇON DES MARAIS, *Senecio paludosus*, qui a aussi l'inconvénient de tracer, et de fournir un très mauvais foin.

Le STACHYS DES MARAIS, ou épi fleuri, *Stachis palustris*, et la SCROPHULAIRE AQUATIQUE, *Scrophularia aquatica*, qui réunissent les mêmes inconvéniens.

La CUSCUTE, ou teigne, *Cuscuta Europæa*, plante parasite qui étouffe promptement les plantes auxquelles elle s'attache, et particulièrement parmi les légumineuses, les luzernes, vesces, gesses, trèfles, etc. *Voyez* LUZERNE.

La MORELLE DOUCE-AMÈRE, *Solanum dulcamara*, qui, dans les endroits humides, étend promptement ses tiges rampantes ou grimpantes, qui donnent une mauvaise odeur au foin.

La GERMANDRÉE, *Teucrium scordium*, que la faim seule porte les vaches à manger dans les marais, et qui fait contracter au lait une saveur et une odeur d'ail désagréable, ainsi que L'ALLIAIRE, *Erysimum alliara.*

Les MENTHES, et sur-tout celle *des champs*, *Mentha arvensis*, qui nuit à la coagulation du lait des vaches, lorsque, faute d'autres herbes, elles en mangent beaucoup.

Le LICOPE DES MARAIS, *Licopus Europæus*, ou EUPATOIRE DE MÉUÉ, OU MARRUBE AQUATIQUE, qui répugne aux bestiaux.

Les SYSIMBRES, et sur-tout L'AQUATIQUE, *Sysimbrium amphibium*, qui nuit au fanage et fait un très mauvais foin.

La CORNEILLE OU LYSIMACHIE COMMUNE, *Lysimachia vulgaris*, et LA LYSIMACHIE NUMMULAIRE, OU HERBE AUX ÉCUS, *Lysimachia nummularia*, qui réunissent les mêmes inconvéniens, et qui passent en outre, ainsi que plusieurs autres plantes, pour donner la pourriture aux bêtes à laine, sans doute parcequ'elles sont communes dans les prairies aquatiques, dont le pâturage est très propre à communiquer cette maladie.

La GRASSETTE COMMUNE, *Inguicula vulgaris*, qui jouit des mêmes inconvéniens et de la même réputation.

Les INULES, et sur-tout L'INULE OU AUNÉE AQUATIQUE, *Inula Britanica*, et l'INULE DYSSENTÉRIQUE OU CONIZE DES PRÉS, *Inula dyssenterica*, qui occupent inutilement beaucoup de place.

Les POTENTILLES, et sur-tout l'ANSERINE, OU ARGENTINE, *Potentilla anserina*, et la RAMPANTE OU QUINTEFEUILLE, *Potentilla reptans*, dont les tiges et les racines rampantes rendent très envahissantes ces plantes basses, aussi peu utiles que communes dans les prairies aquatiques.

La CONSOUDE OFFICINALE OU GRANDE CONSOUDE, *Symphitum officinale*, qui, couvrant de grands espaces, nuit beaucoup à la prospérité des plantes utiles et à la qualité du foin.

L'ACHILLÉE STERNUTATOIRE, OU HERBE A ÉTERNUER, ainsi appelée parceque ses feuilles déterminent l'éternuement, *Achillea ptarmica*, qui se multiplie quelquefois dans les prairies humides au point de les rendre presque nulles pour le produit en bon foin ou en pâturage réellement utile, et l'ACHILLÉE VISQUEUSE, *Achillea ageratrum*, qui a le même inconvénient dans celles du midi.

Les FOUGÈRES, sur-tout celle appelée FEMELLE, *Pteris aquilina*, qui envahit promptement une grande étendue de terrain dans les prés frais et ombragés, et qui fournit un foin grossier et de mauvaise qualité.

Les ARISTOLOCHES, qui répugnent aux bestiaux, et sur-tout la CLÉMATITE, *Aristolochia clematitis*, dont la racine trace très au loin.

Les TUSSILAGES, et sur-tout la TUSSILLAGE COMMUNE, OU PAS-D'ANE, *Tussilago farfara*, qui se propage aussi très rapidement dans les prairies dont le sol est compacte, argileux et humide, qu'elle détruit promptement, ainsi que la TUSSILLAGE PÉTASITE, OU HERBE AUX TEIGNEUX, *Tussilago petasites*, à l'égard de laquelle M. Dumont de Courset, après nous avoir dit, dans ses excellens *Mémoires sur* l'agriculture*du Boulonnais et des cantons maritimes voisins*, « qu'il seroit à désirer que l'on purgeât les prairies naturelles hautes et basses des herbes nuisibles, et de celles dont les bestiaux ne se soucient pas, parcequ'elles enlèvent les sucs et prennent la place des bonnes, qui, n'étant plus mélangées, seroient d'un rapport plus grand et plus sûr, et donneroient une nourriture saine, avec laquelle les bestiaux profiteroient davantage et ne seroient point exposés aux maladies ; après nous avoir observé avec beaucoup de raison que la plupart de ces plantes, très vigoureuses, font d'autant plus de tort dans les prairies, qu'elles enlèvent pour elles seules à la terre dix fois plus de substance qu'il n'en faudroit pour la végétation et l'accroissement des bonnes, ajoute : « Je connois un pré flotté où les pétasites se sont tellement multipliées qu'elles couvrent actuellement une grande partie de la prairie par leurs feuilles prodigieuses et leurs drageons enracinés, que le propriétaire n'a pas le courage de détruire. Les fermiers, continue-t-il, s'embarrassent peu de la qualité des herbes qui croissent dans leurs prés, ils ne regardent que la quantité de bottes, et ne les estiment qu'en conséquence de ce rapport ; ils ne veulent pas voir que dans les herbes qui composent ces bottes les bestiaux n'en mangent tout au plus que les deux tiers, et que le reste est foulé à leurs pieds. Ce n'est pas que souvent ils ne laissent rien, et les paysans concluent de là que leurs foins sont bons ; mais c'est que chez la plupart, la quantité en est si épargnée que les pauvres animaux sont obligés de s'en nourrir faute de meilleurs, et pressés par la faim. Ces prairies, quelles qu'elles puissent être, sont d'une grande ressource pour l'indolence naturelle de presque tous les gens de la campagne ; elles ne demandent, selon eux, aucun soin, et leur rapport est, dans certains cantons, assez considérable. Je ne veux pas leur ravir ces précieux avantages, mais je voudrois qu'ils prissent quelques peines et quelques soins pour les rendre plus profitables, qu'ils arrachassent les mauvaises herbes vivaces qu'ils connoissent, qu'ils coupassent les plantes annuelles inutiles avant la maturité de leurs graines, pour les empêcher de se semer, et qu'ils eussent l'attention de les remplacer par de bonnes. »

Indépendamment des moyens particuliers de détruire les plantes nuisibles aux prairies, en les coupant entre deux terres, ou en les arrachant, ce qui vaut toujours mieux, et en les brûlant sur le lieu même qu'elles couvrent, il en est de généraux, propres à détruire ou à diminuer au moins considérablement le nombre de la plupart de celles que nous venons d'indiquer. Ils consistent dans le dessèchement, lorsqu'il est possible, qui détruit toutes les plantes qui exigent beaucoup d'humidité pour prospérer; et dans les amendemens et les engrais alcalins et dessiccatifs, tels que la chaux, la craie, la marne, le plâtre, les cendres, la suie, le parc qui détruit la fougère, et tous les engrais calcaires qui produisent souvent des effets équivalens, en privant toutes les plantes aquatiques de l'eau qui leur est indispensable, et en activant la végétation des autres, qui se trouvent aussi privées par ces moyens de la surabondance d'humidité qui leur étoit préjudiciable.

Ajoutons qu'il existe aussi à notre connoissance quelques exemples de la destruction de plantes marécageuses, de la bruyère, et même de l'assainissement des prairies, par l'emploi réitéré d'irrigations avec de l'eau courante au printemps, et qu'en fauchant ou en faisant pâturer de bonne heure les prairies et les pâturages aquatiques, nous en avons vu encore plusieurs fois disparoître les plantes les plus nuisibles.

Parmi les plantes les plus nuisibles, qui se trouvent dans les prairies moins humides que celles dont nous venons de parler, ou dans les pâturages secs et élevés, on doit sur-tout remarquer et chercher à détruire,

Toutes les MOUSSES, sur-tout les HYPNES, *Hypna*, qu'on parvient à détruire par l'emploi des amendemens et des engrais ci-dessus indiqués, et par des hersages croisés, légers, et faits en temps sec.

Toutes les espèces d'AIL, qui donnent au laitage une saveur et une odeur désagréable, et qu'on ne parvient à détruire efficacement qu'en enlevant les bulbes.

Les ORTIES, et sur-tout la DIOÏQUE, ou GRANDE ORTIE, *Urtica dioïca*, dont on a cru devoir conseiller la culture, comme plante filamenteuse, et comme nourriture des vaches; mais elle est bien inférieure au chanvre sous le premier rapport, et, sous le second, elle l'est également à beaucoup d'autres plantes moins voraces, moins incommodes et moins traçantes; les vaches ne mangent d'ailleurs volontiers que ses jeunes pousses fanées et amorties; qu'on donne souvent aux dindonneaux étant hachées, et dont le principal mérite est de pousser de bonne heure le long des murs qu'elle affecte plus particulièrement. Il est difficile de la détruire, à cause de ses fortes et nombreuses racines traçantes qu'il faut extirper entièrement, et qui fournissent une teinture jaune.

Dans la famille des LABIÉES, on doit sur-tout détruire, indépendamment du STACHYS, de la GERMANDRÉE, du LICOPE et des MENTHES que nous avons indiqués dans les prairies basses et humides, toutes les SAUGES dont l'odeur aromatique exaltée déplaît à la plupart des bestiaux, et sur-tout la SAUGE OFFICINALE, *Salvia officinalis;* la SAUVAGE, *Salvia silvestris;* celle des PRÉS, *Salvia pratensis*, qui occupe beaucoup d'espace aux dépens de meilleures plantes, et fournit un foin grossier; et la SCLARÉE, ORVALE, OU TOUTE-BONNE, *Salvia sclarea* qui occupe plus de place encore par ses feuilles très larges qui détruisent la plupart des plantes voisines, et qui ne fournit pas un meilleur foin; la CHATAIRE, *Nepeta cataria*, qui répugne à presque tous les bestiaux, ainsi que la BETOINE, *Betonica officinalis;* la BALLOTTE FÉTIDE, OU MARRUBE NOIR, *Ballota nigra*, et le MARRUBE COMMUN, *Marrubium vulgare*, qui répugne à tous; le LIERRE TERRESTRE, *Glecoma hederacea*, qui trace et s'étend considérablement dans les endroits ombragés; l'AGRIPAUME VULGAIRE, *Leonurus cardiaca*, qui s'élève fort haut et devient très nuisible; le CLINOPODE COMMUN, OU BASILIC SAUVAGE, *Clinopodium vulgare;* l'ORIGAN COMMUN, *Origanum vulgare*, qui ne sont broutés qu'étant fort jeunes; et le CALAMENT, *Melissa calamentha*, qui répugne aux bestiaux, ainsi que l'herbe imprégnée de son odeur.

Dans la famille des SOLANÉES, indépendamment de la MORELLE DOUCE-AMÈRE que nous avons indiquée dans les prairies humides, on doit sur-tout détruire le COQUERET ALKEKENGE, *Pysalis halkekengi* commun sur les sols argileux, et désagréable aux bestiaux; les MOLÈNES, *Verbasca*, ou BOUILLONS BLANC, NOIR, etc. qui occupent des espaces considérables, et auxquels les bestiaux ne touchent pas; les JUSQUIAMES, *Hyoscyami*, et la STRAMOINE COMMUNE, OU POMME ÉPINEUSE, *Datura stramonium*, qui répugnent également à tous les bestiaux pour lesquels elles sont des poisons, ainsi que pour l'homme, comme la MANDRAGORE, *Atropa mandragora*, et la BELLADONE, *Atropa belladona*, qui sont très dangereuses, la dernière sur-tout dont l'odeur seule devient souvent très nuisible dans la chaleur, et dont les fruits, qui ont une ressemblance trompeuse avec les cerises, donnent souvent la mort aux personnes qu'ils séduisent, lorsqu'elles ne sont pas secourues à temps par des vomissemens provoqués, de copieuses boissons acidulées et des lavemens émolliens.

Dans d'autres familles, les principales plantes nuisibles sont, le CERAISTE RAMPANT, OU OREILLE DE SOURIS, *Cerastium repens*, petite plante que les bestiaux broutent, à la vérité, mais qui, par ses racines traçantes et très envahissantes, détruit ou affame des plantes plus utiles, et devient d'une destruction très difficile dans les champs où les prairies sont alternées avec d'autres récoltes; l'ORPIN OU SÉDON BRULANT, OU VERMICULAIRE BRULANTE, *Sedum acre*, et l'ORPIN SEXANGULAIRE, *Sedum sexangulare*, un peu moins caustique, qu'on trouve souvent ensemble dans les prairies et pâturages les plus arides, où elles se multiplient prodigieusement, même par leurs feuilles qui forment autant de boutures naturelles, qui sont rebutées de tous les bestiaux, si l'on excepte la chèvre, et qui gâtent le foin.

La SPARGELLE, OU GENET HERBACÉ, *Genista sagittalis*, que les bestiaux ne broutent jamais, et qui détruit les plantes qui l'environnent.

Les CARDÈRES, *Dipsaci*, inutiles aux bestiaux, très nuisibles aux prairies et pâturages par leurs nombreuses semences, et qu'il faut bien distinguer de la CARDÈRE OU CHARDON A FOULON, *Dipsacus fullonum*, espèce dont les paillettes du réceptable sont roides et courbées en dessous à leur extrémité, ce qui la rend très utile au cardage, tandis que celles des autres sont foibles, droites et inutiles pour cet objet.

La GLOBULAIRE COMMUNE, *Globularia vulgaris*, qui se trouve sur les pâturages élevés, et dont l'amertume déplaît aux bestiaux.

La CYNOGLOSSE, *Cynoglossum officinale*, et la VIPÉRINE COMMUNE, *Echium vulgare*, qui répugnent aux bestiaux, et qui sont très nuisibles dans les prairies artificielles, la dernière sur-tout, qui se multiplie prodigieusement. Toutes les LINAIRES, et sur-tout la PLUS COMMUNE, *Linaria communis*, plante très traçante, et à laquelle les bestiaux ne touchent pas plus qu'aux autres.

Parmi les MALVACÉES, toutes les MAUVES, *Malvæ*, GUIMAUVES, *Altheæ*, et ALCÉES, *Alceæ*, auxquelles les bestiaux ne touchent que lorsqu'ils sont pressés par la faim, et qui remplacent de meilleures plantes et s'étendent beaucoup.

Enfin, la COCRÊTE GLABRE, OU CRÊTE DE COQ, OU POU DES PRÉS, *Rhinanthus crista galli*, que les bestiaux mangent étant verte, mais qu'ils refusent étant sèche, qui gâte beaucoup le foin, et qu'il est très facile de détruire en la faisant brouter ou faucher avant la maturité complète de sa graine, comme toutes les plantes annuelles, moins communes ou moins nuisibles, dont nous n'avons pas cru devoir parler, non plus que de celles qui sont indifférentes dans les prairies ou pâturages, soit par la foible quantité de leur fourrage, soit par sa médiocre qualité, parceque leur existence est peu nuisible, et il est d'ailleurs facile de les reconnoître lorsqu'on s'est familiarisé avec les meilleures et les plus nuisibles, et de les détruire si on le juge convenable.

Les annales de la médecine humaine, et celles de la médecine vétérinaire, renferment un grand nombre d'exemples des effets pernicieux produits par la plupart des plantes nuisibles que nous avons cru devoir signaler, sur-tout dans les prairies basses et humides. Le docteur

Targiony Torzetti reconnut que l'empoisonnement de dix-huit personnes étoit dû à un fromage fait avec le lait de vaches qui avoient pâturé dans des prairies abondantes en renoncule scélérate, aconit, ciguë, colchique, tithymales, et autres plantes dangereuses; et un très grand nombre d'accidens dont les bestiaux sont souvent les victimes, et dont le cultivateur cherche inutilement bien loin la cause, qu'il attribue trop souvent encore à la malveillance, aux maléfices, aux sortilèges, etc., n'en ont pas d'autres que les plantes qui infectent ses prairies et ses pâturages.

Il n'est pas moins essentiel à la prospérité des prairies et des pâturages, de détruire tous les arbrisseaux, arbustes et drageons ou surgeons d'arbres environnans, qui, non seulement occupent souvent des espaces considérables presque en pure perte, mais qui ajoutent encore à cet inconvénient majeur ceux non moins graves de nuire souvent à la végétation par leur ombrage, d'arracher la laine des moutons par leurs aspérités ou par leurs épines, et de nuire essentiellement à l'exploitation, en établissant des éminences qui s'opposent au fauchage, au hersage, au roulage, au charroi, etc. Il en est quelques uns, tels que les aunes, qui nuisent beaucoup à la qualité de l'herbe et à l'assainissement des prairies.

Des fossés de ceinture, des élagages convenables et l'emploi de la pioche et de la cognée, sont les meilleurs moyens de prévenir ces inconvéniens, ou d'y remédier lorsqu'ils existent.

Lorsque le mal a fait des progrès trop rapides par l'incurie du propriétaire, et lorsque les moyens de destruction, généraux et particuliers, que nous avons cru devoir indiquer, sont ou trop lents ou trop pénibles, et sur-tout trop dispendieux pour triompher des plantes nuisibles et déjà trop mulpliées, le remède ne peut plus exister que dans la conversion des prairies ou pâturages en terre labourable; et c'est ce dont nous nous occuperons particulièrement après avoir examiné tous les points essentiels de leur administration.

§. 2. *De l'épierrement.* Si le nettoiement des prairies, au moyen de sarclages rigoureux, les débarrasse des plantes nuisibles ou inutiles, l'épierrement procure les moyens de tirer tout l'avantage possible de celles qui sont les plus utiles, en rendant le fauchage et le pâturage plus faciles et plus commodes.

Cette opération est donc de rigueur; elle doit être faite aussitôt et aussi exactement que les circonstances le permettent, et les pierres, réunies d'abord en tas rapprochés, pour accélérer la besogne, doivent être transportées hors du champ, sans délai, pour servir à garnir les canaux de dessèchement, s'ils sont nécessaires, et, dans tous les cas, pour rehausser et affermir les chemins d'exploitation, sur lesquels elles seront aussi utiles qu'elles étoient nuisibles dans les prairies.

Il n'est pas moins avantageux de répandre également par-tout, à l'époque de l'interdiction des pâturages, et même avant, les excrémens déposés en tas par les bestiaux, et qui deviennent toujours, en cet état, plus nuisibles qu'utiles, en servant de retraite aux insectes, et en détruisant l'herbe par l'interception de l'air, comme aussi d'enlever tous les bois morts et les feuilles provenant des clôtures environnantes, qui deviennent toujours très nuisibles en se mêlant au foin, et nous rappellerons, à cet égard, l'usage observé dans quelques cantons, et qui devroit l'être par-tout, de balayer soigneusement les prairies couvertes de feuilles mortes. Cet usage se pratique plus particulièrement dans le département de la Haute-Vienne, où la culture des prairies est portée à un grand degré de perfection. Les cultivateurs ont soin, non seulement de tenir bien unie la superficie des prés, mais encore d'enlever tout corps étranger qui pourroit nuire à la crue des plantes, ou détériorer les fourrages, et à la fin de l'hiver, lorsque les premières pousses commencent à paroître, ils balaient avec un soin tout particulier les feuilles des arbres que le vent a portées sur les prairies.

§. 3. *De l'affermissement du sol.* L'affermissement du sol est, dans tous les cas, une opération fort utile, lorsqu'elle est bien faite et en temps convenable, sur-tout sur les jeunes prairies, d'abord pour fixer convenablement en terre les racines que la sécheresse, la gelée, les averses, et plusieurs autres accidens peuvent déchausser ou endommager d'une manière quelconque, et ensuite pour faire taller et épaissir l'herbe, en la tenant contre terre, en la forçant à s'étendre latéralement, et en concentrant l'humidité qui lui est nécessaire.

Un rouleau court, parfaitement cylindrique et pesant, est l'instrument le plus convenable pour cette opération, qu'il faut d'abord commencer en travers, et qu'on peut ensuite réitérer en long, suivant l'exigence des cas. Une herse mise sur le dos, ou un simple châssis formant un carré long, connu sous le nom de *ploutre*, est encore d'une grande utilité pour rabattre la terre ramenée à la surface par les vers, et chausser l'herbe, et l'un ou l'autre de ces deux instrumens peut être substitué au rouleau dans les prairies et pâturages dont le sol est argileux et humide.

L'automne et le printemps sont les saisons les plus convenables pour pratiquer ces utiles opérations, aux époques où la terre n'est ni trop sèche, ni trop humide.

On emploie aussi quelquefois les bestiaux pour produire le même effet; mais, d'abord, il est moins uniforme et régulier, et ensuite, lorsque la terre est meuble et les plantes peu enracinées, ils les arrachent souvent, au lieu de les affermir en terre, et il vaut mieux généralement leur interdire l'entrée de la prairie, sur-tout aux bêtes à laine, la première année de son établissement, lorsque les graminées à racines traçantes et superficielles y dominent. Dans tous les cas, on doit sur-tout éviter d'y introduire les bestiaux par un temps humide, parcequ'ils y font alors beaucoup de tort, en gâchant la terre, en la corroyant par leur piétinement, en la défonçant et en y pratiquant des excavations qui retiennent long-temps l'eau, et rendent souvent marécageux les prairies et les pâturages, inconvéniens toujours difficiles à réparer.

§. 4. *De la destruction des animaux nuisibles.* Si la nature tend sans cesse à multiplier, avec un soin égal, les diverses espèces d'animaux et de végétaux répandues sur la surface du globe, en ne faisant acception ni exception d'aucune, et en faisant servir constamment les unes à l'entretien et à la prospérité des autres, l'homme a dû nécessairement les distinguer en utiles ou nuisibles, relativement à ses besoins, et le cultivateur doit sans cesse s'occuper de la destruction des dernières, afin de tirer tout le parti possible des premières.

Parmi les animaux les plus nuisibles aux prairies, nous distinguons particulièrement la taupe, la fourmi, le hanneton, la courtilière et le criquet.

LA TAUPE dont les ravages sont très connus, et qui les exerce sur-tout dans les terres les plus meubles et les plus fertiles, en traçant à couvert ses galeries souterraines, et en détruisant ou endommageant fortement un très grand nombre de racines qu'elle ronge ou soulève, fait périr beaucoup de plantes utiles et cause ainsi des lacunes considérables dans les prairies, sur-tout dans celles de nouvelle formation. Par l'étendue et l'élévation de ses monticules ou taupinières, elle détruit encore une quantité d'herbes assez considérable, et nuit singulièrement au fauchage, en rendant la surface du sol très raboteuse et inégale; quelquefois même, on la voit occasionner des inondations, en perforant les digues voisines des rivières, des étangs et autres pièces d'eau.

C'est sur-tout au printemps, au lever et au coucher du soleil, et quelquefois aussi à neuf heures du matin, à midi et à trois heures, mais rarement dans les intervalles, qu'on voit la taupe remuer et soulever la terre, et préparer le réduit souterrain où elle dépose sa progéniture, et qu'on reconnoît ordinairement au rapprochement de plusieurs grosses taupinières.

En profitant de ces données pour la saison et les heures les plus convenables à sa destruction, en évitant de faire du bruit et des mouvemens trop sensibles sur la terre, ce qui avertiroit la taupe qui a l'ouïe très délicate, on se munit d'une espèce de houe ou bèche de forme ovale et pointue; on cherche les taupinières les plus fraîches et non percées à leur sommet, ce qui annonceroit l'émigration de la taupe en un endroit plus commode, et en se plaçant sous le vent, on ne tarde pas ordinairement à la voir remuer et on peut aisément la prendre en fouillant précipitamment à l'endroit soulevé, avec l'instrument dont on est armé. En foulant les taupinières et principalement les conduits superficiels apparens, qui communiquent de l'un à l'autre, on la voit aussi chercher bientôt à les rétablir et on peut encore la prendre de la même manière. On emploie quelquefois des chiens dressés pour la déterrer. Enfin on peut aussi tendre des pièges à ressort ou tout autre dans le passage des conduits, ou y placer des appâts destructeurs, tels que des noix bouillies dans une lessive fortement alkaline, de la racine d'ellébore ou de ciguë, ou tout autre poison recouvert de farine; et nous observons que les fumigations de soufre et de tabac, qui ont été recommandées, sont peu praticables et très peu efficaces. On peut encore, lorsqu'il est facile de se procurer de l'eau, faire sortir la taupe en en versant dans ses souterrains, comme on peut prendre les jeunes en fouillant les fortes taupinières sous lesquelles elles se trouvent ordinairement déposées.

Lorsqu'on n'a pu prévenir le mal, il faut au moins tâcher de le réparer. Il est essentiel de répandre également sur les prairies, en automne et au printemps, toutes les taupinières fraîches qui auront été formées. Au lieu de détruire l'herbe, elles lui donneront une nouvelle vigueur, par cette précaution, en la couvrant légèrement d'une terre très ameublie, et on convertira ainsi le mal en bien.

Cette opération peut se faire à l'aide de plusieurs instrumens, mais celui qui nous paroît le plus simple et le plus expéditif pour cet objet, est une espèce de herse traînée par des chevaux, dont on se sert avec beaucoup de succès dans les environs de Provins, et dont M. de Perthuis nous a donné la description et la figure sous le nom de herse à étaupiner, pl. III, du tom. 10, pag. 451.

LA FOURMI est quelquefois aussi nuisible que la taupe dans les prairies et les pâturages plus secs qu'humides, en élevant également des espèces de monticules qui nuisent beaucoup au fauchage, et en donnant en outre à l'herbe une odeur et une saveur qui répugnent aux bestiaux, sans doute à cause de l'acide particulier connu sous le nom d'acide formique dont elle l'imprègne, et qu'elle détruit souvent aussi par ses fréquentes allées et venues.

Nous ne recommanderons pas ici, pour détruire cet insecte nuisible, une foule de moyens proposés, tels que l'eau bouillante versée sur la fourmilière, ainsi que l'eau froide imprégnée de substances âcres, amères ou caustiques, comme le tabac, la suie, l'hyèble, la chaux, etc.; l'huile qui détruit tous les insectes en obstruant les organes de leur respiration; les fumigations sulfureuses et autres moyens de ce genre peu praticables en grand et par conséquent inadmissibles dans les prairies.

Nous nous bornerons à l'indication de quelques moyens expéditifs dont nous avons éprouvé l'efficacité. Un feu de paille, de feuilles, ou de menus branchages, entretenu pendant quelque temps, par un temps sec et chaud, dessus la fourmilière, est très efficace. Le remuement de la fourmilière en tout temps, mais surtout à l'entrée de l'hiver, avec un instrument qui ramène le fond en dessus, après avoir pelé le gazon, qu'on replace ensuite, produit également un très bon effet. L'addition d'un lait de chaux à ces deux moyens, ou son emploi seul sur la fourmilière, lorsqu'il est praticable, est encore d'une grande efficacité : d'abondans engrais et les irrigations produisent aussi les meilleurs effets sous ce rapport.

Il n'est pas moins essentiel de répandre également de bonne heure les fourmilières comme les taupinières, et l'instrument que nous avons indiqué pour ces dernières convient également pour la prompte et économique dispersion des premières.

Nous devons observer que de fréquens roulages, en temps convenable, sont encore des moyens que nous avons reconnus très efficaces pour débarrasser promptement et économiquement une prairie des fourmis en détruisant les fourmilières, et le parcage produit aussi le même effet.

LE HANNETON est un des insectes les plus nuisibles aux prairies.

Les dégâts du hanneton sur les arbres sont plus connus que les moyens de le détruire, qui se bornent à peu près à le ramasser, après l'avoir fait tomber par des secousses réitérées, et à le donner à la volaille qui en est avide, ou à l'enfouir profondément et avec précaution. Les dégâts de sa larve, désignée fréquemment sous les dénominations de *ver blanc*, *man*, *turc*, *bardoire*, etc. ne le sont pas moins, principalement dans les prairies, où elle étend ses ravages comme dans les jardins et les champs, en rongeant les racines et en faisant périr les plantes. On la détruit dans les champs par des labours profonds, faits par un temps sec et chaud, qui la ramènent au soleil qui la tue promptement, comme nous l'avons souvent remarqué, et qui l'expose aussi à la voracité des nombreux oiseaux qui s'en nourrissent. On la détruit encore dans les jardins par le même moyen, ou en semant des plantes à racines tendres telles que les diverses espèces de laitue et de chicorée qui l'attirent, et facilitent sa destruction; mais elle est plus difficile à détruire dans les prairies, où elle fait quelquefois des ravages considérables, quoique les fourmis, les courtilières et d'autres animaux lui fassent la guerre. Elle y séjourne environ quatre ans avant de se développer en insecte parfait, et le seul moyen praticable, d'après notre expérience, après les irrigations réitérées qui sont encore ici très efficaces, consiste à cerner promptement, par une petite tranchée assez profonde, les endroits attaqués, lorsqu'ils sont peu étendus, et qu'on reconnoît aisément à la teinte jaunâtre de l'herbe. Lorsque les ravages sont trop étendus pour pouvoir employer avec succès ce moyen partiel, et que la submersion de la prairie n'est pas praticable, il faut de toute nécessité avoir recours aux labours, en temps convenable, pour la défricher, et ne la rétablir qu'après y avoir pratiqué un assolement d'assez longue durée pour pouvoir le faire sans danger. C'est ce dont nous nous occuperons à la fin de cet article.

LA COURTILIÈRE ou taupe-grillon fait en petit dans les prairies ce que la taupe y fait en grand. Elle établit un grand nombre de galeries souterraines, et en traçant elle coupe toutes les racines qu'elle rencontre, et fait périr beaucoup de plantes. Elle vit à la vérité d'autres insectes plus ou moins nuisibles, ce qui diminue le tort qu'elle fait au cultivateur, mais ne le compense pas. Cet insecte se multiplie prodigieusement, et c'est ordinairement au printemps qu'il fait sa ponte. On reconnoît alors son nid à une petite butte de terre très meuble. On met l'ouverture de la galerie à découvert, en écartant cette terre, et on y verse de l'eau, dans laquelle on a mis assez d'huile commune pour former dessus une couche légère : peu de temps après l'animal paroît et meurt ayant ses trachées bouchées par l'huile qui surnage. On peut ainsi en détruire beaucoup en peu de temps, et Cretté de Palluel nous assure aussi avoir employé ce moyen avec succès dans ses prairies.

On trouve souvent la courtilière dessous les tas de fumiers et sur-tout dessous les bouses de vaches qui attirent un grand nombre d'autres insectes qu'elle cherche à détruire, et on peut aisément l'y prendre. L'immersion de la prairie est encore un moyen très efficace pour sa destruction.

LE CRIQUET, appelé quelquefois improprement *grillon* ou *sauterelle*, n'exerce ordinairement ses ravages que dans les prairies sèches, dans les climats chauds ou au moins tempérés, et au milieu de l'été. Quelquefois à cette époque il se multiplie si prodigieusement que l'herbe en est couverte, et qu'il y fait beaucoup de tort. Nous avons vu des prairies qui en étoient entièrement ravagées, et nous ne connoissons de remède à ce mal que dans le fauchage qu'il devient essentiel de ne pas différer lorsqu'on s'aperçoit de sa multiplication; car il détruit beaucoup d'herbe en peu de temps et souille le reste, lorsque des pluies abondantes n'arrêtent point ses ravages. L'immersion de la prairie, lorsqu'elle est praticable immédiatement après l'enlèvement de la récolte, est encore ici un grand moyen de destruction.

Nous devons encore ajouter à ces animaux nuisibles aux prairies les canards et les oies qui ne le sont pas moins, et qu'on doit en bannir très rigoureusement.

§. 5. *De l'amendement et de l'engraissement des prairies.* Nous distinguons pour les prairies, comme pour les terres labourables, les amendemens des engrais, quoique cette distinction n'ait pas toujours été faite par les agronomes.

Nous entendons par amendement toute substance ou toute opération qui, par un effet purement mécanique, change ou modifie avantageusement, d'une manière sensible et durable, la manière d'être d'un champ, en le rendant plus meuble, ou plus compacte, ou plus sec, ou plus humide, ou plus chaud, ou plus froid, etc.

Nous appelons engrais toute substance qui, par elle-même, ou par sa décomposition, ou par le résultat de sa combinaison avec d'autres, fournit ou procure quelque principe utile à l'entretien des végétaux.

L'on voit par-là que tous les engrais n'agissent pas comme amendemens; mais plusieurs substances agissent tout à la fois comme amendemens et comme engrais, ce qui a sans doute porté à les confondre généralement.

Quoique les terres cultivables, converties en prairies avec les précautions que nous avons indiquées, aient beaucoup moins besoin d'amendemens et d'engrais en général, lorsqu'elles sont traitées convenablement, que lorsqu'elles sont soumises à toute autre culture, cependant c'est une grande erreur de croire qu'elles peuvent et doivent toujours s'en passer.

Sans doute, si la prairie a été établie avec toutes les précautions convenables, elle n'aura pas rigoureusement besoin d'engrais les premières années; mais lorsqu'on peut lui en procurer, après un certain laps de temps, et sur-tout lorsqu'on s'aperçoit que ses produits commencent à diminuer, c'est sans contredit un des meilleurs moyens de l'entretenir, de la rajeunir et d'en améliorer l'herbe, et il ne faut jamais attendre son entier dépérissement pour lui en donner, car il vaut toujours mieux prévenir le mal que d'être obligé de le réparer.

L'aridité du sol de la prairie établie, lorsqu'elle se manifeste par la foiblesse de ses produits, peut aussi quelquefois être corrigée par un amendement convenable, tel qu'une couche de marne argileuse, ou de toute autre terre qui se trouve à proximité, et qui, par sa nature compacte, peut donner au sol plus de consistance, et l'aider à retenir plus long-temps l'humidité. Lorsqu'il pèche, au contraire, par excès d'humidité, l'emploi d'une marne calcaire, de craie friable, de chaux, de sable calcaire, et de toute terre absorbante et dessiccative, corrige efficacement ce défaut essentiel, et fait changer la nature de l'herbe par le dessèchement et l'élévation du sol, qui, en favorisant la végétation des plantes les plus utiles, nuisent à toutes celles qui exigent beaucoup d'humidité pour prospérer, et elle les fait insensiblement disparoître. Une couche légère de sable pur a plusieurs fois produit un effet équivalent sur les prairies argileuses, et amélioré le fonds puissamment; et Rozier nous atteste que « dans beaucoup d'endroits, sur les bords de la Charente, on corrige les prairies marécageuses, en y transportant des gravats, des pierrailles, qu'on recouvre ensuite de quelques pouces de terre. »

Les engrais les plus convenables aux prairies sont ceux qui se trouvent naturellement ou artificiellement réduits à un état de division très avancé, tels que le terreau, la boue, la vase, la terre des fossés; l'eau des mares, et toutes celles propres aux irrigations; la terre tourbeuse et végétale quelconque; les résidus des brasseries et distilleries; les râpures de cornes et tous les engrais terreux, huileux et mucilagineux, qui conviennent plus particulièrement aux prairies et pâturages secs et élevés; la suie, les cendres végétales et sulfureuses; le plâtre qui agit par son acide sulfurique; le résidu des aluneries, savonneries, boucheries et sucreries; le sel, la poudrette, la tangue, et les ouïes et les intestins de harengs et autres poissons, connus sous le nom de *caqures*, que nous avons vus employés avec tant de succès sur les prairies qui avoisinent les côtes septentrionales de la France. Ces derniers engrais, ainsi que le parcage des bêtes à laine, l'urine, la colombine, et tous ceux qui sont fortement alkalins, sont particulièrement applicables aux prairies basses et humides, dont ils améliorent beaucoup la nature de l'herbe, et ils produisent toujours d'excellens effets.

L'automne nous a toujours paru être généralement la saison la plus convenable pour l'application des amendemens et des engrais aux prairies, parceque, d'abord, les pluies ordinaires de cette saison et de l'hiver les dissolvent promptement, et les font entrer en terre, ce qui prévient leur évaporation; et ensuite, se trouvant entièrement dissous lorsque la végétation recommence au printemps, non seulement ils agissent entièrement, mais ils ne communiquent aucune saveur désagréable à l'herbe, et aucun de leurs débris ne peut se mêler au fourrage.

Cependant la crainte de voir, dans certaines circonstances, les engrais ou les amendemens lavés par des pluies abondantes, et entraînés hors du champ, sur-tout dans les prairies en pente, peut faire retarder cette opération jusqu'à l'approche du printemps. Leur action sur la végétation en sera plus immédiate, s'ils sont très divisés et s'il survient des pluies suffisantes après; car la sécheresse du printemps rend souvent plus nuisibles qu'utiles les engrais appliqués après l'hiver, sur-tout sur les terres naturellement arides, comme nous avons eu fréquemment occasion de le remarquer.

Quelle que soit l'époque à laquelle on charrie les amendemens et les engrais sur les prairies et les pâturages, il est essentiel que la terre ne soit pas trop humide, et que les charrières soient changées le plus possible, afin d'éviter des enfoncemens toujours très préjudiciables.

Nous croyons ne devoir rien prescrire sur les quantités, qui doivent toujours être relatives à l'état de la terre, à la nature de l'engrais, et sur-tout à l'abondance des ressources et à la facilité des charrois. On doit, en général, bien moins craindre de pécher par excès que par défaut, même avec les engrais les plus riches, convenablement administrés et distribués, ce qui est bien différent lorsqu'on a la production du grain en vue.

Les amendemens et les engrais doivent toujours être déposés par petits tas rapprochés, aussi égaux que possible en volume et en distance, et distribués ensuite uniformément sur toute la surface, et sans perdre de temps, afin de prévenir leur évaporation, et la destruction de l'herbe dessous les tas.

Lorsque les prés engraissés sont arrosables, il convient d'augmenter la quantité d'engrais à l'endroit où l'irrigation commence, parceque l'écoulement de l'eau, quelque lent qu'il soit, entraîne toujours l'engrais le plus délié vers les parties les plus basses du champ.

§. 6. *De l'enclosure.* L'enclosure, ou entourage, est l'opération par laquelle, en isolant un champ de ce qui l'entoure, on le soustrait aux incursions des hommes et des animaux.

Cette opération, trop négligée, est une des plus importantes en économie rurale, et particulièrement pour les prairies et les pâturages.

Les droits si sacrés et si attrayans de la propriété ne s'exercent réellement dans toute leur plénitude que sur les terrains convenablement enclos et inaccessibles, par ce moyen, aux hommes et aux animaux qui n'ont pas le droit d'y pénétrer.

Une vérité, qui n'en est pas moins incontestable pour être trop méconnue, c'est que, par l'enclosure seule, on augmente considérablement le revenu d'un champ, et cette augmentation, souvent du quart et même du tiers, s'élève quelquefois à la moitié.

Parmi les nombreux avantages résultant des enclos, on remarque plus particulièrement ceux-ci.

Ils suppriment les chemins et sentiers qui ne sont point indispensables, et qui, tracés souvent diagonalement à travers les champs pour abréger le trajet, occasionnent des dégâts inévitables, souvent considérables.

Ils favorisent essentiellement la santé et l'engraissement des bestiaux, en leur évitant les contrariétés qu'ils éprouvent toujours dans les champs ouverts qui leur sont souvent si préjudiciables. Ils facilitent leur dépaissance dans les pâtures, dans lesquelles on peut alors les enfermer en nombre proportionné à la qualité et à la quantité de nourriture qui s'y trouve.

En supprimant le parcours et la vaine pâture, ils font cesser les nombreux inconvéniens de la compascuité, aussi nuisible aux végétaux qu'aux animaux, en détruisant les uns et en affamant les autres.

Par l'avantage inappréciable qu'ils procurent de ne faire brouter l'herbe que dans les circonstances les plus favorables, et de lui laisser le temps nécessaire pour qu'elle repousse suffisamment avant d'être broutée de nouveau, ils économisent beaucoup la nourriture.

Il a été reconnu par des engraisseurs de bestiaux qu'un champ de vingt-cinq hectares, divisé en cinq parties closes, étoit égal pour la nourriture à un autre champ de trente hectares de même nature, non clos (1).

L'étendue des clôtures doit toujours être subordonnée aux localités, aux besoins, à la culture, et à la qualité de la terre. En général elles doivent être d'autant plus rapprochées que les champs sont plus élevés, froids, arides, sans abris, et exposés aux vents; et d'autant plus écartées qu'ils sont plus humides, resserrés, et boisés naturellement.

De tous les moyens d'enclore les prairies et les pâturages, aucun n'est préférable à l'emploi des haies vives, formées d'arbres, arbrisseaux, ou arbustes convenables, au sol au climat et aux expositions. Nous ne pouvons entrer ici dans les nombreux détails des principes qui doivent présider à leur établissement et à leur entretien, et qui font la matière d'un travail étendu et particulier que nous préparons sur cet important objet. Nous nous bornerons à observer que lorsque ces haies sont solidement établies et soigneusement entretenues, indépendamment de l'abri salutaire qu'elles procurent aux bestiaux contre la violence des vents impétueux qu'elles modèrent, et contre l'intempérie des saisons; de la douce chaleur et de la bienfaisante humidité qu'elles entretiennent sur le sol; de l'obstacle très utile qu'elles opposent aux ravins que la rapidité de la descente de l'eau sillonne sur les terres en pente; et des limites solides qu'elles peuvent encore fixer invariablement; leur produit en bois surpasse de beaucoup, pour la quantité et spécialement pour la qualité, celui qu'on obtiendroit d'un taillis ordinaire, de même essence, qui occuperoit le même espace, parce-qu'il jouit davantage des bénignes influences de l'air, de la lumière et de toutes les circonstances favorables à la végétation. Ce produit surpasse très souvent celui des autres végétaux qu'on pourroit cultiver à leur place, et leurs débris annuels ajoutent encore à tant de bienfaits celui de fournir d'amples matériaux pour la formation de la terre végétale.

Des arbres à bois ou à fruits, placés autour de ces clôtures, et dans l'enceinte même des prairies ou pâturages, comme cette excellente pratique s'observe dans un grand nombre de nos départemens, et plus particulièrement dans ceux du nord, de l'ouest et du centre, peuvent aussi procurer de nouvelles ressources bien précieuses, sans nuire au produit principal, et ils le favorisent

---

(1) Nous avons eu occasion de vérifier dans le département du Calvados ce fait qui nous avoit été attesté dans le comté de Leicester.

même, lorsqu'ils sont sagement distribués. Ils procurent encore, dans les fortes chaleurs, un ombrage bien avantageux à l'herbe et aux bestiaux, auxquels ils offrent une paisible retraite en tout temps, ainsi que de nouveaux moyens de subsistance.

Nous avons indiqué un assez grand nombre d'arbres, arbrisseaux et arbustes qui pouvoient être cultivés particulièrement pour la nourriture des bestiaux; et nos vœux, à l'égard de plusieurs de ces végétaux, se trouvent déjà réalisés en quelques endroits. M. Cambon, un des cultivateurs les plus zélés du département de la Gironde, vient de nous assurer «qu'il a obtenu du robinier inerme des produits quadruples de ceux de la luzerne, sur un terrain aride; et qu'un cheval, qui mangeoit journellement vingt livres de foin, se trouva suffisamment substanté avec six à sept livres des pousses de cet arbre, qu'il dévora, en refusant toute autre nourriture qui lui fut offerte.» M. de Père nous a communiqué un excellent *Essai sur la culture des vignes arbustives, dans les pays méridionaux, à l'usage des bestiaux*, dans lequel il démontre que la vigne peut être très utilement associée aux arbres, dans les prairies et les pâturages, et y fournir, comme il le dit, *une nouvelle prairie aérienne*, dont les produits sont aussi agréables qu'abondans.

§. 7. *Du dessèchement et de l'irrigation.* Ces deux opérations importantes pour les prairies sont souvent intimement liées entre elles, parceque la première peut fournir, dans plusieurs circonstances, des moyens faciles et économiques de pratiquer la seconde.

Par l'opération du dessèchement, on facilite l'écoulement des eaux surabondantes; par celle de l'irrigation on utilise ces mêmes eaux; et si l'eau surabondante est un des plus grands ennemis pour la plupart des végétaux, elle est un des principaux agens de la végétation, lorsqu'elle est réduite à des proportions convenables.

L'opération du dessèchement, quoique souvent dispendieuse et quelquefois même difficile, lorsqu'elle est praticable, car elle ne l'est pas toujours, est généralement une des plus profitables auxquelles le cultivateur puisse se livrer, parceque les prairies qu'elle assainit et améliore, comme les terres qu'elle rend à la culture, sont ordinairement d'une excellente qualité, et par conséquent d'une grande valeur, lorsqu'elles sont convenablement traitées.

Elle est ordinairement assez facile, lorsque le terrain à dessécher et une partie des terres environnantes ont une pente suffisante pour l'écoulement des eaux; mais elle devient plus difficile, lorsque la surface du champ est sur un plan presque horizontal et sans inclinaison sensible, ou entourée d'éminences qui interceptent le cours des eaux, ou de niveau avec le lit des rivières voisines, et quelquefois même au-dessous de ce niveau. Dans ces divers cas, il est souvent avantageux de faire la part aux eaux, en creusant leur lit pour exhausser les parties environnantes et en l'entourant de plantations utiles qui réunissent le triple avantage d'assainir et d'ombrager les dépôts d'eau stagnante, qui, de nuisibles qu'elles étoient, peuvent devenir très utiles sous plusieurs rapports. Ces plantations contribuent aussi très puissamment aux dessèchemens par leur détritus annuel, par l'entrelacement de leurs racines, et sur-tout par l'abondance de l'eau qu'elles absorbent ; car l'expérience a prouvé qu'un aune, un saule, un peuplier, ou tout autre arbre aquatique absorboit en vingt-quatre heures, à dix ans, près de trois kilogrammes d'eau, lorsqu'il étoit en pleine végétation, et qu'il rendoit à l'atmosphère toute celle qu'il ne s'approprioit pas par la voie de l'assimilation.

Il est essentiel d'augmenter le plus possible la profondeur, et de diminuer d'autant l'étendue superficielle de l'eau; on la rend par ce moyen beaucoup moins nuisible ; car toute eau stagnante est d'autant plus insalubre qu'elle a moins de profondeur, et il est toujours très avantageux de resserrer et d'encaisser, autant que les circonstances le permettent, celle qu'on est forcé de conserver, parceque les défrichemens partiels et incomplets sont des foyers très actifs des maladies les plus meurtrières.

Par-tout l'irrigation des prairies, faite convenablement, en augmente considérablement le revenu, en améliore puissamment le fonds, et en accélère singulièrement la végétation ; mais ses bons effets sont sur-tout sensibles sur celles dont le sol est aride ou situé sous un climat méridional ; et dans ces circonstances l'eau devient réellement un engrais, comme nous l'avons déjà observé.

On ne doit donc négliger nulle part de tirer parti de toutes les eaux disponibles pour cet objet, et on doit plus particulièrement encore chercher à les utiliser dans les deux cas précités, en les retenant, les détournant et les dirigeant judicieusement, d'après les localités et la pente du sol.

Mais elles ne sont pas toutes également bonnes pour cet objet, et plusieurs même sont nuisibles à la végétation, telles que celles qui sont thermales ou glaciales, séléniteuses, ferrugineuses ou vitrioliques, sableuses, pierreuses ou graveleuses, et celles qui ont traversé des bois étendus.

Les meilleures sont les plus douces, les plus potables, qui dissolvent le mieux le savon, qui ont traversé des terrains fertiles, sur-tout en automne, et qui ont la température de l'atmosphère.

On peut corriger celles qui n'ont pas ces qualités, en leur faisant prendre la température convenable, dans des réservoirs ouverts en forme d'étangs, et en leur faisant déposer les substances nuisibles qu'elles tiennent en suspension, ainsi que par l'addition d'engrais et d'amendemens appropriés à la nature du terrain.

Lorsque les eaux tiennent naturellement ou artificiellement en suspension des molécules terreuses convenables au sol de la prairie, non seulement elles peuvent l'améliorer, en y déposant des substances fertilisantes, mais encore en l'exhaussant, s'il est bas et marécageux ; et ce moyen économique a été employé avec succès pour niveler les terrains soumis à des irrigations régulières, en dirigeant vers les bas-fonds ces eaux limoneuses qui les exhaussent en y déposant les substances terreuses qu'elles charrient (1).

L'été, ainsi que la fin du printemps et le commencement de l'automne, sont généralement les époques les plus favorables aux irrigations, principalement pour la production des regains ; cependant elles ont lieu quelquefois en hiver, afin de soustraire les plantes des prairies, sur-tout les plus humides, à l'action du gel et du dégel, par l'interposition de l'eau qui les recouvre ; mais cette pratique n'est pas sans inconvénient : le trop long séjour de l'eau à cette époque peut nuire à la qualité de l'herbe, en favorisant le développement des plantes marécageuses, au détriment des autres, et sa retraite intempestive peut aussi donner plus de prise au mal qu'on cherche à éviter. Les irrigations qui ont lieu au printemps, lorsque la végétation commence, sont encore favorables dans un grand nombre de cas.

En général, les irrigations doivent avoir lieu avant que l'herbe ait commencé à s'élever, et elles deviennent souvent nuisibles après cette époque, lorsque l'eau charrie des molécules terreuses qui rouillent l'herbe et la vasent.

On a distingué les irrigations en irrigations par inondation ou submersion, et en irrigations par infiltration.

Les premières, particulièrement convenables aux prairies, consistent à couvrir l'herbe d'une eau amenée du dehors, qu'on fait ensuite écouler ; et les secondes, applicables sur-tout aux marais desséchés, consistent à refouler l'eau retenue dans des canaux couverts ou découverts, de manière à procurer aux plantes une humidité suffisante pendant les fortes chaleurs, et à prévenir ainsi les crevasses auxquelles les terrains tourbeux et argileux desséchés sont sujets en été. Les canaux découverts ont sur ceux qui sont couverts plusieurs avantages qui doivent généralement les faire préférer, et dont un des principaux est d'exposer les eaux aux influences atmosphériques qui les améliorent, et ils sont sur-tout d'une confection et d'un entretien beaucoup plus faciles. On peut d'ailleurs souvent les utiliser en plantant leurs bords d'arbres ou arbrisseaux analogues aux terrains.

Les principaux travaux utiles pour pratiquer les irrigations par inondation ou submersion, qui sont les plus ordinaires, consistent dans les opérations nécessaires, 1° pour retenir à la partie la plus élevée du champ les eaux dérivées d'un cours d'eau quelconque ; 2° pour les distribuer également sur toute la prairie ; et 3° pour

---

(1) Ce moyen, qu'on appelle dessèchement par *accoulis*, a été employé avec beaucoup de succès par notre collègue M. de Perthuis, auteur d'un excellent traité très détaillé sur les irrigations.

leur procurer un écoulement suffisant et commode après avoir produit l'effet qu'on en attendoit.

On retient souvent l'eau à la partie supérieure, dans une espèce de réservoir formé par un barrage solide, et on peut l'y préparer et l'améliorer si elle en a besoin. On la fait couler ensuite, par un ou plusieurs déversoirs commodes, dans un canal de dérivation, ordinairement creusé au-dessous pour la recevoir dans toute l'étendue supérieure du champ. La pente de ce canal doit être suffisante pour le remplir aisément sans raviner le terrain, et ses dimensions doivent être relatives au volume d'eau qu'il a à recevoir. Ses bords doivent être en talus, d'autant moins rapide que le sol a moins de consistance, et les terres qui en proviennent doivent former une berge du côté de la partie arrosable, en observant un franc bord pour pouvoir le rélargir au besoin.

On pratique ordinairement dans ce canal des vannes d'irrigation ou barrages, destinés à élever le niveau de l'eau pour la forcer à se répandre par des ouvertures pratiquées dans la berge, pour se rendre ensuite dans les rigoles principales d'irrigation.

On distribue l'eau également sur toute la prairie, au moyen des rigoles principales d'irrigation, correspondantes aux vannes établies sur le canal de dérivation, ainsi que par des rigoles secondaires et des saignées obliques qui en sont les embranchemens; mais ces rigoles et saignées ne sont pas toujours indispensables, et le canal de dérivation y supplée lorsque la pente est ou trop rapide ou trop foible.

Enfin, on fait écouler par des fossés de dessèchement ou de décharge aboutissant au lit naturel du cours d'eau que l'on a détourné, l'eau qui a servi à l'irrigation, lorsqu'elle est accumulée dans les bas-fonds de la prairie, et qui, si elle y restoit stagnante, en rendroit le sol marécageux. On les établit dans la plus grande pente du terrain, en ayant cependant la précaution nécessaire pour éviter les ravins, et en leur donnant des dimensions relatives au volume d'eau à écouler.

L'irrigation des prairies contiguës à des ruisseaux ou rivières peut souvent se pratiquer aisément, en élevant l'eau à la partie supérieure par des vannes ou batardeaux, et en la restituant par un canal de décharge pratiqué à la partie inférieure.

Il est essentiel d'observer que le trop long séjour de l'eau d'irrigation sur les prairies, qui se manifeste à l'écume dont elle se couvre, et qui indique un commencement de décomposition de l'herbe, peut devenir très nuisible.

A défaut d'eau courante, suffisante pour pratiquer des irrigations, on peut quelquefois y suppléer par des eaux de pluie réunies dans un ou plusieurs réservoirs, qui, indépendamment de leur utilité sous cet important rapport, ont encore l'avantage de prévenir les ravins, toujours si nuisibles par les dégradations qu'ils occasionnent; ou par la découverte de sources cachées, et par des espèces de puits artésiens formés par le taraudage du sol à la partie supérieure, qui peut donner issue à des filets d'eau précieux que la nature compacte de la couche superficielle retenoit dessous cette couche; et par ce moyen ingénieux, on réunit souvent le double avantage de dessécher les terrains humides, et de se procurer en même temps un moyen facile d'y pratiquer d'utiles irrigations à volonté.

N. B. Nous évitons de parler ici de tous moyens mécaniques pour élever et distribuer l'eau, parcequ'ils ne se conçoivent aisément qu'en les voyant en action, et qu'il est toujours très utile de les voir avant de chercher à les introduire sur son exploitation.

IV. *De l'emploi du produit des terres en herbages.*

En vain le cultivateur établiroit et entretiendroit ses prairies et ses pâturages d'après les meilleurs principes; s'il n'apporte constamment la plus grande attention à utiliser leur produit de la manière la plus avantageuse, il manque le but essentiel auquel tout bon économe doit tendre, et il perd en grande partie le fruit de ses travaux et ses avances.

Ce produit consiste essentiellement dans le pacage ou pâturage, qui rend inutile le fauchage; et dans la consommation du fourrage en vert, ou en sec, après avoir été fauché; ce qui établit trois manières différentes d'en tirer parti.

Chacune d'elles étant applicable à diverses circonstances locales, il nous suffira d'exposer ici les avantages ou les inconvéniens qui peuvent y être attachés dans le plus grand nombre de cas, et chaque cultivateur devra faire choix, pour sa localité et le genre de bestiaux qu'il entretiendra plus particulièrement, de celles qui conviendront le mieux à ses intérêts sous ce rapport, ainsi que sous celui de la conservation et de l'amélioration des herbages; car aucune d'elles, selon nous, ne mérite, dans tous les cas, une préférence exclusive, quoiqu'elles aient été alternativement mises l'une au-dessus de l'autre; ce qui nous fournit une nouvelle preuve de l'inconvénient des propositions générales en agriculture, lorsqu'elles sont exclusives.

Nous allons donc considérer, 1° la récolte faite par les bestiaux mêmes, dans les herbages, ce qui constitue le pacage ou pâturage proprement dit; 2° le fauchage en vert de cette récolte, pour être consommée immédiatement à l'étable; et 3° le fauchage à l'époque de la maturité, pour être convertie en foin après avoir été fanée.

§. 1. *Du pacage ou pâturage.* Dans la plupart des positions élevées, souvent escarpées, inégales, raboteuses, et éloignées du centre du manoir, que nous avons reconnues peu convenables par leur situation, comme par la qualité et la disposition des terres, aux cultures céréales ordinaires qui exigent l'emploi des instrumens aratoires, toujours difficile, dispendieux, et souvent même très nuisible dans ces ingrates positions, condamnées, par les inconvéniens qui résultent de leur défrichement, à un état d'herbage permanent, lorsqu'elles ne sont pas couvertes de plantations analogues à la nature du sol et au climat qui y règne, le pâturage est ordinairement le seul moyen praticable de consommer les produits naturels ou artificiels qui y croissent. La difficulté et souvent même l'impossibilité du charroi de la récolte est d'ailleurs une raison très déterminante pour qu'elle soit faite par les bêtes à laine ou par les chèvres, auxquelles ces herbages ordinairement très secs, peu abondans, mais très nourrissans, conviennent essentiellement.

Dans les prairies aquatiques, abondantes en plantes très vigoureuses, nuisibles ou inutiles, nous avons déjà reconnu qu'un des meilleurs moyens généraux de détruire ces plantes souvent pernicieuses consistoit à faire pâturer de bonne heure ces prairies lorsque ce moyen étoit praticable. En faisant un choix convenable d'animaux analogues aux circonstances, ils broutent généralement la plupart de ces plantes sans inconvénient, lorsqu'elles sont jeunes encore, et elles se trouvent ordinairement remplacées par des graminées et des légumineuses qui fournissent un fourrage aussi sain qu'abondant, comme nous l'avons souvent remarqué. Notre expérience nous a convaincus que, dans ce cas assez commun, l'adoption du pâturage étoit, sans contredit, un des moyens les plus économiques, les plus expéditifs et les plus certains d'améliorer le fond des prairies, d'abord par le dessèchement opéré en le découvrant ainsi et en l'exposant aux influences atmosphériques auxquelles une couche épaisse formée par une végétation luxuriante le soustrayoit, et ensuite par la dissémination des déjections animales que les bestiaux y répandent en détruisant cette couche; deux moyens que nous avons constamment reconnus être très nuisibles à la prospérité de toutes les plantes marécageuses, et très avantageux à toutes celles qui ne le sont pas, et auxquelles l'engrais, joint au dessèchement qu'il contribue encore puissamment à effectuer, devient aussi utile que l'excès d'humidité leur étoit défavorable.

Nous avons vu plusieurs fois, après l'emploi de ce moyen, les prairies marécageuses se couvrir spontanément de diverses espèces de trèfle, et sur-tout de trèfle rampant, *trifolium repens*, de lupuline, *medicago lupulina*, de lotier corniculé, *lotus corniculatus*, de vesce à bouquets, *vicia cracca*, et de graminées d'excellente qualité qu'on n'y remarquoit pas auparavant; et nous ne saurions trop recommander un moyen dont nous avons souvent constaté l'efficacité.

Toutes les fois que les circonstances le permettent, les bêtes à laine sont à préférer pour cet objet, avec les précautions convenables, et sur-tout par un temps sec, à cause de la nature de leurs déjections, très convenables à l'effet qu'on désire opérer; à cause de la propriété qu'elles ont de raser l'herbe plus près de terre qu'aucun autre animal, ce qui convient dans ce cas, et parceque leur foible poids affaisse moins que celui de bestiaux plus pesans les prairies qu'il faut sur-tout craindre de battre ou de défoncer, ce qui les rendroit plus marécageuses encore. Les chèvres, qui réunissent à ces avantages celui de brouter impunément un assez grand nombre de plantes qui nuisent ou qui répugnent aux autres bestiaux, sont encore très convenables pour cet objet : viennent ensuite les chevaux, dont la manière de pincer l'herbe et la nature des déjections n'ont pas ici l'inconvénient qu'on leur reproche avec raison dans les herbages qui ne sont pas marécageux; puis les bestiaux désignés sous la dénomination triviale de bêtes à cornes, qui sont les moins convenables pour cet objet, à cause de la nature beaucoup moins alkaline et dessiccative de leurs déjections, et surtout à cause de leur poids, qui peut devenir très nuisible dans les prairies qui pèchent essentiellement par excès d'humidité. Quant aux porcs, on doit les proscrire rigoureusement de toute espèce d'herbage qu'on désire conserver, parceque, cherchant sur-tout les racines tuberculeuses et les insectes cachés sous terre, ils font, pour les obtenir, des dégâts considérables, qu'on peut à la vérité prévenir ou diminuer, au moins en partie, par un moyen que nous indiquerons plus loin.

Dans un assez grand nombre de cas, la consommation sur pied des regains peu abondans, qui poussent après la coupe des foins, sur-tout lorsque cette consommation a lieu aux approches de l'hiver, qui détruit souvent la majeure partie de cette herbe et la rend nuisible aux prairies, en la faisant pourrir, lorsqu'elle n'est pas consommée, comme nous l'avons aussi observé, nous paroît encore généralement avantageuse, et favorise même ordinairement la sortie de pousses nouvelles au printemps.

Nous observerons qu'ayant essayé, à deux reprises différentes, de conserver intacte sur une de nos prairies, à base de graminées, un regain de cette nature, d'après un usage que nous avions vu pratiquer et recommander en Angleterre, pour le faire consommer après l'hiver, nous avons remarqué chaque fois que nos bestiaux n'appétoient pas cette nourriture ainsi hivernée, et que sa conservation avoit été plus nuisible qu'utile à la prairie dans les années suivantes.

Hors les cas que nous venons d'exposer, et quelques autres peut-être moins communs, et excepté le cas où l'on veut substituer aux herbages la culture des céréales, nous pensons qu'il y a généralement plus d'inconvéniens que d'avantages à faire pâturer les prairies, au lieu d'en faucher le produit, pour être consommé soit en vert, soit en sec, et nous croyons devoir transcrire ici, sur ce point, les réflexions de Gilbert, parfaitement conformes à nos constantes observations à l'égard des prairies à base de légumineuses, et qui sont, aussi, souvent applicables à celles à base de graminées ou de plantes de toute autre famille.

«Si l'usage constamment malheureux, dit-il, d'une pratique que le temps et l'habitude ont en quelque sorte consacrée, suffisoit pour la faire proscrire, celle de faire paître les bestiaux dans les prairies artificielles le seroit certainement depuis long-temps; il n'en est point de plus nuisible, de plus désastreuse, tant pour les prairies que pour les animaux mêmes. C'est sur-tout dans les premières années que l'effet du pâturage est très funeste; mais il n'est pas une seule époque à laquelle il ne le soit beaucoup; les pieds du cheval enfoncent le sol, y laissent des empreintes où l'eau séjourne et pourrit les plantes qui, au reste, ne peuvent plus être atteintes par la faux; sa dent tranchante saisit les bourgeons qui commencent à sortir, et ronge jusqu'au collet de la racine, que son urine dessèche et brûle; les pieds et sur-tout la dent du mouton produisent les mêmes effets. Les bœufs, pour être moins dangereux, ne laissent pas cependant que de faire beaucoup de tort.

«Je n'ai parlé, continue-t-il, que du tort que font les troupeaux aux prairies, mais celui que ces prairies font aux troupeaux ne mérite pas moins d'attention. Toutes les plantes vertes contiennent beaucoup d'air et d'humidité, lorsqu'elles sont entassées dans l'estomac; la chaleur qu'elles y trouvent les fait entrer en fermentation, l'air s'en dégage avec explosion, et cause des maladies connues sous les noms de météorisation, de tympanite, de tranchées, de coliques venteuses; cette funeste propriété, commune à toutes les plantes, celles des prairies artificielles la possèdent à un bien plus haut degré que toutes les autres, soit, comme on n'en peut douter, qu'elles contiennent plus d'air et d'humidité, soit parce-qu'elles sont avalées avec trop d'avidité par les animaux, de manière que l'estomac, surchargé tout d'un coup par une masse considérable, ne peut plus agir sur elle : quelle que soit la cause de cet accident, il est trop vrai qu'il est très commun, et que c'est un des principaux obstacles qui s'opposent à l'étendue de la culture des prairies artificielles. Il ne faut que la mort d'un bœuf ou d'une vache échappés dans une luzerne ou un trèfle, pour faire regarder ces plantes comme un poison funeste dans tout un canton. Je sais bien qu'on peut diminuer la fréquence de ces accidens, en faisant passer les bestiaux rapidement dans l'herbage, en attendant sur-tout, pour les y faire entrer, que le soleil ait abattu la rosée qui augmente la disposition qu'ont ces plantes à fermenter; mais je sais aussi, que ces repas faits en courant contrarient le vœu de la nature, et l'expérience m'a malheureusement appris que, lorsque des accidens ne pouvoient être prévenus que par une surveillance continuelle de la part des domestiques, on étoit à peu près sûr qu'ils arriveroient.

« D'après tant de motifs pour exclure les bestiaux des prairies artificielles, on ne peut assez s'étonner que la dangereuse méthode de les y laisser paître ne soit pas encore proscrite, que dis-je, qu'elle soit conseillée par des auteurs de réputation. Si l'on s'obstine à abandonner ces prairies aux bestiaux, qu'on attende donc du moins leur troisième année, et comme c'est dans les premiers jours que cette pâture est sur-tout dangereuse pour les animaux, et que l'habitude en diminue jusqu'à un certain point les inconvéniens, qu'on fasse choix d'une suite de beaux jours pour en permettre l'entrée, et qu'on ait bien soin d'attendre que le soleil ait dissipé toute l'humidité; autrement, je le répète, on court risque de tout perdre, prairies et bestiaux (1). »

On a, dans plusieurs départemens, une méthode de faire paître les trèfles et autres prairies qui a moins d'inconvénient que la méthode ordinaire; on n'abandonne à chaque vache dont la longe est attachée à un piquet enfoncé en terre, que la quantité de trèfle qu'on sait par l'expérience ne pouvoir lui causer d'indigestion; cette portion mangée, on laisse la vache ruminer, et on déplace le piquet, qu'on avance plus ou moins, selon que le trèfle est plus ou moins haut, plus ou moins épais. Lorsque les vaches sont arrivées à l'extrémité du champ, on les ramène à celle par laquelle on a commencé, qui en peu de temps a repoussé avec assez de vigueur pour pouvoir être consommée; la même prairie sert ainsi pendant tout l'été.

« (1) Lorsque, malgré les attentions que j'indique ici, la nourriture des herbes artificielles a produit des tranchées, des météorisations, il est des moyens d'y remédier; voici ceux qui m'ont toujours paru les plus sûrs. L'immersion dans l'eau d'une rivière, d'un étang, d'une mare, les douches d'eau froide sur le dos, les reins, les flancs, l'accélération de la marche triomphent quelquefois de cet accident, sans autre secours; mais trop souvent, aussi, ces moyens sont insuffisans; la société économique de Berne, qui a proposé un prix sur ce sujet intéressant a obtenu des effets avantageux des cendres gravelées (une dissolution de toutes autres cendres fortement alkalines remplit le même objet.) On a aussi célébré l'eau de goudron; mais, de tous les remèdes administrés intérieurement, celui que j'ai trouvé le plus efficace, après l'éther, cependant, que son prix exclut, c'est une dissolution de sel de nitre (nitrate de potasse) dans l'eau-de-vie. Lorsque ce médicament n'agit pas assez promptement, que la panse continue de se ballonner, il n'y a pas un moment à perdre, il faut recourir à la ponction de cet estomac avec un trocart ou un instrument tranchant, quel qu'il soit. Un tube de roseau ou de sureau sert de canule. Si, ce qui est rare, l'expulsion de l'air qui s'échappe par cette ouverture ne soulage pas l'animal, il faut prolonger l'incision avec le bistouri, introduire le bras dans la panse et en retirer la masse d'aliment qui cause tout le mal; on fait ensuite quelques points de suture. Cette opératian qui est facile n'a d'effrayant que l'apparence, je ne l'ai jamais vu manquer. »

Cette méthode, quoique moins mauvaise que celle de laisser les animaux libres dans le champ, ne laisse pas que d'avoir ses inconvéniens; si lorsqu'on commence à faire paître, l'herbe est au point de maturité où elle doit être, elle est nécessairement trop avancée lorsque les bestiaux arrivent à l'extrémité du champ; d'ailleurs elle a ses dangers dans les temps humides; il faut ou renoncer à faire paître les bestiaux, ou courir les risques des indigestions. Le procédé le plus commode, le plus avantageux à tous égards, celui qui est adopté dans les pays où la culture des prairies artificielles est le plus étendue et l'éducation des animaux le mieux entendue, consiste à faucher la provision de chaque jour pour être consommée à couvert.

Avant de nous occuper particulièrement de cet objet, ajoutons à ces vérités quelques observations non moins importantes que nous a fournies notre pratique.

Le pâturage de la lupuline, du trèfle rampant, du trèfle incarnat, et particulièrement celui du sainfoin, nous ont toujours paru exempts du reproche si fondé qu'on peut faire à la plupart des plantes fourrageuses tirées de la famille des légumineuses, sous le rapport des météorisations; mais ce grave inconvénient et celui non moins dommageable de la détérioration des prairies, excepté dans les cas précités, ne sont pas les seuls qui résultent de l'exercice du pâturage. Nous avons souvent remarqué 1° que toute herbe pâturée repoussoit moins vite et moins bien que lorsqu'elle avoit été fauchée à temps et convenablement, ce qui s'explique aisément par la différence de la coupe qui, dans le premier cas, est souvent hachée et inégale, tandis que, dans le second, elle est tranchée, nette et égale, et le terrain reste d'ailleurs couvert d'une partie des feuilles radicales, ce qui contribue beaucoup à la sortie de nouvelles pousses; 2° que l'inégalité du pâturage, jointe au piétinement et à l'effet produit par les déjections des bestiaux, qui les empêchent de brouter souvent pendant plusieurs années, non seulement les parties sur lesquelles elles sont déposées, mais aussi toutes celles qui les environnent ou qui sont trépignées, occasionnent une perte assez considérable dans la consommation du fourrage; 3° que l'engrais qui se trouve ainsi disséminé sur la prairie est en grande partie perdu pour la reproduction, sur-tout en été et sur les prairies sèches, parcequ'il est promptement ou évaporé ou dévoré par des myriades d'insectes, auxquels il sert de pâture et de retraite; 4° enfin, que sur les prairies pâturées, et principalement sur celles qui sont plus sèches et élevées que basses et humides, le sol se trouve bien plus épuisé que sur celles qui ont été fauchées, ce dont nous nous sommes plusieurs fois convaincus par des expériences comparatives en grand, circonstance qui exerce une grande influence sur les assolemens, et que nous expliquerons tout à l'heure.

Malgré les inconvéniens attachés au pâturage dans un grand nombre de cas, plusieurs agronomes ont prétendu d'une manière générale qu'on épuisoit la terre en fauchant les prairies plus qu'en les faisant consommer sur pied, et qu'elles devoient être alternativement pâturées et fauchées.

Sans doute, si le fauchage se fait à contre-temps, comme cela n'arrive que trop souvent, c'est-à-dire lorsque la majeure partie des plantes est chargée ou même déjà dépouillée de graines mûres, la terre peut se trouver ainsi plus épuisée que par l'action du pâturage, et de plus, souillée d'un grand nombre de plantes nuisibles ou au moins inutiles. Mais si, comme cela doit toujours se faire, on saisit, pour commencer le fauchage, l'époque où la majeure et la meilleure partie des plantes entre en fleurs, alors la prairie fauchée devra nécessairement se trouver moins épuisée que celle qui aura été pâturée, et la différence sera d'autant plus sensible, que la prairie sera naturellement plus sèche et plus élevée. Afin de mettre cette vérité hors de doute à nos yeux, nous avons fait, à plusieurs reprises, des expériences comparatives sur cet objet important.

Nous avons divisé en deux parties des prairies qui avoient été jusqu'alors soumises au même traitement, sous tous les rapports, dans lesquelles la nature du sol, l'exposition et toutes les autres circonstances essentiellement influentes sur la végétation étoient aussi égales qu'il est possible, et que nous avions l'intention de défricher l'année suivante. Nous avons fait pâturer l'une, à diverses reprises, depuis le commencement du printemps jusqu'à l'époque du fauchage ; et nous avons fait faucher l'autre, à laquelle les bestiaux n'avoient pas touché, à l'époque où la majeure partie des plantes entroit en fleurs. La totalité ayant ensuite été rigoureusement soumise au même traitement, défrichée et ensemencée en diverses natures de céréales et autres productions, nous avons constamment reconnu que la partie fauchée donnoit des produits supérieurs à ceux de la partie pâturée. La différence, comme nous l'avons dit, étoit d'autant plus sensible, que la prairie étoit naturellement plus sèche, et le sol de qualité moins bonne ; et c'est sur-tout sur nos sainfoins que cette différence étoit très prononcée.

L'explication théorique de ce résultat nous paroît d'ailleurs assez facile. Les plantes, comme l'on sait, sont alimentées et par la terre et par l'atmosphère, c'est-à-dire que leurs racines et leurs feuilles sont deux puissans moyens dont la nature les a pourvues pour puiser leur aliment dans ces deux grands réservoirs. Dans le premier cas, celui du pâturage, les soustractions réitérées des feuilles privent nécessairement les plantes pendant assez long-temps d'un de ces deux moyens essentiels à leur prospérité ; et la terre qui fournit souvent, elle seule, les produits d'une végétation itérativement interrompue, les racines étant alors les seuls moyens de puiser l'aliment, doit nécessairement en être plus épuisée. Dans le second cas, celui du fauchage, l'atmosphère concourant toujours avec la terre à l'entretien des plantes par l'organe des feuilles, la première doit aussi nécessairement se trouver d'autant moins épuisée, que la dernière aura concouru davantage à cet entretien. Mais à cette première cause essentielle d'épuisement des prairies pâturées, il se joint ordinairement une seconde cause assez puissante de détérioration; elle existe dans le piétinement, et surtout dans le dépouillement du sol. D'une part, le resserrement de la terre ne permettant plus aux bénignes influences atmosphériques de la pénétrer et de l'améliorer, elle cesse d'être meuble et fertile, comme on la trouve toujours sous une couche épaisse d'herbe, et l'action des instrumens aratoires a d'ailleurs moins de prise sur elle: de l'autre, l'exposition de sa surface à toute l'action stérilisante du hâle, des chaleurs excessives et des averses, occasionne encore une forte évaporation et soustraction de principes utiles à la végétation.

Mais, dira-t-on, peut-être, les déjections animales déposées sur la prairie durant l'exercice du pâturage peuvent établir une compensation équivalente à la déperdition. Il faut se désabuser sur ce point. L'engrais, très inégalement disséminé d'abord, est ensuite presque entièrement évaporé ou entraîné souvent hors de la prairie; et si l'on en excepte les prairies marécageuses, où il produit ordinairement les bons effets que nous avons signalés, principalement lorsque le pâturage s'y exerce de bonne heure, il est presque nul pour la reproduction; souvent même il devient nuisible, en détruisant l'herbe, ou en la rendant désagréable aux bestiaux. Ainsi, tout concourt, comme l'on voit, à rendre les prairies sèches, spécialement, qui ont été soumises au pâturage, moins fertiles que celles qui ont été convenablement fauchées.

D'après tout ce qui précède, nous nous croyons donc autorisés à conclure que, dans un très grand nombre de cas, l'action du pâturage est plus nuisible qu'utile aux prairies, ainsi qu'aux bestiaux, qui, indépendamment des inconvéniens précités, sont souvent fortement incommodés des divagations auxquelles ils sont assujettis, et de leur exposition continuelle à toutes les intempéries des saisons.

Cependant, comme il se trouve aussi un assez grand nombre de cas où le pâturage est non seulement utile, mais encore déterminé forcément par les circonstances locales, ou par d'autres motifs aussi puissans, tels que la nécessité de l'exercice et d'un air renouvelé, pour le parfait développement et la santé des jeunes animaux particulièrement, et l'impossibilité de les tenir toujours tous à couvert par diverses causes; le moyen de les rendre ou plus avantageux, ou moins nuisibles aux prairies et aux bestiaux, consiste essentiellement à en régler convenablement l'exercice, et c'est ce que nous allons essayer de faire.

Les principales précautions à prendre relativement aux bestiaux qu'on soumet d'abord au pâturage, consistent 1° à choisir une époque à laquelle le temps paroît assuré au beau depuis plusieurs jours, et l'herbe pas trop avancée en végétation pour commencer; 2° à ce qu'ils ne soient jamais affamés lorsqu'ils entrent au pâturage; 3° à ce que l'étendue à pâturer soit proportionnée à la quantité d'alimens qu'ils peuvent prendre sans s'incommoder; 4° à ce qu'ils soient soustraits autant que possible aux fortes intempéries des saisons; et 5° à ce que la qualité de l'herbe soit assortie à la nature des bestiaux. La nécessité de ces précautions est assez sensible pour n'avoir pas besoin de développement, surtout d'après ce que nous avons déjà exposé sur cet objet.

Celles qu'il est essentiel d'observer à l'égard des prairies, consistent 1° à ce qu'on y admette l'espèce de bestiaux analogue à la nature de l'herbage; 2° à ce que l'exercice du pâturage ne soit point fait à contre-temps, ni trop long-temps prolongé; et 3° à ce qu'il soit suspendu pendant les temps très humides.

Ces principes exigent quelques développemens.

Il convient d'observer d'abord, que chaque espèce particulière de bestiaux exige, pour prospérer, une nature d'herbage différente, ainsi:

La bête à laine préfère à tous autres, les pâturages secs et élevés, dont l'herbe est plus remarquable par sa qualité que par sa quantité.

La chèvre est plus particulièrement appropriée aux coteaux escarpés, qu'elle seule peut souvent utiliser, et qu'elle dévaste plus souvent encore; elle broute avidement toutes les pousses d'arbres, arbrisseaux et arbustes, et nous avons déjà eu occasion de remarquer qu'elle se nourrit impunément d'un grand nombre de plantes malfaisantes ou désagréables aux autres bestiaux.

Le bœuf demande, pour prospérer, un herbage gras et abondant.

Le porc recherche les prairies marécageuses et fangeuses, sur lesquelles il aime à se vautrer, à cause de l'humidité dont il a essentiellement besoin, et il y recherche avidement les racines tuberculeuses et les insectes.

Le cheval est un animal de plaine, qui préfère généralement les herbages qui tiennent le milieu entre ceux qui sont secs et élevés, et bas et humides.

L'âne, originaire du midi, préfère les expositions abritées et méridionales à celles qui sont découvertes et septentrionales; mais il est peu délicat sur la nature de l'herbe.

Enfin, le buffle recherche particulièrement les herbages marécageux et aquatiques, qui lui fournissent, avec un pâturage humide et grossier, les moyens de se plonger dans l'eau qui est essentielle à sa prospérité.

Nous remarquerons ensuite que l'effet que produit sur les herbages chaque espèce de ces bestiaux présente aussi des différences.

La bête à laine tond l'herbe plus près de terre qu'aucune autre, et elle la détruit souvent, soit en la broutant jusqu'au collet, soit en l'arrachant sur les prairies sèches qu'elle parcourt en été. Nous avons eu souvent occasion de remarquer cet effet, quoiqu'il ait été révoqué en doute par un de nos premiers agronomes ; et, quoiqu'il ait plus rarement lieu en Angleterre, à cause de l'humidité du climat, qui y corrige souvent la sécheresse naturelle des pâturages médiocres, nous l'y avons cependant aussi remarqué plusieurs fois sur les dunes méridionales (*south downs*), et ailleurs.

La chèvre, plus vagabonde, se fixe moins long-temps sur un point ; mais elle parcourt et ravage davantage les pâturages, et particulièrement les clôtures que la bête à laine dévaste aussi trop souvent.

Le cheval pince l'herbe moins près de terre que les bestiaux précédens, mais plus près que les suivans ; et ses déjections, fortement alkalines et dessiccatives, ainsi que celles de la bête à laine et de la chèvre, sont ordinairement plus nuisibles qu'utiles aux pâturages, si l'on en excepte cependant ceux qui pèchent par excès d'humidité, comme nous l'avons remarqué.

L'âne présente à peu près les mêmes avantages et les mêmes inconvéniens que le cheval ; cependant il est généralement moins délicat sur sa nourriture, et se repaît volontiers de plusieurs plantes grossières que celui-ci refuse ordinairement.

Le bœuf est de tous nos bestiaux celui qui nuit le moins aux herbages. Il fauche, pour ainsi dire, l'herbe à une certaine hauteur et l'endommage très rarement ; ses déjections, très humides et onctueuses, améliorent plutôt les pâturages qu'elles ne leur nuisent, lorsqu'elles sont convenablement disséminées ; et quoique, par son poids, il soit très propre à défoncer le sol qu'il foule par les temps humides, il a moins que le cheval cet inconvénient, à cause de la bifurcation et de l'évasement de ses pieds, qui présentent plus de résistance.

Le buffle réunit à peu près les mêmes avantages, et y ajoute celui de s'accommoder beaucoup mieux des prairies aquatiques, qui lui conviennent essentiellement, et des herbes marécageuses qu'il semble préférer.

Le porc est essentiellement dévastateur, et, par les fouilles répétées qu'il pratique pour déterrer les racines et les insectes qu'il recherche, il détruit souvent plus d'herbe qu'il n'en consomme, à moins qu'on ne lui passe dans le groin une espèce d'anneau de fer qui l'empêche de fouiller sans éprouver une douleur qui le retient ordinairement.

Ces faits fournissent des renseignemens fort utiles pour l'exercice du pâturage.

Lorsqu'on est maître du choix, on doit reléguer la chèvre sur les pics et les rochers escarpés, qui sont son asile habituel dans l'état de nature; on doit sur-tout l'éloigner des plantations précieuses, et on peut l'admettre la dernière dans tous les pâturages où elle pourra se rassasier encore d'un grand nombre de plantes rebutées par les bestiaux qui l'auront précédée.

Les pâturages les plus élevés et les plus arides conviennent essentiellement à la constitution de la bête à laine, comme les prairies les plus saines et les plus abondantes en herbes fines et savoureuses; mais il faut autant que possible, éviter qu'elle les épuise et les détruise, en y prolongeant trop long-temps son séjour, et sur-tout en été. Il y a généralement de l'avantage à ne l'admettre dans les prairies qu'après le bœuf et le cheval, lorsqu'elles ont besoin d'être broutées très rases, et elle peut être fort utile sous ce rapport dans les prairies humides dont on désire améliorer l'herbage en les desséchant; mais, comme nous devons le répéter, il est essentiel de prendre toutes les précautions convenables, en ce cas, pour la santé des animaux, comme pour la conservation de l'herbe; et on y pourvoira sur-tout en évitant les temps humides. La bête à laine, par son aptitude à tondre l'herbe très près de terre, peut encore être employée fort utilement pour faire taller, dans les jeunes prairies, l'herbe clair-semée, qui tend naturellement plus à s'élever qu'à s'étendre, lorsqu'on ne la force pas à prendre une autre direction; et nous l'avons plusieurs fois employée avec succès à cet effet.

On doit, autant que possible, éviter pour le cheval les pâturages arides, comme ceux qui pèchent par excès d'humidité. Il est aussi nuisible aux premiers qu'ils lui sont peu convenables; mais il peut quelquefois améliorer les derniers, comme la bête à laine et par des moyens équivalents. Il y a généralement de l'avantage à l'admettre dans ces pâturages après le bœuf, et avant la bête à laine, parcequ'il tient le milieu entre les deux par la manière dont il pince l'herbe; mais il est très essentiel d'éviter les temps humides, à cause de son poids et de la forme de son sabot, qui entre très aisément en terre lorsqu'elle est saturée d'eau, et y forme des trous dans lesquels la bonne herbe pourrit, se détruit, et se trouve remplacée par des plantes marécageuses. On remarque qu'il épuise et dessèche ordinairement les herbages les plus sains et les plus fertiles, tant par la nature de ses déjections que par la manière dont il pince l'herbe près de terre : aussi ne l'y admet-on généralement qu'avec beaucoup de réserve, lorsqu'ils sont bien administrés, et on lui réserve plus particulièrement, pour les mêmes raisons, ceux qui redoutent moins les effets de la sécheresse et des engrais fortement alkalins et peu onctueux.

On doit sur-tout réserver, pour les bœufs et les vaches, les herbages de la meilleure qualité, comme de la plus grande fertilité; et il existe les plus grands rapports de convenances entre ces herbages et ces animaux, qui s'améliorent réciproquement. Leurs déjections, très humides et onctueuses, convenablement distribuées, en conservent et en augmentent même la fertilité, qui se perpétue par ce moyen, ainsi que par la manière dont l'herbe se trouve fauchée en quelque sorte, par la manière dont ils la pincent, sans être ni arrachée, ni coupée trop bas; ce qui prévient le dessèchement et l'épuisement du fonds. Il convient généralement de commencer l'exercice du pâturage par ces animaux, qui, pour cet objet, méritent la préférence sous tous les rapports.

Le choix à faire entre les bœufs et les vaches, ainsi qu'entre les jeunes ou les vieux animaux, relativement à la nature du pâturage, doit être établi sur les convenances locales, et sur le genre de spéculation que le cultivateur a en vue. Les principaux objets à considérer sur ce point sont, 1° l'élève ou l'éducation des jeunes animaux; 2° l'engraissement de ceux qui sont adultes, ou seulement leur entretien; 3° la fabrication du beurre; et 4° celle du fromage. On peut établir sur ces divers objets quelques principes généraux.

Les herbages les plus nouveaux sont généralement les plus appropriés à l'état des jeunes animaux, parcequ'ils les développent et les nourrissent plus qu'ils ne les engraissent. Les herbages anciens, au contraire, dont l'herbe a plus de corps, plus de soutien, dont les sucs, moins aqueux, sont plus élaborés et plus disposés à l'assimilation, conviennent essentiellement aux animaux adultes, parcequ'ils leur procurent promptement l'embonpoint et la graisse dont ils ont besoin, lorsqu'ils sont consacrés à la boucherie; et on doit les éviter, ou les dispenser au moins avec beaucoup de sobriété, pour les animaux qu'on désire conserver, pour le travail ou pour tout autre objet, dans un état mitoyen entre la maigreur et l'obésité, qui sont également à redouter.

Il est d'observation générale que les herbages les plus bas et les plus humides sont moins propres à engraisser les bœufs qu'à augmenter la quantité du lait des vaches, et on doit les destiner préférablement à ce dernier objet, lorsque les circonstances le permettent.

Les herbages élevés, ouverts, et très exposés à l'action des vents, conviennent moins aussi, pour la production du lait, comme pour l'engraissement, que ceux qui sont bas, clos et abrités.

On observe encore en plusieurs endroits, et nous l'avons observé nous-mêmes, que les herbages nouveaux, aqueux, marécageux, garnis d'herbes grossières, sont plus convenables ordinairement à la fabrication du fromage qu'à celle du beurre, qui est généralement plus abondant et de meilleure qualité sur les herbages anciens, sains et fertiles, qui fournissent un lait plus butyreux que caseux.

Enfin, on a observé également que le beurre se conserve plus long-temps, et qu'il est plus ferme et plus consistant, lorsqu'il provient du pâturage dans les herbages anciens naturellement fertiles et non engraissés, que lorsqu'il résulte d'herbages alternés avec les cultures céréales, qui ont exigé des engrais ou des amendemens, et sur-tout lorsque les derniers sont d'une nature calcaire, ce qui doit être pris en considération dans les assolemens.

On ne doit jamais admettre le porc dans les herbages de bonne qualité qu'on désire conserver; mais, lorsqu'on veut les détruire, il peut être employé utilement pour purger la terre de toutes les plantes à racines traçantes, charnues et tuberculeuses, qu'il détruit efficacement, ainsi que plusieurs insectes nuisibles qu'il déterre en fouillant. Les pâturages qui conviennent le mieux à sa constitution sont ceux qui sont marécageux; car il a le plus grand besoin de tempérer la chaleur et d'assouplir la rigidité de sa peau, en se vautrant dans les endroits frais et humides; et s'il paroît immonde, comme on le suppose assez généralement, c'est que l'eau dont il a besoin se trouve souvent souillée d'immondices qui sont réellement plus nuisibles qu'utiles à sa prospérité. On peut encore lui consacrer avec avantage les tréflières qu'on a l'intention de défricher ensuite; il y prospère beaucoup et s'y développe rapidement : mais, nous le répétons, l'eau, et non la malpropreté, est indispensable à sa santé, et les herbages garnis de mares, ou, mieux encore, de sources et de ruisseaux, sont toujours à préférer pour cet objet.

Entrons maintenant dans quelques considérations générales sur l'administration des prairies consacrées au pâturage.

Plusieurs objets importans à considérer se présentent relativement à cette pratique.

Convient-il, d'abord, d'associer simultanément dans les pâturages plusieurs espèces de bestiaux, ou d'y admettre isolément et alternativement chaque espèce particulière, ou enfin de les consacrer exclusivement à une seule espèce ?

D'après les faits que nous avons exposés, et les principes que nous en avons déduits précédemment, il n'y a point de doute que, pour tirer le plus grand parti possible des herbages, il n'y ait de l'avantage, dans un grand nombre de cas, à admettre plusieurs espèces différentes de bestiaux sur les mêmes pâturages, chacune d'elles ayant une manière différente de raser l'herbe, et l'une pouvant d'ailleurs profiter de ce qui ne convient point à d'autres; mais nous ne pensons pas qu'il puisse y avoir généralement d'avantages à y admettre tout à la fois plusieurs espèces, parceque nous avons remarqué que toutes recherchoient d'abord les parties les plus délicates de l'herbage pour lesquelles elles paroissoient avoir toutes une égale prédilection, quoique toutes ne présentassent pas ordinairement le même degré d'intérêt au propriétaire, qui doit souvent préférer, relativement à l'objet principal de sa spéculation, à l'avantage plus ou moins grand qu'il en retire, ou qu'il en espère, et à d'autres circonstances, une espèce de bestiaux à une autre. Il faut ajouter à ce motif très déterminant pour admettre successivement chaque espèce dans l'ordre de l'intérêt qu'on y attache, et de la manière plus ou moins rase dont elle coupe l'herbe, un autre motif assez puissant; c'est que, lorsque différentes espèces d'animaux se trouvent réunies sur le même pâturage, il résulte souvent de la différence de leurs habitudes, de leurs besoins et de leurs forces, que l'une devient nuisible à l'autre, soit en la tourmentant, soit en la privant bientôt, par sa manière de paître, de la nourriture qu'elle auroit eue sans elle. Ainsi, quoique nous sachions très bien que le mélange que nous croyons devoir réprouver ici ait souvent lieu, et qu'il puisse être quelquefois convenable, nous n'en pensons pas moins, d'après les observations multipliées que nous avons été à portée de faire sur ce point, qu'il présente, dans la pratique générale, plus d'inconvéniens que d'avantages réels. Ainsi donc, lorsqu'on n'y est point contraint par les circonstances, nous pensons qu'il convient d'admettre isolément et successivement, d'après les principes que nous avons établis, différentes espèces de bestiaux dans les pâturages, et, même les individus égaux d'âge et d'état dans chaque espèce, à part. Par exemple, dans le cas où l'on a des animaux à engraisser, et d'autres à élever seulement, les premiers doivent toujours précéder les seconds dans leur admission aux pâturages et dans le choix de l'herbe; et, par cette alternative judicieuse par rang d'âge, d'état et d'espèce, l'on remplit également bien les deux objets que l'on a en vue, en tirant tout le parti possible des herbages, qui se trouvent entièrement et uniformément consommés avec profit: et c'est en cela que consiste le grand art dans l'administration des pâturages.

Convient-il, ensuite, de livrer d'abord une grande étendue de terrain à parcourir aux bestiaux, ou de les resserrer dans un espace plus étroit?

L'opinion des herbagers nous a paru loin d'être unanime sur ce point, et il nous semble que la divergence de cette opinion provient souvent de la différence des circonstances locales. Les uns prétendent qu'ils ont trouvé plus d'avantage à ouvrir tout à la fois une grande étendue d'herbage, sous le double rapport de l'économie de l'herbe et de l'entretien des bestiaux; les autres assurent, au contraire, que leurs bestiaux plus resserrés ont mieux profité, et qu'il y a eu moins de dévastation dans l'herbe. Nous pensons, d'après notre expérience, que, sur ce point comme sur beaucoup d'autres, le mieux se rencontre ordinairement dans un juste milieu entre les deux extrêmes, et que la différence des positions doit souvent en apporter dans la détermination à prendre à cet égard. Dans le premier cas, il faut compter pour beaucoup l'exercice plus ou moins considérable dont les bestiaux peuvent avoir besoin, relativement à leur âge, à leur constitution, etc., et la faculté de pouvoir choisir l'herbe qui est essentielle pour ceux qu'on veut engraisser, et d'en avoir toujours abondamment; dans le second, on doit compter également sur le repos, la tranquillité et l'abri, souvent si nécessaires à leur prospérité, et dont ils jouissent ordinairement, d'autant plus qu'ils sont plus resserrés et réunis en plus petit nombre. Quant à la dévastation de l'herbage par l'effet du piétinement et des déjections, elle nous paroît généralement plus forte dans le premier cas que dans le second, à cause d'un plus grand mouvement : cependant cet inconvénient se remarque aussi assez fortement lors des changemens de pâturages, plus fréquens dans le second que dans le premier cas; et il peut souvent y avoir compensation sous ce rapport. Dans tous les cas, la proportion du nombre et de l'espèce des bestiaux, relativement à l'étendue de l'herbage, nous paroît devoir être plutôt trop foible que trop forte; car il vaut toujours mieux rigoureusement s'exposer à perdre un peu d'herbe, qu'à affamer ses bestiaux. On ne peut établir aucune règle fixe sur cette proportion, qui doit nécessairement toujours dépendre de la nature et de l'état de l'herbage, ainsi que de l'espèce, de l'âge et de l'état des bestiaux, tous objets très variables, et qu'il faut toujours prendre dans la plus grande considération : mais on doit généralement plutôt craindre de pécher par défaut que par excès de nourriture, sur-tout à l'égard des animaux qui sont à l'engrais; car une fausse économie procure toujours une perte réelle.

A quelles époques convient-il, encore, d'ouvrir et de fermer les pâturages, et quelles précautions doit-on prendre en les fermant?

L'ouverture des pâturages, au printemps, nous paroît devoir être bien moins réglée sur des époques fixes et invariables, comme elle l'est souvent, que sur la nature du sol, son exposition et sa situation, et sur-tout sur la constitution atmosphérique, parceque toutes ces circonstances ont incontestablement une influence très prononcée sur la végétation, qu'elles peuvent beaucoup avancer ou retarder, et que c'est d'après son état plus ou moins florissant que le cultivateur doit essentiellement se déterminer à faire cette ouverture, ou à la reculer.

Nous pensons aussi qu'il y a généralement moins d'inconvéniens à devancer un peu l'époque de l'ouverture des herbages qu'à la reculer, parceque si, d'une part, on doit craindre les effets fâcheux du hâle du printemps, sur-tout sur les pâturages plus secs et élevés que bas et humides, en découvrant trop tôt ou trop fortement le sol, inconvénient qu'on peut éviter en grande partie par une dépaissance convenable et alternative de plusieurs herbages contigus ou rapprochés, on s'expose, de l'autre part, à faire une perte inévitable de toute l'herbe trop avancée, dont la tige est endurcie, et que les bestiaux rebutent et foulent aux pieds. Nous avons souvent observé qu'ils mangeoient presque indistinctement les plantes les meilleures, les médiocres, et même plusieurs mauvaises, sans inconvénient, tant qu'elles étoient jeunes et dans un état succulent et herbacé; tandis que, lorsqu'elles se trouvoient plus développées, ils choisissoient souvent les premières, et rebutoient les secondes, et sur-tout les dernières, qui, si elles n'étoient soigneusement fauchées ensuite, montoient en graines qui se répandoient sur l'herbage, et le détérioroient promptement, en l'épuisant d'une part, et de l'autre en le couvrant de plantes nuisibles.

Il est encore essentiel que les bestiaux soient remis au vert le plus tôt possible, et que le passage de la nourriture sèche à la nourriture verte se fasse progressivement, et pour ainsi dire insensiblement, au printemps; et c'est un nouveau motif pour devancer un peu l'époque du pâturage, et ne pas attendre que l'herbe soit assez abondante pour qu'ils puissent être exposés aux météorisations en commençant : mais il faut aussi qu'elle le soit assez pour que ceux dont on veut achever l'engrais dans les herbages ne soient jamais exposés à y jeûner, ce qui produit toujours les résultats les plus fâcheux.

Lorsque le pâturage s'exerce pendant tout l'été, il est essentiel que les herbages ne soient pas trop rigoureusement tondus à l'époque des fortes chaleurs, parceque les plantes se trouvant alors privées, par la soustraction de leurs feuilles, d'un des grands moyens que la nature leur a donnés pour subsister, et les racines leur fournissant aussi une foible quantité d'aliment, par l'effet de l'aridité du sol, qui se gerce souvent, se crevasse en tous sens, et les expose ainsi à l'influence meurtrière des chaleurs excessives, il en résulte ordinairement une grande détérioration de l'herbage. Nous avons vu plusieurs fois des prairies entièrement détruites par cette cause; et les dangereux effets d'une dépaissance outrée, en été, sont sur-tout très sensibles dans les climats méridionaux, lorsque les prairies sont privées d'irrigation, lorsqu'elles sont naturellement sèches et élevées, et lorsqu'elles consistent essentiellement en plantes à racines fibreuses, traçantes et superficielles, comme les graminées, qui y résistent bien moins long-temps que les légumineuses à racines pivotantes et profondes.

L'exercice du pâturage en automne n'a aucun des inconvéniens que nous venons de signaler dans les deux paragraphes précédens; l'herbage est bien moins exposé alors à se dessécher, et l'herbe, qui repousse ordinairement assez promptement, tend, aussi, bien moins à s'élever qu'à s'étendre latéralement; elle est plus succulente et herbacée que dure et ligneuse, mais elle est généralement moins substantielle et nourrissante; car la quantité est presque toujours aux dépens de la qualité. A cette époque, il y a donc moins d'inconvéniens qu'en toute autre à laisser pâturer l'herbe très près de terre : cependant, il y en auroit encore beaucoup à surcharger les herbages de bestiaux, parcequ'indépendamment de la perte des plantes que nous avons souvent vu résulter de la destruction du collet où paroît placé le point vital, nous avons également remarqué que les herbages sévèrement dépouillés en automne résistoient moins bien aux intempéries de l'hiver que ceux qui conservoient à cette époque une légère couverture de feuilles, et que leur végétation étoit moins avancée et moins vigoureuse au printemps.

Dans les herbages très fertiles, et, sur-tout dans ceux qui sont très humides, il y auroit un autre inconvénient non moins fâcheux à y laisser avant l'hiver une couverture trop épaisse, en ne les faisant point tondre assez près de terre. Dans ce cas, l'herbe pourrit ordinairement sur pied, et nuit beaucoup à la végétation en interceptant l'air ; et nous avons encore remarqué que, dans toutes les prairies abondantes et d'une nature marécageuse, l'herbe est d'autant plus grossière au printemps que la dépaissance y a été plus incomplètement exercée en automne.

Dans tous les cas, avant de fermer les herbages, il est utile de les débarrasser avec la faux, ou tout autre instrument équivalent, de toutes les tiges élevées que les bestiaux peuvent y avoir laissées, et qui nuiroient à la végétation et à l'exercice du pâturage et du fauchage l'année suivante. Nous avons vu quelquefois les bestiaux manger ces tiges étant fauchées, quoiqu'ils les rebutassent sur pied, ainsi que plusieurs plantes assez rudes ; et on peut encore profiter de cette circonstance pour en tirer parti dans plusieurs cas.

Il y a généralement beaucoup d'inconvéniens à prolonger jusqu'en hiver l'exercice du pâturage dans les herbages, et il y en a encore plus à faire détruire au printemps, par les bestiaux, les premières pousses dans les prairies dont on destine l'herbe à être fauchée. Dans le premier cas, si l'herbage est humide sur-tout, la terre est gâchée, pétrie et défoncée, l'herbe est souvent détruite ou ravagée par le piétinement des chevaux, et la végétation y est languissante au printemps ; dans le second cas, le dernier inconvénient est plus sensible encore, et nous voyons trop souvent le produit des prairies ainsi *déprimées*, considérablement diminué par l'effet d'une pratique détestable, consacrée par un ancien usage, qui abandonne aux ravages des bestiaux, chaque année, les prairies fauchables, jusqu'au 25 de mars, quelle qu'ait été et quelle que soit alors la constitution atmosphérique. Cette année nous a fourni un exemple frappant, entre plusieurs autres, de l'abus révoltant de cet antique usage, dont nous avons été forcément victimes. Les mois de février et de mars ayant été extraordinairement doux, les prairies abandonnées à elles-mêmes s'étoient couvertes d'une épaisse verdure, qui les aida puissamment à résister à la sécheresse du printemps, et elles produisirent une quantité de foin de beaucoup supérieure à celle qu'on put obtenir de toutes celles sur lesquelles, par l'effet du droit absurde du parcours et de la vaine pâture, l'herbe avoit été continuellement broutée jusqu'au 25 de mars, toutes choses étant égales d'ailleurs; et plus la prairie est sèche, élevée et exposée au midi, plus cette différence est forte et sensible.

§. 2. *Du fauchage de l'herbe pour être consommée en vert.* D'après les inconvéniens que nous avons reconnus à l'exercice du pâturage, dans un grand nombre de cas, il est souvent avantageux de faucher l'herbe des prairies, pour la faire consommer en vert par les bestiaux à couvert, et d'après un grand nombre d'expériences comparatives qui ont été faites en diverses contrées, et que nous avons répétées, ce mode de consommation du produit des prairies est sans contredit un des plus profitables.

Il convient essentiellement aux vaches laitières, aux brebis nourrices et à tous les bestiaux qu'on veut engraisser.

Nous nous sommes convaincus plusieurs fois que, par ce moyen, non seulement on obtenoit une plus grande abondance de lait par une sage administration, et on procuroit plus promptement aux bestiaux l'embonpoint et la graisse qu'on désiroit leur communiquer, mais on obtenoit encore, en courant moins de risques, et en conservant constamment ses animaux sous sa surveillance immédiate, objet d'un grand intérêt, une économie de fourrage qui alloit quelquefois jusqu'à la moitié, en évitant toute espèce de gaspillage, indépendamment du grand avantage résultant de la conservation de toutes les déjections, autre objet qui doit toujours être aussi d'un très grand intérêt, et qui établit une ample compensation des frais de fauchage, de charriage, et de distribution de l'herbe.

On a fait, à la vérité, un reproche à ce mode de consommation, relativement à la santé des bestiaux, en disant que l'état stationnaire et sédentaire dans lequel on les retenoit continuellement étant contre nature, il devoit en résulter des indispositions plus ou moins graves.

Sans vouloir prétendre ici que l'excès du repos ne puisse pas être suivi d'inconvéniens, sous le rapport de la santé, et en observant seulement qu'on attribue souvent au régime sédentaire des effets fâcheux dont le défaut de renouvellement de l'air est ordinairement la cause principale, sinon l'unique, ce que nous paroissent prouver de très longs séjours des bestiaux dans les étables, sans le moindre affoiblissement de leur santé, dans les pays froids, et par-tout où on ne laisse pas perdre à l'air le ressort indispensable aux fonctions vitales, et ce que prouvent sur-tout l'abondance de lait et l'embonpoint qu'on obtient toujours en ce cas, avec une suffisante provision de nourriture saine et convenable et d'air renouvelé, nous remarquerons qu'il est facile de prévenir le mal qu'on pourroit avoir à redouter, en ménageant, près du séjour habituel des bestiaux soumis à ce régime, un clos commode et spacieux, où ils puissent s'exercer au besoin, et respirer un air pur, sur-tout pendant qu'on cure les étables; et nous ajouterons que cette ressource doit toujours exister dans toutes les administrations de bestiaux bien entendues, lorsque la disposition du local ne s'y oppose point.

Les principales précautions à prendre, relativement à l'administration du fourrage en vert aux bestiaux retenus à l'étable, consistent 1° à ne point faucher les plantes lorsqu'elles sont trop aqueuses encore, ou chargées d'une grande humidité par l'effet de la rosée ou de la pluie, parceque l'excès d'humidité peut donner lieu à des accidents graves, comme nous avons déjà eu occasion de le remarquer; 2° à prévenir leur fermentation, en les déposant à couvert, en couches minces, et en les remuant de temps en temps; et 3° à les administrer aux bestiaux avec réserve, sur-tout en commençant à leur en donner peu et souvent, et à les intercaler avec quelqu'autre nourriture sèche.

§. 3. *Du fauchage des prairies, à l'époque de la maturité de l'herbe, pour être convertie en foin par le fanage.* La conversion de l'herbe des prairies en foin, par l'opération du fanage à l'époque de la maturité, est la pratique le plus universellement suivie à l'égard de cette herbe, qui est beaucoup plus rarement consommée en vert, soit sur la prairie même, par l'exercice du pâturage, soit à l'étable, quoique ces deux dernières manières de la consommer soient plus naturelles.

Le foin est généralement moins profitable aux bestiaux, à quantité égale, que l'herbe consommée en vert, parcequ'indépendamment de l'eau de végétation qui s'évapore lors de la dessiccation, et dont ils profiteroient, il s'exhale aussi, quelques précautions que l'on prenne, une portion assez considérable de son arôme qui se volatilise, comme il est facile de s'en convaincre par l'odorat, et il est d'ailleurs exposé encore à d'autres déchets et à des altérations plus ou moins considérables.

Cependant, d'une part, l'impossibilité de faire consommer en vert toute l'herbe des prairies par les bestiaux, et de l'autre, la nécessité de réserver, pour la saison rigoureuse, une ample provision de nourriture, joint à l'utilité de procurer en tout temps aux animaux de travail un aliment moins relâchant et plus fortifiant, sous un moindre volume, doivent nécessairement déterminer à convertir en foin une forte partie du produit des prairies.

Toutes les opérations qui concernent cette base essentielle de la nourriture de nos bestiaux, sont, sans contredit, des plus importantes en économie rurale, et méritent une attention particulière.

Nous allons les considérer sous les rapports du fauchage, du fanage, de l'emmeulage, du bottelage, de la conservation et de la consommation; et nous terminerons par quelques observations générales sur *le regain*.

§. 4. *Du fauchage*. Le point le plus important de tous à saisir, lorsqu'on veut convertir l'herbe en foin, est celui de la maturité convenable pour faucher, et c'est celui sur lequel on se trompe le plus grossièrement dans la pratique ordinaire.

On prend communément le mot *maturité* dans son acception rigoureuse, et l'on attend conséquemment, pour mettre la faux dans les prairies, que toutes les plantes, ou la majeure partie au moins, soient arrivées au dernier terme de la fructification.

Il résulte inévitablement de cette méthode abusive, beaucoup trop commune, les conséquences les plus fâcheuses pour la qualité du foin, pour la fertilité de la terre, et, par une suite nécessaire, pour l'intérêt du propriétaire.

La maturité complète, c'est-à-dire la perfection des semences d'une plante quelconque ne s'exécute jamais qu'aux dépens des tiges et des feuilles qui sont destinées à y concourir, et qui charrient et élaborent la substance nécessaire à ce grand œuvre de la nature, qui, à cette époque, s'occupe bien moins de la conservation des individus que de la multiplication des espèces.

Ces tiges et ces feuilles, dépouillées ainsi de la substance muqueuse qui les rendoit si nutritives au moment critique de la floraison et dont elles n'étoient que les véhicules élaborateurs, se décolorent, jaunissent ou noircissent, se dessèchent, se fanent promptement, et ne tardent pas à être réduites à l'état ligneux ou pailleux, qui est aussi peu propre à subir la mastication et à se laisser dissoudre par les sucs de l'estomac, qu'à nourrir les animaux qui y sont réduits.

La formation et la maturation des semences épuise aussi considérablement le sol, qui ne contribue jamais plus fortement à la subsistance des végétaux, qu'à cette époque critique, comme nous l'avons démontré, en développant notre second principe d'assolement; et ces semences, qui ont tant coûté à la plante et à la terre, sont en outre, en très grande partie, perdues pour la nourriture, tombant ordinairement, lorsqu'elles ne sont pas la proie des oiseaux, sur la prairie ou ailleurs, naturellement, ou par l'effet des secousses opérées par le fauchage, le fanage, et par toutes les autres opérations subséquentes et indispensables. Un assez grand nombre d'entre elles provenant de plantes nuisibles ou inutiles, souille encore la terre sur laquelle elles se disséminent, et nécessitent souvent des opérations longues et dispendieuses pour les extirper; circonstance très importante dans les assolemens.

Ajoutons à tous ces inconvéniens majeurs, résultans du retard apporté ordinairement à la fauchaison, celui non moins préjudiciable de la perte des regains, ou, au moins, des pâtures abondantes que peuvent encore fournir la plupart des prairies, lorsqu'elles sont fauchées avant l'épuisement et le dessèchement de leurs tiges et de leurs racines; nouvel objet de la plus haute importance.

L'époque de la végétation la plus favorable à la fauchaison est donc celle du développement complet de la floraison de la majeure partie des plantes qui composent les prairies.

A cette époque, les plantes sont réellement dans l'état de perfection pour l'objet auquel on les destine; elles abondent en principe muqueux, qui est essentiellement nourrissant; il y est entièrement développé et également répandu dans toutes les parties, et le fourrage qui en résulte est plus odorant, mieux coloré, plus appétissant et plus nourrissant qu'à toute autre époque. Plus tôt, il est trop vert, trop aqueux, perd trop au fanage, et n'est pas assez substantiel; et plus tard, il est trop sec, trop dur, et peu nourrissant.

Un des principaux motifs qui engagent la plupart des cultivateurs à retarder la fauchaison jusqu'après la formation et souvent même jusqu'après la maturité complète des semences des plantes des prairies, c'est la persuasion dans laquelle ils sont qu'elles perdent moins en poids et en volume à cette époque qu'à celle de la floraison.

Nous avons déjà eu occasion d'observer que la majeure partie des semences complètement formées étoient perdues pour la nourriture, en se détachant très aisément de leurs réceptacles; nous ajouterons qu'une grande partie des feuilles jaunit et tombe aussi à cette époque, ce qui occasionne un déchet assez considérable : et quand il seroit aussi vrai qu'il nous a paru faux, d'après les expériences comparatives auxquelles nous avons cru devoir nous livrer sur ce point important, qu'on obtient réellement plus de poids et de volume d'une étendue donnée de prairie fauchée lors de la maturité des semences, que de celle qui l'est à l'époque précise de la floraison complète de la majeure partie des plantes, il faudroit encore distinguer ici la quantité de la qualité; et les plantes fauchées en fleurs présenteroient certainement sur ce point une ample compensation, par la supériorité incontestable de la qualité de leur fourrage sur celle de celui qui provient des plantes fauchées en graines.

A la vérité, les plantes fauchées en fleurs, conservant ordinairement plus d'humidité que celles qui sont en graines, leur fanage est plus long; mais ce léger inconvénient, qui détermine trop souvent à retarder la fauchaison, est bien foible, lorsqu'on le compare à tous les avantages que nous avons fait connoître, et il ne peut légitimer ce retard, sur-tout lorsque le temps est beau.

Il y a donc généralement beaucoup d'avantage à faucher les prairies à l'époque que nous avons indiquée, et il y a généralement aussi moins d'inconvénient à la devancer qu'à la reculer, dans les exploitations abondantes en prairies, lorsque le temps paroît propre à la fenaison, parceque, quelque célérité que l'on mette dans les opérations, le dérangement assez fréquent du temps à cette époque, joint aux contrariétés qu'on éprouve aussi trop souvent de la part des ouvriers, et aux retards occasionnés par toute autre cause, fait que les dernières prairies fauchées sont ordinairement trop avancées en maturité, lorsqu'on n'a pas pris les précautions convenables pour prévenir cet inconvénient. Il est même des cas où le fauchage doit devancer l'époque de la floraison; c'est lorsqu'on s'aperçoit que l'herbe très épaisse commence à jaunir dans le pied, ou que les amendemens et les engrais, les vents et la pluie l'ont versée, ce qui la feroit promptement pourrir.

Souvent, nous dit M. de Perthuis, qui s'est occupé particulièrement de l'amélioration des prairies naturelles et de leur irrigation, *un préjugé très préjudiciable à la récolte des foins empêche de saisir l'époque favorable, dans les localités où de grandes prairies sont terminées par des plaines ou des coteaux ensemencés en blés. On prétend que, si on fauchoit les prairies avant que les fromens fussent entièrement défleuris, cette opération occasionneroit leur rouille; en sorte que, quel que soit l'état de maturité des herbes, on ne commence pas la fauchaison si la fleur des fromens n'est pas passée.*

Pour expliquer cette conduite, on dit que la fauchaison des grandes prairies exposeroit presque subitement à l'évaporation de la température alors existante, l'humidité que leurs herbes concentroient sur leur sol; qu'alors il s'y formeroit une brume épaisse qui se répandroit bientôt sur les blés environnans; que là elle s'attacheroit à leurs tiges, et qu'y étant combinée avec la sève, qui est surabondante dans les fromens à cette époque de leur végétation, elle y seroit fixée par l'ardeur du soleil de cette saison, et produiroit l'accident connu sous le nom de rouille des blés.

C'est bien de cette manière, continue M. de Perthuis, que se forme la rouille des blés; mais avant d'accuser la fauchaison des grandes prairies de produire un accident aussi désastreux, il faudroit constater le fait par des expériences suivies et très authentiques. Ce que je puis affirmer à cet égard, ajoute-t-il, c'est que tous les ans je fais faucher mes prairies aussitôt que leurs herbes ont acquis la maturité convenable, et que depuis vingt ans que je pratique cette méthode, je ne me suis jamais aperçu que les fromens qui les avoisinent aient été plus souvent exposés que les autres aux accidens de la rouille.

Nous ajouterons à ce fait positif et concluant, que, depuis un espace de temps plus considérable encore, que nous faisons exploiter une prairie fort étendue, au confluent de la Seine et de la

Marne, et qui est entrecoupée et bornée par des champs non moins étendus, soumis souvent aux cultures céréales ordinaires, nous n'avons jamais remarqué non plus que nos blés fussent plus rouillés dans le voisinage de cette prairie qu'ailleurs.

Nous nous croyons autorisés à conclure de tout ce qui précède, qu'excepté la disposition du temps à la pluie, ou son incertitude, ou son changement désavantageux, circonstances qui rendent le fanage long, pénible et dispendieux, et qui détériorent souvent le foin, aucun motif légitime ne nous paroît autoriser le retard de la fauchaison, lorsque l'époque indiquée est arrivée.

A quelque époque que l'on fauche, il est toujours très avantageux de choisir pour commencer un jour serein et un temps sec et chaud; et le vent du nord et celui de l'est sont ordinairement ceux qui présagent une plus longue série de beaux jours dans la majeure partie de la France.

Passons au mode du fauchage le plus avantageux.

Il est bien plus important qu'on ne paroît le supposer généralement que le fauchage soit fait le plus également, le plus nettement et le plus près de terre possible, car il résulte, selon nous, trois inconvéniens majeurs de tout fauchage haut et irrégulier.

Il existe d'abord une perte assez considérable dans la quantité du fourrage, lorsque les tiges sont coupées trop loin de terre; il existe ensuite une nouvelle perte plus considérable dans la coupe des regains, parceque la portion des tiges, laissée adhérente à la racine, se trouvant trop élevée après la première coupe, et étant endurcie lors des suivantes, elle force indispensablement à faucher plus haut encore, sa dûreté refoulant la faux dont elle émousse d'ailleurs bientôt le fil. Enfin, l'élévation et l'irrégularité du fauchage nuisent aussi essentiellement à la vigueur des nouvelles pousses, par deux motifs. La sève qui se distribue encore dans ces restes de tiges y devient en pure perte, ou ne donne lieu qu'à des jets avortés, qui ne sont jamais aussi vigoureux que ceux qui partent du collet même des plantes, et le peu de netteté de la coupe est un nouvel obstacle à la prospérité de la végétation; car, dans les végétaux comme dans les animaux, les plaies ne sont jamais plus nuisibles que lorsqu'elles sont hachées et irrégulières, au lieu d'être nettes et tranchées.

Il est donc d'une grande importance que l'herbe soit fauchée très bas et très net, et à cet effet les faux doivent avoir la lame peu allongée (d'un mètre environ), et le tranchant très acéré, et chaque coup de faux doit se suivre régulièrement, et sur-tout se croiser exactement, ce qui n'a point lieu lorsque le faucheur embrasse un trop grand espace à la fois, comme cela arrive fréquemment.

Du fanage. Cette opération essentielle à la confection du foin exige célérité, adresse et intelligence de la part de celui qui la dirige et de ceux qui l'exécutent.

Quoiqu'on réserve souvent ce travail aux femmes et aux enfans, il faut toujours qu'ils aient avec eux des hommes forts, actifs et intelligens, en nombre suffisant; car une fausse économie, en pareil cas, peut devenir très préjudiciable.

C'est sur-tout à l'époque de la fenaison qu'un beau temps fixe, sec et chaud, devient indispensable pour abréger le travail et assurer son succès, en économisant les frais.

Lorsqu'on en jouit il ne faut pas perdre un instant, dès que la rosée est dissipée, pour répandre également sur toute la prairie, avec des fourches de bois, légères et solides tout à la fois, bifurquées ou trifurquées, les chaînes longitudinales d'herbes ramassées par la faux, et qu'on désigne généralement sous le nom d'andains, ou plutôt *ondains*, à cause de la forme de leur disposition ondoyante.

Un trop long séjour des ondains sur la prairie nuit aux plantes qu'ils recouvrent; il retarde d'ailleurs le fanage, et fait blanchir le dessus de l'herbe, et jaunir ou noircir le dessous.

Nous ne recommanderons point ici, à l'exemple de quelques agronomes, d'après Commerell, d'enfoncer dans la prairie, de distance en distance, des bâtons de neuf ou dix pieds de longueur, percés en différens sens dans leur étendue, et traversés par des morceaux de bois cylindriques d'un pouce et demi de diamètre, et quatre de longueur, sur lesquels on élèveroit l'herbe. Tout cet attirail ne nous paroît admissible que dans le cabinet, ou tout au plus sur le gazon d'un jardin pittoresque, et il seroit ridicule, et impraticable en grand, en plein champ.

Le grand art du fanage consiste à priver l'herbe qu'on veut convertir en foin, de toute l'eau de végétation ou étrangère, qui seroit nuisible à sa conservation, en y déterminant un mouvement de fermentation dangereux, et à lui conserver, en même temps, le plus possible, la couleur naturelle, l'odeur suave, le poids et la substance nutritive qui en font tout le mérite.

A cet effet, il faut avancer sa dessiccation, sans la précipiter, et tâcher de lui enlever son humidité surabondante, sans cependant trop l'exposer aux rayons brûlans du soleil qui grillent souvent et font tomber les feuilles, ou les décolorent fortement et les réduisent en poussière, tandis que les tiges conservent encore intérieurement beaucoup d'humidité qui se manifeste lorsqu'elles ont été amoncelées pendant quelque temps.

En principe général, plus le soleil est ardent et plus l'herbe qu'on veut faner est d'une nature sèche et rare, moins il faut l'étendre mince sur la prairie, et le fanage doit, pour ainsi dire, s'opérer à couvert et lentement dans ce cas; moins au contraire la constitution atmosphérique est brûlante, et plus l'herbe est aqueuse et abondante, moins ses couches doivent être épaisses, et plus elles doivent être remuées souvent, et soulevées légèrement, de manière à prévenir tout amoncèlement, et à faciliter le passage de l'air et de la chaleur par-tout également : il convient aussi de transporter l'herbe des endroits bas, humides, couverts et peu aérés, sur les parties les plus élevées, afin d'en accélérer le fanage.

Nous avons remarqué plusieurs fois que l'herbe des prairies fumées, toutes autres circonstances égales d'ailleurs, étoit généralement plus difficile à faner, et sur-tout plus disposée à s'échauffer en tas que toute autre, et nous ajouterons que la même observation a été faite à l'égard des grains, qui sont aussi plus difficiles à sécher et à conserver, lorsqu'ils proviennent de champs engraissés, que lorsqu'on les obtient de ceux abandonnés à leur fertilité naturelle.

Un point essentiel, c'est de soustraire le foin à l'action dévorante du soleil, dès que la majeure partie de son eau de végétation est enlevée, afin de prévenir une trop forte évaporation qui est toujours au détriment de la qualité et du poids du foin, qui peut quelquefois déchoir de vingt pour cent au moins par son exposition au soleil ardent, pendant une heure de trop seulement, comme nous nous en sommes assurés, et il n'a plus alors ni la couleur, ni l'odeur, ni la substance nutritive qu'il conserve lorsqu'il est convenablement amoncelé à temps.

Aussitôt qu'on s'aperçoit que la couche superficielle de l'herbe répandue est suffisamment fanée, il faut la retourner de manière à remplacer le dessous par le dessus, *et vice versâ*, et lorsque le tout paroît suffisamment desséché, il faut le rapprocher avec des râteaux en bois à doubles dents, connus sous le nom de *fauchets*, et le réunir en chaînes plus fortes et plus élevées, qui perfectionnent et achèvent la dessiccation, sans exposer le foin à une trop forte évaporation.

Soit que l'on redoute l'action décolorante du soleil, de la rosée ou de la pluie, il est toujours avantageux de rouler avec précaution et rassembler en petits tas, ou meulons, le foin de ces chaînes, afin de compléter sa dessiccation à couvert et sans danger; et cette disposition qu'il convient sur-tout de lui donner pour la nuit, afin d'empêcher qu'il ne jaunisse ou noircisse, facilite d'ailleurs son transport à la meule, où l'on doit l'entasser, dès qu'il paroît propre à y entrer.

Lorsque des pluies abondantes ont pénétré ces meulons, on doit en répandre soigneusement le foin tout autour, pour le sécher convenablement, et les rétablir ensuite.

De l'emmeulage. Aussitôt que le foin des meulons paroît suffisamment sec, et spécialement lorsqu'on a à redouter la pluie, on ne doit point perdre de temps pour les porter à la meule;

à cet effet deux hommes armés de longues perches, légères et flexibles, en saule, aune, peuplier, tilleul, ou tout autre équivalent, en les passant dessous ces tas, à des distances égales, les chargent et les portent très commodément et promptement, et les déposent au pied de la meule, où un troisième, armé d'une longue fourche, les entasse régulièrement et circulairement.

Lorsque le foin est très sec, un enfant doit monter sur la meule pour la fouler; il y a plus d'avantage que d'inconvénient à la faire le matin et le soir à la fraîcheur, qu'au milieu du jour, et elle doit être aussi large et élevée que possible. Lorsqu'au contraire la crainte du mauvais temps, précipitant cette opération, le foin n'est pas tout-à-fait aussi sec qu'il seroit à désirer, il faut l'entasser le plus légèrement possible, et par la chaleur, lorsque cela est praticable, puis faire les meules moins fortes, et sur-tout ne pas les fouler.

La forme parfaitement conique est la plus convenable pour les meules, parcequ'elle renvoie l'eau de la pluie en la faisant couler comme sur un toit à pente rapide, lorsqu'elles sont bien faites et sur-tout bien terminées en pointe, qui doit être chargée avec toutes les ratelures, qui, étant ordinairement moins sèches et plus pesantes, sont les plus convenables pour cet objet.

Quelque sec que paroisse le foin lorsqu'on le met en meule, l'intérieur des tiges conserve toujours une portion plus ou moins considérable d'humidité qui tend à s'exhaler, et le séjour du foin dans la meule facilite la sortie de cette eau de végétation, qui deviendroit nuisible si elle se trouvoit trop fortement concentrée pour pouvoir s'évaporer aisément.

Rien de plus facile que le fanage et l'emmeulage lorsque le temps est beau et assuré; rien de plus difficile, au contraire, lorsqu'il est pluvieux ou incertain; et dans le doute où l'on est sur l'avenir, les meilleurs principes se trouvent souvent en défaut, ce qui fait dire vulgairement qu'on a beaucoup plus de mal pour faire de mauvais foin que pour en faire de bon; assertion qui n'est pas aussi paradoxale qu'elle peut le paroître d'abord.

Lorsque, par la crainte du mauvais temps, on a cru devoir précipiter le fanage et l'emmeulage, il est essentiel de visiter scrupuleusement les meules, de bon matin, le lendemain du jour où elles ont été faites. En se plaçant sous le vent, à cette époque, en enfonçant fortement les bras dans chaque meule vers son milieu, et en tirant fortement à soi le foin qu'on a pu saisir, on s'aperçoit aisément, à l'intensité de sa chaleur et à sa décoloration, s'il s'est établi au centre une fermentation forte et nuisible, car il en existe toujours une foible, souvent insensible, qui, dans ce cas, ne peut occasionner aucun dommage; ordinairement même, la fermentation excessive qu'on doit redouter se manifeste le matin, à une vapeur épaisse qui s'élève du sommet de la meule en forme de fumée, parceque la condensation de l'air la rend plus apparente en retardant sa volatilisation.

Il n'y a pas de temps à perdre dans cette occurrence, lorsque le temps le permet, pour décombler la meule, l'aérer, la détasser, et empêcher que la fermentation, en parcourant entièrement ses périodes, ne pourrisse le foin; on la rétablit ensuite légèrement, dès que le mal est dissipé; et lorsqu'il est arrêté à temps, les conséquences en sont ordinairement peu fâcheuses.

Du bottelage. L'usage de botteler le foin dans le champ n'est pas généralement pratiqué : il est adopté ou rejeté en différens cantons de la France, d'après les convenances locales, et souvent aussi d'après la puissance tyrannique de l'habitude, qui conserve et étend son domaine dans les campagnes plus que par-tout ailleurs. Il nous suffira d'indiquer ici rapidement ses principaux avantages et inconvéniens, et d'entrer dans quelques détails sur la manière d'y procéder.

Les principaux avantages du bottelage sont, 1° de rendre le foin plus commode à charger, à décharger, à entasser et à détasser ensuite; points importans pour l'économie du temps et de la main-d'œuvre, sur-tout à l'époque des récoltes; 2° d'être un moyen sûr, commode et facile pour que le cultivateur puisse se rendre compte exactement, sur-le-champ, du produit de ses prairies, ce qui peut avoir une grande influence sur ses arrangemens ultérieurs; 3° d'avoir son foin tout préparé et réglé pour la vente, et sur-tout d'avoir aussi les rations bien établies pour la consommation de ses bestiaux, avantage de la plus haute importance pour prévenir les gaspillages, les dilapidations et les tromperies des valets, dont le propriétaire et les bestiaux sont trop souvent dupes d'une manière bien fâcheuse, d'après la disposition qu'ont la plupart des domestiques à gorger de nourriture tous les animaux confiés à leurs soins, par l'effet d'un attachement mal calculé et d'un amour-propre outré.

Le principal inconvénient qui puisse résulter du bottelage consiste en ce que le foin bottelé se tasse et se foule moins exactement que celui qui ne l'est pas, à cause des interstices que les bottes laissent entre elles, ce qui lui fait occuper plus de place, d'une part, et de l'autre, donne plus d'accès aux animaux nuisibles et à l'air, et le rend moins propre à être conservé long-temps sans altération.

D'après ces données, ceux pour qui la force de l'habitude n'est pas une autorité insurmontable pourront se déterminer sur le choix qui convient le mieux à leur position locale.

Mode du bottelage. On bottèle le foin à un, à deux et à trois liens; la troisième manière, qui est la plus usitée, nous paroît préférable à la seconde, et celle-ci à la première.

On ne doit jamais commencer le bottelage que le foin ne soit bien sec, et qu'il n'ait perdu la chaleur qui résulte du léger mouvement de fermentation qui se développe ordinairement dans la meule, parcequ'avant cette époque il peut devenir poudreux dans la botte.

Lorsqu'on entame une meule, il faut avoir soin de mettre de côté tout le foin extérieur lorsqu'il est mouillé par l'effet de la pluie ou de la rosée; et au lieu de le mettre dans le milieu des bottes, ainsi que celui qui touche contre terre et qui contracte plus ou moins d'humidité que le sol lui communique, comme les botteleurs le font très souvent, s'ils ne sont pas rigoureusement surveillés, et ce qui gâte considérablement de foin dans le tas, une seule botte mauvaise suffisant pour endommager tout ce qui l'environne; il faut, quand on n'a pas pu le faire sécher convenablement, leur ordonner de le lier à part à un seul lien, en leur payant le même prix; par ce moyen, dont nous nous sommes toujours très bien trouvés, on les force à bien faire par leur propre intérêt, et on arrange ensuite convenablement ce foin, qu'on place à part, après l'avoir fait sécher dehors ou à couvert.

Les botteleurs arrangent régulièrement sur la prairie, par quarterons distincts et contigus, tout le foin bottelé; il est ainsi, non seulement plus commode à compter et à charger, mais encore plus à l'abri des intempéries dont on peut aussi le garantir en le couvrant avec le mauvais foin mis à part.

De la conservation et de la consommation du foin. Soit que le foin soit bottelé sur la prairie, soit qu'on l'entasse sans être bottelé, il est toujours essentiel qu'il soit placé sèchement après sa dessiccation, afin de prévenir toute espèce de détérioration ultérieure.

On le place ordinairement ou à couvert ou à l'air, c'est-à-dire, ou dans des granges ou des greniers, ou en fortes meules sur la prairie même, ou dans des enclos près des habitations des estiaux.

Lorsqu'on a à sa disposition des greniers suffisans, le foin y est eaucoup plus sèchement que par-tout ailleurs, et il suffit de le arantir de l'humidité que les murs, les toitures et le carreau, insi que le plâtre et les pierres pourroient lui communiquer, en 'entourant d'une couche de paille, ou de foin grossier, ou de oute autre matière de peu de valeur.

Lorsqu'on l'entasse dans les granges, il est nécessaire d'aouter aux mêmes précautions celle très essentielle de l'asseoir ur un lit très épais, ou *soustrait*, formé des mêmes matières, et nême de bourrées, fagots et autres objets équivalens, afin de le oustraire entièrement aux atteintes de l'humidité que le sol pouroit lui communiquer.

Lorsqu'on se détermine à mettre son foin en meule, il est énéralement préférable de la placer dans un enclos commode près de l'habitation des bestiaux, au lieu de l'établir sur la prairie même, comme cela arrive assez souvent.

Dans le dernier cas, indépendamment de ce qu'elle peut être moins facilement surveillée et mise hors de l'atteinte des malfaiteurs, elle nuit à la prairie par son séjour, et plus encore lorsqu'elle est consommée sur le lieu même par les bestiaux, comme cela se pratique quelquefois, à cause du trépignement et du gaspillage qui résultent nécessairement de ce mode très vicieux de consommation, qui ne convient pas plus à la santé des bestiaux qu'à l'intérêt du propriétaire.

Dans tous les cas, il est indispensable aussi que le foin soit assis sur un soustrait très élevé, auquel on peut ajouter de fortes pierres ou pièces de bois, afin de l'isoler de terre le plus possible, après avoir choisi un emplacement sec, élevé, et sur un plan parfaitement horizontal.

Lorsqu'on croit devoir établir une meule à courant d'air, afin de rafraîchir le foin, et de prévenir le danger d'une fermentation considérable, qui a lieu lorsque le fanage a été incomplet, ou lorsque le foin, après avoir été mouillé, n'a pas été suffisamment séché, *ce qui produit trop souvent des incendies qu'on attribue à toute autre cause*, on doit disposer les pierres ou les pièces de bois de manière qu'elles se croisent dessous le soustrait à angles droits, en aboutissant au centre (*voyez* la meule figurée *à la fin de ce traité*), et qu'elles soient placées sur deux lignes parallèles assez distantes entre elles pour former des conduits d'air qu'on recouvre avec des planches, des bourrées, des fagots, ou toute autre matière équivalente assez forte pour résister à la pression du foin. On laisse au centre, où se réunissent les quatre conduits, une ouverture qui établit le courant d'air. On y plante une perche au moins aussi élevée que la meule qu'on veut établir, et cet axe qui la traverse dans son milieu lui sert tout à la fois de tuteur et de régulateur pour lui donner une circonférence égale, ainsi que de conducteur à une machine formée de quatre planches clouées ensemble. (*Voyez les mêmes figures*) Elle doit avoir environ un mètre trente centimètres de longueur. L'extrémité G H, trente centimètres en carré, et celle I K, vingt-quatre centimètres aussi en carré.

Vers le milieu de la longueur on place deux crochets, L M, dont les crocs sont en dessous pour arrêter la machine, et l'empêcher de descendre lorsqu'elle a commencé à monter, et une cheville de bois, N O, traversant le haut de cette machine, sert à l'élever quand il en est besoin.

Le pied de la meule étant préparé comme nous l'avons indiqué, on place cette machine au centre contre la perche qui lui sert de conducteur, l'ouverture la plus étroite vers la terre, et la plus large au-dessus. On commence alors à épandre du foin, ayant attention de l'entasser le plus serré possible. Lorsque la meule est montée jusqu'au niveau de la cheville de la machine, on la soulève jusqu'à la hauteur des crochets qui la soutiennent, et on continue ainsi jusqu'à ce que la meule soit achevée. On la retire alors, et il reste au centre un conduit en forme de cheminée. On en bouche l'entrée avec une botte de foin ou de paille, pour empêcher la pluie d'y pénétrer, dès qu'on s'aperçoit qu'il n'y a plus dans l'intérieur assez de chaleur pour gâter le foin.

Nous avons employé avec succès ce moyen simple de conserver au foin la fraîcheur convenable, et que MM. Delporte ont recommandé d'après un long usage.

On peut rigoureusement remplacer cette machine par un simple panier d'osier serré, allongé et cylindrique, qu'on soulève par les anses, et on peut aussi adapter ce courant d'air aux greniers et aux granges qui servent de fenils, comme nous l'avons souvent pratiqué.

Un courant d'air est inutile, et peut même devenir nuisible, lorsque le foin est bien sec, en l'éventant trop, et pouvant d'ailleurs donner accès à l'humidité, par la suite.

Pour que la meule soit, le plus possible, hors des atteintes de la pluie, on doit augmenter insensiblement sa largeur jusque vers le tiers de sa hauteur, de manière à donner à cette partie la forme d'un cône renversé, dont la base tronquée seroit assise sur la terre, et la diminuer ensuite progressivement jusqu'au faîte, en donnant aussi à cette seconde partie, de deux tiers environ plus élevée que l'autre, la forme d'un cône posé sur le premier; par ce moyen, après avoir bien peigné la meule tout à l'entour, et en couvrant la partie supérieure de paille ou de roseaux adroitement fichés, imbriqués, et saillans à leur base, et terminés par un faitage épais et solide de même matière, on l'abrite parfaitement dans toutes ses parties. On peut encore établir au pourtour un fossé pour recevoir l'eau qui tombe de la couverture, et l'empêcher de s'insinuer dessous la meule, en rejetant les terres de ce côté. (*Voyez les fig. à la fin de ce traité.*)

Nous observerons qu'on peut remplacer très avantageusement le soustrait et la couverture que nous avons indiqués, 1° par des cippes ou quilles en pierres, en briques ou en bois, garnies d'un chapiteau, et sur lesquelles on pose un plancher de madriers; et 2° par quatre poteaux, sur lesquels on élève un toit mobile. Cet établissement de meules fixes, qui convient au foin comme aux récoltes de céréales, est réellement économique, et garantit très bien de la pluie et des animaux nuisibles.

Lorsqu'on établit plusieurs meules, et il est toujours plus avantageux de le faire pour la commodité du service, quand on a beaucoup de foin, que de le réunir en meules énormes, on doit les écarter suffisamment pour avoir un libre accès tout autour avec les voitures, et sur-tout pour pouvoir arrêter plus efficacement le progrès des incendies en cas d'accident.

Quelque sec que puisse paroître le foin en meule, il conserve toujours intérieurement une portion d'humidité plus ou moins considérable, qui y établit un mouvement léger de fermentation, qui se manifeste par l'odeur qu'il exhale pendant assez long-temps dans l'atmosphère qui l'environne. On dit vulgairement alors *qu'il jette son feu*, c'est-à-dire l'eau de végétation non combinée qu'il renfermoit encore, et qui, imprégnée d'une partie de son arôme, s'exhale sous la forme d'un gaz délétère, qui devient souvent nuisible dans les lieux renfermés, comme nous en avons vu un exemple terrible.

Jusqu'à ce que ce mouvement intestinal soit entièrement calmé, et il dure ordinairement deux mois, plus ou moins, selon que les plantes ont crû et ont été récoltées par un temps et sur un terrain plus ou moins secs ou humides, et sur-tout sur une prairie plus ou moins fumée, il est généralement dangereux d'en nourrir les animaux, quoiqu'ils en soient avides, parcequ'on remarque qu'il les échauffe beaucoup, et qu'il peut leur donner toutes les maladies qui sont l'effet de la pléthore, comme l'observe avec raison Gilbert.

Lorsqu'on est contraint, par les circonstances, de leur administrer de ce foin avant qu'il ait entièrement ressué, il est prudent de le faire avec beaucoup de discrétion, et de le mélanger d'abord avec d'autre foin vieux, ou de la paille, ou toute autre nourriture qui ne présente pas le même inconvénient, et on prévient ainsi les accidens.

Pour prendre la provision journalière à la meule, on peut se servir avec beaucoup d'avantage d'une espèce de couteau à lame très large, très longue et très acérée, garnie d'un manche recourbé, dont on se sert pour couper le foin à mesure des besoins. Par ce moyen, en commençant à entamer la meule par en haut, et du côté le moins exposé à la pluie, et en recouvrant le foin découvert avec de la paille, on empêche qu'il ne soit mouillé ou éventé, et on prévient toute espèce de perte et de déchet.

Du regain. On appelle ainsi le produit de toutes les coupes postérieures à la première, que l'on obtient des prairies, et qui varie beaucoup en nombre et en qualité, selon le climat, la saison et la nature des plantes fauchées.

En général, le regain est moins substantiel, plus aqueux et moins nourrissant que le foin de la première coupe, et il convient moins que ce dernier aux animaux de travail. Il convient plus particulièrement aux vaches, aux bêtes à laine et aux jeunes animaux, parcequ'il est plus tendre et plus garni de feuilles, et qu'il subit plus aisément la mastication.

Lorsqu'il est peu élevé, on le fait ordinairement consommer sur pied, ou à l'étable, après avoir été fauché; et dans ces deux cas il convient de prendre les précautions que nous avons indiquées pour prévenir les météorisations.

Dans les prairies basses et humides, il est également plus avantageux de faucher le regain que de le faire consommer sur place, parceque les bestiaux peuvent nuire beaucoup à la prairie, et se nuire à eux-mêmes, en paissant cette herbe, sur-tout dans la saison humide.

Lorsqu'on le fait consommer ainsi, il est également nuisible à l'intérêt du cultivateur d'y mettre trop tôt ou trop tard ses bestiaux : dans le premier cas, il est très peu nourrissant, ne dure guère et fait peu de profit; dans le second, il est souvent couché par le vent et la pluie, jaunit par le pied, et est foulé par les bestiaux qui ne l'appètent guère.

Nous nous sommes toujours mal trouvés d'avoir essayé de conserver sur pied du regain de prairies à base de graminées, pour le faire consommer en cet état, au printemps, quoique cette méthode ait été recommandée par quelques agronomes étrangers.

Lorsqu'on se détermine à le faucher, quoique peu élevé, il est essentiel de le faire avant qu'il soit sec, parceque, présentant peu de résistance à la faux, en cet état elle passe ordinairement par dessus, et l'opération est très irrégulière.

Le fanage du regain est beaucoup plus difficile que celui de la première coupe, parcequ'il est beaucoup plus aqueux, et il est très essentiel de profiter, pour cette opération, d'un temps serein, et qui paroît assuré, et de répandre très mince et de retourner très souvent cette herbe pour la convertir en foin.

Nous avons essayé avec succès un moyen de faner le regain, qui nous avoit été recommandé par un cultivateur du nord de l'Europe, et qui consiste à l'emmeuler immédiatement après le fauchage, et à le laisser en cet état jusqu'à ce qu'il s'y soit établi une forte fermentation. En le répandant alors, il fane beaucoup plus vite par l'effet de la fermentation qui fait évaporer une grande partie de son humidité, mais il se décolore, et il est cuit en quelque sorte; cependant les bestiaux le mangent avec plaisir, et il nous a paru qu'en cet état il leur étoit très profitable.

Malgré toutes ces précautions, il arrive souvent qu'on ne peut faner complètement le regain, et alors, pour ne pas le perdre, il convient d'en faire des couches minces et alternatives avec de la paille ou du foin sec de peu de qualité. Ces deux substances s'améliorent réciproquement; la paille, en soutirant une portion de l'humidité superflue du regain, s'en trouve plus appétissante, et le regain, ainsi desséché, n'est plus exposé à se moisir, lorsque les tas sont peu épais et arrangés avec soin, sans être foulés. Ce moyen peut aussi être employé avec avantage pour les foins de la première coupe, rouillés, vasés, et peu secs, ainsi que celui qui consiste à les saupoudrer de sel, que nous avons également employé avec beaucoup de succès, et que notre collègue Chassiron nous assure être employé fréquemment dans les marais de la Charente. Par ce moyen simple et peu coûteux aujourd'hui, le foin devient plus appétissant, de plus facile digestion, et il est beaucoup moins malsain.

Du défrichement et de l'assolement des terres en prairies ou en pâturages. Le sort de tout ce qui existe, comme l'observe un de nos premiers agronomes, est d'être foible dans son principe, d'arriver peu à peu à son plus haut degré de force, d'y briller un moment, et d'être entraîné ensuite rapidement vers sa ruine; s'il est quelques moyens d'en modérer le cours, il n'en est point de l'arrêter.

Les prairies sont, comme tout le reste, soumises à cette loi impérieuse de la nature, et il est une époque où elle avertit le cultivateur de la nécessité de les remplacer, pour son propre intérêt, par d'autres cultures.

La conversion des prairies en terres labourables, comme celle de ces dernières en prairies, est sans contredit une des plus conformes aux principes d'une saine agriculture. Aucune opération agricole ne peut être plus lucrative que cet alternat périodique, qui, d'une part, procure à peu de frais des récoltes aussi avantageuses par l'abondance que par la qualité et la netteté des produits, et de l'autre, fournit également à peu de frais les moyens d'en obtenir constamment de semblables, d'une manière indéfinie, en conservant la terre nette, meuble et fertile.

Le père de notre agriculture, le savant Olivier de Serres, avoit sans doute reconnu dans sa pratique tout l'avantage résultant de cette importante opération, qu'il conseille en termes formels : « Voyant, dit-il, votre pré ne rapporter à suffisance, ne soyés « si mal avisé de le souffrir avec si petit revenu; ains lui chan« geant d'usage, le convertirez en terre labourable; en quoi pro« fitera plus en un an, produisant de beaux blés et pailles, que de « six en foin. Dont estant le fonds renouvelé, au bout de quel« ques années, sera remis en prairie, etc. »

La plupart de nos agronomes modernes ont également reconnu les grands avantages résultant de cette conversion, que plusieurs ont recommandée particulièrement pour les prairies à base de graminées, vulgairement désignées sous la qualification de prairies naturelles, en opposition à celles à base de légumineuses, généralement désignées sous celle de prairies artificielles, et dont les avantages du défrichement sont plus connus, parcequ'il est plus souvent pratiqué que celui des premières qui sont souvent permanentes.

Nous avons déjà eu occasion de citer plusieurs exemples de cette excellente pratique, en développant nos principes d'assolement, et notamment ceux qui ont lieu dans les environs d'Ypres, où, après avoir obtenu six récoltes alternées de fèves, de froment, de lin, d'orge, de trèfle et de colsat, le champ qui les a produites est converti en prairie de graminées ou en pâturage pendant un intervalle équivalent; et dans l'intéressant et exemplaire département des Deux-Nèthes, où diverses graminées vivaces établissent, après plusieurs cultures annuelles sagement intercalées, une prairie, qui, après un intervale réglé sur les circonstances dans lesquelles se trouve le cultivateur, fait place aux pommes de terre, qui commencent ordinairement le nouveau cours de culture.

Nous voyons également entre Tarbes et Bagnères, comme nous l'observe M. de Père, substituer alternativement avec le plus grand succès, au moyen des irrigations, les cultures annuelles aux prairies, et celles-ci aux premières.

Enfin, un de nos premiers cultivateurs du Pas-de-Calais, M. Delporte, qui a employé pour l'amélioration de l'agriculture du Boulonnais le double moyen des écrits et de l'exemple, s'exprime ainsi, en parlant de la nécessité de défricher les anciens pâturages de cette contrée: « Il est étonnant qu'on ne sente point la nécessité de défricher ces pâturages usés; les récoltes qu'on en tireroit seroient très considérables, le terrain se bonifieroit par la culture; on pourroit, après quelques années, le convertir de nouveau en pâturages, qui produiroient infiniment plus d'herbe et d'une meilleure qualité.

« Ce changement, continue-t-il, seroit d'autant plus facile à nos cultivateurs, qui font beaucoup d'élèves en bestiaux, qu'ils peuvent former un pâturage d'une terre en culture, pour remplacer celui qu'ils auroient défriché; nous avouerons cependant qu'il se trouve déjà des cultivateurs éclairés qui ont adopté cette pratique de défricher les anciennes pâtures. *Ces cultivateurs*, ajoute-t-il, *connoissent leurs intérêts, et il est à désirer que les autres les imitent.* »

Nous pensons, d'après ces faits, et d'après ceux qui nous sont personnels, que si l'on excepte quelques pâturages placés dans des situations ingrates, escarpées et rebelles à la culture, ainsi que les prairies qui, longeant le cours des rivières, sont exposées à de fréquens débordemens qui détruiroient souvent les récoltes annuelles, tandis qu'ils améliorent ordinairement les herbages, et qu'ils leur sont rarement nuisibles, il y a généralement beaucoup d'avantage à les alterner avec les cultures de céréales et d'autres plantes utiles aux arts, aux hommes et aux animaux, dont le produit en ce cas est double, triple et quelquefois même quadruple des produits ordinaires, au lieu de les abandonner à un état permanent souvent consacré par l'usage, et qui se trouve souvent aussi en opposition directe avec l'intérêt du cultivateur.

Ainsi donc, toutes les fois que les moyens que nous avons cru devoir indiquer pour l'entretien, l'amélioration ou la restauration des prairies, seront inadmissibles, ou d'un foible effet, toutes les fois que les plantes nuisibles ou inutiles l'emporteront sur celles qui sont réellement avantageuses, le véritable remède consistera dans le défrichement; on ne devra point hésiter à l'entreprendre; et si l'assolement adopté est conforme aux vrais principes, il en résultera toujours les plus grands avantages pour la terre et pour le cultivateur.

Ce qui nous fournit une nouvelle preuve bien convaincante que les graminées n'exigent pas de la terre, comme plusieurs personnes le pensent, des principes alimentaires qui leur soient propres et particuliers, c'est qu'après la destruction des prairies dont les graminées vivaces font la base, on peut rigoureusement obtenir, et l'on n'obtient que trop souvent, plusieurs récoltes successives très abondantes des graminées annuelles, telles que l'aveine, l'orge, le seigle et le froment; et ce qui fait que les graminées vivaces fertilisent, ameublissent et nettoient la terre, au lieu de l'épuiser, de l'endurcir et de la souiller, comme font ordinairement les graminées annuelles, c'est que les premières sont ordinairement et doivent toujours être fauchées avant la maturité de leurs semences, et qu'à cette époque elles ne peuvent ni épuiser, ni souiller, ni endurcir la terre, qu'elles ombragent d'une manière très serrée; que leurs débris annuels, lors de la fenaison, augmentent tous les ans la couche de terre végétale, et que leur dépaissance par les bestiaux, lorsqu'elles y sont soumises, y ajoute encore un engrais animal, résultant de leurs déjections; enfin, qu'elles fournissent aussi, lors de leur destruction, un engrais végétal très riche et très abondant par la décomposition du gazon qui tapissoit la terre: tandis que les secondes, qu'on laisse toujours achever la maturité complète de leurs fortes et nombreuses semences, qui se trouvent mêlées avec celles non moins épuisantes des plantes nuisibles aux récoltes, épuisent, souillent et durcissent le sol, et ne lui laissent qu'une bien foible portion de débris desséchés et d'une bien foible valeur comme engrais, c'est-à-dire le chaume qu'on lui enlève même assez souvent.

Ainsi, les graminées vivaces fauchées en fleurs, qui font la base de la plupart de nos prairies, peuvent être très avantageusement intercalées avec les graminées annuelles, soumises à nos cultures ordinaires; et, comme nous l'avons déjà observé, et ne saurions trop souvent le répéter, cette conversion alternative de prairies en terres arables est une des opérations agricoles les plus avantageuses et les plus conformes aux bons principes, et plusieurs faits attestent même que les terres compactes, ainsi traitées, finissent souvent par devenir propres à la culture du trèfle, de l'orge et d'autres productions importantes auxquelles elles se refusoient auparavant.

Cependant, malgré tous ces avantages incontestables, il existe une prévention générale contre le défrichement des prairies et des pâturages, et on se détermine ordinairement avec beaucoup de difficulté à l'entreprendre. Quelle peut en être la cause? Indépendamment du peu de connoissances qu'on réunit ordinairement pour en former convenablement de nouvelles, ce qui doit nécessairement faire redouter la destruction des anciennes, nous pensons qu'on peut assigner la véritable cause de cette répugnance aux vicieux cours de culture adoptés ordinairement, et qu'on suit aveuglément, sans aucun principe raisonnable d'assolement, après tous les défrichemens dont le résultat ordinaire est d'épuiser complètement et de souiller horriblement la terre au bout de quelques années, en abusant du précieux état de netteté, d'ameublissement et de fertilité dont elle est douée, et qu'on eût pu conserver indéfiniment avec des assolemens convenables.

Avant de passer à l'examen de ces assolemens, arrêtons-nous un peu sur les divers modes de défrichemens des prairies et des pâturages, après avoir observé que la première chose à faire, pour se livrer avec succès aux défrichemens, consiste à dessécher convenablement le sol, avant tout, lorsqu'il est trop humide.

Les instrumens qu'on emploie le plus communément pour défricher les prairies sont la bêche, l'écobue et la charrue.

Malgré toute la perfection du travail opéré avec la bêche ou avec tout autre instrument équivalent, et malgré la grande prédilection que Rozier manifeste pour elle, relativement à plusieurs cultures, et notamment à l'égard du défrichement des prairies, nous ne pouvons lui accorder la préférence sur la charrue, dans les défrichemens en grand, qui nous paroissent réclamer impérieusement l'emploi de ce dernier et expéditif instrument. Nous savons très bien que la bêche retourne mieux, divise mieux, et enfouit mieux le gazon et toutes les racines, en ramenant à la surface une terre meuble très propre à la culture; mais nous savons très bien aussi, que le travail de cet instrument est long, pénible et dispendieux, trois inconvéniens de la plus haute importance dans toutes les cultures en grand, où il est toujours essentiel de les éviter, autant que possible; et nous pensons qu'ici *le mieux est réellement l'ennemi du bien*, comme en beaucoup d'autres cas, et qu'il faut laisser cet instrument aux petites cultures, où la célérité, la facilité et l'économie ne sont pas toujours les principaux objets qu'on a en vue.

L'écobue est une espèce de large *houe*, *binette*, *pioche* ou *tranche* recourbée, plus ou moins longue, et plus ou moins large, et dont le fer nous paroît avoir, le plus communément, environ vingt à vingt-quatre centimètres de long, sur moitié à peu près de largeur à sa base tranchante, qui va ordinairement en se rétrécissant jusqu'au manche, où il se trouve réduit au quart environ de cette largeur.

Cet instrument, fait avec le meilleur fer, et d'une épaisseur proportionnée à ses autres dimensions, renforcé dans le milieu où l'effort se fait, et ayant son tranchant trempé solidement en acier, se fixe dans un manche court, par une douille ronde et solide, ménagée dans le haut.

L'ouvrier qui s'en sert, en s'inclinant vers la terre, et en tenant ses jambes écartées, commençant à défricher à la droite du champ, à une de ses extrémités, enfonce d'abord cet instrument, un peu horizontalement, à sa droite, puis devant lui, et il donne ensuite à sa gauche un troisième coup, qui enlève un gazon d'environ trente-deux centimètres de large sur quarante-huit de long, et huit, à peu près, d'épaisseur.

Par un léger mouvement, il déplace de dessus son instrument ce gazon, qu'il pose à sa droite, dans le même sens, c'est-à-dire les racines en-dessous, et il continue toujours ainsi devant lui, en avançant jusqu'à ce qu'il soit arrivé à l'extrémité opposée du champ. Il revient alors commencer de nouveau à côté de sa première ouverture.

Lorsque plusieurs *écobueurs* sont employés à la même opération, ils se placent, successivement et en échelons, à la gauche les uns des autres, et se conforment en tout à la marche et au travail du premier.

Il est essentiel que l'écobue soit enfoncée au-dessous des principales racines traçantes, afin qu'elles ne puissent plus produire de nouvelles plantes.

Il est indispensable aussi de choisir, pour commencer cette opération, une saison chaude et un temps sec, autant que possible, afin d'accélérer la dessiccation des gazons qui, par un temps humide et dans une saison pluvieuse, végèteroient plutôt que de sécher.

Afin de hâter leur dessiccation, on peut les retourner alternativement des deux côtés, ou plutôt les dresser et les appuyer supérieurement l'un contre l'autre, en les inclinant.

Dès qu'on s'aperçoit qu'ils sont suffisamment secs, on les ramasse pour les amonceler de distance en distance dans le champ, et on les dispose ainsi.

On les entasse carrément, ou plutôt circulairement, en laissant dans le centre un vide, en forme de petit fourneau peu élevé, et recouvert le plus solidement possible par de nouveaux gazons superposés horizontalement d'abord, et verticalement ensuite.

On a soin de placer inférieurement et intérieurement, autant que possible, la partie gazonneuse, afin que le feu prenne plus aisément.

Après avoir mis, dans l'intérieur, un peu de matière très inflammable, comme des feuilles, des racines, de la bruyère ou de la paille, très sèches, et avoir ménagé une légère ouverture en forme de cheminée, on met le feu.

Il est essentiel de choisir, pour l'incinération, un temps calme, parcequ'un vent violent donnant à la flamme trop d'énergie, dissiperoit en pure perte la majeure partie du combustible et vitrifieroit la silice.

C'est aussi pour éviter cet inconvénient, et pour amortir la flamme qui dévoreroit la substance la plus utile à la végétation, et calcineroit trop fortement les matières soumises à son action, ce qui produiroit deux effets également nuisibles, qu'il faut boucher soigneusement toutes les ouvertures, excepté celles indispensables pour empêcher que le feu ne s'éteigne. Les gazons doivent brûler à feu lent et étouffé, et plus la combustion sera prolongée et concentrée, plus les cendres qui en résulteront seront abondantes et plus elles auront de qualité. Elles conserveront alors une teinte noirâtre et charbonneuse, et nous avons reconnu qu'elles étoient plus efficaces en cet état que lorsqu'elles avoient été réduites, par la violence du feu, à une couleur blanchâtre.

Lorsque la couche superficielle du terrain que l'on défriche abonde en substance calcaire, une forte partie se calcine, lors de l'incinération de la substance végétale; elle augmente la quantité de cendre et les bons effets de l'opération, et le sol se trouve tout à-la-fois engraissé et amendé.

Dès qu'on s'aperçoit que le feu est éteint, il est prudent de ne pas perdre de temps pour répandre, le plus également possible, sur toute la surface du champ, les débris des fourneaux et pour les enterrer, par un labour léger, dans la crainte que le vent n'en enlève une partie. Cette opération se feroit, sans doute, avec moins de perte, par un temps calme et après une pluie, mais il faut prendre garde d'en compromettre le succès en la différant. Quelques cultivateurs ont prétendu que les cendres s'amélioroient en restant quelque temps répandues sur le sol, et en admettant cette assertion, les risques de les voir balayées par le vent contre-balancent fortement cet avantage, s'il est réel.

Il faut avoir la plus scrupuleuse attention d'enlever complètement la cendre qui s'est accumulée sous les tas; sans cette précaution, la végétation y devient trop vigoureuse, et c'est toujours au détriment du cultivateur, qui, trompé par une séduisante apparence, y récolte peu de grains.

Lorsqu'on a pu admettre la charrue à la place de l'écobue, ce qui est plus expéditif et plus économique, et lorsqu'on croit devoir brûler la couche gazonneuse qu'elle a enlevée, il faut alors la couper en carrés réguliers, et suivre les mêmes procédés qu'après l'écobuage.

Dans tous les cas, il est essentiel d'enfouir les cendres à peu de profondeur, parcequ'il est d'observation constante qu'elles tendent, ainsi que la chaux, la suie et tous les engrais pulvérulens, à s'enfoncer naturellement au-dessous du labour.

Nous devons entrer ici dans quelques détails sur les effets de l'incinération qui suit ordinairement l'écobuage, qu'on confond souvent avec elle, quoiqu'elle n'en soit qu'une opération préparatoire qui n'est pas même indispensable, puisqu'on peut la remplacer souvent avantageusement par le labour, comme on le fait quelquefois.

De toutes les opérations agricoles, aucune peut-être n'a été envisagée par les agronomes sous des rapports plus opposés. Les uns l'ont reconnue comme *une pratique excellente*, tandis que d'autres l'ont déclarée, sans hésiter, *une pratique détestable.*

Les premiers ont vu que, par cette opération, on détruisoit très efficacement toutes les racines des plantes vivaces et traçantes, comme le chiendent et toutes celles analogues; qu'on détruisoit également tous les germes de plantes, d'insectes et autres animaux nuisibles aux récoltes, que la terre recéloit dans son sein; qu'on détruisoit aussi les larves des insectes, les matières excrémentielles et les racines des plantes mortes; qu'on communiquoit au sol un degré de chaleur très propre à activer la végétation; qu'on mettoit en action toutes ses facultés, en réduisant l'humus à un état de dissolution très prononcé; enfin qu'on ajoutoit souvent l'amendement à l'engrais, en rendant les terres tourbeuses moins spongieuses et plus réduites, les terres argileuses moins compactes et plus perméables, et les terres calcaires plus friables et plus divisées, etc.

Les derniers ont vu, dans l'incinération de la couche gazonneuse, une dissipation nuisible des principes de la végétation, qu'il eût fallu retenir au lieu de faire évaporer en fumée les sels, les huiles et toutes les matières qu'on retrouve dans la substance fuligineuse, et quelques uns même y ont vu, en outre, les terres compactes et argileuses se réduire en une espèce de terre briquetée, d'autres en une sorte de vitrification, et d'autres enfin en une espèce de frite improductive.

Quelque opposées que soient les observations que nous venons de rapporter, ou d'autres semblables, et quelque prévention ou impartialité qu'on ait mise à les faire, nous pensons, sans chercher ici à prononcer sur le degré relatif de confiance que chacune d'elles mérite, qu'en traitant généralement la question de l'incinération, elle présente plus d'avantages que d'inconvéniens réels; qu'elle est sur-tout applicable aux sols tourbeux, marécageux et argileux, couverts de plantes à racines traçantes, qu'on ne peut bien détruire, ainsi que les germes de végétaux et d'animaux nuisibles, les matières excrémentielles et les racines des plantes mortes, que par ce moyen; que la pratique éclairée de nos plus célèbres cultivateurs, parmi lesquels nous citerons Turbilly, Chaptal et Douette Richardot l'a constamment reconnue comme infiniment au-dessus de toutes les autres opérations, pour obtenir ces résultats essentiels; et enfin, que les graves inconvéniens que nous savons qui en résultent réellement assez souvent, sont bien plus attribuables à l'abus qu'on en fait, et principalement aux vicieux assolemens qui sont introduits ordinairement après, qu'à un vice réel inhérent à cette pratique.

Quoi qu'il en soit, il est essentiel, lorsqu'on s'y détermine, 1° d'enlever le plus de racines possible, en n'enlevant pas assez de terre pour nuire à leur prompte et complète incinération; 2° que les cendres soient intimement mêlées avec le sol et peu enfouies, afin de rendre leur action plus prononcée et plus immédiate; et 3° que l'assolement adopté ensuite soit tel qu'on n'abuse jamais du grand degré de fertilité que cette importante opération communique à la terre.

La prompte réduction de l'humus à un état dissoluble étant un des grands moyens d'activer la végétation, et que l'incinération procure, on peut encore l'opérer par un autre moyen praticable dans un grand nombre de cas. C'est par l'emploi de la chaux éteinte, déposée également en grande quantité sur les herbages qu'on veut détruire, préalablement à leur défrichement. Ce moyen réduit aussi très promptement le gazon en terre soluble, et active singulièrement la végétation; mais il exige les mêmes précautions que nous avons cru devoir prescrire pour l'incinération, étant également susceptible de résultats très fâcheux lorsqu'on en abuse, et sur-tout lorsque l'assolement adopté est plus avide que raisonné.

Soit que l'on emploie l'incinération, ou la chaux, pour accélérer la dissolution de l'humus et activer la végétation, il est toujours essentiel que le labour qui s'ensuit soit fait superficiellement, sur-tout après l'emploi du premier moyen, afin de ne pas placer l'engrais trop bas, et aussi pour achever la décomposition du gazon par l'influence de l'atmosphère dont l'action dissolvante est aussi très puissante, lorsqu'elle agit sur les corps désorganisés.

Lorsque, sans avoir recours à ces deux moyens, on emploie seulement le labour pour le défrichement des prairies, il doit être plus profond qu'après leur emploi, afin de soustraire le gazon à l'air et à la lumière qui ranimeroient sa végétation, s'il n'étoit complètement enfoui, et, sur les terrains exempts de pierres et de fortes racines, l'addition à la charrue, d'une espèce de coutre large et horizontal en forme d'écumoir, qui, en précédant le soc, écume, pour ainsi dire, le gazon qui tombe au fond de la raie, est une chose fort utile.

L'époque la plus convenable pour le défrichement des prairies avec la charrue est en été, si l'on veut semer avant l'hiver, ou détruire beaucoup de racines traçantes, parceque les labours répétés dans cette saison sont le meilleur moyen, après l'écobuage et l'incinération, pour les détruire et pour décomposer le gazon, et c'est en automne, si l'on veut semer au printemps, parceque les gelées de l'hiver détruisent une grande partie du gazon qui n'a pu être enfoui, et la terre se trouvant, aussi, ameublie par la même cause, se prête beaucoup mieux aux opérations aratoires subséquentes.

Nous observerons avec Rozier que, dès que la chaleur n'est pas à dix degrés au-dessus du point de congellation du thermomètre de Réaumur, l'herbe pourrit difficilement, et elle ne pourrit point du tout, si la chaleur n'est que de deux à trois degrés, parcequ'il n'y a point de fermentation alors, et sans fermentation point de putréfaction.

C'est d'après cela que lorsque le premier labour n'a pu être fait, comme cela arrive souvent en défrichant les prairies, à une époque où une chaleur assez forte a pu décomposer le gazon, il y a généralement de l'inconvénient à donner plusieurs labours, au lieu de se borner au premier, parceque les derniers ne font autre chose que de ramener à l'atmosphère la couche gazonneuse intacte ou peu décomposée, et qu'il en résulte toujours les plus grands inconvéniens, comme nous l'avons souvent observé.

Revenons maintenant à l'assolement des prairies ou pâturages défrichés.

Quelque moyen qu'on ait employé pour défricher une prairie ou un pâturage, et pour en décomposer le gazon, la terre y est généralement douée d'une grande fertilité, résultante de l'accumulation des débris végétaux qui ont dû s'amasser tant que l'herbe y existoit, ainsi que par l'effet de son défrichement; elle est également assez nette de semences nuisibles aux récoltes, qui ont dû se trouver détruites en grande partie par le séjour de l'herbage, et elle est encore ordinairement très meuble, tant par l'effet du terreau qui s'est mêlé à la terre, que par l'opération même du défrichement.

C'est cet heureux état qu'il est de la plus haute importance de prolonger le plus possible, tout en obtenant des produits avantageux; un assolement quelconque, conforme aux principes que nous avons établis et développés, en procure aisément les moyens.

En cet état, la terre peut admettre avantageusement dans son sein toutes les semences que sa nature et le climat comportent, et la plupart des plantes que nous avons particulièrement affectées à notre troisième division, comme exigeant généralement le terrain le plus fertile, peuvent s'y cultiver avec beaucoup de succès, surtout le millet, le panis, l'alpiste et le sorgho; le pastel, la moutarde et le rutabaga; le chanvre, le lin, la garance, la cardère, le tabac, le safran et le pavot; ainsi que le chou, le colsat, la gaude, la pomme de terre, la rave, les fèves, l'avoine, etc. Le point essentiel consiste à tellement coordonner entre elles ces diverses cultures ou autres équivalentes, et à les intercaler de telle manière avec d'autres cultures, qu'elles maintiennent constamment le sol meuble, net et fertile.

Une attention générale qu'on doit avoir, c'est de confier à la terre moins de semences que dans les cas ordinaires, parcequ'étant plus fertile, chaque plante talle ordinairement et se ramifie beaucoup, et qu'il peut résulter de grands inconvéniens d'un excès de semence, tel que le versement, l'étiolement, la rouille, la coulure et la luxuriance des feuilles aux dépens des graines.

Une seconde attention importante consiste à retarder l'admission de l'orge, jusqu'à ce que le terrain soit complètement ameubli, parcequ'elle exige essentiellement, pour prospérer, un terrain ainsi préparé, et il faut différer sur-tout celle du froment jusqu'à l'entière destruction du gazon, parcequ'il réussit toujours fort mal dans les terres gazonneuses.

Enfin une troisième attention qu'il ne faut jamais perdre de vue, c'est d'accélérer, par tous les moyens possibles, cette destruction complète du gazon et des racines vivaces et traçantes qui entrent dans sa composition.

Nous mettons au premier rang, pour opérer ce salutaire effet, la culture de la pomme de terre, que nous avons vue commencer le cours régulier qui suit tous les défrichemens dans le département des Deux-Nèthes et dans plusieurs autres, et qui donne constamment en ce cas les produits les plus avantageux, tout en remplissant complètement l'objet désiré; celle de la rave, qui réussit également très bien, en remplissant parfaitement le même objet, et qui, après l'écobuage et l'incinération, donne, ainsi que le colsat et la navette, des récoltes du plus grand produit; celle des fèves, cultivées en rayons, particulièrement applicable aux terres compactes et argileuses, qu'elles ameublissent et préparent merveilleusement pour toutes les cultures céréales; et enfin celle de l'avoine, le moins délicat de tous nos grains sur la préparation du sol, et qui fournit aussi, à très peu de frais et ordinairement sur un simple labour, des produits très abondans, en détruisant également bien le gazon par son ombrage; ainsi que la culture du chanvre qui possède le même avantage, et qui y réunit celui de ne pas verser.

Il est également très essentiel d'intercaler rigoureusement les cultures très exigeantes et très épuisantes, et sur-tout celles des grains et des plantes oléifères, avec celles qu'on peut appeler restaurantes et améliorantes, telles que celles des vesces, gesses, pois, fèves, et de toutes les plantes fauchées en vert pour fourrage.

Enfin, on ne doit jamais se déterminer à rétablir une prairie qu'on a détruite, qu'après avoir complètement décomposé tout le gazon qui en provenoit et principalement les racines vivaces, et avoir donné à la terre des engrais équivalens à ses déperditions; car ces deux conditions sont toujours de rigueur pour assurer le succès de tout établissement nouveau en ce genre.

Terminons par quelques exemples des assolemens ou rotations de culture, qui nous ont paru le plus généralement applicables aux prairies défrichées de notre première et de notre seconde division, et qui peuvent également convenir à la troisième.

Sur les terres de la première division,

Première année, pommes de terre ou raves, sur-tout après l'écobuage et l'incinération.

Deuxième. Avoine ou orge, selon l'état plus ou moins meuble de la terre; puis raves ou spergule, ou toute autre pâture momentanée consommée sur place.

Troisième. Vesce ou gesse fauchée en vert; puis sarrasin.

Quatrième. Orge et trèfle, ou lupuline.

Cinquième. Trèfle ou lupuline, plâtré ou cendré.

Sixième. Froment ou seigle, ou épeautre; puis raves ou spergule, etc., consommés sur place.

Septième. Vesce ou gesse, ou tout autre fourrage convenable.

Et *huitième*, orge et prairie avec engrais pour rétablir la prairie, en laissant la terre très nette, meuble et fertile à la neuvième année.

Ou bien,

Première année, avoine, puis raves, ou spergule consommées sur place.

Deuxième. Pommes de terre, ou sarrasin, ou raves.

Troisième. Orge et trèfle, ou lupuline.

Quatrième. Trèfle ou lupuline avec le secours du plâtre, des cendres, de la suie ou de tout autre engrais pulvérulent.

Cinquième. Froment ou seigle, etc., comme précédemment.

Sixième. Pâture momentanée de colsat, navette, etc., ou tout autre fourrage fauché en vert, ou mieux, consommé sur place; puis, seconde récolte améliorante.

Et *septième*, orge et prairie avec engrais, afin de rétablir la prairie, en laissant également la terre dans le meilleur état de netteté, d'ameublissement et de fertilité.

Sur les terres de la seconde division,

En commençant par les fèves ou par l'avoine, on peut les intercaller très avantageusement, sur-tout en houant les premières, pendant quatre, cinq, ou six ans, suivant les besoins et l'état de la terre, en la fumant une ou deux fois, en la semant ensuite en trèfle à la dernière récolte intercallée ainsi, puis en froment; et, après une avant-dernière récolte préparatoire fumée, telle que vesce, gesse, fèves, chou ordinaire, ou colsat, on peut y rétablir la prairie avec une dernière récolte d'avoine, lorsque la terre est suffisamment nette, meuble et engraissée.

Sur les terres de la troisième division,

On peut substituer la carotte, le panais, la betterave, le chanvre, le lin, et autres cultures qui exigent une terre essentiellement meuble et fertile, aux fèves, chou, colsat, sarrasin, pommes de terre, vesce, gesse, etc.; et l'escourgeon, au seigle, à l'épeautre et au froment.

Au reste, le choix des récoltes doit toujours être déterminé par les circonstances locales; l'essentiel consiste à les intercaler convenablement, d'après les principes que nous avons établis, à y multiplier le plus possible celles qui peuvent être houées et consommées sur place, et à ne jamais rétablir la prairie que la terre ne soit complètement nettoyée, ameublie et engraissée, après l'entière destruction du gazon.

SECONDE SECTION. *Des légumineuses.*

Les principales plantes légumineuses, les plus applicables à notre seconde division, sont toutes les espèces de trèfle, annuelles, bisannuelles, ou vivaces, soumises à nos cultures, ou susceptibles de l'être; spécialement le trèfle commun, le trèfle rampant, le trèfle fraisier, le trèfle de montagne et le trèfle incarnat; et diverses espèces et variétés de fève, de vesce, de gesse et de pois.

DU TREFLE COMMUN. Le trèfle commun, *Trifolium pratense purpureum*, qu'on appelle en divers cantons de la France *grand trèfle*, *trèfle des prés*, *trèfle pourpre*, *trèfle de Hollande*, ou *de Flandre*, ou *de Piémont*, *herbe à vache*, *triolet*, *tremène*, *et clave*, d'où paroît dérivé son nom anglais *clover*, est une plante indigène dont la durée ne se prolonge guère au-delà de la troisième année, et qui périt même souvent à la seconde, après avoir fructifié, quoique ses reproductions l'aient souvent fait considérer comme étant plus vivace.

De sa racine ligneuse, pivotante et fibreuse, s'élèvent plusieurs tiges, quelquefois jusqu'à un mètre environ, garnies de folioles ovales, trilobées, et maculées assez souvent de blanc ou de noir, et de fleurs purpurines en têtes arrondies, remplacées par de petites gousses renfermant des graines rondes, jaunâtres ou d'un brun violet.

Cette plante, l'une des plus importantes de l'agriculture française, et qui croît spontanément dans un très grand nombre de nos prairies naturelles, où elle est si inférieure à celle qui se trouve cultivée en grand, qu'on la prendroit à peine pour la même plante, ce qui nous fournit une nouvelle preuve frappante de l'heureuse influence d'une culture soignée et prolongée, ne paroît pas en avoir été tirée, en France comme en Angleterre, long-temps avant le seizième siècle. Olivier de Serres n'en parle pas plus que ses contemporains, et, du temps même de Duhamel, sa culture étoit bien peu répandue, et les moyens d'en tirer le parti le plus avantageux pour les assolemens étoient peu connus.

Parcourons d'abord les divers périodes de cette culture, et nous verrons ensuite que cette plante est une des plus précieuses qui existent pour nos assolemens à court terme.

Qualité et préparation du sol. On a dit et répété que le trèfle prospéroit sur les terres sablonneuses et légères : cela peut être, et cela est en effet en Angleterre comme en Hollande, à cause de l'humidité du climat et du sol ; mais comme ces deux circonstances se rencontrent beaucoup plus rarement en France que dans ces contrées, si l'on excepte quelques unes de nos régions septentrionales, ces terres conviennent généralement peu à cette production, parmi nous, à moins qu'elles ne soient abreuvées d'une grande humidité, ce qui est assez rare.

Les terres argileuses, marneuses et humides sur-tout, rendues moins compactes par l'effet des amendemens convenables, par la chaux, ou autres substances calcaires, par des fumiers longs et abondans, et par de profonds labours d'automne, lorsqu'ils sont praticables, nous paroissent bien plus convenables ordinairement au trèfle, que les premières sur lesquelles nous avons remarqué que les produits étoient presque toujours foibles, souvent brûlés, et qu'il convient beaucoup mieux de consacrer au sainfoin.

« Le trèfle, dit M. de Père, réussit bien dans les terrains argileux, quand ils sont égouttés parfaitement, bien ameublis et amendés, et on ne doit pas en tenter la culture sur les terrains trop amaigris par défaut d'engrais et une longue succession de récoltes épuisantes, sur les terrains de roche couverts de pierres ou de gravier, sur les sables secs et maigres, sur les terres ferrugineuses, submergées ou marécageuses. »

On le fait cependant très souvent, et on accuse encore le trèfle du défaut de succès qui en résulte nécessairement.

Procédés particuliers de culture et de récolte. D'après les détails généraux dans lesquels nous sommes entrés, relativement à la préparation du sol, à la semaille, à l'établissement et à l'entretien des prairies artificielles, et auxquels nous renvoyons, afin d'éviter ici des répétitions au moins inutiles, il nous suffit de considérer quelques objets particuliers de la culture et de la récolte du trèfle.

1° La forme pivotante et assez longue, lorsqu'elle peut se développer complètement, de la racine du trèfle qui est fibreuse aussi, exige des labours profonds et bien faits, principalement avant les fortes gelées qui peuvent éviter bien des labours ; et le développement de cette plante est ordinairement proportionné à la longueur, à l'enfoncement et à la grosseur de sa racine.

2° Les engrais, calcaires sur-tout, sont indispensables à la prospérité du trèfle et à celle des récoltes qui lui succèdent immédiatement. Lorsqu'on n'a pu fumer la terre avant son ensemencement, il convient de le faire au moins l'automne ou l'hiver suivant, en couvrant légèrement le trèfle d'engrais, et à défaut de fumier, le plâtre, la suie, la chaux, les cendres de tourbe, de charbon de terre et de bois, ou tout autre engrais pulvérulent équivalent, semés le plus tôt possible, en petite quantité et par un temps calme et humide, y suppléent d'une manière très efficace et économique, particulièrement sur les terrains qui manquent de l'humidité nécessaire à la prospérité de cette végétation.

3° Le choix de la semence est un des objets les plus importans de cette culture. De même que, par des soins convenables et prolongés, l'industrie du cultivateur est parvenue à élever l'humble *triolet* de nos prairies jusqu'à la hauteur d'un mètre, et à rendre cette plante une des plus productives en fourrage, de même aussi on la voit insensiblement se rapprocher, par le défaut de soins, de son état primitif et naturel, vers lequel tendent toujours les êtres améliorés, dès qu'on leur refuse les soins constans et nécessaires qu'on leur avoit prodigués jusqu'alors.

La respectable société d'agriculture, du commerce et des arts, qui a si puissamment contribué aux améliorations agricoles et commerciales de la ci-devant Bretagne, a constaté, il y a long-temps, la différence qui pouvoit exister entre plusieurs sortes de graines de trèfle; et elle a trouvé une grande supériorité, pour la multiplication et le produit, entre celle qu'elle s'étoit procurée de la Hollande, qui la tire souvent de la Flandre, qui paroît être le pays par excellence pour cette production dont elle paroît aussi avoir été le berceau, et celle de Normandie, qui lui est généralement inférieure en poids et en qualité.

Gilbert, qui connoissoit les expériences comparatives de cette société sur cet important objet, les répéta devant nous, et reconnut qu'à volume égal, la graine de Hollande pesoit un septième environ de plus que l'autre; qu'après avoir été lavée, la première perdoit un neuvième de son poids, et la seconde un cinquième. Une même quantité de grains choisis de l'une et de l'autre ont donné des résultats très différens; en comparant la totalité des produits, il a été reconnu que ces deux sortes de graines avoient donné à peu près le même nombre de tiges; mais le trèfle de Hollande s'est élevé beaucoup plus vite, et il est parvenu à une plus grande hauteur; ses feuilles plus longues ont beaucoup mieux garni le terrain, *et ont donné beaucoup plus de fourrage* que celui de Normandie.

Nous ajouterons à ces faits qu'ayant semé plusieurs fois comparativement, dans des circonstances parfaitement semblables, de la graine de trèfle récoltée sur notre exploitation, dont les terres sont généralement peu convenables à cette production, et de la graine récoltée dans les environs de Lille, nous avons constamment trouvé une différence remarquable dans les produits comme dans le poids respectif de ces deux sortes de graines, la dernière nous ayant donné des produits bien plus avantageux que la première.

On doit donc toujours se procurer, pour semer, la graine de trèfle la plus pesante, la plus nette et la mieux nourrie, et lorsqu'on ne peut l'obtenir sur sa propre exploitation, il est généralement avantageux d'en tirer des contrées les plus renommées pour cette production, et particulièrement de nos départemens septentrionaux.

La graine de trèfle, provenue de cette plante à sa seconde année, vaut mieux que celle qu'elle produit quelquefois à l'automne de la première, et elle est encore préférable, comme nous nous en sommes assurés, à celle de la troisième qu'elle n'atteint pas toujours, et où elle est moins vigoureuse et moins nette, toutes les fois qu'elle y parvient.

Nous avons remarqué, avec d'autres cultivateurs, que les graines produites par la première végétation du printemps étoient généralement moins bonnes que celles de la seconde, ce qu'il faut attribuer à ce que cette végétation est ordinairement trop vigoureuse pour cet objet, parceque la luxuriance des tiges et des feuilles est généralement aux dépens de la fructification, et qu'elles verseroient souvent, d'ailleurs, si on les laissoit long-temps sur pied après la floraison. Il est donc plus avantageux, sous plusieurs rapports importans, de n'obtenir la graine que de la seconde pousse, qui est toujours plus nette, plus droite et plus modérée dans son essor; mais il est essentiel que la première pousse soit récoltée le plus tôt possible, afin de ne pas trop retarder la maturité de la semence produite par la seconde, et on la fait quelquefois pâturer de bonne heure au printemps.

Il est généralement avantageux de défricher le plus tôt possible les tréflières dont on a obtenu de la graine.

On peut récolter la graine de trèfle de deux manières principales: la première, qui est la plus expéditive, consiste à moissonner les plantes porte-graines, ou avec la faucille ou avec la faux, à les étendre très mince sur le champ, jusqu'à ce qu'elles soient bien sèches, et à les lier ensuite pour les battre à la grange avec le fléau. La seconde, plus longue et plus coûteuse, à la vérité, mais qui sépare beaucoup plus sûrement la graine de cuscute et autres semences nuisibles, consiste à n'enlever à la main que les têtes qui renferment la graine de trèfle, lorsqu'elles sont bien sèches, et à les battre sans délai, lorsque le temps est chaud, avec de petites gaules qui en font assez facilement sortir les semences à cette époque. Cette graine est quelquefois dévorée par un petit insecte; mais lorsqu'elle est bien sèche et mise sèchement à couvert, elle en est exempte.

On distingue ordinairement deux couleurs particulières dans la graine de trèfle dégagée de son enveloppe; la jaune et la brune, ou plutôt violette. Nous pensons que Gilbert s'est trompé en regardant la dernière comme *infiniment moins bonne* que la première; nous considérons au contraire sa couleur comme un indice certain du perfectionnement de sa maturité; et elle nous a toujours paru meilleure, ainsi qu'à d'autres cultivateurs. On a assuré, aussi, que la graine de deux ou trois ans étoit meilleure que celle de la première année; nous n'avons jamais remarqué cet effet, qui nous paroît d'ailleurs contraire aux principes généraux applicables sur-tout aux semences foibles, et nous la croyons très sujette, comme elles, à se détériorer par l'âge.

On peut rigoureusement semer cette graine enveloppée dans sa gousse, comme nous l'avons fait quelquefois; elle n'en est que plus à l'abri des ravages des insectes et ne s'en conserve que mieux jusqu'au moment de sa germination; mais on l'en débarrasse ordinairement, sur-tout pour la vente, cela étant beaucoup plus commode; c'est ce qu'on appelle en plusieurs endroits *éhouper*, et l'on a imaginé près d'Orléans et dans quelques autres parties de la France, des moulins fort ingénieux pour remplir expéditivement cet objet.

Lorsqu'on soupçonne que la graine de trèfle est infectée de semences nuisibles ou imparfaites, il est avantageux de la plonger dans l'eau; la plupart de ces semences surnagent, et on peut aisément les en séparer avec une écumoire.

On a quelquefois semé cette graine en automne avec succès, seule ou sur des champs ensemencés en grains; mais cette méthode convient rarement; la meilleure manière nous paroît consister à la semer au printemps, sur les champs ensemencés en céréales, ou autres productions printanières, ou immédiatement après la semaille principale, ou après la levée, ce qui doit toujours dépendre de l'état de la terre, de la nature des productions et de plusieurs autres circonstances que le cultivateur doit prendre en considération (1).

On la sème aussi assez souvent au printemps, sur les champs ensemencés, dès l'automne, en grains ou autres productions; et tantôt on la recouvre avec la herse, tantôt avec le rouleau, tantôt avec des épines, tantôt avec le châssis appelé *ploutre*. Quelquefois même on ne la recouvre pas du tout: elle a généralement, ainsi, des chances moins favorables pour son succès, et dans ce cas, comme dans tout autre, plus tôt on la sème, mieux cela vaut, et on la répand quelquefois avec beaucoup d'avantage, lorsque la terre est légèrement couverte de neige; elle s'enfonce en terre lors de la fonte, n'a pas besoin d'être recouverte, et germe aux premières chaleurs.

4° Soit qu'on veuille consommer le trèfle en fourrage vert, soit qu'on veuille le convertir en fourrage sec, il convient de le faucher lors du développement complet de la floraison; plus

---

(1) M. le sénateur comte Chaptal a eu la bonté de nous informer, depuis que ceci est écrit, qu'il a semé avec succès, en automne, du trèfle avec du seigle, sur sa magnifique propriété de Chanteloup, dont nous avons eu l'avantage d'admirer l'excellente culture qu'il y a introduite depuis plusieurs années.

tôt, il est trop aqueux, il est moins nourrissant et fane beaucoup plus difficilement; et plus tard, il épuise inutilement la plante.

Cependant, lorsque le temps ne paroît pas assuré, il est toujours avantageux de retarder cette opération, et il ne l'est pas ordinairement de l'avancer; car il a été éprouvé, comme l'observe M. de Père, sur deux espaces égaux d'une tréflière, que trois coupes faites en six semaines sur l'un, d'une herbe trop tendre, n'ont produit en tout que soixante-dix livres de fourrage, tandis que sur l'autre, une seule coupe d'un trèfle parvenu à toute sa croissance a produit un quintal.

En fauchant le trefle à l'époque indiquée, on peut ordinairement en faire trois coupes; la première est la plus nourrissante et la plus abondante; et la seconde l'est plus que la troisième qu'il convient souvent d'enfouir comme engrais végétal, en défrichant la tréflière. On parvient quelquefois à augmenter le nombre de ces coupes par le moyen des engrais pulvérulens indiqués, et surtout par des engrais liquides.

Un des plus grands inconvéniens du trèfle consiste dans la difficulté de son fanage : c'est la plus aqueuse de nos plantes cultivées communément en prairies artificielles, et nous avons plusieurs fois constaté qu'il perdoit par la dessiccation les deux tiers environ de son poids. Pour peu qu'il soit mouillé, après avoir été fauché, il noircit, et quelquefois se moisit, s'échauffe en tas, et s'altère au point de n'être plus propre qu'à être converti en fumier.

Lorsqu'on le remue beaucoup pour le faner, il perd la majeure partie de ses feuilles qui se dessèchent long-temps avant les tiges, et qui se réduisent en poussière lorsqu'on y touche par un temps sec et chaud. Il convient donc d'éviter les momens de la plus forte chaleur pour le répandre et le remuer, et de ne jamais le faire brusquement; et il ne faut jamais l'amonceler non plus qu'il ne soit bien sec, car il s'échauffe très promptement, et la pluie le pénètre aisément.

Lorsqu'on n'a pu le faner complètement, on peut le stratifier avec de la paille ou du foin sec ordinaire, et ils s'améliorent réciproquement.

Cretté le méloit même quelquefois avec du vieux foin dans le champ, pour accélérer sa dessiccation qu'on ne sauroit trop avancer lorsqu'on le peut, et ce moyen est infiniment préférable aux *juchoirs à perroquets* recommandés par quelques écrivains.

On peut aussi appliquer au trèfle le fanage par fermentation que nous avons indiqué en parlant du regain des prairies.

Lorsqu'on moissonne le grain avec lequel il a été semé, il est avantageux d'en faire la récolte avec la faucille, et de faucher ensuite le chaume mêlé au trèfle, dont il facilite la dessiccation, et qui s'en trouve amélioré.

Un beau temps fixe est plus nécessaire pour opérer le fanage complet du trèfle, que pour produire le même effet sur nos autres prairies artificielles ordinaires, et on doit l'attendre toutes les fois que cela est praticable sans inconvéniens graves.

Quoique la cuscute, ou rache, ou teigne, attaque plus rarement le trèfle que la luzerne (*voyez* ce mot), elle s'implante cependant aussi quelquefois sur ses tiges, et en rend le fanage plus difficile encore. Il est toujours avantageux de faner et de mettre à part toutes les parties qui en sont attaquées, parcequ'elles peuvent gâter le bon foin en conservant très long-temps une humidité dangereuse.

Dans quelques cantons de nos départemens septentrionaux, on a introduit l'excellente pratique de couvrir d'un chapiteau en paille les meules de trèfle qui se trouvent ainsi préservées des dommages qu'occasionnent souvent les pluies abondantes et prolongées.

Principaux emplois du trèfle. Soit en vert, soit en sec, le trèfle offre à tous les bestiaux une nourriture saine et abondante; ils le mangent tous avec beaucoup d'avidité, et il est essentiel de ne leur en donner qu'avec réserve, car l'excès en vert les relâche souvent trop, ou les météorise, et en sec on a remarqué qu'il produisoit l'excès contraire.

Il engraisse très bien les bêtes à laine, augmente beaucoup le lait des brebis nourrices, et contribue puissamment au développement des agneaux, auxquels il fournit un aliment très tendre et très convenable. Sa précocité le rend très propre à achever l'engrais des bœufs et des moutons au printemps.

Il donne aussi aux vaches laitières un lait très abondant et de bonne qualité, auquel on a quelquefois reproché un goût désagréable; nous ne nous en sommes jamais aperçus, et l'on ne s'en plaint pas dans les cantons où le trèfle est le plus cultivé; mais on remarque que le beurre qui en provient le cède en qualité à celui des vaches qui paissent dans les prairies naturelles à base de graminées.

On peut également le donner en vert, avec beaucoup d'avantage, aux chevaux qui ont besoin d'être soumis à cette nourriture relâchante et rafraîchissante, et lorsqu'on le leur donne en sec, il convient de l'intercaler par quelqu'autre nourriture, parcequ'on a plusieurs fois remarqué que seul il les échauffoit trop.

« Quoi qu'en ait dit Tull, observe Gilbert, on ne peut nier qu'il n'engraisse et ne fortifie les chevaux. »

Mais le principal objet auquel on puisse employer avec beaucoup d'avantage le trèfle en vert, c'est à la nourriture et même à l'engrais des porcs, en le leur faisant pâturer dans une tréflière close, lorsqu'on veut la détruire, dans laquelle il y ait de l'eau pour les abreuver. Un grand nombre de faits attestent que cette nourriture est très analogue à leur constitution, et qu'au moyen de l'exercice qu'ils prennent ainsi en plein air, ils jouissent d'une excellente santé, se développent promptement, et finissent par engraisser. Ils détruisent encore une grande partie des racines nuisibles qui peuvent se trouver dans le champ, et ajoutent leur engrais à l'engrais végétal qui y reste.

« Il faut seulement, observe Gilbert, avoir soin d'en écarter les truies pleines, auxquelles il cause des tranchées qui les font avorter; mais lorsqu'elles ont mis bas, il leur est aussi nécessaire qu'il leur auroit été nuisible avant le part.

« Ce qui paroît, continue cet agronome, s'être opposé jusqu'ici à ce que cette culture ne s'étendît davantage, c'est sur-tont la funeste propriété qu'a le trèfle de causer des tranchées, des météorisations souvent mortelles aux animaux auxquels on le donne en vert, sans ménagement, ou chargé d'humidité; mais outre qu'il y a plusieurs moyens d'arrêter ces accidens (*voyez* ceux indiqués page 268), il est bien aisé de sentir qu'il est plus facile encore de les prévenir. » Il indique comme un excellent préservatif, employé avec un succès complet par le maître de poste de Lauterbourg qui nourrissoit presque uniquement tous ses bestiaux de trèfle, et dont nous avons également constaté l'efficacité, de les faire boire avant de leur faire prendre cette nourriture. Nous ajouterons qu'en le leur laissant prendre en petite quantité à la fois, sur-tout en commençant, et lorsqu'il n'est chargé ni de rosée ni de pluie, on prévient encore très efficacement cet inconvénient, résultat ordinaire des négligences à cet égard.

On peut faire prendre le trèfle en vert aux bestiaux de deux manières principales, ou sur le champ même en pâturant, ou à l'étable étant fauché. La première manière, qui convient davantage pour l'exercice et la santé des bestiaux, et sur-tout pour les porcs, est moins avantageuse sous le double rapport de l'économie du fourrage et de son effet sur le sol, comme nous le démontrerons en nous occupant de l'assolement. Nous avons déjà vu que le trèfle séparé trop tôt de sa racine produisoit plus d'un quart de moins que lorsque ce retranchement étoit fait à temps, et la différence du produit du trèfle pâturé comparé avec celui du trèfle fauché, est souvent de moitié à l'avantage du dernier, comme nous nous en sommes assurés, indépendamment de son action défavorable sur le sol, comme nous le verrons plus loin.

Avant de terminer cet article, nous croyons devoir consigner ici un emploi particulier des racines de trèfle, rapporté ainsi par Gilbert : « Les habitans du village de Blankenloch, dépendant du margraviat de Baden-Dourlac, ont imaginé de tirer du trèfle un parti ignoré ailleurs, et qui me paroît mériter d'être connu. Ils ramassent avec soin toutes les racines, qu'ils conservent pour nourrir les animaux, qui les mangent très bien lorsqu'il n'y a plus aucune nourriture fraîche; ces racines servent en quelque sorte de transition de la nourriture verte à la nourriture sèche, et tous ceux qui connoissent l'économie animale doivent sentir les avantages de cette gradation, si conforme au vœu de la nature. »

Le point principal à déterminer, relativement à ce nouveau moyen alimentaire, nous paroît consister dans la comparaison à faire des frais et des inconvéniens de cette éradication, considérée comme une importante soustraction faite au sol, avec les bénéfices résultans de son emploi, que nos principes d'assolement réprouveroient d'autant plus que ces bénéfices se trouveroient être moins considérables.

ASSOLEMENT. LE TRÈFLE EST SANS CONTREDIT LA PLANTE PAR EXCELLENCE POUR ALTERNER LES RÉCOLTES SUR LES TERRES AUXQUELLES IL CONVIENT, ET, LORSQU'IL EST CONVENABLEMENT CULTIVÉ, TOUTES LES CÉRÉALES QUI LUI SUCCÈDENT DONNENT DES PRODUITS PLUS AVANTAGEUX QU'APRÈS LA JACHÈRE ABSOLUE.

Cette incontestable vérité, dont nous avons déjà rapporté plusieurs preuves bien frappantes tirées de l'agriculture française, en développant nos principes d'assolement, et en traitant l'article JACHÈRE, est suffisamment reconnue, depuis long-temps, dans nos départemens du Nord, de l'Ourthe, de Jemmapes, du Haut et du Bas-Rhin, de la Lys, de la Dyle et de l'Escaut; sur les rives de l'Eure, de la Sarthe, de l'Orne et de la Seine-Inférieure, dans le Calvados, et dans plusieurs contrées du ci-devant Piémont et de quelques autres parties de la France; mais elle est encore ou ignorée ou méconnue dans un grand nombre de nos départemens, et elle devroit être gravée par-tout en caractères ineffaçables, comme une maxime fondamentale de prospérité agricole nationale.

Ajoutons quelques nouvelles preuves de cette si utile vérité, à celles que nous avons déjà consignées dans cet essai, et examinons les principaux moyens divers d'en tirer parti sous l'intéressant rapport de l'assolement.

« Le trèfle que je sème, dit M. Lullin, sur un terrain bien préparé, est toujours très beau, très épais, absolument net de mauvaises herbes, donne un produit considérable, et *le blé qui lui succède est toujours plus beau et mieux grainé qu'après une jachère complète*.

Cet agriculteur recommande pour les terres qu'il appelle légères l'assolement suivant, que nous avons vu pratiquer depuis long-temps dans plusieurs de nos départemens septentrionaux, et que nous avons vu également substitué, avec le succès le plus complet par M. de Rosnay, dans celui de la Seine-Inférieure, à l'antique routine triennale qui admet la jachère après deux récoltes consécutives de céréales. Première année, plantes sarclées et fumées; seconde, orge (ou avoine avec trèfle); troisième, trèfle; et quatrième, froment. Il indique pour les terres fortes celui-ci, qui se pratique également dans le nord de la France. Première année, fèves fumées et sarclées; seconde, blé; troisième, trèfle, etc.

Avec ces assolemens, comme l'observe judicieusement M. Lullin, avec des soins de culture répétés, des engrais abondans, des sarclages fréquents et soigneusement faits, le fermier s'assurera de riches récoltes de toute espèce, et une grande quantité d'excellens engrais.

Avec les précautions convenables, dit M. Pictet, *le trèfle est le plus puissant améliorateur des terres que l'on connoisse*, et il en cite plusieurs exemples tirés de l'étranger.

L'excellent corps d'observations de la célèbre société de Bretagne dont nous avons déjà parlé renferme l'exemple bien remarquable et bien digne d'éloges d'une veuve Gougeon, fermière près de Rennes, qui, *après avoir commencé l'exploitation de sa ferme, sans s'écarter des pratiques des laboureurs ordinaires, ayant senti d'elle-même les changemens qu'elle devoit apporter aux méthodes du pays, et guidée par ce bon esprit, qui seul peut apprendre à observer et à deviner la nature, couvrit de trèfle une partie assez étendue de ses terres, malgré les contradictions de ses propres enfans, ses premiers contradicteurs, et non seulement elle obtint par ce moyen de bonnes récoltes dans les champs où les fermiers qui l'avoient précédée savoient à peine en obtenir de médiocres; mais elle porta la fécondité sur des terrains autrefois incultes.*

« C'est en grande partie à l'introduction du trèfle dans les assolemens du Haut et du Bas-Rhin, nous dit M. Girod-Chantrans, qu'est due l'étonnante révolution qui s'y est opérée, en si peu de temps, et qui s'étend d'année en année dans les contrées limitrophes, par-tout où il est admissible, et notamment dans le Doubs et le Jura où avec moins de frais de culture on récolte plus de froment qu'avec l'improductive jachère. »

Ecoutons encore M. Le Gris-Lasalle sur cette consolante vérité dont nous avons peine à nous détacher.

« Après avoir long-temps cherché, dit cet agriculteur très distingué du département de la Gironde, un système d'assolement qui fût approprié à nos besoins, à notre climat, et à la nature de notre terrain, il m'a semblé faire un bon choix en adoptant la division ternaire qui présente tous les avantages que je désirois. En effet, elle n'éloigne ni ne rapproche trop le retour périodique du froment; elle permet d'introduire la culture du trèfle de Hollande, celle des plantes charnues et fourrageuses, et laisse sur-tout au cultivateur tout le temps nécessaire pour les travaux préparatoires, sans lesquels on n'obtient jamais de belles récoltes.

« D'après ces considérations, je me suis décidé à partager soixante-douze journaux de terre labourable en trois mains ou soles de huit hectares, ou vingt-quatre journaux. Chaque sole est divisée en deux portions égales pour la plus grande facilité du travail, et afin d'avoir toujours à peu près la même quantité de fourrage. J'ai tous les ans un tiers en froment, un tiers en trèfle de Hollande et un tiers en racines ou fourrages annuels. Mon cours de culture est donc comme il suit, 1° froment, 2° trèfle, 3° trèfle,

4° racines ou fourrages, 5° froment, 6° racines ou fourrages annuels, etc.; ce qui me donne en résultat, dans l'espace de six années, deux fois du froment, autant de fois du trèfle et des racines ou fourrages, et ramène à la fin de cette période, lorsque la rotation est complète, les mêmes productions sur les mêmes champs.

« On remarquera, sans doute, que, d'après cette nouvelle méthode, on sème moins de froment qu'on ne le feroit en suivant celle qui est usitée dans le pays, qui consiste à diviser les terres en deux mains, ou, en d'autres termes, à alterner entre le repos et le produit. En me conformant à cette dernière pratique, reconnue vicieuse par les meilleurs observateurs, j'aurois chaque année douze hectares (trente-six journaux) de ce grain, tandis que je me suis borné au nombre de huit hectares (vingt-quatre journaux); mais c'est précisément dans cette réduction que je trouve les plus grands avantages, puisque sans elle mon assolement seroit inexécutable, et que je serois privé de tous les bénéfices des récoltes alternatives. Au reste, il me seroit facile de prouver que la proportion, entre la semence et le produit, est entièrement changée depuis que mon assolement est établi; car si je sème moins, je recueille cependant beaucoup plus; ce qui s'explique par le grand nombre de bétail que la culture des plantes alimentaires me donne le moyen de nourrir en toute saison, et par l'abondance des engrais dont je peux fertiliser les champs destinés aux céréales; ainsi l'objection la plus forte en apparence tombe d'elle-même; et l'on ne peut s'empêcher de reconnoître que s'il est utile de s'y conformer, c'est sur-tout à l'établissement des prairies artificielles et à la suppression des jachères qu'on devra les succès infaillibles qui en seront le résultat.

« Le trèfle, ajoute-t-il, moins abondant dans ses produits que la luzerne, se prête mieux, par sa durée bisannuelle, au système alternatif; d'ailleurs, il est moins difficile sur la qualité du sol qui lui convient toujours, s'il n'est ni graveleux, ni sablonneux, ni d'une nature trop sèche, et s'il a environ un pied de profondeur; j'ai dû, d'après ces motifs, lui donner la préférence sur toutes les autres plantes vivaces pour en étendre la culture et la traiter en grand. »

D'après des exemples aussi concluans de la bienfaisante influence du trèfle sur l'accroissement du produit du froment, exemples que notre expérience personnelle confirme chaque année, depuis trente ans environ, nous nous croyons en droit d'établir, en principe de culture incontestable, cette précieuse vérité : *Une belle récolte de trèfle assure une belle récolte de blé.*

Cependant, malgré les grands avantages que nous avons reconnus au trèfle, on lui a fait plusieurs reproches que nous devons examiner ici.

On lui a reproché avec raison, comme l'observe Gilbert, d'alléger beaucoup trop le sol, de le rendre *creux*, pour se servir de l'expression consacrée; mais, outre que l'art offre différens moyens de remédier à cet inconvénient, qui n'a lieu que dans les terres légères, il devient une ressource très précieuse dans les terres argileuses, lourdes, compactes, dans lesquelles il réussit assez bien, lorsqu'elles sont convenablement préparées; ses racines en rompant l'aggrégation des molécules terreuses, corrigent, détruisent même le vice qui s'oppose si puissamment à la fécondité de ces terres. Qu'on compare les effets de ce moyen si simple avec ceux des instrumens aratoires auxquels on applique des forces si considérables pour triompher de la résistance que ce sol rebelle leur oppose sans cesse, qu'on compare sur-tout les dépenses et qu'on décide. L'emploi du rouleau et du parcage remédie, d'ailleurs, complètement à cet ameublissement, lorsqu'on croit devoir en redouter les effets.

Nous avons déjà répondu au reproche relatif aux météorisations que son fourrage vert occasionne quelquefois, et à la difficulté de le convertir en fourrage sec.

On lui a aussi reproché de laisser après lui l'un des plus grands fléaux des céréales, le chiendent.

Nous répondons à cela qu'il ne laisse après lui, en ce genre, que ce qui existoit sur le champ avant lui, soit en racines, soit en semences nuisibles; nous n'assurerons pas, avec quelques auteurs, qu'il les détruit toujours efficacement, parceque nous ne l'avons jamais observé; mais nous assurons qu'il ne fait au plus que favoriser le développement des germes et des racines qu'il couvre de son ombrage et qui peuvent y résister, et que toutes les fois que le champ est réellement purgé de ces ennemis, comme il doit toujours l'être, avant sa culture, il le laisse dans le même état, après sa culture, indépendamment de l'amélioration que sa destruction y apporte.

« Le trèfle, dit Rozier, enrichit ou appauvrit le sol, suivant que sa culture est bien ou mal dirigée. »

Enfin on lui a encore reproché de lasser promptement la terre qui lui fournissoit une partie de sa nourriture, et de finir par ne donner que des produits foibles et peu abondans.

Un assez grand nombre de nos départemens septentrionaux, où il est cultivé avec succès, sur les mêmes terres, à des retours périodiques, comme en Hollande, depuis des siècles, répondent victorieusement à cette inculpation. Cependant il ne faut pas croire que le trèfle fasse exception au principe que nous avons établi et développé, qui reconnoît qu'*il est généralement avantageux de reculer, le plus possible, le retour des mêmes végétaux sur le même champ*. Assurément s'il y revient trop fréquemment, s'il y revient sur-tout, sans toutes les précautions convenables pour assurer son succès, ses produits iront en décroissant, et il n'y a là rien que de très naturel, rien qui ne soit conforme à la loi commune aux autres végétaux ; mais un cultivateur instruit peut toujours prévenir cet effet, en variant ses cultures à propos.

M. de Chancey cite un assolement de vingt-cinq ans, qu'il a suivi, et dans lequel il est revenu tous les cinq ans sans inconvénient, étant plâtré.

« On doit, dit M. de Père, que nous nous plaisons toujours à citer, éviter le retour fréquent de cette plante sur les terrains même qui lui conviennent le mieux : la terre ne s'en lassera jamais, s'il ne reparoît qu'après un intervalle de six ans, ou au moins de quatre. La cinquième ou sixième partie d'un domaine pourroit être constamment occupée par le trèfle. Sa véritable place dans un cours de moissons judicieux devroit être celle-ci, 1° fèves, vesces ou dragées sur le terrain bien fumé, 2° froment, 3° trèfle, 4° froment ; ou bien, 1° racines sur terrain bien défoncé et bien amendé, ou maïs, sur terrain bien fumé, 2° avoine avec trèfle, 3° trèfle, 4° froment ; ou bien, en terrain amaigri, 1° engrais végétal, 2° froment, 3° trèfle, 4° trèfle, 5° froment. »

La dernière rotation laissant subsister le trèfle au-delà du terme qui nous paroît généralement le plus convenable, devroit, il nous semble, en reculer le retour, d'après le même principe qui établit encore que *ce retour doit être d'autant plus différé pour chaque végétal, que son analogue aura occupé originairement le sol plus long-temps, et l'aura plus épuisé et souillé* ; car nous avons remarqué, avec d'autres cultivateurs, que lorsque la durée de cette plante se trouve ainsi prolongée, non seulement elle prépare moins bien le sol pour le blé qui la suit ; non seulement ses produits sont diminués ; mais encore par une suite nécessaire de ce dernier résultat, elle le salit souvent, et c'est probablement un des principaux motifs qui ont engagé M. Le Gris-Lasalle, dans l'assolement que nous avons cité, à faire suivre immédiatement son trèfle d'une récolte préparatoire et améliorante avant celle du blé.

Ajoutons que M. Pictet, qui admet également ce principe dans son traité des assolemens, après avoir reconnu que la récolte de la troisième année du trèfle est ordinairement foible, une partie des plantes ayant péri dans le second hiver, et les vides se trouvant remplis par des gramens dont la croissance est spontanée, ajoute : « Il est plus profitable de ne laisser le trèfle que dix-huit mois en terre. Ce n'est pas tant sous le rapport de la diminution de la récolte de fourrage qu'il importe de ne pas laisser le trèfle en terre jusqu'à la troisième année ; mais c'est par la raison que, dans un trèfle où les plantes sont rares, les chiendents prennent le dessus, et que leurs racines ayant le temps de se multiplier et de se fortifier, ces chiendents nuisent essentiellement à la récolte des grains qui succède au trèfle. »

Dans le pays de Caux on défriche généralement le trèfle après une année de produit, depuis qu'on a reconnu qu'en prolongeant son existence, le blé étoit moins abondant et moins net, et quelquefois on y fait consommer le dernier regain par les moutons, en les y parquant. Cette excellente pratique s'observe aussi dans plusieurs autres cantons.

Cependant, il est des circonstances assez fréquentes en France, sur-tout dans nos départemens méridionaux, qui empêchent de défricher le trèfle, après dix-huit mois d'existence environ pour y mettre du blé, sur un seul ou plusieurs labours. C'est quelquefois lorsqu'on a besoin de le conserver comme pâturage à la fin de l'automne et même en hiver; mais c'est sur-tout lorsque la terre ne peut être labourée à l'époque convenable, à cause de la sécheresse, ou par quelqu'autre circonstance impérieuse, et dans ce cas il convient généralement d'en différer le défrichement jusqu'aux approches du printemps, comme nous le faisons de temps en temps, pour y admettre des cultures printanières.

« Il y a des années si sèches et des terres si tenaces, dit encore M. de Père, qu'après la seconde fauche, il est impossible d'ouvrir la terre; dans ce cas on doit préférer de laisser subsister le trèfle pour le défricher l'année suivante, après la première coupe, ou bien on renoncera à semer du froment, et l'on devra essayer une récolte plus tardive. »

M. de Bullion nous donne aussi à cet égard des détails fort intéressans que nous devons transcrire ici.

« J'ai cultivé, dit-il, pendant plusieurs années, du trèfle et du sainfoin; je les semois avec les avoines; un mois après la récolte de l'avoine, j'avois une pâture qui me duroit jusqu'aux gelées, pour plusieurs espèces de bestiaux.

« Au printemps suivant je faisois répandre du fumier sur le trèfle ou sainfoin, et à la fin de juin je les faisois faucher; après cette récolte je faisois labourer pour ensemencer en blé. Dans les années humides je n'ai point eu de peine à faire les labours et les semences. J'ai été obligé de renoncer à cette manière de cultiver le trèfle et le sainfoin, à cause de la difficulté de faire les labours et les semences dans les années de sécheresse.

« Pour ne pas tomber dans cet inconvénient, et ne pas renoncer à la culture du trèfle et du sainfoin, qui fournissent une quantité prodigieuse de fourrage, et par le moyen desquels on peut doubler et tripler les bestiaux dans une ferme, j'ai distribué mon terrain en quatre soles; je sème avec les avoines du trèfle et du sainfoin; après la récolte des avoines je mets les bestiaux paître sur le trèfle et le sainfoin qui a poussé, et j'y fais parquer les moutons jusqu'aux gelées, si je n'ai point de fumier à y répandre.

« L'année suivante, au lieu de ne faire qu'une coupe de ce trèfle ou sainfoin, j'en mis deux ou trois, suivant la fraîcheur ou la sécheresse de l'année, et après les deux ou trois coupes, j'y fais paître les bestiaux et parquer les moutons jusqu'aux gelées. Au printemps suivant je donne les premiers labours, et je fume ces terres pour les préparer à recevoir du blé l'automne suivant; on peut semer sur ces guérets des refroissis, la récolte des blés n'en souffrira pas; ils ont été suffisamment parqués et fumés. Ordinairement je loue ces terres pour y semer des pois et des haricots, et après la récolte je leur donne les derniers labours, et je les sème en blé au commencement d'octobre.

« Cette manière de cultiver les terres me paroît la meilleure et la plus avantageuse, parceque, récoltant beaucoup de fourrage, on peut nourrir beaucoup de bestiaux qui fournissent une grande quantité d'engrais, sans lesquels on ne peut avoir d'abondantes récoltes. »

Dans les environs de Nivelles, département de la Dyle, et près de Rolduc, nous nous sommes assurés qu'on ne défrichoit ordinairement le trèfle aussi qu'à la fin de l'hiver, après l'avoir fait servir de pâture jusqu'alors, et qu'on le remplaçoit par de l'avoine qui rapportoit le double et même le triple du produit ordinaire après d'autres grains.

M. Duhamel nous informe que dans les environs de Coutances, où il cultive, « on laisse quelquefois la tremaine une année de plus pour herbager les bestiaux, et semer ensuite du fourrage qui donne un produit considérable et prépare très bien la terre pour recevoir du froment à la fin de la seconde année. » Cette méthode nous paroît encore excellente.

Lorsqu'on veut laisser subsister le trèfle jusqu'à ce qu'il se détruise naturellement, comme cela arrive quelquefois, on peut le semer avec de l'ivraie vivace ou toute autre graminée qui le remplace lorsqu'il est détruit, et il peut ainsi fournir un très bon pâturage.

Observons cependant que le trèfle pâturé prépare moins bien la terre pour les cultures suivantes, comme nous l'avons plusieurs fois reconnu, et nous en avons expliqué le motif dans nos principes généraux sur la consommation du produit des prairies artificielles.

Observons encore que celui dont on a exigé la semence est aussi dans le même cas, et nous en avons également donné les raisons en développant notre second principe d'assolement.

Quoique le trèfle se sème ordinairement avec le blé, ou mieux avec l'avoine, et mieux encore avec l'orge, quand le sol le permet, on le sème aussi quelquefois avec le lin, le sarrasin, la fève, la vesce, le pois, etc., et quelquefois aussi, mais beaucoup plus rarement, seul, ce qui nous paroît moins avantageux, parcequ'il nuit peu aux plantes qui l'accompagnent, et qui lui sont souvent fort utiles.

Il est généralement convenable de faucher les premières coupes et d'enfouir la dernière, comme engrais végétal, sur-tout lorsque la terre n'est pas naturellement très fertile.

D'après les avantages incontestables que présente la culture du trèfle dans nos assolemens sur les terres qui lui conviennent, et il en est un très grand nombre avec les précautions convenables, nous ne saurions la recommander trop vivement, même aux plus chauds partisans des jachères. S'ils redoutent de déranger leur routine triennale, ce motif illusoire, pour ne rien dire de plus, ne suffit pas ici pour repousser cette bienfaisante culture; s'ils refusent d'adopter un cours de moissons plus prolongé et plus conforme aux meilleurs principes; s'ils veulent toujours enfin persister dans leur ancien usage de faire suivre le blé, hors lequel, à les entendre, il n'est point de salut pour eux, par l'avoine ou par l'orge; ah, du moins qu'ils essaient de semer le trèfle avec l'un ou l'autre de ces derniers grains, et de le fumer l'année suivante; et au lieu d'exposer leurs bestiaux à périr de faim sur leurs improductives et ruineuses jachères, comme cela n'arrive que trop fréquemment; au lieu de les fatiguer par de fréquens, d'inutiles et pénibles labours, toujours dispendieux, quelquefois même nuisibles, et bien rarement compensés par un accroissement suffisant de produits; au lieu d'avoir encore à soutenir une lutte perpétuelle et inégale avec la nombreuse série de plantes nuisibles à leurs récoltes, qu'ils parviennent si difficilement et si rarement à détruire d'une manière réellement efficace; qu'il nous soit permis d'espérer qu'en adoptant le conseil que leur dicte notre vif intérêt poux eux, et de l'utilité duquel notre propre expérience avec celle d'un très grand nombre de nos confrères leur est un sûr garant, nous les verrons enfin jouir des moyens infaillibles de nourrir abondamment tous leurs bestiaux en tous temps, d'augmenter la quantité et la qualité de leurs engrais, par l'accroissement du nombre de ces animaux et par leur bon entretien, et d'obtenir, avec de moindres frais de culture, des récoltes plus nettes, plus abondantes et plus lucratives.

Indépendamment de quelques variétés du trèfle commun, il existe aussi plusieurs autres espèces de trèfle, vivaces, dont quelques unes sont cultivées en plein champ, et dont plusieurs nous paroissent mériter d'y être essayées.

Parmi les dernières, nous distinguons particulièrement le trèfle des Alpes, *Trifolium Alpinum*, dont la tige est garnie de feuilles linéaires, lancéolées, et de fleurs rougeâtres. Il pourroit peut-être utiliser quelques terrains ingrats, semblables à ceux sur lesquels il croît spontanément sur nos Alpes; le trèfle rouge, ou à longs épis, *Trifolium rubens*, dont la tige assez élevée est garnie de folioles étroites, striées, dentées, et de fleurs d'un rouge foncé, en épis très allongés et assez gros : il est originaire de l'Europe méridionale et paroît très productif et d'une excellente nature; le trèfle étoilé, *Trifolium stellatum*, dont les tiges nombreuses et diffuses sont garnies de folioles velues, et de fleurs rougeâtres en épis denses et velus. Il est originaire de nos contrées méridionales; et le trèfle de Hongrie, *Trifolium Pannonicum*, dont la tige velue, très élevée, est garnie de feuilles très velues et très entières, et de fleurs en longs épis d'un blanc jaunâtre.

Parmi les premières nous remarquons le trèfle rampant, le trèfle fraisier, et le trèfle de montagne.

DU TREFLE RAMPANT. Le trèfle rampant, *Trifolium repens,* appelé communément *trèfle blanc*, quoiqu'il ne soit pas le seul dont les fleurs aient cette couleur, et qu'on désigne aussi quelquefois sous le nom de *trèfle hollandais*, parceque les Hollandais, qui paroissent l'avoir soumis les premiers à la culture et qui font un commerce assez considérable de sa graine, le cultivent fréquemment, est une plante indigène, très vivace, à racine pivotante et très fibreuse. Ses tiges grêles, rampantes et nombreuses, qui, s'enracinant très souvent à chaque articulation qui touche la terre, deviennent stolonifères, sont couvertes de folioles denticulées, ordinairement vertes, et quelquefois d'un brun pourpre, et de fleurs pédonculées, serrées, en têtes arrondies, blanches, et remplacées par des gousses renfermant plusieurs semences très petites.

D'après les détails généraux de culture dans lesquels nous sommes entrés à l'article prairie, auquel nous renvoyons, et d'après ceux que nous venons de consigner à l'article du trèfle commun, il ne nous reste que quelques observations particulières à insérer ici sur cette espèce de trèfle.

1° On en distingue plusieurs variétés, plus ou moins précoces, élevées, vigoureuses et vivaces, et dont les fleurs et les feuilles ont des nuances de couleur variées, quelquefois assez tranchantes.

2° L'époque de l'introduction de sa culture en grand en Europe paroît peu éloignée; elle est même encore très peu répandue, et elle l'est plus au nord qu'au midi.

3° Elle exige généralement des terres moins humides que le trèfle commun; elle réussit souvent sur celles qui ne conviennent pas à ce dernier, et elle est plus rustique.

4° Elle exige aussi des labours moins profonds, sa racine principale étant beaucoup moins longue et moins volumineuse, et ses racines stolonifères s'enfonçant ordinairement peu.

5° Elle exige encore moins d'engrais, parceque voyageant, pour ainsi dire, à la surface du sol sur lequel on la voit quelquefois faire des trajets assez étendus dans une seule année, elle y puise une grande partie de sa nourriture, et elle s'oppose très efficacement à son évaporation, en tapissant exactement la terre d'un riche tapis de verdure.

Cependant les engrais, et tous ceux sur-tout d'une nature calcaire, activent singulièrement sa végétation qui est précoce, et l'application d'un seul de ces engrais, mais plus particulièrement du plâtre, de la chaux, de la suie et des cendres de tourbe, de charbon de terre et de bois, suffit très souvent, comme nous l'avons remarqué plusieurs fois, pour en couvrir le champ d'une manière spontanée, bien digne de fixer l'attention du cultivateur. Elle redoute l'excès d'humidité et croît encore spontanément, très souvent sur les prairies convenablement desséchées. En général, sa présence est l'indice rarement trompeur d'une terre de bonne qualité, comme son apparition subite est ordinairement celui d'une amélioration importante.

6° La ténuité de sa graine et son heureuse disposition à s'étendre latéralement par ses stolones conseillent naturellement l'économie de sa semence, qui doit sur-tout être très peu enterrée.

7° Il est généralement très avantageux de la semer en automne sur les champs ensemencés en blé ou autre production hivernale; mais on peut souvent différer avec avantage jusqu'au printemps.

8° On peut la semer ou seule, ou mélangée avec diverses graminées vivaces, en différentes proportions, ce qui est généralement plus avantageux; et elle fait alors un excellent fonds de prairie perpétuelle.

9° Plus elle est forcée de s'étendre latéralement par l'action du rouleau et par le piétinement des bestiaux, particulièrement des bêtes à laine, plus elle s'épaissit et devient vigoureuse, et elle forme alors un gazon très dense, aussi agréable que profitable.

10° Elle leur fournit, même au milieu de l'été, lorsque les graminées sont souvent nulles pour le produit, un pâturage court, mais succulent, très nourrissant et très durable. Elle convient sur-tout, sous ce rapport, aux bêtes à laine qui en sont fort avides, et qu'elle ne météorise pas comme le trèfle commun; et, quoiqu'on puisse aussi la faucher et la consommer en fourrage vert à l'étable, ou la convertir en fourrage, cette première destination est la plus naturelle, la plus économique et la plus profitable.

11° Entre plusieurs endroits où l'on a introduit sa culture en grand parmi nous, nous citerons *plusieurs vallées des rives de la Seine-Inférieure, et sur-tout les bords de la mer de ce département où on l'a substituée, avec beaucoup d'avantage, au trèfle commun qui ne s'y plaisoit pas.*

12° Une partie d'une prairie naturelle, basse et humide, et très exposée aux débordemens de la Seine, ayant été fortement parquée par nos bêtes à laine, en automne, nous l'avons vue se couvrir, l'année suivante, d'une couche épaisse de trèfle rampant, remplaçant avantageusement un très grand nombre d'autres plantes inutiles ou nuisibles, qui la garnissoient l'année précédente, et nous avons plusieurs fois déterminé la croissance et le développement spontané de ce trèfle, sur plusieurs parties de cette même prairie et sur d'autres, en y semant, en automne ou de bonne heure au printemps, du plâtre calciné et pulvérisé, ou de la cendre de tourbe.

Quelques faits attestent que les récoltes de froment sont généralement moins bonnes après la culture du trèfle rampant, qui est presque toujours consommé en pâture, qu'après celle du trèfle commun, qui est ordinairement fauché, et ce résultat se trouve en parfaite concordance avec ce que nous avons dit en considérant ce dernier, sous le rapport de l'assolement, et en traitant généralement ce point de fait, à l'article de la consommation du produit des prairies, qu'on peut consulter sur cet objet, ainsi que celui qui établit les principes des assolemens les plus avantageux après leur défrichement.

DU TREFLE FRAISIER. Le trèfle fraisier, *Trifolium fragiferum*, a, comme le trèfle rampant avec lequel il a assez de ressemblance pour le port, ses tiges grêles, couchées, garnies de folioles ovales et striées, en cœur au sommet, et de fleurs en têtes, d'un rouge blanchâtre, portées sur de longs pétioles, et remplacées par des calices renflés et renversés qui renferment les semences, dont la réunion offre un aspect assez ressemblant à celui de la fraise, d'où lui vient son nom.

Nous croyons devoir indiquer ici cette plante dont nous essayons en ce moment la culture, parceque l'ayant vue résister à de très longues submersions, elle nous paroît pouvoir être utile dans plusieurs cas. Elle est assez commune et se trouve souvent à côté du trèfle rampant, avec lequel on peut d'abord la confondre.

DU TRÈFLE DE MONTAGNE. Le trèfle de montagne, *Trifolium montanum*, a une tige droite et fistuleuse, beaucoup plus élevée que les précédens, garnie de folioles lancéolées et denticulées, et de fleurs blanches en têtes ovales, remplacées par des calices velus renfermant les semences.

Nous croyons encore devoir indiquer cette espèce de trèfle, assez commune en Europe, parceque nous sommes informés par M. Dorsh, sous-préfet de Clèves, que *le trèfle de montagne est cultivé dans le département de la Roër, où il sert à la pâture du grand bétail, et donne un bon fourrage, tant en vert qu'en sec. Il peut rester plusieurs années dans le même terrain; mais les bons cultivateurs*, dit-il, *préfèrent le semer de nouveau. Les champs qui l'ont produit sont labourés en automne, et ensemencés en froment ou seigle, et le blé*, continue-t-il, *y prospère mieux que si le terrain avoit été amendé ou laissé en jachère.*

Parmi les espèces de trèfle annuelles, nous distinguons spécialement pour la culture en plein champ le trèfle incarnat.

DU TRÈFLE INCARNAT. Le trèfle incarnat, *Trifolium incarnatum*, est connu dans le midi de la France, tantôt sous le nom de *lupinelle*, tantôt sous celui de *farouche* ou *farouch*, quelquefois sous celui *de trèfle annuel*, et le plus souvent, sous celui de *trèfle de Roussillon*, parcequ'on le cultive fréquemment dans cette contrée, où sa culture paroît avoir été d'abord introduite en grand. C'est une espèce annuelle de trèfle indigène, dont la tige pubescente qui s'élève à plus de soixante-quatre centimètres dans une situation favorable, est ornée de folioles larges, velues, souvent cordiformes, et de belles fleurs d'un rouge incarnat, en épi ovale et oblong, remplacées par des gousses velues et roussâtres qui renferment des semences jaunâtres et arrondies.

Cette espèce précieuse, à peine connue dans un grand nombre de nos départemens où elle pourroit être introduite avec avantage, comme elle l'est déjà dans plusieurs, nous offre une nouvelle ressource pour la nourriture de nos bestiaux, un nouveau moyen de varier l'assolement de nos terres, et elle mérite que nous la considérions ici sous ses principaux rapports.

1° Quoiqu'elle ait été indiquée par quelques auteurs comme convenant aux sols secs et arides, l'expérience que plusieurs années de culture en grand nous ont donnée à son égard, jointe à celle de MM. de Père, Pincepré et Petit, qui l'ont cultivée en plein champ avec beaucoup de succès, nous autorisent peut-être à assurer qu'il lui faut pour prospérer des terres fraîches de meilleure qualité. Nous l'avons vue réussir sur celles qui convenoient à la culture du trèfle commun, et *comme lui*, dit M. de Père, *le farouch ameublit et engraisse la terre.*

2° Lorsqu'il succède au blé immédiatement après sa récolte, et c'est là sa véritable destination, on peut le semer sur le chaume, même sans labour, comme nous l'avons fait plusieurs fois avec succès, et notamment l'année dernière, en l'enterrant seulement avec notre herse de fer (*voyez les fig. à la fin de ce vol.*) et le rouleau, et comme le font constamment MM. Pincepré et Petit, qui ont même reconnu qu'il venoit mieux ainsi, sur les terres de bonne qualité, que lorsqu'ils les labouroient; avantage bien précieux.

3° Si la terre à laquelle on le confie a été bien fumée pour la culture du froment, il réussit ordinairement sans engrais; cependant un engrais pulvérulent, principalement le plâtre, augmente ses produits.

4° S'élevant sur une seule tige, et n'étant destiné qu'à la production du fourrage, étant d'ailleurs quelquefois exposé à être dévoré par des insectes, en naissant, on doit le semer dru, et avec sa gousse, dont il est d'ailleurs assez difficile de faire sortir sa graine qui y est très enfoncée et resserrée, et il n'exige d'autre soin jusqu'à la récolte que d'être préservé des dégâts de tous les bestiaux qui en sont avides.

5° Lorsqu'il a été semé de bonne heure, en automne, il peut être récolté en mai, et remplacer très avantageusement les premières nourritures vertes que fournissent les graminées annuelles, ou les dernières qu'on peut encore retirer de quelques racines.

6° On peut ou le faire consommer sur le champ même par les bestiaux, et sur-tout par les bêtes à laine, comme nous le faisons ordinairement et il a l'avantage bien précieux de ne point les météoriser; ou le donner en vert, après l'avoir fauché, aux chevaux qu'on veut rafraîchir et aux vaches dont il augmente le lait qui acquiert en outre une saveur très agréable, lorsqu'elles y sont soumises pendant quelque temps. On doit le faucher, dès qu'il est en fleurs, et il ne produit qu'une seule coupe, mais ordinairement fort abondante, et *telle*, dit M. de Père, *qu'elle surpasse ou égale au moins les deux premières coupes du trèfle commun.* Lorsqu'on l'a fait consommer de bonne heure, sur pied, par les bêtes à laine, on peut y revenir à plusieurs reprises, comme nous le faisons faire par nos troupeaux; on peut encore le convertir en fourrage sec et il fane très aisément, étant peu aqueux; mais ce n'est pas là sa destination la plus avantageuse.

7° Les hivers rudes et les insectes le détruisant quelquefois, il est prudent d'en réserver toujours de la graine surannée, qui lève très bien lorsqu'elle est conservée dans sa gousse, et il en produit ordinairement beaucoup, qui se bat très aisément lorsqu'elle est bien sèche.

8° Le trèfle incarnat nous présente plusieurs faits importans sous le rapport des assolemens.

M. Simonde, après nous avoir dit « la lupinelle ou trèfle annuel est une des plus jolies plantes que l'on cultive pour le fourrage dans le val de Niévole, où ses belles fleurs oblongues, d'un rouge incarnat, la couleur foncée de son feuillage et la vigueur de sa végétation en font l'ornement des campagnes; on la sème en septembre, et elle se fauche depuis le milieu d'avril au milieu de mai; quelquefois on l'entremêle avec des lupins que l'on arrache en automne; son fourrage est plus abondant que celui du lin, et il équivaut à celui de notre trèfle dans sa vigueur, mais on ne le fauche qu'une seule fois, ajoute : On alterne quelquefois le sol avec la lupinelle, bien qu'elle ne produise qu'une seule récolte de fourrage; cependant cette récolte est si abondante et se vend si bien, que la culture en seroit certainement avantageuse si elle étoit universelle; mais elle demande un bon terrain meuble et riche tout ensemble; aussi les paysans de la colline ne la sèment-ils que dans les meilleurs champs qu'ils aient, et dans les terres où il y a fort peu de pente, et où chaque enclos a quelque étendue. La lupinelle, de même que toutes les plantes que l'on fauche en fleurs, enrichit le terrain au lieu de l'épuiser; mais elle l'enrichiroit davantage si on en faisoit manger la récolte dans l'étable au lieu de la vendre. »

M. de Père, qui a enrichi de cette plante le canton de Mezin, comme il nous l'apprend lui-même, en faisant venir du pied des Pyrénées, il y a près de trente ans, la première graine qui ait paru dans le département de Lot-et-Garonne et dans les départemens circonvoisins, où l'usage en est bientôt devenu général, nous dit : « Que sa précocité laisse le terrain libre d'assez bonne heure pour permettre une seconde récolte dans la même année, telle que raves, chanvre, maïs-fourrage, et qu'il s'intercale parfaitement bien entre deux récoltes de froment ou de seigle, en laissant la terre libre bien préparée pour une seconde récolte dans la même année, comme dans le cours suivant :

« 1° Fèves, vesces ou dragée sur terrain bien fumé;

« 2° Froment ou seigle;

« 3° Farouch, qu'on fauchera en mai ; ensuite, en mai ou juin, chanvre, arachide ou haricots; ou en juin et juillet, du maïs-fourrage, ou bien en août des raves. »

Nous n'avons vu jusqu'ici le trèfle incarnat enrichir que nos départemens méridionaux, qu'on regarde presque généralement comme les seuls propres à l'admission de sa culture. Nous allons voir M. Pincepré de Buire, près Péronne, et M. Petit de Courselles, l'un de nos élèves, faire pour le département de la Somme ce que nous avons vu M. de Père faire avec tant de succès pour celui de Lot-et-Garonne, et prouver que cette plante peut franchir avec beaucoup d'avantage la distance considérable qui sépare ce département du Roussillon; exemple bien encourageant pour essayer au nord de la France l'acclimatation de plusieurs végétaux indigènes à son midi.

Ces deux agriculteurs distingués, et très zélés pour tout ce qui peut tendre à l'amélioration de notre agriculture, cultivent depuis long-temps le trèfle incarnat sur leurs jachères, et l'intercalent avec un grand bénéfice entre les récoltes de céréales ou autres cultures principales, en le semant sur chaume, comme nous l'avons dit, sans labourer la terre, et en l'enterrant seulement avec la herse. Ils se sont empressés d'en distribuer de la graine à plusieurs cultivateurs qui ont imité leur exemple, et nous saisissons avec plaisir l'occasion qui se présente ici de leur témoigner publiquement notre reconnoissance pour celle que nous en avons reçue, et que nous avons substituée avec avantage à celle que nous avions tirée originairement du midi, et qui étoit moins acclimatée.

Nous cultivons avec succès le trèfle incarnat pour la nourriture de printemps de nos troupeaux de bêtes à laine superfine, comme récolte préparatoire et améliorante. Nous apprenons avec satisfaction qu'on a aussi essayé sa culture dans le département de la Seine-Inférieure, et nous espérons qu'elle s'étendra insensiblement hors des limites trop circonscrites qui la possèdent aujourd'hui.

Il existe encore un assez grand nombre de trèfles annuels indigènes, dont plusieurs, assez élevés, seroient peut-être susceptibles de donner des résultats assez avantageux, et qu'on pourroit essayer dans les cantons où ils croissent spontanément, comme nous le recommandons aux cultivateurs zélés pour la multiplication de nos ressources pour la nourriture de nos bestiaux et la variété de nos assolemens.

DE LA FEVE. La fève, *Vicia faba*, originaire de la Perse, où le savant voyageur Olivier l'a trouvée sauvage, et aussi connue et estimée, sous plusieurs rapports importans, par les cultivateurs anciens que par les modernes, est une des plantes annuelles les plus intéressantes de la nombreuse et si utile famille des légumineuses, pour la culture des terres compactes, argileuses et humides.

Sa tige quadrangulaire et tubuleuse, ainsi que sa racine pivotante, généralement très peu fibreuse, s'élève ordinairement à un mètre environ, et quelquefois plus, lorsqu'elle est bien cultivée sur les terrains qui lui conviennent. Elle se couvre de feuilles composées, alternes, presque sessiles, très tendres, poreuses, succulentes et épaisses, qui se conservent très long-temps vertes, circonstances qui leur donnent les moyens de soutirer beaucoup de nourriture de l'atmosphère, et d'autant moins de la terre. Ces feuilles sont entremêlées de fleurs axillaires, blanches, veinées et tachées de noir, qui sont remplacées par des gousses également très tendres et épaisses avant leur entière dessiccation qui se complète très lentement, et qui renferment plusieurs semences ordinairement aplaties, ou plus ou moins ovales et cylindriques.

On en distingue plusieurs variétés, dont les principales pour la culture en grand sont, 1° la fève dite de cheval, parcequ'elle lui fournit un excellent aliment; ou féverolle, et par corruption fèvelotte, ou petite fève, à cause de la petitesse comparative de son grain avec celui des autres variétés; elle est appelée *gourgane* dans plusieurs de nos départemens méridionaux, et c'est la véritable fève des champs; 2° la fève ordinaire, dite de marais, parcequ'elle est souvent cultivée dans les jardins qui portent ce nom, et elle l'est aussi, en plein champ, en plusieurs endroits.

La première est plus rustique et plus productive, mais ses produits sont moins délicats, et ne sont guère employés qu'à la nourriture des animaux; tandis que ceux de la seconde, moins nombreux, mais plus volumineux et plus agréables, sont ordinairement affectés à la nourriture des hommes.

Ces deux variétés principales se soudivisent encore en quelques sous-variétés, ou plus précoces, ou plus rustiques, ou plus abondantes, ou plus délicates, et qu'on désigne ordinairement sous les dénominations de fèves hâtives, d'hiver, d'abondance, etc.

Entrons dans quelques détails sur la culture, les produits et l'emploi de cette plante précieuse relativement aux assolemens;

et, pour arriver au dernier point, considérons d'abord les divers objets de cette culture; ensuite la qualité du sol et sa préparation; l'époque et le mode de la semaille; les opérations subséquentes; puis la récolte et l'emploi.

Des principaux objets de culture de la fève.

En cultivant la fève, on peut avoir en vue trois objets distincts; savoir, 1° de la récolter en grain; 2° de la convertir en fourrage ou en pâturage; et 3° de l'enfouir en herbe, dans le champ même pour l'engraisser.

Arrêtons-nous d'abord aux principaux détails relatifs au premier objet, qui est le plus ordinaire.

De la qualité et de la préparation du sol. Quoique la fève préfère à toute autre, ainsi que beaucoup d'autres plantes, les terres les plus meubles, les plus fraîches et les plus substantielles, elle donne cependant, assez généralement, des produits abondans sur la plupart des terres compactes, humides et d'une nature argileuse; et on peut l'appeler *la plante par excellence*, pour diviser, ameublir, fertiliser et préparer à la culture des céréales, et particulièrement du froment, ces terres souvent ingrates et rebelles, d'une exploitation ordinairement très dispendieuse, difficile et peu profitable.

La préparation de ces terres est loin d'être indifférente. Quelles qu'elles soient, il est toujours essentiel, indispensable même, pour assurer le succès, qu'elles soient bien et profondément labourées, et sur-tout avant l'hiver, cette saison étant la plus propre de toutes à ameublir complètement ces terres très tenaces, et pouvant éviter plusieurs labours difficiles et dispendieux par la suite. Il ne l'est pas moins qu'elles soient bien engraissées, et le plus possible avec des fumiers longs et pailleux, peu consommés, mais ayant déjà subi un degré de fermentation suffisant pour annuler la majeure partie des germes des plantes et des insectes nuisibles, et alors ils agissent autant comme amendement que comme engrais.

De l'époque et du mode de la semaille. Dans nos contrées méridionales, où l'intensité et la durée du froid de l'hiver ne sont pas à redouter, on doit généralement préférer les semailles d'automne à celles du printemps, les pousses étant toujours, en ce cas, plus vigoureuses, mieux enracinées et mieux nourries, et les produits en grains étant aussi beaucoup plus considérables, et plus assurés, parcequ'elles résistent mieux aux sécheresses et aux fortes chaleurs qui s'y font sentir. Dans nos autres départemens, au contraire, et sur-tout dans les septentrionaux, on doit souvent préférer la dernière époque à la première, mais en semant toujours le plus tôt possible, lorsque les gelées ordinaires ne sont plus à redouter; car plus tôt on sème, et plus tôt la terre est libre pour être préparée à la récolte suivante, objet de la plus haute importance pour assurer son succès, et qu'on ne doit jamais perdre de vue dans les assolemens des terres argileuses sur-tout. D'ailleurs le produit de cette plante est, le plus souvent, en raison directe de l'avancement de l'époque de la semaille, toute autre circonstance égale d'ailleurs, la fève redoutant par-dessus tout les effets funestes de la sécheresse et de la chaleur qui se manifestent à l'époque de sa floraison.

Il existe différens modes de semer cette plante.

Le premier consiste à la semer à la volée, sur le champ ordinairement préalablement labouré et hersé, et quelquefois même roulé, ce qui est généralement très utile, et à enfouir la semence par un nouveau labour, ou à la disséminer dans le fond des raies derrière la charrue. Ce mode n'est guère applicable qu'aux cultures qui ont pour objet ou la consommation sur le champ, ou le fauchage en vert, ou l'enfouissement, ou l'établissement d'une prairie; et il convient beaucoup moins aux cultures améliorantes et préparatoires que le suivant.

Le second consiste à placer la semence, en lignes ou rayons, au fond des raies ouvertes par la charrue, soit avec l'instrument connu sous le nom de semoir, qui nous paroît applicable à cet objet, soit en y suppléant en les plaçant de la même manière, à la main, derrière la charrue, soit enfin en les plantant, ce qui est plus long et dispendieux.

Quelque moyen qu'on emploie, pour ce dernier mode, les rayons doivent être le plus droits possible, et suffisamment écartés pour faire passer commodément entre chacun d'eux la petite herse triangulaire et la houe à cheval (*voy. les figures à la fin de l'ouvrage*). Il doit toujours, par conséquent, y avoir, au moins, une raie vide et une raie pleine, ce qui établit une distance d'environ quarante-huit à soixante-quatre centimètres.

Dans les terrains très humides, il convient d'établir les rayons sur la crête des billons relevés.

Ce second mode, qui convient essentiellement aux terres qu'on veut nettoyer, ameublir et préparer pour les récoltes subséquentes, par les sarclages, houages et buttages, exige bien moins de semences que le premier. Il est plus long et plus dispendieux à la vérité, mais il donne des résultats bien plus avantageux, qui compensent, et au-delà, l'augmentation du temps et de la dépense, et, dans les essais comparatifs que nous avons faits plusieurs fois de ces deux méthodes, nous avons reconnu la supériorité de la dernière, sous les rapports importans du produit et de l'amélioration du sol.

Il est toujours avantageux de choisir pour la semaille la semence la plus mûre, la mieux nourrie et la plus fraîche, quoique la vieille soit susceptible de germer et de fructifier après un assez grand nombre d'années, sur-tout lorsqu'elle a été conservée à couvert et sèchement. A cet effet, on fera bien de ne battre les tiges qu'au moment de la semaille, lorsque les circonstances le permettront, et de préférer toutes les semences bien pleines et d'une couleur brune ou rougeâtre; celles qui sont blanches et ridées, annonçant ordinairement le défaut de maturité, et celles qui sont très noires et ternes annonçant souvent une altération occasionnée ou par l'humidité ou par la fermentation.

Les mulots et d'autres animaux étant très avides de la fève, qui est d'autant plus exposée à leurs ravages qu'elle reste plus long-temps en terre, et y restant ordinairement assez long-temps, parceque l'épaisseur de son enveloppe et sa dureté s'opposent à ce qu'elle soit promptement pénétrée par l'humidité, il peut être souvent utile de la tremper dans l'eau avant de la semer, pendant vingt-quatre heures au moins, afin d'accélérer sa germination.

La quantité de la semence doit être relative à l'état de la terre à l'époque de la semaille, à la qualité de cette semence, et sur-tout à sa grosseur, mais plus particulièrement encore au mode de la semaille; et l'on doit généralement semer très dru, lorsqu'on sème à la volée, à moins d'un établissement simultané d'une prairie, comme nous les verrons plus loin.

Des opérations postérieures à la semaille. Quel qu'ait été le mode de la semaille, qui doit toujours être suivie d'un nombre de hersages et de roulages suffisant pour ameublir et égaliser convenablement le champ, et qu'on peut même quelquefois renouveler avec avantage quelque temps avant que la fève ne lève, afin de détruire les germes déjà développés des plantes nuisibles, et ameublir d'autant plus la terre, dès que les plantes sont sorties de quelques centimètres, il faut se hâter d'opérer le premier nettoiement, lorsque l'état de la terre et le temps le permettent.

Lorsqu'on a semé à la volée, l'emploi de la petite herse triangulaire et de la houe à cheval devient impossible, et si l'on y suppléoit par des opérations manuelles, elles seroient longues, difficiles et dispendieuses. L'emploi d'une herse légère nous paroît être, en ce cas, le seul moyen praticable lorsqu'on n'a point semé de prairie; et nous avons vu souvent employer ce moyen avec succès dans plusieurs de nos départemens septentrionaux. Le léger dommage opéré par le piétinement des chevaux et par l'arrachage de quelques pieds n'est rien en comparaison du bien qui résulte ordinairement de cette opération, lorsqu'elle est bien faite, en temps convenable, et sur-tout lorsqu'on a eu la précaution de semer assez dru pour parer à ce foible inconvénient. Cette opération chausse les pieds qui y résistent, en ameublissant la terre et en détruisant une grande partie des plantes nuisibles, à racines traçantes et peu enfoncées, et la végétation de la fève en devient plus rapide et plus vigoureuse. On ne doit et ne peut ordinairement la pratiquer qu'une seule fois.

Lorsqu'on a semé la fève en rayons équidistans, suffisamment espacés pour permettre le libre passage de la petite herse et de la houe à cheval, on doit faire usage du premier instrument dès que la végétation est aussi avancée que dans le cas précédent, et ses dents extirpent facilement et promptement toutes les plantes nuisibles qui se trouvent dans les intervalles, en ameublissant très bien la terre. On la réitère aussi souvent que les circonstances paroissent l'exiger ; et dès que la terre, se trouvant assez nettoyée et ameublie, les plantes sont assez élevées pour pouvoir être buttées, et prêtes à fleurir, on emploie la houe à cheval, qui complète les opérations nécessaires au parfait développement de la plante ; et on renouvelle son emploi quelque temps après, lorsque cela paroît encore nécessaire et praticable.

Le puceron est l'ennemi le plus redoutable de la fève, dont il attaque ordinairement la sommité, comme étant la partie la plus tendre ; et il lui nuit beaucoup, en déterminant par ses piqûres multipliées une grande extravasation de la sève, et s'opposant par-là à la formation ou au développement des fruits.

Nous avons remarqué qu'il est d'autant plus multiplié et nuisible, que la plante souffre davantage de la sécheresse, et les utiles opérations que nous venons d'indiquer l'en garantissent souvent. Mais lorsque le contraire arrive, il est encore possible d'y remédier, en retranchant les extrémités attaquées, avec les doigts ou avec une faucille, une faux, ou tout autre instrument équivalent. On a même remarqué que cette opération, qui n'est pas aussi longue qu'on pourroit le supposer, et qui est d'ailleurs assez facile, accéléroit la maturité des fruits, lorsqu'elle étoit pratiquée à l'époque de la floraison, ce qui est un avantage très important, et qu'elle augmentoit encore le produit en beauté et en quantité.

M. de Père, qui est entré dans des détails fort intéressans sur la culture de la fève en terrain argileux, observe que *les fleurs qui se forment aux sommets des tiges n'atteignant jamais leur perfection ; ce seroit une utile opération de retrancher les sommités avec la main, pour les faire manger aux bestiaux.* Il observe aussi que *le brouillard contrarie trop souvent la récolte en grain des fèves ;* mais nous ne connoissons aucun remède à ce mal.

De la récolte et de l'emploi. La maturité de la fève s'annonce par le changement de la couleur verte des gousses en une couleur noire, et par le fanage de la tige et la chute des feuilles. En général, il est peu avantageux d'attendre que ces caractères soient très prononcés pour commencer la récolte, et nous pensons qu'on la fait souvent trop tard, et qu'il en résulte plusieurs inconvéniens graves. D'abord, on n'a plus le temps nécessaire pour préparer convenablement la terre pour la récolte suivante, point essentiel cependant pour assurer son succès; et ensuite, les tiges et les gousses, au lieu d'être propres à servir d'aliment aux bestiaux, qui en sont avides, et auxquels elles sont très profitables, lorsqu'elles ont été convenablement récoltées et séchées, ne peuvent plus servir que comme litière ou combustible, lorsqu'elles sont dures, ligneuses et desséchées à outrance, différence qui mérite d'être prise en considération. Il est donc généralement plus avantageux, lorsque le temps est beau, de devancer un peu que de reculer la récolte; et l'on gagne beaucoup plus d'un côté qu'on ne perd de l'autre.

On peut ou arracher ou scier ou faucher la fève. Le dernier moyen d'en faire la récolte nous paroît le plus économique, le plus expéditif, et généralement le plus convenable.

Il est très important que les javelles soient faites le plus mince possible, sur-tout lorsqu'on moissonne de bonne heure, comme nous le recommandons, parceque l'épaisseur des tiges et sur-tout celle des gousses, et la grosseur des grains, rendent nécessairement la dessiccation longue et difficile; et, afin de ne pas retarder l'époque si critique du premier labour à donner à la terre, on les fait quelquefois sécher hors du champ, comme nous l'avons pratiqué nous-mêmes, et comme il est souvent avantageux de le faire, lorsque cette translation est commode et peu coûteuse.

Dans tous les cas, on ne doit les lier et les mettre à couvert que lorsqu'elles sont bien sèches; elles se conservent et se battent beaucoup mieux, et on ne doit les battre en général qu'à mesure des besoins de la graine que la bruche des pois attaque, et qu'elle rend impropre à la reproduction, et peu propre à la consommation, en en détruisant le germe. Les tiges fraîches battues sont d'ailleurs beaucoup plus nettes et plus appétissantes; et la fève battue peu de temps après sa récolte s'échauffe plus encore que les autres grains, si l'on n'a la précaution de l'entasser peu épais et de la remuer souvent.

On fait un assez grand usage de la variété de la fève, dite de marais, comme aliment, dans plusieurs de nos départemens, et plus particulièrement dans ceux du midi et de l'ouest, sur-tout dans l'ancienne Guienne, la basse Provence et le bas Languedoc: et on l'emploie avantageusement ou verte ou sèche, selon sa qualité et les besoins. On lui substitue aussi quelquefois la féverole, quoique moins délicate.

« Les fèves sont dans notre canton, celui de Mezin, département de Lot-et-Garonne, dit M. de Père, après le froment et le maïs, le principal objet de la culture. Celles qui cuisent bien ont une valeur égale à celle du froment; elles forment presque exclusivement la soupe des habitans de la campagne, qui les emploient à ce usage en si grande quantité, qu'elles remplacent en grande partie les autres alimens. Celles qui ne cuisent pas entrent pour un douzième dans la formation de leur pain. Pendant le mois de juin, la soupe des habitans de la ville, comme celle des habitans de la campagne, ne se fait guère qu'avec des fèves vertes; cette grande consommation diminue beaucoup le produit de la récolte, qui va rarement au quadruple de la semence. La foiblesse de ce produit a une autre cause qui dérive du même usage. Pour faire la ceuillette de la provision des fèves vertes pour chaque jour, on traverse la févière, on blesse une partie des tiges, ou on les écorche pour arracher les cosses. On remédieroit à ce double inconvénient, continue M. de Père, en établissant une double févière, l'une destinée pour entrer au grenier, l'autre pour la consommation des fèves vertes, dont on faucheroit ensuite les tiges pour fourrage d'hiver. »

Nous avons cru devoir faire connoître ces utiles renseignemens, qui placent le remède à côté du mal, et nous consignerons plus loin d'excellentes observations du même auteur, relatives à l'assolement.

On emploie encore en plusieurs endroits la fève torréfiée et moulue, comme substitut du café; mais que n'emploie-t-on pas pour le même objet, sur-tout depuis quelques années?

La fèverolle est plus particulièrement destinée à la nourriture des chevaux et des autres animaux, soit entière, sèche ou humectée, soit moulue, ou plutôt concassée, ce qui convient beaucoup mieux, sur-tout aux vieux animaux, et on la leur donne seule, ou mélangée en diverses proportions avec l'avoine ou d'autres grains. Elle est très propre à les nourrir et à les engraisser promptement, et on remarque que la chair et le lard des porcs qui en sont nourris est très ferme et d'un excellent goût.

M. Gaujac, dont le zèle pour la propagation de la culture en grand de la fève a été récompensé publiquement comme il le méritoit, par la société d'encouragement, et dont nous aurons aussi occasion de faire connoître les observations les plus importantes pour notre objet, non seulement a nourri avec beaucoup de succès les animaux de son intéressante exploitation avec la fève; mais d'après son Mémoire, « avec six livres de fèveroles mondées réduites en farine fine non blutée, il établit en moins d'une demi-heure une purée suffisante pour la soupe et la pitance de quinze personnes. Ce repas nourrit et leste tout son monde, depuis onze heures du matin jusqu'à sept heures du soir, moins le goûter, qui consiste en un morceau de pain et de fromage. En comptant, dit-il, le pain et l'assaisonnement, ce dîner ne coûte que trente-neuf sous, même en évaluant à douze sous le prix des fèveroles. Avec une addition de trois livres de porc salé cuit séparément, ce dîner peut servir pour dix-huit personnes, et n'augmente que de bien peu la dépense, d'après la manière économique dont l'auteur nourrit et engraisse ses porcs. » Il en nourrit également ses chevaux et autres bestiaux, et sur-tout ses brebis pleines et nourrices, ses vaches, ses veaux et ses porcs, à qui il la donne ou concassée, ou en purée, ou en eau blanche un peu tiède. On l'emploie aussi très souvent ainsi dans plusieurs de nos départemens septentrionaux.

« Lorsque les veaux ont tété pendant une douzaine de jours le lait de leurs mères, dit encore M. Gaujac, on ne leur en donne qu'une partie mêlée avec trois parties de fèves délayées dans deux ou trois litres d'eau tiède, et cette boisson, qu'on leur distribue trois fois par jour, à des doses convenables, leur procure une excellente nourriture et un engrais suffisant pour être livrés à six semaines au boucher, à un prix élevé. »

« Cette manière d'engraisser les veaux, continue-t-il, est beaucoup plus profitable que celle que l'on emploie généralement dans toutes les campagnes. Un veau engraissé suivant cette méthode ne coûte que le quart du prix de la vente, et on conserve pendant long-temps le lait des vaches, qui couvre infiniment au-delà ce qu'il en a coûté en farine de fèves. Il assure encore que les veaux ainsi nourris ont meilleur goût et bien plus de substance que ceux qui ne sont nourris qu'au lait, et que les chevaux sont mieux nourris avec les trois quarts d'un boisseau de fèves qu'avec un boisseau d'avoine. » Nous ajouterons que nous avons souvent vérifié la dernière assertion.

Nous croyons devoir observer, avant de passer à l'examen des deux autres principaux objets de culture de la fève, que l'on a remarqué que le miel que les abeilles recueillent, en butinant sur les fleurs de cette plante, est de mauvaise qualité.

De la culture de la fève pour fourrage. Cette culture diffère de la précédente en ce qu'au lieu de semer en rayons, on sème toujours à la volée, avant le dernier labour qui enfouit la fève; en ce qu'il est très essentiel d'aplanir complètement la surface du champ avec le rouleau; en ce qu'il faut toujours semer très dru, la fève ne tallant et ne se ramifiant pas ordinairement; et enfin, en ce qu'au lieu d'attendre la maturité, on fauche à l'époque de la floraison.

Cette culture, préparatoire des subséquentes, ameublit et nettoie aussi le champ par son ombrage et par le fauchage de toutes les plantes en fleurs; elle épuise très peu, à cause de ces deux dernières circonstances importantes, occupe peu de temps la terre, et facilite l'application de toutes les opérations postérieures et des autres cultures; et l'on obtient ordinairement après de très abondantes récoltes de céréales ou toute autre, sur-tout si le champ a été fumé avant le dernier labour avec du fumier peu consommé, avec lequel on a moins à redouter les semences des plantes nuisibles, qui se trouvent détruites par le fauchage et les labours.

Le fourrage qu'on en obtient est très nourrissant; il peut se consommer en vert ou en sec; mais nous observerons qu'il se fane lentement et difficilement, contenant beaucoup d'eau de végétation. On peut souvent en obtenir plusieurs coupes, et même un pâturage assez prolongé, et la section des tiges leur fait ordinairement pousser plusieurs rejets latéraux qui ombragent complètement le champ et qui fournissent une nourriture tendre et succulente.

On mêle quelquefois à la fève, la vesce, la gesse, la lentille, le pois et quelques grains de céréales, soit qu'on veuille en faire du fourrage ou en obtenir une récolte mûre. Ce mélange est très fréquent dans le département du Pas-de-Calais et dans quelques autres, sous le nom de warat, dragée, etc., et fournit une excellente nourriture d'été ou d'hiver.

Quelquefois aussi, au lieu de faucher la fève en fleurs, on attend que les cosses soient formées; elle en est plus nourrissante, et ce fourrage pour remplacer très bien le foin et l'avoine.

« Les fèves qui se fauchent au moment où les cosses sont formées, dit M. de Père, et avant qu'elles ne sèchent sur pied, sont un fourrage d'hiver que les chevaux et les moutons aiment de préférence, et qui les engraisse. Ainsi les fèves peuvent faire le même service que les vesces. Le mélange des unes et des autres avec le seigle et l'avoine dans la proportion de quatre à un, compose un excellent fourrage qu'on peut semer à diverses époques avant et après l'hiver, pour en jouir en mai, juin et juillet. Ce fourrage peut tenir lieu aux chevaux et aux moutons de foin et d'avoine. »

De la culture de la fève pour engrais. Cette culture, qui est entièrement conforme à la précédente, à l'exception du fumier qu'elle remplace très économiquement par son engrais, n'est nulle part aussi commune qu'elle pourroit et devroit l'être.

Nous avons déja reconnu que la fève, par sa racine pivotante et peu fibreuse, par ses feuilles très tendres, poreuses, succulentes et épaisses, qui se conservent long-temps vertes, devoit soutirer beaucoup de nourriture de l'atmosphère et peu de la terre, et la pratique confirme cette théorie. Toutes les fois qu'on l'enfouit en fleurs dans le champ sur lequel elle a été semée, elle lui apporte, indépendamment de la foible portion d'aliment qu'elle en avoit emprunté, une ample provision de substance dont elle avoit dépouillé l'air pour se l'assimiler.

Quoiqu'elle s'élève ordinairement sur une seule tige, on peut lui en faire pousser plusieurs d'une manière très profitable, en la faisant pâturer de bonne heure par les bêtes à laine. Nous avons plusieurs fois employé ce moyen avec succès. Elle s'élève moins alors, mais elle couvre davantage la terre en se ramifiant, et elle devient plus facile à enfouir.

Lorsqu'elle est en pleine fleur, il est avantageux de la coucher avec le rouleau, et à la rosée ou après une pluie, avant de l'enfouir, et sa contexture lâche, molle et succulente, la réduit promptement en terreau.

Les auteurs géoponiques latins nous informent que les Italiens, ainsi que les Thessaliens et les Macédoniens, employoient fréquemment la fève, de leur temps, pour engraisser leurs terres.

D'après le rapport de M. Simonde, cultivateur génevois, les Toscans l'employent encore aujourd'hui pour cet objet; nous l'avons vue employer également dans quelques uns de nos départemens méridionaux, et nous l'avons essayée nous-mêmes avec beaucoup de succès.

Olivier de Serres nous apprend encore que de son temps *on en engraissoit aussi les terres en Dauphiné, dans le canton de Die.* Et en faisant l'éloge de cet engrais végétal, dont il fait le plus grand cas, et « à l'emploi duquel, dit-il, deux écus dépensés porteront plus de profit au cultivateur que six en fumier, il fait une observation bien remarquable, et très propre à servir de texte à l'objet de l'assolement dont nous allons nous occuper.

De l'assolement. « Les fèves, dit Olivier de Serres, engraissent aussi les terres où elles ont été semées et *recueillies*, y laissant quelque vertu agréable aux fromens qu'on y sème après. »

Cet intéressant passage de l'immortel ouvrage du patriarche de notre agriculture, et auquel on avoit sans doute fait trop peu d'attention, se trouve aujourd'hui pleinement confirmé par une foule d'assertions univoques et de faits authentiques et décisifs, soit en France, soit à l'étranger, qui mettent dans la plus grande évidence cette *vertu* améliorante et préparatoire de la fève pour la culture du froment.

Toute la gloire de cette prétendue découverte moderne lui est donc entièrement due, et nous nous empressons de la lui restituer comme un hommage sacré, en l'arrachant aux insulaires, qui, selon leur ancien usage, s'attribuent la plupart des découvertes utiles qui honorent la nation française.

« La culture de la fève, observe avec raison M. de Père, mérite d'être mieux soignée et de recevoir plus d'extension, sur-tout dans les terres argileuses; c'est la plante qui convient le mieux avec le froment dans les sols dont la nature compacte ne comporte pas un grand nombre de productions; on pourroit l'y faire alterner avec le froment, *sans interruption*, pourvu que la terre soit bien fumée avant la semaille; il est d'expérience qu'on peut soutenir long-temps ce cours-ci : »

« 1° Fèves fumées; 2° froment; 3° trèfle; 4° froment. Mais il sera toujours mieux d'introduire le trèfle et le maïs dans ce cours :

« 1° Fèves fumées; 2° froment; 3° trèfle; 4° froment; 5° maïs, etc. »

Cet excellent assolement pour le midi a l'avantage important de varier les cultures.

M. Gaujac, qui a introduit avec un grand succès la culture de la fève dans le canton de Coulommiers, département de Seine et Marne, observe aussi d'après sa pratique, « que la fève n'effrite point la terre, qu'elle nettoye le sol où on l'a semée, pour le livrer bien propre au froment qui doit lui succéder, et que *la récolte de cette céréale est toujours beaucoup plus productive que lorsqu'elle succède à toute autre plante* ». Il préfère la culture de la fèverolle à celle de l'avoine, la première rendant beaucoup plus que celle-ci; elle nettoye la terre quand l'avoine, semée immédiatement après la dépouille du blé, la salit.

Nous avons déjà vu que, dans l'arrrrondissement d'Hazebrouck, département du Nord, dont les terres sont généralement humides et argileuses, *les fèves et le froment se succèdent souvent, pendant très long-temps, avec succès*; et le même assolement que MM. Delporte et Mouron, cultivateurs très distingués près Boulogne et Calais, recommandent par leur pratique, s'observe aussi, dans les mêmes circonstances, sur un très grand nombre de nos départemens septentrionaux.

M. Charles Pictet, cultivateur génevois, qui nomme la fève avant toute autre plante d'assolement pour les terres argileuses, parceque c'est celle de toutes qui a le plus d'importance, et qui rapporte, à l'appui de son opinion, plusieurs faits tirés de l'agriculture anglaise, reconnoît aussi, et, sans doute, d'après sa propre expérience, que *sa culture prépare de belles récoltes de blé*.

Enfin, s'il étoit nécessaire d'ajouter les résultats de notre pratique à tant d'autorités respectables, nous dirions qu'ayant plusieurs fois admis la culture de la fève sur nos terres les plus compactes et les plus humides, nous avons, aussi, constamment reconnu qu'elle préparoit merveilleusement la terre pour la culture des céréales, et particulièrement du froment, sur-tout lorsqu'elle étoit cultivée en rayons, semée de bonne heure, convenablement nettoyée et houée, et enlevée assez à temps pour donner à la terre les préparations nécessaires.

Lorsque cette récolte se fait trop tardivement pour remplir cet objet, il est généralement avantageux de différer l'ensemencement jusqu'au printemps, et on peut alors admettre avec beaucoup d'avantage le blé de mars, ou l'orge, ou l'avoine, qui donnent ordinairement des produits très abondans. Dans plusieurs endroits de la ci-devant Guienne, on cultive la fève sur les terres humides, dans l'année de jachère, entre deux récoltes de céréales.

Nous avons déjà eu occasion de remarquer que la culture de la fève, intercalée avec celle de l'avoine, étoit un des meilleurs moyens de faire consommer avantageusement le gazon des prairies avant de semer du froment.

Elle succède encore avec beaucoup d'avantage au trèfle, comme plusieurs exemples le prouvent, au moyen d'un seul labour ou de deux au plus.

Elle sert quelquefois à établir une prairie artificielle, qu'elle accompagne et protège par son abri, la première année, et c'est ainsi que dans les environs de Meaux, où cette culture est assez répandue, nous avons vu semer plusieurs fois la fève avec le trèfle, avec beaucoup de succès.

Quelquefois aussi on sème des rêves et des navets dans l'intervalle des rayons, après le dernier houage, et on se procure ainsi une double récolte à peu de frais.

Enfin, on peut encore, dans quelques cas, cultiver la fève en rayons alternatifs avec la pomme de terre, dans les terrains qui comportent ces deux cultures.

« Dans la févière destinée pour la provision du ménage, dit M. de Père, c'est-à-dire dont on cueilleroit toutes les cosses vertes, on pourroit planter des pommes de terre entre les rangées, comme on le fait à Paris dans les rangées de pois; après la récolte des cosses, on faucheroit, ou on arracheroit les tiges pour remuer la terre et chausser les pommes de terre, qui présenteroient ainsi une seconde récolte dans la même année ».

Concluons des détails ci-dessus, que la fève est incontestablement la plante qu'on peut intercaler avec le plus d'avantage avec les céréales, sur toutes les terres argileuses, compactes et humides; que, lorsqu'elle est cultivée en rayons et convenablement houée et sarclée, elle jouit de l'éminente propriété de rendre le sol très meuble et très net, et beaucoup mieux préparé à la production du froment, que par une ruineuse et improductive jachère, sur-tout lorsqu'elle est fauchée au lieu d'être arrachée, ses racines pivotantes, qui ouvrent la terre comme autant de coins, y laissant une substance qui agit comme engrais et comme amendement, et lorsqu'on la récolte un peu verte encore, ce qui non seulement peut se faire sans inconvéniens, mais ce qui la rend moins coriace, plus nourrissante et plus agréable aux bestiaux. Reconnoissons enfin, qu'indépendamment de son grand mérite dans sa culture la plus ordinaire, elle peut encore fournir un excellent fourrage, vert ou sec, un pâturage très sain et abondant, et un engrais végétal très économique.

Il existe quelques variétés de fève, autres que celles que nous avons indiquées comme soumises à la culture en grand; les principales sont la verte, ainsi nommée à cause de la couleur de ses fruits; la julienne, plus précoce; la naine hâtive, plus précoce encore, mais petite et branchue; la longue cosse, très élevée, à gousses très longues et très garnies; et la windsor, plus élevée encore, à semences larges et presque rondes, mais moins rustique et moins productive.

DU POIS. Le pois cultivé, *Pisum sativum*, est une des plantes dont la culture est la plus étendue pour la nourriture de l'homme et de ses bestiaux.

Originaire des contrées méridionales de l'Europe, où on le rencontre dans l'état sauvage, l'ancienneté et les différences de sa culture l'ont multiplié en un très grand nombre de variétés et de sous-variétés, ou nuances, difficiles à distinguer pour la plupart.

Les principales à considérer pour la culture en plein champ sont :

1° Le POIS DES CHAMPS PROPREMENT DIT, qui paroît être le type de l'espèce, désigné souvent sous le nom de pois gris, ou bisaille, à cause de sa couleur, et de pois de mouton, d'agneau ou de brebis, parcequ'il est une des premières nourritures pour les bêtes à laine qui en sont singulièrement avides. Son grain, un peu aplati sur les côtés, de couleur le plus souvent grisâtre, et quelquefois brunâtre, rougeâtre ou bleuâtre, est ordinairement moins gros que celui de la principale variété désignée sous la dénomination de pois commun; il est également moins fort dans toutes ses parties; ses folioles sont moins entières, et ses fleurs, presque toujours d'un rouge violet, sont souvent solitaires.

On le subdivise en pois d'hiver et de printemps, quelques sous-variétés étant reconnues plus en état que d'autres de résister aux rigueurs de la première saison; et on le sous-divise encore en pois à cochons, parceque quelques sous-variétés sont, aussi, quelquefois préférées à d'autres pour l'engrais de ces animaux.

2° Le POIS COMMUN, ainsi nommé parcequ'il est le plus cultivé, soit dans les champs, après le premier, soit dans les jardins. Il est plus fort ordinairement dans toutes ses parties que celui qui le précède, comme nous l'avons observé; ses feuilles sont entières, et les fleurs, plus grandes et ordinairement blanches, sont portées plusieurs ensemble sur de longs pédoncules axillaires. C'est celui qui se consomme le plus en sec.

3° Le POIS SUISSE, ou *grosse cosse hâtive*. C'est un de ceux qui redoutent le moins les rigueurs de l'hiver et un des plus productifs. Ses cosses, longues et grosses, sont très multipliées et bien remplies de grains ronds et d'une couleur jaune verdâtre.

4° Le POIS DOMINÉ, moins précoce que le suivant, mais plus rustique, plus vigoureux, plus productif, aussi gros, aussi bon, et moins délicat sur le choix du terrain. Son grain est blanc et un peu moins arrondi. Il en existe une sous-variété, dite pois laurent, moins hâtive encore, et plus délicate sur le sol et l'exposition, et qu'il ne convient guère de semer qu'au printemps.

5° Le POIS MICHAUX, appelé aussi *pois chau, quarantain, hâtif*, ou *de 40 jours*, dont une sous-variété de Hollande ou d'Allemagne est plus précoce encore. Il est très hâtif et productif, et son grain blanc, rond et uni, est assez gros, tendre et sucré; mais il est beaucoup plus délicat que les précédens sur le choix du terrain et l'exposition. Il préfère les terres meubles sèches, et chaudes, et redoute sur-tout celles qui sont froides, compactes et humides.

6° Le POIS CARRÉ BLANC, ainsi désigné à cause de sa forme et de sa couleur. Il est gros et délicat, et sa tige s'élève beaucoup; mais il est tardif, rarement très productif, et difficile sur le sol. Il en existe une sous-variété dont l'ombilic est noir, et qu'on appelle cul-noir.

7° Le POIS CARRÉ VERT sur-tout recommandable en purée, diffère essentiellement du précédent par sa couleur, et redoute comme lui les terres compactes et humides.

8° Le POIS NORMAND, assez ressemblant aux deux précédens pour la qualité, et au dernier pour la forme et la couleur, a de plus le mérite d'avoir la peau fort mince, ce qui le rend préférable pour la purée; mais il est généralement moins productif et demande un sol fertile.

9° Le POIS VERT, dit *d'Angleterre*, très élevé, très productif et d'un excellent goût, en terre substantielle. Il est gros, de forme allongée un peu ovale, et de couleur verdâtre.

10° Le POIS DE CLAMART, ou *carré fin*, très productif et d'un très bon goût. Son grain aplati sur deux faces, parcequ'il est très serré dans la cosse où il s'en trouve jusqu'à dix ou douze, est petit et d'une couleur variable, blanchâtre, roussâtre ou verdâtre.

11° Le POIS NAIN, ainsi nommé parcequ'il s'élève moins que les précédens, et dont il existe plusieurs sous-variétés, de forme, de couleur et de goût différens, mais ordinairement peu précoces et productives. La racine de tous ces pois est grêle, pivotante et fibreuse.

Occupons-nous d'abord de la première variété, la plus intéressante de toutes pour le cultivateur, parcequ'elle est sans contredit la plus convenable pour la culture en grand, en plein champ, et comme étant la plus rustique, et nous examinerons ensuite les autres variétés, sous ce rapport.

De la culture du pois des champs, ou bisaille, sous le rapport de la qualité du sol et de sa préparation; de la semaille, de la récolte, et de l'emploi.

De la qualité du sol et de sa préparation. Les terrains frais, un peu tenaces, sur lesquels les fèves et les choux donnent des récoltes avantageuses, sont généralement aussi ceux qui conviennent le plus à la bisaille, quoiqu'on la voye réussir quelquefois sur des terres plus friables et d'une moindre qualité, lorsque la constitution atmosphérique est plus humide que sèche. Elle exige généralement aussi un petit nombre de labours pour prospérer, et pourroit même rigoureusement se passer d'engrais si l'on ne devoit avoir plus en vue dans sa culture la préparation et l'amélioration du sol pour les cultures subséquentes, que le produit même de sa récolte. Lorsqu'on la sème dans l'intention de la faucher avant sa maturité complète, et lorsqu'on la cultive sur des terres compactes et argileuses, les fumiers pailleux et peu consommés sont ordinairement les plus convenables, et ils font tout à la fois l'office d'amendemens et d'engrais.

De la semaille. Pour cette variété, comme pour toutes les autres, on doit toujours préférer, pour semer, les pois de la dernière récolte à ceux des années antérieures, qui très souvent ont perdu leur faculté germinative, sur-tout lorsqu'ils ont été séparés de leur gousse long-temps avant l'époque de la semaille. Ils doivent aussi être le plus exempts possible des attaques de la bruche du pois, insecte qui y fait quelquefois de terribles ravages, en se logeant dans l'intérieur du grain, et en rongeant souvent jusqu'au germe. Lorsqu'on s'aperçoit qu'ils en sont attaqués, il est avantageux de les plonger dans l'eau, et l'on voit alors surnager tous les grains fortement endommagés et légers, ainsi que les insectes et autres objets nuisibles, qu'on peut facilement enlever avec une écumoire.

L'époque de la semaille doit nécessairement varier suivant le climat, l'état et la nature de la terre, et la variété qu'on a à sa disposition. On ne sauroit trop l'avancer dans les climats méridionaux, dont cette plante redoute les fortes chaleurs, et on doit toujours la différer jusqu'au printemps sur tous les terrains très humides, dans les climats froids.

La bisaille s'élevant ordinairement sur une seule tige, et sa récolte étant d'autant plus amélioraute qu'elle ombrage plus fortement la terre, en prévenant une évaporation nuisible et en étouffant les plantes plus nuisibles encore; son grain étant aussi très exposé aux dégâts des pigeons, qui le dévorent même quelquefois en levant, ainsi que les corbeaux et autres oiseaux granivores, comme nous nous en sommes assurés à nos dépens, il est ordinairement avantageux de la semer dru, et il y a plus à craindre de pécher par défaut que par excès de quantité de semence.

On doit toujours aussi la semer à la volée, pour les mêmes motifs et afin d'éviter des frais de sarclage et de houage trop rarement compensés par une augmentation proportionnelle de produit, et sur-tout l'enterrer le plus exactement possible, à cause des dégâts que les pigeons, qui en sont très avides, y font trop souvent. Il convient même, lorsqu'on le peut, de l'enfouir par un labour, au lieu de la semer dans les sillons formés par le dernier labour, et de herser ensuite pour l'enterrer, comme on le pratique fréquemment; mais ce labour doit être léger, car les pois trop enterrés, sur-tout lors des semailles précoces en terrain humide, pourrissent souvent.

De la récolte. On fauche la bisaille, ou lorsqu'elle est défleurie, pour fourrage vert ou sec, ou après sa maturité complète. Dans le premier cas, elle nettoye et améliore puissamment la terre, et laisse beaucoup de temps pour la préparer à la récolte principale suivante, et même quelquefois assez pour obtenir encore une seconde récolte-jachère dans la même année. Dans le second cas, elle emprunte davantage du sol, laisse moins de temps pour les opérations aratoires qui doivent suivre immédiatement sa récolte, et ne devient réellement améliorante que lorsque le sol a été abondamment engraissé et préservé de la dissémination des graines nuisibles.

Dans le premier cas, il est essentiel de faner convenablement le fourrage vert, qu'on peut sécher et conserver pour la nourriture des bestiaux en hiver; et, dans le second, il est essentiel de ne pas faucher trop tard, parceque, d'une part, les pois les premiers mûrs, et qui sont toujours les meilleurs, soit comme aliment, soit comme semence, s'égrèneroient dans le champ, et de l'autre, les tiges desséchées fourniroient un fourrage d'une médiocre qualité. Il ne faut pas perdre de temps pour faucher lorsque les tiges sont fortement couchées sur terre, particulièrement en terrain humide, parcequ'elles ne tardent pas à y pourrir, et que d'ailleurs elles grènent peu alors, faute d'air suffisant.

De l'emploi. La bisaille fournit pour tous nos bestiaux, et même pour quelques volailles, un aliment de première qualité.

Ses diverses dénominations de pois de brebis, pois à moutons, pois agneau, indiquent assez de quelle utilité elle est pour les bêtes à laine. Son fourrage, vert ou sec, les nourrit on ne peut mieux, et son grain les engraisse très promptement: il est souvent destiné à cet usage, sur-tout pour les jeunes agneaux, dont il rend la chair très succulente, blanche et délicate.

La dénomination de pois à cochons, sous laquelle on en désigne aussi quelquefois une sous-variété, indique encore combien son grain est propre à engraisser ces animaux, qui sont aussi très avides de son fourrage vert; et il est bien reconnu aujourd'hui en plusieurs cantons, que la farine de pois mêlée à celle d'orge et fermentée, est une des nourritures les plus économiques et les plus propres à engraisser promptement ces animaux et à leur donner une chair ferme et d'excellent goût.

Les bœufs, les chèvres et les chevaux sont également avides de son fourrage et de son grain, qui leur sont, aussi, très profitables, et le dernier est bien préférable à l'avoine.

Nous considérerons la bisaille sous le rapport de l'assolement, après être entrés dans quelques détails sur la culture des autres variétés de pois que nous considérerons dans le même ordre, et qui peuvent être soumises aussi à la culture en plein champ, près des cités populeuses, et plus particulièrement le pois commun, qui peut encore être cultivé, comme il l'est quelquefois avec avantage, pour la nourriture des bestiaux.

De la nature du sol et de sa préparation. Toutes les autres variétés de pois, moins rustiques que la bisaille, sont aussi moins indifférentes qu'elle sur la qualité du sol et sur son exposition, et préfèrent généralement un sol meuble, sec et chaud, à ceux qui sont humides, compactes et froids, ainsi qu'une exposition méridionale avant toute autre.

Plus ce sol est substantiel et calcaire, plus ils prospèrent ordinairement; mais ils s'accommodent rarement de fumiers, sur-tout peu consommés, et d'engrais très actifs; et préfèrent les terreaux, les vases et les boues bien préparés, ainsi que les terres engraissées l'année précédente, où ils sont plus productifs en grains que dans celles récemment fumées, qui produisent beaucoup en tiges et peu en fruits.

La terre ne sauroit être trop bien préparée et ameublie par des labours profonds et faits de bonne heure par un temps non humide.

De la semaille et des soins postérieurs à cette opération. L'époque doit généralement en être différée jusqu'à ce qu'on n'ait plus à redouter l'effet destructeur des gelées après la levée, et, malgré cette précaution, les gelées tardives et intempestives détruisent trop souvent la plupart de ces variétés, à l'époque de la floraison, et forcent à ressemer.

On a remarqué qu'il étoit ordinairement avantageux de renouveler la semence des diverses variétés de pois, et il faut principalement prévenir leur mélange entre elles.

On les sème ou à la volée, ou en touffes, ou en rayons.

Pour la semaille faite à la volée, qui est beaucoup moins productive et moins améliorante, mais qui entraîne moins de soins et de dépenses, on peut se conformer à ce que nous avons dit en nous occupant de la bisaille.

Nous ne pouvons approuver la semaille faite en touffes, parcequ'elle expose les plantes à s'affamer réciproquement, et à être privées de l'air et de la lumière nécessaires à leur développement complet, et à leur fructification; et on peut consulter les raisons et les faits rapportés à l'appui de notre opinion à cet égard, aux articles LENTILLE ET HARICOT, qui sont dans le même cas.

Quant à la semaille faite en rayons, elle économise ordinairement la semence de moitié, et double à peu près le produit en grain; elle nettoie et prépare mieux la terre pour la récolte suivante; mais elle est plus longue et plus dispendieuse et exige plus de soins.

Lorsqu'on adopte cette dernière pratique, il est avantageux d'espacer assez les rayons pour que le sarcloir et le buttoir à cheval

(*voy.* les fig. à la fin de ce traité) puissent être employés, en formant alternativement une raie pleine et une raie vide, ce qui économise les frais et le temps employés à les sarcler et à les butter. Il est souvent avantageux de rapprocher deux rangées à trente-quatre centimètres environ l'une de l'autre, en laissant entre elles un intervalle de soixante-quatre centimètres. Ces deux rangées se soutiennent réciproquement, et la culture des intervalles en devient plus commode.

On doit sarcler ces intervalles aussitôt que, toutes les plantes étant bien sorties hors de terre, on s'aperçoit qu'ils se couvrent de plantes nuisibles, et réitérer cette opération aussi souvent qu'on la croit nécessaire jusqu'aux approches de la floraison.

Dès que les intervalles sont assez nets et les plantes assez élevées, on doit les butter légèrement, en rapprochant au pied des tiges la terre meuble qui se trouve entre chaque rayon, ce qui produit le triple effet de leur fournir un nouvel aliment, de leur tenir le pied frais et de les empêcher de se coucher contre terre, trois circonstances qui contribuent beaucoup à leur prospérité.

Les pois sont en proie à plusieurs insectes très nuisibles qui y font d'autant plus de dégâts que leur végétation est moins vigoureuse. Les principaux sont les chenilles, les pucerons et les vers, contre lesquels on peut employer les moyens que nous avons indiqués pour les raves et les choux; mais sur-tout la bruche du pois, espèce de charençon ou mylabre, contre lequel on ne connoît encore aucun remède bien efficace, praticable en grand dans les champs; mais M. Vilmorin a observé que les pois les plus hâtifs et les plus tardifs en étoient ordinairement exempts, et lorsqu'on s'aperçoit qu'ils en sont infectés après être battus, on peut détruire ceux des pois qu'on destine à la consommation, en les exposant dans un four pendant quelque temps à une chaleur d'environ quarante-cinq degrés, et diminuer les ravages de ceux des pois qu'on destine à la reproduction, en les mêlant bien secs avec du sable, de la cendre, de la suie, du charbon pulvérisé, ou toute autre matière qui, en prévenant leurs excursions, diminue beaucoup leurs ravages.

On pince aussi quelquefois la sommité des pois, soit pour les débarrasser des pucerons, soit, le plus souvent, pour accélérer leur maturité en diminuant leur production par un refoulement de la sève; mais ce moyen n'est guère pratiquable en grand, non plus que l'emploi des rames, ou des perches transversales attachées sur des pieux, et qu'on peut remplacer plus économiquement et plus fructueusement par un mélange de fèves qui leur servent d'appui naturel et productif.

De la récolte et de l'emploi. On récolte ces variétés de pois, ou en convertissant leurs tiges défleuries en fourrage vert ou sec pour les bestiaux, comme avec la bisaille, ce qui a lieu plus rarement, ou en en consommant le grain en vert, pour l'usage domestique, ce qui se pratique assez fréquemment, sur-tout à l'égard de quelques variétés que nous avons désignées comme plus propres à cet objet, ou enfin en sec, comme cela arrive assez souvent.

La première manière améliore plus la terre que la seconde, et celle-ci plus que la troisième, qui fournit aussi un fourrage de moindre qualité que les deux précédentes.

La consommation des pois en France, soit en sec, entiers, ou plutôt en purée, parcequ'ils sont moins venteux et se digèrent mieux, soit en vert, assaisonnés de diverses manières, est une des plus fortes des produits de nos plantes légumineuses, et ils fournissent un aliment sain, économique, et aussi nourrissant qu'agréable.

Nous croyons devoir observer que les cosses vides de pois, dont on ne tire trop souvent aucun parti, fournissent un aliment sucré et très nourrissant, comme toutes les parties des plantes qui contiennent généralement d'autant plus de substance nutritive qu'elles sont plus voisines de la semence, particulièrement dans toutes celles qui ne fournissent pas de racines alimentaires; et nous ajouterons qu'on peut tirer un parti très avantageux de ces cosses pour en nourrir les bestiaux, comme nous l'avons fait fréquemment avec beaucoup de succès. Il est même de ces cosses dans les variétés qu'on appelle pois sans parchemin, goulus, gourmands ou mangetout, parcequ'ils ont l'enveloppe plus fine, qui fournissent un excellent aliment aux hommes, soit entières, soit en purée.

Du pois considéré relativement aux assolemens. Une observation générale, par laquelle nous devons commencer, c'est que le pois, ainsi que le lin, le colsat, le safran, et quelques autres plantes, ne doit pas, lorsqu'il a mûri ses semences, être ressemé dans le même champ, avant un intervalle assez long; et l'on observe que lorsqu'on le sème consécutivement plusieurs fois à la même place, il donne ordinairement des produits foibles, et jaunit souvent.

Il est généralement avantageux d'observer un intervalle de six années au moins entre chaque culture de cette plante. Notre collègue Sageret nous assure même que dans la plaine du Point-du-Jour, où diverses variétés de pois sont cultivées pour l'approvisionnement de la capitale, les cultivateurs craignent d'en semer même sur les terres qui en ont produit dix ans auparavant, et qu'ils préfèrent et louent beaucoup plus cher, pour cette culture, celles qui passent pour n'en avoir jamais produit. Plus on l'éloigne aussi des autres plantes annuelles de sa famille, telles que la fève, la gesse et la vesce, plus ses produits sont ordinairement assurés et abondans. Plus on la recule, mieux cela vaut.

Quoique le pois paroisse communiquer au sol qui l'a aidé à perfectionner ses semences, quelque qualité nuisible pour lui-même, il n'en est pas ainsi à l'égard des céréales et d'autres plantes soumises à nos cultures en plein champ.

L'expérience démontre qu'il prépare très bien la terre pour la culture des céréales, lorsqu'il est convenablement cultivé; et cette vérité est sur-tout appliquable à la bisaille, qui, par son ombrage épais, établit sur le sol une fermentation putride très favorable à la végétation, prévient une évaporation excessive toujours nuisible en été, et laisse sur le sol d'abondans et utiles débris de feuilles et de racines, qui sont promptement convertis en humus.

Il prépare principalement la terre à la production du froment sur les sols tenaces et argileux qu'il améliore en les ameublissant, par l'effet salutaire produit par son ombrage, et par sa racine pivotante qui s'enfonce assez profondément. Il rend également ces terres propres à la production de l'orge, par les mêmes effets.

« Le pois gris, dit Gilbert, est de toutes les plantes légumineuses après le lupin, celle qui emprunte le moins de la terre qui la porte, ou qui lui rend le plus; ce qu'on doit attribuer à la grande quantité de rameaux et de feuilles dont il se charge, et qui, enlacés étroitement, forment un abri impénétrable aux rayons brûlans du soleil. »

« Le pois, dit Dumont-Courset, est le légume à qui les engrais préliminaires sont le moins nécessaires, parcequ'il est alimentaire dans son état naturel. »

Tous les cultivateurs qui observent et réfléchissent sur leurs opérations, reconnoissent qu'il emprunte beaucoup moins de la terre que les cultures de céréales, et nous l'avons souvent éprouvé nous-mêmes.

On obtient généralement d'abondantes récoltes de grains, immédiatement après sa culture, avec le secours d'un seul labour fait en temps et de la manière convenable.

Les variétés de pois précoces peuvent admettre deux récoltes différentes dans la même année, et lorsqu'elles sont cultivées en rayons, elles peuvent aussi admettre dans leurs intervalles, après la dernière opération de culture, des raves, des navets, des carottes, des panais, de la navette, du chanvre, du maïs, des pommes de terre, et plusieurs autres plantes précieuses qui peuvent les remplacer d'une manière aussi économique que profitable.

On peut semer avec beaucoup de succès toutes les variétés de pois, et sur-tout les dernières, sur un seul labour, lors du défrichement des trèfles, des sainfoins, des luzernes, des pâturages et des prairies à base de graminées, ainsi qu'après les défrichemens de bois et l'arrachage des vignes. Elles y donnent ordinairement des produits nets, vigoureux, abondans et délicats.

La culture des navets fumés et houés, prépare aussi très bien la terre pour les recevoir.

Les variétés les moins rustiques et les plus délicates sur la qualité du sol, donnent sur tous ceux qui sont compactes, argileux, ou séléniteux, des grains durs, coriaces, et qui cuisent difficilement.

Toutes les variétés redoutent également les champs ombragés, et demandent une exposition découverte pour s'élever et fructifier beaucoup, le défaut d'air et de lumière suffisans nuisant singulièrement à l'accomplissement de leur fructification, qui est toujours très imparfaite, lorsqu'ils sont couchés contre terre. C'est pour prévenir cet inconvénient qu'on leur procure souvent des soutiens avantageux; et la nature, en les munissant de mains ou vrilles, indique au cultivateur qu'ils ont besoin d'appui. Nous avons déjà vu qu'on employoit avec succès la fève pour cet objet; on y emploie également l'avoine et le seigle, et quelques autres plantes avec la fève; et cet utile mélange porte en différens cantons les noms de warat, dragée, dravière, barjclade, mélarde, etc., etc.

Nous cultivons fréquemment en rayons, diverses variétés de pois, la bisaille ordinairement mélangée avec la fève l'avoine ou le seigle, et les variétés moins rustiques; et nous avons constamment reconnu que ces diverses cultures étoient très productives, et excellentes pour préparer nos terres à d'autres productions. Les dernières sont fréquemment cultivées aux environs de la capitale, comme autour de toutes les villes très peuplées, et sur-tout dans les cantons de Charenton, Vincennes, Montreuil, Gennevilliers, Clichy et Nanterre; et par-tout, avec les préparations convenables, elles sont suivies de récoltes de grains avantageuses.

On sème aussi quelquefois les pois, et sur-tout la bisaille, pour être enfouis en fleur comme engrais végétal; mais la vesce dont nous allons nous occuper vaut mieux pour cet objet, d'après les essais comparatifs que nous en avons faits, comme étant plus petite, s'enfouissant mieux, pourrissant plus vite, coûtant moins, et une moindre quantité étant nécessaire pour cet objet.

DE LA VESCE. La vesce commune, *Vicia sativa*, désignée fréquemment dans le midi de la France sous le nom de *pesette*, et quelquefois sous celui de *barbotte*, est une des plantes fourrageuses les plus connues de tous les bons cultivateurs, et une des plus avantageuses et des plus commodes pour les assolemens, comme nous le démontrerons à cet article de sa culture que nous allons d'abord considérer sous les rapports importans de la qualité du sol et de sa préparation; de la semaille et des soins subséquens; de la récolte et de l'emploi.

De la qualité du sol et de sa préparation. Le sol qui convient à la BISAILLE (*Voyez* ce mot) est aussi celui qui convient le mieux à la vesce, et sa préparation peut encore être la même.

Elle redoute sur-tout l'excès d'humidité qui la fait pourrir et qui expose davantage aux ravages de la gelée la variété d'hiver, et l'excès de sécheresse qui suspend entièrement et détruit souvent sa végétation ; ainsi les sols frais, un peu tenaces et non humides, lui conviennent généralement mieux que tout autre, et tous ceux qui sont pierreux et inégaux en rendent le fauchage plus difficile et moins complet.

Sa racine grêle et pivotante exige des labours profonds ; mais un seul bien fait, en temps convenable, suffit souvent pour assurer son succès.

Elle peut rigoureusement se passer d'engrais, empruntant de l'atmosphère la majeure partie de sa nourriture, sur-tout lorsqu'on la fauche en vert à l'époque de sa floraison, et l'épaisseur de son fourrage s'opposant, aussi, fortement aux déperditions du sol, à la surface duquel il détermine une fermentation putride très salutaire; mais sa culture, considérée comme préparatoire d'autres cultures principales, remplit beaucoup mieux cet objet avec l'addition d'engrais convenables.

S'il est bien démontré dans la pratique, comme nous l'avons très souvent reconnu, qu'il résulte la plus grande économie et les plus grands avantages de l'emploi des fumiers frais, pailleux et peu consommés, lorsqu'ils sont appliqués à des cultures convenables, et sur-tout sur les terrains frais, compactes et argileux, c'est essentiellement à l'égard de la vesce cultivée pour fourrage que cette importante vérité peut recevoir son utile application.

Pouvant être semée avec succès presque à toutes les époques de l'année, et sur une très grande variété de terrains, elle présente au cultivateur intelligent, actif à saisir toutes les occasions de tirer le parti le plus avantageux de ses fumiers, un moyen très avantageux de les voiturer commodément sur ses champs, à mesure qu'ils se forment, au lieu de les laisser long-temps, comme cela n'est que très ordinaire chez les cultivateurs négligens et routiniers, exposés à toutes les déperditions qui résultent toujours de leur exposition prolongée à la chaleur, aux vents et à la pluie, qui diminuent de beaucoup leur efficacité sans qu'on paroisse souvent s'en douter.

S'il résulte de cette prompte et successive application des fumiers aux champs, pour la culture de la vesce ou de toute autre plante dans le même cas, le transport de la semence de plusieurs plantes nuisibles aux récoltes, il est sans inconvénient, avec les soins convenables, parceque ces semences germant et se développant avec la vesce, elle les étouffe ordinairement par la force de sa végétation et par l'épaisseur de son ombrage ; et si quelques unes y résistent et survivent à ces deux ennemis redoutables, on peut toujours assurer leur innocuité, en les fauchant avec la vesce, avant la dissémination et sur-tout avant la maturité complète de leurs semences ; de nuisibles qu'elles auroient pu devenir, on les convertit ainsi pour la plupart en plantes utiles, en les faisant contribuer, par leur produit, à l'augmentation du fourrage. La vesce fournit aussi un excellent moyen de détruire les chardons, en les privant d'air, si l'on a eu soin de les couper en naissant, afin de les empêcher de prendre le dessus.

Ajoutons à ces faits que toutes les productions qui suivent immédiatement la culture de la vesce aidée du fumier, et celle du froment particulièrement, sont toujours plus belles et plus nettes que lorsque cet engrais n'a été appliqué à la terre qu'après sa culture, époque à laquelle il est d'ailleurs généralement moins commode de transporter aux champs toute espèce d'engrais, à cause de l'urgence des travaux relatifs aux semailles.

De la semaille et des soins subséquens. On distingue deux variétés principales de la vesce ordinaire; celle qui se sème ordinairement en automne, avec ou sans mélange, et qu'on appelle communément vesce d'hiver ou d'automne, hivernache, ou hivernage, et quelquefois improprement gesse, et celle de printemps, qui se sème ordinairement dans cette saison, et quelquefois aussi en été.

Nous devons nous occuper des principales particularités relatives à ces deux variétés, avant d'examiner les points principaux qui ont trait à la semaille et aux soins subséquens.

La vesce d'hiver a le grain ordinairement plus gris, plus gros et plus pesant que la vesce de printemps. Elle est, encore, généralement plus productive en fourrage, et en grain, elle se ramifie et s'étend davantage; et nous avons observé que son grain s'échappoit plus difficilement de la gousse à l'époque de la maturité, ce qui n'est pas un foible avantage, lorsque la récolte s'en trouve retardée par quelque circonstance impérieuse.

Elle résiste assez généralement en France, du midi au nord, sur les terrains qui ne sont pas trop humides, aux hivers ordinaires, et sur-tout à ceux qui ne présentent pas une grande alternative de gels et de dégels brusques et humides. Lorsqu'un nombre même assez considérable de ses pieds ont été détruits par quelque intempérie trop prononcée, ceux qui ont pu y résister se ramifient et s'étendent souvent à tel point, aux premiers mouvemens de la végétation, que le dommage est en grande partie réparé par cette heureuse circonstance, qui doit déterminer à ne jamais se livrer à un nouvel ensemencement qu'on ne se soit bien assuré qu'on ne peut pas compter sur ce résultat ordinaire que nous avons souvent éprouvé.

Lorsqu'il a lieu, et sur-tout lorsque la totalité du plant a résisté à l'hiver, cette précieuse variété fournit de très bonne heure, au printemps, un fourrage vert abondant, de première qualité, et c'est, dit M. Dumont de Courset, *dans les pays septentrionaux*, la meilleure façon de semer ce grain, par la certitude où l'on est de le récolter, lorsque les froids ne sont pas trop violens. Lorsqu'elle a succombé totalement aux rigueurs de cette saison, on peut la remplacer à peu de frais par celle de printemps.

La vesce de printemps a le grain ordinairement plus brun, plus arrondi et plus petit; elle se ramifie et s'élève moins; elle est moins productive en grain et en fourrage, et elle redoute la sécheresse et les chaleurs prolongées beaucoup plus que celle d'hiver.

D'après ces données générales, on doit se déterminer à semer l'une ou l'autre de ces variétés, selon la nature du sol, l'âpreté du climat, les besoins et l'état de la terre, en se rappelant que les semailles les plus avancées sont généralement celles qui donnent les résultats les plus avantageux; parceque, plus une plante a de temps pour parcourir les différentes périodes de son développement, plus elle acquiert de vigueur, et plus ses produits sont considérables et élaborés.

Au moyen de ces deux variétés, et sur-tout d'une troisième qui se cultive assez communément dans le département de la Somme, qui supporte mieux que les autres les semailles tardives, et dont M. Petit, l'un de nos élèves, cultivateur près de Péronne, a adressé un hectolitre environ à M. Rendu, notre gendre, qui l'a cultivée avec beaucoup de succès, on peut prolonger la semaille de la vesce pendant une grande partie de l'année, ce qui rend cette plante bien recommandable pour les assolemens.

Il ne nous paroît pas plus convenable de déterminer, d'une manière fixe et invariable, la quantité de semence nécessaire pour tous les cas, que de vouloir préciser les époques de la semaille, laissant à la pratique, qui est ici la seule qui soit réellement instructive, la solution locale de ces objets de détails très variables. Nous nous bornerons donc à observer, sur ce premier point, que la variété d'hiver doit généralement être semée plus dru que celle de printemps, quoiqu'elle se ramifie ordinairement davantage, parceque son grain est plus gros et sur-tout parcequ'elle est souvent exposée à des chances plus défavorables; et nous ajouterons qu'on doit aussi semer plus clair la vesce destinée à achever la maturité de sa graine que celle semée seulement pour fourrage ou pour engrais végétal, et qu'il y a beaucoup moins d'inconvénient à semer trop dru que trop clair, parceque le premier cas, toujours réparable d'ailleurs, a des résultats bien moins désavantageux pour la terre et le produit, que le second, qui la salit souvent au lieu de l'améliorer.

Il est très avantageux de herser en tous sens le champ immédiatement après la semaille, parceque la vesce, qui doit être peu enterrée afin de ne pas pourrir, étant ordinairement semée dans les sillons du labour, le hersage en travers sur-tout, contribue beaucoup à la placer plus également sur tout le champ, et la met encore plus à l'abri des ravages des pigeons qui en sont excessivement avides.

Il n'est pas moins utile de le bien rouler, particulièrement en travers afin de rendre l'opération du fauchage plus facile et plus complète.

Indépendamment des dégâts souvent considérables que les pigeons exercent ordinairement sur la vesce, elle est encore exposée aux ravages de plusieurs insectes, et particulièrement des chenilles et des altises. Outre les moyens généraux que nous avons déjà indiqués contre elles, aux articles rave, chou, etc., nous devons recommander ici, d'après notre expérience, l'emploi de la cendre de tourbe et du plâtre calciné et pulvérisé, semés le matin à la rosée, par un temps calme, ou avant ou immédiatement après la pluie; ces engrais pulvérulens, non seulement nuisent beaucoup à ces insectes, mais encore ils activent singulièrement la végétation de la vesce, lorsqu'elle commence à bien couvrir la terre, comme aussi celle de toutes les plantes légumineuses et crucifères, principalement sur les terres sèches et de médiocre qualité.

De la récolte, de sa conservation et de son emploi. Il y a deux époques principales pour faire la récolte de la vesce, suivant l'objet qu'on a en vue.

Lorsqu'on a pour premier objet la récolte du grain, soit pour semence, soit pour consommation, il ne faut pas attendre que la maturité de toutes les semences soit complète, cette plante ayant souvent tout à la fois des semences formées, des fleurs développées et des boutons naissans, et l'attente des derniers pouvant occasionner la perte des premiers qui sont toujours les meilleurs.

Lors donc que la majorité des gousses commence à se dessécher, à se décolorer et à prendre une teinte brunâtre, lors surtout que le temps paroît assuré, il faut faucher sans délai, en devançant plutôt qu'en retardant cette époque critique.

Lorsqu'on a au contraire le fourrage pour seul objet, il est généralement avantageux de faucher à l'époque de la floraison de la majeure partie des plantes, pour fourrage à consommer en vert principalement, et l'on peut même attendre que la vesce soit défleurie en grande partie, sur-tout pour la convertir en fourrage sec, et lorsque le temps est incertain. Il y a dans ce cas moins d'inconvéniens à différer qu'à devancer l'époque.

Dans tous les cas, le fanage est ordinairement long et difficile, mais plus particulièrement dans le dernier, parceque la plante est très aqueuse, et on ne doit l'emmeuler ou la botteler que lorsqu'elle est bien séchée, et la conserver dans un endroit très sec, parcequ'étant très spongieuse, elle attire et conserve fortement l'humidité, et devient poudreuse et de mauvaise qualité. « Les vesces, dit M. Dumont de Courset, destinées à être employées sèches et semées en mars, sont très difficiles à obtenir bonnes dans les pays septentrionaux, parce qu'elles mûrissent tard, et que les automnes, assez souvent pluvieux, empêchent alors d'en faire la moisson. Je les ai vues fréquemment encore sur la terre en octobre, et alors elles sont à moitié perdues ou égrenées. »

L'emploi de la vesce est très étendu, soit en grain, soit en fourrage.

Ce grain paroît être celui que les pigeons préfèrent à tout autre, et il les rend très productifs et d'un bon goût. Il n'en est pas de même des autres volailles, et il paroît même, d'après quelques expériences, qu'il peut devenir nuisible aux canards, aux jeunes dindons, et sur-tout aux poules. Il paroît aussi que les porcs ne s'accommodent pas non plus de ce grain, quoique généralement peu délicats sur le choix de leurs alimens, et qu'il leur est plus nuisible que profitable. Il n'en est pas de même des bêtes à laine auxquelles il convient beaucoup : il augmente la quantité et la qualité du lait des brebis comme des vaches, et il engraisse promptement les moutons et les jeunes agneaux, pour lesquels il remplace souvent la bisaille. Il engraisse aussi les bœufs, et peut être donné aux chevaux en place d'avoine avec avantage à poids égal, et non à mesure égale, car il est beaucoup plus pesant et nourrissant : mais il vaut mieux généralement le mélanger avec ce grain ou avec celui du sarrasin, ou avec tout autre, que de le donner seul, car en cet état il échauffe beaucoup les animaux. Réduit en farine, on peut en composer, dit M. de Père, d'excellentes buvées pour les vaches, ou bien une eau blanchie que les jumens et les poulains préfèrent à toute autre. On soumet aussi quelquefois ce grain réduit ainsi, à la panification, mélangé avec d'autres grains, comme la nécessité y contraignit dans l'année calamiteuse et trop mémorable de 1709; mais on n'en obtient qu'un aliment aussi désagréable qu'indigeste; et s'il est vrai, comme nous l'assure M. Lullin de Genève, qu'un pain mêlé d'orge, d'avoine et de vesce d'hiver fait la base de la nourriture des habitans des Alpes, on doit autant plaindre ces Alpicoles d'être condamnés à un si mauvais aliment, que les louer d'avoir des mœurs si pures et de jouir d'un air si salubre et d'une si belle nature.

Le fourrage de la vesce qui a mûri et fourni sa semence est généralement peu recherché des bestiaux et peu nourrissant, comme toutes les pailles ou tiges qui sont entièrement dépouillées de leurs grains. Mais celui qui a été fauché en fleurs, et sur-tout celui qui l'a été après la floraison, est aussi appétissant que nourrissant, lorsqu'il est bien fané et conservé sèchement; il l'est même beaucoup plus que le foin ordinaire : il est très convenable pour tous les bestiaux qu'on désire engraisser, et il doit être administré avec réserve à tous les animaux de travail, qu'il faut seulement maintenir en bon point.

Le fourrage consommé en vert est encore très propre à rafraîchir et à nourrir les bestiaux, à l'époque de la floraison; car avant, il est ordinairement trop aqueux et trop relâchant, et plus tard, il produit l'effet contraire. Il forme une excellente nourriture pour les chevaux qu'on veut mettre au vert; il donne beaucoup d'excellent lait aux vaches et aux brebis nourrices; il conserve et augmente l'embonpoint des bœufs et des moutons, et accélère singulièrement le développement des agneaux; et on peut encore en nourrir les jeunes porcs avec beaucoup d'avantage. La vesce d'hiver a par-dessus tout ce mérite, et on peut souvent en faire plusieurs coupes, en commençant de bonne heure, et sur-tout à l'aide du plâtre, de la cendre de tourbe, ou de tout autre engrais sulfureux ou pulvérulent, soit cendres végétales ou cendres de charbon de terre; et si l'on sème la vesce, comme le recommande avec tant de raison M. de Père, à différens intervalles, comme de quinze en quinze ou de huit en huit jours, en septembre, octobre, novembre, décembre, en février et en mars, elle peut offrir chaque jour un excellent fourrage, depuis le mois de mai, et même avant, jusqu'à l'époque où l'on peut faire usage du maïs-fourrage.

On peut aussi faire pâturer ce fourrage sur pied par les bêtes à laine; et un excellent moyen d'en tirer un grand parti, en améliorant beaucoup la terre, consiste à en faucher chaque jour une provision suffisante pour la nourriture d'un troupeau mis au parc sur la pièce de vesce même, à la faire consommer dans des râteliers, et à faire pâturer chaque partie fauchée avant de la parquer. Il résulte de ce procédé, que nous avons plusieurs fois mis en pratique avec beaucoup d'avantages, une excellente nourriture très économique, et un engrais végéto-animal aussi excellent qu'économique encore.

Le fourrage vert de la vesce est une ressource précieuse lors de la disette des autres fourrages ordinaires, et c'est dans ces momens critiques qu'on en sent bien tout le prix et qu'on doit s'en procurer.

« Je trouve, dit M. Lullin, au fourrage vert de la vesce, l'avantage de pouvoir venir au secours du cultivateur qui juge que sa récolte de foin sera mauvaise; puisque depuis le milieu de mai jusqu'à la fin de juin il pourra juger de l'état de ses prés et de la quantité de vesce qu'il lui convient de semer, pour remplacer le déficit qu'il présume devoir éprouver dans ses fourrages. J'en dirai autant de la récolte des regains; car en semant des pesettes d'hiver ou des gesses en août, époque à laquelle l'abondance ou la disette des seconds foins est décidée, le fermier s'assurera un pâturage vert, sain et abondant pour la mi-avril, soit pour manger sur place, soit encore mieux, en la fauchant pour donner au râtelier à l'étable.

« Les mois d'avril et mai sont les plus difficiles à passer lorsque les foins ont été rares l'été précédent; ils sont alors d'une cherté prodigieuse, et il est souvent impossible de s'en procurer : le cultivateur prévoyant qui se sera assuré une quantité de gesse ou pesettes hivernées n'aura plus la crainte d'être obligé de vendre à vil prix une partie de ses bestiaux, ou de mettre un capital considérable en achat de fourrage, s'il ne veut les voir mourir de faim.»

De la vesce considérée relativement aux assolemens. Un très grand nombre d'autorités incontestables, appuyées sur l'expérience, attestent que la culture de la vesce est améliorante et préparatoire pour d'autres cultures principales.

Nous croyons pouvoir nous borner à en consigner ici quelques exemples des plus remarquables.

« La vesce, dit Olivier de Serres, engraisse plutôt qu'elle emmaigrit le terroir, après laquelle et l'avoine ensemble mêlées, on peut utilement semer du froment, du seigle et autres blés hivernaux, pourvu que le fonds en ait été bien et diligemment labouré. »

Gilbert, après avoir rappelé que les Romains faisoient un grand usage des plantes légumineuses pour féconder leurs terres, ajoute : « Si la vesce ne féconde pas aussi puissamment le sol que l'ont prétendu les anciens, il faut convenir cependant qu'elle ne l'épuise pas.... Comme sa végétation est très hâtive, on peut la couper assez tôt pour avoir le temps de préparer la terre qui la porte à recevoir du froment et du seigle. L'un de ses grands avantages est de couvrir exactement le sol, par l'étendue et la multiplicité de ses rameaux et de ses feuilles, de manière à s'opposer à l'évaporation de l'humidité, et c'est sans doute ce que n'ont pas assez observé les partisans de Tull, qui ont conseillé de la cultiver en rayons. »

Parmi les nombreux avantages de la vesce, dit Rozier, on ne doit pas compter pour peu celui de contribuer si directement à la suppression des jachères.

« Les vesces d'hiver, dit M. Pictet, qui les appelle improprement gesses, fournissent une ressource importante dans les assolemens des terrains argileux, soit qu'on destine cette plante à porter sa graine, soit qu'on la place, comme récolte fourrageuse, entre deux récoltes de grains blancs. Les vesces réussissent ordinairement bien après le blé et sans fumure, dans une terre argileuse, médiocrement en bon état, pourvu que cette terre soit parfaitement égouttée. »

Nous croyons cependant devoir observer ici que nous avons reconnu que la récolte en grain de la vesce d'hiver avoit quelquefois un inconvénient relativement aux semailles des grains d'automne qui la suivoient immédiatement ; c'est que plusieurs de celles de ses semences qui se répandoient sur le sol lors de sa récolte se reproduisoient avec ces grains, et les rendoient moins nets et moins beaux, à moins qu'on ne parvînt à les détruire toutes avant la semaille, ce qui n'est pas toujours facile.

Un autre cultivateur genevois, M. Lullin, fait le plus grand cas, d'après son expérience, de la vesce comme récolte améliorante et préparatoire. « L'introduction de la vesce pour fourrage, dit-il, est une amélioration agricole que tout bon cultivateur appréciera bien vite, lorsqu'il en aura fait usage, et qu'il tentera sûrement dès qu'il en aura pesé tous les avantages. 1° C'est une récolte dérobée entre le blé et les plantes à sarcler qui lui succèdent. 2° C'est une plante fourrageuse qui servira à augmenter la quantité des engrais. 3° En appliquant aux vesces tout le fumier destiné aux plantes à sarcler, il servira à produire une beaucoup plus grande quantité de fourrage, sans s'user pour cette récolte; lorsqu'elles sont coupées en fleurs, on retrouve, en labourant pour les choux ou les turneps, l'engrais dans le même état à peu près que lorsqu'on l'a enfoui. 4° Le fumier favorise la pousse des mauvaises herbes que les pesettes étoufferont. 5° Les vesces laissent la surface du terrain si nette et si bien menuisée, qu'elles sont une excellente préparation pour les choux, les turneps, etc. 6° Elles sont une économie pour les sarclages de la récolte subséquente, par la destruction des mauvaises herbes, et l'atténuement de la surface du sol; les binages s'en font plus facilement, plus vite et par conséquent à moins de frais, etc.

« Je doute, ajoute-t-il, qu'on puisse trouver un assolement plus productif pour les terres fortes que le suivant :

« 1re année, pesettes fumées et fauchées pour fourrage, puis choux cavaliers et turneps ou rutabaga entre leurs rayons; 2e année, fèves en rayons et turneps entre; 3e année, froment ou avoine; 4e année, trèfle; 5e année, blé suivi de sarrasin (si le climat le permet); 6e année, pesettes fumées et turneps consommés à l'étable; 7e année, blé.

« Le champ aura ainsi donné douze récoltes en sept années, dont huit améliorantes, trois de grains blancs et une de blé noir. Si vous avez des terres légères, votre rotation sera celle-ci :

« 1re année, pesettes fumées suivies de turneps, qu'on pourra remplacer par des choux cavaliers, comme plus productifs, si la terre le permet; 2e année, orge ou blé; 3e année, trèfle; 4e année, blé suivi de sarrasin.

« Ou le suivant qui est plus avantageux :

« 1re année pesettes suivies de turneps, etc.; 2e année, blé, suivi de sarrazin; 3e année, carottes fumées et choux cavaliers ou maïs, dans l'intervalle des rayons; 4e année, orge ou blé; 5e année, trèfle; 6e année, blé suivi de sarrasin.

« Il y a, observe M. Lullin, dix récoltes en six ans, dont cinq améliorantes, trois de grains blancs et deux de sarrasin; si le terrain n'est pas fertile, on pourra supprimer une des récoltes de blé noir, jusqu'à ce que, par l'amélioration des plantes à sarcler, on puisse l'adapter. »

Enfin M. de Père fait également, d'après son utile expérience, le plus grand cas de la vesce pour les assolemens.

« Comme le trèfle, dit-il, les vesces s'intercaleront avec avantage entre deux récoltes de froment ou autres grains blancs. Leur croissance touffue dans une terre bien amendée l'empêchera de se trop dessécher. Les racines et les feuilles qui tombent forment un engrais qui l'ameublit, et les mauvaises herbes périssent sous leur ombrage. Elles réussissent après le blé, même dans un terrain médiocre; mais le succès n'est presque jamais douteux quand on le fume bien; c'est de cette manière sur-tout qu'il convient d'employer le fumier; il assurera le succès des vesces, et le fourrage des vesces préparera bien le terrain pour une belle récolte de froment. »

M. de Père après avoir recommandé, comme nous l'avons fait avec MM. Pictet et Lullin, l'emploi du plâtre et des cendres sur la vesce en herbe pour activer sa végétation, ajoute ces deux exemples d'assolement avec la vesce.

1° Vesces semées seules avant l'hiver ou au printemps sur terrain bien fumé, 2° froment, 3° trèfle, 4° froment.

Ou bien, 1° vesces, engrais végétal ou récolte morte enfouie en mai; sarrasin semé sur ce labour qui enterrera les vesces, 2° froment, 3° trèfle, 4° froment.

Quelque suffisans que soient ces divers exemples pour démontrer, d'une manière irrésistible, les grands avantages de l'introduction de la vesce dans nos assolemens, nous ne pouvons cependant nous refuser au plaisir d'y ajouter encore celui que nous fournit un de nos premiers cultivateurs, M. Legris La Salle, dans son intéressant domaine de Tustal près Bordeaux, dont nous avons déjà eu occasion de parler.

« Sur un champ en jachère de la contenance de deux journaux ou 66 ares, dit-il, j'ai fait semer en septembre, après une bonne fumaison, du seigle avec un tiers de vesce. Dans le mois de mai suivant, on a commencé la consommation de ce fourrage qui a servi pendant cinq semaines à nourrir abondamment aux râteliers trois cents bêtes à laine; la repousse a été fauchée et séchée vers la fin de mai, et elle a produit dix quintaux décimaux (vingt quintaux). — Les moutons ont été menés aussitôt sur ce champ où ils ont trouvé leur dépaissance pendant plusieurs jours. — Après la première pluie, la charrue a ouvert la terre pour la disposer à recevoir du froment en automne.

« Avantages remarquables! continue-t-il; une jachère ordinaire, non seulement n'auroit rien produit, mais auroit coûté des frais de labour. Celle-ci a rendu à l'époque de l'année où il est le plus difficile de nourrir le bétail, une quantité de fourrage vert qu'on ne peut évaluer au-dessous du poids d'un quintal décimal, (deux quintaux) et dix quintaux décimaux de fourrage sec, préférable au meilleur foin. C'est le cas d'engager les propriétaires à comparer et à juger, et sur-tout à vérifier par l'expérience l'exactitude de ces calculs. »

Nous avons déjà vu cet habile cultivateur faire succéder dans la même année la pomme de terre à un mélange de seigle et de vesce, et n'en obtenir pas moins une abondante récolte de froment l'année suivante.

Nous venons de voir plusieurs exemples du mélange de la vesce avec les grains, et tous nos agronomes éclairés, le recommandent avec raison. La nature a destiné cette plante à s'élever, en s'attachant par les vrilles dont elle l'a munie, aux autres plantes qui peuvent lui servir de supports, sans lesquelles elle rampe et pourrit souvent, et ses produits sont toujours proportionnés à son élévation et au degré d'air et de lumière dont elle jouit, redoutant, comme le pois, tous les endroits fortement ombragés, sur-tout lorsqu'on veut en obtenir de la semence.

Nous nous bornerons à rapporter ici un exemple remarquable des divers mélanges qu'on peut faire avec la vesce, sur-tout considérée comme fourrage.

« On est dans la très sage habitude, dit M. Lullin, dans les environs de Frangy, Seissel, Rumilly, Chambéry, etc. de semer, depuis le commencement de mai jusqu'au commencement de juillet, un mélange de vesces, pois, sarrasin et maïs bien fumés; on en sème tous les huit ou dix jours un certain espace, afin d'en avoir pendant un mois ou six semaines à faucher qui soit toujours à peu près au même point de croissance, c'est-à-dire en fleurs; on le destine sur-tout à rafraîchir les bœufs dans les temps où ils sont le plus fatigués, dès le milieu d'août jusqu'à la fin des semailles; on leur en donne à midi et le soir, ce qui les préserve des maladies occasionnées si souvent, dans cette saison, par l'excès de la chaleur et celui de la fatigue; cet aliment vert, rafraîchissant, d'une digestion facile, et nourrissant, les invite au repos, et leur procure un sommeil pendant lequel ils se refont de leurs fatigues.

« Cette admirable méthode, poursuit-il, devroit être suivie partout, et elle peut s'y adapter, quelle que soit la situation du domaine, en la modifiant pour l'époque de la semaille, et en remplaçant dans les lieux trop élevés ou trop exposés au froid, le maïs par le colsat ou la ravonaille, soit rabette. »

La vesce, ainsi mélangée, peut servir très avantageusement de préparation à la pomme de terre, aux raves, aux navets, au sarrasin, aux choux, etc. sur un seul labour, et fournir ainsi deux récoltes comme nous en avons vu plusieurs exemples, et comme Rozier le recommande particulièrement en prescrivant de semer de l'orge et du trèfle après celles de ces récoltes qui auront été faites trop tard pour admettre le froment.

On désigne le mélange de vesce, de seigle, de pois, de fèves, de lentilles, etc., sous le nom d'hivernage, dans nos départemens septentrionaux, parcequ'il y fournit une excellente nourriture d'hiver. Celui qu'on sème en mars se désigne souvent sous les noms de dragée, dravière, trémois, mélarde, etc.

On peut aussi remplacer consécutivement la variété d'hiver par celle d'été; mais il vaut mieux généralement conserver la première verte, pour pouvoir la faucher plusieurs fois, ou la remplacer par quelques unes des productions indiquées ci-dessus.

La vesce peut encore remplacer très avantageusement le trèfle manqué, sans déranger l'assolement, et M. de Père la recommande aussi pour cet objet.

Enfin, on sème aussi en plusieurs cantons la vesce, pour l'enfouir comme engrais végétal et nous l'avons plusieurs fois destinée à cet objet, auquel elle est très propre, et auquel les anciens l'employoient fréquemment.

« Quand le fumier n'abonde pas assez pour l'amélioration du terrain, dit M. de Père, on pourra l'engraisser avec des vesces, comme avec les raves, les fèves, les regains de trèfle; ajoutez de la chaux et une demi-fumure à ce premier amendement; par ce moyen le terrain se trouvera disposé pour plusieurs récoltes successives, avec des fumures légères données de temps en temps. »

Nous ajouterons aux renseignemens précieux que nous avons cru devoir consigner ici sur les grands et nombreux avantages de la vesce pour les assolemens, qu'ayant très souvent cultivé l'une et l'autre variété, ainsi que la variété blanche dont nous allons parler, nous les avons tous vus confirmés par notre propre expérience, et que nous ne saurions trop en recommander la culture, sur-tout aux sectateurs de la routine triennale qui admet la jachère après deux cultures consécutives de céréales, et qui pourroient tout au moins la substituer à celle de l'avoine, qui, en épuisant et souillant leurs terres, leur donne des résultats bien moins avantageux. Introduite de cette manière, elle fourniroit un fourrage qui tiendroit lieu, pour les chevaux, de foin et d'avoine; étant fauchée après la floraison, elle supprimeroit nécessairement et sans déranger leur rotation triennale, leur improductive année de jachère, qui pourroit au moins être consacrée à quelque pâturage momentané, en préparant beaucoup mieux leurs terres à la production du froment.

Nous croyons devoir observer que la vesce est, ainsi que le lin, et plusieurs autres plantes, attaquée quelquefois par une variété très vigoureuse de cuscute. (*Voyez*, article LUZERNE, les moyens indiqués pour prévenir ses ravages ou pour les arrêter, ou la détruire.) Lorsqu'on s'en aperçoit, il est important de faucher la vesce avant que cette plante parasite ait mûri ses semences nombreuses, à cause de l'influence fâcheuse qu'elles auroient sur les cultures suivantes, et spécialement sur celle de la luzerne, dont elle est le plus mortel ennemi.

Il existe plusieurs autres espèces de vesces annuelles qui pourroient mériter d'être substituées, dans plusieurs cas, avec avantage, à la vesce commune. Les principales sont, la VESCE JAUNE, *Vicia lutea*, ainsi désignée à cause de la couleur de ses fleurs jaunes solitaires et axillaires. Elle est très élevée et rameuse, croît naturellement sur les terres médiocres, et, d'après les essais auxquels la société d'agriculture de Seine-et-Oise l'a soumise, *elle paroît pouvoir fournir plusieurs coupes et donner encore un pâturage tardif :* la VESCE A FEUILLES DE LIN, *Vicia linifolia*, Bosc, qui élève à soixante-quatre centimètres environ ses tiges grêles, garnies de feuilles linéaires, et de fleurs bleuâtres, axillaires et géminées : la VESCE GESSIÈRE, *Vicia lathyroïdes*, dont les tiges foibles et rampantes couvrent ordinairement les terres les plus stériles : et la VESCE VOYAGEUSE, *Vicia peregrina*, ainsi spécifiée, parceque ses semences s'élancent au loin à l'époque de leur maturité, et dont la tige glabre et anguleuse est garnie de feuilles étroites et échancrées et de fleurs violettes.

De la vesce blanche. Il existe aussi une variété de vesce blanche qu'on désigne quelquefois sous la dénomination de lentille de Canada, que nous avons vue cultivée avec beaucoup d'avantage dans plusieurs cantons des départemens de l'Ain, de l'Isère et du Léman, et que nous en avons rapportée. On la fait aussi entrer quelquefois dans le pain, et elle remplace plus souvent encore les pois, assaisonnée de diverses manières, en purée, et dans les soupes. Nous avons reconnu qu'elle étoit plus délicate, plus précoce et plus productive en fourrage que la variété ordinaire de printemps; mais elle nous a paru moins rustique. On la mêle souvent dans les départemens où nous l'avons remarquée avec un quart ou un cinquième d'orge qui lui sert de soutien et la rend plus productive, et on la sépare d'avec ce grain au moyen de cribles.

Sa culture est la même que celle des autres variétés.

DE LA GESSE. Indépendamment des diverses espèces de gesses vivaces que nous avons fait connoître, en nous occupant de la composition des prairies, il en existe plusieurs espèces annuelles soumises à la culture en plein champ, en diverses parties de la France, sur-tout au midi, ou susceptibles de l'être avec avantage, et qu'il ne faut pas confondre avec la variété de vesce d'hiver, comme quelques écrivains cultivateurs l'ont fait.

Les principales sont la gesse cultivée, la gesse chiche, la gesse angulaire, la gesse de Tanger, la gesse sans feuilles, la gesse sans vrilles, la gesse velue, la gesse annuelle et la gesse articulée.

Elles ont toutes des racines pivotantes assez profondes et légèrement fibreuses à leur base, qui leur fournissent les moyens de résister long-temps à la sécheresse et aux fortes chaleurs.

La gesse cultivée, *Lathyrus sativus*, qu'on désigne en divers endroits sous les noms de jarosse, pois-gesse, pois carré, pois breton, lentille suisse, ou d'Espagne, ou carrée, a des tiges foibles et anguleuses, qui s'élèvent de trente-quatre à soixante-huit centimètres environ, et qui se garnissent de fleurs solitaires roses ou bleues, et le plus souvent blanches, remplacées par des légumes ovales, comprimés, renfermant trois ou quatre semences cubiques.

Cette plante, qui croît spontanément dans plusieurs de nos départemens méridionaux, étoit cultivée par les anciens qui en faisoient grand cas pour la nourriture des bestiaux, et elle l'est souvent pour cet objet dans plusieurs de nos départemens du midi et de l'ouest, où elle utilise fréquemment les glaises ingrates et autres terres de médiocre qualité où elle vient assez bien, quoiqu'elle prospère davantage dans les champs meubles, frais et substantiels.

Elle exige les mêmes soins de culture que la vesce, et comme elle, lorsqu'elle est semée de bonne heure et épais, lorsqu'elle couvre bien le champ et qu'elle est fauchée à temps, et principalement en vert, sa culture peut être regardée comme préparatoire et améliorante; mais il est sur-tout essentiel que le dernier objet soit rigoureusement observé, car « les gesses, dit M. de Père, ont un point de maturité précis qu'on ne peut devancer sans risquer de faire prendre la diarrhée aux bestiaux, et si on retarde trop de couper ce fourrage, il sèche tout à la fois, toutes les tiges se trouvant en graine en même temps. »

On peut la semer avant l'hiver, lorsqu'on n'a pas à redouter ses rigueurs; elle en devient plus vigoureuse et plus productive, mais elle y résiste généralement moins bien que la vesce, d'après les observations du même agronome, et elle redoute également une humidité surabondante.

Elle peut aussi, étant fauchée de bonne heure, fournir plusieurs coupes, ou un pâturage abondant, comme la vesce lorsqu'elle se trouve dans des circonstances favorables; et elle peut encore, étant enfouie en fleurs, procurer, comme la plupart des légumineuses, un engrais économique; mais l'espèce suivante nous paroît cependant plus convenable pour cet objet.

La gesse employée comme fourrage convient à tous les bestiaux; les bœufs, les vaches et les chevaux la mangent avec plaisir, soit en vert, soit en sec; mais c'est sur-tout aux bêtes à laine qui en sont très avides qu'elle convient particulièrement, et M. Heurtaut de Lamerville, l'un de nos premiers cultivateurs du département de l'Indre et grand propriétaire de troupeaux, la recommande fortement pour cet objet, d'après son expérience.

Sa semence, cueillie verte, peut fournir d'excellente purée; sèche, on s'en nourrit également; mais son enveloppe épaisse et coriace la rend désagréable et de difficile digestion. On la torréfie aussi quelquefois, et apprêtée de cette manière elle est plus agréable et remplace quelquefois le café; mais son emploi le plus ordinaire et le plus convenable, c'est pour la nourriture des bestiaux, qu'elle nourrit bien, et engraisse même assez promptement.

Dussieux, qui a introduit avec le plus grand succès sur son exploitation de terres glaises très ingrates, près de Chartres, la culture de cette espèce de gesse qu'il avoit tirée de l'Angoumois, recommande fortement cette culture et l'emploi de sa semence pour la nourriture ou plutôt pour l'engrais des porcs, après lui avoir fait subir quelques degrés de cuisson, ou l'avoir réduite en farine grossière qu'on peut mêler avec leurs autres alimens. « Sous ce dernier point de vue, dit-il, elle semble mériter à tous égards la préférence sur l'orge ou l'escourgeon. J'en semai quatre boisseaux sur un arpent, et son produit fut de onze setiers neuf boisseaux et de trois cent seize bottes de fourrage. Il n'est guère d'arpent en orge qui donne un semblable produit; en outre la partie sucrée bien plus abondante, dit-il, dans le pois-gesse que dans l'orge, le rend bien plus analogue que celle-ci à la constitution du cochon; enfin son fourrage, mis en comparaison avec la paille d'orge, doit encore lui mériter la préférence. »

Nous observerons que Dussieux eût pu ajouter à ses observations une nouvelle considération très importante pour les assolemens, c'est qu'une récolte de gesse épuise bien moins la terre et la prépare bien mieux pour la récolte suivante qu'une d'orge, et nous ajouterons qu'Olivier de Serres avoit recommandé avant lui la gesse pour l'engrais des porcs, en la désignant sous le nom de *jarrus*, dont sont dérivés probablement les mots jarosse et jarousse, qu'on emploie communément aussi dans le midi pour la désigner.

Dussieux nous observe encore que « la forme anguleuse de cette gesse lui servant, pour ainsi dire, de défense contre l'avidité des pigeons, le cultivateur peut se flatter de voir sortir de la terre presque autant de tiges qu'il lui a confié de germes, circonstance qui la distingue très avantageusement de la vesce. » Il ajoute que, « si on la fauche avant la floraison, on peut compter sur une récolte abondante pour la fin de juin de l'année suivante »; et quoiqu'il n'en eût point encore fait l'essai, il présume que « les gesses introduites dans un mélange de pois gris et de vesce, que l'on nomme *dragée*, y produiroient un bon effet, ne fût-ce que pour servir de support à ceux-ci, qui, moins nourris et plus frêles, sont souvent versés par les effets d'un orage. »

Mais il rapporte un fait bien plus important pour notre objet, et que nous nous empressons de consigner ici comme confirmatif de notre cinquième principe d'assolement.

« Une récolte de gesse que je fis en plein champ, dit-il, surpassa, toute proportion gardée, relativement à l'étendue du terrain, d'environ un cinquième, celle que j'avois faite, l'année précédente, dans un carré de jardin d'environ un quart d'arpent. Ce fait, qui paroît d'abord problématique, s'éclaircit très aisément, dès qu'on sait que le carré de jardin avoit produit l'année précédente des pois, tandis que l'arpent du dehors avoit été ensemencé en navets. »

La gesse chiche, *Lathyrus cicera*, désignée dans le midi de la France, où nous l'avons vue plus particulièrement cultivée, sous les noms de gessette, garoute, ou petite gesse, parcequ'elle est constamment plus petite que la précédente dans la largeur de ses tiges, de ses feuilles et de ses fruits, quoiqu'au moins aussi élevée, et qu'on connoît aussi sous le nom de petit pois carré, dans les environs de Meaux, où nous l'avons également rencontrée, et où elle a été introduite avec le plus grand succès depuis quelques années, a les tiges menues, quadrangulaires, ordinairement multipliées, garnies de feuilles composées de deux folioles, opposées, lancéolées, et de fleurs solitaires d'un rouge pâle, portées sur un pédoncule assez long, remplacées par des gousses oblongues, comprimées, canaliculées sur le dos, et remplies de cinq à six semences anguleuses.

Ayant été à portée de prendre, il y a plusieurs années, des renseignemens fort instructifs sur la culture et l'utilité de cette plante précieuse, trop peu connue; ayant rencontré, en remplissant une mission dont le gouvernement nous avoit chargés relativement à l'amélioration de l'agriculture dans plusieurs de nos départemens méridionaux, MM. Boyer et Artaud frères, propriétaires et cultivateurs très distingués dans les environs d'Aix, département des Bouches-du-Rhône, où cette plante est très cultivée et estimée, qui nous ont donné les détails les plus intéressans sur sa culture et son emploi; et ayant été également à même de l'examiner dans les environs de Monthyon, département de Seine-et-Marne, nous allons en tracer ici les principaux traits.

La petite gesse, d'après la longue pratique réfléchie des cultivateurs susnommés, dont nous transcrivons ici les renseignemens qu'ils nous ont donnés, n'est pas délicate sur la qualité du terrain; elle réussit parfaitement dans les terres calcaires, peu importe qu'elles soient fortes, légères ou graveleuses. Il suffit qu'elles ne soient pas trop humides pendant l'hiver, et qu'elles soient assez fertiles pour rendre le quintuple de la semence en céréales.

On la sème dès la fin d'août (dans les environs d'Aix), et dans tout le courant de septembre sur les terres qui ont porté du blé. Il est à désirer qu'on ait pu d'abord enterrer le chaume à la charrue, après quoi, par un second labour, on couvrira cette graine qu'il faut répandre un peu moins épais que si c'étoit du blé. Au défaut du premier labour, on sèmera sur le chaume. Il est sur-tout très essentiel que la terre soit sèche, et que cette semaille soit faite avant les pluies d'automne; elles feront lever la graine, qui se conserve parfaitement dans la terre sèche. Sa végétation est d'abord très lente; cependant elle acquerra assez de force avant l'hiver pour avoir peu à craindre des plus fortes gelées. « Depuis trente ans que je la cultive, nous dit M. Boyer, je n'ai jamais vu le froid la tuer entièrement : dans les hivers les plus rigoureux, s'il en périt la moitié, les deux tiers même, cette perte est réparée par la plus grande vigueur que les plantes qui ont échappé acquièrent; se trouvant plus au large, elles tallent davantage. Si on la sème avec l'humidité, ajoute-t-il, elle ne réussit pas; il m'est même arrivé de perdre la semence pour l'avoir semée ainsi, et lorsque la saison étoit trop avancée. Peu importe, quand on la sème, qu'on jette la graine dans la poussière, et que la terre se lève en motte; il suffit que la charrue puisse la soulever; le succès de la récolte n'en sera que plus assuré. »

« La petite gesse réussira infailliblement pour peu que le printemps soit favorable : s'il est excessivement sec, elle s'élèvera peu; s'il pleut quelquefois, comme c'est l'ordinaire dans les mois d'avril et de mai, elle s'épaissira tellement qu'elle formera un lit très serré et très uni, de douze à dix-huit pouces de hauteur. Si le cultivateur veut la couper en herbe, il attendra, pour la faire faucher, qu'elle soit parfaitement fleurie; alors il l'emploiera comme engrais ou comme fourrage. Il faut qu'il aie l'attention d'y mettre sur-le-champ la charrue pour enterrer les petites feuilles qui couvrent le terrain. S'il veut la laisser venir en graine, il attendra le moment de la parfaite maturité pour la récolter. Il faut être très attentif à saisir ce point. Si elle n'est pas mûre, la graine se retire et se dessèche; si elle l'est trop, elle s'échappe de la gousse, et il s'en perd beaucoup. Ce sont des femmes qui l'arrachent avec d'autant plus de facilité que sa racine, qui est très foible, se rompt aisément. On la porte ensuite à l'aire, où on la foule, et on la nettoie à l'instar des autres grains. Les mulets et les chevaux ne mangent point sa paille, qui est recherchée par les bœufs, les chèvres et les moutons. Sa graine est sujette à être piquée par les insectes, ce qui oblige à tremper dans l'eau bouillante toute celle qu'on ne garde pas pour semence. Cultivée comme nous venons de le dire, elle produit de huit à dix pour un. On l'emploie avec succès à l'engrais des bœufs et des cochons; on la leur donne en nature ou en farine délayée dans de l'eau, en guise de boisson. Les volailles la mangent bien; les pigeons en sont très friands. Elle peut aussi servir à la nourriture des hommes; plusieurs cultivateurs la mangent à la place des légumes secs : en temps de disette on peut même en faire du pain, en la mêlant avec du froment.

« Cette graine n'effrite point la terre. Au mois de septembre 1791, j'avois semé environ 6000 toises carrées de terre en petite gesse que je destinois à être enterrée au printemps suivant; les pluies qui commencèrent en octobre et ne finirent qu'en février 1792, ne permirent pas de semer la plupart des terres; il fallut faire des mars, dont le produit est toujours bien foible dans nos climats : la certitude de manquer de grains et de pailles me forçoit à profiter de tout. Je me déterminai à laisser grainer ma petite gesse; j'y recueillis le huit pour un de la semence, et plus de soixante quintaux de fourrage. Aussitôt après la moisson on y mit la charrue; le blé qui a été semé sur ce chaume est venu tout aussi beau que celui semé sur la jachère, au point que pendant toute l'année il a été impossible de reconnoître là où finissoit ce chaume, tout le champ dont ce chaume faisoit partie étant d'une égale beauté. J'ai fréquemment observé, chez divers cultivateurs, que dans un champ dont partie seulement avoit porté de la petite gesse qu'on avoit laissé grainer, il y avoit peu de différence entre le produit du blé semé sur le chaume de cette graine et celui de la partie du champ laissée en jachère, pourvu qu'on eût labouré le chaume immédiatement après la récolte.

« Mais le parti le plus avantageux qu'on puisse tirer de la petite gesse est d'en faire du fourrage, ou de l'enfouir comme engrais.

« L'extrême sécheresse de notre climat rend le succès des prairies artificielles bien incertain. On critique l'état de notre agriculture, sans réfléchir sur les difficultés qui s'opposent à ses progrès : qu'on sache qu'il arrive fréquemment que les mois d'avril et de mai se passent avec une ou deux pluies, quelquefois même sans qu'il tombe une seule goutte d'eau; que du milieu de juin jusqu'à la fin de septembre, s'il pleut, ce n'est que par orages; qu'il y en a dans cet intervalle ordinairement un ou deux qui donnent à la terre une humidité passagère de trois à quatre pouces : que du commencement d'août au milieu de septembre, il ne tombe presque jamais de rosée. Avec cela comment avoir des prairies artificielles? La luzerne seule peut résister à l'extrême sécheresse de notre département, parceque sa racine pivote très profondément; mais tous les terrains ne lui conviennent pas; il faut avoir l'attention de lui choisir une terre franche, plutôt légère que forte, qui soit un peu sablonneuse, et conserve long-temps sa fraîcheur en été. Elle donnera deux coupes assez abondantes, l'une en mai, et l'autre en juin, et une bonne herbe d'automne.

« On doit donc chercher à suppléer aux prairies artificielles, en semant des plantes annuelles qui remplissent le même objet. On fait ici beaucoup de dragée (en provençal *bargelade*); c'est un mélange de vesce et d'avoine qu'on sème avant l'hiver, mais qui a l'inconvénient de craindre le froid. En effet, le froid tue souvent la vesce. Je préfère de semer la petite gesse, parcequ'elle est moins délicate, et qu'elle craint peu le froid; elle s'élève aussi haut, se serre autant, et donne à peu près la même quantité de fourrage. Elle fatigue beaucoup moins la terre, parcequ'on n'y mêle pas de l'avoine, parceque sa racine est pivotante, tandis que celle de l'avoine est chevelue, et que chacun sait qu'il faut, autant qu'on le peut, faire succéder les unes aux autres, attendu que les racines chevelues se nourrissent de la superficie du champ, tandis que les plantes pivotantes vivent bien plus profondément, sans toucher à la surface. Aussitôt que la petite gesse est bien fleurie, il faut la faucher, la sécher sur place comme le foin, et la renfermer sans qu'elle soit excessivement sèche, pour qu'elle ne se brise pas trop. Les chevaux et les mulets ne l'appètent pas, mais on s'en sert pour la nourriture et l'engrais des bœufs, des moutons et des chèvres : si on en donne en vert aux cochons, ils s'engraissent promptement; ils en sont très avides. Ce fourrage produit autant qu'une bonne coupe de luzerne faite sur un terrain d'une surface égale.

« Aussitôt qu'on a enlevé le fourrage, il faut labourer le champ avec une forte charrue à versoir à quatre colliers, afin que les racines et les feuilles encore fraîches puissent se pourrir avant de se dessécher. Il est universellement reconnu que les terres où l'on a recueilli ce fourrage, et qu'on a labourées immédiatement après, sont mieux disposées pour porter du blé, et qu'il y est toujours plus beau que dans celles qui n'ont point donné de fourrage.

« Cette pratique mérite d'autant plus d'être répandue et encouragée dans les départemens méridionaux, où il sera trop difficile de former des prairies artificielles, qu'elle peut y suppléer en quelque sorte. J'ai éprouvé qu'un champ fumé convenablement pouvoit porter dix récoltes consécutives, avant d'avoir besoin d'être fumé une seconde fois. On sème des légumes de toute espèce sur le fumier, ensuite du blé; l'an d'après de la petite gesse pour du fourrage, et on continue alternativement ainsi. En dix années ce champ produira une récolte de légumes, cinq de blé, et quatre de fourrage. Je ne crois pas qu'il y ait un moyen plus simple d'anéantir des jachères, de doubler le nombre des bestiaux de labour et les moutons, et de supprimer la moitié des prairies qui, étant défrichées, donneront d'excellentes cultures, et augmenteront la quantité des bonnes terres, peu communes dans ce département.

« Il est vrai que chaque année on perd la semence, et qu'il faut renouveler les labours, pour n'avoir qu'une coupe de fourrages, tandis que par le moyen des prairies artificielles pendant six à sept ans on n'a pas besoin ni de cultiver, ni de semer, et qu'on en fait annuellement plusieurs coupes. Je ne prétends pas non plus les comparer. Tout l'avantage est, sans contredit, en faveur des prairies artificielles : cela est évident. La petite gesse ne doit être cultivée comme fourrage que là où il est impossible de former des prairies artificielles. Mais les cultures qu'on donne à la terre pour y semer la petite gesse ne sont pas perdues, puisqu'un seul labour, donné immédiatement après l'avoir fauchée, suffit pour mettre le terrain en état d'être ensemencé en blé l'automne suivant. Quant à la perte de la semence, c'est très peu de chose; il suffit de laisser annuellement grainer un coin du champ, où la petite gesse aura moins bien réussi, et où elle sera moins serrée; on aura ainsi, presque sans frais, la semence nécessaire, et les mêmes cultures qu'il faudroit donner à la terre pour avoir du blé suffiront pour produire, dans l'intervalle des labours, une récolte de fourrages.

« La petite gesse a de plus l'avantage de nous offrir un excellent engrais végétal. La plupart des cultivateurs du terroir d'Aix la sèment uniquement pour l'enfouir quand elle est en pleine fleur. Cet engrais est presque aussi bon que le fumier : il ne dure que deux ans, et il a l'inconvénient de retarder de quelques jours la maturité des grains par la fraîcheur qu'il communique à la terre, ce qui est important à observer dans les terrains bas, où le blé craint l'effet du brouillard et des rosées, et où il est si important d'avancer sa maturité au lieu de la retarder. Mais dans les lieux élevés, où les brouillards et les rosées ne sont pas dangereuses, c'est un engrais que les cultivateurs ne peuvent trop multiplier, et que j'ai toujours vu bien réussir : il est peu cher, puisqu'il ne s'agit que de la perte de la semence; on peut se la procurer en grande abondance, avantage inappréciable dans un pays où les fumiers sont très rares, par la disette des pailles et de toutes les matières qui pourroient les remplacer.

« Dès que la petite gesse est en pleine floraison, nos cultivateurs en fauchent journellement la quantité qu'ils veulent enfouir à bras : comme l'herbe est souvent trop épaisse, et comme il y en auroit trop pour fumer le terrain qui l'a portée, ils en transportent sur le champ le plus à portée, et l'engraissent ainsi par ce moyen. Mais si l'on opère sur une certaine étendue, il n'est plus possible d'enterrer toutes ces plantes à bras. On se sert alors d'une forte charrue à versoir, à quatre colliers. Dès que la faux a abattu le fourrage, des femmes le placent dans le sillon que la charrue vient d'ouvrir, et que le sillon suivant recouvre. L'herbe est aussi bien enfouie que si ce travail s'étoit fait à la pioche. Souvent par une économie mal entendue, et pour épargner quelques journées de femmes et de faucheurs, plusieurs fermiers font passer leurs bœufs et leurs moutons sur le champ de petite gesse, afin qu'après en avoir brouté les sommités, ils l'abattent et la foulent sous leurs pieds : alors la charrue l'enterre plus facilement, pourvu qu'on la fasse suivre par un ouvrier, qui avec la bêche recouvre l'herbe qui pourroit rester au-dessus de la terre. Il est évident que cette méthode d'enfouir cet engrais végétal est la moins bonne de toutes, et que dans une exploitation un peu étendue, c'est la seconde qu'il faut préférer. Ces plantes ne sont bien pourries qu'en automne; ainsi cette terre ne doit plus être labourée que lorsqu'on sèmera. Une culture donnée aussi profondément ne permet point aux mauvaises herbes de croître; d'ailleurs, par un labour prématuré, on rapporteroit au-dessus toutes ces plantes avant qu'elles fussent pourries, et on en détruiroit tout l'effet.

« Tels sont les avantages que procurera la culture de la petite gesse dans les départemens aussi chauds et aussi secs que celui des Bouches-du-Rhône : elle est si facile, et si peu coûteuse, que nous ne saurions trop engager les cultivateurs de ces contrées à se confier dans notre expérience, et à cultiver en grand cette plante dans les terres qu'ils laissent reposer. »

Nous devons ajouter aux détails aussi intéressans qu'instructifs que M. Boyer a bien voulu nous donner sur cette précieuse plante, et sur quelques autres objets qui y ont rapport, que sa culture ne doit plus être restreinte comme autrefois à nos départemens méridionaux, puisqu'elle a été introduite avec le plus grand succès dans les environs de Meaux, entre deux cultures de céréales, pour lesquelles on a reconnu qu'elle préparoit très bien la terre; on y a égalcment reconnu qu'elle supportoit assez bien l'intensité du froid qui se fait sentir en hiver dans cet arrondissement; qu'elle y produisoit jusqu'à 7,000 kilogrammes environ d'excellent fourrage par hectare (700 bottes de 10 à 12 liv. par arpent) comme nous l'a attesté M. Chatelain le fils, de Monthyon; et que les bêtes à laine étoient singulièrement avides de son fourrage, qu'on leur administroit particulièrement daus les temps humides.

La GESSE ANGULEUSE, *Lathyrus angulatus*, a les tiges très anguleuses, aussi élevées que celles de la précédente, les feuilles composées de deux folioles linéaires, et les fleurs rouges et solitaires. Elle croît spontanément dans les grains de nos départemens méridionaux, auxquels elle est quelquefois très nuisible. « Je l'ai vue si abondante dans les environs d'Autun et de Lyon, « observe notre savant collègue Bosc, qu'elle nuisoit beaucoup aux « récoltes. Ses tiges se tiennent presque droites et forment de « très grosses touffes. Le goût que les bestiaux témoignent pour « elle sembleroit devoir la faire cultiver pour fourrage. J'ose la « recommander aux cultivateurs des parties moyennes et méridio- « nales de la France. Les cantons où je l'ai observée en plus grande « quantité offroient un sol granitique ou schisteux de fort mé- « diocre qualité, et elle s'y élevoit cependant à plus de deux « pieds ».

La GESSE DE TANGER, *Lathyrus Tingitanus*, « a été cultivée, « nous dit M. Sonnini, par quelques amateurs d'agriculture, dans « plusieurs cantons du midi de la France, comme un fourrage « agréable aux bestiaux; mais il observe que cette culture ne « s'est pas répandue, quoiqu'elle ne puisse manquer d'être avan- « tageuse dans les climats chauds, puisque ses tiges ont jusqu'à « 1 mètre 64 centimètres à 1 mètre 94 centimètres de haut. « Ses fleurs sont grandes, rouges et violettes. »

La GESSE SANS FEUILLES, *Lathyrus aphaca*, a des tiges foibles, anguleuses, d'environ 34 centimètres, garnies dans toute leur longueur de larges stipules opposées, glabres, en cœur et appliquées l'une contre l'autre, garnies de fleurs jaunes et solitaires. Elle est aussi souvent trop commune dans les récoltes, mais les bestiaux sont avides de son fourrage.

La GESSE SANS VRILLES, *Lathyrus nissolia*, appelée aussi nissolie des boutiques, élève à la même hauteur, et dans les mêmes circonstances, sa tige droite, grêle, striée, garnie de pétioles dilatés ressemblant à des feuilles étroites et lancéolées, et de petites fleurs rougeâtres. Les bestiaux sont très avides de son fourrage.

La GESSE VELUE, *Lathyrus hirsutus*, élève davantage sa tige un peu ailée, à feuilles lancéolées et étroites, et à deux ou trois feuilles purpurines axillaires. Les bestiaux la recherchent encore.

La GESSE ANNUELLE, *Lathyrus annuus*, qui élève à peu près à la même hauteur ses tiges, aussi un peu ailées, à deux fo-tioles oblongues, étroites et aiguës, et à fleurs jaunes, petites se axillaires, est dans le même cas.

Enfin la GESSE ARTICULÉE, *Lathyrus articulatus*, plus élevée que les précédentes, et qui porte ordinairement jusqu'à un mètre ses tiges ailées, à folioles lancéolées, à pétiole membraneux et à fleurs axillaires, avec l'étendard rouge, les ailes et la carène blanches, est également très recherchée des bestiaux.

Nous avons cru devoir signaler ici ces diverses espèces, parce-que plusieurs pourroient être utilisées peut-être dans quelques cas, et que nous sommes bien loin encore d'avoir épuisé nos ressources en ce genre.

TROISIÈME SECTION. *Des crucifères.*

Le chou proprement dit, et ses nombreuses variétés, particulièrement le colsat, le chou-rave, le chou-navet et le rutabaga, sont les plantes les plus applicables à notre seconde division, dans cette famille si utile aux cultures en plein champ.

DU CHOU. Parmi les principales espèces et variétés que le genre *chou*, *Brassica*, offre à la culture en plein champ, nous avons déjà traité de la rave, du navet et de la navette, relativement à notre objet, dans notre première division, et nous allons, sous ce titre, nous occuper dans celle-ci du chou proprement dit, distingué en chou vert et en chou pommé, du chou-rave, du chou-navet, du rutabaga, et du colsat.

DU CHOU PROPREMENT DIT. Le chou, *Brassica oleracea*, est sans contredit, de toutes les plantes de la précieuse famille des crucifères, la plus utile pour la nourriture de l'homme et de ses bestiaux, auxquels il peut fournir toute l'année une nourriture saine très abondante; et c'est également, après la fève, la plus utile de toutes les plantes connues parmi nous, pour tirer un parti avantageux des terres compactes, humides et argileuses.

Il en existe un très grand nombre de variétés, dues à l'ancienneté de sa culture, à la diversité des sols et des climats, et au mélange des poussières séminales, par l'effet du rapprochement des diverses espèces ou variétés, lorsqu'elles sont en fleurs, ou par quelques autres circonstances accidentelles.

Nous ne devons ici nous occuper particulièrement, sous le rapport de la culture en plein champ et de l'assolement, que des variétés que nous venons de désigner, comme étant les plus importantes à connoître pour cet objet.

Entrons d'abord dans des détails généraux, plus ou moins applicables aux diverses variétés, relativement à la nature du sol et à sa préparation ; au semis et à la transplantation ; à la culture pendant la végétation ; à la récolte, à sa conservation et à son emploi ; et nous terminerons par des considérations et par des faits relatifs à l'assolement, avec lequel les premiers objets sont étroitement liés.

De la nature du sol et de sa préparation. Quoique le chou soit très propre, comme nous l'avons observé, à utiliser les sols tenaces, marécageux et argileux, impropres à la culture de la rave, du navet, de la carotte, du panais, de la pomme de terre et de la betterave, etc., sur lesquels un très grand nombre d'exemples attestent qu'il peut donner des produits très avantageux ; ces produits sont cependant ordinairement proportionnés au degré de fertilité naturelle ou artificielle du sol. Il prospère principalement sur les terrains frais, meubles, profonds et substantiels tout à la fois, sur les prairies basses défrichées, sur les terrains arrosables, et sur les marais et les étangs desséchés, et il y réussit d'autant mieux que le climat est plus humide, tempéré et brumeux.

Une soigneuse préparation du sol est toujours indispensable pour assurer son succès : étant muni d'une racine forte, pivotante et très fibreuse tout à la fois, il exige, avant sa transplantation, de profonds labours multipliés, et d'abondans et riches engrais.

Les premiers ne sauroient se donner trop tôt, avant l'hiver, toutes les fois que les circonstances le permettent, afin de nettoyer et d'ameublir simultanément le sol; et leur nombre, qui ne peut être rigoureusement déterminé pour tous les cas, ne peut être fixé que sur l'obtention de ces deux effets, et sur-tout du dernier. Il est souvent utile de relever le terrain en billons, et de planter sur la crête.

Les seconds sauroient à peine être trop abondans et trop bien préparés, parceque, d'une part, le chou en est singulièrement avide, et, de l'autre, il contracte très aisément l'odeur rebutante de tous les engrais mal consommés. L'expérience a prouvé qu'un mélange de chaux éteinte et de fumiers, ainsi que la vase, le terreau et la boue, bien préparés et amalgamés, et les engrais pulvérulens, liquides et mucilagineux, lui étoient essentiellement convenables.

Ces engrais doivent être déposés et enfouis dans le champ, le plus tôt possible, afin que, s'incorporant intimement avec le sol, ils puissent produire immédiatement tout l'effet désiré. On préfère cependant quelquefois de ne les appliquer qu'avant le dernier labour, et, de cette manière, la presque totalité s'en trouve placée à l'endroit où plongent les racines, et leur action se fait aussi sentir davantage sur la récolte qui vient après celle du chou.

Du semis et de la transplantation. Il est très important de choisir la semence la plus mûre, la mieux nourrie, et récoltée sur des pieds isolés et de même espèce, sur le terrain le plus fertile, le plus frais, et le plus profondément labouré; car la négligence sur ces précautions expose le cultivateur à des résultats désavantageux.

Lorsqu'on ne peut s'en procurer par soi-même de cette manière, il ne faut pas hésiter d'en tirer des cantons fertiles, renommés pour la qualité de la variété qui s'y cultive en plein champ; peu de plantes dégénèrent, ou plutôt s'abâtardissent autant que le chou, et ce fait avoit déjà été reconnu par Olivier de Serres, qui nous dit: « C'est une semence difficile à recouvrer en Languedoc et en Provence; on en tire de Briançon et d'ailleurs; et par sus tous les autres choux, l'isle de France en produit des plus gros, vers Aubervilliers, près de Saint-Denis, d'où la semence se trouve très bonne en Languedoc, ainsi que je l'ai expérimenté. »

Il n'est pas moins important de la semer sur un terrain convenablement préparé par les labours et les plus riches engrais, bien exposé et abrité, et d'en sarcler soigneusement le plant qui ne doit jamais être trop rapproché, avant d'être transplanté, de crainte qu'il ne s'affame et ne s'étiole. La quantité de semence la plus convenable généralement est d'un demi-kilogramme environ pour chaque hectare qu'on veut couvrir par la transplantation. Ils est d'ailleurs toujours utile d'avoir du plant surnuméraire, afin de pouvoir le choisir et regarnir les pieds qui manquent, et il vaut encore mieux pécher ici par excès que par défaut.

Il est ordinairement très avantageux de repiquer le jeune plant sur une planche également bien préparée, à côté de celle où le semis a été fait. Il en devient plus vigoureux et plus endurci, et sa racine se garnit d'un plus grand nombre de chevelus, circonstance essentielle à sa reprise et à sa prospérité.

On doit attendre, pour faire la transplantation définitive, que le plant soit assez garni de feuilles, et sa racine et sa tige assez fermes pour pouvoir résister à la sécheresse qu'il pourroit éprouver, et l'on a remarqué qu'il y avoit généralement plus d'avantages à passer qu'à devancer cette époque.

Il est toujours très avantageux, aussi, d'attendre, lorsqu'on le peut, que le temps soit brumeux, couvert, et disposé à la pluie, pour se livrer à cette opération, cette disposition du temps contribuant beaucoup à faciliter la reprise.

On peut semer ou transplanter le chou, pour la culture en plein champ, depuis le mois de février ou de mars jusqu'en juillet et août et même septembre, pour les variétés rustiques qui ne doivent être consommées qu'au milieu du printemps, suivant le climat, l'époque des besoins, la nature, l'état et la préparation de la terre : il est même généralement utile de le semer et de le transplanter successivement à diverses époques; mais les premiers semés et les premières transplantations sont ordinairement les plus profitables, donnant les plus beaux produits, parcequ'ils ont moins à redouter de la sécheresse, de la chaleur et des froids rigoureux.

Lorsque le champ qu'on lui destine est suffisamment préparé, que le plant est assez fort, et que le temps paroît convenable, on arrache soigneusement ce plant, auquel il ne faut rien retrancher, contre l'usage trop commun qui prescrit de *l'habiller* ou plutôt de le dépouiller des organes essentiels à sa reprise; on rebute celui qui est maigre, mal conformé et peu enraciné. On le tient le plus possible à l'abri du hâle et de la chaleur qui lui nuiroient également, en le mettant promptement en jauge et en le couvrant légèrement; et il est utile d'en plonger les racines dans l'eau, lorsqu'elle est à portée.

On le transplante, soit à la main, derrière la charrue qui ouvre la raie qu'une seconde raie vide recouvre, soit au plantoir, après le labour fait.

La distance à observer entre chaque plant doit nécessairement varier, relativement à la nature et à l'état du sol, et sur-tout au plus ou moins de vigueur naturelle de la variété qu'on veut cultiver. Afin de faciliter l'emploi du sarcloir et du buttoir à cheval, la distance entre chaque rayon doit être au moins de 64 centimètres, souvent d'un mètre, et entre chaque chou, de 64 à 80 centimètres. La disposition en quinconque donne plus d'espace, mais elle exclut l'emploi en travers des instrumens ci-dessus, qui n'est jamais plus facile que lorsque tous les plants sont placés carrément.

Il est essentiel que la tige soit enfoncée le plus possible, parcequ'elle se garnit, dans toute sa longueur enterrée, de radicules qui aident singulièrement à l'accroissement de la plante.

Nous ne recommandons point ici l'arrosage du plant après sa transplantation, parceque cette opération est rarement praticable commodément, expéditivement et économiquement, en plein champ, et que toute opération qui ne réunit pas ces trois qualités y est bien rarement avantageuse.

De la culture pendant la végétation. La culture nécessaire, pendant la végétation du chou, consiste à ameublir et nettoyer soigneusement les intervalles entre les rayons, avec le sarcloir à cheval, dès qu'il est assez élevé et que les herbes nuisibles sont bien apparentes, et à le butter ensuite avec le buttoir à cheval, dès qu'il est assez développé et le champ assez net et meuble

(*Voyez les figures à la fin*). Ces deux opérations importantes, expéditives et économiques, peuvent et doivent se réitérer toutes les fois que les circonstances l'exigent; mais elles doivent toujours être faites par un beau temps, et lorsque la terre n'est pas imprégnée d'une grande humidité.

Quelquefois, au lieu de transplanter le chou, on le sème en place, ou à la volée, ou mieux, en rayons, sur un terrain bien préparé, et on l'éclaircit suffisamment lorsqu'il est levé. Cette méthode évite, à la vérité, les frais et les inconvéniens de la transplantation; mais elle multiplie ceux du sarclage, qui est toujours plus long, plus difficile et plus dispendieux, et le cultivateur doit opter entre ces deux chances, d'après les circonstances locales dans lesquelles il se trouve.

Quelquefois aussi on intercale, dans le même champ, le chou avec d'autres plantes plus précoces, comme nous avons déjà eu occasion de le remarquer, et comme nous le verrons encore, et ce mélange a ordinairement de grands avantages dans les assolemens, en fournissant une seconde *récolte dérobée*, fort utile dans la saison rigoureuse.

Le chou, lorsqu'il est jeune sur-tout, est exposé aux ravages d'un grand nombre d'insectes qui le détruisent souvent, et il y est d'autant plus sujet que la nature du sol et la constitution atmosphérique lui sont plus contraires.

Ses principaux ennemis les plus communs, et ceux dont il est le plus facile de le débarrasser, sont les altises, qu'on appelle vulgairement *tiquets*, *lisettes* ou *puces de terre*; les *pucerons*, les *chenilles* et les *hélices* ou *limaces*. Voyez les moyens que nous avons indiqués en nous occupant de la rave, pour prévenir ou pour arrêter leurs ravages.

De la récolte, de sa conservation et de son emploi.

§. 1. *Récolte*. Il faut distinguer ici les deux principales variétés du chou, vert ou pommé, dont nous parlerons ci-après. Lorsqu'on cultive la première, on peut en retrancher successivement les feuilles à mesure qu'elles paroissent suffisamment développées; et à l'égard de la seconde, on peut également retrancher avec avantage les feuilles extérieures, qui pourrissent souvent sans cette précaution; mais, dans tous les cas, il ne faut jamais oublier que la soustraction de ces feuilles, comme de celles de tous les autres végétaux, est toujours plus ou moins nuisible au parfait développement de l'individu qui la supporte, lorsqu'elle est anticipée, et qu'il n'est réellement avantageux de la pratiquer que lorsque ce développement est complet, ou que la nature elle-même y autorise par un commencement d'altération dans la teinte naturelle de ces feuilles extérieures.

Dès que le chou est parvenu à sa maturité, il y a bien plus d'avantages à le consommer sans délai qu'à différer; car, dès ce moment, il va toujours en diminuant de poids et de qualité. Le chou pommé, particulièrement, se fend et crève; l'air et la pluie s'insinuant jusqu'au centre, le pourrissent promptement, et il est rebuté en cet état par les bestiaux; ou s'ils le mangent, leur chair, leur lait et leur beurre en contractent un mauvais goût. La gelée produit encore trop souvent les mêmes effets et les mêmes résultats. D'ailleurs il devient souvent très pénible, difficile et nuisible à la terre et aux animaux d'en faire la consommation sur-le-champ, ou de faire le charroi de la récolte, dans la saison pluvieuse. Ainsi, quelqu'avantage qu'il puisse y avoir à conserver, pour l'hiver et le printemps, une nourriture verte qu'on peut d'ailleurs remplacer assez souvent par d'autres, tels que le topinambour, le rutabaga, le colsat d'hiver pour fourrage, le seigle et quelques autres plantes qui résistent beaucoup mieux généralement à cette saison rigoureuse que le chou proprement dit, plus tôt la consommation en est faite après la maturité, et plus elle est profitable ordinairement.

Il existe deux manières principales de consommer le chou, et qui ont chacune une influence différente sur le sol, très importante relativement à l'assolement.

La première consiste à le faire consommer sur le champ même par les bestiaux; elle épuise beaucoup moins le sol, à cause des débris qui y restent et des déjections animales qui s'y mêlent; mais elle est rarement praticable, à cause de la nature humide du terrain sur lequel le chou croît ordinairement, et sur-tout à cause de la saison pluvieuse qui s'y oppose souvent. D'ailleurs, elle est généralement peu profitable sous le rapport de l'économie de la nourriture, dont une partie, quelquefois assez considérable, se trouve trépignée, souillée et perdue.

La seconde, qui améliore moins le sol, est communément plus profitable pour les bestiaux; elle consiste à enlever les feuilles vertes, ou la pomme formée par leur application circulaire et serrée, et quelquefois aussi la tige, dont les bestiaux sont très avides lorsqu'elle n'est ni dure ni ligneuse, ni cordée, ni minée par le charançon chlore découvert par Bosc. On devroit toujours enlever scrupuleusement cette tige, ainsi que la racine, à moins qu'on ne désire obtenir un regain et un pâturage des nouveaux rejets, parce qu'elle épuise toujours plus ou moins le sol, qu'elle nuit d'ailleurs aux cultures subséquentes, pourrissant très difficilement, et elle est très propre à être convertie en cendres très alkalines, ou en fumier, après avoir subi la fermentation, en tas.

Il est très important que la terre soit sèche et le temps beau, lors de l'arrachage et du charroi de la récolte du chou, parceque le trépignement et le foulement du sol par les hommes, les bestiaux et les voitures, par un temps et sur un terrain humides, gâchent et pétrissent la terre, et la réduisent ainsi à un état très défavorable aux récoltes suivantes, dont le peu de succès n'a souvent pas d'autre cause.

§. 2. *Conservation.* Lorsqu'on ne peut faire consommer la totalité de la récolte à mesure de l'arrachage, on peut en conserver l'excédant, en le transportant dans un clos près du manoir, où, en ouvrant à droite et à gauche des raies profondes à la charrue, on peut les placer expéditivement et économiquement, en y arrangeant chaque chou l'un contre l'autre, et en recouvrant les tiges de terre par de nouvelles raies. Arrangés de cette manière, qui peut encore être adoptée très avantageusement lorsqu'on a des motifs pour débarrasser promptement le champ, soit pour un ensemencement d'automne, soit pour mieux le préparer à ceux du printemps, soit par toute autre cause, on les conserve fort bien, même contre les atteintes de la gelée, sur-tout en les couvrant un peu de paille, et on peut prolonger long-temps cette provision. On les conserve aussi assez bien en les renversant, la racine en haut.

§. 3. *Emploi.* Le chou étoit en grande vénération chez les Romains, et leurs auteurs géoponiques, Caton particulièrement, parlent souvent avec éloge de ses propriétés alimentaires et médicamenteuses. Quoiqu'il y ait beaucoup à rabattre sans doute des dernières, les premières n'en sont pas moins constantes, et cette plante est une de celles qui fournissent la nourriture la plus abondante aux hommes et aux animaux, soit cuite, comme c'est l'usage le plus ordinaire, soit confite dans le sel et le vinaigre, comme dans le Forez et en quelques autres cantons, soit fermentée, comme dans la plupart de nos départemens de l'est, sous le nom de *sauer-kraut*, et par corruption *choucroute*. Elle est employée ordinairement crue, mais quelquefois cuite aussi pour les bestiaux, et plus particulièrement dans nos départemens septentrionaux, où l'on en fait, avec un mélange d'eau chaude, de son et d'autres ingrédiens, des espèces de soupes ou *chaudeaux*, dont tous les bestiaux, et les vaches sur-tout, ainsi que les bœufs et les porcs à l'engrais sont très avides, et qui fournit abondamment du lait aux premiers, et engraisse promptement les autres.

On a plusieurs fois reproché au chou de donner à la chair des animaux qui en étoient nourris, et particulièrement au lait des vaches et au beurre qui en provenoit, un goût très désagréable; nous avons déjà vu que cet effet étoit entièrement attribuable à l'état de décomposition dans lequel pouvoient se trouver les feuilles lorsqu'on les donnoit aux bestiaux, et nous pouvons assurer, d'après les essais auxquels nous avons cru devoir nous livrer sur ce point, que, lorsque le chou est parfaitement sain, la chair, le lait et le beurre ne contractent aucun mauvais goût de cet aliment.

On peut, comme nous l'avons dit, l'employer avec beaucoup d'avantage à la nourriture et à l'engrais des bœufs et des porcs; on peut également s'en servir, pour les mêmes objets, pour les bêtes à laine et les chèvres, comme cela se pratique souvent au Mont-d'Or et ailleurs, spécialement avec le chou-cavalier, qu'on y appelle chou-chèvre. Tous les animaux en sont très avides, et il n'est pas rare, comme l'observe Gilbert, de les voir forcer les barrières qu'on leur oppose pour le soustraire à leurs incursions. « On assure, dit-il, que le cheval ne le mange pas, mais j'ai souvent et très souvent observé le contraire; ce qu'il y a de vrai, c'est qu'il n'en est pas aussi avide que les autres animaux. » Ajoutons à cela que cette nourriture aqueuse et relâchante n'est pas la plus convenable pour les animaux de travail, et que, lorsqu'on la leur donne, elle doit être mélangée avec une autre nourriture sèche plus substantielle et plus fortifiante; observons aussi qu'un grand nombre d'expériences comparatives nous ont démontré, ainsi qu'à d'autres cultivateurs, qu'elle étoit bien plus nourrissante que la rave et le navet, à poids égal.

Diverses variétés de choux, et plus particulièrement tous les choux verts, sur-tout le chou-cavalier, le chou à faucher, le chou-navet, le chou-colsat et le rutabaga se cultivent encore avantageusement pour fourrage vert étant fauchés, et pour pâturage, soit en automne, soit en hiver, soit au printemps, et ils deviennent souvent ainsi une ressource très précieuse.

Ces variétés et plusieurs autres sont également employées avec beaucoup d'avantages comme engrais végétal très efficace, étant enfouies, à diverses époques de l'année, dans le champ sur lequel elles ont crû, lorsque leurs feuilles sont suffisamment développées.

Faits et considérations relativement à l'introduction du chou dans nos assolemens. La culture du chou en plein champ, pour l'usage des bestiaux, paroît avoir commencé à s'établir d'abord dans le nord de l'Europe, où la nature du climat rend cette culture plus nécessaire, comme nourriture d'hiver, et plus praticable, à cause des brumes et des pluies plus fréquentes que dans le midi. Elle s'est étendue successivement dans presque toute l'Allemagne, la Hollande, le nord de la France, et aussi vers l'ouest, et en Angleterre.

Cette culture en grand, en plein champ, s'est trouvée restreinte parmi nous à un nombre de localités proportionnellement moins considérable que dans les contrées qui nous environnent au nord et à l'ouest, et cela devoit être, relativement à la nature du sol et du climat qui lui conviennent particulièrement, et qui se rencontrent plus rarement en France que dans ces contrées.

Le chou, dont l'introduction dans les champs pour l'usage des bestiaux ne paroît pas s'étendre au-delà du siècle dernier, étoit encore confiné dans nos jardins presque par-tout, du temps d'Olivier de Serres, si l'on en excepte la plaine si bien cultivée, près Paris, entre Aubervillers et Saint-Denis, où cette culture et plusieurs autres non moins productives s'observent encore aujourd'hui, et d'où il nous apprend qu'il tiroit sa semence afin de prévenir la détérioration ou l'abâtardissement de l'espèce; ainsi que les environs de Senlis, où La Bruyère Champier, contemporain d'Olivier, dit *avoir vu avec étonnement des choux énormes ;* et quelques autres endroits très circonscrits.

Mais on le cultivoit déjà en grand, en plein champ, pour les bestiaux, en plusieurs endroits de la France, avant l'époque où Duhamel rédigeoit ses élémens d'agriculture; et après nous avoir donné sur le chou vert cavalier quelques détails que nous consignerons à son article, il nous cite l'expérience de M. de Châteauvieux, qui « ayant fait préparer et disposer par planches une pièce de terre, comme pour le froment, y fit planter des choux blancs dans le mois de septembre. Le 9 mars suivant, on leur donna un labour; le 25 avril, un second; un troisième, le 3 juin; et enfin un quatrième, le 20 juillet. Celui-ci fut donné à bras et à la houe, parceque les plantes avoient pris trop d'étendue pour qu'on pût en approcher *le cultivateur* (houe à cheval) dont nous remarquerons en passant qu'il est l'inventeur.

« Ces choux, qui n'avoient été arrosés que dans le temps qu'on les avoit plantés, ont conservé leur fraîcheur pendant tout l'été; la plus grande partie pesoient 15 ou 18 liv., et ils étoient plus forts que ceux qu'on avoit cultivés avec soin dans le potager. »

Peut-être cette différence étoit-elle due à une cause analogue à celle remarquée à l'égard de la gesse par Dussieux.

De quelque côté qu'on promène ses regards, après la moisson, sur les belles plaines de l'ancienne Alsace, qui forme aujourd'hui le Haut et le Bas-Rhin, on n'aperçoit par-tout, comme l'a remarqué Gilbert, que des choux, dont plusieurs sont d'un poids énorme; et leur culture y est alternée, avec beaucoup de succès, avec celle des céréales et d'autres plantes épuisantes, ainsi que dans plusieurs autres de nos départemens de l'est, de l'ouest et du nord, et plus particulièrement dans les vallées de la Glane et de la Nahe, département de la Sarre, dans celles de l'Anjou, du Maine et de la Touraine, où l'on préfère à tout autre, le chou-cavalier, ainsi qu'aux environs de Lyon, et dans le département de la Dyle, où on lui donne le nom de *chou-collet,* ou *chollet.*

M. Mouron l'a employé avec le plus grand avantage, comme culture intercalaire, sur la propriété fort étendue et très bien cultivée, qu'il a soustraite à l'empire des mers, dans les environs de Calais.

M. Lullin, dans les environs de Genève, et M. de Père, dans le canton de Mezin, en ont tiré le même avantage sur des terres compactes, humides et argileuses.

Par la culture de cette plante, on est parvenu, en divers endroits, à obtenir d'abondantes récoltes d'orge sur des terrains qui ne pouvoient en produire que de chétives avant son introduction.

On l'alterne sur-tout très avantageusement avec l'avoine, et, lorsque la récolte s'en fait assez tôt avant l'hiver, on la fait suivre avec succès par celle du froment.

Quelquefois aussi on intercale les rangées de choux avec celles d'autres plantes plus précoces, comme nous l'avons déjà remarqué, et sur-tout avec la fève, à laquelle la même nature de terrain convient; et on se procure ainsi deux récoltes abondantes et précieuses, dans une même année, à peu de frais.

On peut recommander pour les terres convenables l'assolement suivant à long terme, 1° fève, 2° blé, 3° chou, 4° orge et trèfle, 5° trèfle, 6° blé, 7° vesce, 8° blé, etc.; il n'exige que deux fois de l'engrais en huit ans, en tenant la terre nette, meuble et fertile, et donne des produits variés abondans.

Le chou peut encore succéder avantageusement à la fève et à la vesce, et préparer très bien la terre pour le froment, l'avoine ou l'orge, avec un seul engrais.

On a plusieurs fois reproché au chou d'épuiser la terre. Sans doute une plante munie, d'aussi fortes et nombreuses racines fibreuses et pivotantes, doit soutirer beaucoup de nourriture du sol, et elle doit en emprunter d'autant plus, que son produit ne peut être consommé ordinairement sur le champ même, comme la rave et plusieurs autres plantes: mais il ne paroît pas cependant, que, lorsque le champ sur lequel elle a crû a reçu toutes les préparations convenables, en riches engrais abondans, en labours profonds et multipliés, et sur-tout en sarclages, houages et buttages rigoureux, et lorsque la récolte en a été faite à temps, d'une manière et par un temps convenables, il ne paroît pas, dis-je, qu'avec la réunion de ces circonstances le sol se trouve réellement hors d'état de fournir après sa culture l'aliment nécessaire à d'abondantes récoltes de céréales. D'après plusieurs observations que Gilbert a été à portée de faire en Alsace et ailleurs, et d'après celles qui nous sont personnelles, ou qui sont parvenues à notre connoissance, nous pensons, comme lui, que cette plante ne mérite point ce reproche.

Nous croyons donc que le chou est, après la fève, la plante dont la culture, sous les climats tempérés et humides, est la plus appropriée aux terres compactes, fraîches et argileuses, qu'elle peut fertiliser par l'effet des engrais et des opérations aratoires qu'elle exige pour prospérer; qu'elle peut y être d'autant plus précieuse qu'elle fournit une ample provision de nourriture verte d'hiver, sur des terrains qui se refusent ordinairement à toute autre production de ce genre, avantage qui la rend sur-tout très recommandable dans ces positions critiques pour l'entretien des bestiaux dans la saison rigoureuse; qu'étant récoltée de bonne heure en automne, elle admet consécutivement avec avantage la culture du froment, et qu'elle prépare très bien la terre au printemps, pour l'avoine, et sur-tout pour l'orge; enfin, qu'elle devient essentiellement améliorante et préparatoire lorsqu'elle est fauchée en vert, ou pâturée, comme cela arrive quelquefois, et qu'elle est très fertilisante lorsqu'elle est enfouie dans le champ, après s'être suffisamment développée.

Passons maintenant à l'examen des principales variétés les plus cultivées en grand, en plein champ, pour l'usage des hommes et des bestiaux.

Des choux pommés et des choux verts. On distingue, comme nous l'avons déjà observé, le chou ordinaire en variétés vertes ou pommées.

§. 1. On appelle choux pommés ou cabus, ou en cœur, ou en tête, toutes les variétés dont les feuilles larges et épaisses, quelquefois frisées, se recouvrent les unes par les autres circulairement, et forment ainsi une tête de forme sphérique ou ovale, plus ou moins ferme.

Ils présentent un bien plus grand nombre de variétés jardinières que les autres; mais nous n'indiquerons ici que les principales, qu'on peut considérer comme champêtres, à cause de la préférence qu'on leur accorde ordinairement pour la culture en grand dans les champs.

Ce sont, 1° le chou de Strasbourg ou d'Allemagne, appelé aussi chou d'automne, ou de troisième saison, parcequ'on le récolte souvent dans cette saison, et chou-quintal, à cause de son poids, ordinairement énorme, qui s'élève quelquefois à cinquante kilogrammes environ. C'est le plus gros et le plus tardif de tous les choux-cabus précoces, et sans contredit l'un des plus précieux pour la nourriture des bestiaux. Ses feuilles, très volumineuses, sont d'un vert foncé, et sa pomme est ordinairement peu serrée, parceque ses nervures sont très saillantes. C'est ce même chou dont les Anglais ont adopté depuis quelque temps la culture presque exclusivement à toute autre pour leurs bestiaux, en lui donnant le nom de chou d'Amérique, qui l'a reçu d'Europe.

2° Le chou pommé ordinaire ou chou-cabus commun, qui a quelque rapport avec le précédent et avec le pommé blanc d'Alsace, avec lesquels on le confond assez souvent. Il s'élève aussi à un poids considérable, et il a la tête très large, ferme et aplatie, d'un vert blanchâtre, avec des nervures blanches ou violettes. C'est le plus communément cultivé presque par-tout.

3° Le chou pommé rouge, ou plutôt violet, que plusieurs cultivateurs ont préféré pour la culture en grand, comme étant très ferme, assez pesant, très nourrissant et rustique.

4° Le chou pommé blanc, d'Alsace, qui a la tige épaisse et

peu élevée, et la tête plate et très ferme. Il est aussi très gros.

Celui que nous avons vu cultiver en Angleterre sous le nom de tête en tambour, *drum headed*, nous a paru lui ressembler beaucoup.

5° Le chou pommé blanc de Hollande, dont la tige est plus élevée et la tête plus grosse, mais moins ferme que le précédent. Les Anglais l'ont aussi adopté.

6° Le chou pommé de Saint-Denis ou d'Aubervillers, dont parle avec éloge Olivier de Serres qui le cultivoit. Il a la tête assez grosse, arrondie et très serrée, d'un vert foncé et d'une odeur musquée très prononcée. Sa tige est courte, et son volume et son poids sont ordinairement moindres que ceux des précédens; mais il a l'avantage d'être moins délicat sur le choix du terrain.

7° Le chou de Bonneuil, à tige basse, à feuilles glauques, et à tête ronde. Il est moins gros, mais plus hâtif que les précédens.

8° Le chou cœur de bœuf, assez hâtif aussi, mais petit et de forme ovale allongée.

Les Anglais nous ont encore emprunté, pour la culture en grand, deux choux qu'ils désignent sous les dénominations de *chou de Savoie* et d'*Anjou*, qui sont plus verts que pommés, d'après ceux que nous avons vus chez eux sous ces noms. Nous leur avons vu aussi cultiver fréquemment en plein champ un chou d'Ecosse très rustique, mais dont on a cru devoir abandonner la culture en plusieurs endroits, après l'avoir essayée comparativement avec notre chou de Strasbourg, dit d'Amérique.

Toutes ces variétés de choux pommés étant sujettes à se fendre, à crever et à pourrir promptement lorsqu'elles sont mûres, doivent être consommées sans délai à cette époque. Il convient ordinairement davantage de les planter en plein champ après qu'avant l'hiver, car elles sont généralement plus aqueuses et moins rustiques que les choux verts que nous allons faire connoître, qui, à poids égal, sont plus nourrissans.

§. 2. On appelle choux verts toutes les variétés qui s'élèvent plus ou moins sans pommer, et dont les feuilles, quelquefois frisées, et de diverses couleurs, sont le plus communément vertes et unies.

Les principales variétés pour la culture en grand sont,

1° Le grand chou vert, nommé souvent à cause de sa hauteur, chou-pyramidal, chou-géant, chou-cavalier, chou-arbre, et grand chou à vaches et chou-chèvre, parcequ'on en nourrit ces animaux en France, en plusieurs endroits, et sur-tout dans nos départements de l'ouest et dans les environs de Lyon.

La plupart de nos agronomes font le plus grand éloge de cette précieuse variété de chou, qu'ils mettent au-dessus de toutes les autres pour la culture en plein champ, à cause de sa rusticité, de sa bonne qualité, de sa durée et de son produit.

C'est cette même variété qui a inspiré des réflexions et des dénégations si peu fondées à *Arthur Young*, à l'égard de notre illustre prédécesseur dans la chaire que nous occupons, du vertueux et savant Daubenton, dont on ne peut se rappeler les longs et fructueux efforts pour l'amélioration de nos races de bêtes à laine, sans avoir pour la mémoire de cet homme estimable, à tant de titres, la plus profonde vénération.

Parceque cet Anglais ne connoissoit pas la variété de chou que Daubenton avoit préconisée dans son ouvrage classique pour l'instruction des bergers et des propriétaires de troupeaux, il a cru devoir, en faisant une critique injuste de ce précieux ouvrage, nier l'existence de ce chou, en suivant la même tactique qui lui avoit fait blâmer le savant et laborieux Rozier, à qui il a injustement reproché l'application qu'il s'étoit faite sagement du *Laudato ingentia rura, exiguum colito*, de Virgile. Il auroit dû au moins se rappeler que son compatriote Morison, moins prévenu que lui sans doute contre tout ce qui portoit le nom de français, en économie rurale, l'avoit reconnue long-temps avant lui, sous la phrase botanique de *Brassica arborea, seu procerior ramosa*, dont on a depuis attribué au fameux Bakewell l'introduction dans l'agriculture anglaise (1).

C'est aussi cette variété dont Duhamel nous avoit déjà recommandé la culture d'après son expérience, sous le nom de *grand chou vert*, en nous recommandant *d'en semer la graine dans une planche de potager ; de le replanter à la cheville lorsqu'il étoit assez fort, dans une terre bien fumée et labourée le plus profondément possible, en laissant deux bons pieds d'intervalle entre chaque plant, et en leur donnant, pendant l'été, deux labours légers.* Après nous avoir informé qu'il subsiste plusieurs années, « je l'ai cultivé en plein champ à la charrue, ajoute-t-il, et il a produit beaucoup de feuilles pour le bétail et pour la cuisine. »

C'est encore cette variété que Gilbert déclare « avoir de très grands avantages sur les autres, et qu'il recommande très particulièrement. Sa verdure, dit-il, est éternelle ; de nouvelles feuilles viennent sans cesse remplacer celles qu'on enlève ; je l'ai vu résister à des froids très rigoureux ; quoiqu'il ne vienne pas sans culture, il est, sur ce point, bien moins difficile que le chou-cabus ; il permet des négligences qui seroient très préjudiciables à ce dernier. Le produit du chou-cavalier est si considérable, qu'un fermier est impardonnable, lorsqu'il ne consacre pas à sa culture un angle de terre.

---

(1) Les anciens paroissent l'avoir connu, d'après ce passage de Caton. *Prima brassica est grandis, latis foliis, caule magno, validam habet naturam et vim magnam habet.* Livre 157.

M. Daubenton, ajoute-t-il, qui s'est occupé, et avec tant de succès, de l'éducation des moutons, a fait sur le chou-cavalier des expériences qui le lui font regarder comme un des meilleurs alimens qu'on puisse offrir à ces animaux précieux, et j'en ai moi-même nourri, continue-t-il, plusieurs sortes d'animaux avec succès. »

C'est également cette variété que M. Lullin met encore au-dessus de toutes les autres. « Je ne connois point, nous dit-il, de variété de chou préférable au chou-cavalier; il est d'une reprise facile à la transplantation, robuste; il résiste aux hivers les plus rigoureux, donne une abondance de fourrage prodigieuse, qui convient à toute espèce de bestiaux; les vaches et les brebis qu'on en nourrit sont abondantes en lait; on en engraisse les bœufs mieux qu'avec toute autre espèce d'herbage, ainsi que les cochons. Le terrain qui lui convient le mieux est une terre forte et fraîche, et c'est précisément sur celle-là que les turneps, les carottes, pommes de terre et autres fourrages-racines réussissent le moins bien. »

Il entre ensuite dans plusieurs détails sur sa culture, dont les principaux sont *de préparer la terre par un profond labour en février ou mars, ou mieux après la dernière récolte en grains, de fumer immédiatement, d'enterrer le fumier par un second labour à petites raies, de herser huit ou dix jours après, de donner un troisième labour, à la fin de mai, et quelques jours ensuite un hersage. Si le terrain est frais et mou pendant l'hiver, on formera des planches ou de larges billons, dont on tiendra les raies parfaitement nettes, pour qu'étant bien égouttées, on puisse en tout temps faire la cueillette des feuilles sans en être empêché par l'humidité du sol. On plantera les choux au commencement de juin, lorsqu'on prévoit une pluie prochaine, à un mètre environ de distance d'une ligne à l'autre, et à 64 centimètres dans la ligne, d'une plante à l'autre. La graine aura été préalablement semée en bon terrain, bien préparé et en bonne exposition, en janvier ou février. On peut aussi semer, sur le champ même, en lignes, et il faut toujours houer, butter et sarcler soigneusement à plusieurs reprises, et planter ou semer le plus tôt possible, afin d'éviter les arrosemens coûteux, difficiles et quelquefois impossibles. On peut commencer à récolter les feuilles inférieures en novembre, en les rompant net près du tronc, à mesure des besoins.*

On peut conserver ce fourrage vert jusqu'à la fin d'avril; on le voit fréquemment durer l'année entière dans les environs de Lyon, où l'on voit, quoi qu'en ait bien voulu dire Arthur Young, autre chose que *des rochers et des chèvres*, soit dit en passant, *ils y acquièrent une élévation de 5, 6 et même quelquefois 8 pieds. Ils ne pomment jamais. Ils sont une nour-*

riture excellente pour toute espèce de bestiaux; ils ont par-dessus les autres variétés de choux l'avantage de n'avoir jamais de feuilles pourries, car à mesure qu'elles atteignent leur croissance, on les enlève pour les consommer.

Je les ai fait consommer par les vaches, bœufs, brebis, moutons et porcs, nous dit encore M. Lullin; tous ces animaux en sont très friands. Ils donnent beaucoup de lait aux vaches et aux brebis, et disposent admirablement les autres bestiaux à prendre la graisse, etc., et il ajoute « qu'*avec les précautions convenables, les récoltes subséquentes seront toujours superbes, soit en blé, herbages ou avoine.* » Il fait aussi l'observation bien importante qui confirme ce que nous avons dit, en commençant cet article, que « le climat assez humide de l'Angleterre a pu permettre la culture du chou sur des terres légères; le nôtre est trop chaud et sec dans certaines années pour qu'elle soit praticable sur de pareils terrains, à moins qu'il ne fût possible de les arroser par irrigation, les seuls arrosemens praticables sur un espace un peu considérable. »

Nous ne pouvons nous dispenser de remarquer ici qu'on ne fait pas généralement assez d'attention à la différence du climat et à quelques autres circonstances essentielles, lorsqu'on nous propose indistinctement, et avec un enthousiasme souvent plus exalté qu'éclairé, l'adoption chez nous des pratiques agricoles anglaises, ou celles d'autres pays.

Enfin, c'est toujours cette même variété de chou, *dont l'existence a été contestée*, que M. de Père recommande encore, comme celle à préférer d'après sa longue et utile expérience, et dont nous devons consigner ici l'opinion et les principaux détails de culture.

Après avoir reconnu que « les choux sont du nombre des plantes fourrageuses qui fournissent en plus grande quantité la subsistance des bestiaux; qu'on pourroit entretenir trois têtes de bétail, en été, du seul produit d'un journal de belle luzerne, et en hiver de celui d'un journal de choux, sans autre nourriture; que le produit de ces deux journaux, converti en fumier après avoir servi d'aliment, en engraisseroit trois, double objet de culture bien digne de considération; que les choux possèdent une qualité très nutritive pour le gros bétail et les moutons, et qu'on peut en créer une prairie hivernale dans tous les sols, *pourvu que le climat ne soit pas trop sec* », circonstance toujours très essentielle à observer; il nous dit très positivement que « les choux que l'on cultive de préférence comme fourrage sont verts, qu'ils ne pomment pas et qu'on les nomme *choux à vaches ou cavaliers.* »

« On doit, ajoute-t-il, semer la graine en pépinière dans le mois de juin, pour repiquer le plant en septembre et octobre. » Il est bon d'observer que l'auteur écrit dans le département de Lot-et-Garonne.

« Dans les terrains forts et argileux, continue-t-il, l'importance de cette récolte vaut bien la peine qu'on lui destine la terre même qui devroit porter du froment, après une récolte jachère faite en juin et juillet, ou une récolte morte : on auroit ainsi le temps de la disposer, par des labours et des engrais, à recevoir le plant en septembre.

« Dans les terrains sablonneux et maniables, on devra profiter d'abord après la moisson du froment ou du seigle, de la première pluie qui aura bien détrempé la terre, pour la disposer à la plantation des choux, par un profond labour qui la façonnera en larges billons de deux pieds, séparés par des sillons larges et profonds tout à la fois : le mieux seroit de faire passer deux fois la charrue dans la même raie. Dans les terrains argileux il faudra de plus se hâter, après un labour semblable, de tracer avec la bêche ou la pioche, à la place où l'on voudra repiquer les choux, des trous larges de quatre à cinq pouces sur trois de profondeur; on mettra dix-huit pouces d'intervalle entre les trous qui seront destinés à se remplir d'eau, lorsqu'il tombera de la pluie en septembre et octobre; lorsque les trous seront pleins d'eau, il faudra se presser d'y délayer du fumier gras et de la terre meuble, pour la convertir en engrais boueux, dans lequel on plantera les jeunes choux en les couchant; on ajoutera par-dessus quelques poignées d'un terreau meuble et frais, et on achèvera de les chausser jusqu'au collet; dans la suite on sarclera et on buttera comme il est d'usage pour les autres choux cultivés avec soin; avant chaque buttage on fera bien de les arroser avec de l'engrais liquide, et après le buttage, un peu de poudre de plâtre répandue autour de chaque pied y entretiendra l'humidité.

« Dans les grandes plantations, où l'on veut faire les travaux subséquens à la plantation avec la charrue, il faut espacer les rangées de quatre pieds; quand les choux sont ainsi clair-semés ils grossissent plus; lorsque les rangs sont plus resserrés, on peut être dédommagé par le nombre.

« On pourra commencer la récolte en décembre; elle se fait sans embarras, parcequ'elle se consomme à fur et à mesure. Les choux-cavaliers s'élèvent jusqu'à six pieds de hauteur; on cueille les feuilles le plus près de terre, à mesure que la tige s'élève. On continue toujours en montant la récolte des grandes feuilles, jusqu'à ce que les choux produisent leurs fleurs : on cesse alors de cueillir les feuilles sur les pieds destinés à porter graine; (il vaudroit mieux, sans doute, les laisser toutes à ceux-là.) On arrache toutes les autres, dont on coupe les montans, pour les servir aux bestiaux. (Il vaut encore mieux repiquer séparément des choux porte-graines, dans des lieux clos, et dans l'isolement de toutes les autres variétés de choux destinés à fleurir; c'est le plus sûr moyen de les mettre à l'abri des accidens, et de conserver la graine dans sa pureté originelle.)

«Tous les bestiaux, bœufs, moutons et cochons, les volailles de toutes sortes, sont avides de ce fourrage qui les engraisse. Son usage se prolonge depuis la fin de l'automne jusqu'au printemps, et à l'époque où les fourrages de primeur peuvent être coupés; l'usage pourroit en avoir lieu toute l'année sans interruption, si l'on formoit en septembre des pépinières, dont les plantes pourroient se repiquer en février, mars ou avril, et en mai ou en juin, pour repiquer en septembre. Il peut aussi devenir l'objet d'une seconde récolte dans la même année, en le faisant succéder, sur le même terrain, au froment, et remplacer par des carottes, des raves, du chanvre, du maïs-fourrage, des betteraves, des haricots.

«Les choux qu'on planteroit en février, mars, avril, mai et juin, pourroient remplacer les racines, le farouch et autres fourrages de primeur, des récoltes mortes, et on pourroit leur faire succéder le froment, les raves, les pommes de terre, etc.

«En admettant la culture des choux-cavaliers, on pourroit former les séries suivantes :

« 1° Racines; 2° choux repiqués en avril; 3° en septembre, fèves ou vesce, dragée, froment.

« 1° Dragée, fourrage de primeur, récolte morte, froment, seigle; 2° en septembre, choux repiqués; 3° en avril, mai ou juin, maïs pour grain ou fourrage, chanvre, arachide, haricots.

« 1° Froment ou seigle; 2° choux; 3° pommes de terre, ou carottes, ou betteraves. »

Ajoutons, à ces intéressans détails qui établissent d'une manière si authentique et si favorable l'existence du chou recommandé par Daubenton et par tant d'autres cultivateurs estimables, que nous l'avons aussi soumis à plusieurs essais. Notre ami M. Millet, jardinier botaniste de l'école d'Alfort, nous en ayant donné de la graine qu'il s'étoit procurée dans *le Marais de la Vendée*, où il avoit été à portée d'en suivre et d'en admirer la culture avantageuse, en y remplissant une mission du gouvernement, nous lui avons reconnu tout le mérite qui lui étoit si justement attribué.

2° Le chou-cavalier branchu, sous-variété du précédent plus rameuse et plus branchue, mais moins élevée, qu'on désigne aussi quelquefois sous le nom de chou du Maine, où on le cultive assez fréquemment, et sous celui de chou de Flandre, de Bretagne et de Normandie, de Bruxelles, etc. ou chou-collet, nom qu'on lui donne ordinairement dans nos départemens septentrionaux où il prépare les terres à la production des céréales, sur-tout dans les arrondissemens de Lille, Hazebrouck et Douay. Il ne faut pas le confondre avec le brocoli, cultivé sous le nom de *sproede* dans le département de la Dyle, et qui fournit de petites pommes entre chaque aisselle des feuilles.

3° Le chou vert commun, à tige grosse, haut de soixante-quatre centimètres à un mètre environ, inférieur en produit aux précédens, dont il n'est peut-être qu'une détérioration, et qu'on rencontre dans quelques uns de nos départemens, cultivé pour la nourriture de l'homme, et plus souvent pour celle des bestiaux. Il vaut généralement mieux cultiver ces choux en rayons que les jeter à la volée, comme on le fait quelquefois.

Et, 4° le chou à faucher, qui se distingue encore en plusieurs sous-variétés à feuilles ordinairement frisées et de couleurs variées, dont les principales sont le violet, le vert et le blond. Les deux premiers sont préférables, parcequ'ils résistent mieux aux froids, et qu'ils fournissent davantage. On le désigne ainsi, parceque s'élevant peu, et ses jets et ses feuilles nombreuses, auriculées, crépues et dentelées, sortant ordinairement du collet de la racine, il est très propre à être fauché, comme fourrage vert. Il réussit assez bien dans un terrain médiocre; on peut en faire plusieurs coupes, et c'est aussi un des plus propres à être enfoui comme engrais. Ses jets latéraux, qui touchent à terre, s'enracinent quelquefois et forment autant de drageons; c'est ce qui lui a fait donner par Daubenton le nom de chou de bouture qui peut s'étendre à plusieurs autres variétés.

DU CHOU-RAVE. Le chou-rave, ou plutôt, chou à tige tubéreuse, *Brassica gongylodes*, est une variété de chou dont la partie inférieure de la tige se distend hors de terre, près du collet, par l'affluence des sucs qui s'y portent, de manière à former une tubérosité assez considérable, de forme ovale ou arrondie, approchant de celle de la rave, d'où lui en vient sans doute le surnom, quoiqu'elle n'en ait pas le goût, et qui contient une pulpe succulente et bonne à manger.

On en distingue deux sous-variétés; le blanc ou le commun, et le violet, qui ne diffèrent essentiellement entre elles que par la couleur. Toutes deux sont munies d'une tige assez forte, semblable à celle du chou ordinaire, garnie de feuilles moyennes, d'un vert pâle, sinuées, dentées, et ailées à leur base, et portées sur de longs pétioles, dont les inférieures sont remplacées, lorsque la tige a acquis toute sa hauteur, par une tubérosité surmontée d'un bouquet de ces feuilles.

Le chou-rave peut se cultiver en rayons comme les autres variétés de chou dont nous avons parlé; il exige pour prospérer le même terrain et les mêmes soins, et sur-tout une fraîcheur constante pour empêcher sa tubérosité de devenir coriace et ligneuse. On le sème communément depuis mars jusqu'en juillet, pour le récolter en automne et en hiver, ou même après; car il est très rustique et supporte les froids les plus rigoureux sans être désorganisé, comme nous nous en sommes plusieurs fois assurés. Il peut donc rester impunément en plein champ jusqu'à l'époque des besoins de nourriture verte, et il fournit, pour l'homme et pour ses bestiaux, une pulpe et des feuilles très délicates, très saines et très nourrissantes.

Il est cependant peu cultivé en France, si ce n'est dans quelques cantons de l'Alsace et dans les environs de Lyon; et même en Europe, si ce n'est aussi dans quelques cantons de l'Allemagne, où on le cultive sous le nom de *kohlruben*. Sa culture nous a paru peu étendue en Angleterre, où il paroît qu'on en a tiré d'abord la graine d'Espagne, et nous observons qu'il nous paroît avoir été connu d'Olivier de Serres, qui appelle « *presque sauvaiges dégénérans des bons, les chous-raves et autres, servans plus pour médecine que nourriture.* »

Gilbert fait le plus grand cas du chou-rave, d'après quelques rapports, essais et observations que nous allons transcrire.

« Il est encore, dit-il, deux autres espèces de choux moins connus, mais autant et peut-être plus recommandables que le chou-cavalier; ce sont le chou-rave et le chou-navet. Outre les feuilles dont l'un et l'autre fournissent une assez ample moisson, et qui ont la propriété, non seulement de résister aux froids les plus rigoureux, mais de végéter avec force lorsque la sève des autres plantes est engourdie, immobile dans ses canaux, ils offrent encore, le premier dans sa tige, le second dans sa racine, une ressource infiniment précieuse pour la nourriture des animaux.

« Le chou-rave est connu et cultivé depuis très long-temps en Angleterre et en France : la société des arts de Londres proposa, en 1757, un prix pour sa culture; ce fut en faisant des expériences pour le mériter, que M. Raynold découvrit le chou-navet à travers des choux-raves dont il avoit reçu la graine de Hollande, où elle avoit été apportée de Russie. Il résulte des expériences de cet excellent observateur, que le produit du chou-rave dans les bonnes années est de soixante-quatre ou de soixante-six mille livres pesant par acre; que celui du chou-navet est à peu près le même; que l'un et l'autre, mais sur-tout le dernier, croissent assez bien sur les terrains les plus pauvres, sans engrais. Quand il faudroit rabattre beaucoup de ces éloges, répétés dans les mémoires sur l'agriculture de M. Dossie, dans le *Musæum rusticum*, etc., il resteroit toujours d'assez grands avantages pour engager à cultiver cette plante où elle peut être introduite. Mon opinion n'est pas fondée seulement sur l'observation des autres; j'ai suivi la culture du chou-rave dans une première année, et dans une seconde la culture du chou-rave et du chou-navet. Ils sont venus très bien l'un et l'autre sur un sol très maigre, un sable mêlé de tuf peu profond, reposant sur un lit de gravier. Le renflement des choux-raves a communément quinze pouces de circonférence; les racines du chou-navet sont un peu moins volumineuses, mais elles ont un goût plus agréable et leur substance est moins fibreuse. Ce qu'il y a de particulier, et ce que M. Raynold avoit remarqué avant moi, c'est que dans un terrain beaucoup meilleur que les précédens, ou, pour parler plus exactement, beaucoup plus engraissé et mieux divisé (car le grain de terre est le même), ces racines ne sont pas devenues plus grosses ni meilleures que dans le terrain maigre. Une autre observation que j'ai faite, c'est qu'en cueillant, le 9 janvier, quelques unes de ces racines, je trouve tous les choux-raves frappés de la gelée, tandis que les choux-navets qui sont dans le même terrain sont parfaitement intacts; la différente exposition de la racine de l'un et du sphéroïde de l'autre suffit sans doute pour rendre raison de cet effet. Je soupçonne cependant qu'il n'est pas dû à cette seule cause; la substance du chou-rave me paroît en général bien moins compacte, plus spongieuse, plus aqueuse que celle du chou-navet, et j'ai observé qu'à volume égal, le second pesoit bien plus que le premier; ce qui m'a sur-tout étonné dans celui-ci, c'est qu'il continua de végéter, lorsqu'il n'offroit, coupé transversalement, qu'un glaçon dans son intérieur. »

Dans la commune de Kaisersesch et autres de l'Eiffel, canton du département du Rhin-et-Moselle, *on cultive*, nous dit M. Lezay Marnesia, préfet de ce département, dont nous avons déjà eu occasion de faire connoître le zèle ardent pour les progrès de notre agriculture, *une espèce de chou-rave qui pèse quelquefois seize livres, poids moyen, huit à dix livres, non compris un feuillage très abondant.*

Nous ajouterons à ces renseignemens qu'ayant aussi essayé à diverses reprises la culture du chou-rave, nous avons reconnu qu'il exigeoit une fraîcheur constante du sol pour se développer convenablement, et sur-tout pour ne pas durcir; que tous les bestiaux le mangeoient avec beaucoup d'avidité; qu'il étoit très propre à les nourrir et à les engraisser; qu'il étoit de beaucoup supérieur à la rave et au navet pour ces objets; et que sa chair, ferme et pulpeuse, égaloit presque en qualités alimentaires celle de la betterave, de la carotte et du panais; enfin qu'on pouvoit l'introduire avec avantage dans les assolemens de toutes les terres fraîches, convenablement préparées, de la même manière que les autres variétés de chou, et qu'il méritoit d'être plus cultivé pour la nourriture des hommes et des bestiaux qu'il ne l'est généralement.

DU CHOU-NAVET. Le chou-navet, ou plutôt chou à racine tubéreuse, *Brassica napo brassica*, qu'on confond très souvent en France, comme en Angleterre et ailleurs, avec le chou-rave, quoiqu'ils diffèrent essentiellement entre eux par la tige, la racine et la disposition des feuilles, est une autre variété de chou rustique, qui, par ses feuilles épaisses, lisses et glauques, étalées contre terre ou près de terre, ressemble assez à quelques autres variétés de choux verts; mais qui en diffère totalement par la forme de sa racine tubéreuse, ordinairement fusiforme, et quelquefois orbiculaire, semblable aux navets ou raves, mais d'une pulpe plus ferme, ordinairement d'un blanc jaunâtre, et recouverte d'une peau grisâtre, d'une contexture plus serrée et plus dure.

C'est probablement un hybride résultant du mélange fortuit des poussières séminales du chou et du navet.

Il en existe une sous-variété très rustique, nouvellement introduite dans notre culture sous le nom de *chou-navet de Laponie*, ou de Sibérie, que quelques écrivains ont confondue avec le rutabaga, ou navet de Suède, dont nous parlerons ci-après, et qui en diffère essentiellement par la forme de ses feuilles ressemblantes à celles de la rave et du navet ordinaires.

Cette sous-variété, résistant fortement aux froids de nos hivers et étant très productive, est très précieuse pour la nourriture de nos bestiaux pendant et après l'hiver, et bien préférable aux raves et aux navets, sous ce rapport et sous celui des qualités alimentaires de sa racine, moins aqueuse, plus pesante, plus compacte, plus substantielle et beaucoup plus nourrissante, ainsi que ses feuilles.

On peut la semer à la volée, et la cultiver comme la RAVE (*voyez* ce mot), ou mieux, en rayons, et même la transplanter comme les autres variétés de choux, en lui donnant les mêmes soins. Elle exige un terrain moins compacte et argileux que pour ces derniers, pour pouvoir y développer complètement sa racine qui fait son principal mérite; et plus il est meuble et profondément labouré, plus ses produits sont abondans.

On peut aussi la semer à diverses époques de l'année, avec succès, dans les climats brumeux et humides. On peut encore en récolter les feuilles en automne et pendant tout l'hiver, et les racines au printemps. Tous les bestiaux sont avides des unes et des autres, et principalement des dernières qui leur fournissent un excellent aliment dans la saison la plus critique de l'année pour la nourriture verte, et qui sont toujours d'autant plus belles que le retranchement des premières a été fait plus tard et avec plus de précautions.

Les unes et les autres sont également très propres à la nourriture de l'homme, auquel elles peuvent offrir, sous différens apprêts, un mets délicat et très nourrissant.

On peut enfin cultiver cette variété de chou comme plante oléifère; et plusieurs essais ont constaté qu'elle fournit abondamment de l'huile d'assez bonne qualité.

Nous avons déjà rapporté l'opinion, les essais et les observations de Gilbert sur cette plante, et il est possible que celle cultivée avec tant de succès dans l'*Eiffel*, dont nous avons aussi parlé, soit le chou-navet.

M. de Père observe qu'on pourroit faire du navet de Laponie l'objet d'une seconde récolte, en alternant de la manière suivante dans le midi, 1° fourrage de primeur, farouch, dragée, chou, lin, fèves ou vesces enfouis, seigle, froment, fourrage; 2° navet de Laponie semé ou repiqué en juin, juillet, août et septembre; 3° maïs.

Nous en cultivons tous les ans une assez grande quantité pour la nourriture de nos bestiaux, mais d'une manière particulière, très économique et peu commune. Immédiatement après la récolte de nos céréales fauchées, nous labourons la terre avec la forte herse de fer, ou scarificateur figuré à la fin de ce traité, après avoir semé le chou-navet assez dru sur le chaume (environ trois kilogrammes par hectare.

L'emploi de cet instrument, suivi immédiatement du rouleau, suffit pour ouvrir la terre et pour enterrer suffisamment cette semence qui ne tarde pas à germer. Le plant est abandonné à lui-même en cet état, sans aucune opération subséquente, pendant tout l'automne et l'hiver, et il couvre la terre d'une épaisse verdure. Au printemps, lorsque notre provision de topinambours est entièrement consommée, il nous fournit une ample pâture précoce, en attendant celle du seigle et des autres fourrages verts, pour la nourriture de nos brebis nourrices et de leurs agneaux; cette excellente nourriture se prolonge en se renouvelant long-temps, et elle est remplacée immédiatement par d'autres récoltes-jachères qui préparent économiquement la terre pour un nouvel ensemencement principal de céréales ou d'autres en automne.

Nous avons en ce moment plus de dix hectares qui sont ensemencés ainsi en chou-navet et en rutabaga, dont nous allons parler.

DU RUTABAGA. Le rutabaga, rave ou navet de Suède, n'est autre chose qu'une variété de rave, approchant assez de la rave ordinaire, sur-tout de la variété jaune de Hollande, par la forme et la disposition des feuilles et de la racine, qui est ordinairement jaunâtre, souvent orbiculaire et rarement fusiforme, mais beaucoup plus compacte, plus pesante d'un quart au moins, moins aqueuse, plus délicate au goût, plus nourrissante et surtout bien plus rustique et plus convenable pour la nourriture des hommes et des animaux que la rave ou le navet ordinaire, quoique généralement moins productive en volume.

Il ne faut pas la confondre, comme on le fait assez souvent, avec la variété de chou connue sous le nom de chou-navet, parceque ses feuilles âpres et vertes sont bien différentes de celles du dernier, qui sont lisses et glauques; ni avec la sous-variété de ce chou, connue sous le nom de chou-navet de Laponie, quoique l'une et l'autre soient très rustiques et résistent aux plus grands froids de nos hivers, comme nous nous en sommes convaincus, les ayant vues supporter l'une et l'autre plus de quinze degrés de froid, et se conserver intactes jusqu'à la fin d'avril, où ils commencent à monter en graine, et où elles sont encore excellentes à pâturer, circonstance de la plus haute importance pour la nourriture verte des bestiaux.

Le terrain qui convient au rutabaga est le même que celui que nous avons indiqué pour le chou-navet ; et sa culture, les soins qu'il exige, ses produits et sa récolte peuvent être les mêmes ; ainsi, nous ne répèterons pas ici ce que nous avons dit à ce sujet en parlant du dernier. Nous observerons seulement qu'il est ordinairement un peu plus hâtif, ce qui peut devenir intéressant pour certains assolemens.

On fait quelquefois consommer, sur le champ même, par les bestiaux, les racines du rutabaga, ainsi que celles du chou-navet ; mais indépendamment du gaspillage qui peut en résulter, et du gâchis qui pourroit encore s'établir sur le sol, sur les terrains et par les temps humides, inconvénient toujours très préjudiciable aux récoltes suivantes, la contexture coriace de la peau et la nature ferme et serrée de la pulpe du rutabaga rendent ordinairement ce mode de consommation peu profitable, et souvent même nuisible, en usant et en ébranlant même promptement les dents des bestiaux, et sur-tout des bêtes à laine, comme nous l'avons remarqué.

Ainsi, la meilleure manière pour l'économie de cette nourriture, ainsi que pour la conservation des bestiaux, nous paroît consister a transporter les racines hors du champ, et à les couper grossièrement avec le coupe-racines, après les avoir convenablement nettoyées.

Un assez grand nombre de nos cultivateurs les plus instruits, parmi lesquels nous nous bornerons à citer MM. Bertier de Roville, Poyféré de Cère, Delporte frères et de Père, ont introduit très avantageusement la culture du rutabaga dans leurs assolemens.

Nous avons déjà vu le premier, couronné par la société d'encouragement de l'industrie nationale, pour le zèle, l'intelligence et les soins apportés à la culture de cette plante, ainsi que pour celle de la carotte, obtenir en 1807, sur un hectare et demi environ de son exploitation exemplaire, la quantité de 9,050 kilogrammes en racines, et 14,600 kilogrammes en feuillage de rutabaga, indépendamment d'une récolte abondante, dans la même année, sur le même champ, de fèves et de maïs ; et il nous informe qu'il le cultive également avec beaucoup de succès comme plante oléifère, pour convertir sa graine en huile.

Le second a également introduit avec beaucoup de succès le rutabaga, depuis plusieurs années, ainsi que le topinambour, sur son exploitation, non moins exemplaire, dans l'intéressant département des Landes, et il nous apprend qu'il est aussi satisfait de cette culture, que nous avons déjà vu qu'il l'étoit de l'autre pour la nourriture de ses précieux troupeaux de mérinos.

Nous avons eu le plaisir d'admirer il y a plusieurs années, sur l'établissement précieux de nos compatriotes MM. Delporte, près Boulogne-sur-Mer, une magnifique récolte de rutabaga après l'hiver, quoique les corneilles y eussent occasionné quelques dégâts.

Enfin, M. de Père, sur son intéressante ferme expérimentale de Reffy, département de Lot-et-Garonne, a également introduit cette culture avec succès, et il propose à son égard la même série de culture que nous avons fait connoître à l'article CHOU-NAVET.

Nous avons reconnu depuis long-temps que le rutabaga pouvoit être l'objet d'une seconde culture dans la même année, aussi avantageusement que d'une culture principale, et nous le destinons ordinairement à cet emploi, comme nous l'avons remarqué en traitant du chou-navet, notre provision abondante en topinambour suffisant amplement à l'entretien de nos bestiaux en vert, pendant tout l'hiver, et celle-ci la remplaçant ordinairement avec diverses graminées, au printemps.

DU COLSAT. Le colsat ou colza, *Brassica arvensis*, est la variété de chou qui approche le plus du type de l'espèce primordiale; ses feuilles sont d'un vert glauque; les radicales sont pétiolées et légèrement découpées, et les caulinaires sont entières, sessiles et cordiformes.

On en distingue plusieurs sous-variétés; les principales sont celles qu'on oppelle *colsat chaud*, ou d'été, qui a quelquefois les fleurs blanches, et *le colsat froid*, ou d'hiver, qui les a ordinairement jaunes.

Il en existe une troisième, qu'on dit avoir été apportée du nord, et qui a les fleurs constamment blanches. On l'appelle *colsat blanc*. Il est plus difficile à battre que les autres, et il est peu cultivé. Le froid l'est moins aussi que le chaud, parcequ'il exige de meilleures terres et plus d'engrais, sans produire ordinairement davantage que le chaud; mais il est généralement plus branchu et plus élevé, et ses tiges ont par conséquent plus de valeur.

Cette plante, qui paroît avoir été inconnue à Olivier de Serres, qui ne parle que de la navette, qu'on confond quelquefois avec le colsat, quoiqu'elle en diffère essentiellement par la racine et les feuilles, est cultivée dans un assez grand nombre de nos départemens, sur-tout dans ceux du nord, de l'est et du centre, sous trois principaux points de vue. Le premier et le plus général est pour l'huile qu'on obtient de ses graines nombreuses et oléifères; le second est pour la nourriture des bestiaux, soit fauché, comme fourrage vert, soit consommé sur pied dans le champ même; et le troisième est pour procurer à la terre dans laquelle on l'enfouit un engrais végétal.

Entrons d'abord dans quelques détails sur sa culture, relativement au premier objet, et nous considèrerons ensuite les deux autres.

Afin de mieux établir les divers rapports d'intérêt de cette plante dans nos assolemens, examinons, 1° la nature du sol et sa préparation; 2° le semis et la transplantation; 3° la culture pendant la végétation; et 4° la récolte, sa conservation et son emploi.

On observera que ces divers objets ont beaucoup de rapport avec les détails généraux dans lesquels nous sommes entrés en traitant du chou ordinaire, et auxquels nous renvoyons.

De la nature du sol et de sa préparation. Quoique le colsat puisse aussi utiliser quelquefois, comme le chou ordinaire, les terres compactes, humides et argileuses, que sa culture convenablement pratiquée peut encore ameublir et fertiliser, il exige cependant généralement, pour se développer de la manière la plus avantageuse relativement à la multiplication et à la beauté de ses semences, un terrain frais et profond, moins tenace, et plus perméable aux bénignes influences de l'air, de l'eau, de la chaleur et de la lumière. Lorsqu'il ne se trouve point naturellement en cet état, on ne doit rien négliger pour tâcher de l'y amener, principalement par de profonds labours multipliés, donnés le plus tôt possible avant l'hiver, si l'on veut semer au printemps, et suivis de quelques récoltes-jachères préparatoires et améliorantes, si l'on veut semer en automne; et par de riches et abondans engrais, le mieux incorporés possible avec la terre.

On emploie souvent pour cet objet les tourteaux même de colsat délayés dans l'urine; et, dans les terrains très humides, les billons doivent être très bombés et séparés par des sillons creux et larges, tenus bien nets, afin de faciliter l'écoulement de l'eau surabondante.

Du semis et de la transplantation. On observe à l'égard du semis, dans la pratique ordinaire, deux modes distincts: le premier consiste à confier la semence à des planches bien préparées pour cet important objet, et à en retirer le plant, lorsqu'il est suffisamment développé pour le transplanter en rayons, à des distances plus ou moins éloignées, et qui le sont le plus communément d'environ quarante-huit centimètres. Le second consiste à disséminer, le plus également possible, cette semence sur le champ même, à la volée, et quelquefois aussi, mais beaucoup plus rarement, en rayons équidistans, et à éclaircir les plants surnuméraires quelque temps après leur levée.

Le premier procédé laisse plus de temps pour préparer convenablement la terre destinée au développement et à la récolte du colsat, objet très important dans les assolemens; et en facilitant les sarclages, houages et buttages nécessaires, il assure davantage le succès et l'abondance de cette récolte.

Le second est plus expéditif, plus économique, et plus applicable aux cultures étendues, mais généralement moins favorable aux opérations subséquentes et à la prospérité de la récolte.

Chacun doit préférer celui qui paroît le plus applicable aux circonstances locales dans lesquelles il se trouve; mais dans tous les cas, la terre doit être le plus meuble et nette possible, avant et après le semis ou la transplantation, et les sarclages et houages sont toujours non seulement utiles à la récolte présente, mais encore très avantageux pour les récoltes futures.

Le semis peut se faire à diverses époques du printemps, de l'été et de l'automne, selon les divers objets qu'on peut avoir en vue, et la variété d'été ou d'hiver qu'on préfère. Celle d'hiver se sème ordinairement ou se transplante en septembre et octobre, et celle d'été, en mars, avril et mai.

De la culture pendant la végétation. Plus souvent la terre est remuée, ameublie et nettoyée autour d'une plante en végétation, jusqu'à l'époque de sa floraison, plus on active et avance généralement cette végétation; et dans toutes les cultures en plein champ on ne doit s'arrêter sur ce point que lorsque les frais excèdent le bénéfice qui en résulte, et l'on doit ordinairement aussi préférer l'emploi des instrumens aratoires aux opérations manuelles, afin d'abréger le temps, les difficultés et la dépense.

Il faut sur-tout bien se garder de retrancher les feuilles du colsat pendant sa végétation, pour en nourrir les bestiaux, comme nous l'avons vu quelquefois pratiquer, parceque les blessures et les soustractions que cette plante éprouve sont toujours au grand détriment de la qualité et de la quantité de la semence, comme il est facile de s'en convaincre.

De la récolte, de sa conservation et de son emploi. Dès que le flétrissement et la chute des feuilles inférieures et la teinte jaunâtre de la tige avertissent que le grand œuvre de la nature est complété par la maturité de la semence, il ne faut pas perdre un instant, lorsque le temps est beau, et saisir cette époque critique pour commencer la récolte; car si l'on diffère, on s'expose à en perdre une forte partie, ou par les dégâts des oiseaux qui en sont avides, ou par sa chute naturelle, ou par celle qui résulte toujours des secousses plus ou moins fortes que la plante éprouve par le seul effet de la récolte, auquel se joint trop souvent celui des vents impétueux.

On peut diminuer beaucoup la dernière perte, en se servant d'une faucille à tranchant bien acéré, et en l'employant avec précaution et sans sacades, plutôt le matin et le soir que dans le milieu du jour, et par un temps frais, s'il est possible; et lorsque, par des circonstances quelconques, impossibles à prévoir et surtout à prévenir, une forte partie de la graine se trouve disséminée sur le champ, on peut encore en tirer quelque parti en le hersan immédiatement après la récolte. On peut en obtenir ainsi un fourrage vert et un pâturage abondant, ou enfin un engrais végétal, si on le préfère; et, dans tous les cas, on purge le champ d'une semence inutile, et qui pourroit devenir nuisible aux récoltes suivantes.

On ne doit pas employer ce plant pour de nouvelles cultures, donnant des produits de beaucoup inférieurs à ceux qu'on obtient d'ensemencemens faits exprès sur une terre convenablement préparée.

Lorsque le temps et d'autres circonstances permettent de battre cette semence sur une aire garnie de toile, établie dans le champ même ou dans les environs, à laquelle on apporte le colsat sur des draps avec soin, cela est généralement plus expéditif et plus économique que de mettre les javelles liées en bottes, en meules, où elles se perfectionnent cependant, et de les voiturer au manoir pour les placer dans des granges ou sous des hangars. Il ne s'agit plus, lorsqu'elle est battue, que de l'étendre mince, lorsque le van et le crible l'ont bien nettoyée, sur l'aire d'un grenier, en attendant qu'elle se soit dépouillée de son humidité surabondante, et que le principe mucilagineux soit entièrement converti en principe huileux.

L'huile qu'on en retire par expression, ordinairement à l'entrée de l'hiver, est généralement assez abondante, lorsque la graine, venue sur un terrain convenable est suffisamment mûre ; et elle s'emploie à plusieurs usages dans les arts, et particulièrement à la fabrication du savon noir et à la préparation des cuirs et des draps, indépendamment de celle qui se consomme en nature pour les usages alimentaires.

Le marc ou résidu qu'on retire après l'extraction de cette huile, et qu'on forme ordinairement en masse, qu'on appelle souvent pains, gâteaux ou tourteaux *de trouille*, forme une nourriture grasse, excellente, et très propre à engraisser les bestiaux, surtout les bœufs et les porcs, usage auquel on le destine fréquemment avec beaucoup d'avantage.

On le restitue aussi quelquefois à la terre, soit réduit en poudre, soit délayé, comme engrais, et il convient essentiellement aux terres de médiocre qualité qu'il améliore puissamment, et aux récoltes qui ont souffert de l'hiver, qu'il rétablit ordinairement en peu de temps, lorsqu'il est semé dessus au printemps par un temps humide; mais quelque avantageux qu'il puisse être, employé de cette manière, nous pensons qu'il doit y avoir généralement plus d'avantage à rendre cette substance à la terre, après l'avoir animalisée, et en avoir tiré un autre parti en la faisant passer dans l'estomac des bestiaux.

Du colsat pour fourrage vert ou pour pâture. On peut aussi semer le colsat dans l'intention de le faucher en vert pour le donner à l'étable, ou de le faire consommer sur le champ même par les bestiaux. On peut le semer, peur ces divers objets, à plusieurs époques de l'année, comme récolte-jachère et préparatoire; mais on le fait le plus communément en septembre et octobre, immédiatement après une récolte principale, sur un labour qui en enfouit le chaume. Il sert de pâture pendant l'hiver auquel il résiste assez bien, et pendant une grande partie du printemps, pendant lequel on peut aussi le faucher en fleurs si l'on veut, et il fournit une excellente nourriture aux vaches laitières, aux jeunes porcs, et sur-tout aux brebis nourrices et aux agneaux, à l'époque du sevrage. Il sert encore avec beaucoup d'avantages à l'engrais des moutons; mais il produit généralement peu. Quelquefois, après l'avoir fait pâturer pendant l'hiver, on le laisse monter en graine au printemps; mais il est alors très peu productif. On le mêle quelquefois aussi avec de la vesce ou d'autres plantes pour fourrage.

Du colsat pour engrais. Enfin on peut encore le semer, à diverses époques, pour être enfoui lorsqu'il commence à monter en fleurs, et il peut alors fournir un engrais végétal abondant et très économique, entre deux cultures principales.

Dans ces deux cas, il convient de le semer à la volée et épais, quoique pour le premier on le transplante quelquefois comme le chou ordinaire, ce qui paye bien rarement les frais; et on peut l'employer ainsi sur toute espèce de sol; mais il est plus convenable sur ceux qui sont naturellement ingrats et de mauvaise qualité, que l'exercice du pâturage et le parcage lorsqu'il a lieu, et plus particulièrement l'enfouissement, améliorent.

Passons aux considérations générales et aux faits relatifs aux assolemens.

Nous avons déjà remarqué que c'étoit sur-tout dans nos départemens septentrionaux que la culture du colsat se pratiquoit, et nous devons dire ici qu'elle s'y intercale avantageusement avec les cultures de céréales, et qu'elle réussit principalement sur les prairies ou pâturages défrichés.

« Le colsat, dit Dieudonné, dans son excellente statistique agricole du département du Nord, est de toutes les plantes oléagineuses celle qui est cultivée le plus généralement et avec le plus d'abondance dans les arrondissemens de Lille, Hazebrouck et Douay. Il commence à s'introduire dans les arrondissemens de Bergues au nord, Cambrai et Avesnes au sud. On le met sur-tout avec succès dans les pâtures rompues du premier de ces trois arrondissemens. On commence aussi à cultiver, dans les terrains sablonneux de l'arrondissement de Douay, *le colsat de mars.* »

Ce zélé magistrat, dont les cultivateurs de ces contrées conservent respectueusement le souvenir, nous donne plus loin plusieurs exemples de cours de cultures qui prouvent que le colsat est suivi avantageusement du froment, du lin, de l'avoine ou du seigle, et qu'on le sème souvent aussi sur les jachères pour le transplanter ailleurs; c'est ce qu'on appelle *le planchon de colsat.*

Nous avons eu occasion d'admirer plusieurs fois dans ce département, et dans ceux qui l'environnent, la culture exemplaire de cette plante, et nous avons toujours remarqué des récoltes de blé nettes et abondantes immédiatement après cette culture. C'est une des principales cultures des poldres de l'Escaut, comme l'observe M. François de Neufchâteau dans ses intéressantes observations agricoles sur sa sénatorerie de Bruxelles.

M. de Père nous dit avoir fait la même observation, et plus particulièrement dans les environs de Lille où le froment réussit après, et il indique pour cette plante le cours suivant, 1° froment ou seigle, lin, maïs, fourrage, récoltemorte; 2° colsat, récolte morte de sarrasin; 3° froment.

Nous avons eu aussi le plaisir de faire la même remarque sur la belle exploitation de M. Bertin, maître de poste de Roye, département de la Somme, qui fait précéder avec succès le froment par le colsat, sur des terres bien fumées et bien préparées.

M. de Chancey, l'un de nos premiers cultivateurs, a fait sur cette plante plusieurs observations et essais intéressans qui confirment les faits précédens. Il en a employé le marc comme engrais; il a reconnu qu'il étoit un des plus actifs et des plus puissans, et il indique un moyen éprouvé pour détruire les pucerons qui l'attaquent quelquefois. «Le champ d'un paysan, dont les colsats fleurissoient, dit-il, étoit fortement attaqué des pucerons; il fut consulter un autre paysan qui lui dit : *A la rosée, répandez sur vos colsats de la cendre de votre foyer*. Le paysan mit à exécution le conseil donné, les pucerons disparurent, et le propriétaire fut assuré d'une très bonne récolte.»

M. Lullin, qui a également cultivé le colsat avec beaucoup de succès, nous dit qu'il a reconnu que «cette plante robuste résiste parfaitement à la rigueur des hivers des environs de Genève; qu'il en a eu des récoltes prodigieuses dont les tiges s'élevoient à plus de quatre pieds, dans une terre très médiocre (c'étoit une bruyère défrichée) après une récolte de pommes de terre non fumées, et que cette terre ayant été fumée pour le colsat, il obtient immédiatement après sa récolte, sur un seul labour, *une récolte de blé d'une grande beauté.*

On a cependant plusieurs fois reproché au colsat d'épuiser la terre, et ce reproche ne nous paroît pas tout-à-fait dénué de fondement.

Cette plante, produisant une très grande quantité de semences oléagineuses, doit nécessairement beaucoup emprunter du sol, à l'époque de leur maturité, comme toutes les autres plantes qui sont dans le même cas; et rendant ordinairement peu au sol par ses débris, qui n'y retournent pas toujours, comme nous l'avons observé en développant notre troisième principe d'assolement; exigeant d'ailleurs de riches engrais abondans, ou une terre naturellement très fertile, pour prospérer; elle doit être rangée, comme nous l'avons fait, dans la catégorie des plantes plus exigeantes que restituantes, et son retour sur le même champ doit être peu fréquent.

Aussi a-t-on le plus grand soin dans le département du Nord, dans celui des Deux-Nèthes et dans tous ceux où sa culture est le mieux entendue, d'en différer le retour le plus possible dans les assolemens, et il n'a lieu ordinairement, au plus tôt, qu'après un intervalle de six ans et souvent plus, comme nous avons déjà eu occasion de le remarquer. « On observe, dit M. Lebrun, que le colsat planté dans une terre au bout seulement de 8 à 9 ans, toutes choses égales d'ailleurs, rend presque un quart de plus que celui qui est cultivé plus tôt », et cette remarque est importante.

Si la récolte du froment, ou de toute autre céréale qui suit immédiatement celle du colsat, est nette et abondante, il ne faut donc pas l'attribuer à quelque vertu fertilisante qu'il communiqueroit au sol qui l'auroit nourri, mais entièrement aux bienfaisantes préparations et opérations des labours, engrais, sarclages, houages et buttages qu'il a pu recevoir et qui influent toujours si puissamment non seulement sur les récoltes actuelles, mais encore sur toutes celles qui les suivent; et une excellente pratique que nous ne saurions trop recommander afin d'économiser les engrais, en prévenant l'épuisement et le salissement du sol, c'est d'accompagner la culture de la plante qui suit immédiatement le colsat, de l'établissement d'une prairie artificielle.

Quoique la culture du colsat soit souvent admise immédiatement après des cultures céréales qui peuvent avoir épuisé et souillé le sol qu'il faut ensuite engraisser et nettoyer, une culture préparatoire et améliorante est cependant toujours très avantageuse pour lui procurer le maximum de prospérité auquel tout bon cultivateur doit tendre dans toutes ses récoltes principales.

Nous avons déjà vu M. Lullin faire précéder cette culture avec succès par celle de la pomme de terre, sur une bruyère défrichée, et nous avons vu également M. de Père nous recommander de la faire précéder par le maïs-fourrage, ou par une récolte morte, c'est-à-dire enfouie. Nous ajouterons que nous avons vu quelquefois la vesce et les pois fauchés en vert, devenir une excellente préparation pour celle du colsat; et d'autres plantes peu épuisantes peuvent rendre aussi le même service.

On a également remarqué que l'écobuage et l'incinération préparoient très bien le sol pour la culture du colsat.

Cette plante fournissant ordinairement moins de feuilles que plusieurs autres variétés de chou, et moins que le rutabaga qui a d'ailleurs l'avantage d'être plus rustique encore et d'avoir une racine pulpeuse très nourrissante, nous accordons ordinairement la préférence à ce dernier, ainsi qu'au chou-navet, comme nourriture d'hiver et de printemps, et il nous semble qu'ils la méritent à tous égards pour cet objet.

QRATRIÈME SECTION. *Chicorée.*

La chicorée sauvage est la seule plante, prise parmi les chicoracées, qui nous paroisse applicable à notre seconde division, après les trois grandes et importantes familles que nous venons d'examiner.

DE LA CHICORÉE SAUVAGE. La chicorée sauvage, grande chicorée amère, *Cichorium intybus*, est une plante vivace, à racine pivotante et fusiforme, dont la tige creuse, presque nue, dure, flexueuse et rameuse, s'élève ordinairement, lorsqu'elle est cultivée convenablement dans un terrain favorable, jusqu'à plus d'un mètre, tandis que dans l'état de nature, dont elle n'a été tirée que depuis peu, elle atteint à peine ordinairement la moitié de cette hauteur, ce qui démontre fortement l'influence bienfaisante de la culture sur les végétaux réduits à l'état sauvage, et ce qui doit suffisamment encourager à y soumettre ceux qui promettent de donner des résultats avantageux pour la nourriture de l'homme et de ses bestiaux.

Ses feuilles un peu velues, obliquement découpées plus ou moins profondément, sessiles et alternes, sont assez larges et très allongées, et ses fleurs, ordinairement d'un beau bleu azuré, et quelquefois rouges ou blanches, sont grandes, sessiles et géminées, et remplacées par des semences anguleuses et blanchâtres, qui conservent assez long-temps leur faculté germinative.

C'est à notre excellent cultivateur Cretté de Palluel qu'on est redevable de l'introduction de la chicorée dans la culture en grand. Ayant soupçonné que cette plante, qui est assez commune dans un grand nombre de nos prairies naturelles ou pâturages, et qui couvre aussi souvent le bord des chemins, des fossés, et les lieux incultes, où les bestiaux la broutent avidement, pouvoit devenir très utile, il en entreprit la culture en 1784, et il en obtint des succès étonnans.

C'est après avoir vu ses essais encourageans qu'Arthur Young, qui s'est empressé d'en introduire la culture en Angleterre, déclare, « qu'il ne voit jamais cette plante sans se féliciter d'avoir voyagé pour quelque chose de plus que pour écrire dans son cabinet, et que son introduction en Angleterre, si un lord n'avoit rien fait autre chose pendant sa vie, seroit suffisante pour prouver qu'il n'a pas vécu en vain. »

Entrons dans quelques détails sur sa culture et l'utilité dont elle peut être dans nos assolemens.

Qualité du sol et sa préparation. Quoique les essais de Cretté aient été commencés sur une terre sablonneuse et d'une qualité médiocre, le résultat des cultures que nous avons sous les yeux, depuis un assez grand nombre d'années, nous porte à croire cependant que ce ne sont pas celles qui lui conviennent le plus; il annonce d'ailleurs *qu'elle croît aisément dans toutes sortes de terre;* et sachant que plusieurs essais ont démontré qu'elle pouvoit donner des produits très avantageux sur les terres humides, compactes et argileuses, c'est sur-tout pour ces terres ingrates que nous croyons devoir recommauder ici sa culture.

Quant à leur préparation, la forme pivotante de la chicorée indique assez la nécessité de les ameublir le plus possible par des labours profonds et bien faits, en temps convenable; et un seul labour, comme l'indique Cretté, peut suffire généralement, s'il est pratiqué de bonne heure en hiver. Comme il le dit aussi, *le produit sera beaucoup plus abondant si on fume le terrain l'hiver suivant;* mais nous préférons cependant de le fumer avant le labour qui précède l'ensemencement, avec du fumier long, peu consommé, et non brûlé ni desséché, comme il l'est trop souvent.

Semaille et opérations subséquentes. Le printemps est généralement l'époque la plus favorable à la semaille de la chicorée; on peut cependant la semer, aussi, de bonne heure en automne, lorsque le climat le permet.

On peut l'accompagner, la première année, de céréales ou autres plantes annuelles qui l'abritent et la protègent, comme cela se pratique ordinairement pour la luzerne, le trèfle, la lupuline, le sainfoin, etc. On peut aussi la semer seule, et quoiqu'elle produise ordinairement un peu plus la première année, de cette manière, nous préférons cependant la première méthode, qui donne plus de bénéfice.

On peut encore la semer à la volée, ou en rayons; la première manière, que nous préférons aussi, est plus économique, et la seconde est plus productive; mais elle est plus longue et dispendieuse, et elle fournit sur-tout des tiges plus dures. Elle peut convenir cependant aux sols très humides.

La quantité de semence nécessaire nous a paru être à peu près la même que celle qu'on emploie pour la luzerne, et Cretté la fixe à un boisseau de Paris.

Les opérations avant et après la semaille, doivent être les mêmes que celles que nous avons indiquées en traitant des PRAIRIES généralement, et nous y renvoyons.

Récolte, produit et usage. Il convient de faucher la chicorée sauvage avant que les tiges soient endurcies, parceque cette plante très aqueuse fanant difficilement, son principal mérite consiste dans sa consommation en fourrage vert, et il y a généralement beaucoup d'inconvéniens et de perte à la convertir en fourrage sec. On peut aussi la faire pâturer très avantageusement par les vaches et par les bêtes à laine; et c'est à ce dernier usage sur-tout que nous la destinons.

Cretté, qui nous dit avoir obtenu de la chicorée qui avoit plus de deux mètres de haut (sept et même huit pieds), porte également le produit qu'il en a retiré d'une seule coupe sur un arpent de Paris (un tiers d'hectare environ), à plus de cinquante-cinq milliers pesant de fourrage vert, *par l'appréciation et d'après le juste calcul qu'il en a fait*, et dit qu'*on peut en obtenir quatre coupes dans l'année.* Nous ne prétendons pas révoquer en doute les résultats extraordinaires obtenus par cet estimable agriculteur; mais quelque productive que nous ait paru la chicorée, nous n'osons flatter ses partisans, d'après nos essais, de l'espoir d'obtenir souvent des résultats aussi avantageux.

Le principal usage de la chicorée doit être, comme nous l'avons observé, dans sa consommation en vert, soit sur le champ même, soit en fourrage fauché et consommé immédiatement à l'étable; on peut rigoureusement aussi la convertir en fourrage sec, que tous les bestiaux mangent bien, mais nous ne le conseillons pas, d'après nos essais à cet égard, car elle est beaucoup moins profitable. « J'en ai recueilli, dit Cretté, que j'ai fait sécher et que les moutons ont très bien mangée pendant l'hiver; mais la dessiccation en est difficile. »

Quoique tous les bestiaux n'appètent pas la chicorée, lorsqu'ils sons soumis à cette nourriture pour la première fois, tous la mangent cependant avec plaisir, lorsqu'ils y sont accoutumés. Les bêtes à laine sur-tout en sont avides, comme de toutes les chicoracées, et lorsqu'elles la mangent dans les premiers jours du printemps, elle agit sur elles comme aliment et comme médicament tout à la fois, en les purgeant légèrement; et elle peut faire cesser ou diminuer au moins considérablement les mauvais effets de la nourriture sèche de l'hiver, en diminuant l'âcreté de la lymphe, en donnant plus de fluidité aux humeurs, et en remédiant aux affections cutanées. « Les propriétés reconnues depuis long-temps à la chicorée, me l'ont fait cultiver, dit Cretté, pour procurer à mes moutons une nourriture qui, en leur purifiant le sang, pût prévenir les maladies qui leur arrivent si souvent, et dont mon troupeau a été plusieurs fois la victime. » Nous observerons cependant qu'il faut leur en donner modérément d'abord.

On peut également en donner aux chevaux qu'on veut mettre au vert, et elle produira sur eux les mêmes effets. Lorsqu'on en donne aux vaches, il est bien reconnu qu'elles la mangent avec plaisir; mais il ne l'est pas également qu'elle augmente la quantité de leur lait et ne lui communique aucun goût désagréable. Cretté dit bien positivement que « les vaches auxquelles on donne à l'étable une ou deux rations de chicorée par jour, abondent en lait, et quoique cette plante soit amère, elles la mangent avec appétit, et donnent un lait aussi doux et aussi crêmeux que lorsqu'elles sont nourries avec tout autre fourrage. »

On dit cependant, aussi positivement, dans un Voyage au mont Pilat, que *cette plante donne au lait et au beurre de l'amertume;* et Gilbert assure plus positivement encore que M. Bourgeois, économe de la ferme impériale de Rambouillet « s'est assuré par des expériences très exactes, qu'elle n'augmentoit point le lait des vaches, et qu'elle lui communiquoit beaucoup d'amertume, ainsi qu'au beurre et au fromage qui en étoient composés. »

Nous voyons aussi M. Dourches nous dire « qu'il a lu avec étonnement, dans le Voyage au mont Pilat, que l'auteur assure que cette plante donne au lait et au beurre de l'amertume. — Je me trouve obligé, dit-il, pour le bien public, de relever cette erreur: on a pu servir à l'auteur de mauvais lait et de mauvais beurre, et la chicorée aura servi d'excuse, comme les cabaretiers s'en prennent toujours à leur cave. »

Depuis que les mérinos ont totalement expulsé les vaches de notre exploitation, nous n'avons pas eu l'occasion de chercher à vérifier des assertions aussi contradictoires; ainsi, *fiat lux*. Il faut cependant convenir, quelque fâcheux que soit cet aveu, que sur plusieurs points importans, l'exacte vérité est souvent bien difficile à établir en économie rurale, et peut-être ici se trouve-t-elle dans un juste milieu; c'est-à-dire que la chicorée consommée seule, en fortes quantités pendant long-temps, peut bien mériter le reproche qu'on lui a fait, tandis qu'administrée avec réserve, et mélangée sur-tout, comme il y a toujours de l'avantage à le faire, avec tous les alimens, elle pourroit bien en être exempte.

Quoi qu'il en soit, il est bien constaté que les porcs sont avides de son feuillage, et plus particulièrement de ses racines qui sont généralement les parties qu'ils préfèrent dans la plupart des plantes.

Ses feuilles et ses racines sont encore assez souvent employées, en divers endroits, à la nourriture de l'homme; les premières, en salade, étant étiolées et blanchies par la privation de l'air et par la chaleur; et les secondes, en boisson, étant torréfiées, moulues et mêlées au café ou infusées seules.

On cultive en assez grande quantité la chicorée pour ces divers objets dans le canton de Charenton que nous habitons, et dans plusieurs autres cantons environnant la capitale, ainsi que dans les environs de Senlis, de Compiègne, d'Onnaing, près Valenciennes, et dans quelques autres endroits.

Assolement. Ce qui peut rendre principalement la chicorée avantageuse dans nos assolemens, c'est son aptitude à croître sur les terrains argileux, compactes et humides; à résister cependant assez fortement à la sécheresse, sur les terres arides, à cause de sa racine pivotante et de ses longues feuilles très poreuses, et aux froids rigoureux de nos hivers, que nous lui avons vu supporter impunément; à résister également à la violence des vents et des orages, à cause de la fermeté de sa tige qui en est rarement abattue ou couchée; enfin, à végéter d'assez bonne heure au printemps, et à prolonger sa végétation assez tard en automne.

Quoiqu'elle soit vivace, sa durée ordinaire se borne cependant à un petit nombre d'années, et il convient de la remplacer dès qu'on la voit décroître.

Lorsqu'elle est cultivée pour ses feuilles et pour ses tiges, elle est améliorante, et nettoye très bien le sol, quand elle est semée en rayons, comme c'est l'usage dans les environs de la capitale, et soigneusement sarclée dans les intervalles. Nous avons obtenu plusieurs fois des récoltes de céréales printanières très nettes après cette culture préparatoire, quoique conservant encore quelques plants de chicorée peu nuisibles; mais elle exige ordinairement des engrais immédiatement après, lorsqu'on ne l'entreprend que sur des terres médiocres, non fumées et épuisées, comme c'est le cas le plus ordinaire, et sur-tout parcequ'on prive le sol de la totalité de ses feuilles et de ses racines nombreuses et très serrées, qu'on enlève en automne et en hiver pour les faire blanchir, et qui, lorsqu'elles se trouvent au contraire consommées ou détruites sur le sol, l'améliorent au point de rendre les engrais inutiles, et les terres argileuses plus meubles.

Lorsqu'elle est cultivée pour sa graine, comme nous l'avons vu pratiquer dans les environs de Claye, près Meaux, elle devient très épuisante, comme toutes les plantes, et doit être suivie immédiatement d'une autre culture améliorante et préparatoire, à moins que la terre n'ait été fortement fumée, et la culture faite en rayons, qui convient sur-tout pour cet objet. On ne doit non plus en exiger cette récolte que lorsqu'elle est dans sa plus grande vigueur, à la seconde ou à la troisième année, et la défricher immédiatement après. Il faut ne la priver de ses feuilles en aucune manière, l'année même où l'on veut obtenir cette graine, ces organes étant trop essentiels à la fructification pour pouvoir les soustraire impunément; il faut aussi en commencer la récolte dès que les tiges commencent à blanchir, afin qu'elle n'épuise pas inutilement le sol par la maturité de ses dernières fleurs, tandis que la semence des premières, qui est toujours la meilleure, se perd et souille le champ. On obtient cette semence par le battage au fléau, dans les gelées sèches et vives, qui, donnant à l'air plus d'élasticité, la font aisément sortir de ses enveloppes.

Cretté nous informe qu'il a associé avec succès la chicorée à la pimprenelle, au trèfle et au sainfoin. « Cette prairie artificielle, d'un genre nouveau, a, dit-il, parfaitement réussi; les bestiaux en ont consommé les produits avec avidité; mais la chicorée n'a pas tardé à dominer les autres plantes, et la pimprenelle a été la première à lui céder le terrain. »

M. de Père, qui a reconnu que « *la chicorée qui réussit bien dans les terrains sablonneux, peut se cultiver aussi avec succès sur les terres argileuses*, et qu'on doit la semer, pour son climat, en septembre, sur des lignes espacées d'un pied, conseille la rotation suivante avec la chicorée; 1° pommes de terre ou carottes; 2° dragées; 3° chicorée pendant deux ans; 4° froment; ou bien, 5° chanvre; 6° froment.

« La chicorée, observe-t-il, comme le trèfle, mérite d'occuper une place distinguée dans un cours de récoltes bien réglé, d'autant plus qu'elle prospèrera dans les sols qui ne conviendroient pas au trèfle. »

En terminant cet article, nous croyons devoir indiquer aussi une autre plante bisannuelle de la même famille, dont on a également reconnu le mérite pour la nourriture des bestiaux, et spécialement des bêtes à laine.

C'est le salsifis ou sersifis commun, *Tragopogon porrifolium*, qu'il ne faut pas confondre, comme on le fait quelquefois, avec la scorsonère appelée souvent salsifis d'Espagne, *Scorsonera hispanica*, espèce plus délicate.

Daubenton et plusieurs autres agronomes ont recommandé ses racines, comme celles des carottes et des panais, pour la nourriture d'hiver des bêtes à laine, et comme propres à augmenter le lait des brebis nourrices. Nous avons vu M. Bourgeois de Rambouillet qui le cultivoit par essai, en faire grand cas, et ses tiges cylindriques, lisses, tendres et fistuleuses, qui s'élèvent à plus de soixante-quatre centimètres dans les terres les plus propres à la chicorée, et qui sont garnies de feuilles amplexicaules, longues et très tendres aussi, et ressemblantes à celles du salsifis des prés, ou barbe de bouc, *Tragopogon pratense*, dont les moutons sont très avides, peuvent encore, ainsi que les racines qui grossissent en proportion de la qualité du sol, fournir à nos bestiaux une nouvelle variété d'aliment, et à nos assolemens une nouvelle variété de culture.

TROISIÈME DIVISION.

PREMIÈRE SECTION. *Des graminées.*

Les graminées annuelles les plus convenables à cette division sont : l'escourgeon, le millet, l'alpiste, le sorgho, le maïs et le riz.

DE L'ESCOURGEON. (1) L'escourgeon, orge hexastique

(1) Voyez pour les principaux détails de culture l'article FROMENT.

ou à six rangs, *Hordeum hexasticon*, qu'on désigne aussi sous les noms de *soucrion*, *scorion*, *orge prime*, ou *orge d'hiver*, est une espèce d'orge hivernale très productive, mais qui exige pour prospérer la terre la plus meuble, la mieux préparée et la plus fertile

« L'escourgeon, dit Rozier, demande un bonne terre, qui ne soit ni trop forte ni trop tenace, ni argileuse, et pour peu que la saison la favorise, elle produit une récolte des plus abondantes; malgré cela, il vaut beaucoup mieux semer du froment dans un pareil terrain, à moins qu'on ne prévoye que la valeur du produit de l'orge surpassera celle du froment. »

Nous observerons cependant, qu'indépendamment de cette valeur, qui est quelquefois considérable, sur-tout dans les pays où la bierre est la boisson habituelle, toutes les terres propres à l'escourgeon ne conviennent pas au froment, qui redoute les terres trop meubles avant l'hiver.

On ne sauroit trop bien préparer par les labours et les engrais, ainsi que par des récoltes améliorantes et préparatoires, les terres destinées à être ensemencées en escourgeon.

Ce grain, tallant ordinairement beaucoup, devroit être semé assez clair, par cette raison; mais l'hiver, auquel il ne résiste pas toujours, en détruisant souvent une partie, il est prudent d'y pourvoir.

Nous avons plusieurs fois remarqué que plus on le semoit tard, et plus la terre à laquelle on le confioit étoit froide et humide, plus il étoit affecté de la maladie du charbon, à laquelle il est assez sujet, et dont le chaulage est un excellent préservatif.

C'est un de nos premiers grains mûrs; et comme il s'égrène très facilement, il ne faut pas tarder à en faire la récolte dès que la paille a blanchi et que l'épi commence à se pencher sous son poids, qui est considérable relativement à la foiblesse de son support: lorsqu'il est récolté bien sec il se bat très aisément. Sa précocité permet de faire la même année une seconde récolte sur un seul labour, en pois, haricots, raves, navets, spergule, sarrasin, chanvre, maïs-fourrage, etc., lorsque la nature et l'état du sol le permettent.

L'escourgeon ayant une racine très fibreuse et très étendue, et produisant une quantité de grains considérable, relativement au volume de ses tiges qui sont comparativement très foibles et peu élevées, doit nécessairement épuiser beaucoup la terre, dont il emprunte considérablement de substance, et c'est en effet ce qu'on remarque par-tout.

Lorsqu'on le cultive comme récolte principale, et cela arrive le plus souvent, il doit être suivi immédiatement d'une culture améliorante et réparatrice, et il est généralement avantageux d'établir, tandis qu'il existe, une prairie artificielle sur le terrain qui le porte.

Mais indépendamment de sa culture principale, il peut encore servir comme fourrage excellent pour les chevaux, ou en pâture pour les bêtes à laine, ou en récolte verte améliorante qu'on peut aussi convertir en fourrage sec; quelquefois même, il peut, sur les terres très fertiles et très bien préparées, remplir tout à la fois ce double objet dans une même année, et ce moyen très avantageux d'en tirer parti étoit bien connu d'Olivier de Serres, qui entre à ce sujet dans des détails fort intéressans que nous devons faire connoître.

« Avec le seul orge chevalin ou d'hyver, dit-il, faict-on aussi de bon farrage. On sème cest orge, quand et en semblable terre, que l'autre farrage; et de même, le bestail le paist en campagne durant l'hyver. Si de ce l'on se veut abstenir, gardé jusques au printemps, cest orge est fauché ou moissonné en herbe; mais petit à petit, pour de jour à autre le faire manger aux chevaux, dont profitablement ils se purgent, de là prenans le commencement de leur graisse. Tout autre bestail, gros et menu, s'en porte aussi très bien, si on le paist modérément de ceste herbe : car de leur en donner à discrétion, seroient en danger de s'en treuver mal, par trop de replection, tant abondante est-elle en substance. Couppé à la fois, cest orge, en herbe, séché et serré au grenier, comme l'autre foin, est aussi bonne viande pour tout bestail en hyver, et avenant que la couppe en soit tost faicte, comme sur la fin d'avril, ou commencement de may, le reject de ces racines conservé, produira gaillardement nouvelle herbe et de grain avec, le temps n'estant extraordinairement chaud. »

Cet excellent usage s'observe assez fréquemment sur les meilleures terres des environs de la capitale, et nous l'avons aussi vu pratiquer ailleurs, pour donner l'escourgeon fauché avant qu'il épie aux vaches laitières dont il augmente singulièrement la quantité et la qualité du lait, mais sur-tout aux chevaux mis au vert, et plus particulièrement aux poulains auxquels il est fort utile, en facilitant la sortie de leurs dents, comme l'observe M. Huzard, ainsi qu'à ceux qui, ayant la poitrine saine d'ailleurs, sont échauffés ou fatigués par un travail excessif. Il est essentiel qu'il soit fauché avant que l'épi paroisse, parceque plus tard il devient trop substantiel, et plusieurs exemples attestent qu'il peut provoquer la fourbure; il ne l'est pas moins encore qu'il soit administré toujours avec beaucoup de réserve aux chevaux qui sont soumis à cette excellente nourriture verte.

Duhamel nous donne encore quelques détails assez intéressans sur les avantages de la culture de l'escourgeon pour fourrage vert.

« Aux environs des grandes villes, dit-il, on sème communément ce grain pour le couper en herbe, soit pour le donner aux chevaux que l'on met au vert, soit pour nourrir les ânesses dont on tire le lait pour les malades. Cette orge pourroit fournir une seconde herbe ; mais comme on la coupe de fort bonne heure, il arrive qu'ordinairement on retourne aussitôt le champ pour l'ensemencer en pois ou en haricots. »

Nous avons souvent traité ainsi nos champs ensemencés en escourgeon pour pâture, pour les semer en blé l'automne suivant, et cette méthode nous paroît fort avantageuse avec une bonne terre et des engrais abondans.

Nous ensemençons tous les ans en escourgeon quelques hectares destinés à une récolte de grain, sur nos meilleures terres, après une récolte préparatoire ; et lorsque ce grain n'est pas accompagné d'une plante destinée à former une prairie artificielle l'année suivante, sa récolte est suivie immédiatement de raves sur un seul labour pour être consommées sur le champ en automne et en hiver, ou de sarrasin pour être récolté en grain, et le plus souvent pour être enfoui en fleurs comme engrais végétal. Nous en ensemençons également une assez grande étendue de terres pour le faire pâturer par nos troupeaux de bêtes à laine ; et il succède au seigle en vert que nous semons aussi pour le même usage, et qui est plus précoce et plus rustique. Cette culture préparatoire laisse la terre libre assez tôt pour pouvoir être bien préparée pour la culture du froment qui la suit.

L'escourgeon offre plusieurs variétés intéressantes dont une à épis courts, mais très gros et chargés de grains qui s'y trouvent très serrés, nous paroît précieuse ; mais une des plus avantageuses, c'est celle qui est nue, c'est-à-dire, dont les grains sont recouverts d'une écorce mince et non pailleuse comme ceux des autres variétés. Nous l'avons cultivée avec succès ; elle est très précoce, et on peut la convertir en farine blanche et savoureuse qui fait d'excellent pain, ou en gruau, ou en bouillie. Sa culture est la même que celle de l'escourgeon ordinaire, et elle peut être soumise aux mêmes assolemens ; cependant nous ne la croyons pas très cultivée en France, et nous ne l'avons rencontrée que dans quelques cantons de nos départemens méridionaux.

DU MILLET. Dans plusieurs parties de la France, on désigne sous cette dénomination banale, plusieurs plantes de la même famille, ainsi qu'une plante d'une famille différente.

Afin d'éviter l'incertitude et la confusion que produit nécessairement cette synonymie vicieuse, nous croyons devoir rappeler ici brièvement toutes les plantes qui y sont soumises, et en désignant chacune d'elles sous son nom propre, nous l'accompagnerons de sa dénomination linnéenne, qui préviendra toute espèce d'équivoque.

On appelle très souvent indistinctement *millet*, 1° le millet proprement dit, *Panicum miliaceum* L.; 2° le panis, *Panicum Italicum* L.; 3° l'alpiste, *Phalaris canariensis*; 4° le sorgho, dit grand millet, ou millet d'Afrique, *Holcus sorgho* L.; 5° le maïs, dit gros millet, ou millet d'Inde ou d'Espagne, *Zea mais*; et 6° le sarrasin, dit millet noir ou millet cornu, *Polygonum fagopyrum*.

Ayant déjà considéré le sarrasin sous le rapport des assolemens, dans notre première division, et devant examiner plus loin le maïs, nous ne nous occuperons ici que des quatre premières plantes, plus particulièrement désignées sous cette dénomination, que nous allons d'abord examiner en masse, et que nous distinguerons ensuite individuellement.

Le nom de *millet* attribué à ces quatre plantes, étant dérivé du mot latin *mille*, mille, indique l'étendue de leur produit ordinaire en grains.

Malheureusement la qualité se trouve ici en sens inverse de la quantité; et quoique le malheureux cultivateur soit quelquefois réduit à se nourrir du pain grossier et indigeste qu'il obtient de ces grains, et sur-tout de ceux de la première et de la quatrième espèces; quoiqu'on les convertisse aussi quelquefois en bouillie; ils ne sont généralement propres qu'à la nourriture de la volaille de nos basses-cours, et de quelques autres oiseaux qui en sont avides.

Etant toutes originaires des pays chauds, leur culture est généralement plus convenable à nos départemens méridionaux qu'aux autres, quoique la troisième se rencontre dans quelques cantons de nos départemens du nord, et même au-delà.

Toutes aussi exigent, pour prospérer, un terrain meuble, sec et substantiel tout à la fois, parcequ'elles tirent beaucoup de nourriture du sol, probablement à cause de l'énorme disproportion du poids de leurs nombreuses semences avec les autres parties extérieures, qui concourent à leur entretien avec leurs racines très fibreuses et très multipliées.

Elles redoutent sur-tout l'humidité, qui, pour peu qu'elle soit surabondante et prolongée, fait pourrir les racines; mais elles supportent généralement un degré de chaleur auquel nos autres graminées annuelles résistent difficilement.

Toutes ces circonstances les rendent très propres à remplacer, la même année, les premières récoltes, à une époque où l'on n'a à redouter ni les gelées tardives ni l'excès d'humidité, et où l'intensité et la durée de la chaleur sont les seules choses à craindre.

Ainsi, elles peuvent remplacer avec avantage les fourrages printaniers résultans des prairies momentanées et toutes les récoltes préparatoires qui peuvent être faites en juin ou au commencement de juillet. Elles sont également très propres à remplacer les récoltes que la contrariété des saisons a empêché de faire en temps convenable, ou enfin, celles qui se sont trouvées détruites pas des gelées, débordemens, grèles, insectes, ou toute autre cause.

Il convient généralement de les semer clair, aimant à s'étendre latéralement sur la terre fertile qu'elles exigent; de les couvrir légèrement, les semences étant petites; et de les préserver des oiseaux qui en sont avides.

Leur végétation étant assez lente dans le principe, il est essentiel de les garantir par des sarclages faits de bonne heure, avec soin, et même répétés au besoin, des herbes nuisibles qui les étoufferoient sans cette précaution indispensable; et, afin de rendre ces sarclages plus faciles, il est très avantageux de les cultiver ou par petites planches, ou sur des billons étroits, ou en rayons, ce qui rend encore les sarclages et binages beaucoup plus expéditifs et moins dispendieux.

Une autre précaution non moins indispensable, consiste à ne point les laisser trop mûrir avant d'en faire la récolte, car en s'égrènant naturellement, ou par les attaques des oiseaux, elles couvriroient le sol d'une multitude de semences qui pourroient nuire beaucoup aux récoltes suivantes, à moins que par un léger labour ou des hersages faits à propos immédiatement après, on ne les fit germer toutes pour en convertir l'herbe en pâturage, auquel elle est très propre, comme celle de toutes les graminées, et on sème quelquefois diverses espèces de millet pour cet objet.

Voyons maintenant ce qui concerne particulièrement chacune de ces quatre plantes.

DU MILLET PROPREMENT DIT. Le millet proprement dit, qu'on appelle aussi mil, ou petit mil, dans le midi, a des semences allongées, ovoïdes, jaunâtres et luisantes, disposées en panicules lâches au sommet des tiges, qui s'élèvent de soixante-quatre centimètres à un mètre, en terrain convenable.

C'est le plus cultivé, et celui probablement qui mérite le plus de l'être; il en existe une variété à graine noire, qui l'est beaucoup moins. Nous l'avons vu adopter pour seconde récolte dans plusieurs de nos cantons méridionaux; et, dans le département des Landes, on l'alterne, ainsi que le panis, avec le seigle, d'une manière assez singulière, et qui mérite d'être examinée.

La totalité du champ se trouvant ensemencée en seigle et hersée, on lui donne un nouveau labour, au moyen duquel on divise la terre en billons étroits qui soient séparés par des rigoles ou intervalles de même largeur. Il en résulte que tout le seigle se trouve reporté sur les billons, et on ensemence au printemps, dans ces rigoles ou intervalles vides, le millet et le panis. L'année suivante les rigoles occupent la place des billons, et *vice versâ*; et ainsi la terre rapporte alternativement du seigle et du millet, et les navets donnent quelquefois une seconde récolte dans la même année immédiatement après la récolte du seigle. Mais, comme l'observe judicieusement M. de Père, cet alternat ne roulant essentiellement que sur deux plantes épuisantes, sur deux graminées, le seigle et le millet, il exige beaucoup de sarclages et d'engrais. Voici ceux qu'il propose d'y substituer sur son domaine de Castigat qui y étoit soumis.

1° Seigle semé par planches; raves après la récolte du seigle; 2° avoine avec trèfle; 3° trèfle; 4° seigle ou froment.

1° Seigle, choux cavaliers ou colsat-fourrage, ou pour graine; 2° avoine avec trèfle; 3° trèfle; 4° seigle ou froment.

1° Seigle; 2° trèfle, raves sur le défrichement du trèfle; 3° mil ou panis; 4° pommes de terre ou carottes; 5° maïs avec citrouilles par rangées alternatives; 6° seigle.

1° Seigle; raves la même année; 2° chanvre ou arachide; 3° seigle; 4° dragée; 5° seigle ou froment.

« Ces divers cours, qu'on peut également combiner avec d'autres, ne diminueroient pas les récoltes des grains, observe M. de Père, et donneroient des fourrages en plus grande abondance. Ils sont, dit-il, de tout point préférables à la culture actuelle, qui n'offre que des moissons épuisantes, qu'on soutient pourtant avec cinquante voitures de fumier. Cette quantité doubleroit bientôt par l'augmentation des fourrages et l'entretien domestique du bétail actuel. »

DU PANIS. Le panis, originaire d'Italie, et qu'on désigne aussi sous le nom de millet des oiseaux, parcequ'il leur sert souvent de nourriture, paroît aussi réservé au midi, et diffère essentiellement du millet proprement dit, en ce que ses semences, placées aussi en panicules lâches au sommet des tiges, sont rondes et ordinairement plus petites. Ce que nous avons dit de la culture du millet lui est applicable.

DE L'ALPISTE. L'alpiste ou phalaride, souvent aussi appelé millet, sur-tout dans le nord et au centre de la France où sa culture en grand existe en quelques endroits, ou graine d'Espagne, d'oiseau, de canaris, de serins, etc., est sur-tout cultivé pour cet usage dans les environs de Saint-Malo et à Aubervillers, dans la plaine de Saint-Denis, près Paris, sur des terres meubles ou naturellement très fertiles, ou rendues telles par les engrais.

Ses semences jaunâtres, un peu pointues par les deux bouts, sont aplaties sur les côtés, comme la graine de lin avec laquelle elles ont quelque ressemblance pour la forme. Elles sont portées sur un épi supporté par une tige généralement peu élevée, et dont la disproportion avec le poids des grains la fait souvent verser lorsqu'elle n'est pas soutenue artificiellement par des rames.

Il seroit possible de l'intercaler en rayons avec quelque autre plante à tige plus solide, qui prévînt cet inconvénient qui détruit souvent une grande partie de la récolte.

Cette plante est très avide d'engrais, comme les deux précédentes, celle qui suit, et toutes les graminées en général; et, comme l observe très judicieusement M. Thouin, *si l'on fait succéder ce grain à une autre céréale, il faut à la terre autant d'engrais et aussi riches que pour le froment; moitié moins s'il remplace une légumineuse, ou une plante d'une famille différente, et il n'en faut pas si elle est semée sur une prairie retournée.*

Cette plante, moins délicate que les trois autres pour le climat, est aussi cultivée dans quelques endroits de l'Angleterre, et plus particulièrement dans le comté de Kent, voisin de la France, où nous l'avons vue cultivée quelquefois après une année de jachère, et, ce qui vaut bien mieux, sur des prairies desséchées.

Arbuthnot, qui l'a cultivée sur une terre fertile et bien ameublie par des labours, nous informe que le froment qui lui succède réussit, ce qu'on ne peut sans doute attribuer qu'aux engrais abondans, ainsi qu'à l'ameublissement et au nettoyement de la terre fertile et nette que sa culture exige pour qu'elle prospère.

On a remarqué qu'elle étoit une excellente préparation pour la culture des fèves, ce qui est bien plus conforme aux principes; et l'on a également observé que les chevaux préféroient sa paille flexible et très garnie de feuilles à celle du froment.

DU SORGHO. Le sorgho, connu aussi sous le nom de *houque*, *carambosse* ou *sagine*, comme sous celui de *grand* ou *gros millet*, a plus d'analogie avec le panis qu'avec les deux autres. Ses grains, arrondis comme les siens, mais beaucoup plus gros, et dont il existe plusieurs variétés de diverses couleurs, dont les principales sont le blanc et le rouge foncé tirant sur le noir, est également porté sur des panicules lâches et terminaux, supportés par des tiges épaisses, moelleuses et beaucoup plus élevées.

La culture de ce grain, qui exige beaucoup de chaleur et une terre très fertile qu'il épuise considérablement, pour donner un produit très abondant à la vérité, mais d'une médiocre valeur comme aliment, a été abandonnée en plusieurs parties de la France où elle avoit été adoptée avec cet enthousiasme qui s'oppose presque toujours à ce qu'on juge d'abord sainement les objets. Nous croyons devoir en prévenir, parcequ'il est pour le moins aussi utile de savoir ce qu'il faut éviter en agriculture que de connoître ce qu'il faut adopter. La culture du maïs, dont les produits sont si précieux, est généralement préférable à celle du sorgho, qui exige une terre tout aussi fertile et qu'elle épuise davantage, sans doute à cause de son mode ordinaire, bien différent de celui qui est adopté pour le maïs.

On cultive ce grain dans quelques endroits de la vallée de Nievole, dont nous avons déjà eu occasion d'examiner la culture; mais cette culture est blâmée par le célèbre cultivateur Simonde, qui nous informe que le pain, dans la confection duquel on fait entrer sa farine, est détestable, et qu'on ne comprend pas que l'estomac puisse le supporter. Il paroît aussi que son grain devient souvent nuisible aux animaux et sur-tout à la volaille qui s'en nourrit.

DU MAÏS. Le maïs, *Zea mais*, qu'on désigne quelquefois sous les dénominations de blé de Turquie, d'Inde, de Guinée ou d'Espagne, millet d'Inde, ou gros millet, est une plante annuelle originaire de l'Amérique méridionale, à racines capillaires, traçantes et fibreuses. Sa tige droite, épaisse, articulée et moelleuse, qui s'élève quelquefois à deux mètres et plus, est garnie de feuilles alternes, longues et assez larges, striées, d'un vert foncé, rudes sur les bords et glabres en-dessous; et de panicules de fleurs mâles, au sommet des tiges, et de fleurs femelles, axillaires et sessiles, en gros épi cylindrique, enveloppé de plusieurs tuniques, du sommet desquelles pendent de longs filets ou styles en forme de houpe soyeuse diversement coloriée, et qui sont remplacées par des semences de diverses couleurs qui correspondent ordinairement à celles des filets qui y aboutissent.

Cette plante, qui paroît avoir été apportée en Europe du temps d'Olivier de Serres, qui l'appelle *gros blé de turquie*, et à laquelle M. Parmentier a attaché son nom d'une manière si honorable, est un des plus beaux présens que le nouveau monde ait faits à l'ancien, et doit être considérée comme la graminée la plus productive et la plus précieuse pour les assolemens de la France méridionale, et pour l'approvisionnement des hommes et des bestiaux de cette contrée.

Il en existe plusieurs variétés, dont les principales sont :

La jaune, la plus universellement répandue, et qui paroît être la primitive, la plus rustique et la moins difficile sur la nature du sol, puisqu'on lui accorde généralement la préférence pour les terres médiocres, épuisées ou mal préparées.

La blanche, qui paroît être la plus productive et la plus hâtive, et qu'on préfère souvent, pour ces motifs, sur-tout dans les terres fertiles, où sa tige plus élevée et son épi plus long et plus gros fournissent d'abondantes récoltes.

Et la rouge, qui est la plus rare et la moins estimée, et qui varie dans ses nuances du bleu au noir et au violet, ainsi que les autres variétés dont la couleur a plus ou moins d'intensité, suivant le sol, le climat et plusieurs autres circonstances; et elle se trouve quelquefois mélangée et bigarrée sur le même épi.

On distingue encore une variété du maïs, précoce et bien précieuse, qu'on appelle quarantain, cinquantain, ou soixantain, ou de deux mois, relativement au court espace qu'il emploie à parcourir les phases de sa végétation très accélérée. On l'appelle encore maïs à poulet, à cause de la petitesse de son grain, très propre à la nourriture de la volaille. Il est au maïs ordinaire ce que le blé et le seigle trémois sont au blé et au seigle d'hiver, et il peut aussi devenir une ressource précieuse dans nos assolemens, comme récolte tardive ou seconde récolte, dans la même année, ou, enfin, comme plus propre à être cultivé au nord.

Le sol qui convient généralement le plus au maïs, quoiqu'on l'admette souvent avec bénéfice sur une assez grande variété de terres inférieures, sur-tout le jaune, doit être incontestablement de première qualité, pour assurer son succès; c'est-à-dire, très meuble, profond, frais et substantiel tout à la fois.

Cette plante étant très vorace, à cause de ses nombreuses racines fibreuses, qui soutirent beaucoup du sol, exige aussi des engrais abondans et riches; et ces racines s'enfonçant et s'étendant latéralement à une assez grande distance, lorsqu'elles rencontrent un sol perméable, elles exigent encore qu'il soit le plus approfondi et ameubli possible. Elle prospère sur-tout sur les sols vierges, nouvellement défrichés de bois, ou de prairies naturelles ou artificielles, et elle convient beaucoup à ceux, qui, étant exposés aux submersions pendant l'hiver, ne peuvent pas être ensemencés en froment ou autres productions automnales.

Quant au climat, quoique l'espace de temps et la masse de chaleur que le maïs ordinaire exige pour achever et parfaire sa végétation, ait, jusqu'à présent, interdit sa culture en grand, pour la production du grain, à nos départemens septentrionaux et à plusieurs autres, dont le climat ne paroît pas offrir un degré de chaleur assez élevé ou assez constant pour cet objet; nous voyons avec plaisir, cependant, que cette culture ne doit pas être aussi étroitement circonscrite parmi nous qu'un voyageur étranger nous l'avoit assuré, et qu'on paroît le supposer assez communément. Ecoutons, à ce sujet, le savant voyageur français Décandolle, qui s'exprime ainsi dans son instructive géographie agricole et botanique de la France, qu'il visite d'une manière si distinguée et si utile. « La *région du maïs* est moins prononcée que celle des orangers et des oliviers, parceque le maïs étant annuel, ne nous indique que la température de l'été et non celle de l'hiver; c'est par cette raison qu'il prospère également dans des pays très différens les uns des autres; on le trouve en grande culture dans tout le bassin de la Garonne, dans la Bourgogne, une partie de la Franche-Comté et le Piémont; on le retrouve encore cultivé en grand, mais principalement pour l'usage de la volaille, dans les environs du Mans, beaucoup au nord de la limite qui lui est tracée par Arthur Young. Le maïs peut se cultiver dans les montagnes à une assez grande hauteur; j'en ai trouvé, dans les Pyrénées occidentales, à une élévation que je n'ai pu mesurer exactement, mais que je ne puis estimer moindre de mille mètres. »

Nous remarquons aussi dans une statistique assez détaillée de la Hollande, que le maïs y est indiqué comme cultivé en plein champ dans la plupart de ses départemens.

La semaille du maïs doit toujours être différée jusqu'à ce que la surface de la terre ait été suffisamment échauffée par l'influence solaire du printemps, pour accélérer sa germination et son développement, et pour ne plus avoir à redouter les gelées tardives. C'est ordinairement, pour nous, d'avril en mai ; et il est prudent d'en semer à diverses époques, afin d'avoir plus de chances de succès, lorsque le climat n'y paroît pas très favorable.

« Le choix de la semence, comme l'observe très judicieusement M. Parmentier, n'est, pour aucune production, une chose indifférente aux récoltes. Il faut toujours, dit-il, varier le grain de semence, chaque année, d'un lieu à un autre, cependant analogue ; préférer celui de la dernière moisson, le laisser adhérent à l'épi, jusqu'au moment de le semer, afin que le germe n'éprouve point un degré de dessiccation nuisible à son développement ; enfin, éviter de prendre le grain qui se trouve à l'extrémité de l'épi, parcequ'il est toujours celui qui est le moins productif. »

« La macération de la semence dans l'eau est toujours de la plus grande utilité ; en la ramolissant, elle la fait lever plus tôt, et elle élève et sépare les grains les plus légers et les moins bons qu'il est facile d'enlever. Son immersion dans un lait de chaux, dans une lessive alkaline, ou dans la saumure, ou dans une décoction de plantes amères, est si peu coûteuse et si utile contre les ravages des insectes et autres animaux, qu'il est encore généralement avantageux de l'employer. »

On sème le maïs de deux manières principales, ou à la volée, ou en rayons.

A la volée ; on le répand, ou sur le champ, assez clair pour l'enterrer ensuite à la charrue, ou mieux derrière la charrue, dans le sillon qu'elle ouvre et qu'elle recouvre ensuite, en en laissant un ou deux sans semence, sur un qui est semé.

En rayons ; ou l'on divise également le terrain labouré et hersé, et l'on dépose régulièrement la semence dans les endroits indiqués de chaque division, ou mieux encore, on suit la charrue à mesure que le dernier labour se fait, et on place régulièrement à des distances égales, indiquées et marquées d'avance sur la crête du premier sillon, un ou deux grains dans le fonds résultant de la jonction du premier et du dernier sillon qu'elle vient de former, et on laisse aussi un sillon ou deux sans semence entre chaque sillon semé, suivant la qualité et l'état de la terre.

La seconde manière nous paroît bien préférable à la première ; le second mode d'exécution que nous avons pratiqué avec un succès complet, nous paroît aussi plus expéditif et plus économique que le premier, et nous croyons devoir le recommander très particulièrement, d'après notre expérience.

Immédiatement après l'ensemencement du champ, quels qu'aient été la manière et le mode d'exécution, il est avantageux de le bien herser en long et en travers, et de le rouler ensuite.

Dès que le maïs est sorti de terre de huit à dix centimètres environ, si l'on a mis plus d'un grain à chaque endroit, ce qui est prudent, pour éviter les lacunes accidentelles et les transplantations qui réussissent rarement, on doit commencer par retrancher soigneusement à la main les plantes surnuméraires, et ensuite passer entre les rayons le sarcloir à cheval (*Voy.* les fig. à la fin) afin de détruire les plantes nuisibles qui ont déjà germé, et ameublir la surface du champ, deux objets de la plus haute importance. Lorsque les grains ont été placés à angles droits réguliers et à des distances convenables, il devient alors très facile de faire cette utile opération et toutes les suivantes, en travers comme en long, et le champ s'en trouve beaucoup plus économiquement et plus expéditivement ameubli et nettoyé que par les opérations manuelles, qu'il faut éviter autant que possible dans toutes nos cultures en grand, parcequ'indépendamment de la perte d'un temps toujours précieux, elles absorbent souvent une grande partie du produit et rendent le bénéfice net peu considérable.

Cette opération, qui réunit à l'avantage de nettoyer et d'ameublir la terre, celui non moins utile de la rapprocher du jeune plant, ce qui contribue singulièrement à son développement, doit être réitérée jusqu'à ce qu'ayant atteint environ trente-deux centimètres de hauteur, elle puisse être buttée davantage.

Alors, on substitue la houe à cheval au sarcloir, et on réitère son emploi le plus possible, parceque plus on ameublit en tout sens, et plus on élève la terre autour de chaque tige, plus on augmente sa vigueur et ses produits, la base de cette tige étant garnie d'articulations très rapprochées, d'où sortent, lorsqu'elles sont en contact avec la terre meuble, de nouvelles racines très utiles, puisqu'il est constant que le développement extérieur de cette plante, comme de beaucoup d'autres, est toujours proportionné à l'extension et à la vigueur de ses parties souterraines. C'est sur-tout à l'époque critique de la formation du grain dans l'épi, où l'important travail de la nature a besoin d'être secondé par toutes les ressources de l'art, que le remuement et l'amoncèlement de la terre deviennent de la plus grande utilité. Les espèces de monticules qu'on parvient ainsi à élever autour de chaque pied produisent encore un nouveau bienfait, en les rendant plus stables et leur donnant plus de moyens pour résister à la violence des vents et des orages, comme aux sécheresses prolongées, dont elles le garantissent encore d'une manière bien efficace.

Il sort souvent des articulations qui sont à la base des tiges, et il sort quelquefois même des racines, des rejetons qu'il est essentiel d'enlever soigneusement pour en nourrir les bestiaux, ainsi que les épis tardifs et mal placés ou avortés, parceque ces productions, qui ne donnent ordinairement que des produits foibles ou trop tardifs pour bien mûrir, affament inutilement les principales productions.

On peut encore avec beaucoup d'avantage, comme M. de Père le recommande, et comme nous l'avons vu pratiquer et pratiqué nous-mêmes, saupoudrer légèrement les pieds du maïs avec du plâtre calciné, pour y attirer de l'atmosphère, pendant la sécheresse de l'été, une humidité favorable à la végétation.

Enfin, plus on réitère les sarclages, houages et buttages, plus il est reconnu que non seulement la récolte actuelle s'en trouve augmentée, mais plus aussi les récoltes suivantes sont nettes et assurées. Cependant, comme l'observe encore M. Parmentier, *quoique ces opérations rendent la terre plus propre à la récolte du froment, l'année suivante, rarement sont-elles assez répétées, à cause des frais de main-d'œuvre. Souvent on a les yeux ouverts sur ce que coûtent quelques soins de plus, et on les ferme sur les avantages multipliés qui en sont la suite.* Cette importante vérité n'est point assez sentie généralement.

Dans la culture ordinaire du maïs pour grain, il est exposé à plusieurs ennemis redoutables, et nous croyons devoir placer le cultivateur lui-même au premier rang, lorsqu'il le dépouille impitoyablement, et par un sordide intérêt aveugle et irréfléchi, d'un des grands moyens dont la nature l'a orné pour sa prospérité, afin de nourrir de quelques feuilles ses bestiaux qu'il devroit bien pourvoir d'une nourriture moins préjudiciable à ses intérêts. Ecoutons encore sur ce point le Nestor de notre agriculture. « On a voulu prouver, dit-il, qu'en ôtant les feuilles du maïs à mesure que la plante végète, c'étoit un moyen d'augmenter la force de la tige et la grosseur des épis; mais c'en est un certain au contraire de la diminuer, d'empêcher même la formation de l'épi, ou les grains de parvenir à leur grosseur et à leur maturité ordinaire. C'est un fait dont je me suis convaincu par l'expérience. Il est justifié par beaucoup d'observations faites sur les autres végétaux, et il suffit de réfléchir un moment pour n'en pas douter. Indépendamment de l'utilité générale des feuilles, communes à toutes les plantes, celles du maïs en ont une particulière qui rend leur conservation précieuse, jusqu'à l'époque de la maturité du grain. Elles forment une espèce d'entonnoir, présentant une large surface à l'atmosphère, et ramassant pendant la nuit une abondante provision de rosée : en sorte que si le matin, au lever du soleil, on entre dans un champ de maïs dont le sol soit d'une terre légère, on aperçoit le pied de chaque plante mouillé comme s'il avoit été arrosé. Enfin les feuilles sont autant de réservoirs dont la nature semble se servir pour conserver, rafraîchir et nourrir les végétaux. »

Qu'il nous soit permis d'ajouter à ces réflexions aussi vraies que décisives, une nouvelle considération relative aux assolemens. C'est que le retranchement prématuré des feuilles, en forçant la plante à puiser d'autant plus de nourriture dans la terre, qu'il lui reste moins de moyens d'en soutirer de l'atmosphère, la récolte qui suit immédiatement celle où ce retranchement a eu lieu, en devient nécessairement moins abondante.

D'après ces diverses considérations de première importance, il ne convient donc de retrancher les feuilles du maïs, lorsqu'elles en valent encore la peine pour la nourriture des bestiaux, qu'à l'époque de la maturité du grain; mais on peut devancer un peu, sans les mêmes inconvéniens, le retranchement des sommités, et elle peut se faire, au-dessus du nœud de l'épi, dès que l'espèce de houpe soyeuse et pendante, formée de la réunion des filets ou styles qui aboutissent aux ovaires, commencent à se sécher et à noircir. Ces sommités sont encore alors muqueuses, sucrées et flexibles, et fournissent un fourrage très nourrissant, sans nuire essentiellement au perfectionnement du grain.

Les ennemis qui viennent, après l'homme, contrarier la végétation du maïs, ou se nourrir de ses produits, sont un très grand nombre d'animaux domestiques ou sauvages, contre lesquels le cultivateur doit exercer la plus active surveillance, à l'époque de la maturité, et il est, comme toutes les autres plantes, exposé à l'influence plus ou moins nuisible des intempéries : il souffre surtout des froids intempestifs, des vents violens, de l'excès d'humidité, et des sécheresses prolongées; mais il en est d'une autre nature qui lui sont quelquefois très funestes. Ce sont plusieurs espèces ou variétés de charbons, regardées comme des plantes du genre *champignon*, analogues d'ailleurs à la maladie du même nom qui attaque nos autres céréales, et contre laquelle, quoiqu'elle ne soit pas contagieuse, il est prudent d'employer le chaulage comme préservatifs et d'en retrancher, lorsqu'il est possible, les espèces de fongosité, d'un blanc rougeâtre ou noirâtre qui attaquent ou les fleurs mâles ou le grain, ou la tige, mais qui sont ordinairement plus apparentes et plus volumineuses sur la dernière.

L'époque convenable pour commencer la récolte des épis du maïs s'annonce par le dessèchement, la couleur blanchâtre et l'écartement des tuniques qui les enveloppent, ainsi que par la dureté du grain et le flétrissement des feuilles. On ne sauroit trop tôt saisir cette époque lorsque le temps est beau et qu'on redoute l'arrivée des premières gelées; mais hors ces deux cas, il est utile de la retarder jusqu'à ce que le dessèchement complet de l'épi, qu'on pourroit précipiter en écartant les tuniques, si cette opération étoit praticable en grand, soit opéré.

On sépare alors de la tige les épis garnis de leurs enveloppes, et on les met à couvert, en petits tas, pour compléter leur dessiccation, qu'on peut avancer par l'enlèvement des enveloppes, qui facilite l'évaporation de l'humidité qui y séjourne encore, et qui pourroit moisir les grains si elle y étoit long-temps retenue, ou par leur exposition au four et mieux au soleil.

On les conserve en cet état; ou suspendus au plancher, entrelacés par les tuniques et placés sur des perches horizontalement jusqu'au moment des besoins, et alors on les bat au fléau, ce qui est sans contredit la manière la plus expéditive, lorsqu'ils sont bien secs, mais qui en brise quelques grains; ou en frottant l'épi fortement contre une lame dure et non tranchante, solidement fixée, ou par tout autre moyen équivalent.

L'axe de l'épi, dont on nourrit quelquefois les bestiaux, nous paroît bien plus propre à être brûlé, ainsi que les tiges qu'il convient d'enlever le plus tôt possible du champ, afin de le préparer à une nouvelle culture.

Le grain, étant purgé des débris qui peuvent s'y trouver, se conserve très bien en tas peu épais et souvent remués, ou dans des tonneaux, ou dans des sacs isolés, jusqu'au moment de la mouture; mais, lorsqu'il n'est pas très sec sur-tout, il devient souvent la proie de divers insectes.

Lorsqu'on veut le réduire en farine, il doit être bien sec pour que les meules ne s'engrappent pas; et s'il l'étoit trop, l'écorce se mêleroit facilement à cette farine. On se contente quelquefois aussi de le concasser, et la meilleure manière de conserver la farine fine ou grossière consiste à la tenir renfermée dans des sacs isolés, dans un endroit sec et froid et loin des murs.

Il est peu de productions du règne végétal aussi utiles que le maïs pour la nourriture des hommes et des animaux.

Quoique pour celle des premiers il ne soit pas avantageux de lui faire subir seul la panification, parcequ'il manque de cette substance glutineuse végéto-animale qui y est indispensable, il peut leur procurer, sous un très grand nombre d'autres formes, un aliment aussi sain qu'agréable, soit en potages, soit en bouillie, soit en gâteaux ou en galettes, soit en biscuit, soit de plusieurs autres manières qui varient pour ainsi dire dans chaque contrée, soit enfin en boissons non fermentées ou fermentées, comme bière, eau-de-vie. On est aussi parvenu à obtenir des tiges du maïs un sirop assez sucré, quoique conservant un goût herbacé; mais le sirop de raisin lui est bien préferable, et il est généralement plus profitable de le faire consommer en vert par les animaux.

Soit en herbe, soit en grain, tous nos bestiaux en sont avides, et il leur procure à tous un des alimens les plus profitables qui soient connus. Un champ ensemencé dru en maïs pour fourrage vert, et fauché au moment où le panicule paroît, présente la prairie la plus élevée, la plus abondante et la plus nourrissante qu'il soit possible de voir. Nous en avions établi une ainsi l'année dernière, sur un terrain préparé pour être ensemencé en froment en automne, et notre collègue Mallet, ainsi que plusieurs autres cultivateurs instruits des environs, ne pouvoient se lasser d'admirer son abondance et sa beauté, sur un sol assez médiocre cependant. Elle fut, pendant une grande partie de l'été, une des principales nourritures de nos chevaux de labour, et elle devint ainsi très profitable; mais pour qu'ils la mangent bien, les vieux principalement, qui en sont avides, ainsi que nos autres bestiaux, il faut nécessairement qu'elle soit semée très dru, et que l'herbe en soit fauchée de bonne heure, ou broyée un peu lorsque les tiges en sont durcies. On pourroit aussi la convertir en fourrage sec pour l'hiver; mais l'épaisseur des tiges en rend le fanage long et très difficile, et nous ne croyons pas, d'après nos expériences à cet égard, que cette manière de la traiter soit généralement aussi avantageuse que la consommation en vert.

Nous ne pensons pas non plus que la variété précoce dont nous avons parlé, et que nous considérerons tout à l'heure sous le rapport des assolemens, soit aussi avantageuse que le maïs jaune ordinaire, qui nous paroît le plus convenable pour cet objet, parcequ'il fournit beaucoup plus de fourrage, et que deux mois au plus suffisent ordinairement, lorsqu'il est semé par un temps convenable, en terre bien préparée, pour le fournir; ce qui laisse suffisamment de temps pour les travaux nécessaires avant et après la semaille.

Le grain du maïs, le jaune particulièrement, entier, ou plutôt concassé, ou au moins trempé pendant quelque temps dans l'eau, est recherché avec la plus grande avidité par tous les bestiaux et les volailles, qu'il nourrit très bien, et qu'il engraisse même promptement. L'on remarque généralement que la chair de ceux qui en sont engraissés est fine, tendre et délicate, et la graisse ferme, abondante et savoureuse. On peut le substituer à l'avoine avec autant d'avantage pour la nourriture des chevaux et autres animaux de trait que pour la culture. « On assure, dit M. Parmentier, que les fameux cochons de Naples, dont le poids s'élève à cinq cents livres, ne sont engraissés qu'avec du maïs, et que, pour les amener à ce volume énorme, il suffit de les enfermer pendant deux mois dans une loge où il y a une auge toute remplie de ce grain. On a remarqué en Bourgogne, que quand les cochons étoient un peu gras, et qu'ils commençoient à se dégoûter, on leur donnoit tous les quinze jours du maïs entier, non séché et bouilli dans l'eau. La volaille profite à vue d'œil, nourrie avec ce grain, cru ou cuit, en farine ou en boulette. Les chapons et les poulardes de la Bresse, les cuisses d'oies, les foies de canards, si renommés dans toute l'Europe, ne doivent, dit-il encore, leurs avantages qu'à ce grain. »

Aux nombreux avantages que réunit le maïs pour la nourriture de l'homme et d'un très grand nombre d'animaux, il faut ajouter ceux non moins précieux qu'il nous procure encore pour nos assolemens.

« C'est à la culture du maïs, dit M. de Père, que les habitans et les bestiaux de nos contrées ont l'obligation d'en avoir banni la famine.

« *Le prix des fermages a quadruplé dans la ci-devant Bresse*, écrit M. Dubois, agronome zélé, à M. de Chancey, non moins zélé pour l'amélioration de notre agriculture, *depuis que la culture du maïs y est devenue générale.* »

Une vérité bien consolante et qu'on ne sauroit trop faire connoître, c'est que le maïs a banni les jachères d'un très grand nombre de points de la France où sa culture a été introduite, en y entretenant la fertilité et l'abondance; et il doit rendre le même service par-tout où elle est encore admissible. Il peut être admis avec succès dans une très grande variété de localités, soit comme récolte principale et préparatoire tout à la fois, soit comme seconde récolte dans la même année, au moyen de sa précieuse variété très précoce; soit enfin comme récolte fourrageuse, essentiellement améliorante, et qui peut être introduite presque par-tout.

Considérons-le sous ces trois rapports importans.

§. I. Comme récolte principale et préparatoire, le maïs fournit peut-être la récolte la plus productive et la plus avantageuse qu'il soit possible de se procurer dans l'année de jachère pour la subsistance de l'homme et des animaux. Sa fécondité est bien supérieure à celle de nos autres céréales, lorsqu'il est convenablement cultivé dans des situations qui lui sont favorables, et il y donne des produits réellement énormes. Aucune n'y fournit, en culture ordinaire, autant de grains, ni des grains qui donnent autant de farine; il y rend souvent au-delà de mille grains pour un, dont aucun ne se perd à la récolte, et son produit moyen y est de deux épis, renfermant communément plus de sept cents grains; mais il convient de comparer ici le produit avec l'espace occupé. Enfin ce produit est tel, et sa culture est si améliorante, lorsqu'elle est bien suivie, qu'on en fait en plusieurs endroits jusqu'à deux et même trois récoltes consécutives sur le même champ, quoique cette manière d'en tirer parti, qui se pratique quelquefois sur les terres les plus fertiles, ne soit pas assurément la meilleure. Il a procuré dans nos départemens où on le cultive, dit M. Parmentier, une abondance qu'on n'y connoissoit pas lorsqu'on n'y semoit que du froment et du millet. Il a remplacé le blé dans un grand nombre d'endroits, avec un avantage des plus encourageans. Aux environs du Rhin, ou le blé venoit difficilement, dit-il encore, de vastes champs sont maintenant couverts de maïs; et cette culture y occasionne un grand commerce, avec le bétail engraissé par ce grain, qu'on échange contre le froment très commun dans les contrées voisines.

Cette culture s'intercale aussi très bien avec celle du froment, en la supposant toujours convenablement traitée, et la France nous fournit un grand nombre d'exemples de cet alternat long-temps prolongé avec bénéfice. Sur les terres hautes du département des Basses-Pyrénées, sur les meilleures terres de ceux du Gard et de l'Hérault, et sur un très grand nombre d'autres points de la France, le maïs est très fréquemment alterné avec le froment, comme l'atteste M. Parmentier, et comme nous nous en sommes convaincus nous-mêmes sur les lieux. Sa culture est regardée comme une excellente préparation pour le froment presque par-tout en Piémont, où le maïs est plus cultivé peut-être qu'en aucune autre partie de l'Europe, et nous retrouvons encore cet assolement établi en Toscane, d'après le rapport de M. Simonde, ainsi qu'en plusieurs autres endroits de l'Italie.

Nous avons déjà démontré, en développant notre second principe d'assolement, que le succès de cet alternat devoit être entièrement attribué au mode de culture auquel le maïs doit être nécessairement soumis pour donner des résultats avantageux, et qui, lorsqu'il est complètement exécuté, devient essentiellement améliorant et préparatoire par les engrais, les labours, les sarclages, les houages et les buttages qu'il nécessite, qui laissent la terre, après sa récolte, en très bon état pour une autre production, même très épuisante. Il donne assurément des produits bien supérieurs en quantité et sur-tout en qualité à l'avoine suivie de la jachère, et il prépare la terre bien mieux et bien plus économiquement encore pour la production du froment ou de toute autre récolte principale.

Mais qu'on ne s'y trompe pas, le maïs appartenant à une famille naturellement très épuisante, et produisant, dans le mode de culture dont nous nous occupons ici, une immense quantité de grains; étendant au loin, pour y suffire, ses nombreuses racines chevelues, traçantes et envahissantes, ne prépare bien et n'améliore réellement la terre que par l'effet immédiat des soins et des travaux rigoureusement observés pour sa culture; car toutes les fois qu'ils sont négligés, même en partie, non seulement le succès de sa récolte est compromis, mais celui de la récolte suivante devient fortement hasardeux et précaire. C'est là, et là uniquement qu'il faut chercher la cause des plaintes qu'on a quelquefois élevées contre cette précieuse plante, qui, comme toute autre, devient un moyen de fertilité et d'abondance, ou d'infertilité et de misère, selon qu'elle est entre les mains d'un bon ou d'un mauvais cultivateur.

«Le rapport du maïs est si bien connu des Bourguignons, dit M. Parmentier, que beaucoup de riches propriétaires, persuadés que cette plante effrite le sol, stipulent dans leurs baux que les fermiers seront tenus de ne mettre qu'un sixième de leurs terres en maïs. Ne vaudroit-il pas mieux qu'ils exigeassent d'eux d'alterner leur culture? ce seroit un moyen de conserver au sol ses qualités naturelles, de les augmenter même, sans nuire aux ressources du canton. »

Ajoutons que, dans cette ancienne province, le maïs est souvent semé à la volée et enfoui, et quelquefois même sur un seul labour sans engrais, et que le plant y est très rapproché et foiblement butté, ce qui en change bien les résultats.

M. Cabanis, à qui l'on est redevable d'un excellent ouvrage, couronné, sur les principes de la greffe, dit qu'*il faut admettre le maïs sur les terres fertiles de la plaine de Brives, où cette production, loin de nuire à la récolte suivante, ne peut que lui être avantageuse, en faisant mieux purger le terrain des mauvaises herbes par les sarclages qu'elle exige.*

« On dit, observe Duhamel, que le maïs épuise beaucoup les terres; néanmoins il arrive que l'on fait communément une abondante récolte de froment après celle de ce grain, lorsque la terre a été bien fumée avant de semer le maïs, et qu'outre cela on a donné trois labours pendant qu'il croissoit : ces labours ont si bien préparé la terre, qu'il n'est plus besoin que d'en faire un seul avant de semer le froment. »

Quelque abondante que puisse être d'ailleurs une récolte de froment qui suit immédiatement celle du maïs faite d'après les meilleurs principes, nous pensons néanmoins que cet alternat ne doit pas être trop long-temps prolongé, et qu'il est souvent très avantageux d'intercaler, entre ces deux cultures principales, d'autres cultures qui réunissent au mérite de la variété toujours si utile, celui d'établir une rotation plus prolongée.

« On sent aisément, dit M. de Père, qu'un accroissement tout à la fois prodigieux et rapide demande que le terrain auquel on confie la semence du maïs soit abondamment pourvu de sucs nourriciers, ou que, si le fonds est peu substantiel, il sera bientôt épuisé; aussi ne lui voit-on produire qu'un médiocre épi dans une culture négligée, un et jusqu'à deux beaux épis si la culture est bien soignée : il semble en offrir trois et quatre dans une culture parfaite. Ce n'est pas sans fondement que l'on se plaint que la culture du maïs, en épuisant les terres, a rendu moins abondantes les moissons de froment. Cet accident, qui n'est que très réel, me paroît avoir deux causes principales, la négligence que l'on apporte à cette culture dans les métairies, et l'usage où l'on est de faire suivre constamment une récolte de maïs d'une récolte de froment ou de seigle. Voici la place qu'on devroit assigner au maïs dans un cours de récoltes alternatives.

« 1° Jachère d'hiver après la récolte du froment ou du seigle, pour amender et ameublir le terrain; ou bien racines, choux, farouch, sur terrain bien amendé; 2° maïs; 3° avoine avec trèfle, ou bien racines, dragées, fèves, vesces, choux (pour revenir au froment).

« Le défaut de fumier sur une partie du terrain où se sème le maïs influe aussi beaucoup sur le produit et sur celui de la récolte de blé qui lui succède. »

Lorsque les distances observées entre chaque pied de maïs sont considérables, on peut en tirer parti, en y cultivant, après les dernières façons, plusieurs autres plantes avec avantage, comme cela se pratique en plusieurs endroits.

Nous avons déjà vu que, dans le val de Nievole et dans le canton connu sous le nom de *rivière de Castel Sarrasin*, on semoit le haricot au pied du maïs, pour lui servir de soutien et d'abri, et, dans ce cas, il ne faut pas retrancher la sommité du maïs, qui protège le haricot.

« Le maïs, dit M. Parmentier, permet à d'autres végétaux de croître sous son ombrage, et ne préjudicie nullement à leur récolte.

« Dans les îles de l'Amérique, on a soin de planter, dans les vides que laissent entr'eux les pieds du maïs, différentes plantes, dont la végétation ne fait aucun tort à celle de ce grain, et il paroît que nous avons imité cette pratique en Europe.

« Ailleurs, on sème, dans les intervalles, des cotons qui croissent avec le maïs et ne sont mûrs que deux ou trois mois après sa récolte.

« Dans quelques cantons de nos provinces, on attend que le maïs ait acquis 8 à 10 pouces de hauteur, pour planter, dans les intervalles, d'autres productions, telles que des féveroles, des haricots, des pois, qui croissent et mûrissent en même temps que le maïs; on a soin de n'en point mettre à tous les pieds, dans la crainte qu'ils ne l'étouffent, mais seulement de 4 en 4 : la plupart de ces végétaux, et sur-tout les pois, filent le long des tiges, s'y attachent, et n'ont pas besoin d'être autrement ramés.

« En Bourgogne, où l'on est dans la mauvaise habitude de semer à la volée, c'est ordinairement dans les endroits les plus clairs qu'on fait venir ces productions, dont on obtient une bonne récolte, sans nuire à celle du maïs. On ajoute même, à quelques pieds, des citrouilles et autres fruits de la famille des cucurbitacées, qui fournissent encore à la nourriture des hommes et des animaux.

« J'ai planté, continue-t-il, du maïs dans des planches de pommes de terre, et les pieds en sont devenus aussi forts et aussi vigoureux que s'ils avoient été seuls. Ils ont rendu autant de grains, sans diminuer la quantité de pommes de terre, auxquelles le maïs sert d'ombrage et communique une humidité végétative.

« On peut donc récolter tout à la fois du maïs, des pois,

des fèves, des haricots, des citrouilles et des pommes de terre, sans qu'ils se nuisent réciproquement et sans épuiser le sol. »

M. de Père nous informe encore « qu'on peut semer des choux et des raves entre les pieds de maïs, ainsi que du chanvre et des haricots grimpans. Entre deux rangées de maïs, on peut placer une rangée de pommes de terre, de citrouilles, de potirons, ou de melons »; et nous ajouterons que nous avons quelquefois essayé plusieurs de ces mélanges, avec succès.

§. 2. Comme seconde récolte dans la même année, le maïs n'est pas moins avantageux quelquefois dans nos assolemens que comme récolte principale et première.

« Dans le courant de juin, dit M. Parmentier, lorsque les terres ont déjà rapporté du lin, ou de la navette, on leur donne un coup de charrue, et on y sème aussitôt du *maïs*, qu'on a eu soin de laisser macérer pendant 12 heures dans l'eau. Il arrive plus tard en maturité; mais souvent il n'en est pas moins bon, sur-tout lorsque les chaleurs se prolongent jusqu'au commencement d'octobre. Cette espèce est connue en Bourgogne sous le nom de *blé de Turquie de regain*. On pourroit sans doute accélérer encore davantage la végétation du *maïs*, en le plantant tout germé, parcequ'alors si la terre n'étoit pas trop humide, on gagneroit beaucoup de temps. Je dois ajouter que c'est l'expérience qui m'autorise à parler ainsi, et que cette opération préalable, qui, dans la circonstance où la terre seroit sèche et chaude, pourroit être d'une grande utilité, deviendroit très préjudiciable dans un cas contraire. »

C'est sur-tout la précieuse variété, connue sous le nom de *quarantain*, qu'il convient d'employer pour cet objet, comme on l'emploie assez fréquemment en Piémont et ailleurs, et c'est cette variété qu'il est à désirer de voir cultiver plus en grand. Nous l'avons essayé à deux reprises différentes; et sa maturité, qui est beaucoup plus accélérée dans le midi, a été accomplie en quatre mois à peu près. Elle nous paroît exiger un terrain moins fertile, mais bien préparé, et cette variété pourroit s'étendre beaucoup plus au nord que les autres. Ses grains sont petits et son produit moindre conséquemment; ils ont aussi moins de qualité; mais ils sont très propres à nourrir et à engraisser toute espèce de volaille qui en est avide.

M. de Chancey, l'un des cultivateurs les plus zélés de la France, nous annonce *qu'il a cultivé, en l'an 5, cette variété, qu'il s'étoit procurée de Milan, et qu'elle eut une prompte végétation. Elle nous assure, dit-il, le succès de sa culture dans presque toute la France. Son introduction dans le cours des moissons ou assolemens des départemens septentrionaux de la France seroit avantageuse. La culture de ce grain, indé-*

pendamment de tous les avantages qu'elle procure, est UNE EXCELLENTE CULTURE PRÉPARATOIRE AU FROMENT. *Il existe aussi, dans la France septentrionale, bien des sols qui, jusqu'à ce jour, n'ont été cultivés qu'en seigle et sarrasin, sur lesquels le maïs quarantain pourroit être cultivé avec succès.*

§. 3. Enfin, comme récolte fourrageuse, essentiellement améliorante et préparatoire, le maïs peut encore devenir une ressource très précieuse dans nos assolemens; il peut être admis presque par-tout avec succès et avec les plus grands avantages sur les jachères, et même immédiatement après d'autres fourrages plus précoces.

« De tous les fourrages, dit M. de Père, le maïs ou turqueton, semé exprès un peu dru et à la volée, est celui qui contient le plus de parties nutritives. C'est aussi le plus abondant, à cause de la grosseur et de l'élévation de ses tiges... Tous les terrains sablonneux ou argileux lui conviennent, pourvu qu'ils soient sains naturellement ou assainis, substantiels ou bien amendés. L'époque du semis, depuis le 15 avril jusqu'au 15 juillet est la plus favorable; de manière qu'avec un peu d'attention cette récolte ne peut jamais manquer, avantage inappréciable. En divisant les semailles par époques assez rapprochées, comme de huit en huit, ou au moins de quinze en quinze jours, elle se prolongera sans interruption pendant cinq mois, du 15 juin au 15 octobre, depuis le semis jusqu'à la récolte; il occupe le terrain au plus pendant deux mois. En variant et en rapprochant les époques du semis, on remplit un autre objet important, c'est d'avoir toujours le fourrage dans l'état qui convient à chaque espèce de bétail. Les cochons et les moutons l'aiment fort tendre, les bœufs lorsque la fleur sort de l'étui, les chevaux lorsque les panicules sont déja allongés.

« Ce fourrage offre une autre ressource bien grande : ordinairement le sort des foins qui doivent former l'approvisionnement de l'hiver se trouve décidé dans le courant de mai. Si cette récolte s'annonce pour devoir être modique, le cultivateur soigneux et prévoyant se trouve averti assez à temps pour chercher dans une culture plus étendue de maïs une compensation à la disette des autres approvisionnemens, en faisant faner ce fourrage..... Cette plante mérite bien qu'on lui prodigue tous les engrais.... »

M. de Père ne conseille pas, d'après son expérience, de faire succéder le froment au maïs, et il préfère de le remplacer par des choux ou des raves, de la dragée ou de l'avoine avec trèfle, après l'avoir fait précéder dans la même année par une jachère d'hiver, ou des raves, des pommes de terre, des carottes, du farouch, de la dragée, ou une récolte morte.

Nous venons d'obtenir, immédiatement après celui que nous avions semé l'année dernière, le 8 mai, sur une jachère bien fumée, après l'avoir disposée à une prompte germination par une immersion de 36 heures, et qui a fourni à la nourriture de nos chevaux de labour et autres bestiaux, depuis le commencement de juillet jusqu'à la fin d'août, une récolte de froment des plus abondantes, et qui étoit même versée en quelques endroits, quoique semée très clair, sur un terrain médiocre, où nos élèves ont admiré sa vigueur, avec un grand nombre d'autres personnes. Nous avions déjà obtenu précédemment un succès équivalent dans des circonstances semblables; mais nous devons prévenir que le champ avoit toujours été bien préparé par les labours, et surtout par d'abondans engrais, sans lesquels on ne peut jamais obtenir de succès en agriculture que sur quelques terres privilégiées et bien rares.

DU RIZ CULTIVÉ. Le riz cultivé, *Oriza sativa*, est une plante annuelle, présumée originaire de l'Inde et de la Chine, à racines fibreuses et superficielles, dont les tiges, qui s'élèvent à un mètre et au-delà, sont cannelées, noueuses comme celles du froment, mais plus grosses et plus fermes, et garnies de feuilles charnues et arondinacées, et de fleurs purpurines en panicules imitant celles du millet, remplacées par des semences dures et blanches, transparentes, oblongues, obtuses et sillonnées, renfermées dans une enveloppe grisâtre très adhérente.

Cette plante, cultivée de toute antiquité à la Chine et aux Indes, où elle est le principal aliment, ainsi qu'en diverses autres parties de l'Asie, et en Afrique et en Amérique, l'est aussi dans plusieurs contrées de l'Europe méridionale, et seulement dans quelques cantons du Piémont, depuis que l'insalubrité de sa culture l'a fait bannir des autres parties de la France.

La culture en a produit un assez grand nombre de variétés, dont les plus intéressantes pour nous sont celles qui sont communément cultivées en Piémont, et le riz sec, dont nous parlerons plus loin. Nous allons entrer dans les principaux détails des procédés de culture usités en Piémont.

Quoique le riz commun puisse donner des produits avantageux sur un sol peu fertile, pourvu que sa couche inférieure lui permette de retenir à la surface l'eau dont il doit être abreuvé, ainsi que les substances fertilisantes qui y sont dissoutes, il préfère cependant celui qui est gras, humide et naturellement fertile.

On assure aussi qu'il est beaucoup plus productif sur les terrains salés, ce qui peut rendre sa culture avantageuse sur les laisses de mer convenablement situées.

Il exige, pour fructifier en Europe, une température élevée, pendant quatre à cinq mois de l'année au moins, et paroît ne pouvoir être cultivé avec avantage plus au nord que le quarante-cinquième ou quarante-sixième degré de latitude.

Il exige encore que le terrain, s'il n'est naturellement aquatique, soit disposé de manière à être également par-tout submergé, et découvert à volonté; qu'il ait autant que possible une exposition méridionale, et qu'il ne soit point ombragé.

Quoique les terres naturellement fertiles puissent rigoureusement se passer d'engrais pour cette culture, ils sont cependant rarement inutiles, et ils deviennent toujours très avantageux à celles d'une qualité médiocre.

Les labours sont également fort utiles pour ameublir la terre et permettre aux racines de s'y enfoncer assez profondément. Cependant ils ne doivent pas être très profonds, sur-tout dans les terres médiocres.

L'eau de rivière est préférable à toutes les autres, comme la plus douce et la plus propre à la végétation; vient ensuite celle des lacs, étangs, mares ou marais; celle qui est voisine des sources est la moins convenable, comme étant la plus fraîche, et lorsqu'on est contraint de s'en servir, on doit chercher à l'améliorer par son séjour dans des réservoirs bien découverts et peu profonds, préalablement à son emploi, et la corriger même, s'il est nécessaire, avec quelque engrais.

Après avoir choisi le terrain le plus convenable; écarté le plus possible de toute espèce de plantations, qui, non seulement ombrageroient le riz, mais l'exposeroient encore aux dégâts des oiseaux et autres animaux; écarté également des habitations, à cause de l'insalubrité de cette culture; voisin, s'il se peut, d'une rivière, ou de tout autre dépôt d'eau favorable, avec une pente douce et une surface égale, pour la faire entrer et écouler facilement; après l'avoir préparé convenablement par les labours et les engrais, il faut le diviser en compartimens à peu près égaux, carrés et contigus, dont l'espace et le diamètre doivent être proportionnés à la pente plus ou moins forte du terrain, et entourés d'une petite levée ou chaussée en terre, d'une hauteur et d'une épaisseur proportionnées au volume d'eau qu'ils doivent contenir, et garnies d'ouvertures opposées pour admettre et laisser écouler l'eau.

Lorsque l'époque favorable pour la semaille est arrivée, et c'est ordinairement en avril pour les rizières de nouvelle construction, et seulement vers la mi-mai pour les anciennes, afin de laisser à la terre refroidie par les inondations précédentes, plus de temps pour être échauffée par le soleil, on y fait entrer l'eau, et dès qu'elle est également répandue à peu de hauteur sur toute la surface, on y entre nu-pieds, et on y sème le riz comme le froment, après l'avoir fait tremper dans l'eau auparavant, pendant un ou deux jours, pour le disposer à la germination.

Aussitôt que la semaille est terminée, la semence est enterrée et les sillons rabattus au moyen d'une planche d'environ trois mètres de longueur, sur à peu près trente-deux à trente-six centimètres de largeur, qu'on attèle à un cheval, et sur laquelle un conducteur se tient debout, en se soutenant au moyen des guides avec lesquelles il dirige le cheval sur toute la surface du champ; et il passe successivement dans tous les compartimens, ayant la précaution de descendre pour franchir chacune des levées qui les séparent.

En différens endroits, on transplante le riz, semé d'abord en pépinière, et, en quelques autres, on n'introduit l'eau dans les rizières qu'après avoir semé et hersé.

Dès que les premières feuilles du riz commencent à paroître hors de l'eau, on doit avoir soin d'en augmenter successivement le volume, de manière que leur extrémité soit constamment flottante à sa surface, jusqu'à ce que les tiges s'étant assez développées et fortifiées, ce qui s'annonce par l'existence du premier nœud et par une teinte verte plus foncée, elles puisseut se soutenir droites sans l'appui de l'eau.

On la fait écouler alors pour donner un peu plus de consistance aux plantes et pour dégager le champ des herbes étrangères qui peuvent se trouver mêlées au riz; mais on ne tarde pas à lui en donner de nouvelle et plus abondamment, dès qu'on s'aperçoit qu'il jaunit et paroît souffrir.

On remarque bientôt après que sa végétation est puissamment activée par ce nouvel aliment, et on a soin de l'entretenir et de le renouveler le plus souvent et le plus haut possible, sur-tout lorsque le riz est prêt à fleurir et à se former, et lorsqu'il fait très chaud.

Dans l'intervalle, on doit sarcler rigoureusement l'herbe qui croît sur les levées et sur toutes les parties découvertes ou à la portée, parceque les plantes qui y croissent, les presles principalement, ruineroient bientôt les rizières en se propageant par leurs semences et par leurs racines vivaces et traçantes.

Lorsque l'époque de la floraison approche, on retranche quelquefois à la faux les sommités des tiges, de même qu'on *effane* les blés trop vigoureux; et le riz, plus ferme et plus égal, épie, fleurit et mûrit par-tout d'une manière plus uniforme.

Le riz, exempt des maladies qui affectent le froment et les autres céréales, est exposé à quelques autres inconvéniens: quelquefois, lors de son premier développement, de petits vers attaquent sa racine; de petits poissons l'attaquent encore quelquefois à la même époque; et, lorsqu'il fleurit, les vents contraires nuisent beaucoup à sa fructification; mais ses ennemis les plus redoutables sont tous les oiseaux granivores et plusieurs autres animaux qui, aux approches de sa maturité, y exercent quelquefois de grands ravages, lorsqu'on ne prend pas toutes les précautions nécessaires pour s'y opposer.

Dès qu'on s'aperçoit, à la couleur jaunâtre que prend l'épi

ainsi que la paille, que la maturité approche, on fait entièrement écouler l'eau, en commençant par les compartimens inférieurs, afin que la récolte en devienne plus facile. Il est cependant des endroits où elle se fait dans l'eau, ce qui ajoute encore à l'insalubrité ordinaire des rizières.

Le dessèchement complet du terrain, et la couleur jaune foncée de la paille et de l'épi, sont les indices qui donnent le signal de la récolte qui a lieu ordinairement cinq mois environ après la semaille, selon que le temps et les eaux ont été plus ou moins favorables.

On la fait ordinairement à la faucille, en sciant la paille près de l'épi et assez longue pour qu'on puisse la lier commodément en petites gerbes, afin que le battage en soit plus facile.

Le battage, ou plutôt le foulage ou dépiquage, se fait communément comme pour les autres grains, avec des chevaux, sur une aire bien unie et fortement battue, située près des rizières, et sur laquelle on dispose circulairement les gerbes serrées, l'épi en haut, pour les faire fouler par plusieurs chevaux trottant de front et dirigés par un cordeau qui correspond à un poteau placé dans le centre, et qu'un conducteur tient en main. On retourne les gerbes jusqu'à ce qu'elles soient bien égrénées, et, après avoir séparé le grain de la paille, on le vanne et on le sèche au soleil ou à couvert, jusqu'à ce qu'il devienne très cassant, et on le sépare de la terre et des débris, en le criblant.

Il porte alors le nom de *rizon*, parcequ'il reste encore enveloppé de sa pellicule grisâtre très adhérente, et on l'en débarrasse, au moyen de mortiers et de pilons en bois dur et quelquefois en pierre, mûs par des rouages que l'eau ou un cheval met en action. On le nettoie alors et on le divise en plusieurs qualités, dont la plus inférieure prend le nom de *rizol*.

Le riz est de toutes les céréales celle qui contribue le plus à la nourriture de l'espèce humaine, quoiqu'il procure moins ce bienfait à l'Europe qu'aux autres parties du monde. Entièrement privé de ce gluten végéto-animal qui distingue si éminemment le froment des autres grains, sa farine sèche et rude est impropre à la panification, même lorsqu'elle est mélangée avec d'autres farines, plus liantes et plus fermentescibles. C'est donc dans son état naturel qu'il convient de le consommer, et ce n'est pas là un de ses moindres mérites. Il a aussi celui de se conserver très long-temps, lorsqu'il est bien sec, et on le préfère souvent sur mer au pain et au biscuit, à cause de cette précieuse propriété.

Réduit en gruau, et long-temps bouilli dans l'eau, dans le lait, ou dans le bouillon, il fournit, avec un léger assaisonnement, un aliment aussi sain qu'agréable, très léger, et de facile digestion; mais passager et peu solide, lorsqu'il n'est pas uni à des substances plus nourrissantes.

Le *rizol* est quelquefois, aussi, converti en amidon, mais il est inférieur en qualité à celui du froment et de l'orge. On s'en sert encore avec succès pour la nourriture des animaux et particulièrement de la volaille à laquelle il procure promptement une graisse délicate.

On obtient du riz, en divers endroits, par la fermentation et la distillation, une liqueur spiritueuse très forte, connue sous le nom d'*arack*.

La balle ou menue paille est quelquefois donnée aux chevaux, seule et légèrement mouillée ou mêlée avec quelques grains, et elle leur rend le même service que celle de froment.

Enfin la paille sert aussi quelquefois de nourriture aux chevaux et aux bœufs; mais elle est plus souvent convertie en litière.

La culture du riz bien faite, avec une température et des eaux suffisantes et convenables, est une des plus productives, tant par l'abondance de grain qu'elle procure, que par son prix élevé en Europe; mais indépendamment de son insalubrité ordinaire, elle exige, comme on vient de le voir, des opérations assez délicates qui lui sont particulières, et une surveillance constante.

Elle exerce cependant sur le sol qu'on y soumet une action bienfaisante, très propre à encourager à cette culture, lorsque d'autres motifs plus puissans peuvent n'en pas détourner; car loin de l'épuiser et de le souiller, comme la plupart des autres céréales, il est bien reconnu qu'elle l'améliore au contraire fortement.

Le riz, environné de toutes parts d'eau qu'il est toujours utile de renouveler, en tire sa principale substance, et la terre ne lui sert en quelque sorte que de support et de matrice, pendant une grande partie au moins de la durée de sa vigoureuse végétation.

L'épaisse couverture dont il garnit le sol avec l'eau, pendant cette végétation, prévient aussi très efficacement l'évaporation des principes de fertilité qu'il renferme; et cette eau souvent déjà chargée, avant d'y arriver, d'une assez forte partie des mêmes principes, qu'elle accroît encore par son contact immédiat avec l'atmosphère, et par la destruction des animaux et des plantes qui se sont développés dans son sein, et dont les débris forment un riche limon qu'elle dépose sur le champ qu'elle protège contre les effets généralement si nuisibles d'une chaleur excessive, augmente encore sa fécondité.

Il en résulte nécessairement, comme on l'observe constamment, que toutes les récoltes qui succèdent immédiatement à celle du riz sont nettes, abondantes et très avantageuses.

Il en résulte souvent aussi, qu'autant pour continuer à profiter de cette fécondité communiquée au sol par le séjour des eaux, que pour tirer tout le parti possible des frais d'établissement que les rizières nécessitent, on prolonge pendant plusieurs années consécutives la culture du riz; et l'on conçoit aisément que cette réitération doit avoir bien plus d'avantages ici et moins d'inconvéniens que dans la plupart des cultures ordinaires.

Cependant, outre le bienfait que la variation de toutes les cultures entraîne presque toujours avec elle, il est un nouveau motif qui doit ici déterminer souvent à l'observer pour celle du riz; c'est le refroidissement progressif que le sol acquiert inévitablement, lorsqu'il est soumis pendant trop long-temps aux submersions; et ce motif, que nous avons vu forcer à différer jusqu'à la mi-mai l'ensemencement des anciennes rizières, tandis que les nouvelles pouvoient l'être plus tôt sans encourir le même inconvénient, détermine aussi assez souvent à alterner cette culture avec une autre, qui, en profitant des bienfaits de celle du riz, lui procure réciproquement l'avantage de mieux préparer le sol pour le recevoir de nouveau; et cette sage rotation nous paroît aussi fondée en théorie qu'elle l'est en pratique.

Nous avons remarqué que l'insalubrité ordinaire de la culture du riz l'avoit fait bannir il y a long-temps de nos anciennes provinces, où on avoit cherché à l'introduire. Elle fut entreprise en Provence, en 1551, et abandonnée depuis. Sous le ministère du cardinal de Fleury, on essaya de l'admettre en Auvergne, et on renouvela depuis le même essai en Roussillon, en Languedoc, dans le Forez et en quelques autres endroits; par-tout on fut obligé de la discontinuer, et le gouvernement crut aussi devoir l'interdire à cause des maladies meurtrières qui l'accompagnoient par-tout: elle fut également prohibée en Espagne autrefois, sous peine de mort pour les infracteurs. Aujourd'hui même nous voyons qu'en Amérique, en Espagne, en Italie et en Piémont, des ordonnances, ou au moins des précautions aussi sages que fortement commandées par l'intérêt public, interdisent encore cette culture près des habitations, et contraignent à ne l'établir qu'à une assez grande distance, pour que la population n'en ressente point les effets funestes.

D'après des preuves aussi positives des graves inconvéniens attachés à la pénible culture du riz, il semble que nous ne devions pas regretter qu'elle ait disparu de nos anciennes provinces: cependant nous oserons demander si ces redoutables inconvéniens sont toujours et par-tout inévitables, et si l'on a pris, et si l'on prend encore aujourd'hui toutes les précautions qu'une sage police pourroit peut-être dicter pour les éviter?

On nous assure que dans l'Inde, à la Chine et en Egypte, les rizières ne sont point malfaisantes, et cela peut tenir sans doute à ce que l'excessive chaleur de ces climats doit évaporer promptement leur eau dès qu'il devient nécessaire de les dessécher; mais cela ne tiendroit-il pas aussi à quelqu'autre cause, comme à un meilleur choix et à une meilleure disposition du terrain pour cette culture, à un renouvellement d'eau plus fréquent, à une évacuation plus prompte et plus complète, et à un meilleur emploi du champ immédiatement après la récolte? Nous nous croyons autorisés à le présumer, au moins, lorsque nous sommes informés que dans l'Inde l'eau est courante et très souvent renouvelée; que le terrain y est si bien disposé, qu'elle s'écoule promptement et entièrement avant la récolte, et qu'on brûle le chaume immédiatement après, sur le champ même, pour l'assainir d'autant plus et le fertiliser : nous le présumons aussi, quand nous apprenons qu'en Egypte une semaille qu'on croit être quelquefois celle du trèfle ou de la luzerne, et souvent de l'orge, suit immédiatement celle du riz, et fournit, en assainissant le terrain, une seconde récolte dans la même année, qui substitue un très grand bien à un très grand mal : enfin, nous le présumons encore lorsque nous savons bien pertinemment que sur plusieurs points de la France, et presque par-tout en Europe, on a choisi pour la culture du riz, des endroits bas, marécageux et naturellement insalubres, et qu'en quelques endroits non seulement le terrain n'est pas complètement desséché lorsqu'on entreprend la récolte, mais qu'on la fait même dans l'eau, comme dans le Milanais, et qu'on abandonne ensuite le champ à lui-même dans un état de marécage.

Nous demandons s'il ne seroit pas possible d'exiger que partout l'eau fût souvent renouvelée, promptement écoulée, et le terrain complètement desséché? si au lieu de le laisser à nu, on ne pourroit pas le couvrir, immédiatement après la récolte, de quelque nouvelle végétation qui absorberoit au moins, à son bénéfice, si elle ne procuroit pas encore de nouveaux avantages bien précieux, les miasmes délétères qui corrompent l'atmosphère en s'exhalant, et lui restitueroient à la place un air aussi utile à la respiration que ces miasmes sont favorables à la végétation? Ce qui nous fait désirer d'être éclairés sur ces points importans, c'est que nous avons sous les yeux des renseignemens sur la culture du riz, qui nous ont été fournis par un Piémontais très instruit, d'après lesquels nous voyons qu'*il rend six fois plus que le froment; qu'il améliore les plus mauvais terrains, et qu'il procure une énorme quantité de paille pour les engrais;* avantages qui doivent faire désirer d'apprendre si d'aussi grands bénéfices doivent inévitablement toujours se trouver contre-balancés par les plus graves inconvéniens.

S'il étoit bien constaté que la culture du riz cultivé doive être irrévocablement proscrite dans nos anciennes provinces méridionales; s'il ne peut pas même être admis à utiliser quelques unes de nos plages maritimes, sur la Méditerranée, dont la salure paroîtroit propre à favoriser sa végétation et à augmenter la quantité et la qualité de ses produits, et sur lesquelles il exigeroit peut-être moins d'eau pour prospérer; enfin, s'il n'est pas possible de l'amener insensiblement parmi nous à se passer de terrains inondés pour y donner des produits avantageux, comme il paroît que cela se pratique en quelques endroits, et comme le célèbre Poivre paroît l'avoir essayé avec quelques succès à l'Ile de France, il nous resteroit peut-être encore la ressource de la variété connue sous le nom de riz sec.

DU RIZ SEC. Cette espèce ou plutôt variété de riz, dont l'existence ne peut plus être contestée, qu'on assure être cultivée dans plusieurs parties de l'Inde, et dont le célèbre Poivre a essayé la culture à l'Ile de France, seroit sans doute bien précieuse en France, si l'on pouvoit l'y introduire et l'y acclimater. Mais, quoiqu'on l'ait appelée aussi *riz de montagne*, nous pensons qu'elle ne pourroit être cultivée avec avantage que dans les endroits qui réunissent à une grande chaleur une humidité constante assez prononcée; car on la sème toujours à l'approche des pluies abondantes, dans les pays où elle se cultive; et c'est probablement l'espèce de riz ordinaire, amenée par une longue succession de temps à avoir moins besoin d'eau, et qui seroit peut-être, aussi, susceptible d'éprouver graduellement en Europe cette modificaton bien précieuse.

Poivre paroît avoir également apporté de la Cochinchine à l'île de France, une espèce de riz vivace qu'on transplante dans l'eau par drageons enracinés.

SECONDE SECTION. *Des légumineuses.*

La famille des légumineuses nous fournit, pour cette division, plusieurs espèces et variétés de luzerne: l'arachide, la réglisse et l'indigotier.

DE LA LUZERNE CULTIVÉE. La luzerne cultivée, *Medicago sativa*, qu'on confond en quelques endroits avec le sainfoin, est une plante très vivace, originaire des contrées méridionales de l'Europe, à racine pivotante, extraordinairement longue, dont les tiges fermes, rameuses et anguleuses, qui s'élèvent communément de soixante-quatre centimètres à un mètre environ, sont garnies de feuilles nombreuses à trois folioles dentées, et de fleurs purpurines en grappes axillaires, remplacées par des gousses roulées en spirales, renfermant plusieurs semences réniformes et jaunâtres.

Cette plante, très connue et cultivée par les anciens, qui paroissent l'avoir tirée de la Médie, d'où lui vient son nom latin, et qui en faisoient le plus grand cas, en la cultivant très soigneusement; cette plante, qu'Olivier de Serres, qui lui donne le nom de *sainfoin* qu'elle portoit alors comme celui de luzerne, appelle très expressivement *une des merveilles de nostre mesnage*, après en avoir fait le plus grand éloge, et l'avoir déclarée *exquise et du plus grand rapport*, est incontestablement encore la première de toutes celles connues pour la formation de nos prairies artificielles, en terrain convenable, et spécialement dans nos départemens méridionaux.

Bien moins redevable de la prééminence que nous lui assignons sur ses nombreuses compagnes, à l'ancienneté de sa culture et à l'unanimité des éloges que lui ont prodigués les premiers agronomes, anciens et modernes, qu'à la réunion de ses rares et précieuses qualités; elle est heureusement douée de tous les moyens nécessaires pour soutenir dignement ce rang élevé, qu'en vain quelques prôneurs enthousiastes de plantes nouvelles ont tenté de lui ravir, en établissant entre elles un parallèle bien inégal.

Précocité, abondance et permanence de végétation; faculté inappréciable, qu'elle doit à la profondeur de sa vigoureuse racine, de triompher des plus longues sécheresses sur tous les sols perméables à ce moyen puissant; longévité bien avantageuse, qui devient la juste récompense des soins que le cultivateur lui prodigue; vigueur prodigieuse, d'où résulte la fréquence de ses récoltes annuelles sur un sol et à une exposition favorables, et qui la fait renaître, pour ainsi dire, dès que la faux a tranché l'épaisse forêt de ses tiges élégantes, surmontées de fleurs purpurines; excellence en qualité de fourrage, qui nourrit, engraisse et restaure promptement tous nos bestiaux, et dont l'excès seul, comme celui de toutes choses, ou une coupable négligence dans son administration, peut jamais le rendre préjudiciable, quoi qu'on en ait pu dire; par-dessus tout enfin, l'heureuse faculté d'enrichir de ses nombreux débris le sol sur lequel elle a vieilli : voilà ses titres incontestables à la recommandation bien puissante qu'elle porte avec elle pour être admise en concurrence avec nos autres végétaux à l'amélioration de nos assolemens.

Après avoir renvoyé aux détails généraux applicables à toutes les prairies, entrons dans les principaux détails particuliers de sa culture, de sa récolte et de l'emploi de ses produits, afin de pouvoir mieux la considérer sous l'important rapport de l'assolement.

Qualité et préparation du sol. Aucun sol, selon nous, ne peut être trop fertile, trop profond sur-tout, trop ameubli, trop défoncé et trop engraissé pour la luzerne.

Quoiqu'on ait pu en obtenir quelquefois des produits assez abondans sur des terrains sablonneux, crayeux, et pierreux, ou humides et argileux, ou compactes et superficiels, ou imparfaitement préparés par les labours et les engrais, ces exceptions bien rares ne détruisent en aucune manière le principe que nous établissons ici, et ne peuvent être prises en considération.

Notre expérience nous a convaincus, ainsi que beaucoup d'autres cultivateurs sans doute, qu'en général la racine de la luzerne, dont la longueur contribue si puissamment à sa prospérité, n'acquéroit jamais tout le développement dont elle est susceptible sur les terrains sablonneux, pierreux et caillouteux qu'elle ne peut pénétrer; qu'elle s'y bifurquoit, s'y ramifioit, y devenoit traçante pour ainsi dire, n'y résistoit plus que bien foiblement à la sécheresse, et que ses produits en étoient conséquemment diminués considérablement, ainsi que sa durée; que, sur les terrains humides et argileux, lorsqu'elle parvenoit à traverser la première couche, elle pourrissoit ou languissoit infailliblement dans les couches inférieures, et ne tardoit pas à périr; enfin, que, dans toutes les terres compactes et superficielles, ou imparfaitement labourées et engraissées, sa vigueur, lorsqu'elle avoit lieu, n'étoit que passagère et momentanée, comme sa durée. Ainsi, nous le répétons, elle est selon nous celle de toutes les plantes soumises à nos cultures ordinaires en grand, qui exige le sol le plus profond, et le mieux préparé par les défoncemens et les engrais.

Nous ne prescrirons aucune règle, parcequ'il ne peut réellement en exister aucune invariable sur le nombre des labours préparatoires de cette culture; nous nous bornerons à observer que la qualité importe bien plus ici que la quantité; qu'ils ne sauroient être trop profonds sur tous les sols qui les comportent, et qu'à moins que la couche labourable ordinaire ne soit souillée d'un grand nombre de semences nuisibles, et de racines vivaces et traçantes qu'il est indispensable de détruire complètement avant tout, ils seront toujours assez nombreux, s'ils sont assez profonds et bien faits en temps convenable.

Nous avons trouvé, sur les rives de la Marne et de la Seine, des racines de luzerne mises à découvert par des éboulemens, qui avoient plus de trois mètres de longueur; et, quoiqu'on ne puisse pas proposer raisonnablement de défoncer la terre à cette profondeur qu'atteint d'ailleurs naturellement cette racine dans une terre aisément perméable, cette circonstance peut servir à démontrer de quelle importance il peut être de labourer le plus profondément possible le champ, s'il est compacte sur-tout, destiné à la luzerne, qui ne devient jamais plus vigoureuse que sur les fossés profonds comblés, et dans tous les terrains minés d'une manière quelconque, parceque sa racine s'y enfonce promptement et facilement.

Quant aux engrais, quoique dans un sol convenable ils ne soient pas aussi rigoureusement indispensables que les labours profonds, parceque la longue racine pivotante de la luzerne va puiser à une profondeur inaccessible aux racines ordinaires, une assez forte partie de sa nourriture; et c'est là ce qui constitue un de ses principaux avantages pour nos assolemens; il ne faut pas croire cependant, comme on le fait trop souvent, qu'elle puisse et doive toujours s'en passer. Il ne faut pas croire non plus, comme on le fait encore, qu'elle puise uniquement sa nourriture en terre par l'extrémité de son pivot; et quand même cela seroit, ne faut-il pas que ce pivot traverse la couche superficielle, et s'y nourrisse, dans les premiers momens de son développement, qui sont les plus importans pour sa prospérité future? Mais qu'on ne s'y trompe pas, cette racine est souvent, si elle ne l'est pas toujours, munie à différentes hauteurs de radicules latérales, quelquefois peu perceptibles à la vérité, qui sont pour elle des moyens supplémentaires pour puiser sa subsistance à des profondeurs plus ou moins rapprochées de la surface de la couche labourable.

Les engrais sont donc très utiles à la luzerne, s'ils ne lui sont pas toujours indispensables, et leur préparation, ainsi que leur qualité, est bien loin d'être une chose indifférente pour la prospérité de cette plante. Elle redoute par-dessus tout le voisinage envahissant et destructeur des plantes nuisibles ordinaires, qui, indigènes à la France, ou mieux acclimatées qu'elle, ne tardent pas à la faire disparoître du champ qu'elles réclament par le droit que leur y donne l'antériorité de possession, bien moins que par leur rusticité mieux établie et toujours fatale à la luzerne.

Le fumier nouveau, dit le patriarche de notre agriculture, avec son sens exquis, *brusle la semence de la luzerne, jetée sur icelui avant qu'estre dompté par le temps*, et cette assertion est rigoureusement exacte dans plus d'un sens; car indépendammment de l'effet toujours nuisible que, dans les climats chauds particulièrement, le fumier frais et non fermenté opère sur toutes les semences délicates comme celle de la luzerne, il porte toujours aussi avec lui, indépendamment des germes nombreux d'insectes plus ou moins préjudiciables aux plantes qui sont nouvellement développées, des myriades de semences plus ou moins nuisibles aux récoltes aux dépens desquelles elles vivent nécessairement.

Ainsi donc, il devient rigoureusement indispensable que les fumiers, de quelque animal qu'ils proviennent, soient toujours bien préparés pour la luzerne, et suffisamment fermentés pour obtenir la destruction de la majeure partie, au moins, des germes nuisibles qu'ils renferment.

Indépendamment de ces engrais, les plus ordinaires presque partout, les immondices des villes, ainsi que les boues, les vases et les terreaux provenans de fossés, mares, étangs, égouts, ruisseaux et rivières, sont encore très utiles pour la luzerne; mais il est nécessaire, pour les mêmes motifs, qu'elles aient été assez long-temps en tas et remuées pour les dépouiller de tout ce qu'elles pourroient contenir de nuisible à sa végétation.

Nous parlerons plus loin de l'utilité des engrais pulvérulens, et nous croyons devoir observer ici que, lorsque la terre est d'une nature compacte et trop humide, on doit ajouter à l'efficacité des labours pour l'ameublir, celui non moins efficace et plus durable encore des amendemens calcaires qui la divisent et la dessèchent tout à la fois; et la chaux éteinte est particulièrement recommandable pour obtenir cet effet essentiel.

La nature du climat n'est pas moins importante à la prospérité de la luzerne que la qualité et la préparation du sol. Elle redoute les gelées tardives du printemps, à cause de la précocité de sa végétation, jointe à son état herbacé. Sans une douce chaleur, aidée d'une humidité modérée, elle ne peut donner des produits bien avantageux par leur quantité et par leur qualité; et l'on remarque que plus elle s'éloigne du midi, sa patrie originaire, plus ces produits décroissent sous ces deux rapports.

Dans un climat tempéré, elle préfère aussi les expositions méridionales ouvertes et bien aérées à toute autre, et il est dangereux, sur-tout en avançant vers le nord, de la semer sous des plantations d'arbres trop rapprochés ou touffus, parcequ'il en résulte une réciprocité d'offense toujours très nuisible aux arbres comme à la luzerne, qui aime d'ailleurs à jouir pleinement des rayons lumineux, comme l'observe encore Olivier de Serres, en disant: « Sous les arbres la luzerne vient assés bien, mais non si bonne qu'ès endroits soleillés: par quoi, en beau solage et plain, convient loger telle herbe, et pour la qualité et pour la quantité. »

Tout ce qui précède doit nous convaincre de la nécessité de choisir pour la luzerne un terrain fertile, meuble et profond, dans une exposition découverte et méridionale, et de le bien préparer. Toutes les fois qu'il ne réunira pas les principales, au moins, de ces qualités, il y aura généralement plus d'avantage à lui substituer le sainfoin ou le trèfle qu'à s'obstiner à cultiver la luzerne; car, comme l'observe judicieusement Gilbert, on doit bien se garder d'ajouter foi aux assertions enthousiastes de ceux qui prétendent qu'elle vient également bien sur tous les sols, dans tous les climats, et presque sans aucun soin; elle est assez riche de son propre fonds, pour n'avoir pas besoin qu'on lui prête des avantages imaginaires, et non seulement elle ne vient pas sur tous les sols, mais ceux qui lui conviennent le mieux ne sont nulle part les plus communs.

Gilbert l'a trouvée vigoureuse sur-tout sur les terres qu'arrose la Marne, et il s'attendoit à trouver les bords de la Seine et de l'Yonne également couverts de cette plante, parcequ'il avoit remarqué qu'elle végétoit fort bien sur les anciens dépôts des rivières; mais il fut très étonné de l'y voir extrêmement rare. « J'étois prêt, dit-il, à en accuser les préjugés des cultivateurs, lorsqu'en examinant la nature du dépôt laissé par les eaux de la Seine, et le comparant avec celui des eaux de la Marne, j'ai trouvé que le premier étoit un sable aride; l'autre, au contraire, une vase limoneuse, ce qui m'a donné la raison d'une différence qu'un jugement trop précipité m'avoit d'abord fait attribuer à une autre cause. » Nous n'avons que trop acquis la preuve de cette vérité, et nous ne savons que trop aussi, que, sur les bords de ces deux rivières, de fréquens débordemens détruisent souvent cette précieuse plante, qui y résiste plus long-temps à la vérité que le sainfoin, mais bien moins que le trèfle.

Si quelque cultivateur timoré craignoit que les soins que nous prescrivons avant d'admettre la culture de la luzerne sur les terres qu'on lui destine, ne fussent trop dispendieux; après l'avoir assuré, d'après une longue expérience, que ses progrès, ses produits et sa durée sont toujours proportionnés aux soins que l'on apporte aux choix du terrain et à sa préparation, nous lui dirions, avec M. de Père; *les avances qu'on fera au terrain sont de tous les placemens d'argent le plus avantageux; le capital avec les intérêts rentreront tous les ans, pendant une longue suite d'années, d'abord en fourrages et ensuite en grains;* et nous ajouterions que la durée de la luzerne peut, avec des soins, un sol et une exposition convenables, se prolonger jusqu'à trente ans. Pline lui accorde cette durée (1), à laquelle on l'a vue s'élever plusieurs fois dans le midi de la France que M. Dourches lui a vu atteindre aussi, et nous en avons vu un champ très soigné en terrain fertile, entre Pontchartrain et Montfort-Lamaury, qui avoit vingt-huit ans, et qui étoit encore fort beau et bien garni.

De la semaille et des opérations qui doivent la précéder et la suivre.

Avant de s'occuper de confier à la terre la semence de la luzerne, il est essentiel à son succès que le champ se trouve réduit au plus grand état d'ameublissement et d'égalisation possible, non seulement par les labours, mais sur-tout par l'intermède toujours si utile des hersages et des roulages alternatifs qui achèvent de la diviser et de l'aplanir.

La semence la plus pesante, la plus luisante, la plus jaune et la plus fraîchement récoltée est toujours celle qui donne les résultats les plus avantageux, comme nous nous en sommes assurés par plusieurs expériences comparatives. La couleur d'un jaune verdâtre annonce le défaut de maturité et donne des produits foibles, celle d'une teinte rougeâtre ou noirâtre indique un principe d'altération et lève mal, ou ne lève pas du tout, et celle qui est surannée lève plus tard et donne des produits généralement moins vigoureux. Nous avons aussi reconnu qu'il étoit utile de la renouveler de temps en temps du midi au nord.

Il est bien essentiel que cette semence soit exempte de toute graine nuisible, et particulièrement de celle de la cuscute, ou teigne, ou rache, épithyme ou angure de lin, *Cuscuta Europea*, L., plante parasite dont les filamens capillaires s'implantent sur

---

(1) *Tanta dos est ejus ut cum uno satu tricenis annis duret medica.* Plin. Hist. nat.

ses tiges, les enlacent en tous sens, en soutirent la substance pour alimenter la leur, et détruisent autant la luzerne, par l'effet de ces succions multipliées et prolongées, que par l'interception de l'air et de la lumière dont ses nombreuses ramifications en tous sens, qui lui ont fait donner le nom de teigne, privent sa racine.

Le moyen qui nous a paru jusqu'à présent le meilleur pour purger la semence de luzerne de celle de la cuscute et de toute autre semblable, consiste, après des criblages rigoureux, dans l'immersion de cette semence dans l'eau. La graine de la cuscute plus fine et d'autant plus légère qu'elle est souvent munie de son enveloppe, surnage ordinairement, et il est facile alors de l'enlever. Nous indiquerons plus loin les moyens que nous croyons aussi les plus propres pour empêcher qu'elle ne se mêle à la semence qu'on récolte soi-même, ainsi que pour détruire ou arrêter les progrès de cet ennemi redoutable de la luzerne, du lin, de la vesce, de la fève, et de plusieurs autres plantes cultivées.

Rien n'est plus curieux que le relevé que Gilbert s'est amusé ou plutôt ennuyé à faire des différentes quantités de semences de luzerne, de trèfle et de sainfoin, prescrites par une vingtaine d'auteurs pour une même mesure, et qu'on pourroit beaucoup étendre encore, s'il en valoit la peine. Les variations s'y trouvent dans le rapport de un à cinquante seulement, et elles nous semblent prouver au moins une grande vérité, c'est qu'il est impossible d'établir d'une manière fixe, invariable et positive, une quantité précise qui doit nécessairement varier d'après un très grand nombre de circonstances locales, momentanées même, que le cultivateur intelligent et non routinier doit savoir toujours apprécier. Nous n'en établirons donc aucune; mais après avoir observé qu'il est bien moins dangereux de semer la luzerne, comme toutes les prairies artificielles, trop dru que trop clair, parceque, dans le premier cas, les plantes surnuméraires finissent par s'entre-détruire elles-mêmes, et le fourrage étant plus fin n'en devient que meilleur, tandis que, dans le second, toutes les plantes nuisibles et vivaces qui croissent spontanément, la nombreuse série des graminées sur-tout, et plus particulièrement les redoutables bromes mou et stérile, s'emparent bientôt des espaces vides et remplissent toutes les lacunes, au grand détriment de la luzerne qu'ils font promptement disparoître, ce qui rend très important le garnissement complet de la terre, la première année, nous ajouterons que la règle posée par Olivier de Serres nous a paru une des plus raisonnables, et que c'est celle que nous avons toujours suivie avec succès, en la modifiant toutefois suivant les circonstances impératives. La voici.

« La quantité de la semence qu'on donne à la terre est la sixiesme partie du blé qui y entre : c'est-à-dire, que si le lieu que dressez en luzernière, s'ensemence de froment, avec six boisseaux, un boisseau de graine de luzerne y suffira; pour la petitesse de la graine, estant menue comme milliet, et de telle sorte ensemencée, est convenablement employée : assavoir, fort espessement, selon le naturel de ceste graine, qui desirant seul s'accroistre, est nécessaire occuper tous le fonds, afin de n'y donner place aux malignes plantes. »

Pour les mêmes raisons, nous n'approuvons pas généralement le mélange, qu'on pratique quelquefois, du trèfle avec la luzerne, lorsque le terrain sur-tout convient essentiellement à la dernière, sous le prétexte que le premier fournit un fourrage abondant, en attendant que la seconde soit en plein rapport. Nous avons remarqué que le trèfle périssant ordinairement à la seconde ou à la troisième année, il laissoit aussi des lacunes que les tiges de la luzerne semée plus clair à cause du mélange, ne remplissoient pas toujours, et qu'elle étoit promptement envahie par les mêmes ennemis qui abrégeoient sa durée. Nous pourrions y ajouter la différence dans l'époque de la floraison, et quelqu'autre considération peut être; mais celle-là nous paroît suffire. Nous ne nous appesantirons pas non plus sur le mélange peu convenable encore du sainfoin avec la luzerne, sous le rapport du sol, etc., quoiqu'on prétende à tort, comme nous l'avons reconnu, que le sainfoin qui, à la vérité, est moins attaqué que la luzerne par la cuscute, parceque ses tiges peut-être sont d'une nature plus sèche et moins succulente, suffit pour la préserver entièrement des attaques de cette plante parasite.

L'époque la plus convenable pour semer la luzerne est toujours relative au climat, comme nous l'avons remarqué à l'article PRAIRIE; mais nous devons observer ici que, contre l'opinion de Gilbert, nous l'avons souvent semée, et toujours avec un plein succès, de bonne heure en automne, avec de l'escourgeon, ou de l'avoine d'hiver, ayant reconnu que le froment l'ombrageoit trop fortement et trop long-temps; et, par ce moyen, elle étoit bien plus vigoureuse la première année de sa récolte.

Il nous paroît bien plus avantageux de semer la luzerne à la volée et à demeure que de toute autre manière, recommandée fortement cependant, et que nous allons examiner, après avoir renvoyé, pour éviter des répétitions inutiles, aux principes généraux relatifs aux divers modes d'ensemencemens pour les prairies, et aux opérations qui doivent les suivre immédiatement.

A une époque où il n'étoit question parmi les grands maîtres en agriculture seulement (car la très grande majorité des cultivateurs ne s'est guère mêlée, fort heureusement, de leurs essais, de leurs miracles et de leurs querelles) que de *drills* ou *semoirs*, le fameux Tull, qui vouloit introduire son ingénieuse, mais malheureusement trop compliquée, trop chère et trop frêle machine, par-tout, en tout et pour tout, s'avisa de l'appliquer à la semaille de la luzerne, dans l'intention de la cultiver en rayons. Il parvint ainsi à en obtenir des produits prodigieux. Notre Duhamel, toujours zélé pour l'amélioration de l'agriculture française, aux progrès de laquelle il a si puissamment contribué par ses écrits et plus encore peut-être par son encourageant exemple, parvint aussi à en recueillir des produits bien plus prodigieux, en observant des intervalles *de trois pieds ;* car il parle, si toutefois il n'y a pas faute d'impression, de *vingt milliers de foin sec récolté par lui sur un seul arpent de bonne terre, à la vérité, pour le froment, mais seche et dans laquelle la luzerne semée à l'ordinaire n'avoit pu réussir.* Assurément cet énorme produit, qu'on ne peut supposer avoir été exagéré, ou mal évalué par ce savant estimable, surpasse de beaucoup les produits même les plus élevés de la commune agriculture, dont le terme moyen, d'après les calculs de Gilbert, pour l'ancienne généralité de Paris, qui, comme l'on sait, s'étendoit sur un grand nombre de nos départemens actuels, n'est que de 4604 liv., c'est-à-dire moins que le quart.

Malgré toute l'ardeur du zèle de Duhamel pour la propagation de la culture de la luzerne en rayons; malgré celui non moins soutenu et non moins louable de Châteauvieux, et de quelques apôtres du *semoir*, on l'abandonna bientôt en France pour cette culture, comme pour celle de nos céréales, parcequ'on reconnut, outre l'impossibilité bien réelle de l'adoption avec avantage d'une semblable machine pour ces cultures, dans l'état actuel des choses et avec les agens ordinaires de nos travaux, l'inconvénient très grave qu'elle présentoit encore pour celle de la luzerne, en rendant son fourrage plus ligneux, plus grossier et beaucoup moins appétissant pour nos bestiaux.

La respectable société d'agriculture de Bretagne, dont plusieurs membres avoient essayé pour la luzerne l'emploi de cet instrument perfectionné par Duhamel, et, depuis, par un très grand nombre d'autres, quoique toujours trop imparfait, finit par reconnoître qu'on perdoit en qualité ce qu'on gagnoit en quantité, et elle publia à ce sujet l'aveu honorable, très remarquable, et d'une bien grande vérité trop souvent méconnue, que nous nous faisons un devoir de transcrire ici. « La méthode ordinaire de cultiver la luzerne est celle qui peut être suivie le plus généralement. Elle ne renferme rien qui écarte un fermier intelligent de ses pratiques. Elle est certainement préférable à toute autre. C'est l'agriculture des fermiers qu'il est important de perfectionner, puisque c'est à leur travail que la nation entière doit sa subsistance. Cependant il est à souhaiter que des personnes plus attentives les invitent par leur exemple à suivre une méthode plus lucrative encore; mais on ne doit se flatter d'y parvenir qu'en rapprochant le plus qu'il est possible les méthodes qu'on veut leur faire adopter, de celles qu'ils sont dans l'habitude de suivre. Il faut attendre que le temps et les exemples les portent d'eux-mêmes à chercher les bénéfices qu'ils verront faire à des cultivateurs plus intelligens qu'eux ; tendre tout d'un coup à la perfection, ou du moins à ce qui en approche le plus, c'est s'exposer à décourager la multitude qui ne s'élève jamais au-dessus de la médiocrité. »

Ces observations aussi justes qu'importantes, publiées en 1757, 58, 59 et 60, nous ont encore paru excellentes à être remises au jour, en ce moment.

Cependant, on ne pensa probablement pas ainsi en Angleterre ; car quoique nous nous soyons convaincus de nos propres yeux, il y a quelques années, que la manie de vouloir appliquer le semoir à tout y fût singulièrement refroidie, nous vîmes aussi qu'on l'y employoit encore trop souvent pour la culture de la luzerne, quoiqu'un de nos compatriotes, Barthélemy Rocque, Provençal, établi cultivateur dans ce pays, eût indiqué aux cultivateurs anglais dans un excellent traité pratique publié en 1768 (1), la véritable manière de traiter cette plante, ils ne crurent probablement pas devoir la suivre, puisque plus de 20 ans après, en 1789, Arthur Young, en comparant la méthode anglaise suivie alors avec la nôtre, se trouva forcé de condamner hautement la première par cet aveu bien remarquable : « c'est des Français que nous avons appris à cultiver la luzerne, qui est pour eux un objet très lucratif ; cependant cette culture est mal conduite en Angleterre, et elle l'a été dans tous les temps. Le peu de luzerne que l'on trouve en Angleterre est semé par rangées, et il est digne de nos recherches de savoir, si ce n'est pas la raison pour laquelle sa culture en grand n'a pas fait de progrès chez nous. »

Non seulement on a cru devoir proposer de cultiver la luzerne en rayons, pour accroître ses produits, mais on a été encore jusqu'à proposer très sérieusement de la transplanter, après lui avoir retranché son pivot, à six pouces du collet, pour la rendre plus vigoureuse. Heureusement que ce dernier moyen, d'un exécution lente, coûteuse, difficile, et qui en privant la plante du principal agent de sa prospérité, contre toutes les lois de la physique végétale, produit un effet diamétralement opposé à celui qu'on en espéroit, n'a séduit qu'un très petit nombre d'amateurs, et il ne nous paroît plus qu'il en soit question aujourd'hui.

Laissons donc de côté, comme ils le méritent, ces projets, plus séduisans et captieux que réellement utiles et admissibles dans la pratique en grand, pour voir si la luzerne nouvellement semée à la volée, et à demeure, comme elle doit toujours l'être, d'après ce que nous venons de faire connoître, n'a pas besoin de soins bien plus importans que les houages qu'on pratiqueroit entre les rayons.

Les anciens, qui, comme nous l'avons dit, cultivoient cette

---

(1) Barthélemy Rocque's practical treatise of cultivating luzern London, 1788.

plante très soigneusement, et qui, par ce moyen, autant peut-être que par la bienfaisante influence de leur climat, prolongeoient communément sa durée jusqu'à 30 ans, la sarcloient très rigoureusement, sur-tout lorsqu'elle étoit jeune, comme l'attestent, de la manière la plus formelle, plusieurs passages remarquables des auteurs géoponiques latins. Pline préfère même pour cet objet le sarclage à la main à l'emploi du sarcloir (1). Cette méthode pouvoit bien prévaloir chez les Romains qui employoient particulièrement leurs esclaves aux travaux champêtres; mais elle doit être remplacée chez nous par un moyen beaucoup plus facile, plus expéditif et plus économique, qui consiste à herser fortement en tous sens, avec une herse de fer, à la fin de l'automne d'abord, immédiatement après la dernière coupe, puis à la fin de l'hiver, avant que la végétation se ranime, les luzernières qui commencent à se garnir d'herbes; ou même à les labourer, comme nous l'avons vu pratiquer dans le département de l'Isère, avec une petite charrue à soc étroit et obtus, connue sous le nom de *binet* ou *binot*.

Le premier de ces moyens, dont les Romains paroissent avoir eu quelque idée, d'après un passage de Palladius qui recommande pour cet objet l'emploi des herses en bois, bien rarement suffisantes (2), et que Barthélemy Rocque avoit très judicieusement recommandé aussi aux Anglais, à qui il convient d'autant plus que l'humidité de leur sol, jointe aux brumes fréquentes de leur climat, est aussi favorable à la multiplication des graminées vivaces, que contraire à la luzerne, est d'un emploi très facile, lorsqu'on s'en sert à temps. Nous nous en sommes très souvent servis avec le plus grand succès, et nous devons entrer dans quelques détails sur le mode de son exécution qui nous a paru le plus convenable. Nous recommandons de ne commencer à l'employer qu'après la dernière coupe de l'année, parceque plus tôt il nuiroit au fauchage, par l'effet du soulèvement de la terre et du gazon, comme nous l'avons éprouvé. A l'époque indiquée, ce soulèvement, loin d'être nuisible, devient très favorable au contraire, en chassant et abritant très avantageusement la luzerne pendant l'hiver. Les rigueurs de cette saison font périr le gazon ainsi soulevé, et en réitérant l'opération, aux approches du printemps, on trouve une terre végétale très meuble qui, également répandue au pied de la luzerne, contribue puissamment à activer sa végétation.

Nous avons essayé comparativement ce moyen, l'année dernière,

---

(1) *Medica herbis omnibus liberanda est, manu potiùs quam sarculo.* Plin., lib. 1, 8.

(1) *Rastris ligneis frequenter herba nundetur, ne teneram medicam præmat.* Pall., lib. 5, t. 1.

sur une vieille luzerne, pour l'instruction de nos élèves, et la ligne de démarcation tracée par la herse étoit frappante, par la différence remarquable de la vigueur de la végétation sur la partie qui avoit été hersée. Nous ne saurions donc trop recommander, dans le nord de la France principalement, l'emploi de ce moyen, ou même du second, en observant qu'il est toujours fort avantageux de l'employer de très bonne heure, et de le réitérer le plus souvent possible, sans craindre que cela puisse nuire à la luzerne, dont la profonde racine met presque tous les pieds hors des atteintes des dents de la herse, qui n'arrache guère que les racines traçantes et fibreuses.

Un autre moyen qui contribue très puissamment encore à la prospérité de la luzerne consiste dans un saupoudrement fait en automne, ou de bonne heure, au printemps, après les gelées, avec du plâtre calciné et pulvérisé le plus finement possible, ou de la cendre de tourbe ou de charbon de terre, ou de bois neuf, ou de suie, ou de chaux éteinte, ou enfin de tout autre engrais pulvérulent.

Nous avons aussi essayé comparativement, sur la luzerne et sur d'autres plantes, ces divers moyens et quelques autres que nous aurons occasion d'examiner dans un autre ouvrage, et nous accordons maintenant la préférence aux deux premiers, comme les ayant reconnus les plus efficaces et les plus économiques sur notre sol généralement très peu fertile.

Enfin, les irrigations, particulièrement applicables au midi de la France, sont encore un troisième moyen très efficace d'augmenter les produits annuels de la luzerne, qui, aidée de ce secours puissant, fournit quelquefois, dans le midi, au lieu de trois coupes qui sont son produit le plus ordinaire, jusqu'à neuf coupes dans une seule année, comme nous l'atteste Olivier de Serres, et comme ce fait nous a été attesté d'ailleurs. Il convient d'ajouter cependant que ce puissant moyen, qui, lorsqu'il est secondé par un degré de chaleur suffisant, multiplie les produits de cette plante d'une manière si prodigieuse, a l'inconvénient d'abréger sa durée, ce qui nous paroît facile à expliquer; car, indépendamment des atteintes plus ou moins meurtrières que l'eau porte à la racine de la luzerne qui la redoute fortement, la succession précipitée de végétation et de retranchemens nombreux doit nécessairement affoiblir considérablement ses forces vitales, et finir par l'exténuer; ce qui doit arriver d'autant plus promptement que le sol est moins perméable d'une part à l'eau, et de l'autre, la végétation plus rapide et plus fortement développée.

Indépendamment des irrigations prolongées et des débordemens en hiver, ainsi que des graminées et de toutes les plantes vivaces, à racines traçantes et articulées, la luzerne a encore d'autres ennemis redoutables qui abrègent beaucoup sa durée, ou diminuent considérablement ses produits.

Les principaux sont la cuscute; les gelées printanières ou automnales, précédées de pluies abondantes, le hanneton et plusieurs autres insectes moins volumineux et non moins redoutables, parmi lesquels nous distinguons la larve de la tettigone écumeuse, et celle de la coccinelle à sept points.

LA CUSCUTE, dont nous avons déjà parlé, est incontestablement le plus pernicieux des ennemis de la luzerne, par la rapide extension de ses filamens nombreux, et par l'épaisseur de leur couche, qui, en interceptant l'air et la lumière, la détruisent promptement. Après avoir indiqué le moyen qui nous a paru le meilleur pour séparer sa graine de la semence de cette plante, il nous reste à indiquer ceux que nous avons trouvés être les plus convenables aussi pour empêcher qu'elle ne s'y trouve, et pour arrêter ses ravages et la détruire même lorsqu'elle paroît dans une jeune luzernière.

Le premier consiste à éviter, si on le peut, de réserver pour la semence les luzernières qui en sont infectées, et lorsqu'on ne le peut pas, à faucher ou plutôt fauciller les tiges de luzerne dont la semence est mûre, de manière à éviter très rigoureusement d'y comprendre aucune de celles qui sont atteintes par la cuscute.

Le second, sur lequel nous fîmes un très grand nombre d'expériences, à l'époque très reculée où la société royale d'agriculture de Paris proposa un prix sur cette intéressante question, nous parut alors, et nous a toujours paru, depuis, le meilleur, comme étant le plus sûr et le plus expéditif, après avoir vainement essayé, pour le même objet, tous les engrais ordinaires fournis par les trois règnes, dont plusieurs avoient été recommandés cependant comme très efficaces, ainsi que d'autres moyens que nous reconnûmes aussi complètement inutiles, malgré leurs recommandations plus ou moins puissantes. Il consiste à couper le mal par la racine, en tranchant jusqu'au collet tous les pieds de luzerne attaqués, aussitôt qu'on s'en aperçoit, surtout avant que la cuscute ne soit en graine, et immédiatement après chaque coupe, avec un instrument dont le fer très tranchant comme celui d'une forte ratissoire ou mieux d'une binette, les coupe le plus net possible; et à enlever soigneusement, hors du champ, toutes les portions de tiges ainsi retranchées. Il est bien essentiel de n'en laisser aucune, et de couper plutôt quelques pieds sains que de s'exposer à épargner un seul de ceux attaqués qui reproduiroient promptement le mal qu'on veut détruire. Aussitôt que cette opération est terminée, on resème à l'endroit ainsi dégarni quelques graines de luzerne, pour remplacer les pieds déjà détruits, ou qui peuvent l'être par suite de l'opération, quoique le plus grand nombre y résiste ordinairement lorsqu'elle est bien faite, et à temps sur-tout; et, avec un râteau emmanché à l'extrémité opposée à celle de l'instrument tranchant, et que nous y avons réuni pour n'en faire qu'un seul, on enterre cette semence aussi commodément qu'expéditivement. (*Voyez les fig. à la fin.*)

Nous ajouterons que nous avons aussi employé avec quelque succès, pour arrêter les progrès de la cuscute, un moyen qui nous avoit été indiqué par un de nos élèves, M. Petit, cultivateur très distingué près Péronne, et qui consiste à environner et à couvrir les pieds de luzerne qui en sont attaqués avec les barbes ou arêtes d'orge qui sortent du van après le battage de ce grain; mais nous observerons que ce moyen, ainsi que le précédent, deviennent inutiles dès que le mal a déjà fait des progrès étendus, qui forcent alors à défricher la luzerne.

La cuscute nous fournira encore une nouvelle considération assez importante en traitant de l'assolement de la luzerne.

Les gelées intempestives, précédées sur-tout par une grande humidité, et suivies immédiatement d'un soleil radieux dont aucune brume n'intercepte les rayons, gèlent les tiges herbacées et très succulentes de la luzerne, qui se trouvent ensuite grillées. Il n'y a d'autre remède à ce mal que de faucher le plus tôt possible les tiges ainsi maléficiées; mais nous devons observer qu'il est important d'attendre pour le faire qu'elles soient complètement dégelées, et qu'il est dangereux d'y toucher avant, parceque nous avons plusieurs fois remarqué que la racine même des pieds mutilés pendant la gelée périssoit.

Le HANNETON n'est jamais plus commun que dans les luzernières fréquentées par les vaches, ce qu'il est prudent et facile d'éviter, parcequ'il se niche sous les excrémens de ces animaux et y dépose ses œufs. Lorsqu'on s'aperçoit des ravages de sa larve, au flétrissement des pieds de luzerne dont ils ont attaqué la racine, on la trouve ordinairement en flagrant délit, et il est facile de la détruire sur-le-champ.

Les larves de la TETTIGONE ÉCUMEUSE, *Tettigonia spumaria*, et de la COCCINELLE A SEPT POINTS, *Coccinella septem punctata*, faciles à reconnoître, la première, à l'écume très blanche et ramassée dont elle s'enveloppe ordinairement vers le haut des tiges, et qui ressemble assez à la salive épaissie, et la seconde, aux sept taches de couleur jaunâtre qu'elle a sur les côtés, et qui tranchent avec la couleur noire qui l'indique d'abord, font souvent de grands ravages qu'on doit arrêter en fauchant promptement la luzerne, dès qu'on s'aperçoit que ces ennemis se développent et menacent de se multiplier.

Nous observerons que Bosc indique l'EUMOLPE OBSCUR, *Eumolpus obscurus*, qu'il a vu attaquer particulièrement la luzerne en graine; et Dorthès, le CHARANÇON PYRIFORME de Geoffroi *Curculio acridulus* de Linné, d'un noir bleuâtre, et à trompe allongée qui lui donne son apparence pyriforme, et il l'a vu tellement multiplié, qu'on apercevoit à peine le vert des feuilles de la luzerne. Les moyens de s'opposer à leurs ravages sont les mêmes que ceux que nous venons d'indiquer.

Récolte et emploi. A moins que les gelées, les insectes, ou quelqu'autre circonstance urgente et impérative ne forcent à devancer l'époque ordinaire de la première coupe de la luzerne et des suivantes, il est généralement avantageux d'attendre pour s'y livrer qu'elle soit en pleine fleur.

Plus tôt, elle est trop aqueuse, fane plus difficilement, nourrit moins bien, et fatigue davantage le pied, en forçant les productions, et, plus tard, elle le fatigue également, par les fortes soustractions que la maturation de la semence exige du sol, et elle devient plus ligneuse et d'une mastication et d'une digestion plus laborieuses.

La luzerne fane plus longuement et plus difficilement que le sainfoin; mais plus promptement et plus facilement que le trèfle, et, comme lui, elle perd très aisément ses feuilles, lorsqu'on ne prend pas pour la faner toutes les précautions que nous avons indiquées pour ce dernier, et dans nos principes généraux sur la fenaison.

Par le motif que nous avons indiqué ci-dessus et ailleurs, et pour la santé même des animaux, il est souvent nuisible de les laisser entrer dans les luzernières à quelqu'époque de l'année que ce soit, mais principalement au printemps; et cette vérité étoit encore bien connue d'Olivier de Serres qui dit, « qu'en ceci diffère ceste herbe d'avec les autres des prés communs, qu'elle ne veut être nullement mangée sur la terre, ne foulée aux pieds par les bestes; leurs dents, souffle et trépis contrarians à son naturel. »

Qnoique les qualités alimentaires de la luzerne diminuent à mesure qu'elle s'éloigne du midi, elle doit être regardée cependant comme une des plus nourrissantes de nos plantes des prairies artificielles, après le sainfoin, et elle ne devient jamais nuisible que par l'abus qu'on en fait.

Quelque précieux que soit son fourrage sec. il est bien plus avantageux cependant de le consommer en vert, lorsque les circonstances le permettent, avec les précautions que nous avons indiquées d'une manière générale, et qu'il faut sur-tout observer rigoureusement à l'égard des ruminans qui sont bien plus exposés que les autres à être incommodés par toute espèce de fourrage vert qui contient beaucoup d'eau de végétation.

La première coupe convient davantage aux chevaux, qui préfèrent les tiges aux feuilles qu'ils laissent souvent; et les tiges sont ordinairement d'une mastication pénible pour les ruminans, qui préfèrent souvent les feuilles par cette raison.

Quelque nourrissant que soit le fourrage de la luzerne, nous ne pouvons conseiller, d'après notre expérience, comme on l'a fait, de supprimer totalement le grain aux chevaux de trait qui en sont nourris, parcequ'il ne nous a jamais paru pouvoir le remplacer entièrement.

Les vaches laitières qui en sont nourries, soit en vert, soit en sec, donnent un lait abondant et très riche en crême.

On peut aussi en nourrir très avantageusement les porcs, en vert.

Assolement. D'après les détails dans lesquels nous avons dû entrer sur la luzerne, il est facile de reconnoître de quelle importance elle doit être pour nos assolemens à long terme sur les terrains et aux expositions qui lui conviennent. Elle surpasse toutes les plantes qui entrent ordinairement dans la formation de nos prairies artificielles, par sa précieuse longévité, par la puissante et durable amélioration qu'elle apporte sur le sol auquel elle a été confiée, et par la précocité et la prodigieuse abondance de ses produits, dont la qualité ne le cède peut-être qu'au sainfoin, bien moins productif, moins précoce, moins améliorant et moins durable.

On doit donc non seulement s'empresser de l'admettre toutes les fois que les circonstances le permettent, en prenant toutes les précautions nécessaires pour assurer son succès, mais encore employer tous les moyens convenables pour prolonger le plus long-temps possible sa durée.

Mais toutes les fois que, par l'effet destructeur de quelqu'un des ennemis qu'elle a à redouter, ou par une conséquence naturelle de la loi commune à tous les êtres organisés, qui les soumet à l'inévitable destruction qu'elles doivent subir tôt ou tard, à des époques qui leur sont assignées par la nature même de leur organisation, on s'aperçoit que la diminution progressive de ses produits annonce évidemment le terme de sa durée et sa destruction prochaine; toutes les fois que les moyens de restauration et de rajeunissement indiqués échouent contre l'écueil insurmontable d'une décadence à laquelle il devient enfin impossible de remédier; n'attendons pas, pour remplacer la luzerne par d'autres productions utiles, qui vont profiter des bienfaisans et abondans débris qu'elle a accumulés pendant son existence, par une suite nécessaire de cette autre loi de la nature qui fait sagement servir la destruction des êtres à la prospérité d'autres êtres, que son état d'affoiblissement soit trop prolongé, parcequ'un très grand nombre de plantes nuisibles, naturellement très envahissantes, qu'elle avoit jusqu'alors empêché de germer ou de se développer par la vigueur et la continuité de sa végétation, qui détruit très efficacement les chardons et d'autres plantes fortement enracinées, ne tarderoient pas à s'accroître, à se multiplier, et à annuler ainsi une grande partie des bons effets qu'elle auroit pu produire.

Défrichons-la avant que le terme de sa durée soit complètement arrivé, et nous pourrons encore jouir pendant long-temps de son heureuse influence sur le sol, qui peut se prolonger autant que cette durée, et même au-delà, si, au lieu d'abuser, comme cela arrive bien souvent, de cet état de netteté, d'ameublissement et de fécondité, qu'on n'apprécie pas assez ordinairement, en exigeant itérativement des récoltes qui le souillent, le durcissent et l'épuisent tout à la fois, nous savons les intercaler sagement avec les récoltes améliorantes et réparatrices qui peuvent seules perpétuer cet état bien précieux et nous assurer une longue série de récoltes aussi abondantes que nettes et avantageuses.

N'allons pas, sur-tout, par une avidité déplacée, autant que par un faux calcul, vouloir en exiger des récoltes de froment, avant que les détritus qu'elle a laissés sur le sol soient entièrement réduits en terreau. Le volume de ses racines; l'épaisseur du gazon, qui s'accumule toujours dans ses derniers momens, quelques précautions que l'on prenne pour s'y opposer; le soulèvement de la terre, généralement nuisible à la prospérité du froment, comme nous avons déjà eu, et comme nous aurons encore occasion de l'observer; enfin, la grande fécondité même dont le sol est doué rendent, presque toujours, cette récolte précaire et peu avantageuse, ou en opérant le déchaussement et la perte du plant pendant l'hiver, ou en occasionnant une végétation *luxuriante* toujours aux dépens de l'abondance et de la qualité du grain, vérité que nous pourrions étayer de maints exemples, et dont nous nous sommes trop pertinemment assurés pour ne pas y insister avec toute l'énergie dont nous sommes susceptibles, quoiqu'on ait cru devoir recommander une conduite opposée à celle qu'il est de notre devoir de tracer ici.

Au reste, les principes que nous avons établis, après le défrichement de toutes les prairies à base de graminées, étant parfaitement les mêmes, nous ne les rappellerons pas ici.

L'intervalle à observer avant de faire reparoître la luzerne sur le même champ qui l'a déjà nourrie, doit être égal, au moins, à la durée de son existence, sur le même sol, conformément à notre cinquième principe d'assolement, afin que l'aliment qu'elle a soutiré des couches inférieures puisse y être restitué par l'infiltration progressive des engrais que ce sol aura reçus pendant les cultures intercalées; mais nous devons faire ici une observation qui lui est particulière. C'est que, si la teigne est une seule fois parvenue à mûrir et à disséminer ses graines pernicieuses sur une luzernière, la fâcheuse propriété dont elles sont douées, de conserver très long-temps en terre leur faculté germinative, en reproduira, dans la nouvelle luzernière, une partie qui pourra contraindre souvent à abréger son existence, si elle ne l'abrège pas elle-même; et cette circonstance, dont nous avons vu plus d'un exemple, et dont nous en avons maintenant un bien remarquable sous les yeux, est un nouveau motif bien puissant pour employer tous les moyens possibles de prévenir l'apparition de ce fléau, ou au moins pour arrêter ses progrès, lorsqu'il se manifeste, et pour le détruire promptement, s'il est possible.

La production de la graine abrégeant la durée de toutes les plantes qui en fournissent, il est prudent de n'en exiger de la luzerne qu'à la fin de sa carrière, lorsqu'elle est encore assez vigoureuse, cependant, pour la bien nourrir et mûrir. On ne doit en exiger, non plus, que de la seconde coupe annuelle, ayant soin de faire de bonne heure la première, qu'on ne peut consacrer à cet objet, parcequ'outre qu'elle est ordinairement si élevée et si vigoureuse, qu'elle verseroit et pourriroit sur pied, si on la laissoit subsister long-temps, elle renferme souvent des semences nuisibles dont la seconde est généralement exempte.

Nous sommes bien éloignés d'approuver le rétablissement des luzernières immédiatement après leur défrichement, comme cela se pratique quelquefois, parceque, encouragé fortement par les bénéfices nets qu'on en a obtenus, et qui surpassent ordinairement les plus élevés qu'on puisse se procurer de toute autre culture en grand, on espère, mais vainement, les renouveler par le même moyen; et, quoiqu'Olivier de Serres ait paru recommander, par son imposante autorité, cette pratique vicieuse, nous devons dire cependant à sa louange qu'il reconnoît l'utilité de choisir un nouveau champ pour cet objet, en déclarant très positivement *que la terre se délecte de la mutation* (1).

---

(1) Nous devons essayer aussi de laver cet agronome, d'une bonhomie, d'un savoir et d'une expérience bien rares en agriculture, même dans le siècle où nous sommes, et bien plus étonnans encore pour celui où il vivoit, d'une accusation très déplacée que lui fait Arthur Young. Après avoir dit dans une préface, où, passant en revue les principaux agronomes anciens et modernes, et déclarant que les premiers *n'ont que des réflexions générales, des observations foibles, triviales*, etc., tandis qu'ils renferment réellement, selon nous, un très grand nombre de choses utiles, qu'on donne souvent, en Angleterre comme en France, pour des découvertes nouvelles, au lieu de les citer avec reconnoissance, comme on le devroit, il décide aussi que *les assertions et les avis du Français de Serres, quoiqu'ayant pratiqué l'agriculture et l'entendant réellement, ne sont fondés sur l'autorité d'aucune expérience;* et en rendant compte, dans un autre endroit, de ses expériences, à lui, sur la luzerne, il nous dit que *de Serres conseille de convertir en pré le terrain où l'on a cultivé de la luzerne, par le moyen de l'irrigation.* Ce qui nous décèle bien évidemment l'intention avec laquelle il cite ce passage que nous allons bientôt donner tel qu'il est textuellement dans Olivier de Serres, avec quelques réflexions à ce sujet, c'est le compliment qu'il adresse à tous nos écrivains, dans une note qui accompagne cette citation, en parlant de notre agriculture, et en la comparant avec celle de son pays qu'il a critiquée, avec tant de raison, en mille endroits de ses ouvrages. Voici cette note : *Les meilleurs écrivains français semblent n'avoir pas plus l'idée d'un bon cours de récoltes, que les plus ignorans de nos fermiers.* Pour corroborer cette assertion, il cite, comme

Après avoir reconnu avec ce grand homme que *la terre se délecte de la mutation*, nous couvrirons alternativement en luzerne toutes les terres de notre exploitation qui y sont propres, en suivant ce sage conseil de M. de Père : « dans un domaine dont le terrain seroit propre à la luzerne, et dont les prairies seroient d'un médiocre produit, et cependant propre à la culture ordinaire, ce seroit, je crois, faire une très bonne spéculation que de convertir en luzerne la moitié des terres arables, qu'on remplaceroit par le terrain des prairies détruites; on pourroit dans la suite détruire, tous les ans, une septième ou huitième partie de luzerne, qu'on remplaceroit par un nouveau semis en luzerne d'une égale étendue de terrain : on s'assureroit

---

extrait d'un de nos *meilleurs auteurs*, le passage insignifiant d'un auteur *anonyme*, sur les prairies artificielles, et qui avoit mis au jour son ouvrage à l'époque bien remarquable de 1762. Nous reviendrons sur cette preuve de son assertion ; mais transcrivons auparavant le texte même du respectable patriarche de notre agriculture, pour lequel il est bien permis à Arthur Young de ne pas être pénétré de tout le respect qu'ont su inspirer à nos *meilleurs auteurs* ses excellens préceptes, étayés de sa savante pratique. *Si ne voulés prendre la peine de rompre la vieille luzernière, la convertiés en pré commun : et ce tant seulement par réitéré et fréquent arrouser.* Et plus loin, *ce pré estant treuvé bon, est mis au rang des meilleurs pour la quantité et qualité de son herbe.*

Maintenant, où est donc le crime de lèze-agriculture, commis par notre Olivier, lorsqu'avec sa prudence et son bon sens accoutumés, il vous dit très clairement que, dans le cas où il ne vous conviendroit pas de défricher une luzernière, vous pouvez, au moyen de fréquentes irrigations, la convertir en pré, ajoutant, sur-tout, que ce pré, étant trouvé bon, est mis au rang des premiers, en quantité et qualité. Qui donc peut ignorer qu'une humidité prolongée développe ordinairement un grand nombre de graminées et de légumineuses vivaces qui font la base des meilleures prairies, et que le moyen indiqué avec tant de réserve, par Olivier, est souvent employé, avec le plus grand succès, en divers endroits. Où donc seroit son crime encore, de n'avoir pas eu, il y a plus de deux siècles, l'idée d'un bon cours de cultures, lorsque de l'aveu d'Young lui-même, on ne s'est occupé que depuis bien peu de temps, en Angleterre comme en France, de l'amélioration de l'agriculture, sous l'important rapport des assolemens ? Enfin, où seroit aussi le crime de cet *auteur obscur*, qu'il met si obligeamment au nombre de nos *meilleurs auteurs*, d'avoir dit, il y a bientôt un demi-siècle, qu'on pouvoit faire quelques récoltes consécutives de grains, après la luzerne, lorsqu'il y a six ans, nous nous sommes assurés que ces fermiers anglais, contre l'ignorance desquels Young, lui-même, s'est élevé si souvent avec véhémence, et *dont les plus ignorans cependant ont plus d'idées*, selon lui, *d'un bon cours que nos meilleurs écrivains*, faisoient encore, il y a quelques années, comme nous nous en sommes assurés sur les lieux mêmes, de ces mêmes récoltes consécutives de grains *jusqu'à extinction absolue de force*, dans des circonstances bien moins favorables, et se trouvoient réduits ensuite à une affreuse jachère, qui couvre encore, *en ce moment*, une très grande partie du sol anglais, quoique nos incorrigibles anglomanes s'obstinent à répéter, d'après des autorités aussi bien instruites qu'eux sur ce point, qu'on ne la connoît plus en Angleterre. Mais, quittons cette digression pour revenir à la plante *exquise* du bon Olivier de Serres.

par-là le moyen d'entretenir beaucoup de bestiaux, on auroit des terres pour ainsi dire inépuisables, et assez de fumier pour leur donner toute la fertilité qu'elles pourroient comporter. »

Qu'il nous soit permis d'ajouter à ce sage conseil un fait qui nous est personnel et qui nous paroît bien propre à engager à le suivre. Depuis plus de vingt ans, nous avons entretenu constamment *la moitié* de notre exploitation en prairie naturelle et artificielle sur-tout, dont malheureusement la luzerne n'a jamais pu faire la majeure partie, nos terres et notre principale spéculation réclamant plus particulièrement le sainfoin, ou le trèfle; et nous sommes entièrement redevables des succès qui ont couronné nos efforts à la continuelle rotation qui existe entre ces prairies et la culture des céréales, qui nous procure, avec des récoltes avantageuses, d'amples moyens d'amélioration, en simplifiant beaucoup la manutention et sur-tout en économisant les frais.

S'il est de la plus grande importance d'observer, comme nous l'avons indiqué, une rotation de cultures telle, après avoir défriché une luzernière, qu'on puisse prolonger, le plus possible, la durée de ses bons effets, sans souiller ni épuiser la terre; il ne l'est pas moins de la préparer convenablement à la recevoir, lorsqu'on la lui destine, et nous devons terminer par quelques renseignemens sur cet objet, qui est rarement rempli d'une manière satisfaisante.

Au lieu de consacrer à la luzerne, comme on le fait souvent, la terre qui ne peut plus fournir qu'à de très médiocres récoltes d'un autre genre, dans la supposition très gratuite qu'elle pourra y trouver encore de quoi vivre abondamment, ce que dément cependant toujours l'expérience suivie de l'observation, d'après les motifs que nous avons déjà exposés, sur-tout si cette terre est souillée de semences et de racines vivaces nuisibles, on ne sauroit trop, trop longuement et trop tôt la préparer à la recevoir par de profonds labours et d'abondans et riches engrais, bien consommés. Qu'on fasse, comme nous l'avons fait, l'essai comparatif des deux méthodes, et l'on sera étonné de la différence qui existe pour l'abondance, la durée et la netteté des produits. Nous pouvons donc assurer qu'il est toujours très avantageux de préparer l'introduction de la luzerne par une ou plusieurs cultures améliorantes, telles que celles de la vesce, de la fève, de la pomme de terre, de la rave, du navet, du haricot, comme dans le canton de Montfort-Lamaury, ou par toute autre culture sarclée et houée, jusqu'à ce que la terre soit complètement ameublie, fertilisée et nettoyée de tout obstacle à sa prospérité; et, outre le produit de ces cultures, on sera toujours très amplement récompensé des soins et des frais qu'elles auront occasionnés.

Indépendamment de la luzerne le plus communément cultivée, qui présente plusieurs variétés dans la couleur de ses fleurs, ce genre nous offre encore un très grand nombre d'espèces annuelles, bisannuelles ou vivaces, dont plusieurs, parmi les secondes et les dernières, méritent d'être distinguées. Les principales sont, la luzerne lupuline, la luzerne faucille et la luzerne arborescente.

Nous avons déjà fait connoître la lupuline, qui n'est que bisannuelle et qui est une des plantes les plus précieuses pour les coteaux crétacées et autres terres ingrates où elle croît spontanément. Nous renvoyons à ce que nous en avons dit p. 25 et suiv. de notre première division.

La LUZERNE FAUCILLE, *Medicago falcata*, qui est très applicable à cette même division, est une plante indigène, vivace, dont les tiges foibles, très rameuses, en partie couchées dans leur état naturel, et qui atteignent souvent la longueur de 64 centimètres, sont garnies de folioles étroites et oblongues, et de fleurs en grappes axillaires, quelquefois purpurines, quelquefois blanches, mais le plus souvent jaunes, remplacées par des gousses en croissant, ou en faucille, d'où est dérivé son nom spécifique.

Cette espèce, dont la culture a été recommandée par Linnée, paroît cultivée en Suède, au rapport de M. le chevalier d'Edelcrantz, qui nous en a remis quelques semences qui en provenoient; elle paroît, aussi, beaucoup plus rustique que la luzerne cultivée, d'après Mitterpacher, qui dit qu'elle résiste beaucoup mieux à la gelée et qu'elle est bien moins délicate sur le sol (1).

Haller objecte à la vérité la dureté de ses tiges et sa disposition naturelle à la prostration; mais nous nous sommes assurés, avant qu'un débordement vînt détruire l'essai que nous en faisions, qu'une culture soignée et serrée change ces dispositions, comme nous l'avons remarqué également à l'égard de plusieurs autres plantes; et nous pensons que l'excellente qualité de son fourrage, peu abondant à la vérité, la propriété qu'on lui a reconnue de résister fortement à la gelée, et celle de croître sur les sols les plus ingrats, où on la rencontre ordinairement, ce qu'elle doit sans doute à la profondeur à laquelle elle enfonce sa racine qu'il est très difficile d'extirper, la rendent recommandable, ne fût-ce que pour pâturage, sur les terres et aux expositions de médiocre qualité, où elle pourroit partager avantageusement le sol avec les graminées et autres légumineuses vivaces de bonne nature qui y croissent spontanément.

La LUZERNE ARBORESCENTE, *Medicago arborea (potiùs arbores-*

---

1) *Medicago falcata gelidis locis aptior est quàm sativa, quod frigoribus minus laborat, et iniquissimo solo consita injuriam sustinet.* Elem. rei. rust. pars prima, p. 349.

cens) est un arbrisseau originaire des contrées les plus méridionales de l'Europe; dont la tige frutescente, très rameuse et un peu cotonneuse, qui s'élève jusqu'à deux ou trois mètres environ, dans son pays natal, est garnie de feuilles nombreuses à trois folioles cunéiformes, échancrées en cœur à leur sommet, ou entières, blanchâtres et soyeuses, en dessous sur-tout, et de fleurs en têtes d'un beau jaune, axillaires et pédonculées, remplacées par des gousses en croissant, assez ressemblantes à celles de la luzerne faucille.

Cet arbrisseau, que M. Amoreux a enfin reconnu et démontré être le fameux cytise des anciens, après une très longue légende de phrases botaniques diverses et de suppositions hasardées, dont on l'avoit décoré, ou plutôt entortillé; cet arbrisseau, sur les excellentes qualités duquel ils ne tarissent pas; que Pline et Columelle, Varron et Virgile, déclarent unanimement avoir des qualités admirables pour la nourriture d'un grand nombre d'animaux, et qu'on peut résumer à peu près à ceci, *excellent, en vert ou en sec, pour la nourriture des chevaux, des brebis et des chèvres, des vaches laitières et des porcs, des abeilles et de la volaille; excellent lactophore pour tous les animaux; rassasiant promptement ceux qui en mangent et les engraissant bientôt; excellent remède pour leurs maladies; d'une culture aussi peu coûteuse qu'extraordinairement lucrative; se semant ou se plantant de bouture, ou se provignant facilement en automne et au printemps; ne craignant ni le chaud ni le froid, ni la grêle ni la neige; ne redoutant pas même les ennemis, parceque son bois n'est bon à rien*, quoiqu'il paroisse cependant qu'on en tire aujourd'hui parti en Grèce et en Turquie, sous différens rapports économiques; voilà, il faut en convenir, une bien longue série de bien grandes qualités, *si elles sont toutes vraies;* et il faut convenir aussi qu'elles étoient bien propres à engager un ardent et un savant ami de notre agriculture, comme M. Amoreux, à débrouiller enfin le chaos dans lequel étoit plongée cette célèbre plante, enveloppée depuis long-temps d'un nuage bien épais et bien obscur.

Il nous apprend, dans un mémoire très érudit, que, mû par un motif aussi louable, il a enfin découvert ce cytise, qui n'en est plus un, d'après les classifications modernes de nos botanistes, et qu'il l'a soumis à divers essais dont il rend compte. Nous croyons devoir aussi essayer d'en esquisser ici le résultat.

La luzerne arborescente soumise aux essais de ce savant, semée en mars, sortit de terre au bout de quinze jours environ; et il reconnut que le mois de mai étoit plus favorable à sa semaille que toute autre époque, son premier succès dépendant d'un temps doux et pluvieux. Des semis faits en septembre, eurent un égal succès, mais les pluies d'automne rendirent les plantes trop grêles, en les faisant monter trop tôt, et elles furent plus sensibles aux gelées. On peut en faire la première coupe en automne, la plante grandit et se fortifie pendant plusieurs années, et elle monte à plus d'un mètre. Transplantée en pleine terre, elle endure toutes les rigueurs de l'hiver (dans les environs de Montpellier) sans se dépouiller de ses feuilles et prospère au mieux à diverses expositions. Il est peu de plantes économiques dont la reprise par bouture soit aussi certaine, et la multiplication aussi facile. Il ne l'a vue fleurir qu'après la seconde année, mais les boutures fleurissent plus tôt. Sa durée paroît surpasser celle de toutes les plantes à fourrage; sa nature à demi ligneuse la rend encore capable de résister long-temps au froid, au chaud et à toutes les intempéries des saisons; elle commence à fleurir en juin, et continue pendant presque tout l'été. On peut cueillir ses semences réniformes en automne comme celles de la luzerne ordinaire, et il en a semé après quatre ans qui ont bien levé. On peut faire la récolte des rameaux à la faucille ou aux ciseaux, non dans l'intention de la façonner en arbuste, car la bonne économie n'emprunte rien du luxe, mais pour la tondre plus expéditivement et plus régulièrement à une hauteur égale à laquelle le faucheur ne sauroit soutenir la faux suspendue. Sa dessiccation est prompte et sa consommation comme celle de la luzerne commune. Elle doit être semée fort clair, par planches, en rayons alignés, dont on pourroit remplir les intervalles cultivés par quelqu'autre production annuelle, peu volumineuse, en évitant la fève dont le puceron attaque aussi cette plante.

M. Amoreux ajoute que *la luzerne arborescente sera bientôt la plante du cultivateur, si le cultivateur veut se familiariser avec elle;* et nous ne pouvons que désirer que sa prédiction et ses vœux puissent s'accomplir dans le midi de la France, ignorant d'ailleurs s'ils se sont réalisés sur quelque point.

DE L'ARACHIDE. L'arachide, ou pistache de terre, *Arachis hypogea,* ainsi nommée à cause de la singularité très remarquable que présentent ses gousses, qui s'enfoncent en terre pour y compléter la maturité des graines très rapprochées ainsi des racines, est une plante exotique annuelle, dont les tiges simples, velues, couchées, cannelées et peu élevées, sont garnies de feuilles alternes, ailées, et de fleurs jaunes, axillaires, solitaires ou géminées, remplacées par des gousses qui renferment des semences assez ressemblantes à la vraie pistache.

Cette plante, originaire des pays chauds, a d'abord été cultivée en Europe, en Espagne, d'où sa culture en plein champ est passée en France, depuis un petit nombre d'années, dans quelques uns de nos départemens méridionaux.

Elle paroît exiger, pour prospérer, outre un climat très chaud, une terre légère, découverte et bien exposée, abritée, humide et substantielle, c'est-à-dire, de première qualité, et bien préparée par les labours et des engrais bien consommés.

On ne doit la semer en plein champ que lorsque la terre est assez échauffée pour n'avoir pas à craindre que ses semences huileuses y pourrissent, ou soient détruites par les mulots, les rats et autres animaux qui en sont friands, et c'est ordinairement d'avril en juin dans nos départemens méridionaux.

Sa culture peut se faire en rayons, comme celle du haricot, pour la commodité des opérations aratoires, c'est-à-dire, pour pouvoir facilement la sarcler, la biner et la butter; et sur des ados, s'il est possible, en espaçant chaque semence à 32 centimètres environ, afin de leur laisser l'air et la lumière indispensables à leur perfectionnement.

La maturité de ses semences, à laquelle les premières gelées nuisent souvent, s'annonce par la dessiccation des tiges et des feuilles, et la récolte peut s'en faire comme celle de la pomme de terre. Il convient de les laisser dans la gousse, après les avoir fait bien sécher, jusqu'au moment du besoin, parcequ'elles s'y conservent mieux, et on peut les en retirer comme celles du haricot.

L'arachide fournit, dans son fruit, une espèce d'amande mangeable, quoique peu délicate, crue ou torréfiée comme le café auquel on la substitue quelquefois, et qu'on peut même convertir en pain, mêlée avec de la farine de froment, ou en purée, ou substituer au cacao, quoiqu'inférieure en qualité; mais son principal usage consiste dans la fabrication de l'huile limpide et inodore, de bonne qualité, de bonne garde, et d'une extraction très facile par le secours seul de la pression, et qu'elle fournit en très grande quantité, en en donnant ordinairement la moitié de son poids.

Le résidu peut encore subir la panification, mélangé avec partie égale de farine de froment, ou entrer dans la composition du chocolat; et il peut aussi être destiné à l'engraissement des bestiaux qui sont aussi avides de ses semences que de son fourrage et de sa racine qui a une saveur approchante de celle de la réglisse.

La culture de l'arachide est très peu répandue en France aujourd'hui, et paroît même avoir été abandonnée dans quelques endroits où elle avait été entreprise d'abord avec cet enthousiasme qui ne se soutient pas toujours, quoique ses résultats aient été très avantageux dans les environs de Toulon, de Toulouse et de Turin, où elle a produit presqu'au centuple de la semence, et quoiqu'elle puisse servir de seconde récolte et de culture préparatoire pour celle des céréales, lorsqu'elle est soigneusement entreprise et suivie, ce qui pourroit la rendre une acquisition importante pour l'économie rurale et domestique; mais toute culture nouvelle est ordinairement très lente à se propager, parcequ'elle rencontre souvent un grand nombre d'obstacles de toute espèce, et de préjugés difficiles à surmonter.

Appuyons ces réflexions de quelques renseignemens relatifs à son utilité dans la nourriture de nos bestiaux et dans nos assolemens.

« Une plante nouvelle, nous dit M. Poyféré de Cère, avoit paru quelques instans dans les Landes, conseillée et prônée par le désir du bien, délaissée ensuite, parceque, souvent parmi nous, l'empressement de jouir ne nous donne pas le temps d'attendre la jouissance; l'arachide, enfin, n'est pas désagréable aux moutons. J'ai éprouvé qu'après les premiers refus les graines de cette plante les affriandent. On en pourroit faire un usage modéré, soit dans le temps de la monte, soit lorsque les troupeaux sont affoiblis et dégoûtés. L'arachide remplaceroit avantageusement les chènevis ou les gâteaux de graines oléagineuses, dont les bons effets sont reconnus. »

M. de Père, après nous avoir assuré que cette culture avoit été introduite avec assez de succès dans le département des Landes, pour faire croire qu'elle réussiroit aussi sur les rives de la Gelise, dans le troisième arrondissement du département de Lot-et-Garonne, ajoute : « On sème ou plante l'arachide depuis le mois de mai jusqu'à la fin de juin : et elle se récolte, au plus tard, à la fin d'octobre; voilà donc une cinquième plante avec le maïs, le chanvre, les haricots, le colsat, dont la semaille tardive permet de faire l'objet d'une seconde récolte sur le même terrain, après une récolte fourrageuse, printanière, ou une récolte morte, suivant le cours ci-après : 1° racines, choux, dragée, farouch, récolte morte; 2° arachide; 3° froment, ou seigle ou dragée.

DE LA RÉGLISSE GLABRE. La réglisse glabre, *Glycyrrhiza glabra*, est une plante vivace, originaire de l'Europe méridionale, à longues racines traçantes, grosses, cylindriques, jaunâtres intérieurement, grisâtres extérieurement, et ligneuses; dont les tiges annuelles et nombreuses, qui s'élèvent de soixante-quatre centimètres à un mètre environ, sont dures et rameuses, garnies de feuilles visqueuses, ailées, ovales et pointues, et de fleurs purpurines en longs épis remplacés par des gousses glabres ou lisses, qui lui ont donné son nom spécifique.

Cette plante, cultivée pour ses racines, l'est peu parmi nous, quoiqu'elle supporte assez bien nos hivers.

Elle exige, pour prospérer, une situation ouverte et abritée au nord, s'il est possible, et un sol profond, meuble, substantiel et chaud, où elle puisse étendre aisément ses racines en tous sens. Plus on parvient à l'ameublir, à le fertiliser et à l'approfondir, plus ses productions sont volumineuses; et plus le climat et l'exposition sont chauds, plus elles ont de qualité.

On la multiplie généralement de drageons, ou bourgeons nombreux et enracinés, provenant d'anciens pieds, et qu'on place au printemps, à environ quatorze à seize centimètres en lignes espacées d'à peu près trente-deux centimètres, sur des planches ou ados séparés par des intervalles semblables, et établis au-dessus de tranchées profondes garnies de fumier riche et bien préparé.

La plantation finie, on jette quelquefois la terre des intervalles sur les planches qu'on égalise bien ensuite, et quelquefois aussi on sème dans ces intervalles des carottes, des panais, des raves et des navets, ou autres productions qui occupent peu de temps le sol, et qui indemnisent des frais de sarclage et de houage qu'exigent rigoureusement les plantes, sur-tout la première année de la plantation.

On retranche, avant l'hiver, avec la faux, ou tout autre instrument équivalent, les sommités des nouvelles pousses que les bestiaux mangent sans en être avides, comme nous nous en sommes assurés.

Dans la seconde et la troisième année, la terre reçoit de nouveaux houages et sarclages toutes les fois qu'ils sont nécessaires, et elle est débarrassée, en temps convenable, des drageons qui poussent dans les intervalles, et qui servent à de nouvelles plantations. Les tiges sont, aussi, toujours retranchées avant l'hiver.

A l'automne de la troisième, et quelquefois de la quatrième année, on procède à la récolte, en recreusant les anciennes tranchées, dont on extirpe toutes les racines qu'on nettoie soigneusement à mesure de leur arrachage, qui doit toujours se faire par un temps très sec; car la pluie les pourriroit promptement. On les arrange ensuite en bottes de grosseur et longueur égales, qu'on conserve dans du sable, dans un endroit un peu frais, jusqu'à ce qu'on les livre au commerce.

Les racines fibreuses sont quelquefois, et devroient toujours être employées à faire ce qu'on appelle le jus de réglisse, c'est-à-dire à être écrasées vertes, et mises sur le feu dans une chaudière avec une quantité d'eau suffisante, et bouillies jusqu'à ce que la liqueur prenne une teinte noire foncée, et le degré de consistance convenable pour pouvoir être moulée en bâtons allongés, et être livrée ainsi au commerce.

On connoît la vertu expectorante, diurétique et laxative de la réglisse, et il s'en fait annuellement une assez forte consommation pour que sa culture, qui ne suffit pas en France à nos besoins, dans le moment actuel, puisse être adoptée avec beaucoup d'avantages en plusieurs endroits.

Cette culture, comme l'on voit, exige beaucoup d'opérations manuelles, toujours longues, difficiles et dispendieuses, qu'il nous semble qu'on pourroit remplacer en grande partie par l'emploi de la petite herse et de la houe à cheval. Elle a d'ailleurs beaucoup de rapports avec celle de la garance, et l'on peut consulter les détails de culture et d'assolement dans lesquels nous sommes entrés à l'égard de cette plante.

On perpétue quelquefois la culture de la réglisse sur le même terrain, mais à tort, puisqu'il est reconnu que ses produits vont toujours en diminuant lorsqu'on la renouvelle, et il est bien plus conforme aux principes de la saine agriculture, et plus avantageux de l'alterner en l'intercalant avec d'autres cultures.

Les engrais abondans, les défoncemens profonds, et les houages et sarclages multipliés qu'elle exige assurent le succès de toutes les récoltes convenables qu'on veut lui faire succéder; et l'on remarque que toutes y prospèrent et donnent des produits très avantageux.

Il existe encore plusieurs autres espèces de réglisse, dont une, la RÉGLISSE HÉRISSÉE, *Glycyrrhiza echinata*, ainsi distinguée parceque ses gousses sont hérissées de poils très doux, et plus connue sous la dénomination de *réglisse de Dioscoride*, a les mêmes propriétés, et paroît plus rustique et plus vigoureuse.

M. de Lasteyrie vient de publier des renseignemens fort intéressans sur la culture de la réglisse en France.

DE L'INDIGOTIER FRANC. L'Indigotier franc, *Indigofera anil*, qu'on désigne quelquefois sous le nom d'*anil*, et sous celui d'*indigo*, quoiqu'il doive plutôt indiquer la substance colorante qu'on obtient de ses feuilles, est un arbuste à racine pivotante, originaire de l'Asie et de l'Afrique, dont la tige droite, frutescente et rameuse, qui s'élève de soixante-quatre centimètres à un mètre environ, et qui a le port et plusieurs caractères du GALEGA, qu'on appelle *faux indigo*, est garnie de feuilles ailées, ovales, entières, vertes en dessus, pâles en dessous, et de fleurs rougeâtres, petites et en grappes axillaires, remplacées par des gousses arquées, courtes et roides, renfermant plusieurs semences dures, luisantes, et d'un jaune terne.

Cette plante, qui présente plusieurs variétés, dont la principale paroît être l'indigotier des Indes, *Indigofera tinctoria*, dont les gousses ne sont point arquées, et dont il existe aussi plusieurs espèces, plus ou moins précieuses par l'abondance et la qualité de leurs produits, paroît propre à enrichir plusieurs cantons de nos départemens méridionaux, d'après quelques essais fructueux qui y ont été tentés, ainsi qu'en plusieurs autres parties de l'Europe méridionale.

L'indigotier exige, pour réussir parmi nous, une latitude qui n'excède pas quarante et quelques degrés, et à laquelle il puisse jouir d'une chaleur assez intense et prolongée.

Quoique, dans plusieurs contrées où il croît spontanément, on le rencontre fréquemment sur des terrains pierreux et sableux, il nous paroît convenable de lui consacrer, en France, les terres de première qualité, afin que sa végétation y soit plus vigoureuse et plus accélérée; et on lui réserve souvent, dans les colonies, celles qui sont nouvellement défrichées, parcequ'il y donne généralement les produits les plus avantageux.

Il redoute, par-dessus tout, celles qui sont compactes et humides, et ses feuilles y fournissent peu de fécule colorante.

Si la terre qu'on lui consacre n'est pas naturellement très fertile, elle doit être améliorée par d'abondans et riches engrais bien préparés et purgés de germes de plantes et d'insectes nuisibles; et si elle n'est pas, non plus, nette et meuble, elle doit être nettoyée et ameublie par des cultures préparatoires et par des labours suffisans. Une exposition méridionale et bien abritée, voisine d'un cours d'eau disponible pour l'irrigation, paroît devoir le placer, avec les précautions que nous venons d'indiquer, dans les chances les plus favorables à sa prospérité.

Il en existe une espèce ou variété connue sous le nom d'indigo bâtard, qui paroît moins délicate sur le sol et l'exposition, mais dont les produits sont inférieurs en qualité.

Il est inutile d'observer qu'on doit attendre, pour le semer, qu'on n'ait plus rien à craindre des dernières gelées, et que la terre se trouve déjà assez échauffée par la force des rayons solaires, pour que les semences ne soient pas exposées à pourrir en terre, au lieu d'y germer, et assez humide pour que la germination soit prompte.

Ces semences doivent être le plus fraîches et le plus acclimatées possible, et sur-tout bien mûres, car lorsqu'elles ne le sont pas, leur levée est retardée de plusieurs jours et très irrégulière, ce qui donne lieu à deux grands inconvéniens.

Lorsque le climat le permet, il est avantageux de les semer à plusieurs intervalles peu éloignés, afin que la récolte des feuilles puisse se faire plus commodément.

On peut semer, ou à la volée, comme on l'a recommandé, ou en rayons, ce qui nous paroît bien plus commode pour le sarclage, en espaçant les semences d'environ seize centimètres dans la ligne, et du double à peu près en largeur.

Ces semences doivent être déposées dans de petites rigoles, et légèrement recouvertes avec de la terre fraîche et meuble.

Dès que les plantes commencent à paroître, accompagnées des plantes nuisibles qui ont germé avec elles, il est de la plus grande importance de détruire complètement les dernières, pour faciliter le développement des premières, et de réitérer cette indispensable opération jusqu'à ce que les plantes qu'on cultive couvrant complètement le sol de leur ombrage, puissent s'opposer efficacement à la multiplication de ces dangereux ennemis.

Plus le sarclage est fait rigoureusement par un temps convenable, plus le produit augmente en quantité et en qualité, aucune feuille étrangère ne pouvant alors détériorer la fécule colorante qu'on désire obtenir.

L'indigotier est exposé, dans son pays natal, à un grand nombre d'ennemis, indépendamment d'une culture peu soignée et plus avide que raisonnée qu'il nous paroît recevoir souvent et des herbes parasites qui viennent dévorer sa substance, et mêler leurs feuilles hétérogènes aux siennes. Il souffre également, et des pluies abondantes, et des vents brûlans, étant très sensible aux vicissitudes de l'atmosphère. Un prompt écoulement de l'eau surabondante, lorsqu'il est praticable, est le seul moyen efficace de parer au premier inconvénient, qui donne à sa feuille peu de qualité, en l'abreuvant trop, et en s'opposant à l'élaboration des sucs; et une irrigation modérée peut quelquefois remédier au second, qui crispe quelquefois la feuille, la dessèche et la brûle.

Mais ses ennemis les plus redoutables sont un assez grand nombre d'insectes qui s'y attachent, et en dévorent promptement la substance, sur-tout lorsqu'ils la trouvent déjà dans un état de souffrance occasionné par quelqu'une des causes précédentes. Il est peu de plantes qui soient aussi exposées à leurs ravages, et le seul remède réellement efficace consiste à retrancher, le plus promptement possible, les feuilles attaquées, pour les réduire en indigo par la macération, lorsqu'elles se trouvent assez avancées en maturité pour cet objet.

Dans le cas contraire, et lorsque les insectes sont peu multipliés, on a, plusieurs fois, employé, avec succès, diverses espèces de volailles, qui, introduites à jeun dans le champ, en nombre suffisant, en ont débarrassé les plantes, sans occasionner à leurs feuilles aucun dommage bien sensible.

Au reste, il est possible qu'en France l'indigotier soit assailli d'un moindre nombre d'ennemis, et d'ennemis moins redoutables.

Le moment où la plante, ayant acquis son plus grand développement, se prépare à fleurir, et où ses feuilles, ayant pris une teinte vive et foncée, sont devenues fermes et cassantes, est l'époque critique qu'il faut saisir pour en faire la récolte, lorsque le temps est beau; car il est dangereux de l'entreprendre par un temps pluvieux, toujours nuisible à la qualité de l'indigo.

Avant cette époque, les feuilles trop aqueuses ne contiennent pas une fécule assez élaborée, et après, cette fécule devient de plus en plus rare, parceque la nature, par une de ses lois constantes, la fait contribuer au développement de la fleur et à la formation des semences.

On fait cette récolte avec une faucille bien acérée, ou tout autre instrument équivalent, qui sépare les rameaux de la tige, jusqu'à trois ou quatre centimètres de terre, environ. Cette tige produit ordinairement des rejetons dans un climat et dans un terrain favorables, et on peut les retrancher à plusieurs reprises, lorsqu'ils sont suffisamment développés, mais ils fournissent ordinairement une fécule inférieure à celle des premières feuilles.

On place soigneusement sur des toiles toutes les parties retranchées de la tige; on les transporte doucement à la cuve qui doit les recevoir, pour qu'elles y subissent la macération, et le transport doit s'en faire le plus tôt possible, parcequ'elles sont très disposées à entrer dans un commencement de fermentation qui altèreroit leur qualité.

Le local où la fabrication de l'indigo se fait doit être bien aéré, solidement carrelé, et le plus rapproché possible d'un filet d'eau très dissolvante. On y dispose, sur un plan incliné, trois cuves solides, placées l'une au-dessus de l'autre, en amphithéâtre, et qui puissent se vider l'une dans l'autre par des robinets. On dépose les feuilles dans la plus élevée, et on les arrange par couches régulières, de manière à ne laisser aucun interstice entre elles. Dès qu'elle est chargée jusqu'à environ trente-deux centimètres du bord, on y introduit l'eau la plus pure et la plus douce possible, qui doit surmonter les feuilles de dix à douze centimètres environ. On les assujettit ensuite par des planches, en ayant l'attention de ne pas trop les comprimer. Il s'y établit promptement une fermentation qui devient bientôt tumultueuse, et qui développe et sépare de la feuille le principe colorant. Lorsque les parties qui le composent tendent à se rapprocher, ce dont on peut s'assurer en prenant, en divers endroits de la cuve, un peu de la liqueur qu'on dépose dans une tasse d'argent bien nette, où l'on peut observer le plus ou le moins de tendance que les particules colorantes qui y nagent ont à se réunir, on fait couler toute cette liqueur dans la seconde cuve, où, en l'agitant légèrement et régulièrement, on facilite et on détermine de plus en plus cette tendance et la précipitation qui s'ensuit de la fécule. On décante alors cette eau dans la troisième cuve, où elle dépose encore les atomes colorans qu'elle peut contenir, et on la fait ensuite écouler soigneusement hors du local.

Nous observerons, en passant, que cette eau très malsaine, et qui seroit nuisible aux animaux qui en boiroient, peut encore être utilisée, en la dirigeant dans les fosses préparatoires des engrais dont elle peut accélérer la fermentation, en ajoutant aussi à leurs bonnes qualités, et c'est ainsi qu'on peut souvent, dans les exploitations rurales, convertir le mal en bien.

Le sédiment qui reste au fond de la seconde et de la troisième cuve, lorsque toute l'eau qui surnageoit en est écoulée, se met dans des sacs où il achève de s'égoutter; on l'en retire alors pour le faire sécher en plein air dans des caisses, ou de toute autre manière plus convenable, avec toutes les précautions possibles pour que la dessiccation soit complète sans être précipitée, et pour que les mouches qui en sont avides ne puissent ni la dévorer ni y déposer leurs œufs, d'où résulteroient des vers également nuisibles à la quantité et à la qualité de l'indigo.

On sait que l'indigo, qui, lorsqu'il peut être livré au commerce, doit être cassant et friable, et d'une couleur bleue, violette ou cuivrée, a été substitué en Europe au pastel pour la teinture, quoiqu'il fournisse une couleur moins fixe. On l'emploie également pour la peinture en détrempe et dans les blanchisseries.

Tant que les prix, excessivement élevés aujourd'hui, des diverses qualités d'indigo subsisteront, à cause de l'interruption de nos anciennes relations commerciales, nous pensons qu'il pourra être avantageux de cultiver en grand l'indigotier dans les contrées méridionales de la France, dont le climat peut l'admettre. Diverses tentatives paroissent avoir été faites avec succès, relativement à cette culture, sur plusieurs points de l'Europe, et il y avoit autrefois, à Malte, un établissement en grand en ce genre. Elle a été tentée en Toscane avec assez de succès, et depuis en France, avec des résultats encourageans. Rozier avoit formé le vœu, d'après quelques essais en petit, qu'elle pût s'établir dans la basse Provence et dans le bas Languedoc. Nous possédons aujourd'hui des contrées plus propres encore à cette culture, et il est désirable que, par l'encouragement du gouvernement et par le zèle éclairé de nos cultivateurs méridionaux, ce vœu patriotique puisse enfin recevoir tout l'accomplissement que son importance paroît mériter.

Déjà nous sommes informés que M. Icard de Bataglini a cultivé l'indigotier franc, avec succès, *en grand et en plein champ dans une exposition ouverte à tous les vents* sur le territoire de la commune de l'Isle près d'Avignon; et M. Doude vient de le cultiver également de la même manière dans le département du Var, avec le succès le plus encourageant, en obtenant de l'indigo de très bonne qualité, dont nous avons sous les yeux des échantillons qui ne nous permettent pas d'en douter.

D'après les détails dans lesquels nous sommes entrés, nous pensons que les terres nouvellement défrichées, les plus nettes et les mieux préparées par des cultures améliorantes, doivent essentiellement convenir à celle de l'indigotier.

Quoique ce soit une plante vivace, nous n'osons affirmer qu'elle puisse résister à nos hivers, sans être couverte au moins, et nous voyons, d'ailleurs, que, dans son pays natal, on la sème fréquemment tous les ans, et qu'on fait peu de cas, ordinairement, des produits de la troisième année de son existence, quoique ceux de la seconde paroissent être les meilleurs.

Nous renvoyons, au reste, pour les autres détails relatifs à son assolement, à ceux dans lesquels nous sommes entrés à l'article PASTEL, qui lui sont également applicables.

TROISIÈME SECTION. *Des crucifères.*

Les plantes les plus applicables à notre troisième division, parmi les crucifères, sont le PASTEL, la BUNIADE ORIENTALE, la MOUTARDE NOIRE et la MOUTARDE BLANCHE.

DU PASTEL. Le pastel, guède ou vouède, *Isatis tinctoria*, est une plante bisannuelle, indigène, dont la racine est pivotante, grosse, ligneuse et très fibreuse, et dont la tige qui, avec une culture soignée, dans un terrain convenable, s'élève quelquefois à plus d'un mètre, est lisse, droite, arrondie, très rameuse à son sommet, et garnie de feuilles d'un vert bleuâtre, lisses, entières et lancéolées, et de fleurs jaunes en panicules, remplacées par des siliques noirâtres renfermant une seule semence, violette ou jaune.

Cette plante qu'on retrouve dans les régions septentrionales de l'Europe, dont elle supporte impunément la rigueur du climat, peut être utile dans nos assolemens, sous deux rapports distincts, comme plante tinctoriale et comme plante fourrageuse.

Considérons-la d'abord sous le premier rapport.

§. 1. Comme plante tinctoriale, le pastel exige, de l'aveu de tous les agronomes et de tous ceux qui le cultivent, le terrain le plus fertile et le mieux préparé, pour prospérer. Ainsi, les terres les plus abondantes en humus, les labours les plus profonds et les mieux faits, ainsi que les engrais les plus riches, doivent lui être consacrés pour obtenir les feuilles les plus belles, les mieux nourries et les plus abondantes. Il faut sur-tout que le sol soit très meuble, afin que les racines de cette plante puissent s'y enfoncer aisément, et exempt de trop d'humidité, qui pourriroit les feuilles, et qu'on doit faire écouler en bombant les planches et en les séparant par des rigoles. Les prairies nouvellement défrichées, et celles qui sont écobuées et incinérées, lui sont très convenables, et on emploie souvent la colombine pour engraisser les terres qui lui sont destinées.

Quant au climat, on peut cultiver le pastel avec succès au nord de la France comme au midi, puisqu'il l'est dans les environs de Caen, de Valenciennes, et en Allemagne comme en Angleterre, et qu'il résiste aux plus grands froids de nos hivers, qui ne suspendent même pas toujours sa végétation; cependant nos départemens méridionaux conviennent davantage à cette culture, parceque la fécule colorante qu'on obtient de ses feuilles est plus abondante et plus élaborée; et celle qu'on en retire près de Castres, d'Alby, de Toulouse et d'Avignon, a généralement plus de qualité que celle du nord.

On peut le semer en automne, mais on le fait ordinairement à la fin de l'hiver, ou au commencement du printemps, afin d'avoir plus de temps pour préparer convenablement la terre. Le plus tôt est le meilleur, dès qu'elle est bien préparée.

La semence la plus fraîche et la mieux nourrie, récoltée sur des pieds qui n'ont pas été dépouillés de leurs feuilles, est toujours la meilleure, et l'on doit sur-tout préférer la violette à la jaune, qui produit une variété plus foible, moins lisse et moins précieuse. Elle doit être foiblement enterrée et toujours dans une terre très ameublie.

On peut semer à la volée ou en rayons; mais la dernière manière nous paroît bien préférable à la première, en ce quelle rend beaucoup plus faciles, plus commodes et plus expéditifs, les sarclages et houages indispensables à la prospérité de cette récolte et au nettoiement du champ, ainsi que l'arrachage de tous les pieds trop rapprochés qui donnent des produits foibles et de peu de valeur, lorsqu'ils ne peuvent pas s'étendre suffisamment de tous côtés.

Le pastel est quelquefois exposé à être dévoré par les insectes, en levant, sur-tout lorsqu'il est semé tard, et à être rongé par les sauterelles dans les fortes chaleurs. Dans le premier cas, il faut ressemer, sans perdre de temps; et dans le second, retrancher toutes les feuilles attaquées, afin qu'il en repousse de nouvelles.

Plus souvent et mieux la terre est serfouie, nettoyée et ameublie, plus les produits sont abondans et de bonne qualité.

Lorsque les pieds tendent à monter, on les contraint à s'étendre latéralement, en retranchant le jet supérieur.

Le produit de cette récolte consistant uniquement dans les feuilles, leur maturité s'annonce par leur affaissement et par la teinte jaunâtre qu'elles prennent alors. Il convient de les retrancher sans délai, lorsque le temps est beau, et qu'elles sont bien sèches; on peut réitérer cette opération trois ou quatre fois dans l'année, suivant que le sol, la culture et la température lui sont plus ou moins favorables; mais la première récolte est ordinairement la meilleure en quantité et en qualité, et, à la dernière, on arrache souvent les feuilles jusqu'au collet.

Le retranchement s'en fait ou à la main, ou à la faucille, ou à la faux. Le premier moyen est le plus long, mais le plus précis; et le second y supplée beaucoup mieux que le troisième, qui est le plus expéditif et le plus économique, mais qui a l'inconvénient d'être moins régulier, et de ne point séparer les feuilles nettes et mûres de celles qui ne le sont pas assez.

Il est toujours utile de sarcler, serfouir et ameublir les intervalles entre chaque récolte, et on les rend ainsi plus fréquentes et plus belles.

On transporte à couvert toutes les feuilles enlevées, dès qu'elles ont perdu, par un léger fanage et par leur amoncellement, une partie de leur eau de végétation, et qu'elles sont un peu macérées, sans toutefois avoir fermenté; et on les porte alors, après les avoir lavées quelquefois, à un moulin à huile ordinaire, où elles sont triturées et réduites en une pâte solide qu'on amoncèle à couvert après l'avoir comprimée et rapprochée le plus possible; elle ne tarde pas à fermenter et à se dessécher. La fécule s'y développe, et il se forme à la surface une croûte noirâtre qui se fendille, et qu'on a le plus grand soin de réparer, afin de prévenir une évaporation nuisible, et le développement de petits vers plus nuisibles encore.

Dès qu'on s'aperçoit, à l'affoiblissement de l'odeur pénétrante que la fermentation exhale, qu'elle est calmée, on défait la pile, on la broie, et on la réduit en petites pelottes ou coques, qu'on moule ensuite et qu'on fait sécher, et c'est en cet état qu'elle fournit une teinture bleue très solide, dont les nuances peuvent être très variées.

Quoique la culture du pastel, que nous fournissions à l'Angleterre jusqu'en 1576, ait autrefois procuré des bénéfices si considérables à ceux qui l'entreprenoient, que l'expression *pays de coquaigne*, dérivée de l'usage de le réduire en *coques* ou pelottes, étoit généralement usitée, comme elle l'est encore quelquefois aujourd'hui, pour désigner un pays riche, cette culture est peu étendue parmi nous depuis la découverte de l'indigotier, qui fournit plus abondamment une autre fécule bleue, moins solide, avec laquelle on mélange souvent celle du pastel pour augmenter la fixité et l'intensité de la première. Cependant cette culture pourroit devenir très avantageuse, sur-tout lorsque l'interruption des relations maritimes rend l'indigo plus rare et plus cher.

Les soustractions réitérées des feuilles de cette plante, en la privant d'un des principaux moyens que la nature a donnés aux végétaux pour se nourrir, doivent nécessairement lui faire exiger beaucoup du sol; mais comme sa culture exige aussi de rigoureux et nombreux sarclages et serfouissages; comme elle exige essentiellement une terre très abondante en principes végétatifs, naturels ou artificiels, elle la laisse nécessairement très nette et améliorée, et en état de fournir, après, d'autres récoltes avantageuses en céréales ou en autres productions convenables; et c'est ce que l'expérience démontre toutes les fois qu'elle a été faite avec soin, et lors sur-tout qu'on n'en a point exigé de semences, comme on le fait quelquefois.

§. 2. Comme plante fourrageuse, le pastel peut être confié à des terres moins fertiles, et devenir encore avantageux sous ce rapport. Sa faculté de résister aux froids les plus rigoureux, et sa grande précocité peuvent le rendre utile pour la nourriture printanière de nos bestiaux; et étant semé pour cet objet, de bonne heure en automne, à la volée, pour être consommé en fourrage vert, après avoir été fauché, ou mieux encore, sur le champ même, par les bestiaux qui peuvent en faire avantageusement eux-mêmes la récolte, et qui le mangent bien lorsqu'ils y sont accoutumés, il peut devenir une nouvelle ressource, en épuisant moins la terre dans laquelle on enfouit ses débris; mais il ne faut jamais, dans ce cas, essayer de le convertir ensuite en plante tinctoriale, car ses produits seroient bien peu avantageux, et la terre s'en trouveroit fortement épuisée.

Daubenton l'a le premier employé ainsi; il l'a recommandé comme nourriture d'hiver des bêtes à laine, et plusieurs cultivateurs l'ont imité avec succès.

Ajoutons à ces données quelques nouveaux renseignemens relatifs à l'assolement.

« La guesde ou pastel, dit Olivier de Serres, qui nous apprend que de son temps cette plante étoit sur-tout cultivée dans le Lauraguais, désire l'aer tempéré et la terre très bonne et grasse, ne pouvant vivre en la maigre et légère. C'est pourquoi on le loge plus tôt ès lieux de nouveau desprées, qu'en terre de commun labour, les herbages défrichés causans grande substance au fonds, y provenant la graisse par la longueur du temps que la terre a demeuré entière. »

« Quelque bonne que soit la terre que l'on se propose de mettre en pastel, dit Duhamel, il faut la fumer un an auparavant d'y semer cette plante, et lui faire porter en premier lieu du blé.

« Le même champ, dit-il encore, ne doit point servir l'année d'après à porter encore du pastel ; on pourra y mettre la première année du blé ; la seconde du millet ; et dans la troisième y remettre du pastel, qui y réussira, supposé que la terre ait été bien fumée. »

Nous pensons qu'il vaudroit beaucoup mieux généralement semer le pastel avant le blé, et établir une prairie artificielle avec la première culture qui suivroit immédiatement celle du pastel, pour ne revenir à sa culture qu'après l'avoir défrichée. Les produits, selon nous, en seroient bien plus assurés, et la terre se conserveroit aussi en meilleur état.

Rozier nous assure que « le pastel vient très bien sur un champ où l'on a récolté du lin », et cette plante exige aussi, comme l'on sait, le terrain le plus fertile et le mieux préparé, qui, avec des engrais abondans, pourroit fournir ainsi des récoltes consécutives et diverses très productives; mais il deviendroit plus essentiel encore, pour réparer ses déperditions et prévenir son épuisement, d'établir une prairie avec la culture qui les suivroit immédiatement.

DE LA BUNIADE ORIENTALE. Notre collègue M. Thouin a aussi recommandé pour la nourriture printanière de nos bestiaux, et particulièrement pour celle de nos bêtes à laine, la culture d'une autre plante de cette famille, et très voisine du pastel ; c'est la BUNIADE ORIENTALE, OU CAQUILLIER, *Bunias orientalis*, plante vivace et très rustique, que nous avons vue s'élever à plus d'un mètre, et qui fournit un fourrage vert très abondant. Elle est peu délicate sur la nature du terrain ; se propage facilement par ses racines traçantes et par ses nombreuses semences; est très précoce ; peut être semée clair, et sur un seul labour, parcequ'elle trace et forme des touffes étendues, en automne ; et elle fournira l'année suivante, mais sur-tout celle d'après, un fourrage précoce. On peut encore, lorsqu'on s'aperçoit que ses produits diminuent, ou qu'on veut la remplacer, enfouir sa dernière pousse comme engrais végétal.

Tel est le précis des renseignemens donnés par cet agronome distingué sur la buniade orientale, et nous voyons avec plaisir, que déjà plusieurs cultivateurs ont cherché à l'utiliser pour la nourriture de leurs bestiaux, et qu'elle promet d'ajouter encore une nouvelle ressource pour nos assolemens, en nous procurant le moyen d'établir avec elle une culture améliorante et préparatoire pour d'autres cultures principales.

DE LA MOUTARDE NOIRE. La moutarde noire ou sénevé, *Sinapis nigra*, est une plante annuelle, indigène, à racine pivotante, ligneuse et très fibreuse, dont la tige ronde, striée, légèrement velue intérieurement et branchue, s'élevant de soixante-quatre centimètres à un mètre environ, est garnie de feuilles radicales, larges, à lobes arrondis et découpés, les supérieures étant entières, étroites et lancéolées, et de petites fleurs jaunes, en grappes terminales, remplacées par des siliques courtes, glâbres et rapprochées de la tige, renfermant des semences noirâtres, d'où lui vient son nom spécifique.

Cette plante, qui n'est ordinairement cultivée que pour sa graine âcre et très piquante, qu'on réduit en une espèce de pâte qui sert d'assaisonnement, et qu'on emploie à quelques autres usages médicinaux, ou en une huile résolutive, et qui sert aussi à divers usages économiques, l'est peu, parmi nous, quoique assez productive, fournissant beaucoup de graines dont l'emploi est peu considérable.

Elle exige un terrain meuble, frais et substantiel, pour prospérer, tel enfin qu'il se trouve ordinairement dans les îles, sur le bord des rivières et sur les laisses de mer, où elle croît spontanément. Plus on l'ameublit par les labours et plus on le fertilise par des engrais abondans et bien préparés, lorsqu'il n'est pas naturellement meuble et très fertile, plus ses produits sont abondans.

On peut la semer comme le colsat et la navette avec laquelle sa culture a beaucoup de rapport, à la volée ou en rayons; mais la première manière est ordinairement préférée comme étant plus expéditive et économique.

Il est généralement avantageux de la semer clair, de la recouvrir légèrement, et sur-tout de la sarcler rigoureusement et de l'éclaircir lorsqu'elle est trop drue.

La récolte doit en être faite dès que la tige commence à jaunir et que la majeure partie des fleurs inférieures sont remplacées par des semences noirâtres qui sont toujours les meilleures, sans attendre la maturité complète des dernières, qui valent moins et exposent les autres à se répandre sur le champ, ou à être dévorées par les oiseaux qui en sont avides, ainsi que plusieurs autres animaux.

On fait cette récolte, ou en arrachant les tiges à la main, ce qui est plus long, mais conserve mieux la graine, ou en les coupant avec la faucille, ou à la faux, ce qui est plus économique et plus expéditif; dans le dernier cas, il faut, sur-tout, prévenir l'excès de maturité, et éviter, s'il est possible, un temps sec et chaud.

On la bat ordinairement sur le champ même, lorsqu'elle est bien sèche, ou à côté, et quelquefois à la grange, avec de simples fourches ou gaules, qui la font aisément sortir des siliques, et on la conserve sèchement après l'avoir vannée et bien criblée, pour l'employer le plus tôt possible, après l'avoir étendue bien mince, pour achever de perdre, sans s'échauffer, son eau de végétation non combinée.

Les tiges dépouillées sont très propres à être converties en cendres, ce qui vaut beaucoup mieux que de les convertir en fumier en les faisant servir de litière.

Un des grands inconvéniens de cette culture peu étendue, c'est que ses semences, dont une partie plus ou moins considérable se répand toujours sur le champ qui y est soumis, quelques précautions que l'on prenne, conservent, pendant un très grand nombre d'années, leur faculté germinative, comme la plupart de celles des crucifères, puisqu'on en retrouve encore aujourd'hui en quelques endroits où elle n'a pas eu lieu depuis très long-temps, et que leur développement est nuisible aux récoltes qui la suivent et qui exigent alors de fréquens et rigoureux sarclages.

On peut consulter sur les autres renseignemens relatifs à sa culture, et sur-tout aux assolemens, ceux dans lesquels nous sommes entrés aux articles Navette et Colsat, qui lui sont applicables.

On emploie aussi quelquefois les jeunes feuilles de la moutarde noire en potages, et ses tiges vertes comme fourrage vert ou comme engrais végétal; mais c'est plus particulièrement la moutarde blanche qui est destinée à ces derniers usages.

DE LA MOUTARDE BLANCHE. La moutarde blanche, *Sinapis alba*, qu'on appelle aussi quelquefois, plante à beurre, et qui diffère essentiellement de la précédente en ce que sa tige, moins élevée et plus velue, a ses feuilles plus découpées, ses fleurs d'un jaune pâle plus grandes, ses siliques velues et terminées par un bec oblique alongé et aplati, et sa semence d'un blanc jaunâtre, plus grosse et moins âcre, est une autre plante annuelle indigène.

Sa culture est la même que celle de la précédente; nous observerons cependant qu'elle nous a paru exiger un terrain moins substantiel, et ses usages économiques peuvent aussi être les mêmes; mais ceux pour lesquels nous la recommandons plus particulièrement, d'après l'expérience que nous en avons faite plusieurs fois en grand, c'est comme fourrage vert ou comme engrais végétal. Semée au printemps comme récolte-jachère préparatoire et améliorante, sur les terres peu fertiles, elle peut fournir un fourrage assez abondant et propre à augmenter la qualité et la quantité du lait des vaches, ce qui l'a fait surnommer *plante à beurre*, en quelques endroits où on l'emploie à cet usage, ou procurer un engrais économique, lorsqu'on se décide à l'enfouir à l'époque de sa floraison, après l'avoir affaissée par le rouleau.

La culture de cette plante a été introduite avec succès sur plusieurs points de l'intéressant département de la Marne, sous la dénomination de *plante à beurre*

QUATRIÈME SECTION.

Les plantes les plus applicables à notre troisième division, qui se trouvent dans d'autres familles que les trois grandes dont nous venons de nous occuper, sont le lin usuel et le lin vivace, dans la famille des caryophyllées; le chanvre et le houblon, dans celle des urticées; le pavot, dans celle des papavéracées; la carotte et le panais, dans celle des ombellifères; la bette, la bette-rave, et la soude, dans celle des chénopodées; la cardère, dans celle des dipsacées; la garance dans celle des rubiacées; le safran dans celle des iridées; la courge, dans celle des cucurbitacées; le tabac, dans celle des solanées; la rhubarbe dans celle des polygonées; le cotonnier, dans celle des malvacées; et l'asclépiade de Syrie, dans celle des apocinées.

DU LIN USUEL. Le lin usuel, *Linum usitatissimum*, est une plante annuelle, à racine pivotante et divisée, originaire de la Perse, d'après M. Olivier, et cultivée de temps immémorial dans la majeure partie de l'Europe. Sa tige grêle, droite, arrondie, creuse et rameuse à son sommet, susceptible de s'élever quelquefois jusqu'à près d'un mètre, dans le nord de la France sur-tout, quoiqu'elle n'atteigne guère ordinairement que la moitié de cette élévation par-tout ailleurs, est garnie de feuilles d'un vert foncé, sessiles et linéaires, et de fleurs solitaires d'un bleu clair, terminales ou axillaires, remplacées par des capsules globuleuses, renfermant dix semences ovales, aplaties, luisantes et d'une couleur fauve.

Cette plante est une des plus utiles pour un très grand nombre d'usages économiques; mais c'est aussi une des plus délicates sur la culture, et une des plus épuisantes qui soient connues.

On en distingue plusieurs variétés entièrement dues à la culture, dont les principales sont: *le lin de fin, lin froid, lin ramé ou grand lin*, le plus élevé et le plus tardif, mais le plus grêle et le moins grenu, plus cultivé dans le nord de la France que par-tout ailleurs, et toujours sur les terres les plus fertiles et les mieux préparées; et le lin *de gros, têtard, chaud, ou branchu*, plus bas, plus précoce, plus rameux, et par conséquent plus grenu; c'est le plus généralement cultivé.

On en distingue aussi quelques sous-variétés intermédiaires, susceptibles de nuances très variables, résultant de la nature du sol, du climat et de la culture.

Enfin on distingue encore le lin, comme nos céréales, en variétés d'été ou d'hiver, selon qu'elles sont semées habituellement en automne ou au printemps.

Aucune plante, après le chanvre peut-être, n'exige, pour donner des produits bien avantageux, une terre plus fertile; et aucune n'en exige sur-tout une plus nette et mieux préparée par les labours, les engrais, et les cultures précédentes.

Le sol auquel on confie le lin doit être naturellement très riche, très meuble, modérément humide, profond, en exposition ouverte, mais abritée, s'il est possible, du côté des vents les plus violents; et exempt de semences, de racines et de tout autre obstacle nuisible à sa prospérité; ou rendu tel nécessairement par l'industrie du cultivateur.

Les principaux moyens généraux pour y parvenir, et qu'il faut particulièrement étudier dans nos départemens septentrionaux, où cette culture, comme beaucoup d'autres, est portée à un très grand point de perfection, nous paroissent consister, d'après les observations que nous avons été à portée de recueillir sur les lieux mêmes, — à multiplier, le plus possible, les labours profonds, et les défonçages mêmes lorsqu'ils sont particables; — à en faire un au moins avant l'hiver, en exhaussant fortement les sillons en terre humide principalement, afin de les exposer complètement à l'action atténuante et fertilisante de cette saison; — à les faire à petites raies, au printemps, et toujours suivis de tous les hersages et roulages nécessaires pour obtenir l'ameublissement le plus parfait; — à éviter soigneusement et très rigoureusement, de jamais entreprendre aucune de ces importantes opérations, lorsque la terre est fortement humide, ou le temps très pluvieux, dans la crainte non seulement de détruire les effets salutaires des opérations précédentes, mais encore de rendre toutes celles qui doivent suivre, beaucoup plus longues, plus difficiles et souvent incomplètes; — à diviser la terre trop humide en planches étroites, séparées par des rigoles destinées à faciliter l'écoulement de l'eau surabondante, ou à la retenir lorsqu'elle peut devenir utile; - à s'abstenir de l'emploi de ce moyen de dessèchement sur celle qui pêche plutôt par défaut que par excès d'humidité, en laissant trop promptement infiltrer ou évaporer l'eau dont elle est abreuvée; — à corriger l'excès de ténacité naturelle du sol, par une marne essentiellement calcaire, par la chaux, ou par tout autre amendement équivalent, et à corriger l'excès contraire qui la rend trop perméable à l'eau, par une marne fortement argileuse; — à choisir toujours préférablement à tous autres, les engrais qui, sous un moindre volume, contiennent le plus de parties fertilisantes, telles que les matières fécales liquides, ou sous la forme de *poudrette*; la colombine; les cendres végétales et sulfureuses; les boues et les vases anciennes et bien purgées de toute graine nuisible, par la fermentation et par de fréquens remuemens; les marcs ou résidus de toutes les plantes oléifères; les débris ménuisés ou rognures de cornes, d'os, de laine et de cuir; les plantes marines bien réduites; et les terreaux les plus riches, les mieux consommés et les plus végétatifs; — à éviter enfin, avec une attention scrupuleuse, tous les engrais animaux trop frais, nouveaux et non fermentés; tous ceux qui ne sont pas suffisamment réduits et ménuisés; mais plus particulièrement tous les fumiers qui, n'ayant pas été amenés, par une longue fermentation convenable, à l'état de terreau parfait, renferment encore les germes d'un grand nombre d'insectes et de semences toujours très préjudiciables à cette récolte, et dessèchent en outre le terrain, qui a besoin d'une constante humidité.

Lorsque tous ces soins généraux sont remplis le moins incomplètement possible, et lors sur-tout qu'on est parvenu, par les derniers hersages, à bien ameublir et égaliser la surface du champ, et à en réduire les mottes les plus fortes, qui s'opposeroient à la germination des semences et à l'enfoncement du pivot de la racine en terre, on doit procéder à la semaille par un beau temps, dès que l'époque la plus convenable pour cette opération est arrivée.

Cette époque varie en France, relativement aux différences du climat, et elle doit varier encore relativement à la différence des produits et des qualités qu'on désire obtenir, ce que nous paroît avoir fort bien exprimé Olivier de Serres par ces paroles. « Le lin printanier rapporte moins de poil et de graine que l'hyvernal, mais poil plus fin et plus subtil, dont pour telle qualité, cestui-là est à préférer à cestui-ci; — et il ajoute: — si le temps est fort rigoureux, les lins hyvernaux endureront beaucoup, tourmentés des excessives froidures, jusqu'au mourir: à quoi le premier remède est de les loger en lieu couvert de la bise, pour y estre en abri: aussi de les semer de bonne heure, afin que fortifiés devant l'arrivée de l'hiver, puissent d'eux-mêmes aucunement résister aux injures de la saison: puis de les tenir légèrement couverts durant les grandes froidures: moyennant lesquelles sollicitudes, ne craindront ne froids ne gelées (dans le midi), ains sortiront gaiement de l'hyver. »

Il est donc prudent de ne hasarder la semaille du lin en France, avant l'hiver, que dans les cantons où l'on n'a pas ordinairement à redouter les rigueurs de cette saison, et de le faire avec toutes les précautions indiquées, en septembre ou octobre au plus tard.

Par-tout ailleurs, il est généralement plus avantageux de la différer jusqu'au printemps, et de la reculer le moins possible, dès qu'on n'a plus à craindre l'effet des dernières gelées, parcequ'il est bien reconnu que le lin, semé dans cette saison, a ordinairement d'autant plus de qualité pour la longueur et la finesse du fil, ainsi que pour l'abondance et le perfectionnement des semences, qu'il a été plus tôt mis en terre fraîche, lorsque le temps est convenable.

Il est d'observation en Bretagne et en plusieurs autres endroits aussi, sans doute, *que le lin semé en mai donne toujours plus de bois et moins de filasse :* cependant on est quelquefois contraint de différer plus long-temps encore, et la saison et le temps décident principalement du succès des semences.

La graine de lin, connue en beaucoup d'endroits sous le nom de *linette* ou *linuise*, est de toutes les semences cultivées en plein champ, celle qui exige peut-être le plus de régularité dans sa dissémination, afin qu'elle puisse également remplir par-tout l'objet principal auquel on en destine les produits.

On doit la semer, comme les semences des prairies artificielles et comme toutes celles qui sont menues, très doucement, à des distances très rapprochées, et toujours par le temps le plus calme possible; et la recouvrir très légèrement avec la herse, ou tout autre instrument équivalent, et le rouleau qui, en aplanissant le terrain, prévient une trop forte évaporation de l'humidité, et rend ensuite le sarclage plus expéditif et plus commode.

Quelquefois, mais rarement, lorsqu'on craint que des pluies d'orage abondantes battent et compriment la terre, et détruisent cet état d'ameublissement si utile, on la couvre légèrement de quelques substances propres à empêcher ou à diminuer au moins cet effet, par leur interposition.

On peut avoir en vue trois principaux objets distincts dans la semaille du lin; et de l'un ou l'autre de ces objets, résulte la plus ou moins grande quantité de semence que la terre doit recevoir et nourrir.

Si l'on désire obtenir une filasse fine et longue, on doit nécessairement semer très dru pour cet objet, et donner la préférence à la semence qui provient de la variété dite *lin de fin*, *grand lin*, ou *lin froid*.

Si l'on veut au contraire obtenir un fil plus fort que fin et allongé, on doit semer plus clair, et la variété, dite *lin chaud*, est généralement préférable.

Enfin, lorsqu'on vise plus particulièrement à la quantité et à la qualité de la graine, qu'au produit qu'on considère presque toujours comme le principal, c'est-à-dire, à la filasse, on doit semer plus clair encore; et plus la variété qu'on devra préférer pour ce dernier objet méritera la qualification de *têtard*, mieux elle remplira l'indication proposée.

Dans l'un ou l'autre de ces trois cas, mais dans le premier et le dernier sur-tout, la semence doit être très ferme et luisante, pleine, pesante et arrondie, d'un mucilage doux et liant, pétillant et s'enflammant promptement sur les charbons ardens, et sans aucun mélange de variété. Celle qui est légère, blafarde et très plate, n'est pas assez mûre, et celle qui est sèche et rance, qui brûle et pétille mal, est ou trop vieille ou altérée. La plus fraîchement récoltée est généralement à préférer aux plus anciennes.

Ici se présente une question du plus grand intérêt et susceptible d'être controversée ; c'est celle de l'utilité ou de la nécessité du renouvellement de la semence, et c'est sans contredit une des plus délicates que nous offre l'économie rurale.

Malgré l'insuffisance de nos moyens pour la traiter complètement, abordons-la cependant, et voyons d'abord si le renouvellement est réellement indispensable, dans le sens qu'on y attache ordinairement ; nous examinerons ensuite s'il est utile dans quelques cas.

Si l'on consulte les cultivateurs du lin dans les principales contrées de l'Europe, ils vous disent unanimement que cette plante donne des produits moins vigoureux d'année en année, si l'on n'en renouvelle la semence avec celle tirée de pays très éloignés ; et en Flandre, comme en Bretagne et en Irlande, on est dans l'usage en temps de paix, d'en tirer beaucoup du nord, particulièrement de Riga, et aussi d'Amérique et de Hollande. C'est ce qu'on appelle ordinairement lin *de tonne*, dans le département du Nord, parce que la graine arrive dans des tonnes, et celui qui provient immédiatement de sa première récolte, reçoit la dénomination de *lin d'après tonne*.

Est-il toujours indispensable, pour obtenir des produits très vigoureux, de tirer la semence d'aussi loin ? Ce qui pourroit fortifier l'opinion généralement affirmative des cultivateurs sur ce point, c'est que cette semence étrangère, d'abord très vigoureuse, s'affoiblit d'année en année, et que celle du pays et des environs où on la cultive, ne peut la remplacer complètement, n'équivalant jamais celle qui vient ainsi des pays lointains. Ce qui pourroit, aussi, venir à l'appui de cette assertion, c'est que nous avons vu une variété de chanvre venue de la Chine, d'abord très vigoureuse chez nous, puisqu'elle s'y étoit élevée jusqu'à plus de six mètres, se rabaisser insensiblement presque au niveau de notre chanvre cultivé. Enfin, ce qui pourroit encore la corroborer, c'est l'observation faite par quelques agronomes, que plusieurs plantes dont la culture en grand, lorsqu'elle convient au climat et qu'elle est bien faite, deux conditions toujours indispensables pour son succès, y végètent plus vigoureusement d'abord qu'elles ne paroissent le faire au bout d'un nombre d'années plus ou moins éloigné de l'époque de leur première introduction ; mais ce qui paraîtroit la fortifier plus particulièrement, c'est l'assertion de M. Dubois de Donilac qui, après un long séjour en Livonie d'où nous vient le lin de Riga, et où il a examiné avec le plus grand scrupule tout ce qui concerne la culture et la manipulation du chanvre et du lin, nous dit qu'*on s'y aperçoit aussi, dès la troisième année, comme chez nous ; de l'affoiblissement de la graine de lin et de celle du chanvre ; qu'on est forcé de la renouveler au plus tard, après la cinquième récolte ; que les nouvelles graines qu'emploient les Livoniens se tirent principalement de la Silésie*, MAIS QU'ILS EN FONT VENIR AUSSI DE FRANCE.

Cependant, il est bien reconnu, d'abord, que les industrieux Hollandais qui ont fait presqu'exclusivement, pendant quelque temps, le commerce de cette graine de lin de Riga, y ont substitué souvent, sans qu'on s'aperçût de la différence, de la graine récoltée dans la Zélande, c'est-à-dire dans un pays qui touche à la Flandre, et qui avoit probablement été cultivée sur les meilleures terres et d'après les principes que nous avons reconnus convenables pour obtenir la plus belle graine, puisque cette graine s'affoiblit également chez eux sur toutes les terres qui ne conviennent pas essentiellement à cette culture, ou lorsqu'on vise à la finesse de la filasse plutôt qu'au perfectionnement de la graine. Il est bien reconnu, ensuite, qu'on est parvenu plusieurs fois en France même, par obtenir de la graine d'une qualité supérieure à celle qu'on obtient de la culture ordinaire dont la filasse très fine est le but essentiel, sinon l'unique, et toujours en adoptant ces mêmes principes.

Ne semble-t-il pas, d'après des faits aussi positifs et aussi concluans, qu'il n'est pas indispensable de tirer de la graine de lin de Riga, ou de tout autre pays lointain, pour obtenir les produits vigoureux qu'on recherche? Nous sommes d'autant plus disposés à le croire que c'est l'opinion de nos maîtres Duhamel, Rozier, Bosc et Tessier, dont le dernier, qui nous a donné un excellent mémoire sur le lin, s'est assuré d'ailleurs, par sa propre expérience, que la graine de Riga ne donne pas dans le climat de Paris de plus beau lin que celle de beaucoup de cantons de la France et des parties méridionales de l'Europe.

Mais, de ce qu'il résulteroit des faits et des observations ci-dessus, qu'il ne seroit pas indispensable que nous tirions de la graine de lin de Riga, ce qui seroit toujours une vérité fort importante à fixer; car, comme l'observent avec raison les membres de la société de Bretagne, *L'agriculture n'est dans sa force que lorsqu'elle peut se passer de tout secours éloigné;* s'en suivroit-il qu'il ne seroit pas avantageux d'en renouveler la semence? C'est ce qui mérite encore d'être examiné.

Quoique nous ne pensions pas, comme nous avons eu occasion de le dire déjà, à notre article Froment, d'après un assez grand nombre de faits indubitables dont plusieurs nous sont personnels, que le renouvellement des semences soit toujours indispensable, après un laps de temps plus ou moins long, parcequ'il nous est bien démontré que les semences bien choisies d'abord, et convenablement traitées, ensuite, sous tous les rapports essentiels de leur culture et de leur conservation, sont susceptibles de se conserver très long-temps saines, vigoureuses, et en état de fournir à d'abondantes productions, sans éprouver une détérioration générale; nous n'en pensons pas moins que ce renouvellement peut devenir avantageux dans un assez grand nombre de cas, d'après le principe que nous avons établi que la terre se plaît généralement dans la variété des objets qu'on lui confie, et parcequ'en cherchant à renouveler ses semences, il est naturel de supposer qu'on cherche toujours à en substituer de poids, de volume, de netteté et d'autres qualités supérieures à celles qu'on possède déjà, et que la question, considérée sous ce seul point de vue, doit nécessairement se décider en faveur du renouvellement, qui peut d'ailleurs, aussi, entraîner avec lui d'autres avantages, tels que l'introduction de variétés précieuses, une plus grande analogie entre la semence et la nature du sol, une plus grande acclimatation, plus d'aptitude à supporter diverses intempéries, etc.

Mais, il nous paroît se présenter ici un nouveau motif bien puissant pour déterminer à faire ce renouvellement, le plus souvent possible, et il existe dans le mode de culture adopté pour obtenir principalement de la filasse du lin, et sur-tout lorsqu'il s'agit de forcer, pour ainsi dire, cette plante, à la fournir la plus fine possible.

Les plus simples notions de physique végétale suffisent pour nous convaincre que des plantes serrées étroitement entre elles, étiolées, pour ainsi dire, et rendues si grèles et si élevées, qu'on est souvent forcé de les ramer, comme nous le verrons tout à l'heure, pour les empêcher de verser et de pourrir, doivent donner non seulement des semences rares, mais encore très imparfaites, et bien peu propres, lorsqu'on s'en sert, à maintenir la plante dans sa vigueur primitive. Ceci s'applique plus particulièrement au *lin de fin*, proprement dit; mais qu'on ne croie pas que le têtard, ou lin de gros, soit exempt de la totalité de ces inconvéniens. Quoiqu'il soit semé ordinairement moitié moins épais que le précédent, il l'est, et doit toujours l'être trop, nécessairement, afin d'obtenir une filasse de bonne qualité, pour obtenir en même temps une graine parfaite, qu'on ne laisse d'ailleurs que bien rarement achever de mûrir, et qui croît encore, assez souvent, sur un sol qui n'est pas le plus convenable à tout le développement dont cette plante est susceptible.

Nous recueillîmes, en 1785, 86 et 87, une preuve frappante de la promptitude avec laquelle la force végétative du lin, arrivée même à son plus haut point de perfection pour la semence, s'affoiblit, dès qu'elle cesse de se trouver confiée au terrain le plus fertile qu'elle réclame fortement. Nous tirâmes, à cette époque, des environs de Saint-Amand, justement renommés pour la culture du *lin ramé*, de la semence destinée à entrer dans le cadre des essais auxquels nous soumettions alors un assez grand nombre de plantes textiles, et dont les résultats, que la société royale d'agriculture de Paris voulut bien couronner, se trouvent consignés dans le trimestre d'été 1788 de ses mémoires.

Cette semence, confiée à un sol peu fertile, faute d'autre, non seulement se passa très bien des rames que nous lui avions trop obligeamment préparées, mais elle ne s'éleva guère au-dessus du lin têtard ordinaire que nous avions placé à côté pour terme de comparaison; elle s'éleva moins encore la seconde année, et, à la troisième, il nous fut impossible d'apercevoir la plus légère différence entre les deux variétés.

Nous sommes donc très disposés à croire, quoique nous n'ayons aucun fait personnel bien positif sur cet objet, qu'en espaçant suffisamment des graines de lin réunissant déjà toutes les qualités désirables, pour qu'elles puissent jouir de tout l'air, et de la lumière nécessaires pour faciliter leur complet développement, sur les terres les plus fertiles et les mieux préparées, on pourra les maintenir constamment dans cet heureux état, sans avoir besoin de les renouveler, du dehors sur-tout; et c'est encore l'opinion des agronomes que nous venons de citer, et de plusieurs autres aussi dignes de confiance, quoiqu'elle se trouve en contradiction avec celle d'un assez grand nombre de cultivateurs qui n'ont probablement pas fait, sur ce point bien important, un assez grand nombre d'expériences comparatives pour le décider pertinemment.

Aussitôt qu'on s'aperçoit que le lin est sorti de terre partout de quelques centimètres, il ne faut pas perdre de temps pour le sarcler, et l'on doit même réitérer cette utile opération, lorsqu'elle paroît nécessaire, avant qu'il ait atteint seize centimètres environ. Les femmes et les enfans intelligens sont très propres à cet ouvrage, qu'il est essentiel de faire par un beau temps, le plus possible, la terre étant assez humide cependant pour faciliter l'extirpation des plantes nuisibles, et en évitant de trop fouler le lin aux pieds qui deviennent moins nuisibles s'ils sont déchaussés, lorsque cela est praticable.

Lorsqu'on a semé dru la variété dite *de lin fin*, dont la hauteur se trouve ordinairement disproportionnée avec le diamètre de la tige, on doit craindre qu'elle ne puisse résister aux efforts des vents et de la pluie qui la feroient verser et pourrir, et, pour prévenir cet accident, on la rame en plusieurs endroits, et plus particulièrement à Saint-Amand, en enfonçant en terre, autour des planches, des piquets fourchus sur lesquels on appuie des traverses légères placées de distance en distance, et croisées par d'autres qui forment une sorte de grillage à mailles carrées, ou réseau, et qui soutiennent ainsi le lin grêle et élevé.

Les principaux ennemis du lin sont la cuscute, un insecte, et la sécheresse.

La cuscute, désignée aussi sous les dénominations d'*angure*, *angoisse*, *ou goutte de lin*, en entortillant ses nombreux filamens parasites autour du lin, le fait promptement périr. Il faut soigneusement arracher tous les pieds qui en sont attaqués, dès qu'on s'en aperçoit. (*Voyez* art. LUZERNE, les moyens de prévenir et d'arrêter ses ravages.)

L'insecte qui nuit au lin lorsqu'il lève, en le dévorant, a été indiqué par Olivier de Serres, mais n'a pu être désigné jusqu'à présent. Cet auteur recommande de saupoudrer la linière de cendre pour l'en garantir, et tous les engrais pulvérulens nous paroissent propres à accroître la vigueur du lin, et à le protéger contre les attaques des insectes.

La sécheresse prolongée nuit beaucoup au lin, en arrêtant son développement, et en donnant aux fibres corticales trop de rigidité. Lorsque les irrigations sont praticables avant la floraison, elles peuvent seules parer à cet inconvénient; et si cette opération nuisoit à la formation de la semence, la filasse n'en deviendroit que plus belle, comme l'observe Olivier de Serres qui recommande de mettre à part « les plantes qui n'auront grainé, pour les destiner, comme le plus précieux de telle matière, à faire du filé très blanc, semblable à celui de Florence et autres exquises choses. »

L'époque convenable pour la récolte du lin est un point délicat qui doit être subordonné à l'objet principal qu'on a en vue.

La filasse la moins mûre est sans doute la plus soyeuse, mais elle est aussi moins forte; car le moelleux, ainsi que la finesse, est ordinairement aux dépens de la force.

La filasse la plus mûre, indépendamment de sa force, est toujours celle qui procure en même temps au cultivateur la graine la plus huileuse et la mieux perfectionnée, et ce second produit mérite assez souvent une grande considération.

Écoutons, sur ce point important, Duhamel, qui nous paroît l'avoir bien saisi : « Les sentimens, dit-il, sont partagés sur le temps où il faut arracher le lin; les uns prétendent qu'il faut le cueillir encore vert pour avoir une filasse bien fine et douce, et ceux-là arrachent quelquefois leur lin avant que les semences soient entièrement formées; et dans la persuasion où ils sont que les lins verts produisent la plus belle filasse, ils recommandent qu'en arrachant le lin on ait l'attention de mettre à part les pieds qui n'ont point produit de semences, ou ceux dont les semences ne sont pas encore mûres, pour en retirer la plus belle filasse. Sans prétendre décider la question, je remarquerai seulement que ce triage est avantageux, en ce que les lins verts se rouissent plus promptement que ceux qui sont fort mûrs.

« D'autres pensent, au contraire, qu'il ne faut arracher les lins que quand une partie des capsules qui renferment les graines sont ouvertes, et ils soutiennent que les lins verts fournissent une filasse trop tendre et qui tombe en étoupes au lieu de s'affiner. Il n'est pas douteux que la filasse des lins très mûrs est toujours rude et ligneuse, qu'elle quitte difficilement la chenevotte, et qu'elle ne blanchit jamais parfaitement; c'est pour cela que nous pensons que dans ce ce cas, comme en bien d'autres, il faut éviter les excès; et nous sommes d'avis qu'il faut arracher le lin quand les tiges prennent un jaune éclatant, quand elles se dépouillent de leurs feuilles, et que les semences brunissent dans leurs capsules. »

Le mode de cette récolte peut varier comme son époque.

Après avoir arraché le lin par poignées égales, après en avoir enlevé les plantes étrangères qui peuvent s'y trouver, et qui nuiroient à la qualité de la filasse comme à celle de la graine, et après avoir bien secoué la terre des racines, on dépose successivement ces poignées sur le sol, la graine tournée vers le midi, ou, ce qui vaut mieux, on les lie vers le haut, et en écartant les racines, on les dresse pour sécher promptement.

Dès qu'elles paroissent être suffisamment sèches, on en enlève la graine sans délai, à moins que le mauvais temps ou d'autres circonstances impératives ne contraignent de l'engranger jusqu'au moment favorable pour la battre, soit en l'*égrugeant*, c'est-à-dire en passant les têtes au travers d'une espèce de râteau dont les dents sont fixées dans un banc sur lequel on s'assied, et qui est placé sur un drap; soit en le battant sur ce banc avec un battoir ordinaire; soit enfin en retranchant les têtes de toute autre manière; en ayant toujours la précaution de bien aligner les tiges, ce qui est essentiel pour le rouissage et pour toutes les opérations qui doivent s'ensuivre.

La graine doit être purgée, aussi sans délai, de la terre, des capsules, des feuilles et autres débris qui peuvent s'y trouver; et après avoir été suffisamment séchée, on doit l'étendre très mince et la retourner fréquemment, dans un endroit où elle puisse être à couvert de l'humidité et des nombreux animaux qui en sont avides. Le moyen le plus sûr de l'en préserver lorsqu'elle est bien sèche, consiste à l'entonner, jusqu'à ce qu'on en ait besoin, soit pour la semence, soit pour la convertir en huile.

On doit attendre, pour presser dans les moulins destinés à cet objet, la graine dont on veut extraire de l'huile, que toute la substance mucilagineuse, en se rapprochant par l'évaporation de l'humidité surabondante interposée entre ses molécules, soit transformée en matière plus grasse et onctueuse, ce qui n'a lieu ordinairement qu'après quelques mois qu'il est essentiel de ne pas outrepasser, parceque cette substance ainsi dégagée, pourroit se rancir ou devenir moins abondante, sur-tout si la graine restoit exposée aux influences atmosphériques.

L'huile de lin, employée dans la médecine comme adoucissante et émolliente, et comme vermifuge, vertu que toutes les huiles ont plus ou moins en obstruant les trachées respiratoires des vers, l'est bien plus fréquemment dans plusieurs arts économiques, et particulièrement dans la peinture, comme très siccative : on l'emploie aussi à l'éclairage, au foulage, à la fabrication des savons, etc.

Les principes du rouissage, applicables à toutes les plantes filamenteuses, comme au lin, consistent à dégager par la fermentation les fibres corticales, du gluten gommo-résineux qui les enveloppe. La fermentation de la gomme opère la dissolution de la résine.

Les eaux stagnantes sont ordinairement préférables pour cet objet aux eaux courantes dans lesquelles la fermentation s'établit plus lentement. Celles qui sontcrues séléniteuses, calcaires et minérales n'y conviennent pas ; celles qui sont alimentées par un foible ruisseau qui coule lentement sont généralement très convenables.

Les routoirs doivent être le plus éloignés possible des habitations et du passage des bestiaux, et près des plantations ; et ils doivent être peu profonds, afin que la fermentation s'y établisse mieux, et soit plus égale par-tout.

On y place les tiges, par un temps chaud, par couches régulières, et on met au centre les plus difficiles à rouir. On les assujettit avec des pierres ou de la terre, et on les retire aussitôt qu'on reconnoît que les fibres se séparent aisément de la partie ligneuse qu'elles recouvrent. On les lave ensuite à l'eau courante, s'il est possible, et on les fait sécher promptement.

On peut aussi rouir à la rosée sur les prés ; et ce rouissage, connu sous le nom de *rorage*, s'emploie quelquefois pour le lin, qu'il affine, blanchit et assouplit.

On rouit encore dans des fosses, ce qui n'est pas sans inconvénient ; et même en plein air, à la neige, ce qui se pratique dans quelques contrées septentrionales.

Enfin, M. Bralle a imaginé un moyen de faire rouir en tout temps, en plongeant les tiges dans un vase rempli d'eau chauffée à soixante-quinze degrés environ, dans laquelle on a fait dissoudre du savon vert ; et ce moyen est très expéditif.

On sépare les fibres de la partie ligneuse, ou à la main, ou avec divers instrumens, dont les plus ordinaires sont la batte, le peigne et la broye, mâche ou serançoir ; et on les fait sécher à un feu clair, en les plaçant sur des claies dans un *halloir*.

La culture du lin est pour diverses parties de la France une source intarissable d'industrie et de richesse ; et c'est sur-tout à nos départemens septentrionaux que cette vérité est applicable. Dans celui de l'Escaut elle est regardée comme une des principales et des plus lucratives ; dans celui du Nord, c'est elle qui, par le *lin de gros*, fournit une matière solide aux fabriques importantes de toiles de ménage et de table, qui font la prospérité de plusieurs parties de ce département, et qui, par le *lin de fin*, alimente d'une matière plus blanche, plus douce et plus fine, cette vaste et parfaite fabrication de toilettes, linons, batistes et dentelles, dont

Cambrai et Valenciennes sont les chefs-lieux; et elle enrichit de cette même matière les célèbres *fileries* de Lille et de Bailleul. Dans plusieurs des départemens formés de l'ancienne Bretagne, elle est, aussi, considérée comme la plus précieuse des productions, par la diversité des emplois dont elle est susceptible; c'est elle enfin qui nous fournit par-tout les tissus qui font la partie la plus nécessaire de nos vêtemens, et un objet essentiel d'industrie et de commerce, et qui, outre cette propriété si précieuse, fournit encore à nos papeteries la matière la plus recherchée, lorsque ces tissus ne sont plus propres aux nombreux et si utiles usages qui les réclament souvent.

Cette culture, lorsqu'elle est établie sur les meilleurs principes et qu'elle réussit dans les terres qui lui conviennent, est une des plus profitables, et plusieurs exemples attestent que la valeur d'une seule récolte a souvent égalé et quelquefois même surpassé de beaucoup la valeur vénale du fonds qui l'avoit produite; mais outre qu'elle n'est admissible, avec beaucoup d'avantages, que sur les sols de première qualité, et qu'elle y exige des soins variés et rigoureux, et une longue manipulation qui suppose toujours une nombreuse et laborieuse population, elle exige en outre l'observation rigoureuse d'un bon plan d'assolement pour devenir réellement profitable.

Examinons-la donc sous ce rapport très important, et commençons par les sages réflexions et la règle de conduite que M. de Père nous trace à ce sujet.

« On estime, dit-il, qu'une bonne récolte de lin a plus de valeur qu'une bonne récolte de blé; je pense même qu'on peut évaluer à 300 francs le produit brut d'une bonne récolte de lin sur un journal de terre (un tiers d'hectare environ); cette culture généralement connue dans notre canton (celui de Mezin, département de Lot-et-Garonne) mérite donc d'y être encouragée, d'autant plus que la fabrication des toiles et de l'huile de lin y est l'objet de quelque industrie locale et d'un peu de commerce qui fait vivre un grand nombre de familles; mais cette culture qui devroit recevoir plus d'extension, a besoin aussi d'être conduite avec plus d'intelligence; l'usage général est de semer le lin sur une bonne terre à froment, après un repos d'un an, jugé nécessaire pour la préparation du terrain; l'usage veut encore qu'après la récolte du lin la terre reste un an en jachère, de manière que la récolte du lin doit représenter la rente de la terre pour trois ans: il suit de là que même une bonne récolte de lin n'est point lucrative, et que cette culture est ruineuse quand la récolte manque absolument, ce qui n'arrive que trop souvent: un bon terrain se trouve alors pendant trois ans sans rien produire.

« *Rotation des récoltes avec la culture du lin.*

« 1° Récolte fauchée en vert, sur terrain bien amendé ; ou bien, récolte morte ; 2° lin, 3° froment, 4° trèfle, 5° froment.

» Ou bien, 2° lin ; après la récolte du lin, raves, haricots, maïs, fourrage ; 3° fèves, vesces-dragées, 4° froment, 5° trèfle, 6° froment.

« Une première récolte fourrageuse, en amendant le terrain, laissera encore le temps de bien ameublir la terre par de bons labours, pendant une jachère d'été, jusqu'en septembre, époque de la semaille du lin (pour le midi.)

« Une récolte morte sur fumier deviendroit un amendement qui favoriseroit la croissance du lin.

« Il n'y a pas de doute que le froment ne réussisse à la suite du lin, sur un terrain ainsi soigné (nous en verrons la preuve plus loin.)

« En réglant bien le cours des récoltes, on se dédommage de celle du lin, lorsqu'elle n'a pas réussi (la sécheresse en est ordinairement la cause dans le midi), par celles qui précèdent, ou par celles dont on peut la faire suivre ; si l'on réussit en tout point, on peut tirer de la terre un bon revenu. »

Ce nouvel exemple, joint à ceux que nous avons déjà rapportés, et à ceux que nous allons faire connoître, confirme le principe qui établit que la terre doit être très nette, très meuble et très fertile pour la culture du lin.

On choisit souvent, pour l'entreprendre, une prairie nouvellement défrichée, parcequ'il est facile, par ce moyen, de remplir ces trois conditions essentielles ; mais il exige quelques précautions que nous devons faire connoître.

« Quand on défriche un pré pour en faire une linière, dit Duhamel, il faut le labourer pendant dix-huit mois ou deux ans avant d'y répandre la linette (afin de détruire le gazon et toutes les semences et racines nuisibles). Pour se dédommager de ces cultures, on peut tirer de ce terrain quelques productions, surtout de celles qui n'occupent pas long-temps la terre, et principalement des plantes qui exigent des cultures pendant qu'elles végètent, comme la garance, le maïs, les fèves, les navets, etc., parceque ces labours répétés ameublissent puissamment la terre et détruisent les mauvaises herbes qui sont très contraires au lin. »

Assez souvent aussi, on admet le lin avec beaucoup de succès immédiatement après le trèfle.

Nous trouvons cette excellente pratique usitée dans plusieurs cantons de nos départemens septentrionaux; nous la retrouvons encore à Brescia, en Italie, où le froment, puis le maïs succèdent au lin précédé du trèfle; et elle existe aussi en quelques autres endroits, où elle réussit très bien.

Mais nous devons transcrire ici un passage de notre Olivier de

Serres, qui prouve évidemment qu'il connoissoit bien les bons effets résultans de l'adoption des deux pratiques précédentes, et qui prouvera peut-être à Arthur Young que *nos meilleurs auteurs, même les plus anciens, ont eu quelque idée d'un bon cours de récolte.* (Voyez à ce sujet la note, page 451, article Luzerne). « Sur les prés de nouveau défrichés, dit cet agronome si estimable, s'accroissent à plaisir les lins, MÊME S'IL Y A EU BEAUCOUP DE TRÈFLE, SUR LES RACINES DUQUEL, POURRIES DANS TERRE, SE NOURRISSENT TRÈS BIEN. »

Les terres défrichées qui étoient en bois sont encore très propres à cette culture, par les mêmes motifs.

M. Dubois de Donilac nous informe qu'en Livonie on les y destine souvent, après plusieurs récoltes qui y préparent le terrain, et ce moyen est très applicable à la France.

La culture du lin est quelquefois précédée, aussi, avec beaucoup d'avantage, par celles de la pomme de terre, de la rave et du navet, de la garance, du chanvre, de la fève, du maïs et d'autres plantes qui améliorent le sol par les engrais, ameublissemens, sarclages et houages qu'elles exigent pour donner des produits avantageux.

La plupart de ces plantes, que nous venons de voir Duhamel nous indiquer pour cet objet, précédent le lin, sur diverses natures de terre, dans plusieurs de nos départemens septentrionaux; la garance est fréquemment employée à cet usage dans la Zélande qui y touche et en fait même un peu partie; le maïs peut y convenir, avec plusieurs autres plantes, dans le midi de la France, et nous avons vu le chanvre la précéder, avec beaucoup de profit, sur les défrichemens trop riches où le lin pourroit verser et pourrir, s'il y étoit semé trop tôt.

La culture du lin, bien faite, est toujours suivie, avec beaucoup de succès, par celle du froment ou de toute autre céréale.

Nous en avons déjà rapporté plusieurs preuves frappantes, et nous pouvons ajouter que dans le département du Nord nous avons vu le froment et quelquefois le seigle, ou l'orge ou l'avoine, et même le colsat, donner constamment des récoltes aussi nettes qu'abondantes après la culture du lin.

Cette culture est quelquefois, aussi, suivie immédiatement d'une prairie artificielle établie pendant la durée du lin.

Nous avons vu également adopter avec succès, dans les arrondissemens de Lille et de Douay, cette méthode, qui nous paroît très convenable, lorsqu'on sème le lin clair et particulièrement pour sa graine, avec le trèfle sur-tout, et elle nous rappelle un passage de Mitterpacher, qui rapporte qu'on a semé de la luzerne et une graminée, avec un égal succès dans le lin, quelques jours après sa semaille, parcequ'elles le soutenoient, et ramoient en quelque sorte ses tiges grêles avec les leurs (1).

Quelquefois encore, on sème dans le lin des raves, des navets ou des carottes, qu'on récolte la même année à l'entrée de l'hiver.

Cette pratique et la précédente, qu'on observe dans plusieurs cantons, sont ainsi indiquées par Duhamel. « Quelques uns répandent avec la graine de lin une petite quantité de semence de carottes ou de petits navets; d'autres, qui veulent mettre leur terre en pré, sèment du trèfle vivace ou annuel. Ces plantes lèvent et languissent sous le lin, sans lui faire de tort; mais aussitôt que le lin a été arraché, elles poussent avec force, au grand profit du propriétaire. »

Assez souvent cependant les raves ou les navets ne sont semés qu'immédiatement après l'arrachage du lin.

Nous avons déjà vu M. de Père recommander cette méthode, et nous la croyons généralement préférable à la précédente, lorsque le froment ne doit pas suivre immédiatement le lin.

Quoique la culture du lin exige le plus souvent des engrais riches, abondans et bien préparés, elle peut quelquefois s'en passer.

Cela peut avoir lieu sur-tout après les prairies anciennes, nouvellement défrichées, ou sur les terres riches et profondes, dont on a renouvelé la couche arable ordinaire par un profond défonçage.

On abuse quelquefois de l'extraordinaire fécondité du sol, en en exigeant plusieurs récoltes consécutives du lin.

Cette vicieuse pratique, qui heureusement est fort rare, devroit être à jamais proscrite; car elle épuise fortement le sol qui en devient pour long-temps incapable de donner des récoltes abondantes de ce genre.

Non seulement il ne convient pas de semer du lin plusieurs fois consécutivement dans le même champ, mais il est encore généralement avantageux de différer, d'un nombre d'années assez considérable, le retour de cette culture.

M. de Père fixe à six années l'intervalle nécessaire; M. François de Neufchâteau nous dit que « dans le département de l'Escaut elle ne revient que tous les six, sept ou huit ans, quelquefois même la neuvième, dixième et onzième année; et dans la célèbre châtellenie de Lille, on a reconnu l'abus de son retour fréquent; il y détériore tellement le sol, que si on met le lin, sur un même champ, deux à trois fois dans neuf années, la force végétative en est enlevée. Il faut alors plusieurs années d'une

---

(1) *Quidam triduò post confectam lini sementem, medicaginis, alii zeæ semina eodem in agro sparserunt. Nec improspere tentamen cessit. Nam herbarum illarum segetes lini satis internatæ tenellos hujus caules a lapsu protexere.* Elem. rei rust. pars prima. 324.

culture suivie pour rendre à la terre sa première vigueur. En général un bon cultivateur fait peu de lin; encore a-t-il la précaution de n'en remettre que sur une terre où il y a dix-huit à vingt ans qu'il n'en a pas été cultivé. »

Si la culture du lin est une des plus lucratives, elle est aussi une des plus épuisantes.

Les auteurs romains que nous aimons toujours à citer, comme Gilbert, qui nous paroît avoir dit avec plus de raison, que *leur agriculture seroit peut-être encore la première du monde*, ce qui est exact sous bien des rapports, qu'Arthur Young n'a mis de justice et de franchise à déclarer qu'*ils n'ont que des observations foibles et triviales*, connoissoient bien et ont consigné en plusieurs endroits de leurs immortels écrits cette importante vérité. Virgile nous dit très énergiquement que le lin *brûle* la terre, *urit enim lini campum seges ;* Columelle nous dit non moins positivement qu'il est une des plantes les plus nuisibles qu'elle puisse nourrir, *agris præcipuè noxium est ;* et Pline nous dit encore tout aussi affirmativement qu'il effrite fortement la terre, *terræ injuriam facit.* Il y a parmi les meilleurs cultivateurs unanimité d'opinion sur ce fait; la longue racine pivotante et pourvue d'un grand nombre de racines latérales qui se touchent dans la culture ordinaire du lin, et l'étiolement de ses feuilles inférieures qui sont privées d'air et de lumière, le rendent excessivement vorace; et si l'on obtient des récoltes profitables après lui, on en est uniquement redevable, selon nous, à la nature du sol, à la préparation délicate et aux rigoureux sarclages qu'il exige.

On cultive quelquefois le lin comme fourrage, associé à d'autres plantes.

Après la récolte du blé, dans quelques parties du département de l'Arno, on laboure en juillet et août, et l'on sème des fourrages en septembre. Les deux espèces de fourrage les plus en usage sont un mélange de lupins, de lin et de raves, et le trèfle annuel ou lupinelle.

« Il est assez étrange, nous dit M. Simonde, de voir mettre le lin parmi les fourrages; mais sa graine est fort abondante, et facile à recueillir; la plante résiste bien à l'hiver, croît de fort bonne heure, donne beaucoup d'herbe et plaît au bétail. »

Nous avons déjà rapporté un essai de ce mélange fait par M. Bigotte; mais le lin vivace dont nous allons nous occuper seroit peut-être encore plus convenable pour cet objet.

DU LIN VIVACE. Le lin vivace, *Linum perenne*, qu'on appelle aussi lin de Sibérie, et qu'on dit y être cultivé, depuis qu'il y fut découvert, en 1754; mais que le botaniste Martyn nous dit croître spontanément aussi sur les sols crayeux des comtés de Cambridge, Northampton, Suffolk et Norfolk, et qui paroît être également indigène en France, d'après quelques renseignemens que nous trouvons à ce sujet dans le corps d'observations de la société d'agriculture de Bretagne, où il existe plusieurs prairies dans lesquelles on trouve très abondamment une espèce spontanée de lin rameux fleurissant à plusieurs reprises, et portant à la fois les capsules des graines qui ont donné les premières fleurs, d'autres capsules moins avancées, et des fleurs, est une espèce qui nous paroît résister au froid rigoureux de nos hivers, d'après quelques observations particulières.

Ce qui le distingue essentiellement du précédent, après sa longévité, c'est que sa racine est plus forte, noueuse et très ligneuse; que ses tiges, qui sont ordinairement nombreuses et plus élevées, avec le secours de la culture, sont plus rameuses et garnies de feuilles nombreuses qui paroissent plus pointues, et de fleurs d'un bleu élégant, d'une texture délicate.

Cette espèce rustique, qui paroît cultivée avec succès dans quelques endroits en France, fournit une filasse moins belle et moins fine que l'espèce usuelle; mais sa rusticité, sa longévité, la supériorité de ses produits en quantité, qui paroît compenser leur infériorité en qualité, et la faculté que paroît aussi lui donner son naturel vivace, de résister mieux que la précédente à la sécheresse, et d'exiger encore un sol moins fertile, peuvent être des motifs suffisans pour en faire étendre la culture dans plusieurs localités qui conviendroient moins bien à la première.

Les procédés de culture que nous avons indiqués pour l'une nous paroissent également applicables à l'autre, qui, moins productive dans ses premiers momens, comme tous les être doués d'une longue existence, ne tarde pas à l'être plus, et elle pourroit être admise avec avantage à nous fournir, concurremment avec elle, des tissus précieux.

DU CHANVRE CULTIVÉ. Le chanvre cultivé, *Cannabis sativa*, est une plante annuelle, originaire de la Perse, d'après Linnée, et à racine longue, pivotante et peu fibreuse. Sa tige striée, un peu velue, presque quadrangulaire et creuse, qui s'élève ordinairement, en terre convenable, à deux mètres environ, et qui est branchue lorsqu'elle est isolée, et simple lorsqu'elle est serrée dans la culture ordinaire, est garnie de feuilles digitées, dentées, d'un vert foncé, d'une odeur pénétrante, et un peu velues, et de fleurs verdâtres, les mâles en grappes terminales, et les femelles en paquets sessiles, portées ordinairement, mais pas constamment, comme on le pense vulgairement, sur des pieds séparés, à l'égard desquels on confond communément les sexes, en appelant mâles les femelles, *et vice versâ*.

Cette plante, cultivée de temps immémorial en diverses parties de l'Europe, et qui paroît être de tous les climats, puisqu'on la trouve prospérant également dans la froide région de la Russie, et dans la chaude contrée de l'Italie, est incontestablement une des plus utiles dans nos arts, comme elle est une des plus avantageuses pour les assolemens à court terme de nos terres les plus fertiles.

Quoique très anciennement cultivée, on n'en connoît qu'une variété apportée depuis quelques années de la Chine, et qui ne paroît différer essentiellement de la nôtre que par l'alternance régulière de ses feuilles, et par plus d'élévation, s'étant élevée dans les premières années jusqu'à plus de six mètres.

Le chanvre exige, pour prospérer, le terrain le plus fertile et le mieux préparé.

La disposition naturelle à s'enfoncer, dont sa racine est douée, jointe à la rareté des radicules latérales dont elle est pourvue, nécessite des labours profonds qui pénètrent et ameublissent suffisamment la terre pour faciliter son entier développement, le moindre obstacle arrêtant les progrès de son accroissement. La privation presque entière de feuilles inférieures et moyennes, à laquelle sa tige se trouve réduite dans la culture ordinaire, par une suite nécessaire du rapprochement des tiges et du défaut d'air et de lumière suffisant, la privant d'une partie de ses moyens naturels de subsistance, et la rendant plus exigeante à l'égard du sol, il lui faut nécessairement la terre la plus riche en principes végétatifs et que l'industrie du cultivateur doit y déposer, lorsque la nature n'y a pas pourvu.

Les terres maigres, sèches, sablonneuses et pierreuses lui conviennent donc généralement bien peu, et celles qui sont compactes, argileuses et humides ne lui conviennent guère mieux, à moins que leur excès de ténacité et d'humidité n'ait été préalablement corrigé par un amendement calcaire convenable, tel que la marne et la chaux. Les terres fraîches, celles d'alluvion, celles des vallées, et celles qui ont été récemment défrichées, après avoir été en bois ou en prairies, et qui ne sont pas trop ombragées, conviennent à sa nature très vorace, ainsi qu'à la fermeté de sa tige, qui l'empêche de verser et de pourrir comme la plupart des autres productions en terrain très fertile.

Parcourant rapidement les phases de sa végétation, avec un sol, une culture et une température convenables, il lui faut encore les engrais les plus riches, les plus divisés et les plus avancés vers l'état de dissolution complète.

On ne doit commencer la semaille qu'après avoir rempli le mieux possible toutes ces conditions de rigueur pour en obtenir des produits abondans; et on s'en acquitte ordinairement par trois labours profonds, dont un avant l'hiver, le second à la fin, et le dernier immédiatement avant la semaille, et en déposant l'engrais, ou avant le premier, ou avant le dernier labour, la première manière étant préférable.

On remplace très avantageusement les fumiers ordinaires, et particulièrement ceux de chevaux et de moutons qui sont les plus convenables, par la poudrette, la colombine, les débris menuisés d'os et de cornes, les crins et les rognures de cuir et d'étoffes de laine; les boues, les vases, les terreaux, et par tout autre engrais riche et très divisé; mais leur surabondance donne quelquefois trop de roideur et d'épaisseur aux fibres corticales.

L'emploi de ces divers moyens doit être suivi de fréquens hersages, qui réunissent à l'incorporation des engrais à la terre l'ameublissement et l'égalisation du sol qui doivent encore précéder la semaille.

Il existe une autre condition bien essentielle à remplir avant de semer le chanvre; c'est d'attendre que le temps paroisse se disposer à la pluie, lorsque la terre n'est pas humide sur-tout, parceque son succès dépend beaucoup de la prompte levée et du prompt développement de sa semence, qui, dans le cas contraire, reste long-temps exposée aux dégâts d'un grand nombre d'oiseaux qui la dévorent, non seulement avant sa germination, mais encore après sa sortie de terre, jusqu'à ce que ses premières feuilles radicales soient développées, si l'on ne s'y oppose par une surveillance continuelle qui n'est pas toujours facile, ou par quelques épouvantails qui ne produisent pas toujours non plus l'effet qu'on en attend. Tardant d'ailleurs à couvrir complètement la terre d'une épaisse verdure, elle ne détruit pas les plantes nuisibles aussi bien qu'elle le fait par une végétation accélérée, qui fait un de ses principaux mérites pour les assolemens; elle ne prévient pas assez tôt non plus l'évaporation, et c'est encore par cet effet, lorsqu'il est prompt et complet, qu'elle devient précieuse sous le même rapport.

Le chanvre redoutant les dernières gelées, l'époque de sa semaille, qui varie en France depuis mars jusqu'en juin, est naturellement indiquée par-tout par leur cessation, et la plus avancée est généralement la plus productive.

Le choix de la semence est très essentiel. Elle doit être fraîche, pesante, luisante, d'un goût agréable, et d'un gris foncé. Celle qui est légère, sèche et blanche, n'est pas fécondée; celle qui est verdâtre n'est pas assez mûre, et celle qui est brune, ou noire et rance, est trop vieille ou échauffée. Enfin, suivant le sage précepte d'Olivier de Serres, « *pour semence choisissez le chenevi récent, ne voulant que très mal naistre celui de l'année précédente, et se perdre du tout en terre le plus envielli.* »

On renouvelle quelquefois la semence; mais il a été reconnu que lorsqu'on la récolte assez mûre et perfectionnée, et qu'on la conserve convenablement, ce soin est inutile; cependant on doit le prendre toutes les fois qu'il en résulte une semence plus nette, plus mûre et plus pesante.

On sème le chenevis de deux manières, ou à la volée ou en rayons. La première est la plus usitée et la plus convenable pour obtenir une filasse fine, douce et déliée : la seconde, peu pratiquée, et que Châteauvieux a essayée avec succès, économise beaucoup la semence, rend le sarclage et l'arrachage des tiges mâles faciles, et en donnant plus d'espace, plus d'air et de lumière aux plantes, elle donne plus de roideur et d'épaisseur à la fibre, et plus de perfectionnement aux graines.

La quantité de semence doit toujours être basée sur l'emploi auquel on destine les produits du chanvre. Lorsqu'on a principalement en vue la finesse et la souplesse des fibres corticales, on doit le semer plus dru : lorsqu'on vise au contraire à la force, à l'épaisseur et à la quantité, on doit le semer plus clair ; et toutes les fois qu'on désire se procurer essentiellement une semence parfaitement conditionnée, on doit l'espacer davantage encore.

Le chenevis demande à être peu enterré, par une herse légère ou tout autre instrument équivalent ; mais il est toujours avantageux de rouler la terre le plus tôt possible, à moins qu'elle ne soit trop humide, afin d'affermir les semences, de les soustraire à la rapacité des oiseaux pulvérateurs, mais plus particulièrement afin d'accélérer sa germination, en lui conservant une humidité favorable. On dépose quelquefois les engrais pulvérulens ou très réduits, sur le champ, après la semaille, ou même des fumiers longs, pour empêcher que la terre ne soit battue et durcie par les orages ; et il est essentiel de le faire par un temps humide.

Dès que le chanvre est bien levé par-tout, il est avantageux de le sarcler, si l'état de la terre l'exige, en extirpant, le plus possible, le liseron, qui est son plus grand ennemi, en s'entortillant autour de ses tiges ; la cuscutte, qui s'y implante quelquefois ; et l'orobanche, qui quelquefois aussi affame sa racine en s'y implantant.

On doit encore l'éclaircir lorsqu'on le trouve trop dru, et ces opérations, ainsi que celle de l'arrachage, deviennent plus faciles, lorsqu'on a observé entre chaque planche de petits espaces vides qui servent de sentiers.

Les pieds mâles, qui fournissent la filasse la plus estimée, et qui sont ordinairement moins nombreux que les pieds femelles, pouvant se distinguer assez aisément des derniers, dans les premiers momens de leur végétation, à leur supériorité de hauteur et de vigueur, on pourroit éclaircir préférablement les pieds femelles, si on le jugeoit convenable pour l'objet qu'on a plus particulièrement en vue.

S'il y a généralement de l'inconvénient à semer trop clair, parcequ'indépendamment de la diminution dans les produits et dans leur qualité relative, la terre est moins bien ombragée et nettoyée, deux objets d'une grande importance, relativement au succès des récoltes suivantes ; il n'y en a pas moins à semer ou à laisser le plant trop épais, parcequ'au lieu de monter il reste nécessairement bas, faute d'aliment, et sur-tout faute d'air et de lumière suffisans.

Le chanvre est une des plantes assaillies par le plus petit nombre d'ennemis, quoiqu'il redoute, comme toutes les autres, l'effet destructeur des intempéries, et sur-tout l'excès du chaud et du froid. On n'a jusqu'à présent découvert qu'une seule chenille, qui, en s'insinuant dans l'intérieur de sa tige, lui devient nuisible, et l'on n'a trouvé encore aucun insecte, que l'odeur repoussante de ses feuilles inébriantes, qui devient quelquefois nuisible aux personnes qui y restent long-temps exposées, sur-tout en l'arrachant et le manipulant, n'ait rebuté et écarté. Cette circonstance est un nouveau bienfait qui le rend d'autant plus précieux pour nos assolemens, comme nous le verrons ci-après.

Il n'exige rigoureusement aucun soin, après ceux que nous venons d'indiquer et qui ne sont même pas toujours nécessaires, jusqu'à l'époque de la maturité d'une partie de ses tiges. On peut cependant, lorsque la situation rend cela facile, le faire jouir avec beaucoup d'avantage du bienfait de l'irrigation, quand il paroît souffrir de la sécheresse dans les climats chauds.

La récolte doit commencer par les pieds mâles, improprement appelés femelles, parcequ'ils sont les plus frêles. Ils sont, aussi, ordinairement les plus élevés, par une sage prévoyance de la nature, afin que l'acte important de la fécondation puisse s'opérer plus facilement.

Dès que la dissémination de l'abondante poussière séminale dont ils sont chargés est opérée, et que les ovaires des pieds femelles sont tous suffisamment imprégnés de cette puissance prolifique, il est important de ne pas tarder à procéder à leur arrachage, dont l'époque se trouve clairement indiquée au cultivateur par le flétrissement des feuilles, la chute des débris des fleurs, le blanchissement de la base de la tige et le jaunissement de sa cime. Alors les fibres corticales sont douces, fines et blanches, et le gluten gommo-résineux qui les protège contre le contact immédiat de l'air en les enveloppant, se dissout et se détache aussi plus facilement, par l'opération du rouissage; plus tard, elle devient plus adhérente en se desséchant, et la fibre, moins soyeuse et plus rigide, prend une teinte jaunâtre et nuisible.

Cette première récolte devient avantageuse aux pieds femelles qui restent, par l'espèce de labour qui résulte du soulèvement de la terre que l'arrachage opère; et cette salutaire opération, en leur procurant encore plus d'air et de lumière, contribue puissamment au perfectionnement des semences; mais il en résulte souvent aussi le brisement et le renversement des tiges, lorsqu'elle est faite sans précaution, et lorsqu'on n'a ménagé aucun sentier autour des planches pour s'y placer et procéder à l'arrachage sans trépignement, en allongeant le bras.

A mesure que cet arrachage se fait, on lie les tiges en petites bottes, avec une d'elles, après avoir eu la précaution essentielle pour le rouissage, d'aligner le plus possible le collet des racines; et on les fait rouir séparément, parceque la filasse en est plus fine et plus belle que celle des pieds femelles.

On attend alors que ces derniers soient en état d'être récoltés, ce qui n'a lieu communément qu'un mois ou six semaines après, et ce qui s'annonce par la crispation des feuilles, le jaunissement de la tige et l'inclinaison de la tête, résultante du poids des semences qui sont alors parfaites, luisantes, grisâtres, et prêtes à sortir des capsules qui commencent à s'ouvrir.

Il devient encore important de veiller, aux approches de cette récolte, à ce que les oiseaux ne renouvellent pas les dégâts qu'ils ont pu faire après la semaille, et d'empêcher que les rats, dans le voisinage des pièces d'eau, et autres animaux rongeurs, ne scient les tiges pour se nourrir de la graine, comme cela arrive quelquefois.

On a proposé de faire la récolte des pieds femelles simultanément avec celle des pieds mâles, en fauchant le tout à la fois au lieu d'arracher alternativement les uns et les autres, et sans doute la filasse des premiers seroit plus fine et plus douce par ce moyen que par celui qui est usité; mais indépendamment de la perte essentielle de la graine qui ne pourroit mûrir, cette filasse, qui n'auroit pas atteint alors le degré de perfectionnement suffisant, seroit beaucoup moins forte, moins résistante et de moindre durée.

On procède à la seconde récolte, ou en arrachant successivement les pieds comme précédemment, en les arrangeant aussi en bottes régulières et alignées, et en en retranchant quelquefois les racines sur-le-champ, ce qui rend le rouissage plus facile et plus égal; ou en les fauchant, ce qui sépare nécessairement ces racines des tiges, et ce qui rend aussi la récolte beaucoup plus expéditive, prévient le brisement qui a lieu quelquefois par la première méthode la plus usitée, sur-tout par un temps sec, ainsi que les blessures aux mains des arracheurs qui sont souvent ensanglantées : il prévient également ou diminue au moins la chute d'une partie des graines, lorsque le fauchage est fait avec précaution et avec une faux bien tranchante. Ce dernier procédé est usité en quelques endroits, et plus particulièrement dans une partie du Piémont, dont nous ferons connoître tout à l'heure les meilleurs procédés de cette culture, en nous occupant de l'assolement que nous allons considérer, après avoir renvoyé à l'article LIN, l'objet du rouissage et des préparations subséquentes de la filasse; les principes généraux relatifs à ces objets étant les mêmes pour toutes les plantes qui y sont soumises.

Observons encore qu'on sépare la graine des tiges en la battant avec des gaulettes, ou après l'avoir fait sécher, ou après l'avoir amoncelée pendant quelque temps avec les tiges couvertes de paille, ou même de terre, ce qui n'est pas toujours sans inconvénient; et, qu'après l'avoir bien séchée, on la remue et la déplace fréquemment dans les greniers, et que celle qui ne sert pas à la semence est propre à faire de l'huile à brûler et pour les arts, ou à donner à toute espèce de volaille, et principalement aux poules dont elle est très propre à déterminer la ponte en hiver.

Le chanvre nous présente plusieurs avantages importans pour nos assolemens, que nous devons successivement examiner.

Le premier consiste en ce que l'époque de sa semaille devant généralement être assez reculée dans la majeure partie de la France, elle peut laisser souvent le temps suffisant, lorsque la terre est bien préparée et naturellement fertile, pour faire une récolte printanière en fourrage de primeur, ou toute autre non épuisante, mais améliorante et préparatoire.

Nous en trouvons un exemple bien remarquable dans le département de Maine-et-Loire, et dans quelques autres parties de la France.

Dans la fertile vallée d'Anjou de ce département, on sème souvent le chanvre en mai, immédiatement après une récolte de raves; au chanvre succède le froment, suivi, sans interruption, d'une récolte de gesse ou de vesce d'hiver, faite assez tôt pour faire place au maïs. On obtient par ce judicieux et très productif assolement cinq récoltes bien précieuses et sagement intercalées, en trois années; savoir, 1° chanvre après raves; 2° froment, puis vesce ou gesse semés; et 3° gesse ou vesce et maïs récoltés.

M. de Père nous présente un autre cours de culture fort analogue à celui-ci, et que nous devons faire connoître.

1° Racines sur terrain défoncé et bien amendé, récolte morte, ou fourrage précoce, fauché en avril; 2° chanvre; 3° froment; 4° trèfle, ou bien 3° raves après la récolte du chanvre, ou choux; 4° aveine, avec trèfle.

Il a aussi observé, comme nous, dans les environs de Saint-Omer, département du Pas-de-Calais, que le chanvre remplaçoit quelquefois dans la même année l'escourgeon fauché en vert en mai.

Le second avantage résulte de l'époque peu avancée à laquelle la récolte du chanvre s'achève souvent, et qui, jointe à l'excellente préparation que la terre a dû recevoir avant sa culture, et à l'influence bienfaisante, pendant sa durée, de quelques autres avantages non moins précieux qui vont suivre, la laisse libre assez à temps et assez bien préparée pour donner une récolte très avantageuse en froment, ou en autre grain hivernal.

Nous en trouvons un très grand nombre d'exemples, dont nous nous bornons à ajouter ici quelques uns des principaux à ceux que nous avons déjà signalés.

M. Simonde s'exprime ainsi dans son excellent tableau de l'agriculture toscane.

« L'on distingue en deux classes les terrains de la plaine de Bologne; 1° ceux qui sont propres aux chanvres, et 2° ceux qui sont trop maigres pour que la culture de cette plante y soit profitable.

« L'assolement des premiers est de deux ans ; avant de semer le chanvre pour la première année, on laboure les champs à plat, au mois d'août ou de septembre, avec la petite charrue de Toscane, qui divise par le milieu chaque plate-bande ; on refend ensuite le labour par un trait de grosse charrue, qui laisse quatre pieds de distance d'un sillon à l'autre, et qui dispose le terrain en billons très élevés. On le fume de la manière ordinaire, et on le laisse reposer pendant l'hiver ; au printemps on répand sur le sol des raclures de cornes, ou quelque autre substance animale très engraissante ; on égalise le terrain avec la herse, et l'on y sème le chanvre ; celui-ci, aidé par l'engrais puissant qu'on lui a donné, parvient à une hauteur et une grosseur prodigieuses ; ses tiges égalent celles des blés de Turquie les plus vigoureux, et acquièrent de dix à douze lignes de diamètre. L'année suivante, on sème du blé, et l'on continue alternativement, sans jamais laisser la terre en repos. »

M. Simonde ajoute que « dans les terres qui ne sont pas assez fertiles pour être propres au chanvre, on sème aussi tour à tour le blé et le maïs, ou bien le blé et les haricots, ou enfin chez les paysans très soigneux, le blé et les fèves ; et ces dernières sont destinées à être ensevelies par la charrue, comme les lupins, pour engraisser le terrain. »

Ces divers assolemens sont tous conformes aux principes que nous avons reconnus.

Dans l'ancienne province de Montferrat, département de Marengo, une des parties de l'empire français où le chanvre est cultivé le plus en grand, avec le plus de succès et d'intelligence, et dont le produit, célèbre par sa beauté et sa hauteur, ainsi que par la force et la blancheur du fil, s'obtient au pied des coteaux, ou au fond des vallons exposés au levant et au couchant, sur des terres noires, meubles et fertiles qui reçoivent le tribut bienfaisant des eaux végétatives qui découlent des terrains qui les dominent, et qui les protègent contre les ardeurs d'un soleil trop ardent ; les terres sont fortement améliorées par les engrais les plus actifs et les plus réduits, et par des labours très profonds ; la récolte des tiges femelles se fait expéditivement et très économiquement, en les coupant près de terre, dès que la graine est mûre, afin de moins secouer les tiges qu'en les arrachant ; et l'on pratique également l'excellent usage d'alterner le chanvre avec le froment.

Cet assolement s'observe encore dans les fertiles vallées ou plaines du Grésivaudan, de la Garonne, de Cône-sur-Loire, de la Limagne d'Auvergne, de Castres, de Lavaur, d'Alby, de l'Ille-et-Vilaine, des Côtes-du-Nord, du Morbihan, et du Finistère dont le chanvre est, après le lin, une des principales productions, ainsi qu'en diverses autres parties de la France.

Quelquefois le froment se trouve remplacé par l'escourgeon, qui exige pour prospérer, comme nous l'avons vu, une terre aussi meuble que nette et fertile; ou par l'aveine d'hiver, qui, dans les cantons où elle peut supporter la rigueur de nos hivers, donne les produits les plus abondans.

L'un et l'autre remplacemens s'observent encore dans quelques uns de nos départemens, et nous voyons que l'infatigable Turbilly faisoit souvent succéder au chanvre, comme il nous l'apprend lui-même, sur ses défrichemens dont il nous a laissé un traité si précieux, le froment ou l'aveine d'hiver; et il nous observe, avec raison, que *le chanvre n'épuise pas le fonds, lorsqu'il est suffisamment entretenu de culture et d'engrais.*

Quelquefois aussi, et cela se remarque plus particulièrement dans nos départemens septentrionaux, sans doute parceque la récolte, comme la semaille du chanvre, y est nécessairement plus tardive, il est remplacé immédiatement par le lin, auquel succède ensuite ordinairement le froment.

Dans le département du Nord, qui est si bien cultivé, nous l'avons vu remplacé par le lin ou par l'orge printanier; et Dieudonné nous l'atteste encore dans son excellente statistique de ce département, pour les arrondissemens de Douay et de Bergues, dans la vallée de la Scarpe et près de Waten.

M. François de Neufchâteau nous apprend, dans des détails agricoles du plus grand intérêt sur sa sénatorerie de Bruxelles, que *le chanvre est regardé comme la récolte principale aux environs de Termonde, où il est intercalé avec le lin et le froment qui se suivent immédiatement ainsi; 1° chanvre; 2° lin, et 3° froment.* Il n'est guère possible assurément d'obtenir en trois années trois récoltes consécutives plus productives.

Non seulement il est avantageux de faire précéder le lin ou l'orge, et sur-tout le froment par le chanvre; mais cela devient encore quelquefois indispensable pour assurer le succès de ces secondes récoltes.

Cette vérité se remarque sur-tout à l'égard des terres défrichées, qui étoient en bois ou en prairies anciennes, dont l'excessive fertilité du sol vierge occasionne une végétation *luxuriante* et le versement et la pourriture de leurs tiges grêles, serrées et élancées; inconvéniens auxquels le chanvre est plus propre à résister que tout autre, à cause de la contexture ferme et vigoureuse de sa tige, et de sa longue racine pivotante qui la fixe solidement en terre.

Quelquefois cependant la violence des ouragans fait céder ces tiges à leur impétuosité et à leurs efforts prolongés, et quelquefois aussi la grêle vient les fracasser; mais dans ces cas désastreux, le mal n'est pas toujours sans remède, et un fait curieux nous en fournit une preuve frappante.

M. Barberis, Piémontais, eut une chenevière grêlée; il en fit couper la moitié rez terre, et laissa l'autre pour point de comparaison. La partie coupée fournit une récolte plus abondante, non seulement que l'autre, mais que la même étendue de terre dans les années sans grêle.

Ce fait, rapporté par Bosc, mérite, comme il l'observe, l'attention des cultivateurs.

Le troisième avantage est de couvrir d'un ombrage épais le sol qui en est ensemencé; d'y déterminer une fermentation, et par suite, un ameublissement très salutaires; et de s'opposer à l'évaporation toujours si nuisible en été, résultante de la nudité complète, ou au moins du défaut d'ombrage suffisant des végétaux qui s'y trouvent.

Cet effet bienfaisant compense en partie la soustraction qu'il fait au champ qui l'alimente, et contribue à la bonté des récoltes qui le suivent.

Le quatrième avantage, émané du précédent, consiste à procurer un parfait nettoiement du sol, tant par l'effet de cet ombrage qui triomphe promptement des plantes nuisibles aux récoltes, qui se développent moins rapidement et moins vigoureusement que lui, que par l'opération non moins utile du sarclage qu'il reçoit lorsqu'il devient nécessaire.

Ce nettoiement, qui exerce toujours une influence si avantageuse sur toutes les récoltes qui suivent, et qui est bien rarement apprécié à sa juste valeur, dans la culture ordinaire, est un des principaux mérites de sa culture, qui fait dire avec tant de raison à M. de Père, que *la récolte du blé est toujours belle et nette, après celle du chanvre.*

Le cinquième avantage consiste dans l'odeur narcotique et rebutante qui paroît repousser et écarter les insectes et autres animaux qui en approchent.

Cette odeur qui paroît éloigner les taupes, les hannetons et les vers si nuisibles au froment, et qui pourroit bien déplaire aussi à plusieurs autres animaux malfaisans; ce moyen que les jardiniers emploient quelquefois, pour écarter de leurs légumes et de leurs plantations de toute espèce, diverses espèces d'altises et d'autres animaux très nuisibles; ce moyen enfin, qui étoit bien connu d'Olivier de Serres, qui le recommande, et qu'on ne nous paroît pas avoir cherché assez à utiliser pour les cultures en grand, qui deviennent si souvent la proie d'animaux destructeurs, n'est peut-être pas un des moins importans pour rendre la culture du chanvre recommandable dans nos assolemens.

Enfin, le sixième avantage que nous trouvons dans cette culture, pour l'objet dont nous nous occupons, c'est de nous fournir encore un excellent moyen très économique d'obtenir, en faisant ses deux récoltes consécutives, une autre récolte, d'autant plus profitable qu'elle n'exige aucun frais additionel de culture, soit en raves, soit en navets, soit en spergule, ou quelqu'autre de cette nature, pour lesquelles il suffit de jeter simplement sur le sol, à l'époque des arrachages, les semences qui se trouvent souvent suffisamment recouvertes par l'une ou l'autre de ces opérations qui soulèvent et ameublissent suffisamment le terrain.

Cette excellente méthode, qui se pratique parmi nous avec succès en un grand nombre d'endroits, n'étoit pas inconnue non plus à Olivier de Serres, qui nous paroît même avoir encore le mérite de l'avoir indiquée et recommandée le premier.

On a aussi conseillé de semer dans le chanvre des graines destinées à former, après sa récolte, une prairie artificielle permanente.

Nous pensons que cette méthode peut être sujette à quelques inconvéniens et exiger au moins quelques précautions. Si l'on sème, en même temps que le chenevis, la graine destinée à former la prairie par la suite, on doit craindre que l'accélération et la vigueur de la végétation du premier ne deviennent nuisibles à la dernière, et la fasse périr, ou au moins fortement languir, en la privant de l'air et de la lumière indispensables à sa prospérité; et il seroit au moins nécessaire de le semer fort clair dans ce cas.

Si l'on croit, au contraire, ne devoir confier à la terre cette semence qu'à l'époque de l'arrachage du chanvre, la terre qui se trouve assez bien préparée et améublie par une nouvelle culture passagère, peut bien ne pas l'être suffisamment pour une culture permanente, et il nous semble encore qu'elle peut tout au plus admettre avec succès une prairie momentanée.

Nous observerons aussi que plusieurs particuliers établissent pour ainsi dire à perpétuité des chenevières qui ne se trouvent presque jamais alternées.

Assurément, on peut parvenir, par des efforts de culture prolongés, et sur-tout par d'abondans et riches engrais, par de profonds labours multipliés, et plus particulièrement encore par ceux faits à la bêche, que reçoivent ordinairement les petites étendues de terre privilégiée soumises à ce cours de culture, à obtenir une longue série de productions plus ou moins avantageuses. Quelques terres même, naturellement peu propres à la culture du chanvre, peuvent y être rendues plus propres au bout de quelques années, par le résultat nécessaire de la grande quantité d'engrais riches, de labours et d'autres opérations de culture soignées qu'elles reçoivent; mais s'ensuit-il, comme quelques personnes le pensent, que ce soit toujours là le meilleur moyen de tirer de ces terres le parti le plus avantageux pour le moment et pour la suite? nous ne le pensons pas. Au lieu de convertir, comme on le fait, ces petites portions de terre, ordinairement encloses et voisines du manoir, en de véritables *gouffres à fumier*, qui absorbent souvent tout ce que le malheureux propriétaire peut s'en procurer; il nous semble qu'en dispensant alternativement ses engrais sur celles de ses autres propriétés qui les réclament plus particulièrement, et en adoptant pour sa *chenevière en titre* quelqu'un des excellens et très lucratifs assolemens que nous venons de faire connoître, il en retirera, avec beaucoup moins de peines et d'avances, des bénéfices nets plus grands, plus réels et plus prolongés.

M. de Père, en conseillant d'introduire en grand dans son canton la culture du chanvre, observe très judicieusement que « ce n'est point en établissant une chanvrière à demeure, comme on le pratique, qu'on réussira, cet usage de semer le chanvre plusieurs années de suite dans la même place étant vicieux en tous points; » et il indique ensuite l'excellent assolement que nous avons rapporté.

Nous avons déjà vu que lorsqu'on vouloit se procurer du chenevis de première qualité, en ayant peu d'égard à la rigidité qu'acquièrent nécessairement alors les fibres corticales, on en semoit quelques rayons écartés et très clairs dans les intervalles que laissent entre elles le maïs, le haricot, la pomme de terre et plusieurs autres plantes; et ce moyen simple, facile et peu coûteux, nous paroît très recommandable. Cette graine, destinée à renouveler la semence, doit être serrée bien sèche et tenue sèchement et non chaudement, à l'abri des dégâts d'un très grand nombre d'animaux qui en sont avides; et ses tas peu épais doivent être fréquemment retournés, de peur qu'elle ne s'échauffe.

Les nombreux avantages que nous avons déjà reconnus pour nos assolemens dans la culture du chanvre, et ceux que nous présentent encore ses produits divers, la rendent bien précieuse. En nous fournissant une filasse nécessaire à notre marine, que Duhamel a reconnue supérieure à celle de Riga, lorsqu'elle est bien préparée, d'après des essais comparatifs avec celle de Lannion et de Tréguier; que Marcandier et Sanseverino sont parvenus à rendre aussi utile que le lin, et très cotonneuse, par des macérations et des préparations convenables; que M. Dumont de Courset nous dit équivaloir, dans plusieurs cantons, au plus beau lin et faire de la toile plus douce; et qui est enfin si utile pour un très grand nombre d'usages économiques, ou pour procurer de l'occupation dans les temps rigoureux à une nombreuse population; en nous fournissant aussi, indépendamment de l'utilité bien reconnue de la chenevotte, une graine huileuse dont le produit est très employé dans plusieurs arts, lorsqu'il ne sert pas à nous éclairer et même quelquefois à nous nourrir, et dont le résidu peut servir d'engrais et sur-tout d'aliment très nourrissant pour nos bestiaux; en étant encore susceptible de nous procurer quelque ressource par ses feuilles, dont les Indiens font un usage si pernicieux, lorsqu'ils en obtiennent une liqueur enivrante très forte, et que le célèbre botaniste Villars nous dit être employées pour la nourriture des porcs dans plusieurs parties du département des Hautes-Alpes, où on les fait infuser dans l'eau bouillante, après les avoir desséchées; le chanvre réunit des avantages qui nous paroissent très propres à nous déterminer à étendre sa culture, en la soumettant à des assolemens judicieux, lucratifs et réguliers, dans les terrains convenables. Nous pensons donc que notre agriculture peut se trouver puissamment améliorée par l'extension de cette culture, lorsqu'elle est faite avec les soins convenables.

DU HOUBLON. Le houblon, *Humulus lupulus*, est une plante indigène vivace, à racines nombreuses, traçantes, profondes drageonnantes et très longues; dont les tiges sarmenteuses, rudes, anguleuses et grimpantes, sont garnies de feuilles opposées, pétiolées, cordiformes, rudes, dentées, et divisées en plusieurs lobes, et de fleurs mâles petites, en grappes axillaires et terminales, et, sur d'autres pieds, de fleurs femelles, en cônes écailleux et jaunâtres, renfermant les graines.

Cette plante, qu'on a appelée *la vigne du nord*, parceque la boisson à la confection de laquelle ses cônes sont fréquemment employés y remplace ordinairement le vin, n'est guère cultivée en grand parmi nous que dans quelques uns de nos départemens septentrionaux, et particulièrement dans celui du Nord, où sept cent cinquante hectares environ en sont couverts année commune; dans ceux du Pas-de-Calais et de la Lys, où celui de Poperingue est le plus estimé; et dans celui de la Seine-Inférieure, dont les vallées de la Bresle et de l'Yères en sont couvertes assez en grand pour en exporter beaucoup au midi et même au nord de la France.

Indépendamment de l'espèce sauvage et primitive, type des variétés cultivées, auxquelles elle est aujourd'hui bien inférieure en vigueur et en rapport, et qu'on rencontre fréquemment dans les haies, en terrain meuble, frais et fertile, la culture en a produit quelques variétés, dont les principales sont celle qu'on désigne sous la dénomination de *blanc long*, la plus productive et la plus cultivée; *le blanc court*, moins vigoureux et moins productif, mais moins délicat sur la nature du sol; et celui *à tiges rouges*, peu délicat également, mais moins recherché.

Par-tout où le houblon est cultivé avec intelligence et profit, on le trouve sur les terres de première qualité, et ce sont celles qui lui conviennent essentiellement.

Le sol destiné à une houblonnière doit être nécessairement riche, meuble, profond et humide, pour qu'elle prospère.

L'étendue, la profondeur et la multiplicité des racines, la hauteur et la vigueur des tiges, et l'étonnante quantité d'eau de végétation qu'elles sont susceptibles d'absorber et d'exhaler, d'après l'excessive transpiration qu'on leur a reconnue, rendent ces qualités indispensables pour que le houblon puisse se développer complètement et donner des produits très avantageux.

Les terrains argileux et aquatiques n'y conviennent nullement, et ceux qui sont sableux, caillouteux, crayeux et arides, y conviennent encore moins.

En vain nous dira-t-on qu'on peut y admettre les variétés qu'on regarde comme moins délicates sur la nature du sol : il est possible qu'elles y résistent mieux; mais il est très probable, aussi, qu'elles sont des variétés détériorées et affoiblies par l'effet combiné de la médiocrité du sol et de la culture ; et leurs produits, qui exigent, pour qu'on les obtienne, des soins aussi multipliés que la variété améliorée par l'effet contraire, donnent rarement, sur des terres ingrates, des produits assez avantageux pour dédommager le cultivateur de ses avances, de son attente et de ses peines.

En vain nous dira-t-on encore que l'espèce sauvage croît spontanément sur des terres peu fertiles, et souvent dans les pays montagneux. *Croître* et *prospérer* sont deux choses qu'il faut bien distinguer ; et la différence de la même plante, dans l'état cultivé ou dans l'état sauvage, l'indique assez : mais d'ailleurs, toutes les fois que le houblon est vigoureux dans le dernier état, ses racines se trouvent, comme nous l'avons constamment remarqué, dans un endroit frais, abrité, et presque toujours environné d'humus, au pied des haies ou des bois taillis dont les débris annuels lui servent d'alimens, comme leurs tiges et leurs rameaux lui servent de support.

Ainsi donc, on ne doit généralement entreprendre la culture du houblon que sur les terres de première qualité qu'il réclame partout, et c'est constamment sur celles-là que nous l'avons trouvée, en France comme en Angleterre, florissante et lucrative.

Cette plante est très rustique, et résiste, sur un sol convenable, aux chaleurs et aux froids excessifs; mais elle redoute l'impétuosité des vents violens qui la fatiguent et la renversent souvent avec les perches qui lui servent de montans et d'appuis : ainsi, quoiqu'elle aime une exposition ouverte, elle doit être plus basse qu'élevée, plus méridionale ou orientale que septentrionale ou occidentale, mais sur-tout abritée des vents dominans dans la contrée où on la cultive.

Les vallées spacieuses et fertiles, dont les coteaux environnans couronnés d'arbres s'élèvent dans l'éloignement avec une pente insensible et les protègent contre les tourmentes, fournissent généralement des situations désirables pour cette plantation.

Quelque fertile que puisse être naturellement le champ qu'on veut convertir en houblonnière, d'abondans et riches engrais distribués non seulement avant, mais encore pendant la végétation, ne peuvent être que très profitables ; car il est bien reconnu que l'abondance, la beauté et la bonté des cônes qui sont l'objet qu'on a particulièrement en vue, sont toujours proportionnées, toute autre circonstance égale d'ailleurs, à la fécondité naturelle ou artificielle du sol soumis à cette culture. La gadoue y est fréquemment employée dans le département du Nord, comme étant l'engrais le plus actif.

Il est encore très avantageux que la houblonnière soit garantie par une haie, ou au moins par un fossé défensif.

Mais il est toujours très essentiel que le terrain se trouve convenablement nettoyé, ameubli et défoncé avant la plantation, par de nombreux labours qui ne peuvent jamais être trop profonds en terre fertile, à cause de l'étendue et de la profondeur considérables que parcourent les racines du houblon en terre riche et meuble, et qui contribuent très puissamment à la quantité et à la qualité de ses produits.

Aussitôt que le champ se trouve suffisamment préparé par les labours, les hersages et les engrais, il convient d'y tracer des lignes droites et parallèles sur lesquelles doivent être établis les monticules destinés à recevoir le plant, et à faciliter par la suite le retranchement des pousses inutiles et des drageons nuisibles.

La distance de ces lignes varie ordinairement de deux à trois mètres environ, suivant la nature et l'état du sol; et, lorsqu'elles sont tracées, on procède à la formation des monticules.

Les monticules se disposent fréquemment en quinquonce, cette disposition étant la plus convenable pour économiser le terrain, en le distribuant également à chaque plante.

La distance à observer entre chaque monticule varie aussi d'un mètre environ à 48 centimètres à peu près, en plus ou en moins; et plus cette distance est considérable, plus les produits sont généralement avantageux et leur durée prolongée.

On procède ainsi à la formation des monticules: on fouille d'abord, le plus profondément possible, l'espace qu'elles doivent occuper; on le remplit, lorsqu'on le peut, avec du terreau bien consommé et préparé, qu'on recouvre de la terre bien ameublie du fonds; et, à défaut de ce terreau, on le remplit, avec la terre la plus fine et la plus riche, qu'on recouvre également de celle qui provient de la fouille.

L'époque de la plantation étant arrivée, et elle peut se faire en automne ou au printemps, selon la qualité et l'état de la terre, et selon qu'elle a plus à craindre la sécheresse ou l'excès d'humidité en hiver, on se procure le plant le plus jeune, le plus vigoureux, le plus embourgeonné et le mieux enraciné, qu'on tire ordinairement des drageons ou des souches d'une ancienne houblonnière, dans laquelle il n'existe aucun mélange des diverses variétés, et dans laquelle aussi doivent ne se trouver que des pieds femelles, sauf quelques pieds mâles, qui, en fécondant les premiers, augmentent l'énergie des graines que contiennent les cônes.

On pratique au sommet des monticules de légères cavités dans lesquelles on fiche, à 32 centimètres environ de distance, trois ou quatre, et assez souvent cinq plants. Après avoir affermi un peu la terre autour de chaque plant, et l'avoir arrosé, lorsque cela est praticable et commode, et que l'état du sol l'exige, ce qu'il est toujours avantageux d'éviter, en plantant de bonne heure, et lorsqu'il se trouve suffisamment humecté, du plant nouvellement arraché et fraîchement conservé, on donne au sommet la forme d'un léger bassin qui puisse facilement retenir les eaux pluviales. Il entre environ quinze mille plants de houblon sur un hectare dans le département du Nord.

On laisse la houblonnière en cet état, en ayant soin de remplacer seulement les plants qui peuvent manquer, jusqu'à ce que l'apparition des plantes nuisibles indique la nécessité de la sarcler et de la houer soigneusement.

On peut employer très avantageusement à cet effet, dans les intervalles qui séparent chaque ligne plantée, le sarcloir et la houe à cheval, figurés à la fin de cet ouvrage, et la houe à main pour les monticules, ainsi que pour tous les endroits inaccessibles aux premiers instrumens.

Pendant toute la durée de l'existence de la houblonnière, ces utiles opérations du sarclage et du houage doivent être réitérées, ainsi que l'application de nouveaux engrais et le serfouissage des monticules, aussi souvent que les circonstances paroissent l'exiger rigoureusement.

Lorsque les pousses longues et vigoureuses des plants rendent utile et même nécessaire la précaution de les soutenir autrement qu'en les rapprochant par un lien très lâche, ou en les entortillant entre elles, la première année, on doit les échalasser, comme nous l'avons vu pratiquer avantageusement en plusieurs endroits, et un seul échalas léger de trois ou quatre mètres suffit ordinairement alors pour chaque monticule.

L'année suivante, on retranche le plus tôt possible, lorsque le temps le permet, toutes les tiges de l'année précédente, jusqu'auprès du collet de la racine, et on retranche également tous les drageons qui ont pu déjà se manifester, en ménageant soigneusement les nouveaux bourgeons vigoureux qui poussent de très bonne heure, et qu'on ne doit laisser qu'en nombre suffisant, comme nous le verrons ci-après.

Dès qu'on s'aperçoit que ces nouvelles pousses sont assez élevées pour ne pouvoir plus se soutenir d'elles-mêmes, le temps de les soutenir par des perches élevées est arrivé, et il faut le saisir, afin de ne pas les exposer à ramper et à s'enlacer entre elles.

La hauteur, le nombre et l'essence de ces perches varient en différentes localités.

Dans les terres fertiles qui sont les seules réellement bien avantageuses pour l'établissement d'une houblonnière, elles ont communément de sept à huit mètres de hauteur, sur seize à vingt-quatre centimètres de circonférence.

Assez fréquemment aussi on en met trois pour chaque monticule, quelquefois quatre, et après les avoir aiguisées par le gros bout, on les enfonce le plus fermement possible, dans un trou profond, préparé par une espèce d'avant-pieu en fer, ou en bois, à bout ferré, garni d'une frete à l'extrémité supérieure qui reçoit les coups du maillet. Ces perches sont ou de frêne, ou de charme, ou de châtaignier, ou d'aune, ou de bouleau, ou d'érable, ou de sapin, et quelquefois de saule ou de peuplier; mais lorsqu'elles sont des deux dernières essences, elles peuvent prendre racine quand elles ne sont pas très sèches, et devenir ainsi nuisibles. En général, plus elles sont sèches et écorcées, mieux elles valent et plus elles durent.

Il est avantageux de les incliner un peu en dehors, afin de laisser à l'air une circulation plus libre, à la lumière plus d'effet, et à la chaleur plus d'action pour avancer la maturité, et encore pour empêcher que les tiges ne s'entremêlent trop fortement.

En plaçant les plus élevées du côté où la violence des vents se fait le plus sentir, et les plus foibles au midi, on remplit encore une partie de ces indications, en procurant un nouveau bienfait. Il est avantageux que ces perches soient fourchues à leur sommet, afin de mieux soutenir le poids des tiges; et l'on a remarqué que celles qui étoient inclinées vers le midi supportoient plus de houblon que celles qui avoient une direction perpendiculaire.

On ne laisse ordinairement monter que deux ou trois tiges au plus, le long de chaque perche, parcequ'un plus grand nombre nuiroit au produit, au lieu de l'accroître, par le défaut d'air et de lumière nécessaires; et on retranche souvent la sommité des tiges qui ne se ramifient pas, afin de les empêcher de se prolonger, et déterminer par-là la sortie des rameaux fructifères. Cette opération s'exécute au moyen d'une échelle double.

On paroît avoir essayé aussi avec succès de substituer à la disposition des perches que nous avons fait connoître, et qui est usitée presque par-tout, des espèces de palissades formées avec des perches semblables, placées sur une seule ligne plus écartée et traversées par d'autres perches ou gaulettes plus foibles, attachées aux premières à diverses hauteurs, et dans une position horizontale, parallèle au sol; on assure que cette nouvelle disposition, plus fixe en terre, est plus productive, d'une culture et d'une récolte plus faciles, moins exposée aux accidens, et moins coûteuse que la première.

Lorsque les tiges du houblon, au lieu de s'élever verticalement le long des perches, paroissent vouloir prendre une direction horizontale, en s'en écartant, on les en rapproche avec quelque lien très lâche, et en leur faisant faire plusieurs circonvolutions. Cette précaution est sur-tout utile dans les premiers momens de leur développement ; mais on doit la continuer, ainsi que toutes celles que nous avons indiquées, et s'occuper particulièrement du redressement des perches qui pourroient se déranger, jusqu'au moment de la récolte.

L'époque de la récolte du houblon est, comme la plupart des autres, susceptible d'être avancée ou retardée de quinze jours environ, suivant la nature du sol et la variété cultivée, mais plus particulièrement d'après la constitution atmosphérique; et cette récolte a lieu ordinairement en France à la fin d'août, au plus tôt, et en septembre communément.

Il est bien essentiel de saisir, lorsqu'il fait beau, l'instant précis de la maturité, qui s'annonce par le brunissement des cônes et par l'odeur forte et aromatique qu'ils exhalent à cette époque; car cette récolte est une des plus critiques, et il y a beaucoup moins d'inconvénient à l'avancer un peu et à la précipiter qu'à la différer. Un seul jour de retard, suivi d'un vent violent, peut souvent apporter des dommages considérables, en secouant les fruits et en détachant les graines : d'ailleurs plus on diffère, plus ils se flétrissent et perdent cet arôme qui en fait le principal mérite.

Après avoir séparé, avec un croissant porté sur un long manche, les sommités des tiges des différentes perches, lorsqu'elles se trouvent réunies, on coupe ces tiges à un mètre environ du sol, et, après les avoir dégagées des perches, qu'on arrache à bras, ou avec des leviers qui y correspondent par une corde, ou avec de fortes et longues tenailles avec lesquelles on fait une pesée sur un billot, on les dépouille de leurs cônes, qu'on réunit en tas sur des aires préparées pour cet objet, ou, ce qui est préférable, on les place dans de longues caisses couvertes et transportables, où ils se conservent beaucoup mieux. Dans les grandes plantations, on construit un hangard, au moyen duquel le dépouillement des tiges se fait d'une manière plus sûre et plus accélérée. On s'y occupe le matin, jusqu'à ce que la rosée soit dissipée, à détacher les cônes qu'on y a apportés la veille avec des perches, parceque le houblon, couvert de rosée ou de pluie, est sujet à se moisir et à se décolorer. On met ensuite les perches à couvert sous ce hangar.

Il est de la plus grande importance qu'il ne se mêle aux cônes ni feuilles, ni terre, ni débris de quelque nature que ce soit, qui altèrent et affoiblissent toujours leur qualité, et il est utile de séparer ceux qui pêchent par excès ou par défaut de maturité.

Aussitôt après la cueillette du houblon, il est avantageux de s'occuper de sa dessiccation, afin d'empêcher qu'il ne s'échauffe en tas, et qu'une forte partie de son arôme ne se volatilise; plus sa dessiccation est prompte et complète, plus il a de qualité et plus il se conserve long-temps.

On emploie ordinairement pour le faire sécher un fourneau à drêche, au-dessus duquel on l'étale mince, et on le retourne jusqu'à ce qu'une chaleur très douce et prolongée l'ait complètement dépouillé de son eau de végétation surabondante; on l'entasse ensuite, en le foulant le plus possible, dans des sacs ou des caisses.

On continue, chaque année, les mêmes soins et les mêmes opérations aux houblonnières : on renouvelle les engrais et les labours dans les intervalles et aux monticules; on en retranche soigneusement toutes les pousses nouvelles, latérales, surnuméraires et peu vigoureuses, ainsi que les drageons et les racines superficielles qui les affameroient en pure perte.

Le houblon qui entre dans la composition de la bière, non seulement prévient la tendance naturelle de cette liqueur à l'acescence, mais il la rend encore plus agréable, plus digestive et sur-tout plus salutaire et plus durable, en lui communiquant son amertume aromatique.

On a essayé, en divers endroits, de lui substituer l'absinthe, la sauge, l'armoise, la tanaisie, la racine de gentiane, la petite centaurée, la millefeuille, la coriandre, le roseau odorant, et plusieurs autres plantes aromatiques et amères; mais aucune n'a pu le remplacer efficacement.

Les jeunes pousses du houblon se mangent, en plusieurs endroits, comme les asperges; et tous les bestiaux mangent ses feuilles avec plaisir; ses tiges, qui, pourries, ou plutôt brûlées, fournissent un engrais qu'on applique souvent aux houblonnières, et qui produisent beaucoup de potasse, fournissent encore, étant rouies, une filasse très forte, mais grossière, et qui blanchit difficilement, comme nous nous en sommes assurés en 1787, époque à laquelle nous en avons soumis à la société royale d'agriculture de Paris quatre échantillons, que nous avions rouis par quatre procédés différens; et nous étions informés alors qu'en Suède on les emploie fréquemment à cet usage économique dans quelques provinces, où on les fait quelquefois rouir dans l'eau de mer ou dans la neige.

La durée d'une houblonnière est indéterminée et relative à la qualité du sol, à sa préparation et à sa culture, ainsi qu'aux maladies et aux insectes qui peuvent l'abréger. Elle est ordinairement parvenue à son *maximum* de vigueur à la troisième année, et elle se prolonge ordinairement, en France, jusqu'à la douzième et quelquefois au-delà, avec une culture convenable, et lorsque *le miélat*, c'est-à-dire une extravasation, par les pores des feuilles et de la tige, d'une substance visqueuse et légèrement sucrée, qui l'épuise et arrête sa transpiration, ou lorsque *la rosée fari-*

neuse, espèce de végétation parasite qui couvre ces mêmes parties et produit les mêmes effets, ainsi que le puceron, qui suce ses feuilles, et la chenille, qui ronge ses racines, ne viennent pas ralentir sa vigueur. Lorsque ses produits se trouvent considérablement diminués, par une cause majeure qu'on ne peut faire cesser, il faut la détruire et ne la renouveler qu'après un laps de temps au moins égal à la durée de sa première existence.

Quoique le houblon exige une fraîcheur constante du sol pour prospérer, et quoiqu'il soit une des plantes qui absorbe le plus d'humidité, on remarque cependant qu'il redoute le voisinage des eaux, stagnantes sur-tout, ainsi que celui de la mer et des forêts. Il y est plus en proie aux ennemis que nous venons de signaler et contre lesquels on n'a encore trouvé aucun remède réellement efficace, quoiqu'on ait essayé, avec quelque succès, des aspersions de cendre de hêtre, ou d'autres, et des lotions faites avec des infusions de feuilles de tabac, d'hyèble, de noyer, d'absinthe et d'autres plantes amères, qui malheureusement ne peuvent jamais être d'un emploi facile en grand.

On a proposé de cultiver, et l'on cultive réellement, en plusieurs endroits, dans les intervalles observés entre les lignes et les monticules, quelques plantes annuelles et peu épuisantes, telles que la fève, la carotte, le haricot, le chou, la rave, le navet et autres semblables, afin de tirer parti de ces intervalles et se dédommager des frais d'établissement et de culture qui sont toujours considérables, et qui ne produisent rien la première année.

Mais il est à craindre que cette anticipation et ce surcroît de produit ne nuisent réellement au produit principal, en privant les racines traçantes du houblon d'une portion de cette humidité et des autres principes alimentaires dont il a toujours un si grand besoin, et en attirant d'ailleurs quelques animaux qui peuvent devenir nuisibles à cette plante. Cette pratique ne nous paroît avantageusement admissible que lorsque les intervalles sont très spacieux, et que l'on peut rendre au sol, riche d'ailleurs par lui-même, la substance que cette végétation additionnelle peut lui soustraire; sans ces conditions, nous la regardons comme plus préjudiciable qu'avantageuse.

On cultive aussi en quelques endroits, dans ces intervalles, des noisetiers qui ont le même inconvénient.

On a encore proposé de planter dans les houblonnières des cerisiers et des pommiers, dont les derniers, plantés alternativement avec les premiers, leur succèdent pour la durée, et nous nous rappelons d'avoir vu un exemple de cette pratique qui peut avoir des avantages en plusieurs endroits.

On a reproché au houblon *d'épuiser tellement le sol, que toute autre plante que l'on sème après avoir détruit la houblon-*

nière, n'y réussit presque point; mais les faits répondent victorieusement à cette inculpation.

Sans doute, cette plante très épuisante doit soutirer, pendant son existence, une forte partie des principes alimentaires que le sol qui contribue à sa nourriture contient; mais indépendamment des débris assez abondans qu'elle y laisse, la grande quantité d'engrais riches, et les profonds et fréquens remuemens et sarclages qu'elle exige pour fournir des produits bien avantageux, laissent réellement ce sol dans un état d'amélioration tel, qu'après la houblonnière, il peut fournir pendant plusieurs années consécutives, comme nous nous en sommes assurés sur les lieux mêmes, en plusieurs endroits en France et ailleurs, des récoltes nettes et abondantes.

Ce fait nous est encore attesté par M. de Père, qui nous dit positivement dans le récit aussi intéressant qu'instructif de son excursion agronomique dans plusieurs de nos départemens septentrionaux, que « dans la Belgique les houblonnières bien fumées et sarclées subsistent dix à douze ans, rentrent ensuite dans la culture ordinaire, et le *terrain se trouve bien préparé pour diverses récoltes successives.* »

Les terres vierges, les prairies anciennes et aquatiques, convenablement desséchées et nouvellement défrichées; les tourbières, dont on est parvenu à fertiliser les débris végétaux par l'action dissolvante de la chaux, conviennent plus à la culture du houblon, lorsque le gazon et les autres végétaux nuisibles ont pu y être convertis en terreau, que celles qui sont soumises depuis long-temps aux cultures ordinaires; et il est ordinairement très avantageux de les y consacrer, quand elles réunissent les autres conditions requises pour assurer le succès de cette culture.

Lorsque l'époque convenable pour lui en faire succéder une autre est arrivée, on peut choisir entre les céréales, qui toutes y donnent des produits très avantageux, principalement l'orge, qui exige un terrain très ameubli; et, au bout de quelques années, on peut y établir avec succès une prairie artificielle analogue à la nature du sol, ou une garancière qui profitera également des profonds défonçages et des engrais et nettoiemens qu'il aura reçus, ou enfin toute autre culture commandée par les circonstances, qui exige plus particulièrement les préparations, toujours très utiles, auxquelles il aura été soumis.

Nous devons terminer cet article par une considération fort importante sur la culture du houblon; c'est que, quoiqu'elle soit assez étendue dans plusieurs de nos départemens, elle s'y fait rarement très en grand, et ce n'est cependant qu'en en couvrant à la fois de grands espaces, lorsque la population et les autres circonstances locales d'un intérêt majeur le permettent, qu'elle peut devenir réellement bien avantageuse.

Deux causes principales tendent à en accroître les bénéfices, lorsqu'elle est ainsi traitée. La première existe dans le fait, qui paroît bien avéré, que les houblonnières sont beaucoup plus productives dans le centre, où l'humidité et les autres principes alimentaires s'entretiennent et se conservent mieux qu'à leur circonférence; et la seconde se trouve dans les frais d'établissement nécessaires, dans la construction des hangars et des fourneaux et *séchoirs*, qu'une entreprise en grand peut seule permettre, et faute desquels le houblon se trouve souvent imparfaitement cueilli, séché et préparé, ce qui contribue bien plus à son infériorité que quelque vice inhérent au sol qui le produit, comme on le suppose quelquefois. Nous trouvons, d'après un relevé fait dans le département du Nord, où le houblon se cultive presque par-tout en petit, quoique 754 hectares y soient employés, année commune, comme nous l'avons vu, que le produit brut, annuel en argent, d'une houblonnière, établi sur un terme moyen pris sur dix années, s'y élève à la somme de 889 fr. environ, par hectare, dont plus de moitié, à la vérité, se trouve absorbée par les frais d'exploitation : nous pensons que si cette plante y étoit cultivée plus en grand, ainsi qu'ailleurs, ce produit pourroit augmenter considérablement, par l'effet nécessaire d'un accroissement en quantité et en qualité, et probablement aussi par une diminution des frais qui rendroit le bénéfice net plus considérable encore; mais nous croyons devoir observer que cette culture exigeant beaucoup d'engrais et ne fournissant que de foibles moyens d'en faire de nouveaux, elle ne peut être bien solidement établie que lorsqu'on a sur son propre terrain d'autres cultures qui puissent y suppléer suffisamment, ou l'avantage de pouvoir au moins s'en procurer d'ailleurs.

DU PAVOT SOMNIFÈRE. Le pavot somnifère, *Papaver somniferum*, qui tire sa dénomination spécifique de ses propriétés assoupissantes, et qu'on appelle souvent *pavot blanc* ou *rouge*, à cause de ses deux couleurs dominantes; *pavot des jardins*, parceque ses variétés doubles y sont souvent cultivées; *œillette* et *pavot à opium*, parceque son suc épaissi porte ce nom; *grand pavot*, ou simplement *pavot*, est une plante annuelle originaire des pays chauds, et c'est une des plus importantes de nos plantes oléifères.

Sa racine est pivotante et délicate, et sa tige droite, lisse, cylindrique et rameuse, qui s'élève souvent à plus d'un mètre, est garnie de feuilles épaisses et larges, amplexicaules et d'un vert glauque, et de fleurs grandes, le plus souvent blanches, remplacées par une forte capsule globuleuse, qui renferme des semences nombreuses, menues et de diverses couleurs.

On en distingue plusieurs variétés, dont les principales, dans la culture en grand, sont celle à semences blanches, celle à semences noires, et celle dite *pavot aveugle*, parceque sa capsule très grosse n'est pas aussi ouverte supérieurement que dans les autres.

La terre la plus douce et la plus substantielle, comme l'observe judicieusement Rozier, avec plusieurs autres agronomes, est celle qui convient le mieux au pavot. La constitution de sa racine exige que cette terre soit profonde et fortement labourée et ameublie, et la nature du produit essentiel qu'on en retire exige également d'abondans et riches engrais, et un champ plus découvert qu'ombragé.

Quoiqu'il redoute peu le froid de nos hivers, on ne le sème ordinairement qu'au printemps; mais, comme l'observe encore Rozier, plus on approche de nos départemens méridionaux et plus les semailles doivent être hâtives, parceque les chaleurs de mai et de juin pressent trop la végétation; et il en est des pavots semés en février et mars, comme des blés marsais, qui ne sont jamais aussi gros, aussi nourris que les blés hivernaux. Il est donc avantageux dans ces pays de semer de bonne heure, c'est-à-dire en septembre ou en octobre. Au contraire, au nord de la France on peut attendre, sans autant de risques, les mois de février ou de mars; mais les semailles faites avant l'hiver en vaudront beaucoup mieux.

Il est très essentiel, à cause de la finesse de la semence, que la terre soit ameublie et égalisée le plus possible par la herse et le rouleau, préalablement à son ensemencement; et cette semence, qu'il faut jeter doucement, également et clair, sur la terre bien préparée, demande plutôt aussi à être légèrement recouverte qu'enterrée, et souvent une pluie douce suffit pour l'enfoncer suffisamment en terre et la faire germer.

Cette semence, tenue sèchement, peut conserver long-temps sa faculté végétative; mais il est toujours prudent de se servir de la plus nouvellement récoltée, comme il est sage de préférer celle qui provient des capsules les plus grosses et les premières mûres.

On sème généralement à la volée. On ne transplante jamais, cela étant impossible; et plusieurs oiseaux et insectes détruisent souvent une partie des semences ou des jeunes plantes, dont ils sont avides.

Quelque temps après la levée, le champ doit être rigoureusement sarclé, et les plants trop rapprochés éclaircis avec une houe à main, binette, serfouette, ratissoire ou tout autre instrument équivalent. Ces opérations doivent être réitérées aussi souvent que les circonstances l'exigent et le permettent, et la distance généralement la plus convenable à observer entre chaque pied est de trente centimètres environ.

L'époque de la maturité qui donne le signal de la récolte est indiquée par le flétrissement des feuilles, le dessèchement de la tige et la teinte brunâtre que prennent les capsules. Il est essentiel de ne pas la différer lorsque le temps est sec et chaud.

Elle peut se faire de diverses manières; on peut détacher seulement toutes les capsules et les emporter à couvert dans des sacs pour les vider en les secouant et les brisant. On peut encore, et cette manière nous paroît la plus suivie, incliner successivement les capsules de chaque pied sur des draps ou dans des sacs, avant ou après les avoir arrachées, puis réunir en bottes ces pieds ainsi dépouillés, et les faire sécher encore en les tenant rigoureusement debout, pour les secouer de nouveau, et même les écraser, s'il est nécessaire, en les foulant ou les battant. Quelque procédé que l'on emploie, il est toujours essentiel de vanner et cribler rigoureusement le produit, afin d'enlever entièrement tous les débris et autres matières inutiles qui absorberoient en pure perte une grande quantité d'huile lors de son extraction.

Les tiges entièrement dépouillées de leurs semences fournissent un feu clair très passager, mais assez vif.

La graine doit être étendue mince au soleil, s'il est possible, pendant quelque temps, ou sur un plancher, pour perdre son eau de végétation surabondante, et on peut alors la faire moudre comme les autres graines oléifères.

L'huile qu'on en extrait, et qui porte généralement le nom d'huile d'œillette, est douce et saine, quoi qu'on en ait pu dire, et elle se vend très souvent pour de l'huile d'olive, avec laquelle elle est plus souvent encore mélangée. Elle n'a d'autre défaut que de devenir épaisse et visqueuse en vieillissant, et elle est une ressource précieuse dans plusieurs de nos départemens septentrionaux, où elle remplace souvent le beurre et l'huile d'olive. Les peintres l'emploient aussi quelquefois dans les couleurs claires, et comme siccative pour les vernis.

Le résidu, après l'extraction de cette huile, est très propre à engraisser les moutons, les bœufs, les porcs et la volaille; et il peut également servir à engraisser les terres; mais la première destination, qui le leur restitue après avoir été animalisé et utilisé en même temps d'une manière très profitable, est généralement préférable.

La médecine tire aussi du pavot deux partis très avantageux bien propres à en étendre la culture. Elle obtient un sirop narcotique des graines de la variété à capsules grosses et allongées et à fleurs blanches, qu'on appelle *pavot aveugle*; elle en emploie aussi la capsule, et on le cultive quelquefois en grand pour cette destination; mais le suc épaissi, gommo-résineux, calmant et soporatif, connu sous le nom d'*opium*, qu'on en extrait en faisant sur la capsule, tandis qu'elle est encore verte après la chute des fleurs, des incisions longitudinales superficielles, desquelles découle un suc blanchâtre, qui prend bientôt au soleil une teinte foncée, et qu'on doit enlever alors pour le réunir en masse où il prend plus de consistance, est le parti le plus avantageux qu'on puisse en tirer sous ce rapport. Il a été constaté, en France comme en Angleterre, que cet opium est tout aussi efficace et beaucoup plus pur que celui que le commerce tire du Levant, et ce nouveau moyen, qui ne nuit en aucune manière au produit ni à la qualité de la semence, peut encore ajouter aux bénéfices que procure la culture du pavot en France.

« Le pavot, dit Rozier, peut devenir une des plantes les plus utiles lorsqu'il s'agit d'alterner et de supprimer les années de jachères. » En effet, sa culture peut s'intercaler avec succès avec celle des céréales ou autres cultures principales. Comme toutes les plantes oléifères qui achèvent la maturité de leurs nombreuses semences, elle emprunte beaucoup du sol; mais comme elle exige d'abondans et riches engrais pour donner des produits avantageux, comme elle exige sur-tout de fréquens et rigoureux sarclages; enfin comme elle rompt la nuisible uniformité des récoltes en y apportant une utile variation, elle peut être considérée comme améliorante et préparatoire, et suivre et précéder avec beaucoup d'avantage un grand nombre d'autres cultures.

Dans l'arrondissement si exemplaire de Waës où nous l'avons vue pratiquée avec le plus grand succès, comme elle l'est dans plusieurs de nos départemens de l'est et du nord, et plus particulièrement dans ceux du Haut et du Bas-Rhin, elle suit communément, avec de l'engrais, une récolte de navets, obtenue dans la même année après la culture du seigle, du froment, ou du colsat; elle est souvent suivie par d'autres cultures principales, et nous avons déjà vu M. Bertier de Roville, l'un de nos premiers cultivateurs, dans le département de la Meurthe, l'admettre immédiatement après une abondante récolte de rutabaga.

On sème ordinairement le pavot seul; mais, dans quelques endroits, on jette sur la terre très fertile et bien préparée, après l'avoir suffisamment nettoyée et avoir éclairci le plant, quelques semences de carotte dans les intervalles, et qui procurent une seconde récolte à l'entrée de l'hiver.

Dans les arrondissemens de Lille, de Douay, de Cambrai et d'Avesnes, où la culture du pavot a été introduite quelques années avant la révolution, on l'emploie très avantageusement pour remplacer toutes les productions qui ont été détruites par l'hiver, et elle y est très utile sous cet important rapport, cette culture très avantageuse étant exposée à peu de chances défavorables.

Nous devons indiquer ici trois autres plantes oléifères, originaires des pays chauds, et qui pourroient peut-être être cultivées avantageusement et varier les assolemens dans quelques cantons de nos départemens méridionaux : c'est le sésame du Levant, *Sesamum orientale*, le sésame de l'Inde, *Sesamum indicum*, et le ricin commun ou palme de Christ, *Palma Christi*.

Les deux premières, qui appartiennent à la famille des bignonées, sont des plantes annuelles qui se cultivent dans l'Orient et dans l'Inde, comme le sorgho, qui produisent des graines très nourrissantes et très agréables au goût lorsqu'elles sont cuites, et qui fournissent une huile d'excellente qualité qui ne se fige pas.

La dernière, qui se trouve parmi les euphorbes, est une fort belle plante, bisannuelle ou vivace dans les deux Indes, mais qui n'existe ordinairement qu'une seule année en France. Elle fournit abondamment une huile propre à l'éclairage, que la médecine emploie aussi, et on nous assure qu'elle est cultivée, avec succès, sur le territoire de la commune de Saint-Remy, près de Tarascon.

DE LA CAROTTE COMMUNE. La carotte commune, *Daucus carotta*, assez souvent désignée, dans le midi de la France, sous les noms de *pastenade*, *pastonade* ou *pastenaille*, qui conviendroient bien mieux au panais, est une plante indigène, bisannuelle, à racine pivotante, très volumineuse, très tendre et très nourrissante; dont la tige cannelée, rameuse et velue, qui s'élève ordinairement à un mètre environ, est garnie de feuilles composées, assez grandes, d'un vert foncé et finement découpées, et de fleurs blanches, petites et très nombreuses, remplacées par un fruit ovoïde et couvert de poils rudes.

On en distingue plusieurs variétés, qui diffèrent essentiellement par la couleur et la forme de la racine, et dont les principales sont la blanche, qui se rapproche davantage du type originaire qu'on trouve dans nos prairies, et qui paroît plus rustique; la jaune, la rouge, et une variété de diverses couleurs qui, au lieu d'être fusiforme comme les autres, est plutôt napiforme, ce qui tient probablement au peu de profondeur du sol dans lequel ayant été long-temps cultivée, le développement de sa racine arrêté inférieurement s'est porté supérieurement.

La culture de la carotte, l'une des plus profitables qu'on puisse pratiquer en grand, en plein champ, sur les terrains qui lui conviennent, est encore une des plus améliorantes qui soient connues.

Sa longue racine pivotante et très tendre exige un sol profond, frais, meuble, calcaire ou végétal, légèrement sablonneux, substantiel et non pierreux, pour se développer complètement; et ses produits sont généralement proportionnés à l'état d'ameublissement, d'engraissement et de netteté, auquel on est parvenu à amener le champ par la culture. Il ne faut donc négliger, pour assurer son succès, ni labours profonds et multipliés, ni engrais riches et bien consommés, ni sarclages et houages rigoureux et répétés plusieurs fois, et éviter les sols pierreux et graveleux où elle se corde et se bifurque.

La qualité n'est pas toujours en raison directe de la quantité; les fumiers frais s'y opposent surtout, et lorsqu'on n'en a pas de bien préparés et consommés, on peut y suppléer avantageusement par la colombine, la suie, les cendres, la chaux, particulièrement pour les terres tenaces, ou par tout autre engrais pulvérulent et très actif sous un foible volume, toujours préférable aux fumiers qui renferment des graines nuisibles qui rendent le sarclage pénible et coûteux.

Les labours, avant l'hiver, sont généralement très avantageux pour cette culture, et l'on peut, pour approfondir le dernier, faire passer successivement deux charrues dans la même raie : la dernière ramènera une terre meuble fort utile.

On peut semer la carotte à diverses époques de l'année, suivant la nature et l'état de la terre, et sur-tout d'après le climat. L'époque la plus ordinaire est à la fin de l'hiver; mais on doit la différer, lorsque la terre est trop humide, trop compacte ou trop sale.

On peut semer, ou en pépinière pour transplanter; ou en rayons; ou à la volée.

La première manière, qui a été quelquefois pratiquée en plein champ et recommandée, nous paroît généralement peu convenable, parceque l'extrémité du pivot de la racine de cette plante très tendre se casse fort souvent lors de l'arrachage, et que sa reprise est d'ailleurs assez difficile; et, comme l'observe notre bon Olivier de Serres, avec son jugement accoutumé, « son naturel requiert plus de demeurer en son séminaire, que le transplantement. »

La seconde a également été adoptée en grand, mais avec plus de succès, avec ou sans l'usage du semoir; elle économise la semence, elle rend les sarclages et les houages beaucoup plus faciles, économiques et expéditifs, et nous indiquerons plus loin un moyen que nous avons essayé pour cette manière, et qui nous semble avoir quelque mérite sous le double rapport bien important de l'économie du temps et des dépenses. La distance la plus convenable à observer entre chaque rayon, dans ce cas, nous paroît être celle de trente-deux centimètres environ.

La troisième est la plus commune et exige spécialement un terrain bien net, et une main bien exercée pour répandre également une semence aussi fine, aussi légère, et aussi peu coulante que celle de la carotte; et on ne doit jamais l'entreprendre que la terre ne soit rendue très meuble et très égale par des hersages et roulages successifs, et que le temps ne soit parfaitement calme et sec.

Lorsqu'on peut se procurer, de sa propre récolte, la semence qui ne doit jamais être surannée quand on peut l'éviter, il est avantageux de préférer celle des ombelles du centre à toute autre, comme étant la première mûre et la mieux nourrie.

La quantité convenable doit nécessairement varier suivant le mode et l'époque de la semaille, l'état de la terre et quelques autres circonstances. Au lieu de chercher à la préciser, ce qui nous paroît plus nuisible qu'utile, cet objet devant toujours être abandonné à la sagacité du semeur lorsqu'il sait son métier, nous observerons qu'il vaut beaucoup mieux pêcher par excès que par défaut, cette semence étant peu chère; plusieurs animaux que nous indiquerons, détruisant souvent une partie du jeune plant; la levée étant quelquefois irrégulière et contrariée par le temps; la transplantation pour regarnir les vides, étant, pour ainsi dire, impraticable en grand; et la destruction des plantes surnuméraires étant au moins aussi facile que celle des plantes nuisibles qui prendroient leur place, et qu'on confond souvent avec elles.

Immédiatement après la semaille, la terre doit être hersée très légèrement et roulée, afin de procurer aux semences, difficiles à être pénétrées par l'humidité, les moyens de germer promptement; et, comme l'observe avec raison M. de Courset, « il est avantageux de rouler le terrain, pour affermir les graines dans la terre, et leur donner plus de force lorsqu'elles lèvent. Souvent les carottes périssent faute de ce soin. »

Aussitôt qu'on s'aperçoit que la terre se couvre de plantes nuisibles, et que les bonnes plantes qu'on veut cultiver sont assez développées pour qu'on ne puisse pas les confondre avec les premières, ce qui n'est pas toujours très facile, car il arrive assez souvent qu'on les confond, lorsqu'elles lèvent, avec diverses espèces de sélin, de peucedan, d'ammi et sur-tout de caucalide et de tordyle, qui leur ressemblent beaucoup alors, et même avec le peigne de Vénus, il ne faut pas perdre de temps, lorsqu'il fait sec, pour les biner, les sarcler et commencer à les éclaircir.

On doit réitérer cette opération toutes les fois qu'elle paroît nécessaire, et elle l'est ordinairement trois fois au moins. On peut faire passer, après ces opérations, une herse légère sur le champ, sans inconvénient, et même avec beaucoup d'avantage, comme nous nous en sommes assurés; elle contribue très efficacement, aussi, à nettoyer et à ameublir la surface du champ, et elle arrache peu de carottes.

On doit sur-tout, lors de la dernière opération, éclaircir toutes les plantes trop rapprochées; et la distance la plus convenable à laisser entre elles doit varier de seize à trente-deux centimètres environ en tout sens, suivant la qualité plus ou moins sèche ou humide, et plus ou moins fertile du terrain.

Toutes ces opérations sont beaucoup plus faciles dans la culture en rayons, et on peut aisément faire passer, dans les intervalles, des houes à main en forme de ratissoires, et des espèces de crocs à fumier, qui, en soulevant légèrement et ameublissant la terre, facilitent singulièrement l'accroissement des racines, comme nous l'avons éprouvé, et économisent beaucoup le temps qui est précieux à cette époque. (*Voyez les fig. à la fin.*)

La carotte redoute beaucoup la taupe qui en est friande, ainsi que le mulot, le campagnol, le hanneton, la courtilière, le limaçon et l'hélice, qui y font quelquefois des dégâts assez considérables, lorsqu'on n'a pas pris tous les soins convenables pour prévenir, pour arrêter, ou, au moins, pour diminuer leurs ravages; cependant, avec les soins convenables, cette récolte est une des plus assurées.

Lorsqu'on a satisfait à tous ceux que nous venons d'indiquer, il faut attendre la maturité, sans toucher davantage aux plantes. Loin de nous ce conseil, donné par plusieurs auteurs, de faucher, même à plusieurs reprises, les feuilles de la carotte, c'est-à-dire, de lui retrancher impitoyablement l'un des deux grands moyens que la nature lui a sagement donnés pour sa prospérité. Cette soustraction, déterminée par un intérêt mal entendu, est toujours au détriment de la plante, lorsqu'elle est bien cultivée; elle dessèche le terrain, en le dégarnissant d'une couverture bien précieuse dans les fortes chaleurs; elle épuise, durcit et dessèche la racine qui est l'objet principal, et s'oppose à son développement complet, comme il est facile de s'en convaincre par des essais comparatifs, ainsi que nous l'avons fait. Elle épuise aussi le terrain, en le forçant à suffire seul à alimenter la racine; enfin, elle contrarie bien évidemment le vœu de la nature, sans résultat réellement avantageux. En vain prétendroit-on que, par le refoulement de la sève, elle le force à augmenter le volume de la racine en y séjournant; ce raisonnement est complètement illusoire, puisque cette sève s'épuise promptement et plus abondamment même, d'abord, par l'évaporation que le retranchement occasionne, et ensuite par de nouvelles pousses qui ne tardent pas à paroître. Cette opération, généralement très nuisible, ne peut être utile que lorsque les plantes trop rapprochées, comme elles le sont souvent dans les terrains fertiles, couvrent tellement le sol de leur épais feuillage, qu'elles interceptent entièrement la lumière, qui est, comme l'on sait, un des principaux agens de la végétation. Dans ce cas seulement, qui fait souvent pourrir une grande partie des feuilles, il peut être avantageux de les retrancher; mais, dans tout autre, on ne doit les faucher qu'aux approches de la récolte, parcequ'alors, non seulement leur retranchement est sans inconvénient, le développement et la maturité de la racine étant complets, mais il devient utile en fournissant une provision de nourriture verte assez abondante, et en rendant l'extraction des racines plus commode.

Lors donc qu'on s'aperçoit que ces feuilles commencent à s'affaisser et à se flétrir, on peut commencer la récolte par leur retranchement, et procéder ensuite à l'extraction des racines, à moins que le climat ne permette de les laisser en terre en hiver, ce qui est préférable dans ce cas.

Cette extraction peut se faire, ou à la pioche, ou à la bêche, ou, mieux, avec une fourche à quatre dents rapprochées et arrondies, ou, enfin, à la charrue. Ce dernier moyen est beaucoup plus expéditif; mais il endommage toujours plus ou moins fortement une partie des racines qui peuvent pourrir lorsqu'on n'a pas la facilité de les consommer sur-le-champ.

On doit toujours choisir, pour cette opération, le temps le plus beau possible, et en profiter pour faire sécher et nettoyer les racines avant de les mettre à couvert.

On peut les conserver, en les préservant de l'humidité et de la gelée, soit en les plaçant en couches légères, dans des fosses sèches et garnies de paille de tous côtés, et en les recouvrant de terre, soit en les arrangeant de même dans du sable, ou de la balle de froment ou d'avoine, soit enfin en les plongeant dans une couche épaisse de paille qui les recouvre; mais dans quelque endroit sec qu'on les place, il est essentiel qu'elles soient le plus serrées possible l'une contre l'autre, et tellement couvertes, que l'air n'y ait point accès. Il nous a paru aussi qu'il étoit essentiel à leur conservation qu'elles fussent le plus entières possible, étant dégarnies de feuilles, quoiqu'on ait cru devoir recommander de leur retrancher tête et queue, ce qui non seulement est très long en grand, mais au moins inutile, sinon nuisible. Il nous paroît dangereux aussi de les laver, quoique cela ait encore été recommandé.

On doit choisir et mettre de côté un nombre suffisant des racines les plus volumineuses et les mieux conformées, et les placer au printemps en terre très profondément ameublie et soigneusement engraissée, à quarante-huit ou soixante-quatre centimètres environ de distance, en tous sens, et les soutenir par des appuis, lorsque les tiges seront développées. Elles deviendront les portes-graines; et en ayant soin, comme nous l'avons dit, de choisir la graine des ombelles du centre qu'on mettra à couvert soigneusement, après l'avoir bien fait sécher, et l'avoir séparée entièrement, ce qui exige beaucoup d'attention, on se procurera toujours, avec les soins de culture convenables, les produits les plus avantageux.

Lorsqu'on ne craint pas les gelées, on peut les mettre en terre au moment même de l'arrachage, les couvrir légèrement, si l'on veut, de paille ou d'autre substance sèche, et elles n'en végètent que plus vigoureusement au printemps.

Lorsqu'on veut obtenir de la graine de diverses variétés, il est essentiel de les écarter assez pour que le mélange des poussières séminales ne produise pas d'autres variétés métisses; et on doit rejeter la semence de toutes les carottes qui en produisent l'année même de la semaille, comme étant inférieure en qualité à celle de la seconde année.

La carotte offre au cultivateur et à ses bestiaux un des alimens les plus sains, les plus abondans et les plus nourrissans. On connoît assez sa grande utilité sous le premier rapport; mais on ne sait pas assez par-tout de quelle importance elle peut être pour nourrir aussi économiquement qu'avantageusement les bestiaux en hiver.

Quoique tous ne l'appètent pas la première fois qu'ils y sont soumis, ce qui a lieu à l'égard de plusieurs autres substances bien précieuses, et qui ne prouve rien de défavorable, comme nous avons déjà eu occasion de l'observer, tous la mangent avec la plus grande avidité, dès qu'ils y sont habitués, et elle est très profitable à tous.

Un très grand nombre d'expériences authentiques faites en France et à l'étranger, et que nous avons été à portée de vérifier, constatent de la manière la plus positive qu'étant saine, lavée et coupée au coupe-racine, elle est de beaucoup préférable, sous le rapport alimentaire, à la rave, au navet, au chou, et même à la pomme de terre et au topinambour, ainsi qu'aux fourrages ordinaires, verts ou secs; que les bœufs s'en engraissent promptement, ainsi que les porcs, dont elle rend le lard aussi ferme que le grain; qu'elle augmente singulièrement le lait des truies et des brebis nourrices, et que les petits qu'elles allaitent en profitent beaucoup; qu'elle augmente également le lait des vaches, et le rend très riche en partie butireuse; que les veaux sevrés peuvent, ainsi que les agneaux, en être nourris avec beaucoup de succès et de profit; que les chevaux peuvent aussi en être nourris très avantageusement en hiver; et qu'on peut sans inconvénient, non leur supprimer entièrement le grain, comme on l'a assuré, lorsqu'ils sont soumis à des travaux lourds et pénibles, ce que nous n'avons pas reconnu, le grain devant être ajouté, dans ce cas, à cette nourriture plus relâchante, mais au moins leur en retrancher une forte partie; qu'elle est même très propre à rétablir promptement ceux qui ont été fatigués, ou par un exercice outré, ou par une nourriture de mauvaise qualité; enfin, qu'on peut en nourrir encore les volailles, en la leur donnant cuite, et l'on sait que la cuisson ajoute à la qualité nutritive de toutes les substances végétales, qui en deviennent moins aqueuses et d'une digestion plus prompte et plus facile. L'abondant feuillage de la carotte peut aussi être consommé avec beaucoup d'avantage par les bestiaux, quoique bien inférieur en qualité à la racine.

On a substitué quelquefois, avec succès, la carotte au grain dans la fabrication de la bière; elle fournit aussi par la distillation une eau-de-vie potable comme toutes les substances sucrées; et on est encore parvenu à la rapprocher et à la réduire en une espèce de sirop aussi nourrissant qu'agréable.

L'abondance de la récolte de la carotte bien cultivée, et les qualités éminentes dont elle jouit incontestablement, considérée comme aliment de l'homme et de ses bestiaux, seroient bien propres, sans doute, à en étendre la culture par-tout où elle est admissible, si son mérite non moins certain et non moins précieux pour nos assolemens n'étoit encore un motif bien déterminant pour lui donner toute l'extension convenable.

On doit lui accorder, sous ce nouveau rapport bien important, la prééminence sur le plus grand nombre des végétaux soumis à nos cultures en plein champ, si elle ne mérite pas de l'obtenir sur tous, comme plante éminemment améliorante et préparatoire pour les autres cultures, lorsqu'elle est traitée avec tous les soins qu'elle exige et qu'elle mérite par la qualité autant que par la quantité de ses produits.

Quoique les engrais abondans et bien consommés soient très utiles pour accroître ses produits, elle ne les exige cependant pas toujours rigoureusement, non plus que les labours multipliés; et on en a plusieurs fois obtenu des récoltes très satisfaisantes, avec un seul labour et sans engrais; mais il est toujours nécessaire qu'elle soit sarclée le mieux possible, et il ne faut pas oublier, non plus, qu'elle dédommage ordinairement, avec une générosité bien encourageante, des avances de toute espèce qu'on peut lui faire.

Elle emprunte généralement peu du sol, sans doute parce-qu'elle l'ombrage complètement de son épais feuillage, et qu'on ne l'y laisse pas monter en graine; et l'on peut même réitérer sa culture consécutivement pendant plusieurs années de suite, sur le même champ, avec avantage, au moyen des engrais, quoique cette pratique ne nous paroisse pas généralement recommandable dans la culture en grand, d'après nos essais, conformes aux principes que nous avons établis.

Elle peut s'intercaler avec beaucoup d'avantage entre deux cultures de céréales, et elle nettoie, ameublit et prépare merveilleusement le sol pour celle qui la suit immédiatement.

Elle peut aussi précéder très avantageusement l'établissement d'une prairie artificielle, par les mêmes motifs, et on l'a souvent employée, avec un grand succès, pour cet objet essentiel.

Le froment et l'orge donnent sur-tout des récoltes très nettes et très abondantes, lorsqu'ils lui succèdent en temps convenable.

La consommation faite par les bestiaux, du produit d'un hectare en carotte, fournit au moins autant d'engrais qu'il en faut pour bien engraisser le double de cette étendue; et comparée, sous ce rapport de première nécessité, avec une récolte de grain, elle a un immense avantage sur elle.

La culture de la carotte est principalement pratiquée en France dans l'ancienne Flandre française et hollandaise, qui se trouve réunie à nos départemens du nord, où elle paroît avoir été d'abord introduite en grand, en plein champ, ainsi que dans plusieurs cantons de ceux de la Somme, du Pas-de-Calais, du Haut et du Bas-Rhin; et elle commence à se propager insensiblement dans ceux de la Meurthe, de l'Oise, de la Seine-Inférieure, de l'Eure, de la Manche et du Calvados; mais il est encore un très grand nombre de nos départemens qui la réclament, et dans lesquels son introduction peut opérer une heureuse révolution dans la culture et dans les assolemens.

M. François de Neufchâteau, qui s'est occupé de tout ce qui peut intéresser et encourager cette culture, avec ce zèle ardent et bien louable qui accompagne toujours ce qu'il entreprend pour l'amélioration de notre agriculture, et qui nous a donné en 1804 des détails fort intéressans sur la culture de la carotte et du panais, dans l'excellent répertoire qu'il a publié, nous informe que dans le département de l'Escaut où la carotte est cultivée depuis un temps immémorial, en plein champ, pour la nourriture des bestiaux, et où elle est considérée comme donnant des produits supérieurs à toute autre culture, on en sème deux variétés jaunes; l'une en mars, moins productive, mais plus délicate, dans les terres ensemencées en seigle ou en lin; et la seconde en mai, moins délicate, mais plus profitable, dont le collet sort de terre, qu'on ne confie qu'aux terres nues bien labourées et bien fumées, et qui est toujours suivie, comme nous l'avons vu nous-mêmes, de récoltes aussi nettes qu'abondantes en divers genres.

A Saint-Nicolas, chef-lieu du pays de Vaës, on suit cet excellent cours, 1° seigle, et carrottes semées dessus en mars; 2° chanvre, et trèfle semé dessus; 3° trèfle, 4° *idem*, 5° seigle et carottes, etc.

Les carottes y sont regardées comme une excellente nourriture pour tous les bestiaux.

Dans le département du Nord, où nous avons été à portée d'admirer aussi cette culture, dont le produit moyen s'élève à quinze mille six cents litres environ par hectare, lequel est sur-tout destiné à la nourriture des chevaux en hiver, et dont nous avons rapporté la graine qui a servi à nos essais, on l'intercale avec beaucoup de succès avec les céréales, et on lui fait souvent succéder le blé avec beaucoup de succès. Les environs de Cambrai sont particulièrement renommés pour cette culture.

Dans la plaine fertile de Beurin, près Montreuil-sur-Mer; dans les environs de Chauny; et dans la plaine non moins fertile des Vertus, près Paris; nous l'avons également vue intercaler avec un succès constant et un bénéfice considérable entre deux cultures de céréales.

Dans plusieure cantons du Pas-de-Calais, on la voit quelquefois cultivée en commun, en changeant tous les ans de terrain, afin que chaque petit propriétaire puisse retirer à son tour le bénéfice résultant de l'amélioration du sol pour les récoltes suivantes, qui sont toujours nettes et abondantes; et la carotte y est généralement destinée à la nourriture des vaches et à l'engrais des bœufs pendant l'hiver.

Dans quelques endroits, on en fait faire la récolte par les porcs qu'on y parque, et qui la déterrent eux-mêmes et la mangent sur le champ qu'ils améliorent par leurs déjections et par leur fouillement; cette pratique pourroit être souvent avantageuse.

M. Lullin de Genève, dont l'oncle, M. de Châteauvieux, a fait, le premier à notre connoissance, il y a bien long-temps, un essai très encourageant de la culture de la carotte en rayons, et qui, *en les espaçant de sept à huit pouces, en a obtenu, sans engrais, de dix-huit à vingt-cinq pouces de longueur sur plus de trois de diamètre, et du poids moyen de deux livres environ*, nous informe « qu'il regarde la culture des carottes pratiquée en plein champ, comme la plus productive de toutes incomparablement; que sur un terrain qui avoit produit l'année précédente du froment très médiocre, et qui étoit peu propre et peu préparé à cette culture, étant plus fort que léger, souillé de mauvaises herbes et non fumé, ayant semé en ligne, à quinze à seize pouces de distance, trois livres de graine de carottes du village d'Achicour, près d'Arras, les meilleures qu'il connût, il en obtint cent quatre-vingt-dix-sept livres de bénéfice net (sur quatre-vingt-cinq coupes, mesure de Genève), malgré tous les désavantages résultant d'un sol trop fort, sujet à se durcir, sale, d'une mauvaise préparation, et d'un été d'une sécheresse funeste; et il reconnoît que cette culture prépare et améliore singulièrement le sol pour les récoltes suivantes. »

M. Charles Pictet, autre cultivateur génevois très distingué, nous informe également « qu'il a cultivé la carotte avec succès en lignes espacées de deux pieds et demi, et que cette culture a toujours été suivie de froment très beau et très net. Il observe qu'il convient de déposer la graine de carotte huit jours à l'avance dans de la terre humide, pour hâter la végétation, et il regarde la balle de blé comme ce qu'il y a de mieux pour conserver les racines. »

M. de Père, qui nous assure que « le produit d'un seul are de carotte peut s'élever à dix quintaux; qu'aucune récolte n'a plus de valeur, et qu'on peut en faire plusieurs successives sur le même terrain, pendant trois et quatre ans, avec moitié moins de fumier qu'elles n'en peuvent produire, étant mangées par les bestiaux; qu'elles réussissent parfaitement sur le défrichis des prairies naturelles, lorsqu'on a bien détruit l'herbe; et que, d'un autre côté, leur culture dispose bien le terrain pour la formation de ces mêmes prairies et pour toutes les prairies artificielles, ainsi que pour le chanvre, le lin et le froment ajoute que cette culture, outre les récoltes les plus lucratives, présente un excellent procédé pour disposer la terre à la culture continue, comme dans les cours suivans :

1°, 2°, 3° Carottes; 4° chanvre; 5° froment; 6° trèfle ou

bien, 4° rutabaga, dragée printanière; 5° froment avec luzerne, ou chicorée à semer en septembre.

La société d'encouragement pour l'industrie nationale, qui concourt si puissamment au grand objet qu'elle s'est proposé, et qui mérite la plus vive reconnoissance de la part des cultivateurs, ayant senti de quelle importance pouvoit être pour l'amélioration de notre agriculture l'extension de la culture de la carotte en plein champ, proposa, en 1803, de décerner un prix de 600 francs à l'agriculteur qui, dans un département où la culture en grand de la carotte n'étoit pas pratiquée, auroit cultivé avec succès cette plante sur la plus grande étendue de terrain, qui ne pouvoit être moins de deux hectares.

M. Bertier de Roville, du département de la Meurthe, eut l'honneur d'obtenir ce prix, en la cultivant en grand avec un plein succés; et M. de Troly, du département de l'Aisne, l'avoit cultivée en 1790, avec un succès non moins encourageant, et avoit reconnu la grande utilité, pour cette culture, du serfouissage à l'aide d'un crochet.

M. de Saint-Genis essaya aussi, avec succès, sur sa propriété près Paris, de semer, en automne et en mars, de la graine de carotte dans ses seigles, et il en obtint des produits très avantageux.

M. Alphonse Le Roy, ayant reconnu comme M. Pictet, la nécessité d'accélérer la germination de la graine de la carotte, afin de rendre l'opération du sarclage plus facile et moins dispendieuse, parceque cette graine est ordinairement près de six semaines à sortir de terre, ce qui permet aux plantes nuisibles de la devancer, imagina de lui appliquer la pratique des Chinois, qui consiste à ne faire la semaille de leurs grains qu'après les avoir fait préalablement germer, et il l'encroûta d'un engrais propre à lui conserver le calorique nécessaire pour la germination.

Ayant semé cette graine mélangée avec du terreau sablonneux, après l'avoir plongée, enveloppée dans un linge, pendant six jours dans de l'eau de mare, puis déposée, très humide et encroûtée, dans du fumier qui conservoit dans son intérieur une douce chaleur, où elle fut prête à germer au bout de six jours; elle leva au bout de dix à douze jours; et couvrit si bien la terre, que les mauvaises herbes ne se montrèrent pas. Deux mois après, dit-il, « je n'eus qu'à faire arracher un excédant qui me dédommageoit bien amplement de la peine de l'arrachis, et au bout de quatre mois et demi j'aurois pu tirer des fanes une récolte précieuse. Enfin je recueillis d'un arpent de terre onze fortes charretées de racines. »

M. Alphonse Le Roy observe, 1° « qu'il convient de tirer la graine d'un pays respectivement méridional, parceque c'est une loi générale, que les produits des semences deviennent plus muqueux en allant du midi vers le nord, tandis qu'ils se détériorent en allant du nord au midi, 2° que la carotte ne veut pas de fumier, sur-tout nouveau, qui l'expose à des chancres et à être rongée par de petits vers; et 3° qu'il a nourri et engraissé plusieurs porcs avec cette seule racine cuite et saupoudrée de sel, de sauge, et de thym en poudre et de son, et que le chair de ces animaux étoit d'un goût exquis, préférable à toute autre, et coûtoit deux tiers moins que celle obtenue selon l'usage ordinaire, avec des grains légumineux et farineux. »

Après avoir admiré, dans les premières années de la révolution, la culture de la carotte, si ancienne, si productive et si améliorante dans nos départemens du nord, nous l'essayâmes sur notre exploitation avec la semence que nous en avions rapportée; et nous imaginâmes, pour diminuer les frais de sarclage et de houage, et pour rendre ces importantes et indispensables opérations plus commodes et plus expéditives, un moyen que nous croyons devoir faire connoître : il consiste à placer la semence prête à germer, dans le fond des raies, derrière la charrue, au dernier labour, lorsque la terre est suffisamment ameublie, de manière qu'elle se trouve placée régulièrement et assez expéditivement en rayons distans de trente-deux centimètres environ, et aussi bien, au moins, qu'avec le semoir-machine, reconnu peu convenable pour cette semence, parceque les poils dont elle est hérissée la rendent très peu coulante. Au lieu de la recouvrir avec la herse, qui quelquefois l'enterre trop profondément, nous nous sommes généralement mieux trouvés de rouler seulement le champ en travers sans le herser, immédiatement après le labour et la semaille; et cet instrument la recouvre assez en affaissant la crête des sillons qui forment de légers enfoncemens très favorables à la levée de la carotte et à toutes les opérations qu'elle doit éprouver par la suite. On concevra aisément que par ce moyen très simple les sarclages et les houages deviennent faciles, expéditifs et économiques, et que l'on peut en outre très commodément, avec une houe assez large, chausser un peu chaque rang de plantes à la dernière façon, après les avoir suffisamment éclaircies. On peut aussi herser la pièce lorsque toutes les carottes sont bien levées.

Lorsqu'on veut substituer la herse triangulaire et la houe à cheval à la houe à main, ce qui rend encore le houage et le sarclage plus expéditifs et économiques, il suffit de laisser un sillon sans semence entre chaque sillon semé, et l'on peut alors employer commodément ces instrumens. On peut même planter des choux dans les intervalles après la dernière façon.

On sème en plusieurs endroits la carotte sur les champs déjà ensemencés avec d'autres plantes, telles que le seigle, le froment, l'avoine et l'orge, le lin, la fève, etc., et on l'enterre par un hersage léger suivi du rouleau.

Nous avons déjà rapporté plusieurs exemples de ce mélange

qui procure à bien peu de frais, dans la même année, sur les champs fertiles et bien préparés, une seconde récolte qu'on appelle souvent *récolte dérobée*; nous avons observé plus particulièrement cet excellent usage dans l'arrondissement de Lure, département de la Haute-Saône, et dans quelques endroits de celui des Deux-Nèthes : nous le retrouvons encore dans les environs de Remiremont, et dans presque tout le département des Vosges, ainsi qu'en quelques autres départemens; et il ne sauroit être trop étendu par-tout où le sol et le climat permettent son introduction.

Nous ne pouvons terminer cet article sans faire des vœux avec le savant et vertueux Rozier, pour que la culture de la carotte se propage de plus en plus dans nos champs, et y porte l'aisance avec la fécondité; nos cultivateurs y trouveront un aliment aussi sain qu'abondant pour eux, leurs ouvriers et leurs bestiaux, et une récolte aussi avantageuse par les bénéfices considérables qu'elle procure, que par l'excellente préparation qu'elle communique au sol pour les cultures suivantes.

DU PANAIS CULTIVÉ. Le panais cultivé, *Panet* ou *pastenade*, *Pastinaca sativa*, est une autre plante indigène et bisannuelle, de la même famille et fortement améliorée par la culture; dont le type originaire velu, qui croît souvent spontanément dans les récoltes de céréales, principalement dans les sols crétacés, cause aux bras et aux mains des sarcleurs qui l'arrachent, des pustules assez incommodes; et dont la racine, ordinairement blanchâtre, est également pivotante et volumineuse, mais moins tendre, cassante et succulente, et plus aromatique que celle de la carotte.

Sa tige forte, droite, cannelée, creuse, rameuse et cylindrique, qui s'élève souvent à plus d'un mètre, est garnie de feuilles ailées, alternes et amplexicaules, à folioles larges, et de fleurs jaunes et petites, remplacées par des fruits jaunâtres très aplatis.

Il en existe aussi plusieurs variétés, dont les principales sont, la plus commune à racine fusiforme, qui s'appelle ordinairement panais long, et celle à racine napiforme, qu'on appelle panais rond ou de Siam.

Cette variété, s'enfonçant moins que l'autre, peut, ainsi que celle de la carotte qui lui ressemble, être cultivée avec plus d'avantage que la première sur les terrains peu profonds quoique fertiles.

D'après les détails généraux de culture et d'assolement dans lesquels nous sommes entrés à l'article CAROTTE, il ne nous reste que quelques observations particulières à faire à l'égard du panais, tous ces détails lui étant également applicables.

1° Quoiqu'un sol aussi fertile, aussi meuble et aussi bien préparé que pour la carotte lui soit très favorable, nous croyons avoir remarqué cependant qu'elle résistoit mieux à ceux qui étoient d'une nature plus compacte et plus humide; et la contexture plus ferme et moins aqueuse de sa racine vient à l'appui de cette observation assez importante pour la culture en plein champ, si elle se confirme.

2° Elle résiste aussi beaucoup mieux aux froids de nos hivers, ce qui tient probablement à la nature même de cette contexture et à sa qualité plus aromatique et plus sucrée; et cet autre avantage est de la plus grande importance pour la culture en grand, puisqu'il permet de la semer impunément avant l'hiver, et d'en laisser la récolte en place dans cette saison, toutes les fois que le sol n'est pas trop humide.

3° Toutes choses égales d'ailleurs, elle paroît produire moins en volume que la carotte; mais ce point de fait dont nous nous occupons depuis quelque temps ne nous semble pas suffisamment constaté, et il l'est encore moins qu'elle soit moins nourrissante que la carotte; nous penchons même à croire le contraire, d'après quelques essais que nous réitérerons, et que nous ferons connoître, dès qu'ils nous paroîtront décisifs.

4° Ce qui est bien positif, c'est qu'elle produit proportionnellement un feuillage beaucoup plus élevé et plus abondant que celui de la carotte, et cette circonstance n'est pas indifférente sous le double rapport de l'assolement et de la nourriture des bestiaux.

5° L'étendue de ce feuillage exige qu'elle soit plus éclaircie que la carotte, lors des houages et sarclages qui doivent être les mêmes, et il peut fournir en automne un fourrage très abondant.

6° La récolte de la racine peut, sans inconvénient, être différée jusqu'au moment des besoins en hiver; mais il convient de la faire, au plus tard, au commencement du printemps, afin d'empêcher qu'elle ne se corde et se durcisse, par l'effet d'une nouvelle végétation qui la fait promptement monter en tige et en graine, en épuisant beaucoup le sol.

7° Quelques auteurs ont paru craindre qu'on pût confondre, lors de la récolte, la jusquiame et la ciguë avec le panais, parceque les racines de ces deux plantes ont quelque ressemblance avec la sienne; mais, outre que les sarclages et houages ont dû les faire disparoître, lorsquelles se rencontrent dans le champ, leur port extérieur est trop différent du sien pour pouvoir aisément les confondre.

8° Le panais peut, comme la carotte, servir avantageusement à nous nourrir, comme à nourrir et même à engraisser nos bestiaux. Tous s'accommodent également bien de sa racine, et tous mangent aussi ses feuilles, et rien n'est moins prouvé à notre esprit que la prétention très hasardée et même contradictoire qui a été avancée et répétée, sans preuve, que *la racine de panais rend les chevaux mous, qu'ils dépérissent dès qu'on leur en donne une autre, et qu'elle leur ruine la vue et les jambes.*

Il en est, selon nous, du panais comme de la carotte, dont

l'abus peut, ainsi que de toute autre chose, devenir nuisible; sur-tout si la transition de la nourriture sèche à la nourriture verte, *et vice versâ*, est brusque et irréfléchie, et si, au lieu d'en donner modérément aux animaux soumis à un travail pénible, en mélangeant prudemment cette nourriture avec une nourriture sèche et moins relâchante, on les y réduit presque exclusivement, en leur retranchant le grain : malgré toutes les assertions contraires, notre expérience se refuse à croire qu'on puisse jamais substituer entièrement aux grains les racines, même les plus nourrissantes avec un avantage égal pour la force réelle, qu'il faut bien distinguer ici de la graisse des animaux exposés à un travail journalier long et difficile.

On a aussi substitué quelquefois le panais au grain dans la fabrication de la bière, en y mêlant de la levure; et on en extrait, comme de la carotte, un sirop assez agréable et très nourrissant. Enfin nous citerons, comme une preuve assez remarquable de sa qualité éminemment alimentaire, l'assertion curieuse du professeur de botanique anglais, Martyn, qui dit positivement dans sa *Flora rustica*, imprimée à Londres en 1792 : « Les racines du panais étant éminemment nourrissantes, et contenant bien plus de parties sucrées que celle de la carotte, ceux qui s'abstiennent de viande pendant le carême en font un grand usage (1). »

8° Malgré tout le mérite que paroît avoir le panais pour la nourriture d'hiver de nos bestiaux, il est peu cultivé en grand en France, ainsi qu'en Allemagne et en Angleterre, et nous ne trouvons guère sa culture établie en plein champ que dans quelques îles de la Manche et dans quelques cantons de la ci-devant Bretagne.

« Dans ces cantons, d'après M. Le Brigant de Plouezoch, on sème le panais dans une terre fumée l'année précédente, et il réussit, sur-tout après une récolte d'orge. La terre doit être bien retournée, bien ameublie. A mesure que la charrue travaille, des hommes, armés de bêches ou de pelles, tirent la terre du fond de la raie et la rejettent sur celle qu'a remuée la charrue (une seconde charrue feroit cette besogne plus expéditivement et plus économiquement). On forme des planches larges de dix à douze pieds. On creuse entre chaque planche un petit fossé, dont on jette la terre sur les deux planches voisines. On se sert ensuite d'un râteau pour briser les mottes qui peuvent rester et bien aplanir le terrain. (La herse et le rouleau y suppléeroient avec avantage.) Il faut cependant que la surface de chaque planche ait de chaque côté une pente légère vers les fossés (ce qui annonceroit une terre trop humide). La graine est semée au plus tôt à la fin de

(1) The roots of parsnep abound much more in saccharine juice than those of carrot; being highly nutritions, they are much used by those who abstain from animal food in lent.

février, et au plus tard en mars. On l'enfonce en passant fortement le râteau sur tout le terrain (même observation que ci-dessus). Il est d'usage de semer en même temps des fèves de marais, et de planter des choux tout autour de chaque planche (excellente méthode). Il est essentiel de semer le panais fort clair. S'il se trouve des endroits où il lève abondamment, on en arrache une partie. On sarcle avec attention, dès que les mauvaises herbes paroissent, et cette opération est répétée plusieurs fois.

« On fait la récolte ou en octobre ou en novembre ; on la fait avec une pelle ou une tranche, et on tient les racines serrées l'une contre l'autre dans un endroit sec, pour les conserver long-temps. Elles servent à nourrir et même à engraisser le bétail de toute espèce. Les chevaux, les bœufs, les vaches, les cochons s'accommodent également de ces racines. On les leur donne d'abord crues, coupées par tranches, ou refendues sur leur longueur, en deux ou en quatre (le coupe-racine vaudroit mieux). Lorsqu'on s'aperçoit que les animaux s'en dégoûtent, on met les panais dans un grand vase, après les avoir coupés par morceaux. On les presse le plus qu'il est possible, on met de l'eau dans le vase pour remplir les intervalles que les morceaux laissent entre eux, et on les fait cuire. Dans cet état, les bestiaux en mangent avec la plus grande avidité, et ne s'en dégoûtent plus. Les cochons n'ont point d'autre nourriture pendant tout l'hiver, et quand les fourrages manquent, les vaches ne mangent que des panais ; elles donnent alors plus de lait et de meilleur beurre, etc. »

Le résultat des faits fournis par M. Le Brigant est « qu'un champ semé en panais donne un bénéfice triple de celui du même champ semé en froment rendant neuf pour un ; que ce champ produit de plus, dans la même année, une récolte de choux et une récolte de fèves, et que la terre se trouve bien préparée pour recevoir l'année suivante du froment et même du lin. »

On cultive aussi le panais en plein champ dans le pays de Vaës. Il y passe l'hiver en terre, sans aucun danger. A l'approche de la gelée, on coupe les feuilles pour les donner aux bestiaux. On engraisse les porcs avec sa racine, et l'on observe que c'est un excellent aliment pour les vaches, qui donne un goût agréable au beurre, rend le lait plus abondant et épaissit la crême.

La réunion de ces divers avantages joints à ceux que nous avons déjà fait connoître nous paroit bien déterminante pour engager à entreprendre une culture aussi profitable.

On peut aussi semer le panais uniquement pour fourrage et pour engrais végétal sur les terres en jachère, en le semant plus épais que lorsqu'on a sa racine pour principal objet en vue.

La facilité des semis faits en août ou en septembre dans les provinces du nord, dit Rozier, « offre un avantage bien précieux aux cultivateurs, puisque le *pastenade* ou *panais* peut couvrir les terres qui doivent rester en jachères, fournir un engrais naturel à ces champs et un excellent pâturage d'hiver et de printemps au bétail et aux troupeaux, même, si l'on veut, plusieurs coupes de bon fourrage. »

M. de Saint-Genis nous apprend qu'il a semé le panais sur des seigles de mars, et qu'il s'est procuré ainsi, au printemps suivant, en fauchant ses tiges prêtes à fleurir, *un fourrage très abondant, tendre, succulent, et fort agréable à tous les bestiaux.*

On peut encore semer le panais, comme la carotte, sur les céréales, le lin, le chanvre, etc., pour se procurer une seconde récolte à peu de frais, la même année; mais l'étendue de son feuillage exige qu'il soit semé fort clair dans ce cas.

La rusticité du panais, la forte présomption qu'il vient bien dans des terrains moins convenables à la carotte, la facilité bien précieuse de pouvoir le laisser en place en hiver, dans ceux qui sont bien égouttés, l'abondance de son feuillage, et sur-tout sa qualité éminemment nutritive et les bénéfices qu'il procure, nous font désirer ardemment de voir sa culture et ses produits soumis à des essais plus positifs que ceux qu'on a pu recueillir jusqu'à présent sur ces objets importans; et nous engageons fortement nos cultivateurs les plus zélés pour les progrès de leur art à nous seconder pour cet objet que nous allons soumettre nous-mêmes à de nouvelles recherches.

Dans la famille des ombellifères, on cultive encore, en plein champ, dans quelques parties de la France, le BOUCAGE-ANIS, *Pimpinella anisum*, qu'on trouve particulièrement dans les départemens du Haut et du Bas-Rhin, et du Tarn, ainsi que dans les environs d'Angers et de Bordeaux, où il est cultivé pour ses graines cordiales, stomachiques, carminatives et digestives; la CORIANDRE CULTIVÉE, *Coriandrum sativum*, qui est également cultivée pour ses graines, qui ont à peu près les mêmes vertus, qui entrent fréquemment dans la fabrication de la bière, et dont on rencontre particulièrement la culture dans la plaine de Saint-Denis et à Restigné en Anjou; et l'ANGÉLIQUE DES JARDINS, *Angelica archangelica*, dont les propriétés ont également beaucoup d'analogie avec celles des premières, et qu'on cultive dans les environs de Niort, de Nantes, de Paris, et de quelques autres endroits, pour ses tiges qui ont un arôme très agréable.

On remarque assez généralement que ces plantes épuisent peu le sol, sur-tout la dernière, qui est plus rustique que les deux autres, qu'on ne laisse pas grener ordinairement, et qui se cultive de temps immémorial sur les mêmes terrains dans plusieurs cantons; les deux premières exigent un climat chaud; on les alterne ordinairement avec d'autres cultures, et toutes demandent, pour prospérer, une terre meuble et substantielle.

DE LA BETTE COMMUNE. La bette commune, bette blanche ou poirée, *Beta vulgaris*, regardée comme le type originaire des diverses variétés de betteraves, et qui croît naturellement sur les bords de la mer de l'Europe méridionale, est une plante bisannuelle, à racine pivotante; dont la tige droite, anguleuse, glabre et rameuse, qui s'élève ordinairement à plus d'un mètre, est garnie de feuilles alternes, grandes, ovales, entières, molles et lisses, munies de petioles épais, et de fleurs petites et sessiles, en longs épis grêles, remplacées par une capsule uniloculaire, renfermant une semence réniforme.

Indépendamment des principales variétés dont nous parlerons ci-après, elle en offre une qui paroît être le résultat d'une culture long-temps améliorée, et qu'on désigne sous le nom de CARDE-POIRÉE, POIRÉE D'HOLLANDE, ou *poirée à cardes*, parcequ'on tire des côtes de ses feuilles, larges et tendres, le même parti que des cardons comme aliment.

La bette, proprement dite, est à peine sortie de nos jardins pour figurer dans les champs; cependant quelques essais faits sur un sol fertile, où elle fut semée à la volée au printemps, attestent qu'elle peut fournir, à l'automne de la même année, et sur-tout au printemps de l'année suivante, lorsque les froids rigoureux de l'hiver ne la détruisent pas, une nourriture verte très abondante et très succulente, que tous les bestiaux mangent avec plaisir dès qu'ils y sont accoutumés, et qu'elle est également très propre à engraisser le terrain qui l'a produite, y étant enfouie et y pourrissant promptement; mais sa racine étant beaucoup moins volumineuse dans ses variétés, qui, à raison de leur volume et de leurs formes, ont pris le nom de betteraves, et qui fournissent également des feuilles très amples, succulentes et nourrissantes, on les préfère généralement pour la nourriture des hommes et des bestiaux.

DE LA BETTERAVE. La betterave présente plusieurs variétés secondaires, dont les principales sont, la ROUGE, qu'Olivier de Serres nous apprend avoir été apportée de son temps d'Italie en France, et qu'on distingue aussi en grosse et petite; la JAUNE, dite de *Castelnaudari*, parcequ'elle y est communément cultivée, et qui est la plus délicate et la plus sucrée de toutes; la BLANCHE, qui paroît souvent inférieure aux deux premières pour la qualité; et la GROSSE BLANCHE, marbrée ou veinée de rouge, qu'on désigne souvent sous la dénomination de *betterave champêtre*, parcequ'elle a été particulièrement affectée à la culture en plein champ; ou racine de disette, et plutôt d'abondance, ou quelquefois, assez bizarrement, disette, et plus bizarrement encore *turlips*, etc., etc., parcequ'il est du bon ton de donner à une plante française un nom étranger, insignifiant, et qu'on ne comprend pas, comme plusieurs exemples remarquables nous le prouvent.

Cette dernière variété, dont il nous semble qu'on a dit beaucoup trop de bien, et beaucoup trop de mal, pourroit bien n'être, comme nous le supposons, que le résultat du mélange accidentel des poussières séminales de la grosse rouge et de la blanche; quoi qu'il en soit, elle participe de leurs qualités comme de leurs couleurs, et c'est sur-tout sur cette circonstance que nous établissons notre opinion. Elle se distingue particulièrement des autres, en ce que sa racine peu délicate sort en grande partie de terre, et est renflée dans son milieu.

Il paroît aussi que c'est en Allemagne qu'elle fut d'abord découverte et soumise à la culture en plein champ; et ce n'est pas l'abbé Commerell, comme on le suppose assez souvent, mais le respectable père de notre ami Vilmorin, qui l'introduisit et la fit connoître le premier en France, en 1775. Sa culture fit très peu de progrès parmi nous jusqu'en 1784, que Commerell, témoin du produit considérable qu'on en retiroit dans la province de Souabe, écrivit sur sa culture, et l'encouragea par son exemple et par ses écrits, qui, semblables malheureusement à ceux de tous les novateurs en agriculture, lesquels, en adoptant exclusivement une plante, la décorent gratuitement de toutes les qualités possibles, la préconisa à outrance, et la mit, comme c'est l'usage, au-dessus de toutes les autres racines alimentaires connues.

Comme la culture de cette variété ne diffère pas essentiellement de celle des autres, nous allons les comprendre toutes sous les mêmes considérations.

La betterave préfère à tout autre, comme la carotte et le panais, un sol profond, frais, meuble et substantiel; et comme eux aussi, la force de sa végétation est généralement en raison directe de l'état d'ameublissement, d'engraissement et de netteté auquel on parvient à l'amener par la culture. Cependant, elle paroît être moins rigoureuse que la première de ces deux plantes, sur l'ameublissement du sol, probablement à cause de la nature plus ferme et plus volumineuse tout à la fois de sa racine; et cette disposition est plus particulièrement applicable peut-être à la betterave champêtre qu'aux autres variétés, parceque sa racine s'enfonce moins, et sort davantage de terre.

« La betterave champêtre, dit Gilbert qui nous paroît avoir bien saisi cet objet, se plaît, ainsi que la plupart des racines pivotantes, dans les terres douces, substantielles, meubles ou ameublies, un peu fraîches, et c'est là où elle prend le plus grand accroissement; mais elle réussit mieux que toute autre dans les terres un peu compactes et argileuses qui ont été divisées par plusieurs labours : comme elle ne pique pas profondément en terre, elle convient encore dans un sol peu profond, pourvu qu'il ne soit pas épuisé, ou qu'il ait reçu de bons amendemens. »

Ajoutons que sa qualité est souvent en raison inverse de sa quantité, et qu'elle contracte souvent aussi l'odeur des engrais peu consommés.

Etant très sensible à la gelée, lorsqu'elle est jeune, comme la plupart des plantes fort aqueuses, elle ne doit être semée que lorsque les dernières gelées ne sont plus à redouter.

On peut la semer en pépinière pour la transplanter ensuite; ou à demeure à la volée, ou en rayons.

La première manière qui a été particulièrement recommandée, et qui a le mérite, à la vérité, de donner plus de temps pour bien préparer la terre destinée à la recevoir, ou pour tirer tout le parti possible d'une récolte printanière, ne nous paroît pas généralement recommandable; parceque indépendamment des frais et des chances de la transplantation, nous avons reconnu, avec d'autres cultivateurs, que les betteraves transplantées, même dans les circonstances les plus favorables, produisoient généralement moins que celles qui avoient été semées à demeure.

La semaille à la volée nous paroît aussi moins avantageuse que celle en rayons, parceque les houages et les sarclages en sont moins faciles.

Enfin, la semaille en rayons, est, selon nous, la meilleure; parcequ'elle rend les travaux subséquens plus expéditifs et plus économiques.

Elle peut se faire, très commodément et assez promptement, comme nous l'avons indiquée pour la carotte, avec deux différences essentielles cependant; c'est qu'au lieu de se borner à rouler le champ en travers seulement, on peut le herser en long, avant l'emploi du rouleau, parceque la semence placée dans le fond des sillons étant beaucoup plus grosse, peut être plus enterrée sans inconvénient; et qu'il faut toujours laisser un sillon sans semence entre chaque sillon ensemencé, parcequ'elle occupe beaucoup plus d'espace que la carotte par sa racine et par ses feuilles. Il est d'ailleurs bien plus avantageux d'opérer les houages et les sarclages avec la petite herse et la houe à cheval qu'avec la houe à main, beaucoup moins expéditive, et chaque pied doit en outre être espacé d'environ quarante-huit centimètres au moins dans la ligne.

La graine étant assez long-temps à être pénétrée en terre par l'humidité suffisante pour sa germination, on doit l'accélérer en la plongeant pendant quelque temps dans l'eau avant de la semer.

Dès qu'on s'aperçoit que les plantes nuisibles commencent à se développer, il faut, sans délai, faire usage du sarcloir entre les rayons; et si, en éclaircissant le plant, on a eu soin de l'espacer à soixante-quatre centimètres environ, à angles droits réguliers, on peut faire passer cet instrument en tous sens, à plusieurs reprises, à des époques différentes, et le faire suivre ensuite par la houe. Le volume de la betterave rend ces opérations bien plus faciles que pour la carotte; et plus souvent on remue la terre dans les intervalles, plus la racine et les feuilles deviennent volumineuses, comme nous l'avons souvent remarqué.

Mais il convient de faire ici une observation importante.

On a reconnu que la betterave, au lieu d'avoir besoin d'être buttée, comme la pomme de terre, le topinambour et un grand nombre d'autres plantes, profitoit davantage lorsque le collet de sa racine étoit découvert et un peu déchaussé.

Au lieu donc d'amonceler la terre contre cette racine, il convient de la dégager un peu, au contraire, de celle qui s'y trouve; et cela peut se faire avec une houe, ou cultivateur, à un seul versoir, qui, placé en sens opposé à celui qui verseroit la terre sur la racine, la ramène de chaque côté au milieu des rayons, de manière à former un petit bassin autour de chaque plante.

Plusieurs auteurs ont recommandé de retrancher les feuilles de la betterave à plusieurs reprises, et ont même assuré qu'au lieu de nuire à la racine, ce retranchement lui étoit salutaire. Nous devons avouer que dans un assez grand nombre d'expériences comparatives que nous fîmes en 1787, dans un clos dépendant de l'école d'économie rurale et vétérinaire d'Alfort, avec notre ami Gilbert, sur toutes les variétés connues de betteraves, nous reconnûmes que, comme nous le supposions d'après les lois de la physique végétale, ce retranchement étoit d'autant plus nuisible aux racines que les feuilles étoient plus jeunes et plus vigoureuses, et qu'il n'y avoit qu'un seul moyen de le faire sans inconvénient et même avec avantage; c'étoit d'attendre que la nature elle-même en donnât le signal, c'est-à-dire lorsque les feuilles extérieures, entièrement développées, commencent à prendre une direction plus horizontale que verticale, et une teinte d'un vert rougeâtre moins foncé. A cette époque, il est vrai, il est avantageux de commencer à les retrancher doucement, à la main, en appuyant le pouce contre le collet, et en baissant pour les détacher toutes celles qui sont dans ce cas, et qui se flétriroient en pure perte. L'on peut prolonger successivement ce retranchement jusqu'à l'époque de la récolte de la racine, en les enlevant toutes alors; mais excepté à cette époque, on ne peut jamais les supprimer entièrement, ou même en grande partie, qu'au détriment de la racine qui est l'objet principal, toutes les fois qu'elles sont encore droites et vigoureuses.

La racine de la betterave redoutant les gelées ordinaires de nos climats, il convient d'en faire la récolte avant qu'elles puissent l'endommager; et quoique la betterave champêtre nous ait paru plus rustique que les autres variétés, nous ne pensons pas cependant qu'elle puisse résister en plein air à l'hiver, comme l'assure cependant un auteur allemand d'un grand mérite: s'il en existoit réellement une variété qui présentât cet avantage, elle seroit bien précieuse à nos yeux, et mériteroit d'être propagée exclusivement à toute autre pour la nourriture d'hiver des bestiaux. (1)

Cette récolte doit toujours se faire, lorsqu'il est possible, par un temps bien sec, afin de faire ressuyer convenablement les racines qui sont très aqueuses, avant de les serrer sèchement à couvert comme celles de la carotte, en tas et le moins épais que l'on peut.

Elle se fait assez aisément avec une pioche ou une bêche; mais il faut prendre bien garde d'endommager les racines, qui pourriroient.

La racine de la betterave fournit à l'homme, en hiver, un aliment très sain, très nourrissant et très agréable; il faut cependant en excepter la variété champêtre, qui n'est ni aussi sucrée, ni aussi agréable que les autres.

On peut encore tirer parti des feuilles sous le rapport alimentaire; mais elles paroissent inférieures à beaucoup d'autres qu'on peut se procurer en même temps pour cet objet.

On a obtenu des racines un sucre et une eau-de-vie dont nous parlerons plus loin.

Toutes les variétés fournissent aussi une nourriture d'hiver assez abondante pour nos bestiaux, indépendamment des feuilles qu'ils mangent avec plaisir, lorsqu'ils y sont habitués. On les leur donne nettoyées et coupées assez menu, crues ou cuites; et elles sont plus nourrissantes, comme tous les autres végétaux, lorsqu'elles ont subi cette préparation.

On doit mettre de côté quelques unes des plus belles racines, pour les replanter au printemps, dans un terrain fertile et bien préparé, à la distance de quarante-huit centimètres à un mètre environ, suivant leur grosseur, et les traiter comme celles de la carotte, en choisissant également pour la semence, la graine la première mûre, la mieux nourrie, et qui se bat la première, comme devant donner les produits les plus avantageux, et en la conservant bien sèchement en couche mince jusqu'au moment de la semaille.

La betterave champêtre est la variété qui paroît avoir été le plus souvent soumise à la culture en plein champ, d'où elle a tiré

---

(1) Nous croyons devoir transcrire ici le passage des Élémens d'économie rurale de Mitterpacher, où il assure bien positivement que « la betterave champêtre peut supporter l'hiver en plein champ.

Beta altissima, floribus ternis, vel quaternis, foliolis calicis inermibus, carinatis; caule crassissimo fasciato, radice maximâ rubro et albo intus variegata, foliis maximis rubentibus, hiemem in aperto campo sustinet, radices que demittit, quæ 8 sæpè et 10 etiam libras adpendunt. Radices æquè ac folia pecora nutriunt. Elem. rei rusticæ. *in*-8°, Budæ, 1777, p. 499 primæ partis.

se dénomination. Convenablement cultivée, dans un sol riche et bien préparé, elle est sans doute très productive, et on en cite des produits réellement énormes. Nous nous bornerons à rapporter ici ceux dont parle M. Dourches, qui, après nous avoir dit que *M. Boutemy, agriculteur éclairé et instruit, en a présenté une du poids de trente-trois livres à l'intendant de Metz*, ajoute: *ma sœur en a récolté une de quarante livres.* Il paroît aussi que, sortant en grande partie hors de terre et s'y enfonçant moins que les autres variétés, elle exige encore un sol moins profond et même moins riche, soutirant de l'atmosphère une assez forte partie de sa nourriture; mais en admettant cette supériorité en produits sur les autres racines, que MM. de Courset et Lullin lui contestent, d'après des expériences comparatives, et que nous n'avons pas toujours reconnue non plus, d'après les nôtres, il s'agit encore de déterminer, si, comme cela arrive très rarement, la qualité accompagne la quantité; et ici encore, les faits sont contre elle. Elle est incontestablement, comme nous l'avons déjà observé, beaucoup moins sucrée, moins nourrissante et moins agréable au goût que la rouge, que les nourrisseurs des environs de Paris préfèrent pour la nourriture de leurs vaches laitières; et elle possède ces qualités essentielles à un degré bien moindre encore que la jaune, que M. Richard Daubigny préfère aussi, comme nous le verrons tout à l'heure, pour nourrir et engraisser ses porcs.

Ainsi, ses avantages et ses inconvéniens paroissent se contrebalancer; et loin de mériter une préférence exclusive, comme l'enthousiasme qui ne calcule pas toujours le demandoit, il nous semble qu'elle ne peut la mériter tout au plus, que dans quelques cas assez rares.

Revenons aux usages économiques de la betterave.

Quelques chimistes étrangers, avertis par le goût sucré très prononcé de cette racine, qu'elle devoit contenir une matière sucrée assez abondante, essayèrent de l'en extraire et y parvinrent. D'autres parvinrent également à en obtenir de l'eau-de-vie, comme cela est possible avec toutes les substances qui contiennent assez de principe muqueux et sucré, et comme cela a été vérifié en France; mais quoiqu'on ait beaucoup exalté ces découvertes, comme c'est l'usage, il convient de les réduire ici à leur véritable mérite *pour nous*, en observant avec M. Parmentier, notre grand maître sur cet objet, comme sur un très grand nombre d'autres objets importans d'économie rurale, « qu'il n'y a pas lieu de présumer que nos racines potagères puissent jamais valoir la peine et les frais de l'extraction en grand du sucre, ni de la fabrication de l'eau-de-vie, en supposant même que la betterave soit celle qui en donne le plus, la vigne nous fournissant, sous ces deux rapports importans, des avantages bien précieux que ces racines ne peuvent jamais égaler. »

Contentons-nous donc de tirer parti de la racine de cette plante telle que la nature nous la présente, pour nous et nos bestiaux, et de la faire encore servir au perfectionnement de nos assolemens, objet pour lequel elle est très convenable.

Intercalons-la judicieusement avec nos cultures céréales, sur-tout dans nos sols trop compactes pour la culture de la carotte; et elle nous fournira, dans l'année où l'on auroit souvent laissé la terre inculte, des produits assez abondans pour bien nourrir une quantité de bestiaux telle qu'indépendamment du bénéfice qui résultera de leur nourriture, on en obtiendra encore une masse d'engrais suffisante pour fertiliser au moins une étendue de terre double de celle qu'elle aura occupée et améliorée pour les cultures suivantes.

Un très grand nombre d'exemples, dont plusieurs nous sont personnels, attestent ces importantes vérités.

Dans plusieurs de nos départemens qui avoisinent le Rhin, la Meuse et la Moselle, et dans la plupart de nos départemens réunis, sa culture est admise depuis long-temps dans les champs, comme très lucrative, et comme améliorante et préparatoire.

On l'y cultive quelquefois par rangées alternes avec les choux ou autres plantes qui sont buttées avec la terre qu'on retire près de sa racine.

Nous l'avons vue aussi dans celui du Nord, sur-tout dans l'arrondissement de Lille, de Bergues et de Douai, où elle précède ordinairement le blé avec beaucoup de succès.

On la retrouve encore rendant le même service dans les plaines de Saint-Denis, des Vertus, d'Aubervillers et de Charenton, près Paris.

M. de Père *conseille de la faire précéder par la culture de la dragée ou du chanvre, qui seroit suivie du froment ou du lin.*

M. Richard d'Aubigny, *qui regarde la jaune-blanche de Castelnaudari comme la plus nourrissante, la fait succéder au froment, après un léger labour en septembre, sur des terres qui restoient auparavant en jachère, et il en a nourri, avec beaucoup de bénéfice, un très grand nombre de porcs, jusqu'à* 300 *par an, en la leur donnant crue ou cuite, la dernière manière les entretenant beaucoup mieux, comme étant moins indigeste.* En terminant son intéressante notice sur cet objet, qui lui a procuré deux mille quatre cents francs net d'augmentation de revenus, et cinq cents voitures d'engrais, il fait cette importante réflexion : *puisse cet exemple ne pas se borner au coin de terre sur lequel j'en ai fait l'heureuse expérience!*

Nous ajouterons à ces détails encourageans que nous avons reconnu la betterave, il y a long-temps, comme une des plus avantageuses sur les jachères, et des plus propres à bien préparer le sol pour en obtenir ensuite d'autres récoltes principales très abondantes.

DE LA SOUDE COMMUNE. La soude commune, ou à longues feuilles, *Salsola soda*, appelée quelquefois *salicote*, ou *salicor*, ou *kali*, est une plante annuelle indigène, à racine ferme, fibreuse et rameuse, qui croît spontanément sur les bords de la Méditerranée, et dont la tige droite, rameuse, lisse et rougeâtre, qui s'élève ordinairement de 64 centimètres à près d'un mètre, est garnie de feuilles étroites, épaisses et sessiles, et de fleurs petites, axillaires et solitaires, remplacées par des capsules rondes, uni-loculaires, renfermant une semence noirâtre.

Cette plante est cultivée sur les bords de plusieurs étangs salés de la basse Provence et du bas Languedoc, et présente dans ces positions quelqu'utilité pour nos assolemens.

Les laisses de mer abondantes en sel marin, sont les terres qui conviennent le plus à cette plante; et il paroît, d'après quelques expériences de Duhamel, que plus elle s'éloigne des endroits dont la terre et l'atmosphère en sont imprégnés, moins ses produits sont avantageux pour la formation de l'alkali appelé improprement minéral, ou soude.

On la sème ordinairement en automne, à la volée, lorsque la terre et le temps sont humides, sur une terre préparée comme pour le froment, auquel nous avons vu qu'on l'associoit quelquefois; on la sarcle de bonne heure au printemps, on réitère cette opération lorsqu'elle devient nécessaire, et on la fauche ou on la faucille vers le mois d'août, lorsqu'elle commence à sécher sur pied.

Après l'avoir laissée quelques jours sur le champ pour compléter sa dessiccation, on la brûle par un temps sec et dans une fosse ronde qui s'élargit vers le fond, pratiquée près du champ où on l'amoncèle sur une espèce de grillage en fer, assez élevé pour que le sel alkali connu sous le nom de *pierre de soude*, ou soude, puisse atteindre le fond à mesure que la combustion qui dure ordinairement plusieurs jours sans interruption se forme, en tâchant d'entretenir constamment un feu de réverbération le plus couvert et concentré qu'il est possible.

Après avoir ainsi réduit toutes les plantes en une sorte de fusion, on remue la masse après l'avoir dégagée de la cendre et du charbon qui peuvent s'y trouver; elle se consolide en se refroidissant, et on la brise ensuite en morceaux pour la livrer au commerce.

Cet alkali est particulièrement employé à la vitrification, et aussi aux teintures, aux savonneries, au blanchissage, et même quelquefois comme un engrais très actif.

Avant que Théodore de Saussure eût démontré par un grand nombre d'expériences aussi décisives qu'ingénieuses, que les racines de toutes les plantes sont susceptibles d'absorber le sel marin en dissolution, la soude, ainsi que toutes les plantes marines, avoit prouvé cette possibilité, en le décomposant pour se l'assimiler; et cette plante nous fournit un moyen bien précieux pour parvenir, par sa culture, à dépouiller les terres qui en sont saturées, de la surabondance de cette substance, qui devient alors aussi nuisible à la plupart des plantes terrestres, qu'elle peut leur devenir utile dans des proportions et dans des circonstances convenables.

Le besoin qu'elle éprouve de cet aliment salin pour se développer complètement, en languissant dans un sol qui en est dépourvu, et en donnant alors, par la combustion, des résultats bien différens de ceux qu'elle procure sur son sol natal, ou analogue, au moins, nous fournit encore une nouvelle ressource précieuse pour nos assolemens. Elle consiste à semer simultanément, sur le même champ, comme cela se pratique quelquefois, cette plante avec le froment, ou avec toute autre plante qui redoute le sel surabondant, dans les années sèches. Si la constitution atmosphérique de l'année est plus humide que sèche, le froment prospère et il fournit une abondante récolte; et si elle est, au contraire, plus sèche qu'humide, il périt, et c'est la soude qui indemnise le cultivateur de ses peines, et qui le récompense de son industrie et de ses avances.

Il n'est pas inutile de rapporter ici une pratique des cultivateurs de la Sicile, qui, comme l'observe avec raison M. Sonnini, peut avoir une application utile dans notre agriculture. La soude est souvent attaquée par une espèce de puceron qui la dévore et la fait périr; afin de prévenir ce dommage, les Siciliens sont dans l'usage de mêler quelque légume avec la soude, et ils donnent communément la préférence aux *pois* qu'ils sèment par huitième partie; ils pensent que ces légumes ont la propriété de faire mourir les pucerons : mais il est plus probable, comme le pense M. Sonnini, que les insectes s'attachant de préférence aux *pois*, les plantes, objet de la culture principale, en sont débarrassées. Quoi qu'il en soit de cette opinion, cette expérience vaut la peine d'être tentée dans nos climats.

La soude commune n'est pas la seule qui fournisse l'alkali auquel elle a donné son nom. Plusieurs autres plantes de cette famille en fournissent en plus ou moins grande quantité et de diverses qualités; M. Chaptal a inséré dans l'Encyclopédie méthodique, article *verrerie*, une analyse rigoureuse qu'il a faite de chaque espèce, et il observe que celles qui croissent sans culture, produisent une soude inférieure. Toutes les autres plantes marines, et sur-tout celles connues sous les noms *d'algues*, de *fucus*, de *varecs*, de *goëmons*, etc., qu'on brûle sur plusieurs côtes de l'Océan, où elles fournissent un genre d'industrie assez lucratif, lorsqu'on ne les convertit pas en engrais très actif, en fournissent qui est inférieure à la soude proprement dite ; mais la plante qui fournit la meilleure est la barille d'Espagne, ou soude cultivée, *Salsola sativa*, qui produit la soude si recherchée d'Alicante, M. Chaptal s'est assuré qu'on peut la cultiver sur les bords de la Méditerranée, avec le plus grand succès, et il observe avec raison que *le gouvernement devroit encourager sa culture et cette nouvelle branche d'industrie qui intéresse essentiellement les arts et le commerce.*

Nous sommes informés que la culture de la soude commune est augmentée d'un tiers depuis le commencement de ce siècle près de Narbonne, dans le troisième arrondissement du département de l'Aude; qu'elle y donne annuellement un produit net d'un million quatre-vingt mille francs réparti entre deux cents propriétaires fonciers environ; qu'on y emploie les fruits à la nourriture des bestiaux en hiver; et que les cendres ramassées au fonds et sur les bords des fourneaux sont très recherchées, comme plus alkalines que celles du bois neuf.

DE LA CARDERE. La cardère, *Dipsacus fullonum*, désignée fréquemment sous la dénomination de chardon à foulon, ou à bonnetier, ou à drapier, chardon à carder et chardon lainier, parceque ses têtes fournissent le seul moyen facile qu'on ait découvert jusqu'à présent pour peigner les draps de laine, est une plante bisannuelle qu'on croit exotique, et qu'il ne faut pas confondre, comme on le fait assez souvent, avec nos autres espèces indigènes de ce genre, qui en diffèrent essentiellement, en ce que les écailles de leur réceptacle, au lieu d'être roides et recourbées comme les siennes, sont foibles et droites.

Sa racine est forte, ligneuse et pivotante; et sa tige creuse, cannelée, très épineuse et rameuse, qui s'élève souvent à un mètre 32 et même 64 centimètres, dans les terrains et aux expositions convenables, est garnie de feuilles longues, opposées, dentées et épineuses, d'un vert pâle, et de fleurs en tête allongée, d'un bleu rougeâtre, dont le réceptacle est garni de paillettes rudes et renversées qui en font tout le mérite.

On en cultive deux variétés; l'une, plus forte, est employée à l'usage des grosses draperies; l'autre, plus foible, sert aux ouvrages plus fins; mais leur culture est la même.

Cette culture, qui n'est guère établie, en France, que près de quelques unes de nos principales fabriques de draps, mais qui suffit à leurs besoins, et au-delà, est généralement très avantageuse.

Elle exige, pour prospérer, les terres de la meilleure qualité; fraîches et non humides, profondes et très ameublies, à cause de sa longue racine pivotante; et très fertiles, parcequ'achevant la maturité de ses semences, elle emprunte beaucoup du sol. On lui consacre souvent les chenevières et les prairies nouvellement défrichées, qui lui conviennent beaucoup.

On sème ordinairement la cardère en avril, dans les environs d'Elbœuf, où nous avons pris les principaux renseignemens sur sa culture, et dans ceux de Louviers, ainsi que de quelques uns de nos autres départemens septentrionaux; et on la sème en automne, au midi, près de Saint-Remy et d'Eyrargues.

On la sème à la volée, ordinairement seule, sur un terrain bien préparé, ce qui est généralement préférable aux mélanges; et on choisit la graine la plus fraîche des principales têtes, comme la meilleure.

A peine est-elle sortie de terre, qu'elle exige un premier sarclage, qu'on réitère quelque temps après, dès qu'on s'aperçoit que le champ s'est couvert de nouveau de plantes nuisibles. Alors on espace chaque pied à 34 centimètres environ, pour lui donner plus d'air et de force; et on renouvelle le binage un peu plus tard, lorsqu'il est nécessaire.

Avant l'hiver, on couvre souvent la terre de fumier ou de paille que l'on étend dessus avec soin. On donne, au printemps, un nouveau serfouissage avec une houe à main qui remue la terre plus profondément qu'auparavant, et un dernier avant l'époque de la floraison.

Les fortes gelées, l'excès d'humidité et une espèce d'orobanche la détruisent quelquefois; et les irrigations lui deviennent souvent utiles dans le midi.

La cardère, traitée comme nous venons de l'exposer, est sujette à produire des drageons qu'on ne peut extirper qu'en fouillant jusqu'à la racine dont ils sortent, ce qui est très difficile et souvent impraticable. Celle qui en fournit est appelée *chardon gras;* elle fleurit imparfaitement et ne donne que des têtes foibles, à cause de l'épuisement que lui font éprouver les drageons.

Nous verrons plus loin qu'on pare en très grande partie à cet inconvénient, par un autre mode de culture que nous indiquerons.

Quelquefois on retranche la tête du centre, afin de donner plus de développement aux têtes latérales, lorsqu'on craint qu'elle ne les affame; et elles deviennent toutes plus égales et plus fortes après cette opération.

Assez souvent, il y a des pieds qui montent la première année de la semaille, principalement dans les étés secs et chauds, et les têtes en sont rarement bien vigoureuses.

La récolte doit commencer dès que les têtes et les queues qui les supportent commencent à jaunir; et, comme elles ne mûrissent pas toutes à la fois, on les retranche à trois ou quatre reprises différentes, ayant soin de laisser aux queues une longueur de 34 centimètres au moins, pour pouvoir les rassembler en poignées de 50 têtes, qu'on réunit ensuite par 20, lorsqu'elles sont bien sèches, et on les livre ordinairement au commerce par balles contenant 10 paquets ou 10,000 têtes.

Les pluies prolongées contrarient beaucoup cette récolte, qu'elles annulent quelquefois, soit en pourrissant les têtes, soit en affoiblissant la force des crochets, et à mesure qu'elle se fait, il ne faut pas perdre de temps pour les faire sécher promptement à l'air, mais en les abritant.

Les tiges qui restent sont ordinairement employées à chauffer le four.

La cardère procure encore une nouvelle ressource, en fournissant aux abeilles une ample pâture dans ses fleurs très multipliées.

Nous n'avons jusqu'à présent parlé que de la culture ordinaire à la volée; mais il existe une nouvelle manière de la faire qui mérite d'être préférée, comme elle commence à l'être.

Elle consiste à semer la graine à la volée, au mois d'avril, sur un petit espace bien préparé, et à l'y sarcler soigneusement sans l'éclaircir. En octobre, on enlève le jeune plant pour le repiquer en plein champ à la charrue, derrière laquelle des femmes sont employées à le placer à trente-quatre centimètres environ de distance.

On étend ensuite le fumier également sur tous les plants, et les mêmes soins de culture que ci-devant se donnent au printemps.

« Deux raisons, nous dit le cultivateur qui nous a communiqué cette nouvelle manière qu'on paroît préférer, militent en sa faveur. D'abord, la terre n'est occupée par la cardère que pendant neuf mois environ, tandis qu'avec le semis éclairci et qui reste en place sans être repiqué, la terre est occupée pendant quinze mois, ce qui fait une différence essentielle, et ensuite le plant repiqué n'est presque pas sujet aux drageons, qui font souvent tant de mal au premier. »

Observons qu'Olivier de Serres conseille aussi cette pratique, en disant qu'*il faut le remuer du séminaire.*

Nous avons vu aussi jusqu'ici cette culture assujettie à de nombreuses opérations manuelles qui en diminuent beaucoup les bénéfices, et qui la limitent aux cantons les plus populeux. Nous allons encore voir un cultivateur du département de la Roër la rendre bien plus profitable, en la rendant bien plus expéditive et plus économique.

M. Gimnich de Vaëls, près de Laurensberg et d'Aix-la-Chapelle, nous informe qu'il emploie pour nettoyer et serfouir la terre sur laquelle il cultive en grand la cardère en rayons, une houe à cheval, semblable à celle dont nous nous servons pour nos autres cultures. (*Voyez les figures à la fin.*) « Cette culture, dit-il, est très productive; mais les nombreux sarclages et serfouissages à la main absorboient une partie du produit, et elle ne pouvoit être très étendue : au moyen de cet instrument et de la culture en rayons, j'ai beaucoup réduit les frais, étendu la culture et augmenté les bénéfices. »

Nous engageons fortement tous les cultivateurs de la cardère à imiter, pour cette culture intéressante, ce cultivateur industrieux et intelligent, et nous pensons que sur les terres riches et bien préparées, on pourroit semer avantageusement entre les rayons, après le dernier houage, des raves, des navets, des carottes ou des panais, qui fourniroient une seconde récolte dans la même année, ou de la gaude, qui, sur les terres convenables, fourniroit une récolte l'année suivante.

La culture de la cardère suit souvent immédiatement celle du froment, comme nous l'avons vu, et elle est souvent suivie aussi de celle des raves ou des navets dans la même année, ou de celle de divers grains de mars l'année suivante : elle améliore le terrain en le nettoyant, mais elle l'épuise par ses fortes productions qui mûrissent ; et les engrais, ainsi que l'établissement d'une prairie artificielle, sont ordinairement très utiles après.

DE LA GARANCE DES TEINTURIERS. La garance des teinturiers, *Rubia tinctorum*, est une plante vivace, originaire de l'Europe méridionale, à racines longues et pivotantes, mais plus particulièrement rampantes, et d'une couleur d'un rouge jaunâtre ; ses tiges, nombreuses et annuelles, grêles, quadrangulaires, ramassées, très diffuses, rampantes, ou en partie couchées et susceptibles de s'allonger jusqu'à un mètre environ, sont hérissées de dents accrochantes, et garnies de feuilles verticillées, ovales, rudes et dentées, et de fleurs axillaires, remplacées par deux baies noires et arrondies qui renferment chacune une semence.

Cette plante est cultivée avantageusement au nord comme au midi de la France, supportant très bien la rigueur de nos hivers, quoique ses produits paroissent avoir plus de qualité au midi qu'au nord : sa culture y est fort ancienne, puisque les *Atrebates*, qui habitoient, sous Jules-César, l'ancienne province d'Artois, étoient très renommés pour leurs étoffes qu'ils teignoient, comme les Romains, avec la racine de la garance qu'ils cultivoient. D'après une transaction relative à la dîme à laquelle elle étoit assujettie, on voit aussi qu'elle étoit établie, en 1275, dans les environs de Saint-Denis ; et, du temps d'Olivier de Serres, elle étoit déjà très répandue en Flandre, qu'il appelle son pays naturel, déclarant que « *la meilleure garance vient de ce pays, comme de son propre terroir, où elle se plaist par sus tout autre.* »

La garance, tirée depuis long-temps de son état sauvage, et fortement améliorée par une culture soignée, prolongée depuis bien des siècles, présente plusieurs variétés, dont la plus riche en parties colorantes paroît venir du Levant.

Quoiqu'on puisse en obtenir des produits avantageux sur quelques terres naturellement peu fertiles, lorsqu'elles se trouvent puissamment améliorées par des labours et des engrais convenables, il n'en est pas moins vrai qu'ils ne sont réellement considérables que sur celles de première qualité, qui sont tout à la fois meubles, substantielles, fraîches, nettes et profondes.

La nature très-traçante et pivotante tout à la fois de ses racines, et le développement ainsi que le volume qu'elles doivent acquérir pour devenir bien avantageuses, rendent ces conditions de la plus grande utilité.

Elle réussit rarement sur celles qui sont très sableuses, caillouteuses et arides, comme nous avons été à portée de nous en convaincre, en en suivant, pendant six ans, une culture entreprise en grand, sans succès, sur plusieurs champs de cette nature, près de notre exploitation, et comme Duhamel s'en étoit précédemment assuré par ses propres expériences, puisqu'il nous dit, « *qu'il a éprouvé qu'elle ne se plaît pas dans les terrains secs, quoique bons pour le froment.* »

Elle redoute encore davantage toutes celles qui sont argileuses, compactes, aquatiques, marécageuses ou exposées aux débordemens qui pourrissent ses racines, comme nous avons eu aussi l'occasion de nous en convaincre. Quoique Duhamel, qui avoue d'ailleurs « que *les racines sont meilleures* dans les terres substantieuses et légères, que dans les terrains fort gras et marécageux, » nous cite l'exemple de M. de Corbeilles, qui l'a cultivée avec succès *sur une espèce de marais*; quoique nous l'ayons encore vue, nous-mêmes, prospérer sur des terrains du département de Vaucluse, désignés sous le nom de *paluns* ou *paluds*, synonymes de marécages, ces marais étoient et devoient être nécessairement complètement desséchés pour qu'elle y réussît: car, comme l'observe M. L'homond, préfet du Bas-Rhin, « l'arrêt du conseil, du 24 février 1756, promettant des privilèges et exemptions à ceux qui, en *desséchant des marais*, y planteroient de la garance, partoit d'un faux principe, et ce prétendu encouragement ne put rien produire, puisqu'il est bien prouvé que ce n'est pas dans *des marais*, même desséchés (à moins que ce ne soit depuis très long-temps), que cette plante aime à venir. » Cet administrateur ajoute, à la vérité, *qu'un terrain sec et sablonneux, s'il est fumé, lui convient mieux;* mais les terres de la plaine d'Haguenau, auxquelles il fait allusion et qu'elle a enrichies et fertilisées, sans être naturellement fertiles, conservent cependant assez de fraîcheur et ont assez de profondeur et de perméabilité pour qu'elle y prospère. Nous voyons d'ailleurs que les terres qu'on lui destine, préférablement à toute autre, dans la Flandre, dans la Zélande et sur les bords de la Durance, dans les environs d'Orange et de Carpentras, réunissent généralement les qualités que nous leur assignons ici comme essentielles.

Lorsqu'elles ne les possèdent pas naturellement, on doit tâcher de les leur communiquer artificiellement par les amendemens, les engrais et les labours.

Une marne calcaire, ou la chaux, ou le sable même, jointe aux opérations du dessèchement, pourra diminuer la tenacité et l'excès d'humidité des terres compactes et aquatiques, et une marne argileuse donnera plus de corps et de fraîcheur à celles qui en manquent.

Les fumiers frais, pailleux, pauvres, non fermentés, ou échauffourrés, ne conviennent point du tout à cette culture, comme nous nous en sommes encore convaincus, en observant les mauvais effets que produisoient ceux en cet état provenant des hôpitaux de l'école d'Alfort, déposés sur les champs dont nous avons parlé, que non seulement ils fertilisoient peu, mais qu'ils contribuoient encore à dessécher davantage et à souiller en outre par les plantes nuisibles dont ils receloient les germes non détruits; et cette observation a été faite en plusieurs autres endroits.

Les engrais les plus convenables sont, après les fumiers riches, bien fermentés et préparés, amalgamés, s'il est possible, avec des terreaux, tous ceux qui sont très fertilisans sous un foible volume, et exempts de germes de plantes et d'insectes.

Plus ces engrais pourront être abondans et bien incorporés au sol par le premier labour, ou par le dernier, ce qui est généralement préférable lorsqu'ils sont bien préparés, parcequ'ils se trouvent près des racines, plus les produits de ces racines seront avantageux en quantité et en qualité, qui sont généralement proportionnées à la vigueur de la végétation des tiges; et la terre ne peut jamais être trop fertilisée pour cette culture, qui doit d'ailleurs influer puissamment et très favorablement sur celles qui la suivront.

L'ameublissement du sol à une grande profondeur est une condition aussi essentielle que sa fertilisation. La terre doit y être amenée par un premier labour, aussi profond que l'épaisseur de la couche végétale et la force des instrumens aratoires pourront le permettre, et qui doit être donné le plus tôt possible en automne, ou avec une seule charrue très forte, ou avec deux charrues qui se suivent immédiatement dans la même raie, de manière à défoncer le terrain à une grande profondeur, parceque le succès de cette culture en dépend essentiellement.

La terre, se trouvant ainsi exposée aux bénignes influences de l'hiver, sera d'une culture facile aux approches du printemps.

Alors, un second labour, précédé et suivi des hersages et roulages nécessaires, deviendra fort utile, et il sera suivi d'un troisième à l'époque de la plantation; mais ils exigent un travail particulier, que nous devons détailler ici, sur-tout si l'on a à redouter l'excès d'humidité.

Dans tous les cas, il est très avantageux, comme nous l'avons dit, de procurer aux racines la plus grande profondeur possible de terre meuble; et, soit pour obtenir de plus en plus ce résultat important, soit pour se procurer par la suite, si le mode de culture qu'on adopte l'exige, toute la terre meuble nécessaire pour chausser les plants, lorsqu'ils sont assez développés pour permettre cette utile opération, les labours doivent être faits de manière à établir des billons étroits et les plus élevés possible vers le centre, qui se trouveront séparés par des intervalles plus ou moins larges, comme nous le verrons ci-après.

Il existe deux manières principales de cultiver la garance, qui admettent plusieurs variations dans le mode de leur exécution; ce sont le semis à demeure et la transplantation. L'une et l'autre ont, relativement aux circonstances locales dans lesquelles on peut se trouver, des avantages et des inconvéniens que le cultivateur peut aisément saisir et doit balancer avant de se déterminer sur le choix.

Quoique l'une et l'autre puissent quelquefois se faire avec avantage de bonne heure, en automne, particulièrement dans le midi; la fin de l'hiver ou le commencement du printemps, lorsque la terre est préparée et le temps doux, est généralement l'époque la plus favorable à ces opérations.

Occupons-nous d'abord de la première, la plus naturelle et la plus simple lorsqu'elle est admissible.

On sème sur une terre bien ameublie, et divisée, comme nous l'avons dit, en billons relevés ou planches, et en intervalles ou plates-bandes moins élevées, en forme de fosses, et de largeur variable, mais qu'il est toujours avantageux de faire peu considérables, parceque le chaussement du plant en devient plus facile.

Dans toutes les terres où l'on a à redouter l'excès d'humidité qui pourroit pourrir les racines en hiver, on doit préférer de semer sur les billons; et dans toutes celles où l'on n'a point cet inconvénient à craindre, il est généralement préférable de le faire sur les plates-bandes, ou fosses.

On doit toujours choisir la semence la plus fraîchement récoltée, parcequ'elle germe beaucoup plus promptement; et celle qui est surannée, ou ne lève pas, ou reste trop long-temps à lever, parceque le racornissement de son enveloppe s'y oppose fortement.

On doit aussi la choisir sur les pieds les plus vigoureux à l'époque convenable pour l'extirpation des racines, et la conserver fraîchement jusqu'au moment de la semaille.

Lorsqu'on est obligé de s'en procurer d'ailleurs, on doit la tirer préférablement du midi, comme étant reconnue la plus convenable.

On peut semer ou à la volée, ou en rayons plus ou moins distans, suivant la nature de la terre et du climat, et l'époque plus ou moins éloignée de l'extirpation des racines.

Le second mode rend les sarclages, éclaircissages et houages beaucoup plus faciles, expéditifs et économiques; et il épargne aussi la quantité de la semence nécessaire pour garnir un espace donné, en l'espaçant plus régulièrement.

La quantité de semence nécessaire, peut varier de vingt à trente kilogrammes par hectare.

On recouvre légèrement, avec la herse et le rouleau, la semence semée à la volée; et on peut adopter, pour celle en rayons, les moyens que nous avons indiqués à l'article Betterave, lorsqu'on ne croit pas devoir en adopter un autre.

Nous nous occuperons plus loin des opérations subséquentes qui se rapprochent pour les deux manières.

Passons maintenant à la seconde manière, qui a l'avantage de procurer plus tôt les résultats qu'on attend du champ qui y est soumis, objet essentiel, sans doute, mais qui a l'inconvénient qu'il faut balancer, d'être d'une exécution plus longue et plus difficile, et de donner généralement aussi des résultats moins avantageux: car quoiqu'on puisse multiplier la plupart des végétaux par d'autres voies que celle de la semence, qui est la plus naturelle, il ne faut jamais oublier que la prolongation de l'emploi de ces moyens affoiblit toujours la force végétative primitive, qui n'est jamais plus grande que lorsqu'elle est immédiatement le résultat de la semence; et cette vérité est spécialement applicable à la qualité de la racine de la garance, comme à plusieurs autres plantes soumises à nos cultures en plein champ.

Lorsqu'on adopte cette seconde manière, on prend du plant provenant, ou d'un semis fait l'année précédente, comme nous venons de le prescrire, ou de toute autre pépinière, et qu'on a soin d'enlever soigneusement avec toutes ses racines; ou des racines traçantes, en forme de traînasses, qui garnissent par la suite les semis ou plantations; ou enfin des racines latérales qui accompagnent la principale, lors de l'extirpation de toutes comme objet de récolte, et qui forment des espèces de boutures.

Le premier mode nous paroît généralement préférable; d'abord, à cause du motif précité, et ensuite parceque la reprise est plus assurée. Le second a l'inconvénient très grave de nuire essentiellement à la production de la récolte principale qu'on a en vue; et le troisième, en retranchant une portion de cette récolte, fournit aussi des plants plus éloignés du type, et doués conséquemment d'une moindre force végétative. C'est cependant le plus usité, en plusieurs endroits, en France, et dans les contrées environnantes, quoiqu'on doive probablement attribuer, en très grande partie, la supériorité de la garance du Levant, qui nous vient de Smyrne, sous le nom d'*azala* ou *izari*, à l'observation constante du premier mode qui s'y pratique.

En supposant toujours la terre convenablement préparée, on procède à la plantation par un temps sec et doux, avec les différens moyens que nous venons de faire connoître, et qu'on emploie encore de diverses manières.

On met toujours les plants en rayons alignés, mais on n'observe pas toujours la même distance entre eux; on ne les plante pas toujours non plus de la même manière, et on varie encore sur l'espace observé entre chaque plant.

Nous ne nous permettrons de prescrire aucune règle sur des points aussi délicats, d'une culture que nous n'avons pas pratiquée comparativement nous-mêmes, et que nous avons été forcés de nous borner à observer à côté de nous, pendant six années consécutives; et nous nous bornerons à dire que les rayons sont le plus souvent simples, et quelquefois doubles; que plus ils sont rapprochés, en laissant entre eux un intervalle suffisant pour les sarcler et houer commodément, plus les produits nous en ont paru avantageux, parceque les racines les plus rapprochées du centre, sont généralement les plus profitables; que plusieurs essais démontrent la possibilité de laisser avec avantage, entre un ou deux rayons plus rapprochés, un intervalle suffisant pour nettoyer, houer et butter avec *le sarcloir et le buttoir à cheval*, lorsque les tiges ne remplissent pas encore cet intervalle; enfin, que quoiqu'on se serve le plus souvent du plantoir pour ficher les plants en terre, on a aussi essayé avec succès, à notre connoissance, de les faire placer plus économiquement derrière la charrue, en les accotant à la droite d'une raie ouverte qui se trouvoit remplie par la raie suivante.

Nous croyons devoir indiquer ici ces divers moyens d'expédition et d'économie, parceque nous pensons qu'un des principaux obstacles à l'extension de la culture de la garance, comme de plusieurs autres semblables, consiste dans la longueur, la dépense et la difficulté des opérations manuelles, et que si l'on pouvoit parvenir, d'une manière réellement efficace, à les rendre plus faciles, plus expéditives et moins dispendieuses, on parviendroit à rendre leur adoption plus générale, en rendant leurs produits plus avantageux et moins précaires.

Revenons aux opérations de culture nécessaires aux semis comme aux plantations, après avoir dit qu'on a remarqué qu'un hectare ensemencé comme nous l'avons prescrit, dans l'intention de servir de pépinière, peut fournir du plant pour neuf ou dix autres; qu'une seule racine ancienne bien vigoureuse, peut procurer de trente à quarante rejetons; et que, lorsque le plant qu'on emploie est fatigué et desséché, ou la terre peu humide, il est avantageux de le plonger dans de la boue délayée qui facilite sa reprise.

Dès qu'on s'aperçoit, après la semaille ou la plantation, que la terre commence à se couvrir de plantes nuisibles, il ne faut pas tarder à employer les moyens les plus faciles et les plus expéditifs pour les détruire, après avoir éclairci convenablement les plants trop drus, et regarni ceux qui manquent.

Cette importante opération du sarclage et du houage, doit être renouvelée toutes les fois que les circonstances l'exigent; car le succès de la récolte, dépend en grande partie de sa rigoureuse observation, en contribuant puissamment au grossissement des racines.

En automne ordinairement, mais quelquefois au printemps, on les charge d'une partie de la terre meuble prise dans les intervalles dont nous avons parlé, et qui doit être tenue aussi nette que celle qui est occupée par le plant.

Les tiges peuvent être couchées dans une portion de ces intervalles, avant qu'elles soient flétries, et elles y fournissent encore de nouvelles racines, moins fortes à la vérité, et moins précieuses que les premières, mais qui dédommagent amplement des frais et de la privation de ces tiges pour un autre objet dont nous parlerons plus loin.

La seconde année qui suit la semaille ou la plantation, doit être employée aux mêmes opérations de sarclage et de houage, et elle doit encore être terminée par le comblement des fosses et par l'exhaussement des planches et le couchage des tiges, si ce n'est pas la dernière qu'on accorde à leur existence, comme cela arrive fréquemment pour la garance transplantée.

Enfin, à la troisième, lorsqu'elle a lieu, on doit réitérer les mêmes opérations.

Avant de passer à la récolte, disons un mot des principaux ennemis de la garance, qui sont la sécheresse, l'humidité, et les achées, lombrics ou vers de terre.

La sécheresse est plus à redouter dans la première année, dont dépend essentiellement le succès de la récolte, parceque les racines n'ont encore pu être chaussées; et on prévient ses effets fâcheux par des irrigations très modérées, toutes les fois que la situation et la disposition du terrain les rendent praticables.

L'excès d'humidité est plus nuisible encore, spécialement en hiver, parcequ'il peut pourrir les racines, ou les rendre moins colorantes; et l'on y pare en exhaussant le plus possible les planches qui reçoivent le plant, et en curant et approfondissant les intervalles ou rigoles qui les séparent.

Les vers de terre sont plus fréquens dans les terres humides et dans celles nouvellement défrichées, où ils soulèvent et mettent à jour les racines; et on doit éviter autant que possible les terres où ils abondent.

On peut aussi activer la végétation de la garance qui souffre, par des engrais pulvérulens appliqués à propos et de bonne heure.

On extirpe ordinairement, en France et dans les pays voisins, les racines de garance destinées à la teinture, à la fin de la seconde année de leur plantation, et il paroît que ce laps de temps est généralement trop court pour qu'elles acquièrent le maximum de la propriété colorante qu'elles sont susceptibles d'obtenir. Ce qui nous le fait présumer fortement au moins, c'est que celles du Levant, dont la supériorité est bien reconnue sur toutes celles recueillies en Europe, ne sont récoltées qu'à la quatrième ou la cinquième année de leur semaille, d'après M. Félix Beaujour, et que plusieurs essais particuliers paroissent démontrer qu'il y a de l'avantage à le différer, parcequ'indépendamment de l'augmentation du volume et du poids des racines en vert, elles perdent beaucoup moins aussi à la dessiccation, ce qui est très essentiel.

Il ne convient pas cependant non plus de trop le prolonger; car outre le danger de la pourriture qui pourroit attaquer les plus profondes, *une vieille racine qui a long-temps resté en terre*, comme l'observe Duhamel, qui s'est particulièrement occupé de cette culture, *donne moins de teinture qu'une jeune racine qui seroit de la grosseur du tuyau d'une grosse plume.*

Il nous paroît donc qu'il doit y avoir plus d'avantage, dans les circonstances les plus ordinaires, à en faire la récolte seulement à la troisième ou la quatrième année de la plantation ou de la semaille, et que ce qui s'y oppose le plus généralement, c'est l'impatience de jouir, fondée trop souvent sur un besoin urgent.

Cette récolte se fait, aussi, ordinairement en automne : cependant Duhamel et Dambourney sont d'avis qu'il y auroit de l'avantage, sous le rapport de la dessiccation, à la différer jusqu'au printemps. Le premier nous dit « qu'il seroit à propos, pour diminuer les frais de l'étuve, de tirer les racines de terre au printemps, où le soleil a plus d'action que dans l'automne », et le second nous assure « être parvenu à faire dessécher au soleil de la garance, dont il a fait de très belles teintures. »

Lorsque l'époque qu'on croit la plus convenable pour l'extirpation des racines est arrivée; après avoir récolté la semence dont on peut avoir besoin et dont la maturité s'annonce par sa couleur noire; après avoir fauché les tiges dont les vaches sont avides et qui colorent souvent leur lait en rouge, et le beurre en un jaune foncé, comme la racine teint en rouge les os des animaux qui en sont nourris pendant quelque temps, ou dans les alimens desquels on en met en poudre; après avoir enfin choisi le temps le plus favorable possible, on peut procéder de deux manières à cette récolte, ou avec une très forte charrue qui puisse atteindre la profondeur des racines, ou avec une pioche ou tout autre instrument équivalent qui ouvre une tranchée large et profonde.

Le premier moyen est rarement praticable, parcequ'il est très difficile qu'une seule charrue pénètre du premier trait jusqu'à la profondeur des racines pivotantes, qui sont les plus précieuses pour la teinture, comme l'observe encore Duhamel, ainsi que toutes celles qui avoisinent le collet de la plante; un assez grand nombre doit être perdu ou mutilé par ce moyen; et il est d'ailleurs nécessaire que des hersages répétés et un second labour même suive le premier, pour diminuer la perte. Il peut cependant être employé avec avantage quelquefois, comme il l'a été plusieurs fois.

Le second moyen, qui est usité, met assez aisément, quoique longuement, toutes les racines à découvert, et on doit les enlever à mesure qu'elles sont dégagées.

Il est essentiel de les débarrasser de toute la terre qui peut les envelopper, et on peut y parvenir par le lavage; mais outre qu'il rend la dessiccation plus difficile, il a encore l'inconvénient de leur enlever une portion de leur principe colorant.

On peut rigoureusement les employer vertes, dans quelques cas, comme Dambourney l'a fait le premier, et comme on l'a répété avec succès à Lyon après lui; cependant, outre que cela est rarement praticable, M. Chaptal s'est assuré qu'elles étoient inférieures aux racines sèches pour l'intensité et la solidité de la couleur.

Il convient donc généralement de les faire sécher, et on y parvient en les exposant le plus possible au soleil, en les retournant fréquemment et en les mettant à l'abri de la pluie.

Lorsque la chaleur du soleil ne suffit pas pour opérer une complète dessiccation, comme en le fait toujours dans le Levant, comme M. Dambourney l'a fait au printemps, et comme *il assure positivement qu'on peut le faire assez parfaitement, pour peu que la saison soit favorable, pour pouvoir les garder sans les faire passer à l'étuve, ce qui épargne de grands frais*, quoique Duhamel regarde cette opération comme très nécessaire, sur-tout pour l'exportation; on est obligé d'avoir recours à l'étuve ou à un four ordinaire pour les petites quantités, et chauffé modérément d'abord, parcequ'une chaleur trop précipitée rideroit et feroit détacher l'écorce dans laquelle réside beaucoup de principe colorant; et on peut la porter ensuite jusqu'à trente-cinq degrés au moins sans inconvénient.

On reconnoît qu'elles sont suffisamment sèches lorsqu'elles se cassent en essayant de les plier; elles éprouvent ordinairement un déchet de sept huitièmes ou de six septièmes au moins; et alors on doit, en les plaçant sur des claies d'osier fort serrées, les battre légèrement. Le fléau en ayant séparé la terre, l'épiderme et les radicules qui ont peu de valeur, on enlève avec le van et le crible tout ce qui n'est pas tombé d'inférieur en qualité dessous claie, de manière à ne laisser que les grosses racines, les plus petites n'étant propres qu'aux teintures communes, quoique, comm Duhamel s'en est assuré, les plus grosses ne soient pas toujours le meilleures ; assez souvent elles sont jaunes, et la partie rouge qui seule fournit la couleur, y est peu abondante ; les meilleures, selon lui, ont depuis la grosseur d'un tuyau de plume à écrire, jusqu'à celle de l'extrémité du petit doigt.

On doit les conserver fort sèchement lorsqu'on ne les *grappe* pas, c'est-à-dire lorsqu'on ne les réduit pas en poudre sur-le-champ, ce qui est beaucoup plus facile tant qu'elles sont très sèches.

On sait que la garance fournit une couleur rouge moins éclatante, mais plus solide que la cochenille, et qu'elle sert encore à fixer d'autres couleurs plus fugaces.

Quelque ancienne que soit en France la culture de la garance, il paroît qu'elle n'y a pas fait tous les progrès dont elle est susceptible, ce qui tient à plusieurs causes, dont nous présumons qu'une des principales peut être attribuée au défaut de connoissance de la nature de cette plante et des procédés de culture qu lui sont applicables. Nous l'avons vue disparoître des environs de Lille et de quelques autres parties du département du Nord où elle étoit anciennement cultivée, sans autre intervalle qu'une espèce de sentier entre les planches, et où on l'arrachoit constamment à la fin de sa seconde année de plantation, et nous voyons l'administrateur Dieudonné faire des vœux pour son rétablissement. Nous la trouvons encore abandonnée dans le département de la Seine-Inférieure, où Dambourney l'avoit introduite, et où on la considère comme peu convenable. Nous avons vu y renoncer aussi dans le canton que nous habitons ; dans les environs de Beauvais, et en plusieurs autres endroits, où elle avoit été entreprise avec un zèle plus intéressé qu'éclairé ; et c'est ainsi, très souvent, que les cultures les plus productives viennent échouer contre l'ignorance qui les discrédite pour long-temps. Cependant elle paroît lutter avec avantage contre la rigueur des circonstances actuelles, dans la célèbre plaine d'Haguenau voisine de l'Alsace où elle fut introduite sous Charles-Quint, par les soins même de cet empereur ; où plus de trois mille arpens en étoient annuellement couverts avant la révolution, et produisoient de quarante à cinquante mille quintaux ; et où *chaque arpent rapporte, année commune*, d'après M. Laumond, *de douze à quinze quintaux de racines de garance sèche*. Il nous apprend aussi qu'*on y étoit parvenu à la rendre sinon supérieure, au moins égale en qualité à celle si renommée de la Zélande, à laquelle les Anglais, les Allemands et les Suisses la préféroient*, et il fait aussi des vœux pour qu'elle soit encourragée, en indiquant comme un moyen dont l'expérience a déjà démontré l'utilité, de placer dans les environs d'Haguenau des régimens de cavalerie dont les fumiers seroient appliqués à cette culture. Nous la voyons encore prospérer et s'étendre, comme nous aurons occasion de le remarquer plus loin, dans le département de Vaucluse, où elle paroît plus récemment introduite. Enfin on la retrouve aussi dans plusieurs cantons des départemens des Deux-Nèthes, de la Meurthe, de Sambre et Meuse, de Lot et Garonne, et des Bouches-du-Rhône; et on la voit surtout fleurir, lorsque les relations commerciales maritimes jouissent de la plénitude de liberté qu'elles réclament, dans le département de la Zélande, *où elle fut d'abord introduite par des réfugiés français;* où près de huit mille arpens en étoient couverts chaque année, en majeure partie dans l'île fertile de Schowen, et où elle enrichissoit une nombreuse et industrieuse population.

Pour que cette culture obtienne un plein succès, il ne suffit pas, lorsqu'on l'entreprend, que la nature du sol qu'on y affecte ait les qualités désirables que nous avons fait connoître; mais il faut par-dessus tout qu'elle soit la plus exempte possible de semences et de racines vivaces étrangères, dont la destruction, lorsqu'elle est possible pendant cette culture, la rend toujours pénible et très dispendieuse.

Nous pensons donc qu'il est très avantageux de la faire précéder au moins par une autre culture moins délicate et qui puisse nettoyer, fertiliser et ameublir le sol, comme celle de la pomme de terre, de la rave et du navet, du houblon, du chanvre, du pois, de la vesce, de la fève, etc., et elle en deviendra nécessairement beaucoup plus facile et plus avantageuse.

Nous pensons aussi qu'il est rarement avantageux de l'établir sur des terres nouvellement défrichées, qui, quoiqu'ordinairement très fertiles, ont souvent l'inconvénient de renfermer les germes de semences et d'animaux nuisibles, et qui conviennent mieux d'abord à celles que nous venons d'indiquer, ou à quelque autre analogue, et particulièrement au chanvre.

Lorsqu'on observe, comme cela se pratique fréquemment parmi nous et ailleurs, et comme cela nous paroît très convenable, des planches ou billons relevés, et des plates-bandes ou fosses alternatives, dont la terre des unes sert à chausser le plant qui couvre les autres, on peut tirer quelque parti des portions non plantées, en y cultivant temporairement quelques plantes peu épuisantes, et qui, recevant aussi des engrais abondans et des sarclages et houages fréquens, peuvent contribuer à l'amélioration de la terre, en dédommageant de l'attente plus ou moins prolongée que la récolte des racines de la garance nécessite.

Ces cultures intercalaires se remarquent en plusieurs endroits: dans l'île de Schowen dont nous avons parlé, la culture des choux, des haricots et de quelques autres plantes s'observe fréquemment dans les intervalles. Dambourney nous dit que « pour ramener la culture de la garance à d'autres pratiques auxquelles les paysans sont habitués, il fit planter ou semer la garance derrière la charrue et par rangées, comme l'on fait pour les haricots : il fit biner et chausser la garance précisément comme les haricots, ce qui réussit d'autant mieux que les paysans n'avoient qu'à suivre la même routine à laquelle ils étoient habitués. Pour faire plaisir à ceux qui cultivoient cette plante, et ne leur point faire perdre de récolte, il fit semer une rangée de garance et une de haricots, afin que ces deux plantes pussent s'élever à la fois, parcequ'elles demandent la même culture, et afin qu'après la récolte des haricots tout le terrain restât libre à la garance. »

Quelques auteurs ont cru devoir conseiller de semer des grains sur les semis de garance, afin d'obtenir une récolte la première année; mais nous pensons que le bénéfice qu'on en retireroit ne seroit qu'illusoire, les grains et la garance devant se nuire réciproquement.

On a aussi essayé de semer de la gaude entre les pieds de garance clair semés; et quoique la première ait fourni un bénéfice assez considérable, il a nécessairement diminué de beaucoup le produit de la seconde; ainsi nous pensons encore qu'il ne peut être avantageux généralement que de chercher à tirer parti des grands intervalles, avec beaucoup de réserve, et en les tenant constamment nets et bien engraissés.

On doit ranger la culture de la garance au nombre de celles qui deviennent essentiellement améliorantes, parcequ'un très grand nombre de faits, dont nous consignerons ici les principaux, attestent de la manière la plus positive, qu'elle améliore fortement les terres qui y sont soumises, par l'effet des engrais, des sarclages, des houages et des défonçages qu'elle exige, ainsi que par l'ombrage épais dont elle couvre la terre.

« Quelle est, dit M. Laumond, l'influence de la culture de la garance sur celle du blé? lui est-elle préjudiciable? Cette question a été souvent traitée sous l'administration des intendans, et méritoit d'être approfondie; aujourd'hui elle est résolue par l'expérience même : il est démontré que loin de nuire aux terres, et par conséquent à la culture du blé, la culture de la garance les améliore et les rend plus susceptibles de production.

« Avant 1767, époque où cette culture a commencé dans les environs de Haguenau, les terres n'y offroient que des plaines sablonneuses et stériles; maintenant elles sont infiniment meilleures, plus productives, et de valeur comparative au moins double. Plusieurs autres communes qui ont également adopté cette culture, ont vu s'améliorer leur territoire; entre un grand nombre, on peut citer notamment la commune de Vurdenheim, canton de Wasselone, dont les récoltes en blé, jadis médiocres, tant en quantité qu'en qualité, sont maintenant abondantes et très belles. A la longue elle bonifie elle-même le terrain; et voilà en quoi elle devient réellement utile aux terres à blé. »

En Alsace, où la culture de la garance existe depuis Charles-Quint, et où elle s'est sur-tout beaucoup étendue depuis quarante ans environ, *on a généralement observé que dans les cantons où l'on s'y est adonné, les grains sont devenus de plus belle qualité.*

La société d'agriculture de Vaucluse, après avoir blâmé l'usage qui paroît prévaloir dans ce département, d'arracher la garance au bout de deux ans, observe « que sa culture, entreprise avec soin depuis plusieurs années, a donné aux travaux ruraux une activité extraordinaire, dans les plaines de Monteux, Entraigues, Caumont, le Thor, Sarrians, etc., *en imprimant aux rotations des récoltes une nouvelle direction*; et en fertilisant des contrées jusqu'alors incultes (les paluns), elle s'est propagée sur les territoires plus élevés de Carpentras, Orange, Obignan, Mazan, Mallemort, etc., ainsi que sur les bords de la Durance. »

Nous ajouterons à ces faits décisifs, que quoique les terres que nous avons vues cultivées en garance près de notre exploitation y fussent peu convenables, et que la culture n'y fût pas aussi perfectionnée qu'elle auroit pu l'être, nous y avons toujours vu faire depuis, des récoltes de céréales, de beaucoup supérieures à celles des terres voisines qui n'ont pas été soumises à cette culture.

On réitère quelquefois sans interruption la culture de la garance sur le champ dont on vient d'arracher les premières racines.

Ce renouvellement de la même culture, quoique contraire au principe qui démontre l'avantage qu'il y a généralement à la varier, peut cependant présenter ici des bénéfices réels, sans avoir les inconvéniens ordinaires, parceque le profond défonçage que la terre doit nécessairement recevoir pour l'extirpation complète des racines, la renouvelle aussi, et que la couche où les nouvelles racines doivent puiser une partie de leur nourriture, si elle est abondamment fumée, peut encore donner des produits d'autant plus avantageux que le défonçage, indispensable à l'enlèvement de la récolte actuelle, prépare en même temps la terre, sans frais additionnels, pour la récolte suivante.

Ce renouvellement peut aussi avoir lieu avec avantage et sans inconvénient sur le même champ, lorsqu'on alterne, pour le semis ou la plantation, les intervalles qui ont seulement fourni de la terre pour chausser les plants, avec ceux qui en ont été couverts; et nous pensons qu'avec des engrais suffisans cet alternat pourroit se prolonger avec succès.

Nous espérons qu'en parvenant à diminuer le plus possible les frais de manipulation qu'exige la culture améliorante de la garance, qui est exposée à peu d'accidens, et qui, lorsqu'elle réussit, procure des bénéfices considérables, en la traitant convenablement sous tous les rapports importans, elle se propagera insensiblement et nous affranchira un jour entièrement du tribut que nous payons encore à l'étranger pour cette substance colorante.

Il existe plusieurs autres espèces de garance dont les racines fournissent aussi une matière colorante; et un assez grand nombre d'autres plantes comprises dans la famille des rubiacées ont encore la même propriété, telles que le shérard des champs, *Sherardia arvensis*, l'aspérule rubéole, *Asperula tinctoria*, employée en Gothlande, le galliet ou caillelait blanc, *Gallium mollugo*, usité en Sibérie, et plusieurs autres espèces de galiet, de crucianelle et de croisette, qui, ainsi que les espèces ou variétés sauvages de garance, fournissent peu de cette matière, mais que la culture pourroit probablement améliorer, comme l'a été la garance usuelle.

DU SAFRAN CULTIVÉ. Le safran cultivé, *Crocus sativus*, est une plante vivace, originaire des pays chauds, et à racine bulbeuse. Ses feuilles, d'un vert éclatant, qui partent de la racine sans tige, enveloppées à leur base dans une gaîne, sont étroites et linéaires; et sa fleur radicale, d'un violet pourpre, qui s'élève au centre et avant elles, présente un stigmate d'un rouge aurore fort odorant, porté sur un style allongé, et divisé en trois longs segmens. Ce stigmate est le seul objet pour lequel cette plante est cultivée en diverses parties de la France.

Entrons dans quelques détails sur sa culture peu commune parmi nous, quoique très ancienne, et dont Duhamel s'est particulièrement occupé; ainsi que sur sa récolte, ses usages et son assolement.

Le safran est très délicat sur la nature du sol, et il est assez difficile de déterminer avec précision celui qui lui convient le mieux. Ecoutons, sur cet objet, Duhamel, dont l'exploitation, voisine du Gâtinais, lui a fourni les moyens d'en suivre avec soin la culture.

« Les terres légères, dit-il, sont les plus propres pour le safran. Cette plante ne réussit pas bien dans les sables maigres, et dans les terres trop fortes, argileuses et humides : les terres pierreuses ne doivent point être rejetées, pourvu qu'on ait l'attention d'en ôter toutes les pierres qui seroient plus grosses que de petites noix; ce travail est pénible, à la vérité; néanmoins nos paysans l'exécutent avec beaucoup d'exactitude.

» En général, on peut dire qu'il y a deux sortes de terrains qui sont propres au safran, savoir : les terres noires, légères, et un peu sablonneuses, et les terres roussâtres. Il faut que l'une et l'autre se trouvent avoir huit à neuf pouces de fond.

« On remarque que les oignons prospèrent admirablement bien

dans les terres noires qui ont un peu de substance; ils y deviennent gros, et ils y produisent beaucoup de gros cayeux. Mais les terres roussâtres sont plus propres pour fournir de la fleur. »

Ainsi, le safran redoutant les terres maigres, et sur-tout les terres argileuses et humides, on peut établir qu'il lui faut essentiellement, pour donner des résultats avantageux, des terres très meubles, un peu fraîches et très substantielles, c'est-à-dire, des terres de première qualité.

On ne sauroit trop les ameublir avant sa plantation, et elle est ordinairement précédée, dans le Gâtinais, par une année de non produit, qu'on pourroit, sans doute, utiliser par quelque culture améliorante et préparatoire, puisqu'elle est avantageusement précédée dans l'Angoûmois par une récolte de fèves, pendant laquelle le champ qui y est destiné reçoit trois bons labours, jusqu'à vingt ou vingt-cinq centimètres environ de profondeur, de manière à être presqu'aussi meuble que de la cendre; et on a grand soin de l'épierrer et de l'émotter.

Quant aux engrais, l'usage varie à cet égard en diverses parties de la France. Dans l'Angoûmois, où le safran est cultivé depuis très long-temps, on fume deux fois les terres qu'on y destine; d'après Larochefoucault, qui s'est aussi occupé très particulièrement de cette culture, on emploie du fumier très pourri et réduit en terreau, et l'on ne rejette que le fumier des porcs, ceux des autres bestiaux étant bons, pourvu qu'ils soient bien pourris. Dans le Gâtinais, au contraire, jamais on ne les fume, et c'est probablement à cette circontance qu'il faut attribuer la supériorité de la qualité du safran de ce pays.

La plantation du safran se fait ordinairement en juin, juillet et août, en rayons, dans des tranchées de seize à dix-neuf centimètres environ de profondeur, qu'on fait avec une houe à main, en rejetant la terre de la seconde tranchée dans la première, qu'on plante à mesure qu'elle se fait, et en écartant chaque rayon à peu près à une distance égale à cette profondeur, et chaque bulbe à quelques centimètres l'une de l'autre. Elles doivent toutes être bien saines, et, pour s'en assurer, on les dépouille quelquefois de leurs enveloppes; elles doivent aussi être nouvellement récoltées, mais un peu ressuyées.

Le safran a plusieurs ennemis redoutables; la gelée, les lièvres, les lapins, les mulots, les rats, les campagnols et les souris, qui mangent la bulbe; les taupes, qui en facilitent l'accès aux derniers; les bestiaux, qui en broutant les feuilles nuisent aussi à cette bulbe; et trois maladies, connues sous les noms de *fausset*, *tacon*, et *mort*.

La première maladie est une excroissance monstrueuse, produite par l'extravasation de la sève, et qu'on peut amputer.

La deuxième est une tache pourpre ou brune, en forme d'ulcère, qu'il faut emporter avec la pointe d'un couteau.

Et la troisième, qui est contagieuse et qui se propage rapidement, s'annonce par le jaunissement et le dessèchement des feuilles ; elle attaque la bulbe, qu'elle fait périr. Il faut, non seulement enlever très soigneusement toutes celles qui en sont attaquées, mais même la terre qui les environne, et qui communique même cette peste au bout d'un très grand nombre d'années; et c'est un nouveau motif pour alterner cette culture avec d'autres.

Dès que la fleur du safran, qui précède toujours les feuilles, commence à sortir de terre, on donne au champ, sans délai, un léger binage pour l'ameublir et le nettoyer.

Aussitôt que cette fleur est épanouie, ou prête à l'être, on la détache doucement, le matin à la rosée, et quelquefois le soir, et on l'emporte légèrement dans des paniers ou corbeilles, pour l'étaler mince sur de grandes tables où on sépare, le plus tôt possible, le stigmate du reste de la fleur, en détachant le stile au-dessous des trois segmens dont nous avons parlé.

Cette récolte, qui est peu abondante la première année, et qui l'est toujours plus ou moins, et plus ou moins avancée ou retardée, selon que le temps est plus doux ou plus rude à l'époque de la floraison que les premières gelées détruisent quelquefois, dure aussi plus ou moins long-temps, et ne peut être différée d'un jour sans perte. Sa durée ordinaire est d'un mois à peu près, ainsi que les opérations subséquentes qu'elle nécessite ; elles consistent dans la séparation dont nous avons parlé, qui jette souvent les personnes qui s'y livrent dans une torpeur suivie de défaillance, lorsque l'endroit où cette opération se fait n'a pas un courant d'air suffisant pour enlever promptement les vapeurs assoupissantes qui s'en exhalent, et dans le dessèchement complet qui s'opère à un feu lent et prolongé, jusqu'à ce que le safran puisse se briser. On l'enferme alors en l'enveloppant dans des boîtes pour le livrer au commerce.

On l'emploie quelquefois pour la peinture et la teinture. On en colore plus souvent le beurre ou autres préparations alimentaires, auxquelles il communique une odeur aromatique assez agréable, et une saveur un peu amère, et on l'emploie également dans plusieurs préparations médicinales.

Lorsque la récolte de la fleur du safran est faite, les feuilles paroissent et couvrent la terre, jusque vers la fin de mai, qu'on les retranche pour les donner aux vaches et aux autres bestiaux qui les mangent avec plaisir ; comme ce retranchement n'a lieu ordinairement que lorsqu'elles sont en grande partie desséchées, il ne nuit pas aux productions futures, et il facilite les sarclages, binages et houages que la terre doit recevoir immédiatement après, et qu'il est utile de réitérer en août et en septembre, avant la récolte.

La même culture et les mêmes récoltes se prolongent pendant

trois années; et vers le mois de juin, ou de juillet et août, on enlève les bulbes avec précaution, à la houe, en recreusant les anciennes tranchées, et on replante ailleurs les nouvelles bulbes implantées sur l'ancienne qui se dessèche et périt, après les avoir convenablement préparées. On remarque que celles qui sont larges et aplaties fournissent plus de cayeux, et que celles qui sont arrondies fournissent plus de fleurs.

Cette culture, qui exige, comme l'on voit, beaucoup d'opérations manuelles, et qui paroît aussi pratiquée dans l'arrondissement d'Orange, près d'Alby, et en quelques autres endroits du midi, et même de l'ouest et du nord de la France, est ordinairement suivie immédiatement, dans le Gâtinais, par celle de l'avoine avec laquelle on établit une prairie en sainfoin, qui dure généralement huit à neuf ans, et à laquelle succèdent le froment ou l'orge, lorsque le champ n'est pas planté en vignes.

Les mêmes terres ne reproduisent du safran qu'après un intervalle d'au moins quinze ans, souvent vingt, et quelquefois même vingt-cinq.

Dans l'Angoûmois, où nous avons vu faire précéder très judicieusement la plantation du safran par une récolte de fèves qui contribuent beaucoup, comme nous avons déjà eu occasion de le remarquer, à l'ameublissement et au nettoiement de la terre, sans l'épuiser, et pour lesquelles le champ est, d'ailleurs, très amplement fumé, le froment remplace ordinairement le safran, immédiatement après l'enlèvement des bulbes, avec beaucoup d'avantages, et il reparoît souvent sur le même sol, après un laps de sept années seulement.

La réputation dont jouit le safran récolté sur notre territoire, et les bénéfices qu'il procure souvent, pourroient en rendre la culture avantageuse dans plusieurs localités où elle n'est pas connue.

Il existe une espèce de safran, printanière et indigène, *Crocus vernus*, qu'il ne faut pas confondre avec celle-ci, ses stigmates étant inodores et n'étant d'aucun usage.

Il faut encore moins confondre le safran cultivé avec le safran bâtard ou carthame officinal, *Carthamus tinctorius*, connu, dans le commerce, sous le nom de *safranum*. C'est une plante de la famille des cinarocéphales, annuelle et exotique, à racine fusiforme, dont la tige rameuse, qui s'élève à soixante-quatre centimètres environ, dans un terrain sec et meuble qui lui convient, est garnie de feuilles ovales et alternes, épineuses, et de fleurs d'un jaune orange, fréquemment employées pour la teinture, et qu'on mêle quelquefois, aussi, frauduleusement avec le véritable safran. Ces fleurs sont remplacées par des semences grosses, nombreuses et très huileuses, dont la volaille est avide, comme les bêtes à laine de ses feuilles.

Sous le rapport de l'utilité de ses fleurs et de ses graines, cette plante, qui supporte assez bien notre climat, et qui est cultivée en Allemagne comme en Egypte dont elle est originaire, mériteroit peut-être aussi parmi nous les honneurs de la culture en grand, en plein champ, et nous la recommandons sur-tout aux essais de nos cultivateurs méridionaux.

DE LA COURGE. On distingue particulièrement pour la culture en grand, en plein champ, la courge-potiron et la courge-citrouille.

DE LA COURGE-POTIRON. La courge-potiron ou à gros fruits, *Cucurbita melopepo* (*maxima*), ou courgeron, est une plante annuelle, originaire, comme toutes les cucurbitacées, des climats les plus chauds. Elle est remarquable par ses tiges traînantes ou ascendantes qui couvrent un espace considérable; par ses feuilles très amples, en cœur, arrondies, se soutenant sur leurs pétioles droits; par ses fleurs jaunes évasées; et sur-tout par ses fruits souvent énormes, les plus gros que l'on connoisse, ce qu'il faut attribuer à une culture soignée, et qui sont ordinairement verts, quelquefois jaunes, aplatis, et même enfoncés aux deux pôles, et à côtes régulières.

Sa culture, ses propriétés économiques et son utilité dans nos assolemens, étant les mêmes que celles de la courge-citrouille, nous les cumulerons avec celles de cette plante, afin d'éviter des répétitions inutiles.

DE LA COURGE-CITROUILLE. La courge-citrouille, *Cucurbita pepo*, diffère essentiellement de la courge-potiron, en ce que le fonds de ses corolles est retréci en entonnoir, au lieu d'être évasé par le renversement du limbe; ses fruits, généralement très fermes et d'une saveur douce, sont ordinairement oblongs et sans côtes; et ses tiges s'allongent plus que celles d'aucune autre plante de cette famille.

Les courges présentent plusieurs races ou variétés; mais nous ne considèrerons ici, pour notre objet, que les deux principales que nous venons d'indiquer, comme étant les plus propres à la nourriture des bestiaux, et à être cultivées en grand, en plein champ, et sur-tout pour cette dernière destination.

La terre la plus végétale, meuble et substantielle tout à la fois, convient essentiellement à la racine tendre et délicate de ces deux plantes, comme à toutes les cucurbitacées. On les sème ordinairement, ou on les transplante sur du terreau riche et bien consommé, déposé dans des creux ou enfoncemens suffisans pour la libre extension de leurs racines, bien exposés et abrités, à portée de l'eau s'il est possible, et qui retiennent la chaleur et l'humidité qui leur sont nécessaires, aumoyen du fumier moins conso mmé qu'on met dans le fonds.

Leur culture en grand, en plein champ, ne se pratique guère que dans quelques uns de nos départemens méridionaux et de l'ouest;

et leur semaille ou transplantation ne doit commencer en plein air que lorsque les dernières gelées ne sont plus à redouter, dans les climats où le terme moyen de la chaleur d'été s'élève à 20 degrés environ, au-dessus du point de congélation du thermomètre de Réaumur.

Un très grand nombre d'animaux destructeurs étant avides de leurs semences, il est prudent d'en placer plusieurs dans chaque creux qui doit être aligné et éloigné de deux mètres environ; et, lorsqu'elles sont bien levées et suffisamment développées, on doit n'y en laisser qu'une, ou deux seulement, à 40 ou 50 centimètres à peu près de distance entre elles, et remplacer avec les surnuméraires celles qui ont pu manquer.

Dès que la terre du champ sur lequel on a arrangé ainsi ces plantes, et qui a dû être préalablement bien labouré, ameubli et engraissé par-tout, s'il en a besoin, sur-tout pour la récolte suivante, commence à se couvrir de plantes nuisibles, on doit les détruire sans délai; et cette opération sera facile, prompte et économique, si l'on a eu soin de bien aligner chaque plant, et de les placer à angles droits à des distances suffisantes pour se servir, en long et en travers, de la herse triangulaire et de la houe à cheval. Il sera seulement nécessaire d'employer la houe à main pour nettoyer et ameublir le terreau qui entourera les plantes, et ce travail sera peu long et très facile.

Ces opérations, toujours si utiles pour les récoltes présentes et futures, pourront se réitérer si on les juge nécessaires, tant que les tiges ne commenceront pas à s'étendre au-delà des lignes; et l'on pourra même planter un rang de maïs, ou de pommes de terre, ou de fèves, ou de toute autre plante applicable aux circonstances, si l'on a observé un intervalle suffisant pour leur culture.

A mesure que les tiges commencent à s'étendre, au lieu de les rogner comme on le fait souvent, il est préférable, après les avoir dirigées convenablement, de manière à leur faire occuper également tous les espaces vides, de les fixer en terre en les couvrant de terre meuble, de distance en distance. Les portions ainsi recouvertes de terre, et enfoncées, s'il est possible, s'enracinent aisément aux articulations ou nœuds, et fournissent de nouveaux moyens de prospérité à la plante, en la rendant en même temps moins exposée à l'influence nuisible des vents violens.

Rozier, qui s'est élevé avec beaucoup de force contre l'usage de raccourcir les tiges en les pinçant un peu au-dessus du fruit, ce qui nous paroît contrarier inutilement la nature, au moins en plein champ, dans le midi, nous dit qu'il existe des champs entiers, dans nos départemens méridionaux, où ce retranchement ne se pratique jamais, et avec un grand succès, et il le croit seulement utile dans quelques cas, au centre et au nord de la France.

Lorsqu'on peut arroser commodément et à peu de frais, le

collet et la racine de chaque plante, lors de la formation du fruit et dans les fortes chaleurs, il est toujours très avantageux de le faire.

La récolte peut commencer par l'enlèvement des fruits tardifs et mal conformés, si l'on en a besoin pour la nourriture des bestiaux, avant l'automne et l'hiver; mais l'on ne doit enlever les plus beaux que lorsque l'écorce est endurcie au point que l'ongle peut difficilement y faire des impressions.

On les détache alors de la tige avec précaution, ayant soin de leur laisser le pédoncule entier, comme contribuant à leur conservation. On les fait sécher au soleil, pour faire évaporer une partie de leur eau de végétation inutile; on les place ensuite dans un endroit sec, clos et couvert, et ils s'y conservent long-temps lorsqu'ils sont à l'abri des gelées.

Ces fruits énormes fournissent, dans la saison la plus défavorable aux bestiaux dans le midi de la France, un aliment sain et abondant. « Tout fruit de cucurbitacée, dit Rozier, dont la pulpe n'est pas desséchée, fournit, pour le bétail, une bonne nourriture d'hiver, et sur-tout pour les troupeaux, dès que la rigueur de la saison les prive de manger du vert : on les donne aux bœufs et aux moutons, coupés par morceaux, et il n'est pas à craindre qu'il en reste. On peut les donner également aux vaches; mais il vaut mieux les passer simplement à l'eau bouillante, et jeter dans cette eau quelques poignées de son, afin qu'elle ait un peu de consistance. Cette nourriture pâteuse entretient leur lait pendant l'hiver. »

Les tiges ainsi traitées sont encore agréables et utiles aux bestiaux, mais il est un autre moyen de les utiliser, trop peu connu, et que nous devons consigner ici. On lit, dans la Gazette d'agriculture, année 1766, n° 33, le passage suivant de M. Parant de Martigné. « On a trouvé que les feuilles de citrouilles avoient la qualité de l'herbe de la mer, qu'on nomme goëmon ou varec. On prend ces feuilles, on les met sur le fumier, comme on fait de l'herbe de la mer, et on les couvre d'une couche de fumier. En quinze jours, ces feuilles sont pourries. Pour en avoir une plus grande quantité, on coupe le fruit à mesure qu'il pousse. Un arpent de terre, ensemencé en citrouilles, peut fertiliser six arpens de terre, et *le froment viendra bien où l'on aura semé les citrouilles*. Il ne faut que du fumier de cochon pour les faire venir. »

Ajoutons, à ce fait très curieux, que M. François de Neufchâteau nous assure que, dans le Morbihan, on cultive aujourd'hui en grand les citrouilles, pour se servir de leurs feuilles au même usage.

Elles offrent, à la fin de l'année, une ressource précieuse pour la nourriture des bestiaux.

« Dans le courant d'août, septembre, octobre et novembre, dit M. de Père, c'est-à-dire, dans le temps de l'année le plus sec et ordinairement le plus disetteux en fourrages verts, les citrouilles peuvent offrir en abondance aux bestiaux un fruit aqueux qui plaît au plus grand nombre, qui leur est salutaire, et que dévorent sur-tout les cochons. »

Observons, en passant, que, du temps d'Olivier de Serres, on cultivoit déjà, pour ce dernier objet, comme il nous l'apprend lui-même, une espèce de courge qu'il appelle *citre*.

« Dans quelques cantons de la France, continue M. de Père, les citrouilles sont cultivées dans les champs, très en grand, avec beaucoup de succès..... On pourroit retirer d'un journal (un tiers d'hectare environ) 2 à 3,000 citrouilles du poids moyen de 40 à 50 livres, et de 1,500 à 2,000 potirons du poids d'un quintal. Un semblable produit présente un résultat de 12 à 15 quintaux, au moins, d'une bonne nourriture pour les bestiaux, par jour, pendant trois mois; c'est-à-dire, l'entretien de douze têtes de bétail pendant ce temps, ou de trois têtes dans l'année: c'est beaucoup plus qu'on ne peut espérer d'aucune autre espèce de prairie.

« Si les grains sont extraits et conservés à part, après avoir été séchés au soleil ou au feu, on pourroit en réunir plusieurs sacs; ces grains sont excellens pour engraisser les cochons en hiver, concurremment avec le gland, les pommes de terre, le son et les menus grains. »

Observons encore qu'on en tire, par expression, en plusieurs endroits, une très bonne huile, assez abondante.

Les citrouilles et les potirons méritent donc une culture soignée. « Le froment, dit encore cet agronome, réussira très bien après cette culture; le fumier et les sarclages qu'elle exige, leurs tiges longues et rampantes, et les larges feuilles qui couvrent et ombragent la terre, la prépareront bien pour toute espèce de grain. »

Il propose ensuite les cours suivans.

1° Citrouilles; 2° choux en septembre, carottes de la même année; 3° chanvre.

Ou bien, 1° choux en septembre, carottes de la même année; 2° citrouilles; 3° dragée en octobre; ensuite, maïs-fourrage.

Nous avons vu cultiver, dans le département de l'Ain, près des bords du Rhône, dans la ci-devant Bresse, les citrouilles avec le maïs en même temps, et M. de Père recommande aussi ce mélange. Au reste, il est facile de sentir que les courges n'occupant par leurs racines qu'un bien foible espace abondamment fumé; couvrant le reste du champ de leurs larges et nombreuses feuilles; et la terre recevant d'ailleurs des houages et sarclages; leur culture doit être essentiellement améliorante et préparatoire pour toutes les cultures subséquentes, et nous ne saurions trop la recommander par-tout où elle est admissible.

DU TABAC CULTIVÉ. Le tabac cultivé, *Nicotiana tabacum*, désigné aussi quelquefois sous le nom de *pétun* qu'il porte en

Amérique; sous celui de *nicotiane*, parceque l'ambassadeur français en Portugal, Nicot, en envoya le premier de la graine en France en 1559; et sous celui d'*herbe à la reine*, parceque l'envoi en fut fait à Catherine de Médicis, qui régnoit alors; est une plante annuelle en France, et vivace en Amérique d'où elle est originaire.

Sa racine est blanche, rameuse et très fibreuse; et sa tige, qui, dans un terrain et à une exposition convenables, peut s'élever jusqu'à un mètre et demi et plus, est droite, cylindrique, remplie de moelle, légèrement velue et ramifiée, garnie de feuilles amples, douces au toucher, ovales, lancéolées, pointues, d'un vert pâle, alternes, sessiles et décurrentes, et de fleurs d'un violet quelquefois ferrugineux, en bouquets lâches et terminaux, remplacés par des fruits oblongs, et qui renferment dans les deux loges qui les divisent une quantité de petites semences ovales réellement extraordinaire.

Cette plante, à peine connue d'Olivier de Serres, et qui ne paroît avoir été introduite en Europe que de son temps, vers l'an 1550, y est devenue l'objet d'une culture très importante par l'excessive consommation qui se fait de ses feuilles manufacturées. Il en existe plusieurs variétés, dont une, *à feuilles étroites*, très estimée, paroît plus cultivée en Virginie qu'en Europe; une à *feuilles larges*, plus productive, qui paroît, aussi, généralement préférée; et une *rustique*, beaucoup moins précieuse que les autres.

L'inspection seule de la racine très chevelue du tabac suffit pour nous convaincre qu'il exige, pour prospérer, la terre la plus substantielle et la plus meuble, et c'est celle qu'on lui consacre par-tout où sa culture est bien entendue.

Dans les départemens de la Haute-Garonne, du Lot et de Lot-et-Garonne, on lui réserve ordinairement les terres d'alluvion; dans ceux du Nord et de la Lys, on lui destine les terres à lin et à chanvre les mieux préparées; et dans ceux du Haut et du Bas-Rhin, celles de première qualité lui sont, aussi, communément réservées.

On observe que, dans les terres sèches et de médiocre qualité, il est souvent brûlé et réduit à peu de chose; que dans celles qui sont très grasses et humides, il pousse vigoureusement, lorsqu'elles sont bien préparées, mais qu'il se dessèche très difficilement, qu'il est sujet à fermenter long-temps, et que la grande âcreté qu'il y contracte le rend moins propre à être consommé en fumée que celui qui croît sur les terres riches et meubles qui tiennent un juste milieu entre ces deux extrêmes, et qui donnent les produits les plus doux, les plus délicats et les plus faciles à préparer et à conserver.

Avec des terres de cette nature, il est encore avantageux d'avoir une température assez élevée, tant pour son accroissement et l'élaboration de ses sucs que pour sa dessiccation ; et les champs qui le reçoivent doivent avoir, autant que possible, une exposition méridionale et une surface égale, en plaine plutôt qu'en colline, et se trouver abrités, soit naturellement, soit artificiellement, contre les vents violens qui lui sont très préjudiciables.

Ces champs doivent être ameublis par les labours, comme les linières et les chenevières, et couverts des engrais les plus riches et les mieux préparés, incorporés d'avance avec le sol, s'il n'est pas naturellement très fertile.

On donne fréquemment la préférence au fumier de mouton pour cette culture, comme étant un des plus riches et des plus chauds ; et dans les départemens du Nord et de la Lys, on y destine ordinairement celui de cheval, bien préparé, ainsi que la gadoue, les boues et les tourteaux formés du résidu des plantes oleifères.

Tandis que le cultivateur est occupé à donner à la terre les dernières préparations qu'elle doit recevoir avant d'admettre le plant, il faut qu'il prépare, d'un autre côté, dès que les plus grands froids sont passés, dans un endroit clos, bien exposé et bien abrité, une couche formée de l'engrais le plus riche, recouvert de terre nette, fine et meuble, mêlée de tan ou de terreau, et qu'il y sème fort clair la semence qui lui procurera le plant nécessaire pour garnir convenablement son champ : cette couche devra être garantie des intempéries, par des couvertures en paillassons, ou par tout autre moyen équivalent, qu'il faut sur-tout employer pour la nuit.

La semence du tabac étant très fine, un bien foible volume suffit pour en couvrir un très grand espace ; et, quoique plusieurs faits attestent qu'elle est susceptible de conserver fort long-temps sa faculté germinative, circonstance que nous verrons être importante à considérer pour les assolemens, il est prudent de préférer cependant celle qui est nouvellement récoltée, ainsi que la première mûrie sur des pieds vigoureux placés avantageusement, et dont les feuilles n'auront pas été retranchées.

Dès que le plant, muni de trois à quatre feuilles, a atteint la hauteur de 6 à 8 centimètres environ, il ne faut pas tarder à le transplanter, lorsque la température le permet, et que le temps paroît favorable ; car on remarque que le produit des premières transplantations est généralement le plus avantageux. Le temps le plus convenable est celui qui promet une pluie prochaine, qui assure la reprise et évite l'arrosement toujours pénible et dispendieux dans les cultures en grand en plein champ.

Il faut arracher le plant avec le plus de chevelu possible, le lui conserver entièrement, et le transporter au champ avec précaution, par un temps couvert, s'il est possible.

La manière de le planter qui nous paroît la plus avantageuse sur les terres très fertiles est en lignes parallèles distantes entr'elles d'un mètre environ, en le plaçant en quinconce, et en laissant entre chaque plant la même distance en longueur qu'en largeur. Cette distance doit cependant être toujours relative à la qualité du sol, et au degré présumable de vigueur que le plant peut y acquérir, et elle doit être diminuée toutes les fois qu'elle est inutile.

On fait un trou dans la terre meuble avec un plantoir ordinaire; on y enfonce doucement le plant jusqu'à la naissance des feuilles; et, avec le même instrument, on rapproche et on affermit la terre autour.

Quelques jours après cette opération, on doit regarnir le champ dans tous les endroits où le plant a pu périr; mais il en périt fort peu ordinairement, lorsqu'à toutes les précautions convenables succède une pluie douce qui en favorise puissamment la reprise.

Aussitôt qu'on s'aperçoit que le champ commence à se couvrir de plantes nuisibles, il est essentiel de ne pas perdre de temps pour les détruire; et, lorsque les intervalles ménagés sont suffisans, on peut faire une forte partie de ce travail à l'aide du sarcloir à cheval, qui économisera beaucoup les frais, et ameublira bien la terre. De petites houes à main compléteront le nettoiement et l'ameublissement auprès du plant dans les endroits que le sarcloir n'aura pu atteindre; et nous observerons que si tous les plants étoient placés régulièrement à angles équidistans, on pourroit faire passer cet instrument en large comme en long, ou diagonalement, dans les intervalles établis par le quinconce; ce qui rendroit encore l'opération plus économique et plus expéditive.

Quelque temps après, cette opération doit être réitérée, et il faut la renouveler toutes les fois que l'état du champ l'exige. Enfin, elle doit être suivie d'un léger buttage avec la houe à cheval (*V.* les *fig. à la fin*), qui, en ramenant au pied de chaque plant une terre nette et meuble, fournira un nouvel aliment aux racines et leur procurera en même temps une fraîcheur utile à l'époque des fortes chaleurs.

Lorsqu'on s'aperçoit que le plant pousse vigoureusement, à l'aide des opérations que nous venons de prescrire, et qu'ayant atteint la hauteur de trente-deux à soixante-quatre centimètres environ, suivant la nature du terrain et la vigueur de la végétation, il est déjà garni de feuilles nombreuses, il faut l'étêter avec une serpette, afin qu'en diminuant le nombre des feuilles, le reflux de la sève sur celles qui restent leur donne plus d'ampleur, de vigueur et de qualité. Dans tous les cas, cette opération doit précéder l'apparition de la fleur.

Ce retranchement détermine ordinairement la sortie des bourgeons axillaires, qui donnent naissance à de nouvelles feuilles et à des rameaux latéraux: il faut encore les retrancher soigneusement avant qu'ils fleurissent, parcequ'ils absorberoient une grande partie de l'aliment qui doit être uniquement réservé aux feuilles principales, qui ont d'autant plus de qualité qu'elles sont moins nombreuses. Il convient également de retrancher les feuilles inférieures qui sont très près de terre, parcequ'en y touchant elles se détériorent et donnent des produits peu avantageux, ainsi que toutes celles qui ont été endommagées par une cause quelconque.

Les principaux ennemis du tabac, qui paroît peu exposé aux ravages des insectes ou d'autres animaux, auxquels sa qualité âcre et narcotique répugne probablement, ce qui pourroit devenir utile dans les assolemens, sont les vents violens, les pluies froides et la grêle, dont il faut tâcher de le garantir le plus possible par des abris élevés, et les gelées blanches, qu'il faut aussi tâcher de prévenir.

Lorsque toutes ces indications sont bien remplies, il ne reste plus qu'à attendre l'époque convenable pour commencer la récolte.

Elle doit commencer dès que la teinte verte des feuilles prenant une nuance jaunâtre, elles penchent vers la terre, exhalent une odeur plus forte, et commençent à perdre de leur moelleux et à devenir cassantes.

Il convient de retrancher d'abord les feuilles inférieures, les premières mûres et les moindres en qualité; ensuite celles du centre, qui sont les secondes en qualité; et enfin les supérieures, qui fournissent la première qualité, et qu'on ne récolte ordinairement qu'à l'approche des premières gelées blanches. Il convient aussi de les séparer.

Le retranchement de ces feuilles se fait aisément avec les doigts, lorsque le temps est sec et la rosée dissipée; et on les place dans des mannes sans les froisser, à mesure qu'on en a cueilli une poignée après les avoir fait un peu sécher, s'il est possible.

Quelquefois, au lieu de retrancher ainsi successivement les feuilles, on coupe la tige près de terre par un beau jour, pour les faire sécher sur le champ même en les retournant, et on les transporte à couvert le soir ou le lendemain. Cette méthode est usitée dans les cantons où la chaleur du climat peut le permettre; mais elle n'est pas aussi commune dans nos départemens septentrionaux que dans ceux du midi, quoiqu'elle s'y observe aussi.

Les feuilles étant transportées aux séchoirs, qui doivent être couverts et très aérés, afin que l'air puisse y circuler par-tout aisément, étant épluchées et triées, d'après leurs diverses qualités, on les amoncèle quelquefois un peu pour développer un commencement de fermentation qui les prive d'une partie de leur eau de végétation; et on les suspend après les avoir enfilées par liasses pour compléter leur dessiccation que les froids achèvent ordinairement.

On les détache alors, en saisissant un temps humide qui les empêche de se réduire en poussière, puis on les encaisse pour être livrées au commerce et subir diverses préparations étrangères à notre objet.

Tout le monde connoît l'usage du tabac en poudre, en fumée ou mâché. Le premier usage, de pure fantaisie, est plus nuisible qu'utile, ayant l'inconvénient d'affoiblir la mémoire et de finir par émousser la sensibilité de l'organe qu'il irrite si souvent. Le second, qui occasionne fréquemment dans les campagnes des incendies qu'on attribue à toute autre cause, ne l'est guère moins, en excitant une abondante secrétion de salive; et il peut tout au plus être utile, ainsi que le troisième, pour les marins, et dans les endroits bas, humides, marécageux et malsains, comme un foible préservatif du scorbut, et pour quelques affections particulières.

Cependant, quoiqu'on ne doive plus regarder, comme du temps d'Olivier de Serres, le tabac comme une *panacée universelle*, qui, après avoir été qualifiée d'*herbe sainte*, à cause des rares vertus qu'on lui attribuoit, s'est trouvée proscrite en plusieurs endroits sous les peines les plus rigoureuses et les plus ridicules, cette plante a le mérite réel d'avoir rappelé plusieurs fois des noyés à la vie, par le moyen simple et facile de ses fumigations injectées en forme de lavement. Elle a encore celui de fournir aux habitans des campagnes un remède aussi efficace qu'économique et à la portée de tout le monde, contre la gale, les dartres et les ulcères, en l'appliquant extérieurement en décoction; mais elle a, par-dessus tout, l'avantage bien précieux de procurer à une nombreuse population agricole et manufacturière une occupation avantageuse, exigeant en tout temps beaucoup de main-d'œuvre, et sa fabrication alimentant une branche importante d'industrie nationale, portée à un haut degré de perfection parmi nous, et qui doit nous rendre sa culture plus précieuse encore, en doublant la valeur de ses produits.

Cette culture, que l'intérêt mal entendu du fisc avoit ou totalement interdite en France, ou restreinte à un très petit nombre de localités, étant maintenant dégagée des entraves de *la ferme*, est susceptible de prendre une nouvelle extension et de procurer de nouvelles richesses.

Elle est pratiquée, en ce moment, dans le département du Nord, dans les arrondissemens de Lille, d'Hazebrouck et de Bergues, et dans celui de Douay, où elle a franchi les anciennes limites qui lui avoient été assignées dans les environs de Condé et de Valenciennes avant la révolution, ainsi que dans ceux de Cambrai et d'Avesnes. Les environs de Wervick, près Lille, sont sur-tout renommés pour cette culture que nous y avons admirée. Deux mille hectares environ y étoient annuellement employés, en 1784, dans ce département, et donnoient un produit brut de plus de 600 francs par hectare. Elle s'est aussi propagée dans celui de la Lys et dans quelques autres départemens environnans, mais d'une manière moins étendue.

On la retrouve encore dans ceux du Haut et du Bas-Rhin, où elle fut introduite à l'époque reculée de 1620, par un Strasbourgeois ; et en 1802 , neuf à dix mille hectares en étoient couverts annuellement dans le dernier de ces départemens, et y produisoient de cent vingt à cent trente mille quintaux de tabac, récolté pour la majeure partie dans l'arrondissement de Barr, et acceuilli par l'étranger. Celui de la plaine de Haguenau et de Bischewiller, dont le sol est moins humide que celui des environs de Schelestadt, est sur-tout recherché pour être fumé, comme étant plus doux et plus agréable.

Enfin, après avoir couvert autrefois les environs d'Avignon et plusieurs autres points du midi de la France, d'où le régime fiscal l'avoit fait disparoître, on la voit encore renaître dans les départemens du Lot, de Lot-et-Garonne et de la Haute-Garonne. Elle s'est très étendue dans le dernier depuis trois à quatre ans. On s'y est rappelé qu'avant la fatale ordonnance de 1719, le tabac recueilli dans ces contrées étoit, comme celui d'Avignon, plus estimé que celui de Virginie, et que le nord et le midi de l'Europe n'avoient dirigé leurs demandes en Amérique qu'après la prohibition de cette culture en Guyenne et lieux circonvoisins. Les qualités qu'en ont obtenues récemment les fabricans, par des préparations sagement dirigées, font espérer que ce tabac, dont la vente a été rapide dans les années précédentes, reprendra sa supériorité.

M. Chaptal a bien voulu nous informer aussi que cette culture venoit d'être introduite, avec le plus grand succès, sur sa magnifique propriété de Chanteloup, cultivée d'une manière si exemplaire.

Quoique l'industrie hollandaise soit parvenue à vaincre, pour ainsi dire, les obstacles que présentoit le climat de la Hollande, plus froid et plus humide que sec et chaud, relativement à l'introduction de cette culture, qui se pratique particulièrement à Nikerk, dans le département de la Gueldre, et à Amersfort, dans celui d'Utrecht, d'une manière artificielle bien propre à donner une haute idée du génie actif et laborieux de ce peuple, qui sait tirer un si grand parti du petit coin de terre qu'il habite ; quoique les habitans, non moins industrieux de nos départemens du nord, soient également parvenus, à force de soins et de précautions minutieuses, à acclimater le tabac chez eux, et à en obtenir des produits très avantageux ; enfin, quoiqu'on en obtienne également, dans les départemens du Haut et du Bas-Rhin, des produits recherchés ; c'est sur-tout dans ceux de nos départemens méridionaux dont le sol a les qualités requises que la culture de cette plante, originaire d'un pays chaud, et qui exige chez nous de grandes précautions contre les dernières et les premières gelées qui lui sont également funestes, nous paroît recommandable.

Non seulement elle y est plus à l'abri de la plupart des intempéries qu'elle redoute et ses produits y ont plus de qualités, lorsque, par des plantations hâtives et par d'autres soins convenables, on parvient à la soustraire, dans les premiers momens de son développement, à l'influence meurtrière des sécheresses prolongées; mais encore la dessiccation de ses feuilles est beaucoup plus facile et plus complète, ce qui est, sans contredit, un des points les plus importans de cette culture. Quoiqu'on ne prenne pas dans le midi des soins aussi minutieux pour la récolte que dans le nord, et quoique la culture y soit généralement moins soignée, la bienfaisante influence du climat y donne toujours plus de qualité aux produits; et on remarque que cette qualité suit assez ordinairement celle du vin récolté sur le même terroir. On peut, sans inconvénient, y faire *suer* les feuilles par leur amoncèlement, comme en Virginie, et la récolte peut encore en être faite assez tôt pour qu'on puisse donner au champ toutes les préparations convenables pour un nouvel ensemencement en automne, nouvelle considération assez importante.

Dans quelques départemens qu'on l'admette, mais plus particulièrement dans ceux qui s'éloignent du midi, il est essentiel de protéger la culture du tabac par de grands abris naturels ou artificiels, comme en Hollande et dans nos départemens septentrionaux, où des haies d'aunes ou d'autres arbres ou arbustes, ou des brise-vents artificiels les garantissent contre les vents et la pluie. Nous avons vu même le houblon rendre quelquefois ce service au tabac dans quelques cantons du département du Nord; et le rapprochement de ces deux cultures peut aisément produire cet avantage dans les plaines nues et découvertes, lorsqu'elles y conviennent.

Les terres les plus nettes étant les plus convenables pour cette culture, il est toujours avantageux de la faire précéder par quelque autre culture préparatoire et améliorante, moins délicate, comme celle des fèves, des vesces, des pois et autres de cette nature, qui diminueront de beaucoup les frais de sarclage, toujours longs et coûteux, sans cette précaution.

On remarque généralement que les terres neuves, comme les prairies anciennes, et toutes celles qui n'ont pas encore admis cette culture, ainsi que celles qui sont couvertes par des inondations bienfaisantes en hiver, y sont plus favorables que toute autre, lorsque la nature du sol la comporte.

On remarque aussi, dans les départemens du Haut et du Bas-Rhin, que lorsque le tabac suit immédiatement la navette, ou toute autre culture aussi exigeante, sans une réparation convenable des déperditions que le sol a éprouvées, le produit en est modique et de foible qualité. L'époque tardive à laquelle la transplantation a lieu dans le nord peut bien admettre une première récolte printanière; mais elle ne doit jamais être épuisante, même dans les meilleurs fonds, et elle doit laisser, comme les pâturages précoces, tout le temps nécessaire pour bien préparer la terre à la culture principale.

A l'époque où le génie fiscal vouloit proscrire, en France, la culture du tabac, on lui reprocha, entre autres griefs, d'être préjudiciable à celle du blé, et d'épuiser considérablement la terre pour laquelle elle ne fournissoit ni paille, ni fourrage, ni aucun autre moyen équivalent de renouveler les engrais abondans qu'elle exigeoit.

Sans doute cette plante, naturellement très vorace par la constitution de sa racine, qui, dans une terre meuble, étend au loin ses nombreuses ramifications; qui soutire d'autant plus d'aliment du sol, qu'on la prive, pour l'amélioration de ses produits, d'une grande partie de ses moyens naturels d'en puiser une portion dans l'atmosphère; et qui ne laisse pour toute réparation qu'un fragment de sa tige, qu'on arrache ou qu'on enfouit pour le faire pourrir, ne procure au champ qui l'a nourrie qu'une bien foible compensation pour les principes alimentaires qu'elle en a soustraits. Sans doute elle ne peut être regardée comme une plante améliorante par elle-même; mais elle peut le devenir indirectement par l'effet toujours salutaire des préparations et des opérations bienfaisantes qu'elle a exigées, et qui, en procurant à la terre, de bonne qualité d'ailleurs, d'abondans et de riches engrais, des labours profonds et multipliés, des sarclages et des binages rigoureux, la laissent dans un état très propre à procurer à de nouveaux produits d'une autre nature des chances très favorables à leur quantité et à leur qualité.

Aussi, obtient-on généralement, après cette culture, des récoltes de blé abondantes et très nettes sur les terres fertiles et bien préparées des bords du Lot et de la Garonne; et, sur celles d'une qualité inférieure ou moins bien traitées, on y substitue prudemment une culture moins épuisante et améliorante.

Nous avons vu aussi le froment ou l'escourgeon succéder avec succès au tabac, dans les mêmes circonstances, dans le département du Nord, lorsque la récolte en est faite assez à temps pour préparer convenablement la terre; et, dans le cas contraire, l'orge de mars ou le pavot le remplacent très avantageusement au printemps.

Quant au reproche de préjudicier à la culture du blé, nous ne pouvons mieux faire que de transcrire ici la sage et décisive réponse que nous fournit M. Lhomond, préfet du Bas-Rhin, à cette importante question.

« Déjà, dit cet administrateur éclairé, qui nous a fourni des renseignemens non moins précieux sur la culture de la garance, cette question avoit été agitée avant 1720, et l'on y avoit répondu victorieusement par un mémoire rendu public, où il est démontré que cette culture n'est en aucune manière préjudiciable à celle du blé. Cette assertion est fondée sur des expériences constantes de plus de cinquante années. Avec quel étonnement n'a-t-on pas dû entendre annoncer à la tribune de la convention que les blés qui croissoient dans les champs à tabac, contractoient l'odeur de cette plante et en étoient détériorés? L'ancienne Flandre et l'Alsace ont démenti une assertion que les amateurs ou protecteurs seuls de la ferme auroient désiré de faire consacrer en principe. *L'expérience de plus d'un siècle a prouvé que les terres où le tabac se cultive dans le département du Bas-Rhin y produisent le meilleur et le plus beau froment. Tout raisonnement devient superflu d'après les faits.* »

Rozier présumoit que dans nos départemens méridionaux *on pourroit à la rigueur semer le tabac à la volée et très clair, sur un champ parfaitement divisé, et on passeroit ensuite la herse à plusieurs reprises différentes, ce qui éviteroit le très long travail de la transplantation. On sarcleroit et on éclairciroit après.*

Nous pensons que cette idée, hasardée par Rozier, comme il l'avoue lui-même, auroit, indépendamment de l'inconvénient assez grave de tenir le champ moins propre, et le plant à des distances moins régulières, en exigeant cependant de nombreux sarclages et *éclaircissages* difficiles et dispendieux, celui plus grave encore de mal enterrer la semence, qui germeroit ensuite, au grand détriment des récoltes suivantes, à cause de la propriété bien reconnue de conserver très long-temps sa faculté germinative.

DE LA RHUBARBE. La rhubarbe est une plante vivace, très vigoureuse et rustique, qui présente plusieurs espèces, précieuses par la grande utilité bien constatée de leurs racines en médecine, et dont les principales sont, la RHUBARBE PALMÉE, *Rheum palmatum*, originaire de la Tartarie-Chinoise, ainsi que les deux suivantes; la RHUBARBE ONDULÉE, *Rheum ondulatum*; la RHUBARBE COMPACTE, *Rheum compactum*; et la RHUBARBE RHAPONTIQUE, *Rheum rhaponticum*, originaire de la Hongrie.

On ignore quelle est celle de ces espèces, dont les racines paroissent avoir à peu près les mêmes vertus, qui fournit la vraie rhubarbe du commerce; mais comme la première jouit plus que les autres de cette réputation, et que c'est celle dont la culture nous paroît avoir été le plus essayée en grand, elle va être l'objet de quelques observations, applicables d'ailleurs à toutes les autres.

DE LA RHUBARBE PALMÉE. La RHUBARBE PALMÉE, ainsi nommée à cause de la forme de ses feuilles, est une plante à racine pivotante d'un jaune vif et très volumineuse, dont la tige ferme, ligneuse et creuse, susceptible de s'élever jusqu'à un mètre environ, est garnie de feuilles très amples, palmées et rudes, et de fleurs blanchâtres disposées en longs panicules serrés.

Elle paroît prospérer dans une terre meuble, substantielle et profonde, plus fraîche qu'humide, et à une exposition plus froide que chaude, qui est celle où l'on trouve plus fréquemment les rhubarbes spontanées, dans leur pays natal, circonstance qui nous paroît importante à considérer pour en obtenir des produits avantageux par la culture.

La racine paroît, aussi, redouter une humidité surabondante, qui, non seulement peut la pourrir, mais qui doit au moins affoiblir sa vertu ; et il est encore utile de savoir qu'on trouve ordinairement les premières espèces de rhubarbe, dans l'état de nature, dans des situations plus sèches qu'humides et plus élevées que basses, ce qui sans doute ne contribue pas peu à déterminer leur vertu, et ce qu'il nous paroît encore essentiel d'imiter dans la culture.

Il ne nous paroît pas moins utile d'observer que, quoique les engrais puissent accroître la force végétative de la plante et le volume de la racine, il doit être généralement peu avantageux de lui administrer les engrais ordinaires provenans des fumiers ; parceque d'une part, ils peuvent, s'ils sont frais sur-tout, ou peu consommés, exposer cette racine aux ravages des vers et des insectes qu'ils attirent ou dont ils renferment les germes, et, de l'autre, ils doivent lui communiquer une saveur et une odeur capables d'altérer sa qualité.

Ainsi, nous pensons qu'à moins qu'on n'emploie les engrais pulvérulens ou très réduits, fournis particulièrement par les règnes végétal et minéral, il est préférable de n'en point donner à cette plante dont la qualité de la racine est bien plus à considérer que sa quantité ; et, lorsque l'état et la nature du terrain ne supplée pas au défaut d'engrais, il faut tâcher d'y remédier par de nombreux et profonds labours, toujours très utiles d'ailleurs, par la nécessité de procurer à la longue et volumineuse racine pivotante les moyens de s'étendre en tous sens, en se ramifiant le moins possible.

Cette plante étant très rustique, on peut la semer ou la planter à la sortie de l'hiver. Le dernier moyen, le plus praticable, se fait en détachant du collet des anciennes racines les bourgeons ou drageons qui s'y trouvent ordinairement en assez grand nombre, et à leur défaut, on peut éclater ces racines, qui, comme celles de toutes les *patiences*, avec lesquelles les rhubarbes ont la plus grande analogie, supportent très bien cette opération.

Cette plante occupant naturellement beaucoup d'espace, il convient d'écarter chaque plant, dans une bonne terre, à près de deux mètres en tous sens, et de les placer en lignes parallèles, afin de faciliter les sarclages et houages, qu'il faut répéter toutes les fois que la terre se durcit et se souille de plantes étrangères à cette culture, et qu'il est très facile de pratiquer avec le sarcloir et la houe à cheval, représentés à la fin de cet ouvrage.

Il nous paroît, d'après quelques essais, que ce n'est que vers la cinquième année, au plus tôt, que la racine de rhubarbe a acquis toute la consistance et la substance extracto-résineuse qui constituent son principal mérite : ce n'est donc qu'au moment où l'on s'aperçoit qu'elle réunit ces qualités au plus haut degré qu'on doit en faire l'extraction.

La dessiccation convenable de cette racine est un point important qui exige beaucoup d'attention de la part du cultivateur. D'après la connoissance des procédés employés par les Tartares pour y parvenir, nous pensons qu'on doit l'arracher, autant que possible, par un temps sec et chaud. Après l'avoir bien dégagée de terre, du chevelu, ou des petites racines qui fournissent une belle teinture jaune assez solide, ce qui peut encore procurer une nouvelle ressource, et après l'avoir écorcée, il convient de la couper en morceaux d'un volume tel, que se trouvant exposés à l'air libre et suspendus, enfilés sans se toucher, la dessiccation puisse en être complète sans être précipitée; et lorsqu'on l'a obtenue, il faut les soustraire entièrement à l'humidité qui les feroit promptement moisir.

La racine de la rhubarbe est une des plus employées en médecine, et elle le mérite, comme étant éminemment stomachique, tonique, amère et purgative; il nous paroît donc désirable que la France s'affranchisse de l'impôt dont elle est grevée envers l'étranger pour son importation annuelle, ou qu'elle le diminue au moins de beaucoup, en étendant sa culture.

D'après les informations que nous avons prises, celle qu'on a jusqu'à présent récoltée en France possède, à un moindre degré que celle qu'on y importe, la vertu qui la fait rechercher, ce qui peut tenir à plusieurs causes que nous croyons devoir examiner.

Il est bien reconnu que la vertu des plantes médicinales est d'autant plus prononcée qu'elles s'approchent davantage de leur état naturel; or, la rhubarbe croît naturellement dans la Tartarie-Chinoise, d'après les voyageurs instruits qui ont visité cette contrée, dans des endroits élevés et peu humides, exposés au levant; et il doit être utile d'imiter, le plus possible, dans sa culture, ces circonstances probablement très influentes sur sa qualité, et d'éviter sur-tout les engrais dont nous avons parlé, en préférant les terres fertilisées naturellement par les détritus des végétaux, comme le sont toutes celles nouvellement défrichées, que nous y croyons très convenables, lorsqu'elles sont suffisamment meubles, fraîches, nettes et profondes.

Il est essentiel ensuite de ne récolter les racines que lorsqu'elles sont parvenues au plus haut point de développement et de perfectionnement qu'elles sont susceptibles d'acquérir, ce dont il est facile de s'assurer par quelques essais comparatifs; et puis, il est important de les dessécher convenablement. Nous pensons qu'en remplissant ces diverses indications, la rhubarbe française pourroit entrer en concurrence avec celle de l'étranger, et ouvrir peut-être une nouvelle branche d'industrie agricole et commerçante.

Nous observerons qu'il nous paroît possible de tirer, dans les premières années au moins, un parti avantageux de l'espace considérable laissé entre chaque plant, en y cultivant des raves, des navets, des pommes de terre, des haricots et autres plantes peu épuisantes, qui pourroient indemniser de l'attente de la récolte principale et des frais d'exploitation.

Nous pensons aussi que la culture de la rhubarbe peut améliorer le sol par les sarclages et houages qu'elle nécessite, mais qu'il convient généralement de l'engraisser après cette culture; et, afin de moins l'épuiser, il peut être utile de retrancher les fleurs de cette plante dès qu'elles paroissent.

DU COTONNIER. Le cotonnier, *Gossypium*, est une plante à tige ligneuse, originaire des contrées les plus chaudes de l'Asie, de l'Afrique et de l'Amérique. Elle présente quelques espèces et un assez grand nombre de variétés, qui sont souvent confondues entre elles, et qui paroissent être toutes vivaces dans leur pays natal, où elles ont le port d'arbres ou d'arbrisseaux, que quelques unes paroissent aussi perdre ordinairement en Europe, surtout l'espèce désignée sous le nom de *coton herbacé*, que nous allons examiner plus particulièrement sous le rapport de l'utilité dont sa culture pourroit être dans les assolemens de nos départemens méridionaux, si l'on parvenoit à l'y acclimater.

Le COTONNIER HERBACÉ, *Gossypium herbaceum*, appelé aussi COTONNIER ANNUEL, parcequ'il ne subsiste ordinairement qu'une seule année en Europe, ou au moins en France, est une plante à racine pivotante et rameuse, dont la tige plus ferme qu'herbacée, velue, rougeâtre et branchue, qui ne s'élève guère chez nous que de 48 à 64 centimètres environ, est garnie de feuilles molles à cinq lobes arrondis au centre et pointus aux extrémités, soutenues par de longs pétioles ayant deux stipules à leur base, et de fleurs jaunes pedonculées et axillaires, remplacées par des capsules à cinq loges et cinq valves, contenant plusieurs graines enveloppées d'un duvet long, fin et blanc, connu sous le nom de *coton*.

D'après plusieurs essais tentés en grand en diverses localités, il est probable qu'avec une constitution atmosphérique plus favorable que celle des deux années extraordinaires qui viennent de s'écouler, cette espèce de cotonnier est susceptible de s'acclimater en France et d'y donner des produits avantageux.

Elle paroît exiger, comme tous les cotonniers, une terre meuble, modérément consistante, substantielle et fraiche, indépendamment d'une exposition méridionale, abritée, peu élevée et ouverte, dans un climat qui, ne passant pas le 44e degré de latitude, offre une chaleur assez intense et prolongée.

Dans les terres compactes, difficiles à pénétrer, le pivot de sa racine ne pouvant s'enfoncer aisément se ramifie supérieurement, devient chevelu et traçant, et la plante s'élève moins, et résiste moins bien à la sécheresse, sans le secours des irrigations : dans celles qui sont médiocrement fertiles ou arides, elle ne trouve ni l'aliment, ni l'humidité indispensables à sa prospérité avec un degré de chaleur convenable ; dans celles qui sont trop humides, sa racine pourrit, ou mûrit mal ; et dans celles qui sont trop substantielles, la vigueur de la tige est souvent aux dépens des fruits. Ce dernier inconvénient doit être cependant beaucoup moins à redouter parmi nous que dans un climat plus favorable à cette culture. Enfin, comme le dit fort bien Olivier de Serres, en parlant de cette plante, *la terre* doit être *plus sèche qu'humide, toutefois vigoureuse.*

Quelle que soit la nature du sol, il doit toujours être bien ameubli et divisé par des labours profonds, afin que les racines puissent s'y enfoncer facilement.

Il doit être, aussi, le plus exempt possible de semences, de racines et d'autres obstacles à toutes les cultures délicates.

Il doit encore être fertilisé par des engrais bien préparés et d'une prompte et facile dissolution, lorsqu'il ne se trouve pas naturellement assez fertile : on emploie en divers endroits, avec succès, pour cet objet, les excrémens humains fermentés, mélangés avec de la terre meuble, et préparés ; les fertiles dépôts des rivières ; les vases des canaux, des fossés et des mares ou étangs, également bien préparés ; les terreaux suffisamment consommés ; la chaux ; le résidu de plantes oléifères ; les cendres végétales ou minérales ; enfin tous les engrais riches, réduits à l'état pulvérulent ou liquide.

Tous ces engrais doivent être incorporés au sol, de manière à ce qu'ils se trouvent en contact avec les racines.

Dans quelques endroits, au lieu de labourer entièrement le champ, on se borne à y défoncer la terre sur divers points plus ou moins rapprochés, et à déposer la semence dans des espèces de fosses qu'on a ainsi pratiquées. Cette méthode nous paroît être celle du paresseux, toutes les fois que la nature du sol et du climat permettent des labours complets sur toute l'étendue du champ.

Après avoir bien préparé son terrain, comme les circonstances locales l'exigent, on doit attendre par-tout pour commencer la semaille qu'on n'ait plus à redouter l'effet destructeur des dernières gelées ordinaires ; et, dès qu'on croit cette époque arrivée, il est essentiel de ne pas perdre de temps pour s'y livrer.

Quoique, dans plusieurs circonstances, la semence du cotonnier soit susceptible de conserver pendant plusieurs années sa faculté germinative, il est toujours prudent de se procurer, lorsqu'on le peut, la plus fraîche et la mieux conservée, comme aussi la plus mûre et la plus pesante, tirée des endroits les plus rapprochés de ceux où l'on essaie d'en introduire la culture, et renouvelée de temps en temps.

Son enveloppe étant d'une nature cornée, elle lève difficilement lorsqu'elle est ancienne et très sèche, et il est généralement avantageux de ne la confier à la terre qu'après l'avoir un peu humectée, et avoir séparé toutes celles qui sont adhérentes entre elles, en les frottant avec un mélange de quelque substance pulvérulente qui facilite leur séparation : avec ces précautions, elle ne tarde pas à lever lorsque la terre est humide et chaude tout à la fois.

Il existe trois manières principales de semer le cotonnier; à la volée, dans des trous, et en rayons.

La première manière, la plus expéditive, nous paroît la moins convenable pour obtenir un espacement régulier et suffisant entre chaque plant, et pour pouvoir pratiquer ensuite les sarclages et houages nécessaires; elle est encore beaucoup moins commode pour faire la récolte.

La seconde, et la troisième à laquelle nous accorderions la préférence, se rapprochent sous le rapport de l'espacement, de la régularité et de la facilité des opérations qui doivent s'ensuivre. Lorsqu'après avoir éclairci les plants surnuméraires, semés de l'une ou de l'autre de ces manières, ceux qui restent se trouvent placés régulièrement et à angles droits, le sarclage et le houage en deviennent beaucoup plus faciles, expéditifs et économiques.

De quelque manière qu'on sème, la semence doit être peu recouverte de terre qui doit être meuble, sur-tout lorsque le terrain est humide à l'époque de la semaille.

Dès que les jeunes plantes commencent à sortir de terre, environnées de celles dont elle renfermoit les germes dans son sein, il n'y a pas un moment à perdre pour aider la végétation des premières par la destruction complète des dernières, qui, plus rustiques et plus vigoureuses, parcequ'elles sont indigènes ou naturalisées, ne tarderoient pas à les priver de la substance, de l'air, de la chaleur et de la lumière, dont celles-ci, plus délicates et étrangères, ont le plus grand besoin pour prospérer; et les opérations toujours très utiles du sarclage et du houage doivent être réitérées aussi souvent que les circonstances peuvent l'exiger et le permettre, jusqu'à l'époque de la floraison où elles doivent cesser.

Aussitôt que les plants du cotonnier sont assez élevés pour pouvoir bien distinguer les plus vigoureux des plus foibles, il convient de les éclaircir en retranchant les derniers, et en ne laissant qu'un seul plant à chaque distance, que la nature du sol, du climat et de la plante, peut seule bien déterminer.

Lorsque cette plante est assez élevée, nous pensons que, dans les terrains secs, un léger buttage, en lui donnant une nouvelle vigueur, peut encore l'aider à résister plus facilement aux sécheresses excessives, et c'est aussi l'avis de notre collègue de Lasteyrie, qui, après avoir visité, en Europe, plusieurs endroits où la culture du cotonnier se pratique avec succès, nous a donné un ouvrage aussi curieux qu'intéressant sur cette culture. Il est possible cependant que cette opération ne convienne pas à toutes les positions.

Il est une autre opération sur l'utilité de laquelle les écrivains ne sont pas d'accord, et qu'il convient de soumettre à la sagacité des cultivateurs instruits et non routiniers, juges suprêmes pour tous les objets de détail; c'est le pincement ou la taille et l'ébourgeonnement, que le cotonnier peut exiger pour déterminer l'abondance et la maturité des fruits: quelques essais comparatifs peuvent seuls décider pertinemment cette question, comme beaucoup d'autres, pour chaque localité.

Les principaux ennemis du cotonnier en Europe nous paroissent être les dernières et les premières gelées, dont il faut tâcher de le garantir, en faisant à propos les semailles et la récolte; les pluies froides, dont il est impossible de l'affranchir, ainsi que de la grêle et des orages, lorsque le climat y est sujet; et probablement aussi, un assez grand nombre d'insectes et d'autres animaux dévastateurs qui le ravagent souvent dans son pays natal, et contre lesquels il est difficile de trouver des remèdes bien efficaces, admissibles dans les cultures en grand, en plein champ: ajoutons-y la chèvre, qui est avide de son feuillage, comme de tant d'autres.

Les sécheresses prolongées lui sont quelquefois préjudiciables aussi, et l'on ne peut parer à cet inconvénient que par des irrigations prudemment ménagées.

La maturité du coton s'annonce par l'écartement des valves qui le renferment, qu'il fait éclater alors, et qu'il déborde de toutes parts. La capsule s'ouvrant insensiblement par sa partie supérieure, cette matière tend à s'échapper en flocons avec les semences qui y sont adhérentes, pour remplir le vœu de la nature.

Il est essentiel de saisir, pour commencer la récolte, le moment critique où ces flocons ont atteint leur entier développement; car lorsqu'on n'en profite pas, ou ils s'échappent en se disséminant en pure perte sur la surface du champ et dans les environs; ou ils deviennent le jouet des vents; ou, la pluie resserrant la capsule, ils y séjournent, et y pourrissent souvent, et les débris du calice, qui se détachent, viennent encore les détériorer en les souillant.

Toutes les capsules ne parvenant pas à la fois au même degré de maturité, la récolte doit nécessairement se faire à plusieurs reprises, et se prolonger jusqu'à ce que la crainte de la gelée, et des pluies qui sont plus funestes encore, forcent à les cueillir toutes, telles qu'elles se trouvent alors, pour les faire sécher à couvert, au soleil ou au four; mais le coton le premier cueilli, et séché naturellement, est toujours celui qui a le plus de qualité.

La cueillette du coton doit toujours se faire, autant que possible, par un temps chaud, ou sec au moins, en évitant la pluie et la rosée, afin qu'il se conserve mieux; et, lorsque le temps le permet, et que les capsules sont suffisamment ouvertes, il vaut mieux enlever avec les doigts le coton adhérent aux graines, et qui est prêt à s'échapper, que de cueillir les capsules elles-mêmes, dont les débris peuvent le souiller. Avant de le jeter dans des corbeilles, il est essentiel de le dépouiller, en le secouant, des insectes ou autres ordures qui pourroient y rester attachés, et de mettre à part celui qui paroît avarié.

Le coton cueilli doit être déposé dans un endroit très sec pour y compléter sa dessiccation, et on doit scrupuleusement éviter tous ceux qui sont humides; car c'est la substance végétale qui s'imprègne le plus facilement de l'humidité, et qui la conserve le plus long-temps.

Il est encore essentiel de le préserver des atteintes des animaux rongeurs, principalement avant qu'il soit dépouillé de sa semence qu'ils recherchent; mais ils peuvent d'ailleurs le souiller et le ronger en tout temps, ce qui le détériore considérablement.

On sépare, par le temps le plus chaud ou le plus sec possible, les filamens du coton, de la graine à laquelle ils adhèrent plus ou moins; ou à la main, ce qui en conserve mieux la longueur et la qualité, mais ce qui est fort long ou avec une espèce de moulin formé de deux cylindres en bois, légèrement sillonnés, superposés horizontalement, mus au moyen d'une manivelle à pédale, et qui font échapper la graine d'un côté et le coton de l'autre. On le nettoie ensuite des ordures qui peuvent s'y trouver, et on l'emballe pour le livrer au commerce.

Le coton mérite sans doute le premier rang parmi les produits si précieux des plantes textiles, par la finesse, la blancheur, l'éclat, la solidité, la légèreté, la souplesse, l'élasticité, la chaleur, le délié, le moelleux et la salubrité de ses tissus, qui, appliqués immédiatement sur la peau, absorbent plus que toute autre matière les vapeurs exhalées par la transpiration; et qui, destinés à nos autres vêtemens, seuls ou mélangés avec la soie, la laine, le chanvre et le lin, conservant leur couleur naturelle, ou teints de diverses couleurs artificielles dont ils s'imprègnent plus aisément que nos autres tissus végétaux, procurent une quantité à peine nombrable d'étoffes recherchées pour leur commodité, leur élégance et leur durée, et fournissent encore une matière précieuse pour la confection des mèches et du papier.

Ces tissus alimentent parmi nous plusieurs branches importantes d'industrie manufacturière, élevées à un très haut degré de perfection; et, sous ce rapport, comme sous celui de leurs nombreuses et éminentes qualités, la culture du cotonnier mérite de fixer, comme elle le fait, l'attention du gouvernement, et d'exciter le zèle de nos cultivateurs méridionaux, pour tâcher de la nationaliser, s'il est possible.

Sans doute, l'inconstance des saisons qui a signalé d'une manière si désavantageuse les deux dernières années qui viennent de s'écouler, étoit bien peu propre à encourager la continuation des efforts pour introduire parmi nous sa culture; mais il seroit probablement contraire à l'intérêt particulier, comme à l'intérêt public, d'y renoncer entièrement, en l'abandonnant, après quelques tentatives infructueuses, qu'on doit attribuer, selon toutes les apparences, à des variations de l'atmosphère, et à des anomalies, qui ne se reproduiront peut-être pas de long-temps.

Au nombre des cultures de plantes exotiques aujourd'hui acclimatées sur notre territoire, et dont les premiers essais n'ont peut-être pas non plus été encourageans, qu'il nous soit permis de choisir l'exemple de la vigne, comme nous paroissant plus propre à déterminer à continuer les essais sur la culture du coton.

N'est-il pas vrai que si l'introduction de cette source précieuse d'industrie nationale et d'immenses revenus territoriaux qu'aucun autre revenu n'égale aujourd'hui pour nous, après celui du froment, avoit été tentée dans une année aussi peu favorable que celle que nous venons d'éprouver, il eût été impolitique de la discontinuer, quoiqu'elle n'eût pas donné des résultats plus satisfaisans que ceux qu'on va en obtenir presque par-tout cette année? car si on l'avoit fait, cette plante n'enrichiroit pas depuis long-temps les terres naturellement peu fertiles d'ailleurs, et peu productives sans elle, dont elle décuple ordinairement, et centuple même quelquefois le revenu ordinaire en végétaux indigènes, en procurant l'immense avantage d'occuper fructueusement une nombreuse et intéressante population. Qu'il nous soit permis d'espérer que la culture du cotonnier, dont les produits sont devenus d'un besoin qu'on pourroit peut-être regarder comme indispensable, tant par leur supériorité sur ceux de nos plantes textiles indigènes ou acclimatées, que par cette force trop souvent irrésistible d'une longue habitude, viendra un jour nous soustraire au monopole déshonorant des éternels ennemis de notre prospérité et de toute prospérité continentale.

Déjà plusieurs essais antérieurs à ceux des deux denières années, et dont les résultats ont été publiés par ordre du gouvernement, paroissent avoir établi la possibilité d'obtenir, dans les parties les plus méridionales de la France, dans les années ordinaires, et avec toutes les précautions de culture convenables, des produits avantageux du cotonnier, qui avoit été cultivé en Provence dès le seizième siècle; et on doit chercher à fixer de plus en plus son opinion, par de nouveaux essais, d'une manière plus positive encore, sur cette possibilité qui auroit des conséquences si avantageuses pour notre agriculture et pour notre commerce.

La culture de cette plante est moins difficile que celle de beaucoup d'autres qui ont été introduites avec avantage dans le midi;

et elle prospère dans la Perse, dont la plus grande partie éprouve des hivers très froids, et qui nous a déjà procuré le plus grand nombre des plantes les plus précieuses de nos cultures en plein champ, qui se sont très bien acclimatées avec des soins convenables.

On doit essayer concuremment avec le cotonnier dit herbacé ou annuel, plusieurs autres espèces ou variétés, parmi lesquelles les plus recommandables pour la France paroissent être celui qu'on désigne ordinairement en Amérique sous le nom de *bush coton*, c'est-à-dire, *cotonnier arbuste*, cultivé dans l'Amérique septentrionale, à une latitude de 44 degrés, et qui paroît être celui qui exige le moins de chaleur; celui de *Santorin*, que M. Olivier nous a fait connoître, et qui supporte les gelées de l'hiver dans cette île de l'Archipel, située au 39e degré 10 minutes de latitude, par le moyen de la précaution qu'on y a de couper sa tige contre terre aux approches de cette saison; et celui d'Ivica, qui éprouve la même opération, auquel les gelées sèches ne nuisent pas, et dont la récolte ne se fait communément qu'en octobre.

Cette précaution nous rappelle le conseil que donne M. de Lasteyrie, de préférer les espèces vivaces à l'espèce annuelle chez nous, de les garantir des intempéries de l'hiver, par quelque couverture, qui, en les aidant à résister à cette saison, leur donneroit les moyens de donner des fruits mûrs de bonne heure, en commençant à végéter au printemps, avec une force de végétation qui assureroit leur maturité. Il est probable qu'étant plus ligneuses et mieux enracinées, elles seroient aussi plus rustiques et pourroient peut-être, à l'aide des mêmes précautions, prolonger leur existence dans les positions favorables.

Dans ce cas, il conviendroit d'ameublir, d'engraisser et de nettoyer la terre après l'hiver, en réitérant les opérations de l'année précédente.

En général, observe encore M. de Lasteyrie, les cotonniers qui ont fructifié, pendant plusieurs années, dans le même terrain, perdent insensiblement leur faculté productive, de manière qu'ils ne portent à la fin presque plus de coton. Il faut renouveler de temps en temps la graine et le sol.

Enfin, il donne aussi le sage conseil d'essayer d'en faire des semis sur couche, dans des lieux bien abrités et bien exposés, comme cela se pratique pour le tabac, le colsat et plusieurs autres plantes soumises à nos cultures en plein champ; de les garantir du froid par des couvertures; d'activer leur végétation par des engrais; et de les transplanter dès que la température est assez élevée pour n'avoir plus rien à redouter des derniers froids : il propose d'ajouter à ce moyen d'avancer la végétation, celui de la pratique appliquée avec succès à la vigne et aux arbres fruitiers, qui consiste à enlever circulairement une bande d'écorce immédiatement après la formation des capsules, et nous ignorons si ce moyen a été essayé pour accélérer la maturité du coton.

« C'est une grande question ici, dit-il, de savoir combien d'années de suite on peut semer des cotonniers dans un champ, et quelle espèce de grains on doit leur faire succéder. Quoique cette plante (le coton herbacé) soit annuelle, elle repousse sur sa racine, dans les pays où l'hiver n'est pas bien rigoureux ; et il est ordinaire de les laisser durer trois ans en Chine ; la quatrième année on déracine tout et on sème ou de l'orge ou du mil. Dans quelques cantons, on sème deux ans du riz et deux ans des cotonniers. A parler en général, c'est la qualité de la terre qui doit décider, mais quelle qu'elle soit, on convient universellement qu'il ne faut pas y semer ni pois ni fèves les années d'interruption. »

Nous ignorons jusqu'à quel point ces principes sont applicables à la culture du cotonnier en France, et il est probable qu'on ne s'abstient de ces cultures améliorantes que parceque celle du cotonnier a suffisamment amélioré et préparé le sol pour celle des céréales.

On occupe quelquefois dans les colonies, pendant la première année de la culture des cotonniers vivaces, l'espace observé entre eux, par d'autres végétaux annuels, afin d'indemniser des frais de sarclage et de houage qu'ils nécessitent ; et le maïs, planté sur une ligne, au milieu de l'espace, afin qu'il ne puisse leur dérober ni l'air, ni le soleil, ni la rosée, ni la pluie, obtient souvent la préférence pour cet objet, comme mûrissant plus vite qu'aucune autre plante de grande culture.

M. de Rohr assure que le riz sec de la Cochinchine, vanté par le célèbre Poivre, dans son important ouvrage intitulé, *Voyage d'un Philosophe*, y trouveroit aussi fort bien sa place ; et il observe que la patate, *Convolvulus batatas*, qu'on commence aussi à cultiver en plein champ dans nos départemens méridionaux, leur nuiroit à cause de ses tiges grimpantes, ainsi que quelques autres plantes.

Nous ignorons encore jusqu'à quel point ces cultures par rangées alternatives seroient praticables dans nos départemens méridionaux ; et des essais comparatifs peuvent seuls prononcer sur la convenance ou l'inconvenance de ces mélanges ou de tout autre.

Les terres nouvellement défrichées paroissent très convenables à la culture du cotonnier, après avoir été préparées par quelqu'autre culture, d'après ce qui se pratique avec succès en divers endroits.

Des clôtures qui l'abritent et le protègent contre les vents violens et les froids, lui paroissent encore très favorables, d'après les mêmes pratiques également couronnées de succès en plusieurs localités.

Les bords de la Méditerranée paroissent aussi devoir lui être favorables, d'après l'observation faite sur plusieurs espèces de cotonniers, qui, en divers endroits, se plaisent particulièrement au bord de la mer, les particules salines dont l'atmosphère est chargée dans ces localités favorisant puissamment sa végétation.

On remarque encore que les terres volcaniques, qui favorisent tant d'autres cultures, sont aussi très convenables pour celle du cotonnier, ainsi que les terres d'alluvion.

Plusieurs faits attestent que la culture du cotonnier, faite convenablement, prépare très bien la terre pour celle du froment et des autres grains.

Dans les environs de Lecce, au royaume de Naples, dit M. Symonds, *on sème le coton avant le blé, parcequ'il améliore la terre, et le cours de culture ordinaire est*, 1° *coton;* 2° *blé.*

En Sicile, dit Sestini, *on sème, après la culture du coton, du grain qui y vient merveilleusement.*

Cette heureuse circonstance est sans doute un nouveau motif bien puissant pour encourager la culture de cette précieuse plante qu'il seroit si avantageux d'acclimater en France.

DE L'ASCLÉPIADE DE SYRIE. L'asclépiade de Syrie, *Asclepias Syriaca*, plus connue sous les noms d'*apocin*, *soyeuse*, *herbe à la ouatte*, *houette* et *faux coton*, est une plante vivace, dont le nom spécifique indique l'origine, et dont la racine est très traçante.

Ses tiges nombreuses, qui se renouvellent et périssent chaque année, et qui, dans un terrain et à une exposition convenables, peuvent s'élever à environ deux mètres, sont fortes, droites, herbacées, simples, cotonneuses, et garnies de feuilles opposées, ovales, épaisses, très entières, blanchâtres et douces au toucher, et de fleurs rougeâtres, en grosses ombelles terminales, globuleuses et penchées, remplacées par des follicules oblongs, pointus et renflés vers le centre, renfermant un grand nombre de semences aplaties, enveloppées d'aigrettes en forme de duvet soyeux, d'un blanc argenté éclatant.

Cette plante nous paroît, comme à plusieurs agronomes, mériter, sous quelques rapports importans, d'être plus cultivée qu'elle ne l'est en France, et spécialement dans les circonstances critiques actuelles.

Ayant essayé sa culture avant l'année 1786, nous avons reconnu qu'elle demandoit, pour prospérer, une terre meuble et très substantielle, humide et peu profonde, qui devoit être bien ameublie par les labours et les hersages, bien engraissée, lorsqu'elle n'étoit pas naturellement fertile, et, par-dessus tout, complètement purgée de toutes racines traçantes et vivaces, qui nuisoient essentiellement au développement des siennes, par la similitude de leur mode de végétation, de propagation et de nutrition.

On peut la multiplier par la voie des semis et par celle des drageons, ou simplement des racines, et les derniers moyens donnent plutôt des résultats avantageux que le premier.

La manière de la cultiver qui nous a paru la plus facile, la plus économique, et la plus avantageuse, sous tous les rapports, est celle en rayons parallèles, distans entre eux de soixante-quatre centimètres environ, dans lesquels on place, derrière la charrue, ou les semences, ou les plants, rapprochés à trente-deux centimètres à peu près dans la ligne, en laissant un sillon non planté entre deux qui le sont.

Cet intervalle est suffisant pour donner aux jeunes plants tous les houages et sarclages nécessaires avec la houe à cheval et le sarcloir (*V.* les *fig.*), et l'emploi de ces précieux instrumens est sur-tout utile, la première et la seconde année de cette culture, pour extirper complètement toutes les plantes nuisibles, et donner à la terre le degré de fraîcheur et d'ameublissement nécessaire pour faciliter l'extension des racines.

A la troisième année, et souvent même à la fin de la seconde, avec une bonne culture, elles garnissent complètement les intervalles; et, par le jet des nouvelles pousses très multipliées, le champ peut ressembler à une chenevière épaisse, et donner des produits aussi abondans et plus soyeux par les fibres corticales, indépendammeut de ceux très précieux encore de ses aigrettes.

La récolte des tiges de l'asclépiade peut se faire très expéditivement et économiquement, avec une faux garnie de ses crochets, qui poussent doucement celles qui sont coupées contre celles qui sont encore sur pied, et qu'une femme ou un enfant peut aisément ramasser et placer en javelles minces, derrière le faucheur et à sa droite.

On doit les dépouiller alors de leurs follicules, si on ne l'a pas fait immédiatement avant le fauchage, ce qui est beaucoup plus commode, en y employant aussi des femmes ou des enfans qui précèdent le faucheur, et qui les détachent aisément à la main, ou avec une serpette. On les étend alors, ou au soleil, si le temps le permet, ou à couvert, dans le cas contraire; et lorsqu'elles sont bien sèches et ouvertes, on doit en extraire les aigrettes en les séparant d'avec les graines, et les placer très sèchement...

On peut faire rouir les tiges de l'asclépiade comme celles du chanvre et du lin; ou, ce qui est peut-être préférable, les dépouiller de leurs fibres, tandis qu'elles sont vertes encore, pour les soumettre au rouissage ensuite. On peut consulter sur ce point notre *Mémoire*, *couronné en 1787 par la société royale d'agriculture de Paris*, *inséré parmi ceux du trimestre d'été 1788*, *sur les végétaux utiles à l'art du cordier et à celui du tisserand*, dans lequel nous rendons compte des expériences que nous avons faites, ainsi que M. Gelot, sur cet important objet.

La filasse produite par l'asclépiade est naturellement d'un blanc éclatant, et très soyeuse, et nous en avons vu plusieurs ouvrages délicats manufacturés. Ses aigrettes luisantes et argentées, qui réunissent à la douceur de la soie la blancheur de l'albâtre, quoique beaucoup plus courtes et moins élastiques que le coton, peuvent cependant le remplacer avantageusement pour plusieurs usages, et particulièrement pour *ouater* les vêtemens, qui en deviennent plus doux et beaucoup plus chauds. On peut aussi les mélanger avec cette dernière substance, ou avec la soie, et on peut alors les faire entrer dans la fabrication de plusieurs étoffes, comme on l'a essayé avec succès.

Observons encore que les abeilles recherchent les fleurs de cette plante, et que nous nous sommes assurés que la volaille pouvoit manger sa graine, et les bestiaux ses feuilles sèches, sans en être incommodés, quoique nous n'osions cependant les recommander pour cet usage, à cause de la virulence qu'elles nous ont paru avoir étant vertes.

« *Cette plante,* dit Rozier, *mérite à tous égards d'être cultivée.*

« En effet, dit M. Sonnini, il est peu de plantes dont la culture réunisse plus d'avantages, et qui soit plus digne de l'attention des cultivateurs; elle a fait des progrès considérables en Silésie, où l'expérience a montré qu'un arpent de terre médiocre et même mauvaise, dans un pays sablonneux, peut, avec cette culture, rendre six à huit fois davantage que la plus belle récolte de lin ou de fourrage.

« L'asclépiade de Syrie, continue-t-il, est peut-être la seule plante acclimatée sur notre sol, dont le produit peut, sinon remplacer le coton, du moins en diminuer considérablement la consommation; la seule aussi, qui réunit en elle les avantages du chanvre et du cotonnier. Dans l'Amérique septentrionale, l'on fait avec les fleurs de cette plante un sucre de bonne qualité, mais brun, qui pourroit nous servir aussi quand le sucre blanc devient rare. Les jeunes pousses se mangent en guise d'asperges. J'ai publié récemment un mémoire sur l'asclépiade de Syrie; j'engage les cultivateurs à le consulter. Depuis sa publication, des plantations s'en sont formées dans plusieurs cantons, et un habile fabricant, M. Ferrant, rue des Lyonnais, à Paris, emploie pour ses étoffes la substance douce et soyeuse qui enveloppe les semences de cette plante.

Observons que M. de La Rouvière l'avoit déjà employée au même usage, mêlée avec la soie et le coton, et qu'on a aussi essayé avec succès de la faire entrer dans la fabrication des chapeaux.

Cette plante paroît en quelque sorte naturalisée en plusieurs endroits de la France. M. de Fontanes a employé pour la fabrication des chapeaux *la ouate provenant de plantes croissant naturellement sur les dunes du Bas-Poitou*, et nous en avons découvert anciennement en deux endroits différens du département de la Seine, réduites à l'état sauvage.

Nous pensons que dans un moment où le coton est si rare et si cher, la culture de l'asclépiade de Syrie donneroit des résultats très avantageux, et elle n'est ni difficile ni dispendieuse. Elle peut fournir, pendant plusieurs années consécutives, deux récoltes précieuses, en lui donnant des engrais de temps en temps; car ses racines très multipliées en exigent nécessairement lorsqu'elles ont envahi tout le sol, et les engrais pulvérulens ou liquides, répandus sur toute la surface du champ, après la récolte, nous paroissent très convenables.

Lorsqu'on veut la détruire, il nous paroît utile aussi de le faire en exposant ses racines très vivaces à une forte chaleur, au moyen de labours répétés, suivis de hersages profonds et d'une culture préparatoire pour une autre principale qui trouvera le champ très net et ameubli.

Nous observerons encore que nous avons reconnu qu'un assez grand nombre de plantes de la famille des apocinées avoient des fibres corticales soyeuses; et nous indiquerons particulièrement plusieurs pervenches indigènes; le périploque de Grèce, ou arbre à soie de Virginie, *Periploqua græca*, très rustique et naturalisé en France; et l'apocin à fleurs herbacées, *Apocinum cannabium*, qui donne une filasse très forte, et dont la culture est recommandée pour cet objet par M. Thouin.

Cette culture nous en rappelle une autre bien intéressante, également recommandée et propagée par les soins de cet ardent ami de notre agriculture : c'est LE PHORMION TEXTILE, dont nous devons consigner ici une partie des détails instructifs qu'il nous a donnés sur sa culture et son utilité.

LE PHORMION TEXTILE ou TENACE, *Phormium tenax*, improprement appelé lin de la nouvelle Zélande, où on l'a d'abord découvert, est une plante vivace de la famille des asphodèles, à racines tubéreuses, épaisses et charnues, irrégulières et noueuses, terminées par des radicules chevelues, très déliées et rameuses.

Elle est ornée de feuilles radicales, très longues, distiques et engaînées les unes dans les autres, d'un vert gai et luisant en dessus, et blanchâtres en dessous, et d'une nature sèche, coriace et filandreuse, composées de filamens longitudinaux d'un blanc argenté, d'une force extraordinaire, et de fleurs jaunes, nombreuses, portées en forme de thyrse pyramidal, sur une tige élevée qui s'élève du centre des feuilles, et qui sont remplacées par des capsules triloculaires renfermant un grand nombre de semences plates, noires et très minces.

Cette plante promet d'être une nouvelle acquisition bien précieuse pour la France.

Elle croît spontanément entre le trente-quatrième et le quarante-septième degré de latitude de l'hémisphère austral, où on la trouve tantôt sur des terrains marécageux, tantôt au bord de la mer et dans son voisinage, sur les sables arides, et dans des lagunes arrosées momentanément par des eaux saumâtres.

On ne l'a jusqu'à présent multipliée en France que par œilleton, et il est probable qu'on pourra le faire, par la suite, par sès semences, qui contribueront à l'acclimater davantage parmi nous.

Son produit essentiel consiste dans ses feuilles, qui, comme celles de l'*agavé*, connu sous le nom d'aloès-pite, ou comme les tiges de l'*abutilon* et de plusieurs autres malvacées, fournissent des fibres textiles.

Ces fibres sont d'une force supérieure de beaucoup à celle de nos principales plantes textiles, d'après les expériences comparatives de M. Labillardière, desquelles il résulte 1° que la force des fibres de l'aloès-pite étant égale à 7, celle du lin ordinaire est représentée par 11 $\frac{3}{4}$; celle du chanvre par 16 $\frac{1}{3}$; et celle du phormion textile par 23 $\frac{5}{11}$. Mais la quantité dont ces fibres se distendent avant de rompre, est dans une autre proportion; car étant égale à 2 $\frac{1}{2}$ pour les filamens de l'aloès-pite, elle n'est que de $\frac{1}{2}$ pour le lin ordinaire, de 1 pour le chanvre, et de 1 $\frac{1}{2}$ pour le phormion textile.

M. Labillardière a démontré que par leur légèreté elles étoient très propres aux cordages pour la marine; et leur force, leur liant, leur grande blancheur et leur couleur satinée, les rendent également très convenables pour remplacer le chanvre et le lin dans la fabrication de plusieurs tissus.

Il suffit, pour extraire ces fibres, de tremper les feuilles dans l'eau pour les amollir et les dégager par des lotions et des battages successifs de toutes les parties étrangères qui y sont adhérentes.

Nous devons croire, d'après les renseignemens qui précèdent, que le phormion textile, probablement peu délicat sur la nature du sol, peut être employé très avantageusement à utiliser les plages maritimes qui bordent nos côtes sur la Méditerranée; à assainir par sa végétation les dépôts d'eaux stagnantes et saumâtres qui les rendent souvent insalubres; ou à fixer les sables mobiles qui envahissent souvent aussi les terres voisines. La latitude à laquelle on le trouve a beaucoup d'analogie avec celle de nos départemens méridionaux, et déjà il paroît introduit avec succès dans les départemens de l'Hérault, de la Drôme et du Var, ainsi que dans l'île de Corse.

« D'après les renseignemens que nous nous sommes procurés, nous dit M. Thouin, le phormion prospère à merveille dans tous les climats chauds où il a été envoyé. Il y pousse des œilletons de ses racines et promet beaucoup de succès. M. Cels, qui possède cette plante depuis plusieurs années, en a mis un pied en pleine terre l'an dernier, dans son jardin de Montrouge, près Paris, et il y a très bien passé l'hiver, couvert d'un simple châssis et de litière; ce qui donne l'espérance que cette plante pourra un jour prospérer dans le nord comme dans le midi de la France. »

C'est sur-tout au zèle ardent de M. Thouin pour la propagation des végétaux les plus précieux, que la France sera redevable de ce nouveau bienfait, comme de plusieurs autres; et nous nous estimons heureux de pouvoir terminer notre travail en signalant à la reconnoissance publique un savant qui la mérite à tant de titres.

(YVART.)

EXPLICATION DES FIGURES.

PLANCHE PREMIÈRE.

FIGURE. 1. PETITE HERSE TRIANGULAIRE, OU SARCLOIR A CHEVAL. Cet instrument sert à herser les intervalles qui séparent les plantes cultivées en rayons, afin d'y détruire les mauvaises herbes, et d'en ameublir la terre.

Il est composé de deux pièces principales A A, de 957 millimètres (3 pieds) de long sur 95 millimètres (3 pouces ½) d'équarrissage, d'une traverse B, de 379 millimètres (1 pied 2 pouces) de long, sur 95 millimètres (3 pouces ½) d'équarrissage, et d'une autre traverse C, moitié moins longue.

Il est garni de 14 dents inclinées, de derrière en avant, de 217 millimètres de long (8 pouces) sur 28 millimètres (1 pouce) d'épaisseur.

A l'extrémité antérieure, est fixé un anneau D, servant à tenir un trait aboutissant à un palonnier auquel on attèle le cheval.

A l'extrémité postérieure, sont deux mancherons EE, qui y sont emboîtés, de 840 millimètres (2 pieds 7 pouces) de long, sur 68 millimètres de largeur (2 pouces ½), et 40 millimètres (1 pouce ½) d'épaisseur. Ils sont soutenus par deux montans F F ayant chacun 244 millimètres (9 pouces) de longueur, sur 54 millimètres (2 pouces) de largeur, et 28 millimètres (1 pouce) d'épaisseur, et maintenus dans leur écartement par une traverse de 487 millimètres (18 pouces) de long.

Les mancherons servent non seulement à maintenir l'instrument, mais aussi à le soulever toutes les fois que les herbes qu'il a arrachées et la terre qu'il a remuée se trouvent engagées entre ses dents.

2. CULTIVATEUR, HOUE, OU BUTTOIR A CHEVAL. Cet instrument est destiné à chausser ou butter les plantes cultivées en rayons, lorsque l'intervalle qui les sépare a été nettoyé de mauvaises herbes avec la petite herse triangulaire.

Il est composé, 1° d'un soc en fer G, terminé en pointe, de 325 millimètres (1 pied) de long, et de 245 millimètres (9 pouces) de large à sa partie postérieure, fixé par le *gendarme* I.

2° De deux oreilles ou versoirs H se réunissant antérieurement, et offrant postérieurement un écartement de 325 millimètres, maintenu par une traverse K, de 81 millimètres (3 pouces) d'épaisseur, sur 68 millimètres (2 pouces ½) de largeur. Ces versoirs ont 596 millimètres (22 pouces) de long supérieurement, et 703 millimètres (26 pouces) inférieurement, 40 millimètres (1 pouce ½) d'épaisseur, et 217 millimètres (8 pouces) de hauteur.

Au moyen d'une charnière en fer, à la partie antérieure des deux versoirs, on pourroit les écarter ou les rapprocher à volonté, suivant l'intervalle observé entre les raies ensemencées, et les fixer postérieurement au moyen d'un boulon à écrous.

3° Au dessus de ces oreilles, est adaptée une haie L, de 1,462 millimètres (4 pieds $\frac{1}{2}$), sur 82 millimètres (3 pouces) d'épaisseur. A sa partie postérieure sont deux mancherons M M, pour maintenir et diriger l'instrument. A l'extrémité antérieure, est une crémaillère N, dont les crans servent de régulateur, et un crochet O, pour recevoir le palonnier sur lequel on attèle le cheval.

3. Chassis double ou ploutre. Cet instrument est destiné à écraser et à répandre en même temps la terre des mottes autour des plantes semées à la volée, pour les chausser légèrement après l'hiver.

Il est composé de trois montans PPP, de 2,275 millim. (7 pieds) de long environ, et de deux traverses de 812 millimètres (2 pieds $\frac{1}{2}$) aussi de long, sur 135 millimètres (5 pouces) d'équarrissage. Dans chaque montant extérieur, sont fixées deux chevilles Q, pour y atteler un cheval.

On peut substituer à cet instrument une herse ordinaire renversée, en ayant soin que la tête des dents ne dépasse pas les bras de la herse.

PLANCHE DEUXIÈME.

4. Scarificateur, extirpateur, ou herse a coutres. Cet instrument s'emploie dans quatre circonstances principales;

1° Pour scarifier les prairies naturelles et en arracher la mousse et autres plantes nuisibles, à racines superficielles;

2° Pour ameublir la terre des prairies artificielles à racines pivotantes et profondes, telles que la luzerne et le sainfoin, et les débarrasser des graminées et autres plantes nuisibles peu enracinées;

3° Pour extirper, sur les terres nouvellement labourées, les racines du chiendent, de l'avoine à chapelet, du ceraiste commun, et autres racines traçantes, vermiculaires, articulées et vivaces;

4° Pour ouvrir la terre, immédiatement après les récoltes, et y enterrer les semences destinées à former des pâtures momentanées soit en graminées, soit en toutes autres plantes, sans qu'il soit nécessaire de la labourer avec la charrue.

Cet instrument, de forme triangulaire, dont les deux montans latéraux A A, ont 1,787 millim. (5 pieds 6 pouces) de longueur, la traverse de derrière B, 1,382 millimètres (4 pieds 3 pouces), celle du milieu C, 921 millim. (2 pieds 10 pouces), et celle de devant D, 542 millimètres (1 pied 8 pouces) sur 82 millimètres (3 pouces) d'équarrissage, est armé de 21 petits coutres en fer E, inclinés de derrière en avant, de 352 millim. (13 pouces) de long, y compris la vis, et de 21 millimètres (9 lignes) d'épaisseur par derrière, et 68 millimètres (2 pouces et ½) de largeur, fixés sur les montans et traverses avec des écrous, afin de pouvoir les démonter facilement lorsqu'ils ont besoin d'être affilés ou redressés. Au-dessus de cette herse sont deux morceaux de bois F F de 1,195 millim. (3 pieds 7 pouces) de long, sur 68 millimètres (2 pouces et ½) de largeur et autant d'épaisseur, pour tenir lieu de traîneau, lorsqu'on veut diriger l'instrument d'un champ vers un autre, en le renversant.

A la réunion des deux montans, et au-dessus, est un anneau attenant à un morceau de fer aplati G, terminé par un fer à cheval, dont les branches sont fixées sur chacun des montans. A cet anneau s'adapte, au moyen d'un crochet, un palonnier H, de 1,354 millim. (4 pieds 2 pouces) de long, sur lequel on attèle les chevaux.

Une condition essentielle dans la disposition des coutres, c'est qu'ils se trouvent placés de manière qu'ils tracent des lignes différentes, afin que la terre se trouve sillonnée également par-tout.

5. Échardonnette. Cet instrument, ainsi que son nom l'indique, est principalement employé pour couper les chardons qui se trouvent dans les grains ou les prairies, et l'on s'en sert également pour couper d'autres plantes nuisibles à racines profondes.

Il est composé d'un fer dont l'extrémité inférieure I, bien acérée et coupante, a 22 millimètres de large (10 lignes); le milieu K, de 50 millimètres (22 lignes) aussi de large, forme une échancrure destinée à enlever les chardons coupés et embarrassés dans les grains ou les plantes des prairies. La partie supérieure L, forme une douille pour recevoir un manche de 1,30 centimètres (4 pieds) de long. Le fer de cet instrument a 155 millimètres (5 pouces 9 lignes) de long.

6. Tenailles ou moettes. On emploie cet instrument, dans quelques départemens, pour arracher les chardons, lorsque leur tige et leur racine sont assez ligneuses, et la terre assez meuble pour pouvoir les tirer sans les rompre.

Il est composé de deux branches MM, dont l'une entre dans l'autre par la partie inférienre N, et est fixée par une cheville O, pour former la pince.

Il doit avoir environ 975 millimètres (3 pieds) de long.

On peut le remplacer par des gants, ou *moufles*, faits économiquement avec des peaux de mouton de peu de valeur, au moyen desquels on peut enlever aisément les racines des chardons à une grande profondeur.

7. Houe a main. Cette houe est destinée à détruire les herbes nuisibles, et à ameublir la terre entre les rayons qui ne sont pas assez écartés pour admettre le sarcloir ou la houe à cheval. Elle est encore très utile pour houer, éclaircir et chausser légèrement les plantes à racines pivotantes, semées à la volée ou en rayons, telles que les raves, navets, carottes, panais, etc.

Elle est composée d'un fer en forme de ratissoire de jardin P de 217 millimètres (8 pouces) de long, sur 68 millimètres (2 pouces et $\frac{1}{2}$) de large, bien acéré, et fixé par une douille à un manche Q, de 1137 millimètres (3 pieds et $\frac{1}{2}$ de long.

8. Autre houe a main. Cet instrument est une seconde houe à main, dont le principal usage est de détruire les herbes nuisibles entre les plantes semées à la volée, qui sont peu écartées entre elles, et de commencer à éclaircir celles qui sont trop rapprochées, en ameublissant la terre des intervalles.

Il diffère essentiellement du précédent, en ce que le fer R en est triangulaire, de 162 millimètres (6 pouces) sur 218 millimètres (8 pouces) de long, et peut s'enfoncer davantage en terre.

9. Croc. Cet instrument sert à ameublir à une grande profondeur la terre déjà remuée superficiellement par les houes à main entre les rayons.

Il est particulièrement applicable à la culture de la carotte, du panais, de la rave, du navet, de la betterave, et autres plantes de cette nature, cultivées en rayons, et autour desquelles on désire soulever et ameublir profondément la terre.

10. Binette-rateau. Cet instrument, qu'on pourroit appeler tue-teigne, parcequ'il sert à détruire cette plante parasite, lorsqu'elle est peu développée et peu commune dans les luzernières, est nommée *binette-râteau*, parcequ'il est formé de la réunion de ces deux instrumens, pour plus de commodité.

La binette S, à tranchant large et très acéré, sert à couper net jusqu'au collet les tiges de luzerne ou autres qui sont attaquées par la teigne.

Et le râteau T, qui se trouve à l'extrémité opposée, sert à les ramasser pour les enlever hors du champ, et à en ameublir la terre, ainsi qu'à couvrir les semences destinées à regarnir les places où la luzerne seroit détruite.

La binette a 217 millimètres (8 pouces) de large à sa base, et le râteau armé de 15 dents de fer a 433 millimètres (16 pouces) de long. Le manche U, doit avoir au moins 1,625 millimètres de long (5 pieds).

PLANCHE TROISIÈME.

11. Rouleau a dents. Cet instrument sert à briser les fortes mottes durcies par la sécheresse.

Il est composé d'un cylindre A, de 487 millim. (18 pouc.) de diamètre sur 2,275 millimètres (7 pieds) de long, garni de 18 rangs de dents placées en échiquier à 82 millimètres (3 pouces) de distance l'une de l'autre, de forme carrée, et s'élargissant à leur base.

Ce rouleau a deux frettes en fer à chaque bout BB, pour empêcher qu'il ne se crevasse, et il est assujetti par deux boulons de fer CC, à un châssis composé de deux montans DD, de 2,357 millim. (9 pieds) de long, et de deux traverses EE, de 130 centimètres (4 pieds) de long sur 82 millimètres (3 pouces) d'épaisseur. A ces montans sont fixées des chevilles FF, pour y atteler les chevaux.

Il faut avoir soin de ne l'employer que lorsque la terre est sèche, et d'enlever avec une espèce de *curoir* ou pic en fer, celle qui se trouve engagée entre les dents.

12. Cette figure représente le soustrait, ou la base d'une meule à courant d'air, traversée à angle droit par 4 conduits horizontaux G, formés de pièces de bois ou de pierres, recouvertes de bourrées, et aboutissant au centre, où s'élève le tuyau qui traverse l'intérieur de la meule. Un des conduits H, est représenté découvert.

13. Machine qui se place au centre de la meule, et qui sert à former la cheminée, ou conduit d'air vertical et intérieur qui correspond aux 4 conduits horizontaux qui se trouvent sous la meule.

Elle s'applique contre la perche qui lui sert de conducteur, et en même temps de régulateur pour que les parois de la meule se trouvent de tous côtés à une égale distance du centre. Sa description se trouve page 292.

14. Meule a courant d'air, dont le centre est représenté ouvert et laisse apercevoir la perche qui sert de régulateur, et le conduit intérieur qui y touche, qui correspond aux conduits inférieurs, et qu'on bouche supérieurement avec de la paille, pour empêcher la pluie de s'y insinuer, lorsqu'on ne redoute plus l'effet de la fermentation.

A, B, C, représentent les conduits horizontaux, D, la perche, et E, le conduit vertical ou cheminée.

Elle est représentée couverte en paille, comme c'est l'usage le plus ordinaire : et, dans quelques endroits de nos départemens septentrionaux, on y substitue un toit léger et mobile, supporté par des poteaux qui entourent la meule, et qu'on abaisse et élève à volonté.

Cette couverture sert aux meules à grains, comme aux meules à fourrages. *Voyez* ce qui est dit à l'égard de la meule à courant d'air, page 292.

TABLE

DES DIVERS OBJETS TRAITÉS A L'ARTICLE

SUCCESSION DE CULTURES.

PREMIÈRE DIVISION.

SECONDE DIVISION.

TROISIEME DIVISION.

Nota. La rapidité avec laquelle cet article a été imprimé a laissé échapper plusieurs fautes d'impression qu'il est facile de reconnoître à la lecture, telles que *béniade* pour *buniade*, *lalicaire* pour *salicaire*, *giste* pour *ciste*, etc.

SUCCION DES PLANTES. Lorsqu'on arrose une plante qui est fanée, on voit quelques instans après ses tiges se redresser, ses feuilles s'étendre, ses fleurs s'épanouir de nouveau. Lorsqu'on met une tige coupée ou la portion d'une tige de plante dans l'eau, on voit que cette tige ou portion de tige absorbe une quantité d'eau proportionnelle à sa grosseur et au nombre ou à la grandeur de ses feuilles. On ne peut donc nier que les plantes ne sucent l'eau dans ces deux cas.

Il a été de plus observé, 1° que la succion étoit plus rapide lorsque la plante ou la portion de la plante étoit exposée au soleil, quand l'air étoit plus sec, quand il faisoit plus de vent, quoique le degré de la chaleur fût le même ; 2° que dans chaque espèce la succion étoit d'autant plus considérable qu'il y avoit plus de feuilles ; 3° que, lorsque la plante étoit renfermée sous un récipient, la succion étoit, toutes autres circonstances égales, proportionnelle à la capacité de ce récipient.

Toutes les plantes ne tirent pas la même quantité d'eau par la succion.

Au printemps la succion est plus forte qu'à aucune autre époque de l'année. Elle est très foible en automne.

Les feuilles très jeunes tirent moins d'eau que les adultes ; les herbes plus que les arbres.

Comme la succion des plantes tient à la circulation de la Sève, je renvoie à ce dernier mot le développement des conséquences qu'on en peut tirer relativement à la pratique de l'agriculture. (B.)

SUCCULENT. Qui est rempli de suc. La chair des fruits fondans, comme le beurré, est succulente. Par extension on a appliqué ce mot à ce qui a un suc excellent.

SUCRE. Sel doux, agréable au goût, qui se forme dans plusieurs plantes, et dans diverses de leurs parties, par l'acte même de la végétation.

Long-temps on a cru que le sucre étoit identique dans toutes les plantes ; mais on doit à Proust la connoissance que chaque espèce de plantes en fournit un différent. Ainsi le sucre de canne se distingue fort bien par ses qualités physiques et chimiques du sucre d'érable, du sucre de betterave, du sucre de raisin, du sucre de pomme, du sucre de carotte, du sucre de panais, du sucre de réglisse, etc.

Les plantes qui contiennent du sucre ont été indiquées, il y a trente ans, par mon collaborateur Parmentier, dans ses Recherches sur les végétaux nourrissans.

Tous les acides végétaux peuvent former du sucre par leur combinaison avec le principe muqueux des mêmes végétaux, si on en juge par l'observation ; mais on ignore encore comment se fait cette transformation, qui est constamment la suite de la maturité des racines, des tiges, des feuilles, et sur-tout des fruits. L'art n'a pas encore pu imiter la nature. *Voyez* ACIDE. L'analyse indique aussi qu'il n'y a qu'une nuance imperceptible entre les GOMMES, les FÉCULES, le MUCILAGE (*voyez* ces mots) et le sucre; cependant on ne sait pas encore en quoi elle consiste.

Il est rare que le sucre soit parfait dans les plantes, c'est-à-dire qu'il s'y trouve le plus souvent à l'état intermédiaire, ou intimement uni au principe mucilagineux. Cet état s'appelle *mucoso-sucré*. Aussi telle partie de plante, tel fruit qui paroît très sucré au goût, ne peut donner de sucre de quelque manière qu'on s'y prenne.

Presque toutes les graines, sur-tout celles des céréales, presque toutes les racines, principalement celles qui sont surchargées de fécule, comme la pomme de terre, développent leur principe sucré par la germination ou le développement de leur tige, de sorte qu'il paroît que ce principe est un stimulant nécessaire dans ce cas.

Presque tous les pistils, ou organes femelles des plantes, sécrètent aussi le principe sucré au moment de la fécondation; d'où on peut conclure que ce principe est également nécessaire dans cette importante opération. C'est ce principe dont les abeilles recueillent la partie surabondante qui est connue sous le nom de MIEL. *Voyez* ce mot.

Presque toutes les plantes, dans certaines circonstances, laissent transsuder de leurs feuilles et de leur écorce une matière sucrée connue la première sous le nom de MIÉLAT, la seconde sous le nom de MANNE (*voyez* ces mots), ce qui donne la certitude que le sucre est toujours partie constituante de la sève, quoique ce ne soit que de certaines espèces, comme la canne, l'érable, le bouleau, etc., dont il soit possible de le retirer.

On ignore encore le rôle que joue le sucre dans l'acte de l'assimilation végétale. Ce sujet est digne d'être l'objet des expériences et des méditations de nos chimistes.

Tout végétal qui contient du mocoso-sucré et de l'eau en suffisante quantité est susceptible, à l'aide de la chaleur et du contact de l'air atmosphérique, de passer à la fermentation vineuse. Tout vin contient de l'alcohol qu'on en retire par la distillation; tout alcohol contient de l'éther, et tout éther peut se transformer, comme tout vin, en vinaigre par son union avec l'oxygène : or, le vinaigre ou l'acide acétique ne diffère que par une nuance des acides tartrique, malique, citrique et oxalique, qui sont les générateurs du sucre.

Quelles étonnantes transformations éprouve donc ce sucre! Quelle est donc la puissance de l'homme qui sait les faire tourner à son avantage!

Lavoisier a trouvé, par l'analyse, que le sucre étoit composé de 64 parties d'oxygène, de 28 parties de carbone et de 8 d'hydrogène, outre un minicule de potasse et de chaux.

Frotté dans l'obscurité, le sucre offre une lueur phosphorique. Mis sur les charbons ardens, il se fond, se boursouffle, exhale de l'acide et brunit. Dans cet état on l'appelle *caramel.* Plus chauffé, il se transforme en charbon qu'il est très difficile, pour ne pas dire impossible, de réduire totalement en cendre.

On regarde généralement le sucre comme la partie éminemment nutritive des végétaux. Ceux qui en contiennent beaucoup sont en effet plus nourrissans que ceux qui en contiennent moins. Si l'estomac ne peut pas s'en contenter toujours, c'est qu'il sécrète plus de sucs digestifs qu'il ne peut en consommer. Aussi doit-on le lester par des matières d'une difficile digestion, lorsqu'on veut se mettre au régime du sucre. Il convient principalement à l'enfance et à la vieillesse. Il est très propre à réparer les forces épuisées par les maladies, par l'excès des plaisirs de l'amour. Quelque grande qu'en soit la consommation, il seroit à désirer que son bas prix pût la décupler; qu'on pût, comme on dit qu'on le fait en Angleterre au moment où j'écris ceci, l'employer à engraisser les bestiaux et les volailles.

La nature a voulu que les hommes et tous les animaux herbivores et frugivores aimassent le sucre. Il est le type de la douceur au physique, et c'est avec raison qu'il en est le symbole au moral; car l'observation prouve que qui ne l'aime pas est presque toujours dégradé sous un de ces deux rapports.

Les usages du sucre sont des plus étendus. Il entre comme partie principale ou accessoire dans beaucoup de mets, dans beaucoup de liqueurs de table. Il sert à rendre plus agréables au goût et plus susceptibles de conservation un grand nombre de fruits. La médecine humaine ne peut s'en passer, tant sont nombreux les cas où il convient et les remèdes auxquels il sert de condiment.

Lorsqu'on met une grande quantité de sucre dans une petite quantité d'eau, soit pure, soit unie avec un acide, l'extrait d'une plante, etc., on forme ce qu'on appelle des sirops, dont l'usage est fort étendu. Il est aussi des sirops qui proviennent immédiatement des végétaux; tel est celui de raisin, dont l'emploi est si économique, et dont il sera amplement traité à l'article qui le concerne. *Voy.* SIROP.

C'est de la CANNE (*voy.* ce mot) qu'on tire la presque totalité du sucre qui se consomme dans le monde; mais la canne ne peut croître avec succès qu'entre les tropiques. Les peuples de l'Europe sont donc fort intéressés à trouver des plantes susceptibles d'être cultivées chez eux, et qui puissent leur en fournir en suffisante quantité et à bon compte. Les essais qui ont été faits pour en obtenir de la sève des Erables, des Bouleaux (*voy.* ces mots), n'ont rien promis d'avantageux. Parmi les racines, celle de Betterave (*voy.* ce mot) seule laisse des espérances. Parmi les fruits, il n'y a que le Raisin (*voy.* ce mot) qui puisse en offrir. Parmi les tiges, celle de maïs est la seule où on en rencontre; mais la quantité n'en est pas assez considérable pour qu'il soit économique de l'en retirer. Il est bien prouvé aujourd'hui que celui qui se trouve dans la manne et dans le miel est trop intimement uni au mucoso-sucré pour en être séparé.

Je m'arrêterai ici, quoiqu'il fût facile d'étendre beaucoup cet article, parceque je m'exposerois à répéter ce qui se trouve dans les autres. (B.)

SUCRE DE RAISIN. Il y a environ neuf ans qu'un savant français, professeur royal de chimie à Madrid, signala les raisins d'Espagne comme susceptibles de fournir aux brasseries et distilleries du nord toute la substance fermentative dont elles pourroient avoir besoin pour les boissons spiritueuses des régions polaires. Cette substance, qui s'extrait d'abord sous une forme sirupeuse, arrive dans l'espace d'un mois, sous le climat ardent de la Castille, à un état concret, lorsqu'elle est amenée au degré de concentration convenable. On lui a conservé, dans ces deux états, le nom de sucre de raisin, sans doute parceque cette appellation convient constamment au corps muqueux désigné, lequel est effectivement toujours sucré, alors même qu'il cesse d'être sirop. Les circonstances ont donné au premier mémoire publié en 1803, sur ce sujet, un prix que l'auteur étoit sans doute loin d'y mettre lui-même. La France et l'Europe entière, commençant alors à éprouver un mécompte sensible dans leurs habitudes les plus chères, ont dû accueillir avidement, avec l'espoir d'une jouissance supplémentaire, les méthodes plus ou moins exactes qui y conduisoient, en jetant du jour sur ce nouveau point d'économie domestique. Il seroit superflu de répéter ici avec détail toutes les indications, souvent un peu contradictoires, contenues dans les traités publiés sur cette matière. Nous nous bornerons aux principales, c'est-à-dire à celles qui sont la base de l'opération.

Le moût de raisins choisis, écrasés et pressés, est versé dans une bassine ou chaudière très évasée, peu profonde, étamée ou du moins très scrupuleusement nettoyée, et subit d'abord une forte ébullition, pendant laquelle on y ajoute à très petites doses successives (ce point est essentiel) des substances absorbantes calcaires, qui y opèrent la saturation de l'acide tartareux qu'il contient. Le choix de ces substances n'est pas indifférent. La craie la plus épurée d'argile, connue sous le nom de *blanc de Meudon*, ou improprement connue sous celui de *blanc d'Espagne*, est le meilleur réactif, en ce qu'il contient le plus de substances calcaires sous le moindre volume. La charrée ou cendre lessivée en est le supplément avantageux, parcequ'on l'a par-tout à sa portée quand on est privé de l'autre. Le blanc de Meudon que fournit le commerce, destiné principalement aux peintures en bâtiment, au badigeonnage, etc., etc., est pétri avec très peu de soin, souvent avec des eaux croupies; il est indispensable de lui donner, ainsi qu'aux cendres lessivées, de nombreuses et préalables ablutions, ne fût-ce que pour tranquilliser la pensée sur la propreté de leur préparation et de leur emploi.

Lorsqu'après avoir agité le mélange pendant environ dix minutes, il ne fait plus d'effervescence, et que l'on s'est assuré que la saturation est exacte, on peut procéder de suite à la clarification, soit avec les œufs, soit avec du sang de bœuf, soit enfin, ce qui vaut encore mieux, en se bornant à une première filtration sur un blanchet de lainage, précédée d'une ébullition très active pour enlever à l'écumoire les résidus parenchymateux mêlés de calcaire flottans dans la liqueur.

Le moût clarifié est placé au frais dans des vases de bois ou de terre cuite en grès, où il dépose le sel terreux ou tartrite de chaux produit par la saturation. La concentration de ce moût bien reposé peut s'opérer de deux manières: la première par une ébullition forte, soutenue jusqu'à réduction de deux tiers au moins; nous en proposerons une seconde à laquelle suffit une chaleur plus modérée, mais qui exige l'emploi d'un appareil subsidiaire auquel nous donnerons le nom de cylindre évaporateur, et que nous allons décrire rapidement tel que nous le concevons.

Nous dirons d'abord que, pour remplir notre objet, il doit, pour les dimensions et la configuration apparente, se rapprocher de la boîte cylindrique où nos épiciers rôtissent leur café; mécanisme que tout le monde connoît, qui offre un axe en fer, avec sa manivelle, traversant par leur centre deux disques ou feuilles de tôle arrondies, auxquelles vient s'agrafer par les bords le reste de la robe de tôle qui est le complément du rôtissoir à café.

Notre appareil se compose également d'un bâton, ou axe de bois, arrondi au tour, avec deux seuls points équarris où viennent se fixer, par leur centre, deux disques de mérisier ou autre bois léger, mais solide, dans l'épaisseur desquels on puisse pratiquer des entailles rectilignes, ou rainures de deux millimètres de largeur et profondeur, sur vingt-cinq à trente de longueur. Ces rainures doivent être en regard, symétriques, et venant effleurer la circonférence de chaque disque, où elles sont tracées en forme de zigzag, ou de V majuscules très rapprochés et circulairement distribués. Ces entailles, dont le nombre ne peut être précisé ici, servent à loger et assujettir un pareil nombre de voliges ou petites planchettes minces, légères, et en bois blanc, qui s'y engrènent à demeure, et y décrivent autant de gouttières, ou, si l'on veut, de dentelures extérieures, qu'elles ont de couples.

Trois petits boulons de bois tourné traversant intérieurement les deux disques, et armés chacun d'une clef à vis à l'une de leurs extrémités, fixent et maintiennent, par une pression à volonté, toutes les petites voliges dans leurs rainures respectives. Cet appareil cylindrique, ainsi agencé, doit être ajusté transversalement sur la bassine de manière à y plonger jusqu'à un ou deux millimètres du fond. Une manivelle adaptée à l'axe, qui est lui-même soutenu sur deux poles ou supports extérieurs, en fer ou en bois, doit faire mouvoir sans effort le cylindre au sein du liquide où il plonge en liberté, et y produire, par le jeu de la manivelle, un mouvement de rotation dont l'effet est de le tenir en état de perturbation constante, et de lui faire offrir, à chaque tour de roue, de nouvelles surfaces à l'action de l'air ambiant. Pour constater d'autant plus les avantages présumables de cet appareil, qui peut s'appliquer d'ailleurs à toute autre opération industrielle ou officinale fondée sur l'évaporation, nous nous bornerons à quelques corollaires.

C'est un fait bien connu, que plus une bassine a d'évasement, proportion gardée avec sa profondeur, plus l'évaporation s'y fait aisément. Si par la pensée on diminue encore sur la profondeur en ajoutant à l'évasement, la réduction y est d'autant plus accélérée. Il est bien constaté en outre que l'évaporation même la plus favorisée par la coupe du vase se réduit pourtant, lorsqu'elle est calme, et abandonnée à la seule action du feu, à l'ascension lente, incertaine, d'une vapeur paresseuse qui s'échappe en effleurant la surface du liquide. Si vous le remuez simplement dans son intérieur, alors les vapeurs s'éveillent en quelque sorte et augmentent de volume à chaque mouvement que vous y imprimez. Si, indépendamment de son agitation, vous en déplacez avec l'écumoire de fortes portions en les élevant à l'air, l'évaporation redouble alors sensiblement; et vous concluez, avec raison, de ces trois observations, qu'au moyen d'un mouvement régulier, constant, entretenu au sein d'un liquide quelconque modérément chauffé, et qui en présenteroit encore toutes les parties à l'action extérieure d'un courant d'air, il seroit possible d'obtenir l'évaporation la plus abondante comme la plus prompte avec l'emploi le plus économique de combustible.

C'est un mouvement de cette espèce que nous nous sommes proposés d'exciter avec les rotations de ce cylindre qui ne diffère, comme on voit, de celui des épiciers, que par sa surface anguleuse. Le jeu de cet appareil, appliqué au moût de raisin, aura l'avantage d'en opérer la réduction sans que le goût de brûlé ou de caramel, que le sirop de raisin contracte si aisément, s'y fasse aucunement sentir. Il est inutile de faire remarquer que le même axe et la manivelle pourroient servir aux cylindres de plusieurs bassines à la fois. Nous omettons également, à dessein, les autres détails descriptifs qui peuvent être suppléés sans peine par les personnes industrieuses qui liront cet article, et tenteront l'essai de notre moyen d'évaporation.

Lorsque la réduction du moût arrive à une consistance sirupeuse de vingt-trois degrés à l'aréomètre de Baumé, il faut, avant de le soumettre à une seconde, et même une troisième filtration au blanchet de laine, le verser dans des vases de grès, que l'on plonge successivement dans plusieurs eaux froides. Cette précaution, de brusquer ainsi le refroidissement de ce sucre liquide, est indiquée pour les manipulateurs jaloux de lui conserver une belle couleur citrine. On a tenté avec succès à Bergerac d'exalter encore cette transparence par la vapeur du soufre appliquée au moût, dont elle altère les principes colorans en même temps qu'elle suspend ses dispositions à fermenter. Nous sommes trop peu jaloux de faire autorité sur ces matières, pour prescrire ou condamner un procédé qui présente à la fois des avantages et des inconvéniens, puisqu'en réussissant à flatter les yeux des dégustateurs délicats, il laisse pourtant à leur palais quelque chose à désirer.

Nous ne serons pas moins réservés à l'égard des essais même heureux qui ont été faits pour le raffinage du sucre concret de raisin. Cet art est encore naissant. Quelques unes des notions qu'il suppose n'ont été publiées que par un seul amateur (1); et il ne seroit pas prudent de produire ici des docu-

---

(1) M. Fouques, désigné dans cet article, est le premier qui ait fait connoître, par la voie des journaux, un résultat suivi de ses expériences sur le raffinage du sucre concret de raisin. Nous publions ici d'autant plus volontiers le sommaire de sa théorie qu'il a bien voulu nous adresser, que des amateurs également zélés pourront y puiser des notions propres à perfectionner encore ses procédés et sa méthode, s'il en étoit besoin. « Si on expose, nous dit-il, à la lumière et dans un lieu sec et bien aéré, un bocal de sirop de raisin récent et filtré exactement lorsqu'il a été réduit à 22 ou 24 degrés (à un plus fort degré il ne se filtreroit pas), au bout de quinze jours ou de trois semaines on aperçoit des cristaux granulés se for-

mens qui ne seroient pas d'une utilité évidente, et résultant d'un concours d'autorités et de lumières. Tout ce que nous pourrions dire à ce sujet s'adresseroit d'ailleurs aux spéculateurs beaucoup plus qu'aux cultivateurs et aux propriétaires de vignobles, auxquels cependant nous consacrons très spécialement cet article. En effet, disons-le franchement, le sirop de raisin nous paroît demander pour consommateurs principalement ceux qui le fabriqueront à leur usage, parceque les prix disproportionnés auxquels le commerce a élevé cette denrée ne paroissent point en équilibre avec ses avantages propres et dépouillés de toute exagération ; on peut même affirmer que sa cherté relative a été assez forte pour en faire oublier l'usage, si les propriétaires qui s'en approvisionnent par leur propre industrie, et qui savent seuls le secret de sa valeur économique, ne continuoient d'en sentir et d'en proclamer par leur exemple les avantages irrécusables.

Nous avons parlé souvent de la propreté sévère que demande le travail de ce sucre. C'est en effet la seule attention, la seule recherche qu'il exige, et qu'on ne sauroit trop pousser jusqu'au luxe ; or, le propriétaire, à la fois fabricant et consommateur, peut seul savoir jusqu'où les précautions les plus rassurantes en ce genre ont été portées, et à quel point enfin l'économie dans les moyens, l'abondance et l'agrément dans les résultats, peuvent, à cet égard, se rencontrer en rapport exact avec ses intérêts et ses jouissances. (A. Vallé.)

SUCRE OU SEL DE LAIT. On a donné le nom de sucre ou sel de lait à une matière mucoso-sucrée cristallisable, que l'on obtient en évaporant la partie séreuse du lait. Une foule d'auteurs ont parlé de ce sucre; Kempfer assure que les bracmanes

---

mer au fond du bocal du côté frappé par la lumière. Peu à peu ces cristaux augmentent jusqu'à ce qu'enfin la totalité du sirop ne forme plus qu'un magma, composé de cristaux et de la portion du sirop qui, de sa nature, ne doit pas cristalliser. Si on dépose ce magma sur une toile tendue sur un cuvier, le sucre liquide abandonne le sucre concret et passe à travers la toile. Au bout de quelques jours, ces cristaux confondus et encore fort humides présentent une espèce de pâte grenue. Si par le lavage, au moyen de quelques gouttes d'eau très froide, et par une progression graduée, on parvient à priver les cristaux de tout le sirop liquide, ils deviennent de plus en plus blancs. Alors on peut les émincer et les réduire en cassonade; sinon on les refond dans de l'eau tiède. On réduit ce nouveau sirop à trente six degrés, et on le coule dans un moule si on veut le mettre en pain. Les cristaux de cette matière sucrée affectent toujours la forme sphérique, et ne sont jamais transparens. Lorsqu'on est parvenu à les blanchir, leur surface grenue ressemble à celle d'un chou-fleur. Cette substance amenée à cet état sucre un tiers moins que le sucre ordinaire; mais, dans cette proportion, la sucraison est aussi franche de goût et d'arome que le sucre de canne. »

connoissoient depuis long-temps l'art de l'extraire. Nous nous sommes spécialement occupés, M. Déyeux et moi, dans un travail commun sur le lait, de la nature de ce sel et de sa composition; mais, malgré nos recherches et celles de plusieurs écrivains, il reste quelque chose à désirer sur cette singulière substance.

C'est dans la Souabe et dans les montagnes de la Suisse que se prépare le sucre ou sel de lait. Pour y parvenir, on abandonne le lait à lui-même; on sépare la matière butireuse, et on coagule, soit avec un acide, de la présure, ou les fleurs de chardonnette, la partie caseuse qui nage alors dans le sérum ou petit-lait. On fait ensuite évaporer ce dernier en consistance de sirop épais, et on le met dans de grands vases de terre de forme plate. Le sucre cristallise en tablettes. Par cette première opération, il est grisâtre, rempli d'impuretés. On le raffine, en le faisant dissoudre dans l'eau, clarifiant cette solution avec des blancs d'œufs; on évapore de nouveau, on laisse cristalliser par le refroidissement, on obtient enfin des cristaux blancs et purs.

D'après les divers produits que le sucre de lait fournit à l'analyse chimique, on seroit tenté de le considérer comme un intermédiaire entre le sucre et la gomme. Cette opinion d'ailleurs est appuyée de faits incontestables. Nous avons remarqué, M. Déyeux et moi, que le lait dans l'état d'ébullition dissolvoit une grande quantité de sucre de lait, sans qu'il se formât de dépôt, même après le refroidissement.

Il existe dans le commerce helvétique différentes variétés de sel ou sucre de lait, plus ou moins pures, inconnues en France, où cependant l'usage de ce sel a eu, comme toutes les substances naturelles ou composées, un moment de vogue; mais il est maintenant tombé en désuétude. (Par.)

SUCRION. Variété de l'orge a deux rangs.

SUIE. Matière noire très abondante en huile et en acide acétique (pyroligneux), par conséquent espèce de savon acide, qui est le résultat de la combustion du bois, et qu'on ramasse dans les cheminées où elle s'attache.

Comme susceptible de s'enflammer facilement, la suie est fréquemment une des causes des incendies dans les maisons couvertes en chaume ou dans celles dont les cheminées ne sont pas construites avec la solidité convenable. Les cultivateurs sont ordinairement fort négligens sur les moyens de prévenir les accidens qui sont les suites de son accumulation. Je les invite, au nom de leur intérêt et de celui de leurs voisins, de faire nettoyer plus fréquemment leurs cheminées, c'est-à-dire au moins deux fois l'an celle de la cuisine, et une fois les autres où il n'y a pas continuellement du feu.

La suie passe pour un excellent engrais. Ses effets sur les prairies humides, sur celles qui, sans l'être, offrent beaucoup de mousses, sont très certains; mais elle doit être employée avec prudence, parceque son excès brûle les plantes, probablement à raison de l'acide qu'elle contient. On la sème ordinairement à la volée, comme le blé, en la mêlant avec moitié de terre. On peut aussi la mêler avec les fumiers, dont elle augmente considérablement l'énergie, ou en faire un compost, c'est-à-dire la stratifier pendant quelques mois avec de la terre végétale. Elle rétablit la vigueur des arbres fruitiers épuisés, fait périr les fourmis qui creusent leurs galeries entre leurs racines, détruit les germes de la carie du blé par l'immersion dans sa dissolution, etc. M. Bergeron a observé que dans ce dernier cas elle agit avec tant de force, qu'elle détruit en même temps le germe du blé, ce qui doit engager à affoiblir son intensité par une plus grande quantité d'eau.

La suie forme naturellement une très bonne et très durable teinture. Les pêcheurs et les chasseurs l'emploient souvent pour colorer leurs filets. Son âcreté la rend propre à chasser toute espèce d'insectes, sur-tout les pucerons, des plantes qu'ils attaquent. (B.)

SUIE. On donne ce nom, aux environs de Marseille, à des fosses dans lesquelles on réunit les fumiers des cochons, la colombine et autres matières fécales; ce sont de véritables Fosses à fumier. *Voyez* ce mot.

SUIF. Espèce de graisse, plus solide que les autres, qui se trouve dans différentes parties du corps de quelques animaux, tels que le bœuf, le mouton et la chèvre, principalement autour des intestins. C'est avec lui qu'on compose les chandelles, qu'on fabrique les cuirs dits de Hongrie, etc.

La consommation de suif qui se fait en France est beaucoup plus considérable que la quantité qu'on y recueille, de sorte que chaque année il faut faire sortir de grosses sommes pour en faire venir de l'étranger. Cela vient, 1° de ce qu'on n'engraisse pas tous les bestiaux qu'on tue pour manger; 2° de ce qu'on ne réserve pas, dans les campagnes, le suif des animaux qu'on a tués pour les manger.

Comme la saveur du suif est inférieure à celle de la graisse proprement dite, il y a fort peu à perdre pour la gourmandise de l'enlever dans la boucherie avant de la mettre en vente; et comme le suif se conserve facilement après qu'il a été fondu, il est fort facile d'en accumuler successivement une grande quantité pour valoir la peine d'être vendue.

Je désire que les cultivateurs portent leur attention sur cet objet. *Voyez* Graisse. (B.)

SUINT. Matière à demi savonneuse, provenant de la transpiration des moutons, qui se fixe sur leur laine et lui donne ce toucher onctueux et cette odeur propre qu'on lui connoît.

Comme le suint ne peut être conservé sur les laines, à quelqu'usage qu'on les destine, principalement à raison de sa mauvaise odeur, de sa désagréable couleur et des obstacles qu'il apporte à la teinture, dans les couleurs tendres, on a cherché le moyen de l'enlever le plus économiquement et le plus complètement possible.

En Espagne, et dans quelques parties de la France, on lave les laines sur les moutons mêmes, avant de les tondre; mais cette méthode a de graves inconvéniens pour la santé des animaux, et ne remplit jamais complètement son objet. *Voyez* MOUTON. Il faut donc laver encore les laines après la tonte.

M. Roard, à qui on doit un excellent travail sur l'objet que je traite, s'est assuré, par un grand nombre d'expériences, que les laines dégraissées à deux reprises ne devenoient jamais si blanches, ne prenoient jamais si bien la teinture que celles qui l'avoient été par une seule et même opération; et comme les laines, dans leur suint, n'étant pas attaquées par les insectes, peuvent être conservées sans danger plus long-temps que celles qui ont été en partie lavées, ce chimiste est d'avis qu'il ne faudroit jamais que les cultivateurs lavassent leurs laines.

En effet, il est facile de croire que si l'usage de vendre les laines en suint devenoit prédominant, les fabricans formeroient de grands établissemens où les opérations du dégraissage s'exécuteroient d'autant mieux, qu'il seroit de l'intérêt de ces fabricans de les surveiller et de les perfectionner sans cesse.

Le suint étant en partie savonneux, doit être en partie, et est en effet en partie dissoluble dans l'eau, sur-tout dans l'eau chaude. L'autre partie étant de l'huile, se dissout dans les alkalis; mais la laine se dissout aussi dans les alkalis : c'est donc une chose fort difficile que de dégraisser la laine par le moyen des alkalis, sans altérer ses qualités. C'est donc des savons qu'il faut préférer ; mais les savons du commerce sont chers et il faut économiser. Or, le suint lui-même, et l'urine sont des savons; on a donc dû employer le suint et l'urine, et on les emploie en effet le plus communément.

« Des laines bien lavées dans leur suint, dit M. Roard, et ensuite macérées pendant vingt-quatre heures avec un vingtième de leur poids de savon, perdent toute la matière grasse que le lavage n'avoit pu enlever; elles deviennent très blanches, et ne conservent plus qu'une légère odeur que l'exposition à l'air enlève assez promptement ; mais le savon de Flandre (d'huile de colsat) est celui que j'ai employé avec le plus d'avantage ; il agit très promptement et donne aux laines un degré de blancheur que je n'ai pu leur faire acquérir par aucun moyen. »

Puisque le suint a été donné aux moutons par la nature, il y a lieu de croire qu'il leur est utile ; c'est donc bien mal à propos que quelques cultivateurs lui attribuent leurs maladies. Il n'est pas en même quantité dans toutes les races de moutons ; les mérinos, par exemple, en ont moins que les autres.

Le SAVON étant en même temps un excellent ENGRAIS et un excellent AMENDEMENT (*voyez* ces trois mots), le suint améliore donc les champs où il est entraîné, par les pluies et les rosées, du corps des moutons pâturans ou au parc. On a sur ses bons effets dans ce cas des observations concluantes. C'est donc bien mal à propos qu'on jette l'eau qui a servi au lavage des laines. (B.)

SUINTEMENT. Il est des localités où la couche de terre végétale est extrêmement peu profonde et repose sur une argile imperméable à l'eau. Dans ces localités, qui sont fréquentes, il ne peut y avoir de fontaines ; mais lorsqu'elles sont en pente il y a des suintemens, c'est-à-dire des endroits où les eaux, absorbées par la couche supérieure, tendent à en sortir en filets petits ou nombreux, même en nappe continue, jusqu'à ce que leur surabondance soit écoulée ou évaporée.

Ces eaux sont souvent chargées du mucilage de la terre de la couche qu'elles ont pénétrée, ce qu'on reconnoît à l'écume permanente qu'elles produisent lorsqu'on les bat, ainsi qu'à leur saveur, et même leur odeur marécageuse. Elles diffèrent ainsi beaucoup des eaux de source, qui n'en offrent jamais ou presque jamais d'indices. (B.)

SUJAT. Nom du sureau dans le département des Deux-Sèvres.

SUJET. On donne ce nom, dans le jardinage, aux arbres ou arbustes destinés à recevoir la greffe des variétés de ces arbres ou de ces arbustes, ou des espèces voisines. *Voyez* au mot GREFFE.

SULFATE DE CHAUX. Sel terreux, composé de chaux et d'acide sulfurique. *Voyez* aux mots GYPSE, SÉLÉNITE et PLATRE.

SULLA. Nom maltais du SAINFOIN CORONAIRE.

SUMAC, *Rhus*. Genre de plantes de la pentandrie digynie et de la famille des térébintacées, qui réunit plus de quarante espèces, toutes arborescentes, dont plusieurs sont employées dans les arts et dans la médecine, et quelques unes cultivées dans les jardins pour l'agrément.

Tous les sumacs ont les feuilles alternes et les fleurs disposées en grappes terminales ou axillaires. Quelques espèces sont dioïques; toutes laissent fluer une liqueur blanche lorsqu'on entame leur écorce ou leurs feuilles.

Le SUMAC DES CORROYEURS, *Rhus coriaria*, Lin., est un arbrisseau de huit à dix pieds, dont les rameaux sont écartés, presque dichotomes; l'écorce brune, velue; les feuilles ailées avec impaire, à sept ou huit paires de folioles éliptiques, obtusément dentées, velues en dessous; à fleurs verdâtres, très petites, disposées en panicules très denses à l'extrémité des rameaux. Il est originaire des parties méridionales de l'Europe, et fleurit au milieu de l'été. Ses feuilles et ses fruits sont astringens et antiseptiques. On les emploie fréquemment en médecine. Les anciens faisoient usage des derniers, qui ont de plus une saveur acide agréable, dans l'assaisonnement de leurs mets; et les Turcs, dit-on, s'en servent encore au même usage. En France même on le met quelquefois, ainsi que les fleurs, dans le vinaigre pour le fortifier. On le cultive en Espagne et en Italie pour, au moyen de ses feuilles, tanner les cuirs, et sur-tout pour préparer les peaux de chèvres, dont on fabrique le maroquin noir. Pour cela on coupe tous les ans, à la fin de l'été, ses jeunes branches pour, après les avoir fait sécher, les réduire en poudre. Le commerce de cette poudre est un objet de produit considérable pour quelques cantons. Il paroît que sa culture ne consiste qu'à planter ses rejetons dans les sols les plus arides, et à les abandonner à eux-mêmes.

Cet arbuste craint les gelées du climat de Paris; et quoiqu'il passe assez bien en pleine terre les hivers ordinaires, il est rare qu'il n'y périsse pas dans une révolution de cinq à six ans. Ordinairement il n'y a que les tiges de frappées, et au lieu d'un pied on en a cinquante autres l'année suivante, résultant des rejetons que poussent ses racines; cependant cet inconvénient fait qu'on le cultive peu dans les jardins d'agrément, où il est remplacé par les suivans, plus robustes et plus agréables que lui.

Le SUMAC DE VIRGINIE, *Rhus typhinum*, Lin., est un arbrisseau de dix à douze pieds, dont les branches sont divariquées, couvertes de poils rouges; les feuilles pétiolées, ailées avec impaire, à six ou sept paires de folioles lancéolées, dentées, tomenteuses en dessous; les fleurs rougeâtres et disposées en long panicule serré ou spiciforme à l'extrémité des rameaux. Il est originaire des parties méridionales de l'Amérique septentrionale, et fleurit au milieu de l'été. Son aspect est beaucoup plus agréable que celui du précédent, tant par la plus grande étendue de ses feuilles que par la couleur de ses épis de fleurs. Il a de plus l'avantage de prendre, en automne, une couleur générale rouge qui produit un singulier effet par suite du contraste, et de ne pas craindre les gelées, quelque fortes qu'elles soient. A mon avis, c'est un des plus charmans arbustes qu'on puisse employer dans la composition des jardins paysagers, pourvu qu'il n'y soit pas prodigué. Ses branches irrégulières forment des masses de feuillages qui font très bien ressortir les effets de la lumière, et ses brillans épis de velours cramoisi concourent à ceux de l'ensemble d'une manière très avantageuse. Je ne vois pas un de ces arbustes convenablement placé, sur-tout quand je le regarde de loin, que je ne sois frappé de sa forme pittoresque et de la manière dont il fait valoir ses entours. Ses épis de fruits, qui subsistent tout l'hiver, lui font former décoration, même pendant cette saison. C'est au second rang des massifs, ou isolé au milieu des gazons, avec deux ou trois arbres autour de lui, sur le bord des ruisseaux, dans le voisinage des rochers et des fabriques, qu'il produit tout ce qu'il doit produire. Une terre légère et profonde est celle où il réussit le mieux ; cependant il vient dans toutes, pourvu qu'il n'y ait pas d'eau. L'exposition au soleil lui est avantageuse ; cependant l'ombre ne lui est pas nuisible pourvu qu'il ne soit pas étouffé. Il est toujours mieux de l'abandonner à lui-même que de le tourmenter par des tailles souvent contraires à sa nature ; cependant il est des cas où le retranchement d'une branche est une bonne opération ; c'est au jardinier éclairé et réfléchi à en juger. Ses graines sont rarement bonnes dans le climat de Paris ; mais il pousse si abondamment des rejetons lorsqu'il est dans un terrain favorable, qu'on peut se passer de ce moyen de multiplication. Ces rejetons, qui poussent quelquefois de trois ou quatre pieds dès la première année, se lèvent pendant l'hiver, et peuvent se planter directement en place, ou être mis pendant deux ou trois ans en pépinière, à deux, trois ou quatre pieds de distance, suivant leur force. Lorsqu'on n'en a pas naturellement une assez grande quantité, on peut aisément forcer leur production en coupant, ou seulement blessant les racines d'un vieux pied.

Cette espèce a toutes les propriétés médicales et économiques du précédent.

Le SUMAC ÉLÉGANT a les rameaux et les feuilles glabres tant en dessus qu'en dessous, et les épis de fleurs dioïques d'un pourpre écarlate. Il est originaire du même pays que le précédent, dont il se rapproche infiniment, et se plante comme lui dans les jardins paysagers, où il produit les mêmes effets. On lui trouve même quelques avantages à raison de la plus vive couleur de ses feuilles et de ses fleurs. Sa multiplication, sa culture, sa conduite et ses propriétés n'en diffèrent pas. Il n'est pas encore commun dans nos pépinières; mais je recherche à le multiplier dans celle de Versailles, dont le terriau lui convient.

Le SUMAC GLABRE a les rameaux légèrement velus; les feuilles glabres et glauques en dessous; les fleurs verdâtres, en grosses panicules terminales. Il vient encore du même pays. Toutes ses parties sont plus fortes, et il s'élève davantage que les précédens. Sous quelques rapports, sur-tout à raison de la couleur de ses fleurs, il est moins agréable qu'eux; cependant il pare également un jardin paysager, et on peut l'y placer avec avantage. Tout ce que je viens de dire lui convient complètement.

Le SUMAC VERNIS a les feuilles ailées, composées de cinq ou de sept folioles écartées, lancéolées, acuminées, très entières, glabres, plus pâles en dessous; les fleurs blanches, dioïques et disposées en grappes très lâches dans les aisselles des feuilles supérieures. Ses fruits sont toujours verdâtres. Il croît dans l'Amérique septentrionale, et s'élève de dix à douze pieds. J'ai peine à croire que l'arbre du Japon qu'on lui rapporte soit le même que celui que j'ai observé en Caroline, et dont on tire, au moyen d'une incision, une liqueur blanche qui noircit par son exposition à l'air et devient un beau vernis. On regarde son simple attouchement comme dangereux. On le cultive dans quelques jardins, où il produit, par la disposition de ses branches, un effet moins pittoresque que les précédens, mais où il se fait remarquer en automne par la couleur rouge que prennent ses feuilles. On le multiplie de la même manière.

Le SUMAC COPALIN a les feuilles ailées, à pétiole commun, membraneux et comme articulé, à folioles lancéolées, entières, au nombre de huit à douze paires; les fleurs jaunâtres, disposées en grappes dans les aisselles des feuilles supérieures. Il croît en Caroline, où j'en ai observé de grandes quantités. Sa hauteur surpasse rarement plus de six à huit pieds. Il fleurit à la fin de l'été. On retire de son tronc, par incision, une résine qu'on met dans le commerce sous le nom de *gomme copale d'Amérique*, et qu'on emploie dans les vernis. Il se cultive dans quelques jardins des environs de Paris, mais il est sensible à la gelée et difficile sur la nature du terrain. La terre de bruyère lui est nécessaire pour subsister long-temps et prospérer. Sa multiplication est la même que celle du précédent.

Le SUMAC RADICANT a les feuilles ternées, longuement pétiolées, à folioles ovales, mucronées, souvent anguleuses, souvent pubescentes, et les rameaux radicans. Il croît en Caroline, s'élève au-dessus des plus grands arbres, en s'accrochant comme le lierre à leur écorce. J'en ai vu des pieds de trois à quatre pouces de diamètre. J'ai prouvé, par un mémoire inséré dans le premier volume des Actes de la société de médecine de Bruxelles, que le *Rhus toxicodendron* n'étoit qu'une de ses nombreuses variétés. Ses feuilles, avant la floraison, qui a lieu au milieu de l'été, font naître aux mains de ceux qui s'arrêtent quelque temps sous leur ombrage une espèce de gale très douloureuse ; mais cet effet n'a pas lieu sur tous les individus ; il n'agit pas sur moi, par exemple, car j'en ai cueilli impunément en Amérique des quantités considérables pour le chimiste Van Mons, de Bruxelles. Les chevaux les aiment passionnément, ainsi que je m'en suis fréquemment assuré. Le suc laiteux qu'elles laissent fluer dans leur jeunesse, lorsqu'on les déchire, devient noir par son exposition à l'air, corrode la peau sur laquelle on l'applique, et peut servir à marquer le linge d'une manière ineffaçable. Réduites en extrait, ces feuilles sont utiles à la guérison des dartres et de la paralysie. On peut voir, dans l'ouvrage précité, un excellent mémoire de Van Mons à ce sujet.

On cultive le sumac radicant sous les noms de *toxicodendron*, d'*arbre à la gale*, d'*arbre poison*, dans tous les jardins de botanique ; mais on sent bien qu'on ne doit l'introduire dans les autres qu'avec beaucoup de circonspection. Il se multiplie très aisément par ses rameaux traçans, qui prennent naturellement racine.

Le SUMAC FUSTET, *Rhus cotinus*, Lin., autrement appelé *bois jaune*, est un arbrisseau de huit à dix pieds de haut, qui se trouve abondamment sur les montagnes des parties méridionales de l'Europe. Ses rameaux sont grêles et tortueux ; ses feuilles longuement pétiolées, simples, lisses, entières et ovales ; ses fleurs jaunâtres, disposées en panicule à l'extrémité des rameaux sur des pédoncules très longs, très grêles, qui deviennent souvent rougeâtres lors de la maturité des graines, dont la plupart avortent. Il fleurit au commencement de l'été. Ses feuilles sont regardées comme un poison pour les hommes et les animaux ; on s'en sert pour le tannage des cuirs. Le commerce qu'on en fait ne laisse pas que d'être de quelque importance. Son bois est veiné de blanc, de jaune et de vert. Il est employé par les luthiers, les ébénistes et les tourneurs, et encore à teindre en couleur café les étoffes de laine et les maroquins.

La beauté des feuilles de cet arbuste, et sur-tout l'apparence singulière de ses panicules après la floraison, le font rechercher pour l'ornement des jardins paysagers ; il y forme des demi-sphères de deux ou trois pieds de haut, qui produisent toujours beaucoup d'effet lorsqu'elles sont placées convenablement. C'est au milieu des parterres, à quelque distance des massifs, contre les rochers et les fabriques qu'il faut le mettre. Une terre sèche et légère, une exposition chaude, sont ce qui lui faut. Il est sensible aux fortes gelées du climat de Paris ; mais lorsqu'il a perdu ses tiges par ce moyen, il suffit de le recéper au printemps pour qu'il en repousse dans le courant de l'été suivant, et on ne s'aperçoit plus de cet accident l'année d'ensuite. On le multiplie très facilement de graines tirées de son pays natal, et même des environs de Paris, et encore plus rapidement par marcotte ou déchirement des vieux pieds. Ses graines donnent du plant qu'on peut mettre en pépinière dès le printemps suivant, mais qui ne fleurit que deux ou trois ans après ; tandis que les marcottes peuvent être mises directement en place, et fleurissent ordinairement la même année.

Les autres espèces de sumacs sont plus rares, ou exigent l'orangerie pendant l'hiver. (B.)

SUPERPURGATION (Médecine vétérinaire). Les purgatifs donnés à trop hautes doses, ceux qui sont irritans, et qui produisent sur l'estomac et les intestins une évacuation trop forte et trop long-temps soutenue, donnent lieu à la superpurgation.

Le dégoût, les évacuations trop fréquentes et trop long-temps continuées, sont les premiers symptômes de la superpurgation.

Ces évacuations acquièrent ensuite une odeur fétide ; elles deviennent claires et sont d'une couleur jaune foncée, c'est-à-dire qu'il y a diarrhée souvent accompagnée de colique, et presque toujours d'épreintes.

Dans le dernier degré, les digestions sont noires, sanguinolentes et d'une odeur insupportable ; l'irritation est quelquefois si forte que le fondement sort ; d'autres fois il est rentré sur lui-même et paroît très enfoncé. Lorsque la superpurgation est parvenue à ce point, le pouls devient petit, misérable, la foiblesse est générale, et la mort suit de près cet état.

Dans le premier temps de la maladie, on y remédie en donnant des boissons tempérantes, mucilagineuses et adoucissantes.

Dans le second, la saignée, les lavemens et les boissons que nous venons d'indiquer doivent être mis en usage ; si l'érétisme est considérable, on met dans les boissons et les lavemens le camphre à la dose de huit grammes deux gros jusqu'à trois décagrammes (une once) dissous dans un jaune d'œuf ;

on peut aussi, dans ce cas, administrer de la même manière l'opium à la dose de cinq décigrammes (dix grains) jusqu'à quatre grammes (un gros).

Dans le dernier degré, les cordiaux sont les remèdes qu'il convient d'employer, tels que le camphre et l'opium, dont nous venons de parler, donnés dans un litre de vin rouge; la cannelle à la dose de trois décagrammes jetée dans un litre d'eau bouillante, et à laquelle on ajoute un litre de vin pour deux breuvages; la thériaque à la dose de seize grammes (quatre gros) dans un litre de vin. Dans ce dernier degré de la maladie, les lavemens seront faits avec des plantes aromatiques, et on y ajoutera le camphre et l'opium, comme nous l'avons déja indiqué.

Les doses que nous avons déterminés ici sont pour les grands animaux, le cheval, le bœuf, l'âne et le mulet. (Des.)

SUPPORT. Partie d'une plante qui sert à en soutenir une autre. Le Pétiole est le support de la feuille; le Pédoncule et la Hampe les supports de la fleur. *Voyez* ces mots.

SUPPRESSION D'URINE. (Médecine vétérinaire.) Toute matière capable de gêner la séparation de l'urine avec le sang dans les reins donne lieu à cette maladie. Il ne faut pas la confondre avec celle appelée *rétention d'urine*, qui n'est autre chose que l'arrêt de ce fluide dans la vessie.

Le cheval atteint de la suppression d'urine ressent de vives douleurs, qui lui occasionnent une grande fièvre; il regarde ses reins, siège du mal qui le tourmente, et est dans une continuelle agitation.

Cette maladie provient de l'inflammation des reins, qui, en resserrant les tuyaux secrétoires, force l'urine à refluer dans la masse du sang. Quelquefois aussi elle est retenue par une *pierre* dans le bassinet des reins, ou engagée dans l'un des uretères, et qui s'oppose à son écoulement. Au mot Calcul on trouvera une dissertation assez longue sur ce mot.

La suppression d'urine étant causée par les calculs ou pierres, la guérison en est toujours incertaine; mais si elle ne provient au contraire que de l'inflammation des reins, des saignées proportionnées à la nécessité, des lavemens faits avec une décoction de pariétaire, ou de mauve, ou de graines de lin, enfin les remèdes généraux pourront soulager ce mal. Des breuvages émolliens calmeront l'irritation des parties affectées, et, en rendant aux fibres leur souplesse accoutumée, dissoudront peu à peu l'amas des humeurs interceptées, et remettront bientôt l'animal en pleine santé. Tout délayant mêlé avec le nitre, à la dose d'un gros par pinte, obtiendra les mêmes résultats.

Les diurétiques donnés en bols et en lavemens n'obtiendront pas moins de succès ; ils détendent les parties tuméfiées et les rendent à leur état naturel. (Des.)

SUREAU, *Sambucus*. Genre de plantes de la pentandrie digynie et de la famille des caprifoliacées, qui comprend une douzaine d'espèces, dont la moitié intéresse les cultivateurs sous les rapports d'utilité ou d'agrément.

Les espèces de ce genre ont les feuilles opposées, une ou deux fois ailées ; les fleurs blanches et disposées en ombelles à l'extrémité des tiges et des rameaux.

Le SUREAU NOIR, OU SUREAU COMMUN, *Sambucus nigra*, Lin., est un petit arbre de quinze à vingt pieds de haut, dont l'écorce est crevassée ; dont les rameaux sont jaunâtres et remplis de moelle ; dont les feuilles ont cinq ou sept folioles, lancéolées, dentées, glabres ; les ombelles de fleurs formées par cinq rayons, et accompagnées de stipules. Il croît par toute l'Europe dans les bois et les haies, et fleurit au milieu du printemps. Ses baies sont ordinairement noires, mais elles varient quelquefois en blanc et en vert. Ses feuilles varient également. On en voit qui sont panachées de blanc, ou panachés de jaune, et qui sont surcomposées. Les pieds qui portent ces dernières s'appellent *sureaux à feuilles laciniées*, ou à *feuilles de persil.*

L'utilité du sureau est très étendue, et les cultivateurs ne savent pas toujours l'apprécier à sa juste valeur. Ses feuilles et son écorce intérieure ont une odeur nauséabonde et sont purgatives. Appliquées sur les douleurs de goutte et de rhumatisme, elles les font souvent disparoître. Leur décoction est un des meilleurs moyens qu'on puisse employer pour chasser les pucerons, les cochenilles, les punaises, les fourmis, les chenilles, les galéruques, et en général tous les insectes qui s'attachent en grand nombre aux feuilles des arbres. On prétend même que leur seule odeur fait fuir les punaises, les teignes, etc., qui infestent les appartemens.

Les fleurs du sureau ont une odeur agréable, soit fraîches, soit sèches. On en fait un grand usage comme résolutives et sudorifiques. Il est peu de cultivateurs qui n'en ramassent, dans la saison, pour cet objet. On les prend en infusion chaude et sucrée. Infusées dans le vinaigre, elles lui communiquent cette odeur. C'est le *vinaigre surat*, si estimé dans certains cantons. Si on les met dans du moût de raisin, elles donnent au vin une saveur de muscat. On commence à en faire une grande consommation pour cet objet dans quelques endroits, et on ne peut que désirer qu'elle s'étende encore, puisqu'on augmente par-là la bonté du vin, sans inconvénient pour la santé et pour la bourse. Renfermées dans des boîtes avec des pommes, elles donnent le même goût à ces dernières.

Ses baies purgent fortement. On en prépare un rob dont on fait usage dans les dyssenteries. Elles teignent les étoffes en brun verdâtre; donnent par la fermentation un vin duquel on retire une eau-de-vie susceptible d'être employée à beaucoup d'usages économiques, et même d'être bue, lorsqu'elle a été fabriquée avec les précautions convenables.

On fait avec ses jeunes pousses, qui, comme je l'ai déjà observé, sont remplies de moelle, des canonnières, des sarbacanes, et autres articles propres à amuser les enfans; et, avec ses tiges de deux ou trois ans, des échalas, ou des tuteurs d'une assez longue durée. Le bois des vieux pieds est jaune, dur, liant, susceptible d'un beau poli. Il a les qualités du buis, qu'il supplée pour les ouvrages communs des tourneurs et des tabletiers; mais il se tourmente beaucoup, et ne doit être employé que complètement sec. Les échantillons d'une certaine force sont assez rares, parcequ'on le coupe très jeune; cependant j'en ai vu de près d'un pied de diamètre.

Un des moyens les plus utiles d'employer le sureau, c'est d'en former des haies. Ces haies croissent rapidement, ne sont attaquées que par les moutons, peuvent subsister dans le terrain le plus sec comme dans celui qui est le plus humide, pourvu qu'il ne soit pas du dernier degré d'aridité ou trop marécageux, s'établissent presque sans frais et subsistent plus d'un siècle. J'en ai vu qui, jusqu'à la hauteur de trois pieds, étoient formées par des troncs de la grosseur du bras dans l'intervalle desquels une poule ne pouvoit passer. Elles ont besoin d'être rapprochées tous les trois ou quatre ans pour que leur pied se dégarnisse moins, car c'est là leur plus grand inconvénient. Lorsqu'un des pieds, composant une haie de sureaux, meurt, il est inutile de chercher à le remplacer par un nouveau de même espèce; les voisins s'emparant de tous les sucs qui pourroient le nourrir, il périt immanquablement. On doit boucher le trou avec des pieds bien enracinés d'une autre sorte d'arbres, tels que l'orme, l'érable sycomore, etc.

On multiplie le sureau par graines, qu'on sème, aussitôt qu'elles sont mûres, dans une terre bien préparée, et qui souvent donnent du plant qui peut être mis en place dès l'automne de l'année suivante. Quelque rapide que soit ce moyen, il cède encore à la voie des boutures qui s'emploie en automne. Pour cela on prend des branches de l'année, avec un talon du bois de deux ans, et on l'enfonce à un pied ou deux de profondeur. Des jets de quatre ou cinq pieds de haut sont quelquefois, dès la première année, le résultat de cette plantation, lorsqu'elle est faite dans un sol léger et frais : cependant, en général, il est bon de ne pas faire ces boutures dans la place où elles doivent rester, sur-tout quand on a intention de former une haie en terrain sec; car souvent, après avoir bien poussé, elles périssent par suite des chaleurs de l'été.

On multiplie aussi quelquefois le sureau par rejetons et par racines.

La beauté du sureau, sur-tout lorsqu'il est en fleur, fait passer sur l'inconvénient de sa mauvaise odeur, et, en conséquence, on le voit fréquemment employer à la décoration des jardins paysagers, où tantôt on le fait monter en arbre, tantôt on le tient en buisson. Il se place au troisième rang des massifs, contre les murs, derrière les rochers et les fabriques, enfin par-tout où les autres arbres viennent mal. On ne doit pas cependant le multiplier outre mesure, comme je l'ai vu quelquefois, la variété faisant le principal charme de ces sortes de jardins. Sa conduite consiste à le débarrasser du bois mort et de ses gourmands, c'est-à-dire de ces jets de trois, quatre, cinq, six pieds de haut et plus, qui poussent dans une seule saison et qui affament les branches qui leur sont supérieures. Sa variété à feuilles découpées est principalement recherchée.

Lorsqu'on cultive le sureau pour échalas, on doit le couper rez terre tous les trois ou quatre ans, pour avoir beaucoup de jets.

Le SUREAU DU CANADA se rapproche infiniment du précédent; ses feuilles sont presque bipinnées et et très glabres; ses fleurs beaucoup plus nombreuses et sans stipules; ses fruits plus petits, d'un noir rougeâtre, et bons à manger. Il est originaire de l'Amérique septentrionale, et se cultive dans les jardins paysagers de préférence à celui du pays, comme d'un plus bel effet, ses bouquets de fleurs ayant souvent un pied de large. Comme il trace davantage, il fournit beaucoup de rejetons avec lesquels on le multiplie en concurrence avec les boutures. Les gelées l'attaquent quelquefois, mais sans inconvéniens graves.

Le SUREAU A GRAPPES est un arbrisseau de huit à dix pieds de haut, dont les feuilles ont cinq à sept folioles lancéolées et dentées, les supérieures souvent ternées; les fleurs blanchâtres, disposées en grappes ordinairement pendantes à l'extrémité des tiges et des rameaux; les baies rouges. Il est naturel aux hautes montagnes de l'Europe, et se cultive dans tous les jardins paysagers, où la couleur éclatante de ses fruits le fait désirer. C'est en arbre qu'il produit le plus d'effet; ainsi il faut, aussitôt qu'il est planté, le conduire de manière à le faire monter, ce qui est très facile en taillant ses branches latérales en crochets, et en supprimant rigoureusement ses gourmands à mesure qu'ils se montrent. On doit encore lui conserver la tête la plus grosse possible ; rien de plus beau qu'un pied de cette espèce bien placé, vu de loin pendant qu'il est en fruit, c'est-à-dire pendant tout l'été et toute l'automne. Sa multiplication et sa culture sont au reste absolument les mêmes que celles du commun. Peut-être le multiplie-t-on trop, en ce moment, dans les jardins, parcequ'il est bon marché, rustique et d'une croissance rapide ; mais il est facile de remédier à cet inconvénient.

Comme les arbres qu'on ne multiplie que de boutures pendant une longue suite d'années perdent leur faculté générative, et que celui-ci ne brille que par l'abondance et la grosseur de ses fruits, il est nécessaire de semer de temps en temps de ses graines pour rétablir son activité fécondante. Ces graines, comme celles de la première espèce, donnent, dès la même année, des plants de plusieurs pieds de haut qui peuvent être, le plus souvent, directement mis en place l'hiver suivant.

Le SUREAU YÈBLE, *Sambucus ebulus*, Lin., a les racines vivaces, les tiges herbacées, striées, ordinairement simples, hautes de trois à quatre pieds. Ses feuilles ont cinq à sept folioles ovales, dentées, glabres. Ses fleurs sont blanches, disposées en ombelles à trois rayons principaux, et accompagnées de stipules. Ses baies sont noires. Il croît en Europe dans les lieux frais et gras, sur les bords des rivières, et fleurit au milieu de l'été. Ses propriétés médicales sont semblables à celles du sureau commun, et même plus actives ; aussi en fait-on fréquemment usage. La beauté de ses feuilles et de ses fleurs doit le faire entrer dans la composition des jardins paysagers. Il est l'indice des terres fortes et fertiles. Un aveugle peut acheter avec sécurité un champ dans lequel son odorat lui annonce sa présence. Son abondance nuit souvent aux récoltes dans ces sortes de terres, et il est difficile de l'extirper. Les labours, en divisant ses racines, augmentent le nombre des pieds pour l'année suivante. Ce n'est que par le défonçage, ou par la culture des plantes qui exigent des binages d'été, tels que les fèves de marais, les haricots, les pommes de terre, etc., qu'on peut y parvenir après plusieurs années d'efforts.

Un cultivateur, jaloux de ses intérêts, ne doit pas négliger de faire couper tous les étés les sureaux yèbles qui sont à la proximité de sa demeure pour les faire jeter sur le fumier. La quantité d'engrais qu'ils fournissent étant proportionnée au nombre de leurs feuilles et à la grosseur de leurs tiges, on juge facilement combien ils peuvent en augmenter la masse. Il est probable qu'on en tireroit une grande quantité de potasse, si on le brûloit avant sa floraison. (*Voyez* Potasse.) J'ai vu des lieux où cette plante couvroit exclusivement des arpens entiers. Que de richesses non exploitées par le seul effet de l'ignorance! (B.)

SURELLE. C'est l'oxalide oseille.

SURETÉ. Expression employée à Vitry pour désigner les sauvageons de poiriers qu'on ne greffe qu'à cinq ou six ans. Elle est synonyme d'Égrain.

SURFEUILLE. Membrane qui couvre quelquefois le bouton et qui se déchire par suite de son grossissement. La surfeuille doit être regardée comme des écailles plus minces que les autres qui se sont soudées par leurs bords. *Voyez* Bouton.

SURGEON. Synonyme de rejeton, c'est-à-dire pousse qui sort des racines d'un arbre et qui donne naissance à un nouveau pied.

SURMESURE. (Terme forestier.) Excédant de mesure.

SURMULOT, *Mus decumanus*, Lin. Quadrupède du genre des rats, originaire d'Asie, mais aujourd'hui trop commun dans toutes les parties du monde où a pénétré le commerce maritime. C'est vers le milieu du siècle dernier qu'il a paru pour la première fois en France, et depuis il s'y est multiplié au point de devenir un des plus grands fléaux de l'agriculture.

Une taille de neuf pouces de long, sans compter la queue qui est de la même grandeur, un museau allongé, sont ce qui distingue le surmulot du rat. A cela il faut joindre un caractère féroce, une hardiesse à toute épreuve, et une avidité insatiable. Les femelles produisent trois fois par an; et chaque portée est de douze à dix-huit petits. Ils se creusent dans la terre des trous où ils se retirent pendant le jour, où ils déposent leurs provisions et où ils mettent bas leurs petits. Ces trous, souvent très profonds, renferment des cavités intérieures d'un pied et plus de diamètre, où il a ordinairement plusieurs issues. Ils aiment à les faire sur le bord des eaux, parceque nageant avec facilité et étant aussi carnivores que frugivores, ils y trouvent plus de moyens de subsistance. Ils sont également communs dans les fermes et grands magasins, les hôpitaux, les fossés des villes, etc., et détruisent la solidité de leurs murs en en creusant les fondemens. Les dépenses qu'ils ont occasionnées pour réparation des égouts de l'hôpital de Paris, dont j'ai été administrateur, se sont montées, en une seule année, à plus de cinquante mille francs. On évalue, à Charleston, à plus de cent mille piastres par an, le dommage qu'ils causent sur le port en perçant les digues qui le forment, et en mangeant ou gâtant ce qui est déposé dans les magasins qui s'y trouvent. Les cimetières en sont infestés, parcequ'ils y trouvent dans les cadavres une nourriture assurée.

Dans les campagnes non seulement ils mangent toutes les espèces de fruits, toutes les substances animales qu'ils rencontrent, mais encore les autres quadrupèdes et les oiseaux qu'ils peuvent saisir en vie. Il est des lieux où ce n'est qu'avec des précautions sans nombre que les ménagères peuvent sauver les couvées de toute espèce de leur voracité. Sous ce rapport ils deviennent souvent plus dangereux que la fouine et la belette, parcequ'ils percent les murs mêmes, ce que ces derniers ne tentent jamais. Dans les plaines ils exercent les mêmes dévastations sur les jeunes lapins, les jeunes lièvres, les perdreaux, etc. Le seul bien qu'ils fassent, c'est de ne souffrir aucun concurrent et de manger les rats, les souris et même les belettes. Non seulement ils se défendent contre les chiens et les chats, mais ils attaquent même quelquefois ces derniers, qui les redoutent au point d'être rarement disposés à leur faire la guerre. Ils osent même tenir tête à l'homme, ou du moins dedaignent se sauver à son aspect. Ils mordent le bâton qui les frappe avant de se déterminer à céder.

D'après ce rapide exposé, on voit qu'on ne sauroit employer trop de moyens pour détruire les surmulots. On dresse des chiens qui les chassent pendant la nuit et les tuent d'un coup de dent. On les force de sortir de leurs trous au moyen de l'eau et de la fumée, et on les assomme dans des sacs placés à l'entrée. On leur tend des pièges de toute espèce, entr'autres des pièges de fer à planchette. On les empoisonne avec de l'arsenic, de la noix vomique, du verre pilé, etc. Comme ils sont très rusés, il faut varier souvent les pièges et les appâts, car une fois qu'ils ont été manqués ils n'y viennent plus. J'ai sur cela des faits fort singuliers, mais qui m'éloigneroient trop de mon objet.

La peau du surmulot pourroit être corroyée et servir à faire des gants et autres articles de cette espèce. Sa chair est trop désagréable au goût pour être mangée même par les animaux carnassiers. Elle n'est bonne qu'à être jetée sur le fumier et à en augmenter la bonne qualité. (B.)

SURON. On donne ce nom à la terrenoix dans quelques cantons.

SUR-OS, OSSELET, FUSÉES. (Médecine vétérinaire.) Tumeur osseuse située sur le canon du cheval et dépendant de l'os même, ne diffère de l'osselet qu'en ce que cette même tumeur sur le canon se trouve placée du côté du boulet. Quant aux *fusées*, c'est une accumulation de plusieurs sur-os les uns sur les autres.

Le sur-os affecte le plus souvent la partie interne du canon.

Il ne présente aucun danger lorsqu'il ne gêne pas l'action des tendons qu'il avoisine; il fait boiter s'il en est trop près, et s'il les froisse dans la marche.

Les sur-os qui sont auprès des articulations présentent le même inconvénient; on pourroit ranger dans cette classe toutes les exostoses, telles que les *formes*, les *éparvins*, les *courbes*, etc.; mais chacune de ces maladies est traitée séparément, et il ne doit pas en être fait mention ici.

Lorsque la *fusée* gagne les os styloïdes, le cheval boite nécessairement, la grosseur vient à un tel point que les tendons placés entre ces deux os sont étroitement comprimés.

On n'a découvert aucun remède pour le sur-os. On conseille de l'enlever avec une *gouge* ou *ciseau*. Au reste, le plus souvent le sur-os disparoît dans les vieux sujets. (Des.)

SURPEAU DES PLANTES. C'est l'Épiderme. *Voy.* ce mot.

SURRE. C'est le gland du chêne-liège.

SURRÈDE. Lieu planté en chênes-liège.

SURRIER. Nom qu'on donne, dans le département des Landes, au chêne-liège.

SUVE. C'est le chêne-liège dans le département du Var.

SYCOMORE. Espèce d'Érable et espèce de Figuier. *Voyez* ces mots.

SYLVIE. C'est l'Anémone des bois.

SYRINGA, *Philadelphus*. Genre de plantes de l'icosandrie monogynie, et de la famille des myrtoïdes, qui réunit deux espèces, dont une est cultivée depuis long-temps dans les jardins à raison de l'odeur suave de ses fleurs, et l'autre, apportée nouvellement d'Amérique par Michaux, peut être employée à leur décoration, ses fleurs étant grandes et d'un blanc éclatant.

Le syringa ordinaire, ou *des jardins*, *Philadelphus coronarius*, Lin., est un arbrisseau de huit à dix pieds, dont les rameaux sont bruns; les feuilles opposées, pétiolées, ovales, pointues, inégalement dentées et rudes au toucher; les fleurs blanches, assez grandes, odorantes, et disposées en petit nombre sur de courts pédoncules, dans les aisselles des feuilles, à l'extrémité des rameaux. Il est, à ce qu'on croit, originaire des parties méridionales de l'Europe, et fleurit au commencement de l'été. On le cultive abondamment dans le climat de Paris, et il n'y est point sensible aux plus fortes gelées. Tout terrain, pourvu qu'il ne soit pas marécageux ou au dernier degré d'aridité, lui convient. L'exposition lui est indifférente. Il se prête fort bien à la taille. On le multiplie par marcottes, par rejetons et par déchirement des vieux pieds. Je ne sache pas qu'on sème ses graines, qui sont excessivement petites, parceque ce moyen de reproduction seroit trop long. C'est en automne qu'on doit le planter. Rarement il manque à la reprise lorsque l'opération a été convenablement faite. Quelquefois on lui forme une tige et on le fait monter en arbre, mais en général on l'abandonne à lui-même et il forme buisson. Il est bon de le recéper lorsqu'il est vieux, pour lui faire produire de plus belles feuilles et de plus larges fleurs; car ces parties sont sujettes à diminuer, sur-tout dans les terrains secs et arides. On le place au milieu des parterres, le long des massifs; on en fait des palissades, des haies, etc. L'odeur de ses fleurs, qui approche de celle de la fleur d'orange, est trop forte pour certaines personnes à qui elle cause des maux de tête, et même des vertiges; mais affoiblie, par la distance, elle plaît à tout le monde. Je ne sache pas qu'on ait réussi à fixer cette odeur pour en composer des parfums.

Il fournit une variété qui ne s'élève jamais à deux pieds, et qui forme des touffes arrondies et fort denses; mais comme elle ne fleurit presque jamais, elle est peu recherchée.

Le SYRINGA INODORE ressemble complétement au précédent, excepté que ses feuilles ne sont pas dentées et que ses fleurs sont plus grandes et sans odeur. Il est originaire de l'Amérique septentrionale. Son aspect est plus agréable et en conséquence on doit le multiplier dans les jardins paysagers. On le multiplie de graines et comme le précédent. Il se cultive comme il vient d'être dit. (B.)

SYRPHE, *Syrphus*. Genre d'insectes de l'ordre des diptères, qui renferme plus de cent espèces, dont quelques unes sont si communes qu'il semble n'être pas permis de se refuser à les connoître, et dont plusieurs sont utiles ou nuisibles à l'agriculture.

Ce genre, qui fait partie des mouches dans les ouvrages de Linnæus et de Geoffroy, ne diffère réellement que parceque la trompe de ses espèces a plus de deux soies. (*Voyez* au mot MOUCHE.) Les antennes de quelques unes de ces espèces sont plumeuses, et dans les autres elles sont simples.

Parmi les syrphes dont les antennes sont plumeuses, il faut remarquer,

Le SYRPHE VIDE, *Syrphus inanis*, Fab. Il a neuf lignes de long. Sa tête est jaune; son corcelet brun fauve; son abdomen transparent, jaune, avec deux ou trois bandes transverses noires en dessus et roussâtres en dessous; ses ailes transparentes avec une tache noire. Il se trouve au milieu de l'été sur les fleurs, principalement sur celles du sureau yèble. Sa larve est ovale et épineuse. Elle vit aux dépens de celles des bourdons, se transforme dans sa peau et se montre au mois de mai. Je le cite à cause de sa grandeur.

LE SYRPHE TRANSPARENT, *Syrphus pellucens*, Fab. Il est noir, avec le front jaune ; le premier anneau de l'abdomen latéralement transparent ; une tache et des nervures brunes sur les ailes. Il est long de quatre lignes. Sa larve vit aux dépens de celles de la guêpe frelon, dans les nids de laquelle je l'ai trouvée abondamment en automne. Elle se transforme dans sa peau et devient insecte parfait en avril. Je la cite comme l'ennemi d'un ennemi des cultivateurs. *Voyez* au mot GUÊPE.

Parmi les syrphes dont les antennes ne sont pas plumeuses, se trouvent dans le cas d'être ici mentionnés,

Le SYRPHE NARCISSIEN, *Syrphus narcisseus*, Bosc. Il est noir ; a le corcelet couvert de poils fauves, le front et le dessus de l'abdomen couverts de poils d'un brun gris ; les jambes et les tarses gris en dessus, et les cuisses postérieures grosses. Sa longueur est de six lignes. La larve qui le produit vit aux dépens des oignons du narcisse à bouquets. Réaumur seul l'a décrite et figurée dans son douzième mémoire. Souvent elle cause de grands dommages aux fleuristes, car elle peut se multiplier avec une incroyable rapidité. Chaque année, ainsi que j'en ai acquis plusieurs fois la preuve chez Villemorin, les marchands de fleurs sont obligés de jeter beaucoup d'oignons de cette espèce, dévorés en partie par elle ou pourris par suite des blessures qu'elle leur a faites. Cette larve se transforme dans sa peau aux approches de l'hiver, et l'insecte parfait sort au mois d'avril.

Il n'est pas facile d'indiquer aux amateurs des fleurs d'autres moyens de s'opposer à la multiplication de cet insecte, que de visiter avec soin leurs oignons avant de les mettre en terre.

Les oignons de jacinthe et de tulipe sont aussi sujets à nourrir le ver d'un syrphe, que je ne suis pas parvenu à voir naître dans mes boîtes, quoique j'y aie mis souvent de ces oignons.

Je soupçonne que le SYRPHE FUSIFORME, le SYRPHE ÉQUESTRE, le SYRPHE A GROSSES CUISSES et autres voisins, déposent également leurs œufs dans des oignons de liliacées. J'ai toujours trouvé ce dernier dans les bois où il y avoit beaucoup de *narcisses des bois*.

Le SYRPHE PENDANT. Il est est noir, avec le front argenté ; a quatre lignes jaunâtres et parallèles sur le corcelet ; l'écusson doré ; deux demi-bandes jaunes et une blanche sur l'abdomen, et les pattes antérieures à moitié jaunes. Il a sept lignes de long et est très commun dans les bois, sur les fleurs. Sa larve vit dans les mares qui s'y trouvent. Elle est du nombre de celles appelées *à queue de rat*, c'est-à-dire dont la queue est susceptible de s'allonger au gré de l'animal jusqu'à cinq à six pouces, pour aller chercher l'air à la surface de l'eau. *Voyez* Réaumur, vol. 4., onzième mémoire, où toute l'histoire de cet insecte est parfaitement bien éclaircie.

Cette espèce fait deux générations par an, c'est-à-dire qu'on trouve des insectes parfaits en avril, produit des larves qui ont passé l'hiver; et en août, produit de celles qui sont nées de ces dernières. Celle-ci est beaucoup plus considérable.

Les oies, les canards, les cochons mangent les larves en été, et les poules les insectes parfaits en automne. Cette espèce est donc utile aux cultivateurs.

Le SYRPHE DES BOIS, *Syrphus nemorum*, Fab. Il est noir avec le corcelet couvert de poils gris bruns; le bord des anneaux de l'abdomen blanc, et le premier jaune des deux côtés; le front et les genoux blancs. Il se trouve dans les mêmes endroits que le précédent. Sa longueur est de cinq lignes. Tout ce que je viens de dire lui est applicable.

Le SYRPHE TENACE. Il est noir, avec le front et le corcelet couverts de poils gris; une tache jaune de chaque côté sur le premier anneau de l'abdomen; les genoux jaunes; une tache brune au milieu des ailes. Sa longueur est de six lignes. Il est excessivement commun en automne, sur les fleurs, dans les bois, les jardins, les plaines, enfin par-tout. La larve qui le produit vit dans les eaux les plus corrompues, les cloaques, les latrines, etc. Elle est encore du nombre de celles à queue de rat.

Le SYRPHE DU GROSEILLIER. Il a le corcelet doré et couvert de poiles fauves; l'abdomen noir avec quatre bandes jaunes dont la première est interrompue; les pattes et le front jaunes. Sa longueur est de quatre lignes. On le trouve très communément en été, ou posé sur les fleurs ou volant sans changer de place, en faisant un bourdonnement très fort. Sa larve vit aux dépens des pucerons du groseillier; aussi l'a-t-on appelé *mouche aphidivore*. Elle est blanchâtre avec des raies jaunâtres ondées. La partie postérieure de son corps paroît plus grosse que l'antérieure, qui s'allonge souvent beaucoup; mais toutes deux peuvent avoir la même forme. Ses anneaux sont arrondis et elle ne marche qu'à la faveur de ses mamelons, car elle n'a pas de véritables pattes; elle n'a pas non plus d'yeux. Sa bouche est armée d'un dard à trois pointes, avec lequel elle saisit et suce les pucerons, au milieu desquels elle vit. Les massacres qu'elle en fait sont si considérables, qu'on la voit souvent en dégarnir une branche par jour. C'est donc un des plus puissans auxiliaires des cultivateurs contre cet insecte qui lui cause souvent tant de dommage. (*Voyez* au mot PUCERON.) Il agit au printemps et en automne, mais plus activement à cette dernière époque, parceque la seconde génération de ces insectes est beaucoup plus nombreuse que la première. Ses larves se transforment dans leur peau et ne restent que quinze ou vingt jours sous la forme de nymphes.

Voyez le onzième mémoire du troisième volume de Réaumur, où son histoire est détaillée.

Le SYRPHE DU POIRIER est noir avec quelques poils gris sur le corcelet ; le front, l'écusson, et six lunules sur l'abdomen, jaunâtres. Ses pattes sont en plus grande partie couleur de rouille. Sa longueur est de six lignes. Tout ce que j'ai dit du précédent et de sa larve lui convient, excepté que celle-ci vit aux dépens des pucerons du poirier.

Les SYRPHES BIFACIÉ, THYMASTRE, TRANSFUGE, COROLLAIRE, NECTARÉ, etc., se rapprochent de ceux-ci pour la forme et la couleur, et leurs larves vivent également de pucerons.

Le SYRPHE MELLIN est noir et très allongé. Son front, son écusson, les côtes de son corcelet, ses pattes et une bande de ses anneaux sont jaunes. Sa longueur est de quatre lignes.

Le SYRPHE MENTHASTRE est noir bronzé, très allongé, avec huit taches carrées sur l'abdomen, et les pattes jaunes. Il est de la même grandeur que le précédent.

Le SYRPHE ÉCRIT est noir, très allongé, presque cylindrique, avec le front, les côtés du corcelet, l'écusson, quatre bandes sur l'abdomen, souvent interrompues, jaunes. Il a cinq lignes de long, et se distingue très fort du syrphe mellin, quoique ses couleurs aient la même disposition.

Ces trois espèces sont les plus communes d'une douzaine, qui ont toutes pour caractère commun un abdomen fort étroit relativement à sa longueur, et qui toutes vivent, comme les précédentes, aux dépens des pucerons. On les voit très fréquemment en été et en automne volant pendant la chaleur, et se tenant dans la même place en bourdonnant. On les voit aussi sur les fleurs, dont elles sucent le miel. Il est impossible de faire un pas dans les campagnes, en cette saison, sans en rencontrer ; ainsi on peut juger de la destruction de pucerons que font leurs larves.

SYSTÈME DE BOTANIQUE. C'est un arrangement méthodique des plantes, d'après une série de caractères toujours tirés des mêmes parties, et de manière à pouvoir faire trouver le nom de telle plante, lorsque, l'ayant sous les yeux, on peut observer ses caractères.

Une méthode diffère d'un système, parceque les caractères sont pris indifféremment de toutes les parties, c'est-à-dire varient aussi souvent qu'il est nécessaire, d'après le plan que s'est formé l'auteur.

Ainsi on dit le système de Linnæus et la méthode de Jussieu.

Ces deux manières d'envisager la science de la botanique ont leurs avantages et leurs inconvéniens, qui sont à peu près compensés ; mais l'unité, qui fait l'essence du système, est plus favorable pour soulager la mémoire.

Comme les différens systèmes de botanique ont été énumérés et appréciés au mot Botanique, il est superflu que j'en parle plus longuement ici. (B.)

FIN DU TOME DOUZIÈME.

www.ingramcontent.com/pod-product-compliance
Lightning Source LLC
Chambersburg PA
CBHW060841220326
41599CB00017B/2350

* 9 7 8 2 0 1 2 5 9 2 5 4 4 *